U0719504

香港賽馬會中藥研究院
HONG KONG JOCKEY CLUB
INSTITUTE OF CHINESE MEDICINE

当代药用植物典

第三册

赵中振 · 肖培根 主编

世界图书出版公司
上海 · 西安 · 北京 · 广州

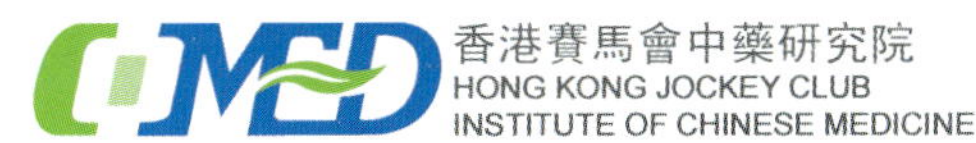

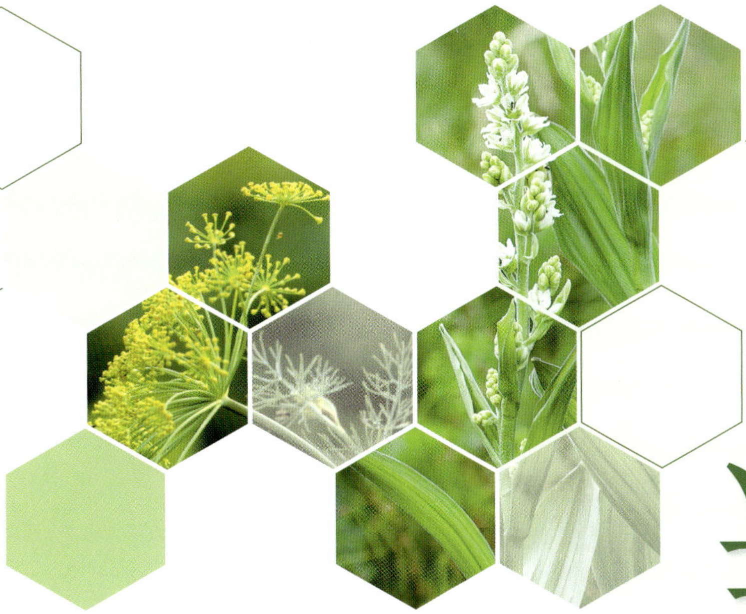

图书在版编目（CIP）数据

当代药用植物典．第三册／赵中振，肖培根主编．上海：上海世界图书出版公司，2008.2

ISBN 978-7-5062-8908-5

I. 当… II. ①赵… ②肖… III. 药用植物—辞典 IV. S567-61

中国版本图书馆CIP数据核字（2007）第146065号

当代药用植物典－第三册（西方篇）

主 编

赵中振 肖培根

策 划

冯国雄

责任编辑

章 怡

权利人

香港赛马会中药研究院有限公司

香港新界沙田香港科学园科技大道西 2 号生物资讯中心 703 室

电话：852 3551 7300 传真：852 3551 7333

网址：www.hkjcicm.org

出版发行

上海世界图书出版公司

上海市尚文路 185 号 B 楼

邮政编码：200010

电话：86 21 63783016 转发行科

网址：www.wpcsh.com.cn / www.wpcsh.com

承印者

中华商务彩色印刷有限公司

出版日期

2008 年 2 月第 1 次印刷

ISBN 978-7-5062-8908-5/S · 5

图字：09-2007-423 号

定价：368.00元

前言

踏入21世纪，回归大自然的潮流席卷全球，人们对中国传统药物都趋之若鹜。随着人口老化以及人们对健康生活的热切追求，天然植物药和中国传统药物的防病治病、预防保健的特质及优势也为人们所认同，这从国际间的研究开发、生产以至销售使用都可见一斑。中国传统药物作为中华民族的文化瑰宝，在数千年的临床应用当中累积了大量宝贵经验，与西方医药一同在人类的医疗保健中担当着重要角色，是人类的共同财富。进一步认识及开发这一宝库，加强国际间对东西方天然植物药的了解及认识，是大多数人的期望，也是市场的需求及学术发展的必然。

作为东西方文化的交汇点，资讯发达是香港的一大优势。香港赛马会中药研究院自成立以来，一直致力于全面推动中医药的发展，并将中医药资讯交流列为发展重点之一。

2003年下半年，在香港赛马会慈善基金的资助以及研究院董事局的支持下，香港赛马会中药研究院筹备编纂一套《当代药用植物典》以加强中医药资讯交流。2004年，《当代药用植物典》的编纂工作正式开始。此项目由研究院负责统筹，并由赵中振教授与肖培根院士共同主编，联同众多中医药专家、学者合力完成。

本书的主要特色在于：

1. 融汇中西：全书分为3篇共4册，分别为东方篇（第一及第二册）、西方篇（第三册）与岭南篇（第四册）。内容包括不同传统医学体系的传统用药，也涉及新兴的药用植物产品、天然健康产品、天然化妆品、天然色素等。
2. 与时俱进：作者除对海内外药用植物进行深入调查与研究外，对浩瀚的传统药物学文献资料也进行了系统整理、归纳与分析，同时力求展示每种药用植物化学、药理学、临床医学等海内外研究的最新进展。全书完成后，还将是一套不断更新的资料库。
3. 图文并茂：本书照片大多为编著者长年跋山涉水、深入药材产区与生长地所获得的第一手珍贵资料，科学地记录了药用植物的鉴别特征，生动地展现了药用植物生长的自然风貌。书中收录的对号标本已完好保存于香港浸会大学中药标本中心。
4. 温故知新：《当代药用植物典》的编纂，不是简单的文献堆砌，每篇专论后均附有评注，对于植物药的开发与持续利用，阐述了作者的独到见解。书中还对部分中药安全性用药的问题给予提示。
5. 中英双语：全书将分为中、英文版先后出版，以便国际交流。

综观全书，内容丰富，实用性强。本书可供从事医药教育、科研、生产、检验、管理、临床、贸易等方面的人士参考。

编辑及统筹委员会在此谨向香港赛马会中药研究院董事局各成员致意，感谢其于本书编纂、统筹工作当中的指导和支援，使本书的编写工作能顺利开展和完成。

由于本书的篇幅繁多，所涉及的药用植物及其相关文献资料也非常广泛，此外在相关学科领域上的研究及发展日新月异，因此本书若有不足或错漏之处敬请读者提出宝贵意见。

香港赛马会中药研究院
《当代药用植物典》编辑及统筹委员会
2008年2月

主编介绍

赵中振教授 现任香港浸会大学中医药学院中药课程主任，兼任香港中医药管理委员会中药组委员，香港卫生署中药标准科学委员会委员，世界卫生组织西太区传统医药顾问，美国草药典委员会顾问，长期从事药用植物资源、中药鉴定与质量研究。

1982年	北京中医药大学	中医学学士
1985年	中国中医研究院	中药学硕士
1992年	东京药科大学	药学博士

主编 《中国药典中药粉末显微鉴别彩色图集》
《百方图解》、《百药图解》系列丛书（中、英文版）
《香港中药材图鉴》（中、英文版）
《中药显微鉴别图鉴》（中、英文版）
《香港容易混淆中药》（中、英文版）

肖培根院士 现任中国医学科学院药用植物研究所研究员、名誉所长，国家中医药管理局中药资源利用与保护重点实验室主任，兼任北京中医药大学中药学院教授、名誉所长，香港浸会大学中医药学院客座教授等。长期从事药用植物及中药研究，致力于开创药用亲缘学的研究。

1953年	厦门大学	理学学士
1994年	中国工程院	院士
2002年	香港浸会大学	荣誉理学博士

现任《中国中药杂志》主编；*Journal of Ethnopharmacology, Phytomedicine, Phytotherapy Research*等杂志编委。

主编《中国本草图录》、《新编中药志》等大型专著。

香港赛马会中药研究院

香港赛马会中药研究院于2001年由香港特区政府推动，并获香港赛马会慈善信托基金承诺拨款5亿港元支援其研发计划而成立。研究院的使命是促进和支持香港的中药研发工作，走向现代化和进一步发展。

作为中药策略性发展平台，研究院主要负责协助政府推行中药及其创新科技政策，通过质控、科学、循证及应用，以及配合市场需求和业界的研发方向，透过合作发展相关技术，开发高品质的中药产品及建立国际中药品牌，以加快中医药的现代化及国际化进程。

欢迎浏览研究院网站：www.hkjcicm.org

编辑及统筹委员会

特别鸣谢以下各人士的宝贵意见、指导及支持

Erich A. Stoeger

Christine Leon

Steven Foster (© 2006 Steven Foster)

Roy Upton (Amercian Herbal Pharmacopeia)

《当代药用植物典》编写说明

1. 《当代药用植物典》共收载世界范围内常用的药用植物 500 条目，涉及原植物 800 余种。以中（繁、简体）、英文版本问世。

全书分为第一、二册东方篇（以东方传统医学常用药为主，如中国、日本、朝鲜半岛、印度等），第三册西方篇（以欧美常用植物药为主，如欧洲、俄罗斯、美国、澳洲等），第四册岭南篇（以岭南地区出产与常用的草药为主，也包括经此地区贸易流通的常见药用植物）。本册为第三册西方篇。

2. 《西方篇》以药用植物正名为辞目，共分名称、概述、植物（药材）相关图片、化学成分与结构式、药理作用、应用、评注、参考文献等项，顺序著录。

3. 名称

(1) 以药用植物资源种的拉丁学名为本书正名，并以此为序，右上角以小字标明各国药典收载情况，如：EP（《欧洲药典》）、BP（《英国药典》）、BHP（《英国草药典》）、USP（《美国药典》）、CP（《中国药典》）、JP（《日本药局方》）、GCEM（《德国植物药专论》）等。

(2) 除中文正名之外，《西方篇》还收载汉语拼音名、药用植物英文名、药材中文名、药材拉丁名等。

(3) 药用植物的拉丁学名和英文名以所在国药典为准，药典未收载的则参考所在国的植物志及权威学术专著。药用植物中文名和药材中文名参照《中国植物志》及相关文献拟定。

4. 概述

(1) 首先标示该药用植物种在植物分类学上的分类位置。写出科名（括弧内标示科之拉丁名称）、植物名及拉丁学名、药用部位。如一种药用植物多部位药用者，则分别叙述。

(2) 记述药用植物所在属的名称，括弧内标示属之拉丁名称，介绍本属和本种在全球的分布区及产地，一般记述到国家和州（省区），也说明本属和本种在中国的分布情况，特产种写到产区。初步统计本属在中国供药用的数量。

(3) 简介该药用植物最早文献出处，历史沿革。记述主产国家药用植物法定地位及药材的主要产地。所参考各国药典版本如下：EP 为第 5 版，于 2004 年出版并以此版本为主，还包括 2005 年出版的增补版；BP 为 2002 年版；BHP 为 1996 年版；USP 为第 28 版，于 2005 年出版，还包括 2006 年出版的增补版；CP 为 2005 年版；JP 为第十五版，于 2006 年出版；GCEM 为 1998 年美国植物药协会翻译的英文版（原德文版于 1994 年出版）。

(4) 概述该药用植物的化学成分研究成果，主要介绍活性成分、指标性成分。记述主要收载国药典控制药材质量的方法。

(5) 概述该药用植物的药理作用。

(6) 介绍该药用植物的主要功效，主要总结西方民间用药经验，如也为中医临床用药，则增述中医理论功效。

5. 原植物与药材照片

(1) 《西方篇》使用彩色图片含：原植物图片、药材图片及部分种植地图片。

(2) 原植物图片或含该药用植物种图片与近缘药用植物种图片等；药材图片或含原药材图片与饮片图片等。

(3) 药材图片中的线段为实物长度参照线段，药材实际长度可根据线段下方所放长度数值等比例换算得出。

6. 化学成分

(1) 主要收载该药用植物已在国内外期刊、专著上发表的主要成分、有效成分（或国家列为药食兼用种的营养成分）、特征性成分。对可作为控制该种原植物质量的指标性成分作重点记述。标示有中英文名及部分成分的化学结构式，并用方括号 ([ ]) 标出文献号。成分的中文名称参照《中华本草》及有关专著。没有中文名称的仅列出英文名称。蛋白质、氨基酸、多糖、微量元素等一般未列入。

(2) 化学结构式统一用ISIS Draw软件绘制，其下方适当位置标有英文名称。

(3) 每种植物正文中化学中文名首次出现时，其后写出英文名，并加以括号，其第一个字母小写。中文第二次出现时不再标写英文名。

(4) 该药用植物的化学成分类别较多时，如：生物碱类、黄酮类、苷类等，在其“类”下记述其单一成分时在“类”后用冒号（：），每单一成分之间用顿号（、），该类成分记述结束后用分号（；），整个植物器官成分结束后用句号（。），其他依次类推。

(5) 同一基原植物的不同部位已作为单一商品生药入药，化学成分研究内容较少者简单记述，如各部位内容较多，则分段分别记述。

7. 药理作用

(1) 介绍该药用植物种及其有效成分或提取物已发表的实验药理作用内容，依药理作用简单记述或分项逐条记述。首先记述该植物的主要药理作用，其他作用视内容多寡，逐条记述。

(2) 概述实验研究所用的药物（包含药用部位、提取溶剂等）、给药途径、实验动物、作用机理等，并用方括号 ([ ]) 标出文献号。

(3) 首次出现的药理专业术语于括号内标示英文缩略语，第二次出现时仅标示中文名或英文缩略语。

8. 应用

(1) 因《西方篇》收集内容包括药用植物、药用化学成分来源植物、保健品基原植物和化妆品基原植物等。故本项定为“应用”，视不同基原种的用途给予客观记述，主要记述各国民间用药经验和以临床实践为准的临床适应证，主要参考文献为GCEM及其他相关专著。

(2) 如药材也为中医临床用药，则准确按中医理论表述其功能和主治。主要参考文献为《中国药典》、《中华本草》及其他相关专著。

9. 评注

(1) 以该药用植物为主，用历史和未来的眼光，概括阐述该植物当前研究现状的特点和不足，提出开发应用前景、发展方向和重点建议。

(2) 对已有明显不良反应报道的药用植物，概括阐述其安全性问题与应用注意事项。

(3) 评注中还包括该药用植物种植基地的分布情况。

(4) 对属于中国国家卫生部规定的药食同源品种或香港常见毒剧药名单的药用植物种，文中予以说明。

10. 参考文献

(1) 对20世纪90年代以前已佚文献，采用转引方式。

(2) 文献中尊重原文，对原出处中术语与人名有明显错误之处，已予以更正。

(3) 参考文献照国际通用写法。

11. 计量单位，采用国际通用的计量单位和符号。数字均用阿拉伯数字，（如：1、2、3……不用一、二、三……），文中主要成分含量的描述保留两位有效数字。

12. 《西方篇》编制的索引有：拉丁学名索引、中文笔画索引、拼音索引、英文名称索引。

目录

索引

当代药用植物典

第三册

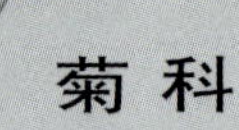

菊科

蓍 Shi•EP, BP, BHP, GCEM

Achillea millefolium L.

Yarrow

概述

菊科 (Asteraceae) 植物蓍 *Achillea millefolium* L.，其干燥全草和头状花序入药。药用名：蓍草。

蓍属 (*Achillea*) 植物全世界约有 200 种，广泛分布于北温带地区。中国约有10种，本属现供药用者约 3 种。本种原产于欧洲和亚洲西部，现北美洲、亚洲等北温带地区均有栽培。

蓍的使用在公元前 11 世纪至公元前 9 世纪的荷马时代已有记载；第二次世界大战时期，蓍因其愈伤止血功能而得到广泛的应用[1]。《欧洲药典》(第 5 版) 和《英国药典》(2002年版) 收载本种为蓍草的法定原植物来源种。主产于英国等欧洲国家，尤其是欧洲东部至东南部地区。

蓍含有挥发油、萜类、黄酮类、香豆素类成分等，其中挥发油及母菊兰烯是指标性成分。《欧洲药典》和《英国药典》采用水蒸气蒸馏法测定，规定蓍草中挥发油的含量不得少于 2.0mL/kg，原薁含量以母菊兰烯计不得少于 0.020%，以控制药材质量。

药理研究表明，蓍具有止血、抗炎、抗氧化、抗肿瘤等作用。

民间经验认为蓍草具有止血、解热、发汗、收敛、利尿等功效；中医理论认为蓍草具有祛风，活血，止痛，清热，解毒的功效。

蓍 *Achillea millefolium* L.

药材蓍草 Herba et Flos Achilleae Millefolii

高山蓍 *A. alpine* L.

化学成分

蓍的头状花序含挥发油，主要为倍半萜类成分：β-蒎烯（β-pinene）、E-苦橙油醇 [(E)-nerolidol]、丁香烯氧化物（caryophyllene oxide）、匙叶桉油烯醇（spathulenol）[2]、α-甜没药萜醇（α-bisabolol）、α-胡椒烯（α-copaene）[3]；萜类成分：蓍草素（achillicin）[4]、蓍草苦素（achillin）、8α-当归酰氧基-蓍草苦素（8α-angeloxy-achillin）、leucodin、8α-angeloxy-leucodin、去乙酰基母菊素（desacetylmatricarin）[5]、去乙酰氧基母菊素

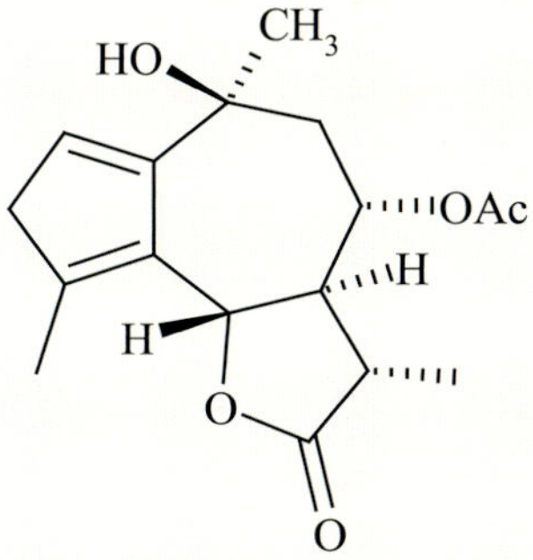

achillicin

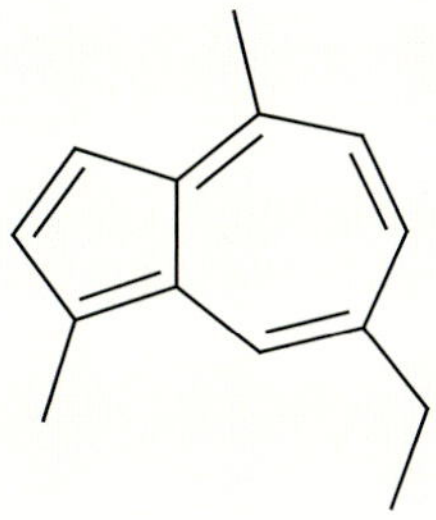

chamazulene

(desacetoxymatricarin)、母菊素 (matricin)、巴豆酰苦艾内酯 (tigloyl-artabsin)、当归酰苦艾内酯 (angeloyl-artabsin)、裂叶苣荚莱内酯 (santamarin)[6]、千叶蓍内酯 (millefin)[7]、蒿属种萜 (artecanin)、墨西哥蒿素 (estafiatin)、布加内酯 (balchanolide)[8]、异凹陷蓍萜 (isoapressin)、10-异戊酰去乙酰基异凹陷蓍萜 (10-isovaleroyldesacetylisoapressin)、10-当归酰去乙酰基异凹陷蓍萜(10-angeloyldesacetylisoapressin)、8-tigloyldesacetylezomontanin、α-过氧千叶蓍酯 (α-peroxyachifolid)、β-过氧异千叶蓍酯 (β-peroxyisoachifolid)[9]、异千叶蓍酯二烯 (isoachifolidiene)[10]、蓍酸 A、B、C (achimillic acids A-C)[11]；黄酮类成分：芹菜素 (apigenin)、木犀草素 (luteolin)、夏佛托苷 (schaftoside)、异夏佛托苷 (isoschaftoside)[12]、大波斯菊苷 (cosmosiin)[13]、六棱菊亭 (artemetin)、紫花牡荆素 (casticin)[14]；香豆素类成分：伞形花内酯 (umbelliferone)、东莨菪内酯 (scopoletin)、秦皮乙素 (aesculetin)[15]；三萜类成分：蒲公英萜醇 (taraxasterol)[16]等；生物碱类成分：洋蓍碱 (achilleine)、即左旋水苏碱 (betonicine)[17]等。

干燥后花序提取挥发油的过程中会产生原薁类成分甘葡环烃 (azulene, guaiazulene) 和母菊兰烯 (chamazulene)[18-20]，由蓍草素等转化而成，为精油的主要成分。

蓍的地上部分含萜类成分：去乙酰氧基母菊素、8-acetyl egelolide、8-angeloyl egelolide[21]。

药理作用

1. 止血

洋蓍碱具有止血作用；蓍的精油能预防伤口化脓、加速伤口愈合，并减轻疼痛[22]。蓍所含的倍半萜内酯类成分也具有止血活性[8]。

2. 抗炎

蓍所含的倍半萜内酯类成分对巴豆油所致的小鼠耳廓肿胀有抑制作用，其中裂叶苣荚莱内酯可抑制核转录因子 (NF-κB) 的活性[6]。

3. 抗菌

蓍甲醇提取物体外对肺炎链球菌、产气荚膜梭状芽孢杆菌、白色念珠菌、耻垢分枝杆菌、鲁菲不动杆菌、克鲁斯念珠菌等有抗菌活性[23]。

4. 抗氧化

蓍的精油体外具有清除二苯代苦味酰肼 (DPPH) 自由基的能力，对大鼠肝匀浆中的非酶脂质过氧化反应也有抑制作用[23]。其抗氧化作用的有效成分之一为母菊兰烯[24]。蓍地上部分的醇提取物给肝纤维化大鼠灌胃，可提高大鼠肝组织中超氧化物歧化酶 (SOD) 的含量，降低丙二醛 (MDA) 的含量，通过减轻氧自由基对肝细胞的破坏而具有保护肝细胞的作用[25]。

5. 对生殖系统的影响

已孕大鼠连续多日服用蓍草，可减少胎鼠的重量，增加胎盘的重量[26]。蓍叶水提物连续多日给动情期大鼠口服，可使大鼠精子中畸形精子的比例明显增加[27]。蓍花序的乙醇提取物腹腔注射或含水乙醇提取物灌胃给药，能显著增加小鼠曲精细管上皮内处于分裂中期的精原细胞的数量[28]。

6. 免疫调节功能

体外实验表明，蓍的精油可促进小鼠腹腔巨噬细胞产生过氧化氢 (H_2O_2) 和肿瘤坏死因子α (TNF-α)，其活性成分之一为甘葡环烃[29]。

7. 其他

蓍还具有抗焦虑[30]、降血糖[31]、抗肿瘤[11]等作用。

应用

蓍为止血常用药，主治外伤出血、鼻出血及内出血等，也可用于肝功能紊乱、高脂血症、高血压、食欲不振、消化不良、闭经等病的治疗。蓍还可用作通便药、止咳药、妇科用药及心血管药。

评注

同属植物高山蓍 *Achillea alpine* L. 也供药用，在中国有栽培。

蓍草是常用的止血良药，将鲜的蓍草捣泥敷在伤口上，可迅速止血；蓍草叶干粉吹入鼻孔，可立即止住鼻衄；含蓍草的药酒可治疗月经过多。英国民间还将蓍草用来治疗烧伤、毒蛇咬伤和毒虫叮伤；印第安人则用蓍草来治疗肝肾功能紊乱。

蓍草曾作为堕胎药和避孕药使用，但研究表明已孕大鼠连续多日服用蓍草并未引起子宫收缩，也未观察到黄体等相关指标有明显变化[26]。此外，蓍草解痉、治疗肝肾功能紊乱及利尿等功效尚未见药理研究报道。因此，关于蓍草的药理作用有待深入研究。

参考文献

[1] J Sumner. The natural history of medicinal plants. Oregon: Timber Press. 2000: 206

[2] A Judzentiene, D Mockute. Composition of inflorescence and leaf essential oils of *Achillea millefolium* L. with white, pink and deep pink flowers growing wild in Vilnius (eastern Lithuania). *Journal of Essential Oil Research*. 2005, **17**(6): 664-667

[3] S Saeidnia, N Yassa, R Rezaeipoor. Comparative investigation of the essential oils of *Achillea talagonica* Boiss. and *A. millefolium*, chemical composition and immunological studies. *Journal of Essential Oil Research*. 2004, **16**(3): 262-265

[4] BN Cuong, E Gacs-Baitz, L Radics, J Tamas, K Ujszaszy, G Verzar-Petri. Achillicin, the first proazulene from *Achillea millefolium*. *Phytochemistry*. 1979, **18**(2): 331-332

[5] S Glasl, P Mucaji, I Werner, J Jurenitsch. TLC and HPLC characteristics of desacetylmatricarin, leucodin, achillin and their 8α-angeloxy-derivatives. *Pharmazie*. 2003, **58**(7): 487-490

[6] G Lyss, S Glasl, J Jurenitsch, HL Pahl, I Merfort. A sesquiterpene and sesquiterpene lactones from the *Achillea millefolium* group possess antiinflammatory properties but do not inhibit the transcription factor NF-κB. *Pharmaceutical and Pharmacological Letters*. 2000, **10**(1): 13-15

[7] SZ Kasymov, GP Sidyakin. Lactones of *Achillea millefolium*. *Khimiya Prirodnykh Soedinenii*. 1972, **2**: 246-247

[8] DA Konovalov, VA Chelombyt'ko. Sesquiterpene lactones from *Achillea millefolium*. *Khimiya Prirodnykh Soedinenii*. 1991, **5**: 724-725

[9] G Ruecker, D Manns, J Breuer. Peroxides as constituents of plants. XIV. Further guaianolide peroxides from yarrow, *Achillea millefolium* L. *Archiv der Pharmazie*. 1993, **326**(11): 901-905

[10] G Ruecker, A Kiefer, J Breuer. Peroxides as plant constituents. II. Isoachifolidiene, a precursor of guaianolide peroxides from *Achillea millefolium*. *Planta Medica*. 1992, **58**(3): 293-295

[11] T Tozyo, Y Yoshimura, K Sakurai, N Uchida, Y Takeda, H Nakai, H Ishii. Novel antitumor sesquiterpenoids in *Achillea millefolium*. *Chemical & Pharmaceutical Bulletin*. 1994, **42**(5): 1096-1100

[12] D Guedon, P Abbe, JL Lamaison. Leaf and flower head flavonoids of *Achillea millefolium* L. subspecies. *Biochemical Systematics and Ecology*. 1993, **21**(5): 607-611

[13] NA Kaloshina, ID Neshta. Flavonoids of *Achillea millefolium*. *Khimiya Prirodnykh Soedinenii*. 1973, **2**: 273

[14] AJ Falk, SJ Smolenski, L Bauer, CL Bell. Isolation and identification of three new flavones from *Achillea millefolium*. *Journal of Pharmaceutical Sciences*. 1975, **64**(11): 1838-1842

[15] KM Ahmed, SS El-Din, S Abdel Wahab, EAM El-Khrisy. Study of the coumarin and volatile oil composition from aerial parts of *Achillea millefolium* L. *Pakistan Journal of Scientific and Industrial Research*. 2001, **44** (4): 218-222

[16] RF Chandler, SN Hooper, DL Hooper, WD Jamieson, CG Flinn, LM Safe. Herbal remedies of the maritime Indians: sterols and triterpenes of *Achillea millefolium* L. (yarrow). *Journal of Pharmaceutical Sciences*. 1982, **71**(6): 690-693

[17] M Pailer, WG Kump. The isolation of achielleine from *Achillea millefolium* and its identification as betonicine. *Monatshefte fuer Chemie*. 1959, **90**: 396-401

[18] E Saberi. Determination of the proazulenes in milfoil (*Achillea millefolium*) and chamomile (*Matricaria recutita*). *Scientia Pharmaceutica*. 1990, **58**(3): 317-319

[19] G Verzar-Petri, NC Banh, L Radics, K Ujszaszi. Isolation of azulene from yarrow oil (*Achillea millefolium* L. species complex) and its identification. *Herba Hungarica*. 1979, **18**(2): 83-95

[20] B Michler, A Preitschopf, P Erhard, CG Arnold. Achillea millefolium: relationships among habitat factors, ploidy, occurrence of proazulene and the content of chamazulene in the essential oil. *PZ Wissenschaft*. 1992, **5**(1): 23-29

[21] G Ochir, M Budesinsky, O Motl. 3-Oxa-guaianolides from *Achillea millefolium*. *Phytochemistry*. 1991, **30**(12): 4163-4165

[22] M Popovic, V Jakovljevic, M Bursac, R Mitic, A Raskovic, B Kaurinovic. Biochemical investigation of yarrow extracts (*Achillea millefolium* L.). *Oxidation Communications*. 2002, **25**(3): 469-475

[23] F Candan, M Unlu, B Tepe, D Daferera, M Polissiou, A Sokmen, HA Akpulat. Antioxidant and antimicrobial activity of the essential oil and methanol extracts of *Achillea millefolium* subsp. *millefolium* Afan. (Asteraceae). *Journal of Ethnopharmacology*. 2003, **87**(2-3): 215-220

[24] VY Yatsyuk. Antioxidants of medicinal plants of the Asteraceae. *Farmatsevtichnii Zhurnal*. 1989, **5**: 75-76

[25] 洪振丰，陈艳华，李天骄．蓍草提取物防治肝纤维化大鼠脂质过氧化作用的实验研究．福建中医学院学报．2005，**15**(6)：23-25

[26] CL Boswell-ruys, HE Ritchie, PD Brown-woodman. Preliminary screening study of reproductive outcomes after exposure to yarrow in the pregnant rat. *Birth Defects Research, Part B: Developmental and Reproductive Toxicology*. 2003, **68**(5): 416-420

[27] PR Dalsenter, AM Cavalcanti, AJM Andrade, SL Araujo, MCA Marques. Reproductive evaluation of aqueous crude extract of *Achillea millefolium* L. (Asteraceae) in Wistar rats. *Reproductive Toxicology*. 2004, **18**(6): 819-823

[28] T Montanari, JE de Carvalho, H Dolder. Antispermatogenic effect of *Achillea millefolium* L. in mice. *Contraception*. 1998, **58**(5): 309-313

[29] FCM Lopes, FP Benzatti, CM Jordao Junior, RRD Moreira, IZ Carlos. Effect of the essential oil of *Achillea millefolium* L. in the production of hydrogen peroxide and tumor necrosis factor-α in murine macrophages. *Revista Brasileira de Ciencias Farmaceuticas*. 2005, **41**(3): 401-405

[30] M Molina-Hernandez, NP Tellez-Alcantara, MA Diaz, J Perez Garcia, JI Olivera Lopez, MT Jaramillo. Anticonflict actions of aqueous extracts of flowers of *Achillea millefolium* L. vary according to the estrous cycle phases in Wistar rats. *Phytotherapy Research*. 2004, **18**(11): 915-920

[31] DS Molokovskii, VV Davydov, MD Khegai. Antidiabetic activities of adaptogenic formulations and extns. from medicinal plants. *Rastitel'nye Resursy*. 2002, **38**(4): 15-28

欧洲七叶树 Ouzhouqiyeshu BP, BHP, GCEM

七叶树科

Aesculus hippocastanum L.

Horse Chestnut

概述

七叶树科 (Hippocastanaceae) 植物欧洲七叶树 *Aesculus hippocastanum* L.，其干燥种子入药。药用名：马栗树种子。

七叶树属 (*Aesculus*) 植物全世界约有 30 种，广泛分布于亚洲、欧洲和美洲。中国约有 10 种，以西南部的亚热带地区为分布中心，北达黄河流域，东达江苏和浙江，南达广东北部。本属现供药用者约 4 种、1 变种。本种原主产于希腊，现广泛分布欧洲和美洲[1]。

欧洲七叶树的种子和树皮自 16 世纪已开始供药用[2]，18 世纪时其种子和枝皮用于解热，19 世纪后期开始用于治疗痔疮[3]。《英国草药典》（1996 年版）收载本种为马栗树种子的法定原植物来源种。《英国药典》（2002 年版）收载本种为提取七叶皂苷的法定原植物来源种。主产于温带地区，尤其是欧洲东部国家。

欧洲七叶树种子含有三萜皂苷类、香豆素类、黄酮类成分等，其中七叶树皂苷 (aescin) 是指标性成分，为多种三萜皂苷类成分的混合物。《英国草药典》规定马栗树种子中水溶性浸出物含量不得少于 20%，以控制药材质量。

药理研究表明，欧洲七叶树具有强化血管、降低血管通透性、改善静脉功能不全、抗炎、消肿、抗肿瘤等作用。

民间经验认为马栗树种子具有改善静脉曲张、消除水肿、保护血管等功效。

欧洲七叶树 *Aesculus hippocastanum* L.

七叶树 *A. chinensis* Bge.

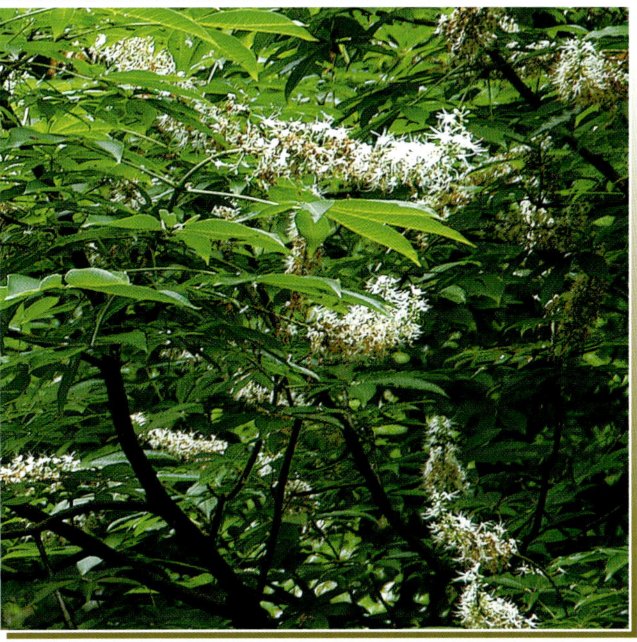

欧洲七叶树 Ouzhouqiyeshu

药材马栗树种子 Semen Hippocastani

药材马栗树树皮 Cortex Hippocastani

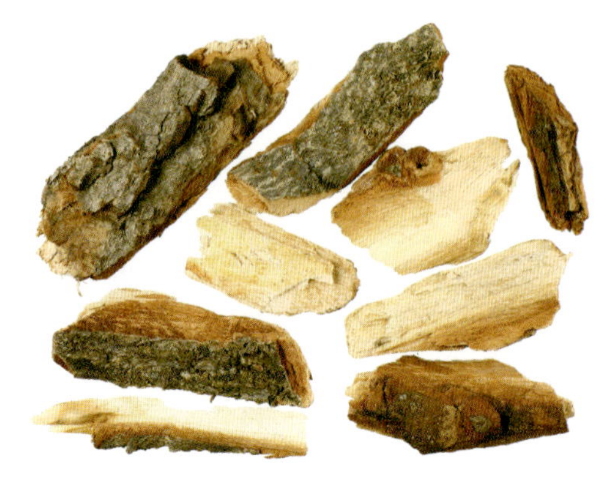

化学成分

欧洲七叶树的种子含三萜皂苷及三萜苷元类成分：七叶皂苷 Ia、Ib、IIa、IIb、IIIa、IIIb、IV、V、VI (escins Ia－Ib, IIa－IIb, IIIa－IIIb, IV－VI)、异七叶皂苷 Ia、Ib、V (isoescins Ia－Ib, V)[4-6]、原七叶树苷元 (protoaescigenin)、玉蕊皂苷元 C、D (barringtogenols C－D)、茶皂苷元A、E (theasapogenols A, E)、华茶皂苷配基 B、C、D (camelliagenins B－D)、玉蕊醇 A_1、R_1 (barrigenols A_1, R_1)、二氢药用樱草皂苷元A (dihydropriverogenin A)[7-8]、hippocastanoside[9]、七叶树皂苷元 (escigenin)[10]、玉蕊皂苷元－C－21－当归酯 (barringtogenol－C－21－angelate)、hippocaesculin[11]等；香豆素类成分：伞形花内酯 (umbelliferone)、七叶亭 (esculetin)、野莴苣苷 (cichoriin)、东莨菪苷 (scopolin)、异东莨菪苷 (isoscopolin)、东莨菪素 (scopoletin)[10]、异东莨菪素 (isoscopoletin)、秦皮苷 (fraxin)、秦皮素 (fraxetin)、马栗树皮苷 (esculin)[12]等；黄酮类成分：山柰酚 (kaempferol)、山柰酚－3－O－α－L－吡喃阿拉伯糖苷 (kaempferol－3－O－α－L－rhamnopyranoside)、黄芪

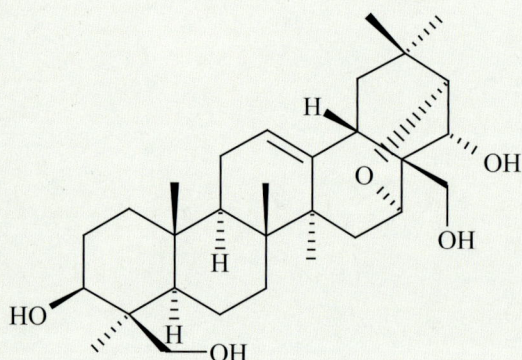

escigenin

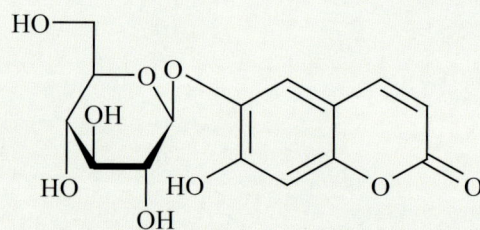

esculin

苷 (astragalin)、槲皮素(quercetin)、萹蓄苷 (avicularin)、蓼属苷 (polystachoside)、槲皮苷 (quercitrin)、异槲皮苷 (isoquercitrin)[10, 13]等；鞣质类成分：pavetanin A[14]等；此外，还含有植物凝集素 (lectin)[15]和欧洲七叶树抗菌蛋白 I (Aesculus hippocastanum antimicrobial protein1, Ah－AMP1)[16]等。

欧洲七叶树的种壳含鞣质类成分：原花青素 A_6、A_7 (proanthocyanidins A_6－A_7)、aesculitannins A、B、C、D、E、F、G[17]等。

欧洲七叶树的树皮与树干中含香豆素类成分：马栗树皮苷、秦皮苷[18]、秦皮素、七叶亭、东莨菪苷、东莨菪素[19]等，还含有原花青素 A_2 (proanthocyanidin A_2)[20]。

欧洲七叶树的树叶、花蕾及花中含黄酮类成分：槲皮素[21]、异槲皮苷、芦丁 (rutin)、山柰酚－3－葡萄糖苷 (kaempferol－3－glucoside)[22]、山柰酚、鼠李柠檬素 (rhamnocitrin)[23]等；多萜醇类成分：castaprenols 10、11、12、13[24]等。

药理作用

1. 对血管的影响

七叶树皂苷具有抑制透明质酸酶作用，能治疗或预防静脉功能不全[25]，还可降低卵清蛋白致敏试验和瘀点试验中大鼠血管的脆性，有强化血管的作用[26]。欧洲七叶树所含的黄酮类成分给家兔静脉注射，对组胺或缓激肽诱导的表皮血管通透性增加有拮抗作用，使血压短暂上升，静脉和动脉血流稳定，也可增强肾上腺素和去甲肾上腺素的缩血管作用，改善微循环[27]。

2. 抗炎、抗水肿

七叶皂苷 Ia、Ib、IIa、IIb 灌胃给药对醋酸所致的小鼠血管通透性增加有抑制作用，对组胺引起的大鼠血管通透性增加也有抑制作用；七叶皂苷 Ib、IIa、IIb 对5－羟色胺引起的大鼠血管通透性增加同样有抑制作用；七叶皂苷 Ia、Ib、IIa、IIb 和欧洲七叶树树皮所含的植物固醇类成分还可抑制角叉菜胶所致的大鼠足趾肿胀[28]。七叶皂苷灌胃给药能显著降低大鼠脑缺血再灌注后脑梗死体积，改善神经功能症状，降低脑内白介素8 (IL－8) 和肿瘤坏死因子 α (TNF－α) 的活性，减少核转录因子 (NF－κB) 的表达，通过抑制炎性物质的表达和释放对脑缺血再灌注损伤起保护作用[29]。

3. 抗肿瘤

七叶皂苷经口给药可显著抑制大鼠结肠畸变隐窝病灶 (ACF) 的形成。体外实验表明，七叶皂苷能使人结肠癌细胞 HT－29的生长停留在G_1期，该作用与诱导周期素依赖性蛋白激酶抑制剂 p21WAF1/CIP1 和减少视网膜母细胞瘤 (Rb) 蛋白的磷酸化有关；七叶皂苷对结肠癌细胞的野生型和突变型 p53的生长也有抑制作用[30]。Hippocaesculin 对人鼻咽癌细胞 KB 有细胞毒作用[11]。

4. 降血糖

大鼠糖耐受性试验表明，七叶皂苷 Ia、Ib、IIa、IIb 可抑制乙醇吸收，还具有降血糖活性，其中以七叶皂苷 IIa、IIb 活性较强[31]。

5. 保护胃黏膜

七叶皂苷 Ia、Ib、IIa、IIb 经口给药对乙醇所致的胃黏膜损伤有保护作用，该作用与内源性前列腺素、一氧化氮 (NO)、辣椒素敏感神经元以及交感神经系统有关[4]。

6. 其他

欧洲七叶树树皮中的原花青素 A_2可恢复大鼠肌肉的神经支配[20]。欧洲七叶树还具有抗氧化作用[32]。

欧洲七叶树 Ouzhouqiyeshu

应用

欧洲七叶树提取物主治静脉曲张、静脉炎、痔疮、血栓性水肿、产妇水肿、腰-坐骨综合征等病的治疗，还用于促进皮肤微循环、改善皮肤营养、防止皮肤老化等。

评注

欧洲七叶树的树皮、枝皮和树叶也可入药。

欧洲七叶树的种子主要用于治疗各种血管疾病，如静脉曲张、痔疮、水肿等。此外，欧洲七叶树的树冠广阔，也可作为行道树和庭园树栽培。

目前，德国生产的欧洲七叶树种子制剂市场销售良好。同属植物七叶树 *Aesculus chinensis* Bge. 和天师栗 *A. wilsonii* Rehd. 的种子在中国作中药娑罗子药用，具有疏肝，理气，宽中，止痛的功效。目前娑罗子已成为中国生产欧洲七叶树种子制剂的补充药源。

参考文献

[1] 于新蕊，薛玉红．欧洲七叶树的研究概况．国外医药：中医中药分册．2001，**23**(4)：207-210

[2] E Bombardelli, P Morazzoni, A Griffini. *Aesculus hippocastanum* L. *Fitoterapia*. 1996, **67**(6): 483-511

[3] 刘湘．欧洲七叶树的化学、药理作用和临床．国外医药：植物药分册．1999，**14**(2)：47-52

[4] H Matsuda, YH Li, M Yoshikawa. Gastroprotections of escins Ia, Ib, IIa, and IIb on ethanol-induced gastric mucosal lesions in rats. *European Journal of Pharmacology*. 1999, **373**(1): 63-70

[5] M Yoshikawa, T Murakami, H Matsuda, J Yamahara, N Murakami, I Kitagawa. Bioactive saponins and glycosides. III. Horse chestnut. (1): The structures, inhibitory effects on ethanol absorption, and hypoglycemic activity of escins Ia, Ib, IIa, IIb, and IIIa from the seeds of *Aesculus hippocastanum* L. *Chemical & Pharmaceutical Bulletin*. 1996, **44**(8): 1454-1464

[6] M Yoshikawa, T Murakami, J Yamahara, H Matsuda. Bioactive saponins and glycosides. XII. Horse chestnut. (2): Structures of escins IIIb, IV, V, and VI and isoescins Ia, Ib, and V, acylated polyhydroxyoleanene triterpene oligoglycosides, from the seeds of horse chestnut tree (*Aesculus hippocastanum* L., Hippocastanaceae). *Chemical & Pharmaceutical Bulletin*. 1998, **46**(11): 1764-1769

[7] G Wulff, R Tschesche. Triterpenes. XXVI. Structure of *Aesculus hippocastanum* saponins (aescin) and aglycones of related glycosides. *Tetrahedron*. 1969, **25**(2): 415-436

[8] JI Isaev. Obtaining and studying essins from chestnut *Aesculus hippocastanum* L. *Azerbaycan Eczaciliq Jurnali*. 2004, **4**(1): 32-33

[9] A Vadkerti, B Proksa, Z Voticky. Structure of hippocastanoside, a new saponin from the seed pericarp of horse-chestnut (*Aesculus hippocastanum* L.). I. Structure of the aglycone. *Chemical Papers*. 1989, **43**(6): 783-791

[10] AG Derkach, SN Komissarenko, NF Komissarenko, GV Chermeneva, VN Spiridonov. Flavonoids, coumarins and triterpenes of *Aesculus hippocastanum* L. seeds. *Rastitel'nye Resursy*. 1999, **35**(3): 81-85

[11] T Konoshima, KH Lee. Antitumor agents. 82. Cytotoxic sapogenols from *Aesculus hippocastanum*. *Journal of Natural Products*. 1986, **49**(4): 650-656

[12] NF Komissarenko, AI Derkach, AN Komissarenko, GV Cheremnyova, VN Spiridonov. Coumarins of *Aesculus hippocastanum* L. *Rastitel'nye Resursy*. 1994, **30**(3): 53-59

[13] G Hubner, V Wray, A Nahrstedt. Flavonol oligosaccharides from the seeds of *Aesculus hippocastanum*. *Planta Medica*. 1999, **65**(7): 636-642

[14] K Matsumoto, S Saito. A-type proanthocyanidin from *Aesculus hippocastanum*. *Natural Medicines*. 1998, **52**(2): 200

[15] VO Antonyuk. Isolation of lectin from horse chestnut (*Aesculus hippocastanum* L.) seeds and study of its interaction with carbohydrates and glycoproteins. *Ukrainskii Biokhimicheskii Zhurnal*. 1992, **64**(5): 47-52

[16] F Fant, WF Vranken, FAM Borremans. The three-dimensional solution structure of *Aesculus hippocastanum* antimicrobial protein 1 determined by ^{1}H nuclear magnetic resonance. *Proteins: Structure, Function, and Genetics*. 1999, **37**(3): 388-403

[17] S Morimoto, G Nonaka, I Nishioka. Tannins and related compounds. LIX. Aesculitannins, novel proanthocyanidins with doubly-bonded structures from *Aesculus hippocastanum* L. *Chemical & Pharmaceutical Bulletin*. 1987, **35**(12): 4717-4729

[18] G Stanic, B Jurisic, D Brkic. HPLC analysis of esculin and fraxin in horse-chestnut bark (*Aesculus hippocastanum* L.). *Croatica Chemica Acta*. 1999, **72**(4): 827-834

[19] L Reppel. The coumarins of horse chestnut (*Aesculus hippocastanum*). *Planta Medica*. 1956, **4**: 199-203

[20] P Ambrogini, R Cuppini, C Bruno, E Bombardelli. Effects of proanthocyanidin on normal and reinnervated rat muscle. *Journal of Biological Research*. 1995, **71**(7-8): 227-235

[21] U Fiedler. Assay of the ingredients of *Aesculus hippocastanum*. *Arzneimittel-Forschung*. 1954, **4**: 213-216

[22] L Horhammer, HJ Gehrmann, L Endres. Flavone glycosides of *Aesculus hippocastanum*. I. Flavone glycosides of the flowers and leaves. *Archiv der Pharmazie*. 1959, **292**: 113-125

[23] E Wollenweber, K Egger. Methyl ethers of myricetin, quercetin, and kaempferol in the oil of *Aesculus hippocastanum* buds. *Tetrahedron Letters*. 1970, **19**: 1601-1604

[24] AR Wellburn, J Stevenson, FW Hemming, RA Morton. The characterization and properties of castaprenol-11, -12 and -13 from the leaves of *Aesculus hippocastanum* (horse chestnut). *Biochemical Journal*. 1966, **102**(1): 313-324

[25] RM Facino, M Carini, R Stefani, G Aldini, L Saibene. Anti-elastase and anti-hyaluronidase activities of saponins and sapogenins from *Hedera helix, Aesculus hippocastanum,* and *Ruscus aculeatus*: factors contributing to their efficacy in the treatment of venous insufficiency. *Archiv der Pharmazie*. 1995, **328**(10): 720-724

[26] D Lorenz, ML Marek. The therapeutically active ingredient of horse chestnut (*Aesculus hippocastanum*). I. Identification of the active compound. *Arzneimittel-Forschung*. 1960, **10**: 263-272

[27] A Makishige, K Nakamura. Effects of injection of a flavonoid (Venoplant) extracted from *Aesculus hippocastanum* on hemodynamics in the rabbit. *Koshu Eiseiin Kenkyu Hokoku*. 1968, **17**(3): 227-236

[28] H Matsuda, YH Li, T Murakami, K Ninomiya, J Yamahara, M Yoshikawa. Effects of escins Ia, Ib, IIa, and IIb from horse chestnut, the seeds of *Aesculus hippocastanum* L., on acute inflammation in animals. *Biological & Pharmaceutical Bulletin*. 1997, **20**(10): 1092-1095

[29] 胡霞敏，曾繁典．β-七叶皂苷对大鼠脑缺血再灌注损伤时炎症反应的抑制作用．中国药理学与毒理学杂志．2005，**19**(1)：1-6

[30] JMR Patlolla, J Raju, MV Swamy, CV Rao. {szligbeta}-Escin inhibits colonic aberrant crypt foci formation in rats and regulates the cell cycle growth by inducing p21waf$_1$/cip$_1$ in colon cancer cells. *Molecular Cancer Therapeutics*. 2006, **5**(6): 1459-1466

[31] M Yoshikawa, E Harada, T Murakami, H Matsuda, N Wariishi, J Yamahara, N Murakami, I Kitagawa. Escins-Ia, Ib, IIa, IIb, and IIIa, bioactive triterpene oligoglycosides from the seeds of *Aesculus hippocastanum* L.: their inhibitory effects on ethanol absorption and hypoglycemic activity on glucose tolerance test. *Chemical & Pharmaceutical Bulletin*. 1994, **42**(6): 1357-1359

[32] JA Wilkinson, AMG Brown. Horse chestnut - *Aesculus hippocastanum:* potential applications in cosmetic skin-care products. *International Journal of Cosmetic Science*. 1999, **21**(6): 437-447

蔷薇科

欧洲龙芽草 Ouzhoulongyacao

EP, BP, BHP, GCEM

Agrimonia eupatoria L.

Common Agrimony

概述

蔷薇科 (Rosaceae) 植物欧洲龙芽草 *Agrimonia eupatoria* L.，其干燥地上部分入药。药用名：欧洲龙芽草。

龙芽草属 (*Agrimonia*) 植物全世界有 10 余种，分布在北温带和热带高山及拉丁美洲。中国有 4 种、1 亚种、1 变种，均供药用。本种分布于欧洲、北非和亚洲西部。本种的亚种 *A. eupatoria* L. subsp. *asiatica* (Juzep.) Skalicky 在中国新疆有分布。

《欧洲药典》（第 5 版）和《英国药典》（2002 年版）收载本种为欧洲龙芽草的法定原植物来源种。主产于欧洲的保加利亚和匈牙利。

欧洲龙芽草含有黄酮类和鞣质类成分等，其中鞣质类成分是主要的活性成分。《欧洲药典》和《英国药典》均采用高效液相色谱法测定，规定欧洲龙芽草中鞣质的含量以焦棓酚计不得少于 2.0%，以控制药材质量。

药理研究表明，欧洲龙芽草具有降血糖、抗菌、抗病毒、降血压、调节免疫、抗氧化、抗炎等作用。

民间经验认为欧洲龙芽草具有收敛的功效。欧洲龙芽草被欧盟委员会用于食品调味剂的天然来源，可少量用于食品[1]。

欧洲龙芽草 *Agrimonia eupatoria* L.

药材欧洲龙芽草 Herba Agrimoniae Eupatoriae

化学成分

欧洲龙芽草的全草或地上部分含黄酮类成分：槲皮素-3-半乳糖苷 (quercetin-3-galactoside)、槲皮素-3-鼠李糖苷 (quercetin-3-rhamnoside)[2]、木犀草素 (luteolin)、芹菜素 (apigenin)、槲皮素 (quercetin)、木犀草素-7-O-β-D-葡萄糖苷(luteolin-7-O-β-D-glucoside)、芹菜素-7-O-β-D-葡萄糖苷(apigenin-7-O-β-D-glucoside)[3]、山柰素-3-鼠李糖苷 (kaempferide-3-rhamnoside)、山柰素 (kaempferide)、山柰酚 (kaempferol)、山柰酚-3-鼠李糖苷 (kaempferol-3-rhamnoside)、山柰酚-3-葡萄糖苷 (kaempferol-3-glucoside)、山柰酚-3-芸香糖苷(kaempferol-3-rutinoside)[4]、木犀草素-7-槐糖苷 (luteolin-7-O-sophoroside)、木犀草素-7-O-(6"-乙酰葡萄糖苷) [luteolin-7-O-(6"-acetylglucoside)]、刺槐素 (acacetin-7-O-glucoside)[5]、槲皮素-3-葡萄糖苷 (quercetin-3-O-glucoside)、山柰酚-3-O-(6"-O-对香豆酰基)葡萄糖苷 [kaempferol-3-O-(6"-O-p-coumaroyl)-glucoside]、芹菜素-6-O葡萄糖苷 (apigenin 6-O-glucoside)[6]等；酚酸类成分：对羟基苯甲酸 (p-hydroxybenzoic acid)、原儿茶酸(protocatechuic acid)、香草酸 (vanillic acid)[5]等；此外，还含8.9%~10%的鞣质成分[3, 5]。

欧洲龙芽草的种子也含槲皮素 (quercetin)、槲皮素-3'-O-β-D-吡喃葡糖苷(quercetin-3'-O-β-D-glucopyranoside)[7]等成分。

药理作用

1. 降血糖

欧洲龙芽草煎剂给雄性大鼠口服，有显著的分解尿酸的作用[1]；给链脲霉菌素所致糖尿病小鼠口服，能降低小鼠血糖、增加胰岛素的释放，具有胰岛素样作用。体外实验也表明，欧洲龙芽草水提取物能促进胰细胞 BRIN-BD_{11} 释放胰岛素[8-9]。

2. 抗菌、抗病毒

体外实验显示欧洲龙芽草对金黄色葡萄球菌和 α-化脓性链球菌具有显著的抑制作用[1]；欧洲龙芽草种子的正己烷、二氯甲烷和甲醇提取物体外均具有抗菌活性[10]；欧洲龙芽草水提取液可抑制乙肝病毒中乙型肝炎表面抗原 (HBsAg) 的释放，产生抗病毒作用[11]。

3. 其他

欧洲龙芽草提取物给麻醉猫静脉注射具有降血压作用；欧洲龙芽草乙醇水提取物小鼠腹腔注射有免疫调节作用[1]；欧洲龙芽草水提取物具有抗氧化作用[12]；欧洲龙芽草醋酸乙酯提取物及所含的黄酮类成分具有抗炎作用[5]。

应用

欧洲龙芽草主治非急性腹泻、胆汁阻塞、咽喉炎、肾炎、膀胱炎、糖尿病及小孩尿床等病；外用主治创伤、牛皮癣、皮炎和湿疹等病。

评注

在中国，同属植物龙芽草 *Agrimonia pilosa* Ledeb. 被广泛使用，中医理论认为龙芽草具有收敛，止血，止痢，杀虫等功效。龙芽草的冬芽民间也供药用，有效成分鹤草酚 (agrimophol) 具有驱绦虫的作用。龙芽草与欧洲龙芽草具有相似的化学成分，龙芽草具有抗肿瘤、抗病毒以及肝保护等作用[1, 13-15]。目前对欧洲龙芽草的活性研究不多，此方面的研究应该加强，尤其在抗肿瘤和肝保护方面。

欧洲龙芽草 Ouzhoulongyacao

参考文献

[1] J Barnes, LA Anderson, JD Phillipson. Herbal medicines (2-nd edition). London: Pharmaceutical Press. 2002

[2] J Sendra, J Zieba. Isolation and identification of flavonoid compounds from herb of agrimony (*Agrimonia eupatoria*). *Dissertationes Pharmaceuticae et Pharmacologicae*. 1972, **24**(1): 79-83

[3] GA Drozd, SF Yavlyanskaya, TM Inozemtseva. Phytochemical study of *Agrimonia eupatoria*. *Khimiya Prirodnykh Soedinenii*. 1983, **1**: 106

[4] AR Bilia, E Palme, A Marsili, L Pistelli, I Morelli. A flavonol glycoside from *Agrimonia eupatoria*. *Phytochemistry*. 1993, **32**(4): 1078-1079

[5] MH Shabana, Z Weglarz, A Geszprych, RM Mansour, MA El-Ansari. Phenolic constituents of agrimony (*Agrimonia eupatoria* L.) herb. *Herba Polonica*. 2003, **49**(1/2): 24-28

[6] H Correia, A Gonzalez-Paramas, MT Amaral, C Santos-Buelga, MT Batista. Polyphenolic profile characterization of *Agrimonia eupatoria* L. by HPLC with different detection devices. *Biomedical Chromatography*. 2006, **20**(1): 88-94

[7] CTM Tomlinson, L Nahar, A Copland, Y Kumarasamy, NF Mir-Babayev, M Middleton, RG Reid, SD Sarker. Flavonol glycosides from the seeds of *Agrimonia eupatoria*. *Biochemical Systematics and Ecology*. 2003, **31**(4): 439-441

[8] SK Swanston, C Day, CJ Bailey, PR Flatt. Traditional plant treatments for diabetes. Studies in normal and streptozotocin diabetic mice. *Diabetologia*. 1990, **33**(8): 462-464

[9] AM Gray, PR Flatt. Actions of the traditional anti-diabetic plant, *Agrimony eupatoria* (agrimony): effects on hyperglycaemia, cellular glucose metabolism and insulin secretion. *The British Journal of Nutrition*. 1998, **80**(1): 109-114

[10] A Copland, L Nahar, CT Tomlinson, V Hamilton, M Middleton, Y Kumarasamy, SD Sarker. Antibacterial and free radical scavenging activity of the seeds of *Agrimonia eupatoria*. *Fitoterapia*. 2003, **74**(1-2): 133-135

[11] DH Kwon, HY Kwon, HJ Kim, EJ Chang, MB Kim, SK Yoon, EY Song, DY Yoon, YH Lee, IS Choi, YK Choi. Inhibition of hepatitis B virus by an aqueous extract of *Agrimonia eupatoria* L. *Phytotherapy Research*. 2005, **19**(4): 355-358

[12] D Ivanova, D Gerova, T Chervenkov, T Yankova. Polyphenols and antioxidant capacity of Bulgarian medicinal plants. *Journal of Ethnopharmacology*. 2005, **96**(1-2): 145-150

[13] X Xu, X Qi, W Wang, G Chen. Separation and determination of flavonoids in *Agrimonia pilosa* Ledeb. by capillary electrophoresis with electrochemical detection. *Journal of Separation Science*. 2005, **28**(7): 647-652

[14] Y Li, LS Ooi, H Wang, PP But, VE Ooi. Antiviral activities of medicinal herbs traditionally used in southern mainland China. *Phytotherapy Research*. 2004, **18**(9): 718-722

[15] EJ Park, H Oh, TH Kang, DH Sohn, YC Kim. An isocoumarin with hepatoprotective activity in $HepG_2$ and primary hepatocytes from *Agrimonia pilosa*. *Archives of Pharmacal Research*. 2004, **27**(9): 944-946

臭椿 Chouchun CP

苦木科

Ailanthus altissima (Mill.) Swingle

Tree of Heaven

概述

苦木科 (Simaroubaceae) 植物臭椿 *Ailanthus altissima* (Mill.) Swingle，其干燥根皮或干皮入药。药用名：椿皮。

臭椿属 (*Ailanthus*) 植物全世界约有 10 种，原分布于亚洲至大洋洲北部，现世界各地多有栽培。中国约有 5 种、2 变种，主要分布于西南部、南部、东南部、中部和北部各省区。本属现供药用者约 1 种、1 变种。本种世界各地广为栽培。

臭椿的树叶药用在印度古医学著作 *Charaka* 中已有记载。在中国，臭椿以"樗白皮"药用之名，始载于《药性论》。历代本草多有著录，古今药用品种一致。《中国药典》(2005 年版) 收载本种为中药椿皮的法定原植物来源种。主产于中国浙江、河北、江苏、湖北及天津、北京，以浙江、河北产量大；此外，广东、陕西、福建、山西等地也产。

臭椿主要活性成分为苦木素类和生物碱类成分，另含有香豆素类、黄酮类成分等。《中国药典》规定以药材性状、粉末鉴别、薄层色谱法控制药材质量。

药理研究表明，臭椿的根皮和干皮具有抗肿瘤、抗结核、抗菌、抗病毒、抗疟等作用。

民间经验认为椿皮具有治疗痛经，腹泻，痢疾等疾病的功效；中医理论认为椿皮具有清热燥湿，涩肠，止血，止带，杀虫的功效。

臭椿 *Ailanthus altissima* (Mill.) Swingle

臭椿 Chouchun

化学成分

臭椿的根皮和树干皮含苦木素类(quassinoids)成分：臭椿苦酮(ailanthone)、苦樗酮(ailanthinone)、chaparrin、乐园树醇(glaucarubol)、乐园树素(glaucarubin)、乐园树酮(glaucarubinone)[1]、臭椿双内酯(shinjudilactone)[2]、苦木素(quassine)、新苦木素(neoquassine)[3]、臭椿辛内酯A、B、C、D、E、F、G、H、I、J、K、L、M、N(shinjulactones A－N)[4-10]、ailantinols A、B[11]、C、D[12]、E、F、G[13]、苦木苦味素I(quassinoid I)[14]、臭椿苷E、F(shinjuglycosides E－F)[15]、1α,11α－epoxy－2β,11β,12β,20－tetrahydroxypicrasa－3,13－(21)－dien－16－one、1α,11α－epoxy－2β,11β,12α,20－tetrahydroxypicrasa－3,13－(21)－dien－16－one[16]等；生物碱类成分：铁屎米－6－酮(canthin－6－one)、1－甲氧基铁屎米－6－酮(1－methoxycanthin－6－one)[17]、1－羟基铁屎米－6－酮(1－hydroxycanthin－6－one)[18]、铁屎米－6－酮－3N－氧化物(canthin－6－one－3N－oxide)[19]、5－羟甲基铁屎米－6－酮(5－hydroxymethylcanthin－6－one)[20]、1－(1,2－二羟基乙基)－4－甲氧基－β－咔啉[1－(1,2－dihydroxyethyl)－4－methoxy－β－carboline][18]、β－咔啉－1－丙酸(β－carboline－1－propionic acid)、1－氨甲酰基－β－咔啉(1－carbamoyl－β－carboline)、1－甲酯基－β－咔啉(1－carbomethoxy－β－carboline)[20]等；香豆素类成分：东莨菪素(scopoletin)、异秦皮素(isofraxidin)、altissimacoumarins A、B[21]等。

臭椿的心材也含有铁屎米－6－酮、1－甲氧基铁屎米－6－酮、铁屎米－6－酮－3N－氧化物[22]等生物碱类成分。

臭椿的种子含苦木素类成分：chaparrin－2－O－β－D－glucopyranoside、臭椿辛内酯A、臭椿苦内酯(amarolide)、臭椿苦内酯11－醋酸酯(amarolide 11－acetate)[23]；固醇类成分：ailanthusterols A、B[24]。

臭椿的叶含生物碱类成分：铁屎米－6－酮、1－甲氧基铁屎米－6－酮、4－甲氧基－1－乙烯基－β－咔啉(1－methoxy－1－vinyl－β－carboline)[25]、1－甲酯基－β－咔啉(1－methoxycarbonyl－β－carboline)[26]等；黄酮类成分：芹菜素(apigenin)、山柰酚(kaempferol)、槲皮素(quercetin)[27]、异槲皮素(isoquercetin)[28]、芦丁(rutin)[29]、木犀草素7－O－β－(6”－没食子酰吡喃葡萄糖苷)[luteolin 7－O－β－(6”－galloyl glucopyranoside)][30]。

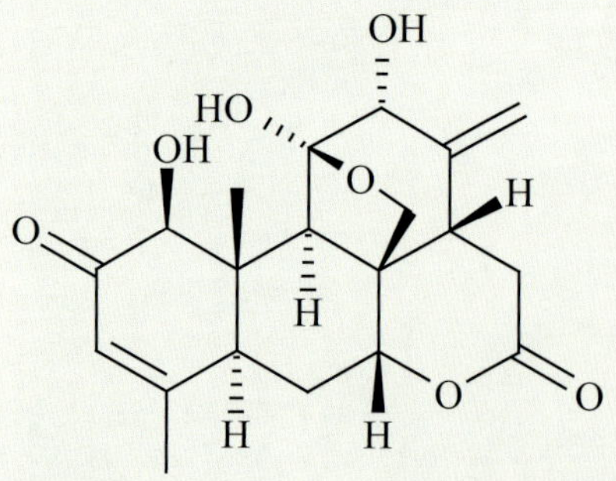

ailanthone

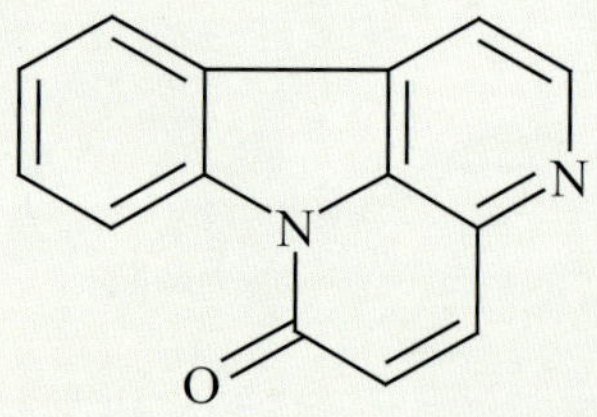

canthin-6-one

药理作用

1. 抗肿瘤

体外实验表明，对急性T淋巴母细胞白血病细胞(Jurkat)，臭椿水提物可通过 p21 蛋白依赖的细胞凋亡途径引起细胞凋亡，其促进细胞凋亡的作用与抑制 Jurkat 细胞的分裂周期有关[31]；臭椿根的氯仿提取物对人宫颈癌细胞 HeLa、骨肉瘤细胞 SAOS、人胶质瘤细胞 U87MG、急性单核细胞白血病细胞 U937 等有细胞毒作用[32]，其抗肿瘤活性成分之一为1-甲氧基铁屎米-6-酮[32-33]。臭椿皮水提物腹腔注射对小鼠肉瘤 S_{180} 和肝癌 H_{22} 移植性肿瘤具有一定的抑制作用[34]。臭椿苦酮等苦木素类成分体外对与鼻咽癌相关的 Epstein-Barr 病毒有细胞毒作用[13, 35]。

2. 抗菌

臭椿皮醇提物、臭椿果实水煎液、臭椿叶水醇提取物体外对金黄色葡萄球菌、绿脓杆菌、大肠杆菌等均有抑制和杀灭作用[36-38]。

3. 抗病毒

臭椿甲醇提取物体外对人类免疫缺陷病毒 (HIV) 的融合有抑制作用[39]。臭椿中的 β-咔啉类生物碱体外对单纯性疱疹病毒 (HSV) 有抑制作用[40]。

4. 抗疟

臭椿中的臭椿苦酮等苦木素类成分体外对耐氯喹或氯喹敏感的镰状疟原虫均有抗疟活性[41]；经口给药对小鼠柏格氏鼠疟原虫也有很好的抗疟作用[1]。

5. 抗炎

臭椿乙醇提取物给卵清蛋白所致肺炎小鼠灌胃，可减少嗜伊红性粒细胞对气管的浸润，通过降低嗜酸细胞活化趋化因子及白介素 4 (IL-4)、IL-13 mRNA 等炎症介质的表达发挥抗炎作用[42]。

6. 其他

臭椿还具有抗结核[43]、增加肠道血管的血液流速[44]以及抑制环磷酸腺苷 (cAMP)、磷酸二酯酶活性等作用[45]。

应用

臭椿的树皮主治蛔虫症、带下、淋病、疟疾等病；在非洲用于腹痛、哮喘、心动过速、淋病、癫痫及绦虫感染等病的治疗。也可用于肿瘤、结核、溃疡等病的治疗。

椿皮也为中医临床用药。功能：清热燥湿，涩肠，止血，止带，杀虫。主治：①泄泻，痢疾；②便血，崩漏，痔疮出血，带下；③蛔虫症，疮癣。

评注

臭椿除根皮或干皮供药用外，其果实和树叶也入药，药用名分别为凤眼草和樗叶，功能为清热燥湿，与椿皮相似。

臭椿所含的苦木素类成分和生物碱类成分目前主要用作抗肿瘤药，在子宫颈癌、结肠癌、直肠癌等肿瘤的治疗方面具有良好的效果。此外，臭椿皮水提物还是良好的除草剂，可抑制田间杂草的生长，活性成分为臭椿苦酮等苦木素类成分[46]。

参考文献

[1] DH Bray, P Boardman, MJ O'Neill, KL Chan, JD Phillipson, DC Warhurst, M Suffness. Plants as a source of antimalarial drugs. 5. Activities of *Ailanthus altissima* stem constituents and of some related quassinoids. *Phytotherapy Research*. 1987, **1**(1): 22-24

[2] M Ishibashi, T Murae, H Hirota, H Naora, T Tsuyuki, T Takahashi, A Itai, Y Iitaka. Shinjudilactone, a new bitter principle from *Ailanthus altissima* Swingle. *Chemistry Letters*. 1981, **11**: 1597-1598

[3] B Chiarlo, MC Pinca. Constituents of the bark of *Ailanthus glandulosa*. I. Identification of quassine and neoquassine. *Bollettino Chimico Farmaceutico*. 1965, **104**(8): 485-489

[4] H Naora, M Ishibashi, T Furuno, T Tsuyuki, T Murae, H Hirota, T Takahashi, A Itai, Y Iitaka. Structure determination of bitter principles in *Ailanthus altissima*. Structure of shinjulactone A and revised structure of ailanthone. *Bulletin of the Chemical Society of Japan*. 1983, **56**(12): 3694-3698

[5] T Furuno, M Ishibashi, H Naora, T Murae, H Hirota, T Tsuyuki, T Takahashi, A Itai, Y Iitaka. Structure determination of bitter principles of *Ailanthus altissima*. Structures of shinjulactones B, D, and E. *Bulletin of the Chemical Society of Japan*. 1984, **57**(9): 2484-2489

[6] M Ishibashi, T Tsuyuki, T Murae, H Hirota, T Takahashi, A Itai, Y Iitaka. Constituents of the root bark of *Ailanthus altissima* Swingle. Isolation and x-ray crystal structures of shinjudilactone and shinjulactone C and conversion of ailanthone into shinjudilactone. *Bulletin of the Chemical Society of Japan*. 1983, **56**(12): 3683-3693

[7] M Ishibashi, S Yoshimura, T Tsuyuki, T Takahashi, A Itai, Y Iitaka. Structure determination of bitter principles of *Ailanthus altissima*. Structures of shinjulactones F, I, J, and K. *Bulletin of the Chemical Society of Japan*. 1984, **57**(10): 2885-2892

[8] M Ishibashi, S Yoshimura, T Tsuyuki, T Takahashi, K Matsushita. Shinjulactones G and H, new bitter principles of *Ailanthus altissima* Swingle. *Bulletin of the Chemical Society of Japan*. 1984, **57**(7): 2013-2014

[9] M Ishibashi, T Tsuyuki, T Takahashi. Structure determination of a new bitter principle, shinjulactone L, from *Ailanthus altissima*. *Bulletin of the Chemical Society of Japan*. 1985, **58**(9): 2723-2724

[10] Y Niimi, T Tsuyuki, T Takahashi, K Matsushita. Structure determination of shinjulactones M and N, new bitter principles from *Ailanthus altissima* Swingle. *Bulletin of the Chemical Society of Japan*. 1986, **59**(5): 1638-1640

[11] K Kubota, N Fukamiya, T Hamada, M Okano, K Tagahara, KH Lee. Two new quassinoids, ailantinols A and B, and related Compounds from *Ailanthus altissima*. *Journal of Natural Products*. 1996, **59**(7): 683-686

[12] K Kubota, N Fukamiya, M Okano, K Tagahara, KH Lee. Two new quassinoids, ailantinols C and D, from *Ailanthus altissima*. *Bulletin of the Chemical Society of Japan*. 1996, **69**(12): 3613-3617

[13] S Tamura, N Fukamiya, M Okano, J Koyama, K Koike, H Tokuda, W Aoi, J Takayasu, M Kuchide, H Nishino. Three new quassinoids, ailantinol E, F, and G, from *Ailanthus altissima*. *Chemical & Pharmaceutical Bulletin*. 2003, **51**(4): 385-389

[14] CG Casinovi, P Ceccherelli, G Fardella, G Grandolini. Isolation and structure of a quassinoid from *Ailanthus glandulosa*. *Phytochemistry*. 1983, **22**(12): 2871-2873

[15] Y Niimi, T Tsuyuki, T Takahashi, K Matsushita. Bitter principles of *Ailanthus altissima* Swingle. Structure determination of shinjuglycosides E and F. *Chemical & Pharmaceutical Bulletin*. 1987, **35**(10): 4302-4306

[16] 吕金顺，熊波，郭迈，邓芹英，朱慧．臭椿中新苦木苦素的结构鉴定．中山大学学报（自然科学版）．2002，**41**(3)：37-40

[17] K Szendrei, T Korbely, H Krenzien, J Reisch, I Novak. β-Carboline alkaloids and coumarins from the root bark of the tree-of-heaven [*Ailanthus altissima* (Mill.) Swingle, Simaroubaceae]. *Herba Hungarica*. 1977, **16**(3): 15-21

[18] E Varga, K Szendrei, J Reisch, G Maroti. Indole alkaloids of *Ailanthus altissima*. II. *Fitoterapia*. 1981, **52**(4): 183-186

[19] T Ohmoto, K Koike, Y Sakamoto. Studies on the constituents of *Ailanthus altissima* Swingle. II. Alkaloidal constituents. *Chemical & Pharmaceutical Bulletin*. 1981, **29**(2): 390-395

[20] T Ohmoto, K Koike. Studies on the constituents of *Ailanthus altissima* Swingle. III. The alkaloidal constituents. *Chemical & Pharmaceutical Bulletin*. 1984, **32**(1): 170-173

[21] SW Hwang, JR Lee, J Lee, HS Kwon, MS Yang, KH Park. New coumarins from the *Ailanthus altissima*. *Heterocycles*. 2005, **65**(8): 1963-1966

[22] T Ohmoto, R Tanaka, T Nikaido. Studies on the constituents of *Ailanthus altissima* Swingle. On the alkaloidal constituents. *Chemical & Pharmaceutical Bulletin*. 1976, **24**(7): 1532-1536

[23] S Yoshimura, M Ishibashi, T Tsuyuki, T Takahashi, K Matsushita. Constituents of seeds of *Ailanthus altissima* Swingle. Isolation and structures of shinjuglycosides A, B, C, and D. *Bulletin of the Chemical Society of Japan*. 1984, **57**(9): 2496-2501

[24] SH Ansari, M Ali. Two new phytosterols from *Ailanthus altissima* (Mill.) swingle. *Acta Horticulturae*. 2003, **597**: 91-94

[25] C Souleles, E Kokkalou. A new β-carboline alkaloid from *Ailanthus altissima*. *Planta Medica*. 1989, **55**(3): 286-287

[26] C Souleles, R Waigh. Indole alkaloids of *Ailanthus altissima*. *Journal of Natural Products*. 1984, **47**(4): 741

[27] C Souleles, S Philianos. Constituents of *Ailanthus glandulosa* leaves. *Plantes Medicinales et Phytotherapie*. 1983, **17**(3): 157-160

[28] T Nakaoki, N Morita. Medicinal resources. XII. Components of the leaves of *Cornus controversa, Ailanthus altissima,* and *Ricinus commununis*. *Yakugaku Zasshi*. 1958, **78**: 558-559

[29] AMA El-Baky, FM Darwish, ZZ Ibraheim, YG Gouda. Phenolic compounds from *Ailanthus altissima* Swingle. *Bulletin of Pharmaceutical Sciences*. 2000, **23**(2): 111-116

[30] HH Barakat. Chemical investigation of the constitutive phenolics of *Ailanthus altissima*; the structure of a new flavone glycoside gallate. *Natural Product Sciences*. 1998, **4**(3): 153-157

[31] SG Hwang, HC Lee, CK Kim, DG Kim, GO Lee, YG Yun, BH Jeon. Effect of *Ailanthus altissima* water extract on cell cycle control genes in Jurkat T lymphocytes. *Yakhak Hoechi*. 2002, **46**(1): 18-23

[32] V De Feo, L De Martino, A Santoro, A Leone, C Pizza, S Franceschelli, M Pascale. Antiproliferative effects of tree-of-heaven (*Ailanthus altissima* Swingle). *Phytotherapy Research*. 2005, **19**(3): 226-230

[33] M Ammirante, R Di Giacomo, L De Martino, A Rosati, M Festa, A Gentilella, MC Pascale, MA Belisario, A Leone, MC Turco, V De Feo. 1-Methoxy-canthin-6-one induces c-jun NH_2-terminal kinase-dependent apoptosis and synergizes with tumor necrosis factor-related apoptosis-inducing ligand activity in human neoplastic cells of hematopoietic or endodermal origin. *Cancer Research*. 2006, **66**(8): 4385-4393

[34] 李雪萍．臭椿皮提取物体内抗肿瘤作用的实验研究．甘肃科学学报．2003，**15**(4)：124-125

[35] K Kubota, N Fukamiya, H Tokuda, H Nishino, K Tagahara, KH Lee, M Okano. Quassinoids as inhibitors of Epstein-Barr virus early antigen activation. *Cancer Letters*. 1997, **113**(1-2): 165-168

[36] 朱育凤，周琴妹，丰国炳，宋金斌，俞小陶．香椿皮与臭椿皮的体外抗菌作用比较．中国现代应用药学杂志．1999，**16**(6)：19-21

[37] 沈逸萍．凤眼草体外抗菌实验研究．时珍国医国药．1999，**10**(7)：499

[38] 朱育凤，周琴妹，陶开春．臭椿叶与香椿叶的比较鉴别及体外抗菌试验．中药材．2000，**23**(8)：484-485

[39] YS Chang, YH Moon, ER Woo. Virus-cell fusion inhibitory compounds from *Ailanthus altissima* Swingle. *Saengyak Hakhoechi*. 2003, **34**(1): 28-32

[40] T Ohmoto, K Koike. Antiherpes activity of Simaroubaceae alkaloids *in vitro*. *Shoyakugaku Zasshi*. 1988, **42**(2): 160-162

[41] AL Okunade, RE Bikoff, SJ Casper, A Oksman, DE Goldberg, WH Lewis. Antiplasmodial activity of extracts and quassinoids isolated from seedlings of *Ailanthus altissima* (Simaroubaceae). *Phytotherapy Research*. 2003, **17**(6): 675-677

[42] MH Jin, J Yook, E Lee, CX Lin, ZJ Quan, KH Son, KH Bae, HP Kim, SS Kang, HW Chang. Anti-inflammatory activity of *Ailanthus altissima* in ovalbumin-induced lung inflammation. *Biological & Pharmaceutical Bulletin*. 2006, **29**(5): 884-888

[43] S Rahman, N Fukamiya, M Okano, K Tagahara, KH Lee. Anti-tuberculosis activity of quassinoids. *Chemical & Pharmaceutical Bulletin*. 1997, **45**(9): 1527-1529

[44] T Ohmoto, YI Sung, K Koike, T Nikaido. Effect of alkaloids of Simaroubaceous plants on the local blood flow rate. *Shoyakugaku Zasshi*. 1985, **39**(1): 28-34

[45] T Ohmoto, T Nikaido, K Koike, K Kohda, U Sankawa. Inhibition of cyclic AMP phosphodiesterase in medicinal plants. Part XV. Inhibition of adenosine 3',5'-cyclic monophosphate phosphodiesterase by alkaloids. II. *Chemical & Pharmaceutical Bulletin*. 1988, **36**(11): 4588-4592

[46] V De Feo, L De Martino, E Quaranta, C Pizza. Isolation of phytotoxic compounds from tree-of-heaven (*Ailanthus altissima* Swingle). *Journal of Agricultural and Food Chemistry*. 2003, **51**(5): 1177-1180

洋葱 Yangcong GCEM

Allium cepa L.

Onion

概述

百合科 (Liliaceae) 植物洋葱 *Allium cepa* L.，其鳞茎入药。药用名：洋葱。

葱属 (*Allium*) 植物全世界约有 500 种，分布于北半球。中国约有 110 种，本属现供药用者约 13 种。本种原产于亚洲西部，在全世界均广泛种植。

据古代碑刻记载，埃及人使用洋葱的历史已有 5000 余年。由于洋葱具有强烈刺激性气味，在中世纪时期，欧洲普遍用洋葱防治瘟疫传染。欧洲民间医生也将洋葱与蒜在牛奶中混合烹饪，用于清除肺部充血[1]。洋葱被印度草医广泛运用，通常是将洋葱汁与蜂蜜、姜汁、印度酥油混合，治疗疾病。19 世纪至 20 世纪初，美洲草医用洋葱糖浆治疗咳嗽和支气管炎，用洋葱酊治疗肾结石和肾水肿。洋葱入中药见于《岭南杂记》。主产于美国[2]。

洋葱主要成分为含硫化合物、黄酮类、花色素类、含硒氨基酸类成分等。

药理研究表明，洋葱具有抗菌、降血脂、降血糖、抗血栓、抗肿瘤、抗氧化等作用。

民间经验认为洋葱具有开胃消食、预防动脉粥样硬化的功效；中医理论认为洋葱具有健胃理气，解毒杀虫，降血脂的功效。

洋葱 *Allium cepa* L.

药材洋葱 Bulbus Allii Cepae

化学成分

洋葱鳞茎含有含硫化合物：蒜氨酸 (alliin)[3]、环蒜氨酸 (cycloalliin)、异蒜氨酸 (isoalliin)[4]、大蒜辣素 (allicin)、二丙烯基二硫化物 (dipropenyl disulfide)、甲丙烯基二硫化物 (methylpropenyl disulfide)、二丙基三硫化物 (dipropyl trisulfide)、二甲基噻吩 (dimethyl thiophene)、丙硫醇 (propanethiol)[5]、L-γ-glutamyl-S-(1E)-1-propenyl-L-cysteine、S-propenyl-L-cysteine sulfoxide[4]、3-(propylsulfinyl)-L-alanine、3-(methylsulfinyl)-D-alanine[6]、3-mercapto-2-methylpentan-1-ol[7]；花色素类成分：甲基花青素-3,5-二葡萄糖苷 (peonidin-3,5-diglucoside)、矢车菊素-3,5-二葡萄糖苷 (cyanidin-3,5-diglucoside)、矢车菊素-3-葡萄糖苷 (cyanidin-3-glucoside)[8]；含硒氨基酸类成分：硒基蛋氨酸 (selenomethionine)、硒代半胱氨酸 (selenocysteine)、硒甲基硒代半胱氨酸 (Se-methylselenocysteine)[9]等。

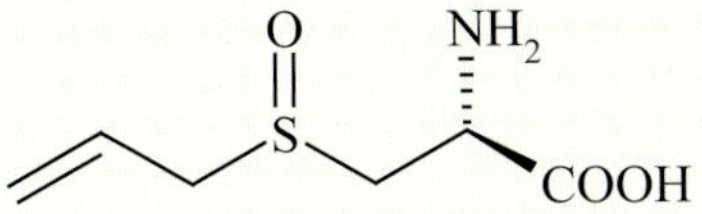

alliin

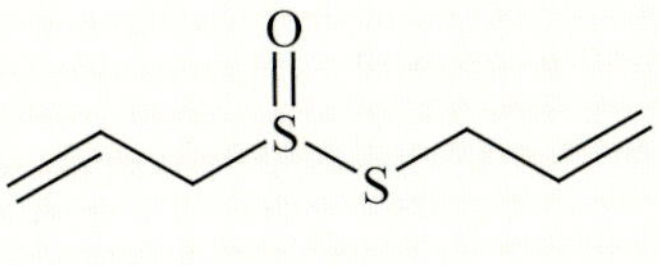

allicin

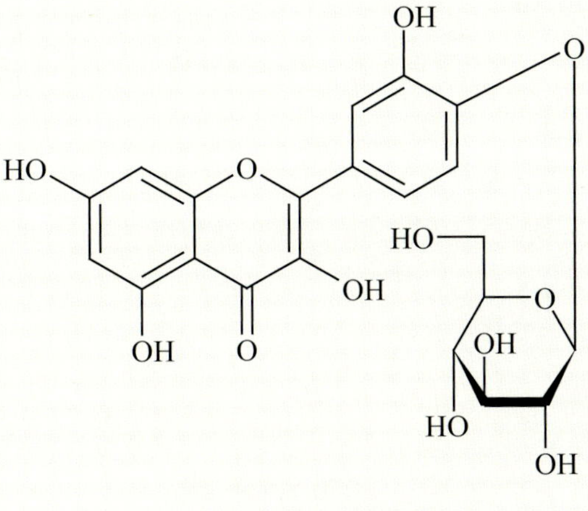

spiraeoside

洋葱 Yangcong

洋葱鳞茎外皮含黄酮类成分：绣线菊苷 (spiraeoside)、槲皮素-3,4'-二葡萄糖苷 (quercetin-3,4'-diglucoside)[10]、槲皮素 (quercetin)、异鼠李素-3-葡萄糖苷 (isorhamnetin-3-glucoside)、异鼠李素-3,4'-二葡萄糖苷 (isorhamnetin-3,4'-diglucoside)、槲皮素-3,7,4'-三葡萄糖苷 (quercetin-3,7,4'-triglucopyranoside)[11]、山柰酚-4'-葡萄糖苷 (kaempferol-4'-glucoside)[12]、山柰酚-3-槐糖苷-7-葡萄糖苷 (kaempferol-3-sophoroside-7-glucuronide)、槲皮素-3-槐糖苷-7-葡萄糖苷 (quercetin-3-sophoroside-7-glucuronide)[13]等。

另外，洋葱鳞茎还含多肽allicepin[14]和酚酸[15]类成分等。

药理作用

1. 抗菌

洋葱水提取物和甲醇提取物均有广谱抗菌活性，而且安全无毒[16]。洋葱水提取物体外对导致龋齿的变异链球菌、表兄链球菌，导致牙周炎的牙龈卟啉单胞菌、中间普氏菌有明显抑制作用[17]。洋葱多肽类成分体外对灰葡萄孢菌、尖孢镰刀菌等霉菌生长也有明显抑制作用[14]。

2. 降血脂

洋葱汁经口给药能明显降低高血脂大鼠血清谷草转氨酶 (GOT)、谷丙转氨酶 (GPT) 活性，降低血清总胆固醇、三酰甘油和总脂质浓度[18]。洋葱所含有机硫化物和黄酮类成分饲喂可通过抑制大鼠脂质的吸收和生物合成，促进脂质降解代谢，降低血脂浓度[19]。

3. 降血糖

洋葱中的含硫化合物给大鼠口服能刺激胰岛素分泌[20]，改善肝脏己糖激酶、葡萄糖磷酸酶活性，显著降低四氧嘧啶导致的糖尿病大鼠血糖浓度[21]。

4. 抗血栓

洋葱甲醇提取物能通过改变人血小板膜脂质的流动性，明显抑制胶原蛋白、二磷酸腺苷、花生四烯酸、凝血酶、肾上腺素导致的人血小板聚集[22]。洋葱汁体外可通过提高血小板中环磷酸腺苷的含量，抑制二磷酸腺苷导致的钙离子含量升高和血栓素的形成，从而产生预防心血管疾病的作用[23]。洋葱所含的大蒜素[3]和其他含硫化合物体外能抑制胶原蛋白、二磷酸腺苷、花生四烯酸导致的血小板聚集[24]。洋葱提取物对切应力导致的血小板聚集和激光诱导的小鼠血栓形成也具有明显抑制作用[25]。

5. 抗肿瘤

洋葱丙酮提取物体外对人肝癌细胞 HepG2 和结肠癌细胞 Caco-2 的增殖有明显抑制作用[26]。洋葱油具有抑制白血病细胞 HL-60 生长，诱导白血病细胞分化作用[27]。洋葱中含硫化物能通过调节致癌因子代谢酶，抑制癌细胞 DNA 形成与复制，有效地抑制胃癌、食道癌和结肠癌等[28]。

6. 抗氧化

洋葱粉末或乙醇提取物能显著增加红细胞中超氧化物歧化酶、过氧化氢酶、谷胱甘肽过氧化物酶活性，抑制黄嘌呤氧化酶活性，产生脂质过氧化抑制作用[19]，醋酸乙酯提取物则具有明显的二苯代苦味酰肼 (DPPH) 和 H_2O_2 自由基清除活性[29]。洋葱的抗氧化活性与其所含黄酮类成分相关[15]，红色洋葱的抗氧化活性强于黄色洋葱，洋葱皮提取物抗氧化活性较强[30]。

7. 其他

洋葱能明显抑制脂多糖导致的一氧化氮在巨噬细胞的产生，显示抗炎活性[31]。洋葱还有松弛平滑肌、利尿、降血压，调节人体生理平衡和新陈代谢的作用。

应用

洋葱主治消化不良、动脉硬化、感冒发烧、咳嗽、支气管炎。也可治疗高血压、咽喉炎、百日咳、哮喘、扁桃体炎、咽峡炎、疝气、蛔虫病、糖尿病，预防传染病；外用治疗虫咬、刀伤、烧伤、疖、疣，以及瘀伤的后期护理。

洋葱也为中医临床用药。功能：健胃理气，解毒杀虫，降血脂。主治：食少腹胀，创伤，溃疡，滴虫性阴道炎，高脂血症。

评注

中国的自然环境十分适合洋葱的生长。洋葱除食用价值外，还有明显的药理作用，因此以洋葱作为药用资源，开发降血脂药物将大有前途。

目前的洋葱产品主要是脱水洋葱粉，应加强开展洋葱油提取技术、脱臭技术、贮存技术的研究，深入开发洋葱的加工食疗产品。

参考文献

[1] Facts and Comparisons (Firm). The review of natural products (3rd edition). Missouri: Facts and Comparisons. 2000: 536-538

[2] 张镛. 洋葱是菜又是药. 养生月刊. 2006, **27**(7): 635

[3] M Liakopoulou-Kyriakides, Z Sinakos, DA Kyriakidis. Identification of alliin, a constituent of *Allium cepa* with an inhibitory effect on platelet aggregation. *Phytochemistry*. 1985, **24**(3): 600-601

[4] Y Ueda, T Tsubuku, R Miyajima. Composition of sulfur-containing components in onion and their flavor characters. *Bioscience, Biotechnology*, and *Biochemistry*. 1994, **58**(1): 108-110

[5] EP Jarvenpaa, ZY Zhang, R Huopalahti, JW King. Determination of fresh onion (*Allium cepa*) volatiles by solid phase microextraction combined with gas chromatography-mass spectrometry. *Zeitschrift fuer Lebensmittel-Untersuchung und -Forschung* A. 1998, **207**(1): 39-43

[6] S Schwimmer, M Mazelis. Characterization of alliinase of *Allium cepa*. Archives of *Biochemistry and Biophysics*. 1963, **100**: 66-73

[7] P Rose, S Widder, J Looft, W Pickenhagen, CN Ong, M Whiteman. Inhibition of peroxynitrite-mediated cellular toxicity, tyrosine nitration, and alpha1-antiproteinase inactivation by 3-mercapto-2-methylpentan-1-ol, a novel compound isolated from *Allium cepa*. *Biochemical and Biophysical Research Communications*. 2003, **302**(2): 397-402

[8] T Fossen, OM Andersen, DO Oevstedal, AT Pedersen, A Raknes. Characteristic anthocyanin pattern from onions and other *Allium* spp. *Journal of Food Science*. 1996, **61**(4): 703-706

[9] J Auger, W Yang, I Arnault, F Pannier, M Potin-Gautier. High-performance liquid chromatographic-inductively coupled plasma mass spectrometric evidence for Se-"alliins" in garlic and onion grown in Se-rich soil. *Journal of Chromatography, A*. 2004, **1032**(1-2): 103-107

[10] M Takenaka, K Nanayama, I Ohnuki, M Udagawa, E Sanada, S Isobe. Cooking loss of major onion antioxidants and the comparison of onion soups prepared in different ways. *Food Science and Technology Research*. 2004, **10**(4): 405-409

[11] P Bonaccorsi, C Caristi, C Gargiulli, U Leuzzi. Flavonol glucoside profile of southern Italian red onion (*Allium cepa* L.). *Journal of Agricultural and Food Chemistry*. 2005, **53**(7): 2733-2740

[12] T Scheer, M Wichtl. Kaempferol-4'-O-β-D-glucopyranoside in *Filipendula ulmaria* and *Allium cepa*. *Planta Medica*. 1987, **53**(6): 573-574

[13] S Urushibara, Y Kitayama, T Watanabe, T Okuno, A Watarai, T Matsumoto. New flavonol glycosides, major determinants inducing the green fluorescence in the guard cells of *Allium cepa*. *Tetrahedron Letters*. 1992, **33**(9): 1213-1216

[14] HX Wang, TB Ng. Isolation of allicepin, a novel antifungal peptide from onion (*Allium cepa*) bulbs. *Journal of Peptide Science*. 2004, **10**(3): 173-177

[15] TN Ly, C Hazama, M Shimoyamada, H Ando, K Kato, R Yamauchi. Antioxidative compounds from the outer scales of onion. *Journal of Agricultural and Food Chemistry*. 2005, **53**(21): 8183-8189

[16] AD Omoloso, JK Vagi. Broad spectrum antibacterial activity of *Allium cepa, Allium roseum, Trigonella foenum-graecum* and *Curcuma domestica. Natural Product Sciences.* 2001, **7**(1): 13-16

[17] JH Kim. Anti-bacterial action of onion (*Allium cepa* L.) extracts against oral pathogenic bacteria. *The Journal of Nihon University School of Dentistry.* 1997, **39**(3): 136-141

[18] MH Chung, BJ Lee, GW Kim. Studies on antihyperlipemic and antioxidant activity of *Allium cepa* L. *Saengyak Hakhoechi.* 1997, **28**(4): 198-208

[19] SJ An, MK Kim. Effect of dry powders, ethanol extracts and juices of radish and onion on lipid metabolism and antioxidative capacity in rats. *Hanguk Yongyang Hakhoechi.* 2001, **34**(5): 513-524

[20] K Kumari, KT Augusti. Antidiabetic and antioxidant effects of S-methyl cysteine sulfoxide isolated from onions (*Allium cepa* Linn) as compared to standard drugs in alloxan diabetic rats. *Indian Journal of Experimental Biology.* 2002, **40**(9): 1005-1009

[21] K Kumari, BC Mathew, KT Augusti. Antidiabetic and hypolipidemic effects of S-methyl cysteine sulfoxide isolated from *Allium cepa* Linn. *Indian Journal of Biochemistry & Biophysics.* 1995, **32**(1): 49-54

[22] M Furusawa, H Tsuchiya, M Nagayama, T Tanaka, K Nakaya, M Iinuma. Anti-platelet and membrane-rigidifyin g flavonoids in brownish scale of onion. *Journal of Health Science.* 2003, **49**(6): 475-480

[23] JH Chen, HI Chen, JS Wang, SJ Tsai, CJ Jen. Effects of Welsh onion extracts on human platelet function *in vitro. Life Sciences.* 2000, **66**(17): 1571-1579

[24] Y Morimitsu, S Kawakishi. Inhibitors of platelet aggregation from onion. *Phytochemistry.* 1990, **29**(11): 3435-3439

[25] K Yamada, A Naemura, N Sawashita, Y Noguchi, J Yamamoto. An onion variety has natural antithrombotic effect as assessed by thrombosis/thrombolysis models in rodents. *Thrombosis Research.* 2004, **114**(3): 213-220

[26] J Yang, KJ Meyers, J van der Heide, RH Liu. Varietal differences in phenolic content and antioxidant and antiproliferative activities of onions. *Journal of Agricultural and Food Chemistry.* 2004, **52**(22): 6787-6793

[27] T Seki, K Tsuji, Y Hayato, T Moritomo, T Ariga. Garlic and onion oils inhibit proliferation and induce differentiation of HL-60 cells. *Cancer Letters.* 2000, **160**(1): 29-35

[28] F Bianchini, H Vainio. *Allium* vegetables and organosulfur compounds: do they help prevent cancer? *Environmental Health Perspectives.* 2001, **109**(9): 893-902

[29] MY Shon, SD Choi, GG Kahng, SH Nam, NJ Sung. Antimutagenic, antioxidant and free radical scavenging activity of ethyl acetate extracts from white, yellow and red onions. *Food and Chemical Toxicology.* 2004, **42**(4): 659-666

[30] AM Nuutila, R Puupponen-Pimia, M Aarni, KM Oksman-Caldentey. Comparison of antioxidant activities of onion and garlic extracts by inhibition of lipid peroxidation and radical scavenging activity. *Food Chemistry.* 2003, **81**(4): 485-493

[31] TH Tsai, PJ Tsai, SC Ho. Antioxidant and anti-inflammatory activities of several commonly used spices. *Journal of Food Science.* 2005, **70**(1): C93-C97

蒜 Suan EP, BP, BHP, USP, GCEM

百合科

Allium sativum L.

Garlic

概述

百合科 (Liliaceae) 植物蒜 *Allium sativum* L.，其新鲜或干燥鳞茎入药。药用名：大蒜。

葱属 (*Allium*) 植物全世界约有 500 种，分布于北半球。中国有 110 种，本属现供药用者约 13 种。本种原产于亚洲西部或欧洲，现全世界均广泛种植。

根据胡夫大金字塔碑铭记载，蒜在古埃及曾被当作货币。蒜的药用范围很广泛，民间医生曾经用大蒜治疗人体麻风病、马凝血障碍等。中世纪时期，大蒜被用于治疗耳聋，美洲印第安人也用大蒜治疗耳痛、肠胃胀气和坏血病[1]。汉代时大蒜被引入中国，其药用之名始载于《名医别录》。《欧洲药典》(第 5 版)、《英国药典》(2002 年版)和《美国药典》(第 28 版)收载本种为大蒜的法定原植物来源种。主产于地中海沿岸国家以及中国、美国和阿根廷。

蒜鳞茎含有丰富的含硫化合物，其活性成分主要为大蒜新素、大蒜辣素和大蒜烯等。《英国药典》和《欧洲药典》采用高效液相色谱法测定，规定大蒜粉中含大蒜辣素不得少于 0.45%；《美国药典》采用高效液相色谱法测定，规定大蒜中蒜氨酸的含量不得少于 0.50%，且含 γ-glutamyl-S-allyl-L-cysteine 不得少于 0.20%，以控制药材质量。

药理研究表明，蒜具有抗微生物与寄生虫、抗肿瘤、降血脂、抗动脉粥样硬化、保肝、调节免疫等作用。

民间经验认为大蒜有降血脂、抗菌的作用；中医理论认为大蒜具有温中行滞，解毒，杀虫的功效。

蒜 *Allium sativum* L.

蒜 Suan

药材大蒜 Bulbus Allii Sativi

1cm

化学成分

蒜鳞茎主要含有含硫挥发性成分，其中含约1.0%的蒜氨酸 (alliin)，能在蒜氨酸酶 (alliinase) 的作用下，转化为大蒜辣素 (allicin)。此外，还含有异蒜氨酸 (isoalliin)、methiin、环蒜氨酸 (cycloalliin)、γ-glutamyl-S-allyl-L-cysteine、γ-L-glutamyl-S-methyl-L-cysteine、γ-L-glutamyl-S-(2-propenyl)-L-cysteine、γ-L-glutamyl-S-(trans-1-propenyl)-L-cysteine[2]、methyl allyl trisulfide、二烯丙基二硫化物 (dially disulfide)[3]、2-vinyl-[4H]-1,3-dithiin、3-vinyl-[4H]-1,2-dithiin、烯丙基甲基二硫化物 (allyl methyl disulfide)[4]、Z-、E-大蒜烯 (Z-, E-ajoenes)[5]、蒜硫苷A_1 (scordinin A_1)[6]、丙烯醛二烯丙基二硫化物 (acrolein allyl disulfide)[7]、S-半胱氨酸甲酯 (S-methylcysteine)、S-乙基-L-半胱氨酸硫氧化物 (S-ethyl-L-cysteine sulfoxide)[8]、S-烯丙基半胱氨酸 (S-allylcysteine)、S-allyl mercaptocysteine、Nα-果糖基精氨酸 (Nα-fructosyl arginine)[9]、S-methylmercapto-cysteine[10]、E-丙烯醛基烯丙基二硫化物 (3-allyldisulfanyl-propenal)、3-乙烯基-4H-1,2-二硫杂苯-1-氧化物 (3-vinyl-3, 4-dihydro-[1,2] dithiin-1-oxide)、(E/Z)1-丙烯基烯丙硫代亚磺酸酯 [(E/Z) 1-propenyl allyl thiosulfinate][11]。此外，还含1-甲基-1,2,3,4-四氢化-β-咔啉-3-羧酸(1-methyl-1,2,3,4-tetrahydro-β-carboline-3-carboxylic acid)、1-甲基-1,2,3,4-四氢化-β-咔啉-1,3-二羟酸 (1-methyl-1,2,3,4-tetrahydro-β-carboline-1,3-dicarboxylic acid)[12]等。

蒜鳞茎外皮含N-trans-coumaroyloctopamine、N-trans-feruloyloctopamine、guaiacylglycerol-β-ferulic acid ether、反式香豆酸 (trans-coumaric acid)、反式阿魏酸 (trans-ferulic acid)[13]。

蒜叶含异槲皮苷 (isoquercitrin)、瑞诺苷 (reynoutrin)、黄芪苷 (astragalin)、异鼠李黄素-3-O-β-D-吡喃葡萄糖苷 (isorhamnetin-3-O-β-D-glucopyranoside)[14]等。

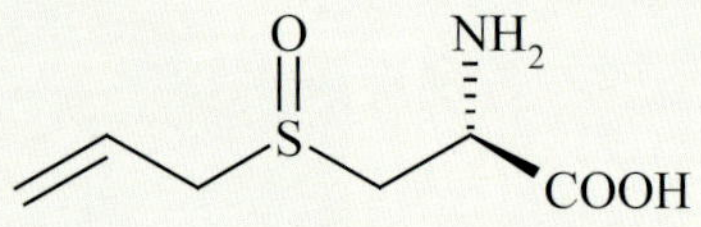

O NH2 S COOH

alliin

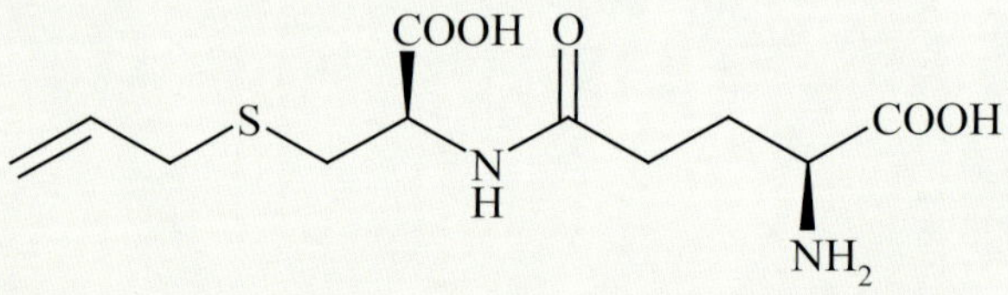

COOH O S N H COOH NH2

γ-glutamyl-S-allyl-L-cysteine

药理作用

1. 抗微生物与寄生虫

蒜提取物及大蒜辣素体外对鼠伤寒沙门氏菌、志贺氏痢疾菌、产气荚膜梭菌、大肠杆菌、绿脓杆菌、金黄色葡萄球菌、幽门螺旋杆菌等均有显著的抑制作用[15-16]。大蒜辣素还能抑制人体原生寄生虫如阿米巴原虫和兰伯贾第虫等，此外，大蒜辣素体外还有抗病毒作用[17]。

2. 对心血管系统的影响

蒜浸出液给麻醉兔和犬静脉注射能引起血压短暂下降。舌下静脉注射大蒜辣素，对线栓法大鼠局灶性脑缺血再灌注损伤有明显保护作用，其机理可能与提高抗氧化酶活性，抗脂质过氧化损伤及抗炎作用有关[18]。蒜提取物对血管紧张素 II 诱导的离体兔血管平滑肌细胞增殖有明显的抑制作用[19]。大蒜多糖体外能拮抗阿霉素导致的乳鼠心肌细胞自由基脂质过氧化，从而预防心肌细胞损伤[20]。

3. 抗肿瘤

蒜有效成分二烯丙基硫醚、二烯丙基二硫、二烯丙基三硫和大蒜烯可诱导皮肤癌、肺腺癌、白血病、肝癌、胃癌、结肠癌、神经癌、膀胱癌、乳腺癌、前列腺癌以及鼻咽癌等肿瘤细胞凋亡；其诱导肿瘤细胞凋亡的机理主要为影响肿瘤细胞的生长周期，影响癌基因与抑癌基因的表达，改变酶活性以及改变细胞内离子浓度等[21]。

4. 降血脂、抗动脉粥样硬化

蒜制剂能抑制胆固醇饲喂大鼠血脂上升[22]，有效成分为二烯丙基二硫化物及烯丙基甲基二硫化物，其降血脂的作用可能是通过甾醇 4α-甲基氧化酶 (sterol 4α-methyl oxidase) 介导的[23]。用牛主动脉中的蛋白硫酸乙酰肝素 (HS-PG) 为实验基质，发现蒜水提物能显著抑制 Ca^{2+} 结合到 HS-PG，抑制三元微斑复合物的形成，从而抑制动脉硬化的微斑形成[24]。

5. 抗凝血

蒜水提物灌胃或腹腔给药能显著抑制大鼠体内血栓素B_2 (TXB_2) 的合成，从而有抗凝血作用；大蒜烯能改变血小板膜，为抗凝血的主要有效成分[25-26]。

6. 对胃肠道的影响

蒜氨酸灌胃给药能降低乙醇、乙醇/盐酸、吲哚美辛及幽门结扎所致大鼠胃溃疡模型的溃疡指数；增加正常小鼠小肠的碳末推进率，还能缩短便秘模型小鼠的排便时间，增加排便点数，有促进排便作用[27]。

7. 保肝

蒜挥发油中的S-烯丙基半胱氨酸和S-methylmercapto-cysteine 能保护 CCl_4 和氨基半乳糖 (GalN) 刺激下体外培养的大鼠肝细胞，抑制细胞毒作用；S-烯丙基半胱氨酸作用非常显著。大蒜新素和 S-methylmercapto-cysteine 对 GalN 诱发大鼠肝损伤有保护作用；大蒜挥发油还能抑制 CCl_4 诱导的自由基形成和脂质过氧化反应，显示其保肝作用可能与抗氧化有关[10]。

8. 抗过敏

大蒜烯灌胃给药，对大鼠48小时被动皮肤过敏性反应有抑制作用，同时还可抑制腹膜肥大细胞释放组胺，有抗过敏作用[28]。

9. 免疫调节功能

正常小鼠的溶血空斑试验及淋巴细胞转化试验表明，大蒜油对小鼠 T 细胞转化和免疫球蛋白 M (IgM) 生成均有显著的抑制作用[29]。蒜水提物能提高免疫功能低下小鼠的淋巴细胞转化率和 E 玫瑰花结形成率，促进血清溶血素的形成，提高碳廓清指数，还可拮抗环磷酰胺所致的胸腺和脾脏缩小，有促进免疫的作用[30]。

10. 其他

蒜还有抗诱变活性[31]。

蒜 Suan

应用

大蒜主要用于治疗动脉硬化、高血压、高胆固醇症。还可治疗百日咳、支气管炎、消化不良、胃肠胀气、胃痉挛、痛经、糖尿病、便秘、发热；外用治疗鸡眼、肉赘、胼胝、耳炎、肌肉痛、关节炎和坐骨神经痛等。

大蒜也为中医临床用药。功能：温中行滞，解毒，杀虫。主治：脘腹冷痛，痢疾，百日咳，感冒，痈疖肿毒，肠痈，癣疮，蛇虫咬伤，钩虫病，水肿。

评注

除鳞茎外，大蒜油也可入药。大蒜为世界著名的预防心血管疾病的药物，目前对大蒜的研究较多，但其化学成分非常复杂，且不同的采收时期和加工方法对其有效成分影响较大。阐明大蒜的活性成分与作用机理研究仍有待深入。

参考文献

[1] Facts and Comparisons (Firm). The review of natural products (3-rd edition). Missouri: Facts and Comparisons. 2000: 304-307

[2] M Ichikawa, N Ide, J Yoshida, H Yamaguchi, K Ono. Determination of seven organosulfur compounds in garlic by high-performance liquid chromatography. *Journal of Agricultural and Food Chemistry*. 2006, **54**(5): 1535-1540

[3] AE Edris, HM Fadel, AS Shalaby. Effect of organic agricultural practices on the volatile flavor components of some essential oil plants growing in Egypt: I. garlic essential oil. *Bulletin of the National Research Centre*. 2003, **28**(3): 369-376

[4] J Velisek, R Kubec, J Davidek. Chemical composition and classification of culinary pharmaceutical garlic-based products. *Zeitschrift fuer Lebensmittel-Untersuchung und -Forschung A*. 1997, **204**(2): 161-164

[5] 陆茂松，闵吉梅，王夔．大蒜有机硫化合物的研究．中草药．2001，**32**(10)：867-871

[6] K Kominato. Biological active component in garlic (*Allium scorodoprasm* or *Allium sativum*). II. Chemical structure of scordinin A_1. *Chemical & Pharmaceutical Bulletin*. 1969, **17**(11): 2198-2200

[7] MS Lu, JM Min. A new disulfide from garlic. *Journal of Chinese Pharmaceutical Sciences*. 2002, **11**(2): 52-53

[8] L Hoerhammer, H Wagner, M Seitz, ZJ Vejdelek. Evaluation of garlic preparations. I. Chromatographic studies of the actual components of *Allium sativum*. *Pharmazie*. 1968, **23**(8): 462-467

[9] H Amagase. Clarifying the real bioactive constituents of garlic. *Journal of Nutrition*. 2006, **136**(3): 716S-725S

[10] H Hikino, M Tohkin, Y Kiso, T Namiki, S Nishimura, K Takeyama. Oriental medicines. Part 108. Liver protective drugs. Part 29. Antihepatotoxic actions of *Allium sativum* bulbs. *Planta Medica*. 1986, **3**: 163-168

[11] 陆茂松，闵吉梅，王夔．大蒜有机硫化物的研究 (II)．中草药．2002，**33**(12)：1059-1061

[12] M Ichikawa, K Ryu, J Yoshida, N Ide, S Yoshida, T Sasaoka, SI Sumi. Antioxidant effects of tetrahydro- β -carboline derivatives identified in aged garlic extract. *ACS Symposium Series*. 2004, **871**: 380-404

[13] M Ichikawa, K Ryu, J Yoshida, N Ide, Y Kodera, T Sasaoka, RT Rosen. Identification of six phenylpropanoids from garlic skin as major antioxidants. *Journal of Agricultural and Food Chemistry*. 2003, **51**(25): 7313-7317

[14] MY Kim, YC Kim, SK Chung. Identification and *in vitro* biological activities of flavonols in garlic leaf and shoot: inhibition of soybean lipoxygenase and hyaluronidase activities and scavenging of free radicals. *Journal of the Science of Food and Agriculture*. 2005, **85**(4): 633-640

[15] LL Nolan, CD Mcclure, RG Labbe. Effect of *Allium* spp. and herb extracts on food-borne pathogens, prokaryotic, and higher and lower eukaryotic cell lines. *Acta Horticulturae*. 1996, **426**: 277-285

[16] P Canizares, I Gracia, LA Gomez, A Garcia, C Martin de Argila, D Boixeda, L de Rafael. Thermal degradation of allicin in garlic extracts and its implication on the inhibition of the *in-vitro* growth of *Helicobacter pylori*. *Biotechnology Progress*. 2004, **20**(1): 32-37

[17] S Ankri, D Mirelman. Antimicrobial properties of allicin from garlic. *Microbes and Infection*. 1999, **1**(2): 125-129

[18] 郑燕华，陈崇宏．大蒜素对大鼠急性脑缺血再灌注损伤保护作用的研究．中国药理学通报．2004，**20**(7)：821-823

[19] 张殿新，任雨笙，刘兵，张荣庆，程何祥，王海昌，秦涛．大蒜素对血管紧张素 II 诱导血管平滑肌细胞增殖的抑制作用．中国现代医学杂志．2005，**15**(14)：2136-2138，2142

[20] 余薇，吴基良，汪晖，查文良．大蒜多糖对阿霉素所致心肌细胞损伤的保护作用．中国药理学通报．2005，**21**(9)：1104-1107

[21] 易岚，苏琦．大蒜有效成分诱导肿瘤细胞凋亡的研究进展．南华大学学报：医学版．2004，**32**(4)：524-526，556

[22] S Gorinstein, M Leontowicz, H Leontowicz, Z Jastrzebski, J Drzewiecki, J Namiesnik, Z Zachwieja, H Barton, Z Tashma, E Katrich, S Trakhtenberg. Dose-dependent influence of commercial garlic (*Allium sativum*) on rats fed cholesterol-containing diet. *Journal of Agricultural and Food Chemistry.* 2006, **54**(11): 4022-4027

[23] DK Singh, TD Porter. Inhibition of sterol 4α-methyl oxidase is the principal mechanism by which garlic decreases cholesterol synthesis. *Journal of Nutrition.* 2006, **136**(3): 759S-764S

[24] G Siegel, M Malmsten, J Pietzsch, A Schmidt, E Buddecke, F Michel, M Ploch, W Schneider. The effect of garlic on arteriosclerotic nanoplaque formation and size. *Phytomedicine.* 2004, **11**(1): 24-35

[25] T Bordia, N Mohammed, M Thomson, M Ali. An evaluation of garlic and onion as antithrombotic agents. *Prostaglandins, Leukotrienes, and Essential Fatty Acids.* 1996, **54**(3): 183-186

[26] E Block, S Ahmad, JL Catalfamo, MK Jain, R Apitz-Castro. The chemistry of alkyl thiosulfinate esters. 9. Antithrombotic organosulfur compounds from garlic: structural, mechanistic, and synthetic studies. *Journal of the American Chemical Society.* 1986, **108**(22): 7045-7055

[27] 廖惠芳，廖雪珍，周玖瑶．大蒜素抗溃疡及通便作用研究．中国临床药理学与治疗学．2005，**10**(12)：1368-1371

[28] T Usui, S Suzuki. Isolation and identification of antiallergic substances from garlic (*Allium sativum* L.). *Natural Medicines.* 1996, **50**(2): 135-137

[29] 辛文芬，管志远，王梅，莫长耕．蒜油、洋葱油及葱油对小鼠免疫系统的作用．中国食品卫生杂志．1996，**8**(4)：8-9，16

[30] 魏云，唐映红，吉兰．大蒜对小鼠免疫功能的影响．中药材．1992，**15**(12)：42-43

[31] SH Kim, JO Kim, SH Lee, KY Park, HJ Park, HY Chung. Antimutagenic compounds identified from the chloroform fraction of garlic (*Allium sativum*). *Han'guk Yongyang Siklyong Hakhoechi.* 1991, **20**(3): 253-259

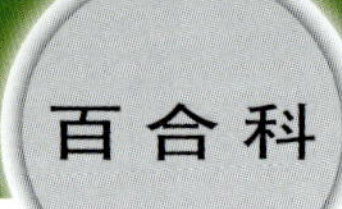

库拉索芦荟 Kulasuoluhui •EP, BP, BHP, USP, GCEM, CP

Aloe vera L.

Aloe

概述

百合科 (Liliaceae) 植物库拉索芦荟 *Aloe vera* L. (*A. barbadensis* Mill.)，其叶汁浓缩干燥物入药。药用名：芦荟。

芦荟属 (*Aloe*) 植物全世界约 200 种，主要分布于非洲，特别是非洲南部干旱地区，亚洲南部也有。中国产 1 种，且供药用，为本种的变种，南方各省区和温室常见栽培，海南省等地区已大量种植。本种原产于非洲北部地方，现全世界众多地区均有栽培。

公元前 4000 多年埃及庙宇中已有芦荟的壁雕出现。芦荟做药用，始载于公元前 15 世纪埃及的医学著作*The Egyptian Book of Remedies*。公元 6 世纪，阿拉伯商人将芦荟带到了亚洲；公元 16 世纪，西班牙人渐渐将芦荟从地中海区域传播到世界各地。直到 20 世纪 30 年代，芦荟开始在临床上用于光敏症的治疗[1]。在中国，芦荟以“卢会”药用之名，始载于《药性论》。历代本草多有著录，自古以来做药用者系芦荟属多种植物。《欧洲药典》（第 5 版）、《英国药典》（2002 年版）、《美国药典》（第 28 版）和《中国药典》（2005 年版）收载本种为芦荟的法定原植物来源种之一。主产于荷兰安地列斯群岛。

库拉索芦荟活性成分主要为两类，一类是蒽醌类成分，为通便和抗肿瘤的主要成分；另一类是叶肉中的凝胶多糖，为促进伤口愈合及组织再生、提高免疫力及美容的主要成分。《欧洲药典》和《英国药典》采用紫外可见分光光度法测定，规定芦荟中羟基蒽醌衍生物含量以芦荟苷计不得少于 28%；《美国药典》规定芦荟中水溶性浸出物含量不得少于 50%；《中国药典》采用高效液相色谱法测定，规定芦荟中芦荟苷含量不得少于 18%，以控制药材质量。

药理研究表明，库拉索芦荟具有促进组织愈合、抗溃疡、抗菌、抗炎、抗肿瘤等作用。

民间经验认为芦荟有泻下和促进伤口愈合的功效；中医理论认为芦荟具有清肝，泻下，杀虫的功效。

库拉索芦荟 *Aloe vera* L.

化学成分

库拉索芦荟叶富含蒽醌类化合物：芦荟大黄素 (aloe - emodin)、大黄素甲醚 (physcion)、大黄酚 (chrysophanol)、大黄素 (emodin)、4 - 甲基 - 6,8 - 二羟基 - 7 - 氢 - 苯并[de] - 蒽 - 7 - 酮(6,8 - dihydroxy - 4 - methyl - 7 - H - benz[de]anthracen - 7 - one)[2]、芦荟宁 (aloenin)、芦荟苷 (barbaloin)、异芦荟苷 (isobarbaloin)[3]、新芦荟苦素A (neoaloesin A)[4]、芦荟色苷 (aloeresin G)、异芦荟色苷 (isoaloeresin D)、8 - O - 甲基 - 7 - 羟基芦荟苷B (8 - O - methyl - 7 - hydroxyaloin B)、elgonica - dimers A、B[5]、isorabaichromone、阿魏酰芦荟苦素 (feruloylaloesin)、对香豆酰芦荟苦素 (p - coumaroylaloesin)[6]；凝胶多糖类成分：veracylglucans A、B、C[7]；香豆素和异香豆素类成分：3,4 - dihydro - 6,8 - dihydroxyl - [(3s) - 2' - acetyl - 3' - hydroxyl - 5' - methoxy - benzyl] - isocoumarin[8]、好望角芦荟内酯 (feralolide)[5]；此外，还含芦荟苦素 (aloesin)[9]、何伯烷 - 3 - 醇 (hopan - 3 - ol)[5]、二乙基己基邻苯二甲酸酯 (diethylhexylphthalate)[10]、超氧化物歧化酶 (SOD)[11]和以甘露糖 - 6 - 磷酸 (mannose - 6 - phosphate)[12]为主的多糖等。

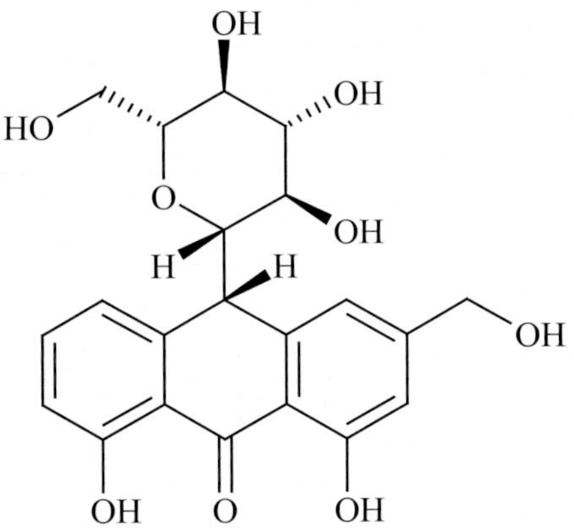

barbaloin

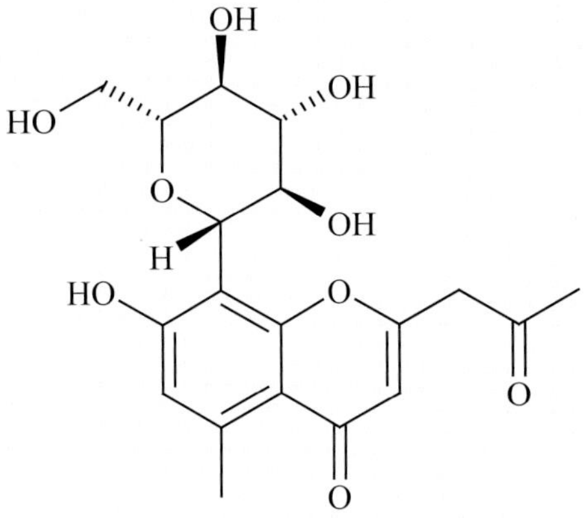

aloesin

药理作用

1. 致泻

库拉索芦荟制剂对小鼠便秘模型有较好的通便作用，能显著提高墨汁推进率，缩短首次排便时间，还可增加 6 小时内的排便量[13]。

2. 抗组织损伤、抗溃疡

库拉索芦荟能抑制实验性皮肤灼伤大鼠的炎症性过程，降低血清中肿瘤坏死因子α (TNF - α) 和白介素 - 6 (IL - 6) 水平，还能显著减少白细胞吸附[14]。库拉索芦荟中的糖蛋白组分能促进细胞增殖和移行，从而促进裸鼠伤口愈合[15]。其促进伤口愈合的机理还与增加肉芽组织的胶原含量和促进葡萄糖胺聚糖合成有关[16-17]。鸡胚绒毛膜尿囊膜实验发现，库拉索芦荟中的β - 谷甾醇具有显著的促血管生成作用。此外，转杆踏旋器实验表明，β - 谷甾醇给缺血再灌注沙土鼠腹腔注射，能显著增强动物的运动协调性，提示对脑血管损伤有治疗性血管生成作用[18]。库拉索芦荟对醋酸所致的胃溃疡有保护作用，能减少白细胞吸附，降低 TNF - α 水平，提高白介素 10 (IL - 10) 水平，促进溃疡愈合[19]。

3. 降血糖

库拉索芦荟凝胶提取物口服给药，能降低链脲霉素所致糖尿病小鼠的空腹血糖，显著增高血浆胰岛素水平；还可降低肝脏中的转氨酶、血浆和肝肾组织中的胆固醇、三酰甘油、游离脂肪酸和磷脂水平。此外，对于糖尿病导致的血浆高密度脂蛋白 - 胆固醇下降和低密度脂蛋白 - 胆固醇与极低密度脂蛋白 - 胆固醇升高，库拉索芦荟凝胶提取物能将其恢复到接近正常的水准，同时还能恢复肝脏和肾脏正常的脂肪组成[20]。

4. 抗菌

库拉索芦荟体外对金黄色葡萄球菌、链球菌、大肠杆菌、八迭球菌、枯草杆菌和巨大芽孢杆菌有明显抑制作用[21]；对曲霉、毛霉和青霉也有抑菌效果[22]。

5. 抗炎

库拉索芦荟水提物和氯仿提物能抑制角叉菜胶所致大鼠足趾肿胀，减少往腹膜腔移行的中性白细胞数量；库拉索芦荟水提物还可抑制花生四烯酸转化为前列腺素E_2[23]。

6. 抗肿瘤

二乙基己基邻苯二甲酸酯对人白血病细胞 K_{562}、HL60 和 U937 的增殖有显著抑制作用[10]。芦荟大黄素对神经外胚层瘤、神经胶质瘤 U－373MG 和 Merkel 癌细胞均有抑制作用[24-26]，还能诱导人膀胱癌细胞 T24 凋亡[27]。

7. 抗氧化、抗衰老

库拉索芦荟体外具有清除二苯代苦味酰肼 (DPPH) 自由基的能力[28]；库拉索芦荟叶汁还能提高老龄小鼠全血的还原型谷胱甘肽 (GSH) 和 SOD 水平，降低血清中丙二醛 (MDA)的含量[29]。

8. 其他

库拉索芦荟还有抗辐射[30]、增强免疫[31]和预防肾功能衰竭[32]等作用。

应用

芦荟主要用于治疗便秘，胃、十二指肠溃疡等；外用治疗烧烫伤、擦伤和溃疡等皮肤损伤。

芦荟也为中医临床用药。功能：清肝，泻下，杀虫。主治：热结便秘，肝火头痛，目赤惊风，虫积腹痛，疥癣，痔瘘。

现代临床还用于慢性乙型肝炎、萎缩性鼻炎、银屑病、鼻衄、各种外出血、痤疮等病的治疗。

评注

同属植物好望角芦荟 *Aloe ferox* Mill.、非洲芦荟 *A. africana* Mill.、穗花芦荟 *A. spicata* Baker 及其他近缘植物也被多国药典收载为芦荟的法定原植物来源种。好望角芦荟与库拉索芦荟的化学成分及药理作用相似，但商品流通量不及库拉索芦荟。库拉索芦荟习称“老芦荟”，好望角芦荟习称“新芦荟”。

芦荟具有多种显著的药理活性，被称为神奇的植物，不仅用于医疗，还用于护发生发、防晒护肤等，也可用做保健食品及健康饮料的配料。

参考文献

[1] Facts and Comparisons (Firm). The review of natural products (3-rd edition). Missouri: Facts and Comparisons. 2000: 25-27

[2] 王红梅，陈巍，施伟，刘扬，吕木坚，潘景岐．芦荟酚类化合物的成分研究．中草药．2003，**34**(6)：499-501

[3] H Kuzuya, I Tamai, H Beppu, K Shimpo, T Chihara. Determination of aloenin, barbaloin and isobarbaloin in aloe species by micellar electrokinetic chromatography. *Journal of Chromatography. B, Biomedical Sciences and Applications*. 2001, **752**(1): 91-97

[4] MK Park, JH Park, YG Shin, WY Kim, JH Lee, KH Kim. Neoaloesin A. A new C-glucofuranosyl chromone from *Aloe barbadensis*. *Planta Medica*. 1996, **62**(4): 363-365

[5] 肖志艳，陈迪华，斯建勇，涂光忠，马立斌．库拉索芦荟化学成分的研究．药学学报．2000，**35**(2)：120-123

[6] A Yagi, A Kabash, N Okamura, H Haraguchi, SM Moustafa, TI Khalifa. Antioxidant, free radical scavenging and anti-inflammatory effects of aloesin derivatives in *Aloe vera*. *Planta Medica*. 2002, **68**(11): 957-960

[7] MF Esua, JW Rauwald. Novel bioactive maloyl glucans from *Aloe vera* gel: isolation, structure elucidation and *in vitro* bioassays. *Carbohydrate Research*. 2006, **341**(3): 355-364

[8] YF Yang, HM Wang, L Guo, Y Chen. Determination of three compounds in *Aloe vera* by capillary electrophoresis. *Biomedical Chromatography*. 2004, **18**(2): 112-116

[9] KY Lee, JH Park, MH Chung, YI Park, KW Kim, YJ Lee, SK Lee. Aloesin up-regulates cyclin E/CDK_2 kinase activity via inducing the protein levels of cyclin E, CDK_2, and $CDC_{25}A$ in SK-HEP-1 cells. *Biochemistry and Molecular Biology International*. 1997, **41**(2): 285-292

[10] KH Lee, HS Hong, CH Lee, CH Kim. Induction of apoptosis in human leukaemic cell lines K_{562}, HL60 and U937 by diethylhexylphthalate isolated from *Aloe vera* Linne. *The Journal of Pharmacy and Pharmacology*. 2000, **52**(8): 1037-1041

[11] F Sabeh, T Wright, SJ Norton. Isozymes of superoxide dismutase from *Aloe vera*. *Enzyme & Protein*. 1996, **49**(4): 212-221

[12] RH Davis, JJ Donato, GM Hartman, RC Haas. Anti-inflammatory and wound healing activity of a growth substance in *Aloe vera*. *Journal of the American Podiatric Medical Association*. 1994, **84**(2): 77-81

[13] 张中建，阎小伟．芦荟制剂润肠通便作用的实验．浙江实用医学．2002，**7**(5)：275-276

[14] D Duansak, J Somboonwong, S Patumraj. Effects of *Aloe vera* on leukocyte adhesion and TNF-alpha and IL-6 levels in burn wounded rats. *Clinical Hemorheology and Microcirculation*. 2003, **29**(3-4): 239-246

[15] SW Choi, BW Son, YS Son, YI Park, SK Lee, MH Chung. The wound-healing effect of a glycoprotein fraction isolated from *Aloe vera*. *The British Journal of Dermatology*. 2001, **145**(4): 535-545

[16] P Chithra, GB Sajithlal, G Chandrakasan. Influence of *Aloe vera* on collagen characteristics in healing dermal wounds in rats. *Molecular and Cellular Biochemistry*. 1998, **181**(1-2): 71-76

[17] P Chithra, GB Sajithlal, G Chandrakasan. Influence of *Aloe vera* on the glycosaminoglycans in the matrix of healing dermal wounds in rats. *Journal of Ethnopharmacology*. 1998, **59**(3): 179-186

[18] S Choi, KW Kim, JS Choi, ST Han, YI Park, SK Lee, JS Kim, MH Chung. Angiogenic activity of beta-sitosterol in the ischaemia/reperfusion-damaged brain of Mongolian gerbil. *Planta Medica*. 2002, **68**(4): 330-335

[19] K Eamlamnam, S Patumraj, N Visedopas, D Thong-Ngam. Effects of *Aloe vera* and sucralfate on gastric microcirculatory changes, cytokine levels and gastric ulcer healing in rats. *World Journal of Gastroenterology*. 2006, **12**(13): 2034-2039

[20] S Rajasekaran K Ravi, K Sivagnanam, S Subramanian. Beneficial effects of *Aloe vera* leaf gel extract on lipid profile status in rats with streptozotocin diabetes. *Clinical and Experimental Pharmacology & Physiology*. 2006, **33**(3): 232-237

[21] 华春．库拉索芦荟的抑菌作用．南京师大学报(自然科学版)．2004，**27**(1)：90-93，97

[22] 王阳梦，何聪芬，董银卯．库拉索芦荟抑菌效果研究．北京工商大学学报(自然科学版)．2005，**23**(5)：17-20

[23] B Vazquez, G Avila, D Segura, B Escalante. Antiinflammatory activity of extracts from *Aloe vera* gel. *Journal of Ethnopharmacology*. 1996, **55**(1): 69-75

[24] T Pecere, MV Gazzola, C Mucignat, C Parolin, FD Vecchia, A Cavaggioni, G Basso, A Diaspro, B Salvato, M Carli, G Palu. Aloe-emodin is a new type of anticancer agent with selective activity against neuroectodermal tumors. *Cancer Research*. 2000, **60**(11): 2800-2804

[25] M Acevedo-Duncan, C Russell, S Patel, R Patel. Aloe-emodin modulates PKC isozymes, inhibits proliferation, and induces apoptosis in U-373MG glioma cells. *International Immunopharmacology*. 2004, **4**(14): 1775-1784

[26] L Wasserman, S Avigad, E Beery, J Nordenberg, E Fenig. The effect of aloe emodin on the proliferation of a new merkel carcinoma cell line. *The American Journal of Dermatopathology*. 2002, **24**(1): 17-22

[27] JG Lin, GW Chen, TM Li, ST Chouh, TW Tan, JG Chung. Aloe-emodin induces apoptosis in T24 human bladder cancer cells through the p53 dependent apoptotic pathway. *The Journal of Urology*. 2006, **175**(1): 343-347

[28] Y Hu, J Xu, QH Hu. Evaluation of antioxidant potential of *Aloe vera* (*Aloe barbadensis* miller) extracts. *Journal of Agricultural and Food chemistry*. 2003, **51**(26): 7788-7791

[29] 苏云明，张应成，张月秋．芦荟延缓衰老作用研究．黑龙江医药．2002，**15**(4)：275-277

[30] HN Saada, ZS Ussama, AM Mahdy. Effectiveness of *Aloe vera* on the antioxidant status of different tissues in irradiated rats. *Die Pharmazie*. 2003, **58**(12): 929-931

[31] L Zhang, IR Tizard. Activation of a mouse macrophage cell line by acemannan: the major carbohydrate fraction from *Aloe vera* gel. *Immunopharmacology*. 1996, **35**(2): 119-128

[32] 王莉，岑小波，蔡绍晖，朱亮锋，长谷川高明．巴巴多斯芦荟多糖对内毒素化大鼠肾功能衰竭的保护作用．华西药学杂志．2000，**15**(4)：271-275

莳萝 Shiluo BP, GCEM

Anethum graveolens L.

Dill

概述

伞形科 (Apiaceae) 植物莳萝 *Anethum graveolens* L.，其干燥果实入药，药用名：莳萝子；其嫩茎叶或全草入药，药用名：莳萝苗；其干燥果实蒸馏所得挥发油入药，药用名：莳萝精油。

莳萝属 (*Anethum*) 植物全世界约有 2 种，供药用，原产于欧洲南部，现世界各地多有栽培，中国南北各地有栽培。

莳萝做药用于印度古医学著作 *Charaka* 中已有记载，在埃及有 3000 余年的药用历史。在中国，"莳萝子"药用之名始载于《开宝本草》，历代本草多有著录，古今药用品种一致。《英国药典》(2002 年版) 收载本种为莳萝精油的法定原植物来源种。原产于欧洲，现主要生产国为印度，收获种子制作精油销售；中国北方地区也产。

莳萝主要成分为挥发油，还含有香豆素类、黄酮类成分等，挥发油中葛缕酮为主要香味成分之一[1]。《英国药典》采用化学滴定法测定，规定莳萝精油中葛缕酮的含量为 43%～63%，以控制精油质量。

药理研究表明，莳萝具有抗微生物、抗溃疡、解痉、抗肿瘤、利胆、降血脂等作用。

民间经验认为莳萝精油具有驱风，解痉，抑菌的功效；中医理论认为莳萝子具有温脾开胃，散寒暖肝，理气止痛的功效。

莳萝 *Anethum graveolens* L.

药材莳萝苗 Herba Anethi

化学成分

莳萝的果实含挥发油类成分：葛缕酮 (carvone)、莳萝油脑 (dillapiole)、α－蒎烯 (α－pinene)、α－水芹烯 (α－phellandrene)、柠檬烯 (limonene)、对聚伞花素 (p－cymene)、松油烯－4－醇 (terpinen－4－ol)、β－榄香烯 (β－elemene)、β－松油醇 (β－terpineol)、顺式二氢葛缕酮 (cis－dihydrocarvone)、β－丁香烯 (β－caryophyllene)、反式二氢葛缕酮 (trans－dihydrocarvone)、二氢葛缕醇 (dihydrocarveol)、茴香脑 (anethole)、反式葛缕醇 (trans－carveol)、香叶醇 (geraniol)、顺式葛缕醇 (cis－carveol)、麝香草酚 (thymol)、葛缕醇 (carvacrol)、丁香酚 (eugenol)、异丁香酚 (isoeugenol)[2]、肉豆蔻醚 (myristicin)、甲基－2－甲基丁酯 (methyl－2－methylbutanoate)[1]、冬青油烯 (sabinene)、芳樟烯 (linalool)[3]、3,9－环氧－1－对－薄荷烯 (3,9－epoxy－1－p－menthene)[1, 3]等；黄酮类成分：dillanoside[4]、巢菜素 (vicenin)[5]、槲皮素－3－O－β－葡糖苷酸 (quercetin－3－O－β－glucuronide)、异鼠李素－3－O－β－葡糖苷酸 (isorhamnetin－3－O－β－glucuronide)[6]；香豆素类成分：香柑内酯 (bergapten)、伞形花素 (umbelliprenin)、东莨菪亭 (scopoletin)、七叶亭 (esculetin)、伞形花内酯 (umbelliferone)[7]、4－甲基七叶亭 (4－methylesculetin)[8]。

莳萝的全草和地上部分含挥发油：葛缕酮、莳萝油脑、柠檬烯、芳樟烯、茴香脑、对－茴香醛 (p－anisaldehyde)[9]、榄香素 (elemicin)[10]、3,9－环氧－1－对薄荷烯[11]、莳萝乙醚 (dill ether)[12]、α－侧柏烯 (α－thujene)、莳萝文菊酮 (carvotanacetone)[13]；香豆素类成分：东莨菪亭、graveolone[14]、羟基前胡素(oxypeucedanin)、水合羟基前胡素 (oxypeucedanin hydrate)、5－(4"－羟基－3"－甲基－2"－丁烯氧基)－6,7－呋喃并香豆素 [5－(4"－hydroxy－3"－methyl－2"－butenyloxy)－6,7－furocoumarin][15]；此外，还含有法卡二醇 (falcarindiol)[15]、9－羟基胡椒酮－β－D－吡喃葡萄糖苷 (9－hydroxypiperitone－β－D－glucopyranoside)、8－羟基香叶醇 (8－hydroxygeraniol)[16]等。

莳萝的根也含挥发油[17]，尚含苯酞类成分：丁基苯酞 (butylphthalide)、Z－藁本内酯 (Z－ligustilide)、新蛇床内酯 (neocnidilide)、川芎内酯 (senkyunolide)[18]。

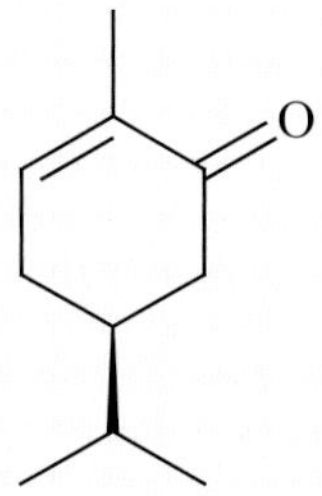

carvotanacetone

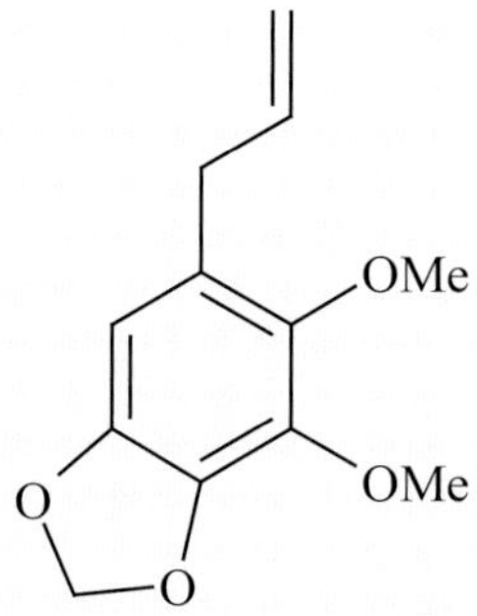

dillapiole

药理作用

1. 抗微生物

体外实验表明，莳萝精油对桔青霉菌、黑曲霉素、黄曲霉素、金黄色葡萄球菌、蜡样芽孢杆菌、绿脓杆菌、白色念珠菌等多种致病菌均有抑制作用[9, 19-20]；对酵母菌和布赫纳氏乳酸菌也有抑制作用[21]。莳萝所含的羟基前胡素等香豆素类成分也具有抗菌活性[15]。

2. 抗溃疡

莳萝果实水提物和醇提物给小鼠灌胃或腹腔注射，对盐酸或无水乙醇灌胃造成的胃黏膜损伤有显著的保护作用，还可抑制胃黏膜的分泌功能[22]。

3. 解痉

莳萝精油乳剂静脉注射可使猫的呼吸深度增加，血压降低；卵清蛋白致敏的过敏性休克豚鼠腹腔注射莳萝精油乳剂有明显的解痉作用[23]。

4. 抗氧化

莳萝果实水提物和醇提物对亚油酸和微粒体脂质过氧化系统有显著的抗氧化作用，还有良好的自由基清除作用[24]。

5. 抗肿瘤

莳萝根甲醇提取物体外对人宫颈癌细胞 HeLa、小鼠黑色素瘤细胞 B16F10 等肿瘤细胞有显著的抗增殖作用[25]。葛缕酮等单萜类成分可增强小鼠多个靶器官中谷胱甘肽-S转移酶 (GST) 的抗肿瘤活性[26]。

6. 其他

莳萝具有促进胆汁分泌[27]、降血脂、降胆固醇[28]等作用。

应用

在西方医学中，莳萝常用作解痉止痛药，也用于食欲不振、肝胆不适、咽炎、感冒、咳嗽、支气管炎、发烧等病的治疗。

莳萝也为中医临床用药。功能：温脾开胃，散寒暖肝，理气止痛。主治：腹中冷痛，胁肋胀满，呕逆食少，寒疝。

莳萝苗为中医临床用药。功能：行气利膈，降逆止呕，化痰止咳。主治：胸胁痞满，脘腹胀痛，呕吐呃逆，咳嗽，咯痰。

现代临床还用于真菌感染、胃溃疡、胆石症、哮喘、肠胃不适、头痛等病的治疗。

评注

莳萝习称“洋茴香”，其果实形似茴香 *Foeniculum vulgare* Mill. 较小，曾有部分地区作小茴香用，因两者化学成分和药理作用存在差异，供药用时应予以区分。

莳萝据 3000 年前古埃及文献记载已被作为药用植物。传统用途包括调味料、香精料、药用及驱魔用等。莳萝的英文名称 dill 源自古挪威语的 dilla，意指“镇定”、“缓和”、“安慰”，源于莳萝具缓和疼痛的镇静作用。欧美传统民俗疗法中莳萝被用于治疗失眠、头痛、预防口臭及动脉硬化，此外，还可用于促进乳汁分泌及治疗打嗝等。莳萝有“鱼之香草”的美称，最适合鱼类烹调，可使鱼肉滑嫩顺口，易于消化，《日华子本草》中记载其可“杀鱼毒”。莳萝的果实和叶则可用于腌渍泡菜。

参考文献

[1] I Blank, W Grosch. Evaluation of potent odorants in dill seed and dill herb (*Anethum graveolens* L.) by aroma extract dilution analysis. *Journal of Food Science*. 1991, **56**(1): 63-67

[2] M Miyazawa, H Kameoka. Constitution of the volatile oil from dill seed. *Yukagaku*. 1974, **23**(11): 746-749

[3] JST Chou, JI Iwamura. Studies on an unknown terpenoid contained in dill weed oil, extract of *Anethum graveolens* Linn. from USA, and on the analysis of some other dill oils. *Taiwan Kexue*. 1978, **32**(4): 131-148

[4] M Kozawa, K Baba, T Arima, K Hata. New xanthone glycoside, dillanoside, from dill, the fruit of *Anethum graveolens* L. *Chemical & Pharmaceutical Bulletin*. 1976, **24**(2): 220-223

[5] LI Dranik. Vicenin from *Anethum graveolens* fruits. *Khimiya Prirodnykh Soedinenii*. 1970, **6**(2): 268

[6] H Teuber, K Herrmann. Flavonol glycosides of dill (*Anethum graveolens* L.) leaves and fruits. II. Phenolics of spices. *Zeitschrift fuer Lebensmittel- Untersuchung und-Forschung*. 1978, **167**(2): 101-104

[7] LI Dranik, AP Prokopenko. Coumarins and acids from *Anethum graveolens* fruit. *Khimiya Prirodnykh Soedinenii*. 1969, **5**(5): 437

[8] K Glowniak, A Doraczynska. Study of the benzene extract obtained from dill fruits (*Anethum graveolens* L.). *Annales Universitatis Mariae Curie-Sklodowska, Sectio D: Medicina*. 1984, **37**: 251-257

[9] G Singh, S Maurya, MP de Lampasona, C Catalan. Chemical constituents, antimicrobial investigations, and antioxidative potentials of *Anethum graveolens* L. Essential oil and acetone extract: Part 52. *Journal of Food Science*. 2005, **70**(4): M208-M215

[10] JA Pino, A Rosado, I Goire, E Roncal. Evaluation of flavor characteristic compounds in dill herb essential oil by sensory analysis and gas chromatography. *Journal of Agricultural and Food Chemistry*. 1995, **43**(5): 1307-1309

[11] JA Pino, E Roncal, A Rosado, I Goire. Herb oil of dill (*Anethum graveolens* L.) grown in Cuba. *Journal of Essential Oil Research*. 1995, **7**(2): 219-220

[12] RR Vera, J Chane-Ming. Chemical composition of essential oil of dill (*Anethum graveolens* L.) growing in Reunion Island. *Journal of Essential Oil Research*. 1998, **10**(5): 539-542

[13] K Belafi-Rethy, E Kerenyi, R Kolta. Composition of native and foreign ether oils. III. Composition of dill oil components. *Acta Chimica Academiae Scientiarum Hungaricae*. 1974, **83**(1): 1-13

[14] RT Aplin, CB Page. Constituents of native Umbelliferae. I. Coumarins from dill (*Anethum graveolens*). *Journal of the Chemical Society*. 1967, **23**: 2593-2596

[15] M Stavri, S Gibbons. The antimycobacterial constituents of dill (*Anethum graveolens*). *Phytotherapy Research*. 2005, **19**(11): 938-941

[16] B Bonnlaender, P Winterhalter. 9-Hydroxypiperitone β -D-glucopyranoside and other polar constituents from dill (*Anethum graveolens* L.) herb. *Journal of Agricultural and Food Chemistry*. 2000, **48**(10): 4821-4825

[17] D Goeckeritz, A Poggendorf, W Schmidt, D Schubert, R Pohloudek-Fabini. Essential oil from the roots of *Anethum graveolens*. *Pharmazie*. 1979, **34**(7): 426-429

[18] MJM Gijbels, FC Fischer, JJC Scheffer, AB Svendsen. Phthalides in roots of *Anethum graveolens* and *Todaroa montana*. *Scientia Pharmaceutica*. 1983, **51**(4): 414-417

[19] L Jirovetz, G Buchbauer, AS Stoyanova, EV Georgiev, ST Damianova. Composition, quality control, and antimicrobial activity of the essential oil of long-time stored dill (*Anethum graveolens* L.) seeds from Bulgaria. *Journal of Agricultural and Food Chemistry*. 2003, **51**(13): 3854-3857

[20] P Dubey, S Dube, SC Tripathi. Fungitoxic properties of essential oil of *Anethum graveolens* L. *Proceedings of the National Academy of Sciences, India, Section B: Biological Sciences*. 1990, **60**(2): 179-184

[21] LR Shcherbanovsky, IG Kapelev. Volatile oil of *Anethum graveolens* L. as an inhibitor of yeast and lactic acid bacteria. *Prikladnaia Biokhimiia i Mikrobiologiia*. 1975, **11**(3): 476-477

[22] H Hosseinzadeh, GR Karimi, M Ameri. Effects of *Anethum graveolens* L. seed extracts on experimental gastric irritation models in mice. BMC *Pharmacology*. 2002, **2**: 21

[23] T Shipochliev. Pharmacological study of several essential oils. I. Effect on the smooth muscle. *Veterinarno-Meditsinski Nauki*. 1968, **5**(6): 63-69

[24] KM Al-Ismail, T Aburjai. Antioxidant activity of water and alcohol extracts of chamomile flowers, anise seeds and dill seeds. *Journal of the Science of Food and Agriculture*. 2004, **84**(2): 173-178

[25] Y Nakano, H Matsunaga, T Saita, M Mori, M Katano, H Okabe. Antiproliferative constituents in Umbelliferae plants. II. Screening for polyacetylenes in some Umbelliferae plants, and isolation of panaxynol and falcarindiol from the root of *Heracleum moellendorffii*. *Biological & Pharmaceutical Bulletin*. 1998, **21**(3): 257-261

[26] GQ Zheng, PM Kenney, LK Lam. Anethofuran, carvone, and limonene: potential cancer chemopreventive agents from dill weed oil and caraway oil. *Planta Medica*. 1992, **58**(4): 338-341

[27] V Gruncharov, T Tashev. The choleretic effect of Bulgarian dill oil in white rats. *Eksperimentalna Meditsina i Morfologiia*. 1973, **12**(3): 155-161

[28] R Yazdanparast, M Alavi. Antihyperlipidemic and antihypercholesterolemic effects of *Anethum graveolens* leaves after the removal of *furocoumarins*. *Cytobios*. 2001, **105**(410): 185-191

圆当归 Yuandanggui •EP, BP, BHP, GCEM

Angelica archangelica L.

Angelica

概述

伞形科 (Apiaceae) 植物圆当归 *Angelica archangelica* L. (*Archangelica officinalis* Hoffm.)，其干燥根和根茎入药。药用名：圆当归。

当归属 (*Angelica*) 植物全世界约有 80 种，分布于北温带地区和新西兰。中国约有 26 种、5 变种、1 变型，本属现供药用者约 16 种。本种主要分布于欧洲和亚洲温带[1]。

圆当归在欧洲有数百年的药用历史，主要用作支气管炎、感冒和咳嗽时的祛痰药，还用作助消化药，在公元 15 世纪时已十分普及。据 1629 年英国约翰·帕金森 (John Parkinson) 所著的 *Paradisus Terrestris* 一书中记载，圆当归为当时最重要的药用植物之一。《欧洲药典》(第 5 版) 和《英国药典》(2002 年版) 收载本种为圆当归的法定原植物来源种。主产于英国等欧洲北部国家。

圆当归主要含挥发油、香豆素类成分等。所含的挥发油类成分和香豆素类成分为其主要的活性成分。《欧洲药典》和《英国药典》采用水蒸气蒸馏法进行测定，规定圆当归中挥发油含量不得少于 2.0mL/kg，以控制药材质量[1]。

药理研究表明，圆当归具有解痉、阻滞钙通道、抗胃溃疡、保肝、抗肿瘤、抗病原微生物等作用。

民间经验认为圆当归具有芳香解痉的功效。

圆当归 *Angelica archangelica* L.

药材圆当归 Radix et Rhizoma Angelicae Archangeliae

化学成分

圆当归的根含挥发油，其主要成分为：δ－3－蒈烯（δ－3－carene）、α－蒎烯（α－pinene）、α－、β－水芹烯（α－，β－phellandrenes）、对－聚伞花素（p－cymene）、香桧烯（sabinene）、柠檬烯（limonene）[2-3]等；香豆素类成分：佛手柑内酯（bergapten）、欧前胡素（imperatorin）、异欧前胡素（isoimperatorin）、水合氧化前胡素（oxypeucedanin hydrate）、珊瑚菜素（phellopterin）、补骨脂素（psoralen）、蛇床子素（osthol）、欧前胡醇（ostruthol）、花椒毒素（xanthotoxin）、异茴芹素（isopimpinellin）、白当归素当归酸酯（byakangelicin angelate）、圆当归素（archangelicin）[4]等；黄酮类成分：archangelenone[5]等。

圆当归的果实及种子中也含挥发油，其主要成分是β－水芹烯（β－phellandrene）[6-7]；还含有香豆素类成分：补骨脂素、佛手柑内酯、花椒毒素[8]等。

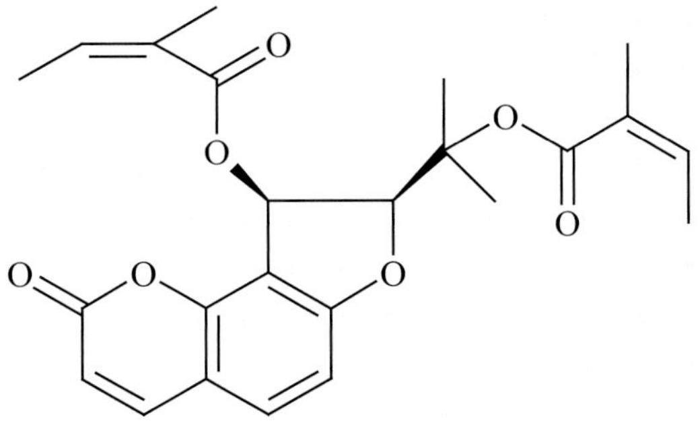

archangelicin

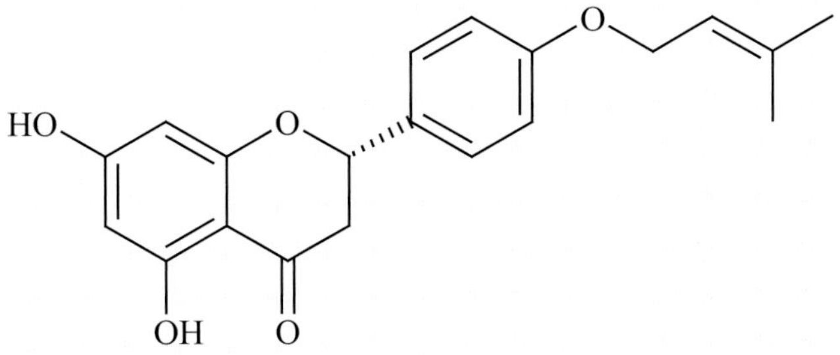

archangelenone

药理作用

1. **解痉**

圆当归根甲醇提取物能对抗环状平滑肌的自发性收缩，抑制乙酰胆碱和氯化钡所致的纵向平滑肌的收缩[9]。

2. **钙通道阻滞作用**

采用大鼠垂体后叶素细胞 GH4C1 进行试验，从圆当归根中得到的一系列香豆素类成分均显示出钙通道阻滞活性，其中活性最强的是圆当归素[9]。

3. 保肝

圆当归根水提取物口服，能显著降低酒精诱导小鼠升高的血清谷草转氨酶 (sGOT) 和谷丙转氨酶 (sGPT)，显著抑制小鼠肝匀浆中丙二醛 (MDA) 和超氧自由基的形成，有效对抗酒精造成的小鼠慢性肝损伤[10]。

4. 抗胃溃疡

圆当归提取物对吲哚美辛 (indomethacin) 所致大鼠胃溃疡有保护作用，能抑制胃酸分泌，增加黏蛋白分泌和前列腺素 E_2 (PGE_2) 的释放，减少白三烯类物质的释放[11]。

5. 抗肿瘤

圆当归叶提取物体外对小鼠乳腺癌细胞 Crl 有抗增殖作用；叶提取物饲喂，能显著抑制接种乳腺癌细胞 Crl 小鼠的肿瘤生长[12]。果实酊剂及果实所含的欧前胡素和花椒毒素，体外能显著抑制人胰腺癌细胞 PANC－1 的增殖[13]。果实挥发油对小鼠乳腺癌细胞 Crl 和人胰腺癌细胞 PANC－1 有细胞毒活性，但该活性与挥发油所含的α－水芹烯等主成分无关[14]。骨髓细胞微核试验结果表明圆当归水提取物及醇提取物还有抗诱变作用[15]。

6. 抗病原微生物

圆当归挥发油有抗菌作用[9, 16]；圆当归果实富含欧前胡素等香豆素类成分的提取物部位，体外能显著抑制发癣菌属 (*Trichophyton*) 和小孢菌属 (*Microsporum*) 皮肤致病真菌的生长[17]。

7. 其他

圆当归果实石油醚提取物小鼠腹腔注射，有镇痛作用和较弱的抗抑郁作用[18]。

应用

圆当归具有解痉、驱风、解表、健胃、利尿、局部消炎[9]等功效。圆当归根主要用于治疗食欲不振、胃肠胀气、腹痛等症；民间还用于治疗支气管炎、月经病、肝胆疾病等。

评注

圆当归在欧洲国家应用广泛，除根及根茎药用外，其果实、地上部分也供药用，用作利尿剂和解表剂。

因圆当归含有呋喃香豆素类成分，可能引起光敏反应。患者使用圆当归制剂后，应避免长时间的日光浴或暴露在紫外线下。

参考文献

[1] GB Norman. Herbal drugs and phytopharmaceuticals: a handbook for practice on a scientific basis. Stuttgart: Medpharm Scientific Publishers. 2001: 70-72

[2] O Nivinskiene, R Butkiene, D Mockute. The chemical composition of the essential oil of *Angelica archangelica* L. roots growing wild in Lithuania. *Journal of Essential Oil Research*. 2005, **17**(4): 373-377

[3] Y Holm, P Vuorela, R Hiltunen. Enantiomeric composition of monoterpene hydrocarbons in n-hexane extracts of *Angelica archangelica* L. roots and seeds. *Flavour and Fragrance Journal*. 1997, **12**(6): 397-400

[4] P Harmala, H Vuorela, R Hiltunen, S Nyiredy, O Sticher, K Tornquist, S Kaltia. Strategy for the isolation and identification of coumarins with calcium antagonistic properties from the roots of *Angelica archangelica*. *Phytochemical Analysis*. 1992, **3**(1): 42-48

[5] SC Basa, D Basu, A Chatterjee. Occurrence of flavonoid in Angelica: archangelenone, a new flavanone from the root of *Angelica archangelica*. *Chemistry & Industry*. 1971, **13**: 355-356

[6] D Lopes, H Strobl, P Kolodziejczyk. 14-methylpentadecano-15-lactone (muscolide): A new macrocyclic lactone from the oil of *Angelica archangelica* L. *Chemistry & Biodiversity*. 2004, **1**(12):1880-1887

[7] C Bernard. Essential oils of three *Angelica* L. species growing in France. Part II: fruit oils. *Journal of Essential Oil Research.* 2001, **13**(4): 260-263

[8] AM Zobel, SA Brown. Furanocoumarin concentrations in fruits and seeds of *Angelica archangelica. Environmental and Experimental Botany.* 1991, **31**(4): 447-452

[9] J Barnes, LA Anderson, JD Phillipson. Herbal medicines (2nd edition). London: Pharmaceutical Press. 2002: 47-50

[10] ML Yeh, CF Liu, CL Huang, TC Huang. Hepatoprotective effect of *Angelica archangelica* in chronically ethanol-treated mice. *Pharmacology.* 2003, **68**(2): 70-73

[11] MT Khayyal, MA El-Ghazaly, SA Kenawy, M Seif-El-Nasr, LG Mahran, YAH Kafafi, SN Okpanyi. Antiulcerogenic effect of some gastrointestinally acting plant extracts and their combination. *Arzneimittel-Forschung.* 2001, **51**(7): 545-553

[12] S Sigurdsson, HM Ogmundsdottir, J Hallgrimsson, S Gudbjarnason. Antitumour activity of *Angelica archangelica* leaf extract. *In Vivo.* 2005, **19**(1): 191-194

[13] S Sigurdsson, HM Oegmundsdottir, S Gudbjarnason. Antiproliferative effect of *Angelica archangelica fruits. Zeitschrift fuer Naturforschung, C.* 2004, **59**(7/8): 523-527

[14] S Sigurdsson, HM Oegmundsdottir, S Gudbjarnason. The cytotoxic effect of two chemotypes of essential oils from the fruits of *Angelica archangelica* L. *Anticancer Research.* 2005, **25**(3B): 1877-1880

[15] RA Salikhova, GG Poroshenko. Antimutagenic properties of *Angelica archangelica* L. *Rossiiskaia Akademiia Meditsinskikh Nauk.* 1995, **1**: 58-61

[16] SC Chao, DG Young, CJ Oberg. Screening for inhibitory activity of essential oils on selected bacteria, fungi and viruses. *Journal of Essential Oil Research.* 2000, **12**(5): 639-649

[17] B Kedzia, T Wolski, S Kawka, E Holderna-Kedzia. Activity of furanocoumarin from *Archangelica officinalis* Hoffm. and *Heracleum sosnowskyi* Manden. fruits on dermatophytes. *Herba Polonica.* 1996, **42**(1): 47-54

[18] E Jagiello-Wojtowicz, A Chodkowska, A Madej, P Glowniak, J Burczyk. Comparison of CNS activity of imperatorine with fraction of furanocoumarins from *Angelica archangelica* fruit in mice. *Herba Polonica.* 2004, **50**(3/4):106-111

杜鹃花科

熊果 Xiongguo

EP, BP, BHP, USP, GCEM, JP

Arctostaphylos uva-ursi (L.) Spreng.

Bearberry

概述

杜鹃花科 (Ericaceae) 植物熊果 *Arctostaphylos uva-ursi* (L.) Spreng.，其干燥叶入药。药用名：熊果叶。

熊果属 (*Arctostaphylos*) 植物全世界约有 60 种，分布于北半球，主要在西北美和中美，以美国加州种类较多。本属现供药用者约 4 种。本种原产于北半球，分布于北美洲、欧洲和亚洲的高纬度地区。

"Uva ursi" 来源于拉丁语，意思是"熊的葡萄"。公元 13 世纪时，威尔士的草药医生首次报道了熊果的收敛作用。熊果叶作为尿道消毒剂和利尿剂使用已有几个世纪，并且也曾经作为药物辅料使用[1]。《欧洲药典》(第 5 版)、《英国药典》(2002 年版) 和《日本药局方》(第十五版) 收载本种为熊果叶的法定原植物来源种。主产于西班牙、意大利、巴尔干半岛诸国和俄罗斯。

熊果主要含酚苷类、黄酮类、三萜类、鞣质类、环烯醚萜类成分等。《英国药典》、《欧洲药典》和《日本药局方》采用高效液相色谱法测定，规定熊果叶中无水熊果苷的含量不得少于 7.0%，以控制药材质量。

药理研究表明，熊果叶具有抗菌、抗炎、抗氧化等作用。

民间经验认为熊果具有抗菌、抗炎的功效。

熊果 *Arctostaphylos uva-ursi* (L.) Spreng.

药材熊果叶 Folium Uvae-ursi

化学成分

熊果的叶含酚苷类成分：熊果苷 (arbutin)[2]、甲基熊果苷 (methylarbutin)[3]；黄酮类成分：杨梅黄酮 (myricetin)、槲皮素 (quercetin)、金丝桃苷 (hyperoside)、槲皮苷 (quercitrin)、萹蓄苷 (avicularin)[2]、槲皮素-3-阿拉伯糖苷 (quercetin-3-arabinoside)、杨梅黄酮-3-半乳糖苷 (myricetin-3-galactoside)[4]；儿茶素类成分：儿茶精 (catechin)、表儿茶精 (epicatechin)[2]；三萜类成分：熊果醇 (uvaol)、熊果酸 (ursolic acid)、香树脂素 (amyrin)、羽扇豆醇 (lupeol)[5]；环烯醚萜类成分：水晶兰苷 (monotropein)[6]；没食子鞣质类 (gallotannins)成分：1,2,3,6-tetragalloyl-D-glucose、1,2,3,4,6-pentagalloyl-D-glucose[7]；鞣花鞣质类 (ellagitannins)成分：鞣料云实精 (corilagin)[8]等。

熊果的根含三萜类成分：熊果酸、熊果醇、香树脂素、齐墩果酸 (oleanolic acid)、羽扇豆醇、桦木酸 (betulinic acid)[9]；环烯醚萜类成分：unedoside[10]；酚苷类成分：甲基熊果苷[10]；以及对-甲氧酚 (p-methoxyphenol)[10]、ethyl β-erythro-D-glycero-hexopyranos-3-uloside[11]等。

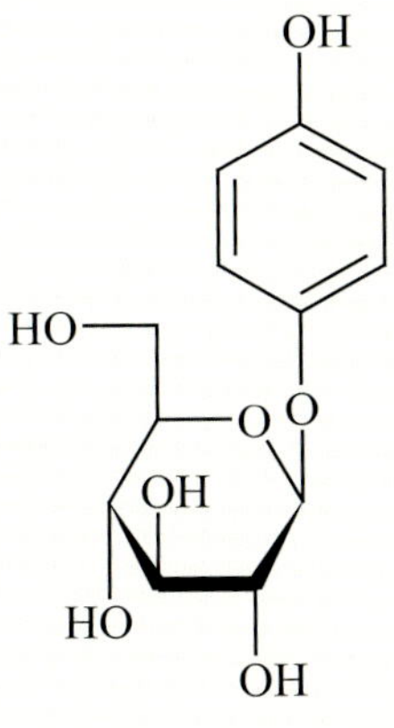

arbutin

熊果 Xiongguo

药理作用

1. 抗菌

熊果苷口服后能在大鼠和人体内代谢为对苯二酚，并从尿液排出；对苯二酚具有明显金黄色葡萄球菌抑制作用，熊果的抗尿路感染活性与此相关[12-13]。熊果叶水提物体外对链球菌属、克雷白氏杆菌属、肠杆菌属有明显抑制作用，其有效成分为熊果苷[14-15]。鞣料云实精与β-内酰胺类抗生素有协同作用，能明显降低青霉素耐受型金黄色葡萄球菌的最低抑菌浓度[8]。

2. 抗炎

熊果叶甲醇提取物或熊果苷灌胃，均能明显抑制三硝基氯苯导致的小鼠接触性皮炎[16-17]。熊果苷灌胃与吲哚美辛皮下注射可协同抑制角叉菜胶导致的小鼠足趾肿胀和小鼠佐剂性关节炎[18]。

3. 抗氧化

熊果叶醋酸乙酯提取物能明显抑制二苯代苦酰肼 (DPPH) 自由基产生和活性偶氮二异丁腈导致的向日葵油氧化反应[19]。熊果叶乙醇提取物抗氧化活性强于甘草、紫锥菊、美远志等[20]。

4. 抑制酪氨酸酶活性

熊果苷体外能可逆性抑制酪氨酸酶活性，延长迟滞时间，抑制生物体黑色素的生物合成，产生增白效果[21]。

5. 其他

熊果叶提取物能抑制链脲霉素所致糖尿病小鼠的体重减轻[22]。

应用

熊果叶主要用于治疗尿路感染。

现代临床还用熊果内服治疗多种尿路、胆道炎症。

评注

杜鹃花科越桔属植物越桔 *Vaccinium vitis-idaea* L. 的叶用作中药越桔叶，异名为熊果叶。使用时需要特别注意越桔叶与熊果叶在来源上的区别。

越桔叶具有解毒、利湿的功效；主治尿道炎，膀胱炎，淋病，痛风。鉴于越桔叶与熊果叶具有极其相似的化学成分和药理功效，越桔叶是否可以作为熊果叶的补充来源，值得进一步研究。

熊果苷作为一种美白添加剂，有广阔的应用前景。

参考文献

[1] Facts and Comparisons (Firm). The review of natural products (3-rd edition). Missouri: Facts and Comparisons. 2000: 733-734

[2] AH Komissarenko, TV Tochkova. Biologically active substances from leaves of *Arctostaphylos uva-ursi* (L.) Spreng. and their quantitation. *Rastitel'nye Resursy.* 1995, **31**(1): 37-44

[3] A Stambergova, M Supcikova, I Leifertova. Evaluation of phenolic substances in *Arctostaphylos uva-ursi*. IV. Determination of arbutin, methylarbutin and hydroquinone in the leaves by HPLC. *Cesko-Slovenska Farmacie.* 1985, **34**(5): 179-182

[4] H Geiger, U Schuecker, H Waldrum, G Vander Velde, TJ Mabry. Quercetine-3β-d-(6-O-galloylgalactoside), a constituent of *Arctostaphylos uva-ursi* (Ericaceae). *Zeitschrift fuer Naturforschung, C.* 1975, **30c**(3-4): 296

[5] K Morimoto, W Kamisako, K Isoi. Triterpenoid constituents of the leaves of *Arctostaphylos uva-ursi. Mukogawa Joshi Daigaku Kiyo, Yakugakubu-hen.* 1983, **31**: 41-44

[6] L Jahodar, I Leifertova, M Lisa. Investigation of iridoid substances in *Arctostaphylos uva-ursi*. *Pharmazie*. 1978, **33**(8): 536-537

[7] K Matsuo, M Kobayashi, Y Takuno, H Kuwajima, H Ito, T Yoshida. Anti-tyrosinase activity constituents of *Arctostaphylos uva-ursi*. *Yakugaku Zasshi*. 1997, **117**(12): 1028-1032

[8] M Shimizu, S Shiota, T Mizushima, H Ito, T Hatano, T Yoshida, T Tsuchiya. Marked potentiation of activity of beta-lactams against methicillin-resistant *Staphylococcus aureus* by corilagin. *Antimicrobial Agents and Chemotherapy*. 2001, **45**(11): 3198-3201

[9] L Jahodar, V Grygarova, M Budesinsky. Triterpenoids of *Arctostaphylos uva-ursi roots*. *Pharmazie*. 1988, **43**(6): 442-443

[10] L Jahodar, I Kolb, I Leifertova. Unedoside in *Arctostaphylos uva-ursi roots*. *Pharmazie*. 1981, **36**(4): 294-296

[11] L Jahodar, V Hanus, F Turecek. Ethyl β-D-erythro-D-glycero-hexopyranos-3-uloside, an isolation artifact from the roots of *Arctostaphylos uva-ursi* cv. *Arbuta*. *Pharmazie*. 1986, **41**(7): 526

[12] D Frohne. Urinary disinfectant activity of bearberry leaf extracts. *Planta Medica*. 1969, **18**(1): 1-25

[13] AG Winter, M Hornbostel. Antibacterial effect of split products of arbutin in the urinary tract. *Naturwissenschaften*. 1957, **44**: 379-380

[14] M Holopainen, L Jabodar, T Seppanen-Laakso, I Laakso, V Kauppinen. Antimicrobial activity of some finnish ericaceous plants. *Acta Pharmaceutica Fennica*. 1988, **97**(4): 197-202

[15] L Jahodar, P Jilek, M Patkova, V Dvorakova. Antimicrobial action of arbutin and the extract from leaves of *Arctostaphylos uva-ursi in vitro*. *Cesko-Slovenska Farmacie*. 1985, **34**(5): 174-178

[16] M Kubo, M Ito, H Nakata, H Matsuda. Pharmacological studies on leaf of *Arctostaphylos uva-ursi* (L.) Spreng. I. Combined effect of 50% methanolic extract from *Arctostaphylos uva-ursi* (L.) Spreng. (bearberry leaf) and prednisolone on immuno-inflammation. *Yakugaku Zasshi*. 1990, **110**(1): 59-67

[17] H Matsuda, T Tanaka, M Kubo. Pharmacological studies on leaf of *Arctostaphylos uva-ursi* (L.) Spreng. III. Combined effect of arbutin and indomethacin on immuno-inflammation. *Yakugaku Zasshi*. 1991, **111**(4-5): 253-258

[18] H Matsuda, H Nakata, T Tanaka, M Kubo. Pharmacological study on *Arctostaphylos uva-ursi* (L.) Spreng. II. Combined effects of arbutin and prednisolone or dexamethazone on immuno-inflammation. *Yakugaku Zasshi*. 1990, **110**(1): 68-76

[19] TA Filippenko, NI Belaya, AN Nikolaevskii. Activity of the phenolic compounds of plant extracts in reactions with diphenylpicrylhydrazyl. *Pharmaceutical Chemistry Journal*. 2004, **38**(8): 443-446

[20] R Amarowicz, RB Pegg, P Rahimi-Moghaddam, B Barl, JA Weil. Free-radical scavenging capacity and antioxidant activity of selected plant species from the Canadian prairies. *Food Chemistry*. 2003, **84**(4): 551-562

[21] 宋康康，邱凌，黄璜，陈清西．熊果苷作为化妆品添加剂对酪氨酸酶抑制作用．厦门大学学报(自然科学版)．2003，**42**(6)：791-794

[22] SK Swanston-Flatt, C Day, CJ Bailey, PR Flatt. Evaluation of traditional plant treatments for diabetes: studies in streptozotocin diabetic mice. *Acta Diabetologica Latina*. 1989, **26**(1): 51-55

辣根 Lagen GCEM

Armoracia rusticana (Lam.) Gaertn., B. Mey. et Scherb.

Horseradish

概述

十字花科 (Brassicaceae) 植物辣根 *Armoracia rusticana* (Lam.) Gaertn., B. Mey. et Scherb.，其根入药。药用名：辣根。

辣根属 (*Armoracia*) 植物全世界约有 3 种，分布于欧洲与亚洲。中国引种栽培有 1 种，本属仅本种入药。本种原产于伏尔加－顿河地区，后遍及欧洲。美洲中西部地区[1]及中国黑龙江、吉林、辽宁等地有栽培。

辣根的种植历史迄今已有近 2000 年。公元 19 世纪早期，辣根已普遍种植。民间药用历史较长，早期的应用包括治疗坐骨神经痛和疝痛、驱肠虫、利尿。辣根还用作调味品[1]。辣根传统用于治疗支气管和尿路感染、关节炎等，公元 17 世纪的英国草药医生也将辣根外用治疗坐骨神经痛、痛风和关节痛。主产于欧洲与亚洲。

辣根主要含异硫氰酸酯类、磺酸硫苷类和黄酮类成分等。

药理研究表明，辣根具有抗菌、抗炎、抗肿瘤和驱虫等作用。

民间经验认为辣根具有抗菌、镇痛的功效；中医理论认为辣根具有消食和中，利胆，利尿的功效。

辣根 *Armoracia rusticana* (Lam.) Gaertn., B. Mey. et Scherb.

药材辣根 Radix Armoraciae

1cm

化学成分

辣根的根含异硫氰酸酯类成分：烯丙基异硫氰酸酯 (allyl isothiocyanate)、3-丁烯基异硫氰酸酯 (3-butenyl isothiocyanate)、2-戊基异硫氰酸酯 (2-pentyl isothiocyanate)、3-苯乙基异硫氰酸酯 (3-phenylethyl isothiocyanate)、丁基异硫氰酸酯 (butyl isothiocyanate)、异丙基异硫氰酸酯 (isopropyl isothiocyanate)[2]、2-苯乙基异硫氰酸酯 (2-phenylethyl isothiocyanate)、3-甲基丁基异硫氰酸酯 (3-methylbutyl isothiocyanate)、4-甲基戊基异硫氰酸酯 (4-methylpentyl isothiocyanate)、苄基异硫氰酸酯 (benzyl isothiocyanate)[3]；磺酸硫苷类成分：水田芥苷 (gluconasturtiin)、黑芥子苷 (sinigrin)、芸苔苷 (glucobrassicin)、新芸苔苷 (neoglucobrassicin)[4]；以及质体醌-9 (plastoquinone-9)、6-O-酰基-β-D-葡萄糖基-β-谷甾醇 (6-O-acyl-β-D-glucosyl-β-sitosterol)、1,2-dilinolenoyl-3-galactosylglycerol[5]、辣根过氧化物酶 (horseradish peroxidase)[6]等。

辣根地上部分含黄酮类成分：三叶豆苷 (trifolin)、山柰酚-3-O-β-D-呋喃木糖苷 (kaempferol-3-O-β-D-xylofuranoside)、山柰酚-3-O-β-D-半乳糖苷 (kaempferol-3-O-β-D-galactopyranoside)[7]等。

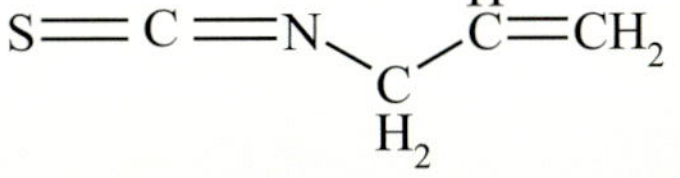

allyl isothiocyanate

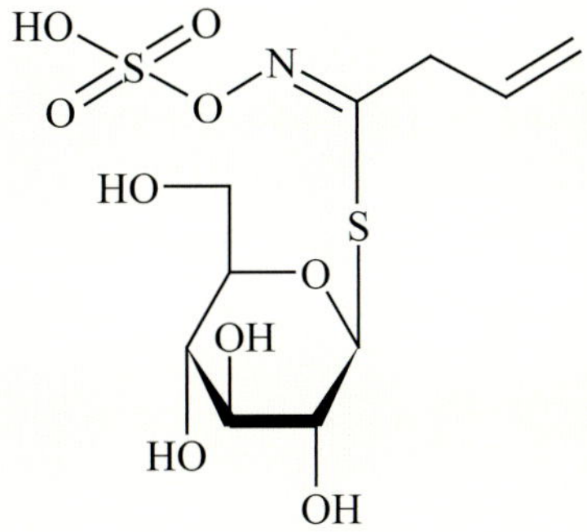

sinigrin

辣根 Lagen

辣根叶含黄酮类成分：山柰酚 (kaempferol)、槲皮素 (quercetin)[8]、rustoside[9]、槲皮素-(2-O-β-D-吡喃木糖基)-3-O-β-D-半乳糖苷 [quercetin-(2-O-β-D-xylopyranosyl)-3-O-β-D-galactopyranoside][10]等。

药理作用

1. 抗菌

辣根油对革兰氏阴性菌和阳性菌均有明显抑制作用。烯丙基异硫氰酸酯对酵母菌也有抑制作用[11]。

2. 抗炎

质体醌-9和6-O-酰基-β-D-葡萄糖基-β-谷甾醇能选择性抑制环氧化酶-1 (COX-1)，产生抗炎作用[5]。

3. 抗肿瘤

1,2-dilinolenoyl-3-galactosylglycerol体外能抑制人结肠癌细胞 HCT-116 和人肺癌细胞 NCI-H460 的增殖[5]。辣根提取物中的过氧化物酶体外具有明显抗诱变作用，能抑制γ射线导致的蚕豆分生细胞和小鼠骨髓细胞染色体畸变[12-13]。黑芥子苷饲喂雄性大鼠能抑制二乙基亚硝胺导致的肝癌[14]和 4-硝基喹啉-1-氧化物导致的舌癌[15]形成。腹腔注射烯丙基异硫氰酸酯能明显抑制小鼠移植人前列腺癌细胞 PC-3 有丝分裂，诱导癌细胞凋亡[16]。

4. 驱虫

辣根油对螨虫幼虫具有明显毒杀作用，其活性强于茴香油和大蒜油，烯丙基异硫氰酸酯是其主要活性成分[17]。

5. 其他

辣根水提取物对兔回肠具有解痉作用，静脉注射能降低麻醉猫血压[18]。烯丙基异硫氰酸酯能抑制小鼠肝匀浆脂质过氧化[19]。

应用

辣根主治咳嗽、支气管炎和尿路感染。还用于治疗多种呼吸道炎症、感冒、消化不良、痛风、风湿、疝痛以及其他肝胆疾病；外用治疗肌肉痛。辣根目前主要用作食用辛香料调味品[21]。

辣根也为中医临床用药。功能：消食和中，利胆，利尿。主治：消化不良，小便不利，胆囊炎，关节炎；外用于引赤发泡。

辣根过氧化物酶能利用 H_2O_2 氧化许多有机及无机化合物，可作为临床诊断和免疫测定试剂[6]。

评注

辣根曾用作利尿药和镇痛药，但尚未见其相关药理研究报道。辣根的药理作用还有待深入研究。

佐餐常用的芥末通常来源于 3 种不同的十字花科植物：一是山葵 *Wasabia japonica* Matsum；二是辣根，目前市售的山葵酱（青芥辣）和山葵粉大多因为成本的原因而采用辣根和绿色食用色素仿制生产；三是黑芥 *Brassica nigra* (L.) Koch 或白芥 *Sinapis alba* L. 的种子。辣根切片还具有驱除家畜粪便臭味的作用[20]。

参考文献

[1] Facts and Comparisons (Firm). The review of natural products (3rd edition). Missouri: Facts and Comparisons. 2000: 378-379

[2] ZT Jiang, R Li, JC Yu. Pungent components from thioglucosides in *Armoracia rusticana* grown in China, obtained by enzymatic hydrolysis. *Food Technology and Biotechnology*. 2006, **44**(1): 41-45

[3] M D'Auria, G Mauriello, R Racioppi. SPME-GC-MS analysis of horseradish (*Armoracia rusticana*). *Italian Journal of Food Science*. 2004, **16**(4): 487-490

[4] X Li, MM Kushad. Correlation of glucosinolate content to myrosinase activity in horseradish (*Armoracia rusticana*). *Journal of Agricultural and Food Chemistry*. 2004, **52**(23): 6950-6955

[5] MJ Weil, YJ Zhang, MG Nair. Tumor cell proliferation and cyclooxygenase inhibitory constituents in horseradish (*Armoracia rusticana*) and wasabi (*Wasabia japonica*). *Journal of Agricultural and Food Chemistry*. 2005, **53**(5): 1440-1444

[6] 洪伟杰，张朝晖，芦国营．辣根过氧化物酶的结构与作用机制．生命的化学．2005，**25**(1)：33-36

[7] JM Hur, JH Lee, JW Choi, GW Hwang, SK Chung, MS Kim, JC Park. Effect of methanol extract and kaempferol glycosides from *Armoracia rusticana* on the formation of lipid peroxide in bromobenzene-treated rats *in vitro*. *Saengyak Hakhoechi*. 1998, **29**(3): 231-236

[8] NS Fursa, VI Litvinenko, PE Krivenchuk. Flavonoids from *Armoracia rusticana* and *Barbarea arcuata*. *Khimiya Prirodnykh Soedinenii*. 1969, **5**(4): 320

[9] NS Fursa, VI Litvinenko. Rustoside from *Armoracia rusticana*. *Khimiya Prirodnykh Soedinenii*. 1970, **6**(5): 636-637

[10] LM Larsen, J Kvist Nielsen, H Sorensen. Identification of 3-O-[2-O-(β-D-xylopyranosyl)-β-D-galactopyranosyl] flavonoids in horseradish leaves acting as feeding stimulants for a flea beetle. *Phytochemistry*. 1982, **21**(5): 1029-1033

[11] BG Shofran, ST Purrington, F Breidt, HP Fleming. Antimicrobial properties of sinigrin and its hydrolysis products. *Journal of Food Science*. 1998, **63**(4): 621-624

[12] RA Agabeili, TE Kasimova. Antimutagenic activity of *Armoracia rusticana, Zea mays* and *Ficus carica* plant extracts and their mixture. *T S Itologii a i Genetika*. 2005, **39**(3): 75-79

[13] RA Agabeili, TE Kasimova, UK Alekperov. Antimutagenic activity of plant extracts from *Armoracia rusticana, Ficus carica* and *Zea mays* and peroxidase in eukaryotic cells. *T S Itologii a i Genetika*. 2004, **38**(2): 40-45

[14] T Tanaka, Y Mori, Y Morishita, A Hara, T Ohno, T Kojima, H Mori. Inhibitory effect of sinigrin and indole-3-carbinol on diethylnitrosamine-induced hepatocarcinogenesis in male ACI/N rats. *Carcinogenesis*. 1990, **11**(8): 1403-1406

[15] T Tanaka, T Kojima, Y Morishita, H Mori. Inhibitory effects of the natural products indole-3-carbinol and sinigrin during initiation and promotion phases of 4-nitroquinoline 1-oxide-induced rat tongue carcinogenesis. *Japanese Journal of Cancer Research*. 1992, **83**(8): 835-842

[16] SK Srivastava, D Xiao, KL Lew, P Hershberger, DM Kokkinakis, CS Johnson, DL Trump, SV Singh. Allyl isothiocyanate, a constituent of cruciferous vegetables, inhibits growth of PC-3 human prostate cancer xenografts *in vivo*. *Carcinogenesis*. 2003, **24**(10): 1665-1670

[17] IK Park, KS Choi, DH Kim, IH Choi, LS Kim, WC Bak, JW Choi, SC Shin. Fumigant activity of plant essential oils and components from horseradish (*Armoracia rusticana*), anise (*Pimpinella anisum*) and garlic (*Allium sativum*) oils against *Lycoriella ingenua* (Diptera: Sciaridae). *Pest Management Science*. 2006, **62**(8): 723-728

[18] P Peichev, N Kantarav, R Rusev. Chemical and pharmacological studies on principles of horseradish. *Eksperimentalna Meditsina i Morfologiia*. 1966, **5**(1): 47-51

[19] C Manesh, G Kuttan. Anti-tumour and anti-oxidant activity of naturally occurring isothiocyanates. *Journal of Experimental & Clinical Cancer Research*. 2003, **22**(2): 193-199

[20] EM Govere, M Tonegawa, MA Bruns, EF Wheeler, PH Heinemann, KB Kephart, J Dec. Deodorization of swine manure using minced horseradish roots and peroxides. *Journal of Agricultural and Food Chemistry*. 2005, **53**(12): 4880-4889

[21] Y Mano. Transgenic horseradish (*Armoracia rusticana*). *Biotechnology in Agriculture and Forestry*. 2001, **47**: 26-38

山金车 Shanjinche EP, BP, BHP, GCEM

Arnica montana L.

Arnica

概述

菊科 (Asteraceae) 植物山金车 *Arnica montana* L.，其干燥花序入药。药用名：山金车。

山金车属 (*Arnica*) 全世界约有 29 种，广泛分布于北美洲、墨西哥、欧洲和亚洲。本种分布于欧洲中部及南部山脉、欧洲北部平原和南部斯堪的纳维亚，俄罗斯也有分布。

山金车为欧洲民间用药，曾一度被广泛使用。欧洲人将其用于各种外伤的治疗。19 世纪末 20 世纪初，替代医学家推荐其外用于挫伤、瘀肿、乳腺痛及溃疡引起的慢性疼痛，也有医生认为其内服可治疗抑郁、呼吸困难、伤寒、肺炎、贫血、腹泻及心脏衰弱。《欧洲药典》(第 5 版) 和《英国药典》(2002 年版) 收载本种为山金车的法定原植物来源种。主产于西班牙。

山金车主要含倍半萜内酯类和黄酮类成分。《欧洲药典》和《英国药典》采用高效液相色谱法测定，规定山金车中倍半萜内酯类成分总含量以堆心菊灵巴豆酸酯计不得少于 0.40%，以控制药材质量。

药理研究表明，山金车具有抗炎、抗菌、降血压、抑制血小板凝聚及保肝等作用。

民间经验认为山金车具有愈伤的功效。

山金车 *Arnica montana* L.

药材山金车 Flos Arnicae

化学成分

山金车花序主要含倍半萜烯内酯类成分，其中堆心菊灵 (helenalin) 、11α,13－二氢堆心菊灵 (11α,13－dihydrohelenalin) 、chamissonolide[1]为抗炎的主要有效成分，倍半萜烯内酯类成分还有：堆心菊灵巴豆酸酯 (helenalin tiglate) 、arnifolin[2] 、二氢堆心菊灵异丁烯酸酯 (dihydrohelenalin methacrylate) 、二氢堆心菊灵醋酸酯 (dihydrohelenalin acetate) 、堆心菊灵异丁酯 (helenalin isobutyrate) 、小白菊内酯 (parthenolide)[3] 、2β－乙氧基－2,3－二氢堆心菊灵酯(2β－ethoxy－2,3－dihydrohelenalin ester) 、11α,13－二氢－2－O－巴豆酰堆心菊内酯 (11α,13－dihydro－2－O－tigloylflorilenalin) 、2β－乙氧基－6－O－乙酰基－2,3－二氢堆心菊灵 (2β－ethoxy－6－O－acetyl－2,3－dihydrohelenalin)[4]；黄酮类成分：异槲皮苷 (isoquercitrin) 、黄芪苷 (astragalin)[5]；有机酸类成分：水杨酸 (salicylic acid) 、对羟基苯甲酸 (p－hydroxybenzoic acid) 、香草酸 (vanillic acid) 、龙胆酸 (gentisic acid) 、原儿茶酸 (protocatechuic acid) 、对香豆酸 (p－coumaric acid) 、阿魏酸 (ferulic acid) 、咖啡酸 (caffeic acid)[6] 、绿原酸 (chlorogenic acid)[7]；香豆素类成分：伞形花内酯 (umbelliferone) 、东莨菪内酯 (scopoletin)[8]；此外，还含山金车菊苷 (arnicin)[9] 、麝香草酚 (thymol)[10] 、菜蓟素 (cynarin)[11]等。

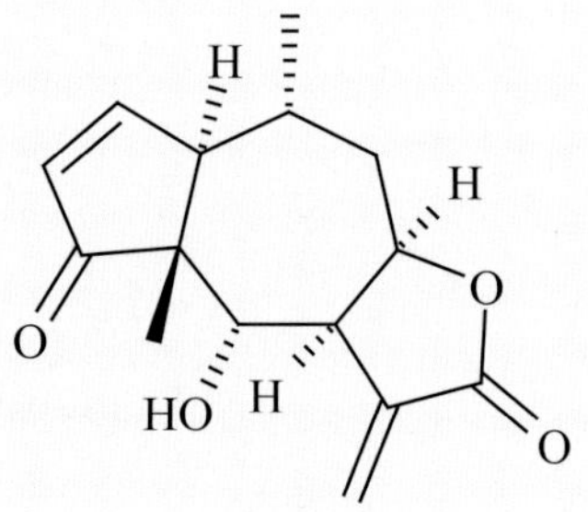

helenalin

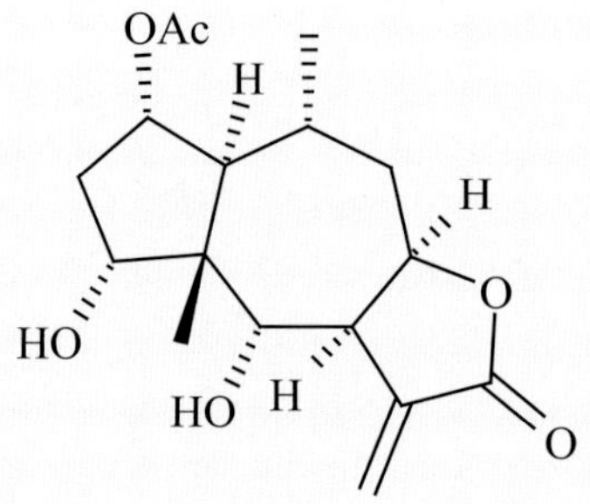

chamissonolide

药理作用

1. 抗炎

山金车所含倍半萜烯内酯类成分能抑制核转录因子 (NF－κB) 和活化下细胞核因子(NF－AT)的激活作用，对巴豆油所致小鼠耳廓肿胀也有抑制作用。其中堆心菊灵 、11α,13－二氢堆心菊灵和chamissonolid为抗炎的主要有效成分[1, 12]。

2. 抗菌

山金车提取物对口腔白色念珠菌 、金黄色葡萄球菌 、表兄链球菌 、肠球菌 、内氏放线菌 、牙龈卟啉菌 、齿周卟啉单胞菌和口颊普雷沃菌等有轻度的抑制作用[13]。

3. 对心血管系统的影响

山金车中的黄酮类成分能引起家兔的血压下降 、心动过缓和循环麻痹，对青蛙心脏心力不足有刺激作用；胃肠外给药时能引起短暂的心脏停顿 、心率加快 、血压先升高后下降，同时还能兴奋呼吸系统[14]。堆心菊灵 、11α,13－二氢堆心菊灵对胶原诱导的血小板聚集 、血栓素生成和血清素分泌均有抑制作用[15]。

4. 保肝

山金车浸剂和酊剂能抑制 CCl_4 所致大鼠中毒性肝炎的脂质过氧化反应，保护谷胱甘肽系统，为能促使肝脏水解酶活性恢复正常[16-17]。

应用

外用于治疗外伤引起的血肿、脱臼、挫伤以及骨折所致水肿，风湿性肌肉或关节疾病，口腔和咽喉炎症，疔或虫咬所致炎症及浅表性静脉炎。

评注

同属植物 *Arnica chamissonis* Less. ssp. *foliosa* (Nutt.) Maguire 的花序也为药材山金车的来源。墨西哥民间将菊科异囊菊属植物旋花异囊菊 *Heterotheca inulodies* Cass. 称为山金车，将其干燥花用于治疗手术后血栓静脉炎、挫伤和肌肉痛等。旋花异囊菊主要含倍半萜和类黄酮化合物，实验证明其具有强抗菌活性[19]。旋复花属植物 *Inula montana* L. 在法国民间常作为山金车的替代品，其合理性有待研究[20]。

参考文献

[1] G Lyss, TJ Schmidt, I Merfort, HL Pahl. Helenalin, an anti-inflammatory sesquiterpene lactone from Arnica, selectively inhibits transcription factor NF-kappaB. *Biological Chemistry*. 1997, **378**(9): 951-961

[2] BM Hausen, HD Herrmann, G Willuhn. The sensitizing capacity of Compositae plants. I. Occupational contact dermatitis from *Arnica longifolia* Eaton. *Contact Dermatitis*. 1978, **4**(1): 3-10

[3] S Wagner, F Kratz, I Merfort. In vitro behaviour of sesquiterpene lactones and sesquiterpene lactone-containing plant preparations in human blood, plasma and human serum albumin solutions. *Planta Medica*. 2004, **70**(3): 227-233

[4] O Kos, MT Lindenmeyer, A Tubaro, S Sosa, I Merfort. New sesquiterpene lactones from Arnica tincture prepared from fresh flowerheads of *Arnica montana*. *Planta Medica*. 2005, **71**(11): 1044-1052

[5] H Friedrich. Isoquercitrin and astragalin in the blossoms of *Arnica montana*. *Naturwissenschaften*. 1962, **49**: 541-542

[6] D Kalemba, J Gora, A Kurowska, R Zadernowski. Comparison of chemical constituents of Arnica species inflorescences. *Herba Polonica*. 1986, **32**(1): 9-18

[7] E Dombrowicz, M Greiner. Chromatographic comparison of the extracts from flowers of *Arnica montana* and *Inula britannica*. *Farmacja Polska*. 1968, **24**(7): 471-474

[8] SM Marchishin, NF Komissarenko. Components of *Arnica montana* and *Arnica foliosa*. *Khimiya Prirodnykh Soedinenii*. 1981, **5**: 662

[9] H Kreitmair. Pharmacological trials with some domestic plants. *E. Merck's Jahresberichte*. 1936, **50**: 102-110

[10] G Willuhn. Substances in Arnica species. VII. Composition of ethereal oils from subterranean organs and flowers of various Arnica species. *Planta Medica*. 1972, **22**(1): 1-33

[11] P Sancin, A Lombard, V Rossetti, M Buffa, E Borgarello. Evaluation of tinctures of *Arnica montana roots*. *Acta Pharmaceutica Jugoslavica*. 1981, **31**(3): 177-183

[12] CA Klaas, G Wagner, S Laufer, S Sosa, LR Della, U Bomme, HL Pahl, I Merfort. Studies on the anti-inflammatory activity of phytopharmaceuticals prepared from *Arnica* flowers. *Planta Medica*. 2002, **68**(5): 385-391

[13] H Koo, BP Gomes, PL Rosalen, GM Ambrosano, YK Park, JA Cury. *In vitro* antimicrobial activity of propolis and *Arnica montana* against oral pathogens. *Archives of Oral Biology*. 2000, **45**(2): 141-148

[14] O Gessner. Pharmacology of *Arnica montana*. *Medizinische Monatsschrift*. 1949, **3**: 825-828

[15] H Schroder, W Losche, H Strobach, W Leven, G Willuhn, U Till, K Schror. Helenalin and 11 alpha,13-dihydrohelenalin, two constituents from *Arnica montana* L., inhibit human platelet function via thiol-dependent pathways. *Thrombosis Research*. 1990, **57**(6): 839-845

[16] IM Iamemii, NP Grygor'iea, IF Meshchyshen. Effect of *Arnica montana* on the state of lipid peroxidation and protective glutathione system of rat liver in experimental toxic hepatitis. *Ukrainskii Biokhimicheskii Zhurnal.* 1998, **70**(2): 78-82

[17] IM Iaremii, IF Meshchyshen, NP Hrihor'ieva, LS Kostiuk. Effect of *Arnica montana* tincture on some hydrolytic enzyme activities of rat liver in experimental toxic hepatitis. *Krainskii Biokhimicheskii Zhurnal.* 1998, **70**(6): 88-91

[18] BM Hausen, HD Herrmann, G Willuhn. The sensitizing capacity of Compositae plants. I. Occupational contact dermatitis from *Arnica longifolia* Eaton. *Contact Dermatitis.* 1978, **4**(1): 3-10

[19] I Kubo, H Muroi, A Kubo, SK Chaudhuri, Y Sanchez, T Ogura. Antimicrobial agents from *Heterotheca inuloides. Planta Medica.* 1994, **60**(3): 218-221

[20] J Reynaud, M Lussignol. Free flavonoid aglycons from *Inula montana. Pharmaceutical Biology.* 1999, **37**(2): 163-164

中亚苦蒿 Zhongyakuhao

EP, BP, BHP, GCEM

Artemisia absinthium L.

Wormwood

概述

菊科 (Asteracea) 植物中亚苦蒿 *Artemisia absinthium* L.，其干燥叶和花枝入药。药用名：苦艾。

蒿属 (*Artemisia*) 植物全世界 300 多种，主要分布于亚洲、欧洲及北美洲的温带、寒温带及亚热带地区。中国有 186 种、44 变种，遍布全中国各省区，本属现供药用者约 23 种。本种为北温带广布种，分布于亚洲中西部地区，以及欧洲各国、非洲北部和西北部、北美洲的加拿大和美国东部、中国新疆天山北部。

中亚苦蒿及其提取物是传统的驱肠虫药和解表药，其叶和花枝也曾用作芳香剂、镇静剂和调味料。以中亚苦蒿提取物为主要成分的苦艾酒，直到 20 世纪早期仍然是受欢迎的酒精饮料[1]。《欧洲药典》(第 5 版) 和《英国药典》(2002 年版) 收载本种为苦艾的法定原植物来源种。主产于东欧国家。

中亚苦蒿主要含倍半萜内酯类、挥发油、黄酮类成分等。《欧洲药典》和《英国药典》采用水蒸气蒸馏法测定，规定苦艾中挥发油的含量不得少于 2.0mL/kg，以控制药材质量。

药理研究表明，中亚苦蒿具有抗寄生虫、保肝利胆、抗菌、抗炎、抗氧化等作用。

民间经验认为苦艾具有健胃、利胆的功效；中医理论认为苦艾具有清热燥湿，驱蛔，健胃的功效。

中亚苦蒿 *Artemisia absinthium* L.

化学成分

中亚苦蒿地上部分含倍半萜内酯类成分：苦艾素 (absinthin)、安艾苦素 (anabsinthin)[2]、洋艾内酯 (artabsin)、异苦艾素 (isoabsinthin)[3]、anabsin[4]、artabin、absindiol[5]、α-山道年 (α-santonin)、ketopelenolide-A[6]、洋艾种双内酯 (absintholide)、artanolide、deacetylglobicin[7]；挥发油类成分：1,8-桉叶素 (1,8-cineole)、侧柏酮 (thujone)、香桧烯 (sabinene)、桂叶烯 (myrcene)、马鞭草烯醇 (verbenol)、香芹酮 (carvone)、姜黄烯 (curcumene)、母菊兰烯 (chamazulene)[8]、松油醇 (terpineol)、侧柏醇 (thujol)、愈创蓝油烃 (guaiazulene)[9]；黄酮类成分：艾黄素 (artemisetin)、猫眼草黄素 (chrysosplenetin)、异鼠李素 (isorhamnetin)、山柰酚 (kaempferol)[10]、水仙苷 (narcissin)[11]、5,6,3',5'-四甲氧基-7,4'-羟基黄酮 (5,6,3',5'-tetramethoxy-7,4'-hydroxyflavone)[12]等。

中亚苦蒿根含木脂素类成分：芝麻素 (sesamin)、yangambin；香豆素类成分：6-甲氧基-7,8-亚甲二氧基香豆素 (6-methoxy-7,8-methylenedioxy coumarin)[13]；挥发油类成分：α-茴香烯 (α-fenchene)、β-桂叶烯 (β-myrcene)、β-蒎烯 (β-pinene)[14]等。

中亚苦蒿叶含倍半萜内酯类成分：苦艾素、洋艾内酯、母菊素 (matricin)[15]、蒿萜内酯 (artemoline)[16]、洋艾双内酯 (artenolide)[17]；黄酮类成分：槲皮素-3-葡萄糖苷 (quercetin-3-glucoside)、芦丁 (rutin)[18]等。

中亚苦蒿还含有巴里辛B、C (parishins B-C)[19]等倍半萜内酯类成分。

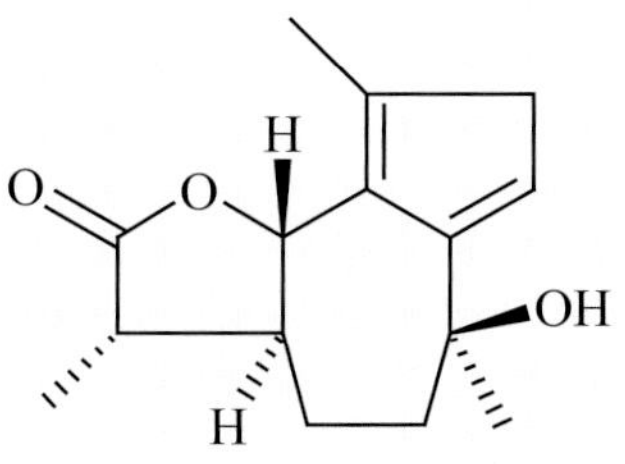

artabsin 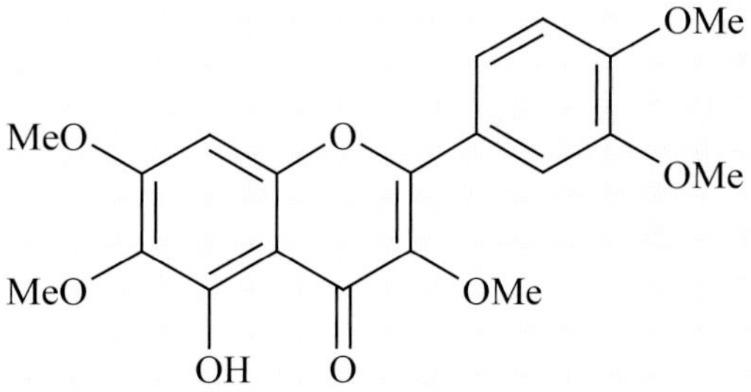　　artemisetin

药理作用

1. **抗寄生虫**

   小鼠灌胃中亚苦蒿挥发油能明显抑制鞭毛虫、蛲虫等寄生虫生长[20-21]。体外实验也表明，中亚苦蒿提取物对阿米巴原虫[22]、疟原虫[23]的生长有抑制作用。

2. **保肝利胆**

   小鼠灌胃中亚苦蒿甲醇提取物能通过微粒体药物代谢酶抑制作用，明显抑制扑热息痛和四氯化碳导致的血浆谷草转氨酶 (GOT) 和谷丙转氨酶 (GPT) 升高，产生保护肝脏的作用[24]。中亚苦蒿能促进胆汁分泌，其所含酚酸类成分与此作用相关[25]。

中亚苦蒿 Zhongyakuhao

3. 抗菌

中亚苦蒿挥发油体外对白色念珠菌的生长有明显的抑制作用[26]。

4. 抗炎

5,6,3',5'-四甲氧基-7,4'-羟基黄酮能抑制环氧化酶、诱导型一氧化氮合酶 (iNOS) 和核转录因子 (NF-κB) 在受激巨噬细胞 RAW264.7 内的表达[12]，产生抗炎作用。

5. 抗氧化

中亚苦蒿挥发油体外具有抗氧化和二苯代苦味酰肼 (DPPH) 自由基清除作用[27]。中亚苦蒿不同提取物的抗氧化活性强度依次为醋酸乙酯提取物>甲醇提取物>正丁醇提取物>氯仿提取物>石油醚提取物[28]。

6. 抗肿瘤

艾黄素对小鼠黑色素瘤生长有较强抑制作用，对淋巴肉瘤抑制作用较弱[29]。

7. 其他

饲喂中亚苦蒿粉末能治愈小鼠的疥疮。中亚苦蒿所含固醇类成分还具有退热作用[30]。

应用

苦艾主治食欲不振、消化不良和胆囊运动障碍。还可用于治疗肠道运动弛缓、胃炎、胃痛、胃肠胀气、贫血、月经不调、疟疾、寄生虫感染；外用治疗创伤不愈、溃疡、虫咬等。

苦艾也为中医临床用药。功能：清热燥湿，驱蛔，健胃。主治：关节肿痛，湿疹瘙痒，蛔虫病，食欲不振。

评注

蒿属植物多具有药用价值，《中国药典》(2005年版)收载有黄花蒿 *Artemisia annua* L. 的干燥地上部分做中药青蒿使用；滨蒿 *A. scoparia* Waldst. et Kit.、茵陈蒿 *A. capillaris* Thunb. 的干燥地上部分做中药茵陈使用；艾 *A. argyi* Levl. et Vant. 的干燥叶做中药艾叶使用。《日本药局方》(第十五版)收载有茵陈蒿 *A. capillaries* Thunb. 的头状花序作为茵陈蒿花使用。《英国草药典》(1996 年版)收载有北艾 *A. vulgaris* L. 的干燥地上部分作为艾蒿使用。

苦艾酒是一种带有苦涩茴香味或甘草味的高浓度酒，由苦艾提取物制成。由于含有侧柏酮成分，长期大量饮用会刺激神经系统，造成脑部损害。苦艾酒曾被欧洲国家禁售，后因产生不良反应的主要成分侧柏酮的含量得到规范控制，20 世纪 80 年代欧洲共同体才宣布解禁苦艾酒。

参考文献

[1] Facts and Comparisons (Firm). The review of natural products (3rd edition). Missouri: Facts and Comparisons. 2000: 768-769

[2] T Yashiro, N Sugimoto, K Sato, T Yamazaki, K Tanamoto. Analysis of absinthin in absinth extract bittering agent. *Nippon Shokuhin Kagaku Gakkaishi*. 2004, **11**(2): 86-90

[3] J Beauhaire, JL Fourrey, JY Lellemand, M Vuilhorgne. Dimeric sesquiterpene lactone. Structure of isoabsinthin. Acid isomerization of absinthin derivatives. *Tetrahedron Letters*. 1981, **22**(24): 2269-2272

[4] SZ Kasymov, ND Abdullaev, GP Sidyakin, MR Yagudaev. Anabsin - a new diguaianolide from *Artemisia absinthium*. *Khimiya Prirodnykh Soedinenii*. 1979, **4**: 495-501

[5] AG Safarova, SV Serkerov. Sesquiterpene lactones of *Artemisia absinthium*. *Chemistry of Natural Compounds*. 1998, **33**(6): 653-654

[6] N Perez-Souto, RJ Lynch, G Measures, JT Hann. Use of high-performance liquid chromatographic peak deconvolution and peak labeling to identify antiparasitic components in plant extracts. *Journal of Chromatography*. 1992, **593**(1-2): 209-215

[7] SZ Kasymov, ND Abdullaev, MI Yusupov, GP Sidyakin, MR Yagudaev. New guaianolides from *Artemisia absinthium. Khimiya Prirodnykh Soedinenii.* 1984, **6**: 794-795

[8] A Orav, A Raal, E Arak, M Muurisepp, T Kailas. Composition of the essential oil of *Artemisia absinthium* L. of different geographical origin. *Proceedings of the Estonian Academy of Sciences, Chemistry.* 2006, **55**(3): 155-165

[9] OV Grechana, OV Mazulin, SV Sur, OG Vinogradova, OV Prokopenko. Phytochemical study of essential oil from *Artemisia absinthium. Farmatsevtichnii Zhurnal.* 2006, **2**: 82-86

[10] LM Belenovskaya, AA Korobkov. Flavonoids of some species of *Artemisia* (Asteraceae) genus during introduction to the Leningrad region. *Rastitel'nye Resursy.* 2005, **41**(3): 100-105

[11] EN Sal'nikova, GI Kalinkina, SE Dmitruk. Chemical investigation of flavonoids of bitter wormwood (*Artemisia absinthium*), Sieverse's wormwood (*A. sieversiana*) and Yakut wormwood (*A. jacutica*). *Khimiya Rastitel'nogo Syr'ya.* 2001, **3**: 71-78

[12] HG Lee, H Kim, WK Oh, KA Yu, YK Choe, JS Ahn, DS Kim, SH Kim, CA Dinarello, K Kim, DY Yoon. Tetramethoxy hydroxyflavone p7F downregulates inflammatory mediators via the inhibition of nuclear factor B. *Annals of the New York Academy of Sciences.* 2004, **1030**: 555-568

[13] A Yamari, D Boriky, ML Bouamrani, M Blaghen, M Talbi. A new thiophen acetylene from *Artemisia absinthium. Journal of the Chinese Chemical Society.* 2004, **51**(3): 637-638

[14] AI Kennedy, SG Deans, KP Svoboda, AI Gray, PG Waterman. Volatile oils from normal and transformed root of *Artemisia absinthium. Phytochemistry.* 1993, **32**(6): 1449-1451

[15] G Schneider, B Mielke. Analysis of the bitter principles absinthin, artabsin and matricin from *Artemisia absinthium* L. Part II: Isolation and determination. *Deutsche Apotheker Zeitung.* 1979, **119**(25): 977-982

[16] SZ Kasymov, ND Abdullaev, SK Zakirov, GP Sidyakin, MR Yagudaev. Artemoline, a new guaianolide from *Artemisia absinthium. Khimiya Prirodnykh Soedinenii.* 1979, **5**: 658-661

[17] A Ovezdurdyev, ND Abdullaev, MI Yusupov, SZ Kasymov. Artenolide, a new disesquiterpenoid from *Artemisia absinthium. Khimiya Prirodnykh Soedinenii.* 1987, **5**: 667-671

[18] B Hoffmann, K Herrmann. Flavonol glycosides of wormwood (*Artemisia vulgaris* L.), tarragon (*Artemisia dracunculus* L.) and absinthe (*Artemisia absinthium* L.). 8. Phenolics of spices. *Zeitschrift fuer Lebensmittel-Untersuchung und -Forschung.* 1982, **174**(3): 211-215

[19] A Ovezdurdyev, SK Zakirov, MI Yusupov, SZ Kasymov, A Abdusamatov, VM Malikov. Sesquiterpene lactones of two *Artemisia species. Khimiya Prirodnykh Soedinenii.* 1987, **4**: 607-608

[20] AN Aleskerova. Biologically active substances of bitter wormwood (*Artemisia absinthium* L.). *Khabarlar - Azarbaycan Milli Elmlar Akademiyasi, Biologiya Elmlari.* 2005, **3-4**: 34-46

[21] RE Chabanov, AN Aleskerova, SN Dzhanakhmedova, LA Safieva. Experimental estimation of antiparasitic activities of essential oils from some *Artemisia* (Asteraceae) species of Azerbaijan flora. *Rastitel'nye Resursy.* 2004, **40**(4): 94-98

[22] J Mendiola, M Bosa, N Perez, H Hernandez, D Torres. Extracts of *Artemisia abrotanum* and *Artemisia absinthium* inhibit growth of *Naegleria fowleri in vitro. Transactions of the Royal Society of Tropical Medicine and Hygiene.* 1991, **85**(1): 78-79

[23] G Ruecker, D Manns, S Wilbert. Peroxides as constituents of plants. Part 10. Homoditerpene peroxides from *Artemisia absinthium. Phytochemistry.* 1991, **31**(1): 340-342

[24] AH Gilani, KH Janbaz. Preventive and curative effects of *Artemisia absinthium* on acetaminophen- and CCl_4-induced hepatotoxicity. *General Pharmacology.* 1995, **26**(2): 309-315

[25] L Swiatek, B Grabias, D Kalemba. Phenolic acids in certain medicinal plants of the genus *Artemisia. Pharmaceutical and Pharmacological Letters.* 1998, **8**(4): 158-160

[26] F Juteau, I Jerkovic, V Masotti, M Milos, J Mastelic, JM Bessiere, J Viano. Composition and antimicrobial activity of the essential oil of *Artemisia absinthium from Croatia and France. Planta medica.* 2003, **69**(2): 158-161

[27] S Kordali, A Cakir, A Mavi, H Kilic, A Yildirim. Screening of chemical composition and antifungal and antioxidant activities of the essential oils from three Turkish Artemisia species. *Journal of Agricultural and Food Chemistry.* 2005, **53**(5): 1408-1416

[28] JM Canadanovic-Brunet, SM Djilas, GS Cetkovic, VT Tumbas. Free-radical scavenging activity of wormwood (*Artemisia absinthium* L) extracts. *Journal of the Science of Food and Agriculture.* 2005, **85**(2): 265-272

[29] II Chemesova, LM Belenovskaya, AN Stukov. Antitumor activity of flavonoids from some species of *Artemisia* L. *Rastitel'nye Resursy*. 1987, **23**(1): 100-103

[30] M Ikram, N Shafi, I Mir, MN Do, P Nguyen, PW Le Quesne. 24 ξ -Ethylcholesta-7,22-dien-3 β -ol: a possibly antipyretic constituent of *Artemisia absinthium*. *Planta Medica*. 1987, **53**(4): 389

颠茄 Dianqie EP, BP, BHP, USP, GCEM, CP, JP

Atropa belladonna L.

Belladonna

概述

茄科 (Solanaceae) 植物颠茄 *Atropa belladonna* L.，其开花至结果期的干燥全草除去粗茎后入药。药用名：颠茄叶或颠茄草。

颠茄属 (*Atropa*) 植物全世界约 4 种，分布于欧洲至亚洲中部。中国仅栽培 2 种，可供药用。本种原产于欧洲中部、西部和南部，中国各地区也有栽培。

古代西班牙姑娘喜爱用颠茄煎剂滴眼，以引起瞳孔放大而显得漂亮。在意大利文中，"bella" 是美丽的意思，"donna" 是女郎，因此颠茄习称为 "belladonna"。现代眼科中也常用颠茄作为散瞳药。公元 19 世纪 60 年代，英国药理学家奎斯推荐用颠茄作为神经阻断剂，用于人体浅表部肿瘤手术的麻醉；并推荐内服颠茄缓解癌症的危急症状，达到麻醉作用。颠茄所含的阿托品后被证明具有轻微的局部麻醉作用[1]。《欧洲药典》(第 5 版)、《英国药典》(2002 年版)、《美国药典》(第 28 版) 和《中国药典》(2005 年版) 收载本种为颠茄叶的法定原植物来源种。栽培颠茄主产于北欧国家以及美国，野生颠茄主产于欧洲东南部国家。

颠茄主要活性成分为莨菪烷型生物碱，另外还含有黄酮类、脂肪酸类、皂苷类成分等。《欧洲药典》、《英国药典》和《中国药典》采用酸碱滴定法测定，规定颠茄叶中总生物碱含量以莨菪碱计不得少于 0.30%；《美国药典》采用气相色谱法测定，规定颠茄叶中总生物碱含量以阿托品和东莨菪碱计不得少于 0.35%，以控制药材质量。

药理研究表明，颠茄具有解痉、散瞳、抗胆碱、抑制腺体分泌等作用。

民间经验认为颠茄叶具有解痉的功效；中医理论认为颠茄叶具有解痉止痛，抑制分泌的功效。

颠茄 *Atropa belladonna* L.（花期）

颠茄 Dianqie

颠茄 *Atropa belladonna* L.（果期）

药材颠茄草 Herba Belladonnae

化学成分

颠茄根和叶均含主要活性成分为莨菪烷型生物碱类成分：莨菪碱 (hyoscyamine)、东莨菪碱 (scopolamine)[2-3]、阿朴阿托品 (apoatropine)、阿朴东莨菪碱 (aposcopolamine)[4-5]，以及提取过程中得到的消旋莨菪碱-阿托品 [(±) atropine][6]。颠茄叶还含黄酮类成分：芦丁 (rutin)、山柰酚-3-O-鼠李半乳糖苷 (kaempferol-3-O-rhamnosylgalactoside)[7]、7-甲基槲皮素 (7-methylquercetin)、3-甲基槲皮素 (3-methylquercetin)[8]。

颠茄果实含莨菪烷型生物碱：莨菪碱、东莨菪亭 (scopoletin)[9]等。

颠茄种子含吡咯烷型生物碱：红古豆碱 (cuscohygrine)[10]；螺旋固烷型固醇皂苷：atroposides A、B、C、D、E、F、G、H[11]等。

颠茄地上部分还含多羟基去甲莨菪烷型生物碱：打碗花精A_3、B_1、B_2、B_3、N_1 (calystegines A_3, B_1-B_3, N_1)[12]等。

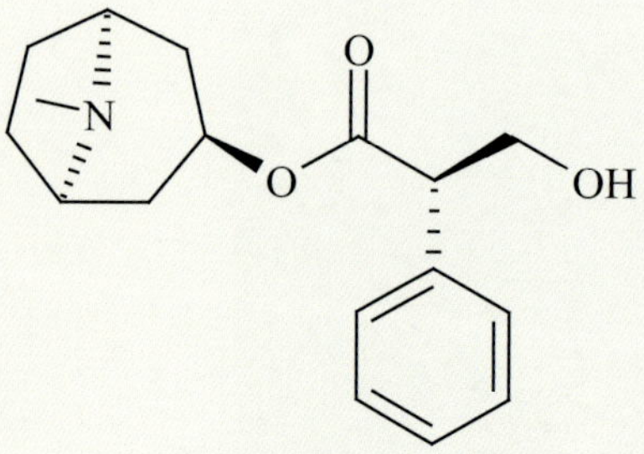

hyoscyamine

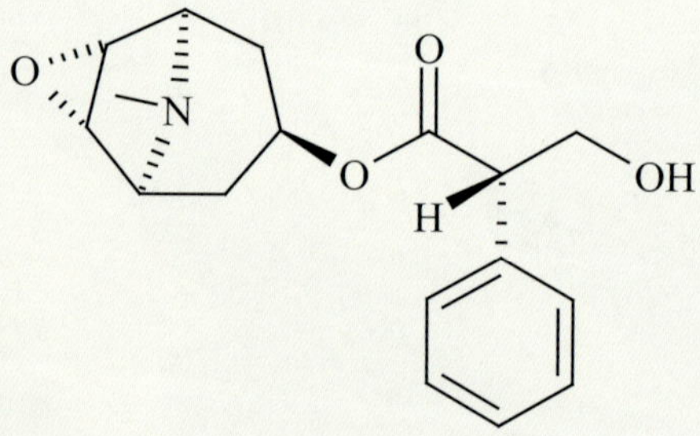

scopolamine

药理作用

1. **解痉**

颠茄叶子和根含莨菪烷型生物碱较多，对离体小鼠肠平滑肌的解痉作用较强，而且毒性较弱，其药用价值高于莨菪、东莨菪和紫花曼陀罗[13]。阿托品雾化吸入对二氧化碳过度通气导致的人支气管收缩反应有保护作用[14]。

2. **散瞳**

颠茄叶子和根所含莨菪烷型生物碱具有明显散瞳作用。阿托品可对抗卡巴胆碱对人离体瞳孔括约肌的收缩作用[15]。阿托品给兔玻璃体内注射，能使实验性形觉剥夺性近视兔的巩膜正常生长，从而部分阻止近视[16]。

3. **抗胆碱**

颠茄生物碱能作用于副交感神经节后纤维所支配的器官、组织，阻断乙酰胆碱与器官、组织发生作用，从而表现出抗胆碱作用。肌肉注射阿托品对胆碱酯酶抑制剂-梭曼导致的大鼠皮下给药死亡率明显降低，脑病变程度降低[17]。

4. **抑制腺体分泌**

阿托品体外对由乙酰胆碱所致的呼吸道黏液分泌显示出强烈的抑制作用[18]。颠茄对应激性胃损伤的保护作用可能与其抑制胃腺的分泌有关[19]。

5. **血管扩张**

阿托品体外能通过抑制受体介导的外钙内流和内钙释放，拮抗去甲肾上腺素导致的大鼠肠系膜动脉收缩，产生明显的扩张血管作用[20]。东莨菪碱能明显抑制去甲肾上腺素、组胺和 5-羟色胺引起的血管收缩，对家兔离体主动脉环具有显著扩张血管作用[21]，还具有加快血流速度，改变血液流变性，改善机体微循环，防治血栓性疾病的作用[22]。

6. **血管保护**

腹腔注射阿托品可明显减轻大鼠前脑缺血后再灌注所致海马神经元迟发性损害，减小大鼠大脑中动脉阻塞后再灌注损害范围，而对局部皮质血流变化无影响[23]。东莨菪碱体外对缺氧再灌注牛主动脉血管内皮细胞有良好的保护作用，可预防内皮细胞谷胱甘肽 (GSH) 消耗，减少丙二醛 (MDA) 生成，并减少一氧化氮和乳酸脱氢酶 (LDH) 的释放，其机理与东莨菪碱抗脂质过氧化作用有关[24]。

7. **镇痛**

腹腔注射东莨菪碱能显著提高吗啡依赖小鼠的痛阈[25]，对 δ 受体激动剂所致的痛阈降低也有对抗作用[26]。

8. **其他**

东莨菪碱作为阿片类药物的辅助药可减轻阿片副作用，延缓吗啡耐受和依赖的形成，在大鼠给药吗啡前给予东莨菪碱可明显抑制位置偏爱的形成，快速减轻戒断综合征[27]。阿托品对吲哚美辛所致的胃黏膜及血管损伤还具有保护作用。

应用

颠茄叶主治胃肠道痉挛和胆绞痛。还用于治疗植物神经系统失调、运动机能亢进、多汗症、心律失常、心力衰竭、哮喘、支气管炎、肌肉痛、小儿肺炎、儿童弱视[28]，以及用于人工流产[29]、戒毒[30]等；外用治疗痛风、溃疡等。

颠茄叶也为中医临床用药。功能：解痉止痛，抑制分泌。主治：胃以及十二指肠溃疡，胃肠道及肾胆绞痛，呕恶，盗汗，流涎。

评注

除叶以外，颠茄根也可入药，《日本药局方》（第十五版）收载本种为颠茄根的法定原植物来源种。莨菪烷型生物碱类药物（包括阿托品、东莨菪碱、莨菪碱等）已成为临床抢救呼吸衰竭和解除有机磷农药中毒的常用药物。以往依赖进口的颠茄，目前已经在中国大别山地区种植成功。

颠茄 Dianqie

参考文献

[1] 首都医药编辑部．天然药物发现故事．首都医药．2003，10(7)：48-49

[2] D Baricevic, A Umek, S Kreft, B Maticic, A Zupancic. Effect of water stress and nitrogen fertilization on the content of hyoscyamine and scopolamine in the roots of deadly nightshade (*Atropa belladonna*). *Environmental and Experimental Botany*. 1999, **42**(1): 17-24

[3] M Ylinen, T Naaranlahti, S Lapinjoki, A Huhtikangas, ML Salonen, LK Simola, M Lounasmaa. Tropane alkaloids from *Atropa belladonna*; Part I. Capillary gas chromatographic analysis. *Planta Medica*. 1986, **52**(2): 85-87

[4] A Kuhn, G Schafer. Analysis of the alkaloidal mixture in *Atropa belladonna*. *Deutsche Apotheker Zeitung*. 1938, **53**: 405-407, 424-427

[5] A Martinsen, T Naaranlahti, ML Turkia, T Lehtola, J Oksanen, M Ylinen. Comparison of radioimmunoassay and capillary gas chromatography in the analysis of l-hyoscyamine from plant material. *Phytochemical Analysis*. 1991, **2**(4): 163-166

[6] K Dimitrov, D Metcheva, L Boyadzhiev. Integrated processes of extraction and liquid membrane isolation of atropine from *Atropa belladonna* roots. *Separation and Purification Technology*. 2005, **46**(1-2): 41-45

[7] E Steinegge, D Sonanin, K Tsingarida. Solanceae flavones. III. Flavonoids of belladonna leaf. *Pharmaceutica Acta Helvetiae*. 1963, **38**: 119-124

[8] G Clair, D Drapier-Laprade, RR Paris. On the polyphenols (phenolic acids and flavonoids) of varieties of *Atropa belladonna* L. *Comptes Rendus des Seances de l'Academie des Sciences, Serie D: Sciences Naturelles*. 1976, **282**(1): 53-56

[9] M Anetai, T Yamagishi. Quantitative determination of hyoscyamine in Solanaceae plants by high performance liquid chromatography. *Hokkaidoritsu Eisei Kenkyushoho*. 1985, **35**: 52-55

[10] PR van Haga. Alkaloids in germinating seeds of *Atropa belladonna*. *Nature*. 1954, **173**: 692

[11] SA Shvets, NV Latsterdis, PK Kintia. A chemical study on the steroidal glycosides from *Atropa belladonna* L. seeds. *Advances in Experimental Medicine and Biology*. 1996, **404**: 475-483

[12] K Bekkouche, Y Daali, S Cherkaoui, JL Veuthey, P Christen. Calystegine distribution in some solanaceous species. *Phytochemistry*. 2001, **58**(3): 455-462

[13] J Haginiwa, M Harada. Pharmacological studies on crude drugs. I. Comparison of four hyoscyamine-containing plants (*Scopolia japanica, Atropa belladonna, Datura tatula, and Hyoscyamus niger*). *Yakugaku Zasshi*. 1959, **79**: 1094-1096

[14] 米建新，孙滨．阿托品对等二氧化碳过度通气诱发支气管收缩的影响．第四军医大学学报．1993，**14**(1)：50-52

[15] AJ Kaumann, R Hennekes. The affinity of atropine for muscarine receptors in human sphincter pupillae. *Naunyn-Schmiedeberg's Archives of Pharmacology*. 1979, **306**(3): 209-211

[16] 高前应，高如尧，王培杰，郭延奎，卢佩勇，蒙艳春，朱涛，李力．阿托品对兔实验性形觉剥夺性近视形成的影响．第四军医大学学报．2000，**21**(2)：210-213

[17] JH McDonough, NK Jaax, RA Crowley, MZ Mays, HE Modrow. Atropine and/or diazepam therapy protects against soman-induced neural and cardiac pathology. *Fundamental and Applied Toxicology*. 1989, **13**(2): 256-276

[18] J Mullol, JN Baraniuk, C Logun, M Merida, J Hausfeld, JH Shelhamer, MA Kaliner. M_1 and M_3 muscarinic antagonists inhibit human nasal glandular secretion *in vitro*. *Journal of Applied Physiology*. 1992, **73**(5): 2069-2073

[19] D Bousta, R Soulimani, I Jarmouni, P Belon, J Falla, N Froment, C Younos. Neurotropic, immunological and gastric effects of low doses of *Atropa belladonna* L., *Gelsemium sempervirens* L. and Poumon histamine in stressed mice. *Journal of Ethnopharmacology*. 2001, **74**(3): 205-215

[20] 郑建普，曹永孝，徐仓宝，L Edvinsson．阿托品对大鼠肠系膜动脉的舒张作用及机制．药学学报．2005，**40**(5)：402-405

[21] 刘书勤，臧伟进，李增利，孙强，于晓江，刘新领．东莨菪碱扩血管作用机制研究．数理医药学杂志．2004，**17**(6)：528-531

[22] 谢忠明，孙端阳，陈进，鲁慧兰，苏汉桥．东莨菪碱纠正肾上腺素诱导血小板电泳减缓试验．中国人兽共患病杂志．2001，**17**(4)：85-86

[23] 郑健，董为伟．阿托品减轻大鼠脑缺血后再灌流损害机制的初步探讨．中国病理生理杂志．1997，**13**(6)：690-693

[24] 魏刘华，朱洪生．东莨菪碱对缺氧再灌注动脉血管内皮细胞的保护作用．中华胸心血管外科杂志．1995，**11**(5)：306-308

[25] 王黎光，马常义，王淑珍，彭柏英，袁征，马以会．莨菪类生物碱对吗啡依赖小鼠痛阈影响的比较．中国临床康复．2004，**8**(20)：4046-4047

[26] ES Sperber, MT Romero, RJ Bodnar. Selective potentiations in opioid analgesia following scopolamine pretreatment. *Psychopharmacology*. 1986, **89**(2): 175-176

[27] 向晓辉，赵晏，王惠玲，王会生，曹东元．东莨菪碱对吗啡依赖大鼠摄食、饮水和尿量的影响．第四军医大学学报．2004，**25**(7): 615

[28] 刘波．阿托品健眼散瞳治疗儿童弱视．中国实用眼科杂志．1997，**15**(4): 251-252

[29] 孙娅琨，张其方，孙迎春．阿托品在人工流产中的应用．中国计划生育学杂志．1998，**6**(3): 132-133

[30] 殷杰．大剂量东莨菪碱对海洛因依赖者脱毒治疗的疗效观察．南京医科大学学报．1999，**19**(5): 424-425

琉璃苣 Liuliju EP, GCEM

Borago officinalis L.

Borage

概述

紫草科 (Boraginaceae) 植物琉璃苣 *Borago officinalis* L.，其干燥全草或种子油入药。药用名：琉璃苣或琉璃苣油。

琉璃苣属 (*Borago*) 植物全世界有 5 种，分布于非洲西北部、科西嘉、萨丁尼亚岛和塔斯卡尼群岛[1]。中国引种本种，供药用。本种原产地中海地区，现美国、欧洲和亚洲均有栽培。

公元 16 世纪约翰 · 热拉尔 (John Gerard) 在其著作中记载琉璃苣的叶和花泡酒可使人兴奋，驱除悲伤、沉闷和忧郁。《欧洲药典》(第 5 版) 收载本种为琉璃苣油的法定原植物来源种。主产于欧洲和美国。

琉璃苣含有吡咯里西啶类生物碱、脂肪酸和酚酸类成分等，其中 γ -亚麻酸为主要的有效成分。《欧洲药典》以酸价、过氧化值和脂肪酸的组成等为指标，控制精制琉璃苣油质量。

药理研究表明，琉璃苣具有抗氧化、降血压、免疫调节等作用。

民间经验认为琉璃苣具有降血压、抗炎、抗纤维化、调节免疫、促进血小板聚集等功效。

琉璃苣 *Borago officinalis* L.

药材琉璃苣 Herba Boraginis

化学成分

琉璃苣的种子含吡咯里西啶类生物碱类成分：lycopsamine、intemedine、acetyllycopsamine、acetylintermedine、仰卧天芥菜碱 (supinine)[2]、倒提壶碱 (amabiline)、thesinine[3]、thesinine－4'－O－β－D－glucoside[4]等；脂肪酸类成分：豆蔻酸 (myristic acid)、十六酸 (palmitic acid)、硬脂酸 (stearic acid)、油酸 (oleic acid)、亚麻酸 (linoleic acid)、α－亚麻酸 (α－linolenic acid)、γ－亚麻酸 (γ－linolenic acid)、十八碳四烯酸 (stearidonic acid)[5]等；酚酸类成分：阿魏酸 (ferulic acid)[6]、迷迭香酸 (rosmarinic acid)、丁香酸 (syringic acid)、芥子酸 (sinapic acid)[7]等。

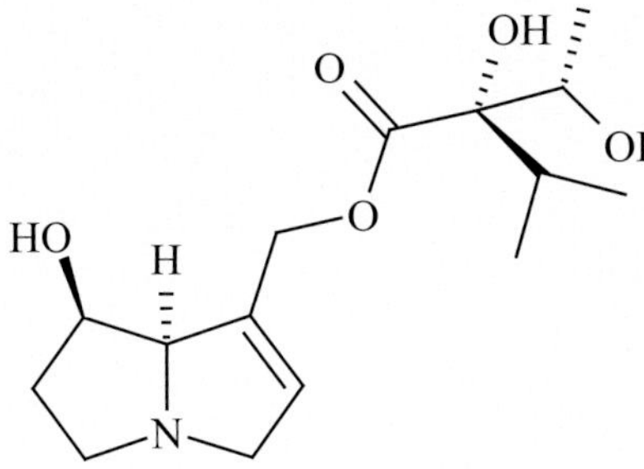

lycopsamine

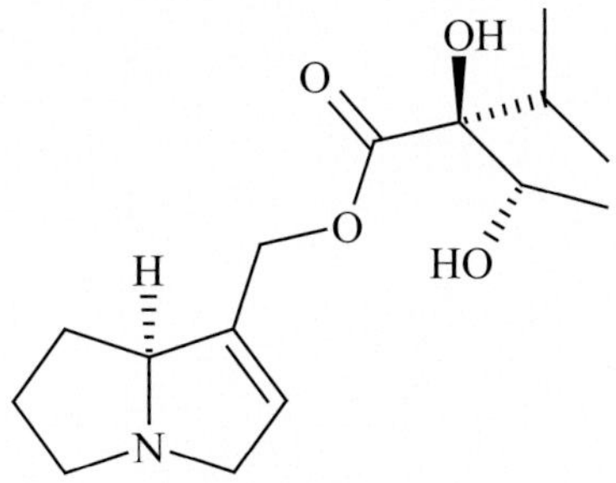

amabiline

药理作用

1. **抗氧化**

脱脂琉璃苣种子的乙醇提取物以及琉璃苣全草乙醇提取物体外具有清除氧自由基和抗氧化活性，琉璃苣乙醇提取物还可保护 DNA 的氧化损伤[8-9]；琉璃苣叶 80% 甲醇提取液和琉璃苣粗提物对二苯代苦味肼基自由基 (DPPH) 具有显著清除作用，其主要的活性成分为迷迭香酸[10-11]。

2. **降血压**

长期喂食琉璃苣油能显著降低正常和高血压大鼠的血压，增加正常大鼠肾脏微粒体 P450 氧化酶的活性，这些作用主要与琉璃苣油中γ－亚麻酸的含量相关[12-15]。

3. **免疫调节功能**

富含γ－亚麻酸的琉璃苣油给实验性自身免疫性脑脊髓炎 (EAE) SJL 小鼠口服可显著影响EAE急性和慢性旧病复发的病程，这与增加细胞膜长链ω6 (ω－6) 脂肪酸、前列腺素E_2 (PGE_2) 和基因转录的产生以及激活转化生长因子$β_1$ (TGF－$β_1$) 的分泌有关[16]；琉璃苣油给小鼠口服可增加 I 型辅助性 T 细胞 (Th1) 样反应和降低 II 型辅助性 T 细胞 (Th2) 样反应，并可能增加抑制性细胞或 III 型辅助性 T细胞 (Th3) 样活性，这与γ－亚麻酸迅速代谢为长链 n－6多不饱和脂肪酸 (n－6 PUFA) 有关[17]。

4. **抗肿瘤**

琉璃苣煎剂体外对肝癌细胞 HA22T/VGH、PLC/PRF/5 具有抑制作用[18]；喂食富含γ－亚麻酸的食品可抑制大鼠前列腺癌的生长[19]。

5. 其他

在高脂饲料中加入琉璃苣油饲喂大鼠，可显著降低大鼠血清中三酰甘油 (TG)、总胆固醇 (TC)、低密度脂蛋白胆固醇等的含量[20]；琉璃苣油经口给药还可逆转豚鼠表皮过度增生[21]。

应用

琉璃苣油用于神经性皮肤炎和食品补充剂；琉璃苣具有发汗、祛痰、滋补、抗炎和催乳作用，传统用于治疗轻微疾病，如发热、咳嗽、忧郁，也用于兴奋肾上腺皮质激素[22]。

琉璃苣叶用作隔离和黏液剂治疗咳嗽、喉咙疾病和支气管炎，用作抗炎剂治疗肾和膀胱不适，也用作收敛剂治疗风湿病、遗传性皮肤过敏症（如湿疹、婴儿皮肤炎）和高血压。

评注

琉璃苣油富含γ-亚麻酸，被广泛应用作为食品补充剂；但同时琉璃苣含有具肝毒性和致癌作用的吡咯里西啶类生物碱。γ-亚麻酸在不同的野生和栽培琉璃苣品种中，其含量变化从8.7%～29%[23]。有报道茄科茄参属植物秋茄参 *Mandragora autumnalis* Bertol. 被错误当作本种使用而发生中毒事件[24]。

目前尚未见药理活性报道支持传统药用功效。琉璃苣种子发芽时会产生脂质变化，提高营养价值[25]，此方面的研究值得进一步深入。

参考文献

[1] F Selvi, A Coppi, M Bigazzi. Karyotype variation, evolution and phylogeny in Borago (Boraginaceae), with emphasis on subgenus *Buglossites* in the corso-sardinian system. *Annals of Botany*. 2006, **98**: 857-868

[2] J Luethy, J Brauchli, U Zweifel, P Schmid, C Schlatter. Pyrrolizidine alkaloids in Boraginaceae medicinal plants: *Borago officinalis* L. and *Pulmonaria officinalis* L. *Pharmaceutica Acta Helvetiae*. 1984, **59**(9-10): 242-246

[3] CD Dodson, FR Stermitz. Pyrrolizidine alkaloids from borage (*Borago officinalis*) seeds and flowers. *Journal of Natural Products*. 1986, **49**(4): 727-728

[4] M Herrmann, H Joppe, G Schmaus. Thesinine-4'-O-β-D-glucoside the first glycosylated plant pyrrolizidine alkaloid from *Borago officinalis*. *Phytochemistry*. 2002, **60**(4): 399-402

[5] PG Peiretti, GB Palmegiano, G Salamano. Quality and fatty acid content of borage (*Borago officinalis* L.) during the growth cycle. *Italian Journal of Food Science*. 2004, **16**(2): 177-184

[6] R Zadernowski, M Naczk, H Nowak-Polakowska. Phenolic acids of borage (*Borago officinalis* L.) and evening primrose (*Oenothera biennis* L.). *Journal of the American Oil Chemists' Society*. 2002, **79**(4): 335-338

[7] M Wettasinghe, F Shahidi, R Amarowicz, M Abou-Zaid. M.Phenolic acids in defatted seeds of borage (*Borago officinalis* L.). *Food Chemistry*. 2001, **75**(1): 49-56

[8] M Wettasinghe, F Shahidi. Antioxidant and free radical-scavenging properties of ethanolic extracts of defatted borage (*Borago officinalis* L.) seeds. *Food Chemistry*. 1999, **67**(4): 399-414

[9] 阿不都热依木，阿不都艾尼，哈木拉提，热孜万古丽. 五种维吾尔药的清除羟自由基及抗DNA损伤作用研究. 中草药. 2001, **32**(3): 236-238

[10] D Bandoniene, M Murkovic. The detection of radical scavenging compounds in crude extract of borage (*Borago officinalis* L.) by using an on-line HPLC-DPPH method. *Journal of Biochemical and Biophysical Methods*. 2002, **53**(1-3): 45-49

[11] D Bandoniene, M Murkovic, PR Venskutonis. Determination of rosmarinic acid in sage and borage leaves by high-performance liquid chromatography with different detection methods. *Journal of Chromatographic Science*. 2005, **43**(7): 372-376

[12] MM Engler, MB Engler, SK Erickson, SM Paul. Dietary gamma-linolenic acid lowers blood pressure and alters aortic reactivity and cholesterol metabolism in hypertension. *Journal of Hypertension*. 1992, **10**(10): 1197-1204

[13] MM Engler. Comparative study of diets enriched with evening primrose, black currant, borage or fungal oils on blood pressure and pressor responses in spontaneously hypertensive rats. *Prostaglandins, Leukotrienes, and Essential Fatty Acids.* 1993, **49**(4): 809-814

[14] MM Engler, MB Engler. Dietary borage oil alters plasma, hepatic and vascular tissue fatty acid composition in spontaneously hypertensive rats. *Prostaglandins, Leukotrienes, and Essential Fatty Acids.* 1998, **59**(1): 11-15

[15] Z Yu, VY Ng, P Su, MM Engler, MB Engler, Y Huang, E Lin, DL Kroetz. Induction of renal cytochrome P_{450} arachidonic acid epoxygenase activity by dietary gamma-linolenic acid. *The Journal of Pharmacology and Experimental Therapeutics.* 2006, **317**(2): 732-738

[16] LS Harbige, L Layward, MM Morris-Downes, DC Dumonde, S Amor. The protective effects of omega-6 fatty acids in experimental autoimmune encephalomyelitis (EAE) in relation to transforming growth factor-beta 1 (TGF-beta1) up-regulation and increased prostaglandin E_2 (PGE_2) production. *Clinical and Experimental Immunology.* 2000, **122**(3): 445-452

[17] LS Harbige, BA Fisher. Dietary fatty acid modulation of mucosally-induced tolerogenic immune responses. *The Proceedings of the Nutrition Society.* 2001, **60**(4): 449-456

[18] LT Lin, LT Liu, LC Chiang, CC Lin. *In vitro* anti-hepatoma activity of fifteen natural medicines from Canada. *Phytotherapy Research.* 2002, **16**: 440-444

[19] H Pham, K Vang, VA Ziboh. Dietary gamma-linolenate attenuates tumor growth in a rodent model of prostatic adenocarcinoma via suppression of elevated generation of PGE(2) and 5S-HETE. *Prostaglandins, Leukotrienes, and Essential Fatty Acids.* 2006, **74**(4): 271-282

[20] 蔡秀成，郭英，阎雁，方赤光．琉璃苣油对脂质代谢和脂质过氧化的影响．中国药理学通报．1996，**12**(6)：551-553

[21] J Kim, H Kim, H Jeong do, SH Kim, SK Park, Y Cho. Comparative effect of Gromwell (*Lithospermum erythrorhizon*) extract and borage oil on reversing epidermal hyperproliferation in guinea pigs. *Bioscience, Biotechnology, and Biochemistry.* 2006, **70**(9): 2086-2095

[22] J Barnes, LA Anderson, JD Phillipson. Herbal medicines: a guide for healthcare professionals (2nd edition). London: *Pharmaceutical Press.* 2002: 89-90

[23] A de Haro, V Dominguez, M del Rio. Variability in the content of gamma-linolenic acid and other fatty acids of the seed oil of germplasm of wild and cultivated borage (*Borago officinalis* L.). *Journal of Herbs, Spices & Medicinal Plants.* 2002, **9**(2-4): 297-304

[24] GA Piccillo, L Miele, E Mondati, PA Moro, A Musco, A Forgione, G Gasbarrini, A Grieco. Anticholinergic syndrome due to 'Devil's herb': when risks come from the ancient time. *International Journal of Clinical Practice.* 2006, **60**(4): 492-494

[25] SPJN Senanayake, F Shahidi. Lipid components of borage (*Borago officinalis* L.) seeds and their changes during germination. *Journal of the American Oil Chemists' Society.* 2000, **77**(1): 55-61

橄榄科

卡氏乳香树 Kashiruxiangshu

Boswellia carterii Birdw.

Frankincense

概述

橄榄科 (Burseraceae) 植物卡氏乳香树 *Boswellia carterii* Birdw.，其皮部渗出的油胶树脂入药。药用名：乳香。

乳香属 (*Boswellia*) 植物全世界约有 24 种，分布于非洲热带干旱地区，阿拉伯和印度次大陆也有分布[1]。本种分布于红海沿岸至利比亚、苏丹、土耳其等地。

乳香于《圣经》和印度古医学著作 *Charaka* 中已有记载。在中国，“乳香”药用之名，始载于《名医别录》，历代本草多有著录。主产于索马里、埃塞俄比亚及阿拉伯半岛南部。

卡氏乳香树的油胶树脂主要含三萜类成分，其中乳香酸类成分为特征性成分，还含有挥发油。

药理研究表明，卡氏乳香树的油胶树脂具有降低血小板黏附、镇痛、抗溃疡、抗肿瘤、抗炎、抗菌、调节免疫、降胆固醇等作用。

民间经验认为乳香具有抗肿瘤、抗溃疡、止痢疾、止吐、退烧等功效；中医理论认为乳香具有活血行气，通经止痛，消肿生肌的功效。

卡氏乳香树 *Boswellia carterii* Birdw.

药材乳香 Oltbanum

化学成分

卡氏乳香树的油胶树脂主要含三萜类成分：α-乳香酸 (α-boswellic acid)、3-O-乙酰-α-乳香酸 (3-O-acetyl-α-boswellic acid)、β-乳香酸 (β-boswellic acid)、3-O乙酰-β-乳香酸 (3-O-acetyl-β-boswellic acid)[2]、11-酮基-β-乙酰乳香酸 (acetyl-11-keto-β-boswellic acid)[3]、α-香树脂素 (α-amyrin)、β-香树脂素 (β-amyrin)、3-表-α-香树脂素 (3-epi-α-amyrin)、3-表-β-香树脂素 (3-epi-β-amyrin)、α-香树烯酮 (α-amyrenone)、β-香树烯酮 (β-amyrenone)、羽扇醇 (lupeol)、3-表羽扇醇 (3-epi-lupeol)、羽扇豆烯酮 (lupenone)、羽扇豆酸 (lupeolic acid)、3-O-乙酰基羽扇豆酸 (3-O-acetyl-lupeolic acid)[2]、羽扇-20(29)-烯-3α-乙酰氧基-24-酸 [lup-20(29)-ene-3α-acetoxy-24-oic acid][3]、表羽扇醇醋酸酯 (epilupeol acetate)[4]、3-氧代甘遂酸 (3-oxo-tirucallic acid)、3-羟基甘遂酸 (3-hydroxy-tirucallic acid)[5]、甘遂醇 (tirucallol)[4]、4(23)-二氢栎瘿酸 [4(23)-dihydroroburic acid][6]；大环二萜类成分：verticilla-4(20),7,11-triene[7]；挥发油类成分：α-侧柏烯 (α-thujene)、α-水芹烯 (α-phellandrene)、β-紫罗兰酮 (β-ionone)、胡椒酮 (piperitone)、葛缕酮 (carvone)[8-9]、5-羟基-6-对薄荷烯-2-酮 (5-hydroxy-p-menth-6-en-2-one)、10-羟基-4-荜澄茄烯-3-酮 (10-hydroxy-4-cadinen-3-one)[10]。

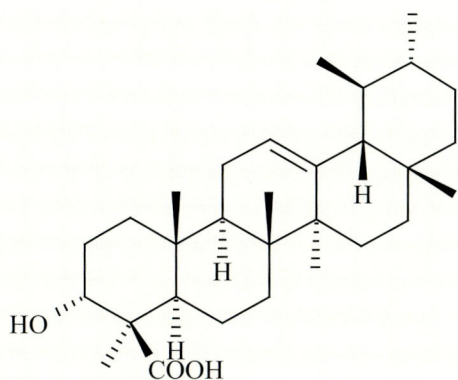

β-boswellic acid

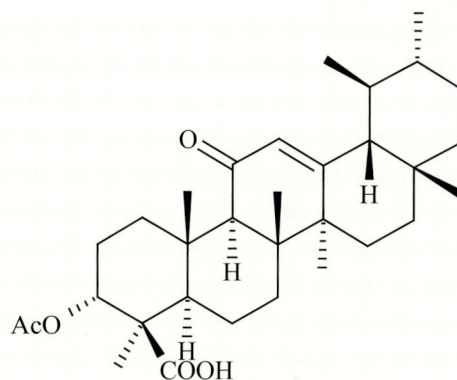

acetyl-11-keto-β-boswellic acid

卡氏乳香树 Kashiruxiangshu

药理作用

1. 对血小板的影响
生乳香和醋制乳香水煎液灌胃，能降低家兔血小板黏附性，以醋制品作用更强[11]。

2. 镇痛
乳香粉末、乳香挥发油、乳香超临界提取物灌胃对醋酸所致的小鼠扭体反应均有明显的镇痛作用，乳香醇提物可加强挥发油的镇痛作用[12-13]。

3. 抗炎
乳香粉末、乳香水提液、乳香超临界提取物灌胃对二甲苯所致的小鼠耳廓肿胀有明显的抑制作用[13]。乳香提取物给佐剂性关节炎大鼠灌胃，可通过抑制肿瘤坏死因子α (TNF－α)、白介素1β (IL－1β) 等致炎细胞因子，产生抗关节炎和抗炎作用[14]。乳香醇提物体外可抑制白三烯合成的关键酶 5－脂氧化酶 (5－LO) 的活性，其活性物质之一为 11－酮基－β－乙酰乳香酸[15-16]。

4. 抗溃疡
除去部分挥发油的乳香水提液给冰醋酸所致的慢性胃溃疡模型大鼠灌胃，能提高溃疡再生黏膜结构和功能成熟度，提高溃疡的愈合质量[17]。

5. 抗肿瘤
体外实验表明，除去部分挥发油的乳香水提液可下调 bcl－2 基因的表达，增加半胱天冬酶－3 的活性和 bax 的表达，诱导急性非淋巴细胞白血病细胞和白血病细胞 HL－60 的分化和凋亡[18-20]；还可诱导急性早幼粒细胞白血病细胞和人急性 Jurkat 白血病 T 细胞的凋亡[21-22]。11－酮基－β－乙酰乳香酸体外可通过抑制胞外信号调节激酶 (Erk) 信号传导途径产生对脑膜瘤细胞的细胞毒活性[23]。

6. 免疫调节功能
含乳香酸的乳香提取物体外可抑制鼠脾细胞中辅助性淋巴细胞 Th1［包括白介素2 (IL－2) 和γ－干扰素］的产生，促进辅助性淋巴细胞 Th_2（包括IL－4 和IL－10）的产生，具有免疫调节活性[24]。乳香所含的三萜和挥发油类成分在淋巴细胞增殖实验中可降低淋巴细胞转化，抑制亢进的免疫功能[5, 9]。

7. 保肝
乳香乙醇提取物灌胃对大鼠四氯化碳引起的肝损伤有明显的保护作用，其机理与减少四氯化碳引起的炎症反应和增加作用器官上胶原的沉积有关[25]。11－酮基－β－乙酰乳香酸可诱导小鼠肝组织中谷胱甘肽S－转移酶 (GST) 的活性，保护肝脏免受外源性有毒化学物质的损伤[26]。

8. 抗病毒
体外实验表明，乳香提取物对人类免疫缺陷病毒 (HIV) 有抑制作用[27]；乳香三萜酸类成分对I型单纯性疱疹病毒 (HSV－1) 有显著的抑制作用[28]；乳香甲醇提取物和水提取物对丙型肝炎病毒 (HCV) 有明显的抑制作用[29]。

9. 其他
乳香还具有抑制药物代谢酶细胞色素 P450 的活性[30]、抑制一氧化氮 (NO) 生成[31]以及抗菌[32]等作用。

应用

乳香在西方曾用于治疗肿瘤、溃疡、痢疾、呕吐和发烧，现已较少使用。

乳香也为中医临床用药。功能：活血行气，通经止痛，消肿生肌。主治：心腹疼痛，风湿痹痛，经闭痛经，跌打瘀痛，痈疽肿毒，肠痈，疮溃不敛。

现代临床还用于多种疼痛、胃溃疡、风湿性关节炎、骨关节炎、颈椎炎、白血病等病的治疗。

评注

同属鲍达乳香树 *Boswellia bhaw-dajiana* Birdw. 和野乳香树 *B. neglecta* M. Moore 等多种植物皮部渗出的油胶树脂也做乳香药用。

乳香在古法文为“franc encens”，意为“无拘束的香料”，形容它在空气中能够持久地挥发。乳香一词是由阿拉伯文称之为“al-lubán”，意为“奶”，因树脂从乳香木滴出时状似乳液。乳香在西方的宗教场合很常用，常用作香熏料祭拜神灵。人们常用乳香燃烧产生的烟来熏衣物，以防虫蛀。乳香做药材使用最广泛的是在中国中医和印度阿育吠陀(Ayurvedic) 医学，中医主要将其用于活血止痛，阿育吠陀医学主要将其用于关节炎的治疗。近年研究发现了乳香在抗肿瘤方面的作用，尤其是对各种白血病细胞有良好的分化诱导和致凋亡作用，关于乳香抗肿瘤的全面评价有待进一步研究。

参考文献

[1] O Woldeselassie, R Toon, W Marius, B Frans. Distribution of the frankincense tree *Boswellia papyrifera* in Eritrea: the role of environment and land use. *Journal of Biogeography*. 2006, **33**(3): 524-535

[2] C Mathe, G Culioli, P Archier, C Vieillescazes. High-performance liquid chromatographic analysis of triterpenoids in commercial frankincense. *Chromatographia*. 2004, **60**(9-10): 493-499

[3] 周金云，崔锐．乳香的化学成分．药学学报．2002，**37**(8)：633-635

[4] CF Xaasan, L Minale, M Bashir, M Hussein, E Finamore. Triterpenes of *Boswellia carterii*. *Rendiconto dell'Accademia delle Scienze Fisiche e Matematiche, Naples*. 1984, **51**(1): 93-96

[5] FA Badria, BR Mikhaeil, GT Maatooq, MMA Amer. Immunomodulatory triterpenoids from the oleogum resin of *Boswellia carterii* Birdwood. *Zeitschrift fuer Naturforschung, C: Journal of Biosciences*. 2003, **58**(7-8): 505-516

[6] E Fattorusso, C Santacroce, CF Xaasan. 4(23)-Dihydroroburic acid from the resin (incense) of *Boswellia carterii*. *Phytochemistry*. 1983, **22**(12): 2868-2869

[7] S Basar, A Koch, WA Konig. A verticillane-type diterpene from *Boswellia carterii* essential oil. *Flavour and Fragrance Journal*. 2001, **16**(5): 315-318

[8] 王勇，潘国栋，陈彦，范晨怡，魏惠华，贾晓斌．4种方法提取乳香化学成分及其GC-MS研究．中国药学杂志．2005，**40**(14)：1054-1056

[9] BR Mikhaeil, GT Maatooq, FA Badria, MMA Amer. Chemistry and immunomodulatory activity of frankincense oil. *Zeitschrift fuer Naturforschung, C: Journal of Biosciences*. 2003, **58**(3-4): 230-238

[10] M Pailer, O Scheidl, H Gutwillinger, E Klein, H Obermann. Constituents of pyrolysate from incense "Aden", the gum resin of *Boswellia carteri* Birdw. Part 2. *Monatshefte fuer Chemie*. 1981, **112**(5): 595-603

[11] 管红珍，彭智聪，张少文．生乳香及醋制品对家兔血小板黏附作用的比较．中国医院药学杂志．2000，**20**(9)：524-525

[12] 郑杭生，冯年平，陈佳，符胜光．乳香没药的提取工艺及其提取物的镇痛作用．中成药．2004，**26**(11)：956-958

[13] 郑方明，郭立玮，卞慧敏，井山林．SFE等4种制备工艺对乳香镇痛、抗炎作用的影响．南京中医药大学学报．2003，**19**(4)：213-214

[14] AY Fan, L Lao, RX Zhang, AN Zhou, LB Wang, KB Moudgil, DYW Lee, ZZ Ma, WY Zhang, BM Berman. Effects of an acetone extract of *Boswellia carterii* Birdw. (Burseraceae) gum resin on adjuvant-induced arthritis in lewis rats. *Journal of Ethnopharmacology*. 2005, **101**(1-3): 104-109

[15] H Safayhi, SE Boden, S Schweizer, HPT Ammon. Concentration-dependent potentiating and inhibitory effects of Boswellia extracts on 5-lipoxygenase product formation in stimulated PMNL. *Planta Medica*. 2000, **66**(2): 110-113

[16] S Schweizer, AF von Brocke, SE Boden, E Bayer, HP Ammon, H Safayhi. Workup-dependent formation of 5-lipoxygenase inhibitory boswellic acid analogues. *Journal of Natural Products*. 2000, **63**(4):1058-61

[17] 梅武轩，曾常春．乳香提取物对大鼠乙酸胃溃疡愈合质量的影响．中国中西医结合消化杂志．2004，**12**(1)：34-36

[18] RK Park, KR Oh, KG Lee, YJ Mun, JH Kim, WH Woo. The water extract of *Boswellia carterii* induces apoptosis in human leukemia HL-60 cells. *Yakhak Hoechi*. 2001, **45**(2): 161-168

[19] 齐振华，张国平，柳昕，赵谢兰．乳香诱导急性非淋巴细胞白血病细胞凋亡中对Bcl-2基因调节．湖南中医学院学报．2001，**21**(3)：24-26

[20] 齐振华，张国平，谭桂山，朱文辉，曾萍．乳香提取物对急性非淋巴细胞白血病细胞诱导分化作用．湖南中医学院学报．1998，**18**(2)：18-19

[21] 齐振华，张国平，赵谢兰，柳昕，李卫红．乳香诱导急性早幼粒细胞白血病细胞凋亡与细胞周期改变．临床血液学杂志．2000，**13**(3)：125-127

[22] 柳昕，齐振华．乳香提取物诱导 Jurkat 细胞凋亡的实验研究．湖南医科大学学报．2000，**25**(3)：241-244

[23] YS Park, JH Lee, J Bondar, JA Harwalkar, H Safayhi, M Golubic. Cytotoxic action of acetyl-11-keto-β-boswellic acid (AKBA) on meningioma cells. *Planta Medica*. 2002, **68**(5): 397-401

[24] MR Chevrier, AE Ryan, DYW Lee, ZZ Ma, WY Zhang, CS Via. *Boswellia carterii* extract inhibits TH_1 cytokines and promotes TH_2 cytokines *in vitro*. *Clinical and Diagnostic Laboratory Immunology*. 2005, **12**(5): 575-580

[25] FA Badria, WE Houssen, EM El-Nashar, SA Said. Biochemical and histopathological evaluation of glycyrrhizin and *Boswellia carterii* extract on rat liver injury. *Biosciences, Biotechnology Research Asia*. 2003, **1**(2): 93-96

[26] K Wada, J Hino, N Ueda, K Sasaki, H Kaminaga, M Haga. Inductive effects of constituents of *Boswellia carterii* Birdw. on the mouse liver glutathione S-transferase. *International Congress Series*. 1998, **1157**: 219-224

[27] CM Ma, T Nakabayashi, H Miyashiro, M Hattori, S El-Meckkawy, T Namba, K Shimotohno. Screening of traditional medicines for their inhibitory effects on human immunodeficiency virus protease. *Wakan Iyakugaku Zasshi*. 1994, **11**(4), 416-417

[28] FA Badria, M Abu-Karam, BR Mikhaeil, GT Maatooq, MM Amer. Anti-herpes activity of isolated compounds from frankincense. *Biosciences, Biotechnology Research Asia*. 2003, **1**(1): 1-10

[29] G Hussein, H Miyashiro, N Nakamura, M Hattori, N Kakiuchi, K Shimotohno. Inhibitory effects of Sudanese medicinal plant extracts on hepatitis C virus (HCV) protease. *Phytotherapy Research*. 2000, **14**(7): 510-516

[30] A Frank, M Unger. Analysis of frankincense from various *Boswellia* species with inhibitory activity on human drug metabolising cytochrome P_{450} enzymes using liquid chromatography mass spectrometry after automated on-line extraction. *Journal of Chromatography, A*. 2006, **1112**(1-2): 255-262

[31] T Morikawa, H Matsuda, H Oominami, T Kageura, I Toguchida, M Yoshikawa. Triterpenoid constituents with nitric oxide production inhibitory activity from several fragrance herbal medicines (myrrh, olibanum, and saussurea root). *Tennen Yuki Kagobutsu Toronkai Koen Yoshishu*. 2001, **43**: 485-490

[32] 饶本强，李福荣，张海宾．乳香对几种病原微生物抗性作用的初步研究．信阳师范学院学报．2005，**18**(1)：54-56

金盏花 Jinzhanhua EP, BP, BHP

菊科

Calendula officinalis L.

Marigold

概述

菊科 (Asteraceae) 植物金盏花 *Calendula officinalis* L.，其干燥头状花序入药。药用名：金盏花。

金盏花属 (*Calendula*) 植物全世界约有 20 种，分布于地中海、西欧和亚洲西部地区。中国栽培 2 种，且供药用。本种原产埃及和欧洲南部，现栽培于全球的温带地区，并作为观赏花卉种植于庭院中，遍布欧洲、亚洲西部和美国等地[1]。

金盏花在欧美有着悠久的使用历史，在欧洲和亚洲西部被作为民间药物，欧洲中世纪时被用于治疗静脉曲张、褥疮和皮肤病。已有专利产品将金盏花用作胶原合成促进剂，用于预防皮肤衰老。金盏花的精油被列入美国联邦法规法典 (Code of Federal Regulation-CFR) 和化妆品组分汇编 (CTFA)[1]。《欧洲药典》(第 5 版) 和《英国药典》(2002 年版) 收载本种为金盏花的法定原植物来源种。主产于波兰、匈牙利等东欧国家，埃及也产。

金盏花主要活性成分为三萜类、三萜皂苷类、黄酮类和类胡萝卜素类化合物等。《欧洲药典》和《英国药典》采用紫外可见分光光度法测定，规定金盏花中总黄酮含量以金丝桃苷计不得少于 0.40%，以控制药材质量。

药理研究表明，金盏花具有抗炎、抗病毒的作用。

民间经验认为金盏花具有抗炎和愈伤的功效；中医理论认为金盏花具有凉血止血，清热泻火等功效。

金盏花 *Calendula officinalis* L.

金盏花 Jinzhanhua

药材金盏花 Flos Calendulae

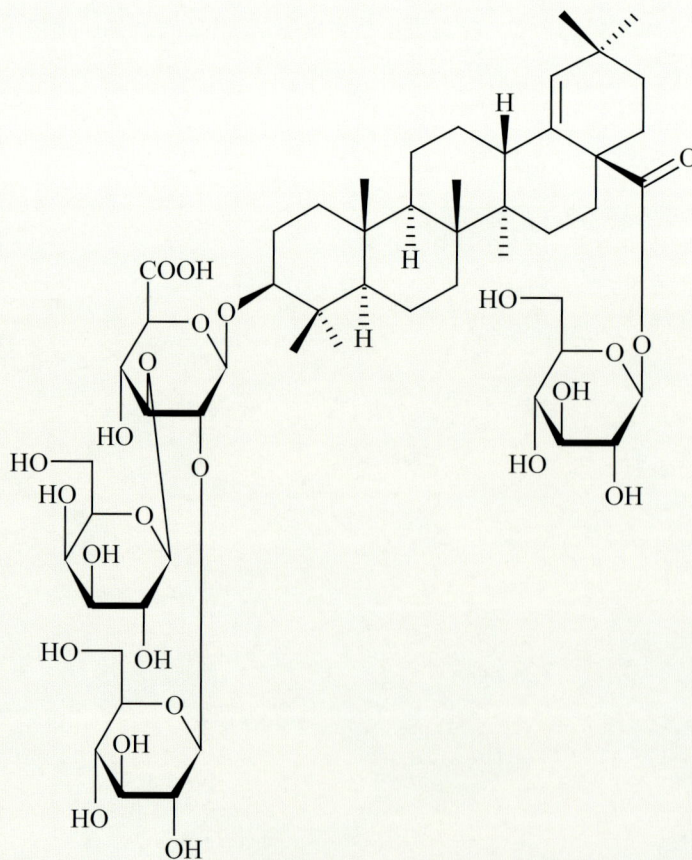

1cm

calendasaponin A

化学成分

金盏花的花中主要含三萜和三萜皂苷类成分：金盏花皂苷A、B、C、D (calendasaponins A－D)、金盏花糖苷 A、B、C、D、D_2、F (marigold glycosides A－D, D_2, F)、金盏花三萜苷 (arvensoside A)、阿波酮酸 (moronic acid)、cochalic acid、箭叶莎酸 (machaerinic acid)[2]、环阿乔醇 (cycloartenol)、24－亚甲基环木菠萝烷醇 (24－methyl－enecycloartanol)、甘遂醇－7,24－二烯醇 (tirucalla－7,24－dienol)[3]、款冬二醇 (faradiol)[4]、款冬二醇－3－O－棕榈酸酯 (faradiol－3－O－palmitate)、款冬二醇－3－O－肉豆蔻酸酯 (faradiol－3－O－myristate)、款冬二醇－3－O－月桂酸盐 (faradiol－3－O－laurate)[5]、山金车烯二醇 (arnidiol)[4]、山金车烯二醇－3－O－棕榈酸酯 (arnidiol－3－O－palmitate)、山金车烯二醇－3－O－肉豆蔻酸酯 (arnidiol－3－O－myristate)、山金车烯二醇－3－O－月桂酸盐 (arnidiol－3－O－laurate)、金盏花二醇－3－O－棕榈酸酯 (calenduladiol－3－O－palmitate)、金盏花二醇－3－O－肉豆蔻酸酯 (calenduladiol－3－O－myristate)[5]、金盏花二醇 (calenduladiol)[4]、马可拉二醇 (manilladiol)、coflodiol[6]、向日葵三醇 B_2、C、F (heliantriols B_2, C, F)、龙吉苷元 (longispinogenin) 等[7]、calendulosterolide[8]；紫罗兰酮糖苷类 (ionone glucosides)成分：金盏花苷A、B (officinosides A－B)；倍半萜糖苷类成分：金盏花苷C、D (officinosides C－D)[2]；黄酮类成分：芦丁 (rutin)、槲皮素－3－O－新橙皮糖苷 (quercetin－3－O－neohesperidoside)、槲皮素－3－O－2G－鼠李糖芸香糖苷 (quercetin－3－O－2G－rhamnosylrutinoside)、异鼠李素－3－O－葡萄糖苷 (isorhamnetin－3－glucoside)、异鼠李素－3－芸香糖苷 (isorhamnetin－3－rutinoside)、异鼠李素－3－O－新橙皮糖苷 (isorhamnetin－3－O－neohesperidoside)、香蒲新苷 (typhaneoside)[2]；类萝卜素类成分：毛茛黄素 (flavoxanthin)、异堇黄素 (auroxanthin)[9]、叶黄素 (xanthophyll)、金盏黄素(flavochrome)、金盏黄素 (lycopene)、柠黄质(mutatochrome)、金色素 (aurochrome)、菊黄质 (chrysanthemaxanthin)、β－、γ－、ζ－胡萝卜素 (β－, γ－, ζ－carotenes)[10]；香豆素类成分：东莨菪内酯 (scopoletin)、伞形花内酯 (umbelliferone)、马栗树皮素 (esculetin)[11]。

药理作用

1. **抗炎**

金盏花中的三萜类成分为抗炎的主要有效成分，其中款冬二醇等能明显抑制巴豆油诱导的小鼠耳廓肿胀，与吲哚美辛活性强度相当[12-13]。

2. **抗微生物**

金盏花80%乙醇提取物体外对金黄色葡萄球菌和粪链球菌等有显著的抑制作用[14]。金盏花中的黄酮类成分体外对金黄色葡萄球菌、肺炎杆菌、大肠杆菌、藤黄八迭球菌等有抗菌作用[15]。金盏花有机溶媒提取物在体外实验中能降低I型人类免疫缺陷症病毒 (HIV－1) 逆转录作用，此作用随药物剂量和作用时间的增加而加强[16]。

3. **保护胃黏膜**

金盏花中的三萜类成分口服给药对乙醇或吲哚美辛所致的大鼠胃黏膜损害有抑制作用[2]。

4. **抑制胃排空**

金盏花中的三萜类成分灌胃给药，对羧甲基纤维素钠 (CMC－Na) 诱导的小鼠胃排空有抑制作用[2]。

5. **降血糖**

金盏花甲醇提取物灌胃给药，对葡萄糖负荷小鼠血糖水平的升高有抑制作用[2]。

6. **抗氧化**

金盏花含水酒精提取物对活性氧簇有强清除作用；正丁醇提取物对超氧游离基和羟自由基也有清除作用，还能抑制 Fe^{2+} 引起的肝微粒体脂质过氧化反应[17-18]。

7. 抗遗传毒性

金盏花水提物和含水酒精提取物对二乙基亚硝胺诱导的大鼠肝细胞程式外 DNA 合成有抑制作用[19]。

8. 其他

金盏花还具有抗诱变[20]、免疫刺激活性[21]等作用。

应用

金盏花有消炎、解痉、收敛、预防出血、抗菌、抗病毒和雌激素样作用。外用治刀伤、擦伤、创伤、皮肤炎症（包括轻度烧烫伤和灼伤）、静脉曲张、粉刺和皮疹等；内服浸剂和酊剂用于治疗胃炎、胃溃疡、局部回肠炎、结肠炎、月经不调等，临床还试用于治疗癌症。

评注

金盏花药用历史悠久，功效显著，除用于临床和美容业外，金盏花的鲜花富含类胡萝卜素类成分，可用于提取黄色染料和食用色素，用于纺织业或食品业。金盏花叶含大量刺激性成分，被证明可用于治疗便秘和儿童的淋巴结核，外用还可除疣[1]。

参考文献

[1] 金敬宏，张卫明，孙晓明，吴素玲，童妙君．金盏花的栽培和经济用途．中国野生植物资源．2003，**22**(4)：40-41

[2] M Yoshikawa, T Murakami, A Kishi, T Kageura, H Matsuda. Medicinal flowers. III. Marigold. (1): hypoglycemic, gastric emptying inhibitory, and gastroprotective principles and new oleanane-type triterpene oligoglycosides, calendasaponins A, B, C, and D, from Egyptian *Calendula officinalis*. *Chemical & Pharmaceutical Bulletin*. 2001, **49**(7): 863-870

[3] T Akihisa, K Yasukawa, H Oinuma, Y Kasahara, S Yamanouchi, M Takido, K Kumaki, T Tamura. Triterpene alcohols from the flowers of compositae and their anti-inflammatory effects. *Phytochemistry*. 1996, **43**(6): 1255-1260

[4] Z Kasprzyk, J Pyrek. Triterpenic alcohols of *Calendula officinalis* flowers. *Phytochemistry*. 1968, **7**(9): 1631-1639

[5] H Neukirch, M D'Ambrosio, J Dalla Via, A Guerriero. Simultaneous quantitative determination of eight triterpenoid monoesters from flowers of 10 varieties of *Calendula officinalis* L. and characterisation of a new triterpenoid monoester. *Phytochemical Analysis*. 2004, **15**(1): 30-35

[6] JS Pyrek. Terpenes of Compositae plants. Part VIII. Amyrin derivatives in *Calendula officinalis* L. flowers. The structure of coflodiol (ursadiol) and isolation of manilladiol. *Roczniki Chemii*. 1977, **51**(12): 2493-2497

[7] B Wilkomirski. Pentacyclic triterpene triols from *Calendula officinalis* flowers. *Phytochemistry*. 1985, **24**(12): 3066-3067

[8] H Mukhtar, SH Ansari, M Ali, T Naved. A new δ-lactone containing triterpene from the flowers of *Calendula officinalis*. *Pharmaceutical Biology*. 2004: **42**(4-5): 305-307

[9] E Bako, J Deli, G Toth. HPLC study on the carotenoid composition of Calendula products. *Journal of Biochemical and Biophysical Methods*. 2002, **53**(1-3): 241-250

[10] TW Goodwin. Carotenogenesis. XIII. Carotenoids of the flower petals of *Calendula officinalis*. *Biochemical Journal*. 1954, **58**: 90-94

[11] AI Derkach, NF Komissarenko, VT Chernobai. Coumarins from inflorescences of *Calendula officinalis* and *Helichrysum arenarium*. *Khimiya Prirodnykh Soedinenii*. 1986, **6**: 777

[12] RD Loggia, A Tubaro, S Sosa, H Becker, S Saar, O Isaac. The role of triterpenoids in the topical antiinflammatory activity of *Calendula officinalis* flowers. *Planta Medica*. 1994, **60**(6): 516-520

[13] K Zitterl-Eglseer, S Sosa, J Jurenitsch, M Schubert-Zsilavecz, R Della Loggia, A Tubaro, M Bertoldi, C Franz. Anti-edematous activities of the main triterpendiol esters of marigold (*Calendula officinalis* L.). *Journal of Ethnopharmacology*. 1997, **57**(2): 139-144

[14] G Dumenil, R Chemli, G Balansard, H Guiraud, M Lallemand. Evaluation of antibacterial properties of marigold flowers (*Calendula officinalis* L.) and mother homeopathic tinctures of *C. officinalis* L. and *C. arvensis* L. *Annales Pharmaceutiques Francaises*. 1980, **38**(6): 493-499

[15] D Tarle, I Dvorzak. Antimicrobial substances in Flos Calendulae. *Farmacevtski Vestnik.* 1989, **40**(2): 117-120

[16] Z Kalvatchev, R Walder, D Garzaro. Anti-HIV activity of extracts from *Calendula officinalis* flowers. *Biomedicine & Pharmacotherapy.* 1997, **51**(4): 176-180

[17] A Herold, L Cremer, A Calugaru, V Tamas, F Ionescu, S Manea, G Szegli. Antioxidant properties of some hydroalcoholic plant extracts with antiinflammatory activity. *Roumanian Archives of Microbiology and Immunology.* 2003, **62**(3-4): 217-227

[18] CA Cordova, IR Siqueira, CA Netto, RA Yunes, AM Volpato, V Cechinel Filho, R Curi-Pedrosa, TB Creczynski-Pasa. Protective properties of butanolic extract of the *Calendula officinalis* L. (marigold) against lipid peroxidation of rat liver microsomes and action as free radical scavenger. *Redox Report.* 2002, **7**(2): 95-102

[19] JI Perez-Carreon, G Cruz-Jimenez, JA Licea-Vega, E Arce Popoca, S Fattel Fazenda, S Villa-Trevino. Genotoxic and anti-genotoxic properties of *Calendula officinalis* extracts in rat liver cell cultures treated with diethylnitrosamine. *Toxicology in Vitro.* 2002, **16**(3): 253-258

[20] R Elias, M De Meo, E Vidal-Ollivier, M Laget, G Balansard, G Dumenil. Antimutagenic activity of some saponins isolated from *Calendula officinalis* L., *C. arvensis* L. and *Hedera helix* L. *Mutagenesis.* 1990, **5**(4): 327-331

[21] J Varlien, A Liptak, H Wagner. Structural analysis of a rhamnoarabinogalactan and arabinogalactans with immuno-stimulating activity from *Calendula officinalis. Phytochemistry.* 1989, **28**(9): 2379-2383

金盏花种植地

帚石楠 Zhoushinan

GCEM

杜鹃花科

Calluna vulgaris (L.) Hull

Heather

概述

杜鹃花科 (Ericaceae) 植物帚石楠 *Calluna vulgaris* (L.) Hull，其新鲜或干燥的叶、花和地上部分入药。药用名：帚石楠。

帚石楠属 (*Calluna*) 植物全世界仅 1 种，分布于极地区灌木林和欧洲地中海西部，非洲西北部也有分布[1]。

帚石楠为欧洲传统药用植物，因其具有收敛作用，古时被用作皮革的鞣剂，直到近年才做收敛剂药用。在 18 世纪 60 年代被引入新西兰，19 世纪初为了建设松鸡栖息地，从英国、爱尔兰和法国大量引种，广布于新西兰。目前，帚石楠在新西兰已泛滥为一种有害植物。现主产于欧洲和俄罗斯。

帚石楠含有黄酮类、三萜类成分等，其中熊果苷和熊果酸是指标性成分。

药理研究表明，帚石楠具有抗菌、抗炎等作用。

民间经验认为帚石楠具有收敛的功效，可用于治疗膀胱疾病。

帚石楠 *Calluna vulgaris* (L.) Hull

化学成分

帚石楠的花含黄酮类成分：山柰酚 (kaempferol)、槲皮素 (quercetin)[2]、草棉黄素-8-O-龙胆二糖苷 (herbacetin-8-O-gentiobioside)、草棉黄素-8-O-β-D-葡萄糖苷 (herbacetin-8-O-β-D-monoglucoside)、紫杉叶素-3-O-β-D-葡萄糖苷 (taxifolin 3-O-β-D-glucoside)、槲皮素-3-O-β-D-吡喃半乳糖苷 (quercetin-3-O-β-D-galactopyranoside)[3]、二氢草质素-8-O-β-D-葡萄糖苷 (dihydroherbacetin-8-O-β-D-glucoside)[4]、芹菜素-7-（2-乙酰-6-甲基）葡萄葡糖苷酸 [apigenin-7-(2-acetyl-6-methyl) glucuronide][5]、槲皮素-3-[2,3,4-三乙酰阿拉伯糖(1→6)-β-D-葡萄糖苷] {quercetin-3-[2,3,4-triacetyl-α-L-arabinosyl (1→6)-β-D-glucoside]}[6]、山柰酚3-[2‴,3‴ 4‴-三乙酰阿拉伯糖(1→6)葡萄糖苷] {kaempferol 3-[2‴,3‴ 4‴-triacetylarabinosyl(1→6)glucoside]}、槲皮素-3-[2‴,3‴,5‴-三乙酰阿拉伯糖(1→6)葡萄糖苷] {quercetin-3-[2‴,3‴,5‴-triacetylarabinosyl(1→6)glucoside]}[7]、5,7-二羟基色原酮(5,7-dihydroxychromone)、5,7-二羟基色原酮-7-O-β-D-葡萄糖苷(5,7-dihydroxychromone-7-O-β-D-glucoside)[8]、3-desoxycallunin、2″-acetylcallunin[9]等；三萜类成分：熊果酸 (ursolic acid)[10]等；酚酸类成分：咖啡酸 (caffeic acid)、芥子酸 (sinapic acid)、阿魏酸 (ferulic acid)、对-羟基桂皮酸 (p-coumaric acid)、绿原酸 (chlorogenic acid)、原儿茶酸 (protocatechuic acid)、香草酸 (vanillic acid)、对-羟基苯甲酸 (p-hydroxybenzoic acid)、丁香酸 (syringic acid)、龙胆酸 (gentisic acid)[4]等。

帚石楠的地上部分含黄酮类成分：萹蓄苷 (avicularin)[11]、金丝桃苷 (hyperoside)[12]、3,5,7,8,4′-五羟基黄酮-4′-O-β-D-葡萄糖苷 (3,5,7,8,4′-pentahydroxyflavone-4′-O-β-D-glucoside)、槲皮素-3-O-β-D-吡喃半乳糖苷、异鼠李素-3-O-β-D-半乳糖苷 (isorhamnetin-3-O-β-D-galactoside)、callunin[13]等。

帚石楠的芽含绿原酸、槲皮素-3-O-葡萄糖苷 (quercetin-3-O-glucoside)、槲皮素-3-O-阿拉伯糖苷 (quercetin-3-O-arabinoside)、(+)-儿茶素 [(+)-catechin]、原花青素D_1 (procyanidin D_1)、callunin[14]等。

帚石楠的根含(+)-儿茶素、原花青素D_1[14]等。

帚石楠还含有熊果苷 (arbutin)、醌醇 (quinol)、地衣酚 (orcinol)[15]等。

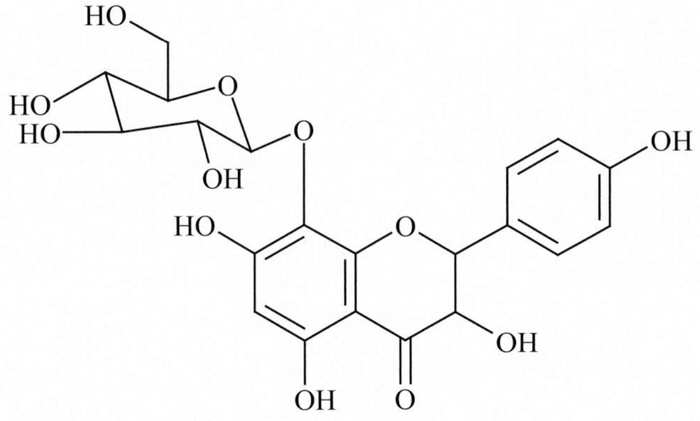

callunin

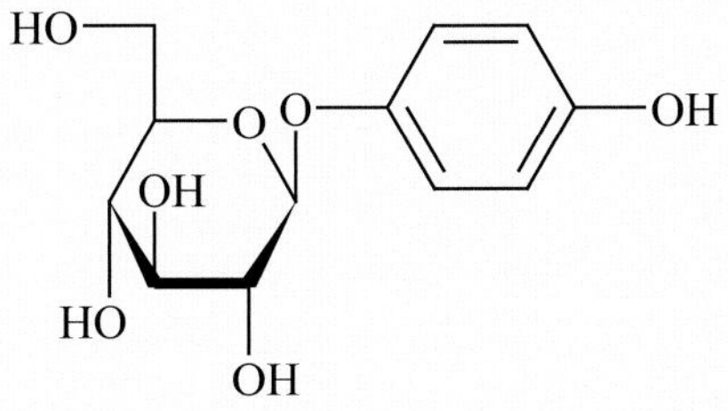

arbutin

帚石楠 Zhoushinan

药理作用

1. 抗菌

来源于以帚石楠为蜜源的蜂蜜体外对金黄色葡萄球菌有显著抑制作用[16]；帚石楠地上部分的水提取物体外可明显抑制金黄色葡萄球菌、表皮葡萄球菌、白色念珠菌、新型隐球菌等的生长[17]；帚石楠种子的环己烷、二氯甲烷和甲醇总提取物体外对金黄色葡萄球菌和人型葡萄球菌也具有抗菌活性[18]。

2. 抗炎

帚石楠的水提取物体外可抑制前列腺素的生物合成和血小板活化因子 (PAF) 诱导的反吞噬作用，具有显著的环氧化酶抑制作用[19]；以小鼠腹膜巨噬细胞、人血小板和白血病细胞 HL－60 为模型研究发现，从帚石楠中获得的熊果酸可抑制花生四烯酸的代谢、脂肪氧合酶的活性以及细胞 DNA 的合成[20-21]；帚石楠的水提取物也能抑制白血病细胞 HL－60 的增殖及其DNA的合成[22]。

3. 其他

帚石楠还具有降低动脉血压、加速血液凝结的作用[11]；熊果苷还具有利尿作用[23]。

应用

帚石楠可用于治疗肾、尿道、胃肠道、肝、胆囊和呼吸道疾病，可增强前列腺功能，做利尿剂预防结石，也可治疗腹泻、胃和结肠痉挛、痛风、风湿、咳嗽、发冷、发热、发汗、睡眠紊乱、心神不定等病；也用作治疗糖尿病、月经紊乱、更年期综合征等病的辅助剂。

评注

帚石楠在民间用途甚广，目前缺乏与之使用相关的药理活性评价报道，此方面的研究值得加强。

帚石楠繁殖能力强，资源丰富，富含黄酮类成分，应加强黄酮类成分的活性评价研究，并可对该植物做深入的开发研究。

参考文献

[1] J Fagundez, J Izco. Seed morphology of *Calluna* salisb. (Ericaceae). *Acta Botanica Malacitana*. 2004, **29**: 215-220

[2] JLG Mantilla, E Vieitez. Phenolic compounds in extracts from *Calluna vulgaris* (L.) Hull. *Anales de Edafologiay Agrobiologia*. 1975, **34**(9-10): 765-774

[3] W Olechnowicz-Stepien, H Rzadkowska-Bodalska, E Lamer-Zarawska. Flavonoids of *Calluna vulgaris* flowers (Ericaceae). *Polish Journal of Chemistry*. 1978, **52**(11): 2167-2172

[4] E Lamer-Zarawska, W Olechnowicz-Stepien, Z Krolicki. Isolation of dihydroherbacetin glycoside from *Calluna vulgaris* L. flowers. *Bulletin of the Polish Academy of Sciences: Biological Sciences*. 1986, **34**(4-6): 71-74

[5] DP Allais, A Simon, B Bennini, AJ Chulia, M Kaouadji, C Delage. Phytochemistry of the Ericaceae. Part 1. Flavone and flavonol glycosides from *Calluna vulgaris*. *Phytochemistry*. 1991, **30**(9): 3099-3101

[6] A Simon, AJ Chulia, M Kaouadji, DP Allais, C Delage. Phytochemistry of the Ericaceae. Part 3. Further flavonoid glycosides from Calluna vulgaris. *Phytochemistry*. 1993, **32**(4): 1045-1049

[7] A Simon, AJ Chulia, M Kaouadji, DP Allais, C Delage. Phytochemistry of the Ericaceae. Part 5. Two flavonol 3-[triacetylarabinosyl)1 6)glucosides] from *Calluna vulgaris*. *Phytochemistry*. 1993, **33**(5):1237-1240

[8] A Simon, AJ Chulia, M Kaouadji, C Delage. Quercetin 3-[triacetylarabinosyl(1→6)galactoside] and chromones from *Calluna vulgaris*. *Phytochemistry*. 1994, **36**(4):1043-1045

[9] DP Allais, AJ Chulia, M Kaouadji, A Simon, C Delage. 3-Desoxycallunin and 2''-acetylcallunin, two minor 2,3-dihydroflavonoid glucosides from *Calluna vulgaris*. *Phytochemistry*. 1995, **39**(2): 427-430

[10] W Olechnowicz-Stepien, H Rzadkowska-Dodalska, J Grimshaw. Investigation on lipid fraction compounds of heather flowers (*Calluna vulgaris* L.). *Polish Journal of Chemistry*. 1982, **56**(1): 153-157

[11] RN Zozulya, VG Regir, YI Popko. Chemical and pharmacological characteristics of the Scotch heather (*Calluna vulgaris*). *Rastitel' nye Resursy*. 1974, **10**(2): 247-248

[12] VL Shelyuto, LP Smirnova, VI Glyzin, LI Anufrieva. Flavonoids of *Calluna vulgaris*. *Khimiya Prirodnykh Soedinenii*. 1975, **5**: 652

[13] T Ersoz, I Calis, O Soner, M Tanker, P Ruedi. Flavonoid glycosides and a phenolic acid ester from *Calluna vulgaris*. *Hacettepe Universitesi Eczacilik Fakultesi Dergisi*. 1997, **17**(2): 73-80

[14] MAF Jalal, DJ Read, E Haslam. Phenolic composition and its seasonal variation in *Calluna vulgaris*. *Phytochemistry*. 1982, **21**(6): 1397-1401

[15] AH Murray, GR Iason, C Stewart. Effect of simple phenolic compounds of heather (*Calluna vulgaris*) on rumen microbial activity *in vitro*. *Journal of Chemical Ecology*. 1996, **22**(8): 1493-1504

[16] KL Allen, PC Molan, GM Reid. A survey of the antibacterial activity of some New Zealand honeys. *The Journal of Pharmacy and Pharmacology*. 1991, **43**(12): 817-822

[17] L Braghiroli, G Mazzanti, M Manganaro, MT Mascellino, T Vespertilli. Antimicrobial activity of *Calluna vulgaris*. *Phytotherapy Research*. 1996, **10**(Suppl. 1): S86-S88

[18] Y Kumarasamy, PJ Cox, M Jaspars, L Nahar, SD Sarker. Screening seeds of Scottish plants for antibacterial activity. *Journal of Ethnopharmacology*. 2002, **83**: 73-77

[19] G Mahy, RA Ennos, AL Jacquemart. Evaluation of anti-inflammatory activity of some Swedish medicinal plants. Inhibition of prostaglandin biosynthesis and PAF-induced exocytosis. *Heredity*. 1999, **82**(Pt 6): 654-660

[20] A Najid, A Simon, J Cook, H Chable-Rabinovitch, C Delage, AJ Chulia, M Rigaud. Characterization of ursolic acid as a lipoxygenase and cyclooxygenase inhibitor using macrophages, platelets and differentiated HL60 leukemic cells. *FEBS Letters*. 1992, **299**(3): 213-217

[21] A Simon, A Najid, AJ Chulia, C Delage, M Rigaud. Inhibition of lipoxygenase activity and HL60 leukemic cell proliferation by ursolic acid isolated from heather flowers (*Calluna vulgaris*). *Biochimica et Biophysica Acta, Lipids and Lipid Metabolism*. 1992, **1125**(1): 68-72

[22] A Najid, A Simon, C Delage, AJ Chulia, M Rigaud. A *Calluna vulgaris* extract 5-lipoxygenase inhibitor shows potent antiproliferative effects on human leukemia HL-60 cells. *Eicosanoids*.1992, **5**(1): 45-51

[23] A Temple, MF Gal, C Reboul. Phenolic glucosides of certain Ericaceae. Arbutin and hydroquinone excretion [in the rat]. *Travaux de la Societe de Pharmacie de Montpellier*. 1971, **31**(1): 5-12

荠 Ji BHP, GCEM

Capsella bursa-pastoris (L.) Medic.
Shepherd's Purse

概述

十字花科 (Brassicaceae) 植物荠 *Capsella bursa-pastoris* (L.) Medic.，其开花后期结有豆荚的地上部分干燥后入药。药用名：荠菜。

荠属 (*Capsella*) 植物全世界约 5 种，主产地中海地区、欧洲及亚洲西部。中国仅有 1 种，供药用。本种原产于欧洲，广布于全世界温带地区，分布遍及全中国。

根据中东最大的石器时代遗址土耳其加泰土丘 (Catal Huyuk)（约公元前 5950 年）的考古发现，荠作为食品迄今已有 8000 余年的历史。作为传统植物药，荠被用于止血、止泻以及治疗急性膀胱炎。公元 19 世纪，美洲医生建议用荠内服治疗血尿症、月经过多，外用治疗瘀伤、扭伤和关节炎。第一次世界大战期间，荠被广泛用于战伤止血。从19 世纪末到 20 世纪，传统草药医生用荠治疗泌尿生殖道炎症、分娩后出血、肺出血、结肠出血。在中国，"荠"药用之名，始载于《名医别录》。历代本草多有著录，古今药用品种一致。《英国草药典》(1996 年版）收载本种为荠菜的法定原植物来源种。主产于欧洲东南部国家，保加利亚、匈牙利、俄罗斯等。

荠主要含黄酮类、硫代葡萄糖酸苷类、挥发油类成分。《英国草药典》规定荠菜水溶性浸出物含量不得少于 12%，以控制药材质量。

药理研究表明，荠具有收缩肌肉、降血压、抗肿瘤、抗炎、抗菌等作用。

民间经验认为荠菜具有止血、调节血压和强心的功效；中医理论认为荠菜具有凉肝止血、平肝明目、清热利湿的功效。

荠 *Capsella bursa-pastoris* (L.) Medic.

药材荠菜 Herba Capsellae

化学成分

荠的地上部分含黄酮类成分：当药黄素 (swertisin)[1]、木犀草素 (luteolin)、金圣草黄素 (chrysoeriol)[2]、橙皮苷 (hesperidin)、芦丁 (rutin)[3]、木犀草素-7-芸香糖苷 (luteolin-7-rutinoside)、槲皮素-3-芸香糖苷 (quercetin-3-rutinoside)、木犀草素-7-半乳糖苷 (luteolin-7-galactoside)[4]、二氢漆黄酮 (dihydrofisetin)、山柰酚-4'-甲酯 (kaempferol-4'-methyl ether)、香叶木苷 (diosmin)、洋槐黄素 (robinetin)[5]；硫代葡萄糖酸苷类成分：黑芥子苷 (sinigrin)、10-methylsulfinyldecyl glucosinolate[4]；酚酸类成分：香草酸 (vanillic acid)[1]、富马酸 (fumaric acid)[6]；挥发油类成分：异丁子香酚 (isoeugenol)、松油醇 (terpineol)、葛缕酮 (carvone)、水芹烯 (phellandrene)[7]等。

荠的根含肽类成分：shepherins I、II[8]以及挥发油[7]等。

药理作用

1. **收缩平滑肌**

   荠的乙醇提取物对离体大鼠子宫具有收缩作用，类似于缩宫素，其活性成分为多肽类物质[9]。荠的乙醇提取物能对豚鼠小肠产生收缩作用，阿托品可以拮抗[10]。荠的水提取物对离体和在体家兔子宫、呼吸道、心血管均有收缩作用[11]。

2. **降血压**

   荠乙醇提取物静脉注射犬、猫、家兔和大鼠均可导致血压暂时下降[10]，这种血压下降可能与荠所含的生物碱[12]和黄酮类成分，通过作用于心肌的 M 受体，对心脏产生抑制相关[13]。

3. **抗肿瘤**

   腹腔注射荠提取物能抑制小鼠接种的艾氏腹水瘤肿块生长，该瘤肿块内出现多发性坏死并有宿主纤维细胞渗入。富马酸是荠抗肿瘤活性成分之一[14]。

4. **抗炎**

   荠菜水煎液灌胃给药，能抑制二甲苯所致小鼠耳廓肿胀、冰醋酸所致小鼠腹腔毛细血管通透性增加，对抗角叉菜胶、酵母多糖A所致大鼠足趾肿胀，但对制霉菌素所致的炎症模型无明显作用。荠菜抗炎作用的机理涉及对多种炎症介质的抑制[15]。

5. **抗菌**

   荠所含肽类成分 shepherin I 和 shepherin II 对革兰氏阴性菌和真菌有明显抑制作用[8]。

6. **其他**

   荠提取物还具有抑制应激性溃疡以及缩短溃疡愈合时间的作用。

应用

荠菜主治：月经过多，子宫出血，经前综合征；外用主治：鼻衄，皮外伤。

现代临床还用于治疗头痛、膀胱炎、静脉曲张、结石病、高血压[16]、消化性溃疡、肾炎、疳积、泌尿系感染[17]、胆囊炎、婴幼儿腹泻[18]、眼底出血，预防麻疹以及胃癌、肠癌、胰腺癌、子宫癌等病的辅助治疗[19]。

荠菜也为中医临床用药。功能：凉肝止血，平肝明目，清热利湿。主治：吐血，衄血，咯血，尿血，崩漏，肾炎水肿，乳糜尿等。

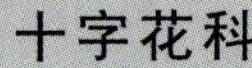

荠 Ji

评注

荠花也用作中药荠菜花，其功效与荠菜相似。荠的种子用作中药荠菜子，能驱风明目；主治目痛，青盲翳障。

荠菜也是人们熟悉的野菜之一，民间一直视为药食兼用的保健品，有“三月三，荠菜胜灵丹”的说法。荠菜的营养价值和药用价值都很高，除了鲜食和入药外，目前已有人工种植和商业化加工。

在对荠菜综合开发利用的过程中，还应注意合理开发野生荠菜资源，改造生产、加工技术。

参考文献

[1] S Al-Khalil, M Abu Zarga, N Zeitoun, D Al-Eisawi, J Zahra, S Sabri, Atta-Ur-Rahman. Chemical constituents of *Capsella bursa-pastoris*. *Alexandria Journal of Pharmaceutical Sciences*. 2000, **14**(2): 91-94

[2] MH Kweon, JH Kwak, KS Ra, HC Sung, HC Yang. Structural characterization of a flavonoid compound scavenging superoxide anion radical isolated from *Capsella bursa-pastoris*. *Journal of Biochemistry and Molecular Biology*. 1996, **29**(5): 423-428

[3] S Jurisson. Flavonoid substances of *Capsella bursa pastoris*. *Farmatsiya*. 1973, **22**(5): 34-35

[4] N Nazmi Sabri, T Sarg, AA Seif-El Din. Phytochemical investigation of *Capsella bursa-pastoris* (L.) Medik. growing in Egypt. *Egyptian Journal of Pharmaceutical Sciences*. 1977, **16**(4): 521-522

[5] R Wohlfart, R Gademann, CP Kirchner. Physiological-chemical observations of changes in the flavonoid pattern of *Capsella bursa-pastoris*. *Deutsche Apotheker Zeitung*. 1972, **112**(30): 1158-1160

[6] K Kuroda. Pharmacological and anticarcinogenic effects of *Capsella bursa-pastoris extract*. *Chiba Igaku Zasshi*. 1989, **65**(2): 67-74

[7] M Miyazawa, A Uetake, H Kameoka. The constituents of the essential oils from *Capsella bursa-pastoris* Medik. *Yakugaku Zasshi*. 1979, **99**(10): 1041-1043

[8] CJ Park, CB Park, SS Hong, HS Lee, SY Lee, SC Kim. Characterization and cDNA cloning of two glycine- and histidine-rich antimicrobial peptides from the roots of shepherd's purse, *Capsella bursa-pastoris*. *Plant Molecular Biology*. 2000, **44**(2): 187-197

[9] K Kuroda, K Takagi. Physiologically active substance in *Capsella bursa-pastoris*. *Nature*. 1968, **220**(5168): 707-708

[10] K Kuroda, T Kaku. Pharmacological and chemical studies on the alcohol extract of *Capsella bursa-pastoris*. *Life Sciences*. 1969, **8**(3): 151-155

[11] V Lodi. Pharmacological investigations on *Capsella bursa-pastoris*. III. *Fitoterapia*. 1941, **17**: 21-28

[12] K Nagai. *Capsella bursa-pastoris*. II. The blood pressure depressing components and their pharmacological action and the steam distilled components in C. *bursa-pastoris*. *Yakugaku Kenkyu*. 1961, **33**: 48-54

[13] 柳一红，姚运秋，李海龙，周弘建．荠菜液对家兔血压影响的初步探讨．中华实用中西医杂志．2004，**17**(10)：1551

[14] K Kuroda, M Akao, M Kanisawa, K Miyaki. Inhibitory effect of *Capsella bursa-pastoris* extract on growth of Ehrlich solid tumor in mice. *Cancer Research*. 1976, **36**(6): 1900-1903

[15] 岳兴如，田敏，徐持华，阮耀．荠菜的抗炎药理作用研究．时珍国医国药．2006，**17**(5)：F0003-F0004

[16] 丛玲，许永喜，王晓燕．荠菜代茶饮治疗高血压60例．护理研究．2005，**19**(8)：1513

[17] 岳淑玲，刘汉东，兰翠．荠菜治疗慢性泌尿系感染40例．中国民间疗法．2004，**12**(7)：48-49

[18] 王冬芬．荠菜与婴幼儿腹泻．青海医药杂志．1994，**2**：23

[19] 蔡妲婧．巧用荠菜防治疾病．家庭医学．2005，**5**：59

番木瓜 Fanmugua GCEM

番木瓜科

Carica papaya L.

Papaya

概述

番木瓜科 (Caricaceae) 植物番木瓜 *Carica papaya* L.，其新鲜或干燥果实入药。药用名：番木瓜。

番木瓜属 (*Carica*) 植物全世界约有 45 种，原产于美洲热带地区，现分布于中南美洲、大洋洲、夏威夷群岛、菲律宾群岛、马来半岛、中南半岛、印度及非洲。中国引种栽培1种，即本种。本种原产热带美洲，现广植于世界热带和较温暖的亚热带地区。中国海南、云南、香港也有分布。

番木瓜在西方并非传统植物药，近30年来木瓜蛋白以肠溶片剂型用作一种酶的补充剂。番木瓜引入中国已经有数百年的历史，以“石瓜”之名始载于《本草品汇精要》。主产于巴西、墨西哥、东南亚各国及中国南方各省区等。

番木瓜含有蛋白酶、挥发油、糖苷类、生物碱类成分等，其中木瓜蛋白酶和番木瓜碱是活性成分。

药理研究表明，番木瓜具有抗生育、抗菌、抗氧化、抗肿瘤、免疫调节、驱虫、降血压等作用。

中医理论认为番木瓜具有消食下乳、除湿通络、解毒驱虫的功效。番木瓜在中国一些少数民族地区也被广泛应用，傣族用番木瓜治疗大小便不畅，风痹，烂脚，头痛，头晕，腰痛，关节痛；阿昌族、德昂族、景颇族、傈僳族等用番木瓜治疗乳汁缺少，风湿关节痛；拉祜族用番木瓜治疗腹痛，头痛，肠胃虚弱，消化不良，乳汁缺少，痢疾，肠炎，便秘，肝炎；壮族用番木瓜治疗产后缺乳[1]。

番木瓜 *Carica papaya* L.

番木瓜 Fanmugua

化学成分

番木瓜的果实和乳汁含多种酶：木瓜蛋白酶 (papain)、木瓜凝乳蛋白酶A、B (chymopapains A－B)、木瓜肽酶A (papaya peptidase A)[2]、β－葡萄糖苷酶(β－glucosidase)[3]、proteinase Ω[4]、转化酵素 (invertase)[5]、α－D－甘露糖苷酶(α－D－mannosidase)、N－乙酰－β－D－氨基葡萄糖苷酶 (N－acetyl－β－D－glucosaminidase)[6]、壳多糖酶II (chitinase II)[7]、谷氨酰胺酰环化酶 (glutaminyl cyclase)[8]、α－半乳糖苷酶 (α－galactosidase)[9]等；挥发油类成分：芳樟醇 (linalool)、异硫氰酸苄酯 (benzyl isothiocyanate)[10]、丁酸甲酯 (methyl butanoate)、丁酸乙酯 (ethyl butanoate)、3－甲基－1－丁醇 (3－methyl－1－butanol)[11]、benzylisocyanate [12]等；糖苷类成分：苄基－β－D－葡萄糖苷 (benzyl－β－D－glucoside)、2－苯乙基－β－D－葡萄糖苷 (2－phenylethyl－β－D－glucoside)、4－羟苯基－2－乙基β－D－葡萄糖苷 (4－hydroxyphenyl－2－ethyl β－D－glucoside)以及4种苄基β－D－葡萄糖苷丙二酸衍生物的异构体 (isomeric malonated benzyl β－D－glucosides)[13]；此外，还含有3',5'－dimethoxy－4'－hydroxy－(2－hydroxy) acetophenone[14]等。

番木瓜的种子含苯甲酰基硫脲化合物 (benzoylthiourea compounds)[15]、β－D－半乳糖苷酶 (β－D－galactosidase)、α－D－甘露糖苷酶[16]等。

番木瓜的叶含番木瓜碱 (carpaine)[17]、去氢番木瓜碱 I、II (dehydrocarpaines I－II)[18]以及伪番木瓜碱 (pseudocarpaine)[19]。

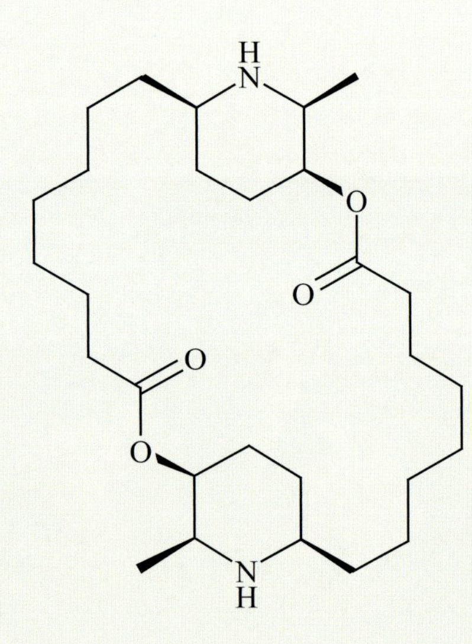

carpaine

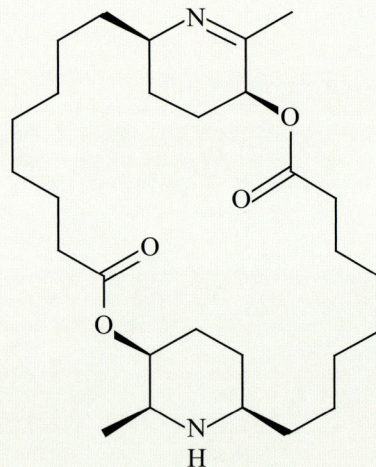

dehydrocarpaine I

药理作用

1. 抗生育

(1) **对雄性动物生殖系统的影响**　雄性大鼠口服番木瓜种子氯仿粗提物能显著抑制副睾尾精子活力[20]；成年雄性家兔口服番木瓜种子氯仿粗提物或苯提取物后可降低精液浓度，显著影响精子活力和发育能力[21-24]；从番木瓜种子中分离获得的化合物ECP1&2和MCP I体外具有杀精和抑制精子活力的作用[25-26]；雄性小鼠或大鼠口服番木瓜种子的水提取物具有可逆的不孕作用，可影响胎儿期的发展，可逆减少附睾管尾的收缩反应，但没有雌激素样活性，也不影响体重、肝功能或胆固醇和蛋白的代谢[27-30]，与干扰脑垂体-性腺系统有关[31]；雄性大鼠口服番木瓜树皮的水提取物也能产生安全的抗生育作用[32]；番木瓜种子甲醇提取物也具有降低精液浓度和抑制精子活力的作用，且不具毒性[33]。

(2) 对雌性动物生殖系统的影响 番木瓜乳液可使离体大鼠子宫收缩，这可能与其中所含的酶、生物碱和其他物质作用于α肾上腺素受体有关[34]；番木瓜种子80%乙醇提取物能不可逆地引起妊娠或非妊娠大鼠离体子宫收缩，这与子宫肌层异硫氰酸苯乙酯的损害作用有关[35]。

2. 抗菌

番木瓜碱对蜡样芽孢杆菌具有显著抗菌作用，对覃状芽孢杆菌具有中度抗菌作用[36]；番木瓜乳液可抑制白色念珠菌生长[8]，与乳液中缺少多糖成分造成细胞壁溶解有关[37]；番木瓜的肉、种子和果浆体外可对抗多种肠道病原菌，如枯草芽孢杆菌、泄殖腔肠杆菌、大肠杆菌、伤寒沙门氏菌、金黄色葡萄球菌、普通变型杆菌、绿脓杆菌和肺炎杆菌[38]；成熟和不成熟的番木瓜外果皮、内果皮和种子提取物体外实验对金黄色葡萄球菌、蜡样芽孢杆菌、大肠杆菌、绿脓杆菌和弗氏志贺菌具有显著抗菌作用，有助于提高慢性皮肤溃疡的痊愈率[39-40]。

3. 抗氧化

番木瓜的肉、种子和果浆中均含有超氧化物歧化酶 (SOD)，其中维生素C、苹果酸、枸橼酸及葡萄糖可能是番木瓜抗氧化成分[39]；发酵的番木瓜制剂对 Fe^{3+}的氮三乙酸盐 (Fe-NTA) 和过氧化氢诱导超螺旋质体 DNA 产生单链、双链断裂具有抑制作用，保护受损害的淋巴细胞；还可清除羟自由基，降低脂质过氧化水平，增加 SOD 活性以及竞争与铁的螯合[41-42]；番木瓜的水提取液体外能明显抑制过氧化氢所致红细胞溶血，并抑制小鼠肝匀浆自发性或 Fe^{2+}-Vit C 诱发的脂质过氧化反应，对过氧化氢所产生的羟自由基也有直接的清除作用，并提高大鼠血浆超氧化物歧化酶活力[43]；番木瓜汁也具有抗氧化作用，与所含的维生素E (α-tocopherol) 有关[44]。

4. 抗肿瘤

番木瓜碱体外对小鼠淋巴性白血病细胞 L1210、P388 和艾氏腹水癌细胞有抗肿瘤活性[17]。

5. 免疫调节功能

发酵的番木瓜制剂体外对巨噬细胞 RAW264.7 有激活作用，可增加一氧化氮的合成和肿瘤坏死因子 α (TNF-α) 的释放[45]；番木瓜种子提取物也具有免疫调节和抗炎作用[46]。

6. 驱虫

番木瓜乳汁对小鼠小肠内线虫有驱虫作用[47]；番木瓜中的半胱氨酸蛋白酶体外对啮齿动物胃肠道线虫的外层保护膜有显著的破坏作用[48]。

7. 其他

未成熟番木瓜果实的乙醇提取物给小鼠腹腔注射显示有α-肾上腺素样活性，从而产生降血压作用[49]；番木瓜种子提取物和其中的异硫氰酸苄酯可减弱离体家兔空肠的收缩能力[50]；番木瓜乳汁则可引起离体豚鼠回肠收缩[51]；未成熟的番木瓜乳汁对大鼠外源性胃溃疡具有保护作用[52]。

应用

西方当代草药医生将番木瓜果实和叶泡浸物用于胃部不适、肠寄生虫、胃和十二指肠溃疡以及胰腺分泌不足等病的治疗。

番木瓜也为中医临床用药。功能：消食下乳，除湿通络，解毒驱虫。主治：①消化不良；②风湿痹痛。

现代临床还用于胃和十二指肠溃疡、乳汁缺少、湿疹、肠道寄生虫等病的治疗。

番木瓜 Fanmugua

评注

番木瓜易于栽培，资源丰富。番木瓜果实成熟时可做水果，未成熟时可做蔬菜食用，也可加工成蜜饯、果汁、果酱、果脯等食品。现代药理实验显示番木瓜种子提取物具有很好的抗生育活性，值得进一步深入研究以开发天然的避孕药。

参考文献

[1] 韦群辉，唐自明．民族药番木瓜的生药学研究．云南中医学院学报．2000，**23**(3)：7-9

[2] BS Baines, K Brocklehurst. Isolation and characterization of the four major cysteine-proteinase components of the latex of *Carica papaya*. Reactivity characteristics towards 2,2'-dipyridyl disulfide of the thiol groups of papain, chymopapains A and B, and papaya peptidase A. *Journal of Protein Chemistry*. 1982, **1**(2): 119-139

[3] J Hartmann-Schreier, P Schreier. Purification and partial characterization of β-glucosidase from papaya fruit. *Phytochemistry*.1986, **25**(10): 2271-2274

[4] T Dubois, A Jacquet, AG Schnek, Y Looze. The thiol proteinases from the latex of *Carica papaya* L. I. Fractionation, purification and preliminary characterization. *Biological Chemistry Hoppe-Seyler*.1988, **369**(8): 733-740

[5] ME Lopez, MA Vattuone, AR Sampietro. Partial purification and properties of invertase from *Carica papaya* fruits. *Phytochemistry*.1988, **27**(10): 3077-3081

[6] R Giordani, M Siepaio, J Moulin-Traffort, P Regli. Antifungal action of *Carica papaya* latex: isolation of fungal cell wall hydrolyzing enzymes. *Mycoses*. 1991, **34**(11-12): 469-477

[7] M Azarkan, A Amrani, M Nijs, A Vandermeers, S Zerhouni, N Smolders, Y Looze. *Carica papaya* latex is a rich source of a class II chitinase. *Phytochemistry*.1997, **46**(8): 1319-1325

[8] M Azarkan, R Wintjens, Y Looze, D Baeyens-Volant. Detection of three wound-induced proteins in papaya latex. *Phytochemistry*. 2004, **65**(5): 525-534

[9] CP Soh, ZM Ali, H Lazan. Characterisation of an alpha-galactosidase with potential relevance to ripening related texture changes. *Phytochemistry*. 2006, **67**(3): 242-254

[10] RA Flath, RR Forrey. Volatile components of papaya (*Carica papaya* L., Solo variety). *Journal of Agricultural and Food Chemistry*. 1977, **25**(1): 103-109

[11] JA Pino, K Almora, R Marbot. Volatile components of papaya (*Carica papaya* L., Maradol variety) fruit. *Flavour and Fragrance Journal*. 2003, **18**(6): 492-496

[12] N Robledo, R Arzuffi. Identification of volatile compounds from papaya and cuaguayote by solid phase microextraction and GC-MS. *Revista Latinoamericana de Quimica*. 2004, **32**(1): 30-36

[13] W Schwab, P Schreier. Aryl β-D-glucosides from *Carica papaya* fruit. *Phytochemistry*. 1988, **27**(6): 1813-1816

[14] F Echeverri, F Torres, W Quinones, G Cardona, R Archbold, J Roldan, I Brito, JG Luis, EH Lahlou. Danielone, a phytoalexin from papaya fruit. *Phytochemistry*. 1997, **44**(2): 255-256

[15] J Lal, S Chandra, M Sabir. Phytochemical investigation of *Carica papaya* seeds. *Indian Drugs*. 1982, **19**(10): 406-407

[16] K Ohtani, A Misaki. Purification and characterization of β-D-galactosidase and α-D-mannosidase from papaya (*Carica papaya*) seeds. *Agricultural and Biological Chemistry*. 1983, **47**(11): 2441-2451

[17] L Oliveros-Belardo, VA Masilungan, V Cardeno, L Luna, F De Vera, E De la Cruz, E Valmonte. Possible antitumor constituent of *Carica papaya*. *Asian Journal of Pharmacy*. 1972, **2**(2): 26-29

[18] CS Tang. New macrocyclic Δ^1-piperideine alkaloids from papaya leaves: dehydrocarpaine I and II. *Phytochemistry*.1979, **18**(4): 651-652

[19] LI Topuriya. *Carica papaya* alkaloids. II. *Khimiya Prirodnykh Soedinenii*. 1983, **2**: 243

[20] NK Lohiya, RB Goyal. Antifertility investigations on the crude chloroform extract of *Carica papaya* Linn. Seeds in male albino rats. *Indian Journal of Eexperimental Biology*. 1992, **30**(11): 1051-1055

[21] NK Lohiya, N Pathak, PK Mishra, B Manivannan. Reversible contraception with chloroform extract of *Carica papaya* linn. seeds in male rabbits. *Reproductive Toxicology*. 1999, **13**(1): 59-66

[22] NK Lohiya, PK Mishra, N Pathak, B Manivannan, SC Jain. Reversible azoospermia by oral administration of the benzene

chromatographic fraction of the chloroform extract of the seeds of *Carica papaya* in rabbits. *Advances in Contraception*. 1999, **15**(2): 141-161

[23] N Pathak, PK Mishra, B Manivannan, NK Lohiya. Sterility due to inhibition of sperm motility by oral administration of benzene chromatographic fraction of the chloroform extract of the seeds of *Carica papaya* in rats. *Phytomedicine*. 2000, **7**(4): 325-333

[24] B Manivannan, PK Mishra, N Pathak, S Sriram, SS Bhande, S Panneerdoss, NK Lohiya. Ultrastructural changes in the testis and epididymis of rats following treatment with the benzene chromatographic fraction of the chloroform extract of the seeds of *Carica papaya*. *Phytotherapy Research*. 2004, **18**(4): 285-289

[25] NK Lohiya, LK Kothari, B Manivannan, PK Mishra, N Pathak. Human sperm immobilization effect of *Carica papaya* seed extracts: an *in vitro* study. *Asian Journal of Andrology*. 2000, **2**(2): 103-109

[26] NK Lohiya, PK Mishra, N Pathak, B Manivannan, SS Bhande, S Panneerdoss, S Sriram. Efficacy trial on the purified compounds of the seeds of *Carica papaya* for male contraception in albino rat. *Reproductive Toxicology*. 2005, **20**(1): 135-148

[27] NJ Chinoy, JM D'Souza, P Padman. Effects of crude aqueous extract of *Carica papaya* seeds in male albino mice. *Reproductive Toxicology*. 1994, **8**(1): 75-79

[28] NK Lohiya, RB Goyal, D Jayaprakash, AS Ansari, S Sharma. Antifertility effects of aqueous extract of *Carica papaya* seeds in male rats. *Planta Medica*. 1994, **60**(5): 400-404

[29] O Oderinde, C Noronha, A Oremosu, T Kusemiju, OA Okanlawon. Abortifacient properties of aqueous extract of *Carica papaya* (Linn) seeds on female Sprague-Dawley rats. *The Nigerian Postgraduate Medical Journal*. 2002, **9**(2): 95-98

[30] RJ Verma, NJ Chinoy. Effect of papaya seed extract on contractile response of cauda epididymal tubules. *Asian Journal of Andrology*. 2002, **4**(1): 77-78

[31] P Udoh, I Essien, F Udoh. Effects of *Carica papaya* (paw paw) seeds extract on the morphology of pituitary-gonadal axis of male Wistar rats. *Phytotherapy Research*. 2005, **19**(12): 1065-1068

[32] O Kusemiju, C Noronha, A Okanlawon. The effect of crude extract of the bark of *Carica papaya* on the seminiferous tubules of male Sprague-Dawley rats. *The Nigerian Postgraduate Medical Journal*. 2002, **9**(4): 205-209

[33] NK Lohiya, B Manivannan, S Garg. Toxicological investigations on the methanol sub-fraction of the seeds of *Carica papaya* as a male contraceptive in albino rats. *Reproductive Toxicology*. 2006, **22**(3): 461-468

[34] T Cherian. Effect of papaya latex extract on gravid and nongravid rat uterine preparations *in vitro*. *Journal of Ethnopharmacology*. 2000, **70**(3): 205-212

[35] A Adebiyi, AP Ganesan, RNV Prasad. Tocolytic and toxic activity of papaya seed extract on isolated rat uterus. *Life Sciences*. 2003, **74**(5): 581-592

[36] FM Hashem, MY Haggag, AMS Galal. A phytochemical study of *Carica papaya* L. growing in Egypt. *Egyptian Journal of Pharmaceutical Sciences*.1981, **22**(1-4): 23-37

[37] R Giordani, ML Cardenas, J Moulin-Traffort, P Regli. Fungicidal activity of latex sap from *Carica papaya* and antifungal effect of D(+)-glucosamine on Candida albicans growth. *Mycoses*. 1996, **39**(3-4): 103-110

[38] JA Osato, LA Santiago, GM Remo, MS Cuadra, A Mori. Antimicrobial and antioxidant activities of unripe papaya. *Life Sciences*.1993, **53**(17): 1383-1389

[39] AC Emeruwa. Antibacterial substance from *Carica papaya* fruit extract. *Journal of Natural Products*. 1982, **45**(2): 123-127

[40] G Dawkins, H Hewitt, Y Wint, PC Obiefuna, B Wint. Antibacterial effects of *Carica papaya* fruit on common wound organisms. *The West Indian Medical Journal*. 2003, **52**(4): 290-292

[41] G Rimbach, Q Guo, T Akiyama, S Matsugo, H Moini, F Virgili, L Packer. Ferric nitrilotriacetate induced DNA and protein damage: Inhibitory effect of a fermented papaya preparation. *Anticancer Research*. 2000, **20**(5A): 2907-2914

[42] K Imao, H Wang, M Komatsu, M Hiramatsu. Free radical scavenging activity of fermented papaya preparation and its effect on lipid peroxide level and superoxide dismutase activity in iron-induced epileptic foci of rats. *Biochemistry and Molecular Biology International*. 1998, **45**(1): 11-23

[43] 栾萍，刘强．番木瓜的抗氧化作用．中国现代应用药学杂志．2006，**23**(1)：19-20，27

[44] S Mehdipour, N Yasa, G Dehghan, R Khorasani, A Mohammadirad, R Rahimi, M Abdollahi. Antioxidant potentials of Iranian Carica papaya juice *in vitro* and *in vivo* are comparable to alpha-tocopherol. *Phytotherapy Research*. 2006, **20**(7): 591-594

[45] G Rimbach, YC Park, Q Guo, H Moini, N Qureshi, C Saliou, K Takayama, F Virgili, L Packer. Nitric oxide synthesis and TNF-α

番木瓜 Fanmugua

secretion in RAW 264.7 macrophages. *Life Sciences*. 2000, **67**(6): 679-694

[46] MP Mojica-Henshaw, AD Francisco, F De Guzman, XT Tigno. Possible immunomodulatory actions of *Carica papaya* seed extract. *Clinical Hemorheology and Microcirculation*. 2003, **29**(3-4): 219-229

[47] F Satrija, P Nansen, S Murtini, S He. Anthelmintic activity of papaya latex against patent Heligmosomoides polygyrus infections in mice. *Journal of Ethnopharmacology*. 1995, **48**(3): 161-164

[48] G Stepek, DJ Buttle, IR Duce, A Lowe, JM Behnke. Assessment of the anthelmintic effect of natural plant cysteine proteinases against the gastrointestinal nematode, Heligmosomoides polygyrus, *in vitro*. *Parasitology*. 2005, **130**(Pt 2): 203-211

[49] AE Eno, OI Owo, EH Itam, RS Konya. Blood pressure depression by the fruit juice of *Carica papaya* (L.) in renal and DOCA-induced hypertension in the rat. *Phytotherapy Research*. 2000, **14**(4): 235-239

[50] A Adebiyi, PG Adaikan. Modulation of jejunal contractions by extract of *Carica papaya* L. seeds. *Phytotherapy Research*. 2005, **19**(7): 628-632

[51] A Adebiyi, PG Adaikan, RN Prasad. Histaminergic effect of crude papaya latex on isolated guinea pig ileal strips. *Phytomedicine*. 2004, **11**(1): 65-70

[52] CF Chen, SM Chen, SY Chow, PW Han. Protective effects of *Carica papaya* Linn on the exogenous gastric ulcer in rats. *The American Journal of Chinese Medicine*. 1981, **9**(3): 205-212

番木瓜种植地

红花 Honghua USP, CP

菊科

Carthamus tinctorius L.

Safflower

概述

菊科 (Asteraceae) 植物红花 *Carthamus tinctorius* L.，其干燥花入药，药用名：红花；从其种子精制的脂肪油入药，药用名：红花油。

红花属 (*Carthamus*) 植物全世界约有 20 种，分布于中亚、西南亚和地中海地区。中国有 2 种，本属现供药用者约 1 种。本种原产于中亚地区，俄罗斯有野生也有栽培，日本、朝鲜半岛广泛栽培；中国东北、华东、西北、西南等地区及河南、河北等省有引种栽培，山西、甘肃、四川也有野生者。

红花最早是被当成红色和黄色染料，用于纺织物的上色和制作化妆品。红花提取物曾用于染制包裹木乃伊的布匹，后逐渐做药用，民间以红花泡茶饮用来退烧和发汗[1]。在中国，"红花"药用之名，始载于《图经本草》；在《开宝本草》中名"红蓝花"，历代本草多有著录。《美国药典》(第 28 版)收载本种为红花油的法定原植物来源种。《中国药典》(2005 年版)收载本种为红花的法定原植物来源种。主产于伊朗、印度西北部、非洲、远东地区、北美洲等，中国河南、四川、新疆、安徽、江苏、浙江等省区也产。

红花主要含黄酮类成分。羟基红花黄色素 A、红花黄色素 B 和红花红色素为花中所含的主要色素成分，有显著的生理活性；种子中所含脂肪酸、5-羟色胺衍生物等也为其主要的生理活性成分。《美国药典》采用气相色谱法测定，规定红花油酯化后脂肪酸酯的峰面积百分率分别为棕榈酸酯 2.0%～10%，硬脂酸酯 1.0%～10%，油酸酯 7.0%～42%，亚油酸酯 72%～84%；《中国药典》采用高效液相色谱法测定，规定红花中羟基红花黄色素 A 的含量不得少于 1.0%，山柰酚的含量不得少于 0.050%，以控制药材质量。

药理研究表明，红花具有抗血小板聚集、抗血栓形成、抗动脉粥样硬化、抗缺血所致损伤、保护肾功能、抗氧化、抗肿瘤、抗骨质疏松、调节免疫等作用。

民间经验认为红花油具有兴奋、泻下、止汗、通经、祛痰等功效；中医理论认为红花具有活血通经，祛瘀止痛的功效。

红花 *Carthamus tinctorius* L.

药材红花 Flos Carthami

红花 Honghua

化学成分

红花的花含黄酮类成分：红花黄色素A (safflor yellow A)、羟基红花黄色素A (hydroxysafflor yellow A, safflomin A)、红花黄色素B (safflor yellow B, safflomin B)、safflomin C、前红花苷 (precarthamin)、红花红色素 (carthamin, safflower red)、tinctormine、cartormin[2-4]、山柰酚 (kaempferol)、6-羟基山柰酚 (6-hydroxykaempferol)、槲皮素 (quercetin) 及其葡萄糖苷 (glucoside) 和芸香糖苷 (rutinoside)、芹菜素 (apigenin)、黄芩素 (scutellarein)、芦丁 (rutin)、杨梅素 (myricetin)、(2S)-4',5-dihydroxy-6,7-di-O-β-D-glucopyranosyl flavanone[5-8]等；双醇烷烃类成分：nonacosane-6,8-diol、6,8-hexatriacontanediol、7,9-octacosanediol、7,9-triacontanediol[9-10]等；环庚烯酮：cartorimine[11]；苯丙素苷类成分：丁香苷 (syringin)[5]等。

红花的叶含黄酮类成分：槲皮素、槲皮素-7-O-β-D-葡萄吡喃糖苷 (quercetin-7-O-β-D-glucopyranoside)、木犀草素 (luteolin)、木犀草素-7-O-β-D-吡喃葡萄糖苷 (luteolin-7-O-β-D-glucopyranoside)、金合欢素-7-O-β-D-葡萄糖醛酸苷(acacetin-7-O-glucuronide)[12]等。

红花的种子含脂肪酸类成分：亚油酸 (linoleic acid)、油酸 (oleic acid)、棕榈酸、硬脂酸[13]等；黄酮类成分：木犀草素、金合欢素、金合欢素-7-O-α-L-鼠李吡喃糖苷 (acacetin-7-O-α-L-rhamnopyranoside)、山柰酚-7-O-β-D-葡萄吡喃糖苷 (kaempferol-7-O-β-D-glucopyranoside)等；5-羟色胺衍生物：N-阿魏酰基5-羟色胺(N-feruloylserotonin)、N-(p-香豆酰基) 5-羟色胺 [N-(p-coumaroyl)serotonin]；木脂素类成分：马台树脂酚 (matairesinol)、8'-hydroxyarctigenin[14-15]等。

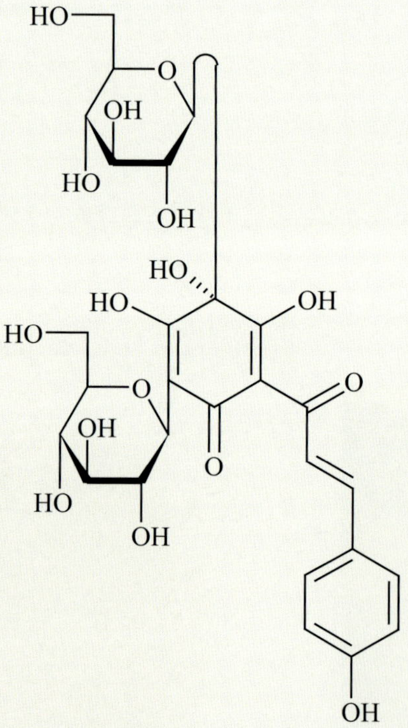

hydroxysafflor yellow A

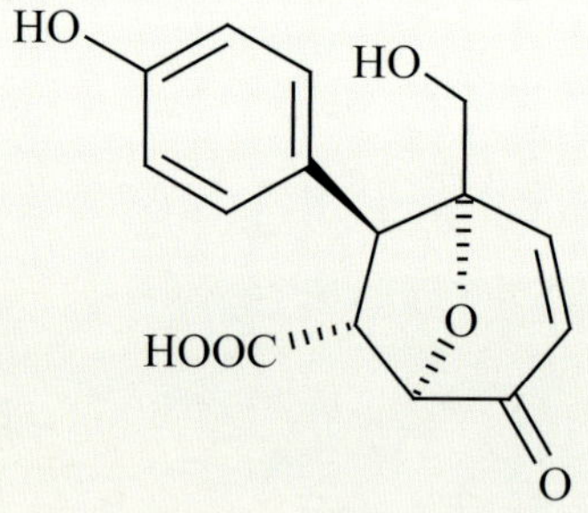

cartorimine

药理作用

1. 对血小板聚集及血栓形成的影响

红花总黄酮灌胃能显著抑制二磷酸腺苷 (ADP) 诱导的大鼠血小板聚集；显著抑制大鼠动-静脉旁路、静脉血栓的形成[16]。羟基红花黄色素 A 对花生四烯酸 (AA) 诱导的血小板聚集具有明显的抑制作用；静脉注射能使大鼠动–静脉旁路血栓湿重显著下降[17]。6–羟基山柰酚葡萄糖苷、丁香苷等成分能显著抑制胶原诱导的血小板聚集[18]。羟基红花黄色素 A、杨梅素、山柰酚等黄酮类成分体外均能抑制血小板活化因子 (PAF) 诱导的家兔多型核白血球 (PMN) 聚集和粘附；羟基红花黄色素 A 还能显著抑制 [^{3}H]PAF 与兔洗涤的血小板膜上受体特异性结合及 PAF 诱导的兔洗涤血小板聚集[19-20]。

2. **抗缺血所致损伤**

红花醇提物静脉注射能不同程度地改善犬结扎冠状动脉前降支引起的缺血性心电图，心肌收缩性能降低和因此而引起的左心室舒张末压升高；对心泵功能、心脏做功下降也有显著的改善作用，并能显著增加冠脉的血流量和降低总外周阻力，改善因心肌缺血所致的心功能低下[21]。红花总黄酮灌胃能改善大脑中动脉栓塞所致脑缺血大鼠的行为障碍，显著减少脑缺血区面积[16]。羟基红花黄色素 A 静脉注射，能显著缩小局灶性脑缺血大鼠的脑缺血面积，明显改善脑缺血大鼠行为障碍，抑制血浆中血栓素B_2 (TXB_2) 的产生，降低全血黏度；体外对谷氨酸所致大脑神经元损伤有明显的保护作用[22-23]。

3. **保护肾功能**

红花水提液腹腔注射能恢复左肾静脉结扎大鼠的肾功能，减轻灶性肾小管萎缩，阻止肾间质纤维组织增生[24]；红花浓缩颗粒灌胃，能明显抑制肾间质纤维化大鼠肾小管上皮细胞 TGF–β_1的蛋白和基因表达以及c–fos表达，可能是其抗肾小管间质纤维化作用的机理之一[25]。红花浓缩颗粒灌胃能有效减少局灶节段性肾小球硬化症大鼠尿蛋白，提高血浆蛋白，改善脂质代谢，保护大鼠的肾功能；促进病变肾组织中的山羊抗大鼠组织纤溶酶原激活剂 (t–PA) 表达，抑制山羊抗大鼠 I 型纤溶酶原激活物抑制剂 (PAI–1) 及其 mRNA 的表达，改善大鼠纤溶系统功能紊乱[26]。

4. **抗动脉粥样硬化**

红花油饲喂，能显著降低高脂饲料诱发动脉粥样硬化家兔血浆的总胆固醇 (TC)、三酰甘油 (TG)、低密度脂蛋白 (LDL) 含量，提高高密度脂蛋白 (HDL) 含量，并能降低血浆和肝脏中丙二醛 (MDA)的含量[27]。脱脂的种子提取物及所含的抗氧化活性成分 N–阿魏酰基5–羟色胺和 N–(p–香豆酰基) 5–羟色胺饲喂，能显著降低载脂蛋白E (apolipoprotein E) 缺乏症小鼠血浆总胆固醇水平，显著缩小其主动脉窦的粥样硬化病变区域；作用机理可能与种子提取物及所含的5–羟色胺衍生物显著抑制脂质过氧化和降低抗氧低密度脂蛋白 (anti–oxidized LDL) 自体抗体滴度有关[28]。

5. **抗氧化**

红花红色素体外对超氧自由基和 β–胡萝卜素–亚油酸氧化体系均有显著的抑制作用[29]。花、种子、芽的提取物及所含酚性成分，叶所含的槲皮素、木犀草素等黄酮类成分均有抗氧化活性[12, 30]。

6. **抗肿瘤**

红花提取物体外能显著抑制肝星状细胞HSC–T6的增殖并能诱导其凋亡，显示了抗肝纤维化活性[31]。羟基红花黄色素A体外能显著抑制人大肠癌细胞 LS180上清液刺激下人脐静脉内皮细胞 EVC304的增殖[32]。种子的甲醇提取物体外对人肝癌细胞 HepG2、人乳腺癌细胞 MCF–7、人宫颈癌细胞 HeLa 等有显著的细胞毒活性[18]。种子甲醇提取物的醋酸乙酯部位、所含的金合欢素、N–阿魏酰基5–羟色胺、N–(p–香豆酰基) 5–羟色胺体外均能显著抑制酪氨酸酶 (tyrosinase) 活性；N–阿魏酰基5–羟色胺和N–(p–香豆酰基) 5–羟色胺还能显著抑制比基尼链霉菌 (*Streptomyces bikiniensis*) 和黑色素瘤B16细胞中黑色素的合成[33]。

7. **抗骨质疏松**

红花油口服，能显著提高卵巢切除导致的骨质疏松症大鼠血清中胰岛素样生长因子–I (IGF–I)、IGF–II、胰岛素样生长因子结合蛋白–3 (IGBP–3)、骨特异性碱性磷酸酶 (BALP) 水平，对骨质疏松症有改善作用[34]。

8. **其他**

红花种子甲醇提取物的己烷部位、红花油能促进肠道益生菌的生长[13]；红花所含的多糖类成分有免疫调节作用[35]；红花还有延缓衰老[36]等作用。

红花 Honghua

应用

在民间，红花可用作兴奋剂、泻药、止汗剂、通经药、堕胎药、祛痰剂和用于治疗肿瘤；红花油可用于预防动脉粥样硬化。

在印度医学中，红花全草用芝麻油加热提取，局部按摩用于治疗风湿病患者的关节疼痛、肢体麻木等；高血压和心脏病患者可用红花油作为食用烹调油。

中医药理论认为，红花具有活血通经、散瘀止痛等功效。可用于治疗血滞经闭、痛经、产后瘀滞腹痛；症瘕积聚、心腹瘀痛、跌打损伤及疮疡肿痛。

评注

红花是一种多用途的综合资源植物，有很高的经济价值。除药用外，红花还可用作染料、食品、化妆品的天然色素添加剂；红花油富含不饱和脂肪酸，已在欧美国家普遍用作食用烹调油，红花子饼粕还可用作饲料。

参考文献

[1] Facts and Comparisons (Firm). The review of natural products (3-rd edition). Missouri: Facts and Comparisons. 2000: 632-633

[2] JM Yoon, MH Cho, IE Park, YH Kim, TR Hahn, YS Paik. Thermal stability of the pigments hydroxysafflor yellow A, safflor yellow B, and precarthamin from safflower (*Carthamus tinctorius*). *Journal of Food Science*. 2003, **68**(3): 839-843

[3] MR Meselhy, S Kadota, Y Momose, N Hatakeyama, A Kusai, M Hattori, T Namba. Two new quinochalcone yellow pigments from *Carthamus tinctorius* and Ca^{2+} antagonistic activity of tinctormine. *Chemical & Pharmaceutical Bulletin*. 1993, **41**(10): 1796-802

[4] 尹宏斌，何直升，叶阳．红花化学成分的研究．中草药．2001，**32**(9)：776-778

[5] M Hattori, XL Huang, QM Che, Y Kawata, Y Tezuka, T Kikuchi, T Namba. 6-Hydroxykaempferol and its glycosides from *Carthamus tinctorius* petals. *Phytochemistry*. 1992, **31**(11): 4001-4004

[6] MN Kim, F Le Scao-Bogaert, M Paris. Flavonoids from *Carthamus tinctorius* flowers. *Planta Medica*. 1992, **58**(3): 285-286

[7] 金鸣，王玉芹，李家实，王秀坤．红花中黄酮醇类成分的分离和鉴定．中草药．2003，**34**(4)：306-307

[8] F Li, ZS He, Y Ye. Flavonoids from *Carthamus tinctorius*. *Chinese Journal of Chemistry*. 2002, **20**(7): 699-702

[9] T Akihisa, H Oinuma, T Tamura, Y Kasahara, K Kumaki, K Yasukawa, M Takido. Erythro-hentriacontane-6,8-diol and 11 other alkane-6,8-diols from *Carthamus tinctorius*. *Phytochemistry*. 1994, **36**(1): 105-108

[10] T Akihisa, A Nozaki, Y Inoue, K Yasukawa, Y Kasahara, S Motohashi, K Kumaki, N Tokutake, M Takido, T Tamura. Alkane diols from flower petals of *Carthamus tinctorius*. *Phytochemistry*. 1997, **45**(4): 725-728

[11] HB Yin, ZS He, Y Ye. Cartorimine, a new cycloheptenone oxide derivative from *Carthamus tinctorius*. *Journal of Natural Products*. 2000, **63**(8): 1164-1165

[12] JY Lee, EJ Chang, HJ Kim, JH Park, SW Choi. Antioxidative flavonoids from leaves of *Carthamus tinctorius*. *Archives of Pharmacal Research*. 2002, **25**(3): 313-319

[13] JH Cho, MK Kim, HS Lee. Fatty acid composition of safflower seed oil and growth-promoting effect of safflower seed extract toward beneficial intestinal bacteria. *Food Science and Biotechnology*. 2002, **11**(5): 480-483

[14] KM Ahmed, MS Marzouk, EAM El-Khrisy, SA Wahab, SS El-Din. A new flavone diglycoside from *Carthamus tinctorius* seeds. *Pharmazie*. 2000, **55**(8): 621-622

[15] SJ Bae, SM Shim, YJ Park, JY Lee, EJ Chang, SW Choi. Cytotoxicity of phenolic compounds isolated from seeds of safflower (*Carthamus tinctorius* L.) on cancer cell lines. *Food Science and Biotechnology*. 2002, **11**(2): 140-146

[16] 田京伟，蒋王林，王振华，王超云，傅风华．红花总黄酮对大鼠局部脑缺血及血栓形成的影响．中草药．2003，**34**(8)：741-743

[17] 夏玉叶，闵旸，盛雨辰．羟基红花黄色素A对大鼠血栓形成和血小板聚集功能的影响．中国药理学通报．2005，**21**(11)：1400-1401

[18] T Iizuka, M Nagai, H Moriyama, A Taniguchi, K Hoshi. Antiplatelet aggregatory effects of the constituents isolated from the flower of *Carthamus tinctorius*. *Natural Medicines*. 2005, **59**(5): 241-244

[19] 吴伟，李金荣，陈文梅，臧宝霞，金鸣．几种红花黄酮醇体外抑制 PAF 诱导PMN聚集及黏附作用．中国药学杂志．2002，37(10)：743-746

[20] 臧宝霞，金鸣，司南，张彦，吴伟，朴永哲．羟基红花黄色素 A 对血小板活化因子的拮抗作用．药学学报．2002，**37**(9)：696-699

[21] 李璘，陆茵，马骋，孟政杰．红花醇提物对心肌缺血犬的血流动力学的作用．中药药理与临床．2002，**18**(6)：24-26

[22] HB Zhu, L Zhang, ZH Wang, JW Tian, FH Fu, K Liu, CL Li. Therapeutic effects of hydroxysafflor yellow A on focal cerebral ischemic injury in rats and its primary mechanisms. *Journal of Asian Natural Products Research*. 2005, **7**(4): 607-613

[23] HB Zhu, ZH Wang, CJ Ma, JW Tian, FH Fu, CL Li, DA Guo, E Roeder, K Liu. Neuroprotective effects of hydroxysafflor yellow A: *In vivo* and *in vitro* studies. *Planta Medica*. 2003, **69**(5): 429-433

[24] 唐蓉，杜胜华．红花对大鼠肾间质纤维化和肾功能的影响．中国临床药理学与治疗学．2006，**11**(3)：282-285

[25] 赵玉庸，许庆友，丁跃玲，丁英钧．红花对肾小管间质纤维化大鼠TGF-β_1、TGF-β_1 mRNA及c-fos表达的影响．中国药理学通报．2005，**21**(8)：1022-1023

[26] 陈志强，赵玉庸，范焕芳，张芬芳，张江华．红花对实验性局灶节段性肾小球硬化症大鼠纤溶系统的影响．中草药．2005，**36**(12)：1847-1849

[27] 蔺新英，徐贵发，王淑娥，赵长峰，于红霞，赵秀兰．红花籽油对动脉粥样硬化家兔血脂及脂质过氧化作用的影响．山东医科大学学报．2001，**39**(3)：212-214

[28] N Koyama, K Kuribayashi, T Seki, K Kobayashi, Y Furuhata, K Suzuki, H Arisaka, T Nakano, Y Amino, K Ishii. Serotonin derivatives, major safflower (*Carthamus tinctorius* L.) seed antioxidants, inhibit low-density lipoprotein (LDL) oxidation and atherosclerosis in apolipoprotein E-deficient mice. *Journal of Agricultural and Food Chemistry*. 2006, **54**(14): 4970-4976

[29] 王慧琴，谢明勇，付志红．红花红色素的抗氧化活性．无锡轻工大学学报．2003，**22**(5)：98-101

[30] HJ Kim, BS Jun, SK Kim, JY Cha, YS Cho. Polyphenolic compound content and antioxidative activities by extracts from seed, sprout and flower of safflower (*Carthamus tinctorius* L.). *Han'guk Sikp'um Yongyang Kwahak Hoechi*. 2000, **29**(6): 1127-1132

[31] SY Chor, AY Hui, KF To, KK Chan, YY Go, HLY Chan, WK Leung, JJY Sung. Anti-proliferative and pro-apoptotic effects of herbal medicine on hepatic stellate cell. *Journal of Ethnopharmacology*. 2005, **100**(1-2): 180-186

[32] 张前，牛欣，闫妍，赵琰，金鸣，解华．羟基红花黄色素A对体外培养人脐静脉内皮细胞增殖的抑制作用．中国医药学报．2004，**19**(6)：379-381

[33] JS Roh, JY Han, JH Kim, JK Hwang. Inhibitory effects of active compounds isolated from safflower (*Carthamus tinctorius* L.) seeds for melanogenesis. *Biological & Pharmaceutical Bulletin*. 2004, **27**(12): 1976-1978

[34] MR Alam, SM Kim, JI Lee, SK Chon, SJ Choi, IH Choi, NS Kim. Effects of safflower seed oil in osteoporosis induced-ovariectomized rats. *The American Journal of Chinese Medicine*. 2006, **34**(4): 601-612

[35] I Ando, Y Tsukumo, T Wakabayashi, S Akashi, K Miyake, T Kataoka, K Nagai. Safflower polysaccharides activate the transcription factor NF-kappa B via Toll-like receptor 4 and induce cytokine production by macrophages. *International Immunopharmacology*. 2002, **2**(8): 1155-1162

[36] 张明霞，李效忠，赵磊，赵惠，许春香．红花抗衰老作用的实验研究．中草药．2001，**32**(1)：52-53

红花种植地

葛缕子 Gelüzi •EP, BP, BHP, USP, GCEM

Carum carvi L.

Caraway

概述

伞形科 (Apiaceae) 植物葛缕子*Carum carvi* L.，其干燥成熟果实入药。药用名：藏茴香。

葛缕子属 (*Carum*) 植物全世界约有 30 种，分布于欧洲、亚洲、北非和北美。中国有 4 种、2 变型，广布于东北、华北及西北，向南至西藏东南部、四川西部和云南西北部。本属现供药用者 3 种、1 变型。本种分布于欧洲、亚洲、北非和北美；中国东北、华北、西北、西藏及四川西部均有分布。

葛缕子为阿拉伯传统医学常用药，欧洲约于 13 世纪开始供药用。《欧洲药典》(第 5 版)、《英国药典》(2002 年版)、《美国药典》(第 28 版) 收载本种为藏茴香的法定原植物来源种。《美国药典》还收载本种为藏茴香油的法定原植物来源种。主产于欧洲、非洲北部和土耳其。

葛缕子主要含挥发油，还含有黄酮类、单萜醇及其苷类成分，其中挥发油及其所含的葛缕酮为指标性成分。《欧洲药典》和《英国药典》采用水蒸气蒸馏法，规定挥发油的含量不得少于30mL/kg，以控制药材质量。

药理研究表明，葛缕子的果实具有止喘、抗过敏、抗肿瘤、抗突变、降血糖、降血脂等作用。

民间经验认为藏茴香具有驱风、解痉、抗微生物的功效；藏医理论认为藏茴香具有理气开胃，散寒止痛的功效。

葛缕子 *Carum carvi* L.

药材藏茴香 Fructus Cari Carvi

化学成分

葛缕子的果实含挥发油类成分：葛缕酮 (carvone)、柠檬烯 (limonene)[1]、α－蒎烯 (α－pinene)、α－水芹烯 (α－phellandrene)、β－水芹烯 (β－phellandrene)、α－侧柏烯 (α－thujene)、β－茴香烯 (β－fenchene)、樟脑萜 (camphene)、香桧烯 (sabinene)、β－蒎烯 (β－pinene)、月桂烯 (myrcene)、对聚伞花素 (p－cymene)[2]、反式二氢葛缕酮 (trans－dihydrocarvone)、大根香叶烯D (germacrene D)[3]、莳萝呋喃 (anethofuran)[4]、顺式葛缕醇 (cis－carveol)、葛缕醇 (carveol)、二氢葛缕醇 (dihydrocarveol)、异二氢葛缕醇 (isodihydrocarveol)、新二氢葛缕醇 (neodihydrocarveol)[5]；单萜醇及其苷类成分：对薄荷烷－2,8,9－三醇 (p－menthane－2,8,9－triol)[6]、对薄荷－8－烯－1,2－二醇 (p－menth－8－ene－1,2－diol)、对薄荷烷－1,2,8,9－四醇 (p－menthane－1,2,8,9－tetrol)、8,9－二羟基－8,9－二氢葛缕酮 (8,9－dihydroxy－8,9－dihydrocarvone)、对薄荷－8－烯－2,10－二醇－2－O－β－D－吡喃葡萄糖苷 (p－menth－8－ene－2,10－diol－2－O－β－D－glucopyranoside)、对薄荷烷－1,2,8,9－四醇 2－O－β－D－吡喃葡萄糖苷(p－menthane－1,2,8,9－tetrol 2－O－β－D－glucopyranoside)、7－羟基葛缕醇－7－O－β－D－吡喃葡萄糖苷 (7－hydroxycarveol－7－O－β－D－glucopyranoside)[7]；黄酮类成分：槲皮素－3－葡萄糖苷酸 (quercetin－3－glucuronide)、异槲皮苷 (isoquercitrin)、槲皮素－3－O－咖啡酰苷 (quercetin－3－O－caffeoylglucoside)、山柰酚－3－O－葡萄糖苷 (kaempferol－3－glucoside)[8]；此外还含有junipediol A 2－O－β－D－glucopyranoside[9]。

藏茴香油为葛缕子果实蒸馏所得的挥发油，除含果实中的挥发性成分外，还含葛缕酚 (carvacrol)，由贮藏过程中葛缕酮转化而来[10]。

葛缕子的花含黄酮类成分：山柰酚 (kaempferol)、异槲皮素 (isoquercetrin)、黄芪苷 (astragalin)、金丝桃苷 (hyperoside) 等[11]。

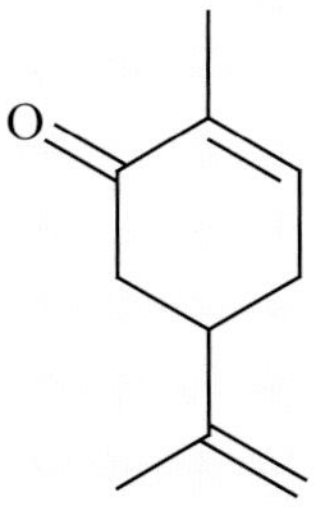

carvone

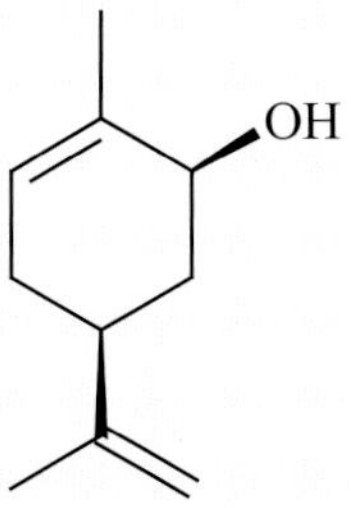

cis-carveol

药理作用

1. 止喘、抗过敏

葛缕醇和葛缕酮灌胃给药对豚鼠药物性哮喘均有保护作用；气雾给药对豚鼠离体气管平滑肌有直接松弛作用，并可拮抗氨甲酰胆碱的平滑肌收缩作用。葛缕醇和葛缕酮还可抑制卵白蛋白致敏豚鼠离体肺组织变态反应慢反应物质 (SRS－A) 的释放，拮抗 SRS－A 引起的豚鼠离体回肠收缩作用，抑制豚鼠离体气管的 Schultz－Dale 反应[12-13]。

2. 对胃的影响

葛缕子提取液可减少胃酸分泌和白三烯合成，增加胃内黏液质的分泌和前列腺素 E_2 (PGE_2) 的释放，具有抗溃疡作用[14]。

3. 抗肿瘤、抗突变

葛缕子对1,2－二甲肼 (DMH) 所致结肠癌大鼠长期口服给药，可减少肠、结肠和盲肠脂质过氧化反应产物的水平，降低超氧化物歧化酶 (SOD)、过氧化氢酶、还原型谷胱甘肽和谷胱甘肽还原酶的含量，还可抑制胆汁酸排泄以及组织中碱性磷酸酯酶的活性，防止异常隐窝病灶 (ACF) 的形成，对结肠癌大鼠的组织损伤有保护作用[15-16]。藏茴香油局部用药可抑制雌性小鼠由7,12－二甲基苯并蒽 (DMBA)和巴豆油所致的皮肤癌，能使绒毛状瘤数量减少，形成推迟，发育延缓，并使已形成的绒毛状瘤退化[17]。此外，葛缕子果实和根的甲醇提取物体外对人宫颈癌细胞 HeLa、小鼠黑色素瘤细胞B16F10等肿瘤细胞有显著的抗增殖作用[18]。葛缕子种子的热水提取物对大鼠烷化剂、N－甲基－N'－硝基－N－亚硝基胍 (MNNG)、甲基偶氮甲醇 (MAM) 等所致甲基化作用、突变及肿瘤形成有明显的抑制作用[19]，其抗突变活性与6－氧甲基鸟嘌呤－DNA甲基转移酶 (MGMT) 有关[20]。葛缕子提取物对化学物质引起的细胞色素P450 1A1 的过度表达也有抑制作用，从而可预防化学物质引起的肿瘤[21]。

4. 抗菌

藏茴香油体外对金黄色葡萄球菌、粪链球菌等革兰氏阳性菌和革兰氏阴性菌有显著的抑制作用[3, 22]。

5. 降血糖、降血脂

葛缕子果实水提物给链脲霉素所致的糖尿病大鼠灌胃，可显著降低大鼠血浆中血糖、三酰甘油 (TG) 和胆固醇水平，而对胰岛素无影响[23-24]。藏茴香油灌胃对四氧嘧啶所致的糖尿病大鼠有显著的降血糖和降胆固醇作用，还能防止多余脂类物质进入肝脏等器官[25]。

6. 其他

葛缕子果实还具有抗氧化[26]、利尿[27]等作用。

应用

葛缕子在西方主要用作调味料，果实和挥发油作药用具有驱风、解痉的功效。民间用于催乳、通经和治疗胃病。

藏茴香也为藏医临床用药。功能：理气开胃，散寒止痛。主治：脘腹冷痛，呕逆，消化不良，疝气痛，寒滞腰痛。

现代临床还用于消化不良、食欲不振、感冒、发烧、咳嗽、咽炎等病的治疗。

评注

葛缕子的果实香味独特，为西方国家常用的烹饪调料，尤其中欧国家将葛缕子用于泡菜和乳酪的调味，还用来制作甜酒。葛缕子是提取葛缕酮的主要原料之一，欧洲还从葛缕子的果实中提取挥发油，其提取所剩的残渣又可作为家畜饲料。挥发油常用作香皂、乳液、香水的调香剂。

参考文献

[1] M Tewari, CS Mathela. Compositions of the essential oils from seeds of *Carum carvi* Linn. and *Carum bulbocastanum* Koch. *Indian Perfumer*. 2003, **47**(4): 347-349

[2] A Salveson, A Baerheim Svendsen. Gas-liquid chromatographic separation and identification of the constituents of caraway seed oil. I. The monoterpene hydrocarbons. *Planta Medica*. 1976, **30**(1): 93-96

[3] NS Iacobellis, P Lo Cantore, F Capasso, F Senatore. Antibacterial activity of *Cuminum cyminum* L. and *Carum carvi* L. essential oils. *Journal of Agricultural and Food Chemistry*. 2005, **53**(1): 57-61

[4] GQ Zheng, PM Kenney, LKT Lam. Anethofuran, carvone, and limonene: potential cancer chemopreventive agents from dill weed oil and caraway oil. *Planta Medica*. 1992, **58**(4): 338-341

[5] H Rothbaecher, F Suteu. Hydroxyl compounds of caraway oil. *Planta Medica*. 1975, **28**(2): 112-123

[6] T Matsumura, T Ishikawa, J Kitajima. New p-menthanetriols and their glucosides from the fruit of caraway. *Tetrahedron*. 2001, **57**(38): 8067-8074

[7] T Matsumura, T Ishikawa, J Kitajima. Water-soluble constituents of caraway: carvone derivatives and their glucosides. *Chemical & Pharmaceutical Bulletin*. 2002, **50**(1): 66-72

[8] J Kunzemann, K Herrmann. Isolation and identification of flavon(ol)-O-glycosides in caraway (*Carum carvi* L.), fennel (*Foeniculum vulgare* Mill.), anise (*Pimpinella anisum* L.), and coriander (*Coriandrum sativum* L.), and of flavone-C-glycosides in anise. I. Phenolics of spices. *Zeitschrift fuer Lebensmittel-Untersuchung und –Forschung*. 1977, **164**(3): 194-200

[9] T Matsumura, T Ishikawa, J Kitajima. Water-soluble constituents of caraway: aromatic compound, aromatic compound glucoside and glucides. *Phytochemistry*. 2002, **61**(4): 455-459

[10] H Rothbaecher, F Suteu. Origin of carvacrol in caraway oil. *Chemiker-Zeitung*. 1978, **102**(7-8): 260-263

[11] AEM Khaleel. Phenolics and lipids of *Carum carvi* L. and *Coriandrum sativum* L. flowers. *Egyptian Journal of Biomedical Sciences*. 2005, **18**: 35-47

[12] 唐法娣，谢强敏，王砚，卞如濂. 葛缕酮的气道扩张作用的呼吸道抗过敏作用. 中国药理学通报. 1999, **15**(3): 235-237

[13] 唐法娣，谢强敏，卞如濂. 葛缕醇平喘抗过敏作用的观察. 浙江大学学报(医学版). 1988, **17**(3): 115-117

[14] MT Khayyal, MA El-Ghazaly, SA Kenawy, M Seif-El-Nasr, LG Mahran, YAH Kafafi, SN Okpanyi. Antiulcerogenic effect of some gastrointestinally acting plant extracts and their combination. *Arzneimittel-Forschung*. 2001, **51**(7): 545-553

[15] M Kamaleeswari, N Nalini. Dose-response efficacy of caraway (*Carum carvi* L.) on tissue lipid peroxidation and antioxidant profile in rat colon carcinogenesis. *The Journal of Pharmacy and Pharmacology*. 2006, **58**(8): 1121-1130

[16] M Kamaleeswari, K Deeptha, M Sengottuvelan, N Nalini. Effect of dietary caraway (*Carum carvi* L.) on aberrant crypt foci development, fecal steroids, and intestinal alkaline phosphatase activities in 1,2-dimethylhydrazine-induced colon carcinogenesis. *Toxicology and Applied Pharmacology*. 2006, **214**(3): 290-296

[17] MH Shwaireb. Caraway oil inhibits skin tumors in female BALB/c mice. *Nutrition and Cancer*. 1993, **19**(3): 321-326

[18] Y Nakano, H Matsunaga, T Saita, M Mori, M Katano, H Okabe. Antiproliferative constituents in Umbelliferae plants II. Screening for polyacetylenes in some Umbelliferae plants, and isolation of panaxynol and falcarindiol from the root of *Heracleum moellendorffii*. *Biological & Pharmaceutical Bulletin*. 1998, **21**(3): 257-261

[19] T Kinouchi, K Kataoka, M Higashimoto, J Purintrapiban, H Arimochi, SM Shaheduzzaman, S Akimoto, H Matsumoto, U Vinitketkumnuen, Y Ohnishi. Inhibitory effect of caraway seeds on mutation by alkylating agents. *Kankyo Hen'igen Kenkyu*. 1995, **17**(1): 99-105

[20] M Mazaki, K Kataoka, T Kinouchi, U Vinitketkumnuen, M Yamada, T Nohmi, T Kuwahara, S Akimoto, Y Ohnishi. Inhibitory effects of caraway (*Carum carvi* L.) and its component on N-methyl-N'-nitro-N-nitrosoguanidine-induced mutagenicity. *The Journal of Medical Investigation*. 2006, **53**(1-2): 123-133

[21] B Naderi-Kalali, A Allameh, MJ Rasaee, HJ Bach, A Behechti, K Doods, A Kettrup, KW Schramm. Suppressive effects of caraway (*Carum carvi*) extracts on 2,3,7,8-tetrachlorodibenzo-p-dioxin-dependent gene expression of cytochrome P450 1A1 in the rat H_4IIE cells. *Toxicology in Vitro*. 2005, **19**(3): 373-377

[22] A Rasheed, KN Chaudhri. Antibacterial activity of essential oils against certain pathogenic microorganisms. *Pakistan Journal of Scientific Research*. 1974, **26**: 25-36

[23] A Lemhadri, L Hajji, JB Michel, M Eddouks. Cholesterol and triglycerides lowering activities of caraway fruits in normal and streptozotocin diabetic rats. *Journal of Ethnopharmacology*. 2006, **106**(3): 321-326

[24] M Eddouks, A Lemhadri, JB Michel. Caraway and caper: potential anti-hyperglycemic plants in diabetic rats. *Journal of Ethnopharmacology*. 2004, **94**(1): 143-8

[25] S Modu, K Gohla, IA Umar. The hypoglycemic and hypocholesterolemic properties of black caraway (*Carum carvi* L.) oil in alloxan diabetic rats. *Biokemistri*. 1997, **7**(2): 91-97

[26] LLL Yu, KQK Zhou, J Parry. Antioxidant properties of cold-pressed black caraway, carrot, cranberry, and hemp seed oils. *Food Chemistry*. 2005, **91**(4): 723-729

[27] VA Skovronskii. The effect of caraway, anise, and of sweet fennel on urine elimination. *Sbornik Nauch*. 1953, **6**: 275-283

豆科

尖叶番泻 Jianyefanxie EP, BP, BHP, USP, GCEM, CP, JP

Cassia acutifolia **Delile**

Senna

概述

豆科 (Fabaceae) 植物尖叶番泻 *Cassia acutifolia* Delile，其干燥小叶入药。药用名：番泻叶。

决明属 (*Cassia*) 植物全世界约有 600 种，分布于世界热带和亚热带地区，少数分布至温带地区。中国原产 10 余种，包括引种栽培的有 20 余种，广布于南北各省区。本属现供药用者约 20 种。本种分布于埃及，中国云南、海南、台湾有引种。

阿拉伯传统医学于公元 9 至 10 世纪开始将尖叶番泻做药用。《欧洲药典》（第 5 版）、《英国药典》（2002 年版）、《美国药典》（第 28 版）、《中国药典》（2005 年版）收载本种为番泻叶的法定原植物来源种之一。主产于埃及，由亚历山大港输出；苏丹和印度也产。

尖叶番泻主要含蒽醌及其衍生物，其中番泻苷 B 为指标性成分。《欧洲药典》、《英国药典》和《中国药典》采用紫外可见分光光度法测定，规定番泻苷 B 的含量不得少于 2.5%，以控制药材质量。

药理研究表明，尖叶番泻的小叶具有促进胃肠运动、抗溃疡、抗菌等作用。

民间经验认为番泻叶具有泻下的功效；中医理论认为番泻叶具有泻热通便，消积导滞，止血的功效。

尖叶番泻 *Cassia acutifolia* Delile

药材番泻叶 Folium Sennae

化学成分

尖叶番泻的小叶和果实含蒽醌及其衍生物：番泻苷 A、B、C、D (sennosides A－D)、大黄酚 (crysophanol)、大黄素 (emodin)、大黄素甲醚 (physcion)[1]、大黄酸 (rhein)、芦荟大黄素 (aloe－emodin)[2]、芦荟大黄素－8－β－D－单葡萄糖苷 (aloe－emodin－8－mono－β－D－glucoside)[3]、大黄酸－8－单葡萄糖苷 (rhein－8－monoglucoside)、大黄酸－1－单葡萄糖苷 (rhein－1－monoglucoside)[4]、番泻苷元 A、B、C (sennidins A－C)[5-6]、6－羟基酸模素糖苷 (6－hydroxymusicin glucoside)[7]；黄酮类成分：山柰酚 (kaempferol)、山柰黄素 (kaempferin)、异鼠李素 (isorhamnetin)[7]；还含有挥发油[8]。

尖叶番泻的根含蒽醌及其衍生物：大黄酚、大黄素、大黄素甲醚、大黄酸、芦荟大黄素、physcionin、番泻苷元C，还含有大黄酚苷 (chrysophanein)等[9]。

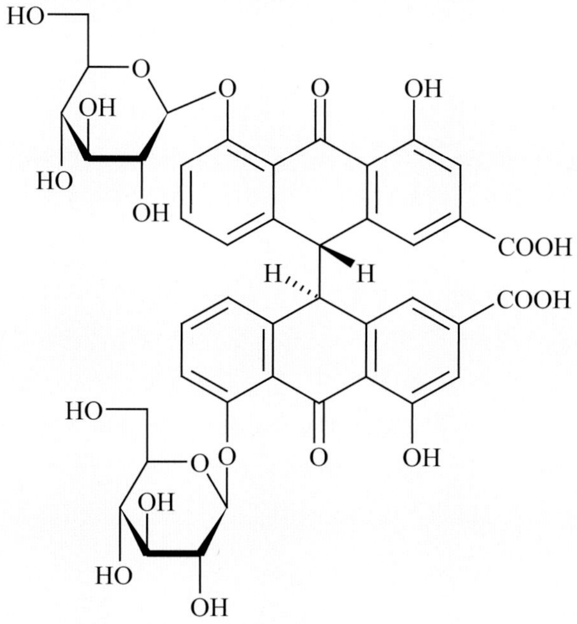

sennoside A

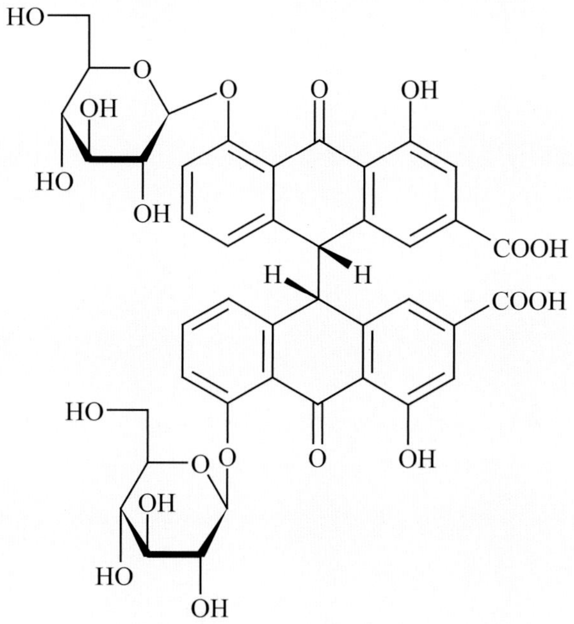

sennoside B

药理作用

1. 导泻

尖叶番泻荚果提取物给大鼠灌胃，能抑制水及钠离子、氯离子等电解质的吸收，增加钾离子的排泌，还可促进结肠内前列腺素 E_2 (PGE_2) 的生成，有导泻作用[10]，大黄酸为尖叶番泻小叶和果实的有效成分之一[11]。尖叶番泻小叶水提物给小鼠灌胃可明显促进小鼠腹泻，与其诱导小鼠结肠组织中蛋白质差异表达有关[12]。尖叶番泻小叶提取物体外还可促进豚鼠结肠平滑肌细胞的收缩作用[13]。

2. 对心血管系统的影响

番泻苷给大鼠静脉注射具有正性肌力作用，可升高血压，增加左心室做功和心肌耗氧耗能[14]。

尖叶番泻 Jianyefanxie

3. 抗溃疡

尖叶番泻小叶煎剂可刺激大鼠胃内前列腺素合成，显著减轻盐酸或皮下注射大剂量吲哚美辛所产生的胃黏膜损伤，对胃黏膜有保护作用[15]。

4. 其他

尖叶番泻还具有抗菌等作用[16]。

应用

番泻叶在西方用于治疗便秘，也用作胃肠道、结肠影像检查或手术前的肠道清洁；在印度用于治疗便秘、肝病、黄疸、脾肿大、贫血和伤寒发热等。

番泻叶也为中医临床用药。功能：泻热通便，消积导滞，止血。主治：①热结便秘，习惯性便秘；②积滞腹胀，水肿臌胀；③胃、十二指肠溃疡出血。

现代临床还用于便秘、消化道溃疡出血、急性水肿性胰腺炎、慢性肾功能衰竭等病的治疗。

评注

《欧洲药典》、《英国药典》、《美国药典》和《中国药典》还收载同属植物狭叶番泻 *Cassia angustifolia* Vahl 的小叶做番泻叶药用，尖叶番泻习称为亚历山大番泻 (Alexandrian Senna)，狭叶番泻习称为丁内未利番泻 (Tinnevelly Senna)，两者的化学成分和药理作用相似。此外，尖叶番泻与狭叶番泻的荚果也入药，荚果的化学成分与叶相似，主要成分的含量略有不同，以荚果入药时应注意用量。

长期服用番泻叶制剂有多种明显的不良反应出现。以含番泻叶粉末的饲料给大鼠长期饲喂，可导致大鼠慢波频率及振幅明显下降，肌间神经丛及 Cajal 间质细胞 (ICC) 分布不均匀，突起连接杂乱，使结肠黏膜、平滑肌和壁内神经病变形成所谓“泻剂结肠”[17]。体外实验还表明，番泻叶水提物可抑制人体肠道上皮细胞的生长，甚至导致细胞死亡，长期使用番泻叶水提物则使细胞增殖减慢，凋亡增加，异倍体DNA含量升高，进而使细胞发生恶性转化[18]。番泻叶还可引起儿童皮肤溃疡和水疱[19]，大剂量番泻叶能导致急性肝损伤[20]、低血钾症、呕吐、腹痛、消化道出血等不良反应[21-22]。

参考文献

[1] J Harrison, CV Garro. Study on anthraquinone derivatives from *Cassia alata* L. (Leguminosas). *Revista Peruana de Bioquimica*. 1977, **1**(1): 31-32

[2] AH Saber, SI Balbaa, AT Awad. Anthracene derivatives of the leaves and pods of *Cassia acutifolia* cultivated in Egypt, their nature and determination. *Bulletin of the Faculty of Pharmacy*. 1962, **1**(1): 7-21

[3] AS Romanova, AI Ban'kovskii, ND Semakina, AA Meshcheryakov. Anthracene derivatives of *Cassia acutifolia*. *Lek Rast*. 1969, **15**: 524-528

[4] AS Romanova, AI Ban'kovskii. Isolation of two glucorheins from the leaves of *Cassia acutifolia*. *Khimiia Prirodnykh Soedineni*. 1966, **2**(2): 143

[5] W Metzger, K Reif. Determination of 1,8-dihydroxyanthranoids in Senna. *Journal of Chromatography, A*. 1996, **740**(1): 133-138

[6] J Lemli. A new anthraquinone glycoside in the leaves and pods of senna. *Pharmaceutisch Tijdschrift voor Belgie*. 1962, **39**: 67-68

[7] G Franz. The senna drug and its chemistry. *Pharmacology*. 1993, **47**(S1): 2-6

[8] W Schultze, K Jahn, R Richter. Volatile constituents of the dried leaves of *Cassia angustifolia* and *C. acutifolia*. *Planta Medica*. 1996, **62**(6): 540-543

[9] GK Kalashnikova, AS Romanova, AN Shchavlinskii. Anthracene derivatives from the roots of *Cassia acutifolia*. *Khimiko-Farmatsevticheskii Zhurnal*. 1985, **19**(5): 569-573

[10] E Beubler, G Kollar. Stimulation of PGE_2 synthesis and water and electrolyte secretion by Senna anthraquinones is inhibited by indomethacin. *Journal of Pharmacy and Pharmacology*. 1985, **37**(4): 248-251

[11] L Lemmens. Laxative effect of anthraquinone derivatives. I. The effect of anthracene derivatives in Sennae Folium and Sennae Fructus on the movement of water and electrolytes in the rat colon. *Pharmaceutisch Weekblad*. 1976, **111**(6): 113-118

[12] 王新，张宗友，时永全，兰梅，马征，金建平，樊代明．番泻叶提取物诱导小鼠结肠组织中蛋白质的差异表达．第四军医大学学报．2001，**22**(1)：16-19

[13] 兰梅，王新，刘娜，樊代明．番泻叶提取物对豚鼠结肠平滑肌细胞的收缩作用．第四军医大学学报．2002，**23**(1)：289-291

[14] 林秀珍，郭世铎，刘艳霞，马德禄．番泻苷对大鼠心肌收缩性能的影响．中药药理与临床．1995，**5**：28-30

[15] 孙庆伟．番泻叶对盐酸和消炎痛引起的大鼠胃黏膜损伤的保护作用．赣南医学院学报．1987，**2**：77

[16] MA Chapman, J Abercrombie, DM Livermore, NS Williams. Antibacterial activity of bowel-cleansing agents: implications of antibacteroides activity of senna. *The British Journal of Surgery*. 1995, **82**(8): 1053

[17] 李卫东．长期应用番泻叶对大鼠结肠电及Cajal间质细胞的影响．广州中医药大学学报．2005，**22**(5)：408-409，415

[18] 兰梅，王新，吴汉平，樊代明．番泻叶提取物对人肠上皮细胞生物学特性的影响．世界华人消化杂志．2001，**9**(5)：555-559

[19] HA Spiller, ML Winter, JA Weber, EP Krenzelok, DL Anderson, ML Ryan. Skin breakdown and blisters from senna-containing laxatives in young children. *The Annals of Pharmacotherapy*. 2003, **37**(5): 636-639

[20] B Vanderperren, M Rizzo, L Angenot, V Haufroid, M Jadoul, P Hantson. Acute liver failure with renal impairment related to the abuse of senna anthraquinone glycosides. *The Annals of Pharmacotherapy*. 2005, **39**(7-8): 1353-1357

[21] 刘顺良，周月彩，李建新，孙桂云．番泻叶的化学成分毒性及用药安全性研究．时珍国医国药．2002，**13**(11)：693-694

[22] 王迪科．番泻叶的常见不良反应．实用医技杂志．2005，**12**(8)：2299-2300

尖叶番泻种植地

长春花 Changchunhua

Catharanthus roseus (L.) G. Don

Periwinkle

概述

夹竹桃科 (Apocynaceae) 植物长春花*Catharanthus roseus* (L.) G. Don，其地上部分或全草入药。药用名：长春花。

长春花属 (*Catharanthus*) 植物全世界约 6 种，分布于亚洲东南部和非洲东部。中国栽培 1 种 、2变种，均为抗肿瘤药原料。本种原产非洲东部，现全世界热带和亚热带地区广泛栽培。

长春花最早为观赏植物，也为南非 、斯里兰卡和印度等的传统民间用药，多用于治疗糖尿病，后被发现有抗癌作用，现为国际上应用最多的抗癌植物之一。在中国，“长春花”药用之名，始载于《植物名实图考》，做药用者为本种及其变种。主产于非洲及中国南方各省区。

长春花主要含吲哚生物碱类成分，其中长春碱和长春新碱为重要的抗肿瘤成分。

药理研究表明，长春花具有抗肿瘤 、降血糖和降血压等作用。

民间经验认为长春花具有抗肿瘤和降血糖的功效；中医理论认为长春花具有解毒抗癌，清热平肝的功效。

长春花 *Catharanthus roseus* (L.) G. Don

化学成分

长春花全株富含吲哚生物碱类成分：长春碱 (vinblastine)、长春新碱 (vincristine)、长春花碱 (catharanthine)、长春多灵 (vindoline)[1]、3',4' – 去水长春碱 (3',4' – anhydrovinblastine)[2]、环氧长春碱 (leurosine)[3]、阿马里新 (ajmalicine)、蛇根碱 (serpentine)、长春质碱 (catharantine)、西萝芙木碱 (ajmaline)[4]、长春立辛 (vindolicine)、坡绕辛 (pleurosine)、roseadine[5]、长春西碱 (vincathicine)[6]、长春蔓绕定 (vincarodine)[7]、育亨宾碱 (yohimbine)[8]、长春氟宁 (vinflunine)[9]、硫酸西日京 (sitsirikine sulfate)、硫酸卡生定碱 (cathindrine sulfate)、硫酸咖文辛 (cavincine sulfate)、阿模绕生碱 (ammorosine)、四氢鸭脚木碱 (tetrahydroalstonine)、洛柯碱 (lochnerine)、派利文碱 (perivine)、硫酸佩绕素 (perosine sulfate)、佩维定 (perividine)、帽柱木菲碱 (mitraphylline)、洛柯因 (lochnericine)、洛柯定碱 (lochneridine)、洛柯宁碱 (lochnerinine)、阿枯米辛 (akuammicine)、洛柯文碱 (lochnerivine)、硫酸长春立宁 (vindolinine sulfate)、文朵尼定碱 (vindorosine)、硫酸马安卓辛碱 (maandrosine sulfate)、长春素 (virosine)、阿模楷灵碱 (ammocalline)、派利卡林碱 (pericalline, tabernoschizine)[10]、16 – 表 – Z – 异西日京 (16 – epi – Z – isositsirikine)[11]、16 – 表 – 19 – S – 长春立宁 (16 – epi – 19 – S – vindolinine)[12]、(–) – 水甘草碱 [(–) – tabersonine][13]、vincubine[14]、3',4' – 脱氢 – 4 – 脱乙酰长春新碱 (3',4' – dehydro – 4 – deacetylvincristine)[15]、去乙酰长春碱 (deacetylvinblastine)、去甲长春碱 (N – demethylvinblastine)[16]、长春花双胺 (catharanthamine)[17]；此外，还含熊果酸 (ursolic acid)、齐墩果酸 (oleanolic acid)[18]、绿原酸 (chlorogenic acid)、mauritianin、quercetin 3 – O – α – L – rhamnopyranosyl – (1→2) – α – L – rhamnopyranosyl – (1→6) – β – D – galactopyranoside等[19]。

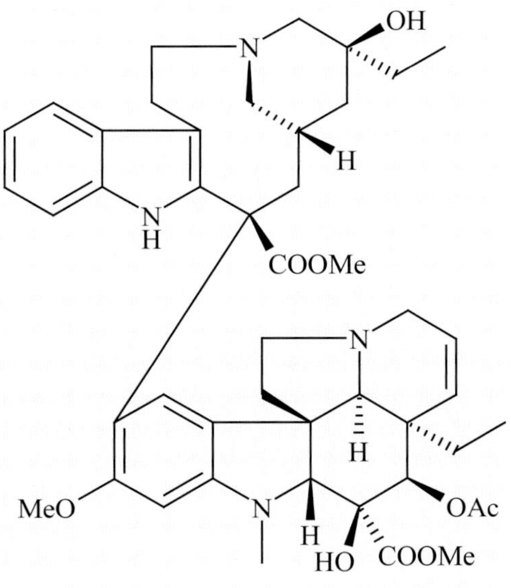

vinblastine

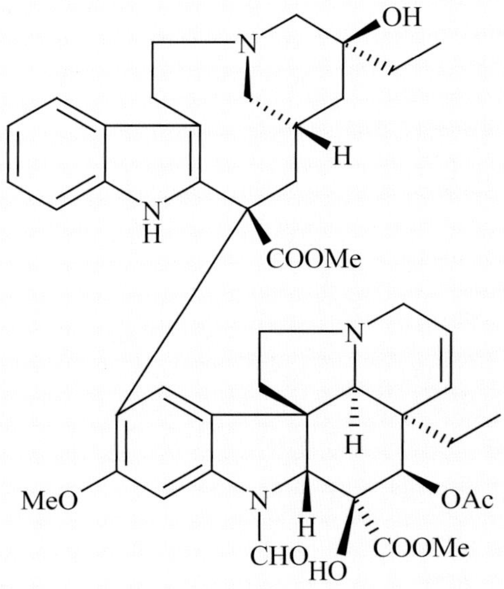

vincristine

药理作用

1. 抗肿瘤

长春花中总生物碱中的一部分 AC – 875 腹腔注射对小鼠和大鼠艾氏腹水癌、腹水型肝癌及腹水型吉田肉瘤均有显著的抑制作用，使动物的存活时间明显延长[20]。3',4' –脱氢 – 4 –脱乙酰长春新碱和坡绕辛对 B16 黑色素瘤有抑制作用[5, 15]。长春花甲醇–水提取物对人纤维肉瘤细胞的增殖有抑制作用[21]。坡绕辛和 roseadine 体内对 P338 淋巴细胞性白血病有明显抑制作用[5]。长春多灵、长春花碱等生物碱本无抗肿瘤活性，但在体外可有效逆转淋巴细胞性白血病细胞 P338 对长春碱产生的多药耐药性[22]。长春碱类生物碱的抗肿瘤机理为长春碱能抑制微管蛋白装配，防止纺锤丝形成，从而可使有丝分裂停止于中期[23]。

2. 降血糖

长春花的二氯甲烷-甲醇提取物口服给药能降低链脲霉素所致糖尿病大鼠的血糖水平，促进体内糖代谢，同时还可改善糖尿病大鼠体内的葡萄糖6-磷酸脱氢酶、琥珀酸脱氢酶、苹果酸脱氢酶水平，抑制脂质过氧化反应[24]。长春花叶的汁液灌胃给药，对正常家兔及四氧嘧啶所致糖尿病家兔均有降血糖作用[25]。

3. 降血压

长春花的总生物碱、氯仿提取物以及二氯乙烷提取物对正常犬和高血压犬均有降血压作用[26]。

4. 对平滑肌的影响

长春花的总生物碱、氯仿提取物以及二氯乙烷提取物对动物的离体心肌有抑制作用，对离体平滑肌有松弛和解痉作用；长春碱对离体蛙心和家兔离体小肠的运动有促进作用；长春碱和上述三种提取物还可显著抑制乙酰胆碱引起的骨骼肌收缩[26]。

5. 抗菌

长春花中长春多灵等生物碱类成分体外对沙门氏菌、志贺氏菌、变形菌、大肠杆菌等有不同程度的抗菌活性[27]。

6. 其他

长春花还有抗氧化[28]、抑制血管生成[29]、抗利尿[30]和抑制细胞色素酶的作用[18]。

应用

长春花临床主要用于治疗恶性淋巴瘤、淋巴肉瘤、单核细胞性白血病、急性淋巴白血病、绒毛膜上皮癌、肺癌、乳腺癌、软组织肉瘤、神经母细胞瘤等。

长春花也为中医临床用药。功能：解毒抗癌，清热平肝。主治：各种肿瘤，高血压，痈肿疮毒，烫伤。

评注

随着当今世界上肿瘤发病率日益增高，对抗肿瘤药物的需求与日俱增，长春花具有显著而独特的抗肿瘤作用，已成为当代抗肿瘤的重要药物。由于传统提取方法提取长春花生物碱收率较低，故化学合成和生物合成技术已经广泛应用于该领域。今后在扩大长春花生物碱的来源与产量的同时，应着眼于降低此类生物碱的毒性和增强抗肿瘤的靶向性，将长春花的抗肿瘤作用更好应用于临床。

参考文献

[1] MM Gupta, DV Singh, AK Tripathi, R Pandey, RK Verma, S Singh, AK Shasany, SPS Khanuja. Simultaneous determination of vincristine, vinblastine, catharanthine, and vindoline in leaves of *Catharanthus roseus* by high-performance liquid chromatography. *Journal of Chromatographic Science*. 2005, **43**(9): 450-453

[2] AE Goodbody, CD Watson, CCS Chapple, J Vukovic, M Misawa. Extraction of 3',4'-anhydrovinblastine from *Catharanthus roseus*. *Phytochemistry*. 1988, **27**(6): 1713-1717

[3] LA Sapunova, AV Gaevskii, GA Maslova, EI Grodnitskaya. Method for the determination of vinblastine and leurosine in the above-ground parts of *Catharanthus roseus* Donn. *Khimiko-Farmatsevticheskii Zhurnal*. 1982, **16**(6): 708-715

[4] H Ebrahimzadeh, A Ataei-Azimi, MR Noori-Daloi. The distribution of indole alkaloids in different organs of *Catharanthus roseus* G. Don. (*Vinca rosea* L.). *Daru, Journal of the School of Pharmacy, Tehran University of Medical Sciences and Health Services*. 1996, **6**(1-2): 11-24

[5] A El-Sayed, GA Handy, GA Cordell. Catharanthus alkaloids. XXXVIII. Confirming structural evidence and antineoplastic activity of the bisindole alkaloids leurosine-N' b-oxide (pleurosine), roseadine and vindolicine from *Catharanthus roseus*. *Journal of Natural Products*.1983, **46**(4): 517-527

[6] SS Tafur, JL Occolowitz, TK Elzey, JW Paschal, DE Dorman. Alkaloids of *Vinca rosea*. (*Catharanthus roseus*). XXXVII. Structure of vincathicine. *Journal of Organic Chemistry*.1976, **41**(6): 1001-1005

[7] GA Cordall, SG Weiss, NR Farnsworth. Structure elucidation and chemistry of Catharanthus alkaloids. XXX. Isolation and structure elucidation of vincarodine. *Journal of Organic Chemistry*. 1974, **39**(4): 431-434

[8] M Sarma. Differential clastogenic effects of two indole alkaloids yohimbine and ajmalicine. *Cell and Chromosome Research*. 1983, **6**(3): 59-63

[9] P Johnson, T Geldart, P Fumoleau, MC Pinel, L Nguyen, I Judson. Phase I study of Vinflunine administered as a 10-minute infusion on days 1 and 8 every 3 weeks. *Investigational New Drugs*. 2006, **24**(3): 223-231

[10] M Gorman, N Neuss. The chemistry of some monomeric Catharanthus alkaloids. *Lloydia*. 1964, **27**(4): 393-396

[11] S Mukhopadhyay, A El-Sayed, GA Handy, GA Cordell. Catharanthus alkaloids. XXXVII. 16-Epi-Z-isositsirikine, a monomeric indole alkaloid with antineoplastic activity from *Catharanthus roseus* and *Rhazya stricta*. *Journal of Natural Products*. 1983, **46**(3): 409-413

[12] Atta-ur-Rahman, M Bashir, S Kaleem, T Fatima. 16-Epi-19-S-vindolinine, an indoline alkaloid from *Catharanthus roseus*. *Phytochemistry*. 1983, **22**(4): 1021-1023

[13] V Petiard, F Gueritte, N Langlois, P Potier. Presence of (-)-tabersonine in tissue cultures of *Catharanthus roseus* G. Don. *Physiologie Vegetale*. 1980, **18**(4): 711-720

[14] A Cuellar, H O'Farrill Tejera. A contribution to the chemical study of Apocynaceae: *Plumiera sericifolia* C. Wright. *Revista Cubana de Farmacia*. 1976, **10**(1): 25-30

[15] JC Miller, GE Gutowski, GA Poore, GB Boder. Alkaloids of *Vinca rosea* L. (*Catharanthus roseus* G. Don). 38. 4'-Dehydrated derivatives. *Journal of Medicinal Chemistry*. 1977, **20**(3): 409-413

[16] A Nagy-Turak, Z Vegh. Extraction and *in situ* densitometric determination of alkaloids from *Catharanthus roseus* by means of overpressured layer chromatography on amino-bonded silica layers. I. Optimization and validation of the separation system. *Journal of Chromatography, A*. 1994, **668**(2): 501-507

[17] A El-Sayed, GA Cordell. Catharanthus alkaloids. XXXIV. Catharanthamine, a new antitumor bisindole alkaloid from *Catharanthus roseus* (Apocynaceae). *Journal of Natural Products*. 1981, **44**(3): 289-293

[18] T Usia, T Watabe, S Kadota, Y Tezuka. Cytochrome P_{450} 2D6 (CYP2D6) inhibitory constituents of *Catharanthus roseus*. *Biological & Pharmaceutical Bulletin*. 2005, **28**(6): 1021-1024

[19] S Nishibe, T Takenaka, T Fujikawa, K Yasukawa, M Takido, Y Morimitsu, A Hirota, T Kawamura, Y Noro. Bioactive phenolic compounds from *Catharanthus roseus* and *Vinca minor*. *Natural Medicines*. 1996, **50**(6): 378-383

[20] 张素胤，DY Mao，胥彬．长春花生物碱 AC-875 的抗肿瘤作用和毒理研究．药学学报．1965，**12**(12)：772-777

[21] JY Ueda, Y Tezuka, AH Banskota, TQ Le, QK Tran, Y Harimaya, I Saiki, S Kadota. Antiproliferative activity of Vietnamese medicinal plants. *Biological & Pharmaceutical Bulletin*. 2002, **25**(6): 753-760

[22] M Inaba, K Nagashima. Non-antitumor vinca alkaloids reverse multidrug resistance in P388 leukemia cells *in vitro*. *Japanese Journal of Cancer Research*. 1986, **77**(2): 197-204

[23] SH Chen, J Hong. Novel tubulin-interacting agents: a tale of *Taxus brevifolia* and *Catharanthus roseus-based* drug discovery. *Drugs of the Future*. 2006, **31**(2): 123-150

[24] SN Singh, P Vats, S Suri, R Shyam, MM Kumria, S Ranganathan, K Sridharan. Effect of an antidiabetic extract of *Catharanthus roseus* on enzymic activities in streptozotocin induced diabetic rats. *Journal of Ethnopharmacology*. 2001, **76**(3): 269-277

[25] S Nammi, MK Boini, SD Lodagala, RBS Behara. The juice of fresh leaves of *Catharanthus roseus* Linn. reduces blood glucose in normal and alloxan diabetic rabbits. *BMC Complementary and Alternative Medicine*. 2003, **3**: 4

[26] AG Chandorkar. Pharmacological studies of *Vinca rosea*. I. General pharmacological investigations of total alkaloids, chloroform fraction, fraction A, and vincaleukoblastine. *Journal of Shivaji University*. 1971, **4**(8): 121-127

[27] MS Nidia, M Rojas Hernandez. Assessment of the antimicrobial activity of indole alkaloids. *Revista Cubana de Medicina Tropical*. 1979, **31**(3): 199-204

[28] W Zheng, SY Wang. Antioxidant activity and phenolic compounds in selected herbs. *Journal of Agricultural and Food Chemistry*. 2001, **49**(11): 5165-7510

[29] SS Wang, ZG Zheng, YQ Weng, YJ Yu, DF Zhang, WH Fan, RH Dai, ZB Hu. Angiogenesis and anti-angiogenesis activity of Chinese medicinal herbal extracts. *Life Sciences*. 2004, **74**(20): 2467-2478

[30] S Joshi, DN Dhar. Pharmacological activity of alkaloids from Vinca. *Himalayan Chemical and Pharmaceutical Bulletin*. 1993, **10**: 8-12

长春花种植地

北美蓝升麻 Beimeilanshengma

小檗科

***Caulophyllum thalictroides* (L.) Michaux**

Blue Cohosh

概述

小檗科 (Berberidaceae) 植物北美蓝升麻 *Caulophyllum thalictroides* (L.) Michaux，其干燥根及根茎入药。药用名：北美蓝升麻。

红毛七属 (*Caulophyllum*) 植物全世界有3种，分布于北美洲及亚洲。中国有1种，供药用。本种分布于北美洲东部地区。

北美蓝升麻为印第安人的传统用药，自古以来作助产药使用。主产于北美东部的潮湿森林中，主要为野生。

北美蓝升麻主要含有生物碱和三萜皂苷类成分，且这两类成分常作为北美蓝升麻的指标性成分[1-3]。

药理研究表明，北美蓝升麻具有烟碱样活性，有兴奋子宫和平滑肌、抗炎等作用。

民间经验认为北美蓝升麻具有治疗风湿病，牙痛，月经过多，消化不良，胃痛，痉挛，泌尿系统功能失调，胆结石，发烧的功效，同时也用于辅助分娩和滋补。

北美蓝升麻 *Caulophyllum thalictroides* (L.) Michaux（果枝）

北美蓝升麻 Beimeilanshengma

北美蓝升麻 *Caulophyllum thalictroides* (L.) Michaux（花枝）

药材北美蓝升麻 Rhizoma Caulophylli Thalictroidis

化学成分

北美蓝升麻的根及根茎含生物碱类成分：N－甲基金雀花碱 (N－methylcytisine)、赝靛叶碱 (baptifoline)、安那吉碱 (anagyrine)、木兰花碱 (magnoflorine)[1]、蓝籽类叶牡丹碱 (thalictroidine)、塔斯品碱 (taspine)、5,6－去氢－α－异羽扇豆碱 (5,6－dehydro－α－isolupanine)、α－异羽扇豆碱 (α－isolupanine)、羽扁豆碱 (lupanine)、金雀花碱 (sparteine)[4]等；三萜皂苷类成分：葳岩仙皂苷A、B、C、D、E (caulosides A－E)[5]、长春藤皂苷元3－O－α－L－吡喃阿拉伯糖苷 (hederagenin 3－O－α－L－arabinopyranoside)、caulophyllogenin 3－O－α－L－

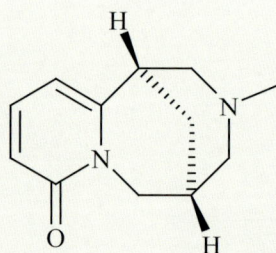

N-methylcytisine

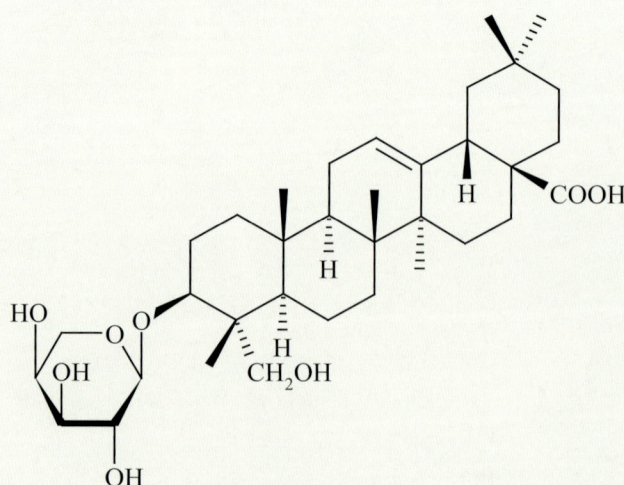

cauloside A

arabinopyranoside、长春藤皂苷元3-O-β-D-葡萄糖基-(1→2)-α-L-吡喃阿拉伯糖苷(hederagenin 3-O-β-D-glucopyranosyl-(1→2)-α-L-arabinopyranoside)、3-O-α-L-吡喃阿拉伯糖苷长春藤皂苷元-28-O-α-L-鼠李糖-(1→4)-葡萄糖(1→6)-葡萄糖苷[3-O-α-L-arabinopyranosyl-hederagenin-28-O-α-L-rhamnopyranosyl-(1→4)-β-D-glucopyranosyl(1→6)-β-D-glucopyranoside][6]等。

药理作用

1. 对生殖系统的影响

北美蓝升麻提取物对离体豚鼠子宫有兴奋作用，能增加子宫平滑肌的紧张性，使逐渐降低的振幅升高[7]；已分离到具有明确催产作用的苷类成分[8]。体外实验表明北美蓝升麻没有雌激素样活性[9]。

2. 烟碱样活性

N-甲基金雀花碱与烟碱受体具有很强的亲合性，显示出烟碱样活性[10]；N-甲基金雀花碱的卤化衍生物对人二乙基溴乙酰胺烟碱的乙酰胆碱受体和大鼠烟碱受体均有增效作用[11-12]。

3. 抗肿瘤

北美蓝升麻提取物体外对肝癌细胞 HA22T/VGH 具有抑制作用[13]。

4. 其他

北美蓝升麻的皂苷类成分对烟草花叶病毒具有抑制作用[5]。

应用

北美蓝升麻具有止痉挛、通经、兴奋子宫和抗风湿作用，传统用于月经不调、痛经、先兆性流产、假阵痛、风湿痛以及临床子宫收缩乏力的治疗。

评注

同属植物红毛七 *Caulophyllum robustum* Maxim. 的根及根茎用作中药红毛七。红毛七与北美蓝升麻具有相似的化学成分，具有活血散瘀、祛风除湿和行气止痛的功效。中医临床主治月经不调，痛经，产后血瘀腹痛，脘腹寒痛，跌打损伤和风湿痹痛。

北美蓝升麻中塔斯品碱具有强胚胎毒性，N-甲基金雀花碱和安那吉碱对胚胎具有致畸作用[1, 4]；据报道有病人服用北美蓝升麻后产生烟碱毒性，出现心跳过速、发汗、腹痛、呕吐、肌肉无力和肌束颤搐[14]；也有因母亲服用北美蓝升麻导致新生婴儿出现急性心肌衰弱、充血性心衰和休克的报道[15]。北美蓝升麻传统用于多种妇科疾病的治疗，但尚未见现代研究证明，其药理活性评价有待深入；此外，使用时应注意其胚胎毒性和致畸作用。

参考文献

[1] JM Betz, D Andrzejewski, A Troy, RE Casey, WR Obermeyer, SW Page, TZ Woldemariam. Gas chromatographic determination of toxic quinolizidine alkaloids in blue cohosh *Caulophyllum thalictroides* (L.) Michx. *Phytochemical Analysis.* 1998, 9(5): 232-236

[2] TZ Woldemariam, JM Betz, PJ Houghton. Analysis of aporphine and quinolizidine alkaloids from *Caulophyllum thalictroides* by densitometry and HPLC. *Journal of Pharmaceutical and Biomedical Analysis.* 1997, 15(6): 839-843

[3] M Ganzera, HR Dharmaratne, NP Nanayakkara, IA Khan. Determination of saponins and alkaloids in *Caulophyllum thalictroides* (blue cohosh) by high-performance liquid chromatography and evaporative light scattering detection. *Phytochemical Analysis.* 2003, 14(1): 1-7

[4] EJ Kennelly, TJ Flynn, EP Mazzola, JA Roach, TG McCloud, DE Danford, JM Betz. Detecting potential teratogenic alkaloids from

blue cohosh rhizomes using an *in vitro* rat embryo culture. *Journal of Natural Products*. 1999, **62**(10): 1385-1389

[5] ES Dal, AV Krylov, LI Strigina, NS Chetyrina. Inhibiting effect of triterpene glycosides of *Caulophyllum thalictroides* (L.) Michx subspecies *robustum* (Maxim) Kitam on tobacco mosaic virus. *Rastitel'nye Resursy*. 1978, **14**(3): 390-392

[6] JW Jhoo, S Sang, K He, X Cheng, N Zhu, RE Stark, QY Zheng, RT Rosen, CT Ho. Characterization of the triterpene saponins of the roots and rhizomes of blue cohosh (*Caulophyllum thalictroides*). *Journal of Agricultural and Food Chemistry*. 2001, **49**(12): 5969-5974

[7] JD Pilcher. The action of certain drugs on the excized uterus of the guinea pig. *The Journal of Pharmacology and Experimental Therapeutics*. 1916, **8**: 110-111

[8] HC Ferguson, LD Edwards. A pharmacological study of a crystalline glycoside of *Caulophyllum thalictroides*. *Journal of the American Pharmaceutical Association*. 1954, **43**: 16-21

[9] P Amato, S Christophe, PL Mellon. Estrogenic activity of herbs commonly used as remedies for menopausal symptoms. *Menopause*. 2002, **9**(2): 145-150

[10] T Schmeller, M Sauerwein, F Sporer, M Wink, WE Muller. Binding of quinolizidine alkaloids to nicotinic and muscarinic acetylcholine receptors. *Journal of Natural Products*. 1994, **57**(9): 1316-1319

[11] YE Slater, LM Houlihan, PD Maskell, R Exley, I Bermudez, RJ Lukas, AC Valdivia, BK Cassels. Halogenated cytisine derivatives as agonists at human neuronal nicotinic acetylcholine receptor subtypes. *Neuropharmacology*. 2003, **44**(4): 503-515

[12] JA Abin-Carriquiry, MH Voutilainen, J Barik, BK Cassels, P Iturriaga-Vasquez, I Bermudez, C Durand, F Dajas, S Wonnacott. C_3-halogenation of cytisine generates potent and efficacious nicotinic receptor agonists. *European Journal of Pharmacology*. 2006, **536**(1-2): 1-11

[13] LT Lin, LT Liu, LC Chiang, CC Lin. *In vitro* anti-hepatoma activity of fifteen natural medicines from Canada. *Phytotherapy Research*. 2002, **16**: 440-444

[14] RB Rao, RS Hoffman. Nicotinic toxicity from tincture of blue cohosh (*Caulophyllum thalictroides*) used as an abortifacient. *Veterinary and Human Toxicology*. 2002, **44**(4): 221-222

[15] TK Jones, BM Lawson. Profound neonatal congestive heart failure caused by maternal consumption of blue cohosh herbal medication. *The Journal of Pediatrics*. 1998, **132**(3 Pt 1): 550-552

矢车菊 Shicheju[GCEM]

菊科

Centaurea cyanus L.

Cornflower

概述

菊科 (Asteraceae) 植物矢车菊 *Centaurea cyanus* L.，其干燥花序或全草入药。药用名：矢车菊。

矢车菊属 (*Centaurea*) 植物全世界 500～600 种，主要分布于地中海地区及亚洲西南部地区。中国有 10 种，部分为引种栽培，野生种均分布于新疆地区。本种原产于中东，在世界各地均有栽培，中国多数省区有引种栽培供观赏。

作为欧洲民间医学传统植物药，矢车菊主要用治疗眼科炎症[1]。主产于欧洲国家，尤其集中在德国[2]。

矢车菊主要含花色素类、黄酮类、香豆素类成分。

药理研究表明，矢车菊具有抗炎、抗菌、抗肿瘤、利尿等作用。

民间经验认为矢车菊具有抗炎、抗菌的功效。

矢车菊 *Centaurea cyanus* L.

药材矢车菊 Herba Centaureae Cyani

矢车菊 Shicheju

化学成分

矢车菊的花含花色素类成分：花葵素-3-（3"-琥珀酰葡萄糖苷）-5-葡萄糖苷 [pelargonidin-3-(3"-succinylglucoside)-5-glucoside][3]、鸭趾草苷 (commelinin)[4]、琥珀酰矢车菊苷 (succinylcyanin)[5]、矢车菊素 (cyanidin)、矢车菊苷 (cyanin)、centaurocyanin[5]；黄酮类成分：芹菜素-4'-O-（6-O-丙二酰-β-D-葡萄糖苷）7-O-β-D-葡萄糖酸苷 [apigenin 4'-O-(6-O-malonyl-β-D-glucoside) 7-O-β-D-glucuronide][5]、芹菜素-4'-O-β-D-葡萄糖苷 7-O-β-D-葡萄糖酸酯 [apigenin-4'-O-β-D-glucoside 7-O-β-D-glucosiduronate][6]；酚酸类成分：原儿茶酸 (protocatechuic acid)、咖啡酸 (caffeic acid)、绿原酸 (chlorogenic acid)、对香豆酸 (p-coumaric acid)、香草酸 (vanillic acid)[7]、新绿原酸 (neochlorogenic acid)[8]等。

矢车菊的种子含环氧木脂素类成分：berchemol、落叶松脂素-4-O-β-D-葡萄糖苷 (lariciresinol-4-O-β-D-glucoside)[9]；吲哚生物碱类：moschamine、cis-moschamine、centcyamine、cis-centcyamine[10]等。

矢车菊的地上部分含香豆素类成分：东莨菪内酯 (scopoletin)、伞形花内酯 (umbelliferone)[11]；黄酮类成分：异鼠李素 (isorhamnetin)、高车前素 (hispidulin)、棉黄苷 (quercimeritrin)、大波斯菊苷 (cosmosiin)、木犀草苷 (cinaroside)、芹苷 (apiin)、药芹二糖苷 (graveobioside)[12]。

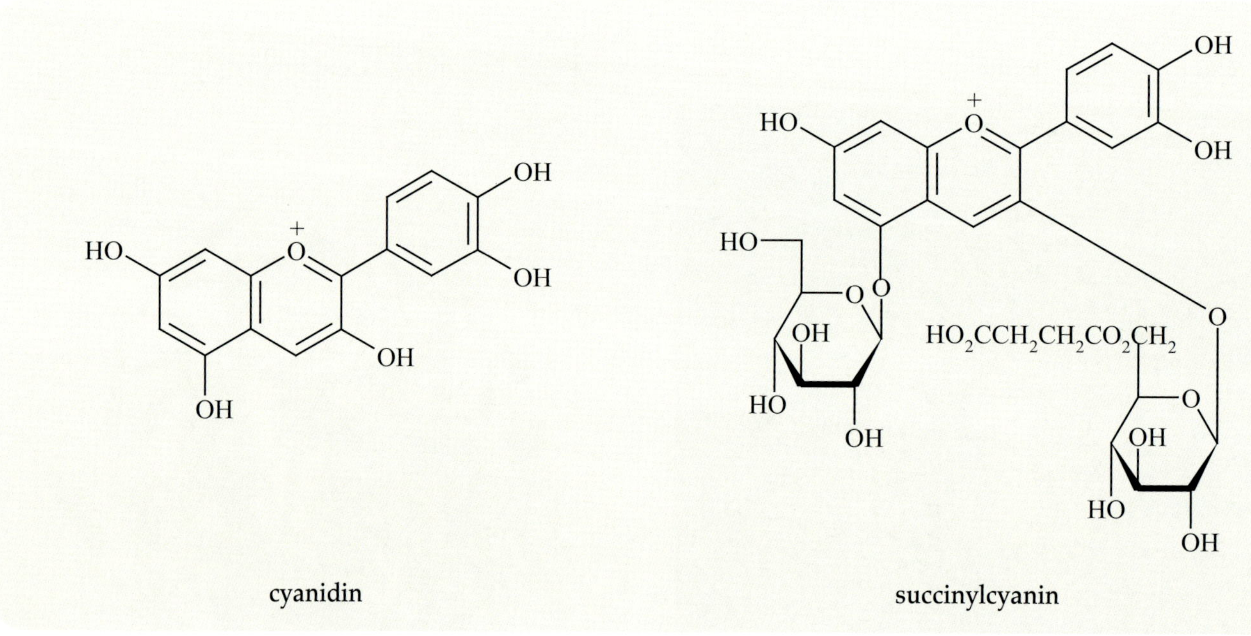

cyanidin　　succinylcyanin

药理作用

1. 抗炎

矢车菊在欧洲用于眼科炎症，矢车菊的浸出液对眼结膜炎有缓解作用[13]。腹膜内注射矢车菊的多糖水提液，能抑制角叉菜胶、酵母多糖致大鼠足趾肿胀；局部使用能抑制巴豆油所致小鼠耳廓肿胀；其抗炎活性可能与矢车菊多糖与补体的相互作用相关[1]。

2. 抗菌、抗病毒

矢车菊地上部分具有体外抗菌作用。矢车菊所含绿原酸对合胞病毒等常见呼吸道病毒具有明显的体外抑制作用[14]。

3. 抗肿瘤

矢车菊素能抑制促细胞分裂素导致的肿瘤细胞代谢活性，抑制结肠癌细胞生长[15]。

4. 其他

矢车菊的花序还具有利尿的作用。矢车菊还抑制过敏毒素导致的溶血[1]。

应用

矢车菊主治发热、便秘、白带过多、月经不调。外用主治眼炎、结膜炎、头皮湿疹。

现代临床还用矢车菊预防尿石症复发[16]。另外，矢车菊也是一种良好的观赏和蜜源植物。

评注

矢车菊几乎遍布全中国，但目前仍主要栽培作为观赏植物使用。矢车菊能解除眼睛疲劳，增强视力，缓解现代网络族最常见的眼睛干涩、痒痛症状。因此，具有较大的药用开发价值。

矢车菊曾作为利尿、祛痰、促进消化药，但缺乏现代药理数据报道，相关研究有待深入。

参考文献

[1] N Garbacki, V Gloaguen, J Damas, P Bodart, M Tits, L Angenot. Anti-inflammatory and immunological effects of *Centaurea cyanus flower-heads*. *Journal of Ethnopharmacology*. 1999, **68**(1-3): 235-241

[2] 王信，王真哲．矢车菊．中国花卉园艺．2003，**21**：42

[3] K Takeda, C Kumegawa, JB Harborne, R Self. Pelargonidin 3-(6''-succinyl glucoside)-5-glucoside from pink *Centaurea cyanus flowers*. *Phytochemistry*. 1988, **27**(4): 1228-1229

[4] T Goto, H Tamura, T Kawai, M Yoshikane, T Kondo. Structure of metalloanthocyanins. Commelinin and protocyanin. *Tennen Yuki Kagobutsu Toronkai Koen Yoshishu*. 1987, **29**: 248-255

[5] H Tamura, T Kondo, Y Kato, T Goto. Structures of a succinyl anthocyanin and a malonyl flavone, two constituents of the complex blue pigment of cornflower *Centaurea cyanus*. *Tetrahedron Letters*. 1983, **24**(51): 5749-5752

[6] S Asen, RM Horowitz. Apigenin 4'-O-β-D-glucoside 7-O-β-D-glucuronide. Copigment in the blue pigment of *Centaurea cyanus*. *Phytochemistry*. 1974, **13**(7): 1219-1223

[7] L Swiatek, R Zadernowski. Occurrence of aromatic acids and sugars in flowers of *Centaurea cyanus* L. *Acta Academiae Agriculturae ac Technicae Olstenensis*. 1993, **422**(25): 231-239

[8] DA Murav'eva, VN Bubenchikova. Phenolcarboxylic acids of *Centaurea cyanus* flowers. *Khimiya Prirodnykh Soedinenii*. 1986, **1**: 107-108

[9] M Shoeb, M Jaspars, SM MacManus, RRT Majinda, SD Sarker. Epoxylignans from the seeds of *Centaurea cyanus* (Asteraceae). *Biochemical Systematics and Ecology*. 2004, **32**(12): 1201-1204

[10] SD Sarker, A Laird, L Nahar, Y Kumarasamy, M Jaspars. Indole alkaloids from the seeds of *Centaurea cyanus* (Asteraceae). *Phytochemistry*. 2001, **57**(8): 1273-1276

[11] VN Bubenchikova. Coumarins of plants in the genus *Centaurea*. *Khimiya Prirodnykh Soedinenii*. 1990, **6**: 829-830

[12] VI Litvinenko, VN Bubenchikova. Phytochemical study of *Centaurea cyanus*. *Khimiya Prirodnykh Soedinenii*. 1988, 6: 792-795

[13] H Leclerc. *Centaurea cyanus* L. and *Euphrasia officinalis* L. in ophthalmology. *Presse Medicale*. 1936, **44**: 1216

[14] 胡克杰，孙考祥．绿原酸体外抗病毒作用研究．哈尔滨医科大学学报．2001，**35**(6)：430-432

[15] K Briviba, SL Abrahamse, BL Pool-Zobel, G Rechkemmer. Neurotensin- and EGF-induced metabolic activation of colon carcinoma cells is diminished by dietary flavonoid cyanidin but not by its glycosides. *Nutrition and Cancer*. 2001, **41**(1-2): 172-179

[16] IA Bablumian. Antirelapse action of the flowers of the blue cornflower in urolithiasis. *Zhurnal Eksperimental'noi i Klinicheskoi Meditsiny*. 1978, **18**(6): 110-114

白屈菜 Baiqucai[EP, BP]

***Chelidonium majus* L.**

Celandine

概述

罂粟科 (Papaveraceae) 植物白屈菜 *Chelidonium majus* L.，其干燥全草或花期地上部分入药。药用名：白屈菜。

白屈菜属 (*Chelidonium*) 植物全世界仅有 1 种，供药用，分布于欧洲、朝鲜半岛、俄罗斯、日本等地，中国大部分省区均有分布。

“白屈菜”药用之名，始载于《救荒本草》。历代本草多有著录，古今药用品种一致。《欧洲药典》(第 5 版) 和《英国药典》(2002 年版) 收载本种为白屈菜的法定原植物来源种。主产于欧洲、亚洲温带和亚热带地区。

白屈菜主要含生物碱，其总生物碱为质控成分。《欧洲药典》和《英国药典》采用紫外可见分光光度法测定，规定白屈菜中总生物碱的含量以白屈菜碱计不得少于 0.60%，以控制药材质量。

药理研究表明，白屈菜具有镇痛、止咳、祛痰、平喘、抗肿瘤、抗炎、抗菌、抗病毒、促进胆汁分泌等作用。

民间经验认为白屈菜具有治疗肝胆疾病，止痛等功效；中医理论认为白屈菜具有镇痛，止咳，利尿，解毒的功效。

白屈菜 *Chelidonium majus* L.

白屈菜 *C. majus* L.

药材白屈菜 Herba Chelidonii

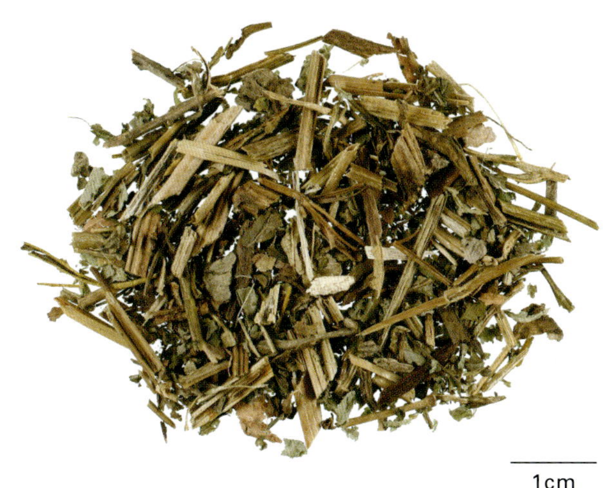

化学成分

白屈菜的全草主要含生物碱类成分：白屈菜碱 (chelidonine)、6－甲氧基二氢白屈菜红碱 (6－methoxydihydrochele－rythrine)、dl－刺罂粟碱 (dl－stylopine)、6－甲氧基二氢血根碱 (6－methoxydihydrosanguinarine)、二氢血根碱 (dihydrosanguinarine)、8－氧黄连碱 (8－oxocoptisine)、l－氢化小檗碱 (l－canadine)、原阿片碱 (protopine)、别隐品碱 (allocryptopine)[1]、小檗碱 (berberine)、黄连碱 (coptisine)、四氢黄连碱 (tetrahydrocoptisine)[2]、高白屈菜碱 (homochelidonine)、氧化血根碱 (oxosanguinarine)、木兰碱 (magnoflorine)、血根碱 (sanguinarine)、二氢白屈菜红碱 (dihydrochelerythrine)、白屈菜明 (chelamine)、白屈菜玉红碱 (chelirubine)、马卡品 (macarpine)、二氢白屈菜玉红碱 (dihydrochelirubine)、刻叶紫堇明碱 (corysamine)、白屈菜红碱 (chelerythrine)、白屈菜黄碱 (chelilutine)、血根黄碱 (sanguilutine)、N－甲基刺罂粟碱氢氧化物 (N－methylstylopinium hydroxide)[3]、(+)－turkiyenine[4]、(+)－去甲白屈菜碱 [(+)－norchelidonine][5]、鹰爪豆碱 (sparteine)[6]、cheleritrine、隐品碱 (cryptopine)[7]、(－)－刺罂粟碱α－甲基氢氧化物 [(－)－stylopine α－methohydroxide]、(－)－刺罂粟碱β－甲基氢氧化物 [(－)－stylopine β－methohydroxide][8]；酚酸类成分：咖啡酸 (caffeic acid)、对香豆酸 (p－coumaric aicd)、阿魏酸 (ferulic acid)、龙胆酸 (gentisic acid)、对-羟基苯甲酸 (p－hydroxybenzoic acid)、(－)－2－(E)－咖啡酰－D－甘油酸 [(－)－2－(E)－

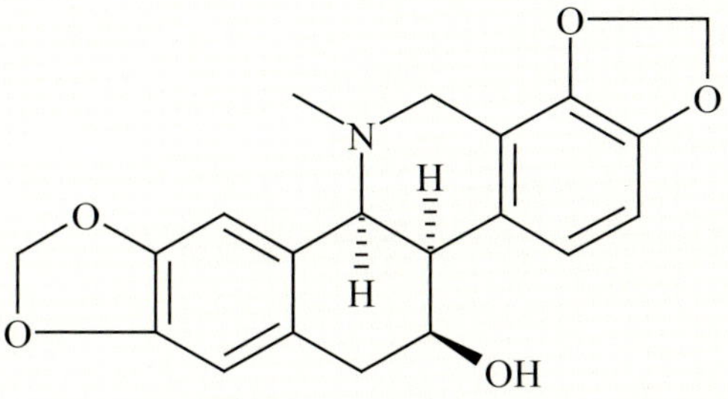

chelidonine

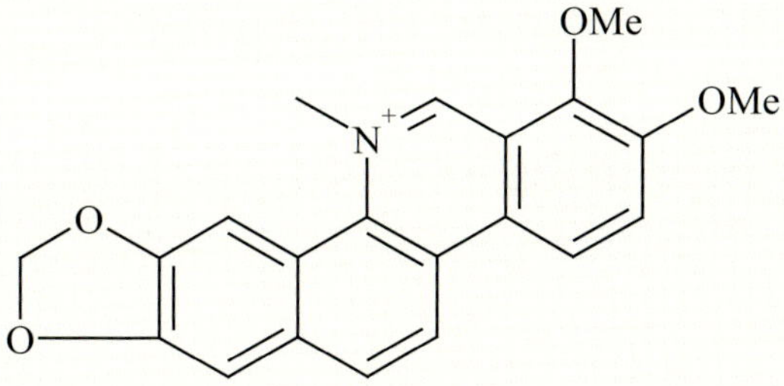

chelerythrine

白屈菜 Baiqucai

caffeoyl－D－glyceric acid]、(－)－4－(E)－咖啡酰－L－苏氨酸 [(－)－4－(E)－caffeoyl－L－threonic acid]、(－)－2－(E)－咖啡酰－L－苏氨酸酯 [(－)－2－(E)－caffeoyl－L－threonic acid lactone]、(+)－(E)－咖啡酰－L－苹果酸 [(+)－(E)－caffeoyl－L－malic acid][9]。

白屈菜的根还含有白屈菜默碱 (chelidimerine)[10]、紫堇啡碱 (corydine)、去甲紫堇啡碱 (norcorydine)[11]等生物碱类成分。

药理作用

1. 镇痛

白屈菜碱给小鼠灌胃，可明显减少酒石酸钾引起的小鼠扭体反应次数，提高热板法所致小鼠疼痛反应的阈值，减少甲醛引起的小鼠足部疼痛，有显著的镇痛作用，其镇痛作用主要是周边性的[12]。

2. 止咳、祛痰、平喘

白屈菜总生物碱灌胃给药，能使酚红法实验中小鼠气管段酚红排泌量增加，小鼠氨水引咳实验和豚鼠枸橼酸引咳实验中动物引咳潜伏期明显延长、咳嗽次数减少，喉上神经引咳实验中猫致咳阈电压明显提高，有显著的止咳、祛痰作用，其止咳作用可能是中枢性的[13-14]。白屈菜总生物碱灌胃给药，还可延长组胺或卵蛋白引喘实验中豚鼠的引喘潜伏期，减少抽搐跌倒现象的发生；体外实验也表明，白屈菜总生物碱能明显增加豚鼠离体肺支气管的灌流量，松弛离体完整气管平滑肌，抑制组胺收缩气管平滑肌反应[15-16]。

3. 抗肿瘤

白屈菜红碱等生物碱类成分体外对鼠淋巴瘤细胞NK/Ly 有细胞毒作用，可引起细胞 DNA断裂[17]；白屈菜提取物大鼠经口给药，能显著抑制N－甲基－N'－硝基－N－亚硝基胍 (MNNG) 的致胃癌作用，降低贲门窦绒毛状瘤和扁平细胞瘤的发生率[18]。白屈菜中的两种微量成分经口给药，可减少偶氮染料致肝癌小鼠染色体畸变 (CA)，降低微核红细胞 (MN)、精子头异常 (SHA) 等的发生率，调节小鼠肝、肾、脾等器官中酸性和碱性磷酸酶、过氧化物酶、谷丙转氨酶 (GPT) 的活性，使之趋于正常[19-20]。此外，白屈菜碱、血根碱和小檗碱体外对人宫颈癌细胞 HeLa也有细胞毒作用[21]。

4. 抗炎

刺罂粟碱体外可通过抑制小鼠RAW 264.7 巨噬细胞中诱生型一氧化氮合酶 (iNOS) 和环氧化酶2 (COX－2) 的表达，抑制脂多糖 (LPS) 刺激 的一氧化氮 (NO) 和前列腺素 E_2 (PGE_2) 等炎症介质的释放[22]。

5. 抗微生物

白屈菜所含的生物碱类成分体外对龋齿相关细菌变形链球菌、革兰氏阳性菌以及发癣菌、犬小孢子菌、絮状表皮癣菌等真菌均有抑制作用[23-25]。盐酸血根碱和盐酸白屈菜红碱体外有抗噬菌体活性[26]。白屈菜提取物体外对I型单纯性疱疹病毒 (HSV－1) 有显著的杀病毒作用[27]。白屈菜总碱体外或体内（给小鼠注射）对流感病毒均有抗病毒作用，白屈菜碱对感染病毒的鸡胚也有抗病毒作用[28]。

6. 促进胆汁分泌

在离体大鼠肝脏灌流实验中，白屈菜总提取物（含醇溶类、酚酸类和生物碱类成分）能非胆酸依赖性地促进胆汁分泌[29]；白屈菜提取物对豚鼠的胆汁分泌也有促进作用[30]。白屈菜生物碱还有促进胆囊收缩的作用[31]。

7. 解痉

白屈菜粗提物对乙酰胆碱引起的大鼠离体回肠平滑肌收缩有解痉作用[32]；白屈菜醇提物对卡巴胆碱引起的豚鼠离体回肠平滑肌痉挛有抑制作用[33]。白屈菜解痉的主要成分有原阿片碱、黄连碱与咖啡酰苹果酸等[32-33]。

8. 抗辐射

白屈菜蛋白质键合多糖给辐射后的小鼠注射，可增加小鼠骨髓细胞、脾细胞、粒细胞–巨噬细胞琼脂集落生成细胞

(GM－CFC) 及血小板数量，促进造血所需的内源性细胞因子白介素－1 (IL－1) 与肿瘤坏死因子 α (TNF－α)的生成，明显缩短辐射后造血细胞的重建时间[34]。

9. 对线粒体的影响

白屈菜红碱、血根碱等荷正电的生物碱类成分可显著抑制小鼠肝线粒体的呼吸作用；小檗碱、黄连碱、原阿片碱、别隐品碱等可抑制亚线粒体颗粒中还原型烟酰胺腺嘌呤二核苷酸 (NADH) 脱氢酶的活性[35]。白屈菜红碱、血根碱等可对抗线粒体对钙离子的吸收和聚集，抑制氧化磷酸化作用，其抑制作用是通过线粒体 DNA 介导的[36]。白屈菜碱则可明显抑制大鼠肝线粒体中单胺氧化酶的活性[37]。

10. 其他

白屈菜还有抗氧化[38-39]、抗增殖[39]、抗溃疡原[40]、抗结核[41]、抗肝细胞毒[42]、抗癫痫[43]、抑制乙酰胆碱酯酶对乙酰胆碱的酶解[44]、抑制人角质化细胞生长[45]、抑制 γ－氨基丁酸 A 型 (GABAA) 受体[46]、增强转氨酶活性[47]等作用。白屈菜红碱对PC12细胞乙酰胆碱诱发电流有快速抑制作用[48]。

应用

白屈菜在西方用于治疗肝胆方面的疾病，也用作胆管及胃肠道痉挛的止痛药，民间用于疱疹、疥疮、疣等皮肤病的治疗。

白屈菜也为中医临床用药。功能：镇痛，止咳，利尿，解毒。主治：①胃痛，腹痛；②肠炎，痢疾；③慢性支气管炎，百日咳，咳嗽；④黄疸，水肿，腹水；⑤疥癣疮肿，蛇虫咬伤。

现代临床还用于慢性支气管炎、百日咳、咽炎、哮喘、食管癌、慢性胃炎、胃肠道痉挛性疼痛、肠炎、皮肤结核、血风疮、动脉硬化、痛风、毒虫咬伤等病的治疗[49]。

白屈菜是制备肿瘤治疗药物 Ukrain 的原料，Ukrain 的主要成分为白屈菜生物碱硫代磷酸复合物[50]。白屈菜也是制备抗微生物药物 Sanguiritrin 的原料，Sanguiritrin 为血根碱和白屈菜红碱硫酸盐 1：1 混合物[51]。

评注

白屈菜的根也入药，功效：散瘀，止血，止痛，解蛇毒。主治：劳伤瘀血，月经不调，蛇咬伤。

胰腺癌治疗药物 Ukrain 由乌克兰发明，在临床中已有多年的应用，且对多种癌症均有明显的治疗作用，如结肠癌、成胶质细胞瘤等，同时对放射条件下人体皮肤和肺部成纤维细胞有保护作用[50]。常用的抗肿瘤药物在杀灭肿瘤细胞的同时多对健康细胞有毒害作用，Ukrain 却有保护正常细胞的特性，因此，在放射化学疗法中易达到更好的治疗效果。Ukrain 还可明显抑制大鼠肝线粒体中单胺氧化酶的活性，这和抗抑郁作用有关，关于 Ukrain 抗抑郁方面的作用有待进一步研究[37]。

参考文献

[1] 周金云，陈碧珠，佟晓杰，连文琰，方起程．白屈菜生物碱的化学研究．中草药．1989，**20**(4)：2-4

[2] CQ Niu, LY He. Determination of isoquinoline alkaloids in *Chelidonium majus* L. by ion-pair high-performance liquid chromatography. *Journal of Chromatography.* 1991, **542**(1): 193-199

[3] E Taborska, H Bochorakova, H Paulova, J Dostal. Separation of alkaloids in *Chelidonium majus* by reversed phase HPLC. *Planta Medica.* 1994, **60**(4): 380-381

[4] G Kadan, T Gozler, M Shamma. (-)-Turkiyenine, a new alkaloid from *Chelidonium majus. Journal of Natural Products.* 1990, **53**(2): 531-532

[5] G Kadan, T Gozler, M Hesse. (+)-Norchelidonine from *Chelidonium majus. Planta Medica.* 1992, **58**(5): 477

白屈菜 Baiqucai

[6] HR Schuette, H Hindorf. Occurrence and biosynthesis of sparteine in *Chelidonium majus. Naturwissenschaften.* 1964, **51**(19): 463

[7] AZ Gulubov, T Sunguryan, IZ Bozhkova, VB Chervenkova. *Chelidonium majus* alkaloids. I. *Biologiya*. 1968, **6**(2): 63-65

[8] J Slavik, L Slavikova. Alkaloids of the Papaveraceae. LXV. Minor alkaloids from *Chelidonium majus. Collection of Czechoslovak Chemical Communications.* 1977, **42**(9): 2686-2693

[9] R Hahn, A Nahrstedt. Hydroxycinnamic acid derivatives, caffeoylmalic and new caffeoylaldonic acid esters, from *Chelidonium majus. Planta Medica.* 1993, **59**(1): 71-75

[10] M Tin-Wa, HK Kim, HHS Fong, NR Farnsworth. Structure of chelidimerine, a new alkaloid from *Chelidonium majus. Lloydia.* 1972, **35**(1): 87-89

[11] A Shafiee, AH Jafarabadi. Corydine and norcorydine from the roots of *Chelidonium majus. Planta Medica.* 1998, **64**(5): 489

[12] 何志敏，佟继铭，宫凤春．白屈菜碱镇痛作用研究．中草药．2003，**34**(9)：837-838

[13] 佟继铭，石艳华，袁亚非．白屈菜总生物碱祛痰止咳作用实验研究．承德医学院学报．2003，**20**(4)：285-287

[14] 佟继铭，郭秀梅，石艳华，孟彦彬．白屈菜总生物碱的祛痰止咳作用．中国医院药学杂志．2004，**24**(1)：18-19

[15] 佟继铭，刘玉玲，陈光辉，刘喜刚，陈四平，孟彦彬．白屈菜总生物碱止咳平喘作用实验研究．承德医学院学报．2001，**18**(4)：277-279

[16] 刘翠哲，佟继铭，张丽敏．白屈菜总生物碱对豚鼠的平喘作用．中国医院药学杂志．2006，**26**(1)：27-29

[17] VO Kaminskyy, MD Lootsik, RS Stoika. Correlation of the cytotoxic activity of four different alkaloids, from *Chelidonium majus* (greater celandine), with their DNA intercalating properties and ability to induce breaks in the DNA of NK/Ly murine lymphoma cells. *Central European Journal of Biology.* 2006, **1**(1): 2-15

[18] DJ Kim, IS Lee. Chemopreventive effects of *Chelidonium majus* L. (Papaveraceae) herb extract on rat gastric carcinogenesis induced by N-methyl-N'-nitro-N- nitrosoguanidine (MNNG) and hypertonic sodium chloride. *Journal of Food Science and Nutrition.* 1997, **2**(1): 49-54

[19] SJ Biswas, AR Khuda-Bukhsh. Evaluation of protective potentials of a potentized homeopathic drug, *Chelidonium majus,* during azo dye induced hepatocarcinogenesis in mice. *Indian Journal of Experimental Biology.* 2004, **42**(7): 698-714

[20] SJ Biswas, AR Khuda-Bukhsh. Effect of a homeopathic drug, in amelioration of p-DAB induced hepatocarcinogenesis in mice. *BMC Complementary and Alternative Medicine.* 2002, **2**: 1-12

[21] B Hladon, Z Kowalewski, T Bobkiewicz, K Gronostaj. Cytotoxic activity of some *Chelidonium majus* alkaloids on human and animal tumor cell cultures *in vitro. Annales Pharmaceutici.* 1978, **13**: 61-68

[22] SI Jang, BH Kim, WY Lee, SJ An, HG Choi, BH Jeon, HT Chung, JR Rho, YJ Kim, KY Chai. Stylopine from *Chelidonium majus* inhibits LPS-induced inflammatory mediators in RAW 264.7 cells. *Archives of Pharmacal Research*. 2004, **27**(9): 923-929

[23] 程睿波，陈旭，刘淑杰，张晓芳，张光和．白屈菜提取物抑制变形链球菌的实验研究．上海口腔医学．2006，**15**(3)：318-320

[24] VG Drobot'ko, EY Rashba, BE Aizenman, SI Zelepukha, SI Novikova, MB Kaganskaya. Antibacterial activity of alkaloids obtained from *Valeriana officinalis, Chelidonium majus, Nuphar luteum, and Asarum europaeum. Antibiotiki.* 1958: 22-30

[25] N Hejtmankova, D Walterova, V Preininger, V Simanek. Antifungal activity of quaternary benzo[c]phenanthridine alkaloids from *Chelidonium majus. Fitoterapia.* 1984, **55**(5): 291-294

[26] T Bodalski, M Kantoch, H Rzadkowska. Antiphage activity of some alkaloids of *Chelidonium majus. Dissertationes Pharmaceuticae.* 1957, **9**: 273-286

[27] A Kery, J Horvath, I Nasz, G Verzar-Petri, G Kulcsar, P Dan. Antiviral alkaloids in *Chelidonium majus* L. *Acta Pharmaceutica Hungarica.* 1987, **57**(1-2): 19-25

[28] LV Lozyuk. Antiviral properties of some compounds of plant origin. *Mikrobiologichnii Zhurnal*. 1977, **39**(3): 343-348

[29] U Vahlensieck, R Hahn, H Winterhoff, HG Gumbinger, A Nahrstedt, FH Kemper. The effect of *Chelidonium majus* herb extract on choleresis in the isolated perfused rat liver. *Planta Medica.* 1995, **61**(3): 267-271

[30] E Rentz. Mechanism of action of some plant drugs active on the liver and on bile secretion (Berberis, Chelidonium, and Chelone). *Archiv fuer Experimentelle Pathologie und Pharmakologie.* 1948, **205**: 332-339

[31] A Hriscu, MR Galesanu, L Moisa. Cholecystokinetic action of an alkaloid extract of *Chelidonium majus. a Societa t ii de Medici s i Naturalis ti din Ias i.* 1980, **84**(3): 559-561

[32] SC Boegge, S Kesper, EJ Verspohl, A Nahrstedt. Reduction of ACh-induced contraction of rat isolated ileum by coptisine, (+)-caffeoylmalic acid, *Chelidonium majus*, and *Corydalis lutea extracts. Planta Medica.* 1996, **62**(2): 173-174

[33] KO Hiller, M Ghorbani, H Schilcher. Antispasmodic and relaxant activity of chelidonine, protopine, coptisine, and *Chelidonium majus* extracts on isolated guinea pig ileum. *Planta Medica*. 1998, **64**(8): 758-760

[34] JY Song, HO Yang, JY Shim, JY Ahn, YS Han, IS Jung, YS Yun. Radiation protective effect of an extract from *Chelidonium majus*. *International Journal of Hematology*. 2003, **78**(3): 226-232

[35] MC Barreto, RE Pinto, JD Arrabaca, ML Pavao. Inhibition of mouse liver respiration by *Chelidonium majus* isoquinoline alkaloids. *Toxicology Letters*. 2003, **146**(1): 37-47

[36] VO Kaminskyy, NV Kryv'yak, MD Lutsik, RS Stoika. Effects of alkaloids from grater celandine on calcium capacity and oxidative phosphorylation in mitochondria depending on their DNA intercalation potential. *Ukrains'kii Biokhimichnii Zhurnal*. 2006, **78**(2): 73-78

[37] OV Yagodina, EB Nikol'skaya, MD Faddeeva. Inhibition of the activity of mitochondrial monoamine oxidase by alkaloids isolated from *Chelidonium majus* and Macleaya, and by derivative drugs "Ukrain" and "Sanguirythrine". *Tsitologiya*. 2003, **45**(10): 1032-1037

[38] C Vavreckova, I Gawlik, K Mueller. Benzophenanthridine alkaloids of *Chelidonium majus*. Part 1. Inhibition of 5- and 12-lipoxygenase by a non-redox mechanism. *Planta Medica*. 1996, **62**(5): 397-401

[39] R Gebhardt. Antioxidative, antiproliferative and biochemical effects in $HepG_2$ cells of a homeopathic remedy and its constituent plant tinctures tested separately or in combination. *Arzneimittel Forschung*. 2003, **53**(12): 823-830

[40] MT Khayyal, MA El-Ghazaly, SA Kenawy, M Seif-El-Nasr, LG Mahran, YAH Kafafi, SN Okpanyi. Antiulcerogenic effect of some gastrointestinally acting plant extracts and their combination. *Arzneimittel-Forschung*. 2001, **51**(7): 545-553

[41] P De Franciscis, C Aufiero. Action of aqueous extracts of *Chelidonium majus* on tuberculosis in the guinea pig. *Bollettino-Societa Italiana di Biologia Sperimentale*. 1949, **25**: 36-39

[42] S Mitra，李汉保．白屈菜抗肝细胞毒的活性．药学进展．1993，**17**(1)：43-44

[43] E Jagiello-Wojtowicz, Z Kleinrok, A Chodovska, M Feldo. Effects of alkaloids from *Chelidonium majus* L. on the protective activity of antiepileptic drugs in mice. *Herba Polonica*. 1998, **44**(4): 383-385

[44] LP Kuznetsova, EB Nikol'skaya, EE Sochilina, MD Faddeeva. Inhibition of enzymatic hydrolysis of acetylthiocholine with acetylcholinesterase by principal alkaloids isolated from *Chelidonium majus* and Macleya and by derivative drugs. *Tsitologiya*. 2001, **43**(11): 1046-1050

[45] C Vavreckova, I Gawlik, K Mueller. Benzophenanthridine alkaloids of *Chelidonium majus*. Part 2. Potent inhibitory action against the growth of human keratinocytes. *Planta Medica*. 1996, **62**(6): 491-494

[46] H Haeberlein, KP Tschiersch, G Boonen, KO Hiller. *Chelidonium majus*. Components with *in vitro* affinity for the GABAA receptor. Positive cooperation of alkaloids. *Planta Medica*. 1996, **62**(3): 227-231

[47] E Jagiello-Wojtowicz, K Jeleniewicz, A Chodkowska. Effects of acute and 10-day treatment with benzophenanthridine-type alkaloids from *Chelidonium majus* L. on some biochemical parameters in rats. *Herba Polonica*. 2000, **46**(4): 303-307

[48] 石丽君，王春安．白屈菜赤碱对PC12细胞乙酰胆碱诱发电流的快速抑制作用．中国药理学和毒理学杂志．1999，**13**(2)：115-118

[49] KF Fomin, VG Nikolaeva, LP Alekseeva, ZV Panina, BG Sviatenko. Use of *Chelidonium majus* for the treatment of pruritic dermatoses. *Vestnik Dermatologii i Venerologii*. 1975, **6**: 60-62

[50] N Cordes, L Plasswilm, M Bamberg, HP Rodemann. Ukrain, an alkaloid thiophosphoric acid derivative of *Chelidonium majus* L. protects human fibroblasts but not human tumor cells *in vitro* against ionizing radiation. *International Journal of Radiation Biology*. 2002, **78**(1): 17-27

[51] LD Yakhontova, ON Tolkachev, PN Kubal'chich. *Chelidonium majus*, a raw material for producing the drug sanguiritrin. *Farmatsiya*. 1973, **22**(1): 31-33

总状升麻 Zongzhuangshengma BHP, GCEM

Cimicifuga racemosa (L.) Nutt.

Black Cohosh

概述

毛茛科 (Ranunculaceae) 植物总状升麻*Cimicifuga racemosa* (L.) Nutt.，其根及根茎入药。药用名：总状升麻。又名：黑升麻。

升麻属 (*Cimicifuga*) 植物全世界约有18种，分布于北温带。中国有 8 种、3 变种、3 变型，大部分省区均有分布，本属现供药用者约 6 种。本种原产于北美东部，分布于加拿大和美国东部，直至佛罗里达州南部。欧洲有引种栽培[1]。

总状升麻最早被北美原住民用来缓解经期和分娩时的疼痛，还用于治疗风湿、疟疾、肾病、咽痛、全身不适和蛇咬伤。现被广泛应用于治疗绝经期症状和月经失调。除此之外，也用于治疗经前综合征、痛经、骨关节炎、经期头痛和类风湿性关节炎[1]。《英国草药典》(1996 年版) 收载本种为总状升麻的法定原植物来源种。主产于加拿大和美国北方地区。

总状升麻主要活性成分为三萜皂苷类化合物，尚含酚类化合物。《英国草药典》规定总状升麻的水溶性浸出物不得少于 10%，以控制药材质量。

药理研究表明，总状升麻具有抗雌激素、抗骨质疏松和抗肿瘤等作用。

民间经验认为总状升麻具有抗炎等功效。

总状升麻 *Cimicifuga racemosa* (L.) Nutt.

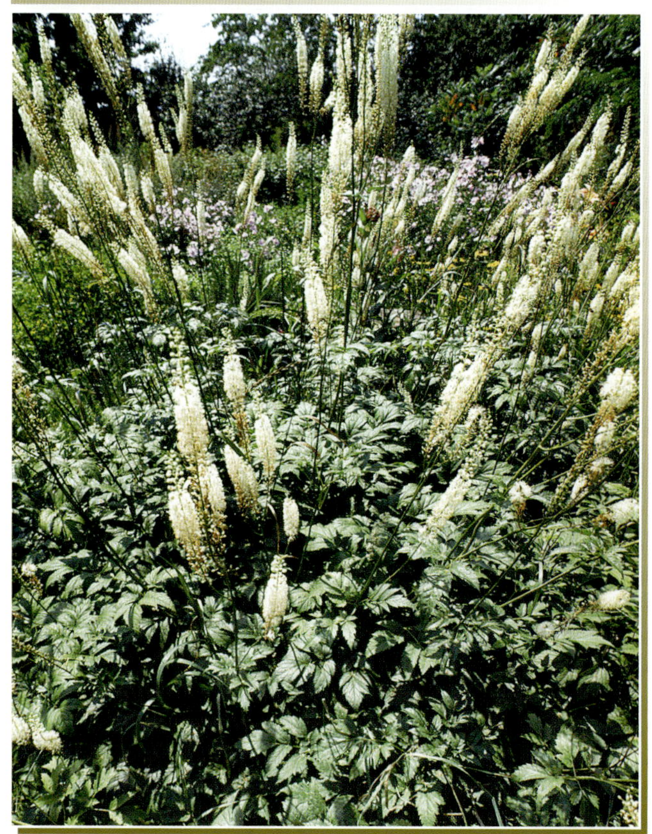

药材总状升麻 Radix et Rhizoma Cimicifugae Racemosae

化学成分

总状升麻根茎含三萜及三萜皂苷类成分：总状升麻苷A、B、C、D、E、F、G、H、I、J、K、L、M、N、O、P (cimiracemosides A－P)[2-3]、总状升麻苷 (cimiracemoside)[4]、升麻苷 (cimicifugoside)[5]、升麻苷H－1、H－2、M (cimicifugosides H－1, H－2, M)[4-5]、2'－O－乙酰基升麻苷 (2'－O－acetyl cimicifugoside H－1)、3'－O－乙酰基升麻苷 (3'－O－acetyl cimicifugoside H－1)[6]、升麻醇 (cimigenol)[7]、neocimicigenosides A、B[8]、racemoside[9]、阿梯因 (actein)、27－脱氧阿梯因 (27－deoxyactein)[4]、(26R)－actein、26－脱氧阿梯因 (26－deoxyactein)、23－epi－26－deoxyactein[10]、27－deoxyacetylacteol[11]、shengmanol－3－O－α－L－arabinopyranoside、23－O－acetylshengmanol－3－O－α－L－arabinopyranoside、23－O－乙酰升麻醇－3－O－β－D－吡喃木糖苷(23－O－acetylshengmanol－3－O－β－D－xylopranoside)[12]、actaeaepoxide 3－O－β－D－xylopyranoside[13]、25－O－甲基升麻醇木质糖苷 (25－O－methylcimigenol xyloside)、21－hydroxycimigenol－3－O－β－D－xylopyranoside、24－epi－7,8－didehydrocimigenol－3－xyloside、25－乙酰升麻环氧醇木糖苷(25－acetylcimigenol xyloside)、北升麻瑞 (cimidahurinine)、北升麻宁 (cimidahurine)[4]、26－脱氧升麻苷 (26－deoxycimicifugoside)、23－OAc－shengmanol－3－O－β－D－xyloside、25－OAc－cimigenol－3－O－α－L－arabinoside、25－OAc－cimigenol－3－O－β－D－xyloside、cimigenol－3－O－α－L－arabinoside[10]、cimigenol－3－O－arabinoside[14]、升麻醇－3－O－β－D－吡喃木糖苷(cimigenol－3－O－β－D－xylopyranoside)、foetidinol－3－O－β－xyloside[4]；酚酸类成分：升麻酸A、B、D、F、G (cimicifugic acids A－B, D－G)[15]、原儿茶酸 (protocatechuic acid)、原儿茶醛 (protocatechualdehyde)、咖啡酸 (caffeic acid)、阿魏酸 (ferulic acid)、异阿魏酸 (isoferulic acid)、1－isoferuloyl－β－D－glucopyranoside、蜂斗菜酸 (fukinolic acid)、对－羟基肉桂酸 (p－coumaric acid)[15]、caffeoylglycolic acid、蜂斗菜烯碱 (petasiphenone)、cimiciphenol、cimiciphenone[16]；类苯丙醇类成分：cimiracemates A、B、C、D[17]；还含有升麻素 (cimifugin)、升麻素－3－O－葡萄糖苷 (cimifugin－3－O－glucoside)[14]、芒柄花黄素 (formononetin)、山柰酚 (kaempferol)[18]、cimipronidine[19]。

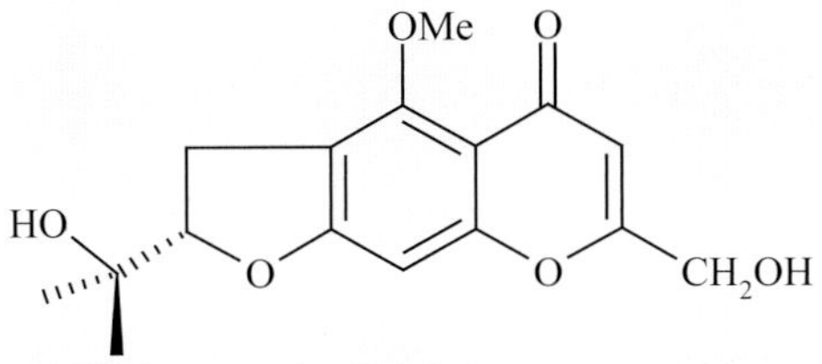

cimifugin

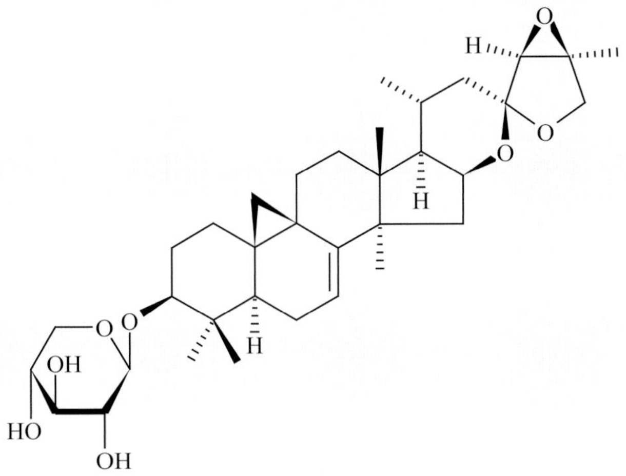

cimiracemoside I

总状升麻 Zongzhuangshengma

药理作用

1. 对雌激素的影响

总状升麻异丙醇提取物制剂 Remifemin 能显著改善绝经期妇女潮红、汗出、失眠、焦虑和抑郁等症状[20-21]，且未引起阴道细胞变化，表明该制剂对女性生殖器官无雌激素样作用。总状升麻还能减轻选择性雌激素受体调节剂如雷洛昔芬 (raloxifen)、他莫昔芬 (tamoxifen) 的副作用，如潮红、紧张、疲劳、头痛、肌肉及关节痛等[22]。总状升麻提取物能抑制卵巢切除大鼠血清中垂体促黄体激素 (LH) 的分泌，对子宫中的孕酮受体和雌激素受体无影响。总状升麻对雌激素的作用与下丘脑和脑下垂体有关，但作用机理与物质基础尚未明晰[23]。另有实验显示，总状升麻有抗雌激素活性[24]。

2. 抗骨质疏松

总状升麻对睾丸切除大鼠和卵巢切除大鼠的骨质疏松具有抑制作用，能刺激 collagen－1α_1、骨保护素等成骨因子的基因表达，提高胫骨和股骨干骺端的骨密度[23, 25]。

3. 抗肿瘤

总状升麻提取物对人前列腺癌细胞 LNCaP、乳腺癌细胞 MCF－7 的增殖均有抑制作用，三萜苷和肉桂酸酯类为有效部位[26-27]。总状升麻苷 G 对人口腔鳞状细胞癌细胞 HSC－2 有强烈细胞毒作用[28]。

4. 其他

总状升麻所含的 neocimicigenosides A、B 成分能促进促肾上腺皮质激素的分泌[8]。阿梯因有抑制人类免疫缺陷病毒 (HIV) 活性[29]。升麻酸 A、B、E 能抑制中性白血球弹性蛋白酶活性[30]。

应用

总状升麻在临床中广泛用于经前不适、痛经及更年期植物神经系统疾病的治疗。

评注

总状升麻对绝经期症状有良好作用，作用机理较明确，不良反应小，在欧洲广泛使用达40多年。升麻属植物较多，化学成分与总状升麻多有类似者，可望进行筛选及调查研究，开发新的药用资源。

参考文献

[1] 王鸣，袁昌齐，冯煦．欧美药用植物（一）．中国野生植物资源．2003，**22**(3)：56-57

[2] Y Shao, A Harris, MF Wang, HJ Zhang, GA Cordell, M Bowman, E Lemmo. Triterpene Glycosides from *Cimicifuga racemosa*. *Journal of Natural Products*. 2000, **63**(7): 905-910

[3] SN Chen, DS Fabricant, ZZ Lu, HHS Fong, NR Farnsworth. Cimiracemosides I-P, new 9,19-cyclolanostane triterpene glycosides from *Cimicifuga racemosa*. *Journal of Natural Products*. 2002, **65**(10): 1391-1397

[4] GF Lai, YF Wang, LM Fan, JX Cao, SD Luo. Triterpenoid glycoside from *Cimicifuga racemosa*. *Journal of Asian Natural Products Research*. 2005, **7**(5): 695-699

[5] K He, BL Zheng, CH Kim, LL Rogers, QY Zheng. Direct analysis and identification of triterpene glycosides by LC/MS in black cohosh, *Cimicifuga racemosa*, and in several commercially available black cohosh products. *Planta Medica*. 2000, **66**(7): 635-640

[6] C Dan, R Wang, SL Peng, BR Bai, LS Ding. Two new acetyl cimicifugosides from the rhizomes of *Cimicifuga racemosa*. *Chinese Chemical Letters*. 2006, **17**(3): 347-350

[7] G Piancatelli. New triterpenes from *Actea racemosa*. *Gazzetta Chimica Italiana*. 1971, **101**(2): 139-148

[8] Y Mimaki, I Nadaoka, M Yasue, Y Ohtake, M Ikeda, K Watanabe, Y Sashida. Neocimicigenosides A and B, cycloartane glycosides from the rhizomes of *Cimicifuga racemosa* and their effects on CRF-stimulated ACTH secretion from AtT-20 Cells. *Journal of Natural Products*. 2006, **69**(5): 829-832

[9] Suntry Limited. Sodium 3-(α-L-arabinopyranosyl)-16,23-dihydroxyolean-12-en-28-oate. *Japan Kokai Tokkyo Koho*. 1984: 3

[10] WK Li, SN Chen, D Fabricant, CK Angerhofer, HHS Fong, NR Farnsworth, JF Fitzloff. High-performance liquid chromatographic analysis of Black Cohosh (*Cimicifuga racemosa*) constituents with in-line evaporative light scattering and photodiode array detection. *Analytica Chimica Acta*. 2002, **471**(1): 61-75

[11] H Linde. Components of *Cimicifuga racemosa*. V. 27-Deoxyacetylacteol. *Archiv der Pharmazie und Berichte der Deutschen Pharmazeutischen Gesellschaft*. 1968, **301**(5): 335-341

[12] M Hamburger, C Wegner, B Benthin. Cycloartane glycosides from *Cimicifuga racemosa*. *Pharmaceutical and Pharmacological Letters*. 2001, **11**(2): 98-100

[13] K Wende, C Muegge, K Thurow, T Schoepke, U Lindequist. Actaeaepoxide 3-O-β-D-xylopyranoside, a new cycloartane glycoside from the rhizomes of *Actaea racemosa* (*Cimicifuga racemosa*). *Journal of Natural Products*. 2001, **64**(7): 986-989

[14] K He, GF Pauli, BL Zheng, HK Wang, NS Bai, TS Peng, M Roller, QY Zheng. *Cimicifuga* species identification by high performance liquid chromatography-photodiode array/mass spectrometric/evaporative light scattering detection for quality control of black cohosh products. *Journal of Chromatography, A*. 2006, **1112**(1-2): 241-254

[15] P Nuntanakorn, B Jiang, LS Einbond, H Yang, F Kronenberg, IB Weinstein, EJ Kennelly. Polyphenolic constituents of *Actaea racemosa*. *Journal of Natural Products*. 2006, **69**(3): 314-318

[16] S Stromeier, F Petereit, A Nahrstedt. Phenolic esters from the rhizomes of *Cimicifuga racemosa* do not cause proliferation effects in MCF-7 cells. *Planta Medica*. 2005, **71**(6): 495-500

[17] SN Chen, DS Fabricant, ZZ Lu, HJ Zhang, HHS Fong, NR Farnsworth. Cimiracemates A-D, phenylpropanoid esters from the rhizomes of *Cimicifuga racemosa*. *Phytochemistry*. 2002, **61**(4): 409-413

[18] D Struck, M Tegtmeier, G Harnischfeger. Flavones in extracts of *Cimicifuga racemosa*. *Planta Medica*. 1997, **63**(3): 289

[19] DS Fabricant, D Nikolic, DC Lankin, SN Chen, BU Jaki, A Krunic, RB van Breemen, HHS Fong, NR Farnsworth, GF Pauli. Cimipronidine, a cyclic guanidine alkaloid from *Cimicifuga racemosa*. *Journal of Natural Products*. 2005, **68**(8): 1266-1270

[20] G Vermes, F Banhidy, N Acs. The effects of Remifemin on subjective symptoms of menopause. *Advances in Therapy*. 2005, **22**(2): 148-154

[21] E Liske, W Hanggi, HH Henneicke-von Zepelin, N Boblitz, P Wustenberg, VW Rahlfs. Physiological investigation of a unique extract of black cohosh (*Cimicifugae racemosae* rhizoma): a 6-month clinical study demonstrates no systemic estrogenic effect. *Journal of Women's Health & Gender-Based Medicine*. 2002, **11**(2): 163-174

[22] GE Munos, S Purcino. *Cimicifuga racemosa* extracts for improving the side effects of SERM (selective estrogen receptor modulators). *Japan Kokai Tokkyo Koho*. 2004: 34

[23] D Seidlova-wuttke, O Hesse, H Jarry, V Christoffel, B Spengler, T Becker, W Wuttke. Evidence for selective estrogen receptor modulator activity in a black cohosh (*Cimicifuga racemosa*) extract: comparison with estradiol-17β. *European Journal of Endocrinology*. 2003, **149**(4): 351-362

[24] O Zierau, C Bodinet, S Kolba, M Wulf, G Vollmer. Antiestrogenic activities of *Cimicifuga racemosa* extracts. *Journal of Steroid Biochemistry and Molecular Biology*. 2002, **80**(1): 125-130

[25] D Seidlova-Wuttke, H Jarry, L Pitzel, W Wuttke. Effects of estradiol-17β, testosterone and a black cohosh preparation on bone and prostate in orchidectomized rats. *Maturitas*. 2005, **51**(2): 177-186

[26] D Seidlova-Wuttke, P Thelen, W Wuttke. Inhibitory effects of a black cohosh (*Cimicifuga racemosa*) extract on prostate cancer. *Planta Medica*. 2006, **72**(6): 521-526

[27] K Hostanska, T Nisslein, J Freudenstein, J Reichling, R Saller. Evaluation of cell death caused by triterpene glycosides and phenolic substances from *Cimicifuga racemosa* extract in human MCF-7 breast cancer cells. *Biological & Pharmaceutical Bulletin*. 2004, **27**(12): 1970-1975

[28] K Watanabe, Y Mimaki, H Sakagami, Y Sashida. Cycloartane glycosides from the rhizomes of *Cimicifuga racemosa* and their cytotoxic activities. *Chemical & Pharmaceutical Bulletin*. 2002, **50**(1): 121-125

[29] N Sakurai, JH Wu, Y Sashida, Y Mimaki, T Nikaido, K Koike, H Itokawa, KH Lee. Anti-AIDS agents. Part 57 Actein, an anti-HIV principle from the rhizome of *Cimicifuga racemosa* (black cohosh), and the anti-HIV activity of related saponins. *Bioorganic & Medicinal Chemistry Letters*. 2004, **14**(5): 1329-1332

[30] B Loser, SO Kruse, MF Melzig, A Nahrstedt. Inhibition of neutrophil elastase activity by cinnamic acid derivatives from *Cimicifuga racemosa*. *Planta Medica*. 2000, **66**(8): 751-753

柠檬 Ningmeng EP, BP, USP

芸香科

Citrus limon (L.) Burm. f.

Lemon

概述

芸香科 (Rutaceae) 植物柠檬 *Citrus limon* (L.) Burm. f.，其干燥果皮入药。药用名：柠檬皮。

柑橘属 (*Citrus*) 植物全世界约有 20 种，原产亚洲东南部及南部，现热带及亚热带地区多有栽培。中国产约有 15 种，其中多数为栽培种。本属植物现供药用者约 10 种、3 变种及多个栽培种。本种原产印度北部，现广泛种植于地中海国家和全世界亚热带地区，中国长江以南各省区也有栽培。

柠檬原产印度，公元 2 世纪欧洲已有栽培。16 世纪时，医学界已经认识到每天饮用柠檬汁可以预防水手在长期海上航行中爆发坏血症。英国曾经立法要求远航船只必须携带足够每位水手每天 1 盎司的柠檬或者柠檬汁。长期以来，柠檬汁也用作利尿剂、解表剂、收敛剂、滋补剂、外用洗涤剂和含漱剂[1]。《欧洲药典》(第 5 版)、《英国药典》(2002 年版) 和《美国药典》(第 28 版) 均收载本种为柠檬皮或柠檬油的法定原植物来源种。主产于美国、墨西哥和意大利[1]。

柠檬主要含挥发油、香豆素类、黄酮类和糖苷类成分。在挥发油成分中，柠檬烯的含量相当高，约占 50% 以上。《英国药典》采用水蒸气蒸馏法测定，规定柠檬皮中挥发油含量不得少于 2.5% (v/w)，以控制药材质量。《美国药典》采用滴定法测定柠檬油中醛类成分，规定加州型 (California-type) 柠檬油含柠檬醛为 2.2%～3.8%；意大利型 (Italian-type) 柠檬油含柠檬醛为 3.0%～5.5%，以控制柠檬油质量。

药理研究表明，柠檬具有降血压、抗氧化、抗炎、抗菌、抗病毒、抗肿瘤等作用。

民间经验认为柠檬具有抗炎，利尿的功效；中医理论认为柠檬皮具有行气，和胃，止痛的功效。

柠檬 *Citrus limon* (L.) Burm. f.

柠檬 Ningmeng

药材柠檬皮 Pericarpium Citri

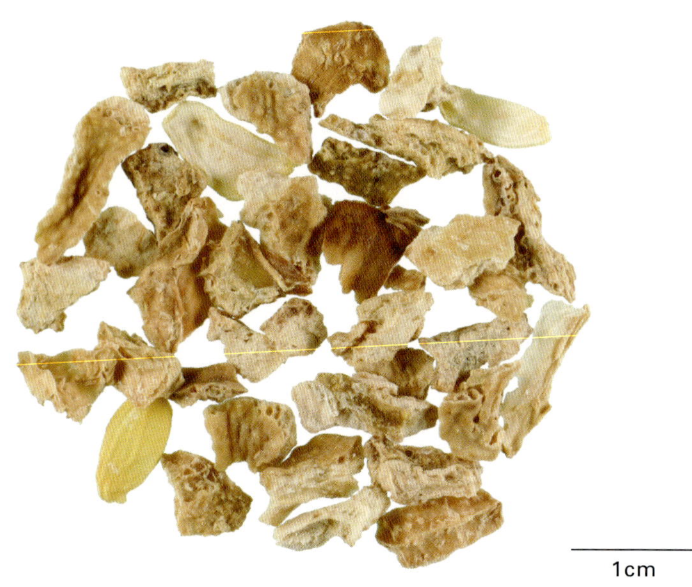

化学成分

柠檬果实含挥发油类成分：柠檬烯 (limonene)、2－β－蒎烯 (2－β－pinene)、α－松油烯 (α－terpinene)、橙花醇 (nerol)、柠檬醛 (citral)等[2]；香豆素类成分：8－geranyloxypsolaren、5－geranyloxypsolaren、5－geranyloxy－7－methoxycoumarin[3]、柠美内酯 (citropten)、5－isopentenyloxy－7－methoxycoumarin、补骨脂素 (psoralen)、bergamottin、氧化前胡内酯 (oxypeucedanin)、脱水比克白芷内酯 (byakangelicol)、白芷素 (byakangelicin)、戊烯氧呋豆素 (imperatorin)、珊瑚菜内脂 (phellopterin)、异欧芹属乙素 (isoimperatorin)[4]、5－(2,3－epoxy－3－methylbutoxy)－7－methoxycoumarin[5]、东莨菪内酯 (scopoletin)、伞形酮 (umbelliferone)等；黄酮类成分：芹菜苷配基 (apigenin)、毛地黄黄酮 (luteolin)、金圣草黄素 (chrysoeriol)、槲皮素 (quercetin)、异鼠李黄素 (isorhamnetin)[6]、quercetin 3－O－rutinoside－7－O－glucoside、chrysoeriol 6,8－di－C－glucoside (stellarin－2)[7]、圣草枸橼苷 (eriocitrin)[8]；苯丙醇苷类成分：松柏苷 (coniferin)、丁香苷 (syringin)、枸橼苦素A、B、C、D (citrusins A－D)、methyl－3－(4－β－glucopyranosyl－3－methoxyphenyl)、methyl－3－[4－(6－O－α－glucopyranosyl－β－glucopyranosyl)－3－hydroxyphenyl][9-10]；柠檬苦素类成分：ichangin4－β－glucopyranoside、nomilinic acid 4－β－glucopyranoside[11]等；此外，还含有丰富的维生素A、B、B_2、B_3和C[1]等。

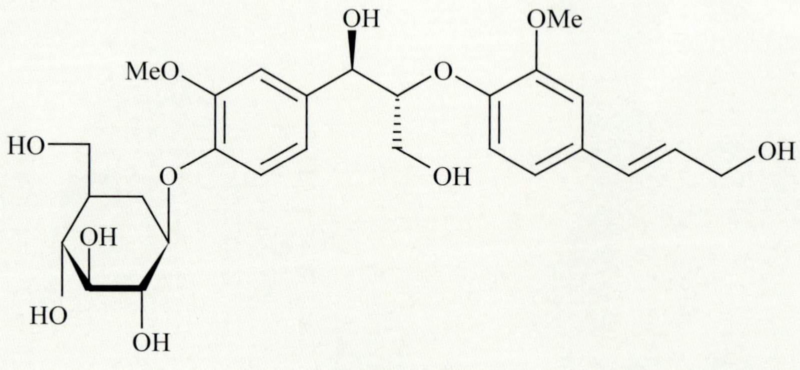

OH OMe MeO O HO O OH OH HO OH OH

citrusin A

药理作用

1. **对心血管系统的影响**

柠檬果醇提水溶液能明显而短暂地增加豚鼠离体心脏冠脉流量，其注射液能提高小鼠的缺氧耐受能力。柠檬果醇提水溶液对麻醉大鼠和麻醉家兔均具有明显而短暂的降血压作用，对麻醉狗的血压有短暂的先升压后降压的作用[12]。静脉注射柠檬皮提取液，对自发性高血压脑卒中大鼠有降血压作用[9]。

2. **抗氧化**

柠檬果甲醇提取物对二氢尼克酰胺腺嘌呤二核苷酸 (NADPH) 、二磷酸腺苷 (ADP) 诱导的大鼠肝脏微粒体脂质过氧化有明显抑制作用[13]。

3. **抗炎**

腹腔注射柠檬果皮黄酮类成分对角叉菜胶所致大鼠足趾肿胀有抑制作用[14]。

4. **抗病毒**

柠檬果皮所含的橙皮苷体外能抑制流感病毒[15]。柠檬提取物对新城疫病毒 (NDV) 及柯萨奇病毒B_3 (CVB_3) 有不同程度的体外杀灭和抑制作用[16]。

5. **抗肿瘤**

柠檬果实所含的香豆素类化合物能抑制巨噬细胞 RAW264.7 中的肿瘤激活因子[3]。

6. **其他**

柠檬果实所含的黄酮类化合物能促使白血病细胞 HL－60DNA 断裂[17]。从柠檬中提取的8－geranyloxypsolaren 、5－geranyloxy－7－methoxycoumarin 能抑制脂多糖 (LPS) 和干扰素导致的一氧化氮在小鼠巨噬细胞中的产生[3]。

应用

柠檬主要用于治疗维生素 C 缺乏导致的抵抗力弱 、坏血病 、感冒。

现代临床还用柠檬治疗发热 、风湿病 、疟疾和鸦片中毒。

柠檬皮也为中医临床用药。功能：行气，和胃，止痛。主治：脾胃气滞，脘腹胀痛，食欲不振。

评注

除柠檬皮外，柠檬汁和柠檬皮榨取所得柠檬油也入药。另外，柠檬的果实也用作中药柠檬，具有生津解暑，和胃安胎的功效，主治胃热伤津，中暑烦渴，食欲不振，脘腹痞胀，肺燥咳嗽，妊娠呕吐；柠檬的叶子用作中药柠檬叶，具有化痰止咳，理气和胃，止泻的功效，主治咳喘痰多，气滞腹胀，泄泻；柠檬的根用作中药柠檬根，具有行气活血，止痛，止咳的功效，主治胃痛，疝气痛，跌打损伤，咳嗽。

除柠檬外，黎檬 *Citris limonia* Osbeck 的果实也做柠檬入药，功效与柠檬相似，但黎檬的栽培量和市场流通量不及柠檬大。

柠檬常作为果品 、调味料 、饮品添加剂和保健品等。其化学成分研究的文献报道较多，部分成分已可化学合成，如柠檬酸 、柠檬烯等，其中柠檬烯制成滴丸或胶囊等制剂，具有松弛括约肌和降低胆压的作用，临床用于胆囊炎 、胆管炎 、胆结石等[18]。研究显示，柠檬的提取物及挥发油成分有杀蚊作用[19]，可进一步开发为驱蚊剂。

在食品工业弃置的柠檬皮中可提取果胶成分，而果胶是常用的工业食品增稠剂，因此，对充分利用柠檬皮这一丰富廉价的资源，有积极的意义[20]。

柠檬对皮肤有保健作用，可防止和清除肌肤中黑色素，常用于美白 、祛除雀斑等[21]，具有较好的开发前景。

柠檬 Ningmeng

参考文献

[1] Facts and Comparisons (Firm). The review of natural products (3-rd edition). Missouri: Facts and Comparisons. 2000: 437-438

[2] 朱晓兰，吕春伟．柠檬皮挥发性化学成分的气相色谱-质谱分析．安徽农业大学学报．2003，**30**(2)：224-226

[3] Y Miyake, A Murakami, Y Sugiyama, M Isobe, K Koshimizu, H Ohigashi. Identification of coumarins from lemon fruit [*Citrus limon* (L.) Burm. f.] as inhibitors of *in vitro* tumor promotion and superoxide and nitric oxide generation. *Journal of Agricultural and Food Chemistry*. 1999, **47**(8): 3151-3157

[4] P Dugo, L Mondello, E Cogliandro, A Cavazza, G Dugo. On the genuineness of citrus essential oils. Part LIII. Determination of the composition of the oxygen heterocyclic fraction of lemon essential oils [*Citrus limon* (L.) Burm. f.] by normal-phase high performance liquid chromatography. *Flavour and Fragrance Journal*. 1998, **13**(5): 329-334

[5] H Ziegler, G Spiteller. Coumarins and psoralens from Sicilian lemon oil [*Citrus limon* (L.) Burm. f.]. *Flavour and Fragrance Journal*. 1992, **7**(3): 129-139

[6] RM Horowitz, B Gentili. Flavonoids of citrus. IV. Isolation of some aglycons from the lemon [*Citrus limon* (L.) Burm. f.]. *Journal of Organic Chemistry*. 1960, **25**: 2183-2187

[7] A Gil-Izquierdo, MT Riquelme, I Porras, F Ferreres. Effect of the rootstock and interstock grafted in lemon tree [*Citrus limon* (L.) Burm. f.] on the flavonoid content of lemon juice. *Journal of Agricultural and Food Chemistry*. 2004, **52**(2): 324-331

[8] Y Miyake, K Yamamoto, T Osawa. Isolation of eriocitrin (eriodictyol 7-rutinoside) from lemon fruit [*Citrus limon* (L.) Burm. f.] and its antioxidative activity. *Food Science and Technology International*. 1997, **3**(1): 84-89

[9] Y Matsubara, T Yusa, A Sawabe, Y Lizuka, K Okamoto. Studies on physiologically active substances in citrus fruit peel. Part XX. Structure and physiological activity of phenyl propanoid glycosides in lemon [*Citrus limon* (L.) Burm. f.] peel. *Agricultural and Biological Chemistry*. 1991, **55**(3): 647-650

[10] A Sawabe, Y Matsubara, Y Lizuka, K Okamoto. Physiologically active substances in citrus fruit peels. XIII. Structure and physiological activity of phenyl propanoid glycosides in the lemon (*Citrus limon*), unshiu (*Citrus unshiu*), andkinkan (*Fortunella japonica*). *Nippon Nogei Kagaku Kaishi*. 1988, **62**(7): 1067-1071

[11] Y Matsubara, A Sawabe, Y Lizuka. Structures of new limonoid glycosides in lemon [*Citrus limon* (L.) Burm. f.] peelings. *Agricultural and Biological Chemistry*. 1990, **54**(5): 1143-1148

[12] 姚权瑞，陈柏遐．柠檬果对心血管系统作用的部分研究．桂林医学院学报．1990，**3**(1)：12-15

[13] H Tanizawa, Y Ohkawa, Y Takino, T Miyase, A Ueno, T Kageyama, S Hara. Studies on natural antioxidants in citrus species. I. Determination of antioxidative activities of citrus fruits. *Chemical and Pharmaceutical Bulletin*. 1992, **40**(7): 1940-1942

[14] NS Parmar, MN Ghosh. The antiinflammatory and anti-gastric ulcer activities of some bioflavonoids. *Bulletin of Jawaharlal Institute of Post-Graduate Medical Education and Research*. 1976, **1**(1): 6-11

[15] A Wacker, HG Eilmes. Antiviral activity of plant components. Part 1. Flavonoids. *Arzneimittel-Forschung*. 1978, **28**(3): 347-350

[16] 邱良雪，唐亮，高瑞霄，李晓眠．柠檬提取物对新城疫及柯萨奇病毒作用的实验研究．天津医科大学学报．2006，**12**(1)：30-33

[17] S Ogata, Y Miyake, K Yamamoto, K Okumura, H Taguchi. Apoptosis induced by the flavonoid from lemon fruit [*Citrus limon* (L.) Burm. f.] and its metabolites in HL-60 cells. *Bioscience, Biotechnology, and Biochemistry*. 2000, **64**(5): 1075-1078

[18] 邹玉繁，汪小根，黄艳萍．柠檬烯胶囊中柠檬烯的气相色谱测定．时珍国医国药．2005，**16**(1)：7

[19] MA Oshaghi, R Ghalandari, H Vatandoost, M Shayeghi, M Kamalinejad, H Tourabi-Khaledi, M Abolhassani, M Hashemzadeh. Repellent effect of extracts and essential oils of *Citrus limon* (L.) Burm. f. (Rutaceae) and *Melissa officinalis* L. (Labiatae) against main malaria vector, *Anopheles stephensi* (Diptera: Culicidae). *Iranian Journal of Public Health*. 2003, **32**(4): 47-52

[20] 王川，李丽．从柠檬皮中分离提取果胶的研究．中国食品添加剂．2006：47-49

[21] 沈尔安．柠檬的四大功效．中国保健食品．2003，**5**：49

秋水仙 Qiushuixian GCEM

百合科

Colchicum autumnale L.

Autumn Crocus

概述

百合科 (Liliaceae) 植物秋水仙 *Colchicum autumnale* L.，新鲜或干燥球茎入药。药用名：秋水仙。其干燥种子、新鲜花也可入药，药用名：秋水仙子、秋水仙花。

秋水仙属 (*Colchicum*) 植物全世界约有65种，分布于欧洲和亚洲。本种分布于英国及欧洲大部分地区。中国未见分布。

秋水仙球茎入药始载于《伦敦药典》(1618 年版)，种子入药始载于《伦敦药典》(1824 年版)。主产于英国、波兰、捷克、荷兰、塞尔维亚和黑山共和国。

秋水仙的种子、球茎和花均主要含生物碱类成分，秋水仙碱为指标性成分，也是特征性成分。可通过测定秋水仙碱的含量以控制药材的质量[1]。

药理研究表明，秋水仙具有抗炎、镇痛、抗纤维化、抗肿瘤等作用。

民间经验认为秋水仙具有抗炎、驱风止痛和缓解地中海热等功效。

秋水仙 *Colchicum autumnale* L.

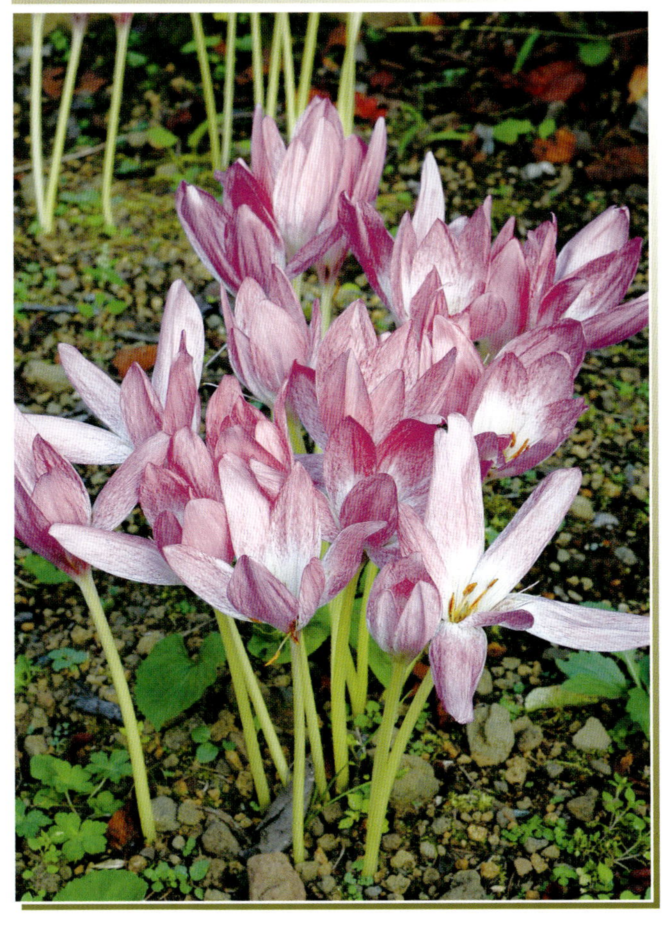

秋水仙 Qiushuixian

化学成分

秋水仙的种子含生物碱类成分：秋水仙碱 (colchicine)、秋水仙碱苷 (colchicoside)[2]、17－羟基秋水仙碱 (colchifoline)、2－脱甲基－17－羟基秋水仙碱 (2－demethylcolchifoline)、N－脱乙酰基－N－乙酰乙酰基秋水仙碱 (N－deacetyl－N－acetoacetylcolchicine)[3]、N－脱乙酰基－N－3－氧代丁酰基秋水仙碱 (N－deacetyl－N－3－oxobutyrylcolchicine)[4]。

秋水仙的球茎含生物碱类成分：秋水仙碱、2－脱甲基秋水仙碱 (2－demethylcolchicine)、2－脱甲基秋水仙胺 (2－demethyldemecolcine)、秋水仙胺 (demecolcine)、2－脱甲基－17－羟基秋水仙碱、2－脱甲基－β－光秋水仙碱 (2－demethyl－β－lumicolchicine)、β－光秋水仙碱 (β－lumicolchicine)[5]、秋水仙碱苷[6]、N－脱乙酰基秋水仙碱 (N－deacetylcolchicine)、N－甲基秋水仙胺 (N－methyldemecolcine)[7]。

秋水仙的花含生物碱类成分：秋水仙碱、2－脱甲基秋水仙碱、2－脱甲基秋水仙胺、2－脱甲基－17－羟基秋水仙碱、2－脱甲基－β－光秋水仙碱 (β－lumicolchicine)、β－光秋水仙碱 (2－demethyl－β－lumicolchicine)[8]、3－脱甲基秋水仙碱 (3－demethylcolchicine)、角秋水仙碱 (cornigerine)、3－脱甲基秋水仙胺 (3－demethyldemecolcine)、乙酰化－2－脱甲基－17－羟基秋水仙碱 (acetylated 2－demethylcolchifoline)、2－脱甲基－N－脱乙酰基－N－甲酰基秋水仙碱 (2－demethyl－N－deacetyl－N－formylcolchicine)、3－脱甲基－N－脱乙酰基－N－甲酰基秋水仙碱 (3－demethyl－N－deacetyl－N－formylcolchicine)[9]；黄酮类成分：木犀草素 (luteolin)、芹菜素 (apigenin)、木犀草素－7－葡萄糖苷 (luteolin－7－glucoside)、芹菜素－7－葡萄糖苷 (apigenin－7－glucoside)、木犀草素－7－双葡萄糖苷 (luteolin－7－diglucoside)、芹菜素－7－双葡萄糖苷 (apigenin－7－diglucoside)[10]。

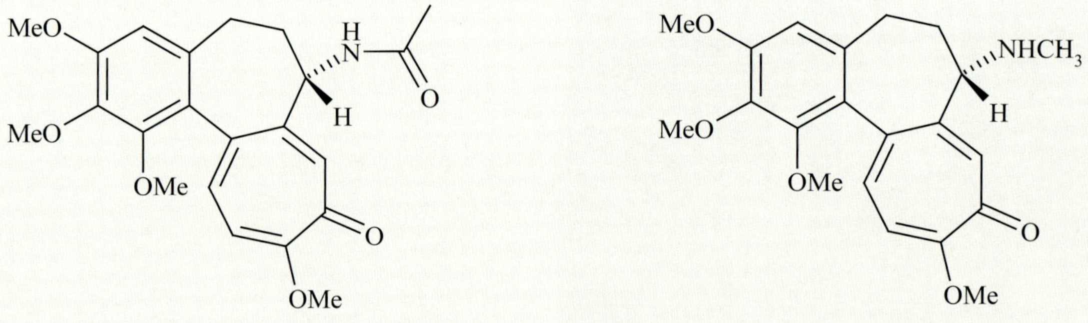

MeO MeO OMe H N O H O OMe

colchicine

MeO MeO OMe $NHCH_3$ H O OMe

demecolcine

药理作用

1. 抗炎、镇痛

秋水仙碱对尿酸钠所致的大鼠足趾肿胀有显著的抑制作用，并可促进35S与动脉、胃、肠、肾及皮肤等的结合[11]；秋水仙碱可减少慢性炎症小鼠由 $AgNO_3$ 所致的淀粉样 A 蛋白在脾上的沉积，以及急性炎症小鼠由淀粉样增加因子 (AEF) 所致的淀粉样 A 蛋白在脾上的沉积[12]；秋水仙碱体外能改变人脐静脉上皮细胞 (HUVEC) 基因的表达，通过微管间的相互作用和转录水平的改变产生抗炎作用[13]；此外，秋水仙碱还可抑制炎症细胞的浸润[14]。甩尾实验法表明，秋水仙碱为阿片受体长效阻滞剂，经侧脑室给药对大鼠有持续的镇痛作用[15]；高台迷宫实验表明，秋水仙碱可减轻痛风大鼠的炎症和疼痛，主要通过抑制炎症部位粒细胞迁移和中断炎症周期起效[16]。

2. **抗纤维化**

(1) **抗肺纤维化** 秋水仙碱体外可抑制人胚肺二倍体纤维母细胞增生，并诱导其凋亡[17]；秋水仙碱灌胃对油酸所致的大鼠急性肺损伤的肺部微血管增加有抑制作用[18]。

(2) **抗肝纤维化** 秋水仙碱灌胃可明显降低血吸虫感染小鼠肝内 III 型和 VI 型胶原蛋白的含量，有抗纤维化作用[19]；秋水仙碱灌胃能抑制免疫性肝纤维化模型大鼠肝脏金属蛋白酶组织抑制因子－1 (TIMP－1) 的表达、脂质过氧化反应和肿瘤坏死因子α (TNF－α) 的产生，增加间质胶原酶的活性，促进 I、III 型胶原蛋白的降解，产生抗肝纤维化作用[20-22]。

(3) **抗肾纤维化** 秋水仙碱体外对人肾脏成纤维细胞 (FB) 产生和分泌炎症因子转化生长因子－β_1 (TGF－β_1) 具有明显的抑制作用，对白介素－1β (IL－1β) 的产生和分泌有促进作用，此外，还可抑制人肾脏FB分泌III型和VI型胶原蛋白等细胞外基质[23]。秋水仙碱腹腔注射对单侧输尿管结扎 (UUO) 大鼠细胞表型改变有显著抑制作用[24]，使其促纤维化因子和炎性细胞浸润减少，间质纤维化指数和间质 III 型胶原蛋白阳性表达指数降低，还能保护损伤的肾小管[25-26]。

3. **抗肿瘤**

体内与体外实验均表明，秋水仙碱对淋巴细胞性白血病 P388 具有直接细胞毒作用[27]。秋水仙碱体内可抑制大鼠移植性前列腺癌细胞 MLL 的生长[28]。秋水仙碱体外可通过抑制微管的聚合使胶质瘤细胞 C_6 基础糖摄取和卡巴可刺激的葡萄糖摄取下降[29]。秋水仙碱体外还有放射致敏作用，低剂量时对人肝癌细胞的放射化疗有协同作用，可增强放射对癌细胞生长的抑制作用[30]。秋水仙碱体外对人结肠癌细胞也有抗肿瘤作用，但易产生多药耐药性 (MDR)，这与增加癌细胞中P－糖蛋白、谷胱甘肽 (GSH) 和谷胱甘肽 S－转移酶 (GST) 的含量有关[31]。

4. **对细胞因子分泌的影响**

秋水仙凝集素 (CAA) 可引起小鼠 CD_4^+和CD_8^+ T 淋巴细胞部分的增殖，促进 IL－2、IL－5 和干扰素γ (IFN－γ) 等细胞因子的表达[32]。秋水仙碱体外可抑制 LPS 刺激人单核细胞分泌 17kD TNF－α、膜相关 26kD TNF－α和 IL－1α，促进 IL－1β的分泌[33]。秋水仙碱给小鼠尾静脉注射可增强小鼠巨噬细胞的吞噬功能，促进巨噬细胞分泌 TNF[34]。秋水仙碱体外能通过抑制 TNF－α mRNA 的转录，从而抑制 LPS 诱导的巨噬细胞的 TNF－α 基因表达[35]。

5. **对心血管系统的影响**

秋水仙碱给大鼠腹腔注射，能有效抑制心肌肥厚的发生与发展，还能显著下调心肌肥厚相关因子的表达[36]。

6. **其他**

雄性小鼠腹腔注射秋水仙胺可引起生殖细胞减数分裂延迟[37]。

应用

秋水仙较少内服，内服时主要用于急性痛风和家族性地中海热的治疗。曾用于皮肤癌、湿疣、牛皮癣、坏死性血管炎、腱鞘炎、胃肠道痉挛、肝硬化、急慢性白血病等病的治疗。

秋水仙为提取秋水仙碱的主要原料。秋水仙碱现代临床主要用于急性痛风、地中海热、白血病、前列腺癌等病的治疗。

评注

秋水仙已较少直接使用，主要用于提取秋水仙碱。《欧洲药典》(第 5 版)、《英国药典》(2002 年版)、《美国药典》(第28版) 和《中国药典》(2005 年版) 均收载秋水仙碱。由于秋水仙碱的用量较大，现多为化学合成品。

秋水仙 Qiushuixian

秋水仙有剧毒，其毒性成分和有效成分均为秋水仙碱。秋水仙在治疗剂量下也易发生胃痛、腹泻、恶心、呕吐等副作用，偶有胃肠道出血发生。长期服用可见肝肾损伤、脱发、周边神经炎、肌病、骨髓损伤等。秋水仙碱也是一种神经毒性药物，主要与微管相结合，抑制轴浆运输，导致神经元去营养退化死亡，给大鼠侧脑室注射可诱导脑的胶质细胞一过性表达巢蛋白，导致基底前脑巢蛋白神经元一过性减少[38-39]。秋水仙碱对急性痛风性关节炎有选择性的消炎作用，对一般的疼痛、炎症及慢性痛风均无明显效果，加上其毒性较大，使用时应多加注意。

参考文献

[1] G Forni, G Massarani. High-performance liquid chromatographic determination of colchicine and colchicoside in colchicum (*Colchicum autumnale* L.) seeds on a home-made stationary phase. *Journal of Chromatography*. 1977, **131**: 444-447

[2] A Poutaraud, P Girardin. Alkaloids in meadow saffron, *Colchicum autumnale* L. *Journal of Herbs, Spices & Medicinal Plants*. 2002, **9**(1): 63-79

[3] D Glavac, M Ravnik-Glavac. Colchifoline, N-deacetyl-N-acetoacetylcolchicine and their 2-demethylderivatives in seeds and leaves of *Colchicum autumnale* L. *Acta Pharmaceutica Jugoslavica*. 1991, **41**(3): 243-249

[4] F Santavy, P Sedmera, J Vokoun, S Dvorackova, V Simanek. Substances from the plant of the subfamily Wurmbaeoideae and their derivatives. XCIII. N-Deacetyl-N-(3-oxobutyryl) colchicine, an alkaloid from *Colchicum autumnale* L. seeds. *Collection of Czechoslovak Chemical Communications*. 1983, **48**(10): 2989-2993

[5] 何红平，胡琳，刘复初．秋水仙的化学成分．化学研究与应用．1999，**11**(5)：509-510

[6] K Yoshida, T Hayashi, K Sano. Colchicoside in *Colchicum autumnale* bulbs. *Agricultural and Biological Chemistry*. 1988, **52**(2): 593-594

[7] Y Mimaki, N Ishibashi, M Komatsu, Y Sashida. Studies on the chemical constituents of *Gloriosa rothschildiana* and *Colchicum autumnale*. *Shoyakugaku Zasshi*. 1991, **45**(3): 255-260

[8] 何红平，刘复初，胡琳，朱洪友．秋水仙花生物碱．云南植物研究．1999，**21**(3)：364-368

[9] V Malichova, H Potesilova, V Preininger, F Santavy. Substances from plants of the subfamily Wurmbaeoideae and their derivatives. Part LXXXV. Alkaloids from the leaves and flowers of *Colchicum autumnale*. *Planta Medica*. 1979, **36**(2): 119-127

[10] L Skrzypczakowa. Flavonoids in the family Liliaceae. III. Flavone derivatives in the flowers of *Colchicum autumnale*. *Dissertationes Pharmaceuticae et Pharmacologicae*. 1968, **20**(5): 551-556

[11] CW Denko, MW Whitehouse. Effects of colchicine in rats with urate crystal-induced inflammation. *Pharmacology*. 1970, **3**(4): 229-242

[12] SR Brandwein, JD Sipe, M Skinner, AS Cohen. Effect of colchicine on experimental amyloidosis in two CBA/J mouse models. Chronic inflammatory stimulation and administration of amyloid-enhancing factor during acute inflammation. *Laboratory Investigation*. 1985, **52**(3): 319-325

[13] E Ben-Chetrit, S Bergmann, R Sood. Mechanism of the anti-inflammatory effect of colchicine in rheumatic diseases: a possible new outlook through microarray analysis. *Rheumatology*. 2006, **45**(3): 274-282

[14] RJ Griffiths, SW Li, BE Wood, A Blackham. A comparison of the anti-inflammatory activity of selective 5-lipoxygenase inhibitors with dexamethasone and colchicine in a model of zymosan induced inflammation in the rat knee joint and peritoneal cavity. *Agents and Actions*. 1991, **32**(3-4): 312-320

[15] VG Motin. Influence of colchicine on the analgetic effects of morphine and DADL in the rat. *Byulleten Eksperimental'noi Biologii i Meditsiny*. 1990, **110**(8): 168-170

[16] E Kurtskhalia, L Gvenetadze, D Apkhazava, V Chikvaidze. Effect of colchicine on animal behavior in the elevated platform-maze. *Sakartvelos Mecnierebata Akademiis Macne, Biologiis Seria A*. 2004, **30**(5): 637-641

[17] 顾忠民，马忠森．秋水仙碱对人胚肺二倍体纤维母细胞生长的影响．中国药物与临床．2003，**3**(3)：258-260

[18] 李燕芹，刘斌，徐佳波．秋水仙碱和反应停对急性肺损伤时肺部微血管的影响．上海第二军医大学学报．2004，**24**(Suppl)：25-27

[19] 施光峰，翁心华，徐肇玥，马瑾瑜．秋水仙碱对血吸虫病肝纤维化小鼠肝脏I, III, VI型胶原蛋白表达的影响．中华传染病杂志．2000，**18**(3)：180-182

[20] 杨长青，胡国龄，周文红，谭德明，张铮．秋水仙碱对肝纤维化大鼠肝脏基质金属蛋白酶-1及其抑制因子-1表达的影响．中华传染病杂志．2000，**18**(3)：176-177

[21] 谢娟，张惠娜，黄能慧，李诚秀．秋水仙碱对免疫性肝纤维化的防治作用．贵州医药．2002，**26**(10)：885-887

[22] 鲁福德，王林，李月华，许小波．秋水仙碱对大鼠免疫性肝纤维化中肿瘤坏死因子的影响．河南职工医学院学报．2004，**16**(2)：110-111

[23] 黄文彦，孙骅，潘晓勤，费莉，郭梅，鲍华英，陈荣华，姜新猷．秋水仙碱对成纤维细胞产生细胞因子以及分泌细胞外基质的影响．中华儿科杂志．2004，**42**(7)：524-528

[24] 黄文彦，孙骅，潘晓勤，费莉，郭梅，张爱华，吴元俊，黄松明，陈荣华，姜新猷．秋水仙碱对肾间质纤维化大鼠细胞表型改变的影响．肾脏病与透析肾移植杂志．2003，**12**(10)：427-431

[25] 黄文彦，陈荣华，郭梅，潘晓勤，费莉，吴元俊，张爱华，鲍华英．微管解聚剂秋水仙碱抗肾间质纤维化的研究．南京医科大学学报．2002，**22**(4)：337-338

[26] 黄文彦，孙骅，潘晓勤，费莉，郭梅，张爱华，吴元俊，黄松明，陈荣华，姜新猷．秋水仙碱对肾间质纤维化防治作用的实验研究．临床肾脏病杂志．2004，**4**(1)：21-24

[27] D Todorov, M Ilarionova, K Maneva, K Silyanovska. Effect of the alkaloids emetine and colchicine on tumor cells in "*in vitro-in vivo*" experiments. *Problemi na Onkologiyata.* 1983, **11**: 31-35

[28] M Fakih, A Yagoda, T Replogle, JE Lehr, KJ Pienta. Inhibition of prostate cancer growth by estramustine and colchicine. *Prostate.* 1995, **26**(6): 310-315

[29] 李方成，郭希高，陶宗玉，林吉惠，钟志光，谭平国．秋水仙素对C6胶质瘤细胞葡萄糖摄取的影响．中华实验外科杂志．2003，**20**(2)：141-142

[30] CY Liu, HF Liao, SC Shih, SC Lin, WH Chang, CH Chu, TE Wang, YJ Chen. Colchicine sensitizes human hepatocellular carcinoma cells to damages caused by radiation. *World Journal of Gastroenterology.* 2005, **11**(27): 4237-4240

[31] MJ Ruiz-Gomez, A Souviron, M Martinez-Morillo, L Gil. P-glycoprotein, glutathione and glutathione S-transferase increase in a colon carcinoma cell line by colchicine. *Journal of Physiology and Biochemistry.* 2000, **56**(4): 307-312

[32] V Bemer, EJM Van Damme, WJ Peumans, R Perret, P Truffa-Bachi. *Colchicum autumnale* agglutinin activates all murine T lymphocytes but does not induce the proliferation of all activated cells. *Cellular Immunology.* 1996, **172**(1): 60-69

[33] 李卓娅，D Gensa．秋水仙碱对单核细胞产生细胞因子的影响．上海免疫学杂志．1996，**16**(3)：129-133

[34] 孙惠华，尹岚，王胜军，成静，臧磊．秋水仙素对巨噬细胞功能影响的实验研究．镇江医学院学报．1997，**7**(4)：395，397

[35] 李卓娅，D Gensa，冯新为．秋水仙碱对肿瘤坏死因子-α基因表达的影响．中国微生物学和免疫学杂志．1996，**16**(2)：108-112

[36] 孔俊英，于波．秋水仙碱对大鼠心肌肥厚及相关因子表达的影响．中国地方病学杂志．2005，**24**(6)：597-599

[37] 史庆华，ID Adler，张锡然，张坚宣，陈宜峰．秋水仙胺 (colcemid) 诱发雄性小鼠生殖细胞减数分裂延迟和非整倍体的研究．实验生物学报．1997，**30**(3)：293-301

[38] 周立兵，袁群芳，阮奕文，姚志彬．侧脑室注射秋水仙素诱导大鼠脑巢蛋白的表达．解剖学杂志．2002，**24**(3)：197-199

[39] 阮奕文，周立兵，姚志彬．秋水仙素对大鼠基底前脑Nestin阳性神经元的影响．解剖科学进展．2003，**9**(2)：105-108

铃兰 Linglan^GCEM

Convallaria majalis L.

Lily-of-the-Valley

概述

百合科 (Liliaceae) 植物铃兰*Convallaria majalis* L.，其干燥带花全草或根及根茎入药。药用名：铃兰。

铃兰属 (*Convallaria*) 植物全世界仅有 1 种，分布于北温带地区。本种分布于欧洲、北美洲、朝鲜半岛、日本；中国东北、华北、西北、浙江和湖南有分布。

铃兰做药用约于公元 4 世纪开始有记载。主产于欧洲、北美洲和亚洲北部地区[1]。

铃兰主要含强心苷类 (cardiac glycosides) 成分，其中铃兰毒苷为有效成分，也是有毒成分。另外还含有固醇皂苷类和黄酮类成分。

药理研究表明，铃兰具有强心作用。

民间经验认为铃兰具有强心的功效；中医理论认为铃兰具有温阳利水，活血祛风的功效。

铃兰 *Convallaria majalis* L.

药材铃兰 Herba Convallariae

化学成分

铃兰的全草或地上部分含强心苷类成分：铃兰苷 (convalloside)、新铃兰苷 (neoconvalloside)、locundeside、convallatoxoloside、neoconvallatoxoloside[2]、铃兰毒苷 (convallatoxin)、locundioside[3]、毕平多苷元-6-去氧古洛糖苷 (bipindogulomethyloside)、葡萄糖洛孔二糖苷 (glucolocundioside)、葡萄糖毕平多古罗甲基糖苷 (glucobipindogulomethyloside)[4]、杠柳阿洛糖苷 (peripalloside)、strophanolloside、毒毛旋花子阿洛糖苷 (strophalloside)[5]、去葡萄糖墙花毒醇 (deglucocheirotoxol)、杠柳古洛糖苷 (periguloside)[6]、杠柳鼠李糖苷 (periplorhamonoside)、去葡萄糖墙花毒苷 (deglucocheirotoxin)、毒毛旋花子醇古洛糖苷 (deglucocheirotoxol)、铃兰毒醇苷 (convallatoxol)、毕平多苷元鼠李糖苷 (lokundjoside)[7]、convallotin、葡萄糖铃兰苷 (glucoconvalloside)、vallarotoxin、铃兰种苷 (majaloside)、墙花毒苷 (cheirotoxin)、墙花毒醇 (cheirotoxol)、glucoconvallatoxoloside[8]、坎纳醇-3-O-α-L-鼠李糖苷 (cannogenol-3-O-α-L-rhamnoside)、坎纳醇-3-O-β-D-鼠李糖苷 (cannogenol-3-O-β-D-allomethyloside)[9]、沙门苷元鼠李糖苷 (sarhamnoloside)、沙门西苷元鼠李糖苷 (tholloside)[10]、19-氢化灰毛糖芥强心苷 (canesceol)[11]、neoconvallatoxoloside[12]、万年青苷A (rhodexin A)、万年青新苷 (rhodexoside)[13]、铃兰皂苷A、B、D、E (convallasaponins A-B, D-E)[14-16]、葡萄糖铃兰皂苷A、B (convallasaponins A-B)[14]；强心苷元类成分：杠柳苷元 (periplogenin)、毒毛旋花子苷元 (strophanthidin)、毒毛旋花子醇 (strophanthidol)[5]；黄酮类成分：异鼠李素 (isorhamnetin) 及其糖苷[17]、金丝桃苷 (hyperoside)[18]、生物槲皮素 (bioquercetin)、铃兰黄酮苷 (keioside)[19]等。此外，还分离到胆碱 (choline)[20]和吖丁啶-2-羧酸 (azetidine-2-carboxylic acid)[21]。

铃兰的根及根茎含甾体皂苷类成分：欧铃兰皂苷元 (convallamarogenin)[22]、铃兰苦苷 (convallamaroside)[23]、加那利苷元-3-O-α-L-吡喃鼠李糖基-(1→5)-O-β-D-呋喃木糖苷 [canarigenin-3-O-α-L-rhamnopyranosyl-(1→5)-O-β-D-xylofuranoside][24]。

铃兰 Linglan

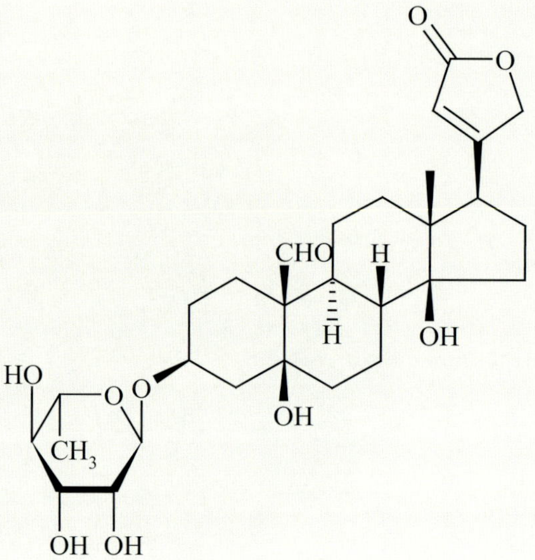

convallatoxin

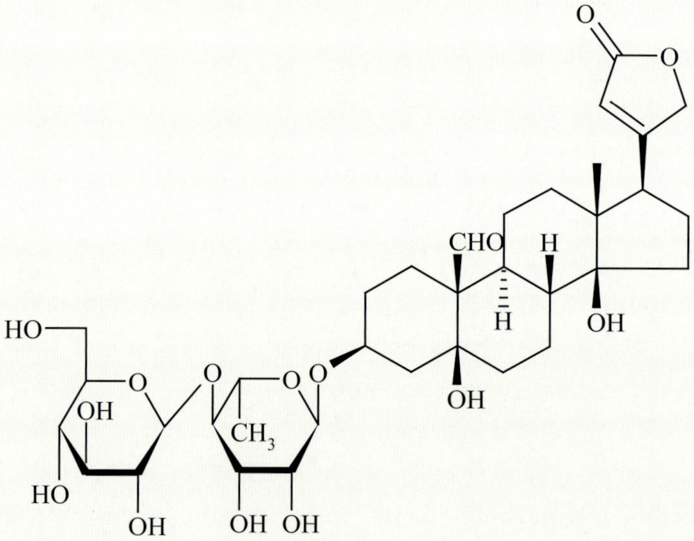

convalloside

药理作用

1. 对心脏的影响

离体蟾蜍心脏实验表明，铃兰水提液对 $CaCl_2$ 引起的心肌收缩有较强的恢复作用，能加强心脏的搏动，有强心作用[25]。铃兰毒苷给大鼠肌肉注射可降低心肌线粒体对氧的摄取，减少心肌膜中脂质、β-脂蛋白及游离脂肪酸的含量，增加线粒体的磷氧比值、心脏的脂解活性、细胞内 Na^+ 水平以及细胞外 K^+ 水平[26-27]。此外，小剂量铃兰毒苷静脉注射能使小鼠心肌微血管面积增大、心肌营养性血流量增加，而大剂量则使小鼠心肌微血管面积缩小、心肌营养性血流量减少[28]。铃兰毒苷对离体兔心脏表面希氏束电活动也有影响，可通过延长房室结的有效不应期，对抗过速性、室上性不规则心律失常[29]。

2. **抗肿瘤**
铃兰苦苷可显著抑制小鼠体内由人肾肿瘤细胞或小鼠肉瘤细胞引起的肿瘤血管增生，有抗血管形成活性[23]。

3. **利尿**
铃兰所含的黄酮类成分对犬、大鼠、小鼠均有轻微的利尿作用，但对尿中的电解质水平无影响[30]。

4. **其他**
铃兰还具有解痉[30]、抗风湿[31]、利胆、镇静等作用。

应用

铃兰在西方主要用于治疗心律不整、心功能不全、神经性心脏病等。民间曾用于癫痫、水肿、中风、麻风病、结膜炎等病，由于铃兰毒性较大，现已较少使用。

铃兰也为中医临床用药。功能：温阳利水，活血祛风。主治：充血性心脏衰竭，风湿性心脏病，阵发性心动过速，浮肿。

评注

铃兰富含强心苷，其中铃兰毒苷为有效成分之一，但也为毒性成分，使用时应注意用量。铃兰所含的固醇皂苷类成分结构相似，是否可从中寻找到具强心作用的高效低毒的成分，值得进一步探讨。

铃兰植株矮小，幽雅清丽，芳香宜人，除药用外，还是一种优良的地被和盆栽观赏植物。

参考文献

[1] M Grieve. A modern herbal. New York: Dover Publications, Inc. 1971: 1-5

[2] NF Komissarenko, EP Stupakova. Neoconvalloside-a cardenolide glycoside from plants of the genus *Convallaria*. *Khimiya Prirodnykh Soedinenii*. 1986, **2**: 201-204

[3] M Hipsz, J Kowalski, H Strzelecka. Cardenolide glycosides of *Convallaria majalis*. II. Determination of convallatoxin and locundioside. *Acta Poloniae Pharmaceutica*. 1975, **32**(6): 695-701

[4] Y Buchvarov. Cardenolides of *Convallaria majalis*. Isolation of bipindogenin cardiac glycosides. *Farmatsiya*. 1979, **29**(2): 30-32

[5] W Kubelka, B Kopp, K Jentzsch. Weakly polar cardenolides from *Convallaria majalis*. Allomethyloses as sugar components of Convallaria glycosides. 13. Convallaria glycosides. *Pharmaceutica Acta Helvetiae*. 1975, **50**(11): 353-359

[6] W Kubelka. Convallaria glycosides: deglucocheirotoxol and periguloside. 11. Cardenolide glycosides of *Convallaria majalis*. *Planta Medica*. 1971, **5**: 153-159

[7] E Kukkonen. Isolation of cardiac glycosides from the lily of the valley, *Convallaria majalis*. *Farmaseuttinen Aikakauslehti*. 1969, **78**(10): 213-36

[8] W Kubelka, M Wichtl. New glycosides from *Convallaria majalis*. *Naturwissenschaften*. 1963, **50**: 498

[9] B Schenk, P Junior, M Wichtl. Cannogenol-3-O-α-L-rhamnoside and cannogenol-3-O-β-D-allomethyloside, two new cardiac glycosides from *Convallaria majalis*. *Planta Medica*. 1980, **40**(1): 1-11

[10] B Kopp, W Kubelka. New cardenolides of Convallaria majalis. 14. Convallaria glycosides: bipindogenin, sarmentologenin and sarmentosigenin glycosides. *Planta Medica*. 1982, **45**(2): 87-94

[11] Y Buchvarov. Cardenolides of *Convallaria majalis*. VIII. Isolation of sarmentologenin cardiac glycosides. *Farmatsiya*. 1984, **34**(3): 6-14

[12] Y Bochvarov, NF Komissarenko. Neoconvallatoxoloside-cardenolide glycoside from *Convallaria majalis*. *Khimiya Prirodnykh Soedinenii*. 1977, **4**: 537-541

[13] W Kubelka, S Eichhorn-Kaiser. *Convallaria glycosides*. 10. Sarmentogenin glycosides in *Convallaria majalis*. Isolation of rhodexin A

and rhodexoside. *Pharmaceutica Acta Helvetiae.* 1970, **45**(8): 513-519

[14] M Kimura, M Tohma, I Yoshizawa, H Akiyama. Constituents of Convallaria. X. Structures of convallasaponin-A, -B, and their glycosides. *Chemical & Pharmaceutical Bulletin.* 1968, **16**(1): 25-33

[15] M Kimura, M Tohma, I Yoshizawa. Constituents of Convallaria. XI. Structure of convallasaponin-D. *Chemical & Pharmaceutical Bulletin.* 1968, **16**(7): 1228-1234

[16] M Kimura, M Tohma, I Yoshizawa, A Fujino. Constituents of Convallaria. XII. Convallasaponin-E (diosgenin triarabinoside). *Chemical & Pharmaceutical Bulletin.* 1968, **16**(11): 2191-2194

[17] J Malinowski, H Strzelecka. Flavonoids in *Convallaria majalis* herb. *Acta Poloniae Pharmaceutica.* 1976, **33**(6): 767-776

[18] H Strzelecka, J Malinowski. Flavonoid compounds in Convallaria herb. *Acta Poloniae Pharmaceutica.* 1972, **29**(3): 351-352

[19] NF Koimissarenko, EP Stupakova, EV Vinnik, LY Sirenko, VV Zinchenko. Flavonoids of leaves of *Convallaria keiskei* Miq. and *C. majalis* L. *Rastitel'nye Resursy.* 1992, **28**(1): 82-91

[20] RAF Laufke. Choline in *Convallaria majalis. Pharmazeutische Zentralhalle fuer Deutschland.* 1957, **96**: 452-453

[21] 刘惠文．药用植物铃兰中吖丁啶-2-羧酸的测定．色谱．1999，**17**(4)：410-412

[22] J Nartowska, H Strzelecka. Steroid saponins in roots and rhizomes of *Convallaria majalis.* I. Isolation of saponides. *Acta Poloniae Pharmaceutica.* 1983, **40**(5-6): 649-656

[23] J Nartowska, E Sommer, K Pastewka, S Sommer, E Skopinska-Rozewska. Anti-angiogenic activity of convallamaroside, the steroidal saponin isolated from the rhizomes and roots of *Convallaria majalis* L. *Acta Poloniae Pharmaceutica.* 2004, **61**(4): 279-282

[24] VK Saxena, PK Chaturvedi. A novel cardenolide, canarigenin-3-O-α-L-rhamnopyranosyl-(1→5)-O-β-D-xylofuranoside, from rhizomes of *Convallaria majalis. Journal of Natural Products.* 1992, **55**(1): 39-42

[25] 宫汝淳，马晓红．铃兰提取液对蟾蜍心肌活动的影响．通化师院学报．2000，**2**：37-39

[26] NM Dmitrieva, NA Gorchakova, RD Samilova, KI Rubchinskaya. Action of convallatoxin on some aspects of myocardial exchange in intact rats. *Farmakologiya i Toksikologiya.* 1971, **6**: 50-53

[27] IF Polyakova. Effect of strophanthin and convallatoxin on the lipid metabolism of the myocardium. *Farmakologiya i Toksikologiya.* 1974, **37**(6): 685-687

[28] 石琳，吴婵群，王道生，刘世增，李尹民，陈星织．铃兰毒苷和哇巴因对心肌微血管床的影响．药学学报．1982，**17**(4)：241-244

[29] 汤德生，刘学技，顾培坤，张怡平，金正均．铃兰毒苷对离体兔心脏表面希氏束电活动的影响．上海第二医科大学学报．1985，**5**(5)：42-44

[30] K Szpunar, A Elbanowska, L Skrzypczakowa, M Ellnain-Wojtaszek. Pharmacological evaluation of flavonoids from lily of the valley *Convallariae majalis* L. *Herba Polonica.* 1976, **22**(2): 163-166

[31] L Klabusay, M Kroutil, J Lenfeld, K Trnavsky, M Vykydal, J Zemanek. Experimental and clinical re-evaluation of the antirheumatic effect of *Convallaria majalis* and *Adonis vernalis. Casopis Lekaru Ceskych.* 1955, **94**: 738-742

芫荽 Yansui •EP, BP, BHP, GCEM

伞形科

Coriandrum sativum L.

Coriander

概述

伞形科 (Apiaceae) 植物芫荽 *Coriandrum sativum* L.，其干燥果实入药。药用名：胡荽子。

芫荽属 (*Coriandrum*) 植物全世界仅 2 种，分布于地中海区域。中国有 1 种，供药用。本种原产地中海地区，现全世界温带地区广泛栽培。

芫荽最早为古希腊传统药物，公元前 4 世纪，古希腊医学之父希波克拉底 (Hippocrates) 曾使用过芫荽，罗马学者和博物学家老普林尼 (Pliny the Elder) 指出，将芫荽涂在痛处可用于治疗烧伤 、痈等，加入人乳可清洗眼睛。芫荽后传入大不列颠，于汉朝传入中国。“ 胡荽 ” 药用之名，始载于《食疗本草》。历代本草多有著录，古今药用品种一致。《欧洲药典》（第 5 版）和《英国药典》（2005 年版）收载本种为胡荽子的法定原植物来源种。主产于摩洛哥和欧洲东部。

芫荽主要含挥发油 、脂肪酸和黄酮类成分，其中挥发油为主要活性成分。《欧洲药典》和《英国药典》采用水蒸气蒸馏法测定，规定挥发油含量不得少于 3.0mL/kg，以控制药材质量。

药理研究表明，芫荽果实具有抗菌 、抗铝沉积 、促毛发生长和降血脂等作用。

民间经验认为胡荽子具有驱风和兴奋的功效；芫荽茎叶作蔬菜或香料，有健胃消食的功效；中医理论认为胡荽子具有驱风，透疹，健胃和祛痰的功效。

芫荽 *Coriandrum sativum* L.

芫荽 Yansui

药材胡荽子 Fructus Coriandri

化学成分

芫荽的果实主要含挥发油：月桂烯(myrcene)、芳樟醇(d－linalool)、香茅醇(citronellol)、香叶醇(geraniol)、黄樟素(safrole)、α－松油基醋酸盐(α－terpinyl acetate)、香叶醇乙酸酯(geranyl acetate)[1]、γ－松油烯(γ－terpinene)、α－蒎烯(α－pinene)、柠檬烯(limonene)、2－正癸醛(2－decenal)[2]；三萜类成分：coriandrinonediol[3]；苷类成分：(3S,6E)－8－羟基芳樟醇3－O－β－D－(3－O－钾代磺基)吡喃葡糖苷[(3S,6E)－8－hydroxylinalool－3－O－β－D－(3－O－potassium sulfo) glucopyranoside]、(3S)－8－羟基－6,7－二氢芳

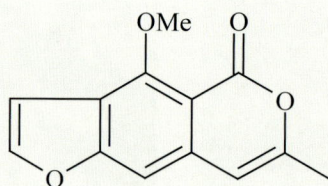

coriandrin

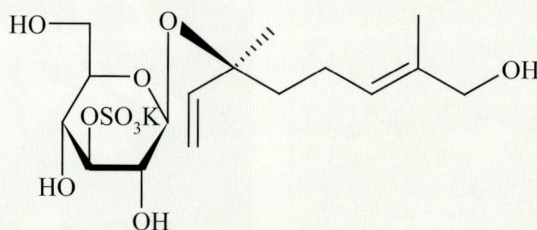

(3S,6E)－8－hydroxylinalool 3－O－β－D－(3-O-potassium sulfo) glucopyranoside

樟醇3－O－β－D－吡喃葡糖苷［(3S)－8－hydroxy－6,7－dihydrolinalool－3－O－β－D－glucopyranoside］、(3S,6S)－6,7－二羟基－6,7－二氢芳樟醇［(3S,6S)－6,7－dihydroxy－6,7－dihydrolinalool］、(3S,6R)－6,7－二羟基－6,7－二氢芳樟醇［(3S,6R)－6,7－dihydroxy－6,7－dihydrolinalool］、(3S,6S)－6,7－二羟基－6,7－二氢芳樟醇3－O－β－D－吡喃葡糖苷［(3S,6S)－6,7－dihydroxy－6,7－dihydrolinalool 3－O－β－D－glucopyranoside］、(3S,6R)－6,7－二羟基－6,7－二氢芳樟醇3－O－β－D－吡喃葡糖苷［(3S,6R)－6,7－dihydroxy－6,7－dihydrolinalool 3－O－β－D－glucopyranoside］、(3S,6R)－6,7－二羟基－6,7－二氢芳樟醇3－O－β－D－(3－O－钾代磺基)吡喃葡糖苷［(3S,6R)－6,7－dihydroxy－6,7－dihydrolinalool 3－O－β－D－(3－O－potassium sulfo)glucopyranoside］、(1R,4S,6S)－6－羟基樟脑β－D－呋喃芹菜糖基－(1→6)－β－D－吡喃葡糖苷［(1R,4S,6S)－6－hydroxycamphor－β－D－apiofuranosyl－(1→6)－β－D－glucopyranoside］、(1'S)－1'－(4－羟苯基)乙烷－1',2'－二醇－2'－O－β－D－呋喃芹菜糖基－(1→6)－β－D－吡喃葡糖苷［(1'S)－1'－(4－hydroxyphenyl)ethane－1',2'－diol－2'－O－β－D－apiofuranosyl－(1→6)－β－D－glucopyranoside］、(1'R)－1'－(4－羟苯－3,5－二甲氧基苯基)丙－1'－醇4－O－β－D－吡喃葡糖苷［(1'R)－1'－(4－hydroxyphenyl－3,5－dimethoxyphenyl)propan－1'－ol 4－O－β－D－glucopyranoside］[4]。

芫荽的茎叶含挥发油：β－紫罗兰酮(β－ionone)、丁香酚(eugenol)、E－2－正癸醛(E－2－decenal)、E－2－decen－1－ol[5]；香豆素类成分：芫荽异香豆精(coriandrin)、二氢芫荽异香豆精(dihydrocoriandrin)[6]、芫荽异香豆酮A、B、C、D、E(coriandrones A－E)[7-8]、佛手柑内酯(bergapten)、欧前胡内酯(imperatorin)、伞形花内酯(umbelliferone)、花椒毒酚(xanthotoxol)、东莨菪内酯(scopoletin)[9]；黄酮类成分：芦丁(rutin)、异槲皮素(isoquercitin)、槲皮素－3－葡萄糖醛酸苷(quercetin－3－glucuronide)[10]；酚酸类成分：咖啡酸(caffeic acid)、阿魏酸(ferulic acid)、没食子酸(gallic acid)、绿原酸(chlorogenic acid)[11]。

药理作用

1. **抗菌**

芫荽挥发油对大肠杆菌、巨大芽孢杆菌、单核细胞增多性李司特菌、格雷李斯特菌、良性李斯特菌、斯氏李斯特杆菌、弯孢霉属、尖孢镰刀菌、串珠镰刀菌、土曲霉菌有显著抑制作用[12-14]。芫荽新鲜叶中的脂肪烷类对猪霍乱沙门氏菌有抑制作用，其中E－2－正癸醛的抗菌效果最强[15]。

2. **对血管平滑肌的影响**

通过对大鼠离体下肢灌流、离体兔耳灌流及离体主动脉条实验，发现芫荽挥发油能明显对抗去甲肾上腺素的缩血管作用，增加离体下肢和离体兔耳的灌流量，但对肾上腺素引起的主动脉条收缩作用不明显，推测其作用与阻断α－受体有关[16]。

3. **抗铝和铅沉积**

给饮用含氯化铝水的小鼠经胃管给予芫荽悬液，能降低铝在脑组织和股骨中的沉积，提示其有抑制铝沉积的作用，有望作为治疗铝中毒的自然解毒剂[17]；芫荽还可降低铅在小鼠股骨中的沉积，对铅所致的小鼠急性肾损伤有保护作用[18]。

4. **促毛发生长**

芫荽提取物对人头发的毛外毛根鞘细胞及大鼠体毛的毛囊上皮细胞有促进增殖的作用，岩芹酸为促进增殖的活性成分。此外，芫荽还能抑制5α－还原酶的作用[19]。

5. **降血脂**

芫荽对triton所致大鼠高脂血症有抑制作用，能降低胆固醇和三酰甘油的合成及分泌[20]。

6. **抗肿瘤**

芫荽果实提取物对人胃腺癌细胞MK－1、人宫颈癌细胞HeLa和小鼠黑色素瘤细胞B16F10有抑制增殖的活性[21]。

7. **其他**

芫荽还有抗诱变[22]和抗氧化[23]作用。

应用

胡荽子在民间用于治疗消化不良和食欲不振，还用于食积、腹胀、肠胃绞痛等疾病的辅助治疗。

胡荽子也为中医临床用药。功能：健胃消积，理气止痛，透疹解毒。主治：食积，食欲不振，胸膈满闷，呕恶反胃，泻痢，肠风便血，脱肛，疝气，麻疹，痘疹不透，秃疮，头痛，牙痛，耳痛。

评注

芫荽为世界常用食用香料植物，除香味成分外，还含有丰富的蛋白质、氨基酸、糖、淀粉、纤维素和矿物质等。芫荽还有促进食欲等作用，无论作为香辛料、蔬菜、民间草药还是调味料都很受欢迎。芫荽能抑制体内铝的积累，大量食用芫荽对预防铝职业病有潜在的保健功能。

参考文献

[1] AK Bhattacharya, PN Kaul, BRR Rao. Chemical profile of the essential oil of coriander (*Coriandrum sativum* L.) seeds produced in Andhra Pradesh. *Journal of Essential Oil-Bearing Plants*. 1998, **1**(1): 45-49

[2] R Oliveira de Figueiredo, J Nakagawa, MOM Marques. Composition of coriander essential oil from Brazil. *Acta Horticulturae*. 2004, **629**: 135-137

[3] CG Naik, K Namboori, JR Merchant. Triterpenoids of *Coriandrum sativum* seeds. *Current Science*. 1983, **52**(12): 598-599

[4] T Ishikawa, K Kondo, J Kitajima. Water-soluble constituents of coriander. *Chemical & Pharmaceutical Bulletin*. 2003, **51**(1): 32-39

[5] G Eyres, JP Dufour, G Hallifax, S Sotheeswaran, PJ Marriott. Identification of character-impact odorants in coriander and wild coriander leaves using gas chromatography-olfactometry (GCO) and comprehensive two-dimensional gas chromatography-time-of-flight mass spectrometry (GC x GC-TOFMS). *Journal of Separation Science*. 2005, **28**(9-10): 1061-1074

[6] O Ceska, SK Chaudhary, P Warrington, MJ Ashwood-Smith, GW Bushnell, GA Poulton. Coriandrin, a novel highly photoactive compound isolated from *Coriandrum sativum*. *Phytochemistry*. 1988, **27**(7): 2083-2087

[7] K Baba, YQ Xiao, M Taniguchi, H Ohishi, M Kozawa. Isocoumarins from *Coriandrum sativum*. *Phytochemistry*. 1991, **30**(12): 4143-4146

[8] M Taniguchi, M Yanai, YQ Xiao, T Kido, K Baba. Three isocoumarins from *Coriandrum sativum*. *Phytochemistry*. 1996, **42**(3): 843-846

[9] MI Nassar, ME Abdel-Fattah, AH Gaara, EAM El-Khrisy. Constituents of *Coriandrum sativum* and *Pituranthos triradiatus*. *Bulletin of the Faculty of Pharmacy*. 1993, **31**(3): 399-401

[10] J Kunzemann, K Herrmann. Isolation and identification of flavon(ol)-O-glycosides in caraway (*Carum carvi* L.,), fennel (*Foeniculum vulgare* Mill.), anise (*Pimpinella anisum* L.), and coriander (*Coriandrum sativum* L.), and of flavone-C-glycosides in anise. I. Phenolics of spices. *Zeitschrift fuer Lebensmittel-Untersuchung und-Forschung*. 1977, **164**(3): 194-200

[11] M Bajpai, A Mishra, D Prakash. Antioxidant and free radical scavenging activities of some leafy vegetables. *International Journal of Food Sciences and Nutrition*. 2005, **56**(7): 473-481

[12] CP Lo, NS Iacobellis, MA De, F Capasso, F Senatore. Antibacterial activity of *Coriandrum sativum* L. and *Foeniculum vulgare* Miller var. *vulgare* (Miller) essential oils. *Journal of Agricultural and Food Chemistry*. 2004, **52**(26): 7862-7866

[13] PJ Delaquis, K Stanich. Antilisterial properties of cilantro essential oil. *Journal of Essential Oil Research*. 2004, **16**(5): 409-414

[14] G Singh, S Maurya, MP de Lampasona, CAN Catalan. Studies on essential oil, part 41. Chemical composition, antifungal, antioxidant and sprout suppressant activities of coriander (*Coriandrum sativum*) essential oil and its oleoresin. *Flavour and Fragrance Journal*. 2006, **21**(3): 472-479

[15] I Kubo, KI Fujita, A Kubo, KI Nihei, T Ogura. Antibacterial activity of coriander volatile compounds against Salmonella choleraesuis. *Journal of Agricultural and Food Chemistry*. 2004, **52**(11): 3329-3332

[16] 周本杰，刘晓文．胡荽子挥发油对血管平滑肌作用的实验研究．基层中药杂志．1996，**12**(3)：39-40

[17] M Aga, K lwaki, S Ushio, N Masaki, S Fukuda, M Kurimoto, M Ikeda. Preventive effect of *Coriandrum sativum* (Chinese parsley) on aluminum deposition in ICR Mice. *Natural Medicines*. 2002, **56**(5): 187-190

[18] M Aga, K Iwaki, Y Ueda, S Ushio, N Masaki, S Fukuda, T Kimoto, M Ikeda, M Kurimoto. Preventive effect of *Coriandrum sativum* (Chinese parsley) on localized lead deposition in ICR mice. *Journal of Ethnopharmacology*. 2001, **77**(2-3): 203-208

[19] 怡悦．芫荽促进毛囊上皮细胞增殖的作用．国外医学：中医中药分册．1999，**21**(4)：57

[20] AAS Lal, T Kumar, PB Murthy, KS Pillai. Hypolipidemic effect of *Coriandrum sativum* L. in triton-induced hyperlipidemic rats. *Journal of Experimental Biology*. 2004, **42**(9): 909-912

[21] Y Nakano, H Matsunaga, T Saita, M Mori, M Katano, H Okabe. Antiproliferative constituents in Umbelliferae plants II. Screening for polyacetylenes in some Umbelliferae plants, and isolation of panaxynol and falcarindiol from the root of *Heracleum moellendorffii*. *Biological & Pharmaceutical Bulletin*. 1998, **21**(3): 257-261

[22] J Cortes-Eslava, S Gomez-Arroyo, R Villalobos-Pietrini, JJ Espinosa-Aguirre. Antimutagenicity of coriander (*Coriandrum sativum*) juice on the mutagenesis produced by plant metabolites of aromatic amines. *Toxicology Letters*. 2004, **153**(2): 283-292

[23] MF Ramadan, LW Kroh, JT Morsel. Radical scavenging activity of black cumin (*Nigella sativa* L.), coriander (*Coriandrum sativum* L.), and niger (*Guizotia abyssinica* Cass.) crude seed oils and oil fractions. *Journal of Agricultural and Food Chemistry*. 2003, **6**(24): 6961-6969

欧山楂 Oushanzha

EP, BP, BHP, USP, GCEM

Crataegus monogyna Jacq.

Hawthorn

概述

蔷薇科 (Rosaceae) 植物欧山楂 *Crataegus monogyna* Jacq.，其干燥成熟果实、花和叶入药。药用名：欧山楂、欧山楂花、欧山楂叶。

山楂属 (*Crataegus*) 植物全世界约有 1000 多种，广泛分布于北半球，以北美种类最多。中国产约有 17 种、2 变种，本属现供药用者有 8 种。本种主要分布于东亚、欧洲和北美东部[1]。

欧山楂作为食品和药物在欧洲使用已有上千年的历史，欧山楂制剂在治疗心脏疾病方面，为最受欢迎的处方植物药之一，尤其在欧洲中部国家，如德国、奥地利和瑞士等[1]。欧山楂在美国作为食品补充剂也越来越流行，2000 年美国主流零售店销售榜上名列第 20 位[1]。《欧洲药典》(第 5 版)、《英国药典》(2002 年版) 和《美国药典》(第 28 版) 均收载本种为欧山楂的法定原植物来源种之一。主产于欧洲东部。

欧山楂主要化学成分为黄酮类、三萜类、胺类和缩合鞣质。《英国药典》和《欧洲药典》采用紫外可见分光光度法测定，规定按干燥品计算，欧山楂中原花青素 (procyanidins) 含量以矢车菊素氯化物 (cyanidin chloride) 计不得少于 1.0%；欧山楂花和叶中总黄酮含量以金丝桃苷计不得少于 1.5%，以控制药材质量；《美国药典》采用高效液相色谱法测定，规定按干燥品计算，欧山楂花和叶中C-糖基化黄酮含量以牡荆素计不得少于 0.60%，O-糖基化黄酮含量以金丝桃苷计不得少于 0.45%，以控制药材质量。

药理研究表明，欧山楂具有增加冠状动脉流量、强心、抗氧化、抗炎等作用。

民间经验认为欧山楂具有强心，扩张冠状动脉和降血压的功效[2]，此外，欧山楂也用作食物添加剂[2]。

欧山楂 *Crataegus monogyna* Jacq.

药材欧山楂 Fructus Crataegi Monogynae

药材欧山楂花、叶 Flos et Folium Crataegi Monogynae

化学成分

欧山楂的花和叶含黄酮类成分：2”-O-鼠李糖基荭草素 (2”-O-rhamnosylorientin)、2”-O-鼠李糖基异荭草素 (2”-O-rhamnosylisoorientin)、2”-O-鼠李糖基异牡荆素 (2”-O-rhamnosylisovitexin)、芦丁 (rutin)、绣线菊苷 (spiraeoside)、8-甲氧基山柰酚 (8-methoxykaempferol)、8-甲氧基山柰酚-3-O-葡糖苷 (8-methoxykaempferol-3-O-glucoside)[3]，牡荆素-2”-鼠李糖苷 (vitexin-2”-rhamnoside)、牡荆素 (vitexin)、金丝桃苷 (hyperoside)、异槲皮苷 (isoquercitroside)、牡荆素-4'''-乙酰-2”-鼠李糖苷 (vitexin-4'''-acetyl-

HO O O OH HO HO O O CH3 HO OH OH OH HO O OH O

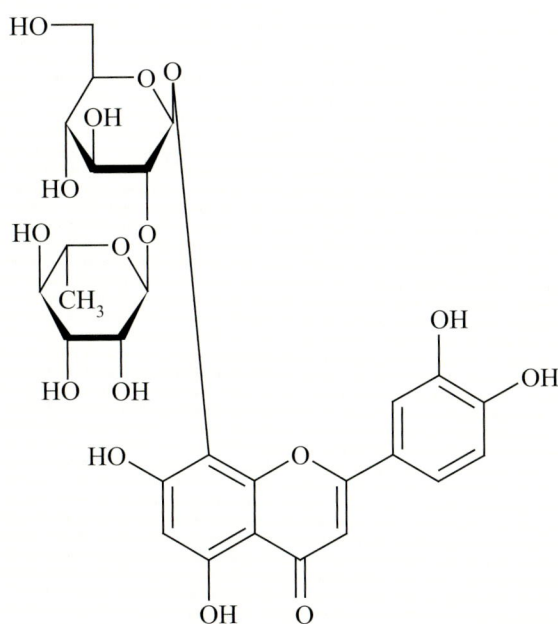

2”-O-rhamnosylorientin

2" - rhamnoside)[4]、8 - 甲氧基山柰酚 - 3 - 新橙皮糖苷 (8 - methoxykaempferol - 3 - neohesperidoside)、8 - 甲氧基山柰酚 - 3 - 葡糖苷 (8 - methoxykaempferol - 3 - glucoside)、山柰酚 - 3 - 新橙皮糖苷 (kaempferol - 3 - neohesperidoside)[5]；三萜类成分：牛油树醇 (butyrospermol)、24 - 甲叉 - 24 - 二氢羊毛固醇 (24 - methylene - 24 - dihydrolanosterol)、环阿乔醇 (cycloartenol)[6]、熊果酸 (ursolic acid)、齐墩果酸 (oleanolic acid)、α - 香树脂素 (α - amyrin)、β - 香树脂素 (β - amyrin)[7]；此外还含有胺类成分：苯乙胺(phenylethylamine)、邻甲氧基苯乙胺 (o - methoxyphenethylamine)以及酪胺 (tyramine)[2]等。

药理作用

1. 对心血管系统的影响

(1) **增加冠状动脉流量** 山楂素（crataemon，欧山楂总黄酮提取物）犬静脉注射能明显增加冠状动脉血流量，并可持续约 30 分钟，但对心律和心电图无影响；高剂量山楂素给猫静脉注射有减慢心率的作用[8]。犬口服原花青素后血流量显著增加；麻醉猫静脉注射原花青素可增加心肌血流量，轻微降低动脉血压[9]。

(2) **强心** 欧山楂提取物 LI - 132 给离体豚鼠心脏灌注可延长心脏不应期[10]。

(3) **其他** 单乙酰牡荆素鼠李糖苷可降低离体家兔股动脉环的活动张力，减弱血管舒张反应；增加离体豚鼠心脏的心率、心脏收缩力和冠状动脉血流量，加快心肌舒张速率；还可显著减少离体家兔心脏冠状动脉闭塞引起的急性局部缺血反应[11]。欧山楂花和叶提取物 LI - 132（含总黄酮 2.2%）对离体大鼠心脏有正性肌力作用[12]。欧山楂花和叶提取物（含19%原花青素）对心脏的保护作用与其清除自由基和抑制弹性酶活性有关[13]。

2. 抗氧化

欧山楂的多种提取物在体内外均有显著的抗氧化作用，以花提取物作用最显著，其主要成分为多酚，包括原花青素类和黄酮类成分[14-18]。

3. 抗炎

欧山楂的正己烷提取物（含环阿乔醇 80%~87%）灌胃给药能显著抑制由角叉菜胶所致的小鼠足趾肿胀；体外实验还表明，该提取物可轻微抑制磷酯酶 A_2 活性[19]。

应用

欧山楂传统用于强心、降血压、扩张冠脉、轻微利尿和收敛，也用于治疗冠心病、充血性心力衰竭、原发性高血压、心绞痛等[20]。在民间，欧山楂的花和果实常用来制成果酱、果脯，然后制作各种点心；欧山楂的花和叶制备的茶剂具有镇静催眠作用；由于木质坚硬，也常用于制作农具的把柄[21]。

评注

《欧洲药典》、《英国药典》和《美国药典》还收载同属植物光滑山楂 *Crataegus laevigata* (Poir.) DC. (*Crataegus oxyacantha* L.) 为欧山楂的法定原植物来源种[2]。《中国药典》（2005 年版）收载的品种为山楂 *C. pinnatifida* Bge. 和山里红 *C. pinnatifida* Bge. var. *major* N. E. Br.，药用部位以果实为主。

药理和临床研究表明欧山楂对心血管疾病具有很好的疗效，但药物代谢动力学、作用机理及安全性方面的报道较少。目前市场上主要是以欧山楂的提取物入药，进一步开发高效安全的制剂十分必要。

参考文献

[1] M Blumenthal. The ABC clinical guide to herbs. Texas: American Botanical Council. 2003: 235-245

[2] J Barnes, LA Anderson, JD Phillipson. Herbal medicines (2-nd edition). London: Pharmaceutical Press. 2002: 284-287

[3] N Nikolov, O Seligmann, H Wagner, RM Horowitz, B Gentili. New flavonoid glycosides from *Crataegus monogyna* and *Crataegus pentagyna*. *Planta Medica*. 1982, **44**(1): 50-53

[4] JL Lamaison, A Carnat. Content of principal flavonoids of the flowers and leaves of *Crataegus monogyna* Jacq. and *Crataegus laevigata* (Poiret) DC. (Rosaceae). *Pharmaceutica Acta Helvetiae*. 1990, **65**(11): 315-320

[5] JC Dauguet, M Bert, J Dolley, A Bekaert, G Lewin. 8-Methoxykaempferol 3-neohesperidoside and other flavonoids from bee pollen of *Crataegus monogyna*. *Phytochemistry*. 1993, **33**(6): 1503-1505

[6] MD Garcia, MT Saenz, MC Ahumada, A Cert. Isolation of three triterpenes and several aliphatic alcohols from *Crataegus monogyna* Jacq. *Journal of Chromatography, A*. 1997, **767**(1- 2): 340-342

[7] DW Griffiths, GW Robertson, T Shepherd, ANE Birch, S Gordon, JAT Woodford. A comparison of the composition of epicuticular wax from red raspberry (*Rubus idaeus* L.) and hawthorn (*Crataegus monogyna* Jacq.) flowers. *Phytochemistry*. 2000, **55**(2): 111-116

[8] M Taskov. On the coronary and cardiotonic action of crataemon. *Acta Physiologica et Pharmacologica Bulgarica*. 1977, **3**(4): 53-57

[9] C Roddewig, H Hensel. Reaction of local myocardial blood flow in non-anesthetized dogs and anesthetized cats to the oral and parenteral administration of a Crateagus fraction (oligomere procyanidines) *Arzneimittelforschung*. 1977, **27**(7): 1407-1410

[10] G Joseph , Y Zhao , W Klaus . Pharmacologic action profile of crataegus extract in comparison to epinephrine, amirinone, milrinone and digoxin in the isolated perfused guinea pig heart. *Arzneimittelforschung*. 1995, **45**(12):1261-1265

[11] M Schussler, J Holzl, AF Rump, U Fricke. Functional and antiischaemic effects of monoacetyl-vitexinrhamnoside in different *in vitro* models. *General Pharmacology*. 1995, **26**(7): 1565-1570

[12] S Popping, H Rose, I Ionescu, Y Fischer, H Kammermeier. Effect of a hawthorn extract on contraction and energy turnover of isolated rat cardiomyocytes. *Arzneimittelforschung*. 1995, **45**(11): 1157-1161

[13] SS Chatterjee, E Koch, H Jaggy, T Krzeminski . *In vitro* and *in vivo* studies on the cardioprotective action of oligomeric procyanidins in a Crataegus extract of leaves and blooms. *Arzneimittelforschung*. 1997, **47**(7): 821-825

[14] T Bahorun, F Trotin, J Pommery, J Vasseur, M Pinkas. Antioxidant activities of *Crataegus monogyna* extracts. *Planta Medica*. 1994, **60**(4): 323-328

[15] DA Rakotoarison, B Gressier, F Trotin, C Brunet, T Dine, M Luyckx, J Vasseur, M Cazin, JC Cazin, M Pinkas. Antioxidant activities of polyphenolic extracts from flowers, *in vitro* callus and cell suspension cultures of *Crataegus monogyna*. *Pharmazie*.1997, **52**(1): 60-64

[16] A Kirakosyan, E Seymour, PB Kaufman, S Warber, S Bolling, SC Chang. Antioxidant capacity of polyphenolic extracts from leaves of Crataegus laevigata and Crataegus monogyna (Hawthorn) subjected to drought and cold stress. *Journal of Agricultural and Food Chemistry*. 2003, **51**(14): 3973-3976

[17] T Bahorun, E Aumjaud, H Ramphul, M Rycha, A Luximon-Ramma, F Trotin, OI Aruoma. Phenolic constituents and antioxidant capacities of *Crataegus monogyna* (Hawthorn) callus extracts. *Nahrung*. 2003, **47**(3):191-198

[18] Y Kiselova, D Ivanova, T Chervenkov, D Gerova, B Galunska, T Yankova. Correlation between the in vitro antioxidant activity and polyphenol content of aqueous extracts from bulgarian herbs. *Phytotherapy Research*. 2006, Epub ahead of print

[19] C Ahumada, T Saenz, D Garcia, R De La P, A Fernandez, E Martinez. The effects of a triterpene fraction isolated from *Crataegus monogyna* Jacq. on different acute inflammation models in rats and mice. Leukocyte migration and phospholipase A_2 inhibition. *Journal of Pharmacy and Pharmacology*. 1997, **49**(3): 329-331

[20] Integrative Medicine Communications. Professional guide to conditions, herbs & supplements. Newton: Integrative Medicine Communications. 2000: 320-321

[21] 鞠利雅．欧山楂 (Aubepine) 在法国植物药中的应用．中国中药杂志．2005，**30**(8)：634-640

番红花 Fanhonghua EP, BP, GCEM, CP

Crocus sativus L.

Saffron

概述

鸢尾科 (Iridaceae) 植物番红花 *Crocus sativus* L.，其干燥柱头入药。中药名：西红花。

番红花属 (*Crocus*) 植物全世界约有 75 种，主要分布于欧洲、地中海、中亚等地区。中国约有 2 种，本属现供药用者有 1 种。本种原产于欧洲南部至伊朗，在西班牙、法国、希腊、意大利、印度有较大规模的栽培；中国浙江、江西、江苏、北京、上海等地也有少量引种。

番红花在公元前 5 世纪克什米尔 (Kashmir) 的古文献中就有记载。在中国，“番红花”药用之名，始载于《本草品汇精要》，在《本草纲目》中列入草部。历代本草多有著录，古今药用品种一致。《欧洲药典》(第 5 版) 和《英国药典》(2002 年版) 收载西红花用于“顺势疗法” (homeopathic use)。《中国药典》(2005 年版) 收载本种为西红花的法定原植物来源种。主产于西班牙、伊朗、印度等国家。

番红花主要含挥发油、链状二萜及其苷类成分、单萜类成分、黄酮类成分等。番红花苦苷是西红花的主要苦味成分，番红花醛是其主要芳香成分，番红花酸的一系列糖苷 (crocins) 是其主要的活性成分和色素成分。《中国药典》采用高效液相色谱测定，规定西红花中西红花苷 -I 和西红花苷 -II 的总含量不得少于 10%，以控制药材质量。

药理研究表明，番红花具有抗血栓形成、抗缺血所致损伤、抗动脉粥样硬化、抗氧化、抗肿瘤、抗抑郁、抗炎等作用。

民间经验认为西红花具有解痉、止喘的功效；中医理论认为西红花具有活血化瘀，凉血解毒，解郁安神等功效。

番红花 *Crocus sativus* L.

药材西红花 Stigma Croci

化学成分

番红花的柱头含挥发油：油中主成分为番红花醛 (safranal)（西红花在 4°C 低温贮藏 1~5 年，其番红花醛的含量可保持稳定）、4 - hydroxy - 2,6,6 - trimethyl - 1 - cyclohexene - 1 - carboxaldehyde (HTCC)、异佛乐酮 (isophorone)[1-2] 等；单萜苷类成分：番红花苦苷 (picrocrocin)；链状二萜及其苷类成分：番红花酸 (crocetin, α - crocetin, trans - crocetin)、二甲基番红花酸 (dimethylcrocetin)、西红花苷 - 1 (crocin - I, α - crocin, crocin 1)、西红花苷 - 2 (crocin - II, crocin 2)、西红花苷 - 3、4、5、6 (crocins 3 - 6)[3-5]、α -、β - 胡萝卜素（α -, β - carotenes)、玉米黄质 (zeaxanthin)等；单萜类成分：crocusatins B、C、F、G、H、I[6]等。

番红花的花被含单萜类成分：番红花苦苷、crocusatins C、D、E、I、J、K、L、4 - hydroxy - 3,5,5 - trimethylcyclohex - 2 - enone等；黄酮类成分：山柰酚 (kaempferol)、紫云英苷 (astragalin)、山柰酚 - 7 - O - β - D - 吡喃葡萄糖苷 (kaempferol 7 - O - β - D - glucopyranoside)[7]、槐属黄酮苷(kaempferol 3 - O - sophoroside, sophoraflavonoloside)[8]、helichrysoside等；生物碱类成分：哈尔满碱 (harman)、tribulusterine[7]等。

番红花的花粉含黄酮类成分：槐属黄酮苷 (kaempferol - 3 - O - sophoroside, sophoraflavonoloside)、番红花新苷甲、乙 (crosatosides A - B)[9]、山柰素(kaempferid)、异鼠李素 - 3 - β - D - 葡萄糖苷 (isorhamnetin - 3 - β - D - glucoside)、异鼠李素 - 3,4' - 二葡萄糖苷 (isorhamnetin - 3,4' - diglucoside)、isorhamnetin - 3 - O - robinobioside等；单萜类成分：crocusatins A、B、C、D、E、2,4,4 - trimethyl - 3 - formyl - 6 - hydroxy - 2,5 - cyclohexadien - 1 - one[10]等。

番红花的侧芽含蒽醌类成分：大黄素 (emodin)、2 - 羟基大黄素 (2 - hydroxyemodin)、1 - 甲基 - 3 - 甲氧基 - 8 - 羟基蒽醌 - 2 - 羧酸 (1 - methyl - 3 - methoxy - 8 - hydroxyanthraquinone - 2 - carboxylic acid)、1 - 甲基 - 3 - 甲氧基 - 6,8 - 二羟基蒽醌 - 2 - 羧酸(1 - methyl - 3 - methoxy - 6,8 - dihydroxyanthraquinone - 2 - carboxylic acid)[11]；酚苷类成分：2,4 - dihydroxy - 6 - methoxyacetophenone - 2β - D - glucopyranoside、2,3,4 - trihydroxy - 6 - methoxyacetopenone - 3 - β - D - glucopyranoside[12]等。

番红花的球茎含多糖缀合物 (glycoconjugate)[13]等成分。

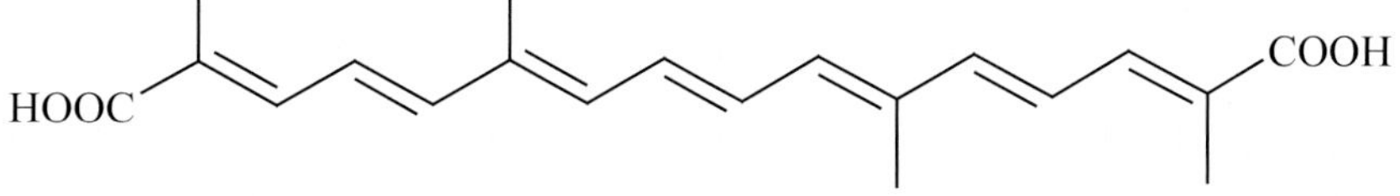

HOOC COOH

crocetin

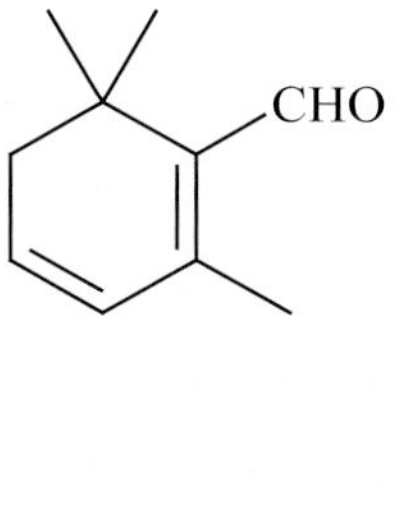

CHO

safranal

O O O O

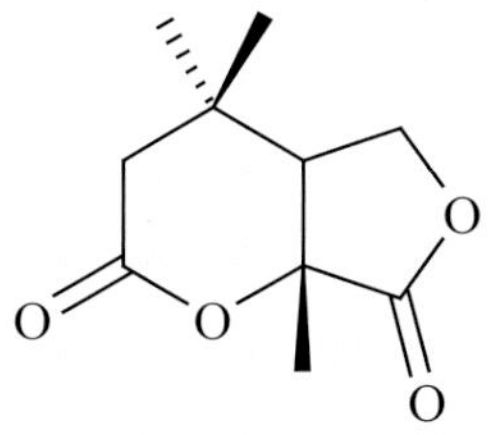

crocusatin F

番红花 Fanhonghua

药理作用

1. 对血凝、血小板聚集及血栓形成的影响

番红花总苷灌胃能显著延长小鼠的凝血时间，缓解二磷酸腺苷 (ADP)、花生四烯酸 (AA) 诱导的小鼠肺血栓形成所致的呼吸窘迫症状，显著抑制血小板血栓的形成；显著抑制 ADP 和凝血酶诱导的家兔血小板聚集[14]。

2. 抗缺血所致损伤

番红花提取物腹腔注射能显著降低异丙肾上腺素 (ISO) 诱发的急性心肌缺血大鼠心电图 J 点电压，减少亚急性损伤波形变化的数次，减轻 ISO 所致心肌病理组织的改变[15]。番红花酸灌胃能显著降低大鼠血清中磷酸肌酸激酶 (CK) 和乳酸脱氢酶 (LDH) 的释放，显著降低血清和心脏匀浆中丙二醛 (MDA) 水平，显著抑制心肌水肿，保护心肌谷胱甘肽过氧化物酶 (GSH－Px)、Na^+,K^+－ATP 酶和 Ca^{2+},Mg^{2+}－ATP 酶活性；对心肌坏死也有显著的保护作用[16]。西红花苷静脉注射，能显著降低去甲肾上腺素 (NE) 所致心肌肥厚大鼠心电图的 S 点位移和心肌梗死面积百分率，降低血清 CK 和 LDH 的含量[17]。番红花乙醇提取物十二指肠给药，对电凝阻断大鼠脑中动脉导致的局灶性脑缺血有明显保护作用，能显著缩小脑梗塞范围，改善梗塞后动物的活动行为障碍，降低脑指数和 MDA 含量[18]。番红花醛腹腔注射，对缺血再灌注所致的大鼠脑海马体组织氧化损伤有保护作用[19]。番红花水提物、西红花苷腹腔注射，能显著降低缺血再灌注损伤大鼠肾组织中的脂质过氧化产物的含量，提高抗氧化能力[20]。番红花提取液（水提醇沉淀）耳缘静脉注射，能阻止慢性高眼压兔的视网膜电图 (ERG) b 波和 Ops 波振幅降低，改善视网膜缺血状态[21]。番红花酸、西红花苷－I 腹腔注射，能使大鼠视网膜缺血状态的血流量恢复；西红花苷类成分能显著增加眼部血流量，利于视网膜功能的恢复[22-23]。

3. 抗动脉粥样硬化

西红花苷、番红花酸灌胃，均能明显降低高胆固醇饲料诱发动脉粥样硬化大鼠血清的总胆固醇 (TC)、三酰甘油 (TG)、低密度脂蛋白 (LDL)及MDA 含量，提高高密度脂蛋白 (HDL) 含量、超氧化物歧化酶 (SOD) 活性和抗动脉粥样硬化指数 (AAI)[24-25]。番红花酸饲喂，能降低家兔血清 TC 和低密度脂蛋白胆固醇，显著增加血清一氧化氮含量，提高血管壁内皮型一氧化氮合成酶活性和 mRNA 表达水平，改善血管舒张功能[26]。

4. 抗氧化

番红花甲醇提取物及所含的西红花苷、番红花醛体外对二苯代苦味酰肼 (DPPH) 自由基有显著的清除能力，显示了良好的抗氧化活性[27]。西红花苷能显著抑制大鼠嗜铬细胞瘤细胞 PC12 中过氧化脂质的形成，恢复 SOD 活性，其抗氧化作用强于 α－生育酚[28]。

5. 抗肿瘤

番红花提取物、西红花苷类成分体外对人源肿瘤细胞有细胞毒活性，能显著抑制横纹肌肉瘤细胞 A－204、肝癌细胞 $HepG_2$、宫颈癌细胞 HeLa 等细胞集落的形成，而对正常细胞的生长无抑制作用[29]。西红花苷体外对 HT－29 等腺癌细胞株有显著的细胞毒活性；皮下注射能显著延长结肠腺癌雌性大鼠的生存期，缩小肿瘤的直径，长期给药无明显毒性[30]。番红花乙醇提取物体外对 Epstein－Barr 病毒早期抗原 (EBV－EA) 的活性有显著抑制作用；乙醇提取物、西红花苷饲喂，能显著抑制促癌剂二甲基苯并蒽 (DMBA) 和十四烷酰法波醇醋酸酯 (TPA) 诱导的小鼠皮肤乳头状瘤的形成[31]。小鼠骨髓微核试验表明，番红花水提取物口服能显著抑制顺铂 (CIS)、环磷酰胺 (CPH)、丝裂霉素 C (MMC) 、乌拉坦 (URE) 等化疗药物的遗传毒性。其机理可能与番红花水提取物饲喂，能显著降低小鼠肝脏的脂质过氧化物 (LPO) 水平，增加还原型谷胱甘肽 (GSH) 含量，提高 SOD、过氧化氢酶 (CAT)、谷胱甘肽 S 转移酶 (GST)、GSH－Px的活性等有关[32-33]。

6. 抗抑郁

番红花乙醇提取物制成胶囊，临床实验用于轻度和中度抑郁症患者，其有效性与百忧解 (fluoxetine) 相似，优于安慰剂，而且无明显的不良反应[34-35]。

7. 其他

番红花水提物有免疫增强、抗炎作用[36-37]，番红花提取物及所含的西红花苷等成分能改善学习记忆能力[38]，番红花醛有抗惊厥作用[39]等。此外，番红花所含的化学成分还有抑制酪氨酸酶 (tyrosinase) 活性[6-8, 10]等作用。

应用

西红花小剂量能促进胃液分泌，帮助消化；大剂量能刺激子宫平滑肌收缩。过量使用或滥用番红花作为堕胎药（堕胎剂量约为 10g），可能导致严重的毒副反应，甚至危及生命。在印度医学中，西红花可用于治疗支气管炎、咽喉肿痛、头痛、呕吐、发烧等。

西红花还可作为镇静剂，用于治疗痉挛和哮喘。

西红花也为中医临床用药。功能：活血化瘀，凉血解毒，解郁安神。主治：痛经，经闭，月经不调，产后恶露不尽，腹中包块疼痛，跌扑损伤，忧郁痞闷，惊悸，温病发斑，麻疹。

评注

传统上番红花仅柱头供药用和食用。生产 1 公斤西红花药材需要约 16 万朵花[8]，价格昂贵。为充分利用番红花植物资源，近年对其花被、花粉、侧芽、球茎等部位的化学成分[7-13]和药理活性[40-41]也有研究报道。

番红花柱头所含的水溶性色素西红花苷类成分 (crocins) 的抗肿瘤等多种生理活性日益受到关注。栀子 *Gardenia jasminoides* Ellis 果实中也分离得到类似的水溶性色素，利用液相层析电喷雾电离质谱 (LC－ESI－MS) 分析，可将不同植物来源的水溶性色素区别开来，防止西红花药材粉末中掺入栀子提取物[42]。

参考文献

[1] CD Kanakis, DJ Daferera, PA Tarantilis, MG Polissiou. Qualitative determination of volatile compounds and quantitative evaluation of safranal and 4-hydroxy-2,6,6-trimethyl-1-cyclohexene-1-carboxaldehyde (HTCC) in Greek saffron. *Journal of Agricultural and Food Chemistry*. 2004, **52**(14): 4515-4521

[2] M Carmona, J Martinez, A Zalacain, ML Rodriguez-Mendez, JA Saja, GL Alonso. Analysis of saffron volatile fraction by TD-GC-MS and e-nose. *European Food Research and Technology*. 2006, **223**(1): 96-101

[3] A Bolhasani, SZ Bathaie, I Yavari, AA Moosavi-Movahedi, M Ghaffari. Separation and purification of some components of Iranian saffron. *Asian Journal of Chemistry*. 2005, **17**(2): 725-729

[4] 邵鹏飞，李娜，闵知大．番红花苷 -I 的结构分析．中国药科大学学报．2000，**31**(3)：251-253

[5] M Zougagh, BM Simonet, A Rios, M Valcarcel. Use of non-aqueous capillary electrophoresis for the quality control of commercial saffron samples. *Journal of Chromatography, A*. 2005, **1085**(2): 293-298

[6] CY Li, TS Wu. Constituents of the stigmas of Crocus sativus and their tyrosinase inhibitory activity. *Journal of Natural Products*. 2002, **65**(10): 1452-1456

[7] CY Li, EJ Lee, TS Wu. Antityrosinase principles and constituents of the petals of *Crocus sativus*. *Journal of Natural Products*. 2004, **67**(3): 437-440

[8] I Kubo, I Kinst-Hori. Flavonols from saffron flower: tyrosinase inhibitory activity and inhibition mechanism. *Journal of Agricultural and Food Chemistry*. 1999, **47**(10): 4121-4125

[9] 宋纯清，徐任生．番红花化学成分研究 III．番红花花粉中的番红花新苷甲和乙的结构．1991，**49**：917-920

[10] CY Li, TS Wu. Constituents of the pollen of *Crocus sativus* L. and their tyrosinase inhibitory activity. *Chemical & Pharmaceutical Bulletin*. 2002, **50**(10): 1305-1309

[11] 高文运，李医明，朱大元．番红花侧芽中的新蒽醌化合物．植物学报．1999，**41**(5)：531-533

[12] WY Gao, YM Li, DY Zhu. Phenolic glucosides and a γ-lactone glucoside from the sprouts of *Crocus sativus*. *Planta Medica*.1999, **65**(5): 425-427

[13] J Escribano, MJM Diaz-Guerra, HH Riese, A Alvarez, R Proenza, JA Fernandez. The cytolytic effect of a glycoconjugate extracted from corms of saffron plant (*Crocus sativus*) on human cell lines in culture. *Planta Medica*. 2000, **66**(2): 157-162

[14] 马世平，刘保林，周素娣，徐向伟，杨巧巧，周锦祥．西红花总苷的药理学研究 II.对血凝、血小板聚集及血栓形成的影响．中草药．1999，**30**(3)：196-198

[15] 濮家伉，尹琰，吴梅，钱之玉．番红花提取物对异丙肾上腺素诱发大鼠心肌损伤的保护作用．南京铁道医学院学报．1994，**13**(3)：136-139

[16] 刘同征，钱之玉．西红花酸对异丙肾上腺素致大鼠急性心肌缺血损伤的保护作用．中草药．2003，**34**(5)：439-442

[17] 杜鹏，钱之玉，沈祥春，饶淑云，文娜．西红花苷对大鼠心肌损伤的影响．中国新药杂志．2005，**14**(12)：1423-1427

[18] 颜钫，唐琳，陈放．西红花苷对缺血性脑梗塞的药效研究．四川大学学报(自然科学版)．2000，**37**(1)：107-109

[19] H Hosseinzadeh, HR Sadeghnia. Safranal, a constituent of *Crocus sativus* (saffron), attenuated cerebral ischemia induced oxidative damage in rat hippocampus. *Journal of Pharmacy & Pharmaceutical Sciences*. 2005, **8**(3): 394-399

[20] H Hosseinzadeh, HR Sadeghnia, T Ziaee, A Danaee. Protective effect of aqueous saffron extract (*Crocus sativus* L.) and crocin, its active constituent, on renal ischemia-reperfusion-induced oxidative damage in rats. *Journal of Pharmacy & Pharmaceutical Sciences*. 2005, **8**(3): 387-393

[21] 王昌鹏，杨新光，严宏，王为农，刘燕．藏红花提取液对慢性高眼压兔眼视网膜电图的保护作用．第四军医大学学报．2005，**26**(12)：1130-1133

[22] 李娜，林鸽，GCY Chiou，闵知大．顺式和反式番红花苷的高效液相色谱分离及活性研究．中国药科大学学报．1999，**30**(2)：108-111

[23] B Xuan, YH Zhou, N Li, ZD Min, GCY Chiou. Effects of crocin analogs on ocular blood flow and retinal function. *Journal of Ocular Pharmacology and Therapeutics*. 1999, **15**(2): 143-152

[24] 绪广林，余书勤，龚祝南，张双全．西红花苷对大鼠实验性高脂血症的影响及其机制研究．中国中药杂志．2005，**30**(5)：369-372

[25] 邓远雄，钱之玉，唐富天．西红花酸对大鼠实验性动脉粥样硬化的影响．中草药．2004，**35**(7)：777-781

[26] 唐富天，钱之玉，郑书国．西红花酸对高血脂家兔血管舒张功能的影响及其机制．中国动脉硬化杂志．2005，**13**(6)：721-724

[27] AN Assimopoulou, Z Sinakos, VP Papageorgiou. Radical scavenging activity of *Crocus sativus* L. extract and its bioactive constituents. *Phytotherapy Research*. 2005, **19**(11): 997-1000

[28] O Takashi, O Shigekazu, S Shinji, T Hiroyuki, S Yukihiro, S Hiroshi. Crocin prevents the death of rat pheochromyctoma (PC-12) cells by its antioxidant effects stronger than those of alpha-tocopherol. *Neuroscience Letters*. 2004, **362**(1): 61-64

[29] FI Abdullaev, L Riveron-Negrete, H Caballero-Ortega, JM Hernandez, I Perez-Lopez, R Pereda-Miranda, JJ Espinosa-Aguirre. Use of *in vitro* assays to assess the potential antigenotoxic and cytotoxic effects of saffron (*Crocus sativus* L.). *Toxicology in Vitro*. 2003, **17**(5/6): 731-736

[30] DC Garcia-Olmo, HH Riese, J Escribano, J Ontanon, JA Fernandez, M Atienzar, D Garcia-Olmo. Effects of long-term treatment of colon adenocarcinoma with crocin, a carotenoid from saffron (*Crocus sativus* L.): an experimental study in the rat. *Nutrition and Cancer*. 1999, **35**(2): 120-126

[31] T Konoshima, M Takasaki, H Tokuda, S Morimoto, H Tanaka, E Kawata, LJ Xuan, H Saito, M Sugiura, J Molnar, Y Shoyama. Crocin and crocetin derivatives inhibit skin tumor promotion in mice. *Phytotherapy Research*. 1998, **12**(6): 400-404

[32] K Premkumar, SK Abraham, ST Santhiya, PM Gopinath, A Ramesh. Inhibition of genotoxicity by saffron (*Crocus sativus* L.) in mice. *Drug and Chemical Toxicology*. 2001, **24**(4): 421-428

[33] K Premkumar, SK Abraham, ST Santhiya, A Ramesh. Protective effects of saffron (*Crocus sativus* Linn.) on genotoxins-induced oxidative stress in Swiss albino mice. *Phytotherapy Research*. 2003, **17**(6): 614-617

[34] AA Noorbala, S Akhondzadeh, N Tahmacebi-Pour, AH Jamshidi. Hydro-alcoholic extract of *Crocus sativus* L. versus fluoxetine in the treatment of mild to moderate depression: a double-blind, randomized pilot trial. *Journal of Ethnopharmacology*. 2005, **97**(2): 281-284

[35] S Akhondzadeh, N Tahmacebi-Pour, AA Noorbala, H Amini, H Fallah-Pour, AH Jamshidi, M Khani. *Crocus sativus* L. in the treatment of mild to moderate depression: a double-blind, randomized and placebo-controlled trial. *Phytotherapy Research*. 2005, **19**(2): 148-151

[36] 凌学静，张海石，黄岩．西红花对小鼠免疫增强作用的研究．中国中医基础医学杂志．1998，**4**(12)：28-29

[37] 马世平，周素娣，舒斌，周锦祥．西红花总苷的药理学研究 I.对炎症及免疫功能的影响．中草药．1998，**29**(8)：536-539

[38] K Abe, H Saito. Effects of saffron extract and its constituent crocin on learning behavior and long-term potentiation. *Phytotherapy Research*. 2000, **14**(3): 149-152

[39] H Hosseinzadeh, F Talebzadeh. Anticonvulsant evaluation of safranal and crocin from *Crocus sativus* in mice. *Fitoterapia*. 2005, **76**(7-8): 722-724

[40] M Fatehi, T Rashidabady, Z Fatehi-Hassanabad. Effects of *Crocus sativus* petals' extract on rat blood pressure and on responses induced by electrical field stimulation in the rat isolated vas deferens and guinea-pig ileum. *Journal of Ethnopharmacology*. 2003, **84**(2-3): 199-203

[41] 张汉明，孙让庆，易相华，陈新生．番红花球茎总皂苷止血作用的初步研究．中成药．1990，**12**(5)：27-28

[42] M Carmona, A Zalacain, AM Sanchez, JL Novella, GL Alonso. Crocetin esters, picrocrocin and its related compounds present in *Crocus sativus* stigmas and *Gardenia jasminoides* fruits. Tentative identification of seven new compounds by LC-ESI-MS. *Journal of Agricultural and Food Chemistry*. 2006, **54**(3): 973-979

葫芦科

西葫芦 Xihulu[BHP, GCEM]

Cucurbita pepo L.

Pumpkin

概述

葫芦科 (Cucurbitaceae) 植物西葫芦 *Cucurbita pepo* L.，其干燥成熟种子入药。药用名：西葫芦子。

南瓜属 (*Cucurbita*) 植物全世界约 30 种，分布于热带及亚热带地区，在温带地区有栽培。中国栽培有 3 种，本属现供药用者约有 1 种、1 变种。本种原产于美洲，在世界热带、温带地区普遍栽培，中国各地区多有栽培，果实做蔬菜。

据考古发现，公元前14000年，西葫芦在墨西哥和北美地区就有栽培种植。美洲印第安种族彻罗基人 (Cherokee)、依洛魁人 (Iroquois)、美浓米尼人 (Menominee) 将西葫芦子用作利尿药和驱肠虫药，这与西葫芦子的现代临床功效一致。《英国草药典》(1996 年版) 收载本种为西葫芦子的法定原植物来源种。主产于欧洲东南部国家、奥地利、匈牙利、中国、墨西哥和俄罗斯。

西葫芦主要含氨基酸类、黄酮类、酚苷类、类胡萝卜素类成分。《英国草药典》规定西葫芦子的杂质不得多于 2.0%，总灰分不得多于 7.0%，以控制药材质量。

药理研究表明，西葫芦具有利尿、驱虫、抗炎等作用。

民间经验认为西葫芦具有利尿，驱虫的功效。

西葫芦 *Cucurbita pepo* L.

药材西葫芦子 Semen Cucurbitae Peponis

化学成分

西葫芦的种子含氨基酸类成分：南瓜子氨酸 (cucurbitin)[1]以及其他常见氨基酸[2]；脂肪酸类成分：棕榈酸 (palmitic acid)、硬脂酸 (stearic acid)、油酸 (oleic acid)、亚油酸 (linoleic acid)[3]；酚苷类成分：cucurbitosides F、G、H、I、J、K、L、M[4]等。

西葫芦的花含挥发油类成分：芳樟醇 (linalool)、丁香酚 (eugenol)、肉桂醛 (cinnamaldehyde)、对-茴香醛 (p-anisaldehyde)、桂叶烯 (myrcene)[5]；黄酮类成分：甲基鼠李素-3-芸香糖苷 (rhamnazin-3-rutinoside)、异鼠李素-3-芸香糖苷 (isorhamnetin-3-rutinoside)[6]等。

西葫芦的果实含类胡萝卜素类成分：堇黄素 (violaxanthin)、叶黄素 (lutein)、β-玉米黄质 (β-cryptoxanthin)、β-胡萝卜素 (β-carotene)[7]；黄酮类成分：异槲皮苷 (isoquercitrin)、黄芪苷 (astragalin)、异鼠李素-3-O-葡萄糖苷 (isorhamnetin-3-O-glucoside)、水仙苷 (narcissin)、烟花苷 (nicotiflorin)、鼠李黄素-3-O-芸香糖苷 (rhamnocitrin-3-O-rutinoside)[8]等。

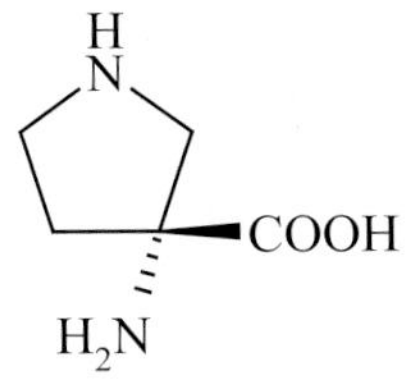

H N COOH H_2N

cucurbitin

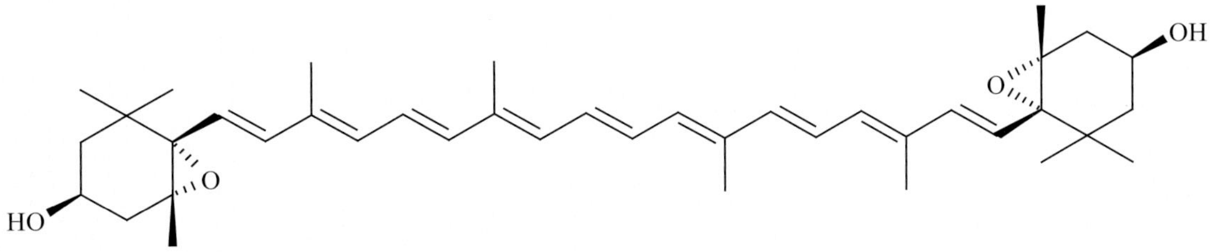

OH O O HO

violaxanthin

药理作用

1. 利尿

西葫芦子能降低人尿液 pH 值，降低钙离子的浓度，增加尿液磷、焦磷酸盐、氨基葡聚糖、钾离子的浓度和草酸盐排出量[9]，减少草酸钙结晶尿的发生率，降低患膀胱结石的风险[10]。西葫芦子能降低前列腺组织中二氢睾丸素水平，治疗良性前列腺增生及其导致的排尿困难，西葫芦子与锯叶棕对良性前列腺增生的治疗有明显协同作用。

2. 驱虫

西葫芦子醇提取物体外能杀死微小膜壳绦虫；能有效抑制小鼠、犬体内的微小膜壳绦虫和人体内的牛肉绦虫[11]。

3. 抗炎

西葫芦子油通过抑制过氧化和清除自由基，调节产生关节炎的多种相关因子，产生抗炎作用。西葫芦子油也能抑制角叉菜胶致大鼠足趾肿胀[12]。

4. 保肝

西葫芦子蛋白能明显抑制四氯化碳[13]、扑热息痛[14]导致的雄性大鼠乳酸脱氢酶 (LD)、丙氨酸转氨酶 (ALT) 等的升高，缓解急性肝损伤。

应用

西葫芦主要用于治疗膀胱过敏、前列腺增生导致的排尿困难、小儿遗尿、肠虫。还用于治疗肾结石、肾炎。西葫芦子还可用于生产食用油[15]和食用蛋白[16]。

西葫芦果实供食用，可做蔬菜，也是家畜的良好饲料。

评注

同属植物南瓜 *Cucurbita moschata* (Duch. ex Lam.) Duch. ex Poir. 的种子用作中药南瓜子，具有杀虫、下乳、利水消肿的功效；主治：绦虫、蛔虫、血吸虫、钩虫、蛲虫病，产后缺乳，产后浮肿，百日咳，痔疮等。南瓜子的功效与西葫芦子相似，且南瓜在中国产量较大，南瓜子的应用又有一定的中医理论基础。南瓜子与西葫芦子能否作为替代药材使用值得深入探讨。

参考文献

[1] VH Mihranian, CI Abou-Chaar. Extraction, detection, and estimation of cucurbitin in Cucurbita seeds. *Lioydia*. 1968, **31**(1): 23-29

[2] A Idouraine, EA Kohlhepp, CW Weber, WA Warid, JJ Martinez-Tellez. Nutrient constituents from eight lines of naked seed squash (*Cucurbita pepo* L.). *Journal of Agricultural and Food Chemistry*. 1996, **44**(3): 721-724

[3] J Peredi, T Balogh. Pumpkin seed oil and its raw materials. *Olaj, Szappan, Kozmetika*. 2005, **54**(3): 131-135

[4] W Li, K Koike, M Tatsuzaki, A Koide, T Nikaido. Cucurbitosides F-M, acylated phenolic glycosides from the seeds of *Cucurbita pepo*. *Journal of Natural Products*. 2005, **68**(12): 1754-1757

[5] A Mena Granero, FJ Egea Gonzalez, A Garrido Frenich, JM Guerra Sanz, JL Martinez Vidal. Single step determination of fragrances in Cucurbita flowers by coupling headspace solid-phase microextraction low-pressure gas chromatography-tandem mass spectrometry. *Journal of Chromatography, A*. 2004, **1045**(1-2): 173-179

[6] H Itokawa, Y Oshida, A Ikuta, H Inatomi, S Ikegami. Flavonol glycosides from the flowers of *Cucurbita pepo*. *Phytochemistry*. 1981, **20**(10): 2421-2422

[7] E Muntean, C Bele, C Socaciu. HPLC analysis of carotenoids from fruits of *Cucurbita pepo* L. var. *melopepo* Alef. *Acta Agronomica Hungarica*. 2003, **51**(4): 455-459

[8] M Krauze-Baranowska, W Cisowski. Flavonols from *Cucurbita pepo* L. herb. *Acta Poloniae Pharmaceutica*. 1996, **53**(1): 53-56

[9] V Suphiphat, N Morjaroen, I Pukboonme, P Ngunboonsri, T Lowhnoo, S Dhanamitta. The effect of pumpkin seeds snack on inhibitors and promoters of urolithiasis in Thai adolescents. *Journal of the Medical Association of Thailand*. 1993, **76**(9): 487-493

[10] VS Suphakarn, C Yarnnon, P Ngunboonsri. The effect of pumpkin seeds on oxalcrystalluria and urinary compositions of children in hyperendemic area. *The American Journal of Clinical Nutrition*. 1987, **45**(1): 115-121

[11] J Bailenger, MF Seguin. Anthelmintic activity of a preparation from squash seeds. *Bulletin de la Societe de Pharmacie de Bordeaux*. 1966, **105**(4): 189-200

[12] AT Fahim, AA Abd-El Fattah, AM Agha, MZ Gad. Effect of pumpkin-seed oil on the level of free radical scavengers induced during adjuvant-arthritis in rats. *Pharmacological Research*. 1995, **31**(1): 73-79

[13] CZ Nkosi, AR Opoku, SE Terblanche. Effect of pumpkin seed (*Cucurbita pepo*) protein isolate on the activity levels of certain plasma enzymes in CCl_4-induced liver injury in low-protein fed rats. *Phytotherapy Research.* 2005, **19**(4): 341-345

[14] CZ Nkosi, AR Opoku, SE Terblanche. *In vitro* antioxidative activity of pumpkin seed (*Cucurbita pepo*) protein isolate and its *in vivo* effect on alanine transaminase and aspartate transaminase in acetaminophen-induced liver injury in low protein fed rats. *Phytotherapy Research.* 2006, **20**(9): 780-783

[15] M Murkovic, A Hillebrand, S Draxl, J Winkler, W Pfannhauser. Distribution of fatty acids and vitamin E content in pumpkin seeds (*Cucurbita pepo* L.) in breeding lines. *Acta Horticulturae.* 1999, **492**: 47-55

[16] VG Shcherbakov. Pumpkin seeds as a prospective source of food protein. *Izvestiya Vysshikh Uchebnykh Zavedenii, Pishchevaya Tekhnologiya.* 2005, **5-6**: 44-46

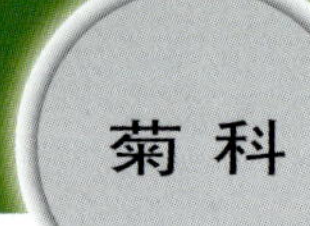

菜蓟 Caiji •••EP, BHP, GCEM

Cynara scolymus L.

Artichoke

概述

菊科 (Asteraceae) 植物菜蓟 *Cynara scolymus* L.，其干燥花、叶和根入药。药用名：洋蓟。又名：朝鲜蓟、菊蓟。

菜蓟属 (*Cynara*) 植物全世界约10～11种，分布于欧洲地中海地区及加那利群岛。中国有 2 种，为引种栽培。本属现供药用者约 1 种。本种原产地中海地区，现欧洲和中国等地多有栽培。

菜蓟根在古罗马和古希腊时已被用于外敷，以祛除腋下和身体其他部位的恶臭。在地中海地区，菜蓟为食用蔬菜。日本在 1940 年的一项研究中指出菜蓟有降低胆固醇、刺激胆汁分泌和利尿作用。《英国草药典》(1996 年版) 收载本种为洋蓟的法定原植物来源种。主产于南欧和北非。

菜蓟主要含类苯丙醇类、倍半萜内酯类、多酚类、黄酮类成分等。《英国草药典》采用薄层色谱法来控制药材质量。

药理研究表明，菜蓟具有保肝、利胆、降血脂和抗氧化等作用。

民间经验认为洋蓟具有保肝的功效；中医理论认为洋蓟具有舒肝利胆，清泄湿热等功效。

菜蓟 *Cynara scolymus* L.

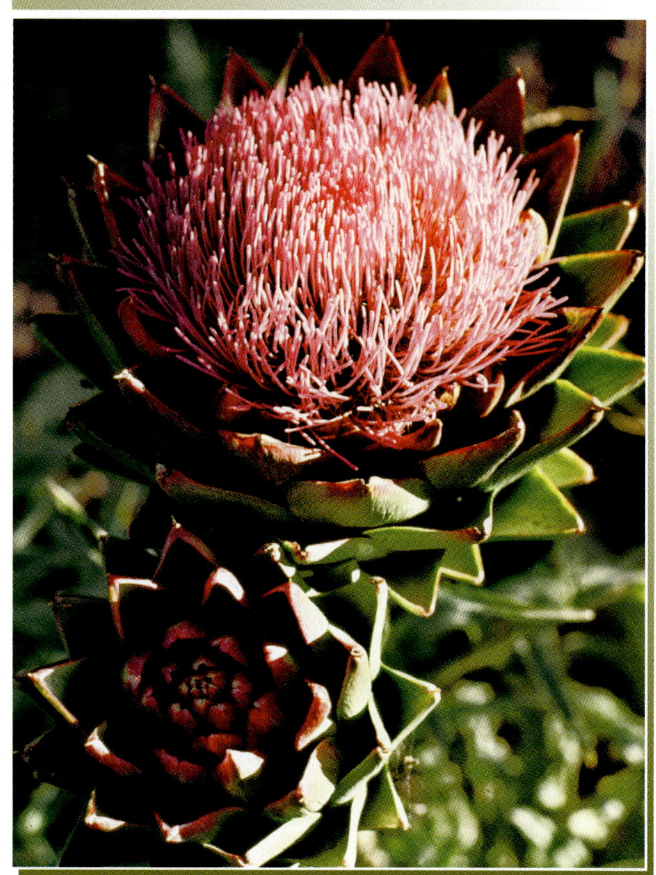

化学成分

菜蓟全草含类苯丙醇类成分：菜蓟素 (cynarin)[1]；倍半萜内酯类成分：洋蓟葡糖苷A、B、C (cynarascolosides A－C)、菜蓟苦素 (cynaropicrin)、aguerin B、grosheimin[2]、grosulfeimin、8－deoxy－11,13－dihydroxygrosheimin、8－deoxy－11－hydroxy－13－chlorogrosheimin[3]；多酚酸类成分：绿原酸 (chlorogenic acid)、异绿原酸 (isochlorogenic acid)、奎宁酸 (quinic acid)[4]、3,5－二氧咖啡酰奎宁酸 (3,5－di－O－caffeoylquinic acid)、4,5－二氧咖啡酰奎宁酸 (4,5－di－O－caffeoylquinic acid)[5]、咖啡酸 (caffeic acid)、二氢咖啡酸 (dihydrocaffeic acid)、阿魏酸 (ferulic acid)、二氢阿魏酸 (dihydroferulic acid)、异阿魏酸 (isoferulic acid)[6]、1,5－二咖啡酰奎宁酸 (1,5－dicaffeoyl quinic acid)[7]；黄酮类成分：菜蓟糖苷 (cynaroside)、洋蓟糖苷 (scolymoside)、luteolin－7－O－β－glucuronid[8]、木犀草素 (luteolin)[9]、木犀草素－7－葡萄糖苷 (luteolin－7－glucoside)[4]、木犀草素－7－芸香糖苷 (luteolin－7－rutinoside)、芹菜素－7－芸香糖苷 (apigenin－7－rutinoside)、芹菜素－7－O－β－D－吡喃葡萄糖苷 (apigenin－7－O－β－D－glucopyranoside)[5]、芹菜素－7－O－葡萄糖醛酸苷 (apigenin 7－O－glucuronide)[7]、槲皮素 (quercetin)[10]、芦丁(rutin)[11]、柚皮芸香苷 (narirutin)[12]；皂苷类成分：cynarogenin[13]；此外，还含有heterosides A、B[14]、苹果酸 (malic acid)、羟乙酸 (glycolic acid)、甘油酸 (glyceric acid)、乳酸 (lactic acid)[14]、羟基桂皮酸 (hydroxycinnamic acid)[15]、羽扇醇 (lupeol)[1]。

菜蓟的花含蒲公英固醇 (taraxasterol)、款冬二醇 (faradiol)等[16]。

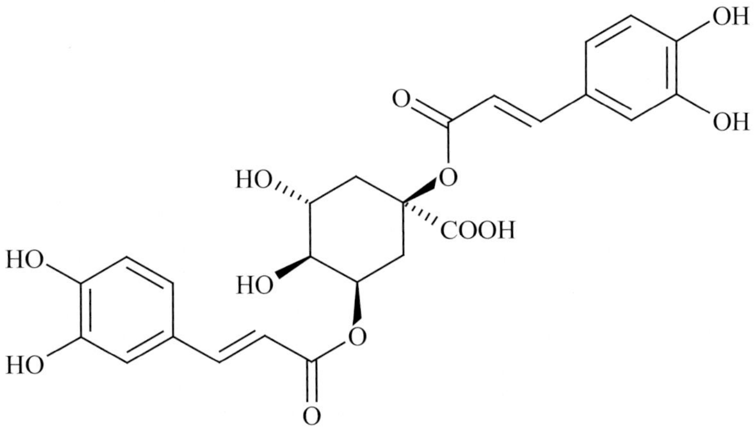

cynarin

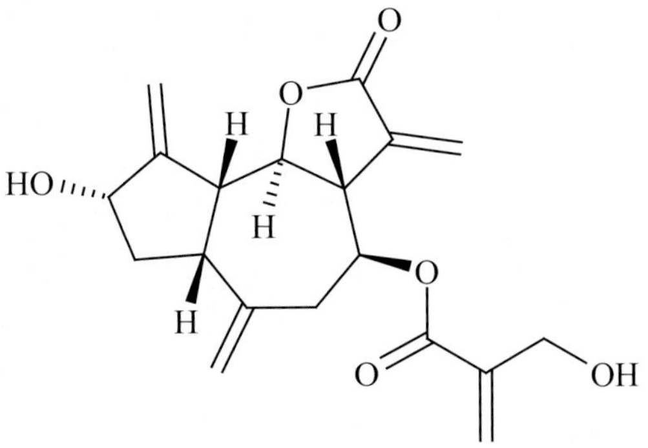

cynaropicrin

菜蓟 Caiji

药理作用

1. 保肝

对四氯化碳造成的大鼠肝损伤模型，于造模前 48、24 和 1 小时灌服菜蓟提取物，大鼠的谷草转氨酶 (GOT)、谷丙转氨酶 (GPT)、直接胆红素和还原型谷胱甘肽水平均有显著下降[17]。菜蓟素和咖啡酸在四氯化碳对离体大鼠肝细胞的毒性实验中呈细胞保护作用[4]。

2. 利胆

菜蓟叶提取物单次给药和重复给药能促进麻醉大鼠的胆汁分泌，增加总胆汁酸的浓度，其促胆汁分泌作用与去氢胆酸 (DHCA) 相近，增加胆汁酸浓度的作用强于DHCA[18]。用电子显微镜技术观察原代培养的大鼠肝细胞发现，菜蓟叶水溶性提取物对牛磺石胆酸致的胆汁郁积性胆小管变形有预防作用[19]。

3. 抗氧化

菜蓟水溶性提取物对过氧化氢所致的大鼠肝细胞氧化应激有保护作用，能阻止过氧化氢引起的丙二醛 (MDA) 生成，并呈浓度依赖性；还能减少叔丁基过氧化氢 (t-BHP) 引起的谷胱甘肽的丢失和细胞内氧化型谷胱甘肽的渗出[20]。在体外实验中，菜蓟提取物对铜催化的人低密度脂蛋白过氧化反应有抑制作用[15]。

4. 降血脂

菜蓟叶甲醇提取物对橄榄油负荷小鼠血脂升高有抑制作用，菜蓟苦素、aguerin B、grosheimin 为抑制三酰甘油升高的活性成分，作用与抑制胃排空有关[11]。菜蓟叶水提物对培养的大鼠肝细胞中胆固醇的合成有抑制作用，菜蓟糖苷及其苷元木犀草素为主要有效成分[21]。

5. 解痉

菜蓟二氯甲烷组分和菜蓟苦素对乙酰胆碱所致的豚鼠回肠收缩有拮抗作用，菜蓟苦素解痉效价较高，与罂粟碱相近[22]。菜蓟对乙酰胆碱所致的大鼠十二指肠收缩也有显著解痉作用[23]。

6. 抗肿瘤

菜蓟花中的蒲公英固醇和款冬二醇对 7,12-二甲苯α蒽与 12-O-十四烷酰佛波醋酸酯-13 (TPA) 诱导的小鼠皮肤癌有抑制作用[16]。

7. 其他

菜蓟能增强内皮型一氧化氮合成酶 (eNOS) mRNA 和蛋白质的表达[24]。此外，菜蓟还有抗菌[5]、镇痛和抗炎作用[25]。

应用

洋蓟在欧洲常用于治疗消化不良，非洲国家则用于治疗肝功能异常。洋蓟的制剂被用来治疗胃胀和恶心，还用于改善人的消化功能。近年发现洋蓟具有降低血脂的功效，经常食用有助于预防动脉粥样硬化的发生。

洋蓟也为中医临床用药。功能：舒肝利胆，清泄湿热。主治：黄疸，胸胁胀痛，湿热泄痢。

评注

菜蓟为药食两用植物。据测定，每百克菜蓟花蕾的总苞和花托含蛋白质2.8g、脂肪 0.2g、糖类 2.3g、维生素 B_1 0.06mg、维生素 B_2 0.08mg、维生素C 11mg、钙 53mg、磷 80mg、铁 1.5mg 及其他营养成分。在美国，菜蓟被作为能排除人体多余水分、降低胆固醇和血脂的保健食品。菜蓟营养丰富，对肝胆、胃肠等系统均有良好的保健作用，在制药和食品开发方面具有较大的市场潜力[26]。

参考文献

[1] VF Noldin, V Cechinel Filho, F Delle Monache, JC Benassi, IL Christmann, RC Pedrosa, RA Yunes. Chemical composition and biological activities of the leaves of *Cynara scolymus* L. (artichoke) cultivated in Brazil. *Quimica Nova*. 2003, **26**(3): 331-334

[2] H Shimoda, K Ninomiya, N Nishida, T Yoshino, T Morikawa, H Matsuda, M Yoshikawa. Anti-hyperlipidemic sesquiterpenes and new sesquiterpene glycosides from the leaves of artichoke (*Cynara scolymus* L.): structure requirement and mode of action. *Bioorganic & Medicinal Chemistry Letters*. 2003, **13**(2): 223-228

[3] P Barbetti, I Chiappini, G Fardella, G Grandolini. Grosulfeimin and new related guaianolides from *Cynara scolymus* L. *Natural Product Letters*. 1993, **3**(1): 21-30

[4] T Adzet, J Camarasa, J Carlos Laguna. Hepatoprotective activity of polyphenolic compounds from *Cynara scolymus* against carbon tetrachloride toxicity in isolated rat hepatocytes. *Journal of Natural Products*. 1987, **50**(4): 612-617

[5] XF Zhu, HX Zhang, R Lo. Phenolic compounds from the leaf extract of artichoke (*Cynara scolymus* L.) and their antimicrobial activities. *Journal of Agricultural and Food Chemistry*. 2004, **52**(24): 7272-7278

[6] SM Wittemer, M Veit. Validated method for the determination of six metabolites derived from artichoke leaf extract in human plasma by high-performance liquid chromatography-coulometric-array detection. *Journal of Chromatography. B, Analytical Technologies in the Biomedical and Life Sciences*. 2003, **793**(2): 367-375

[7] K Schutz, D Kammerer, R Carle, A Schieber. Identification and quantification of caffeoylquinic acids and flavonoids from artichoke (*Cynara scolymus* L.) heads, juice, and pomace by HPLC-DAD-ESI/MS(n). *Journal of Agricultural and Food Chemistry*. 2004, **52**(13): 4090-4096

[8] D Wagenbreth, J. Eich. Pharmaceutically relevant phenolic constituents in artichoke leaves are useful for chemical classification of accessions. *Acta Horticulturae*. 2005, **681**:469-474

[9] R Gebhardt. Anticholestatic activity of flavonoids from artichoke (*Cynara scolymus* L.) and of their metabolites. *Medical Science Monitor: International Medical Journal of Experimental and Clinical Research*. 2001, **7**(Suppl 1): 316-320

[10] F Sanchez-Rabaneda, O Jauregui, RM Lamuela-Raventos, J Bastida, F Viladomat, C Codina. Identification of phenolic compounds in artichoke waste by high-performance liquid chromatography-tandem mass spectrometry. *Journal of Chromatography. A*. 2003, **1008**(1): 57-72

[11] MC Alamanni, M Cossu, M Mura. Evaluation of the chemical composition and nutritional value of *Cynara scolymus* var. Spinoso sardo. *Rivista di Scienza dell'Alimentazione*. 2001, **30**(4): 345-351

[12] MF Wang, JE Simon, IF Aviles, K He, QY Zheng, Y Tadmor. Analysis of antioxidative phenolic compounds in artichoke (*Cynara scolymus* L.). *Journal of Agricultural and Food Chemistry*. 2003, **51**(3): 601-608

[13] AE Atherinos, IEl-S El-Kholy, G Soliman. Chemical investigation of *Cynara scolymus*. I. Steroids of the receptacles and leaves. *Journal of the Chemical Society*. 1962: 1700-1704

[14] P Bernard, A Lallemand. Chemical and pharmacodynamic study of the artichoke leaf *Cynara scolymus*. *Bulletin de la Societe de Pharmacie de Marseille*. 1953: 15-22

[15] A Jimenez-Escrig, LO Dragsted, B Daneshvar, R Pulido, F Saura-Calixto. *In vitro* antioxidant activities of edible artichoke (*Cynara scolymus* L.) and effect on biomarkers of antioxidants in rats. *Journal of Agricultural and Food Chemistry*. 2003, **51**(18): 5540-5545

[16] K Yasukawa, T Akihisa, H Oinuma, T Kaminaga, H Kanno, Y Kasahara, T Tamura, K Kumaki, S Yamanouchi, M Takido. Inhibitory effect of taraxastane-type triterpenes on tumor promotion by 12-O-tetradecanoylphorbol-13-acetate in two-stage carcinogenesis in mouse skin. *Oncology*. 1996, **53**(4): 341-344

[17] T Adzet, J Camarasa, JS Hernandez, JC Laguna. Action of an artichoke extract against carbon tetrachloride-induced hepatotoxicity in rats. *Acta Pharmaceutica Jugoslavica*. 1987, **37**(3): 183-187

[18] RT Saenz, GD Garcia, PVR de la. Choleretic activity and biliary elimination of lipids and bile acids induced by an artichoke leaf extract in rats. *Phytomedicine: International Journal of Phytotherapy and Phytopharmacology*. 2002, **9**(8): 687-693

[19] R Gebhardt. Prevention of taurolithocholate-induced hepatic bile canalicular distortions by HPLC-characterized extracts of artichoke (*Cynara scolymus*) leaves. *Planta Medica*. 2002, **68**(9): 776-779

[20] R Gebhardt. Antioxidative and protective properties of extracts from leaves of the artichoke (*Cynara scolymus* L.) against hydroperoxide-induced oxidative stress in cultured rat hepatocytes. *Toxicology and Applied Pharmacology*. 1997, **144**(2): 279-286

[21] R Gebhardt. Inhibition of cholesterol biosynthesis in primary cultured rat hepatocytes by artichoke (*Cynara scolymus* L.) extracts. *The Journal of Pharmacology and Experimental Therapeutics*. 1998, **286**(3): 1122-1128

[22] F Emendorfer, F Emendorfer, F Bellato, VF Noldin, V Cechinel-Filho, RA Yunes, MF Delle, AM Cardozo. Antispasmodic activity of fractions and cynaropicrin from *Cynara scolymus* on guinea-pig ileum. *Biological & Pharmaceutical Bulletin*. 2005, **28**(5): 902-904

[23] F Emendorfer, F Emendorfer, F Bellato, VF Noldin, R Niero, V Cechinel-Filho, AM Cardozo. Evaluation of the relaxant action of some Brazilian medicinal plants in isolated guinea-pig ileum and rat duodenum. *Journal of Pharmacy & Pharmaceutical Sciences*. 2005, **8**(1): 63-68

[24] HG Li, N Xia, I Brausch, Y Yao, U Forstermann. Flavonoids from artichoke (*Cynara scolymus* L.) up-regulate endothelial-type nitric-oxide synthase gene expression in human endothelial cells. *The Journal of Pharmacology and Experimental Therapeutics*. 2004, **310**(3): 926-932

[25] BM Ruppelt, EF Pereira, LC Goncalves, NA Pereira. Pharmacological screening of plants recommended by folk medicine as anti-snake venom-I. Analgesic and anti-inflammatory activities. *Memorias do Instituto Oswaldo Cruz*. 1991, **86** (S2): 203-205

[26] 白雪，张建丽，何洪巨．朝鲜蓟的营养与保健功能．中国食物与营养．2005，**11**：47-48

毛地黄 Maodihuang[EP, BP, USP]

玄参科

Digitalis purpurea L.

Digitalis

概述

玄参科 (Scrophulariaceae) 植物毛地黄 *Digitalis purpurea* L.，其干燥叶入药。药用名：洋地黄叶。

毛地黄属 (*Digitalis*) 全世界约 25 种，分布于欧洲和亚洲的中部与西部。中国栽培有 2 种，均可供药用。本种原产于欧洲，后被引种栽培到东方和美洲大陆各地，中国各地多有栽培。

1785年英国医师威瑟林 (William Withering) 首次报道洋地黄可用于水肿的治疗。1874 年，德国药物学家施密迪勃格 (Oswald Schmiedeberg) 从毛地黄中提取出了强心的有效成分-强心苷类。20 世纪 20 年代后发展为治疗慢性心力衰竭的主要药物。近代医学临床上常用的强心苷仍是从本种植物中提取获得[1]。《欧洲药典》(第 5 版)《英国药典》(2002 年版) 和《美国药典》(第 28 版) 收载本种为洋地黄叶的法定原植物来源种。主产于欧洲、亚洲和美洲各地。

毛地黄主要含洋地黄强心苷及洋地黄毒糖等成分。《英国药典》和《欧洲药典》采用紫外分光光度法测定，规定洋地黄叶中强心苷含量以洋地黄毒苷计不得少于 0.30%；《美国药典》采用洋地黄生物检定法测定，规定每 100mg 洋地黄叶的效价不得少于 1 个美国药典洋地黄单位，以控制药材质量。

药理研究表明，毛地黄具有强心、利尿、抗肿瘤、保护肝脏、抗病毒等作用。

近代医学认为洋地黄叶具有强心，利尿的功效。

毛地黄 *Digitalis purpurea* L.

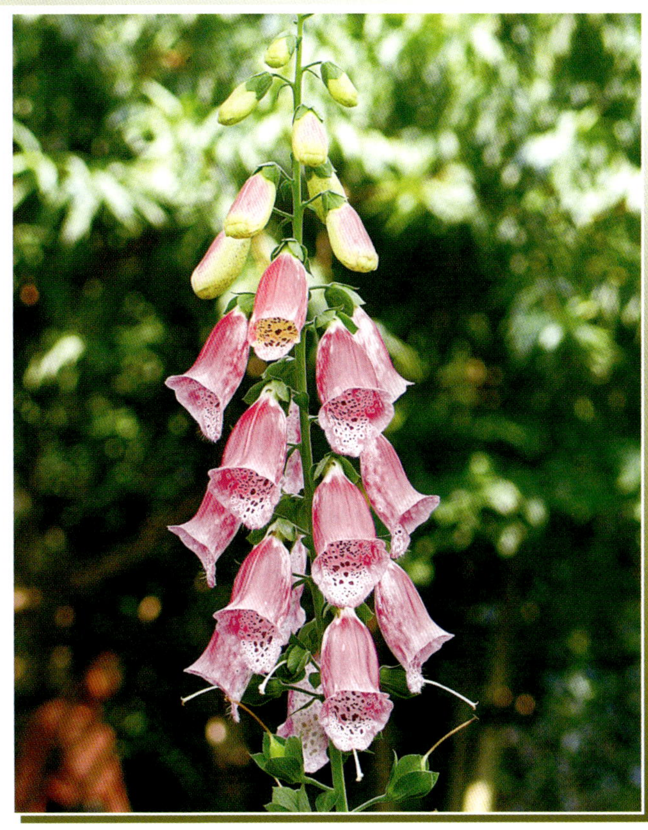

毛地黄 Maodihuang

药材洋地黄叶 Folium Digitalis

化学成分

毛地黄叶含洋地黄毒苷元 (digitoxigenin) 强心苷类成分：洋地黄毒苷 (digitoxin)、紫花洋地黄苷A (purpurea glycoside A)[2]；羟基洋地黄毒苷元 (gitoxigenin) 强心苷类成分：紫花洋地黄苷B (purpurea glycoside B)[2]、羟基洋地黄毒苷 (gitoxin)、洋地黄次苷 (strospeside)[3]；吉托洛苷元 (gitaloxigenin) 强心苷：吉托洛苷 (gitaloxin)、葡萄糖吉托洛苷 (glucogitaloxin)[2]、渥诺多苷 (verodoxin)[3]；黄酮类成分：芹菜素 (apigenin)、高车前素 (dinatin)、金圣草黄素 (chrysoeriol)、泽兰叶黄素 (eupafolin)[4]；固醇皂苷类成分：去半乳糖提果皂苷 (degalactotigonin)、F－吉托皂苷 (F－gitonin)[5-6]、紫花吉托苷 (purpureagitoside)[7]；蒽醌类成分：洋地黄蒽醌 (digitolutein)、3－methylalizarin、digitopurpone[8]；苯基乙醇苷类成分：毛蕊花糖苷 (acteoside)、purpureaside A、plantainoside D[9]、calceolariosides A、B[10]；洋地黄烷酚苷类成分：glucodiginin、glucodigifolein[11]；以及洋地黄毒糖 (digitoxose)[12]等。

毛地黄种子含洋地黄毒苷元强心苷类成分：洋地黄毒苷、紫花洋地黄苷 A[13]、异毛花地洋黄苷 A (purlanoside A)[14]、洋地黄普苷 (digiproside)、奥多诺苷H (odoroside H)[4]、新吉托司廷 (neogitostin)[15]；羟基洋地黄毒苷元强心苷类成分：紫花洋地黄苷 B、羟基洋地黄毒苷[13]、吉托苷 (gitoroside)、洋地黄苷 (digitalin)[16]、异毛花地洋黄苷 B (purlanoside B)、乙酰吉托苷 (monoacetyl gitoroside)[14]；吉托洛苷元强心苷类成分：吉托洛苷元 (gitaloxigenin)、吉托洛苷元洋地黄毒糖苷 (lanadoxin)、葡萄糖渥诺多苷 (glucoverodoxin)[4]；洋地黄毒糖类成分：洋地黄毒糖 (digitoxose)、洋地黄双糖 (digilanidobiose)[13]，乙酰洋地黄毒糖 (acetyldigitoxose)[14]等。

药理作用

1. 对心血管系统的影响

多种强心苷的药理作用在性质上相似，作用快慢和持续时间则不同。

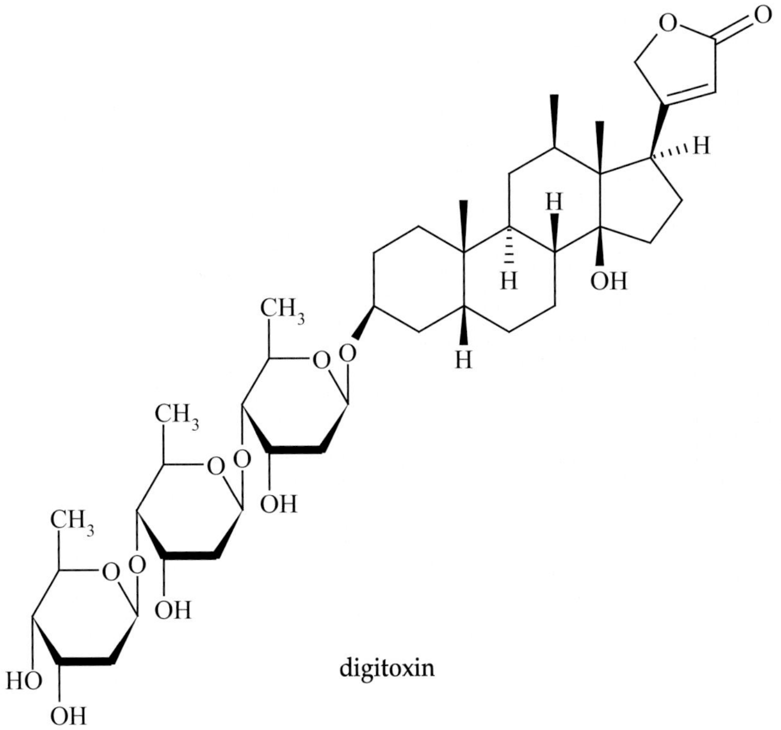

digitoxin

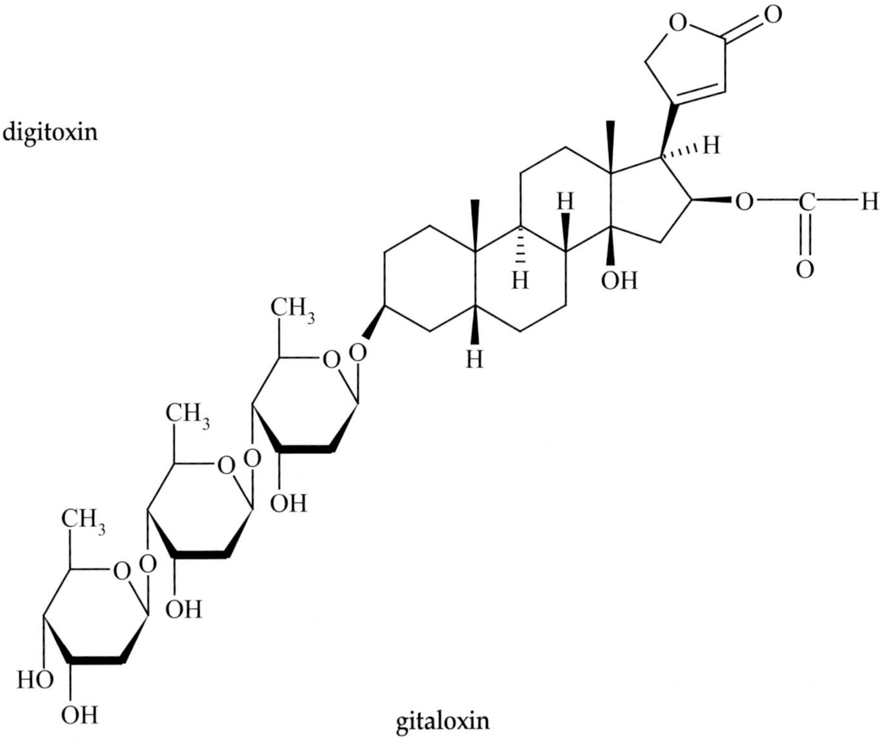

gitaloxin

(1) **加强心肌收缩** 洋地黄可通过抑制心肌细胞膜 Na^+,K^+－ATP 酶活性而致心肌细胞内钙增加，促使心肌收缩力增强。洋地黄也可通过抑制中枢神经系统的交感传出，减少肾素分泌，增强心肺压力感受器的敏感性等神经内分泌机理而改善心脏收缩功能[17]。强心苷能直接作用于心肌细胞，明显加强心肌收缩性能，加强离体心乳头肌的收缩性。强心苷也可以通过正性肌力作用，使心脏收缩有力而敏捷，收缩张力和速度提高，衰竭心脏每搏做功量增加。

(2) **降低心肌耗氧量** 洋地黄可缩小心功能不全心脏的体积及改善收缩效率，降低心肌耗氧量，这种心肌耗氧量的降低超过因心肌收缩力加强导致的心肌耗氧量的增加，所以洋地黄能降低衰竭心肌的总耗氧量[18]。

(3) **降低外周血管阻力** 洋地黄可抑制血管平滑肌上的 Na^+,K^+－ATP 酶，引起血管收缩；同时，心排血量增加，肾血流量增加，交感神经张力降低，周围血管扩张。洋地黄这种血管扩张作用大于收缩作用，能降低外周血管阻力[18]。

(4) **负性频率过程作用** 洋地黄可兴奋迷走神经，降低窦房结自律性，减慢窦性心率，同时延长房室交界区的有效不应期，减慢传导，减慢房扑、房颤时房室率[18]。

(5) **神经内分泌作用** 洋地黄可抑制钠泵活动，从而改善压力感受器的反射作用，降低交感神经活性，也可直接抑制交感神经活性，降低血去甲肾上腺素、肾上腺素和血管加压素水平。洋地黄还可兴奋中枢神经系统的迷走神经核，促使心脏组织对内源性乙酰胆碱敏感性增加[19]。

2. 利尿

洋地黄可直接作用于肾小管，通过抑制肾小管细胞膜Na^+,K^+－ATP酶而使水钠重吸收降低，产生利尿作用。也可以通过加强心肌收缩力，增加心排血量和肾血流量，减少醛固酮分泌，起到排钠利尿作用[18]。

3. 抗肿瘤

Purpureaside A 能通过抑制核转录激活蛋白－1 (AP－1)，明显抑制脂多糖 (LPS) 诱导的诱导型一氧化氮合酶 (iNOS) 在巨噬细胞 RAW264.7 中的基因表达[10]。洋地黄叶甲醇提取物、羟基洋地黄毒苷元和羟基洋地黄毒苷能通过脱噬作用产生细胞毒作用，明显抑制肾腺癌细胞 TK－10、乳腺癌细胞MCF－7等生长，诱导脱噬死亡[20]。洋地黄毒苷在体外能显著杀伤白血病细胞 HL－60、大鼠肝癌细胞 SMMC－7721 和人胃癌细胞 SGC－7901，对肿瘤细胞有选择性细胞毒作用[21]。

4. 保肝

毛蕊花糖苷能明显抑制大鼠肝癌细胞H4IIE中黄曲霉素B_1导致的细胞毒性，增加谷胱甘肽转移酶α (GSTα) 蛋白水平，产生有效的保肝作用[9]。

5. 抗病毒

毛地黄所含的脂类成分体内和体外均具有明显的抗感冒病毒作用[22]。

6. 其他

Calceolariosides A、B、forsythiaside、plantainoside D 能明显抑制蛋白激酶 Cα (PKCα) 的活性[23]。

应用

毛地黄主要用于治疗充血性心力衰竭和某些心律失常，如心房颤动、心房扑动及阵发性心动过速。毛地黄还可用于心功能不全、肿瘤、头痛、脓疮、瘫痪、外伤不愈、溃疡的治疗。

毛地黄也为中医临床用药。功能：强心，利尿。主治：心力衰竭，心脏性水肿。

评注

除了叶外，毛地黄的干燥成熟种子也入药。

同属植物毛花毛地黄 *Digitalis lantana* Ehrh. 的干燥叶也做中药洋地黄使用。

洋地黄是治疗心衰常见的有效药物，由于心衰患者往往伴有多脏器功能减退，对洋地黄类药物非常敏感，加上其安全范围小，治疗量与中毒量接近，通常其治疗量为中毒量的 60%，而中毒时的剂量已为最小致死量的 40%~50%，常发生中毒现象[24]。因此，如何保证洋地黄安全有效的使用，值得进一步研究。

参考文献

[1] 南晖．洋地黄的故事．药物与人．2001，**14**(5)：38

[2] Y Ikeda, Y Fujii, I Nakaya, M Yamazaki. Quantitative HPLC analysis of cardiac glycosides in *Digitalis purpurea* leaves. *Journal of Natural Products*. 1995, **58**(6): 897-901

[3] CB Lugt. Quantitative determination of digitoxin, gitaloxin, gitoxin, verodoxin, and strospesid in the leaves of *Digitalis purpurea* by means of fluorescence. *Planta Medica.* 1973, **23**(2): 176-181

[4] T Kartnig, G Eiter. Comparative studies on the cardenolide- and flavonoid-patterns in leaves of *Digitalis purpurea* during different stages of development. *Scientia Pharmaceutica.* 1982, **50**(3): 234-245

[5] T Kawasaki, I Nishioka, T Yamauchi, K Miyahara, M Embutsu. Digitalis saponins. III. Enzymic hydrolysis of leaf saponins of *Digitalis purpurea. Chemical & Pharmaceutical Bulletin.* 1965, **13**(4): 435-440

[6] T Kawasaki, I Nishioka. Digitalis saponins. II. Leaf saponins of *Digitalis purpurea. Chemical & Pharmaceutical Bulletin.* 1964, **12**(11): 1311-1315

[7] R Tschesche, AM Javellana, G Wulff. Steroid saponins with more than one sugar chain. IX. Purpurea gitoside, a bisdesmosidic 22-hydroxyfurostanol glycoside from the leaves of *Digitalis purpurea. Chemische Berichte.* 1974, **107**(9): 2828-2834

[8] DS Bhakuni, M Bittner, A Carmona, PG Sammes, M Silva. Anticancer agents from Chilean plants. *Digitalis purpurea* var *alba. Revista Latinoamericana de Quimica.* 1974, **5**(4): 230-235

[9] JY Lee, E Woo, KW Kang. Screening of new chemopreventive compounds from *Digitalis purpurea. Pharmazie.* 2006, **61**(4): 356-358

[10] JW Oh, JY Lee, SH Han, YH Moon, YG Kim, ER Woo, KW Kang. Effects of phenylethanoid glycosides from *Digitalis purpurea* L. on the expression of inducible nitric oxide synthase. *Journal of Pharmacy and Pharmacology.* 2005, **57**(7): 903-910

[11] S Liedtke, M Wichtl. Digitanol glycosides from Digitalis lanata and *Digitalis purpurea.* Part 2. Glucodiginin and glucodigifolein from *Digitalis purpurea. Pharmazie.* 1997, **52**(1): 79-80

[12] G Franz, WZ Hassid. Biosynthesis of digitoxose and glucose in the purpurea glycosides of *Digitalis purpurea. Phytochemistry.* 1967, **6**(6): 841-844

[13] K Hoji. Constituents of Digitalis purpurea. XXVI. Purpurea glycoside-A and purpurea glycoside-B from digitalis seeds. *Chemical & Pharmaceutical Bulletin.* 1961, **9**: 576-578

[14] K Hoji. Constituents of *Digitalis purpurea.* XXIV. The structures of purlanosides-A and -B. *Chemical & Pharmaceutical Bulletin.* 1961, **9**: 566-571

[15] A Okano. Constituents of *Digitalis purpurea*. VIII. The isolation of neogitostin, a new cardiotonic glycoside. *Pharmaceutical Bulletin.* 1958, **6**: 173-177

[16] K Hoji. Constituents of *Digitalis purpurea*. XXV. A new cardiotonic glycoside, acetylglucogitoroside and digitalinum verum monoacetate from Digitalis seeds. *Chemical & Pharmaceutical Bulletin.* 1961, **9**: 571-575

[17] 马文林，赵明中．洋地黄苷在心力衰竭治疗中的地位评价．中国社区医师．2006，**22**(13)：8-9

[18] 韩明伦，王秀香，黄金剑．浅谈洋地黄的临床应用．中华现代中西医杂志．2005，**3**(7)：642-643

[19] 张勇．洋地黄的药理作用及其中毒观察．中国临床医药研究杂志．2006，**9**：33

[20] M Lopez-Lazaro, N Palma de la Pena, N Pastor, C Martin-Cordero, E Navarro, F Cortes, MJ Ayuso, MV Toro. Anti-tumor activity of *Digitalis purpurea* L. subsp. *heywoodii. Planta Medica.* 2003, **69**(8): 701-704

[21] 林心建，黄自强，李常春．洋地黄毒苷体外抗人癌细胞株的作用．福建医学院学报．1996，**30**(1)：17-20

[22] EP Kemertelidze, TM Dalakishvili, SA Vichkanova, LD Shipulina. Lipids from *Digitalis purpurea* L. seeds and their biological activity. *Khimiko-Farmatsevticheskii Zhurnal.* 1990, **24**(9): 57-59

[23] BN Zhou, BD Bahler, GA Hofmann, MR Mattern, RK Johnson, DGI Kingston. Phenylthanoid glycosides from *Digitalis purpurea* and Penstrmon linarioides with PKC α -inhibitory activity. *Journal of Natural Products.* 1998, **61**(11): 1410-1412

[24] 张昱，张萍．洋地黄中毒与心律失常．实用心电学杂志．2003，**12**(3)：227-228

菊科

紫锥菊 Zizhuiju USP, GCEM

Echinacea purpurea (L.) Moench

Purple Coneflower

概述

菊科 (Asteraceae) 植物紫锥菊 *Echinacea purpurea* (L.) Moench，其干燥全草或根入药。药用名：紫锥菊、紫锥菊根。又名：紫锥花、松果菊。

紫锥菊属 (*Echinacea*) 全世界约有 9 种及多个变种，原产于美洲，后欧洲等地有引种[1]。中国北京、沈阳、山东等地近年引种约 3 种，本属现供药用者约 3 种[2]。本种原产北美洲中部，野生很少，栽培于美国中部、东部和欧洲。

紫锥菊是世界上最常用的草药之一。原为北美印地安民间草药，科曼契人用于治疗牙痛和咽喉痛，苏人 (Sioux) 用于狂犬病、蛇咬伤和脓毒性病症。1900 年至今，德国等国家对紫锥菊进行了多项研究，认为其有增强免疫和改善感冒症状的作用。1995 至 1998 年间，紫锥菊一直位居美国保健品的销售榜首。《美国药典》(第 28 版) 收载本种为紫锥菊根的法定原植物来源种之一。主产于美国和德国。

紫锥菊含酰胺类、咖啡酸酯衍生物、黄酮类和挥发油等成分。一般认为，酰胺类、咖啡酸酯衍生物成分为紫锥菊的药理活性成分。《美国药典》采用高效液相色谱法测定，规定紫锥菊根中酚类成分总含量以咖啡酰酒石酸、菊苣酸、绿原酸和海胆苷计不得少于 0.50%，酰胺类成分含量以 dodecatetraenoic acid isobutylamide 计不得少于 0.025%，以控制药材质量。

药理研究表明，紫锥菊具有增强免疫、抗病毒、抗炎等作用。

民间经验认为紫锥菊具有刺激免疫活性的功效。

紫锥菊 *Echinacea purpurea* (L.) Moench

药材紫锥菊 Herba Echinaceae Purpureae

药材紫锥菊根 Radix Echinaceae Purpureae

化学成分

紫锥菊全草含酰胺类成分：undeca－2E,4Z－diene－8,10－diynoic acid isobutylamide、undeca－2Z,4E－diene－8,10－diynoic acid isobutylamide、dodeca－2E,4Z－diene－8,10－diynoic acid isobutylamide、undeca －2E,4Z－diene－8,10－diynoic acid 2－methybutylamide、dodeca－2E,4E,10E－trien－8－ynoic

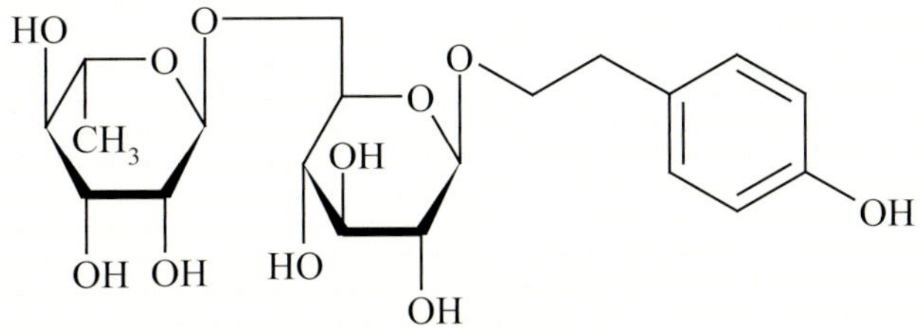

echipuroside A

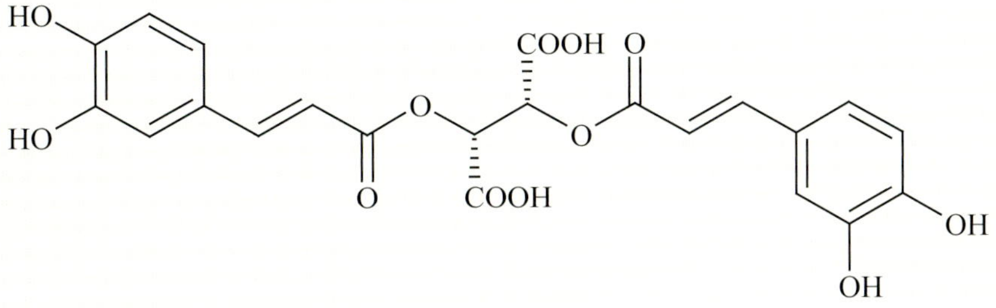

cichoric acid

紫锥菊 Zizhuiju

acid isobutylamide、trideca－2E, 7Z－diene－10, 12－diynoic acid isobutylamide、dodeca－2E,4Z－diene－8,10－diynoic acid 2－methybutylamide、dodeca－2E,4E,8Z,10E－tetraenoic acid isobutylamide、dodeca－2E,4E,8Z,10Z－tetraenoic acid isobutylamide、dodeca－2E,4E,8Z－trienoic acid isobutylamide[3]、dodeca－2Z,4E,10Z－trien－8－ynoic acid isobutylamide[4]、dodeca－2E,4E,8Z,10Z－tetraenoic acid isobutylamide[5]；酚类成分：菊苣酸 (cichoric acid)、咖啡酰酒石酸 (caftaric acid)、咖啡酸 (caffeic acid)、2－O－feruloyl－tartaric acid[6]、对香豆酸 (p－coumaric acid)、阿魏酸 (ferulic acid)、丁香酸 (syringic acid)、原儿茶酸 (protocatechuic acid)、香草酸 (vanillic acid)[7]、绿原酸 (chlorogenic acid)、海胆苷 (echinacoside)、朝蓟素 (cynarin)[8]、α－O－β－D－glucopyranosylacetovanillone[9]；挥发油成分：吉玛烯 (germacrene D)[10]、1,2－benzenedicarboxylic acid dibutyl ester、hexanedioic dioctyl ester、9,12－十八碳二烯酸 (9,12－octadecadienoic acid)、2,4－bis(1,1－dimethylethyl)[11]；此外，还含紫花松果菊苷A (echipuroside A)、ampelopsisionoside、长寿花糖苷 (roseoside)[12]、毛蕊花糖苷 (acteoside, verbascoside)[13]、7, 8－呋喃并香豆素 (7,8－furocoumarin)、6－甲氧基－7－羟基－香豆素 (6－methoxy－7－hydroxycoumarin)[14]、1β,6α二羟基－4 (14) 桉叶烯 [1β, 6α－dihydroxy－4(14)－eudesmene][5]。

药理作用

1. 增强免疫

紫锥菊的酰胺类成分能提高正常大鼠吞噬细胞的活性和肺泡巨噬细胞的吞噬指数，在体外脂多糖刺激下，酰胺类成分能促使肺泡巨噬细胞产生更多的肿瘤坏死因子α (TNF－α) 和一氧化氮 (NO)[15]。紫锥菊还能刺激鼠巨噬细胞分泌细胞因子TNF－α、白介素 IL－1α, IL－1β, IL－6, IL－10和氧化亚氮，并能显著刺激人外周血单核细胞增殖，提高存活力[16]。紫锥菊的多糖部分对巨噬细胞的吞噬功能和T淋巴细胞增殖有刺激作用；溶血空斑试验表明其能显著增加空斑数目，能显著增强体液免疫功能[17]。紫锥菊粗多糖可显著刺激巨噬细胞杀伤P815瘤细胞的活性，提升巨噬细胞产生IL－1的水平；刺激小鼠B淋巴细胞的增殖，提示可增强小鼠的体液免疫功能[17]。紫锥菊的阿拉伯半乳聚糖对药物诱导的大鼠腹腔巨噬细胞活化所产生的TNF－α有刺激作用，还可以刺激活化的巨噬细胞分泌干扰素－β_2[17]。紫锥菊制剂Echinilin给感冒初起的患者口服，能减轻感冒症状，作用与其能增加血液中白血球总数、单核细胞、中性白血球和自然杀伤细胞数有关[18]。

2. 抗炎

紫锥菊灌胃对角叉菜胶引起的小鼠足趾肿胀有抑制作用。蛋白印迹分析表明，紫锥菊提取物在体内对脂多糖和γ干扰素－γ诱导的环氧化酶2 (COX－2) 及诱生型一氧化氮合酶 (iNOS) 在腹膜巨噬细胞中的表达有调节作用[19]。

3. 抗病毒

紫锥菊制剂Viracea对I型和II型单纯性疱疹病毒 (HSV－1, HSV－2) 的阿昔洛韦 (acyclovir) 易感株和抗性株均有明显抑制作用[20]。紫锥菊辛(Echinacin®) 在体外可抑制脑心肌炎病毒 (EMC－virus) 和滤泡性口炎病毒 (VSV) 的复制，对流感病毒和疱疹病毒有一定的抑制作用[17]。

4. 抗肿瘤

Echinacin对小鼠成纤维细胞L－929和宫颈癌细胞HeLa有一定抑制作用[17]。

5. 其他

紫锥菊还有抗氧化[18]、抗真菌[21]等作用。

应用

西方国家用紫锥菊为免疫调节剂，防治上呼吸道疾病，如感冒、流感等；皮肤病，如粉刺、疖和创伤；过敏性疾病，如哮喘以及喉部疼痛等症。

紫锥菊根在美洲民间还被应用于治疗马背鞍疮，其酒剂及煎剂用于治疗性病，如淋病、梅毒等。此外，还被用于治疗疮、疖、痈等多种细菌感染、昆虫及蛇咬伤、湿疹、疱疹、伤寒、白喉、肺结核等病。

评注

同属植物狭叶紫锥菊 *Echinacea angustifolia* DC. 和淡果紫锥菊 *E. pallida* (Nutt.) Nutt. 也做药用，但用量较少。紫锥菊、狭叶紫锥菊与淡果紫锥菊功效相近，但有实验显示三者主要成分及含量各有差异。以根为例，紫锥菊含量较高的成分为菊苣酸和毛蕊花糖苷；狭叶紫锥菊的主要成分为朝鲜蓟酸（cinarine）、dodeca－2E,4E,8Z,10Z－tetraenoic acid isobutylamide 和 dodeca－2E,4E,8Z,10E－tetraenoic acid isobutylamide；淡果紫锥菊的主要成分则为echinacoside 和 6－O－caffeoylechinacoside[13]。

参考文献

[1] 张莹，刘珂，吴立军．紫锥菊属药用植物研究进展．中草药．2001，**32**(9)：852-855

[2] 李标，唐坤，刘毅，王伯初．药用紫锥菊叶片离体培养技术研究．时珍国医国药．2006，**17**(3)：344-345

[3] 李继仁，赵玉英，艾铁民．三种松果菊化学成分与生物活性研究进展．中国中药杂志．2002，**27**(5)：334-337

[4] Y Chen, T Fu, T Tao, JH Yang, Y Chang, MH Wang, L Kim, LP Qu, J Cassady, R Scalzo, XP Wang. Macrophage activating effects of new alkamides from the roots of *Echinacea* species. *Journal of Natural Products*. 2005, **68**(5): 773-776

[5] 李继仁，高秀峰，艾铁民，赵玉英．紫花松果菊亲脂性成分的研究．中国中药杂志．2002，**27**(1)：40-41

[6] C Bergeron, S Gafner, LL Batcha, CK Angerhofer. Stabilization of caffeic acid derivatives in *Echinacea purpurea* L. glycerin extract. Journal of *Agricultural and Food Chemistry*. 2002, **50**(14): 3967-3970

[7] 姚兴东，王海萍，聂园梅，DG Nirmalendu．草药紫锥花中酚类化合物的测定．广西民族学院学报（自然科学版）．2004，**10**(1)：100-103

[8] SJ Murch, SE Peiris, WL Shi, SMA Zobayed, PK Saxena. Genetic diversity in seed populations of *Echinacea purpurea* controls the capacity for regeneration, route of morphogenesis and phytochemical composition. *Plant Cell Reports*. 2006, **25**(6): 522-532

[9] WW Li, W Barz. Structure and accumulation of phenolics in elicited *Echinacea purpurea* cell cultures. *Planta Medica*. 2006, **72**(3): 248-254

[10] M Hudaib, J Fiori, MG Bellardi, C Rubies-Autonell, V Cavrini. GC-MS analysis of the lipophilic principles of *Echinacea purpurea* and evaluation of cucumber mosaic cucumovirus infection. *Journal of Pharmaceutical and Biomedical Analysis*. 2002, **29**(6): 1053-1060

[11] 姚兴东，聂园梅，DG Nirmalendu．不同紫锥花种属中挥发性组分的气相色谱/质谱分析．广西民族学院学报（自然科学版）．2004，**10**(4)：78-83

[12] 李继仁，王邠，乔梁，艾铁民，赵玉英．紫花松果菊水溶性成分研究．药学学报．2002，**37**(2)：121-123

[13] BD Sloley, LJ Urichuk, C Tywin, RT Coutts, PKT Pang, JJ Shan. Comparison of chemical components and antioxidant capacity of different *Echinacea* species. *Journal of Pharmacy and Pharmacology*. 2001, **53**(6): 849-857

[14] 李继仁，侯志新，王育琪，龚海英．紫花松果菊亲脂性化学成分的研究(II)．天津药学．2003，**15**(1)：1-2

[15] V Goel, C Chang, JV Slama, R Barton, R Bauer, R Gahler, TK Basu. Alkylamides of *Echinacea purpurea* stimulate alveolar macrophage function in normal rats. *International Immunopharmacology*. 2002, **2**(2-3): 381-387

[16] JA Rininger, S Kickner, P Chigurupati, A McLean, Z Franck. Immunopharmacological activity of Echinacea preparations following simulated digestion on murine macrophages and human peripheral blood mononuclear cells. *Journal of Leukocyte Biology*. 2000, **68**(4): 503-510

[17] 肖培根．国际流行的免疫调节剂——紫锥菊及其制剂．中草药．1996，**27**(1)：46-48

[18] V Goel, R Lovlin, C Chang, JV Slama, R Barton, R Gahler, R Bauer, L Goonewardene, TK Basu. A proprietary extract from the echinacea plant (*Echinacea purpurea*) enhances systemic immune response during a common cold. *Phytotherapy Research*. 2005, **19**(8): 689-694

[19] GM Raso, M Pacilio, CG Di, E Esposito, L Pinto, R Meli. *In-vivo* and *in-vitro* anti-inflammatory effect of *Echinacea purpurea* and *Hypericum perforatum*. *Journal of Pharmacy and Pharmacology*. 2002, **54**(10): 1379-1383

紫锥菊 Zizhuiju

[20] KD Thompson. Antiviral activity of Viracea against acyclovir susceptible and acyclovir resistant strains of herpes simplex virus. *Antiviral Research*. 1998, **39**(1): 55-61

[21] SE Binns, B Purgina, C Bergeron, ML Smith, L Ball, BR Baum, JT Arnason. Light-mediated antifungal activity of Echinacea extracts. *Planta Medica*. 2000, **66**(3): 241-244

紫锥菊种植地

小豆蔻 Xiaodoukou BP, BHP, USP, GCEM, JP

姜科

Elettaria cardamomum Maton var. *minuscula* Burkill

Cardamom

概述

姜科 (Zingiberaceae) 植物小豆蔻 *Elettaria cardamomum* Maton var. *minuscula* Burkill，其干燥近成熟果实入药。药用名：小豆蔻。

小豆蔻属 (*Elettaria*) 植物全世界约有 3 种，本种原产于印度南部和斯里兰卡，在东南亚和危地马拉热带地区有栽培。

小豆蔻最初产于印度南部，在很久以前就传入阿拉伯半岛，是阿拉伯咖啡中必不可少的原料。公元前 4 世纪，小豆蔻作为调味品和药品在希腊应用较广。小豆蔻为较昂贵的香料，除做调味品外，还大量用作植物药。《英国药典》（2002 年版）、《美国药典》（第 28 版）及《日本药局方》（第十五版）均收载本种为小豆蔻的法定原植物来源种。主产于斯里兰卡、印度南部和危地马拉。

小豆蔻主要含挥发油类成分。《英国药典》采用水蒸气蒸馏法测定，规定小豆蔻中挥发油的含量不得少于 4.0% (v/w)，以控制药材质量。

药理研究表明，小豆蔻具有抗菌、抗氧化、保护肠胃、抗肿瘤、抗血小板聚集等作用。

民间经验认为小豆蔻有祛风，健胃的功效。

小豆蔻 *Elettaria cardamomum* Maton var. *minuscula* Burkill

小豆蔻 Xiaodoukou

小豆蔻 *E. cardamomum* Maton var. *minuscula* Burkill

药材小豆蔻 Fructus Cardamomi

化学成分

小豆蔻种子和果皮均含有挥发油类成分：α－松油基醋酸酯（α－terpinyl acetate）、1,8－桉叶素（1,8－cineole）、萜品醇（terpineol）、柠檬烯（limonene）、牻牛儿醇醋酸酯（geranyl acetate）[1]。

小豆蔻种子还含有挥发油类成分：沉香醇醋酸酯（linalyl acetate）、沉香醇（linalool）、萜品油烯（terpinolene）、桂叶烯（myrcene）[2]、麝香草醇（farnesol）、橙花基醋酸酯（neryl acetate）[3]、蒎烯（pinene）、橙花叔醇（nerolidol）、香桧烯（sabinene）[4]、丁香油酚甲醚（methyleugenol）、香叶醇（geraniol）、丁香酚（eugenol）[5]、β－水芹烯（β－

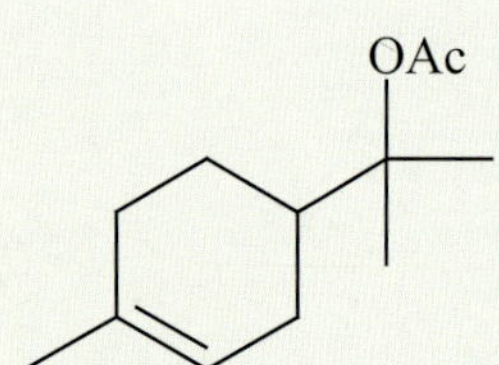

(±)－α－terpinyl acetate

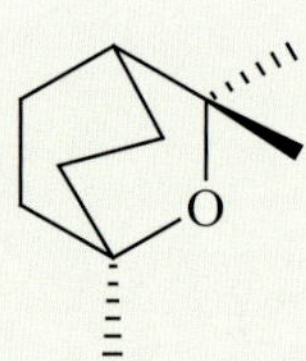

1, 8-cineole

phellandrene)、薄荷酮 (menthone)[6]、樟脑烃 (camphene)、对聚伞花素 (p－cymene)、龙脑 (borneol)、橙花醇 (nerol)[7]等。

药理作用

1. **抗菌**

小豆蔻挥发油体外对上呼吸道致病菌（如化脓性链球菌、卡他莫拉菌和流感嗜血杆菌等）、革兰氏阴性菌、革兰氏阳性菌、真菌、黄曲霉菌和寄生曲霉菌等均具有抑制作用，其活性与所含的㭎牛儿醇醋酸酯、α－松油基醋酸酯相关[5, 8-11]。

2. **抗氧化**

小豆蔻粉和小豆蔻挥发油具有较强的抗氧化能力，能明显抑制食用油脂的酸败[12]。小豆蔻水提取物能明显抑制铁－抗坏血酸系统引起的血小板膜脂质过氧化反应[13]。

3. **保护肠胃**

小豆蔻甲醇提取物能明显降低乙醇导致的大鼠胃溃疡；小豆蔻石油醚提取物几乎可以完全抑制阿司匹林导致的大鼠胃溃疡，其胃保护活性较雷尼替丁强[14]。

4. **抗肿瘤**

小豆蔻给小鼠饲喂，可通过抑制环氧化酶－2 (COX－2) 的产生和诱导型一氧化氮合酶 (iNos) 的表达，显著减少小鼠结肠畸变隐窝病灶 (ACF) 形成，抑制氧化偶氮甲烷所致结肠癌的发生[15]。

5. **抗血小板聚集**

小豆蔻水提取物能明显抑制二磷酸腺苷、肾上腺素等导致的人血小板聚集[13]。

6. **解痉**

小豆蔻挥发油能明显抑制乙酰胆碱、尼古丁和二氯化钙导致的离体家兔空肠痉挛[16-17]。

7. **抗炎**

小豆蔻挥发油能明显抑制角叉菜胶致大鼠足趾肿胀[17]。

8. **镇痛**

小豆蔻挥发油能明显抑制腹腔注射对苯醌导致的小鼠扭体反应[17]。

9. **促进透皮吸收**

小豆蔻挥发油能明显促进吲哚美辛、炎痛喜康、双氯芬酸[18]的透皮吸收，其活性与主要成分1,8－桉叶素和柠檬烯相关，小豆蔻挥发油次要成分也具有协同作用[19]。

10. **其他**

静脉注射小豆蔻挥发油能降低大鼠动脉血压和心率[16]。

应用

小豆蔻常用于治疗消化不良、呕吐、腹泻、孕妇晨吐、胃心综合征、胃痛、腹胀、尿道不适等。小豆蔻还可以作为食品和化妆品香料使用[20]。

评注

以“豆蔻”冠名的植物药来源较多，《中国药典》(2005 年版）就收载肉豆蔻科植物肉豆蔻 *Myristica fragrans* Houtt.

的干燥种仁为中药肉豆蔻；姜科植物大高良姜 *Alpinia galanga* Willd. 的干燥成熟果实为中药红豆蔻；姜科植物白豆蔻 *Amomum kravanh* Pierre ex Gagnep. 或爪哇白豆蔻 *A. compactum* Soland ex Maton 的干燥成熟果实为中药豆蔻；姜科植物草豆蔻 *Alpinia katsumadai* Hayata 的干燥近成熟种子为中药草豆蔻使用，使用时应避免混淆。

参考文献

[1] A Kumar, S Tandon, J Ahmad, A Yadav, AP Kahol. Essential oil composition of seed and fruit coat of *Elettaria cardamomum* from South India. Journal of *Essential Oil-Bearing Plants*. 2005, **8**(2): 204-207

[2] B Marongiu, A Piras, S Porcedda. Comparative analysis of the oil and supercritical CO_2 extract of *Elettaria cardamomum* (L.) Maton. *Journal of Agricultural and Food Chemistry*. 2004, **52**(20): 6278-6282

[3] AN Menon, MM Sreekumar. A study on cardamom oil distillation. *Indian Perfumer*. 1994, **38**(4): 153-157

[4] N Gopalakrishnan, CS Narayanan. Supercritical carbon dioxide extraction of cardamom. *Journal of Agricultural and Food Chemistry*. 1991, **39**(11): 1976-1978

[5] I Kubo, M Himejima, H Muroi. Antimicrobial activity of flavor components of cardamom *Elettaria cardamomum* (Zingiberaceae) seed. Journal of *Agricultural and Food Chemistry*. 1991, **39**(11): 1984-1986

[6] MAE Shaban, KM Kandeel, GA Yacout, SE Mehaseb. The chemical composition of the volatile oil of *Elettaria cardamomum* seeds. *Pharmazie*. 1987, **42**(3): 207-208

[7] M Miyazawa, H Kameoka. Constitution of the essential oil and nonvolatile oil from cardamom seed. *Yukagaku*. 1975, **24**(1): 22-26

[8] Y Tanaka, H Kikuzaki, N Nakatani. Antibacterial activity of essential oils and oleoresins of spices and herbs against pathogens bacteria in upper airway respiratory tract. *Nippon Shokuhin Kagaku Gakkaishi*. 2002, **9**(2): 67-76

[9] A Ramadan, NA Afifi, MM Fathy, EA El-Kashoury, EV El-Naeneey. Some pharmacodynamic effects and antimicrobial activity of essential oils of certain plants used in Egyptian folk medicine. *Veterinary Medical Journal Giza*. 1994, **42**(1B): 263-270

[10] IA El-Kady, SS El-Maraghy, MM Eman. Antibacterial and antidermatophyte activities of some essential oils from spices. *Qatar University Science Journal*. 1993, **13**(1): 63-69

[11] AZM Badei. Antimycotic effect of cardamom essential oil components on toxigenic molds. *Egyptian Journal of Food Science*. 1992, **20**(3): 441-452

[12] KK Vijayan, KJ Madhusoodanan, VV Radhakrishnan, PN Ravindran. Properties and end-uses of cardamom. *Medicinal and Aromatic Plants-Industrial Profiles*. 2002, **30**: 269-283

[13] WJ Suneetha, TP Krishnakantha. Cardamom extract as inhibitor of human platelet aggregation. *Phytotherapy Research*. 2005, **19**(5): 437-440

[14] A Jamal, K Javed, M Aslam, MA Jafri. Gastroprotective effect of cardamom, *Elettaria cardamomum* Maton. fruits in rats. *Journal of Ethnopharmacology*. 2006, **103**(2): 149-153

[15] A Sengupta, S Ghosh, S Bhattacharjee. Dietary cardamom inhibits the formation of azoxymethane-induced aberrant crypt foci in mice and reduces COX-2 and iNOS expression in the colon. *Asian Pacific Journal of Cancer Prevention*. 2005, **6**(2): 118-122

[16] KE El Tahir, H Shoeb, H Al-Shora. Exploration of some pharmacological activities of cardamom seed (*Elettaria cardamomum*) volatile oil. *Saudi Pharmaceutical Journal*. 1997, **5**(2-3): 96-102

[17] H Al-Zuhair, B El-Sayeh, HA Ameen, H Al-Shoora. Pharmacological studies of cardamom oil in animals. *Pharmacological Research*. 1996, **4**(1-2): 79-82

[18] YB Huang, PC Wu, HM Ko, YH Tsai. Cardamom oil as a skin permeation enhancer for indomethacin, piroxicam and diclofenac. *International Journal of Pharmaceutics*. 1995, **126**(1-2): 111-117

[19] YB Huang, JY Fang, CH Hung, PC Wu, YH Tsai. Cyclic monoterpene extract from cardamom oil as a skin permeation enhancer for indomethacin: *in vitro* and *in vivo* studies. *Biological & Pharmaceutical Bulletin*. 1999, **22**(6): 642-646

[20] VS Korikanthimathm, D Prasath, G Rao. Medicinal properties of cardamom *Elettaria cardamomum*. *Journal of Medicinal and Aromatic Plant Sciences*. 2001, **22/4A-23/1A**: 683-685

古柯 Guke[BP]

古柯科

Erythroxylum coca Lam.

Coca

概述

古柯科 (Erythroxylaceae) 植物古柯 *Erythroxylum coca* Lam.，其干燥叶入药。药用名：古柯叶。

古柯属 (*Erythroxylum*) 植物全世界约有200余种，分布于南美洲、非洲、东南亚及马达加斯加。中国有 2 种，其中 1 种是引种栽培，可供药用，本属长江以南多数省区有分布。本种分布于厄瓜多尔至玻利维亚，也被广泛栽培[1]。中国海南、广西、台湾、云南等地也有引种栽培[2]。

古柯叶的使用历史悠久，大约在 5000 多年前，南美洲的安第斯 (Andes) 土著人就开始种植古柯，收割其叶用于咀嚼，能抵御饥饿和疲劳[3]。考古研究也证实，咀嚼古柯叶（通常加入石灰等碱性物质）在秘鲁是普遍的习俗，至今未变[4]。《英国药典》（2002 年版）收载本种为提取可卡因 (cocaine) 的法定原植物来源种。主产于南美洲安第斯山脉。

古柯主要含生物碱类、挥发油、黄酮类成分等。所含的可卡因作为局部麻醉药，被《英国药典》、《美国药典》（第 28 版）和《中国药典》（2005 年版）等多国药典收载。

药理研究表明，古柯叶具有麻醉止痛、兴奋中枢神经系统、降低食欲等作用。

民间经验认为古柯叶具有麻醉和兴奋中枢的功效。

古柯 *Erythroxylum coca* Lam.（花期）

古柯 Guke

古柯 *E. coca* Lam.（果期）

化学成分

古柯叶含生物碱类成分：可卡因 (cocaine, benzoylmethylecgonine)、反式肉桂酰可卡因 (trans－cinnamoylcocaine)、顺式肉桂酰可卡因 (cis－cinnamoylcocaine)[5]、红古豆碱 (cuscohygrine)、古豆碱 (hygrine)、莨菪酮 (tropinone)、

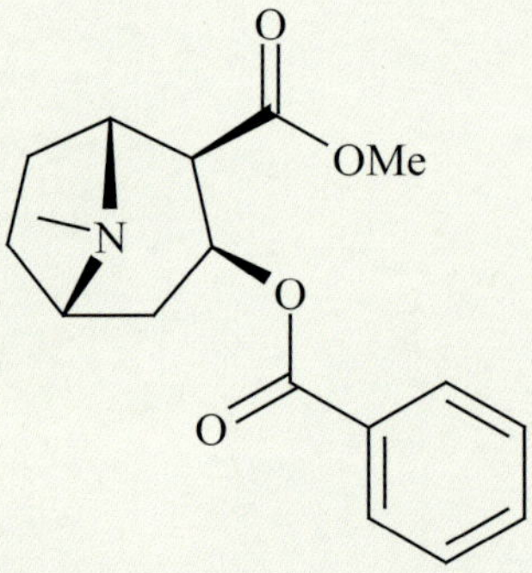

O OMe N O O

cocaine

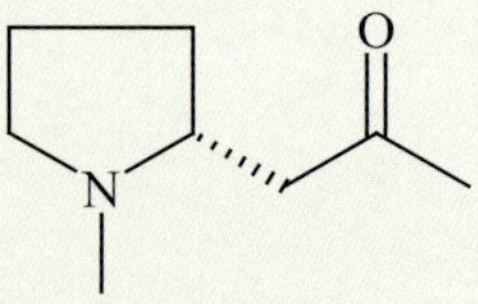

O N

hygrine

卓可卡因 (tropacocaine)[6]、尼古丁 (nicotine)、旋花碱A_3、A_5、B_1、B_2 (calystegines A_3, A_5, B_1－B_2)[7]、多种微量的芽子碱 (ecgonine) 衍生物[8-10]；挥发油类成分：水杨酸甲酯 (methyl salicylate)、N－甲基吡咯 (N－methylpyrrole)、N,N－二甲基苄胺 (N,N－dimethylbenzylamine)、顺－3－己烯－1－醇 (cis－3－hexen－1－ol)、二氢苯甲醛 (dihydrobenzaldehyde)[11]等；黄酮类成分：kaempferol－4'－O－rhamnosyl glucoside[12]等。

古柯的种子也含生物碱类成分：可卡因、反式肉桂酰可卡因、顺式肉桂酰可卡因、红古豆碱、甲基去水芽子碱 (methylecgonidine)、托品碱 (tropine)[13]等。

药理作用

1. **麻醉止痛**
   大鼠电休克甩尾实验表明，古柯叶乙醇提取物、可卡因皮下注射均有局部麻醉作用；不含可卡因的水溶性部位也有局部麻醉作用，但强度约为可卡因的30%[14]。

2. **兴奋中枢神经系统、降低食欲**
   古柯叶乙醇提取物的氯仿可溶部位、可卡因腹腔注射或口服给药，均能增加模型动物的自主活动、减少食物的摄入；氯仿可溶部位的作用强于可卡因。叶乙醇提取物的水溶性部位(不含可卡因)对模型动物的自主活动无影响，但能显著减少食物的摄入[15]。古柯叶提取物、可卡因饲喂，均能减少大鼠的食物摄入，减轻体重[16]。

应用

古柯叶传统上用于咀嚼(通常加入碱性物质以便于可卡因等生物碱游离)；在玻利维亚等国家也制成袋泡茶饮用[3]。

古柯是提取可卡因的原料。

评注

多数野生的古柯属植物可卡因含量较低。本种及其栽培变种*Erythroxylum coca* Lam. var. *ipadu* Plowman、*E. coca* Lam. var. *novogranatense* D. Morris、*E. coca* Lam. var. *spruceanum* Burck的叶是提取可卡因的原料[1, 17]。作为一个古老的局部麻醉药，可卡因曾用于表面麻醉，配制成水溶液涂抹、喷雾和填塞黏膜表面。现有时也用于眼科局部麻醉；含漱可用治牙痛和减少口腔黏膜刺激。

古柯是世界三大毒品原植物之一。可卡因是产生精神依赖性的药物，滥用已造成了严重的社会问题。

参考文献

[1] T Plowman, N Hensold. Names, types, and distribution of neotropical species of *Erythroxylum* (Erythroxylaceae). *Brittonia*. 2004, **56**(1): 1-53

[2] 傅德志，杨武．毒品及毒品原植物．植物杂志．1991，**18**(5)：8-9

[3] J Bruneton. Pharmacognosy, phytochemistry, medicinal plants (2nd edition). Paris: Technique & Documentation. 1999: 825-829

[4] E Indriati, JE Buikstra. Coca chewing in prehistoric coastal Peru: dental evidence. *American Journal of Physical Anthropology*. 2001, **114**(3): 242-257

[5] M Sauvain, C Rerat, C Moretti, E Saravia, S Arrazola, E Gutierrez, AM Lema, V Munoz. A study of the chemical composition of *Erythroxylum coca* var. *coca* leaves collected in two ecological regions of Bolivia. *Journal of Ethnopharmacology*. 1997, **56**(3): 179-191

[6] EL Johnson. Content and distribution of *Erythroxylum coca* leaf alkaloids. *Annals of Botany*. 1995, **76**(4): 331-335

[7] A Brock, S Bieri, P Christen, B Dräger. Calystegines in wild and cultivated *Erythroxylum* species. *Phytochemistry*. 2005, **66**(11): 1231-1240

[8] JM Moore, JF Casale. Lesser alkaloids of cocaine-bearing plants. Part I: Nicotinoyl-, 2'-pyrrolyl-, and 2'- and 3'-furanoylecgonine methyl ester - isolation and mass spectral characterization of four new alkaloids of South American *Erythroxylum coca* var. *coca*. *Journal of Forensic Sciences*. 1997, **42**(2): 246-255

[9] JF Casale, JM Moore. Lesser alkaloids of cocaine-bearing plants. II. 3-Oxo-substituted tropane esters: detection and mass spectral characterization of minor alkaloids found in South American *Erythroxylum coca* var. *coca*. *Journal of Chromatography, A*. 1996, **749**(1-2): 173-180

[10] JF Casale, JM Moore. Lesser alkaloids of cocaine-bearing plants. III. 2-Carbomethoxy-3-oxo substituted tropane esters: detection and gas chromatographic-mass spectrometric characterization of new minor alkaloids found in South American *Erythroxylum coca* var. *coca*. *Journal of Chromatography, A*. 1996, **756**(1-2): 185-192

[11] M Novak, CA Salemink. The essential oil of *Erythroxylum coca*. *Planta Medica*. 1987, **53**(1): 113

[12] EL Johnson, WF Schmidt, SD Emche, MM Mossoba, SM Musser. Kaempferol (rhamnosyl) glucoside, a new flavonol from *Erythroxylum coca* var. *ipadu*. *Biochemical Systematics and Ecology*. 2003, **31**(1): 59-67

[13] JF Casale, SG Toske, VL Colley. Alkaloid content of the seeds from *Erythroxylum coca* var. *coca*. *Journal of Forensic Sciences*. 2005, **50**(6): 1402-1406

[14] JA Bedford, CE Turner, HN Elsohly. Local anesthetic effects of cocaine and several extracts of the coca leaf (*E. coca*). *Pharmacology, Biochemistry, and Behavior*. 1984, **20**(5): 819-821

[15] JA Bedford, DK Lovell, CE Turner, MA Elsohly, MC Wilson. The anorexic and actometric effects of cocaine and two coca extracts. *Pharmacology, Biochemistry, and Behavior*. 1980, **13**(3): 403-408

[16] FJ Burczynski, RL Boni, J Erickson, TG Vitti. Effect of *Erythroxylum coca*, cocaine and ecgonine methyl ester as dietary supplements on energy metabolism in the rat. *Journal of Ethnopharmacology*. 1986, **16**(2-3): 153-166

[17] S Bieri, A Brachet, JL Veuthey, P Christen. Cocaine distribution in wild *Erythroxylum* species. *Journal of Ethnopharmacology*. 2006, **103**(3): 439-447

蓝桉 Lan'an EP, BP, BHP, GCEM

桃金娘科

***Eucalyptus globulus* Labill.**

Blue Gum

概述

桃金娘科 (Myrtaceae) 植物蓝桉 *Eucalyptus globulus* Labill.，其干燥叶及枝入药，药用名：桉叶；其新鲜树叶和枝条精馏而得的挥发油入药，药用名：桉油。

桉属 (*Eucalyptus*) 植物全世界约 600 种，集中于澳洲及附近岛屿，世界各地热带和亚热带地区广泛引种栽培，有少数种类引种至温带地区。中国引种本属植物约 80 种，有百余年历史。本属现供药用者约 7 种。本种原产于澳洲东南部的塔斯马尼亚岛，现全世界地区很多国家的热带和亚热带有引种，中国广西 、云南 、四川等地有栽培。

蓝桉为传统澳洲土著用药，被用于感冒 、解热 、止咳和其他感染的治疗，后传入中国 、印度和希腊等国，并做药用。1860 年，澳洲率先商业生产桉油，并将其作为重要的经济来源，印度收载桉油为抗刺激药与温和祛痰药。《欧洲药典》(第 5 版) 和《英国药典》(2002 年版) 收载本种为桉叶和桉油的法定原植物来源种；《中国药典》(2005 年版) 收载本种为药材桉油的法定原植物来源种。主产于西班牙 、摩洛哥 、澳洲等地。

蓝桉主要含挥发油 、黄酮类 、鞣质类和三萜类成分等。《欧洲药典》和《英国药典》采用水蒸气蒸馏法测定，规定桉叶中挥发油含量不得少于 15mL/kg，采用气相色谱法测定，规定桉油中 1,8 - 桉叶素的含量不得少于 70%；《中国药典》采用桉叶素含量测定法测定，规定桉油中1,8 - 桉叶素的含量不得少于 70%，以控制药材质量。

药理研究表明，蓝桉具有抗微生物及寄生虫 、消炎 、镇痛等作用。

民间经验认为桉叶和桉油具有抗菌 、祛痰和促进局部血液循环的作用；中医理论认为桉叶有疏风解表，清热解毒，化痰理气，杀虫止痒的功效；桉油有祛风止痛的作用。

蓝桉 *Eucalyptus globulus* Labill.

蓝桉 Lan'an

药材桉叶 Folium Eucalypti

化学成分

蓝桉叶含挥发油类成分：1,8－桉叶素 (1,8－cineole)、α－蒎烯 (α－pinene)、柠檬烯 (limonene)、α－萜品醇 (α－terpineol)[1]、对聚伞花素 (p－cymene)、隐酮 (cryptone)、匙叶桉油烯醇 (spathulenol)[2]、蓝桉醛Ia_1、Ia_2、Ib、Ic、IIa、IIb、IIc、III、IVa、IVb、V、VII、G_1、G_5、T1、Bl－1、Am－1、Am－2、In－1 (euglobals Ia_1－Ia_2, Ib－Ic, IIa－IIc, III, IVa－IVb, V－VII, G_1, G_5, T_1, B_1－1, Am－1－Am－2, In－1)[3-4]；鞣质类成分：eucaglobulin、tellimagrandin I、eucalbanin C、2－O－digalloyl－1,3,4－tri－O－galloyl－β－D－glucose、6－O－digalloyl－1,2,3－tri－O－galloyl－β－D－glucose[5]；黄酮类成分：槲皮素 (quercetin)、甲基鼠李黄素 (rhamnazin)、鼠李亭 (rhamnetin)、黄杞苷 (engelitin)、圣草素 (eriodictyol)[3]、槲皮苷 (quercitrin)、芦丁 (rutin)、金丝桃苷 (hyperoside)、槲皮素－3－葡萄糖苷 (quercetin－3－glucoside)。此外，还含大果桉醛A、B、C、D、E、H、I、J (macrocarpals A－E, H－J)[6-7]、咖啡酸 (caffeic acid)、阿魏酸 (ferulic acid)、龙胆酸 (gentisic acid)、原儿茶酸 (protocatechuic acid)。

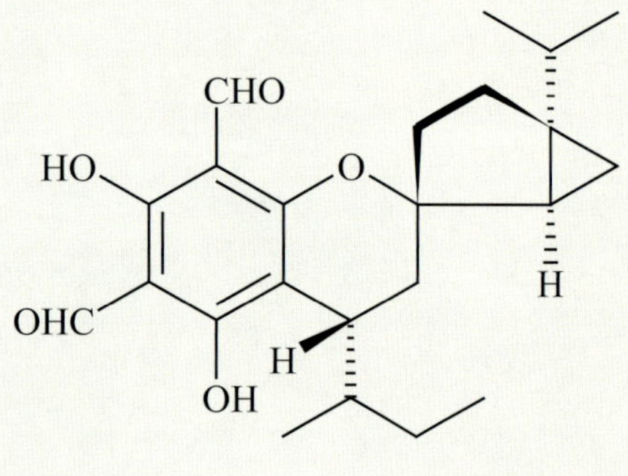

euglobal IIa

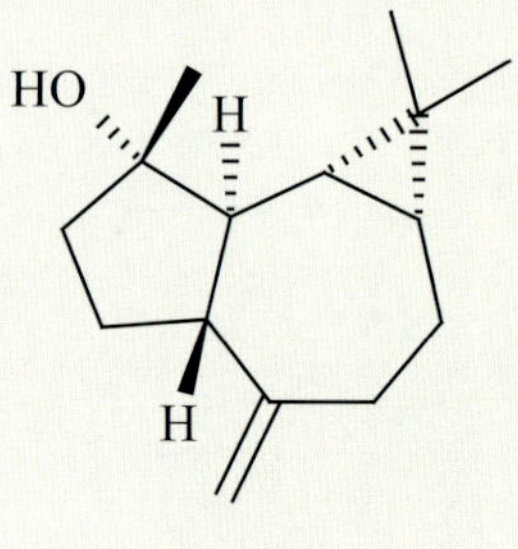

spathulenol

蓝桉叶面的蜡中含5,4'-二羟基-7-甲氧基-6-甲基黄酮(5,4'-dihydroxy-7-methoxyl-6-methylflavone)、白杨素(chrysin)、桉树素(eucalyptin)、4',5-二羟基-甲氧基-6,8-二甲基黄酮(sideroxylin)。

蓝桉果实含挥发油成分：香橙烯(aromadendrene)、α-水芹烯(α-phellandrene)、1,8-桉叶素、ledene、蓝桉醇(globulol)[8]、α-侧柏烯(α-thujene)[2]；三萜类成分：桦木酮酸(betulonic acid)、白桦脂酸(betulinic acid)、熊果酸(ursolic acid)、2α,3β-二羟基乌苏酸(corosolic acid)[9]、乌苏酸内酯[3β-hydroxyurs-11-en-13β(28)-olide]、3β,11α-dihydroxyurs-12-en-28-oic acid[10]。

蓝桉树皮含白桦脂酸、熊果酸、齐墩果酸(oleanolic acid)、β-香树脂素(β-amyrin)[11]、3-O-methylellagic acid 3'-O-α-rhamnopyranoside、3-O-methylellagic acid 3'-O-α-3"-O-acetylrhamnopyranoside、3-O-methylellagic acid 3'-O-α-2"-O-acetylrhamnopyranoside、3-O-methylellagic acid 3'-O-α-4"-O-acetylrhamnopyranoside[12]。

药理作用

1. **抗微生物及寄生虫**

蓝桉叶提取物对金黄色葡萄球菌、甲氧西林耐药金黄色葡萄球菌、蜡样芽孢杆菌、粪肠球菌、酸土脂环芽孢杆菌、短小棒状杆菌、须疮癣菌[13]、酿脓链球菌、肺炎链球菌、流感嗜血杆菌[14]、枯草杆菌、福氏痢疾杆菌、伤寒杆菌[15]等均有显著抑制作用，但对大肠杆菌和恶臭假单胞菌的抑制效果不明显[13]。此外，桉叶油对疥螨、家蝇幼虫和虱子有杀灭作用[16-18]、蓝桉醛对EB病毒(Epstein-Barr virus)有抑制作用[19]。

2. **抗炎**

蓝桉挥发油对角叉菜胶和右旋糖酐所致大鼠足趾肿胀，角叉菜胶引起的腹膜腔中性粒细胞移行，角叉菜胶和组胺引起的血管通透性增高有明显的抑制作用[20]。蓝桉果实的醇提物对巴豆油引起的小鼠耳廓肿胀，角叉菜胶引起炎症渗出物中PGE_2的含量增高有明显的抑制作用，抗炎效价与吲哚美辛相当；对蛋清所致大鼠足趾肿胀和大鼠棉球肉芽肿也有显著的抑制作用[21-22]。

3. **镇痛**

蓝桉挥发油对大鼠的醋酸扭体反应和热刺激引起的疼痛有周边和中枢抑制作用[20]。蓝桉果实的醇提物对热板法及醋酸致痛小鼠有显著的镇痛作用[22]。

4. **对支气管的影响**

蓝桉油对长期吸入二氧化硫致大鼠慢性支气管炎有抗炎作用，能明显改善细支气管周围炎症细胞浸润和杯状细胞增生等现象，对气道黏蛋白高分泌现象有抑制作用[23]。对脂多糖所致大鼠慢性支气管炎模型，蓝桉油灌胃后能减少中性粒细胞及淋巴细胞的浸润，降低炎症程度；还可明显减少灌洗液中黏蛋白含量，降低气管和细支气管上皮内黏蛋白5ac(MUC5ac)的表达水平[24]。蓝桉叶与果实还能抑制RBL-2H3细胞释放组胺，提示其有抗哮喘活性[25]。

5. **降血脂**

蓝桉叶提取物能抑制肠内果糖吸收，抑制蔗糖饲喂引起的大鼠肥胖，还能降低血浆和肝脏中三酰甘油的浓度[26]。

6. **增强免疫**

蓝桉果实溶液能增强小鼠腹腔巨噬细胞吞噬功能，增加免疫器官的重量，还能显著提高小鼠血清凝集素水平[27]。

7. **其他**

大果桉醛A-E对人类免疫缺陷病毒(HIV)逆转录酶有抑制作用[6]；大果桉醛H-J对葡萄糖基转移酶有抑制作用[7]；1,8-桉叶素有促皮渗透作用[28]；蓝桉醛有抗肿瘤作用[4]；蓝桉挥发油还有抗氧化作用[29]。

蓝桉 Lan'an

应用

桉叶用于治疗呼吸道炎症有较好的疗效。在法国，桉叶制剂一直用于治疗急性支气管炎，还用于缓解感冒引起的鼻塞。德国将桉叶茶作为治疗上呼吸道及支气管黏膜炎、咽炎、发烧的辅助用药。

桉叶也为中医临床用药。功能：舒风解表，清热解毒，化痰理气，杀虫止痒。主治：①感冒，高热头痛，肺热喘咳，百日咳；②脘腹胀痛，腹泻，痢疾，钩虫病、丝虫病，疟疾；③风湿痛；④痈疮肿毒，湿疹，疥癣；⑤烧烫伤，外伤出血。

桉油内服功效与蓝桉叶相同，还可制成吸入剂和透皮吸收剂，外用时能增加皮肤的局部血液循环。

评注

蓝桉为著名药用植物，桉叶和桉油已广泛用于医药、化妆品及化工行业，但蓝桉果实的药用却鲜为人知。中医认为蓝桉果实有理气，健胃，截疟，止痒的功效，能治疗食积，腹胀，疟疾，皮肤炎，癣疮等。实验证明，蓝桉果实有显著的抗炎、镇痛和增强免疫的药理活性，可进一步研究和开发。

蓝桉除做药用外，还可用于制浆造纸和制造天然木料产品，经济效益高。蓝桉生长快，造林存活率高，目前全世界很多国家都在大力开展人工蓝桉林的培育。由于蓝桉生长需要大量水分，容易造成土地贫瘠，还可妨碍本地原生植物的生长，故在开展种植时应尽量保持生态平衡。

参考文献

[1] EH Chisowa. Chemical composition of essential oils of three Eucalyptus species grown in Zambia. *Journal of Essential Oil Research.* 1997, **9**(6): 653-655

[2] JC Chalchat, JL Chabard, MS Gorunovic, V Djermanovic, V Bulatovic. Chemical composition of *Eucalyptus globulus* oils from the Montenegro coast and east coast of Spain. *Journal of Essential Oil Research.* 1995, **7**(2): 147-152

[3] 付文卫，赵春杰，裴玉萍，王瑞杰，窦德强，陈英杰．国外医药：植物药分册．2003，**18**(2)：51-58

[4] M Takasaki, T Konoshima, M Kozuka, M Haruna, K Ito, T Shingu. Structures of euglobals from Eucalyptus plants. *Tennen Yuki Kagobutsu Toronkai Koen Yoshishu.* 1995, **37**: 517-522

[5] AJ Hou, YZ Liu, H Yang, ZW Lin, HD Sun. Hydrolyzable tannins and related polyphenols from *Eucalyptus globulus. Journal of Asian Natural Products Research.* 2000, **2**(3): 205-212

[6] M Nishizawa, M Emura, Y Kan, H Yamada, K Ogawa, N Hamanaka. Macrocarpals: HIV-reverse transcriptase inhibitors of *Eucalyptus globulus. Tetrahedron Letters.* 1992, **33**(21): 2983-2986

[7] K Osawa, H Yasuda, H Morita, K Takeya, H Itokawa. Configurational and conformational analysis of macrocarpals H, I, and J from *Eucalyptus globulus. Chemical & Pharmaceutical Bulletin.* 1997, **45**(7): 1216-1217

[8] SI Pereira, CSR Freire, C Pascoal Neto, AJD Silvestre, AMS Silva. Chemical composition of the essential oil distilled from the fruits of *Eucalyptus globulus* grown in Portugal. *Flavour and Fragrance Journal.* 2005, **20**(4): 407-409

[9] 陈斌，朱梅，邢旺兴，杨根金，宓鹤鸣，吴玉田．蓝桉果实化学成分的研究．中国中药杂志．2002，**27**(8)：596-597

[10] SI Pereira, CSR Freire, C Pascoal Neto, AJD Silvestre, AMS Silva. Chemical composition of the epicuticular wax from the fruits of *Eucalyptus globulus. Phytochemical Analysis.* 2005, **16**(5): 364-369

[11] CSR Freire, AJD Silvestre, C Pascoal Neto, JAS Cavaleiro. Lipophilic extractives of the inner and outer barks of *Eucalyptus globulus. Holzforschung.* 2002, **56**(4): 372-379

[12] JP Kim, IK Lee, BS Yun, SH Chung, GS Shim, H Koshino, ID Yoo. Ellagic acid rhamnosides from the stem bark of *Eucalyptus globulus. Phytochemistry.* 2001, **57**(4): 587-591

[13] T Takahashi, R Kokubo, M Sakaino. Antimicrobial activities of eucalyptus leaf extracts and flavonoids from *Eucalyptus maculata. Letters in Applied Microbiology.* 2004, **39**(1): 60-64

[14] MH Salari, G Amine, MH Shirazi, R Hafezi, M Mohammadypour. Antibacterial effects of *Eucalyptus globulus* leaf extract on

pathogenic bacteria isolated from specimens of patients with respiratory tract disorders. *Clinical Microbiology and Infection : the Official Publication of the European Society of Clinical Microbiology and Infectious Diseases.* 2006, **12**(2): 194-196

[15] 凌天翼，唐俊杰．桉叶油与其他药物的联合抗菌作用．经济林研究．1994，**12**：54-56

[16] TA Morsy, MAA Rahem, EMA el-Sharkawy, MA Shatat. *Eucalyptus globulus* (camphor oil) against the zoonotic scabies, Sarcoptes scabiei. *Journal of the Egyptian Society of Parasitology.* 2003, **33**(1): 47-53

[17] HAS Abdel, TA Morsy. The insecticidal activity of *Eucalyptus globulus* oil on the development of Musca domestica third stage larvae. *Journal of the Egyptian Society of Parasitology.* 2005, **35**(2): 631-636

[18] YC Yang, HY Choi, WS Choi, JM Clark, YJ Ahn. Ovicidal and adulticidal activity of *Eucalyptus globulus* leaf oil terpenoids against Pediculus humanus capitis (Anoplura: Pediculidae). *Journal of Agricultural and Food Chemistry.* 2004, **52**(9): 2507-2511

[19] M Takasaki, T Konoshima, K Fujitani, S Yoshida, H Nishimura, H Tokuda, H Nishino, A Iwashima, M Kozuka. Inhibitors of skin-tumor promotion. VIII. Inhibitory effects of euglobals and their related compounds on Epstein-Barr virus activation. (1). *Chemical & Pharmaceutical Bulletin.* 1990, **38**(10): 2737-2739

[20] J Silva, W Abebe, SM Sousa, VG Duarte, MIL Machado, FJA Matos. Analgesic and anti-inflammatory effects of essential oils of Eucalyptus. *Journal of Ethnopharmacology.* 2003, **89**(2-3): 277-283

[21] 焦淑萍，于铁力，姜虹，高维明，宋红光．蓝桉果实浸膏的抗炎作用研究．吉林医学院学报．1996，**16**(1)：23-24

[22] 焦淑萍，陈彪，高维明，宋红光．蓝桉的抗炎镇痛作用研究．中草药．1996，**27**(4)：223-225

[23] 吕小琴，王砚，唐法娣，徐红伟，傅骏，卞如濂．蓝桉油对二氧化硫致大鼠细支气管炎和黏蛋白表达的影响．中华结核和呼吸杂志．2004，**27**(7)：486-488

[24] 吕小琴，唐法娣，王砚，赵婷，卞如濂．蓝桉油对脂多糖引起的大鼠慢性支气管炎及黏蛋白高分泌的影响．中国中药杂志．2004，**29**(2)：168-171

[25] Z Ikawati, S Wahyuono, K Maeyama. Screening of several Indonesian medicinal plants for their inhibitory effect on histamine release from RBL-2H3 cells. *Journal of Ethnopharmacology.* 2001, **75**(2-3): 249-256

[26] K Sugimoto, J Suzuki, K Nakagawa, S Hayashi, T Enomoto, T Fujita, R Yamaji, H Inui, Y Nakano. Eucalyptus leaf extract inhibits intestinal fructose absorption, and suppresses adiposity due to dietary sucrose in rats. *The British Journal of Nutrition.* 2005, **93**(6): 957-963

[27] 陈昭，王洪艳，王冰梅，李环．蓝桉果免疫调节作用的实验研究．北华大学学报（自然科学版）．2006，**7**(2)：129-130

[28] 达尤．阿博杜拉，平其能，刘国杰．皮肤渗透促进剂桉叶素的研究．中国药科大学学报．1999，**30**(2)：86-89

[29] MA Dessi, M Deiana, A Rosa, M Piredda, F Cottiglia, L Bonsignore, D Deidda, R Pompei, FP Corongiu. Antioxidant activity of extracts from plants growing in Sardinia. *Phytotherapy Research.* 2001, **15**(6): 511-518

荞麦 Qiaomai[EP]

Fagopyrum esculentum Moench

Buckwheat

概述

蓼科 (Polygonaceae) 植物荞麦 *Fagopyrum esculentum* Moench，其干燥开花地上部分入药。药用名：荞麦。

荞麦属 (*Fagopyrum*) 植物全世界约有15种，分布于亚洲及欧洲。中国有 10 种、1 变种，其中 2 种为栽培种，南北各省区均有分布。本属现供药用者约有3种。本种分布于亚洲及欧洲，中国大部分地区均有栽培，有时逸为野生。

中国是荞麦栽培历史最悠久的国家，早在公元前 5 至公元前 3 世纪，《神农书》中的“八谷生长篇”就有荞麦生长发育的记载[1]。“荞麦”药用之名，始载于《千金方》。历代本草多有著录，古今药用品种一致。《欧洲药典》(第 5 版) 收载本种为荞麦的法定原植物来源种。主产于中国、俄罗斯、日本、波兰、法国、加拿大、美国等。

荞麦主要含黄酮类、多酚类、环多醇类、蛋白质类成分等。《欧洲药典》采用高效液相色谱法测定，规定荞麦中芦丁的含量不得少于 4.0%，以控制药材质量。

药理研究表明，荞麦具有抗氧化、降血压、降血糖、降血脂、保肝等作用。

民间经验认为荞麦具有增加静脉和毛细血管张力，预防动脉硬化，缓解静脉阻滞及静脉曲张等功效；中医理论认为荞麦具有健脾消积，下气宽肠，解毒敛疮的功效。

荞麦 *Fagopyrum esculentum* Moench

化学成分

荞麦种子中主要含有黄酮类成分：芦丁 (rutin)、槲皮素 (quercetin)、金丝桃苷 (hyperin)[2]、3－O－葡萄糖基转移酶(3－O－glucosyltransferase)[3]、香橙素－3－O－半乳糖苷 (aromadendrin－3－O－galactoside)、黄杉素－3－O－木糖苷 (taxifolin－3－O－xyloside)[4]、圣草素－5－O－甲醚－7－O－β－D－吡喃葡萄糖苷－(1→4)－O－β－D－吡喃半乳糖苷[eriodictyol－5－O－methyl ether－7－O－β－D－glucopyranosyl－(1→4)－O－β－D－galactopyranoside][5]；多酚类成分：表儿茶精 (epicatechin)、儿茶素－7－O－β－D－吡喃葡萄糖苷 (catechin－7－O－β－D－glucopyranoside)、表儿茶精－3－O－对羟苯酸盐 (epicatechin－3－O－p－hydroxybenzoate)、表儿茶精－3－O－(3,4－二甲氧)没食子酸盐 [epicatechin－3－O－(3,4－di－O－methyl)gallate][6]、原儿茶酸 (protocatechuic acid)、3,4－二羟基苯甲醛 (3,4－dihydroxybenzaldehyde)[2]；环多醇类化合物：右旋手性肌醇(D－chiro－inositol)、fagopyritols A_1、A_2、B_1、B_2[7]等。

荞麦花中还含有荞麦碱 (fagopyrine)[8]等。

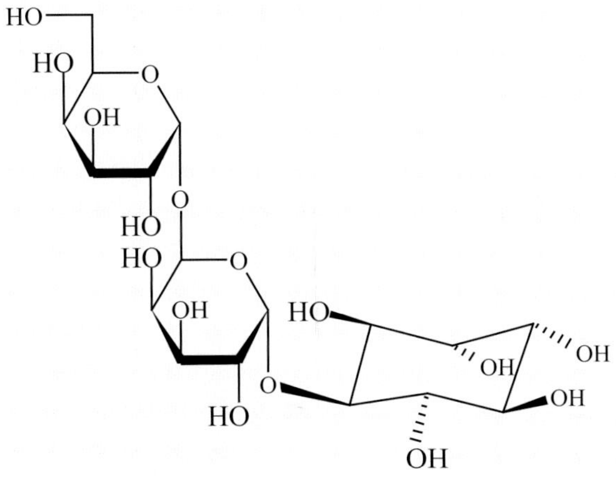

fagopyritol B_2

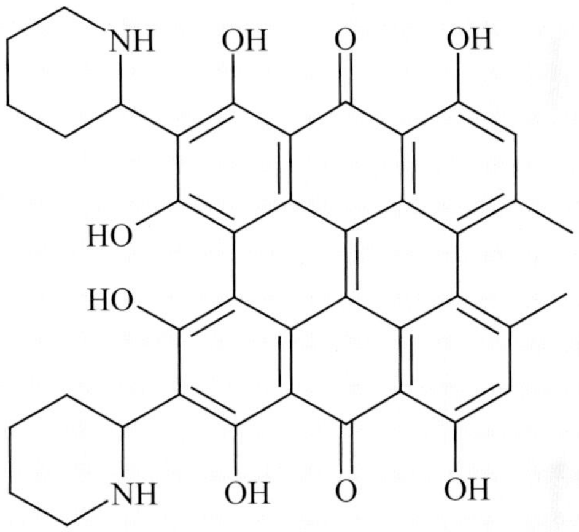

fagopyrine

药理作用

1. **抗氧化**

荞麦果实提取物体外具有清除超氧化阴离子自由基、羟基自由基、二苯代苦味酰肼 (DPPH) 自由基的作用，其活性成分可能是儿茶素－表儿茶素聚合体[9]。小鼠体内外实验发现，荞麦种子及花叶总黄酮水提物能抑制硫酸亚铁/半胱氨酸激发的羟基自由基和乙醇激发的超氧化阴离子自由基引起的脂质过氧化产物肝细胞中丙二醛的生成，表明其抗脂质过氧化作用与清除自由基和抑制自由基生成有关[10-11]。

2. **降血压**

从荞麦中分离得到的 2”－hydroxynicotianamine、亲水性肽类、三肽如 gly－pro－pro 对血管紧张素转化酶 (ACE) 有很强的抑制作用，具有抗高血压作用[12-14]。

3. **降血糖**

荞麦花总黄酮对大鼠灌胃给药，能明显降低血糖浓度，抑制血浆、肾脏果糖胺的生成及体内外蛋白质非酶糖基化终产物的形成[15]；荞麦花总黄酮、荞麦种子提取物给大鼠灌胃，均能降低血糖，改善糖耐量，增加胰岛素敏感指数和胰岛素与受体的结合力[16-17]。荞麦浓缩物中的右旋手性肌醇也具有很强的抗高血糖作用，能降低链脲霉素致糖尿病大鼠的血糖浓度[18]。

4. 降血脂、降胆固醇

荞麦蛋白质提取物口服给药，能抑制大鼠高胆固醇血症、肥胖症的发生，防止小鼠胆结石的形成[19]。荞麦花、叶及种子总黄酮口服给药，能降低大鼠三酰甘油、低密度脂蛋白的含量，提高高密度脂蛋白的含量[16-17, 20]。

5. 神经保护功能

体外实验表明，荞麦多酚对红藻氨酸盐诱导的海马神经元损伤有很强的保护作用。其神经保护的机理与多酚类提取物对麸酸神经元前后突触的抑制活性及抗氧化活性有关[21]。荞麦多酚对谷氨酸盐和海人草酸诱导培养的海马神经元死亡具有防护作用，其神经保护作用是通过抑制α-氨基-3-羟基-5-甲基异噁唑-4-丙酸 (AMPA) 受体活性而实现的[22]。荞麦多酚对反复脑缺血所致海马神经元损伤也具有保护作用[23]。

6. 保护心肌

采用大鼠腹主动脉狭窄建立心肌肥厚模型，荞麦花叶总黄酮给大鼠灌胃，可明显降低 c-fos 蛋白的表达[24]。分别采用大鼠腹腔注射L-甲状腺素或皮下注射异丙肾上腺素建立大鼠心肌肥厚模型，荞麦花或叶总黄酮大鼠灌胃给药，可使心脏重量指数明显减轻、心肌纤维直径缩短，心室 RNA、心肌 Ca^{2+}及 Ang II 的含量显著减少[25-27]。

7. 抗肿瘤

荞麦蛋白酶抑制剂 BWI-1、BWI-2a 对人类淋巴细胞性白血病细胞 Jurkat、CCRF-CEM 等有很强的抑制作用[28]。荞麦黑素小鼠口服给药，能降低环磷酰胺的致突变作用[29]。荞麦蛋白质产物能通过减少细胞增殖对 1,2-二甲基肼诱发的大鼠结肠癌产生保护作用[30]。荞麦蛋白质提取物给雌性大鼠喂食，能降低化学致癌剂 7,12-二甲基苯并蒽诱导大鼠乳腺癌的发生机率[31]。

8. 保肝

荞麦种子总黄酮对 CCl_4 致急性肝损伤小鼠灌胃给药，血清和肝中谷丙转氨酶 (GPT) 明显降低，谷胱甘肽含量升高，超氧化物歧化酶 (SOD) 活性增强，表明荞麦总黄酮具有保肝作用[32]。荞麦多糖溶液小鼠腹腔注射，对 CCl_4、扑热息痛所致小鼠急性肝损伤均有明显的保护作用[33]。

9. 镇静

荞麦蛋白大鼠腹腔注射给药，可明显延长小鼠睡眠时间，抑制小鼠自发性活动，表明荞麦蛋白有中枢抑制及镇静作用[25]。

10. 抗过敏

荞麦谷物提取物实验动物腹腔注射或皮下注射给药，能明显抑制化合物 48/80 诱发的血管渗透性增加。同时还能抑制由抗二硝基苯基免疫球蛋白诱发的被动皮肤过敏症。体外实验表明，荞麦谷物提取物对化合物48/80诱发的大鼠腹膜肥大细胞组胺释放也有很强的抑制作用。荞麦谷物提取物的抗过敏活性是通过抑制组胺释放及肥大细胞因子表达而实现的[34]。

11. 其他

在小鼠食物中添加富含多酚类物质的荞麦面粉，对早产小鼠的免疫细胞有保护效应，可延缓正常小鼠的衰老过程[35]。荞麦可抑制肾衰竭的加剧[36]，对局部缺血-再灌注引起的肾脏机能障碍有保护作用[37]。荞麦花粉还能抗贫血[38]等。

应用

荞麦在西方民间用于增加血管张力、减轻水肿，以及用于预防动脉硬化、缓解静脉阻滞及静脉曲张等。

现代临床用于心绞痛、冠心病、脑血管病、高血压、高血脂、高血糖（糖尿病）、周围血管病、老年性痴呆、大脑功能不全综合征、慢性静脉功能不全[39]等病的治疗。

荞麦也为中医临床用药。功能：健脾消积，下气宽肠，解毒敛疮。主治：肠胃积滞，泄泻，痢疾，绞肠痧，白浊，带下，自汗，盗汗，疱疹，丹毒，痈疽，发背，瘰疬，烫火伤。

荞麦种子制成荞麦粉供食用。

评注

除开花地上部分外，荞麦种子、花、叶、茎均可单独入药。荞麦茎或叶具有清热解毒，利耳目，下气消积，止血，降血压的功效。

荞麦具有很高的营养价值，具有防治高血压、冠心病、糖尿病、抗癌、延缓衰老、降血脂等多种药用价值，是一种极具开发利用价值和潜力的保健食品资源。

同属植物苦荞麦 *Fagopyrum tataricum* (L.) Gaertn. 在中国也作为荞麦使用，其总黄酮含量高于荞麦（甜荞）。《本草纲目》记载：苦荞麦性味苦、平、寒，有益气力、续精神、利耳目、有降气宽肠健胃的作用。现代临床医学观察表明，苦荞麦粉及其制品具有降血糖、降血脂，增强人体免疫力的作用，对糖尿病、高血压、高血脂、冠心病、中风等患者都有辅助治疗作用。这些作用都与苦荞麦中含有的黄酮类成分（如芦丁等）及苦荞蛋白复合物有关。苦荞蛋白复合物能提高体内抗氧化酶的活性，且对脂质过氧化物有一定的清除作用，提高了机体抗自由基的能力，因此具有降血糖和延缓衰老的作用。临床观察服用苦荞对糖尿病和高脂血症有一定的治疗作用，无毒副作用产生。以苦荞麦替代糖尿病患者膳食中的部分碳水化合物，各项生化指标均较使用苦荞麦之前有显著改善，且可减少服用降糖药物的剂量。这充分说明苦荞麦对糖尿病有肯定的疗效，有望作为糖尿病和高脂血症患者的治疗饮食，长期食用。

参考文献

[1] 张宏志，管正学，刘湘元，刘玉红．甜荞和苦荞染色体核型分析．内蒙古农业大学学报．2001，**21**(1)：69-74

[2] M Watanabe, Y Ohshita, T Tsushida. Antioxidant compounds from Buckwheat (*Fagopyrum esculentum* Moench) Hulls. *Journal of Agricultural and Food Chemistry*. 1997, **45**(4): 1039-1044

[3] T Suzuki, SJ Kim, H Yamauchi, S Takigawa, Y Honda, Y Mukasa. Characterization of a flavonoid 3-O-glucosyltransferase and its activity during cotyledon growth in buckwheat (*Fagopyrum esculentum*). *Plant Science*. 2005, **169**(5): 943-948

[4] GC Samaiya, VK Saxena. Two new dihydroflavonol glycosides from *Fagopyrum esculentum* seeds. *Fitoterapia*. 1989, **60**(1): 84

[5] VK Saxena, GC Samaiya. A new flavanone glycoside: eriodictyol-5-O-methyl ether-7-O-β-D-glucopyranosyl-[(1→4)-O-β-D-galactopyranoside from the seeds of *Fagopyrum esculentum* (Moench). *Indian Journal of Chemistry, Section B: Organic Chemistry Including Medicinal Chemistry*. 1987, **26B**(6): 592-593

[6] M Watanabe. Catechins as Antioxidants from Buckwheat (*Fagopyrum Esculentum* Moench) Groats. *Journal of Agricultural and Food Chemistry*. 1998, **46**(3): 839-845

[7] M Horbowicz, RL Obendorf. Fagopyritol accumulation and germination of buckwheat seeds matured at 15, 22, and 30℃. *Crop Science*. 2005, **45**(4): 1264-1270

[8] H Brockmann, E Weber, E Sander. Fagopyrin, a photodynamic pigment from buckwheat (*Fagopyrum esculentum*). *Naturwissenschaften*. 1950, **37**: 43

[9] 横泽隆子．荞麦的抗氧化作用．国外医学：中医中药分册．2002，**24**(3)：188

[10] 齐亚娟，林红梅，韩淑英．荞麦种子提取物对体内外抗脂质过氧化作用的实验研究．华北煤炭医学院学报．2004，**6**(4)：450-451

[11] 储金秀，韩淑英，刘淑梅，齐亚娟，朱丽莎，陈晓玉，马新超．荞麦花叶总黄酮抗脂质过氧化作用的研究．上海中医药杂志．2004，**38**(1)：46-48

[12] Y Aoyagi. An angiotensin-I converting enzyme inhibitor from buckwheat (*Fagopyrum esculentum* Moench) flour. *Phytochemistry*. 2006, **67**(6): 618-621

[13] K Nakamura, Y Maejima, S Maejima, E Niimura. Isolation of hydrophilic ACE inhibitory peptides from fermented buckwheat sprout. *Peptide Science*. 2006, **2005**(42): 191-194

[14] MS Ma, IY Bae, HG Lee, CB Yang. Purification and identification of angiotensin I-converting enzyme inhibitory peptide from buckwheat (*Fagopyrum esculentum* Moench). *Food Chemistry*. 2005, **96**(1): 36-42

[15] 韩淑英，陈晓玉，王志路，刘淑梅，朱丽莎，储金秀，辛念．荞麦花总黄酮对体内外蛋白质非酶糖基化的抑制作用．中国药理学通报．2004，**20**(11)：1242-1244

[16] 辛念，齐亚娟，韩淑英，储金秀．荞麦花总黄酮对2型糖尿病大鼠高血脂症的作用．中国临床康复．2004，**8**(27)：5984-5985

[17] 刘淑梅，韩淑英，张宝忠，朱丽莎，吕华，陈晓玉，贾秀荣，石峻．荞麦种子总黄酮对糖尿病高血脂症大鼠血脂、血糖及脂质过氧化的影响．中成药．2003，**25**(8)：662-663

[18] JM Kawa, CG Taylor, R Przybylski. Buckwheat concentrate reduces serum glucose in streptozotocin-diabetic rats. *Journal of Agricultural and Food Chemistry*. 2003, **51**(25): 7287-7291

[19] H Tomotake, N Yamamoto, N Yanaka, H Ohinata, R Yamazaki, J Kayashita, N Kato. High protein buckwheat flour suppresses hypercholesterolemia in rats and gallstone formation in mice by hypercholesterolemic diet and body fat in rats because of its low protein digestibility. *Nutrition*. 2006, **22**(2): 166-173

[20] 朱丽莎，马新超，韩淑英，刘淑梅，吕华．荞麦叶总黄酮对血脂及脂质过氧化物的作用．中国临床康复．2004，**8**(24)：5178-5179

[21] FL Pu. Buckwheat polyphenols improved the spatial memory impairment and neuronal damage induced by cerebral ischemia. *Fukuoka Daigaku Yakugaku Shuho*. 2006, **6**: 49-57

[22] FL Pu, K Mishima, K Irie, N Egashira, K Iwasaki, T Ikeda, H Fujii, K Kosuna, M Fujiwara. Protection by buckwheat polyphenols of cell death induced by glutamate and kainate in cultured hippocampal neurons. *Journal of Traditional Medicines*. 2004, **21**(3): 143-146

[23] FL Pu, K Mishima, N Egashira, K Iwasaki, T Kaneko, T Uchida, K Irie, D Ishibashi, H Fujii, K Kosuna, M Fujiwara. Protective effect of buckwheat polyphenols against long-lasting impairment of spatial memory associated with hippocampal neuronal damage in rats subjected to repeated cerebral ischemia. *Journal of Pharmacological Sciences*. 2004, **94**(4): 393-402

[24] 姚文娟，韩淑英，宋会双．荞麦花叶总黄酮对大鼠急性压力负荷c-fos蛋白表达的影响．第四军医大学学报．2006，**27**(7)：662-664

[25] 石瑞芳，韩淑英．荞麦花总黄酮对甲状腺素诱发大鼠心肌肥厚的影响．中药材．2006，**29**(3)：269-271

[26] 韩淑英，张军，王志路，陈晓玉，朱丽莎，吕华，刘淑梅，储金秀，辛念．荞麦花总黄酮对大鼠心肌肥厚的保护作用．第四军医大学学报．2004，**25**(4)：1338-1340

[27] 韩淑英，马新超，王志路，陈晓玉，朱丽莎，吕华，刘淑梅，储金秀，辛念．荞麦叶总黄酮对异丙肾上腺素诱发大鼠心肌肥厚的影响．华西药学杂志．2004，**19**(1)：11-13

[28] SS Park, H Ohba. Suppressive activity of protease inhibitors from buckwheat seeds against human T-acute lymphoblastic leukemia cell lines. *Applied Biochemistry and Biotechnology*. 2004, **117**(2): 65-73

[29] VA Baraboi, AD Durnev, AV Oreshchenko, TN Alekseeva, VN Ogarkov, LV Samusenok, VA Pestunovich. Decreasing the mutagenic action of cyclophosphamide by buckwheat melanin. *Ukrains'kii Biokhimichnii Zhurnal*. 2004, **76**(5): 148-150

[30] Z Liu, W Ishikawa, X Huang, H Tomotake, J Kayashita, H Watanabe, N Kato. A buckwheat protein product suppresses 1,2-dimethylhydrazine-induced colon carcinogenesis in rats by reducing cell proliferation. *Journal of Nutrition*. 2001, **131**(6): 1850-1853

[31] J Kayashita, I Shimaoka, M Nakajoh, N Kishida, N Kato. Consumption of a buckwheat protein extract retards 7,12-dimethylbenz[α]anthracene-induced mammary carcinogenesis in rats. *Bioscience, Biotechnology, and Biochemistry*. 1999, **63**(10): 1837-1839

[32] 辛念，熊建新，韩淑英，朱丽莎，刘淑梅，储金秀．荞麦种子总黄酮对四氯化碳所致急性肝损伤的保护作用．第三军医大学学报．2005，**27**(14)：1456-1458

[33] 曾靖，张黎明，江丽霞，申蕊，徐惠荣，叶和杨．荞麦多糖对小鼠实验性肝损伤的保护作用．中药药理与临床．2005，**21**(5)：29-30

[34] CD Kim, WK Lee, KO No, SK Park, MH Lee, SR Lim, SS Roh. Anti-allergic action of buckwheat (*Fagopyrum esculentum* Moench) grain extract. *International Immunopharmacology*. 2003, **3**(1): 129-136

[35] P Alvarez, C Alvarado, M Puerto, A Schlumberger, L Jimenez, M De la Fuente. Improvement of leukocyte functions in prematurely aging mice after five weeks of diet supplementation with polyphenol-rich cereals. *Nutrition*. 2006, **22**(9): 913-921

[36] T Yokozawa, HY Kim, G Nonaka, K Kosuna. Buckwheat extract inhibits progression of renal failure. *Journal of Agricultural and Food Chemistry*. 2002, **50**(11): 3341-3345

[37] T Yokozawa, H Fujii, K Kosuna, GI Nonaka. Effects of buckwheat in a renal ischemia-reperfusion model. *Bioscience, Biotechnology, and Biochemistry*. 2001, **65**(2): 396-400

[38] 周玲仙，邵萍，陈彦红．荞麦花粉抗贫血作用的实验研究．昆明医学院学报．1994，**15**(3)：11-13

[39] M Friederich, G Schiebel-Schlosser, C Theurer. Buckwheat herb. A vein phytotherapeutics. *Deutsche Apotheker Zeitung*. 1999, **139**(7): 723-724, 725-728

荞麦种植地

旋果蚊子草 Xuanguowenzicao EP, BHP, GCEM

Filipendula ulmaria (L.) Maxim.

Meadowsweet

概述

蔷薇科 (Rosaceae) 植物旋果蚊子草*Filipendula ulmaria* (L.) Maxim.，其干燥带花地上部分入药。药用名：合叶子。

蚊子草属 (*Filipendula*) 植物全世界约 10 种，分布于北半球温带至寒温带。中国约有 8 种，主要分布在东北、西北和华北，云南及台湾。本属现供药用者约 4 种、1 变种。本种广布于欧亚北极地区及寒温带，向南延伸至土耳其、俄罗斯中亚地区及蒙古、中国新疆等地。

旋果蚊子草最早为英国草药，随后传到印度，现为印度、法国和俄罗斯等国的著名草药。1827 年，从旋果蚊子草中分离出镇痛成分水杨素，后来由此衍生合成了阿司匹林。《欧洲药典》(第 5 版) 和《英国草药典》(1996 年版) 收载本种为合叶子的法定原植物来源种。主产于英国、波兰、保加利亚及塞尔维亚和黑山等国。

旋果蚊子草主要含酚苷和黄酮类成分，其中水杨酸盐化合物有类似阿司匹林的消炎和止痛等作用。《欧洲药典》和《英国草药典》采用薄层色谱法进行鉴别，以控制药材质量。

药理研究表明，旋果蚊子草具有抗溃疡、抗菌、抗炎、抗凝血、抗肿瘤等作用。

民间经验认为合叶子有抗炎，利尿，健胃，收敛的功效；中医理论认为合叶子具有平肝降压，祛腐敛疮的功效。

旋果蚊子草 *Filipendula ulmaria* (L.) Maxim.

药材合叶子 Herba Spiraeae

化学成分

旋果蚊子草的花主要含水杨酸甲酯 (methylsalicylate)、水杨醛 (salicylaldehyde)、水杨酸 (salicylic acid)[1]; 酚苷类成分: 冬绿苷 (monotropitin)、线菊酚苷 (spireine)、异水杨素 (isosalicin)[2]; 黄酮类成分: 槲皮素-3'-葡萄糖苷 (quercetin-3'-glucoside)[2]、异槲皮苷(isoquercitrin)、槲皮素-4'-O-β-吡喃半乳糖苷 (qercetin-4'-O-β-galactopyranoside)[3]、绣线菊苷 (spiraeoside)、槲皮素 (quercetin)、芦丁 (rutin)、槲皮素-3-葡萄糖醛酸苷 (quercetin-3-glucuronide)、金丝桃苷 (hyperoside)、广寄生苷 (avicularoside)、山柰酚-4'-葡萄糖苷(kaempferol-4'-glucoside)[4]; 酚酸类成分: 五倍子酸 (gallic acid)、对香豆酸 (p-counaric acid)、香草酸 (vanillic acid)[5]; 挥发油类成分: 沉香醇 (linalool)、反式茴香醚 (trans-anethol)、香芹酚 (carvacrol)[6]。

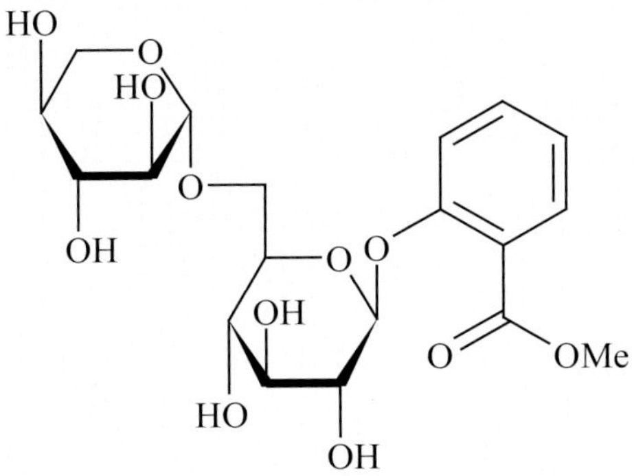

monotropitin

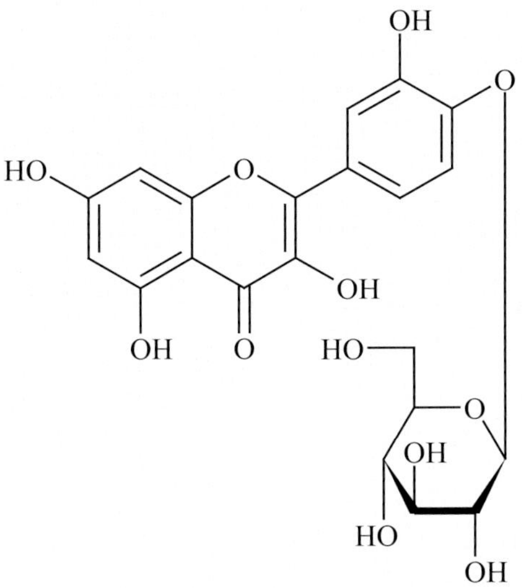

spiraeoside

药理作用

1. 对胃肠系统的影响

旋果蚊子草地上部分的浸剂对肠平滑肌有舒张作用, 并能增强胃肠排空功能。对疼痛应激、角叉菜胶和乙酰水杨酸诱导的小鼠胃溃疡, 旋果蚊子草地上部分的浸剂有明显的抗溃疡作用, 其胃保护作用与其对胃液分泌的抑制和对胃壁的营养作用有关[7]。

2. 抗菌

旋果蚊子草在体外实验中对枯草杆菌、大肠杆菌、藤黄微球菌、绿脓假单胞菌、金黄色葡萄球菌和表皮葡萄球菌有明显抑制作用[8]。

3. 抗炎

旋果蚊子草根的水-醇提取物对角叉菜胶所致小鼠急性炎症和棉球肉芽肿所致小鼠慢性炎症有抗炎和镇痛作用, 且作用强度优于阿司匹林[9]。

4. 抗凝血

旋果蚊子草的花和种子有抗凝血和溶解纤维蛋白的作用[10]。实验发现, 旋果蚊子草的花中含有一种类似肝素钠的植物蛋白, 为抗凝血的主要成分[11]。

5. **抗肿瘤**

旋果蚊子草对黑色素瘤细胞 B16 有抗增殖作用[12]；对体外培养的人类淋巴母细胞 Raji 有细胞毒作用[13]。

6. **抑制中枢神经系统**

旋果蚊子草乙醇提取物对中枢神经系统有抑制作用，能减少实验动物的自发活动，增强麻醉剂效果，延长小鼠在封闭系统内的存活时间[2]。

7. **其他**

旋果蚊子草还有抗氧化作用[12]。

应用

旋果蚊子草常用于感冒的辅助治疗。旋果蚊子草民间用于治疗胃动力不足性消化不良、酸性消化不良、胃炎、消化性溃疡，以及风湿和关节炎引起的疼痛。法国和德国将旋果蚊子草用于发烧和流行性感冒的治疗历史悠久，德国人还将其做利尿剂使用。

合叶子也为中医临床用药。功能：平肝降压，祛腐敛疮。主治：高血压，疮疡脓血。

评注

旋果蚊子草又名欧洲合叶子，榆叶合叶子。旋果蚊子草含水杨酸盐化合物，有类似阿司匹林的消炎和止痛作用，却对消化道无副作用，还可抑制阿司匹林所致的胃溃疡，为优良的天然消炎药。

参考文献

[1] I Papp, B Simandi, E Hethelyi, B Nagy, E Szoke, A Kery. Supercritical fluid extraction of lipophilic phenoloids in *Filipendula ulmaria*. *Olaj, Szappan, Kozmetika*. 2005, **54**(4): 190-195

[2] OD Barnaulov, AV Kumkov, NA Khalikova, IS Kozhina, BA Shukhobodskii. Chemical composition and primary evaluation of the properties of preparations from *Filipendula ulmaria* (L.) Maxim flowers. *Rastitel'nye Resursy*. 1977, **13**(4): 661-669

[3] EA Krasnov, VA Raldugin, IV Shilova, EY Avdeeva. Phenolic compounds from *Filipendula ulmaria*. *Chemistry of Natural Compounds*. 2006, **42**(2): 148-151

[4] JL Lamaison, C Petitjean-Freytet, A Carnat. Content of principle flavonoids from the aerial parts of *Filipendula ulmaria* (L.) Maxim. subsp. *ulmaria* and subsp. *denudata* (J.&C. Presl) Hayek. *Pharmaceutica Acta Helvetiae*. 1992, **67**(8): 218-222

[5] HD Smolarz, A Sokolowska-Wozniak. Chromatographic analysis of phenolic acids in *Filipendula ulmaria* (L.) Maxim and Filipendula hexapetala Gilib. *Chemical & Environmental Research*. 2003, **12**(1-2): 77-82

[6] M Grazia Valle, GM Nano, S Tira. The essential oil of *Filipendula ulmaria*. *Planta Medica*. 1988, **54**(2): 181-182

[7] 王良信. 旋果蚊子草地上部分浸剂的抗溃疡作用. 国外医药：植物药分册. 2003, **18**(4): 165-166

[8] JP Rauha, S Remes, M Heinonen, A Hopia, M Kahkonen, T Kujala, K Pihlaja, H Vuorela, P Vuorela. Antimicrobial effects of Finnish plant extracts containing flavonoids and other phenolic compounds. *International Journal of Food Microbiology*. 2000, **56**(1): 3-12

[9] VG. Pashinskiy, SG Aksinenko, AV Gorbacheva, SS Kravtsova, KA Dychko, VV Khasanov. Pharmacological activity and composition of extract from *Filipendula Ulmaria* (Rosaceae) underground part. *Rastitel'nye Resursy*. 2006, **42**(1): 114-120

[10] LA Liapina, GA Koval'chuk. A comparative study of the action on the hemostatic system of extracts from the flowers and seeds of the meadowsweet (*Filipendula ulmaria* (L.) Maxim.). *Seriia Biologicheskaia/Rossiiskaia Akademiia Nauk*. 1993, **4**: 625-628

[11] BA Kudriashov, LA Liapina, LD Azieva. The content of a heparin-like anticoagulant in the flowers of the meadowsweet (*Filipendula ulmaria*). *Farmakologiia i Toksikologiia*. 1990, **53**(4): 39-41

[12] CA Calliste, P Trouillas, DP Allais, A Simon, JL Duroux. Free radical scavenging activities measured by electron spin resonance spectroscopy and B16 cell antiproliferative behaviors of seven plants. *Journal of Agricultural and Food Chemistry*. 2001, **49**(7): 3321-3327

[13] NA Spiridonov, DA Konovalov, VV Arkhipov. Cytotoxicity of some russian ethnomedicinal plants and plant compounds. *Phytotherapy Research*. 2005, **19**(5): 428-432

野草莓 Yecaomei^{GCEM}

Fragaria vesca L.

Wild Strawberry

概述

蔷薇科 (Rosaceae) 植物野草莓 *Fragaria vesca* L.，其干燥叶入药。药用名：野草莓叶。

草莓属 (*Fragaria*) 植物全世界约有 20 多种，分布于北半球温带至亚热带，欧亚两洲均常见，个别种分布向南延伸到拉丁美洲。中国约有 8 种，1 种系引种栽培。本属现供药用者约有 7 种、1 变种。本种广布于北温带，欧洲、北美洲均有分布，中国吉林、四川、云南等地也有分布。

在中世纪的欧洲，野草莓很受推崇，叶子和根用于治疗腹泻，茎用于疗伤，欧洲各地的遗迹都可发现许多野草莓种子的化石。在欧洲的许多地区，人们经常采集森林中野草莓的果实，在市场销售，公元 13 世纪初法国和英国的皇家花园开始栽种，至 18 世纪，常年开花的野草莓被许多国家广泛引种栽培[1]。主产于美国、波兰和日本[2]。

野草莓主要含花青素、黄酮、鞣花鞣质、挥发油类成分等。

药理研究表明，野草莓具有收敛、利尿、血管保护、抗菌等作用。

民间经验认为野草莓叶具有收敛，利尿的功效；中医理论认为野草莓具有清热解毒，收敛止血的功效。

野草莓 *Fragaria vesca* L.

药材野草莓叶 Folium Fragariae

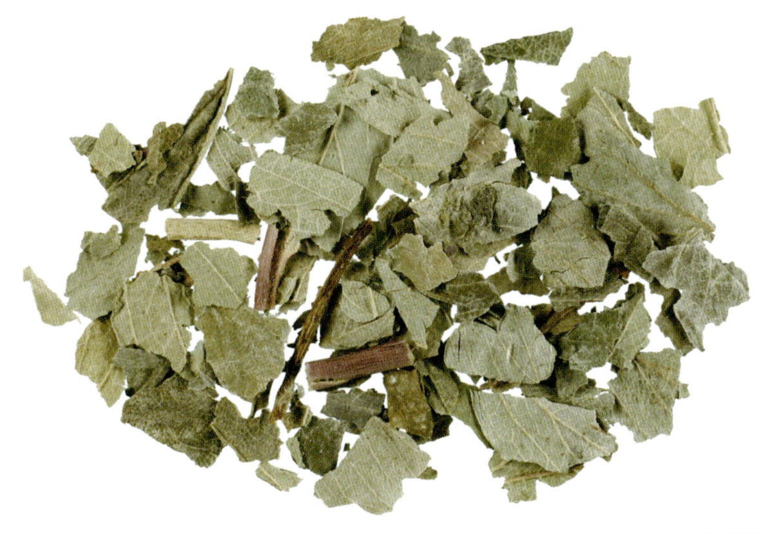

化学成分

野草莓的叶含花青素类成分：草莓苷 (fragarin)[3]；黄酮类成分：槲皮素 (quercetin)、槲皮苷 (quercitrin)[4]、鞣花鞣质 (ellagitannin) 及其降解产生的鞣花酸 (ellagic acid) 和没食子酸 (gallic acid)[4]等。

野草莓的果实含花青素类成分：翠菊苷 (callistephin)、菊色素 (chrysanthemin)[5]；挥发油类成分：马鞭草烯酮 (verbenone)、香茅醇 (citronellol)、香桃木烯醇 (myrtenol)、丁香油酚 (eugenol)、香草醛 (vanillin)[6]；有机酸及其酯类成分：柠檬酸 (citric acid)、苹果酸 (malic acid)、抗坏血酸 (ascorbic acid)[7]、肉桂酸 (cinnamic acid)[8]、乙酸-3-甲基-2-丁烯酯 (3-methyl-2-butenyl acetate)、烟酸甲酯 (nicometh)[6]；以及2,5-二甲基-4-羟基-3(2H)-呋喃酮 [2,5-dimethyl-4-hydroxy-3(2H)-furanone][8]等。

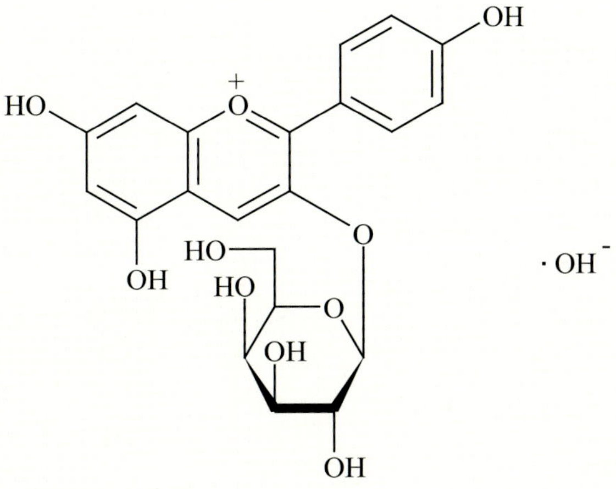

fragarin

野草莓 Yecaomei

野草莓的根含原花青素类成分：原花青素 B_1 (procyanidin B_1)、原花青素 B_2 (procyanidin B_2)、原花青素 B_5 (procyanidin B_5)[9]；儿茶素类成分：儿茶素 (catechin)、表儿茶素 (epicatechin)[9]等。

药理作用

1. 收敛

野草莓的叶具有收敛作用，可能与其所含鞣质相关[10]。鞣花鞣质、鞣花酸、没食子酸也具有收敛作用[11]。

2. 利尿

野草莓全草煎剂对犬具有显著持久的利尿作用[12]，叶、根浸出液的利尿作用可能与其所含的钾盐有关[13]。

3. 保护血管

野草莓浸出液能通过抗血小板聚集和抗氧化作用，抑制激光诱导的小鼠血栓形成[14]。野草莓的根所含原花青素类成分也具有血管保护作用[15]。

4. 抗菌

野草莓果实提取物对革兰氏阴性菌和沙门氏菌有较强的抑制作用[16]，其活性可能与鞣花鞣质相关[17]。野草莓果实和全草所提取的挥发油体外对金黄色葡萄球菌、大肠杆菌有抑制作用[18]。

5. 其他

野草莓叶和果实还具有抗氧化[19]和抗溃疡[20]的作用；野草莓中的维生素C和鞣花酸可阻断人体内强致癌物质亚硝胺的生成，能破坏癌细胞增生时产生的特异酶活性，从而减少癌症的发生。

应用

野草莓民间主要用于治疗肠胃功能失调、痛风和肾结石。

现代临床还用野草莓叶内服治疗胃肠道黏膜炎、腹泻、积疳、肝病、黄疸、呼吸道黏膜炎、风湿性关节炎、神经紧张、口腔炎；外用治疗皮疹。野草莓叶还可代茶饮[21]。

评注

除叶以外，野草莓的干燥根茎以及成熟果实也可入药。野草莓的全草也用作中药野草莓，具有清热解毒，收敛止血的功效；主治感冒，咳嗽，咽痛，痢疾，口疮，血崩，血尿。

同属植物草莓 *Fragaria ananassa* Duch. 的果实为常见水果，原产于南美洲，现广泛栽培。

参考文献

[1] 弗雷德里克A．罗奇．水果作物的历史和进化．农业考古．1991，1：302-309

[2] 高凤娟．世界草莓生产概况．北方果树．1998，5：4-6

[3] MP Filippone, J Diaz Ricci, A Mamani de Marchese, RN Farias, A Castagnaro. Isolation and purification of a 316 Da preformed compound from strawberry (*Fragaria ananassa*) leaves active against plant pathogens. *FEBS Letters*. 1999, **459**(1): 115-118

[4] K Herrmann. Tannin and flavones from the leaves of *Fragaria vesca*. *Pharmazeutische Zentralhalle fuer Deutschland*. 1949, **88**: 374-378

[5] E Sondheimer, CB Karash. The major anthocyanin pigments of the wild strawberry (*Fragaria vesca*). *Nature*. 1956, **178**: 648-649

[6] T Pyysalo, E Honkanen, T Hirvi. Volatiles of wild strawberries, *Fragaria vesca* L., compared to those of cultivated berries, *Fragaria x ananassa* cv *Senga Sengana*. *Journal of Agricultural and Food Chemistry*. 1979, **27**(1): 19-22

[7] G Caruso, A Villari, G Villari. Quality characteristics of *Fragaria vesca* L. fruits influenced by NFT solution EC and shading. *Acta Horticulturae.* 2004, **648**: 167-175

[8] H Wintoch, G Krammer, P Schreier. Glycosidically bound aroma compounds from two strawberry fruit species, *Fragaria vesca* f. semperflorens and *Fragaria x ananassa*, cv. *Korona. Flavour and Fragrance Journal.* 1991, **6**(3): 209-215

[9] B Vennat, A Pourrat, O Texier, H Pourrat, J Gaillard. Proanthocyanidins from the roots of *Fragaria vesca. Phytochemistry.* 1986, **26**(1): 261-263

[10] N Krstic-Pavlovic, R Dzamic. Study of astringent components and some minerals in leaves of wild and cultivated strawberries. *Zemljiste i Biljka.* 1985, **34**(1): 59-67

[11] U Vrhovsek, A Palchetti, F Reniero, C Guillou, D Masuero, F Mattivi. Concentration and mean degree of polymerization of *Rubus* ellagitannins evaluated by optimized acid methanolysis. *Journal of Agricultural and Food Chemistry.* 2006, **54**(12): 4469-4475

[12] T Fajans. The diuretic action of native herbs. Experiments on dogs. *Pamietnik Farmaceutyczny.* 1934, **61**: 225-228, 239-243

[13] H Leclerc. Pharmacology of the wild-strawberry plant, *Fragaria vesca* L. *Presse Medicale.* 1944, **52**: 140

[14] A Naemura, T Mitani, Y Ijiri, Y Tamura, T Yamashita, M Okimura, J Yamamoto. Anti-thrombotic effect of strawberries. *Blood Coagulation & Fibrinolysis.* 2005, **16**(7): 501-509

[15] B Vennat, A Pourrat, H Pourrat, D Gross, P Bastide, J Bastide. Procyanidins from the roots of *Fragaria vesca*: characterization and pharmacological approach. *Chemical & Pharmaceutical Bulletin.* 1988, **36**(2): 828-833

[16] R Puupponen-Pimia, L Nohynek, C Meier, M Kahkonen, M Heinonen, A Hopia, KM Oksman-Caldentey. Antimicrobial properties of phenolic compounds from berries. *Journal of Applied Microbiology.* 2001, **90**(4): 494-507

[17] R Puupponen-Pimiae, L Nohynek, HL Alakomi, KM Oksman-Caldentey. Bioactive berry compounds-novel tools against human pathogens. *Applied Microbiology and Biotechnology.* 2005, **67**(1): 8-18

[18] SI Zelepukha. Antimicrobial activity of essential oils obtained from some edible fruits. *Mikrobiologichnii Zhurnal.* 1967, **29**(1): 59-63

[19] IL Drozdova, RA Bubenchikov. Antioxidant activity of *Viola odorata* L. and *Fragaria vesca* L. polyphenolic complexes. *Rastitel'nye Resursy.* 2004, **40**(2): 92-96

[20] B Vennat, D Gross, H Pourrat, A Pourrat, P Bastide, J Bastide. Anti-ulcer activity of procyanidins preparation of water-soluble procyanidin-cimetidine complexes. *Pharmaceutica Acta Helvetiae.* 1989, **64**(11): 316-320

[21] J Koblic. The composition of wild strawberry leaves (*Fragaria vesca* L.) and their importance as a substitute for tea. *Sbornik Ceskoslov. Akad. Zemedelske.* 1940, **15**: 342-350

欧洲白蜡树 Ouzhoubailashu EP, BP, GCEM

Fraxinus excelsior L.

Ash

概述

木犀科 (Oleaceae) 植物欧洲白蜡树 *Fraxinus excelsior* L.，其干燥叶入药。药用名：白蜡树叶。又名：欧洲梣。

梣属 (*Fraxinus*) 植物全世界约 60 种，大多数分布于北温带。中国约有 27 种、1 变种，还有部分引种栽培种，分布于全国各省区。本属现供药用者约 8 种。本种分布于欧洲大部分地区。

欧洲白蜡树在挪威的神话中被称为"宇宙之树"，认为它的根向神的领地伸展，枝叶能触及宇宙最深远的角落。一直到 19 世纪末，爱尔兰高地人还保留着给新生儿喂一勺欧洲白蜡树汁的习俗。《欧洲药典》(第 5 版) 和《英国药典》(2002 年版) 收载本种为白蜡树叶的法定原植物来源种。欧洲大部分国家均产。

欧洲白蜡树叶主要含黄酮类、苯丙素类、香豆素类和环烯醚萜类成分。《欧洲药典》和《英国药典》采用紫外可见分光光度法测定，规定白蜡树叶中羟基肉桂酸衍生物含量以绿原酸计不得少于 2.5%，以控制药材质量。

药理研究表明，欧洲白蜡树具有抗炎、降血糖和降血压等作用。

民间经验认为白蜡树叶具有消炎、泻下和利尿的功效；树皮具有镇痛、消炎、滋补和收敛的功效。

欧洲白蜡树 *Fraxinus excelsior* L.

化学成分

欧洲白蜡树的树叶主要含苯丙素类成分：绿原酸 (chlorogenic acid)、毛蕊花糖苷 (acteoside, verbascoside)[1]、咖啡酸 (caffeic acid)、丁香酸 (syringic acid)、芥子酸 (sinapic acid)、阿魏酸 (ferulic acid)、对香豆酸 (p-coumaric acid)[2]；酚酸类成分：原儿茶酸 (protocatechuic acid)、香草酸 (vanillic acid)[2]；黄酮类成分：芦丁 (rutin)、槲皮素 (quercetin)、槲皮素-3-鼠李糖苷 (quercetin-3-rhamnoside)[2]；香豆素类成分：秦皮苷 (fraxin)、野莴苣苷 (cichoriin)、马栗树皮苷 (esculin)、马栗树皮素 (esculetin)、秦皮醇 (fraxinol)[3]；环烯醚萜苷类成分：氧化丁香苷 (syringoxide)、deoxysyringoxide、羟基女贞子苷 (hydroxylnuezhenide)[4]；裂环烯醚萜苷类成分：excelsioside[5]、GI_5、橄榄苦苷 (oleuropein)、ligstroside[6]。

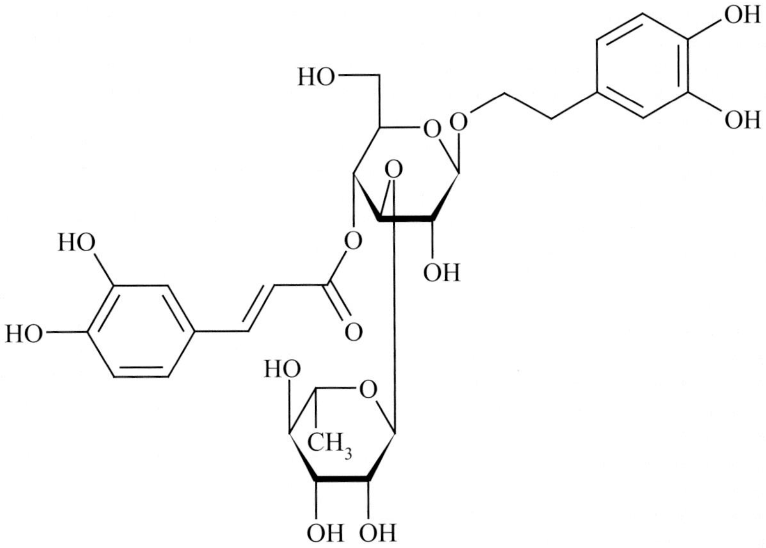

acteoside

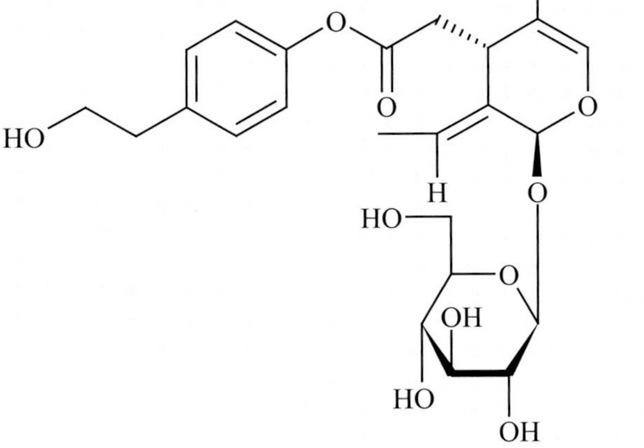

excelsioside

欧洲白蜡树 Ouzhoubailashu

欧洲白蜡树的树皮含香豆素类成分：秦皮苷、马栗树皮苷[7]、异秦皮素 (isofraxidin)[8]。

欧洲白蜡树的种子含车前糖 (planteose)[9]、脱落酸 (abscisic acid)、茉莉酸 (jasmonic acid)、茉莉酮酸甲酯 (methyl jasmonate)；还含有赤霉素 (gibberellins, GAs)：GA_1、GA_3、GA_8、GA_9、GA_{12}、GA_{15}、GA_{17}、GA_{19}、GA_{20}、GA_{24}、GA_{29}、GA_{44}、GA_{51}、GA_{53}[10]。

药理作用

1. 抗炎

欧洲白蜡树的水-醇提取物对角叉菜胶所致大鼠足趾肿胀及佐剂性关节炎有抑制作用[11]。

2. 降血糖

欧洲白蜡树水提物静脉或灌胃给药对正常和链脲霉素糖尿病大鼠均有降血糖作用，且对糖尿病大鼠的作用更强。由于其对血浆胰岛素浓度无影响，表明其机理与胰岛素分泌无关，而与抑制肾脏葡萄糖的重吸收有关[12-13]。

3. 降血压

欧洲白蜡树水提物灌胃给药，对正常和自发性高血压大鼠均有降血压作用，能显著降低收缩压[14]。

4. 利尿

欧洲白蜡树水提物灌胃给药能提高大鼠尿液中钠、钾和氯化物的排泄浓度，增加自发性高血压大鼠的肾小球滤过率[14]。

5. 其他

欧洲白蜡树还有解热、镇痛[15]、抗氧化[16]、抑制髓过氧化物酶[17]等作用。

应用

欧洲民间医学将欧洲白蜡树的树叶用于治疗关节炎、痛风、膀胱不适等疾病的治疗，也用于通便和利尿；并认为树皮具有退烧和滋补的功效。

评注

《欧洲药典》和《英国药典》还收载同属植物 *Fraxinus oxyphylla* M. Bieb 为白蜡树叶的法定原植物来源种。*F. oxyphylla* M. Bieb 所含主要化学成分与欧洲白蜡树相似[19]，但药理作用相关报道很少，尚需进一步研究。

欧洲白蜡树为古老的药用树木，常用于治疗炎症。近代研究发现欧洲白蜡树还有降血糖和降血压的作用，有望扩展其药用范围，但相关研究有待深入。

参考文献

[1] JL Lamaison, C Petitjean-Freytet, A Carnat. Verbascoside, the major phenolic compound in ash leaves (*Fraxinus excelsior*) and vervain (*Aloysia triphylla*). *Plantes Medicinales et Phytotherapie*. 1993, **26**(3): 225-233

[2] B Kowalczyk, W Olechnowicz-Stepien. Study of *Fraxinus excelsior* L. leaves. I. Phenolic acids and flavonoids. *Herba Polonica*. 1988, **34**(1-2): 7-13

[3] MV Artem' eva, MO Karryev, GK Nikonov. Oxycoumarins of ten Fraxinus species cultivated in the botanical garden of the Turkmen SSR Academy of Sciences. *Rastitel'nye Resursy*. 1975, **11**(3): 368-371

[4] N Marekov, S Popov, N Khandzhieva. Iridoids from Bulgarian medicinal plants. *Khimiya i Industriya*. 1986, **58**(3): 132-135

[5] S Damtoft, H Franzyk, SR Jensen. Excelsioside, a secoiridoid glucoside from *Fraxinus excelsior*. *Phytochemistry*. 1992, **31**(12): 4197-4201

[6] P Egan, P Middleton, M Shoeb, M Byres, Y Kumarasamy, M Middleton, D Nahar, A Delazar, S Sarker. G_{15}, a dimer of oleoside, from *Fraxinus excelsior* (Oleaceae). *Biochemical Systematics and Ecology*. 2004, **32**(11): 1069-1071

[7] J Grujic-Vasic, S Ramic, F Basic, T Bosnic. Phenolic compounds in the bark and leaves of *Fraxinus* L. species. *Acta Biologiae et Medicinae Experimentalis*. 1989, **14**(1): 17-29

[8] OB Genius. Quantitative thin-layer chromatographic determination of plant substances. Part 2. *Fraxinus excelsior*. *Deutsche Apotheker Zeitung*. 1980, **120**(32): 1505-1506

[9] C Jukes, DH Lewis. Planteose, the major soluble carbohydrate of seeds of *Fraxinus excelsior*. *Phytochemistry*. 1974, **13**(8): 1519-1521

[10] PS Blake, JM Taylor, WE Finch-Savage. Identification of abscisic acid, indole-3-acetic acid, jasmonic acid, indole-3-acetonitrile, methyl jasmonate and gibberellins in developing, dormant and stratified seeds of ash (*Fraxinus excelsior*). *Plant Growth Regulation*. 2002, **37**(2): 119-125

[11] M el-Ghazaly, MT Khayyal, SN Okpanyi, M Arens-Corell. Study of the anti-inflammatory activity of *Populus tremula, Solidago virgaurea* and *Fraxinus excelsior*. *Arzneimittel-Forschung*. 1992, **42**(3): 333-336

[12] M Eddouks, M Maghrani. Phlorizin-like effect of *Fraxinus excelsior* in normal and diabetic rats. *Journal of Ethnopharmacology*. 2004, **94**(1): 149-154

[13] M Maghrani, N-A Zeggwagh, A Lemhadri, M El Amraoui, J-B Michel, M Eddouks. Study of the hypoglycaemic activity of *Fraxinus excelsior* and *Silybum marianum* in an animal model of type 1 diabetes mellitus. *Journal of Ethnopharmacology*. 2004, **91**(2-3): 309-316

[14] M Eddouks, M Maghrani, N-A Zeggwagh, M Haloui, J-B Michel. Fraxinus excelsior L. evokes a hypotensive action in normal and spontaneously hypertensive rats. *Journal of Ethnopharmacology*. 2005, **99**(1): 49-54

[15] SN Okpanyi, R Schirpke-von Paczensky, D Dickson. Anti-inflammatory, analgesic and antipyretic effect of various plant extracts and their combinations in an animal model. *Arzneimittel-Forschung*. 1989, **39**(6): 698-703

[16] B Meyer, W Schneider, EF Elstner. Antioxidative properties of alcoholic extracts from *Fraxinus excelsior, Populus tremula* and *Solidago virgaurea*. *Arzneimittel-Forschung*. 1995, **45**(2): 174-176

[17] S Von Kruedener, W Schneider, EF Elstner. Effects of extracts from *Populus tremula, Solidago virgaurea*. and *Fraxinus excelsior* on various myeloperoxidase systems. *Arzneimittel-Forschung*. 1996, **46**(8): 809-814

[18] M Fernandez-Rivas, C Perez-Carral, CJ Senent. Occupational asthma and rhinitis caused by ash (*Fraxinus excelsior*) wood dust. *Allergy*. 1997, **52**(2): 196-199

[19] RR Paris, A Stambouli. A biochemical examination of *Fraxinus oxyphylla*. Isolation of the rutin from the leaves and the esculin from the bark. *Comptes Rendus de la Société Française de Gynécologie*. 1961, **253**: 313-314

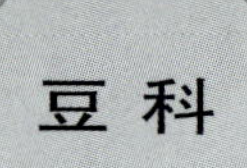

山羊豆 Shanyangdou GCEM

Galega officinalis L.

Goat's Rue

概述

豆科 (Fabaceae) 植物山羊豆 *Galega officinalis* L.，其干燥花期的地上部分入药，药用名：山羊豆。

山羊豆属 (*Galega*) 植物全世界约有 8 种，分布于欧洲南部、西南亚和东非热带山地。中国有 1 种，供药用。本种原产欧洲南部和西南亚，中国甘肃、陕西等地曾有引种栽培。

在中世纪时代，山羊豆被认为能缓解一种伴随多尿症的疾病，也即现代医学所称的糖尿病[1]。

山羊豆主要含生物碱和三萜皂苷类成分。还含香豆素类、降萜类、黄酮类成分等。山羊豆碱为其主要的生理活性成分。

药理研究表明，山羊豆具有降血糖、减轻体重、抗菌、抗血小板聚集等作用。

民间经验认为山羊豆具有利尿的功效，可用于糖尿病的辅助治疗。

山羊豆 *Galega officinalis* L.

化学成分

山羊豆的地上部分含生物碱类成分：山羊豆碱（galegine, galegin, 3 - methyl - 2 - butenylguanidine）[2]、4 - 羟基山羊豆碱（4 - hydroxygalegine）、鸭嘴花碱（peganine）；三萜皂苷类成分：3 - O - [β - D - glucopyranosyl(1→2) - β - D - glucuronopyransoyl] soyasapogenol B；香豆素类成分：苜蓿内酯（medicagol）[3]；降萜类成分：dearabinosyl pneumonanthoside[4]；黄酮类成分：kaempferol - 3 - [2gal - (4 - acetylrhamnosyl) - robinobioside]、kaempferol - 3 - (2gal - rhamnosylrobinobioside)、quercetin - 3 - (2G - rhamnosylrutinoside)[5]。此外，还含尿囊素（allantoin）、植物甾醇[3]、多糖、氨基酸、蛋白质[6-7]等成分。

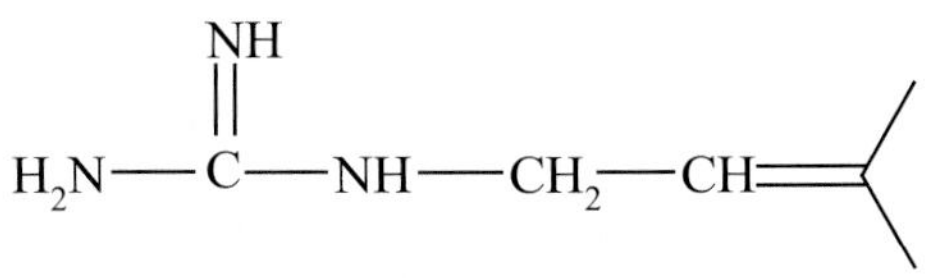

$$H_2N—C(=NH)—NH—CH_2—CH=C(CH_3)_2$$

galegine

药理作用

1. 降血糖、减轻体重

山羊豆叶水浸剂、山羊豆碱口服均能显著降低四氧嘧啶所致的大鼠血糖升高[2, 8]；叶的水提取物或乙醇提取物口服也能显著降低正常家兔和四氧嘧啶所致高血糖家兔的血糖水平[9]。体外Caco-2单层细胞模型实验表明，山羊豆活性部位能抑制甲基葡萄糖的跨肠上皮细胞转运和吸收[10]。山羊豆提取物饲喂，能显著降低正常小鼠和遗传性肥胖小鼠的血糖水平和体重，促进体内脂肪消耗；能显著抑制遗传性肥胖小鼠的食欲，但减轻正常小鼠体重的作用与食物摄入量无关[11]。

2. 抗菌

山羊豆乙醇提取物体外能显著抑制金黄色葡萄球菌、小肠结肠炎耶尔森菌、产气肠杆菌、枯草杆菌、黏质沙雷菌等致病菌的生长[12]。

3. 抗血小板聚集

纯化的山羊豆水提取物（主要含多糖和蛋白质）体外能显著抑制二磷酸腺苷（ADP）、凝血酶和胶原诱导的人血小板聚集[13]。

应用

山羊豆在欧洲、意大利、保加利亚、印度、智利等地的传统医学中用于治疗糖尿病和瘟疫，还可促进皮肤伤口愈合[8, 12-13]。

山羊豆可制成浸剂、流浸膏、酊剂，用作利尿剂和糖尿病的支持治疗。

山羊豆 Shanyangdou

评注

山羊豆在传统医学中用于治疗糖尿病的历史悠久，所含的山羊豆碱有较好的降血糖活性。山羊豆碱的化学名是 3－甲基－2－丁烯基胍 (3－methyl－2－butenylguanidine)，系胍类衍生物，用于治疗糖尿病有明显的毒副作用。科学家后来合成了二甲双胍 (metformin)，在欧洲使用20年后，于1995年被批准在美国使用，目前已成为治疗 2 型糖尿病的主流药物，临床用于控制血糖、控制糖尿病危险因素和防治糖尿病并发症。

参考文献

[1] LA Witters. The blooming of the French lilac. *Journal of Clinical Investigation*. 2001, **108**(8): 1105-1107

[2] J Petricic, Z Kalodera. Galegin in the goat's rue herb: its toxicity, antidiabetic activity and content determination. *Acta Pharmaceutica Jugoslavica*. 1982, **32**(3): 219-223

[3] T Fukunaga, K Nishiya, K Takeya, H Itokawa. Studies on the constituents of goat's rue (*Galega officinalis* L.). *Chemical & Pharmaceutical Bulletin*. 1987, **35**(4): 1610-1614

[4] Y Champavier, G Comte, J Vercauteren, DP Allais, AJ Chulia. Norterpenoid and sesquiterpenoid glucosides from *Juniperus phoenicea* and *Galega officinalis*. *Phytochemistry*. 1999, **50**(7): 1219-1223

[5] Y Champavier, DP Allais, AJ Chulia, M Kaouadji. Acetylated and non-acetylated flavonol triglycosides from *Galega officinalis*. *Chemical & Pharmaceutical Bulletin*. 2000, **48**(2): 281-282

[6] A Atanasov, B Tchorbanov. On the chemical composition of a fraction from *Galega officinalis* L. with anti-aggregating activity on platelet. *Dokladi na Bulgarskata Akademiya na Naukite*. 2003, **56**(6): 31-34

[7] NA Osmanova, NI Pryakhina, EA Protasov, NV Alekseeva-Popova. Element and amino acid composition of the above-ground parts of *Galega officinalis* L. and *G. orientalis* Lam. *Rastitel'nye Resursy*. 2003, **39**(2): 72-75

[8] I Lemus, R García, E Delvillar, G Knop. Hypoglycaemic activity of four plants used in Chilean popular medicine. *Phytotherapy Research*. 1999, **13**(2): 91-94

[9] DZ Shukyurov, DY Guseinov, PA Yuzbashinskaya. Effect of preparations from rue leaves on carbohydrate metabolism in a normal state and during alloxan diabetes. *Doklady - Akademiya Nauk Azerbaidzhanskoi SSR*. 1974, **30**(10): 58-60

[10] H Neef, P Augustijns, P Declercq, PJ Declerck, G Laekeman. Inhibitory effects of *Galega officinalis* on glucose transport across monolayers of human intestinal epithelial cells (Caco-2). *Pharmaceutical and Pharmacological Letters*. 1996, **6**(2): 86-89

[11] P Palit, BL Furman, AI Gray. Novel weight-reducing activity of *Galega officinalis* in mice. *Journal of Pharmacy and Pharmacology*. 1999, **51**(11): 1313-1319

[12] K Pundarikakshudu, JK Patel, MS Bodar, SG Deans. Anti-bacterial activity of *Galega officinalis* L. (Goat's Rue). *Journal of Ethnopharmacology*. 2001, **77**(1): 111-112

[13] AT Atanasov, B Tchorbanov. Anti-platelet fraction from *Galega officinalis* L. inhibits platelet aggregation. *Journal of Medicinal Food*. 2002, **5**(4): 229-234

黄龙胆 Huanglongdan EP, BP, BHP, GCEM

龙胆科

Gentiana lutea L.

Gentian

概述

龙胆科 (Gentianaceae) 植物黄龙胆*Gentiana lutea* L.，其干燥根及根茎入药。药用名：欧龙胆。

龙胆属 (*Gentiana*) 植物全世界约 400 种，分布于欧洲、亚洲、澳洲、北美及非洲北部。中国约有 247 种，本属现供药用者约有 41 种。本种分布于欧洲中部和南部山区、亚洲西部、土耳其等地[1]。

据公元 1 世纪罗马学者老普林尼 (Pliny the Elder) 的著作和希腊医生狄奥斯可里德斯 (Dioscorides) 所著《药物论》(De Materia Medica) 中记载，"Gentiana"之名源于南欧古国伊利里亚国王Gentius的名字，是他发现了黄龙胆的药用价值。现今黄龙胆的临床用途则可追溯至古罗马和古希腊时代。《欧洲药典》(第 5 版) 和《英国药典》(2002 年版) 收载本种为欧龙胆的法定原植物来源种。主产于欧洲南部山区。

黄龙胆主要含裂环环烯醚萜苷类、黄酮类、三萜类、糖类成分等，其所含的龙胆苦苷、苦龙胆酯苷等环烯醚萜苷类成分为其苦味成分，有显著的生理活性。《欧洲药典》和《英国药典》设定参照物盐酸奎林 (quinine hydrochloride) 的苦味值为 200, 000，规定欧龙胆的苦味值不得低于 10, 000；水溶性浸出物不得少于 33%，以控制药材质量。

药理研究表明，黄龙胆具有促进胃酸分泌、促进胆汁分泌、抗胃溃疡、促进创伤愈合、抗氧化、抗疲劳、抗病原微生物等作用。

民间经验认为欧龙胆具有健胃，消食，止呕的功效。

黄龙胆 *Gentiana lutea* L.

黄龙胆 Huanglongdan

化学成分

黄龙胆新鲜的根及根茎含挥发性成分为其特有的香气成分，主要为己醛 (hexanal)、壬醛 (nonanal)、壬烯醛 (nonenal)、壬二烯醛 (nonadienal)、癸醛 (decanal)、癸烯醛 (decenal)、癸二烯醛 (decadienal)、苯乙醛 (phenylacetaldehyde)等醛类成分，1－辛烯－3醇 (1－octen－3－ol)、芳樟醇 (linalool) 等醇类成分，2－戊基呋喃 (2－pentylfuran)、榄香素(elemicine)、3－异丙基吡嗪 (3－isopropyl－pyrazine)、3－异丁基吡嗪(3－isobutyl－pyrazine)、3－仲丁基－2－甲氧基吡嗪(3－sec－butyl－2－methoxy－pyrazine)[2]等；裂环环烯醚萜苷类成分：龙胆苦苷 (gentiopicroside, gentiopicrin)、苦龙胆酯苷 (amarogentin)、獐牙菜苷 (当药苷，sweroside)、獐牙菜苦苷 (当药苦苷，swertiamarine)[1]、(+)－gentiolactone、(－)－gentiolactone[3]、scabrans G_3、G_4[4]等；黄酮类成分 (包括屾酮、查尔酮)：龙胆屾酮 (gentisin)、异龙胆屾酮 (isogentisin)、7－hydroxy－3－methoxy－1－O－primeverosylxanthone、1－hydroxy－3－methoxy－7－O－primeverosylxanthone[1, 5-6]、3－3" linked－(2'－hydroxy－4－O－isorenylchalcone)－(2'''－hydroxy－4"－O－isoprenyldihydrochalcone)、2－methoxy－3－(1,1'－dimethylallyl)－6a,10a－dihydrobenzo(1,2－c)chroman－6－one、5－羟基黄烷酮 (5－hydroxyflavanone)[7]、isosaponarin、6"－O－β－D－xylopyranosylisosaponarin[4]等；三萜类成分：2,3－seco－3－oxours－12－en－2－oic acid、2,3－seco－3－oxoolean－12－en－2－oic acid、12－ursene－3β－,11α－diol 3－O－palmitate、白桦酯醇－3－O－棕榈酸酯 (betulin－3－O－palmitate)、羽扇豆醇 (lupeol)、α－、β－香树脂素 (α－, β－amyrins)、古柯二醇－3－O－棕榈酸酯 (erythrodiol 3－O－palmitate)、熊果醇－3－O－棕榈酸酯 (uvaol－3－O－palmitate)、角鲨烯 (squalene)[3, 8]等；糖类成分：龙胆三糖 (gentianose)、龙胆二糖 (gentiobiose)[1]等。

黄龙胆新鲜的花和叶也含挥发性成分，但组成成分与根及根茎不同[9]，还含黄酮类成分 (包括屾酮)、裂环环烯醚萜苷类成分[10]等。

黄龙胆种子含龙胆苦苷、獐牙菜苷、马钱子苷酸 (loganic acid)、三叶苷 (trifloroside) 等裂环环烯醚萜苷类成分[11]。

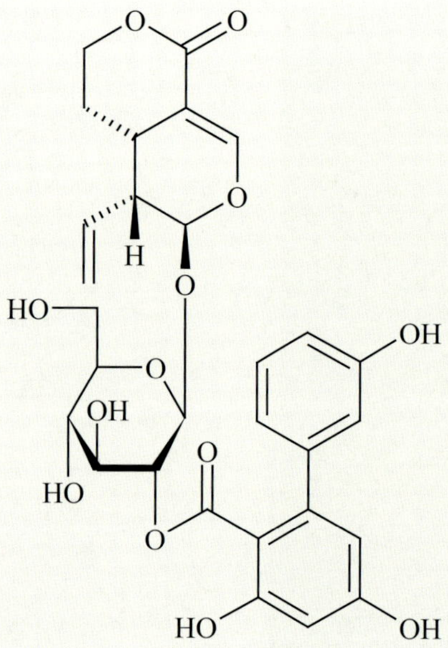

amarogentin

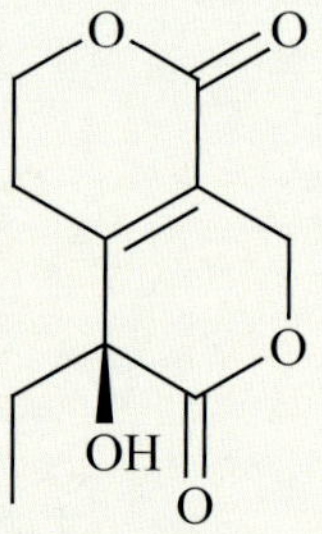

(+)-gentiolactone

药理作用

1. 对消化系统的影响

黄龙胆根水提取物能直接促进离体大鼠胃黏膜壁细胞分泌胃酸[12]；乙醇提取物（主要含龙胆苦苷、獐牙菜苦苷、獐牙菜苷）十二指肠给药能使四氯化碳 (CCl_4) 导致的大鼠胆汁流量减少恢复正常[13]；甲醇提取物十二指肠给药能抑制幽门结扎大鼠的胃液分泌，并对阿司匹林及幽门结扎诱导的大鼠胃溃疡有显著保护作用。甲醇提取物的醋酸乙酯和正丁醇部位口服，对大鼠应激性胃溃疡有显著保护作用；醋酸乙酯部位口服还能显著抑制乙醇诱导的大鼠胃黏膜损伤。龙胆苦苷、苦龙胆酯苷等裂环环烯醚萜苷类苦味成分为其抗胃溃疡活性成分[14]。

2. 抗病原微生物

黄龙胆根甲醇提取物体外能显著抑制幽门螺旋杆菌 (HP) 的生长[15]；花的乙醇提取物及所含的异龙胆屾酮体外对牛分枝杆菌有显著的抑制作用[16]。

3. 促进创伤愈合

黄龙胆根甲醇提取物及所含的龙胆苦苷等裂环环烯醚萜苷类成分能显著促进培养的鸡胚胎成纤维细胞增殖，提高多边形成纤维细胞的百分率，增加成纤维细胞中胶原颗粒的数目。龙胆苦苷等裂环环烯醚萜苷类成分还有细胞保护作用[17]。

4. 抗疲劳

黄龙胆根的甲醇提取物腹腔注射，能显著延长小鼠游泳时间，有适应原样活性[18]。

5. 镇痛

黄龙胆根的甲醇提取物腹腔注射，能明显延长小鼠甩尾反应潜伏期，有止痛作用[18]。

6. 抗抑郁

黄龙胆根皮甲醇提取物的醋酸乙酯部位及所含的3－3″ linked－(2′－hydroxy－4－O－isorenylchalcone)－(2‴－hydroxy－4″－O－isoprenyldihydrochalcone)、2－methoxy－3－(1,1′－dimethylallyl)－6a,10a－dihydrobenzo (1,2－c) chroman－6－one、5－羟基黄烷酮，为单胺氧化酶 (MAO) 抑制剂[7]。

7. 抗氧化

黄龙胆根醋酸乙酯和氯仿提取物体外对芬顿氏反应 (Fenton reaction) 产生的羟自由基有显著的清除作用[19]。

应用

黄龙胆根及根茎是苦味健胃药，用于治疗消化不良、食欲不振、胃肠胀气等症。

评注

黄龙胆是欧洲重要的经济植物，除药用外，在酿酒工业中也有广泛应用[20]。其野生种在一些国家和地区被列为保护品种，因此法国、意大利、德国等欧共体国家正在施行人工栽培[1]。

干燥的方法对药材质量有较大影响。鲜药材在40°C低温干燥能保存约84%的龙胆苦苷，而自然干燥仅能保存约57%[21]。

参考文献

[1] WC Evans. Trease & Evans' pharmacognosy (15-th edition). Edinburgh: WB Saunders. 2002: 315-316

[2] I Arberas, MJ Leiton, JB Dominguez, JM Bueno, A Arino, E de Diego, G Renobales, M de Renobales. The volatile flavor of fresh *Gentiana lutea* L. roots. *Developments in Food Science*. 1995, 37A: 207-234

[3] R Kakuda, K Machida, Y Yaoita, M Kikuchi, M Kikuchi. Studies on the constituents of *Gentiana* species. II. A new triterpenoid, and (S)-(+)- and (R)-(-)-gentiolactones from *Gentiana lutea*. *Chemical & Pharmaceutical Bulletin*. 2003, **51**(7): 885-887

[4] S Yamada, R Kakuda, Y Yaoita, M Kikuchi. A new flavone C-glycoside from *Gentiana lutea*. *Natural Medicines*. 2005, **59**(4): 189-192

[5] T Hayashi, T Yamagishi. Two xanthone glycosides from *Gentiana lutea*. *Phytochemistry*. 1988, **27**(11): 3696-3699

[6] IR Evans, JAK Howard, K Šavikin-Fodulović, N Menkovíc. Isogentisin (1,3-dihydroxy-7-methoxyxanthone). *Acta Crystallographica*. 2004, **E60**(9): 1557-1559

[7] H Haraguchi, Y Tanaka, A Kabbash, T Fujioka, T Ishizu, A Yagi. Monoamine oxidase inhibitors from *Gentiana lutea*. *Phytochemistry*. 2004, **65**(15): 2255-2260

[8] Y Toriumi, R Kakuda, M Kikuchi, Y Yaoita, M Kikuchi. New triterpenoids from *Gentiana lutea*. *Chemical & Pharmaceutical Bulletin*. 2003, **51**(1): 89-91

[9] E Georgieva, N Handjieva, S Popov, L Evstatieva. Comparative analysis of the volatiles from flowers and leaves of three *Gentiana* species. *Biochemical Systematics and Ecology*. 2005, **33**(9): 938-947

[10] N Menković, K Šavikin-Fodulović, K Savin. Chemical composition and seasonal variations in the amount of secondary compounds in *Gentiana lutea* leaves and flowers. *Planta Medica*. 2000, **66**(2): 178-180

[11] A Bianco, A Ramunno, C Melćhioni. Iridoids from seeds of *Gentiana lutea*. *Natural Product Research*. 2003, **17**(4): 221-224

[12] R Gebhardt. Stimulation of acid secretion by extracts of *Gentiana lutea* in cultured cells from rat gastric mucosa. *Pharmaceutical and Pharmacological Letters*. 1997, **7**(2/3): 106-108

[13] N Oeztuerk, T Herekman-Demir, Y Oeztuerk, B Bozan, KHC Baser. Choleretic activity of *Gentiana lutea* ssp. *symphyandra* in rats. *Phytomedicine*. 1998, **5**(4): 283-288

[14] Y Niiho, T Yamazaki, Y Nakajima, T Yamamoto, H Ando, Y Hirai, K Toriizuka, Y Ida. Gastroprotective effects of bitter principles isolated from Gentian root and Swertia herb on experimentally-induced gastric lesions in rats. *Journal of Natural Medicines*. 2006, **60**(1): 82-88

[15] GB Mahady, SL Pendland, A Stoia, FA Hamill, D Fabricant, BM Dietz, LR Chadwick. *In vitro* susceptibility of *Helicobacter pylori* to botanical extracts used traditionally for the treatment of gastrointestinal disorders. *Phytotherapy Research*. 2005, **19**(11): 988-991

[16] N Menković, K Šavikin-Fodulović, R Cebedzic. Investigation of the activity of *Gentiana lutea* extracts against *Mycobacterium bovis*. *Pharmaceutical and Pharmacological Letters*. 1999, **9**(2): 74-75

[17] N Öztürk, S Korkmaz, Y Öztürk, KHC Başer. Effects of gentiopicroside, sweroside and swertiamarine, secoiridoids from gentian (*Gentiana lutea* ssp. *symphyandra*), on cultured chicken embryonic fibroblasts. *Planta Medica*. 2006, **72**(4): 289-294

[18] N Öztürk, KHC Başer, S Aydin, Y Öztürk, I Çalis. Effects of *Gentiana lutea* ssp. *symphyandra* on the central nervous system in mice. *Phytotherapy Research*. 2002, **16**(7): 627-631

[19] CA Calliste, P Trouillas, DP Allais, A Simon, JL Duroux. Free radical scavenging activities measured by electron spin resonance spectroscopy and B_{16} cell antiproliferative behaviors of seven plants. *Journal of Agricultural and Food Chemistry*. 2001, **49**(7): 3321-3327

[20] J Bruneton. Pharmacognosy, phytochemistry, medicinal plants (2-nd edition). Paris: Technique & Documentation. 1999: 604

[21] A Carnat, D Fraisse, AP Carnat, C Felgines, D Chaud, JL Lamaison. Influence of drying mode on iridoid bitter constituent levels in gentian root. *Journal of the Science of Food and Agriculture*. 2005, **85**(4): 598-602

陆地棉 Ludimian EP, BP, BHP, GCEM

锦葵科

Gossypium hirsutum **L.**

Cotton

概述

锦葵科 (Malvaceae) 植物陆地棉 *Gossypium hirsutum* L.，其干燥成熟种子入药，药用名：棉花子；其氢化种子油入药，药用名：氢化棉子油。

棉属 (*Gossypium*) 植物全世界约有 20 种，分布于热带和亚热带地区。中国栽培有 4 种、2 变种。本属现供药用者约 4 种。本种原产于美洲墨西哥；美国、中国、苏丹、印度、巴基斯坦、埃及等均有栽培，并形成产棉区。

"绵花"药用之名，始载于《本草纲目拾遗》；"棉花子"药用之名，始载于《百草镜》。因陆地棉约于公元19 世纪末叶传入中国，此前本草记载之棉应为棉属其他植物，此后所载者指陆地棉等棉属植物。《欧洲药典》(第 5 版)、《英国药典》(2002 年版) 和《美国药典》(第 28 版) 收载本种为氢化棉子油的法定原植物来源种。各产棉区均产。

陆地棉的种子主要含多酚类、黄酮类和脂肪酸类成分。《欧洲药典》和《英国药典》采用气相色谱法测定，规定氢化棉子油中碳链长度少于 14 的饱和脂肪酸含量不得超过 0.20%、肉豆蔻酸含量不得超过 1.0%、棕榈酸含量为 19%～26%、硬脂酸含量为 68%～80%、油酸及其异构体含量不得超过 4.0%、亚油酸及其异构体含量不得超过 1.0%、花生酸含量不得超过 1.0%、山嵛酸含量不得超过 1.0%、木蜡酸含量不得超过 0.50%，以控制其质量。

药理研究表明，陆地棉的种子具有抗生育、抗病毒、抗菌、抗肿瘤、抗抑郁等作用。

民间经验认为氢化棉子油具有降胆固醇，补充维生素 E 等功效；中医理论认为棉花子具有温肾，通乳，活血止血的功效。

陆地棉 *Gossypium hirsutum* L.

陆地棉 Ludimian

化学成分

陆地棉的种子含多酚类成分：棉酚 (gossypol)、棉紫色素 (gossypurpurin)、gossyviolin[1-2]、半棉酚 (hemigossypol)[3]；脂肪酸类成分：肉豆蔻酸 (myristic acid)、棕榈酸 (palmitic acid)、硬脂酸 (stearic acid)、油酸 (oleic acid)、亚油酸 (linoleic acid)、花生酸 (arachidic acid)、山嵛酸 (behenic acid)、木蜡酸 (lignoceric acid)[4]；黄酮类成分：棉黄素-3',7-葡萄糖苷 (gossypetin-3',7-glucoside)[5]、山柰酚 (kaempferol)、槲皮素-7-葡萄糖苷 (quercetin-7-glucoside)[6]、quercetin 3-O-{β-D-apiofuranosyl-(1→2)-[α-L-rhamnopyranosyl-(1→6)]-β-D-glucopyranoside}[7]、芦丁 (rutin)、陆地棉苷 (hirsutrin, quercetin-3-glucoside)[8]；此外，还含有挥发油[4]、白花色苷 (leucoanthocyanin)[6]和丰富的维生素E[9]。

陆地棉的花含黄酮类成分：棉黄苷 (quercimeritrin)、陆地棉苷、槲皮素 (quercetin)[10]、异黄芪苷 (isoastragalin)[11]。

陆地棉的根含多酚类成分：棉酚、6-甲氧基棉酚 (6-methyoxygossypol)、6,6'-二甲氧基棉酚 (6,6'-dimethoxygossypol)、半棉酚、6-甲氧基半棉酚(6-methoxyhemigossypol)[12]。

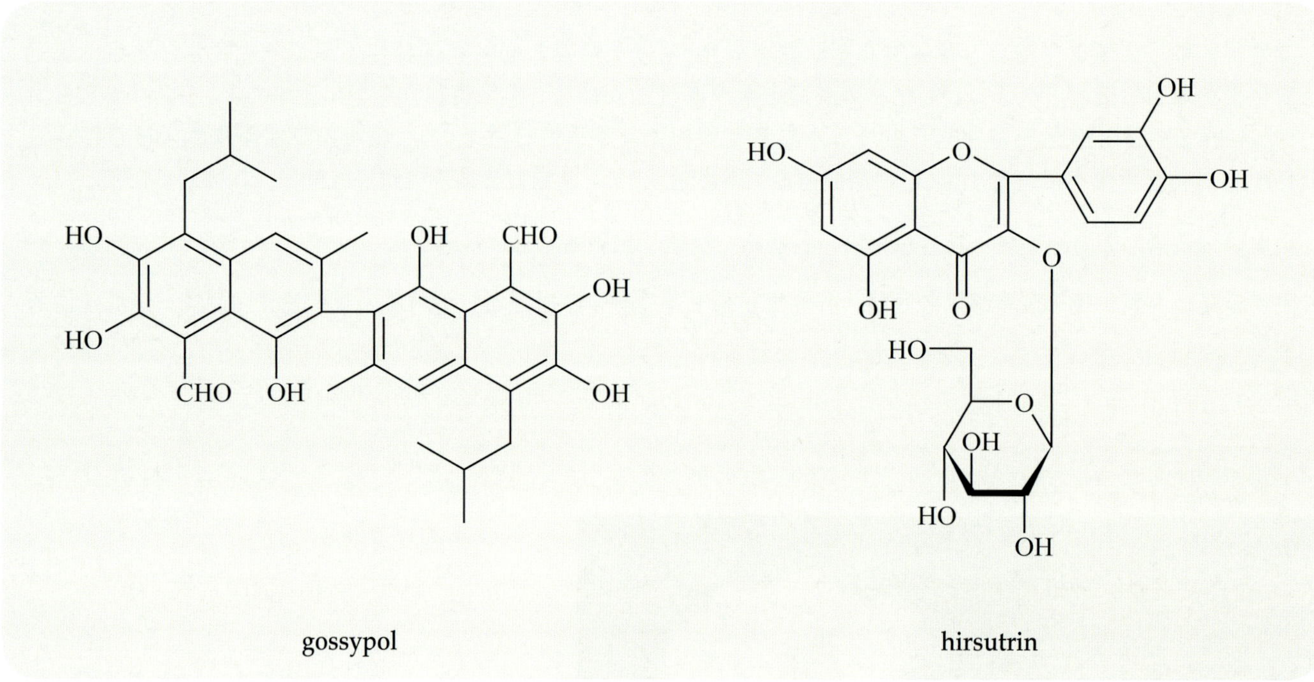

gossypol　　hirsutrin

药理作用

1. 抗生育

陆地棉种子对雄性大鼠有抗生育作用，其有效成分为棉酚[13]。小鼠灌服棉酚后，睾丸生精细胞的凋亡数目明显增加，生精功能受损[14]。体外实验表明，棉酚可显著或完全抑制家兔精子顶体酶、azocoll蛋白酶、芳香基硫酸酯酶和神经氨酸苷酶活性，高浓度时还可抑制透明质酸酶、β-葡萄糖苷酸酶和酸性磷酸酶活性[15]。棉酚体外还能与猪胰腺磷脂酶 A_2 (PLA_2) 不可逆地结合，明显降低其活力，从而产生避孕作用[16]。

2. 抗微生物

棉酚体外或用于家兔感染伤口，对金黄色葡萄球菌、蛋白质杆菌、癣菌等有抗菌作用[17]。棉酚经鼻给药对流感病毒有抑制作用，可阻止小鼠流感病毒所致肺炎和支气管炎的发展[18]。体外实验还表明，棉酚可使人类免疫缺陷病毒 (HIV) 和II型单纯性疱疹病毒 (HSV-2) 灭活[19-20]。

3. 抗肿瘤

陆地棉所含的槲皮素体外对酪氨酸酶有中度抑制作用[21]。棉酚体外能诱导结肠癌细胞 HT2 9和 Lovo、人前列腺癌细胞 PC3、乳腺癌细胞 MCF－7 和 MDA－MB－231 等的凋亡，抑制肿瘤细胞增殖[22-25]。棉酚给二乙基亚硝胺(DEN) 所致的肝癌大鼠灌胃，对肝癌癌前病变有预防作用。其机理为棉酚直接作用于线粒体等细胞器，引起肿瘤细胞损伤；抑制细胞周期调控因子的表达，阻止细胞进入 S 期；抑制 rDNA 的转录活性，从而抑制 rDNA 的合成[26]。

4. 抗抑郁

陆地棉种子所含的总黄酮灌胃可缩短悬尾实验中小鼠的悬尾不动时间、强迫游泳实验中大鼠和小鼠的游泳不动时间，增强5－羟色氨酸 (5－HTP) 诱导的甩头行为，通过增强脑内5－羟色氨 (5－HT) 神经功能，产生抗抑郁作用[27]。

5. 其他

陆地棉还有调节免疫[28]、抑制人肥大前列腺成纤维细胞增殖[29]、促进伤口愈合[17]、止咳、缩宫等作用。

应 用

陆地棉的种子油在西方民间医学中用于降胆固醇和补充维生素 E。印度传统医学将陆地棉的种子用于头痛、咳嗽、痢疾、便秘、淋病、慢性膀胱炎、蛇咬伤等病的治疗。

棉花子也为中医临床用药。功能：温肾，通乳，活血止血。主治：阳痿，腰膝冷痛，白带，遗尿，胃痛，乳汁不通，崩漏，痔血。

现代临床还用于乳汁缺少、痔疮、风湿性腰痛、子宫功能性出血等病的治疗。

评 注

同属植物草棉 *Gossypium herbaceum* L.、海岛棉 *G. barbadense* L.和树棉 *G. arboreum* L.的种子也作棉花子入药。《欧洲药典》、《英国药典》和《美国药典》还收载棉属多种植物作为提取氢化棉子油的原植物来源种。棉属植物种子上的棉毛经处理制成脱脂棉，为医疗等方面必不可少的卫生材料，也为《欧洲药典》、《英国药典》和《美国药典》收载。

陆地棉除种子供药用外，其种子上的棉毛也入药，中药名：棉花，烧灰存性有止血的功效，主治：吐血，便血，血崩，金疮出血。其根也可入药，中药名：棉花根，有止咳平喘，通经止痛的功效，主治：咳嗽，气喘，月经不调，崩漏。

陆地棉所含的棉酚有多种药理活性，尤其对男性的抗生育作用已得到公认。但棉酚能抑制红细胞外向 Na^+、K^+ 联合转运，导致低血钾症[30]。陆地棉根溶液能迅速引起动物睾酮、肝、肾、肌肉组织的损害，也与棉酚的存在有关。由于棉酚的毒副作用，其临床应用受到极大的限制。为减弱或消除棉酚的毒副作用，寻找高效低毒的棉酚衍生物具有重要的意义。

参 考 文 献

[1] GP Moshchenko. Chemical composition of gossypol glands of cotton seeds. *Uzbekskii Biologicheskii Zhurnal*. 1972, **16**(3): 21-23

[2] CH Boatner, LE Castillon, CM Hall, JW Neely. Gossypol and gossypurpurin in cottonseed of different varieties of *Gossypium barbadense* and *G. hirsutum* and variation of the pigments during storage of the seed. *Journal of the American Oil Chemists' Society*. 1949, **26**: 19-25

[3] CR Benedict, JG Liu, RD Stipanovic. The peroxidative coupling of hemigossypol to (+)- and (-)-gossypol in cottonseed extracts. *Phytochemistry*. 2006, **67**(4): 356-361

[4] 丁旭光，侯冬岩，回瑞华，朱永强，刘晓媛．棉籽化学成分的分析．分析试验室．2005，**24**(11)：57-60

[5] BW Hanny. Gossypol, flavonoid, and condensed tannin content of cream and yellow anthers of five cotton (*Gossypium hirsutum* L.) cultivars. *Journal of Agricultural and Food Chemistry*. 1980, **28**(3): 504-506

[6] AI Imamaliev, FR Nuritdinova, AE Egamberdiev. Phenolic compounds of *Gossypium hirsutum* cotton plants. *Doklady Akademii Nauk UzSSR*. 1974, **31**(10): 56-57

[7] AL Piccinelli, A Veneziano, S Passi, F De Simone, L Rastrelli. Flavonol glycosides from whole cottonseed by-product. *Food Chemistry*. 2006, **100**(1): 344-349

[8] 张庆建，杨明，赵毅民，栾新慧，柯勇刚．无毒棉花籽中黄酮苷的分离与结构鉴定．药学学报．2001，**36**(11)：827-831

[9] CW Smith, RA Creelman. Vitamin E concentration in upland cotton seeds. *Crop Science*. 2001, **41**(2): 577-579

[10] ZP Pakudina, AS Sadykov, PK Denliev. Flavonols of *Gossypium hirsutum* flowers (cotton growth 108-F). *Khimiya Prirodnykh Soedinenii*. 1965, **1**(1): 67-70

[11] ZP Pakudina, AS Sadykov. Isoastragalin, a flavonoid glucoside from *Gossypium hirsutum* flowers. *Khimiya Prirodnykh Soedinenii*. 1970, **6**(1): 27-29

[12] RD Stipanovic, AA Bell, ME Mace, CR Howell. Antimicrobial terpenoids of *Gossypium*, 6-methoxygossypol and 6,6′-dimethoxygossypol. *Phytochemistry*. 1975, **14**(4): 1077-1081

[13] 王月娥，罗英德，唐希灿．棉籽粉及棉酚的抗生育作用研究．药学学报．1979，**14**(11)：662-669

[14] 孔佑华，王凤琴，张金萍．棉酚对小鼠睾丸生精细胞凋亡影响的实验研究．济宁医学院学报．2003，**26**(1)：42

[15] 袁玉英，石其贤，PN Srivastava．棉酚对体外家兔精子顶体酶类的抑制作用．生殖与避孕．1996，**16**(1)：40-45

[16] 刘猛六，徐卉平，胡卓逸．棉酚抗生育新机制——对磷脂酶 A2 活力的抑制作用．中国生物化学与分子生物学报．2001，**17**(4)：442-446

[17] MI Aizikov, AG Kurmukov, I Isamukhamedov. Antimicrobial and wound-healing effect of gossypol. *Doklady Akademii Nauk UzSSR*. 1977, **6**: 41-42

[18] SA Vichkanova, AI Oifa, LV Goryunova. Antiviral properties of gossypol in experimental influenza pneumonia. *Antibiotiki*. 1970, **15**(12): 1071-1073

[19] B Polsky, SJ Segal, PA Baron, JWM Gold, H Ueno, D Armstrong. Inactivation of human immunodeficiency virus *in vitro* by gossypol. *Contraception*. 1989, **39**(6): 579-587

[20] RJ Radloff, LM Deck, RE Royer, DL Vander Jagt. Antiviral activities of gossypol and its derivatives against herpes simplex virus type II. *Pharmacological Research Communications*. 1986, **18**(11): 1063-1073

[21] A Nagatsu, LZ Hui, H Mizukami, H Okuyama, J Sakakibara, H Tokuda, H Nishino. Tyrosinase inhibitory and anti-tumor promoting activities of compounds isolated from safflower (*Carthamus tinctorius* L.) and cotton (*Gossypium hirsutum* L.) oil cakes. *Natural Product Letters*. 2000, **14**(3): 153-158

[22] XH Wang, J Wang, SCH Wong, LSN Chow, JM Nicholls, YC Wong, Y Liu, DLW Kwong, JST Sham, SW Tsao. Cytotoxic effect of gossypol on colon carcinoma cells. *Life Sciences*. 2000, **67**(22): 2663-2671

[23] JH Jiang, Y Sugimoto, SL Liu, HL Chang, KY Park, SK Kulp, YC Lin. The inhibitory effects of gossypol on human prostate cancer cells-PC3 are associated with transforming growth factor beta1 (TGFβ_1) signal transduction pathway. *Anticancer Research*. 2004, **24**(1): 91-100

[24] NE Gilbert, LE O'Reilly, CJG Chang, YC Lin, RW Brueggemeier. Antiproliferative activity of gossypol and gossypolone on human breast cancer cells. *Life Sciences*. 1995, **57**(1): 61-67

[25] ML Leblanc, J Russo, AP Kudelka, JA Smith. An *in vitro* study of inhibitory activity of gossypol, a cottonseed extract, in human carcinoma cell lines. *Pharmacological Research*. 2002, **46**(6): 551-555

[26] 姜劲迈，张颖，叶百宽，杨美娟．棉酚抗癌作用机理研究．中国中医基础医学杂志．2002，**8**(2)：35-37

[27] 李云峰，袁莉，杨明，黄世杰，徐玉坤，赵毅民．棉籽总黄酮抗抑郁作用的研究．中国药理学通报．2006，**22**(1)：60-63

[28] 何贤辉，曾耀英，李振，徐丽慧，孙莛，曾浩铭．棉酚对多克隆激活剂活化人 T 淋巴细胞的抑制作用．中国病理生理杂志．2001，**17**(6)：510-514

[29] 袁涛，宋建达，张仕明．棉酚对体外人肥大前列腺成纤维细胞的作用．上海医科大学学报．1994，**21**(1)：27-31

[30] 金颖，陈华粹，沃维汉，杨毛周，薛社普．棉酚对人类红血球Na^+、K^+跨膜流动的影响．生殖与避孕．1989，**9**(4)：30-34

陆地棉种植地

北美金缕梅 Beimeijinlümei •EP, BP, BHP, USP, GCEM

Hamamelis virginiana L.

Witch Hazel

概述

金缕梅科 (Hamamelidaceae) 植物北美金缕梅 *Hamamelis virginiana* L.，其干燥叶和树皮入药。药用名：北美金缕梅。

金缕梅属 (*Hamamelis*) 植物全世界约有 6 种，分布于日本、中国和北美洲。中国约有 2 种，1 种供药用。本种主要分布于北美、加拿大，现已普遍栽培于欧洲各地和亚热带地区。

北美金缕梅是美国印第安人广泛使用的草药，树皮被用于治疗皮肤溃疡、疼痛和肿瘤。由于 18 世纪中期一个专利药物“Golden Treasure”的发展，北美金缕梅作为植物产品开始受到了关注。《欧洲药典》(第 5 版)和《英国药典》(2002 年版)收载本种为北美金缕梅叶的法定原植物来源种。《美国药典》(第28版)收载本种为北美金缕梅提取物的法定原植物来源种。主产于加拿大和美国。

北美金缕梅主要含鞣质、儿茶素类、黄酮类化合物，其中鞣质是主要有效成分。《欧洲药典》和《英国药典》采用鞣质测定法测定，规定北美金缕梅叶中总鞣质含量以焦性没食子酸计不得少于 3.0%，以控制药材质量。《美国药典》采用高效液相色谱法测定，规定北美金缕梅提取物中丹宁酸的峰面积不得多于对应浓度为 0.030mg/mL 的丹宁酸对照品的峰面积，以控制提取物质量。

药理研究表明，北美金缕梅具有抗氧化、抗炎、抗病毒等作用。

民间经验认为北美金缕梅具有解痉、消炎、止血的功效。

北美金缕梅 *Hamamelis virginiana* L.

药材北美金缕梅 Cortex Hamamelidis

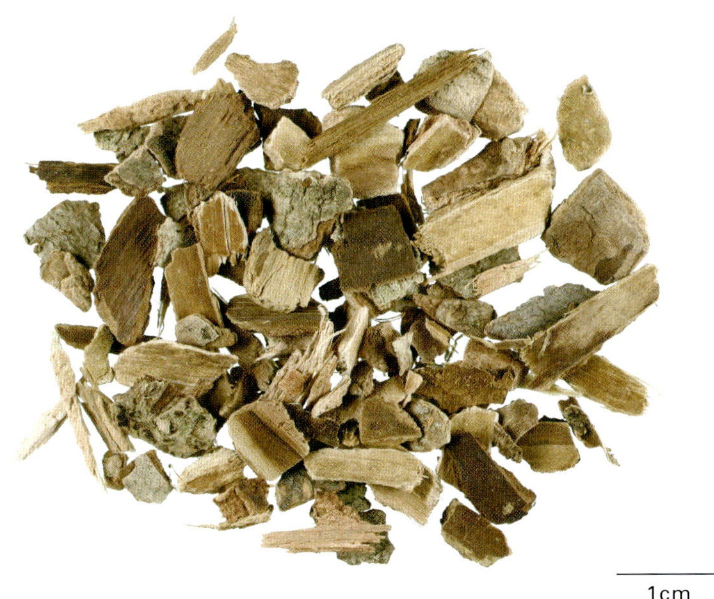

化学成分

北美金缕梅的叶含金缕梅丹宁 (hamamelitanin)；黄酮类成分：山柰酚 (kaempferol)、槲皮素 (quercetin)、三叶豆苷 (trifolin)、山柰酚-3-O-β-D-葡萄糖苷酸 (kaempferol-3-O-β-D-glucuronide)、槲皮素-3-O-β-D-葡萄糖苷酸 (quercetin-3-O-β-D-glucuronide)；此外，还含矢车菊素 (cyanidine)、飞燕草素(delphinidin)、(+)-儿茶素 [(+)-catechin]、咖啡酸 (caffeic acid)、绿原酸 (chlorogenic acid)、没食子酸 (gallic acid) 等[1]。

北美金缕梅的树皮含儿茶素类成分：(+)-儿茶素 [(+)-catechin]、(+)-没食子儿茶素 [(+)-gallocatechin]、(-)-表儿茶素 [(-)-epicatechin gallate]、(-)-表没食子儿茶素没食子酸酯 [(-)-epigallocatechin gallate][2]、epicatechin-(4β→8)-catechin-3-O-(4-hydroxy) benzoate、epigallocatechin-(4β→8)-catechin、3-O-galloyl epigallocatechin-(4β→8)-catechin、3-O-galloyl epigallocatechin-(4β→8)-gallocatechin、3-O-galloyl epicatechin-(4β→8) -catechin、catechin-(4α→8)-catechin[3]；可水解鞣质类：1-O-(4-hydroxybenzoyl) -2',5-di-O-galloyl-α→d-hamamelofuranose、1,2',5-tri-o-galloyl-α-D-hamamelopyranose[4]、1-O-(4-hydroxybenzoyl)-2',3,5-tri-O-galloyl-α-D-hamamelofuranose[3]等；此外，还含以表儿茶素 (epicatechin)-表没食子酸儿茶素 (epigallocatechin) (1.3∶1)为链延伸单位，以儿茶素(约95%)和没食子儿茶素gallocatechin（约5%）为终止单位缩合成的聚合鞣质[5]。

药理作用

1. 抗氧化

电子自旋共振自旋捕集实验表明，金缕梅丹宁具有较强的清除超氧离子的能力[6]；2,2'-氨基-二(3-乙基-苯并噻唑啉磺酸-6) 铵盐 (ABTS) 法实验表明，北美金缕梅含水乙醇提取物具有与6-羟基-2,5,7,8-四甲基苯并吡喃-2-羧酸 (trolox) 相当的抗氧化能力，其抗氧化成分为1,2,3-三羟基苯和4,4'-亚甲基-双 (2,6-二甲基-苯酚)[7]。金缕梅丹宁和原花青色素类成分对脂肪氧合酶 (5-lipoxygenase) 也具有很强的抑制作用[8]；此外，电子自旋共振自旋捕集实验还表明金缕梅丹宁和没食子酸对超氧离子等多种活性氧自由基具有清除作用，并保护培养的小鼠纤维组织母细胞不受紫外线照射伤害[9]。

2. 抗炎

北美金缕梅乙醇提取物灌胃给药对角叉菜胶所致小鼠足趾肿胀的慢性期有抑制作用[10]，对巴豆油引起的小鼠耳廓肿胀也有较强的抑制作用[11]。

3. 抗肿瘤

金缕梅丹宁能抑制肿瘤坏死因子α (TNF－α) 所致的内皮细胞死亡和 DNA 片段断裂[12]。

4. 对DNA损伤的保护作用

体外实验表明，北美金缕梅所含的儿茶素和低分子量原花青素对小鼠肝癌细胞 HepG2 由苯并 (a) 芘 [B(a)P] 诱发的 DNA 损伤有轻微的保护作用，金缕梅丹宁和高分子量原花青素则有中度的保护作用[13]。

5. 其他

北美金缕梅还有抗病毒[11]、抗诱变[13-14]以及防止皮肤水分流失和红斑形成[15]的作用。

应用

北美金缕梅叶和树皮均具有收敛、抗炎和止血作用，内服用于治疗腹泻造成的疼痛、咯血、咳血以及月经紊乱，外服用于皮肤轻微损伤、皮肤和黏膜发炎肿胀、痔疮以及静脉曲张。

评注

北美金缕梅在临床主要为外用，也有内服使用，但对于内服的安全性研究甚少，尚待加强研究。

北美金缕梅的树皮含鞣质最丰富，其次是叶和茎[16]。由于北美金缕梅含大量鞣质，具有干燥和收敛作用，能收紧皮肤和收敛皮肤受损表面的蛋白质，形成保护层，增强消炎作用，促进受损皮肤尽快恢复，被大量用于化妆品工业。

参考文献

[1] TG Sagareishvili, EA Yarosh, EP Kemertelidze. Phenolic compounds from leaves of *Hamamelis virginiana*. *Chemistry of Natural Compounds*. 2000, **35**(5): 585

[2] H Friedrich, N Krueger. Tannin of Hamamelis. 1. Tannin of the bark of *H. virginiana*. *Planta Medica*. 1974, **25**(2): 138-148

[3] C Hartisch, H Kolodziej. Galloylhamameloses and proanthocyanidins from *Hamamelis virginiana*. *Phytochemistry*. 1996, **42**(1): 191-198

[4] C Haberland, H Kolodziej. Novel galloylhamameloses from *Hamamelis virginiana*. *Planta Medica*. 1994, **60**(5): 464-466

[5] A Dauer, H Rimpler, A Hensel. Polymeric proanthocyanidins from the bark of *Hamamelis virginiana*. *Planta Medica*. 2003, **69**(1): 89-91

[6] H Masaki, T Atsumi, H Sakurai. Evaluation of superoxide scavenging activities of hamamelis extract and hamamelitannin. *Free Radical Research Communications*. 1993, **19**(5): 333-340

[7] AP da Silva, R Rocha, CM Silva, L Mira, MF Duarte, MH Florencio. Antioxidants in medicinal plant extracts. A research study of the antioxidant capacity of *Crataegus*, *Hamamelis* and *Hydrastis*. *Phytotherapy Research*. 2000, **14**(8): 612-616

[8] C Hartisch, H Kolodziej, F Von Bruchhausen. Dual inhibitory activities of tannins from *Hamamelis virginiana* and related polyphenols on 5-lipoxygenase and lyso-PAF. Acetyl-CoA acetyltransferase. *Planta Medica*. 1997, **63**(2): 106-110

[9] H Masaki, T Atsumi, H Sakurai. Protective activity of hamamelitannin on cell damage of murine skin fibroblasts induced by UVB irradiation. *Journal of Dermatological Science*. 1995, **10**(1): 25-34

[10] M Duwiejua, IJ Zeitlin, PG. Waterman, AI Gray. Anti-inflammatory activity of *Polygonum bistorta*, *Guaiacum officinale* and *Hamamelis virginiana* in rats. *Journal of Pharmacy and Pharmacology*. 1994, **46**(4): 286-290

[11] CAJ Erdelmeier, JJr Ciantl, H Rabenau, HW Doerr, A Biber, E Koch. Antiviral and anti-inflammatory activities of *Hamamelis virginiana*. *Planta Medica*. 1996, **62**(3): 241-245

[12] S Habtemariam. Hamamelitannin from *Hamamelis virginiana* inhibits the tumour necrosis factor-alpha (TNF)-induced endothelial cell death *in vitro*. *Toxicon*. 2002, **40**(1): 83-88

[13] A Dauer, A Hensel, E Lhoste, S Knasmuller, V Mersch-Sundermann. Genotoxic and antigenotoxic effects of catechin and tannins from the bark of *Hamamelis virginiana* L. in metabolically competent, human hepatoma cells ($HepG_2$) using single cell gel electrophoresis. *Phytochemistry*. 2003, **63**(2):199-207

[14] A Dauer, P Metzner, O Schimmer. Proanthocyanidins from the bark of *Hamamelis virginiana* exhibit antimutagenic properties against nitroaromatic compounds. *Planta Medica*. 1998, **64**(4): 324-327

[15] A Deters, A Dauer, E Schnetz, M Fartasch, A Hensel. High molecular compounds (polysaccharides and proanthocyanidins) from *Hamamelis virginiana* bark: influence on human skin keratinocyte proliferation and differentiation and influence on irritated skin. *Phytochemistry*. 2001, **58**(6): 949-958

[16] B Vennat, H Pourrat, MP Pouget, D Gross, A Pourrat. Tannins from *Hamamelis virginiana*: identification of proanthocyanidins and hamamelitannin quantification in leaf, bark, and stem extracts. *Planta Medica*. 1988, **54**(5): 454-457

胡麻科

南非钩麻 Nanfeigouma EP, GCEM

Harpagophytum procumbens DC.

Devil's Claw

概述

胡麻科 (Pedaliaceae) 植物南非钩麻 *Harpagophytum procumbens* DC.，其干燥次生块茎入药。药用名：非洲魔鬼爪。又名：钩果草。

钩麻属 (*Harpagophytum*) 植物全世界约有 8 种，分布于非洲南部及马达加斯加岛等地区[1]。本种原产于南非和非洲西南部的纳米比亚大草原，主要生长在纳米比亚大草原 、喀拉哈里沙漠以及马达加斯加岛等地区[1-4]。

非洲魔鬼爪为非洲南部地区传统应用的一种民间草药，20 世纪初，引入欧洲被作为关节炎等症的止痛和抗炎药物使用[1-2]。"非洲魔鬼爪"之名称来源于其果实特殊的形态，由于该植物的钩状果实上长有几排弯曲的臂，每只臂上又有多个向后弯曲的钩刺，形似"魔鬼的爪子"，故而得名[3-4]。《欧洲药典》(第 5 版) 和《英国药典》(2002 年版) 收载本种为非洲魔鬼爪法定原植物来源种。主产于喀拉哈里沙漠地区。

南非钩麻主要含有环烯醚萜苷类成分。另含生物碱类 、苯乙醇苷类和黄酮类成分。《欧洲药典》和《英国药典》采用高效液相色谱法测定，规定非洲魔鬼爪中哈帕酯苷的含量不得少于 1.2%，以控制药材质量。

药理研究表明，南非钩麻具有止痛 、抗炎 、助消化等作用。

民间经验认为非洲魔鬼爪有抗风湿性疼痛的功效。

南非钩麻 *Harpagophytum procumbens* DC.

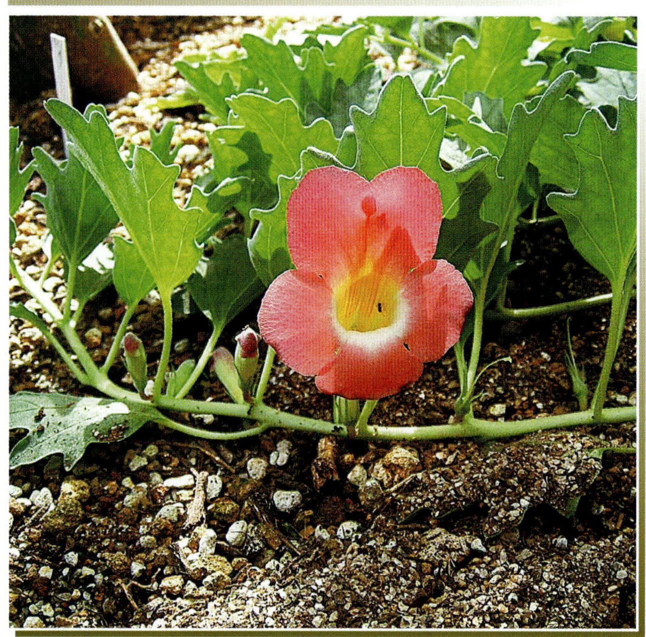

南非钩麻果实 Fruit of *H. procumbens* DC.

药材非洲魔鬼爪 Tubera Harpagophyti

化学成分

南非钩麻的块茎含有环烯醚萜苷类成分（含量约0.5%~3.0%）：哈帕酯苷（harpagoside为主要成分）、哈帕苷(harpagide)、procumbide和8－p－coumaroyl－harpagide、8－(4－coumaroyl)harpagide、harprocumbide A、6－O－α－D－galactopyranosylharpagoside、8－cinnamoylmyoporoside、8－O－feruloylharpagide、6"－O－(p－coumaroyl)－procumbide、8－O－(p－coumaroyl)－harpagide、6'－O－(p－coumaroyl)harpagide、8－O－(cis－p－coumaroyl)－harpagide等[5-7]；糖类成分：水苏（四）糖 (tetrasaccharide stachyose)，及少量棉子糖(raffinose)、蔗糖 (sucrose)、单糖等；苯乙醇类衍生物：毛蕊花糖苷 (acteoside)、异毛蕊花糖苷 (isoacteoside)、6'－O－acetylacteoside、2',6'－di－O－acetylacteoside、2'－O－acetylacetoside等；三萜类成分：齐墩

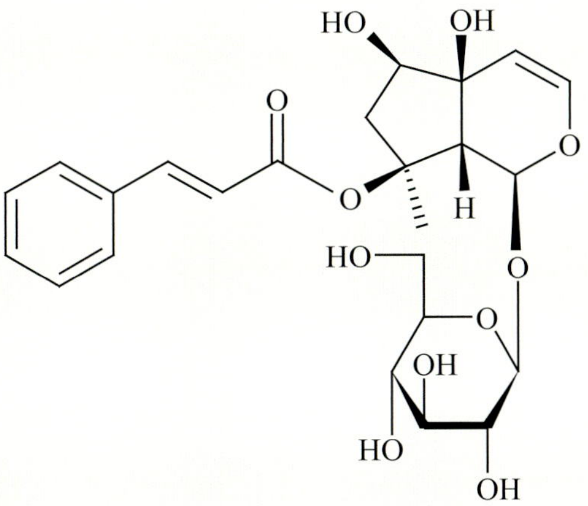

harpagoside

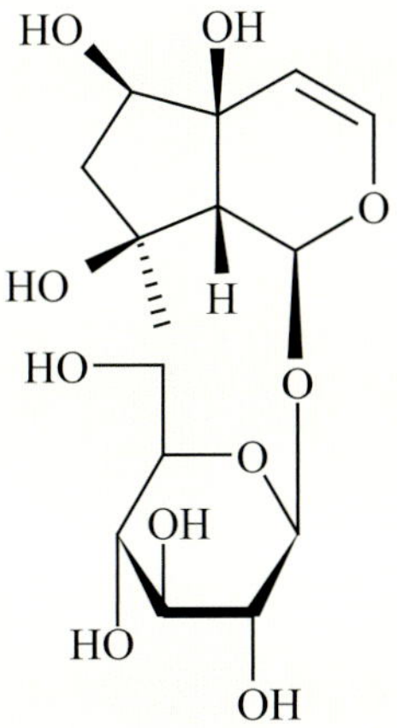

harpagide

果酸 (oleanolic acid)、3β－乙酰基齐墩果酸 (3β－acetyloleanolic acid)、熊果酸 (ursolic acid) 等[8]；二萜类成分：12,13－dihydroxychina－8,11,13－trien－7－one、6,12,13－trihydroxychina－5,8,11,13－tetraen－7－one、(+)－8,11,13－totaratriene－12,13－diol、(+)－8,11,13－abietatrien－12－ol等[9-10]；芳香酸类成分：肉桂酸 (cinnamic acid)、咖啡酸 (caffeic acid)、绿原酸 (chlorogenic acid) 等；黄酮类成分：山柰酚 (kaempferol)、木犀草素 (luteolin)等；嘧啶单萜生物碱类成分：beatrines A、B[11]；尚含麦角固醇、异乙炔苷、钩果草奎宁酮、harpagoquinone、β－(3',4'－dihydroxyphenyl)ethyl－O－α－L－rhamnopyranosyl(1→3)－β－D－glucopyranoside等成分[12-14]。

药理作用

1. 抗炎、止痛

非洲魔鬼爪水提物腹腔注射可明显抑制角叉菜胶诱导的大鼠足趾肿胀，但口服无效[15-16]。对其抗炎、止痛作用机理研究发现：应用 MTT 法测试及反转录聚合酶链反应，非洲魔鬼爪水提物体外可抑制前列腺素 E_2 (PGE_2) 的合成及小鼠纤维原细胞 L929 mRNAs 表达过程中NO的合成[17]；哈帕酯苷及非洲魔鬼爪二氧化碳超临界提取物体外可抑制5－脂氧合酶及环氧合酶－2的生物合成[18-19]；哈帕酯苷提取物及去除哈帕酯苷的提取物体外均可抑制大鼠肾系膜细胞中诱导型一氧化氮合酶 (iNQS) 的表达[20]。

2. 对心血管系统的影响

哈帕酯苷及非洲魔鬼爪甲醇粗提物体外对离体大鼠心脏再灌注引起的心律失常有明显拮抗作用[21]。

3. 对平滑肌的影响

非洲魔鬼爪水提物体外可显著促进离体大鼠子宫平滑肌及离体鸡、豚鼠、家兔胃肠道平滑肌的收缩[22-23]。

4. 抗疟疾

非洲魔鬼爪石油醚提取物体外具有选择性抗疟原虫活性，其作用过程中不会改变红细胞的形状；且对哺乳动物细胞如中国仓鼠卵巢细胞 (CHO)、肝癌细胞 (HepG2) 的作用显示，其细胞毒性较低[24]。

应用

非洲魔鬼爪为南非民间常用草药，具有抗炎、止痛的功效，临床主要用于治疗肌肉、骨骼系统功能失调引起的各类病证，如风湿性关节炎、骨关节炎、痛风等，在非洲民间也被用于治疗消化不良、退热等。

评注

与南非钩麻同样被用于非洲魔鬼爪来源品种的还有同属植物蔡赫钩麻 *Harpagophytum zeyheri* Decne 的块茎，研究证明二者含有类似化学成分[25-26]，但有关蔡赫钩麻的临床应用及药理活性尚需深入研究。

非洲魔鬼爪作为一种非洲民间传统草药，在治疗各种风湿病、关节疼痛及随之引起的炎症和疼痛显示有较好作用及安全性，并得到广泛应用。

动物实验研究发现，非洲魔鬼爪水提物口服给药时无抗炎作用，提示其中有效成分可被胃酸分解，因此在临床使用时可制成肠溶片或注射剂以保持药效[15-16]。

非洲魔鬼爪中所含有的环烯醚萜苷类成分具有强烈而刺激的苦味，胃及十二指肠溃疡患者、胆结石患者不宜服用[27]。

参考文献

[1] Integrative Medicine. Quick access professional guide to conditions, herbs & supplements (1-st edition). Newton: Integrative Medicine Communications. 2000: 290-291

[2] R Michael, Z Irwin. Evidence - based herbal medicine. Hanley & Belfus, Incorporated. Pennsylvania: Medical Publishers. 2001: 149-153

[3] FW Rudolf, F Volker. Herbal medicine (2-nd edition). New York: Thieme Stuttgart. 2000: 250-252

[4] MI Maurice. Handbook of African medicinal plants. Florida: CRC Press LLC. 2000: 188-189

[5] J Qi, JJ Chen, ZH Cheng, JH Zhou, BY Yu, SX Qiu. Iridoid glycosides from *Harpagophytum procumbens* D.C. (devil's claw). *Phytochemistry*. 2006, **67**(13): 1372-1377

[6] A Schmidt. Validation of a fast-HPLC method for the separation of iridoid glycosides to distinguish between the *Harpagophytum species. Journal of Liquid Chromatography & Related Technologies.* 2005, **28**(15): 2339-2347

[7] C Seger, M Godejohann, LH Tseng, M Spraul, A Girtler, S Sturm, H Stuppner. LC-DAD-MS/SPE-NMR hyphenation. a tool for the analysis of pharmaceutically used plant extracts: identification of isobaric iridoid glycoside regioisomers from *Harpagophytum procumbens. Analytical Chemistry.* 2005, **77**(3): 878-885

[8] C Clarkson, D Strk, H S Hansen, PJ Smith, JW Jaroszewski. Identification of major and minor constituents of *Harpagophytum procumbens* (Devil's Claw) using HPLC-SPE-NMR and HPLC-ESIMS/APCIMS. *Journal of Natural Products.* 2006, **69**(9): 1280-1288

[9] C Clarkson, D Strk, SH Hansen, PJ Smith, JW Jaroszewski. Discovering new natural products directly from crude extracts by HPLC-SPE-NMR: Chinane diterpenes in *Harpagophytum procumbens. Journal of Natural Products.* 2006, **69**(4): 527-530

[10] C Clarkson, WE Campbell, P Smith. *In vitro* antiplasmodial activity of abietane and totarane diterpenes isolated from *Harpagophytum procumbens* (Devil's claw). *Planta Medica*. 2003, **69**(8): 720-724

[11] B Baghdikian, E Ollivier, R Faure, L Debrauwer, P Rathelot, G Balansard. Two new pyridine monoterpene alkaloids by chemical conversion of a commercial extract of *Harpagophytum procumbens. Journal of Natural Products.* 1999, **62**(2): 211-213

[12] K Boje, M Lechtenberg, A Nahrstedt. New and known iridoid- and phenylethanoid glycosides from *Harpagophytum procumbens* and their *in vitro* inhibition of human leukocyte elastase. *Planta Medica.* 2003, **69**(9): 820-825

[13] NM Munkombwe. Acetylated phenolic glycosides from *Harpagophytum procumbens. Phytochemistry.* 2003, **62**(8): 1231-1234

[14] JFW Burger, EV Brandt, D Ferreira. Iridoid and phenolic glycosides from *Harpagophytum procumbens. Phytochemistry.* 1987, **26**(5): 1453-1457

[15] R Soulimani, C Younos, F Mortier, C Derrieu. The role of stomachal digestion on the pharmacological activity of plant extracts, using as an example extracts of *Harpagophytum procumbens. Canadian Journal of Physiology and Pharmacology.* 1994, **72**(12): 1532-1536

[16] SC Catelan, RM Belentani, LC Marques, ER Silva, MA Silva, SM Caparroz-Assef, RKN Cuman, CA Bersani-Amado. The role of adrenal corticosteroids in the anti-inflammatory effect of the whole extract of *Harpagophytum procumbens* in rats. *Phytomedicine.* 2006, **13**(6): 446-451

[17] MH Jang, S Lim, SM Han, HJ Park, I Shin, JW Kim, NJ Kim, JS Lee, KA Kim, CJ Kim. *Harpagophytum procumbens* suppresses lipopolysaccharide-stimulated expressions of cyclooxygenase-2 and inducible nitric oxide synthase in fibroblast cell line L_{929}. *Journal of Pharmacological Sciences.* 2003, **93**(3): 367-371

[18] M Guenther, S Laufer, PC Schmidt. High anti-inflammatory activity of harpagoside-enriched extracts obtained from solvent-modified super- and subcritical carbon dioxide extractions of the roots of *Harpagophytum procumbens. Phytochemical Analysis.* 2006, **17**(1): 1-7

[19] THW Huang, VH Tran, RK Duke, S Tan, S Chrubasik, BD Roufogalis, CC Duke. Harpagoside suppresses lipopolysaccharide-induced iNOS and COX-2 expression through inhibition of NF-κB activation. *Journal of Ethnopharmacology.* 2006, **104**(1-2): 149-155

[20] M Kaszkin, KF Beck, E Koch, C Erdelmeier, S Kusch, J Pfeilschifter, D Loew. Downregulation of iNOS expression in rat mesangial cells by special extracts of *Harpagophytum procumbens* derives from harpagoside-dependent and independent effects. *Phytomedicine.* 2004, **11**(7-8): 585-595

[21] DPR Costa, G Busa, C Circosta, L Iauk, S Ragusa, P Ficarra, F Occhiuto. A drug used in traditional medicine: *Harpagophytum procumbens* DC. III. Effects on hyperkinetic ventricular arrhythmias by reperfusion. *Journal of Ethnopharmacology.* 1985, **13**(2): 193-199

[22] IM Mahomed, JAO Ojewole. Oxytocin-like effect of *Harpagophytum Procumbens* DC [Pedaliaceae] secondary root aqueous extract on rat isolated uterus. *African Journal of Traditional, Complementary and Alternative Medicines.* 2006, **3**(1): 82-89

[23] IM Mahomed, AM Nsabimana, JAO Ojewole. Pharmacological effects of *Harpagophytum procumbens* DC [Pedaliaceae] secondary root aqueous extract on isolated gastro-intestinal tract muscles of the chick, guinea-pig and rabbit. *African Journal of Traditional, Complementary and Alternative Medicines.* 2005, **2**(1): 31- 45

[24] C Clarkson, WE Campbell, P Smith. *In vitro* antiplasmodial activity of abietane and totarane diterpenes isolated from *Harpagophytum procumbens* (Devil's claw). *Planta Medica.* 2003, **69**(8): 720-724

[25] B Baghdikian, MC Lanhers, J Fleurentin, E Ollivier, C Maillard, G Balansard, F Mortier. An analytical study, anti-inflammatory, and analgesic effects of *Harpagophytum procumbens* and *H. zeyheri. Planta Medica.* 1997, **63**(2): 171-176

[26] B Beatrice, GD Helene, O Evelyne, NG Annie, D Gerard, B Guy. Formation of nitrogen-containing metabolites from the main iridoids of *Harpagophytum procumbens* and *H. zeyheri* by human intestinal bacteria. *Planta Medica.* 1999, **65**(2): 164-166

[27] A Chevallier. The encydopedia of medicinal plants. New York: DK Publishing Incorporation. 1996:101

洋常春藤 Yangchangchunteng EP, GCEM

五加科

Hedera helix L.

English Ivy

概述

五加科 (Araliaceae) 植物洋常春藤 *Hedera helix* L.，其干燥叶入药。药用名：常春藤叶。

常春藤属 (*Hedera*) 植物全世界约有 5 种，分布于亚洲、欧洲和非洲北部。中国有 2 种，本属现供药用者 1 种。本种分布于欧洲温带地区、亚洲中部和北部；北美洲有引种栽培，中国南方部分地区庭院有栽培供观赏用。

在古罗马文献中曾提到洋常春藤可供药用[1]，欧洲民间医生也曾将洋常春藤用作通便剂、驱虫剂和发汗剂。《欧洲药典》(第 5 版) 收载本种为常春藤叶的法定原植物来源种。主产于欧洲。

洋常春藤主要含三萜及三萜皂苷类、黄酮类成分等。《欧洲药典》采用高效液相色谱法测定，规定常春藤叶中常春藤皂苷 C 的含量不得少于 3.0%，以控制药材质量。

药理研究表明，洋常春藤具有解痉、抗肿瘤、抗炎、抗病原微生物、抗利什曼原虫、抗氧化等作用。

民间经验认为常春藤叶具有祛痰和解痉的功效。

洋常春藤 *Hedera helix* L.

洋常春藤 Yangchangchunteng

化学成分

洋常春藤茎叶含挥发油，油中主成分为：吉玛烯 D (germacrene D)、β－丁香烯(β－caryophyllene)、香桧烯(sabinene)、α－、β－蒎烯 (α－, β－pinenes)、柠檬烯 (limonene)[2]等。

洋常春藤叶含三萜及三萜皂苷类成分：常春藤皂苷元 (hederagenin)、常春藤皂苷B、C、D、E、F、G、H、I (hederasaponins B－I)、α－常春藤素 (α－hederin, helixin)、β－常春藤素 (β－hederin)、δ－常春藤素 (δ－hederin)、taurosides D、E[3-5]、tauroside J、helicoside L－8a[6]、hederoside B[7]、glycoside L－6d[8]等；黄酮类成分：槲皮素 (quercetin)、异槲皮素 (isoquercetin)、芦丁 (rutin)、山柰酚 (kaempferol)、山柰酚－3－O－芸香糖苷 (kaempferol－3－O－rutinoside)、紫云英苷 (astragalin)[3, 9]等；多炔类成分：镰叶芹醇 (falcarinol)、11,12－dehydrofalcarinol[10-11]等；有机酸类成分：3,5－二咖啡酰奎宁酸(3,5－dicaffeoylquinic acid)、绿原酸 (chlorogenic acid)、迷迭香酸 (rosmarinic acid)[3, 9]等。

洋常春藤果实也含三萜皂苷类成分：helixosides A、B、hederosides B、E_2、F、staunoside A[12]等；多炔类成分：镰叶芹醇、falcarinone[13]等。

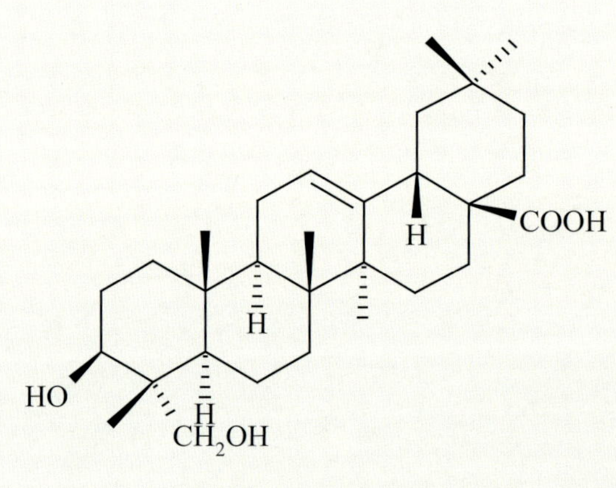

hederagenin

药理作用

1. 解痉

洋常春藤提取物能显著抑制乙酰胆碱所致的离体豚鼠回肠痉挛；所含的皂苷类和酚性成分为解痉活性成分；1g的α－常春藤素、常春藤皂苷元、槲皮素、山柰酚、3,5－二咖啡酰奎宁酸分别与55mg、49mg、54mg、143mg、22mg罂粟碱 (papaverine) 的解痉活性相当[3]。

2. 抗肿瘤、抗诱变

α－常春藤素能显著抑制在无血清培养基中培养的小鼠B16黑色素瘤细胞和非癌性3T3成纤维细胞的增殖，能诱导细胞质的空泡形成及细胞膜的改变而导致细胞死亡[14]；α－常春藤素体外还能对抗多柔比星 (doxorubicin) 诱导的染色体畸变[15]。

3. 抗炎

洋常春藤粗皂苷提取物 (CSE) 和纯化的皂苷提取物 (SPE) 均有抗炎作用；粗皂苷提取物对角叉菜胶所致的大鼠急性炎症、纯化的皂苷提取物对棉球诱导的大鼠慢性炎症有显著抑制作用[16]；常春藤皂苷C灌胃能显著抑制角叉菜胶所致的大鼠足趾肿胀[17]。α－常春藤素、常春藤皂苷B、C还能显著抑制透明质酸酶 (hyaluronidase) 的活性[18]。

4. **抗病原微生物**

洋常春藤所含的皂苷类成分体外能显著抑制多种革兰氏阳性菌和阴性菌的生长，对革兰氏阳性菌的抑制作用强于对革兰氏阴性菌的抑制作用[19]。叶提取物、常春藤皂苷 C、α-常春藤素对白色念珠菌感染小鼠有明显的治疗作用[20]；抗真菌作用机理可能与α-常春藤素体外能诱导白色念珠菌细胞质和细胞膜的改变而导致其退化和死亡有关[21]。

5. **抗寄生虫**

洋常春藤所含的皂苷类成分体外有抗利什曼原虫的作用。α-常春藤素、β-常春藤素、δ-常春藤素、常春藤皂苷元抗前鞭毛型利什曼原虫的作用与戊双脒 (pentamidine) 相当；常春藤皂苷元抗无鞭毛型利什曼原虫的作用与锑酸葡胺 (N-methylglucamine antimonate) 相当[22]。

6. **抗氧化**

洋常春藤所含的α-常春藤素、常春藤皂苷C等三萜皂苷类成分体外有显著的抗氧化活性，能显著抑制亚油酸乳剂的脂质过氧化，清除二苯代苦味酰肼(DPPH)自由基、超氧负离子自由基等，为良好的天然抗氧化剂[23]。

应用

常春藤叶是祛痰药和解痉药，可用于治疗咳嗽、支气管炎等症。

民间还用于治疗肝、胆、脾疾患和痛风、风湿病、淋巴结核等病。外用可治疗烧伤、蜂窝组织炎、寄生虫病等。

评注

洋常春藤是欧美常见的观赏植物，攀缘于山坡、岩石、墙壁和树上。但是本植物所含的镰叶芹醇等多炔类成分为皮肤致敏成分，可能导致严重的接触性皮肤炎，大量服用洋常春藤叶还会导致窒息死亡[10, 24-25]，应引起重视。

有研究综述对洋常春藤叶制剂（滴剂、栓剂、糖浆剂）的有效性进行了系统评价，初步认为这些制剂能改善慢性支气管哮喘患儿的呼吸功能[26]，但其长期疗效仍然需要进一步研究。

参考文献

[1] RF Weiss, VF Fintelmann. Herbal medicine (2-nd edition, revised and expanded). Stuttgart: Thieme. 2000: 200

[2] AO Tucker, MJ Maciarello. Essential oil of English ivy, *Hedera helix* L. "Hibernica". *Journal of Essential Oil Research*. 1994, **6**(2): 187-188

[3] Trute, Andreas, Gross, Jan; Mutschler, Ernst; Nahrstedt, Adolf. *In vitro* antispasmodic compounds of the dry extract obtained from *Hedera helix*. *Planta Medica*. 1997, **63**(2): 125-129

[4] R Elias, AM Diaz-Lanza, E Vidai-Ollivier, G Balansard, R Faure, A Babadjamian. Triterpenoid saponins from the leaves of *Hedera helix*. *Journal of Natural Products*. 1991, **54**(1): 98-103

[5] VI Grishkivets, AE Kondratenko, NV Tolkacheva, AS Shashkov, VY Chirva. Triterpene glycosides of *Hedera helix*. I. Structure of glycosides L-1, L-2a, L-2b, L-3, L-4a, L-4b, L-6a, L-6b, L-6c, L-7a and L-7b from leaves. *Khimiya Prirodnykh Soedinenii*. 1994, **6**: 742-746

[6] VI Grishkovets, AE Kondratenko, AS Shashkov, VY Chirva. Triterpene glycosides of *Hedera helix*. III. Structure of the triterpene sulfates and their glycosides. *Khimiya Prirodnykh Soedinenii*. 1999, **35**(1): 70-72

[7] F Crespin, R Elias, C Morice, E Ollivier, G Balansard, R Faure. Identification of 3-O-β-D-glucopyranosylhederagenin from the leaves of *Hedera helix*. *Fitoterapia*. 1995, **66**(5): 477

[8] AS Shashkov, VI Grishkovets, AE Kondratenko, VY Chirva. Triterpene glycosides of *Hedera helix*. II. Structure of glycoside L-6d from the leaves of common ivy. *Khimiya Prirodnykh Soedinenii*. 1994, **6**: 746-752

[9] A Trute, A Nahrstedt. Identification and quantitative analysis of phenolic compounds from the dry extract of *Hedera helix*. *Planta Medica*. 1997, **63**(2): 177-179

[10] G Bruhn, H Faasch, H Hahn, BM Hausen, J Broehan, WA Koenig. Natural allergens. I. Occurrence of falcarinol and didehydrofalcarinol in ivy (*Hedera helix* L.). *Zeitschrift fuer Naturforschung, B: Chemical Sciences*. 1987, **42**(10): 1328-1332

[11] F Gafner, GW Reynolds, E Rodriguez. The diacetylene 11,12-dehydrofalcarinol from *Hedera helix*. *Phytochemistry*. 1989, **28**(4): 1256-1257

[12] E Bedir, H Kirmizipekmez, O Sticher, I Calis. Triterpene saponins from the fruits of *Hedera helix*. *Phytochemistry*. 2000, **53**(8): 905-909

[13] LP Christensen, J Lam, T Thomasen. Polyacetylenes from the fruits of *Hedera helix*. *Phytochemistry*. 1991, **30**(12): 4151-4152

[14] S Danloy, J Quetin-Leclercq, P Coucke, MC De Pauw-Gillet, R Elias, G Balansard, L Angenot, R Bassleer. Effects of α-hederin, a saponin extracted from *Hedera helix*, on cells cultured *in vitro*. *Planta Medica*. 1994, **60**(1): 45-49

[15] YA Amara-Mokrane, MP Lehucher-Michel, G Balansard, G Dumenil, A Botta. Protective effects of α-hederin, chlorophyllin and ascorbic acid towards the induction of micronuclei by doxorubicin in cultured human lymphocytes. *Mutagenesis*. 1996, **11**(2): 161-167

[16] H Suleyman, V Mshvildadze, A Gepdiremen, R Elias. Acute and chronic antiinflammatory profile of the ivy plant, *Hedera helix*, in rats. *Phytomedicine*. 2003, **10**(5): 370-374

[17] A Gepdiremen, V Mshvildadze, H Suleyman, R Elias. Acute anti-inflammatory activity of four saponins isolated from ivy: alpha-hederin, hederasaponin-C, hederacolchiside-E and hederacolchiside-F in carrageenan-induced rat paw edema. *Phytomedicine*. 2005, **12**(6-7): 440-444

[18] R Maffei Facino, M Carini, P Bonadeo. Efficacy of topically applied *Hedera helix* L. saponins for treatment of liposclerosis (so-called "cellulitis"). *Acta Therapeutica*. 1990, **16**(4): 337-349

[19] C Cioaca, C Margineanu, V Cucu. The saponins of *Hedera helix* with antibacterial activity. *Pharmazie*. 1978, **33**(9): 609-610

[20] P Timon-David, J Julien, M Gasquet, G Balansard, P Bernard. Research of antifungal activity from several active principle extracts from climbing-ivy: *Hedera helix* L. *Annales Pharmaceutiques Francaises*. 1980, **38**(6): 545-552

[21] J Moulin-Traffort, A Favel, R Elias, P Regli. Study of the action of alpha-hederin on the ultrastructure of *Candida albicans*. *Mycoses*. 1998, **41**(9-10): 411-416

[22] B Majester-Savornin, R Elias, AM Diaz-Lanza, G Balansard, M Gasquet, F Delmas. Saponins of the ivy plant, *Hedera helix*, and their leishmanicidic activity. *Planta Medica*. 1991, **57**(3): 260-262

[23] I Guelcin, V Mshvildadze, A Gepdiremen, R Elias. Antioxidant activity of saponins isolated from ivy: α-hederin, hederasaponin-C, hederacolchiside-E and hederacolchiside-F. *Planta Medica*. 2004, **70**(6): 561-563

[24] PD Yesudian, A. Franks. Contact dermatitis from *Hedera helix* in a husband and wife. *Contact Dermatitis*. 2002, **46**: 125-126

[25] Y Gaillard, P Blaise, A Darre, T Barbier, G Pepin. An unusual case of death: Suffocation caused by leaves of common ivy (*Hedera helix*). Detection of hederacoside C, α-hederin, and hederagenin by LC-EI/MS-MS. *Journal of Analytical Toxicology*. 2003, **27**(4): 257-262

[26] D Hofmann, M Hecker, A Volp. Efficacy of dry extract of ivy leaves in children with bronchial asthma--a review of randomized controlled trials. *Phytomedicine*. 2003, **10**(2-3): 213-220

向日葵 Xiangrikui[EP, BP]

菊科

Helianthus annuus L.

Sunflower

概述

菊科 (Asteraceae) 植物向日葵 *Helianthus annuus* L.，其种子经机械压榨或提取所得到的脂肪油入药。药用名：向日葵油。

向日葵属 (*Helianthus*) 植物全世界约有 100 种，主要分布于美洲北部，少数分布于南美洲。中国引种栽培约 10 种，本属现供药用者有 2 种。本种原产于北美洲，今世界各地均有栽培，中国各地已广泛栽培。

向日葵入中药始载于《植物名实图考》。至今秘鲁还有野生向日葵生长。希腊文中以 helios 表示向日葵，意思是太阳和花。《欧洲药典》（第 5 版）和《英国药典》（2002 年版）收载本种为精制向日葵油的法定原植物来源种。主产于俄罗斯、中国。

向日葵主要含倍半萜类、三萜类、三萜皂苷类、黄酮类、木脂素类、有机酸类、脂肪酸类成分等。《欧洲药典》和《英国药典》规定精制向日葵油中脂肪酸的含量为：亚油酸 48%～74%、油酸 14%～40%、棕榈酸 4.0%～9.0%、硬脂酸 1.0%～7.0%，以控制质量。

药理研究表明，向日葵具有抗病原微生物、抗炎、抗肿瘤、降血压、延缓衰老、增强机体免疫功能等作用。

民间经验认为向日葵油具有降血压，延缓衰老和增强免疫的功效。

向日葵 *Helianthus annuus* L.

药材向日葵籽 Fructus Helianthi Annui

向日葵 Xiangrikui

化学成分

向日葵花含倍半萜类成分：白色向日葵素B (niveusin B)、绢毛向日葵素A、B (argophyllins A－B)等；三萜皂苷类成分：向日葵皂苷A、B、C (helianthosides A－C)；三萜类成分：helianol、ψ－蒲公英甾醇 (ψ－taraxasterol)、环阿屯醇 (cycloartenol)、羽扇豆醇 (lupeol)、α－、β－香树脂素 (α－, β－amyrins)、达玛二稀醇 (dammaradienol)[1]等。

向日葵花粉含三萜类成分：sunpollenol、(24S)－24,25－epoxysunpollenol、(23E)－23－dehydro－25－hydroxysunpollenol、(24S)－24,25－dihydroxysunpollenol[2]等。

向日葵种子含挥发油：主成分为α－蒎烯 (α－pinene)、顺马鞭草烯醇 (cis－verbenol)、β－古芸烯 (β－gurjunene)；脂肪酸类成分：棕榈酸 (palmitic acid)、硬脂酸 (stearic acid)、油酸 (oleic acid)、亚油酸 (linoleic acid)[3]等；此外，尚含植物激素：赤霉素 (gibberellin)[4]；蛋白质[5]等。

向日葵叶含倍半萜类成分：白色向日葵素B、1,2－anhydroniveusin A、1－methoxy－4,5－dihydroniveusin A、15－hydroxy－3－dehydrodeoxytifruticin、绢毛向日葵素A (argophyllin A)、helieudesmanolide A、heliespirone A、annuolides A, E, F, G, H、helivypolides A, B, F, G, H, I, J、heliannuols A, C, D, F, G, H, I, L、helibisabonols A、B、annuionones A, B, C, E, F, G, H[6-13]等；黄酮类成分：heliannones A, B, C[14]等；木脂素类成分：tanegool、buddlenol E、松脂素 (pinoresinol)、丁香脂素 (syringaresinol)、落叶松脂素 (lariciresinol)、梣皮树脂醇 (medioresinol)[15]等。

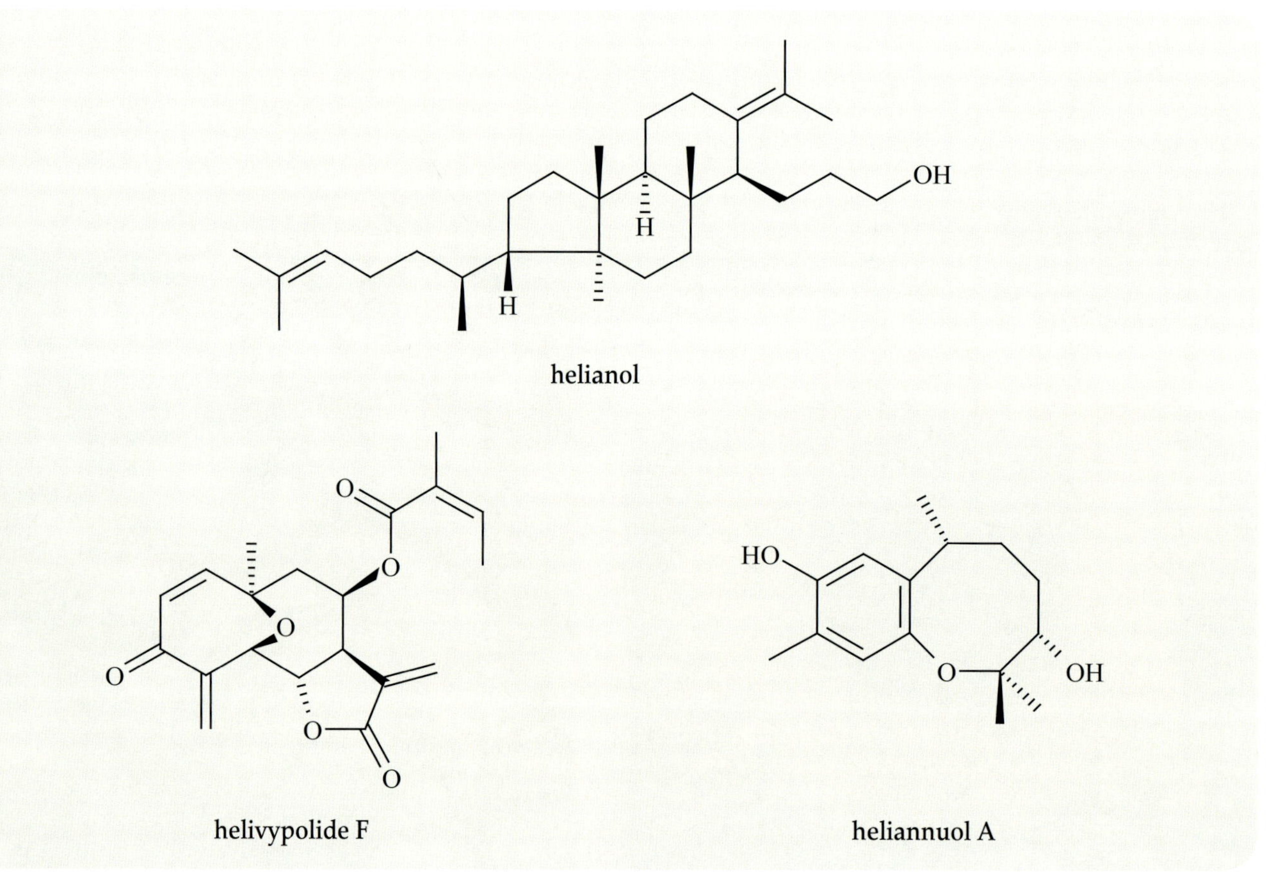

helianol

helivypolide F

heliannuol A

药理作用

1. 抗肿瘤

向日葵幼叶所含的 15－hydroxy－3－dehydrodeoxytifruticin 等倍半萜类化合物能显著抑制小鼠骨髓瘤细胞的增

殖；对小鼠艾氏腹水癌细胞的 DNA 和 RNA 的合成也有显著抑制作用[16]；花粉所含的 sunpollenol 等三萜类化合物体外对促癌剂十四烷酰法波醇醋酸酯 (TPA) 诱导的 Epstein－Barr病毒早期抗原 (EBV－EA) 有剂量依赖的抑制作用[2]。

2. **抗病原微生物、抗炎**

用臭氧处理后的向日葵油体外对金黄色葡萄球菌、白色念珠菌、大肠杆菌等致病菌有显著的抑制作用；臭氧处理后的向日葵油局部应用于背部接种金黄色葡萄球菌的大鼠皮肤，能显著缩小皮损直径，缩短结痂时间，促进伤口愈合[17]。叶所含的倍半萜类化合物对革兰氏阳性菌、革兰氏阴性菌和部分真菌有抑制作用[16]。花所含的 helianol 等三萜类化合物对 TPA 诱导的小鼠炎症有显著抑制作用[18]。

3. **降血压**

种子所含的蛋白质水解后得到的肽类化合物体外能显著抑制血管紧张素转化酶 (ACE) 的活性[5]。

4. **延缓衰老**

向日葵籽饲喂，能显著降低小鼠心、肝、脾、肾等脏器中过氧化脂质 (LPO) 的含量，有明显的抗氧化作用；并能显著提高小鼠脾细胞电泳率，对老龄小鼠细胞表面电荷有保护作用[19-20]。

5. **增强免疫**

向日葵茎芯多糖体外能协同刀豆蛋白 A (ConA) 促淋巴细胞转化和诱导白介素 2 (IL－2) 分泌；腹腔注射能显著促进小鼠脾细胞 IL－2 分泌，增加自然杀伤细胞 (NKC) 活性，显著增加脾重[21]。

应用

向日葵油为膳食补充剂，内服可缓解便秘；外用可作为按摩油，用以促进伤口愈合，治疗皮损、银屑病、风湿病等。

评注

作为一种世界广泛栽培的油料作物，向日葵具有重要的食用及药用价值，其花、果实、叶、茎髓、根均可入药。中医理论认为向日葵花具有祛风，平肝，利湿等功效；向日葵籽具有透疹，止痢，排脓等功效；向日葵叶具有平肝，截疟，解毒等功效；向日葵茎髓具有清热，利尿，止咳等功效；向日葵根具有清热利湿，行气止痛等功效。

近年来，向日葵作为过敏感化合物 (allelochemicals) 的资源植物日益受到重视。从向日葵叶中分离得到的倍半萜类、木脂素类化合物等有明显的过敏感作用（异株克生作用），能抑制杂草的萌发和生长[9, 15]；向日葵根的乙醇提取物能显著抑制水稻纹枯病菌、水稻稻瘟病菌、苹果干腐病菌、辣椒疫霉病菌等植物病原菌的生长[22]。向日葵对其他杂草的过敏感作用可望用于开发新型、环保、天然的除草剂和杀虫剂。

参考文献

[1] T Akihisa, H Oinuma, K Yasukawa, Y Kasahara, Y Kimura, S Takase, S Yamanouchi, M Takido, K Kumaki, T Tamura. Helianol [3,4-seco-19(10→9)abeo-8α, 9β,10α-eupha-4,24-dien-3-ol], a novel triterpene alcohol from the tabular flowers of *Helianthus annuus* L. *Chemical & Pharmaceutical Bulletin*. 1996, **44**(6): 1255-1257

[2] M Ukiya, T Akihisa, H Tokuda, K Koike, Y Kimura, T Asano, S Motohashi, T Nikaido, H Nishino. Sunpollenol and five other rearranged 3,4-seco-tirucallane-type triterpenoids from sunflower pollen and their inhibitory effects on Epstein-Barr virus activation. *Journal of Natural Products*. 2003, **66**(11): 1476-1479

[3] PL Cioni, G Flamini, C Caponi, L Ceccarini, I Morelli. Analysis of volatile fraction, fixed oil and tegumental waxes of the seeds of two different cultivars of *Helianthus annuus*. *Food Chemistry*. 2004, **90**(4): 713-717

[4] DJ Owen, LN Mander, P Gaskin, J Macmillan. Synthesis and confirmation of structure of three 13,15β-dihydroxy C-20 gibberellins, GA_{100}, GA_{101} and GA_{102}, isolated from the seeds of *Helianthus annuus* L. *Phytochemistry*. 1996, **42**(4): 921-925

[5] C Megias, MM Yust, J Pedroche, H Lquari, J Giron-Calle, M Alaiz, F Millan, J Vioque. Purification of an ACE inhibitory peptide after hydrolysis of sunflower (*Helianthus annuus* L.) protein isolates. *Journal of Agricultural and Food Chemistry*. 2004, **52**(7): 1928-1932

[6] FA Macias, RM Varela, A Torres, JMG Molinillo. Allelopathic studies in cultivar species. II. Heliespirone A. The first member of a novel family of bioactive sesquiterpenes. *Tetrahedron Letters*. 1998, **39**(5-6): 427-430

向日葵 Xiangrikui

[7] FA Macias, A Torres, JMG Molinillo, RM Varela, D Castellano. Potential allelopathic sesquiterpene lactones from sunflower leaves. *Phytochemistry*. 1996, **43**(6): 1205-1215

[8] FA Macias, A Lopez, RM Varela, JMG Molinillo, PLCA Alves, A Torres. Helivypolide G. A novel dimeric bioactive sesquiterpene lactone. *Tetrahedron Letters*. 2004, **45**(35): 6567-6570

[9] FA Macias, A Fernandez, RM Varela, JMG Molinillo, A Torres, PLCA Alves. Sesquiterpene lactones as allelochemicals. *Journal of Natural Products*. 2006, **69**(5): 795-800

[10] FA Macias, A Torres, JLG Galindo, RM Varela, JA Alvarez, JMG Molinillo. Bioactive terpenoids from sunflower leaves cv. Peredovick. *Phytochemistry*. 2002, **61**(6): 687-692

[11] FA Macias, RM Varela, A Torres, RM Oliva, JMG Molinillo. Allelopathic studies in cultivar. Part 10. Bioactive norsesquiterpenes from *Helianthus annuus* with potential allelopathic activity. *Phytochemistry*. 1998, **48**(4): 631-636

[12] FA Macias, A Lopez, RM Varela, A Torres, JMG Molinillo. Bioactive apocarotenoids annuionones F and G: structural revision of annuionones A, B and E. *Phytochemistry*. 2004, **65**(22): 3057-3063

[13] T Anjum, R Bajwa. A bioactive annuionone from sunflower leaves. *Phytochemistry*. 2005, **66**(16): 1919-1921

[14] FA Macias, JMG Molinillo, A Torres, RM Varela, D Castellano. Allelopathic studies in cultivar species. Part 9. Bioactive flavonoids from *Helianthus annuus* cultivars. *Phytochemistry*. 1997, **45**(4): 683-687

[15] FA Macias, A Lopez, RM Varela, A Torres, JMG Molinillo. Bioactive lignans from a cultivar of *Helianthus annuus*. *Journal of Agricultural and Food Chemistry*. 2004, **52**(21): 6443-6447

[16] O Spring, J Kupka, B Maier, A Hager. Biological activities of sesquiterpene lactones from *Helianthus annuus*: antimicrobial and cytotoxic properties; influence on DNA, RNA, and protein synthesis. *Journal of Biosciences*. 1982, **37C**(11-12): 1087-1091

[17] KL Rodrigues, CC Cardoso, LR Caputo, JCT Carvalho, JE Fiorini, JM Schneedorf. Cicatrizing and antimicrobial properties of an ozonised oil from sunflower seeds. *Inflammopharmacology*. 2004, **12**(3): 261-270

[18] T Akihisa, K Yasukawa, H Oinuma, Y Kasahara, S Yamanouchi, M Takido, K Kumaki, T Tamura. Triterpene alcohols from the flowers of compositae and their anti-inflammatory effects. *Phytochemistry*. 1996, **43**(6): 1255-1260

[19] 冯彪，邓伟国，李楠，何满．向日葵籽对C57小鼠组织中过氧化脂质及细胞表面电荷的影响．白求恩医科大学学报．1994，**20**(4)：363-364

[20] 冯彪，何满，徐永红，边城．向日葵籽对C57小鼠脏器中过氧化脂质及谷胱甘肽过氧化物酶的影响．中国老年学杂志．1995，**15**(1)：46

[21] 张尚明，户万秘，王秋菊，付定一，陈春林．向日葵茎芯多糖对小鼠免疫功能的增强作用．中国免疫学杂志．1993，**9**(6)：383

[22] 宋晚平，张鞍灵，高锦明，张玉林，朱红霞．化感植物向日葵根提取液的抑菌活性研究．西北植物学报．2004，**24**(10)：1949-1952

向日葵种植地

啤酒花 Pijiuhua EP, BP, BHP, GCEM

桑科

***Humulus lupulus* L.**

Hops

概述

桑科 (Moraceae) 植物啤酒花 *Humulus lupulus* L.，其干燥雌花序入药。药用名：忽布。

葎草属 (*Humulus*) 植物全世界有 4 种，主要分布于北半球温带及亚热带地区。中国约有 2 种、1 变种，均可供药用。本种原产欧亚大陆，现已逸生于北半球温带，澳洲、南非和南美温带地区[1]；中国新疆、四川也有分布，在中国各地均有栽培。

啤酒花已有 1000 多年的栽培历史[1]，主要用于啤酒酿造工业。啤酒花传统用作利尿剂，用于治疗肠绞痛、肺结核和膀胱炎。啤酒花酿造后的残渣用于沐浴，具有恢复精力和治疗妇科疾病作用。《欧洲药典》(第 5 版) 和《英国药典》(2002 年版) 收载本种为忽布的法定原植物来源种。主产于英国、德国、比利时、法国、俄罗斯和美国加州等地[2]。

啤酒花主要含挥发油、苦酸类、黄酮类等成分。所含的葎草酮等苦酸类成分和黄腐醇等黄酮类成分有显著的生理活性。《欧洲药典》和《英国药典》规定忽布中 70% 乙醇浸出物含量不得少于 25%，以控制药材质量。

药理研究表明，啤酒花具有镇静催眠、抗抑郁、抗炎、抗过敏、助消化、调节雌激素水平、调节代谢、抗肿瘤、抗病原微生物等作用。

民间经验认为忽布具有镇静的功效；中医理论认为忽布具有健胃消食，利尿安神，抗痨消炎的功效。

啤酒花 *Humulus lupulus* L.

啤酒花 Pijiuhua

药材忽布 Flos Lupuli

化学成分

啤酒花的花含挥发油0.52%~1.2%，主要成分为：葎草烯 (humulene)、β-月桂烯 (β-myrcene)、水芹烯 (phellandrene)[3]等；间苯三酚类衍生物：葎草酮 (humulone)、类葎草酮 (cohumulone)、聚葎草酮 (adhumulone)、后葎草酮 (posthumulone)、前葎草酮 (prehumulone)、adprehumulone、蛇麻酮 (lupulone)、蛇麻酮A、B、C、D、E、F (lupulones A-F)、类蛇麻酮 (colupuone)、聚蛇麻酮 (adlupulone)、后蛇麻酮 (postlupulone)、前蛇麻酮 (prelupulone)、5-(2-methylpropanoyl)phloroglucinol-glucopyranoside[4-7]等，其中葎草酮类(humulones)成分称为α-酸 (α-acids)，蛇麻酮类 (lupulones)成分称为β-酸 (β-acids)；黄酮类成分：黄腐醇B、C、D、G、H、I (xanthohumols B-D, G-I)、异黄腐醇 (isoxanthohumol)、去甲基黄腐醇(desmethylxanthohumol)、二羟基黄腐醇(dihydroxyxanthohumol)、6-prenylnaringenin、hopein、6,8-diprenylnaringenin、芦丁 (rutin)、橙皮苷 (hesperidin)、槲皮素-4'-O-葡萄糖苷 (quercetin-4'-O-glucoside)[6, 8-10]等；二苯乙烯类化合物：白藜芦醇 (resveratrol)、虎杖苷 (piceid)[11]等；原花色素类成分：原花青素 B_1、B_2、B_3、B_4 (procyanidins B_1-B_4)[12]等。此外，还含hulupinic acid[6]等成分。

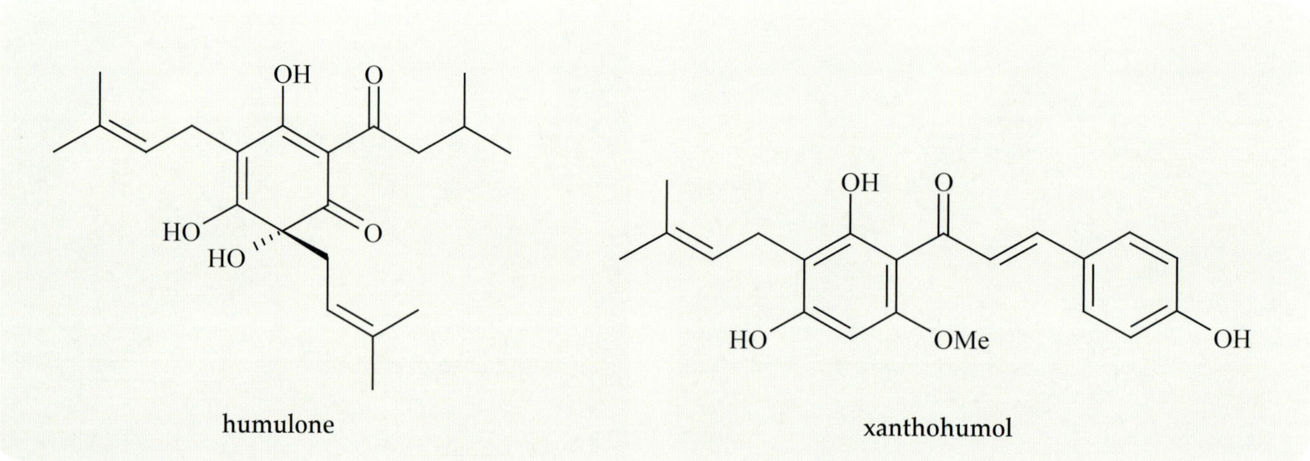

humulone　　xanthohumol

药理作用

1. 对中枢神经系统的影响

啤酒花乙醇提取物、CO_2超临界提取物灌胃，能显著减少小鼠自主活动，明显延长氯胺酮 (ketamine) 诱导的小鼠睡眠时间，并能降低小鼠体温。所含的α-酸类成分为中枢镇静的主要有效成分，β-酸和挥发油类成分也是镇静有效成分[13]。CO_2超临界提取物、富含α-酸的提取部位腹腔注射，能剂量依赖地显著延长戊巴比妥大鼠的睡眠时间；在强迫大鼠游泳实验中能显著减少大鼠不动状态时间，对抗大鼠绝望行为，显示了抗抑郁活性[14]。

2. 抗炎

啤酒花的 CO_2 提取物体外能通过选择性地抑制环氧化酶-2 (COX-2)，从而剂量依赖地抑制脂多糖 (LPS) 诱导的外周血单核细胞 (PBMC) 中前列腺素 E_2 (PGE_2) 的产生。该提取物给酵母多糖 (zymosan) 诱导的关节炎小鼠灌胃，也能显著抑制脂多糖诱导的全血中前列腺素E_2的产生[15]。

3. 抗过敏

啤酒花水提取物 (HWE) 及其离子交换树脂柱甲醇洗脱部位 (MFH)，体外能显著抑制化合物48/80诱导的大鼠腹腔肥大细胞和 A23187 诱导的人嗜碱 KU812 细胞中组胺的释放；HWE 和 MFH 口服，能显著抑制抗原诱导的过敏性鼻炎模型小鼠擦鼻和打喷嚏症状[16]。

4. 助消化

啤酒花提取物饲喂，能明显增加幽门结扎大鼠的胃液分泌而不影响其酸度；该作用能被阿托品阻断，提示该作用可能是由胆碱能神经系统所调节[17]。

5. 调节雌激素水平

啤酒花水提取液口服，能显著抑制去卵巢大鼠体重增加，减少摄食饮水量。该作用可能是啤酒花具有雌激素样活性，通过增加胰岛素敏感性，提高机体的总抗氧化能力实现的[18]；啤酒花提取物及所含的hopein等黄酮类成分，体外对雌激素受体 (ER) 有亲和力，能激活Ishikawa细胞中的雌激素应答元 (ERE)，诱导人乳腺癌细胞MCF-7中雌激素应答元件-荧光酶的表达[19]。每日口服啤酒花标准提取物（含100μg 或 250μg的 8-PN），持续6周或12周，能显著改善妇女更年期烘热等症状[20]。啤酒花所含hopein、黄腐醇、异黄腐醇等黄酮类成分体外也能显著降低芳香酶活性，抑制雌激素的形成，提示其可用于乳腺癌等雌激素依赖性肿瘤的预防和治疗[21]。

6. 抗肿瘤

啤酒花所含的苦酸类成分体外能显著降低人白血病细胞 HL-60 的生存能力，并能诱导其凋亡[22]。富含黄腐醇的提取物、黄腐醇体外能通过增强醌还原酶活性，显著抑制甲萘醌导致的细胞 DNA 损伤[23]；黄腐醇体外能显著抑制人乳腺癌细胞 MCF-7/6、T47-D 及人结肠癌细胞40-16的增殖并诱导其凋亡；还能显著阻止人乳腺癌细胞 MCF-7/6 侵入培养的鸡胚心脏细胞[24-25]。

7. 对代谢的影响

啤酒花所含的黄腐醇能作用于类法尼醇受体；黄腐醇饲喂，能显著降低 KK-Ay 小鼠血浆中葡萄糖和三酰甘油水平，降低肝脏中三酰甘油水平，改善脂质代谢和糖代谢[26]。啤酒花的异构化提取物及所含异葎草酮类成分是过氧化物酶体增生物活化受体α、γ (PPARα,γ) 激动剂；提取物及所含异葎草酮类成分饲喂，能显著降低 KK-Ay 小鼠血浆中三酰甘油和游离脂肪酸水平，抑制体重增加；异构化提取物口服能显著降低II型糖尿病患者的血糖和血红蛋白 A1c (hemoglobin A1c) 水平[27-28]。

8. 其他

啤酒花所含原花青素B_2是一氧化氮合成酶 (NOS) 抑制剂，原花青素B_3有抗氧化作用[12]；黄腐醇还有抗疟原虫[29-30]、抗I型人类免疫缺陷病毒 (HIV-1)[31]等作用。

应用

忽布是镇静催眠药，用于治疗心烦易怒、焦虑、失眠等症。民间也作为健胃药，用于增进食欲，促进胃液分泌等。

忽布也为中医临床用药。功能：健胃消食，利尿安神，抗痨消炎。主治：消化不良，腹胀，肺结核，咳嗽，失眠，麻风病等。

啤酒花 Pijiuhua

评注

啤酒花是重要的药用植物，有广泛的生理活性。其所含的 hopein 由去甲基黄腐醇异构化而形成[9]，与 17β -雌二醇 (17β - estradiol) 的化学结构有相似性，被证实是有效的植物雌激素。此外，啤酒花的抗抑郁、抗糖尿病等活性也值得关注。

数百年来，啤酒花一直是酿造啤酒的关键原料之一，赋予了啤酒独特的香气和苦味，并能改善啤酒泡沫的稳定性。在啤酒酿造过程中，啤酒花所含的α -酸类成分发生异构化，形成的异α -酸类成分 (iso α - acids)，即异葎草酮类成分，也有显著的生理活性。

参考文献

[1] LR Chadwick, GF Pauli, NR Farnsworth. The pharmacognosy of *Humulus lupulus* L. (hops) with an emphasis on estrogenic properties. *Phytomedicine*. 2006, **13**(1-2): 119-131

[2] WC Evans. Trease & Evans' Pharmacognosy (15-th edition). Edinburgh: WB Saunders. 2002: 217-218

[3] S Eri, BK Khoo, J Lech, TG Hartman. Direct thermal desorption-gas chromatography and gas chromatography-mass spectrometry profiling of hop (*Humulus lupulus* L.) essential oils in support of varietal characterization. *Journal of Agricultural and Food Chemistry*. 2000, **48**(4): 1140-1149

[4] XZ Zhang, XM Liang, HB Xiao, Q Xu. Direct characterization of bitter acids in a crude hop extract by liquid chromatography-atmospheric pressure chemical ionization mass spectrometry. *Journal of the American Society for Mass Spectrometry*. 2004, **15**(2): 180-187

[5] RJ Smith, D Davidson, RJJ Wilson. Natural foam stabilizing and bittering compounds derived from hops. *Journal of the American Society of Brewing Chemists*. 1998, **56**(2): 52-57

[6] F Zhao, Y Watanabe, H Nozawa, A Daikonnya, K Kondo, S Kitanaka. Prenylflavonoids and phloroglucinol derivatives from hops (*Humulus lupulus*). *Journal of Natural Products*. 2005, **68**(1): 43-49

[7] G Bohr, C Gerhaeuser, J Knauft, J Zapp, H Becker. Anti-inflammatory acylphloroglucinol derivatives from hops (*Humulus lupulus*). *Journal of Natural Products*. 2005, **68**(10): 1545-1548

[8] JF Stevens, M Ivancic, VL Hsu, ML Deinzer. Prenylflavonoids from *Humulus lupulus*. *Phytochemistry*. 1997, **44**(8): 1575-1585

[9] LR Chadwick, D Nikolic, JE Burdette, CR Overk, JL Bolton, RB van Breemen, R Froehlich, HHS Fong, NR Farnsworth, GF Pauli. Estrogens and congeners from spent hops (*Humulus lupulus*). *Journal of Natural Products*. 2004, **67**(12): 2024-2032

[10] D Arraez-Roman, S Cortacero-Ramirez, A Segura-Carretero, JAML Contreras, A Fernandez-Gutierrez. Characterization of the methanolic extract of hops using capillary electrophoresis-electrospray ionization-mass spectrometry. *Electrophoresis*. 2006, **27**(11): 2197-2207

[11] V Jerkovic, D Callemien, S Collin. Determination of stilbenes in hop pellets from different cultivars. *Journal of Agricultural and Food Chemistry*. 2005, **53**(10):4202-4206

[12] JF Stevens, CL Miranda, KR Wolthers, M Schimerlik, ML Deinzer, DR Buhler. Identification and *in vitro* biological activities of hop proanthocyanidins: inhibition of nNOS activity and scavenging of reactive nitrogen species. *Journal of Agricultural and Food Chemistry*. 2002, **50**(12): 3435-3443

[13] H Schiller, A Forster, C Vonhoff, M Hegger, A Biller, H Winterhoff. Sedating effects of *Humulus lupulus* L. extracts. *Phytomedicine*. 2006, **13**(8): 535-541

[14] P Zanoli, M Rivasi, M Zavatti, F Brusiani, M Baraldi. New insight in the neuropharmacological activity of *Humulus lupulus* L. *Journal of Ethnopharmacology*. 2005, **102**(1): 102-106

[15] S Hougee, J Faber, A Sanders, WB van den Berg, J Garssen, HF Smit, MA Hoijer. Selective inhibition of COX-2 by a standardized CO_2 extract of *Humulus lupulus in vitro* and its activity in a mouse model of zymosan-induced arthritis. *Planta Medica*. 2006, **72**(3): 228-233

[16] M Takubo, T Inoue, SS Jiang, T Tsumuro, Y Ueda, R Yatsuzuka, S Segawa, J Watari, C Kamei. Effects of hop extracts on nasal rubbing and sneezing in BALB/c mice. *Biological & Pharmaceutical Bulletin*. 2006, **29**(4): 689-692

[17] T Kurasawa, Y Chikaraishi, A Naito, Y Toyoda, Y Notsu. Effect of *Humulus lupulus* on gastric secretion in a rat pylorus-ligated model. *Biological & Pharmaceutical Bulletin*. 2005, **28**(2): 353-357

[18] 汪江碧，罗蓉，田雪松，丁永辉，瞿颂义，李伟，郑天珍．啤酒花对去卵巢肥胖大鼠的影响．中药材．2004，**27**(2)：105-107

[19] CR Overk, P Yao, LR Chadwick, D Nikolic, YK Sun, MA Cuendet, YF Deng, AS Hedayat, GF Pauli, NR Farnsworth, RB van Breemen, JL Bolton. Comparison of the *in vitro* estrogenic activities of compounds from hops (*Humulus lupulus*) and red clover (*Trifolium pratense*). *Journal of Agricultural and Food Chemistry*. 2005, **53**(16): 6246-6253

[20] A Heyerick, S Vervarcke, H Depypere, M Bracke, D de Keukeleire. A first prospective, randomized, double-blind, placebo-controlled study on the use of a standardized hop extract to alleviate menopausal discomforts. *Maturitas*. 2006, **54**(2): 164-75

[21] R Monteiro, H Becker, I Azevedo, C Calhau. Effect of hop (*Humulus lupulus* L.) flavonoids on aromatase (estrogen synthase) activity. *Journal of Agricultural and Food Chemistry*. 2006, **54**(8): 2938-2943

[22] WJ Chen, JK Lin. Mechanisms of cancer chemoprevention by hop bitter acids (beer aroma) through induction of apoptosis mediated by fas and caspase cascades. *Journal of Agricultural and Food Chemistry*. 2004, **52**(1): 55-64

[23] BM Dietz, YH Kang, GW Liu, AL Eggler, P Yao, LR Chadwick, GF Pauli, NR Farnsworth, AD Mesecar, RB van Breemen, JL Bolton. Xanthohumol isolated from *Humulus lupulus* inhibits menadione-induced DNA damage through induction of quinone reductase. *Chemical Research in Toxicology*. 2005, **18**(8): 1296-1305

[24] B Vanhoecke, L Derycke, V van Marck, H Depypere, D de Keukeleire, M Bracke. Antiinvasive effect of xanthohumol, a prenylated chalcone present in hops (*Humulus lupulus* L.) and beer. *International Journal of Cancer*. 2005, **117**(6): 889-895

[25] L Pan, H Becker, C Gerhaeuser. Xanthohumol induces apoptosis in cultured 40-16 human colon cancer cells by activation of the death receptor- and mitochondrial pathway. *Molecular Nutrition & Food Research*. 2005, **49**(9): 837-843

[26] H Nozawa. Xanthohumol, the chalcone from beer hops (*Humulus lupulus* L.), is the ligand for farnesoid X receptor and ameliorates lipid and glucose metabolism in KK-Ay mice. *Biochemical and Biophysical Research Communications*. 2005, **336**(3): 754-761

[27] H Yajima, E Ikeshima, M Shiraki, T Kanaya, D Fujiwara, H Odai, N Tsuboyama-Kasaoka, O Ezaki, S Oikawa, K Kondo. Isohumulones, bitter acids derived from hops, activate both peroxisome proliferator-activated receptor α and γ and reduce insulin resistance. *Journal of Biological Chemistry*. 2004, **279**(32): 33456-33462

[28] H Yajima, T Noguchi, E Ikeshima, M Shiraki, T Kanaya, N Tsuboyama-Kasaoka, O Ezaki, S Oikawa, K Kondo. Prevention of diet-induced obesity by dietary isomerized hop extract containing isohumulones, in rodents. *International Journal of Obesity*. 2005, **29**(8): 991-997

[29] S Froelich, C Schubert, U Bienzle, K Jenett-Siems. *In vitro* antiplasmodial activity of prenylated chalcone derivatives of hops (*Humulus lupulus*) and their interaction with hemin. *Journal of Antimicrobial Chemotherapy*. 2005, **55**(6): 883-887

[30] V Srinivasan, D Goldberg, GJ Haas. Contributions to the antimicrobial spectrum of hop constituents. *Economic Botany*. 2004, **58**(Suppl.): S230-S238

[31] Q Wang, ZH Ding, JK Liu, YT Zheng. Xanthohumol, a novel anti-HIV-1 agent purified from hops *Humulus lupulus*. *Antiviral Research*. 2004, **64**(3): 189-194

啤酒花种植地

毛茛科

北美黄连 Beimeihuanglian EP, BHP, USP

Hydrastis canadensis L.

Goldenseal

概述

毛茛科 (Ranunculaceae) 植物北美黄连 *Hydrastis canadensis* L.，其干燥根及根茎入药。药用名：北美黄连。又名：白毛茛。

北美黄连属 (*Hydrastis*) 植物全世界约有 2 种，分布于北美洲和亚洲。本属现供药用者约 1 种。本种原产于北美东部，野生于潮湿的山地丛林中，现美国俄勒冈州和华盛顿州有栽培。

北美黄连先后两次被美国药典收录（1830 年，1860～1926 年），后来又被法国等 13 个国家药典相继收入。《欧洲药典》（第 5 版）、《英国草药典》（1996 年版）和《美国药典》（第 28 版）收载本种为北美黄连的法定原植物来源种。主产于美洲东北部地区。

北美黄连主要含有异喹啉生物碱类成分。《美国药典》采用高效液相色谱法测定，规定北美黄连中北美黄连碱的含量不得少于 2.0%、小檗碱含量不得少于 2.5%；《欧洲药典》采用高效液相色谱法测定，规定北美黄连中北美黄连碱的含量不得少于 2.5%、小檗碱含量不得少于 3.0%，以控制药材质量。

药理研究表明，北美黄连具有抗菌、缓解平滑肌痉挛和增强免疫等作用。

民间经验认为北美黄连具有抗炎等功效。

北美黄连 *Hydrastis canadensis* L.

药材北美黄连 Rhizoma Hydrastis

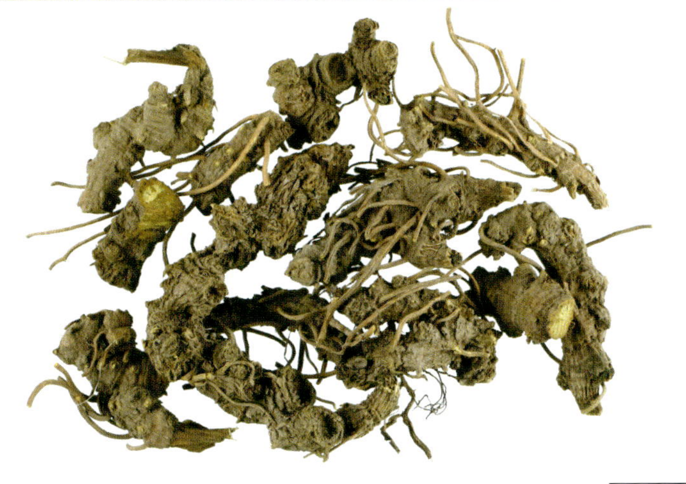

化学成分

北美黄连根和根茎含异喹啉生物碱类成分：北美黄连碱（β－hydrastine）、小檗碱（berberine）、氢化小檗碱（canadine）、canadaline、hydrastidine、isohydrastidine、（－）－(S)－紫堇根碱[（－）－(S)－corypalmine][1]、异紫堇王巴明碱（isocorypalmine）[2]、1－α－hydrastine、1－β－hydrastine[3]、掌叶防己碱（palmatine）、北美黄连次碱（hydrastinine）[4]、氧化北美黄连次碱（oxyhydrastinine）、5－羟基小檗碱（berberastine）、药根碱（jatrorrhizine）、hydrastinediol、5－羟基四氢小檗碱（tetrahydroberberastine）[5]、canadinic acid[6]；此外，还含绿原酸（chlorogenic acid）、新绿原酸（neochlorogenic acid）、5－O－(4'－[β－D－glucopyranosyl]－trans－feruloyl)quinic acid[7]、6,8－di－C－methylluteolin 7－methyl ether、6－C－methylluteolin 7－methyl ether[6]。

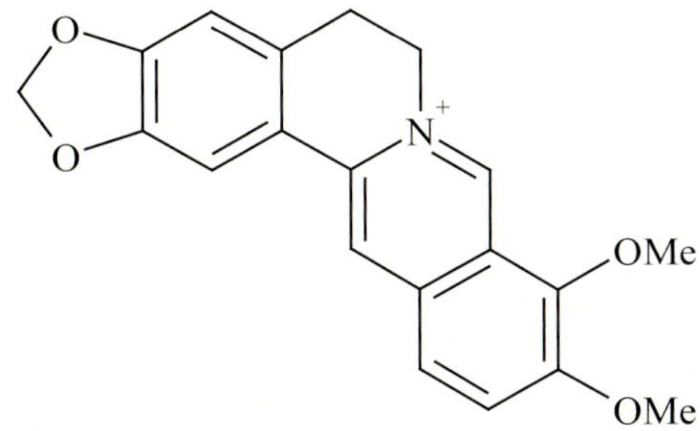

berberine

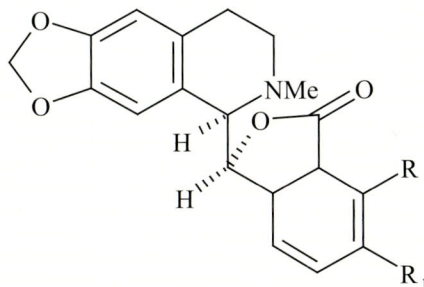

hydrastidine: R=OH, R_1=OMe

isohydrastidine: R=OMe, R_1=OH

药理作用

1. 抗菌

北美黄连甲醇提取物对体外培养的幽门螺旋杆菌有显著抑制作用，北美黄连碱和小檗碱为活性成分[8]。乙醇提取物对化脓性链球菌和金黄色葡萄球菌有显著抑制作用，但对绿脓杆菌无效[9-10]。小檗碱对结核分支杆菌有抑制作用[11]。

北美黄连 Beimeihuanglian

2. 对平滑肌的影响

北美黄连乙醇提取物能明显抑制乙酰胆碱、催产素和5-羟色胺引起的非妊娠大鼠子宫收缩，还能降低子宫的收缩幅度，呈量效关系。离体豚鼠气管经卡巴胆碱预处理后加入北美黄连乙醇提取物，能引起气管松弛，噻吗洛尔(Timolol)能部分拮抗提取物对气管的松弛作用，表明北美黄连是通过β-肾上腺能受体依赖和非依赖机理而产生松弛作用[12]。北美黄连对兔膀胱逼尿肌有明显松弛作用[13]；还能抑制去甲肾上腺素和去氧肾上腺素引起的兔前列腺肌条收缩，小檗碱为主要有效成分[14]。

3. 对心血管系统的影响

北美黄连对肾上腺素、5-羟色胺和组胺引起的家兔主动脉收缩有抑制作用[15]。其有效成分小檗碱对心脏有正性肌力作用，还能舒张血管，对抗心律不齐，延长心室动作电位持续时间，其机理与阻断K^+通道，兴奋钠-钙交换有关[16]。

4. 增强免疫

酶联免疫吸附试验表明，大鼠在注射钥孔戚血蓝素(KLH)抗原后，北美黄连治疗两周内能提高原发性免疫球蛋白M(IgM)应答，提示其有增强免疫功能的作用[17]。

5. 其他

北美黄连还有消炎、缓泻、收敛和止血等作用[1]。

应用

北美黄连为北美民间药物，19世纪曾被称为万应灵药。当地居民使用北美黄连与熊脂混合，防止昆虫咬伤，外用治疗创伤、溃疡、疮疖、眼睛发炎等；内服治疗胃和肝脏疾病、膀胱疾病和前列腺炎。北美黄连被当作消炎药、天然抗生素，在北美广泛用于消除呼吸道、消化道、泌尿生殖道黏膜炎症。以北美黄连为原料，已开发出各种制剂，内服可用于胃肠炎、胃酸过少、胃溃疡、消化不良、上呼吸道感染、月经过多和子宫出血的治疗；外用治疗牛皮癣、痔疮、鹅口疮或创伤，洗液可用于阴道炎、白带过多，含漱剂用于牙龈炎、口腔溃疡，滴眼液用于结膜炎等。

评注

北美黄连显著的抗菌作用使其制剂大受欢迎，但也因为过度的收割使野生北美黄连受到濒临灭绝的威胁。大力推广北美黄连人工栽培对保护这一古老的药用植物有着重大的现实意义。

参考文献

[1] I Messana, R La Bua, C Galeffi. The alkaloids of *Hydrastis canadensis* L. (Ranunculaceae). Two new alkaloids: hydrastidine and isohydrastidine. *Gazzetta Chimica Italiana*. 1980, **110**(9-10): 539-543

[2] LR Chadwick, CD Wu, AD Kinghorn. Isolation of alkaloids from Goldenseal (*Hydrastis canadensis* rhizomes) using pH-zone refining countercurrent chromatography. *Journal of Liquid Chromatography & Related Technologies*. 2001, **24**(16): 2445-2453

[3] J Gleye, E Stanislas. Alkaloids from subterranean parts of *Hydrastis canadensis*. Presence of 1-α-hydrastine. *Plantes Medicinales et Phytotherapie*. 1972, **6**(4): 306-310

[4] JJ Inbaraj, BM Kukielczak, P Bilski, YY He, RH Sik, CF Chignell. Photochemistry and photocytotoxicity of alkaloids from goldenseal (*Hydrastis canadensis* L.). 2. Palmatine, hydrastine, canadine, and hydrastinine. *Chemical Research in Toxicology*. 2006, **19**(6): 739-744

[5] HA Weber, MK Zart, AE Hodges, HM Molloy, BM O'Brien, LA Moody, AP Clark, RK Harris, JD Overstreet, CS Smith. Chemical comparison of goldenseal (*Hydrastis canadensis* L.) root powder from three commercial suppliers. *Journal of Agricultural and Food Chemistry*. 2003, **51**(25): 7352-7358

[6] BY Hwang, SK Roberts, LR Chadwick, CD Wu, AD Kinghorn. Antimicrobial constituents from goldenseal (the rhizomes of *Hydrastis canadensis*) against selected oral pathogens. *Planta Medica*. 2003, **69**(7): 623-627

[7] CE McNamara, NB Perry, JM Follett, GA Parmenter, JA Douglas. A new glucosyl feruloyl quinic acid as a potential marker for roots and rhizomes of goldenseal, *Hydrastis canadensis. Journal of Natural Products*. 2004, **67**(11): 1818-1822

[8] GB Mahady, SL Pendland, A Stoia, LR Chadwick. *In vitro* susceptibility of *Helicobacter pylori* to isoquinoline alkaloids from *Sanguinaria canadensis* and *Hydrastis canadensis. Phytotherapy Research*. 2003, **17**(3): 217-221

[9] JR Villinski, ER Dumas, HB Chai, JM Pezzuto, CK Angerhofer, S Gafner. Antibacterial activity and alkaloid content of *Berberis thunbergii, Berberis vulgaris and Hydrastis canadensis. Pharmaceutical Biology*. 2003, **41**(8): 551-557

[10] SE Knight. Goldenseal (*Hydrastis canadensis*) versus penicillin: a comparison of effects on *Staphylococcus aureus, Streptococcus pyogenes*, and *Pseudomonas aeruginosa. Bios*. 1999, **70**(1): 3-10

[11] EJ Gentry, HB Jampani, A Keshavarz-Shokri, MD Morton, D Vander Velde, H Telikepalli, LA Mitscher, R Shawar, D Humble, W Baker. Antitubercular Natural Products: Berberine from the roots of commercial *Hydrastis canadensis* powder. Isolation of inactive 8-oxotetrahydrothalifendine, canadine, β-hydrastine, and two new quinic acid esters, hycandinic acid esters-1 and -2. *Journal of Natural Products*. 1998, **61**(10): 1187-1193

[12] MF Cometa, H Abdel-Haq, M Palmery. Spasmolytic activities of *Hydrastis canadensis* L. on rat uterus and guinea pig trachea. *Phytotherapy Research*. 1998, **12**(Suppl. 1): S83-S85

[13] P Bolle, MF Cometa, M Palmery, P Tucci. Response of rabbit detrusor muscle to total extract and major alkaloids of *Hydrastis canadensis. Phytotherapy Research*. 1998, **12**(Suppl. 1): S86-S88

[14] C Baldazzi, MG Leone, ML Casini, B Tita. Effects of the major alkaloid of *Hydrastis canadensis* L., berberine, on rabbit prostate strips. *Phytotherapy Research*. 1998, **12**(8): 589-591

[15] M Palmery, MG Leone, G Pimpinella, L Romanelli. Effects of *Hydrastis canadensis* L. and the two major alkaloids berberine and hydrastine on rabbit aorta. *Pharmacological Research*. 1993, **27**(Suppl. 1): 73-74

[16] CW Lau, XQ Yao, ZY Chen, WH Ko, Y Huang. Cardiovascular actions of berberine. *Cardiovascular Drug Reviews*. 2001, **19**(3): 234-244

[17] J Rehman, JM Dillow, SM Carter, J Chou, B Le, AS Maisel. Increased production of antigen-specific immunoglobulins G and M following *in vivo* treatment with the medicinal plants *Echinacea angustifolia* and *Hydrastis canadensis. Immunology Letters*. 1999, **68**(2-3): 391-395

北美黄连种植地

莨菪 Langdang BP, GCEM, CP

Hyoscyamus niger L.

Henbane

概述

茄科 (Solanaceae) 植物莨菪 *Hyoscyamus niger* L.，其干燥叶入药，药用名：莨菪叶；其干燥成熟种子入药，药用名：天仙子。

天仙子属 (*Hyoscyamus*) 植物全世界约 20 种，分布于地中海区域至亚洲东部，美洲有栽培。中国有 3 种，分布于北部和西南部，华东有栽培。本属现供药用者约 3 种。本种分布于欧洲、美国、俄罗斯、印度、蒙古等地；中国东北、华北、西北、西南地区也有分布，华东地区则有栽培或野生。

“莨菪子”药用之名，始载于《神农本草经》，列为下品。《图经本草》始称为“天仙子”，沿用至今。历代本草多有著录，古今药用品种一致[1]。中世纪时，英国开始将莨菪做药用，1809 年载入《伦敦药典》。《英国草药典》(1996 年版) 收载本种为莨菪叶的法定原植物来源种，《中国药典》(2005 年版) 收载本种为中药天仙子的法定原植物来源种。主产于中欧、美国，中国河北、河南、内蒙古及西北、东北各地也产。

莨菪主要活性成分为生物碱类化合物，其具有特征性并有药理活性的成分为托品碱衍生物与阿托品酸形成的酯类生物碱，这类成分大多为抗胆碱类药物，如莨菪碱、东莨菪碱等[2]。《中国药典》采用薄层色谱法以硫酸阿托品、氢溴酸东莨菪碱为定性对照品控制药材的质量。

药理研究表明，莨菪具有抗副交感神经、抗胆碱、抗心律失常及中枢抑制作用等。

民间经验认为莨菪具有改善消化不良和解痉等功效；中医理论认为莨菪叶具有镇痛，解痉的功效；天仙子具有解痉止痛，安心定痫的功效。

莨菪 *Hyoscyamus niger* L.

化学成分

莨菪的叶含生物碱类成分：莨菪碱 (hyoscyamine)、东莨菪碱 (scopolamine, hyoscine)、阿托品 (atropine) 即消旋莨菪碱[3]；还含有天仙子苦苷 (hyospicrin)和芦丁 (rutin)[4]。

莨菪的种子含生物碱类成分：莨菪碱、东莨菪碱、阿托品[5]；木脂素类成分：hyosgerin[6]；酪胺衍生物类成分：克罗酰胺 (grossamide)[7]；固醇类成分：hyoscyamilactol、daturalactone－4、16α－acetoxyhyoscyamilactol[8]等。种子含油量高达36%，富含不饱和脂肪酸，其中亚油酸含量约为75%[9]；此外，还含有hyoscyamide、1,24－tetracosanediol diferulate、cannabisins D、G、香草酸 (vanillic acid)、1－O－(9Z,12Z－octadecadienoyl)－3－O－nonadecanoyl glycerol[7]。

莨菪的地上部分含生物碱类成分：莨菪碱、东莨菪碱、茵芋碱 (skimmianine)、去水东莨菪碱 (apohyoscine)、去水阿托品 (apoatropine)、莨菪醇(tropine)、α－、β－颠茄碱 (α－, β－belladonines)[10]。

莨菪的根中尚含去水阿托品、四甲基二氨基丁烷 (tetramethyl diaminobutane)、红古豆碱 (cusohygrine)[3]。

莨菪的全草中还含有生物碱类成分：打碗花精 A_3、A_5、A_6、B_1、B_2、B_3、N_1 (calystegins A_3, A_5－A_6, B_1－B_3, N_1)[11]。

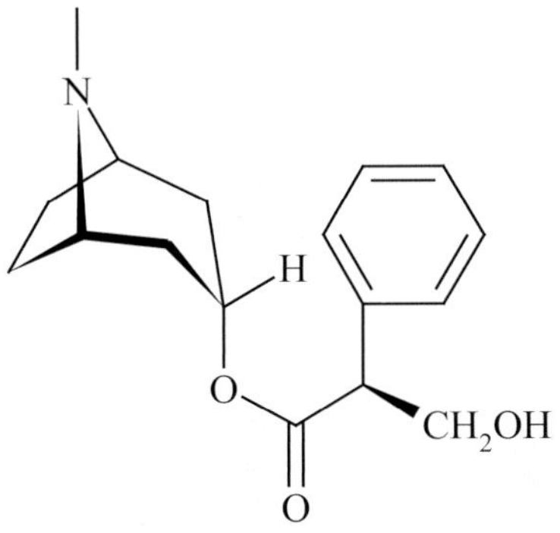

hyoscyamine

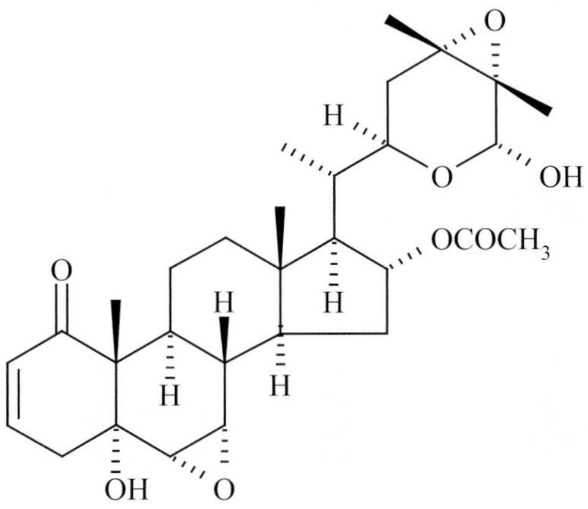

16α－acetoxyhyoscyamilactol

药理作用

1. 对中枢神经系统的影响

东莨菪碱和阿托品腹腔注射能通过降低大鼠脑缺血及再灌注引起的脑Ca^{2+}积累，减轻脑损伤，改善脑功能[12-13]。单剂量东莨菪碱给小鼠腹腔注射可显著损害其短时记忆[14]，对小鼠被动学习也有抑制作用，并呈现一定的昼夜变化[15]。东莨菪碱给家兔脑室内注射可使动物的翻正反射消失，其中枢抑制作用与α－受体阻断剂有关[16]。动物测试显示，东莨菪碱还有明显的呼吸抑制作用，可能与阻断呼吸中枢M_1受体有关[17]。

2. 对循环系统的影响

(1) 对红细胞的影响　阿托品给马静脉注射可增加红细胞压积、红细胞计数和血红蛋白含量[18]。

(2) 对心脏的影响　东莨菪碱给急性心肌梗死 (AMI) 犬静脉注射显示，小剂量东莨菪碱有拟迷走作用，可通过中枢和周边作用引起迷走神经活动增加，阿托品也具有相同的作用[19]。动物实验和临床研究均表明，东莨菪碱能通过迷走神经效应产生显著的抗心率失常作用[20]。东莨菪碱对离体缺血再灌注大鼠心脏损伤有良好的保护作用，其机理为通过阻断M受体，扩张血管、促进心肌收缩，并保持心肌组织内的一氧化氮（NO）含量正常[21]。

(3) 对血管的影响　离体实验表明，东莨菪碱能明显抑制去甲肾上腺素、组胺和5-羟色胺（5-HT）引起的血管收缩，具有显著的扩血管作用[22]。阿托品和东莨菪碱浓度很低时即可抑制培养的家兔胸主动脉平滑肌（ASMC）增殖，该作用与 Ca^{2+} 有关[23]。东莨菪碱体外对缺氧再灌注牛主动脉血管内皮细胞有良好的保护作用，其机理与东莨菪碱抗脂质过氧化作用有关[24]。

3. 抑制腺体分泌

阿托品对由乙酰胆碱所致的呼吸道黏液分泌显示出强烈的抑制作用[25]。

4. 镇痛

腹腔注射东莨菪碱能显著提高吗啡依赖小鼠的痛阈[26]，对δ-受体激动剂DADLE所致的痛阈降低也有对抗作用[27]。

5. 对眼的影响

阿托品可对抗卡巴胆碱对人离体瞳孔括约肌的收缩作用[28]。阿托品给兔玻璃体内注射，能使实验性形觉剥夺性的兔巩膜正常生长，从而部分阻止近视[29]。

6. 抗血小板聚集

体外实验表明，阿托品能对抗二磷酸腺苷、肾上腺素和大肠杆菌内毒素诱导的人血小板聚集，作用机理与其拮抗钙有关[30]。

7. 其他

阿托品对吲哚美辛所致的胃黏膜及血管损伤有保护作用[31]。克罗酰胺和cannabisins D、G对人前列腺癌细胞LNCaP有细胞毒作用[7]。

应用

西方民间医学将莨菪叶用于缓解各种疼痛，如牙痛、胃痛、下腹疼痛及癌症引起的疼痛等。用作驱鼠药及增加啤酒的麻醉作用也有数百年历史。印度传统医学还将莨菪叶用于治疗牙龈出血、鼻衄、睾丸炎、吐血、哮喘等疾病。莨菪还有镇静的功效。

天仙子为中医临床用药。功能：镇痛，解痉。主治：脘腹疼痛，牙痛，咳嗽气喘。

现代临床还用于心律失常、胃痉挛、前列腺癌、肺水肿等病的治疗。

评注

同属植物小天仙子 *Hyoscyamus bohemicus* F. W. Schimidt 的干燥成熟种子也做天仙子药用。小天仙子与莨菪化学成分和药理作用均较相似。莨菪的根也供药用，药用名：莨菪根。有截疟，攻毒，杀虫等功效，用于疟疾和疥癣的治疗。

生天仙子被列入香港常见毒剧中药31种名单，临床使用需格外谨慎。随着人们对莨菪类药物研究的进展，莨菪类药物（包括阿托品、东莨菪碱、山莨菪碱、樟柳碱）已成为中国抢救呼吸衰竭和解毒的常用药物，并显示优越效果。如何掌握合理使用剂量、减少毒副作用等，值得关注和进一步探讨。

参考文献

[1] 肖新月，杨兆起．中药天仙子的本草考证．中国中药杂志．1996，**21**(5)：259-261

[2] 吴征镒．新华本草纲要（第三册）．上海：上海科学技术出版社．1990：286

[3] 张素芹，彭广芳，陈萍，刘海燕．天仙子的研究概况．时珍国药研究．1997，**8**(4)：124-125

[4] E Steinegger, D Sonanini. Solanaceae flavones. II. Flavones of *Hyoscyamus niger*. *Pharmazie*. 1960, **15**: 643-644

[5] 王环，潘莉，张晓峰．HPLC法测定天仙子和马尿泡中 3 种托烷类生物碱的含量．西北药学杂志．2002，**17**(1)：9-10

[6] B Sajeli, M Sahai, R Suessmuth, T Asai, N Hara, Y Fujimoto. Hyosgerin, a new optically active coumarinolignan, from the seeds of *Hyoscyamus niger*. *Chemical & Pharmaceutical Bulletin*. 2006, **54**(4): 538-541

[7] CY Ma, WK Liu, CT Che. Lignanamides and nonalkaloidal components of *Hyoscyamus niger* seeds. *Journal of Natural Products* 2002, **65**(2): 206-209

[8] CY Ma, ID Williams, CT Che. Withanolides from *Hyoscyamus niger* seeds. *Journal of Natural Products*. 1999, **62**(10): 1445-1447

[9] 孙刚．天仙子籽油中脂肪酸组成的研究．青海科技．2000，**7**(1)：24-25

[10] EG Sharova, SY Aripova, OA Abdilalimov. Alkaloids of *Hyoscyamus niger* and *Datura stramonium*. *Khimiya Prirodnykh Soedinenii*. 1977, **1**: 126-127

[11] N Asano, A Kato, Y Yokoyama, M Miyauchi, M Yamamoto, H Kizu, K Matsui. Calystegin N_1, a novel nortropane alkaloid with a bridgehead amino group from *Hyoscyamus niger*: structure determination and glycosidase inhibitory activities. *Carbohydrate Research*. 1996, **284**(2): 169-178

[12] 彭新琦，可君．三种莨菪类药物在大鼠急性前脑缺血及再灌注损伤中的作用．中国药理学报．1992，**13**(4)：357-358

[13] 曹权．东莨菪碱对缺血性脑损伤的实验研究．江苏医药．1999，**25**(7)：511-512

[14] 禹志领，高桥正克，金户洋．应用小鼠在 Y 形迷宫中的自主选择能力测定急性及慢性东莨菪碱与吗啡对记忆的影响．中国药科大学学报．1996，**27**(11)：680-686

[15] 潘思源．东莨菪碱对小鼠被动学习、探究行为及脑区毒蕈碱受体的昼夜变化．中国药理学报．1992，**13**(4)：323-326

[16] 卞春甫，段世明．东莨菪碱中枢抑制作用与其他抗肾上腺能作用的关系．中国药理学报．1981，**2**(2)：78-81

[17] 葛晓群，郑加麟，姚兵，秦伟，卞春甫．东莨菪碱抑制呼吸效应及其机制．生理学报．1995，**47**(4)：401-407

[18] R Skarda. Influence of combelen, vetranquil, atropine, pentothal, and fluothane upon hematocrit, red blood cell count, hemoglobin concentration, and mean corpuscular hemoglobin concentration [MCHC] in the horse. *Schweizer Archiv fuer Tierheilkunde*. 1973, **115**(12): 587-596

[19] 杨汉东，陆再英．小剂量东莨菪碱对犬急性心肌梗死早期迷走神经张力的影响．中国心脏起搏与心电生理杂志．2002，**16**(1)：80

[20] MT Rove，王金乔．东莨菪碱透皮治疗体系的新用途．国外医学：药学分册．1996，**23**(6)：363-365

[21] 刘中民，张轶，范慧敏，卢蓉，戴淡宜．东莨菪碱在心肌再灌注损伤中的作用．同济大学学报(医学版)．2002，**23**(2)：86-89

[22] 刘书勤，臧伟进，李增利，孙强，于晓江，刘新领．东莨菪碱扩血管作用机制研究．数理医药学杂志．2004，**17**(6)：528-531

[23] 张明志，陈锦明，纵艳艳，张光毅．阿托品，东莨菪碱和山莨菪碱对家兔主动脉平滑肌细胞增殖的影响．中国药理学与毒理学杂志．1992，**6**(2)：155-156

[24] 魏刘华，朱洪生．东莨菪碱对缺氧再灌注动脉血管内皮细胞的保护作用．中华胸心血管外科杂志．1995，**11**(5)：306-308

[25] J Mullol, JN Baraniuk, C Logun, M Merida, J Hausfeld, JH Shelhamer, MA Kaliner. M_1 and M_3 muscarinic antagonists inhibit human nasal glandular secretion *in vitro*. *Journal of Applied Physiology*. 1992, **73**(5): 2069-2073

[26] 王黎光，马常义，王淑珍，彭柏英，袁征，马以会．莨菪类生物碱对吗啡依赖小鼠痛阈影响的比较．中国临床康复．2004，**8**(20)：4046-4047

[27] ES Sperber, MT Romero, RJ Bodnar. Selective potentiations in opioid analgesia following scopolamine pretreatment. *Psychopharmacology*. 1986, **89**(2): 175-176

[28] AJ Kaumann, R Hennekes. The affinity of atropine for muscarine receptors in human sphincter pupillae. *Naunyn-Schmiedeberg's Archives of Pharmacology*. 1979, **306**(3): 209-211

[29] 高前应，高如尧，王培杰，郭延奎，卢佩勇，蒙艳春，朱涛，李力．阿托品对兔实验性形觉剥夺性近视形成的影响．第四军医大学学报．2000，**21**(2)：210-213

[30] 付润芳，可君．阿托品抗血小板聚集作用与细胞外Ca^{2+}浓度的关系．河南医科大学学报．1990，25(4)：357-361

[31] O Karadi, OME Abdel-Salam, B Bodis, G Mozsik. Prevention effect of atropine on indomethacin-induced gastrointestinal mucosal and vascular damage in rats. *Pharmacology*. 1996, **52**(1): 46-55

藤黄科

贯叶连翘 Guanyelianqiao

EP, BP, BHP, USP, GCEM

Hypericum perforatum L.

St John's Wort

概述

藤黄科 (Clusiaceae) 植物贯叶连翘 *Hypericum perforatum* L.，其干燥地上部分入药。药用名：贯叶连翘。又名：贯叶金丝桃。

金丝桃属 (*Hypericum*) 植物全世界约有 400 种，除南北两极地、荒漠地或大部分热带低地外全世界广布。中国约有 55 种、8 亚种，遍布中国各地，主要集中在西南地区。本属现供药用者约 17 种。本种广布于南欧、美洲、非洲西北部、近东、中亚，中国、印度、俄罗斯和蒙古也有分布[1]。

贯叶连翘在古希腊被用以治疗多种疾病，包括坐骨神经痛和毒虫咬伤。在希腊西北部伊皮鲁斯的扎哥里地区，其花被用来治疗湿疹、创伤等外科疾病[2]。欧洲普遍将其用于外伤和烧伤，民间用于治疗肺病、肾病和抑郁症[1]。美国医生在 19 世纪用其治疗歇斯底里症和因抑郁而产生的各种精神征状。20 世纪 80 年代前后，欧美各国开始用贯叶连翘提取物治疗抑郁症，现为世界最畅销草药之一。《欧洲药典》(第 5 版)、《英国药典》(2002 年版)、《美国药典》(第 28 版) 和《中国药典》(2005 年版) 收载本种为贯叶连翘的法定原植物来源种。主产于美国北加州与俄勒冈州[1]。

贯叶连翘主要活性成分为萘骈双蒽酮类、黄酮类和藤黄酚衍生物成分，其中金丝桃素、伪金丝桃素和贯叶金丝桃素是抗抑郁作用的重要成分。《欧洲药典》和《英国药典》采用紫外可见分光光度法测定，规定金丝桃素类成分含量以金丝桃素计不得少于 0.080%；《美国药典》采用高效液相色谱法测定，规定金丝桃素和伪金丝桃素总含量不得少于 0.040%，贯叶金丝桃素含量不得少于 0.60%；《中国药典》采用高效液相色谱法测定，规定以干燥品计金丝桃苷含量不得少于 0.10%，以控制药材质量。

药理研究表明，贯叶连翘具有抗抑郁、抗焦虑、改善记忆、抗菌、抗病毒等作用。

民间经验认为贯叶连翘具有解郁，缓解皮肤炎症，促进伤口愈合等功效；中医理论认为贯叶连翘具有舒肝解郁，清热利湿，消肿止痛的功效。

贯叶连翘 *Hypericum perforatum* L.

药材贯叶连翘 Herba Hyperici Perforati

化学成分

贯叶连翘的地上部分主要含萘并双蒽酮类成分：金丝桃素 (hypericin)、伪金丝桃素 (pseudohypericin)；苯并双蒽酮类成分：原金丝桃素 (protohypericin)、原伪金丝桃素 (protopseudohypericin)[3]；双蒽酮类成分：S-(+)-skyrin-6-O-β-glucopyranoside、R-(-)-skyrin-6-O-β-glucopyranoside、S-(+)-skyrin-6-O-β-xylopyranoside[4]；黄酮类成分：金丝桃苷 (hyperin)、槲皮素 (quercetin)、槲皮苷 (quercitrin)、芦丁 (rutin)、异槲皮素 (isoquercetin)、穗花杉双黄酮 (amentoflavone)、异荭草素 (isoorientin)、番石榴苷 (guaijaverin)、落新妇苷 (astilbin)、miquelianin[5]、萹蓄苷 (avicularin)[6]、I3,II8-双芹菜素 (I3,II8-biapigenin)[7]、3,5,7-三羟基-3',4'-异丙基二氧基黄酮 (3,5,7-trihydroxy-3',4'-isopropyldioxy-flavone)[8]、6"-O-乙酰金丝桃苷 (6"-O-acetylhyperin)[9]；原花青素类成分：白矢车菊苷元 (leucocyanidin)[10]、矢车菊素-3-O-α-L-鼠李糖苷

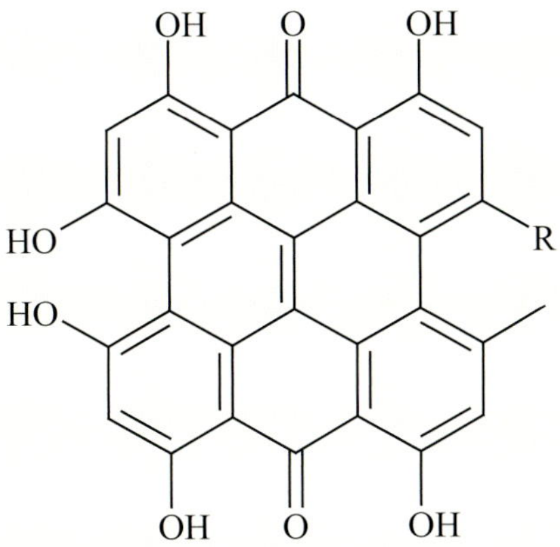

hypericin: R=CH_3

pseudohypericin: R=CH_2OH

(cyanidin－3－O－α－L－rhamnoside)[5]、聚无色矢车菊素 (polyleucocyanidin)[10]、原花青素 A_2、B_1、B_2、B_3、B_5、B_7、C_1 (procyanidins A_2, B_1－B_3, B_5, B_7, C_1)[11]；叫酮类成分：1,6－二羟基－4－甲氧基叫酮(1,6－dihydroxy－4－methoxyxanthone)、1,7－二羟基叫酮 (1,7－dihydroxyxanthone)[12]、芒果苷 (mangiferin)[13]、kielcorin[14]；藤黄酚衍生物：贯叶金丝桃素 (hyperforin)、加贯叶金丝桃素 (adhyperforin)、呋喃贯叶金丝桃素 (furohyperforin)[15]、焦贯叶金丝桃素 (pyrohyperforin)[16]、perforatumone[17]、吡喃糖(7,28－b)贯叶金丝桃素 [pyrano(7,28－b)hyperforin][18]；酚酸类成分：原儿茶酸 (protocatechuic acid)、新绿原酸 (neochlorogenic acid)、隐绿原酸 (cryptochlorogenic acid)、3－O－[Z]－对香豆酰奎尼酸 (3－O－[Z]－p－coumaroylquinic acid)[5]、香草酸 (vanillic acid)[14]；此外，还含有蒽醌类成分：大黄素 (emodin)[14]等；固醇类成分：28－异岩藻甾醇 (28－isofucosterol)、异降香醇 (isobauerenol)等[19]；挥发油类成分：β－石竹烯 (β－caryophyllene)、石竹烯氧化物 (caryophyllene oxide)、α－葎草烯 (α－humulene) 等[20]；生物碱类成分：2－methoxyl－4－N－methyle－5－carbomethoxy－imidazole等[21]。

药理作用

1. 抗抑郁

贯叶连翘提取物能明显缩短强迫游泳实验和悬尾实验中小鼠的不动时间[22]；显著增加无助实验中动物的逃避次数；拮抗利血平引起的眼睑下垂和体温下降[23]。贯叶连翘提取物还能增加大鼠慢性应激抑郁模型的糖水摄入量；提高敞箱行为实验走格数与站立数；显著减少跳台逃避实验错误反应的停留期[24]。临床研究发现贯叶连翘提取物治疗轻度和中度抑郁症，疗效与三环类抗抑郁药相似[23]。贯叶连翘提取物抗抑郁的机理与选择性5－羟色胺 (5－HT) 摄取抑制剂不同[25]，而与抑制单胺氧化酶 (MAO) 活性，抑制5－羟色胺、多巴胺 (DA)、去甲肾上腺素 (NA) 及氨基酸神经递质γ－氨基丁酸 (GABA) 和谷氨酸盐的重摄取有关[23]。

2. 镇静、抗焦虑

贯叶连翘提取物能显著延长小鼠的睡眠时间，延长幅度达2～3倍，作用强度弱于地西泮 (diazepam)[26]。贯叶连翘提取物在经典抗焦虑实验（明暗箱实验和高台十字架实验）中显示出抗焦虑活性，单独给予金丝桃素或伪金丝桃素未见抗焦虑效应。预先给予苯二氮卓受体拮抗剂氟马西尼 (flumazenil) 可拮抗贯叶连翘的抗焦虑作用，提示其抗焦虑作用可能与苯二氮卓受体有关[23]。

3. 改善记忆

水迷宫实验证明，贯叶连翘能改善大鼠学习及空间记忆能力，减轻慢性应激性认知缺损，其机理可能与改变脑中不同区域中的单胺含量有关[27-28]。

4. 抗惊厥

贯叶连翘对戊四氮引起的小鼠强直性痉挛有延迟作用，还能降低小鼠的死亡率[29]。

5. 抗炎、镇痛

贯叶连翘对角叉菜胶所致的大鼠炎症有抑制作用，对电刺激和热板法引起的疼痛有镇痛作用，还能延长热板法的潜伏期[30]。

6. 抗菌、抗病毒

贯叶连翘对金黄色葡萄球菌和枯草杆菌有抑制作用[31-32]。金丝桃素和伪金丝桃素对 Friend 病毒、鼠白血病病毒 LP－BM_5、白血病病毒Rad LV、HSV－1、流感病毒、莫洛尼鼠白血病病毒、乙型肝炎病毒 (HBV)、鼠巨细胞病毒 (MCMV)、辛德比病毒 (Sindbis virus) 和人类免疫缺陷病毒 (HIV－1) 均有抑制或减少病毒继发性感染的作用[33]。

7. 抗肿瘤

贯叶连翘提取物对人白血病细胞 K_{562} 和 U937 的增殖有抑制作用，贯叶金丝桃素为有效成分之一[34]。

8. 其他

贯叶连翘还有调节免疫[35]、诱导药物代谢酶[36]、降血脂[37]和延缓衰老[38]等作用。

应用

贯叶连翘在欧洲普遍用于外伤和烧伤，民间用于治疗肺病、肾病和抑郁症。目前，广泛用于抑郁症、失眠、焦虑、精神疲劳、乏力和季节性情感疾病的治疗，还用于复发性中耳炎、感冒、皮肤疮疖、溃疡性结肠炎、白癜风等病的治疗[1]。

贯叶连翘也为中医临床用药。功能：舒肝解郁，清热利湿，消肿止痛，收敛止血，调经通乳。主治：①情志不畅，气滞郁闷；②咳血，吐血，肠风下血，崩漏，外伤出血；③月经不调，乳汁不下；④关节肿痛，咽喉肿痛，目赤肿痛，黄疸；⑤尿路感染，小便不利；⑥口鼻生疮，痈疖肿毒，烫火伤。

评注

贯叶连翘数百年来在欧洲用于治疗神经痛、焦虑、神经官能症等，传统用途沿用至今。研究认为贯叶连翘治疗抑郁症的效价并不优于合成抗抑郁药，但它的毒副作用远远小于合成抗抑郁药，且除了能抗抑郁外，它还可用于治疗季节性情绪异常、记忆减退和人类免疫缺陷病等。可以预测，进一步深入研究会发现其更加广泛的作用和更深入的作用机理。

参考文献

[1] 王鸣，袁昌齐，冯煦．欧美药用植物（一）．中国野生植物资源．2003，**22**(3)：56-57

[2] M Malamas，徐晓莹．希腊西北部伊皮鲁斯的扎哥里地区的传统药用植物．国外医药：植物药分册．1994，**9**(1)：18-20

[3] SF Baugh. Simultaneous determination of protopseudohypericin, pseudohypericin, protohypericin, and hypericin without light exposure. *Journal of AOAC International*. 2005, **88**(6): 1607-1612

[4] A Wirz, U Simmen, J Heilmann, I Calis, B Meier, O Sticher. Bisanthraquinone glycosides of *Hypericum perforatum* with binding inhibition to CRH-1 receptors. *Phytochemistry*. 2000, **55**(8): 941-947

[5] G Jurgenliernk, A Nahrstedt. Phenolic compounds from *Hypericum perforatum*. *Planta Medica*. 2002, **68**(1): 88-91

[6] YH Lu, Z Zhang, GX Shi, JC Meng, RX Tan. New antifungal flavonol glycoside from *Hypericum perforatum*. *Acta Botanica Sinica*. 2002, **44**(6): 743-745

[7] R Berghoefer, J Hoelzl. Biflavonoids in *Hypericum perforatum*. Part 1. Isolation of I3,II8-biapigenin. *Planta Medica*. 1987, **53**(2): 216-217

[8] 窦玉玲，秦会玲，周铜水，欧伶，卢艳花，魏东芝．贯叶连翘中的1个异丙基二氧基黄酮醇化合物．中国药学．2004，**13**(2)：112-114

[9] 殷志琦，叶文才，赵守训．贯叶连翘的化学成分研究．中草药．2001，**32**(6)：487-488

[10] A Michaluk. Flavonoids in species of the genus *Hypericum*. III. Leucoanthocyanidins in *Hypericum perforatum*. *Dissertationes Pharmaceuticae*. 1961, **13**: 81-88

[11] O Ploss, F Petereit, A Nahrstedt. Procyanidins from the herb of *Hypericum perforatum*. *Pharmazie*. 2001, 56(6): 509-511

[12] ZQ Yin, Y Wang, WC Ye, SX Zhao. Chemical constituents of *Hypericum perforatum* (St. John's wort) growing in China. *Biochemical Systematics and Ecology*. 2004, **32**(5): 521-523

[13] RM Seabra, MH Vasconcelos, MAC Costa, AC Alves. Phenolic compounds from *Hypericum perforatum* and *H. undulatum*. *Fitoterapia*. 1992, **63**(5): 473-474

[14] 殷志琦，叶文才，赵守训．国产贯叶连翘化学成分的研究．中国药科大学学报．2002，**33**(4)：277-279

[15] ZY Wang, M Ashraf-Khorassani, LT Taylor. Air/light-free hyphenated extraction/analysis system: supercritical fluid extraction on-line coupled with liquid chromatography-UV absorbance/electrospray mass spectrometry for the determination of hyperforin and its degradation products in *Hypericum perforatum*. *Analytical Chemistry*. 2004, **76**(22): 6771-6776

[16] MD Shan, LH Hu, ZL Chen. Pyrohyperforin, a new prenylated phloroglucinol from *Hypericum perforatum. Chinese Chemical Letters.* 2000, **11**(8): 701-704

[17] J Wu, XF Cheng, LJ Harrison, SH Goh, KY Sim. A phloroglucinol derivative with a new carbon skeleton from *Hypericum perforatum* (Guttiferae). *Tetrahedron Letters.* 2004, **45**(52): 9657-9659

[18] MD Shan, LH Hu, ZL Chen. Three new hyperforin analogues from *Hypericum perforatum. Journal of Natural Products.* 2001, **64**(1): 127-130

[19] Y Ganeva, C Chanev, T Dentchev, D Vitanova. Triterpenoids and sterols from *Hypericum perforatum. Dokladi na Bulgarskata Akademiya na Naukite.* 2003, **56**(4): 37-40

[20] J Radusiene, A Judzentiene, G Bernotiene. Essential oil composition and variability of *Hypericum perforatum* L. growing in Lithuania. *Biochemical Systematics and Ecology.* 2005, **33**(2): 113-124

[21] AK Singh, A Mishra, SB Yadav, GP Dubey. 2-methoxyl-4-N-methyle-5-carbomethoxy-imidazole from *Hypericum perforatum. Oriental Journal of Chemistry.* 2002, **18**(3): 598

[22] L Bach-Rojecky, Z Kalodera, I Samarzija. The antidepressant activity of *Hypericum perforatum* L. measured by two experimental methods on mice. *Acta Pharmaceutica.* 2004, **54**(2): 157-162

[23] 贾永蕊，胡然，库宝善．贯叶连翘的中枢神经药理作用研究．国外医药：精神病学分册．2004，**31**(4)：216-218

[24] 司银楚，孙建宁．贯叶连翘提取物对慢性应激抑郁大鼠行为及脑内5-HT、NE表达的影响．中国药科大学学报．2003，**34**(1)：70-73

[25] K Hirano, Y Kato, S Uchida, Y Sugimoto, J Yamada, K Umegaki, S Yamada. Effects of oral administration of extracts of *Hypericum perforatum* (St John's wort) on brain serotonin transporter, serotonin uptake and behaviour in mice. *Journal of Pharmacy* and *Pharmacology.* 2004, **56**(12): 1589-1595

[26] 杜海燕．贯叶连翘醇提取物的镇静作用．国外医学：中医中药分册．1998，**20**(4)：46

[27] E Widy-Tyszkiewicz, A Piechal, I Joniec, K Blecharz-Klin. Long term administration of *Hypericum perforatum* improves spatial learning and memory in the water maze. *Biological & Pharmaceutical Bulletin.* 2004, **19**(2): 74

[28] E Trofimiuk, A Walesiuk, JJ Braszko. St John's wort (*Hypericum perforatum*) diminishes cognitive impairment caused by the chronic restraint stress in rats. *Pharmacological Research.* 2005, **51**(3): 239-246

[29] H Hosseinzadeh, GR Karimi, M Rakhshanizadeh. Anticonvulsant effect of *Hypericum perforatum*: role of nitric oxide. *Journal of Ethnopharmacology.* 2005, **98**(1-2): 207-208

[30] OM Abdel-Salam. Anti-inflammatory, antinociceptive, and gastric effects of *Hypericum perforatum* in rats. *ScientificWorldJournal.* 2005, **5**: 586-595

[31] 李宏，姜怀春，邹国林．贯叶连翘总提取物对金黄色葡萄球菌的抗菌作用．云南植物研究．2002，**24**(6)：95-102

[32] 李宏，邹国林．贯叶连翘总提取物对枯草杆菌的抗菌作用．西南师范大学学报(自然科学版)．2002，**27**(3)：404-407

[33] 朱晓薇．贯叶金丝桃研究进展II——药代动力学、药效学和临床应用(续)．国外医药：植物药分册．1998，**13**(5)：210-214

[34] K Hostanska, J Reichling, S Bommer, M Weber, R Saller. Aqueous ethanolic extract of St. John's wort (*Hypericum perforatum* L.) induces growth inhibition and apoptosis in human malignant cells *in vitro. Pharmazie.* 2002, **57**(5): 323-331

[35] CC Zhou, MM Tabb, A Sadatrafiei, F Gruen, AX Sun, B Blumberg. Hyperforin, the active component of St. John's Wort, induces IL-8 expression in human intestinal epithelial cells via a MAPK-dependent, NF-κB-independent pathway. *Journal of Clinical Immunology.* 2004, **24**(6): 623-636

[36] M Dostalek, J Pistovcakova, J Jurica, J Tomandl, I Linhart, A Sulcova, E Hadasova. Effect of St John's wort (*Hypericum perforatum*) on cytochrome P-450 activity in perfused rat liver. *Life Sciences.* 2005, **78**(3): 239-244

[37] YP Zou, YH Lu, DZ Wei. Hypocholesterolemic effects of a flavonoid-rich extract of *Hypericum perforatum* L. in rats fed a cholesterol-rich diet. *Journal of Agricultural and Food Chemistry.* 2005, **53**(7): 2462-2466

[38] 朱健如，沈更新，王晓团．贯叶连翘提取物延缓衰老作用的研究．华中科技大学学报(医学版)．2002，**31**(6)：659-665

欧洲刺柏 Ouzhoucibai•EP, BP, BHP, GCEM

柏科

Juniperus communis L.

Juniper

概述

柏科 (Cupressaceae) 植物欧洲刺柏 *Juniperus communis* L.，其果实入药。药用名：欧洲刺柏。

刺柏属 (*Juniperus*) 植物全世界约有 10 余种，分布于欧洲、亚洲、北美洲和北非。中国约有 3 种，引种栽培 1 种，本属现供药用者约 2 种。本种分布于欧洲、非洲北部、亚洲北部和北美洲，中国河北、青岛、南京、上海和杭州等省市引种本种栽培作观赏树。

17 世纪的欧洲草药大师Nicholas Culpeper记载欧洲刺柏具有利尿、健胃和祛风作用，可用于治疗排尿困难、水肿、咳嗽、呼吸短促等。此外，有的少数民族部落也使用欧洲刺柏治疗头痛、发冷、关节炎、咳嗽或用于减轻分娩的痛苦。1820 年开始，官方推荐欧洲刺柏为利尿剂、驱风剂和兴奋剂[1]。《欧洲药典》(第 5 版)、《英国药典》(2002 年版) 和《印度草药典》(第 1 版) 均收载本种为刺柏油或欧洲刺柏的法定原植物来源种。主产于意大利、匈牙利、罗马尼亚等欧洲国家。

欧洲刺柏主要含有挥发油，还有黄酮类、二萜类成分等。挥发油成分是欧洲刺柏主要的有效成分。《欧洲药典》和《英国药典》采用气相色谱法测定，规定刺柏油含α-蒎烯 (20%～50%)、β-蒎烯 (1.0%～12%)、β-月桂烯 (1.0%～35%)、柠檬烯 (2.0%～12%)、萜品-4-醇 (0.50%～10%)，含α-水芹烯、桧烯、醋酸龙脑酯和β-丁香烯分别不得少于1.0%、20%、2.0%和7.0%；采用水蒸气蒸馏法测定，规定欧洲刺柏中挥发油的含量不得少于10mL/kg，以控制药材质量。

药理研究表明，欧洲刺柏具有利尿、抗菌、保肝、抗生育、抗炎、抑制血小板脂肪氧合酶活性和抗肿瘤等作用。

民间经验认为欧洲刺柏具有利尿的功效。欧洲和美国将其用作天然食品的调味料[2]。

欧洲刺柏 *Juniperus communis* L.

药材欧洲刺柏 Fructus Juniperi Communii

欧洲刺柏 Ouzhoucibai

化学成分

欧洲刺柏的果实含挥发油0.20%~3.4%，主要为单萜类成分（约58%）：α－蒎烯（α－pinene）、月桂烯（myrcene）、桧烯（sabinene）、莰烯（camphene）、樟脑（camphor）、桉叶素（cineole）、对伞花烃（p－cymene）[3]、δ、γ－杜松烯（δ，γ－cadinenes）、醋酸龙脑酯（bornyl acetate）[4]、柠檬烯（limonene）[3]、β－蒎烯（β－pinene）、α－松油烯（α－terpinene）、萜品－4－醇（terpinen－4－ol）、α－水芹烯（α－phellandrene）；二萜类成分：丁香烯（caryophyllene）[4]、山达海松酸（sandaracopinaric acid）、异柏酸（isocupressic acid）、异海松酸（isopimaric acid）、覆瓦南美杉醇酸（imbricatolic acid）、15,16－epoxy－12－hydroxy －8(17),13(16),14－labdatrien－19－oic acid[5]；黄酮类成分：木犀草素－7－O－β－D－葡萄糖苷（luteolin－7－O－β－D－glucoside）、山柰酚－3－O－β－D－葡萄糖苷（kaempferol－3－O－β－D－glucoside）、槲皮素（quercitrin）、芹菜素（apigenin）、木犀草素（luteolin）、南方贝壳杉双黄酮（robustaflavone）、罗汉松黄酮（apodocarpusflavone A）、扁柏双黄酮（hinokiflavone）[6]；儿茶素（catechins）类成分：(+)－阿夫儿茶精［(+)－afzelechin］、(－)－表阿夫儿茶精［(－)－epiafzelechin］、(+)－儿茶素［(+)－catechin］、(－)－表儿茶素［(－)－epicatechin］、(+)－没食子儿茶素［(+)－gallocatechin］、(－)－表没食子儿茶素［(－)－epigallocatechin］[7]。

欧洲刺柏叶挥发油的成分为：α－蒎烯（17%）、桧烯（12%）、萜品－4－醇（7.7%）、水芹烯（phellandrene, 7.3%）、桧柏烯（widdrene, 6.4%）、γ－松油烯（5.9%）、β－松油烯（4.3%）、α－松油烯（3.8%）等[8]，不同产地的挥发油组成不同，希腊来源的欧洲刺柏叶中挥发油成分为：α－蒎烯（41%）、桧烯（17%）、柠檬烯（4.2%）、萜品－4－醇（2.7%）、月桂烯（2.6%）、β－蒎烯（2.0%）等[9]；还含有双黄酮类成分：柏木双黄酮（cupressuflavone）、穗花双黄酮（amentoflavone）、扁柏双黄酮、异柳杉黄酮（isocryptomerin）、紫杉双黄酮（sciadopitysin）[10]。

药理作用

1. 利尿

欧洲刺柏利尿的主要成分是挥发油，其中萜品－4－醇能增加肾小球的滤过率，是肾功能的激动剂[11]。

2. 抗菌

欧洲刺柏油体外有抗菌作用，欧洲刺柏油对常用抗生素产生耐药性的微生物仍有抑制作用[12]；欧洲刺柏油对革兰氏阳性菌和阴性菌、酵母、酵母样真菌及皮霉癣菌均有抑杀作用[13-14]；但高浓度欧洲刺柏油也对一些微生物不起作用[15]。

3. 保肝及抗肝癌

给肝再灌注损伤模型大鼠饲喂含欧洲刺柏油的食物可减少大鼠的肝损伤，其机理是欧洲刺柏油能抑制 Kupffer 细胞的活化，减少肝血管活性类二十烷酸的释放，增加肝微循环[16]；欧洲刺柏浆果提取物体外对处于 G_2、M和G_0时期的肝癌细胞有杀灭作用[17]。

4. 抗生育

欧洲刺柏丙酮提取物给雌性大鼠口服有抑制怀孕的作用[18]。

5. 抗炎

欧洲刺柏水提物体外可明显抑制前列腺素的合成和血小板活化因子（PAF）诱导的胞吐作用，具有抗炎活性[19]。

6. 对血小板的影响

欧洲刺柏木材与果实的二氯甲烷提取物、果实的醋酸乙酯提取物对血小板脂肪氧合酶有显著的抑制作用，从木材二氯甲烷提取物中分离得到的β－谷甾醇、柳杉树脂酚（cryptojaponol）对此酶也有抑制作用[20]。

7. 其他

欧洲刺柏还有抗病毒、对抗移植反应、瞬时降低血压[2]、抗肿瘤[21]、抗氧化[22]以及改善免疫抑制剂他克莫司（tacrolimus）诱导的肾损害[23]等作用。

应用

欧洲刺柏外用治疗风湿病引起的症状，内服用于调经、减轻痛经，也用于治疗尿路发炎、动脉硬化、支气管炎和糖尿病引起的疼痛，同时可驱除口臭。顺势疗法中，欧洲刺柏用于治疗泌尿系统和消化系统的功能紊乱。

欧洲草药家认为欧洲刺柏具有利尿和抗菌作用，同时具有温热、安定、消除绞痛和恢复胃功能作用。目前在欧洲，欧洲刺柏浆果在杜松子酒中被广泛用作调味成分；少量浆果可直接加入食品中。

评注

《美国药典》(第 28 版) 收载同属植物杜松 *Juniperus oxycedrus* L. 作为刺柏油的法定原植物来源种。由于很多美国的少数民族部落使用欧洲刺柏做利尿剂，造成欧洲刺柏的资源缺乏，至少有 20 多个美国印第安部落，以上百种方式使用同属的 6 种植物。美国内华达州的派尤特人喜爱使用骨籽圆柏木 *J. osteosperma* (Torr.) Little，用于补血，治疗感冒、咳嗽、发烧等。对欧洲刺柏及同属植物进行深入研究具有广阔前景。

目前欧洲刺柏的研究多集中在挥发油成分，其他类成分的分离和药理活性研究尚需加强，以便为欧洲刺柏的临床应用提供科学的依据。

参考文献

[1] DE Moerman. Geraniums for the iroquois. Algonac: Reference publications, Inc. 1982: 115-117

[2] J Barnes, LA Anderson, JD Phillipson. Herbal medicines (2-nd edition). London: Pharmaceutical Press. 2002: 317-319

[3] R Butkiene, O Nivinskiene, D Mockute. Volatile compounds of ripe berries (black) of *Juniperus communis* L. growing wild in north-east Lithuania. *Journal of Essential Oil-Bearing Plants*. 2005, **8**(2): 140-147

[4] B Barjaktarovic, M Sovilj, Z Knez. Chemical composition of *Juniperus communis* L. fruits supercritical CO_2 extracts: dependence on pressure and extraction time. *Journal of Agricultural and Food Chemistry*. 2005, **53**(7): 2630-2636

[5] AM Martin, EF Queiroz, A Marston, K Hostettmann. Labdane diterpenes from *Juniperus communis* L. berries. *Phytochemical Analysis*. 2006, **1**: 32-35

[6] A Hiermann, A Kompek, J Reiner, H Auer, M Schubert-Zsilavecz. Investigation of flavonoid pattern in fruits of *Juniperus communis*. *Scientia Pharmaceutica*. 1996, **64**(3-4): 437-444

[7] H Friedrich, R Engelshowe. Monomeric tannin products in *Juniperus communis* L. *Planta Medica*. 1978, **33**(3): 251-257

[8] J Mastelic, M Milos, D Kustrak, A Radonic. Essential oil and glycosidically bound volatile compounds from the needles of common juniper (*Juniperus communis* L.). *Croatica Chemica Acta*. 2000, **73**(2): 585-593

[9] PS Chatzopoulou, ST Katsiotis. Chemical investigation of the leaf oil of *Juniperus communis* L. *Journal of Essential Oil Research*. 1993, **5**(6): 603-607

[10] M Ilyas, N Ilyas. Biflavones from the leave of *Juniperus communis* and a survey on biflavones of the *Juniperus* genus. *Ghana Journal of Chemistry*. 1990, **1**(2): 143-147

[11] I Janku, M Hava, R Kraus, O Motl. The diuretic principle of *Juniperus communis*. *Naunyn-Schmiedebergs Archiv fuer Experimentelle Pathologie und Pharmakologie*. 1960, **238**: 112-113

[12] N Filipowicz, M Kaminski, J Kurlenda, M Asztemborska, JR Ochocka. Antibacterial and antifungal activity of juniper berry oil and its selected components. *Phytotherapy Research*. 2003, **17**(3): 227-231

[13] S Pepeljnjak, I Kosalec, Z Kalodera, N Blazevic. Antimicrobial activity of juniper berry essential oil (*Juniperus communis* L., Cupressaceae). *Acta Pharmaceutica*. 2005, **55**(4): 417-422

[14] C Cavaleiro, E Pinto, MJ Goncalves, L Salgueiro. Antifungal activity of Juniperus essential oils against dermatophyte, *Aspergillus* and *Candida* strains. *Journal of Applied Microbiology*. 2006, **100**(6): 1333-1338

[15] S Cosentino, A Barra, B Pisano, M Cabizza, FM Pirisi, F Palmas. Composition and antimicrobial properties of Sardinian Juniperus essential oils against foodborne pathogens and spoilage microorganisms. *Journal of Food Protection*. 2003, **66**(7): 1288-1291

欧洲刺柏 Ouzhoucibai

[16] SM Jones, Z Zhong, N Enomoto, P Schemmer, RG Thurman. Dietary juniper berry oil minimizes hepatic reperfusion injury in the rat. *Hepatology*. 1998, **28**(4): 1042-1050

[17] V Bayazit. Cytotoxic effects of some animal and vegetable extracts and some chemicals on liver and colon carcinoma and myosarcoma. *Saudi Medical Journal*. 2004, **25**(2): 156-163

[18] AO Prakash. Potentialities of some indigenous plants for antifertility activity. *International Journal of Crude Drug Research*. 1986, **24**(1): 19-24

[19] H Tunon, C Olavsdotter, L Bohlin. Evaluation of anti-inflammatory activity of some Swedish medicinal plants. Inhibition of prostaglandin biosynthesis and PAF-induced exocytosis. *Journal of Ethnopharmacology*. 1995, **48**(2): 61-76

[20] I Schneider, S Gibbons, F Bucar. Inhibitory activity of *Juniperus communis* on 12(S)-HETE production in human platelets. *Planta Medica*. 2004, **70**(5), 471-474

[21] V Bayazit, KM Khan. Anticancerogen activities of biological and chemical agents on lung carcinoma, breast adenocarcinoma and leukemia in rabbits. *Journal of the Chemical Society of Pakistan*. 2005, **27**(4): 413-422

[22] M Elmastas, I Guelcin, S Beydemir, O Irfan Kuefrevioglu, H Aboul-Enein. A study on the *in vitro* antioxidant activity of juniper (*Juniperus communis* L.) fruit extracts. *Analytical Letters*. 2006, **39**(1): 47-65

[23] L Butani, A Afshinnik, J Johnson, D Javaheri, S Peck, JB German, RV Perez. Amelioration of tacrolimus-induced nephrotoxicity in rats using juniper oil. *Transplantation*. 2003, **76**(2): 306-311

薰衣草 Xunyicao EP, BP, GCEM

唇形科

Lavandula angustifolia Mill.

Lavender

概述

唇形科 (Lamiaceae) 植物薰衣草 *Lavandula angustifolia* Mill.，其干燥花序入药。药用名：薰衣草。

薰衣草属 (*Lavandula*) 植物全世界约有 28 种，分布于大西洋群岛及地中海地区，至索马里、巴基斯坦及印度。中国仅引种栽培 2 种，本属现供药用者约 1 种。本种原产于地中海地区，现世界各地广为栽培。

薰衣草的学名源自拉丁文 "lavare" 一词，原意为"洗涤"，因本植物具有香气，所以在古阿拉伯、古希腊、古罗马常用作沐浴汤材料以洁净身心，或作为杀菌剂用于医院和病房的消毒[1]。《欧洲药典》(第 5 版)和《英国药典》(2002年版)收载本种为薰衣草及薰衣草油的法定原植物来源种。主产于欧洲南部，各国也栽培做原料药。

薰衣草中含挥发油，芳樟醇和醋酸芳樟酯为其主要成分。《欧洲药典》和《英国药典》均采用水蒸气蒸馏法测定，规定薰衣草中挥发油的含量不得少于 13mL/kg；采用气相色谱法测定，规定薰衣草油中含柠檬精油、桉叶素、樟脑、α-松油醇分别不得少于 1.0%、2.5%、1.2%、2.0%，含 3-辛酮0.10%～2.5%、含沉香醇 20%～45%、含醋酸芳樟酯 25%～46%、含松油醇-4 0.01%～6.0%、薰衣草醇和醋酸薰衣草酯分别不得少于 0.10% 和 0.20%，以控制药材质量。

药理研究表明薰衣草具有麻醉、镇静、抗微生物、舒张平滑肌、镇痛、抗炎等作用。

民间经验认为薰衣草具有祛风，抗抑郁，助消化，助睡眠的功效；中医理论认为薰衣草具有清热解毒，散风止痒的功效。

薰衣草 *Lavandula angustifolia* Mill.

薰衣草 Xunyicao

药材薰衣草 Flos Lavandulae

化学成分

薰衣草主要含挥发油类成分：芳樟醇 (linalool)、醋酸芳樟酯 (linalyl acetate)、醋酸薰衣草酯 (lavandulyl acetate)、α-松油醇 (α-terpineol)、香叶醇醋酸酯 (geranyl acetate)、薰衣草醇 (lavandulol)、马鞭草烯酮 (verbenone)、胡椒酮 (piperitone)[2]、顺式-β-罗勒烯 (cis-β-ocimene)、反式-β-罗勒烯 (trans-β-ocimene)、1,8-桉叶素 (1,8-cineole)、樟脑 (camphor)、柠檬烯 (limonene)、3-辛酮 (3-octanone)、萜品-4-醇 (terpinen-4-ol)[3]等。

药理作用

1. 对神经系统的影响

(1) 镇静　薰衣草油、芳樟醇或醋酸芳樟酯给小鼠吸入，可使小鼠的活动明显减少，还能减轻咖啡因引起的兴奋作用[4]；芳樟醇体内给药对大鼠有催眠、抗惊厥及降低体温等镇静作用，作用机理与其抑制谷氨酸盐同大鼠大脑皮层的结合有关[5]。

(2) 麻醉　薰衣草油、芳樟醇或醋酸芳樟酯于家兔结膜囊内给药，能使家兔的结膜反射消失，有局部麻醉作用[6]。

(3) 神经保护作用　薰衣草水提物体外可预防谷氨酸对大鼠小脑粒细胞的神经毒作用，其作用可能与水提物的抗氧化、钙通道阻滞和抗谷氨酸结合活性相关[7]。

(4) **其他** 薰衣草水提物和甲醇提取物对乙酰胆碱酯酶具有抑制作用[8]，芳樟醇还能抑制神经肌肉接头处乙酰胆碱的释放[9]。

2. 抗微生物

(1) **杀虫** 薰衣草油、芳樟醇、醋酸芳樟酯和樟脑均有很强的杀螨活性[10]；薰衣草油对白粉病菌类十二指肠贾第鞭毛虫、阴道毛滴虫、六鞭毛虫等具有抑制作用[11-13]。

(2) **抗植物致病菌** 薰衣草油蒸气可抑制烟曲病菌丝体的生长[14]，对真菌茄病镰刀菌、扩展青霉菌和稻根霉菌也有抑制作用[15]。

(3) **抗菌** 薰衣草油和芳樟醇可抑制临床分离的白假丝酵母菌的生长[16]；芳樟醇还对多种革兰氏阴性菌、革兰氏阳性菌、丝状真菌和非丝状真菌有抑制作用[17]。

(4) **其他** 薰衣草油蒸气给药的抗微生物作用要比溶液给药强，其作用大小与蒸气浓度及持续时间有关[18]。

3. 对平滑肌的影响

薰衣草油对离体豚鼠回肠平滑肌具有舒张作用，机理研究显示薰衣草油是通过调节细胞内的环磷酸腺苷 (cAMP) 起作用[19]；醋酸芳樟酯可通过部分激活一氧化氮和环磷酸鸟苷路径以及肌凝蛋白轻链磷酸酯酶发挥对大鼠颈动脉血管的松弛作用[20]。

4. 其他

薰衣草还具有镇痛、抗炎[21]、抗氧化[22]、抗突变[23]等作用。此外，薰衣草体外对皮肤细胞有细胞毒作用[24]，并可抑制即发性过敏反应[25]。

应用

狭叶薰衣草内服用于烦躁、失眠等情绪不宁和功能性腹部不适（如神经性胃痉挛、神经性肠不适、Roehmheld 综合征和腹中积气等），外用于功能性循环功能紊乱的治疗。

评注

薰衣草是芳香疗法 (aromatherapy) 中的主要药物之一。薰衣草的主要品种还有头状薰衣草 *Lavandula stoechas* L.（也称为法国薰衣草）、宽叶薰衣草 *L. latifolia* Vill、药用薰衣草 *L. officinalis* Chaix.、穗状薰衣草 *L. spica* L.等。不同品种，不同季节采收和不同的提取方法，薰衣草的挥发油含量不同以及其化学成分的种类和比例也有较大差别[26]。

薰衣草作为名贵的香料植物，可以美化环境，或被加工成沐浴保养品、香水、香囊、香枕等产品，也可做泡茶、制作糕点、厨房烹调料理之用，具有很好的开发前景。

参考文献

[1] M Wichtl, NG Bisset. Herbal drugs and phytopharmaceuticals. Stuttgart: Medpharm Scientific Publishers. 1994

[2] AR Fakhari, P Salehi, R Heydari, SN Ebrahimi, PR Haddad. Hydrodistillation-headspace solvent microextraction, a new method for analysis of the essential oil components of *Lavandula angustifolia* Mill.. *Journal of Chromatography, A.* 2005, **1098**(1-2): 14-18

[3] F Chemat, ME Lucchesi, J Smadja, L Favretto, G Colnaghi, F Visinoni. Microwave accelerated steam distillation of essential oil from lavender: A rapid, clean and environmentally friendly approach. *Analytica Chimica Acta.* 2006, **555**(1): 157-160

[4] G Buchbauer, L Jirovetz, W Jager, H Dietrich, C Plank. Aromatherapy: evidence for sedative effects of the essential oil of lavender after inhalation. *Zeitschlift fur Naturforschung. C, Journal of Biosciences.* 1991, **46**(11-12): 1067-1072

[5] E Elisabetsky, J Marschner, DO Souza. Effects of linalool on glutamatergic system in the rat cerebral cortex. *Neurochemical Research.* 1995, **20**(4): 461-465

[6] C Ghelardini, N Galeotti, G Salvatore, G Mazzanti. Local anaesthetic activity of the essential oil of *Lavandula angustifolia. Planta*

Medica. 1999, **65**(8): 700-703

[7] ME Buyukokuroglu, A Gepdiremen, A Hacimuftuoglu, M Okay. The effects of aqueous extract of Lavandula angustifolia flowers in glutamate-induced neurotoxicity of cerebellar granular cell culture of rat pups. *Journal of Ethnopharmacology*. 2003, **84**(1): 91-94

[8] A Adsersen, B Gauguin, L Gudiksen, AK Jager. Screening of plants used in Danish folk medicine to treat memory dysfunction for acetylcholinesterase inhibitory activity. *Journal of Ethnopharmacology*. 2006, **104**(3): 418-422

[9] L Re, S Barocci, S Sonnino, A Mencarelli, C Vivani, G Paolucci, A Scarpantonio, L Rinaldi, E Mosca. Linalool modifies the nicotinic receptor-ion channel kinetics at the mouse neuromuscular junction. *Pharmacological Research*. 2000, **42**(2): 177-182

[10] S Perrucci, PL Cioni, G Flamini, I Morelli, G Macchioni. Acaricidal agents of natural origin against *Psoropte cuniculi*. *Parassitologia*. 1994, **36**(3): 269-271

[11] S Inouye, H Yamaguchi, T Takizawa. Screening of the antibacterial effects of a variety of essential oils on respiratory tract pathogens, using a modified dilution assay method. *Journal of Infection and Chemotherapy*. 2001, **7**(4): 251-254

[12] HMA Cavanagh, JM Wilkinson. Biological activities of lavender essential oil. *Phytotherapy Research*. 2002, **16**: 301-308

[13] T Moon, JM Wilkinson, HM Cavanagh. Antiparasitic activity of two Lavandula essential oils against *Giardia duodenalis, Trichomonas vaginalis* and *Hexamita inflate*. *Parasitology Research*. 2006, **99**(6): 722-728

[14] S Inouye, T Tsuruoka, M Watanabe, K Takeo, M Akao, Y Nishiyama, H Yamaguchi. Inhibitory effect of essential oils on apical growth of *Aspergillus fumigatus* by vapour contact. *Mycoses*. 2000, **43**(1-2): 17-23

[15] S Inouye, M Watanabe, Y Nishiyama, K Takeo, M Akao, H Yamaguchi. Antisporulating and respiration-inhibitory effects of essential oils on filamentous fungi. *Mycoses*. 1998, **41**(9-10): 403-410

[16] FD D' Auria, M Tecca, V Strippoli, G Salvatore, L Battinelli, G Mazzanti. Antifungal activity of *Lavandula angustifolia* essential oil against *Candida albicans* yeast and mycelial form. *Medical Mycology*. 2005, **43**(5): 391-396

[17] S Pattnaik, VR Subramanyam, M Bapaji, CR Kole. Antibacterial and antifungal activity of aromatic constituents of essential oils. *Microbios*.1997, **89**(358): 39-46

[18] S Inouye, T Tsuruoka, K Uchida, H Yamaguchi. Effect of sealing and tween 80 on the antifungal susceptibility testing of essential oils. *Microbiology and Immunology*. 2001, **45**(3): 201-208

[19] M Lis-Balchin, S Hart. Studies on the mode of action of the essential oil of lavender (*Lavandula angustifolia* P. Miller). *Phytotherapy Research*.1999, **13**(6): 540-542

[20] R Koto, M Imamura, C Watanabe, S Obayashi, M Shiraishi, Y Sasaki, H Azuma. Linalyl acetate as a major ingredient of lavender essential oil relaxes the rabbit vascular smooth muscle through dephosphorylation of myosin light chain. *Journal of Cardiovascular Pharmacology*. 2006, **48**(1):850-856

[21] V Hajhashemi, A Ghannadi, B Sharif. Anti-inflammatory and analgesic properties of the leaf extracts and essential oil of *Lavandula angustifolia* Mill.. *Journal of Ethnopharmacology*. 2003, **89**(1): 67-71

[22] J Hohmann, I Zupko, D Redei, M Csanyi, G Falkay, I Mathe, G Janicsak. Protective effects of the aerial parts of *Salvia officinalis, Melissa Officinalis* and *Lavandula angustifolia* and their constituents against enzyme-dependent and enzyme-independent lipid peroxidation. *Planta Medica*. 1999, **65**(6): 576-578

[23] MG Evandri, L Battinelli, C Daniele, S Mastrangelo, P Bolle, G Mazzanti. The antimutagenic activity of *Lavandula angustifolia* (lavender) essential oil in the bacterial reverse mutation assay. *Food and Chemical Toxicology*. 2005, **43**(9):1381-1387

[24] A Prashar, IC Locke, CS Evans. Cytotoxicity of lavender oil and its major components to human skin cells. *Cell Proliferation*. 2004, **37**(3): 221-229

[25] KM Kim, SH Cho. Lavender oil inhibits immediate-type allergic reaction in mice and rats. *The Journal of Pharmacy and Pharmacology*.1999, **51**(2): 221-226

[26] 胡喜兰，赵宏，刘玉芬，李盈蕾，尹福军．用GC-MS方法分析薰衣草的化学成分．食品科学．2005，**26**(9)：432-434

欧当归 Oudanggui•EP, BP, BHP, GCEM

伞形科

Levisticum officinale Koch

Lovage

概述

伞形科 (Apiaceae) 植物欧当归 *Levisticum officinale* Koch，其干燥根和根茎入药。药用名：欧当归。

欧当归属 (*Levisticum*) 植物全世界约有 3 种，分布于亚洲西南部，欧洲及北美有栽培或逸生。中国仅有本种，供药用。本种原产于亚洲西部和欧洲南部，欧洲及北美各国有栽培或逸为野生[1]；中国河北、山东、辽宁、陕西、新疆、内蒙古、江苏、河南等省区有引种栽培。

欧当归在欧洲有上千年的栽培历史[1]。其药用历史迄今已超过500年，传统用作驱风剂、抗胃肠气胀药和外用洗剂，用于咽喉痛、疖的治疗。现在，欧当归主要用作药茶的原料之一，欧当归提取物也用作利口酒的矫味剂。《欧洲药典》(第 5 版) 和《英国药典》(2002 年版) 收载本种为欧当归的法定原植物来源种。主产于波兰、德国东部、荷兰及巴尔干地区[1]。

欧当归主要含挥发油和香豆素类成分等。《欧洲药典》和《英国药典》采用水蒸气蒸馏法测定，规定欧当归干燥原药材和饮片的挥发油含量分别不得少于 4.0mL/kg 和 3.0mL/kg，以控制药材质量。

药理研究表明，欧当归具有利尿、解痉、抗氧化等作用。

民间经验认为欧当归具有驱风，利尿的功效；中医理论认为欧当归具有活血调经，利尿的功效。

欧当归 *Levisticum officinale* Koch

药材欧当归 Radix Levistici

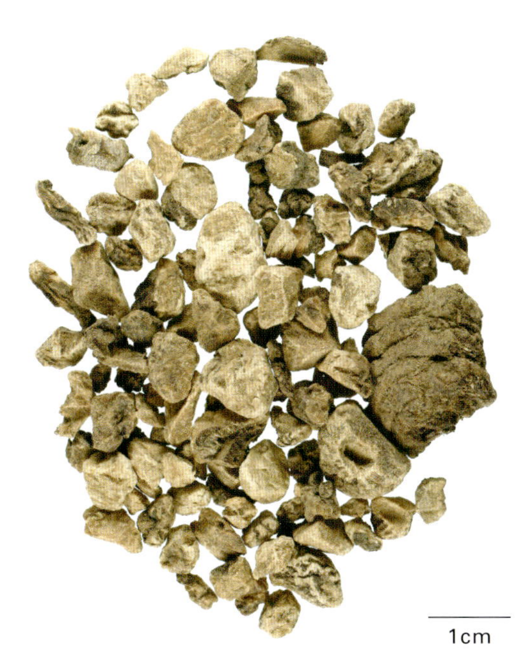

欧当归 Oudanggui

化学成分

欧当归根含挥发油，主要为：Z－藁本内酯（Z－ligustilide）、E－藁本内酯（E－ligustilide）、Z－丁烯基苯酞（Z－butylidenephthalide）、E－丁烯基苯酞（E－butylidenephthalide）、α－，β－蒎烯（α－，β－pinenes）、β－水芹烯（β－phellandrene）、香茅醛（citronellal）、洋川芎内酯（senkyunolide）、戊基苯（pentylbenzene）、pentylcyclohexadiene、validene－4,5－dihydrophthalide[2-5]等；香豆素类成分：伞形花内酯（unbelliferone）、佛手柑内酯（bergapten）、补骨脂素（psoralen）[6]等；黄酮类成分：芦丁（rutin）、山柰酚－3－O－芸香糖苷（kaempferol－3－O－rutoside）、异槲皮素（isoquercetin）、槲皮素（quercetin）、黄芪苷（astragalin）[7-8]等；多炔类成分：法卡林二醇（falcarindiol）[9]等；有机酸类成分：阿魏酸（ferulic acid）、咖啡酸（coffeic acid）[1]等。另含藁本内酯的二聚体（ligustilide dimer）[9]等成分。

欧当归的叶、茎、花、种子中也含挥发油，油中主要成分为α－醋酸萜品酯（α－terpinyl acetate）、β－水芹烯、Z－藁本内酯[10-11]等。

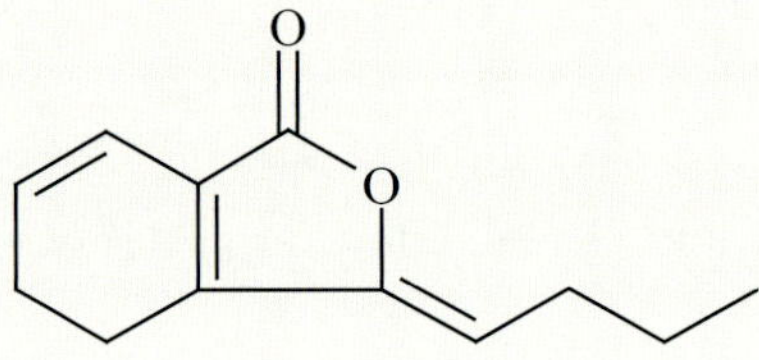

Z-ligustilide

药理作用

1. 解痉

体外实验表明，欧当归根水浸膏及挥发油均能抑制大鼠子宫节律性收缩，并能对抗乙酰胆碱引起的子宫和肠道平滑肌痉挛。欧当归挥发油及所含的藁本内酯有解痉作用[2]。

2. 利尿

欧当归挥发油在一定程度上能增加猫及小鼠的尿量，并增加尿中氯化物等物质的分泌[1]。

3. 其他

欧当归根的无水乙醇提取物有雌激素样作用；欧当归还有镇静[1]、抗菌[9]、抗氧化[12]等作用。

应用

欧当归根可用于治疗尿路感染和预防肾结石。民间也用于治疗胃肠道疾病和月经病。

欧当归也为中医临床用药。功能：活血调经，利尿。主治：经闭，痛经，头晕，头痛，肌麻，水肿等症。

评注

欧当归在欧洲有悠久的种植历史，北美各国也有栽培。该植物及所含挥发油有广泛的用途，除药用外，在食品、香料、烟草等行业中也有广泛应用。

欧当归根部系该植物的主要部分，约占全株总重量的 37%；研究也表明，盛花期是欧当归的最佳采收季节[13]。

欧当归易于栽培，产量较高，在中国部分地区曾作为当归 *Angelica sinensis* (Oliv.) Diels 的替代品使用，但两者的来源不同，所含主要化学成分的性质与含量均有差异，药理作用也不尽相同。20 世纪 80 年代初，中国政府已禁止以欧当归代替当归药用。

参考文献

[1] GB Norman. Herbal drugs and phytopharmaceuticals: A handbook for practice on a scientific basis. Stuttgart: Medpharm Scientific Publishers. 2001: 295-297

[2] PAG Santos, AC Figueiredo, MM Oliveira, JG Barroso, LG Pedro, SG Deans, JJC Scheffer. Growth and essential oil composition of hairy root cultures of *Levisticum officinale* W.D.J. Koch (lovage). *Plant Science*. 2005, **168**(4): 1089-1096

[3] MJM Gijbels, JJC Scheffer, A Baerheim Svendsen. Phthalides in the essential oil from roots of *Levisticum officinale*. *Planta Medica*. 1982, **44**(4): 207-211

[4] E Bylaite, JP Roozen, A Legger, RP Venskutonis, MA Posthumus. Dynamic headspace-gas chromatography-olfactometry analysis of different anatomical parts of Lovage (*Levisticum officinale* Koch.) at eight growing stages. *Journal of Agricultural and Food Chemistry*. 2000, **48**(12): 6183-6190

[5] JQ Cu, F Pu, Y Shi, F Perineau, M Delmas, A Gaset. The chemical composition of lovage headspace and essential oils produced by solvent extraction with various solvents. *Journal of Essential Oil Research*. 1990, **2**(2): 53-59

[6] D Lamprecht. Herbs with essential oil and coumarin (*Levisticum officinale* Koch-Liebstoeckl). *PTA-Repetitorium*. 1982, **7**: 25-28

[7] W Cisowski. Analysis of flavonoids from *Levisticum officinale* herb by high-performance liquid chromatography. *Acta Poloniae Pharmaceutica*. 1988, **45**(5): 441-444

[8] U Justesen, P Knuthsen. Composition of flavonoids in fresh herbs and calculation of flavonoid intake by use of herbs in traditional Danish dishes. *Food Chemistry*. 2001, **73**(2): 245-250

[9] M Cichy, V Wray, G Hoefle. New constituents of *Levisticum officinale* Koch. *Liebigs Annalen Der Chemie*. 1984, **2**: 397-400

[10] E Bylaite, RP Venskutonis, JP Roozen. Influence of harvesting time on the composition of volatile components in different anatomical parts of lovage (*Levisticum officinale* Koch.). *Journal of Agricultural and Food Chemistry*. 1998, **46**(9): 3735-3740

[11] M Majchrzak, E Kaminski. Flavour compounds of lovage (*Levisticum officinale* Koch.) cultivated in Poland. *Herba Polonica*. 2004, **50**(1): 9-14

[12] R Kazernaviciute, D Gruzdiene, PR Venskutonis, M Murkovic. Investigation of antioxidant activity and synergism of plant extracts by the Rancimat method. *Chemine Technologija*. 2002, **4**: 84-88

[13] K Seidler-Lozykowska, K Kazmierczak. Content of the essential oil in the plant organs of lovage (*Levisticum officinale* Koch.) and yield of the raw material in different stages of its development. *Herba Polonica*. 1998, **44**(1): 11-15

亚麻 Yama EP, BP, BHP, CP, GCEM

Linum usitatissimum L.

Flax

概述

亚麻科 (Linaceae) 植物亚麻 *Linum usitatissimum* L.，其干燥成熟种子入药，药用名：亚麻子；从其种子压榨得到的脂肪油入药，药用名：亚麻子油。

亚麻属 (*Linum*) 植物全世界约有 200 种，主要分布于温带和亚热带山地，以地中海地区分布比较集中。中国约有 9 种，本属现供药用者约 2 种、1 变种。本种原产地中海地区，现广泛栽培于世界各地[1]。

亚麻是古老的栽培作物，至少从公元前 5000 年就开始栽培；古希腊医生希波格拉底 (Hippocrates) 推荐用亚麻子治疗黏膜炎症[1]。在中国，“亚麻”药用之名始载于《图经本草》，历代本草多有著录；《植物名实图考》中名为“山西胡麻”。《欧洲药典》(第 5 版) 和《英国药典》(2002 年版) 收载本种为亚麻子和亚麻子油的法定原植物来源种；《中国药典》(2005 年版) 收载本种为中药亚麻子的法定原植物来源种。主产于加拿大、阿根廷、摩洛哥、比利时、匈牙利、印度等国家，其中加拿大是世界上最大的亚麻子生产和输出国[2-3]；中国内蒙古、黑龙江、辽宁、吉林等省区也产。

亚麻主要含木脂素类、环肽类、黄酮类、氰苷类、脂肪酸、多糖成分等。木脂素类成分裂环异落叶松脂素双葡萄糖苷 (SDG)、脂肪酸类成分 α-亚麻酸为亚麻子的主要生理活性成分；所含的环肽类化合物、黄酮等成分也有显著的生理活性。《欧洲药典》和《英国药典》规定亚麻子完整药材的膨胀指数不得低于 4.0，粉末药材不得低于 4.5，以控制药材质量。

药理研究表明，亚麻具有通便、抗肿瘤、抗氧化、调血脂、抗动脉粥样硬化、抗糖尿病、抗炎等作用。

民间经验认为亚麻子具有润滑缓泻的功效；中医理论认为亚麻子具有养血祛风，润燥通便的功效。

亚麻 *Linum usitatissimum* L.

药材亚麻子 Semen Lini

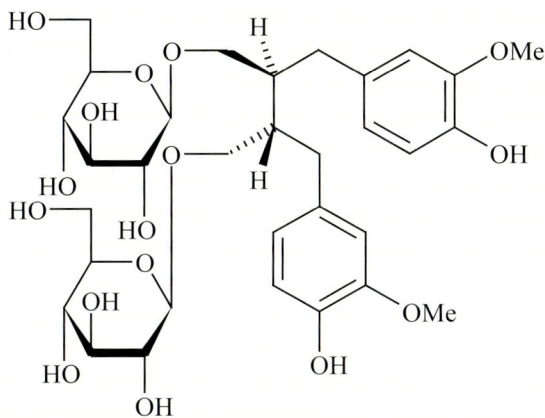

(+) - secoisolariciresinol diglucoside

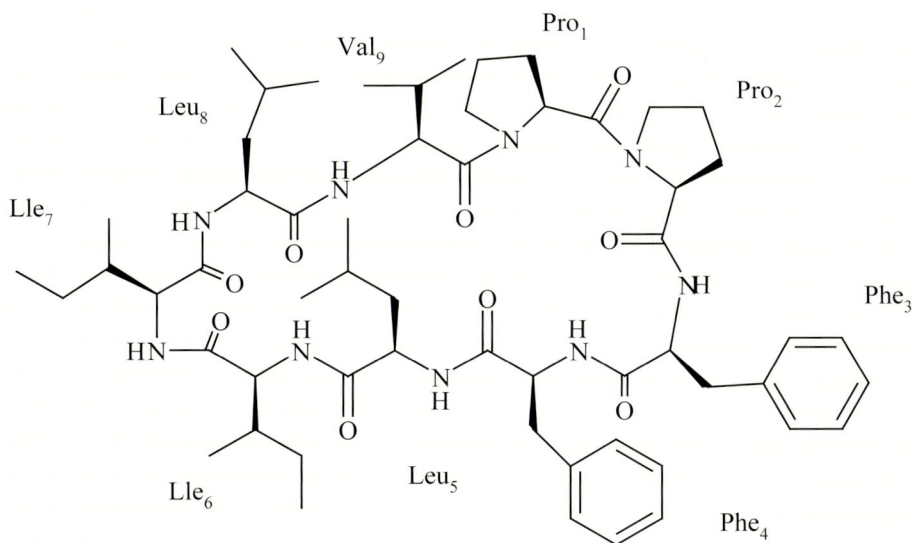

cyclolinopeptide A

亚麻 Yama

化学成分

亚麻种子含木脂素类成分：裂环异落叶松脂素双葡萄糖苷[(+)－secoisolariciresinol diglucoside, 其中(+)－SDG（含量 12~26mg/g）及其异构体(－)－SDG（含量 2.2~5.0mg/g）]、裂环异落叶松脂素 (secoisolariciresinol)、罗汉松脂素 (matairesinol)、落叶松脂素 (lariciresinol)、去甲氧基裂环异落叶松脂素 (demethoxy－secoisolariciresinol)、异落叶松脂素 (isolariciresinol)、松脂素 (pinoresinol)[4-6]等；黄酮类成分：草棉黄素－3,8－O－双吡喃葡萄糖苷 (herbacetin－3,8－O－diglucopyranoside)、山柰酚－3,7－O－双吡喃葡萄糖苷 (kaempferol－3,7－O－diglucopyranoside)[7]等；环肽类成分：环亚油肽A、B、C、D、E、F、G、H、I (cyclolinopeptides A－I)[8-11]；氰苷类成分：亚麻氰苷 (linustatin)、新亚麻氰苷 (neolinustatin)[12-13]；苯丙素苷类成分：linusitamarin、linocinnamarin[14]。此外，还含黏液质 (mucilage)（含量 3.6%~9.4%，为多糖混合物，包括中性多糖部位和酸性多糖部位）[15-16]、植物固醇[17]等成分。

亚麻子含约 40%的脂肪油，主要由 α－亚麻酸（α－linolenic acid)（含量 45%~55%）、亚油酸 (linoleic acid)、油酸 (oleic acid) 等脂肪酸所组成。亚麻子油还含己醇 (hexanol)、反式－2－丁烯醛 (trans－2－butenal)、醋酸等挥发性成分，而具有独特的香气[18-19]。

亚麻茎、叶含黄酮类成分：荭草素 (orientin)、异荭草素 (isoorientin)、牡荆素 (vitexin)、异牡荆素 (isovitexin)、lucenins I、II、vicenins I、II 等；氰苷类成分：亚麻苦苷 (linamarin)、罗坦丝苷 (lotaustralin)[13]。

亚麻根含 linum cerebroside A、1－O－β－D－glucopyranosyl－(2S,3R,4E, 8Z)－2[(2(R)－hydroxyhexadecanoyl) amnido]－4,8－octadecadiene－1,3－diol[20]等成分。

药理作用

1. 通便

亚麻子所含的黏液质能吸水膨胀，增加肠道内容物体积，促进肠的蠕动，并润滑肠道，发挥容积性的缓泻作用[2]。

2. 抗肿瘤

亚麻子饲喂，能显著抑制人乳腺癌裸鼠移植瘤的生长和转移，增强他莫昔芬 (tamoxifen) 的抗肿瘤效果，也能显著抑制手术切除后裸鼠移植雌激素依赖性乳腺癌的肺部和淋巴节转移[21-23]；亚麻子所含的SDG等木脂素类成分能被肠道菌群代谢为有抗雌激素作用的肠木脂素 (enterolignans)；人口服亚麻子后，血清中肠木脂素的浓度显著升高，发挥预防和治疗雌激素依赖性乳腺癌的作用[24]。亚麻子饲喂，对大鼠结肠癌、小鼠遗传性前列腺癌和黑色素瘤也有显著的抑制作用[25-27]。亚麻子所含的脂肪油也为抗肿瘤活性成分[21, 25]。

3. 抗氧化

亚麻子油口服，能显著抑制环磷酰胺所致的小鼠脑组织中丙二醛 (MDA)、共轭二烯和氢过氧化物水平升高，防止血中还原型谷胱甘肽 (GSH)、谷胱甘肽过氧化物酶 (GSH－Px) 水平和碱性磷酸酶 (ALP) 活性下降；也能显著抑制酸性磷酸酶 (AKP) 活性和氧化型谷胱甘肽 (GSSG) 水平升高，降低环磷酰胺所致的氧化应激[28]。亚麻子所含的木脂素类成分SDG及其代谢产物肠木脂素[29]、黄酮类成分体外均有抗氧化作用[7]。

4. 调节血脂、抗动脉粥样硬化

亚麻子饲喂，能显著抑制卵巢切除导致的叙利亚金仓鼠血浆总胆固醇 (TC) 水平升高，减少其主动脉粥样硬化斑块的形成[30]。亚麻子所含的木脂素类成分饲喂，能降低高脂饲料诱导的高脂血动脉粥样硬化模型家兔的氧化应激，显著降低血清TC和低密度脂蛋白胆固醇 (LDL－C) 水平，显著降低总胆固醇/高密度脂蛋白胆固醇 (TC/HDL－C) 的比值，并提高血清高密度脂蛋白胆固醇 (HDL－C) 的水平[31]；富含α-亚麻酸的亚麻子油饲喂，能显著抑制高脂饲料导致的大鼠体重和肝脏重量增加，显著降低肝脏的脂质水平，抑制脂肪肝的发生；显著降低血浆TC、三酰甘油 (TG)、磷脂、游离脂肪酸、低密度脂蛋白 (LDL) 的含量，降低总胆固醇/高密度脂蛋白 (TC/HDL)、LDL/HDL 的比值[32]。

5. **抗糖尿病**

亚麻子所含的木脂素类成分 SDG 口服，能显著抑制链脲霉素诱导的大鼠糖尿病、BBdp 大鼠 1 型糖尿病、Zucker 大鼠 2 型糖尿病的发生和发展，作用机理可能与 SDG 能降低氧化应激有关[33-35]。

6. **抗炎**

亚麻子油灌胃，能下调全肠外营养液支持的腹腔感染大鼠血清肿瘤坏死因子 (TNF) 和白介素－6 (IL－6) 水平，调理机体炎性反应[36]。亚麻子油饲喂，还能改善 IL－10 基因敲除小鼠骨骼矿物质含量和密度[37]。

7. **其他**

亚麻子所含的环肽类成分有免疫抑制[38]作用。

应用

亚麻子是缓泻药和润肠药，用于治疗便秘和皮肤黏膜的炎症。

中医药理论认为，亚麻子具有润燥、祛风的功效，可用于治疗肠燥便秘、皮肤干燥瘙痒、毛发枯萎脱落；亚麻茎叶有平肝、活血的功效，可用于治疗肝风头痛、跌打损伤、痈肿疔疮。

评注

亚麻是重要的纤维、油料作物和药用植物。栽培的亚麻主要有 1 个变种和 1 个亚种：*Linum usitatissimum* cv. *usitatissimum* 用于收获亚麻子；*L. usitatissimum* ssp. *usitatissimum* 用于收获亚麻纤维。

亚麻子含有多种化学成分，具有多样化的生理活性。现已有成熟的方法对其代表性的生理活性成分SDG和α－亚麻酸进行定性和定量检测[4, 19, 39-40]。

亚麻子有抗雌激素依赖性乳腺癌的活性，但又可能增加大鼠子代患乳腺癌的风险[41]，其作用机理值得深入研究。

参考文献

[1] Y Coskuner, E Karababa. Some physical properties of flaxseed (*Linum usitatissimum* L.). *Journal of Food Engineering*. 2007, **78**(3):1067-1073

[2] M Wichtl. Herbal drugs and phytopharmaceuticals: a handbook for practice on a scientific basis. Stuttgart: Medpharm Scientific Publishers. 2004: 342-346

[3] BD Oomah. Flaxseed as a functional food source. *Journal of the Science of Food and Agriculture*. 2001, **81**(9): 889-894

[4] C Eliasson, A Kamal-Eldin, R Andersson, P Aman. High-performance liquid chromatographic analysis of secoisolariciresinol diglucoside and hydroxycinnamic acid glucosides in flaxseed by alkaline extraction. *Journal of Chromatography, A*. 2003, **1012**(2): 151-159

[5] T Sicilia, HB Niemeyer, DM Honig, M Metzler. Identification and stereochemical characterization of lignans in flaxseed and pumpkin seeds. *Journal of Agricultural and Food Chemistry*. 2003, **51**(5): 1181-1188

[6] LP Meagher, GR Beecher, VP Flanagan, BW Li. Isolation and characterization of the lignans, isolariciresinol and pinoresinol, in flaxseed meal. *Journal of Agricultural and Food Chemistry*. 1999, **47**(8): 3173-3180

[7] SX Qiu, ZZ Lu, L Luyengi, SK Lee, JM Pezzuto, NR Farnsworth, LU Thompson, HHS Fong. Isolation and characterization of flaxseed (*Linum usitatissimum*) constituents. *Pharmaceutical Biology*. 1999, **37**(1): 1-7

[8] H Morita, A Shishido, T Matsumoto, K Takeya, H Itokawa, T Hirano, K Oka. A new immunosuppressive cyclic nonapeptide, cyclolinopeptide B from *Linum usitatissimum*. *Bioorganic & Medicinal Chemistry Letters*. 1997, **7**(10): 1269-1272

[9] H Morita, A Shishido, T Matsumoto, H Itokawa, K Takeya. Cyclolinopeptides B - E, new cyclic peptides from *Linum usitatissimum*. *Tetrahedron*. 1999, **55**(4): 967-976

[10] T Matsumoto, A Shishido, H Morita, H Itokawa, K Takeya. Cyclolinopeptides F-I, cyclic peptides from linseed. *Phytochemistry*. 2001, **57**(2): 251-260

[11] T Matsumoto, A Shishido, H Morita, H Itokawa, K Takeya. Conformational analysis of cyclolinopeptides A and B. *Tetrahedron*. 2002, **58**(25): 5135-5140

[12] BD Oomah, G Mazza, EO Kenaschuk. Cyanogenic compounds in flaxseed. *Journal of Agricultural and Food Chemistry*. 1992, **40**(8): 1346-1348

[13] I Niedzwiedz-Siegien. Cyanogenic glucosides in *Linum usitatissimum*. *Phytochemistry*. 1998, **49**(1): 59-63

[14] L Luyengi, JM Pezzuto, DP Waller, CWW Beecher, HHS Fong, CT Che, P Bowen. Linusitamarin, a new phenylpropanoid glucoside from *Linum usitatissimum*. *Journal of Natural Products*. 1993, **56**(11): 2012-2015

[15] RW Fedeniuk, CG Biliaderis. Composition and physicochemical properties of linseed (*Linum usitatissimum* L.) mucilage. *Journal of Agricultural and Food Chemistry*. 1994, **42**(2): 240-247

[16] J Warrand, P Michaud, L Picton, G Muller, B Courtois, R Ralainirina, J Courtois. Structural investigations of the neutral polysaccharide of *Linum usitatissimum* L. seeds mucilage. *International Journal of Biological Macromolecules*. 2005, **35**(3-4): 121-125

[17] KM Phillips, DM Ruggio, M Ashraf-Khorassani. Phytosterol composition of nuts and seeds commonly consumed in the United States. *Journal of Agricultural and Food Chemistry*. 2005, **53**(24): 9436-9445

[18] M Lukaszewicz, J Szopa, A Krasowska. Susceptibility of lipids from different flax cultivars to peroxidation and its lowering by added antioxidants. *Food Chemistry*. 2004, **88**(2): 225-231

[19] S Krist, G Stuebiger, S Bail, H Unterweger. Analysis of volatile compounds and triacylglycerol composition of fatty seed oil gained from flax and false flax. *European Journal of Lipid Science and Technology*. 2006, **108**(1): 48-60

[20] 梁志，王映红，李志宏，秦海林．亚麻根化学成分的研究．天然产物研究与开发．2005，**17**(4)：409-411

[21] LD Wang, JM Chen, LU Thompson. The inhibitory effect of flaxseed on the growth and metastasis of estrogen receptor negative human breast cancer xenografts is attributed to both its lignan and oil components. *International Journal of Cancer*. 2005, **116**(5): 793-798

[22] JM Chen, E Hui, T Ip, LU Thompson. Dietary flaxseed enhances the inhibitory effect of tamoxifen on the growth of estrogen-dependent human breast cancer (MCF-7) in nude mice. *Clinical Cancer Research*. 2004, **10**(22): 7703-7711

[23] JM Chen, LD Wang, LU Thompson. Flaxseed and its components reduce metastasis after surgical excision of solid human breast tumor in nude mice. *Cancer Letters*. 2006, **234**(2): 168-175

[24] U Knust, B Spiegelhalder, T Strowitzki, RW Owen. Contribution of linseed intake to urine and serum enterolignan levels in German females: a randomised controlled intervention trial. *Food and Chemical Toxicology*. 2006, **44**(7): 1057-1064

[25] A Bommareddy, BL Arasada, DP Mathees, C Dwivedi. Chemopreventive effects of dietary flaxseed on colon tumor development. *Nutrition and Cancer*. 2006, **54**(2): 216-222

[26] X Lin, JR Gingrich, WJ Bao, J Li, ZA Haroon, W Demark-Wahnefried. Effect of flaxseed supplementation on prostatic carcinoma in transgenic mice. *Urology*. 2002, **60**(5): 919-924

[27] L Yan, JA Yee, DH Li, MH McGuire, LU Thompson. Dietary flaxseed supplementation and experimental metastasis of melanoma cells in mice. *Cancer Letters*. 1998, **124**(2): 181-186

[28] AL Bhatia, K Manda, S Patni, AL Sharma. Prophylactic action of linseed (*Linum usitatissimum*) oil against cyclophosphamide-induced oxidative stress in mouse brain. *Journal of Medicinal Food*. 2006, **9**(2): 261-264

[29] DD Kitts, YV Yuan, AN Wijewickreme, LU Thompson. Antioxidant activity of the flaxseed lignan secoisolariciresinol diglycoside and its mammalian lignan metabolites enterodiol and enterolactone. *Molecular and Cellular Biochemistry*. 1999, **202**(1-2): 91-100

[30] EA Lucas, SA Lightfoot, LJ Hammond, L Devareddy, DA Khalil, BP Daggy, BJ Smith, N Westcott, V Mocanu, DY Soung, BH Arjmandi. Flaxseed reduces plasma cholesterol and atherosclerotic lesion formation in ovariectomized Golden Syrian hamsters. *Atherosclerosis*. 2004, **173**(2): 223-229

[31] K Prasad. Hypocholesterolemic and antiatherosclerotic effect of flax lignan complex isolated from flaxseed. *Atherosclerosis*. 2005, **179**(2): 269-275

[32] K Vijaimohan, M Jainu, KE Sabitha, S Subramaniyam, C Anandhan, CS Shyamala Devi. Beneficial effects of alpha linolenic acid rich flaxseed oil on growth performance and hepatic cholesterol metabolism in high fat diet fed rats. *Life Sciences*. 2006, **79**(5): 448-454

[33] K Prasad, SV Mantha, AD Muir, ND Westcott. Protective effect of secoisolariciresinol diglucoside against streptozotocin-induced diabetes and its mechanism. *Molecular and Cellular Biochemistry*. 2000, **206**(1-2): 141-149

[34] K Prasad. Oxidative stress as a mechanism of diabetes in diabetic BB prone rats: effect of secoisolariciresinol diglucoside (SDG). *Molecular and Cellular Biochemistry*. 2000, **209**(1-2): 89-96

[35] K Prasad. Secoisolariciresinol diglucoside from flaxseed delays the development of type 2 diabetes in Zucker rat. *Journal of Laboratory and Clinical Medicine*. 2001, **138**(1): 32-39

[36] 白化天，陈静，何涛，李冠世，孟兴凯，张瑞明，赵海平．亚麻籽油对 TPN 支援的腹腔感染大鼠血清细胞因子的影响．肠外与肠内营养．2003，**10**(3)：144-146

[37] SL Cohen, AM Moore, WE Ward. Flaxseed oil and inflammation-associated bone abnormalities in interleukin-10 knockout mice. *Journal of Nutritional Biochemistry*. 2005, **16**(6): 368-374

[38] B Picur, M Cebrat, J Zabrocki, IZ Siemion. Cyclopeptides of *Linum usitatissimum*. *Journal of Peptide Science*. 2006, **12**(9): 569-574

[39] B Yu, G Khan, A Foxworth, K Huang, L Hilakivi-Clarke. Maternal dietary exposure to fiber during pregnancy and mammary tumorigenesis among rat offspring. *International Journal of Cancer*. 2006, **119**(10): 2279-2286

[40] S Charlet, L Bensaddek, S Raynaud, F Gillet, F Mesnard, MA Fliniaux. An HPLC procedure for the quantification of anhydrosecoiso lariciresinol. Application to the evaluation of flax lignan content. *Plant Physiology and Biochemistry*. 2002, **40**(3): 225-229

[41] JL Penalvo, KM Haajanen, N Botting, H Adlercreutz. Quantification of lignans in food using isotope dilution gas chromatography/ mass spectrometry. *Journal of Agricultural and Food Chemistry*. 2005, **53**(24): 9342-9347

亚麻种植地

北美山梗菜 Beimeishangengcai •EP, BP, BHP

Lobelia inflata L.

Lobelia

概述

桔梗科 (Campanulaceae) 植物北美山梗菜 *Lobelia inflata* L.，其干燥地上部分入药。药用名：北美山梗菜。

半边莲属 (*Lobelia*) 植物全世界约有350种，分布于热带、亚热带地区，特别是非洲和美洲。中国约 19 种，本属现供药用者约有 9 种、2 变种[1]。本种分布于美国、加拿大阿帕拉契山脉 (Appalachian Mountains)；在美国、荷兰等地有栽培[2-3]。

北美山梗菜长期以来被北美印第安人作为烟叶使用，又称为印第安烟草。1805 至 1809 年间，北美山梗菜开始用于治疗哮喘，后来成为 19 世纪最重要的治疗哮喘的药用植物之一[4]。《英国草药典》(1996 年版) 收载本种为北美山梗菜的法定原植物来源种；《欧洲药典》(第 5 版) 和《英国药典》(2002 年版) 均仅收载盐酸山梗菜碱 (Lobeline hydrochloride)。主产于北美、荷兰。

北美山梗菜主要含生物碱类成分。所含的山梗菜碱是其主要活性成分。《英国药典》(1988 年版) 曾规定北美山梗菜中总生物碱含量以山梗菜碱计，不得少于 0.25%，以控制药材质量。

药理研究表明，北美山梗菜具有兴奋呼吸、抗焦虑、抗抑郁、改善学习记忆、镇痛、镇静等作用。

民间经验认为北美山梗菜具有兴奋呼吸的功效。

北美山梗菜 *Lobelia inflata* L.

药材北美山梗菜 Herba Lobeliae

化学成分

北美山梗菜含生物碱类成分（总生物碱含量为 0.20%~0.50%）：山梗菜碱（半边莲碱、洛贝林，(－)－lobeline）、山梗酮碱（去氢半边莲碱，lobelanine）、降山梗酮碱（norlobelanine）、山梗醇碱（lobelanidine）、降山梗醇碱（norlobelanidine）、山梗菜次碱（lobinine）、异山梗菜次碱（isolobinine）[2-4]等约20个哌啶类生物碱（piperidine alkaloids）；此外，还含白屈菜酸（chelidonic acid）[5]、β－香树脂素棕榈酸酯（β－amyrin palmitate）[6]等成分。

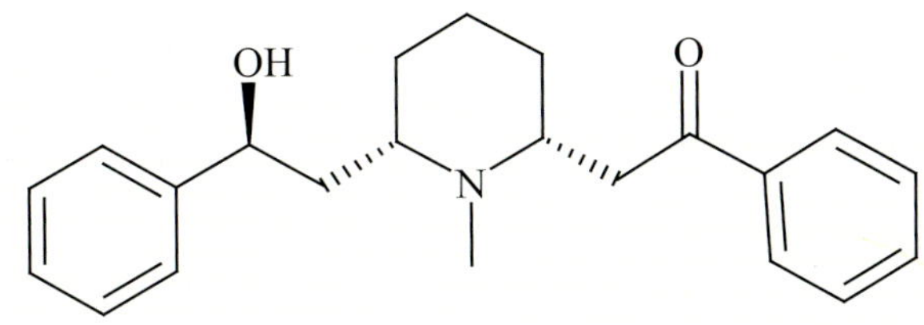

(－)－lobeline

药理作用

1. 兴奋呼吸

山梗菜碱能兴奋颈动脉体和主动脉体的化学感受器，反射性的兴奋延髓呼吸中枢[4]。

2. 抗焦虑

高架十字迷宫实验表明，山梗菜碱腹腔注射，能显著延长小鼠在迷宫开放臂内停留的时间，显示了明显的抗焦虑活性[7]。

3. 抗抑郁

从北美山梗菜叶甲醇提取物中分离得到的β－香树脂素棕榈酸酯，在强迫游泳实验中能剂量依赖地显著减少小鼠不动状态时间，其作用与米安色林（mianserin）类似[6, 8]。

4. 改善学习记忆

抑制性回避训练和空间辨识水迷宫实验表明，山梗菜碱腹腔注射能显著改善大鼠的认知功能[9]。山梗菜碱还能增强大鼠的持续注意功能[4]。

5. 镇痛、镇静

从小鼠甩尾试验表明，山梗菜碱鞘膜内注射能剂量依赖地显著延长小鼠甩尾的潜伏期，其镇痛作用强度与烟碱相似；皮下注射能显著增强烟碱的镇痛作用。山梗菜碱小鼠皮下注射，在最大效应时能引起运动损害、自发活动减少和体温降低；山梗菜碱的这些药理作用无急性耐受性，但皮下注射 10 天后可产生耐受性[10]。

6. 其他

山梗菜碱还有催吐、抑制食欲、加快心率[4]等作用。

应用

北美山梗菜是呼吸兴奋药，在顺势疗法中用于治疗哮喘和辅助戒烟。山梗菜碱用于新生儿窒息、一氧化碳引起的窒息、吸入麻醉剂及其他中枢抑制药（如阿片、巴比妥类）中毒和肺炎、白喉等传染病引起的呼吸衰竭[11]。

评注

北美山梗菜是一种古老的药用植物，北美印第安人作为烟叶使用的记录与现代药理研究结果颇为相符。北美山梗菜的主要生理活性成分山梗菜碱，是烟碱型乙酰胆碱受体 (nAChR) 激动剂。山梗菜碱与烟碱有类似的抗焦虑、改善学习记忆等生理活性，但是山梗菜碱不增加自发活动，不导致条件性位置偏爱效应[12]。在开发戒烟药物、治疗老年性痴呆 (Alzheimer's disease) 药物等方面应当挖掘北美山梗菜的潜力。

参考文献

[1] 张铁军，许志强．中国半边莲属药用植物地理分布及资源利用．中药材．1991, **14**(11): 18-20

[2] WC Evans. Trease & Evans' pharmacognosy (15-th edition). Edinburgh:WB Saunders. 2002: 351-353

[3] J Bruneton. Pharmacognosy, phytochemistry, medicinal plants (2-nd edition). Paris: Technique & Documentation. 1999: 859-860

[4] FX Felpin, J Lebreton. History, chemistry and biology of alkaloids from *Lobelia inflata*. *Tetrahedron*. 2004, **60**(45): 10127-10153

[5] PR Bradley. British herbal compendium (volume 1). British herbal medicine association. 1992: 149-150

[6] A Subarnas, Y Oshima, Y Ohizumi. An antidepressant principle of *Lobelia inflata* L.. (Campanulaceae). *Journal of Pharmaceutical Sciences*. 1992, **81**(7): 620-621

[7] JD Brioni, AB O'Neill, DJB Kim, MW Decker. Nicotinic receptor agonists exhibit anxiolytic-like effects on the elevated plus-maze test. *European Journal of Pharmacology*. 1993, **238**(1): 1-8

[8] A Subarnas, T Tadano, Y Oshima, K Kisara, Y Ohizumi. Pharmacological properties of β-amyrin palmitate, a novel centrally acting compound, isolated from *Lobelia inflata* leaves. *Journal of Pharmacy and Pharmacology*. 1993, **45**(6): 545-550

[9] MW Decker, MJ Majchrzak, SP Arneric. Effects of lobeline, a nicotinic receptor agonist, on learning and memory. *Pharmacology, Biochemistry and Behavior*. 1993, **45**(3): 571-576

[10] MI Damaj, GS Patrick, KR Creasy, BR Martin. Pharmacology of lobeline, a nicotinic receptor ligand. Journal of *Pharmacology and Experimental Therapeutics*. 1997, **282**(1): 410-419

[11] 陈新谦，金有豫，汤光．新编药物学（第15版）．北京：人民卫生出版社．2004：161

[12] PJ Fudala, ET Iwamoto. Further studies on nicotine-induced conditioned place preference in the rat. *Pharmacology, Biochemistry, and Behavior*. 1986, **25**(5): 1041-1049

洋苹果 Yangpingguo EP, BP, GCEM

蔷薇科

***Malus sylvestris* Mill.**

Apple

概述

蔷薇科 (Rosaceae) 植物洋苹果 *Malus sylvestris* Mill.，其果实入药。药用名：苹果。

苹果属 (*Malus*) 植物全世界约有 35 种，广泛分布于温带，亚洲、欧洲和北美洲均产。中国约有 20 种，本属现供药用者约有 13 种。本种温带大部分地区多有栽培。

洋苹果在古埃及、古希腊和古罗马已深得人们的喜爱。17 世纪英国草药家开始将苹果用于胃热、肺炎、哮喘和枪伤的治疗。北温带大部分地区均产。

洋苹果主要含多酚类成分，包括黄酮类、花青素类、儿茶素等，还含有果胶。

药理研究表明，洋苹果具有抗氧化、抗肿瘤、抗过敏、降血脂、保护胃黏膜、止痒等作用。

民间经验认为苹果具有抗肿瘤、止痢疾、降血糖等功效。

洋苹果 *Malus sylvestris* Mill.

苹果 *M. pumila* Mill.

洋苹果 Yangpingguo

化学成分

洋苹果的果实含黄酮类成分：槲皮素 (quercetin)、槲皮素-3-O-芸香糖苷 (quercetin-3-O-rutinoside)、槲皮素-3-O-鼠李糖苷 (quercetin-3-O-rhamnoside)、槲皮素-3-O-阿拉伯糖苷 (quercetin-3-O-arabinoside)、根皮苷 (phloridzin)[1]、芦丁 (rutin)[2]等；儿茶素类成分：(+)-儿茶素 [(+)-catechin]、(-)-表儿茶素 [(-)-epicatechin][1]；儿茶素聚合物即花青素类成分：原花青素B_1、B_2、C_1 (procyanidins B_1-B_2, C_1)[3]、矢车菊素-3-半乳糖苷 (cyanidin-3-galactoside)[4]；有机酸类成分：绿原酸 (chlorogenic acid)、咖啡酸 (caffeic acid)、4-对香豆酰基金鸡纳酸 (4-p-coumaroylquinic acid)[1]；还含有吐叶醇β-D-吡喃葡萄糖苷 (vomifoliol β-D-glucopyranoside)、(R)-3-羟基辛烷β-D-吡喃葡萄糖苷 [(R)-3-hydroxyoctyl β-D-glucopyranoside][5]、己烷基 β-D-吡喃葡萄糖苷 (hexyl β-D-glucopyranoside)[6]、茉莉酸 (jasmonic acid)、茉莉酸甲酯 (methyl jasmonate)[7]。洋苹果的果实中尚含大量的果胶酸 (pectic acid)、果胶 (pectin)[8]、缩合鞣质 (condensed tannin)[9]、苹果酸酶 (malic enzyme)[10]、1-氨基环丙烷-1-羧酸合酶 (1-aminocyclopropane-1-carboxylate synthase)[11]及丰富的维生素 C、E、K_1和卵磷脂 (lecithin)[12-13]等。

洋苹果的心材中含黄酮类成分：芹菜素 (apigenin)、木犀草素 (luteolin)、槲皮素、芹菜素-7-O 葡萄糖苷 (apigenin-7-O-glucoside)、香橙素-3-O-葡萄糖苷 (aromadendrin-3-O-glucoside)[14]。

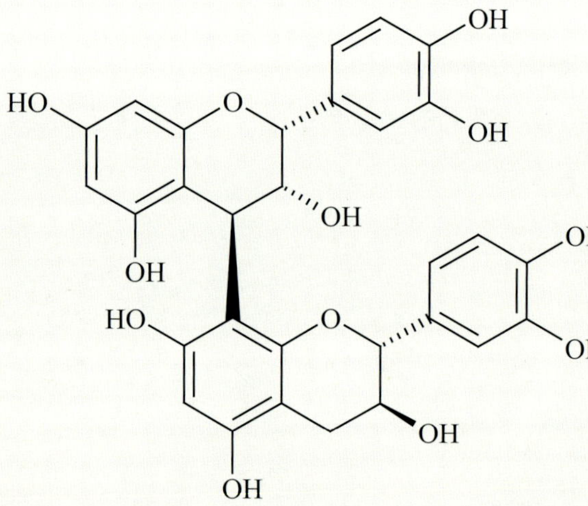

procyanidin B_1

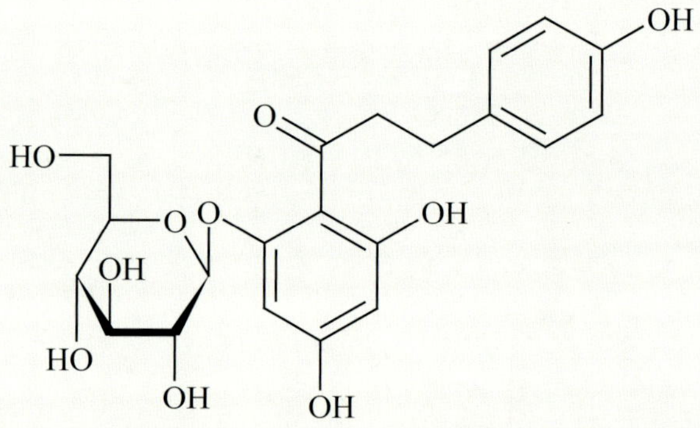

phloridzin

药理作用

1. 抗氧化

从清除羟基自由基、超氧阴离子自由基和对脂质过氧化产生丙二醛的影响等实验表明，洋苹果多酚提取物有较好的抗氧化活性，其活性成分为分子量较小的酚类和原花青素低聚体[15-16]。富含黄酮类成分的洋苹果提取物能减低体外培养的人脐静脉上皮细胞 (HUVEC) 中核转录因子 (NF-κB) 信号的表达，表明洋苹果中的黄酮类成分也具有抗氧化活性[17]。动物实验表明，苹果果胶也具有自由基清除作用[18]。

2. 抗肿瘤

洋苹果丙酮提取物体外可抑制肝癌细胞 HepG2 的生长[19]，还可抑制大肠癌细胞 LS-174T 和结肠癌细胞 HT29 的增殖并诱导其凋亡[20-21]。动物实验表明，洋苹果总提取物对大鼠由二甲基苯并蒽 (DMBA) 所致的乳腺癌有预防作用[22]，苹果果胶对结肠癌有抑制作用[18]。洋苹果的抗肿瘤活性成分主要为多酚类、黄酮类、根皮苷和果胶等[18, 21-22]。

3. 抗过敏

体外实验表明，缩合鞣质对激活的大鼠嗜碱性白血病细胞 RBL－2H3 和腹膜肥大细胞组胺释放有抑制作用[9]，苹果多酚和苹果缩合鞣质 (ACT) 还能显著抑制免疫球蛋白E (IgE) 与受体 Fcε RI 的结合，从而对激活的肥大细胞产生抑制作用[23]。ACT 给小鼠口服可明显抑制 2,4,6－三硝基氯苯刺激引起的 I 型过敏性耳廓肿胀[24]。

4. 降胆固醇、降血脂

大鼠连续多日食用苹果多酚表明，苹果多酚能促进胆固醇分解代谢，抑制胆固醇在肠道的吸收，有降胆固醇和抗动脉粥样硬化作用[25]。有轻微胆固醇偏高的人多日食用苹果多酚后，血浆中低密度脂蛋白 (LDL) 胆固醇和总胆固醇含量显著降低，高密度脂蛋白 (HDL) 胆固醇含量增高，表明苹果多酚有预防动脉粥样硬化的作用[26]。苹果多酚给大鼠食用还可抑制脂肪形成，使大鼠腹膜和附睾脂肪组织的重量显著减轻[27]。

5. 抗菌

苹果多酚体外对芽孢杆菌、大肠杆菌、假单胞菌等有较强的抑制作用[28]。苹果多酚和 ACT 体外还可选择性抑制口腔龋齿致病菌葡萄糖基转移酶 (GTF) 的活性[29]。

6. 保护胃黏膜

洋苹果多酚提取物对黄嘌呤-黄嘌呤氧化酶或吲哚美辛所致的外源性胃上皮细胞损伤有保护作用，体内对吲哚美辛引起的大鼠胃黏膜损伤也有保护作用，其主要活性成分为儿茶素和绿原酸[30]。

7. 对皮肤的影响

对由盐酸组胺引起的土拨鼠和豚鼠的瘙痒行为，苹果多酚均匀涂抹有明显的止痒作用[31-32]。洋苹果种子乙醇提取物皮肤涂抹，可使去毛小鼠受紫外线 UVB 照射所形成的皱纹面积及体积明显减小、角质肥厚趋势下降，对皱纹形成有显著的改善作用[33]。

8. 其他

根皮苷有防止骨质流失的作用[34]；儿茶素有降血压的作用[35]；原花青素B_2有促进毛发生长的作用[36]；洋苹果中的酶有消除口臭的作用[37]；苹果果胶还有抑制肠黏膜产生前列腺素E_2 (PGE_2)、抑制肝代谢等作用[38]。

应用

印度传统医学认为洋苹果可以治疗痢疾；中医理论认为洋苹果树皮能治疗糖尿病；德国草药学家提出洋苹果对健康人是滋补品，煮熟后可作为任何疾病的初期治疗；英国草药学家认为洋苹果可用于胃热、肺炎和哮喘的治疗，煮熟后与牛奶混合可治疗枪伤；美国医学则将生苹果用于治疗便秘，煮熟后用于缓解轻微的发热。

现代临床还将洋苹果用于癌症(特别是结肠癌)、痢疾、糖尿病等病的治疗，也用于预防高胆固醇引起的心脏病和中风。此外，常吃洋苹果有助于排除体内铅和汞等重金属。

评注

洋苹果是著名的落叶果树，经济价值很高，栽培历史悠久，全世界栽培品种总数有上千种之多。同属植物苹果 *Malus pumila* Mill. (*Malus domestica* Borkh.) 与洋苹果均可食用。近期广为栽培的主流品种为洋苹果与苹果的杂交变种，如 Fuji、Cortland、Law Rome、Delicious、Granny Smith 等[39-41]。

洋苹果中的多酚、缩合鞣质等活性成分均以未成熟果实含量较高，未成熟果实中缩合鞣质含量是成熟果实中的 10 倍[24-25]，故不宜食用过于成熟的洋苹果。

参考文献

[1] K Kahle, M Kraus, E Richling. Polyphenol profiles of apple juices. *Molecular Nutrition & Food Research*. 2005, **49**(8): 797-806

[2] H Teuber Wuenscher, K Herrmann. Flavonol glycosides of apples (*Malus silvestris* Mill.). 10. Phenolic contents of fruits. *Zeitschrift fuer Lebensmittel-Untersuchung und-Forschung*. 1978, **166**(2): 80-84

[3] Y Shibusawa, A Yanagida, A Ito, K Ichihashi, H Shindo, Y Ito. High-speed counter-current chromatography of apple procyanidins. *Journal of Chromatography, A*. 2000, **886**(1-2): 65-73

[4] MA Awad, A de Jager, LM van Westing. Flavonoid and chlorogenic acid levels in apple fruit: characterization of variation. *Scientia Horticulturae*. 2000, **83**(3-4): 249-263

[5] T Beuerle, P Schreier, W Schwab. (R)-3-hydroxy-5(Z)-octenyl β-D-glucopyranoside from *Malus sylvestris* fruits. *Natural Product Letters*. 1997, **10**(2): 119-124

[6] W Schwab, P Schreier. Glycosidic conjugates of aliphatic alcohols from apple fruit (*Malus sylvestris* Mill. cult. Jonathan). *Journal of Agricultural and Food Chemistry*. 1990, **38**(3): 757-763

[7] S Kondo, A Tomiyama, H Seto. Changes of endogenous jasmonic acid and methyl jasmonate in apples and sweet cherries during fruit development. *Journal of the American Society for Horticultural Science*. 2000, **125**(3): 282-287

[8] V Zitko, J Rosik, J Kubala. Pectic acid from wild apples (*Malus sylvestris*). *Collection of Czechoslovak Chemical Communications*. 1965, **30**(11): 3902-3908

[9] T Kanda, H Akiyama, A Yanagida, M Tanabe, Y Goda, M Toyoda, R Teshima, Y Saito. Inhibitory effects of apple polyphenol on induced histamine release from RBL-2H3 cells and rat mast cells. *Bioscience, Biotechnology, and Biochemistry*. 1998, **62**(7): 1284-1289

[10] DR Dilley. Purification and properties of apple fruit malic enzyme. *Plant Physiology*. 1966, **41**(2): 214-220

[11] WK Yip, JG Dong, SF Yang. Purification and characterization of 1-aminocyclopropane-1-carboxylate synthase from apple fruits. *Plant Physiology*. 1991, **95**(1): 251-257

[12] AS Vecher, VN Bukin. Chemical differences in different varieties and groups of apples. *Rastenii*. 1940, **7**: 43-57

[13] OM Novosel, VS Kyslychenko, VA Khanin. Analysis of lipophilic fractions obtained from leaves of apple tree (*Malus silvestris*) and pear tree (*Pyrus communis*). *Medichna Khimiya*. 2003, **5**(2): 87-90

[14] VS Parmar, SK Sanduja, HN Jha, AS Kukla. Polyphenolics of the heartwood of *Malus sylvestris* Mill. *Indian Journal of Pharmaceutical Sciences*. 1984, **46**(5): 189-190

[15] 陈维军，方琳，戚向阳，张俐勤，杨尔宁，谢笔钧．不同苹果多酚提取物体外清除自由基及抗脂质过氧化的研究．食品科学．2005，**26**(12)：212-215

[16] S Kondo, K Tsuda, N Muto, J Ueda. Antioxidative activity of apple skin or flesh extracts associated with fruit development on selected apple cultivars. *Scientia Horticulturae*. 2002, **96**(1-4): 177-185

[17] PA Davis, JA Polagruto, G Valacchi, A Phung, K Soucek, CL Keen, ME Gershwin. Effect of apple extracts on NF-κB activation in human umbilical vein endothelial cells. *Experimental Biology and Medicine*. 2006, **231**(5): 594-598

[18] K Tazawa, H Namikawa, K Itoh, J Koike, M Yatsuka, Y Mhou, H Ohgami, T Saito. Inhibitory effects and functions of apple pectin on colon carcinogenesis and scavenging activity. *Bio Industry*. 2000, **17**(8): 36-43

[19] 宋冰冰，金立德，刘明，张莉．苹果提取物抑制肝癌细胞系生长的实验性研究．实用肿瘤学杂志．2003，**17**(2)：94-96

[20] 赵鹏，刘明，董新舒，马玉彦，陶冀，宋冰冰．苹果提取物抑制大肠癌生长的实验研究．中华外科杂志．2004，**42**(15)：958-959

[21] S Veeriah, T Kautenburger, N Habermann, J Sauer, H Dietrich, F Will, BL Pool-Zobel. Apple flavonoids inhibit growth of HT29 human colon cancer cells and modulate expression of genes involved in the biotransformation of xenobiotics. *Molecular Carcinogenesis*. 2006, **45**(3): 164-174

[22] RH Liu, JR Liu, BQ Chen. Apples prevent mammary tumors in rats. *Journal of Agricultural and Food Chemistry*. 2005, **53**(6): 2341-2343

[23] T Tokura, N Nakano, T Ito, H Matsuda, Y Nagasako-Akazome, T Kanda, M Ikeda, K Okumura, H Ogawa, C Nishiyama. Inhibitory effect of polyphenol-enriched apple extracts on mast cell degranulation *in vitro* targeting the binding between IgE and FcεRI. *Bioscience, Biotechnology, and Biochemistry*. 2005, **69**(10): 1974-1977

[24] H Akiyama, J Sakushima, S Taniuchi, T Kanda, A Yanagida, T Kojima, R Teshima, Y Kobayashi, Y Goda, M Toyoda. Antiallergic effect of apple polyphenols on the allergic model mouse. *Biological & Pharmaceutical Bulletin*. 2000, **23**(11): 1370-1373

[25] K Osada, T Suzuki, Y Kawakami, M Senda, A Kasai, M Sami, Y Ohta, T Kanda, M Ikeda. Dose-dependent hypocholesterolemic actions of dietary apple polyphenol in rats fed cholesterol. *Lipids*. 2006, **41**(2): 133-139

[26] Y Nagasako-Akazome, T Kanda, M Ikeda, H Shimasaki. Serum cholesterol-lowering effect of apple polyphenols in healthy subjects. *Journal of Oleo Science*. 2005, **54**(3): 143-151

[27] K Nakazato, HS Song, T Waga. Effects of dietary apple polyphenol on adipose tissues weights in wistar rats. *Experimental Animals*. 2006, **55**(4): 383-389

[28] 戚向阳，陈福生，陈维军，黄红霞．苹果多酚抑菌作用的研究．食品科学．2003，**24**(5)：33-36

[29] A Yanagida, T Kanda, M Tanabe, F Matsudaira, JGO Cordeiro. Inhibitory effects of apple polyphenols and related compounds on cariogenic factors of mutans streptococci. *Journal of Agricultural and Food Chemistry*. 2000, **48**(11): 5666-5671

[30] G Graziani, G D'Argenio, C Tuccillo, C Loguercio, A Ritieni, F Morisco, C Del Vecchio Blanco, V Fogliano, M Romano. Apple polyphenol extracts prevent damage to human gastric epithelial cells *in vitro* and to rat gastric mucosa *in vivo*. *Gut*. 2005, **54**(2): 193-200

[31] S Taguchi, S Ishihama, T Kano, T Yamanaka, T Matsumiya. Evaluation of antipruritic effect of apple polyphenols using a new animal model of pruritus. *Tokyo Ika Daigaku Zasshi*. 2002, **60**(2): 123-129

[32] 田口茂，怡悦．瘙痒动物模型的制作及应用：苹果多酚的止痒作用．国外医学：中医中药分册．2003，**25**(3)：164

[33] 土井信幸，怡悦．苹果子乙醇提取物改善去毛小鼠皱纹的作用．国外医学：中医中药分册．2004，**26**(3)：183

[34] C Puel, A Quintin, J Mathey, C Obled, MJ Davicco, P Lebecque, S Kati-Coulibaly, MN Horcajada, V Coxam. Prevention of bone loss by phloridzin, an apple polyphenol, in ovariectomized rats under inflammation conditions. *Calcified Tissue International*. 2005, **77**(5): 311-318

[35] LI Vigorov. Catechins in apples. *Fenol'nye Soedineniya i Ikh Biologicheskie Funktsii, Materialy Vsesoyuznogo Simpoziuma po Fenol'nym Soedineniyam*. 1968: 202-208

[36] T Takahashi, A Kamimura, A Kobayashi, T Hamazono, Y Yokoo, S Honda, Y Watanabe. Hair-growing activity of procyanidin B-2. *Nippon Koshohin Kagakkaishi*. 2002, **26**(4): 225-233

[37] SW Cho, KS Kwak, JH Lee, YS Yun, YS Gu, CL Il, DS Lee, YB Lee, SB Kim. The effect of polyphenol oxidase on the deodorizing activity of apple extract against methyl mercaptan. *Han'guk Sikp'um Yongyang Kwahak Hoechi*. 2001, **30**(6): 1301-1304

[38] K Tazawa, H Okami, H Namikawa, K Ito, K Hanmyo, T Saito, M Yatsuzuka. Inhibitory effects and functions of apple pectin on colon carcinogenesis and active oxygen-scavenging activity. *Food Style 21*. 2000, **4**(8): 61-66

[39] E Fallahi, IJ Chun, GH Neilsen, WM Colt. Effects of three rootstocks on photosynthesis, leaf mineral nutrition, and vegetative growth of "BC-2 Fuji" apple trees. *Journal of Plant Nutrition*. 2001, **24**(6): 827-834

[40] JP Fernandez-Trujillo, JF Nock, CB Watkins. Superficial scald, carbon dioxide injury, and changes of fermentation products and organic acids in "Cortland" and "Law Rome" apples after high carbon dioxide stress treatment. *Journal of the American Society for Horticultural Science*. 2001, **126**(2): 235-241

[41] ZG Ju, EA Curry. Lovastatin inhibits α-farnesene biosynthesis and scald development in "delicious" and "granny smith" apples and "d'anjou" pears. *Journal of the American Society for Horticultural Science*. 2000, **125**(5): 626-629

锦葵科

欧锦葵 Oujinkui·EP, BP, GCEM

Malva sylvestris L.

Mallow

概述

锦葵科 (Malvaceae) 植物欧锦葵 *Malva sylvestris* L.，其干燥花入药。药用名：欧锦葵花。

锦葵属 (*Malva*) 植物全世界约有 30 种，分布于亚洲、欧洲和北非洲。中国约有 4 种、1 变种，本属现供药用者约有 4 种。本种分布于欧洲和亚洲。

欧锦葵从古波斯国传入印度，为印度尤那尼 (Unani) 医学广泛用于呼吸道和泌尿系统疾病的治疗。《欧洲药典》(第 5 版) 和《英国药典》(2002 年版) 收载本种为欧锦葵花的法定原植物来源种。主产于欧洲南部及亚洲。

欧锦葵花主要含花青素类、黄酮类成分等。《欧洲药典》和《英国药典》采用薄层色谱法，以6"-丙二酰锦葵花苷和锦葵花苷为对照品控制药材质量。

药理研究表明，欧锦葵具有抗菌、抗氧化、降血脂、抗补体、解毒等作用。

民间经验认为欧锦葵具有治疗支气管炎，肠胃炎，膀胱炎的功效，外用可促进伤口愈合。

欧锦葵 *Malva sylvestris* L.

药材欧锦葵花 Flos Malvae Sylvestri

化学成分

欧锦葵花主要含花青素类成分：锦葵花素-3-β-D-吡喃葡萄糖苷（malvidin-3-β-D-glucopyranoside）、飞燕草素-3-β-D-吡喃葡萄糖苷（mirtillin）、锦葵花苷（malvin）[1]、锦葵花素-3,5-二葡萄糖苷（malvidin-3,5-diglucoside）[2]、6”-丙二酰锦葵花苷（6”-malonylmalvin）[3]；黄酮类成分：芹菜素（apigenin）、芹菜素-7-O-β-葡萄糖苷（apigenin-7-O-β-glucoside）、芹菜素-4’-O-β-葡萄糖苷（apigenin-4’-O-β-glucoside）、双氢山柰酚-4’-O-β-葡萄糖苷（dihydrokaempferol-4’-O-β-glucoside）、山柰酚-3-O-芸香糖苷（kaempferol-3-O-rutinoside）、槲皮素-3-O-芸香糖苷（quercetin-3-O-rutinoside）[4]、棉皮素-3-葡萄糖苷-8-葡萄糖醛酸苷（gossypetin-3-glucoside-8-glucuronide）、hypolaetin-8-glucuronide、异黄芩素-8-葡萄糖醛酸苷（isoscutellarein-8-glucuronide）[5]等。

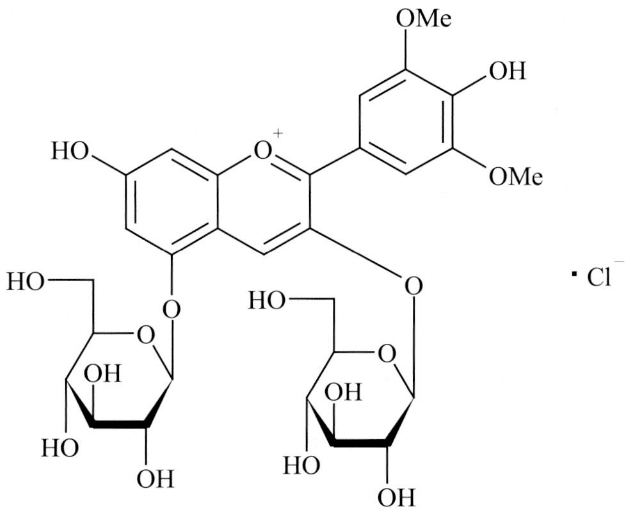

OMe
OH
HO
OMe
· Cl⁻
HO
O
HO
O
OH
HO
OH
HO
O
OH
HO
OH

malvin

OH
HO
O
OH
O
HO
O
O
O
OH
HO
OH

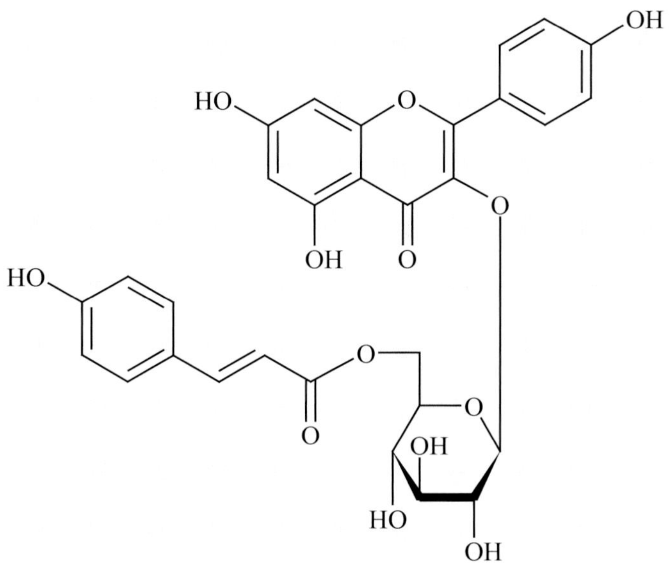

tiliroside

欧锦葵 Oujinkui

欧锦葵叶含黄酮类成分：银椴苷 (tiliroside)[6]、棉皮素-8-O-β-D-葡萄糖醛苷-3-硫酸酯 (gossypetin-8-O-β-D-glucuronide-3-sulfate)[7]、棉纤维素-3-硫酸酯 (gossypin-3-sulfate)、hypolaetin-8-O-β-D-glucoside-3'-sulfate[8]；还含有胆碱 (choline)[9]、东莨菪内酯 (scopoletin)[10]等。

欧锦葵种子含脂肪酸类成分：苹婆酸 (sterculic acid)、锦葵酸 (malvalic acid)、斑鸠菊酸 (vernolic acid)[11]等。

药理作用

1. 抗菌

欧锦葵的花色苷类成分体外对金黄色葡萄球菌有很强的抑制作用[12]。

2. 抗氧化

邻二氮菲Fe^{2+}氧化还原法实验表明，欧锦葵的花色苷类成分体外对自由基有清除作用，对脂质过氧化有抑制作用[13]。欧锦葵对二苯代苦味酰肼 (DPPH) 自由基、螯合亚铁离子及超氧阴离子也有清除作用[14]。

3. 降血脂

以欧锦葵的花色苷类成分饲喂，可使大鼠血清总胆固醇和三酰甘油含量下降，预防血栓的形成[13]。

4. 抗补体

欧锦葵所含的银椴苷、酸性多聚糖及黏液质均有显著的抗补体活性[6, 15-16]。

5. 其他

银椴苷对人白血病细胞有细胞毒活性[6]；欧锦葵中的亚硫酸盐氧化酶对二氧化硫、亚硫酸盐和硫酸盐中毒有解毒作用[17]。

应用

欧锦葵民间作为镇痛剂，用于治疗各种炎症，如咽炎、支气管炎、口腔炎、肠胃炎及膀胱炎等，也用于祛痰[18]，外用可促进伤口愈合。

评注

除花外，欧锦葵的叶也入药，民间用作镇痛剂。

欧锦葵易与蜀葵属药蜀葵 *Althaea officinalis* L. 及同属其他植物大花葵 *Malva maurititana* L.、M. *ambigua* Guss. 等混淆，使用时需注意辨别[19]。

欧锦葵花中含有大量的花色苷类成分。花色苷作为一种重要的天然色素资源，可广泛应用于食品、制药、化妆品等行业。

近年来，对大花葵的研究报道较多，其药用价值有待进一步开发。

参考文献

[1] ZB Rakhimkhanov, AI Ismailov, AK Karimdzhanov, FK Dzhuraeva. Anthocyanins of *Malva sylvestris*. *Khimiya Prirodnykh Soedinenii*. 1975, **11**(2): 255-256

[2] H Pourrat, O Texier, C Barthomeuf. Identification and assay of anthocyanin pigments in *Malva sylvestris* L. *Pharmaceutica Acta Helvetiae*. 1990, **65**(3): 93-96

[3] K Takeda, S Enoki, JB Harborne, J Eagle. Malonated anthocyanins in Malvaceae: malonylmalvin from *Malva sylvestris*. *Phytochemistry*. 1989, **28**(2): 499-500

[4] I Matlawska. Flavonoids from *Malva sylvestris* flowers. *Acta Poloniae Pharmaceutica*. 1994, **51**(2): 167-170

[5] M Billeter, B Meier, O Sticher. 8-Hydroxyflavonoid glucuronides from *Malva sylvestris*. *Phytochemistry*. 1991, **30**(3): 987-990

[6] R Nowak. Separation and quantification of tiliroside from plant extracts by SPE/RP-HPLC. *Pharmaceutical Biology*. 2003, **41**(8): 627-630

[7] MAM Nawwar, J Buddrus. A gossypetin glucuronide sulfate from the leaves of *Malva sylvestris*. *Phytochemistry*. 1981, **20**(10): 2446-2448

[8] MAM Nawwar, A El Dein, A El Sherbeiny, MA El Ansari, HI El Sissi. Two new sulfated flavonol glucosides from leaves of *Malva sylvestris*. *Phytochemistry*. 1977, **16**(1): 145-146

[9] GK Phokas. Isolation of choline from the leaves of *Malva sylvestris*. *Pharm. Deltion Epistemonike Ekdosis*. 1963, **3**(1): 14-17

[10] B Tosi, B Tirillini, A Donini, A Bruni. Presence of scopoletin in *Malva sylvestris*. *International Journal of Pharmacognosy*. 1995, **33**(4): 353-355

[11] M Mukarram, I Ahmad, M Ahmad. Hydrobromic acid-reactive acids of *Malva sylvestris seed oil*. *Journal of the American Oil Chemists Society*. 1984, **61**(6): 1060

[12] CL Cheng, ZY Wang. Bacteriostasic activity of anthocyanin of *Malva sylvestris*. *Journal of Forestry Research*. 2006, **17**(1): 83-85

[13] ZY Wang. Impact of anthocyanin from Malva sylvestris on plasma lipids and free radical. *Journal of Forestry Research*. 2005, **16**(3): 228-232

[14] N El Sedef, S Karakaya. Radical scavenging and iron-chelating activities of some greens used as traditional dishes in Mediterranean diet. *International Journal of Food Sciences and Nutrition*. 2004, **55**(1): 67-74

[15] M Tomoda, R Gonda, N Shimizu, H Yamada. Plant mucilages. XLII. An anti-complementary mucilage from the leaves of *Malva sylvestris* var. *mauritiana*. *Chemical & Pharmaceutical Bulletin*. 1989, **37**(11): 3029-3032

[16] R Gonda, M Tomoda, N Shimizu, H Yamada. Structure and anticomplementary activity of an acidic polysaccharide from the leaves of *Malva sylvestris* var. *mauritiana*. *Carbohydrate Research*. 1990, **198**(2): 323-329

[17] BA Ganai, A Masood, MA Zargar, SM Bashir. Detoxifying role of sulphite oxidase and its characterization from various sources (a review). *Journal of Microbiology, Biotechnology & Environmental Sciences*. 2005, **7**(4): 891-894

[18] 林宏庠，江纪武．土耳其传统药简介．国外医药：植物药分册．1992, **7**(4): 158-166

[19] WF Charles, RA Juan. The complete guide to herbal medicines. Springhouse corporation. 1999: 309-310

野生欧锦葵

母菊 Muju EP, BP, BHP, GCEM

Matricaria recutita L.

Chamomile

概述

菊科 (Asteraceae) 植物母菊 *Matricaria recutita* L.，其干燥头状花序入药。药用名：德国洋甘菊。

母菊属 (*Matricaria*) 植物全世界约有 40 种，分布于欧洲、地中海、亚洲、非洲南部和美洲西北部。中国有 2 种，本属现供药用者约 1 种。本种分布于欧洲、亚洲北部和西部；中国新疆、北京和上海等地有栽培。

母菊在古埃及、古希腊、古罗马时代已是重要的药用植物。印度尤那尼 (Unani) 医学中也有母菊的记载。《欧洲药典》(第 5 版) 和《英国药典》(2002 年版) 收载本种为母菊的法定原植物来源种。主产于阿根廷、埃及、欧洲东南部和中国新疆地区。

母菊含有挥发油、萜类、黄酮类、香豆素类成分等。《欧洲药典》和《英国药典》采用水蒸气蒸馏法测定，规定德国洋甘菊中挥发油的含量不得少于 4.0mL/kg，以控制药材质量。

药理研究表明，母菊具有镇静、抗炎、抗菌、止痒、抗过敏等作用。

民间经验认为德国洋甘菊具有缓解头痛、保护肝肾，退烧，解痉，抗炎，美容等功效；中医理论认为德国洋甘菊具有清热解毒，止咳平喘，祛风湿等功效。

母菊 *Matricaria recutita* L.

药材德国洋甘菊 Flos Matricariae

母菊的栽培与采收

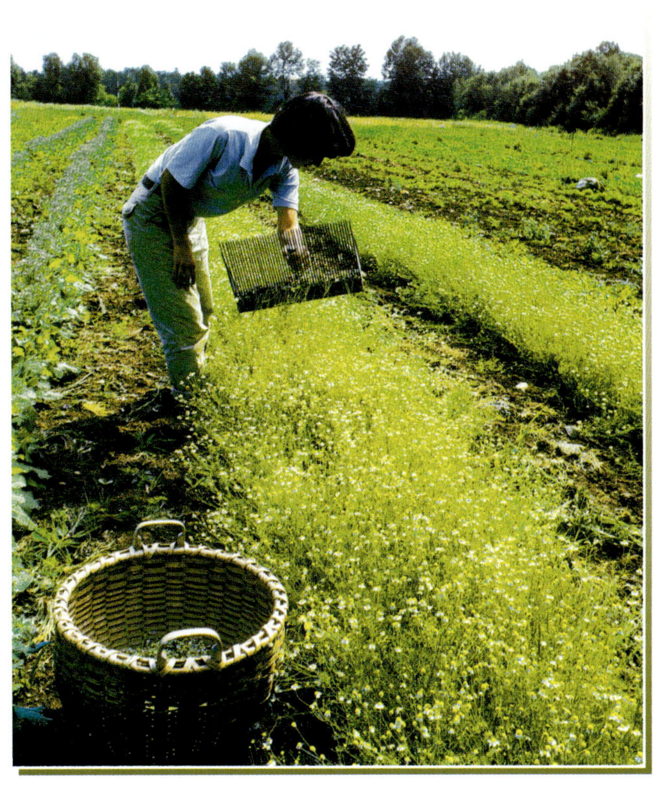

化学成分

母菊的头状花序含挥发油，其中以萜类成分为主：母菊素 (matricin)[1]、α－甜没药萜醇 (α－bisabolol)、(E)－β－金合欢烯 [(E)－β－farnesene][2]、γ－松油烯 (γ－terpinene)、Δ^3－ 烯 (Δ^3－carene)、α－荜澄茄苦素 (α－cubebene)、α－衣兰油烯 (α－muurolene)、菖蒲烯 (calamene)、xanthoxyline、chamavioline[3]、α－甜没药萜醇氧化物 A、B、C (α－bisabolol oxides A－C)[4]、匙叶桉油烯醇 (spathulenol)[5]、guaiazulenic acid[6]等；黄酮类成分：芹菜素 (apigenin)、槲皮素 (quercetin)、木犀草素 (luteolin)[7]、万寿菊黄素 (quercetagetin)、芦丁 (rutin)、金丝桃苷 (hyperoside)、芹菜素－7－O－葡萄糖苷 (apigenin－7－O－glycoside)[8]、大波斯菊苷 (cosmosiin)[9]、棕鳞矢车菊黄酮素 (jaceidin)、猫眼草酚 (chrysosplenol D)、去甲泽兰黄醇素 (eupatolitin)、菠叶素 (spinacetin)、

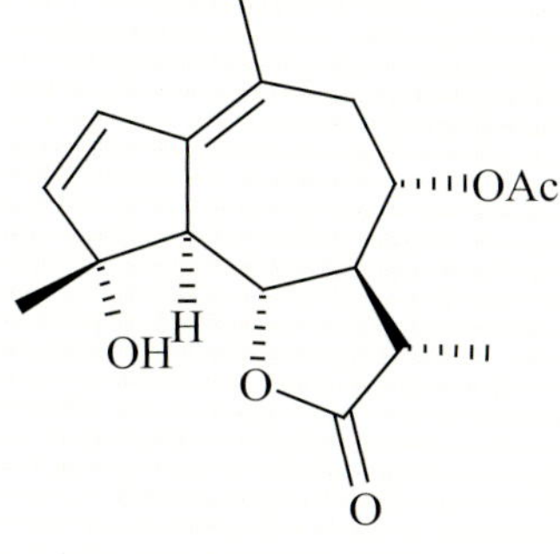

matricin

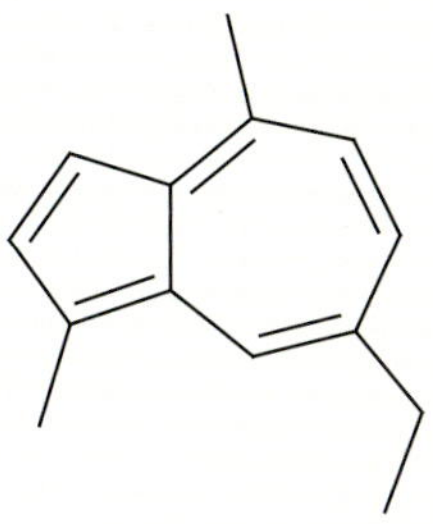

chamazulene

母菊 Muju

甲氧基寿菊素 (axillarin)、3,4,5'-三羟基-6,7-二甲氧基黄酮 (eupalitin)[10]、万寿菊苷 (patulitrin)、棉黄苷 (quercimeritrin)[11]等；香豆素类成分：伞形花内酯 (umbelliferone)、甲基伞形花内酯 (methylumbelliferin)[11]、7-甲氧基香豆素 (herniarin)[12]、七叶亭 (esculetin)、东莨菪内酯 (scopoletin)、异东莨菪内酯 (isoscopoletin)[13]；三萜类成分：齐墩果酸 (oleanolic acid)[12]、蒲公英萜醇 (taraxerol)[14]等；此外，还含有由木糖、阿拉伯糖、半乳糖、葡萄糖、鼠李糖等聚合而成的黏液质等多糖类成分[15]。

干燥后花序提取挥发油的过程中会产生甘葡环烃 (azulene, guaiazulene) 和母菊兰烯 (chamazulene)[16-17]，由不稳定的母菊素转化而成，为精油的主要成分。

药理作用

1. 镇静、抗焦虑

母菊花序提取物给大鼠脑室内注射，可显著减少大鼠的自发活动，具有镇静作用[18]。在小鼠高架十字迷宫试验中发现，芹菜素可通过与中枢苯二氮卓类受体结合形成配合体，产生抗焦虑作用[19]。

2. 抗炎

母菊精油局部给药对小鼠耳廓肿胀有显著的抗炎作用[20]。母菊兰烯、甘葡环烃和母菊素经口给药对大鼠足趾肿胀有抑制作用，但起效时间和强度不同[21]。母菊所含的黄酮类成分可有效抑制水肿等炎症反应，其有效成分为芹菜素和木犀草素，这两种黄酮类成分对粒细胞浸润也有抑制作用[22]。

3. 解痉

母菊花序的亲脂性提取物和亲水性提取物对豚鼠离体回肠均有解痉作用，亲脂性提取物显示有罂粟碱样肌肉解痉作用，有效成分为α-甜没药萜醇及其氧化物等萜类成分；亲水性提取物的解痉作用与芹菜素等黄酮类成分和伞形花内酯等香豆素类成分有关[23]。

4. 抗溃疡

α-甜没药萜醇对吲哚美辛、乙醇和应激性溃疡的形成有抑制作用，还能促进醋酸及热刺激性胃溃疡的愈合[24]。

5. 抗菌

母菊精油体外对金黄色葡萄球菌、分枝杆菌 B_6、密执安棒杆菌、白色念珠菌等有抗菌作用[25-26]。

6. 止痒、抗过敏

母菊精油、母菊花序的醋酸乙酯提取物、乙醇提取物的醋酸乙酯萃取部分以及热水提取物的乙醇溶解部分小鼠经口给药，对化合物48/80所致的瘙痒有显著的抑制作用，其效果与抗过敏药苯咪唑嗪相当[27]；如联合用药，还可增强苯咪唑嗪或抗组胺药非索非那定的抗过敏作用[28]。

7. 免疫调节功能

母菊多糖于大鼠或小鼠胃内或胃肠道外给药，能使寒冷空气中或冰水冷浸下动物增强的免疫应答趋于正常[29]。

8. 其他

体外实验表明，母菊对人主要的药物代谢酶有抑制作用[30]。母菊可抑制大鼠对吗啡的依赖性并减轻戒断综合征的症状[31]。母菊还具有抗氧化[32]、抗寄生虫[33]等作用。

应用

德国洋甘菊为民间传统用药，内服用于治疗胃肠道痉挛和炎症、上呼吸道感染、轻度失眠、口腔炎症、咽炎等，外敷用于皮肤和黏膜炎症、细菌性皮肤病、湿疹的治疗。

德国洋甘菊也为中医临床用药。功能：清热解毒，止咳平喘，祛风湿。主治：①感冒发热；②咽喉肿痛，肺热咳喘；

③热痹肿痛，疮肿。

现代临床还用于胃肠炎、胃溃疡、疝痛、痛经等病的治疗，及疏缓情志性心理疾病。

评注

近年母菊除作为观赏植物外，主要用于提取精油，习称洋甘菊精油。洋甘菊精油可用于制作化妆品，或与其他植物的精油按比例混合用于多种疾病的治疗。菊科果香菊属 (*Chamaemelum*) 植物洋甘菊 *Chamaemelum nobile* (L.) All. 也是提取洋甘菊精油的来源种之一。母菊和洋甘菊通常被称为德国洋甘菊 (German Chamomile) 和罗马洋甘菊 (Roman Chamomile)，两者外形、化学成分和应用都较为相似，有关药理作用的比较研究有待进一步深入。

神经紧张、工作压力导致的失眠是困扰现代人的一大难题，母菊能使精神放松，令人感觉安抚，舒缓烦躁，帮助睡眠。此外，母菊在戒毒方面也有显著效果，可望开发为戒毒药物。母菊具有极好的市场前景，目前中国已有大面积的栽培。

参考文献

[1] PC Schmidt, A Ness. Isolation and characterization of a matricin standard. *Pharmazie*. 1993, **48**(2): 146-147

[2] KV Sashidhara, RS Verma, P Ram. Essential oil composition of *Matricaria recutita* L. from the lower region of the Himalayas. *Flavour and Fragrance Journal*. 2006, **21**(2): 274-276

[3] O Motl, M Repcak, M Budesinsky, K Ubik. Further components of chamomile oil, part 3. *Archiv der Pharmazie*. 1983, **316**(11): 908-912

[4] H Schilcher, L Novotny, K Ubik, O Motl, V Herout. Structure elucidation of a third bisabololoxide from *Matricaria chamomilla* L. and a mass spectrometric comparison of bisabololoxides A, B, and C. *Archiv der Pharmazie*. 1976, **309**(3): 189-196

[5] B Tirillini, R Pagiotti, L Menghini, G Pintore. Essential oil composition of ligulate and tubular flowers and receptacle from wild *Chamomilla recutita* (L.) Rausch. grown in Italy. *Journal of Essential Oil Research*. 2006, **18**(1): 42-45

[6] Z Cekan, V Herout, F Sorm. Terpenes. LXII. Isolation and properties of prochamazulene from *Matricaria chamomilla*, a further compound of the guaianolide group. *Collection of Czechoslovak Chemical Communications*. 1954, **19**: 798-804

[7] 周伯庭，李新中．母菊的化学成分研究．湖南中医学院学报．2001，**21**(1)：27-28

[8] P Peneva, S Ivancheva, L Terzieva. Essential oil and flavonoids in the racemes of camomile (*Matricaria recutita*). *Rastenievudni Nauki*. 1989, **26**(6): 25-33

[9] H Kanamori, M Terauchi, J Fuse, I Sakamoto. Studies on the evaluation of Chamomillae Flos. (Part 2). Simultaneous and quantitative analysis of glycosides. *Shoyakugaku Zasshi*. 1993, **47**(1): 34-38

[10] J Exner, J Reichling, TCH Cole, H Becker. Methylated flavonoid aglycones from Matricariae flos. *Planta Medica*. 1981, **41**(2): 198-200

[11] W Poethke, P Bulin. Flavone glycosides and coumarin derivatives. I. Phytochemical study of a newly cultured *Matricaria chamomilla*. *Pharmazeutische Zentralhalle*. 1969, **108**(11): 733-747

[12] A Ahmad, LN Misra. Isolation of herniarin and other constituents from *Matricaria chamomilla* flowers. *International Journal of Pharmacognosy*. 1997, **35**(2): 121-125

[13] AG Kotov, PP Khvorost, NF Komissarenko. Coumarins from *Matricaria recutita*. *Khimiya Prirodnykh Soedinenii*. 1991, **6**: 853

[14] I Ganeva, C Chanev, T Denchev, Y Ganeva, C Chanev, T Dentchev. Triterpenoids and sterols from *Matricaria chamomilla* L. (Asteraceae). *Farmatsiya*. 2003, **50**(1-2): 3-5

[15] H Janecke, W Weisser. Polysaccharides from camomile flowers. V. Structure elucidation (general and physicochemical methods). *Planta Medica*. 1964, **12**(4): 528-540

[16] A Ness, JW Metzger, PC Schmidt. Isolation, identification and stability of 8-desacetylmatricine, a new degradation product of matricine. *Pharmaceutica Acta Helvetiae*. 1996, **71**(4): 265-271

[17] LZ Padula, RVD Rondina, JD Coussio. Quantitative determination of essential oil, total azulenes and chamazulene in German chamomile (*Matricaria chamomilla*) cultivated in Argentina. *Planta Medica*. 1976, **30**(3): 273-280

[18] R Avallone, P Zanoli, L Corsi, G Cannazza, M Baraldi. Benzodiazepine-like compounds and GABA in flower heads of *Matricaria chamomilla*. *Phytotherapy Research*. 1996, **10**(Suppl. 1): 177-179

[19] H Viola, C Wasowski, M Levi de Stein, C Wolfman, R Silveira, F Dajas, JH Medina, AC Paladini. Apigenin, a component of *Matricaria recutita* flowers, is a central benzodiazepine receptors-ligand with anxiolytic effects. *Planta Medica*. 1995, **61**(3): 213-216

[20] B Hempel, R Hirschelmann. Chamomilla. Inflammation inhibiting effects of the contents and formulations *in vivo*. *Deutsche Apotheker Zeitung*. 1998, **138**(44): 4237-4238, 4240, 4242

[21] V Jakovlev, O Isaac, E Flaskamp. Pharmacological studies on constituents of chamomile. VI. Studies on the antiphlogistic effects of chamazulene and matricine. *Planta Medica*. 1983, **49**(2): 67-73

[22] R Della Loggia, A Tubaro, P Dri, C Zilli, P Del Negro. The role of flavonoids in the anti-inflammatory activity of *Chamomilla recutita*. *Progress in Clinical and Biological Research*. 1986, **213**: 481-484

[23] U Achterrath-Tuckermann, R Kunde, E Flaskamp, O Isaac, K Thiemer. Pharmacological studies on the constituents of chamomile. V. Studies on the spasmolytic effect of constituents of chamomile and Kamillosan on the isolated guinea pig ileum. *Planta Medica*. 1980, **39**(1): 38-50

[24] I Szelenyi, O Isaac, K Thiemer. Pharmacological experiments with components of chamomile. III. Experimental animal studies of the ulcer-protective effect of chamomile. *Planta Medica*. 1979, **35**(2): 218-227

[25] SA Chetvernya, NE Preobrazhenskaya. Comparative investigation of the antimicrobial activity of essential oils of two species of Chamomilla. *Farmatsevtichnii Zhurnal*. 1986, **6**: 56-59

[26] A Trovato, MT Monforte, AM Forestieri, F Pizzimenti. *In vitro* anti-mycotic activity of some medicinal plants containing flavonoids. *Bollettino Chimico Farmaceutico*. 2000, **139**(5): 225-227

[27] Y Kobayashi, Y Nakano, K Inayama, A Sakai, T Kamiya. Dietary intake of the flower extracts of German chamomile (*Matricaria recutita* L.) inhibited compound 48/80-induced itch-scratch responses in mice. *Phytomedicine*. 2003, **10**(8): 657-664

[28] Y Kobayashi, R Takahashi, F Ogino. Antipruritic effect of the single oral administration of German chamomile flower extract and its combined effect with antiallergic agents in ddY mice. *Journal of Ethnopharmacology*. 2005, **101**(1-3): 308-312

[29] BS Uteshev, IL Laskova, VA Afanas'ev. Immunomodulating activity of heteropolysaccharides of *Matricaria chamomilla* L. upon air and immersion cooling. *Eksperimental'naya i Klinicheskaya Farmakologiya*. 1999, **62**(6): 52-55

[30] M Ganzera, P Schneider, H Stuppner. Inhibitory effects of the essential oil of chamomile (*Matricaria recutita* L.) and its major constituents on human cytochrome P450 enzymes. *Life Sciences*. 2006, **78**(8): 856-861

[31] A Gomaa, T Hashem, M Mohamed, E Ashry. *Matricaria chamomilla* extract inhibits both development of morphine dependence and expression of abstinence syndrome in rats. *Journal of Pharmacological Sciences*. 2003, **92**(1): 50-55

[32] S Asgary, GA Naderi, N Bashardoost, Z Etminan. Antioxidant effect of the essential oil and extract of *Matricaria chamomilla* L. on isolated rat hepatocytes. *Faslnamah-i Giyahan-i Daruyi*. 2002, **1**(1): 71-79

[33] D Mares, C Romagnoli, A Bruni. Antidermatophytic activity of herniarin in preparations of *Chamomilla recutita* (L.) Rauschert. *Plantes Medicinales et Phytotherapie*. 1993, **26**(2): 91-100

互生叶白千层 Hushengyebaiqianceng EP, BP

桃金娘科

Melaleuca alternifolia (Maiden et Betch) Cheel

Tea Tree

概述

桃金娘科 (Myrtaceae) 植物互生叶白千层 *Melaleuca alternifolia* (Maiden et Betch) Cheel，其叶和小枝条经水蒸气蒸馏而得的精油入药。药用名：茶树油。

白千层属 (*Melaleuca*) 植物全世界约有 100 种，分布于大洋洲各地，现世界各地多有栽培。中国栽培有 2 种，本属现供药用者约 1 种。本种在澳洲广为分布。

茶树油于公元 19 世纪 20 年代中期开始用于外科和口腔科，第二次世界大战期间军需品工厂将其用于治疗皮肤破损。近年来，茶树油已成为各种日化用品的常用添加剂[1]。《欧洲药典》（第 5 版）和《英国药典》（2002 年版）收载本种为茶树油的法定原植物来源种之一。主产于澳洲新南威尔士州[2]。

互生叶白千层含挥发油和三萜类成分。其中松油烯-4-醇等为主要有效成分。《欧洲药典》和《英国药典》采用气相色谱法测定，规定茶树油中α-蒎烯含量为 1.0%~6.0%，冬青油烯含量不得多于 3.5%，α-萜品烯含量为 5.0%~13%，柠檬烯含量为 0.50%~4.0%，桉叶素含量不得多于 15%，γ-萜品烯含量为 10%~28%，对百里香素含量为 0.50%~12%，萜品油烯含量为 1.5%~5.0%，松油烯-4-醇含量不得少于30%，香橙烯含量不得多于 7.0%，α-萜品醇含量为 1.5%~8.0%，以控制药材质量。

药理研究表明，互生叶白千层的精油具有抗微生物、抗炎、除螨、止咳、抗氧化、抗肿瘤等作用。

民间经验认为茶树油具有防腐，改善呼吸道和皮肤状况的功效。

互生叶白千层 *Melaleuca alternifolia* (Maiden et Betch) Cheel

互生叶白千层 Hushengyebaiqianceng

化学成分

互生叶白千层主要含挥发油类成分：(±)－松油烯－4－醇 [(±)－terpinen－4－ol]、桉叶素 (cineole)、α－萜品烯 (α－terpinene)、γ－萜品烯 (γ－terpinene)[3]、对百里香素 (p－cymene)、α－蒎烯 (α－pinene)、冬青油烯 (sabinene)、柠檬烯 (limonene)、萜品油烯 (terpinolene)、香橙烯 (aromadendrene)、α－萜品醇 (α－terpineol)、胡椒酮 (piperitone)、α－水芹烯 (α－phellandrene)、γ－古芸烯 (γ－gurjunene)、γ－马阿里烯 (γ－maaliene)、δ－杜松烯 (δ－cadinene)、月桂烯 (myrcene)[4]等；三萜类成分：阿江榄仁酸 (arjunolic acid)、白桦脂酸 (betulinic acid)、betuline、白千层酸 (melaleucic acid)、3β－O－acetylurs－12－en－28－oic acid；此外，还含有3,3'－O－二甲基鞣花酸 (3,3'－O－dimethylellagic acid)[5]。

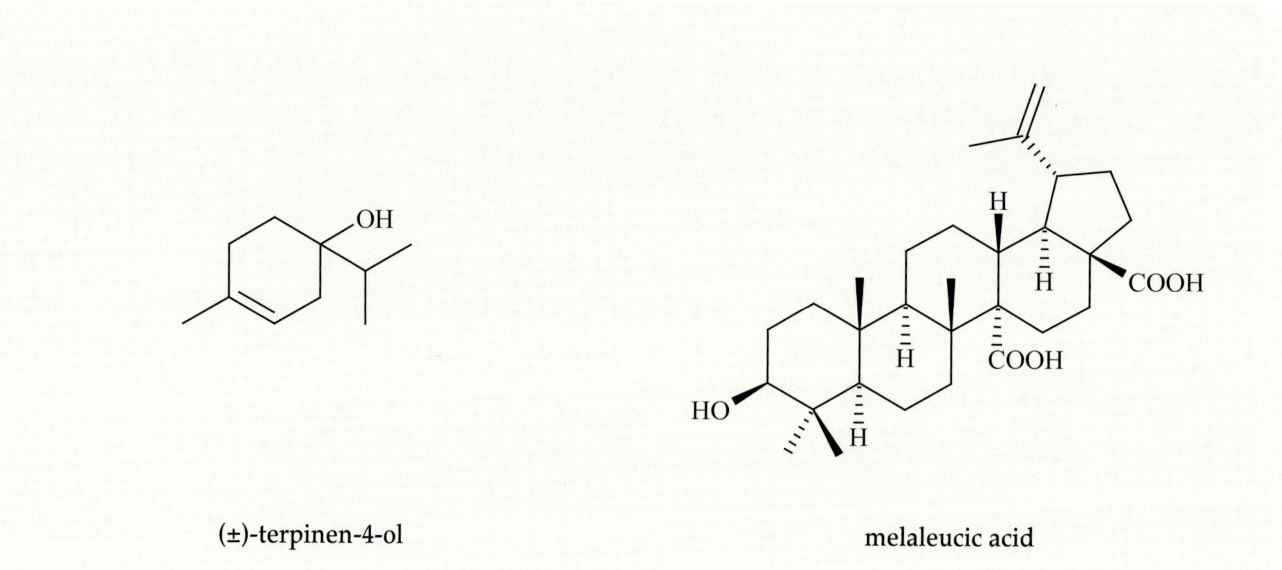

(±)-terpinen-4-ol　　melaleucic acid

药理作用

1. 抗微生物

体外实验表明，互生叶白千层的精油可抑制枯草杆菌、金黄色葡萄球菌、大肠杆菌、绿脓杆菌、白色念珠菌[6]、耐氟康唑的念珠菌[7]、黑曲霉素[6]、酵母菌[8]、各种口腔致病菌[9]、皮肤癣菌、丝状真菌[10]、支原体[11]等多种微生物的生长。主要有效成分为松油烯－4－醇[12]。作用机理为改变微生物细胞膜的性质，使细胞膜相关功能受损[3]。

2. 抗炎

体外实验表明，互生叶白千层精油的水溶性成分能抑制人外周血单核细胞 (PBMCs) 超氧化物和促炎介质的产生[13-14]，在不影响抗炎因子分泌的同时减少炎症细胞增殖[15]，主要有效成分为松油烯－4－醇[14]。互生叶白千层精油涂抹于人的局部皮肤，对组胺引起的风团和红斑等炎症反应有显著的抑制作用[16]。

3. 杀螨

体外和在体实验均表明，互生叶白千层精油能明显缩短疥螨的存活时间[17]，对蓖子硬蜱若虫也有显著的杀灭作用[18]，主要有效成分为松油烯－4－醇[17]。

4. 抗肿瘤

互生叶白千层精油体外对人肝癌细胞 HepG2、人宫颈癌细胞 HeLa、T细胞淋巴白血病细胞 MOLT－4、慢性髓细胞性白血病细胞 K_{562}、急性髓细胞样白血病骨髓B细胞 CTVR－1、人黑色素瘤细胞M14WT、耐阿霉素人黑色素瘤细胞 M14等均有细胞毒活性[19-20]。

5. 止咳

互生叶白千层精油及其所含的松油烯-4-醇等成分经口给药能显著抑制辣椒辣素引起的豚鼠咳嗽反应，这种作用与调节5-羟色胺能系统有关[21]。

6. 其他

互生叶白千层精油还有抑制 I 型单纯性疱疹病毒 (HSV-1) 复制[22]、抗氧化[23]、抑制牛红细胞乙酰胆碱酯酶活性[24]、调节免疫[25]等作用。

应用

茶树油常用于改善呼吸道和皮肤状况，也用作消毒剂。民间医学将茶树油内服用于扁桃体炎、咽炎、结肠炎、鼻窦炎等病的治疗，外敷用于治疗口腔黏膜溃疡、牙龈炎、牙根管炎、手足癣、皮肤感染、皮肤溃疡或烧伤、毒虫咬伤等。临床上以外用为主。

评注

《欧洲药典》和《英国药典》还收载狭叶白千层 *Melaleuca linariifolia* Smith、*M. dissitiflora* F. Mueller 及其他同属植物为茶树油的法定原植物来源种。

公元16世纪末期，欧洲人来到澳大利亚，用当地植物互生叶白千层的树叶泡茶饮用，补充维生素，因此将其命名为茶树。直到20世纪初期人们才发现茶树油神奇的抗菌和抗炎功能。现在茶树油在护肤品中得到广泛的使用，尤其在治疗痤疮方面，茶树油可显著减少痤疮引起的红斑和肿胀。但需注意茶树油的贮藏，氧化的茶树油可能导致皮肤炎症。

参考文献

[1] Facts and Comparisons (Firm). The review of natural products (3-rd edition). Missouri: Facts and Comparisons. 2000: 707-708

[2] A Chevallier. Encyclopedia of herbal medicine. New York: Dorling Kindersley. 2000: 114

[3] KA Hammer, CF Carson, TV Riley. Antifungal effects of *Melaleuca alternifolia* (tea tree) oil and its components on *Candida albicans, Candida glabrata* and *Saccharomyces cerevisiae. Journal of Antimicrobial Chemotherapy.* 2004, **53**(6): 1081-1085

[4] F Caldefie-Chezet, M Guerry, JC Chalchat, C Fusillier, MP Vasson, J Guillot. Anti-inflammatory effects of *Melaleuca alternifolia* essential oil on human polymorphonuclear neutrophils and monocytes. *Free Radical Research.* 2004, **38**(8): 805-811

[5] TR Vieira, LCA Barbosa, CRA Maltha, VF Paula, EA Nascimento. Chemical constituents from *Melaleuca alternifolia* (Myrtaceae). *Quimica Nova.* 2004, **27**(4): 536-539

[6] L Ferrarese, A Uccello, F Zani, A Ghirardini. Properties of *Melaleuca alternifolia* Cheel: antimicrobial activity and phytocosmetic application. *Cosmetic News.* 2006, **29**(166): 16-20

[7] A Ergin, S Arikan. Comparison of microdilution and disc diffusion methods in assessing the in vitro activity of fluconazole and Melaleuca alternifolia (tea tree) oil against vaginal *Candida* isolates. *Journal of Chemotherapy.* 2002, **14**(5): 465-472

[8] D Peciulyte. Effect of tea tree essential oil on microorganisms. A comparative study of tea tree oil antimicrobial effects. *Biologija.* 2004, **3**: 37-42

[9] KA Hammer, L Dry, M Johnson, EM Michalak, CF Carson, TV Riley. Susceptibility of oral bacteria to *Melaleuca alternifolia* (tea tree) oil *in vitro. Oral Microbiology and Immunology.* 2003, **18**(6): 389-392

[10] KA Hammer, CF Carson, TV Riley. *In vitro* activity of *Melaleuca alternifolia* (tea tree) oil against dermatophytes and other filamentous fungi. *Journal of Antimicrobial Chemotherapy.* 2002, **50**(2): 195-199

[11] MF Pio, P Donatella, S Antonella, M Andrena, B Giuseppe. *In vitro* antimycoplasmal activity of *Melaleuca alternifolia* essential oil. *Journal of Antimicrobial Chemotherapy.* 2006, **58**(3): 706-707

[12] B Oliva, E Piccirilli, T Ceddia, E Pontieri, P Aureli, AM Ferrini. Antimycotic activity of *Melaleuca alternifolia* essential oil and its major components. *Letters in Applied Microbiology.* 2003, **37**(2): 185-187

[13] C Brand, A Ferrante, RH Prager, TV Riley, CF Carson, JJ Finlay-Jones, PH Hart. The water-soluble components of the essential oil of *Melaleuca alternifolia* (tea tree oil) suppress the production of superoxide by human monocytes, but not neutrophils, activated *in vitro*. *Inflammation Research*. 2001, **50**(4): 213-219

[14] PH Hart, C Brand, CF Carson, TV Riley, RH Prager, JJ Finlay-Jones. Terpinen-4-ol, the main component of the essential oil of *Melaleuca alternifolia* (tea tree oil), suppresses inflammatory mediator production by activated human monocytes. *Inflammation Research*. 2000, **49**(11): 619-626

[15] F Caldefie-Chezet, C Fusillier, T Jarde, H Laroye, M Damez, MP Vasson, J Guillot. Potential anti-inflammatory effects of *Melaleuca alternifolia* essential oil on human peripheral blood leukocytes. *Phytotherapy Research*. 2006, **20**(5): 364-370

[16] KJ Koh, AL Pearce, G Marshman, JJ Finlay-Jones, PH Hart. Tea tree oil reduces histamine-induced skin inflammation. *British Journal of Dermatology*. 2002, **147**(6): 1212-1217

[17] SF Walton, M McKinnon, S Pizzutto, A Dougall, E Williams, BJ Currie. Acaricidal activity of *Melaleuca alternifolia* (tea tree) oil: *in vitro* sensitivity of *Sarcoptes scabiei* var *hominis* to terpinen-4-ol. *Archives of Dermatology*. 2004, **140**(5): 563-566

[18] A Iori, D Grazioli, E Gentile, G Marano, G Salvatore. Acaricidal properties of the essential oil of *Melaleuca alternifolia* Cheel (tea tree oil) against nymphs of *Ixodes ricinus*. *Veterinary Parasitology*. 2005, **129**(1-2): 173-176

[19] AJ Hayes, DN Leach, JL Markham, B Markovic. *In vitro* cytotoxicity of Australian tea tree oil using human cell lines. *Journal of Essential Oil Research*. 1997, **9**(5): 575-582

[20] A Calcabrini, A Stringaro, L Toccacieli, S Meschini, M Marra, M Colone, G Salvatore, F Mondello, G Arancia, A Molinari. Terpinen-4-ol, the main component of *Melaleuca alternifolia* (tea tree) oil inhibits the *in vitro* growth of human melanoma cells. *Journal of Investigative Dermatology*. 2004, **122**(2): 349-360

[21] A Saitoh, K Morita, K Ueno, Y Yamaki, T Takizawa, T Tokunaga, J Kamei. Effects of rosemary, plantago, and tea tree oil on the capsaicin-induced coughs in guinea pigs. *Nippon Nogei Kagaku Kaishi*. 2003, **77**(12): 1242-1245

[22] M Minami, M Kita, T Nakaya, T Yamamoto, H Kuriyama, J Imanishi. The inhibitory effect of essential oils on herpes simplex virus type-1 replication *in vitro*. *Microbiology and Immunology*. 2003, **47**(9): 681-684

[23] HJ Kim, F Chen, CQ Wu, X Wang, HY Chung, ZY Jin. Evaluation of antioxidant activity of Australian tea tree (Melaleuca alternifolia) oil and its components. *Journal of Agricultural and Food Chemistry*. 2004, **52**(10): 2849-2854

[24] M Miyazawa, C Yamafuji. Inhibition of acetylcholinesterase activity by tea tree oil and constituent terpenoids. *Flavour and Fragrance Journal*. 2005, **20**(6): 617-620

[25] M Golab, O Burdzenia, P Majewski, K Skwarlo-Sonta. Tea tree oil inhalations modify immunity in mice. *Journal of Applied Biomedicine*. 2005, **3**(2): 101-108

[26] KA Hammer, CF Carson, TV Riley, JB Nielsen. A review of the toxicity of *Melaleuca alternifolia* (tea tree) oil. *Food and Chemical Toxicology*. 2006, **44**(5): 616-625

[27] T M Fritz, G Burg, M Krasovec. Allergic contact dermatitis to cosmetics containing *Melaleuca alternifolia* (tea tree oil). *Annales de Dermatologie et de Venereologie*. 2001, **128**(2): 123-126

草木犀 Caomuxi·EP, BHP, GCEM

豆科

Melilotus officinalis (L.) Pall.

Sweet Clover

概述

豆科 (Fabaceae) 植物草木犀 *Melilotus officinalis* (L.) Pall.，其干燥带花地上部分入药。药用名：黄零陵香。

草木犀属 (*Melilotus*) 植物全世界约有 20 余种，分布于欧洲地中海区域、东欧和亚洲。中国有 4 种、1 亚种，均可供药用。本种在欧洲为野生杂草，分布于欧洲地中海东岸、中东、中亚和东亚地区，中国东北、华南、西南各地也有分布。

草木犀自古希腊时代已开始用于驱除体内毒素和消炎[1]。《欧洲药典》(第 5 版) 和《英国草药典》(1996 年版) 收载本种为黄零陵香的法定原植物来源种。主产于欧洲东部国家，中国等亚洲国家也产。

草木犀的地上部分含香豆素类、黄酮类和三萜皂苷类成分等，其中香豆素类成分为主要有效成分。《欧洲药典》采用高效液相色谱法测定，规定黄零陵香中香豆精含量不得少于 0.30%，《英国草药典》规定黄零陵香中水溶性浸出物不得少于 25%，以控制药材质量。

药理研究表明，草木犀具有抗炎、抗惊厥、改善血液循环、保护中枢神经系统、抗肿瘤等作用。

民间经验认为黄零陵香具有保护静脉和愈伤的功效；中医理论认为黄零陵香具有止咳平喘，散结止痛的功效。

草木犀 *Melilotus officinalis* (L.) Pall.

草木犀 Caomuxi

药材黄零陵香 Herba Meliloti Officinalis

1cm

化学成分

草木犀的地上部分主要含香豆素类成分：二氢香豆素 (dihydrocoumarin)[2]、香豆精 (coumarin)[3]、东莨菪内酯 (scopoletin)、伞形花内酯 (umbelliferone)、7－甲氧香豆素 (herniarin)、4－氧化香豆精 (4－oxycoumarin)[4]；酚酸类成分：草木犀酸 (melilotic acid)、邻－香豆酸 (o－coumaric acid)[3]、绿原酸 (chlorogenic acid)、咖啡酸 (caffeic acid)、鞣花酸 (ellagic acid)、阿魏酸 (ferulic acid)[4]、水杨酸 (salicylic acid)、对－羟基苯甲酸 (p－hydroxybenzoic acid)、对－羟苯乙酸 (p－hydroxyphenylacetic acid)、香草酸 (vanillic acid)、龙胆酸 (gentisic acid)、原儿茶酸 (protocatechuic acid)、丁香酸 (syringic acid)、对－羟苯基乳酸 (p－hydroxyphenyllactic acid)、没食子酸 (gallic acid)、芥子酸 (sinapic acid)[5]；黄酮类成分：槲皮素 (quercetin)、芦丁 (rutin)、刺槐苷 (robinin)、金丝桃苷 (hyperoside)、木犀草素 (luteolin)、橙皮苷 (hesperidin)、牡荆苷 (vitexin)[4]、clovin[6]、山柰酚 (kaempferol)[7]；三萜类成分：大豆皂醇B、E (soyasapogenols B, E)[7]、草木犀苷元 (melilotigenin)[8]；三萜皂苷类成分：赤豆皂苷II、V (azukisaponins II, V)[6, 9]、大豆皂苷I (soyasaponin I)、黄芪苷VIII (astragaloside VIII)、紫藤皂苷D (wistariasaponin D)、草木犀皂苷O_2 (melilotus－saponin O_2)[10]；挥发油类成分：薄荷醇 (menthol)、茴香醚 (anethol)、甲基胡椒酚 (estragol) 等[11]。

草木犀的根中还分离到草木犀皂苷O_1 (melilotus－saponin O_1)、大豆皂苷 I 等三萜皂苷类成分[12]。

药理作用

1. 抗炎

草木犀提取物（含香豆精0.25%）对家兔由松节油引起的急性炎症有较好的抑制作用，其机理为该提取物可降低循环吞噬细胞的活性，并降低血浆中瓜氨酸的含量[13]。香豆精给大鼠腹腔注射对高岭土所致的关节炎、烫伤引起的水肿、慢性淋巴水肿、角叉菜胶和卵清蛋白引起的水肿均有显著的抗炎消肿作用[14]。含香豆精的草木犀提取物制成的软膏于家兔背部涂抹，对甲醛和丙二醇引起的毛细血管通透性增加有明显的抑制作用；该提取物皮下注射还可抑制甲醛引起的大鼠足趾肿胀[15]。草木犀所含的皂苷类成分能抑制大鼠白细胞的迁移[6, 9]。

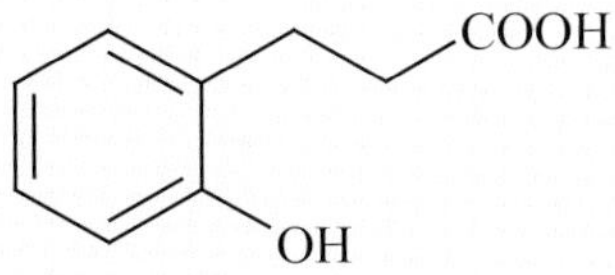

melilotic acid

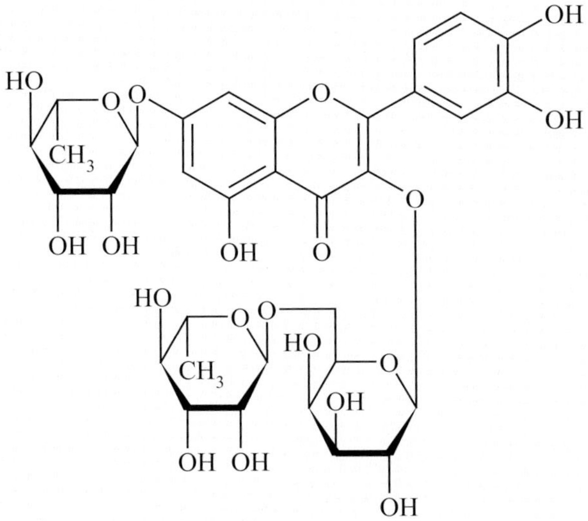

clovin

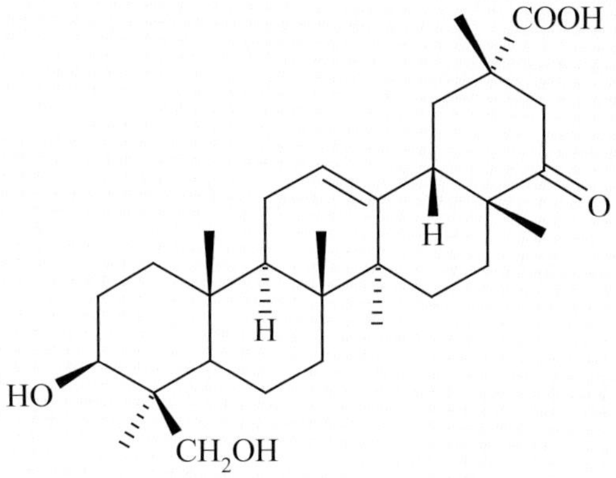

melilotigenin

2. 对中枢神经系统的影响

(1) **恢复非条件反射活动** 当大鼠服用利眠宁、患实验性淋巴滞留性脑病或缺乏泛酸和维生素 B_6 时，非条件反射活动会受到影响，草木犀中的香豆精肌肉注射可使失常的非条件反射恢复正常[16-17]。

(2) **恢复条件反射活动** 当大鼠皮下注射氯丙嗪或患实验性淋巴滞留性脑病时，条件反射活动会受到影响，草木犀中的香豆精肌肉注射可保护中枢神经系统，使失常的条件反射恢复正常[18-19]。

(3) **抗惊厥** 草木犀中的香豆精可通过作用于大鼠和豚鼠中枢神经系统惊厥域，有效对抗异烟肼或戊四氮引起的抽搐反应[20]。

3. 对血液循环系统的影响

含香豆精或二氢香豆素的溶液给犬灌注可增加动脉收缩压、心脏最小舒张压和收缩压、心脏最小体积，改善微循环，对实验性心肌缺血有保护作用，以香豆精活性更强[21]。

4. 对平滑肌的影响

以离体牛肠系膜淋巴管研究表明，草木犀提取物可抑制缓肌肽引起的淋巴管平滑肌收缩和平滑肌的自发性收缩[22]。香豆精对离体豚鼠淋巴管有亲肌性作用，可增加淋巴管的运动频率和运动幅度等，使紊乱无力的淋巴管运动趋于正常[23]。

5. **其他**

草木犀还具有抗乳腺癌[24]、雌激素样作用[25]，增强免疫、抗贫血、适应原样作用[26]和抑制 sirtuin 去乙酰化酶[2]作用等。

应用

草木犀内服用于治疗各种因慢性静脉功能不全引起的疾病，如下肢疼痛、夜间抽筋、瘙痒肿胀等，也用于血栓性静脉炎、痔疮、血栓形成综合征、淋巴管栓塞等病的治疗。外用则用于挫伤、扭伤和皮下出血等的治疗。民间还将草木犀作利尿药使用。

草木犀也为中医临床用药。功能：止咳平喘，散结止痛。主治：哮喘，支气管炎，肠绞痛，创伤，淋巴结肿痛。

评注

《德国植物药专论》还收载同属植物 *Melilotus altissimus* Thuillier 为黄零陵香的原植物来源种。目前对 *M. altissimus* Thuillier 的化学成分和药理研究较少，尚有待深入。

草木犀除作药用外，还是常见的牧草。同属多种植物白花草木犀 *M. alba* Medic. ex Desr. 和细齿草木犀 *M. dentata* (Waldst. et Kit.) Pers. 等均含丰富的蛋白质，是优良的牧草和饲料。该属植物根瘤菌固氮能力强，还可改善土质。

草木犀常为野生，腐烂的草木犀有毒[27]，采摘后应鲜用或即刻干燥。

参考文献

[1] B Deni. Encyclopedia of herbs & their uses. New York, USA: Dorling Kindersley. 1995: 157

[2] AJ Olaharski, J Rine, BL Marshall, J Babiarz, LP Zhang, E Verdin, MT Smith. The flavoring agent dihydrocoumarin reverses epigenetic silencing and inhibits sirtuin deacetylases. *PLoS Genetics*. 2005, **1**(6): 689-694

[3] D Ehlers, S Platte, WR Bork, D Gerard, KW Quirin. HPLC-analysis of sweat clover extracts. *Deutsche Lebensmittel-Rundschau*. 1997, **93**(3): 77-79

[4] VN Bubenchikova, IL Drozdova. HPLC analysis of phenolic compounds in yellow sweet-clover. *Pharmaceutical Chemistry Journal*. 2004, **38**(4): 195-196

[5] E Dombrowicz, L Swiatek, R Guryn, R Zadernowski. Phenolic acids in herb *Melilotus officinalis*. *Pharmazie*. 1991, **46**(2): 156-157

[6] SS Kang, YS Lee, EB Lee. Saponins and flavonoid glycosides from yellow sweetclover. *Archives of Pharmacal Research*. 1988, **11**(3): 197-202

[7] SS Kang, CH Lim, SY Lee. Soyasapogenols B and E from *Melilotus officinalis*. *Archives of Pharmacal Research*. 1987, **10**(1): 9-13

[8] SS Kang, WS Woo. Melilotigenin, a new sapogenin from *Melilotus officinalis*. *Journal of Natural Products*. 1988, **51**(2): 335-338

[9] SS Kang, YS Lee, EB Lee. Isolation of azukisaponin V possessing leucocyte migration inhibitory activity from *Melilotus officinalis*. *Saengyak Hakhoechi*. 1987, **18**(2): 89-93

[10] T Hirakawa, M Okawa, J Kinjo, T Nohara. Studies on leguminous plants. Part 63. A new oleanene glucuronide obtained from the aerial parts of *Melilotus officinalis*. *Chemical & Pharmaceutical Bulletin*. 2000, **48**(2): 286-287

[11] M Woerner, P Schreier. Volatile constituents of sweet clover (*Melilotus officinalis*). *Zeitschrift fuer Lebensmittel-Untersuchung und-Forschung*. 1990, **190**(5): 425-428

[12] M Udayama, J Kinjo, N Yoshida, T Nohara. Leguminous plants. 58. A new oleanene glucuronide having a branched-chain sugar from *Melilotus officinalis*. *Chemical & Pharmaceutical Bulletin*. 1998, **46**(3): 526-527

[13] L Plesca-Manea, AE Parvu, M Parvu, M Taamas, R Buia, M Puia. Effects of Melilotus officinalis on acute inflammation. *Phytotherapy Research*. 2002, **16**(4): 316-319

[14] E Foldi-Borcsok, FK Bedall, VW Rahlfs, I Hoerner, L Woelke, R Krueger. Antiinflammatory and antiedema effects of coumarin from *Melilotus officinalis. Arzneimittel-Forschung.* 1971, **21**(12): 2025-2030

[15] Y Shimomura, S Takaori, K Shimamoto. Effects of melilot extract on the increased capillary permeability and edema caused by phlogistic agents in the rabbit and rat. *Acta Scholae Medicinalis Universitatis in Kioto.* 1966, **39**(3): 170-179

[16] M Foldi, OT Zoltan. Unconditioned reflex activity in experimental lymphostatic encephalopathy and the therapeutic action of coumarin from *Melilotus officinalis* on it. *Arzneimittel-Forschung.* 1970, **20**(11a): 1623-1624

[17] M Foldi, OT Zoltan. Effect of pantothenic acid-pyridoxine deficiency in the rat on unconditioned reflex activity and the effect of coumarin from *Melilotus officinalis* on it. *Arzneimittel-Forschung.* 1970, **20**(11a): 1624

[18] M Foldi, OT Zoltan. Effect of chlorpromazine on conditioned reflexes and antagonistic activity of coumarin from *Melilotus officinalis. Arzneimittel-Forschung.* 1970, **20**(11a): 1619-1620

[19] OT Zoltan, M Foldi. Conditioned reflexes in experimental lymphogenic encephalopathy and their therapeutic modification by coumarin from *Melilotus officinalis. Arzneimittel-Forschung.* 1970, **20**(3): 415-416

[20] OT Zoltan, M Foldi. Effect of coumarin from *Melilotus officinalis* on the convulsion threshold of the central nervous system of rats and guinea pigs *Arzneimittel-Forschung.* 1970, **20**(11a): 1625

[21] AGB Kovach, J Hamar, E Dora, I Marton, G Kunos, E Kun. Effect of coumarin from *Melilotus officinalis* on circulation in the dog. *Arzneimittel-Forschung.* 1970, **20**(11a): 1630-1633

[22] T Ohhashi, N Watanabe, A Ohhira. Effects of Melilotus extract on the spontaneous activity and basal tonicity of smooth muscle of isolated bovine mesenteric lymphatics. *Rinpagaku.* 1986, **9**(1): 113-118

[23] H Mislin. Effect of coumarin from *Melilotus officinalis* on the function of the lymphangion. *Arzneimittel-Forschung.* 1971, **21**(6): 852-853

[24] G Pastura, M Mesiti, M Saitta, D Romeo, N Settineri, R Maisano, M Petix, A Giudice. Lymphedema of the upper extremity in patients operated for carcinoma of the breast: clinical experience with coumarinic extract from *Melilotus officinalis. La Clinica terapeutica.* 1999, **150**(6): 403-408

[25] PJS Pieterse, FN Andrews. The estrogenic activity of alfalfa and other feedstuffs. *Journal of Animal Science.* 1956, **15**: 25-36

[26] AA Podkolzin, VA Dontsov, IA Sychev, GY Kobeleva, ON Kharchenko. Immunocorrecting, antianemic and adaptogenic action of polysaccharides from *Melilotus officinalis* D. *Byulleten Eksperimental'noi Biologii i Meditsiny.* 1996, **121**(6): 661-663

[27] A Chevallier. Encyclopedia of herbal medicine. New York, Dorling Kindersley. 2000: 233

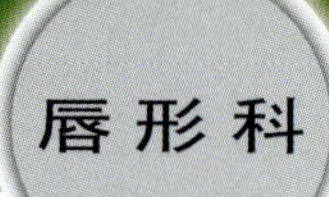

香蜂花 Xiangfenghua EP, BP, BHP, GCEM

唇形科

Melissa officinalis L.

Lemon Balm

概述

唇形科 (Laminaceae) 植物香蜂花*Melissa officinalis* L.，其干燥的叶入药。药用名：香蜂花叶。

蜜蜂花属 (*Melissa*) 植物全世界约 4 种，分布于欧洲（西至大西洋沿岸）及亚洲（南至印度尼西亚）。中国有 4 种，其中本种为引种栽培，主要分布于西南地区，本属现供药用者约 1 种。本种原产于俄罗斯、伊朗至地中海及大西洋沿岸，现欧洲和中国广为栽培。

香蜂花入药，始载于公元 1 世纪迪奥斯可里德斯 (Dioscorides) 的《药物论》和老普林尼 (Pliny the Elder) 的著作中，书中记载香蜂花可泡成药酒用于治疗外伤和虫蛇叮咬。《欧洲药典》（第 5 版）和《英国药典》（2002 年版）收载本种为香蜂花叶的法定原植物来源种。主产于保加利亚、罗马尼亚和西班牙等欧洲国家。

香蜂花叶主要含酚酸类、挥发油和黄酮类成分等，其中酚酸类和挥发油为活性成分。《欧洲药典》和《英国药典》采用紫外分光光度法测定，规定香蜂花叶中羟基肉桂酸衍生物含量以迷迭香酸计不得少于4.0%，以控制药材质量。

药理研究表明，香蜂花具有松弛平滑肌、抗菌、抗焦虑等作用。

民间经验认为香蜂花叶具有镇静，抗病毒，健胃等功效。

香蜂花 *Melissa officinalis* L.

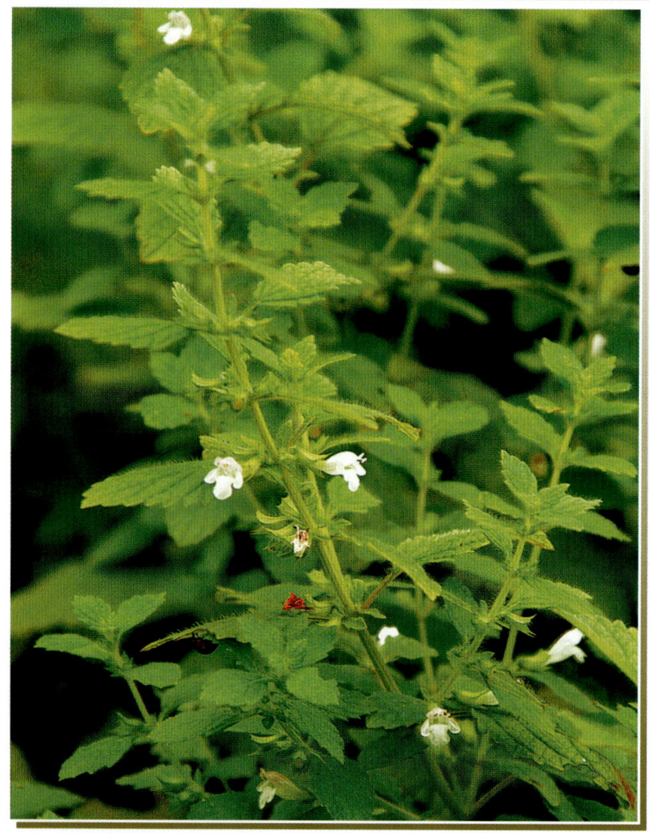

化学成分

香蜂花的叶含酚酸类成分：迷迭香酸 (rosmarinic acid)、原儿茶酸 (protocatechuic acid)、咖啡酸 (caffeic acid)[1]、绿原酸 (chlorogenic acid)[2]、鼠尾草酸 (carnosic acid)[3]、龙胆酸 (gentisic acid)、香草酸 (vanillic acid)、丁香酸 (syringic acid)[4]等；黄酮类成分：木犀草素-7-葡萄糖苷 (luteolin-7-glucoside)、甲基鼠李黄素 (rhamnazin)[1]、异槲皮苷 (isoquercitrin)、芹菜配基-7-O-葡萄糖苷 (apigenin-7-O-glucoside)、鼠李柠檬素 (rhamnocitrin)[5]、大波斯菊苷 (cosmosiin)、朝蓟糖苷 (cynaroside)、木犀草素 (luteolin)[6]、山柰酚 (kaempferol)[2]、木犀草素-3'-O-β-D-吡喃葡萄糖醛酸苷 (luteolin-3'-O-β-D-glucuropyranoside)[7]、luteolin-7-O-β-D-glucuropyranoside、luteolin-7-O-β-D-glucopyranoside-3'-O-β-D-glucuropyranoside[8]等；三萜类成分：熊果酸 (ursolic acid)、齐墩果酸 (oleanolic acid)[3]；挥发油类成分：香叶醛 (geranial)、橙花醛 (neral)、香茅醛 (citronellal)、吉玛烯D (germacrene D)、丁香烯 (caryophyllene)、薄荷酮 (menthone)[9]、甲基胡椒酚 (estragol)、4-萜品醇 (4-terpineol)、茴香醚 (anethol)[10]等；苯丙醇素类成分：丁香油酚葡萄糖苷 (eugenylglucoside)[11]；此外还含有1,3-benzodioxole[12]。

香蜂花的地上部分还分离到melitric acids A、B等酚酸类成分。

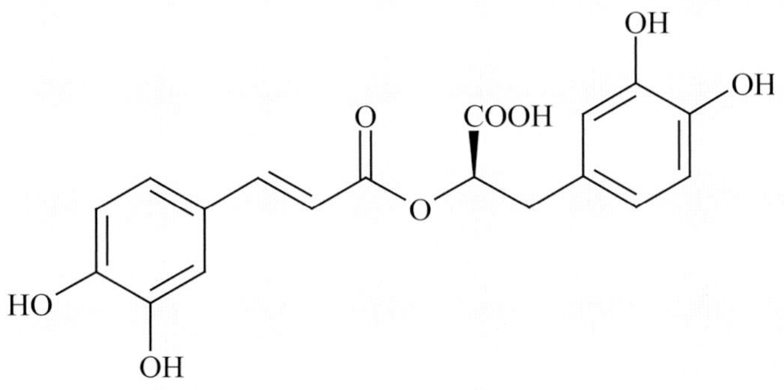

rosmarinic acid

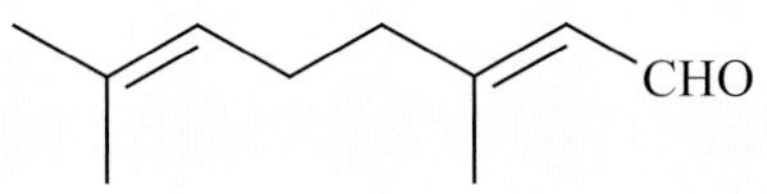

geranial

药理作用

1. 对乙酰胆碱受体的影响

对香蜂花提取物 (MOE) 调节情绪及认知能力影响的体外分析研究显示，给药后受试者的认知能力及记忆能力均有显著的提高，高剂量较低剂量的清醒时间延长。对其作用机理研究发现，MOE 可以结合并激活大脑皮层组织中的M、N 乙酰胆碱受体，从而产生类乙酰胆碱样的作用。MOE 取代乙酰胆碱受体阻断剂东莨菪碱、烟碱的 IC_{50} 分别为 0.18mg/mL、3.5mg/mL[14-15]。

香蜂花 Xiangfenghua

2. 抗焦虑

在大鼠高架十字迷宫试验中，迷迭香酸腹腔注射可增加大鼠在开放臂的次数，具有明显的抗焦虑作用[16]。在实验性情绪紧张试验中，受试者口服香蜂花提取物后不良情绪得到显著缓解，自我平静能力增强，不安感觉减少，表明香蜂花有缓解情绪紧张的作用[17]。通过对照实验研究香蜂花挥发油对焦虑症患者的影响，发现服用香蜂花挥发油后焦虑症状明显减轻，且生活指数有大幅的提高[18]。

3. 抗氧化

体外实验表明，香蜂花挥发油具有显著的自由基清除能力，可减少二苯苦味酰肼 (DPPH) 自由基的形成和羟自由基的产生，还有抑制脂质过氧化的作用[9]。

4. 解痉

香蜂花挥发油 (MOEO) 及其主要成分柠檬醛（citral，为香叶醛和橙花醛的混合物）可以舒张 KCl、乙酰胆碱、5－羟色胺 (5－HT) 引起的大鼠离体回肠的收缩，其 IC_{50}为 20ng/mL[19]。

5. 镇痛、镇静

香蜂花含水醇提液冻干粉对小鼠有外周止痛作用，可抑制冰醋酸所致的扭体反应，还可延长小鼠的戊巴比妥睡眠时间[20]。

6. 抗肿瘤

香蜂花挥发油体外对人肺腺癌细胞 A549、人乳腺癌细胞 MCF－7、人白血病细胞 HL－60 和 K_{562}、小鼠黑色素瘤细胞 B16F10 均有细胞毒活性[21]。以造血系统肿瘤细胞研究发现，柠檬醛可引起DNA断裂，使细胞凋亡蛋白酶激活，具有致凋亡作用[22]。

7. 抗微生物

香蜂花挥发油体外对单核细胞 4a 型李斯特菌、枯草杆菌、双歧杆菌、假单胞菌、肠炎沙门菌、金黄色葡萄球菌、白色念珠菌及黑曲霉菌等均显示有抗菌活性[23-24]。香蜂花水提物体外可以抑制细胞 MT－4中 I 型人类免疫缺陷病毒 (HIV－1) 诱导的病原性细胞[25]，香蜂花挥发油体外对 II 型单纯性疱疹病毒 (HSV－2) 有抗病毒作用[26]。

8. 其他

香蜂花还具有减少血清脂质[27]、增强免疫[28]等作用。

应用

印度将香蜂花干燥全草或乙醇回流提取液用来治疗因焦虑或抑郁引起的消化不良，另外可以用于驱风、抗痉挛、发汗、镇痛。在德国用香蜂花制成药茶，临床用于治疗失眠，胃肠道功能低下。香蜂花的水醇提取物也是镇静和催眠药物的主要成分，常与其他具驱风、镇静功效的草药合用。

评注

香蜂花精油制品具清新香甜的柠檬香气，因其镇静安神、舒经止痛的功效而深受女性的喜爱，经济价值较高。香蜂花具有抗菌、抗病毒、抗焦虑、抗溃疡等多种药理活性，还能治疗老年痴呆症，其市场潜力和前景好。迄今研究多注重其提取物的活性，尚未涉及单体化合物的活性。

中国同属植物蜜蜂花 *Melissa axillaris* (Benth.) Bakh. f. 以全草入药，在四川峨眉用于治疗血衄及痢疾，在云南用于治疗蛇咬伤。

香蜂花除作药用之外，还可作为沐浴、薰香、泡茶、炖汤、生食、腌渍、酱料的原料。香蜂花全株可散发出浓郁的柠檬香气，能使人镇静、愉悦。

参考文献

[1] H Thieme, C Kitze, B Sekt. Occurrence of flavonoids in *Melissa officinalis. Pharmazie.* 1973, **28**(1): 69-70

[2] V Hodisan. Phytochemical studies on *Melissa Officinalis* L. species (Lamiaceae). *Clujul Medical.* 1997, **70**(2): 280-286

[3] SS Herodez, M Hadolin, M Skerget, Z Knez. Solvent extraction study of antioxidants from Balm (*Melissa officinalis* L.) leaves. *Food Chemistry.* 2003, **80**(2): 275-282

[4] G Karasova, J Lehotay. Chromatographic determination of derivatives of p-hydroxybenzoic acid in *Melissa officinalis* by HPLC. *Journal of Liquid Chromatography & Related Technologies.* 2005, **28**(15): 2421-2431

[5] A Mulkens, I Kapetanidis. Flavonoids from leaves of *Melissa Officinalis* L. (Lamiaceae). *Phaimaceutica Acta Helvetiae.* 1987, **62**(1): 19-22

[6] VA Kurkin, TV Kurkina, GG Zapesochnaya., EV Avdeeva, ZV Bogolyubova, VV Vandyshev, IY Chikina. Chemical study of *Melissa officinalis. Khimiya Prirodnykh Soedinenii.* 1995, **2**: 318-320

[7] A Heitz., A Carnat, D Fraisse, AP Carnat, JL Lamaison. Luteolin 3' -glucuronide, the major flavonoid from *Melissa officinalis* subsp. *officinalis. Fitoterapia.* 2000, **71**(2): 201-202

[8] J Patora, B Klimek. Flavonoids from lemon balm (*Melissa officinalis* L., Lamiaceae). *Acta Poloniae Pharmaceutica.* 2002, **59**(2): 139-143

[9] N Mimica-Dukic, B Bozin, M Sokovic, N Simin. Antimicrobial and Antioxidant Activities of *Melissa officinalis* L. (Lamiaceae) Essential Oil. *Journal of Agricultural and Food Chemistry.* 2004, **52**(9): 2485-2489

[10] I Nykanen. Composition of the essential oil of *Melissa officinalis* L. *Developments in Food Science.* 1985, **10**: 329-338

[11] A Mulkens, I Kapetanidis. Eugenylglucoside, a new natural phenylpropanoid heteroside from *Melissa officinalis. Journal of Natural Products.* 1988, **51**(3): 496-498

[12] M Tagashira, Y Ohtake. A new antioxidative 1,3-benzodioxole from *Melissa officinalis. Planta Medica.* 1998, **64**(6): 555-558

[13] I Agata, H Kusakabe, T Hatano, S Nishibe, T Okuda. Melitric acids A and B, new trimeric caffeic acid derivatives from *Melissa officinalis. Chemical & Pharmaceutical Bulletin.* 1993, **41**(9): 1608-1611

[14] DO Kennedy, G Wake, S Savelev, NTJ Tildesley, EK Perry, KA Wesnes, AB Scholey. Modulation of mood and cognitive performance following acute administration of single doses of *Melissa officinalis* (Lemon balm) with human CNS nicotinic and muscarinic receptor-binding properties. *Neuropsychopharamacology.* 2003, **28**(10): 1871-1881

[15] DO Kennedy, AB Scholey, NTJ Tildesley, EK Perry, KA Wesnes. Modulation of mood and cognitive performance following acute administration of *Melissa officinalis* (lemon balm). *Pharmacology, Biochemistry and Behavior.* 2002, **72**(4): 953-964

[16] P Pereira, D Tysca, P Oliveira, LF Da Silva Brum, JN Picada, P Ardenghi. Neurobehavioral and genotoxic aspects of rosmarinic acid. *Pharmacological Research.* 2005, **52**(3): 199-203

[17] DO Kennedy, W Little, AB Scholey. Attenuation of laboratory-induced stress in humans after acute administration of *Melissa officinalis* (Lemon Balm). *Psychosomatic Medicine.* 2004, **66**(4): 607-613

[18] CG Ballard, JT O'Brien, K Reichelt. EK Perry. Aromatherapy as a safe and effective treatment for the management of agitation in severe dementia: the results of a double-blind, placebo-controlled trial with Melissa. *Journal of Clinical Psychiatry.* 2002, **63**(7): 553-558

[19] H Sadraei, A Ghannadi, K Malekshahi. Relaxant effect of essential oil of *Melissa officinalis* and citral on rat ileum contractions. *Fitoterapia.* 2003, **74**(5): 445-452

[20] R Soulimani, J Fleurentin, F Mortier, R Misslin, G Derrieu, JM Pelt. Neurotropic action of the hydroalcoholic extract of *Melissa officinalis* in the mouse. *Planta Medica.* 1991, **57**(2): 105-109

[21] AC De Sousa, DS Alviano, AF Blank, PB Alves, CS Alviano, CR Gattass. *Melissa officinalis* L. essential oil: Antitumoral and antioxidant activities. *Journal of Pharmacy and Pharmacology.* 2004, **56**(5): 677-681

[22] N Dudai, Y Weinstein, M Krup, T Rabinski, R Ofir. Citral is a new inducer of caspase-3 in tumor cell lines. *Planta Medica.* 2005, **71**(5): 484-488

[23] R Firouzi, M Azadbakht, A Nabinedjad. Anti-listerial activity of essential oils of some plants. *Journal of Applied Animal Research.* 1998, **14**(1): 75-80

[24] NV Anicic, SR Dimitrijeevic, MS Ristic, SS Petrovic, SD Petrovic. Antimicrobial activity of essential oil of *Melissa officinalis* L., Lamiaceae. *Hemijska Industrija.* 2005, **59**(9-10): 243-247

香蜂花 Xiangfenghua

[25] K Yamasaki, M Nakano, T Kawahata, H Mori, T Otake, N Ueba, I Oishi, R Inami, M Yamane, M Nakamura, H Murata, T Nakanishi. Anti-HIV-1 activity of herbs in Labiatae. *Biological & Pharmaceutical Bulletin*. 1998, **21**(8): 829-833

[26] A Allahverdiyev, N Duran, M Ozguven, S Koltas. Antiviral activity of the volatile oils of *Melissa officinalis* L. against Herpes simplex virus type-2. *Phytomedicine*. 2004, **11**(7-8): 657-661

[27] S Bolkent, R Yanardag, O Karabulut-Bulan, B Yesilyaprak. Protective role of *Melissa officinalis* L. extract on liver of hyperlipidemic rats: a morphological and biochemical study. *Journal of Ethnopharmacology*. 2005, **99**(3): 391-398

[28] J Drozd, E Anuszewska. The effect of the *Melissa officinalis* extract on immune response in mice. *Acta Poloniae Pharmaceutica*. 2003, **60**(6): 467-470

香蜂花种植地

辣薄荷 Labohe EP, BP, USP, GCEM

唇形科

Mentha piperita L.

Peppermint

概述

唇形科 (Lamiaceae) 植物辣薄荷 *Mentha piperita* L.，其干燥叶入药，药用名：辣薄荷叶；其地上部分水蒸气蒸馏所得的精油入药，药用名：辣薄荷油。

薄荷属 (*Mentha*) 植物全世界约有 30 种，主要分布于北半球温带地区。中国约有 12 种，本属现供药用者约有 4 种。本种原产于欧洲，埃及、印度、南美洲、北美洲、中国均有栽培。

辣薄荷入药已有数千年的历史，从古希腊、古罗马、古埃及时代始有记载。于 1721 年开始载入《伦敦药典》。《欧洲药典》（第 5 版）、《英国药典》（2002 年版）和《美国药典》（第 28 版）收载本种为辣薄荷叶和辣薄荷油的法定原植物来源种。主产于美国、欧洲北部和东部地区。

辣薄荷含挥发油、黄酮类和酚酸类成分等。其中挥发油为指标性成分。《欧洲药典》和《英国药典》采用水蒸气蒸馏法测定，规定完整辣薄荷叶中挥发油含量不得少于 12mL/kg，切碎辣薄荷叶中挥发油含量不得少于 9.0mL/kg，以控制药材质量；采用气相色谱法测定，规定辣薄荷油中柠檬烯含量为 1.0%～5.0%，桉叶素含量为 3.5%～14%，薄荷酮含量为 14%～32%，薄荷呋喃含量为 1.0%～9.0%，异薄荷酮含量为 1.5%～10%，醋酸薄荷酯含量为 2.8%～10%，薄荷醇含量为 30%～55%，长叶薄荷酮含量不多于4.0%，葛缕含量不得多于 1.0%，以控制精油质量。《美国药典》采用化学滴定法测定，规定辣薄荷油中酯类成分含量以醋酸薄荷酯计不得少于 5.0%，薄荷醇总含量不得少于 50%，以控制精油质量。

药理研究表明，辣薄荷叶和辣薄荷油具有抗菌、抗过敏、抗病毒、抗氧化、利胆等作用。

民间经验认为辣薄荷叶具有驱风，解痉，利胆的功效；中医理论认为辣薄荷叶具有疏散风热，解毒散结的功效。

辣薄荷 *Mentha piperita* L.

药材辣薄荷叶 Folium Menthae Piperitae

辣薄荷 Labohe

化学成分

辣薄荷的叶主要含挥发油类成分，包括单萜类成分：柠檬烯 (limonene)、桉叶素 (cineole)、薄荷酮 (menthone)、薄荷呋喃 (menthofuran)、异薄荷酮 (isomenthone)、醋酸薄荷酯 (menthyl acetate)、薄荷醇 (menthol)、长叶薄荷酮 (pulegone)、葛缕酮 (carvone)、辣胡椒酮 (piperitone)[1]、香叶醇 (geraniol)、顺式、反式葛缕醇 (cis, trans－carveols)、顺式、反式胡椒醇 (cis, trans－piperitols)[2]、(－)异薄荷二烯醇 [(－)isopiperitenol][3]、menthofurolactone[4]；倍半萜类成分：β－丁香烯 (β－caryophyllene)、δ－杜松烯 (δ－cadinene)、β－榄香烯 (β－elemene)、α－胡椒烯 (α－copaene)、β－波旁老鹳草烯 (β－bourbonene)、α－葎草烯 (α－humulene)、α－衣兰油烯 (α－muurolene)[1]、香叶醛 (geranial)、香橙烯 (aromadendrene)、绿花白千层醇 (viridiflorol)[2]。还含有黄酮类成分：金合欢素 (acacetin)、木犀草素 (luteolin)、芹菜素 (apigenin)、5－O－去甲蜜桔黄素 (5－O－desmethylnobiletin)、栀子黄素B、D (gardenins B, D)、ladanein、黄姜味草醇 (xanthomicrol)、鼠尾草素 (salvigenin)、sideritoflavone、thymusin、麝香草素 (thymonin)[5]、hymenoxin、menthocubanone、石吊兰素 (nevadensin)[6]、佩兰素 (eupatorine)[7]、4'－O－去甲栀子黄素D (4'－O－demethylgardenin D)[8]、圣草枸橼苷 (eriocitrin)、橙皮苷 (hesperidoside)[9]、圣草素－7－O－芸香糖苷 (eriodictyol－7－O－rutinoside)[10]、香叶木苷 (diosmin)、异野漆树苷 (isorhoifolin)、柚皮芸香苷 (narirutin)、木犀草素－7－O－芸香糖苷 (luteolin－7－O－rutinoside)[11]；酚酸类成分：迷迭香酸 (rosmarinic acid)[11]等。

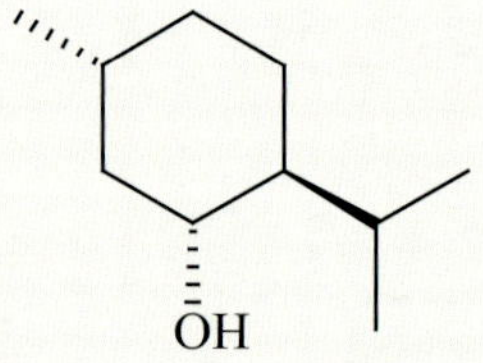

OH OH HO OH OH OH HO O CH3 OH OH OH O

menthol 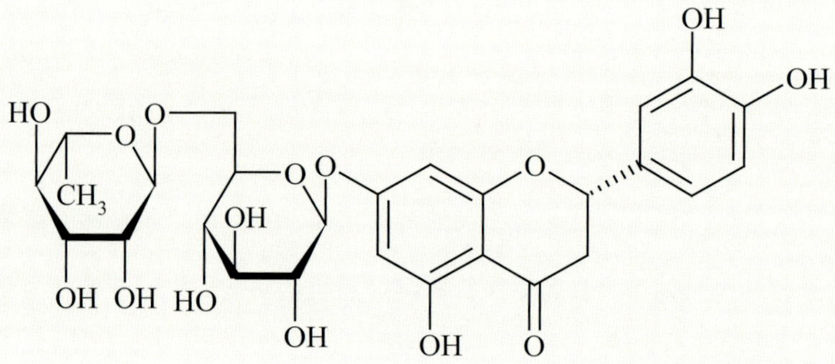　　eriocitrin

药理作用

1. 抗菌

体外实验表明，辣薄荷油可抑制幽门螺旋杆菌、肠炎沙门氏菌、大肠杆菌、耐甲氧苯青霉素金黄色葡萄球菌、甲氧苯青霉素敏感金黄色葡萄球菌等的增殖[12]。辣薄荷油还可改变金黄色葡萄球菌、肺炎链球菌、白色链球菌、都伯林沙门氏菌对红霉素、四环素、氯霉素、庆大霉素、卡那霉素、链霉素、多黏菌素等抗生素的敏感性，降低耐药性[13]。

2. 抗病毒

辣薄荷油体外对新城病毒 (NDV)、I 型和 II 型单纯性疱疹病毒 (HSV－I, II)、牛痘病毒、塞姆利基森林病毒 (SFV)、西尼罗河病毒 (WNV)等均有较好的抗病毒活性，且对皮肤有较好的渗透性[14-15]。

3. 抗过敏

辣薄荷50%乙醇提取物给大鼠口服对化合物48/80诱导的腹腔肥大细胞组胺释放具有显著的抑制作用，其主要有效成分为木犀草素－7－O－芸香糖苷，该作用与辣薄荷缓解过敏性鼻炎有关[11, 16]。

4. **利胆**

辣薄荷总黄酮可明显促进犬胆汁分泌和合成，降低胆汁中胆酸、胆固醇、胆红素的含量，增加胆酸的总分泌量[17-18]。

5. **抗氧化**

辣薄荷中圣草枸橼苷、木犀草素-7-O-芸香糖苷及迷迭香酸等多酚类成分具有较好的自由基清除作用和抗过氧化氢作用[19]。

6. **抗辐射**

辣薄荷精油给小鼠口服可显著降低受γ射线照射小鼠血清中酸性磷酸脂酶的活性，增加碱性磷酸酯酶的活性，有抗辐射作用[20]。其抗辐射机理与抗氧化作用和清除自由基的能力有关[21]。

7. **抗肿瘤**

辣薄荷水提物口服给药能明显降低苯并[a]芘（B[a]P）诱导小鼠肺癌的发生率，使小鼠染色体突变和骨髓细胞微核的几率减少、脂质过氧化水平降低、肺和肝中巯基数量增加，具有显著的抗突变、抗遗传毒性及抗氧化作用[22-23]。辣薄荷水悬浮液给小鼠灌胃能抑制小鼠二甲基苯并蒽（DMBA）所致皮肤绒毛状瘤的产生，还可抑制巴豆油对绒毛状瘤产生的促进作用[24]。

8. **其他**

辣薄荷还具有镇痛、抗炎[25]、改善实验性尿毒症大鼠肾功能[26]等作用。

应用

辣薄荷叶用于胃肠道和胆管绞痛、消化道疾病（如消化不良、胃胀气、胃炎、肠炎）的治疗。民间还将其用来治疗恶心、呕吐、妊娠呕吐、呼吸道感染、痛经、感冒等病。

辣薄荷叶也为中医临床用药。功能：疏散风热，解毒散结。主治：风热感冒，头痛，目赤，咽痛，痄腮。

辣薄荷油内服用于胃肠道和胆管绞痛、肠应激综合征、上呼吸道黏膜炎等疾病的治疗；外敷用于肌肉痛和神经痛的治疗。

评注

《中国药典》收载同属植物 *Mentha haplocalyx* Briq. 为中药薄荷的法定原植物来源种。中医理论认为薄荷与辣薄荷的功效相似，研究表明两者的化学成分与药理作用也较为类似。

辣薄荷药用历史悠久，自古以来用于感冒、恶心、呕吐等疗效良好。近年来辣薄荷油蒸气吸入法用于防治癌症化疗引起的恶心也取得较好的效果。此外，辣薄荷叶还可清除水中的铅离子，具有改善水质的作用[28]。

参考文献

[1] A Orav, A Raal, E Arak. Comparative chemical composition of the essential oil of *Mentha x piperita* L. from various geographical sources. *Proceedings of the Estonian Academy of Sciences, Chemistry*. 2004, **53**(4): 174-181

[2] S Dwivedi, M Khan, SK Srivastava, KV Syamasunnder, A Srivastava. Essential oil composition of different accessions of *Mentha x piperita* L. grown on the northern plains of India. *Flavour and Fragrance Journal*. 2004, **19**(5): 437-440

[3] KL Ringer, EM Davis, R Croteau. Monoterpene metabolism. Cloning, expression, and characterization of (-)-isopiperitenol/(-)-carveol dehydrogenase of peppermint and spearmint. *Plant Physiology*. 2005, **137**(3): 863-872

[4] E Frerot, A Bagnoud, C Vuilleumier. Menthofurolactone: a new p-menthane lactone in *Mentha piperita* L.: analysis, synthesis and olfactory properties. *Flavour and Fragrance Journal*. 2002, **17**(3): 218-226

[5] B Voirin, A Saunois, C Bayet. Free flavonoid aglycons from *Mentha x piperita*: developmental, chemotaxonomical and physiological aspects. *Biochemical Systematics and Ecology*. 1994, **22**(1): 95-99

[6] OI Zakharova, AM Zakharov, LP Smirnova, VM Kovineva. Flavones of the *Mentha piperita* varieties Selena and Serebristaya. *Khimiya Prirodnykh Soedinenii*. 1986, **6**: 781

[7] OI Zakharova, AM Zakharov, LP Smirnova. Flavonoids of *Mentha piperita* variety Krasnodarskaya 2. *Khimiya Prirodnykh Soedinenii*. 1987, **1**: 143-144

[8] F Jullien, B Voirin, J Bernillon, J Favre-Bonvin. Highly oxygenated flavones from *Mentha piperita*. *Phytochemistry*. 1984, **23**(12): 2972-2973

[9] F Duband, AP Carnat, A Carnat, C Petitjean-Freytet, G Clair, JL Lamaison. The aromatic and polyphenolic composition of peppermint (*Mentha piperita*) tea. *Annales Pharmaceutiques Francaises*. 1992, **50**(3): 146-155

[10] L Karuza, N Blazevic, Z Soljic. Isolation and structure of flavonoids from peppermint (*Mentha x piperita*) leaves. *Acta Pharmaceutica*. 1996, **46**(4): 315-320

[11] T Inoue, Y Sugimoto, H Masuda, C Kamei. Antiallergic effect of flavonoid glycosides obtained from *Mentha piperita* L. *Biological & Pharmaceutical Bulletin*. 2002, **25**(2): 256-259

[12] H Imai, K Osawa, H Yasuda, H Hamashima, T Arai, M Sasatsu. Inhibition by the essential oils of peppermint and spearmint of the growth of pathogenic bacteria. *Microbios*. 2001, **106**(S1.): 31-39

[13] NA Shkil, NV Chupakhina, NV Kazarinova, KG Tkachenko. Effect of essential oils on microorganism sensitivity to antibiotics. *Rastitel'nye Resursy*. 2006, **42**(1): 100-107

[14] ECJ Herrmann, LS Kucera. Antiviral substances in plants of the mint family (Labiatae). III. Peppermint (*Mentha piperita*) and other mint plants. *Proceedings of the Society for Experimental Biology and Medicine*. 1967, **124**(3): 874-878

[15] A Schuhmacher, J Reichling, P Schnitzler. Virucidal effect of peppermint oil on the enveloped viruses herpes simplex virus type 1 and type 2 *in vitro*. *Phytomedicine*. 2003, **10**(6-7): 504-510

[16] T Inoue, Y Sugimoto, H Masuda, C Kamei. Effects of peppermint (*Mentha piperita* L.) extracts on experimental allergic rhinitis in rats. *Biological & Pharmaceutical Bulletin*. 2001, **24**(1): 92-95

[17] IK Pasechnik, EV Gella. Choleretic preparation from peppermint. *Farmatsevticheskii Zhurnal*. 1966, **21**(5): 49-53

[18] IK Pasechnik. Choleretic properties specific to flavonoids from *Mentha piperita* leaves. *Farmakologiya i Toksikologiya*. 1966, **29**(6): 735-737

[19] Z Sroka, I Fecka, W Cisowski. Antiradical and anti-H_2O_2 properties of polyphenolic compounds from an aqueous peppermint extract. *Zeitschrift fuer Naturforschung, C: Journal of Biosciences*. 2005, **60**(11-12): 826-832

[20] RM Samarth, PK Goyal, A Kumar. Modulation of serum phosphatases activity in Swiss albino mice against gamma irradiation by *Mentha piperita* Linn. *Phytotherapy Research*. 2002, **16**(6): 586-589

[21] A Kumar. Radioprotective influence of *Mentha piperita* (Linn) against gamma irradiation in mice: Antioxidant and radical scavenging activity. *International Journal of Radiation Biology*. 2006, **82**(5): 331-337

[22] RM Samarth, M Panwar, M Kumar, A Kumar. Protective effects of *Mentha piperita* Linn on benzo[a]pyrene-induced lung carcinogenicity and mutagenicity in Swiss albino mice. *Mutagenesis*. 2006, **21**(1): 61-66

[23] RM Samarth, M Panwar, A Kumar. Modulatory effects of *Mentha piperita* on lung tumor incidence, genotoxicity, and oxidative stress in benzo[a]pyrene-treated Swiss Albino Mice. *Environmental and Molecular Mutagenesis*. 2006, **47**(3): 192-198

[24] S Yasmeen, A Kumar. Evaluation of chemoprevention of skin papilloma by *Mentha piperita*. *Journal of Medicinal and Aromatic Plant Sciences*. 2001, **22/4A-23/1A**: 84-88

[25] AH Atta, A Alkofahi. Anti-nociceptive and anti-inflammatory effects of some Jordanian medicinal plant extracts. *Journal of Ethnopharmacology*. 1998, **60**(2): 117-124

[26] VY Funditus. Study on sea-buckthorn and peppermint oil effects on the course of experimental uremia. *Farmatsevtichnii Zhurnal*. 2001, **3**: 92-95

[27] A El-Sheikh, I El-Khatib, A Naddaf. The use of peppermint leaves as scavengers of lead(II) ions. *Abhath Al-Yarmouk, Basic Sciences and Engineering*. 2002, **11**(1A): 121-143

海滨木巴戟 Haibinmubaji

茜草科

Morinda citrifolia L.

Noni

概述

茜草科 (Rubiaceae) 植物海滨木巴戟 *Morinda citrifolia* L.，其果实入药。药用名：橘叶巴戟果，又名：诺丽果。

巴戟天属 (*Morinda*) 植物全世界约 102 种，分布于热带、亚热带和温带地区。中国约有 26 种、1 亚种、6 变种，本属现供药用者约 5 种。本种原产于美洲，分布自印度和斯里兰卡，经中南半岛，南至澳洲北部，东至波利尼西亚等广大地区及其海岛。中国海南岛、西沙群岛及台湾等地有分布。

海滨木巴戟做药用已有超过 2000 年的历史，波利尼西亚人 (Polynesians) 将海滨木巴戟用于抗菌、抗病毒、驱虫和增强免疫[1]。主产于南太平洋地区、印度、加勒比海、北美和西印度群岛[2]。

海滨木巴戟主要含蒽醌类、环烯醚萜类成分等。

药理研究表明，海滨木巴戟具有抗肿瘤、抗氧化、抗炎、抗高血压、镇痛等作用。

民间经验认为橘叶巴戟果具有抗肿瘤、降血糖的功效。

海滨木巴戟 *Morinda citrifolia* L.（花枝）

海滨木巴戟 Haibinmubaji

海滨木巴戟 *M. citrifolia* L.（果枝）

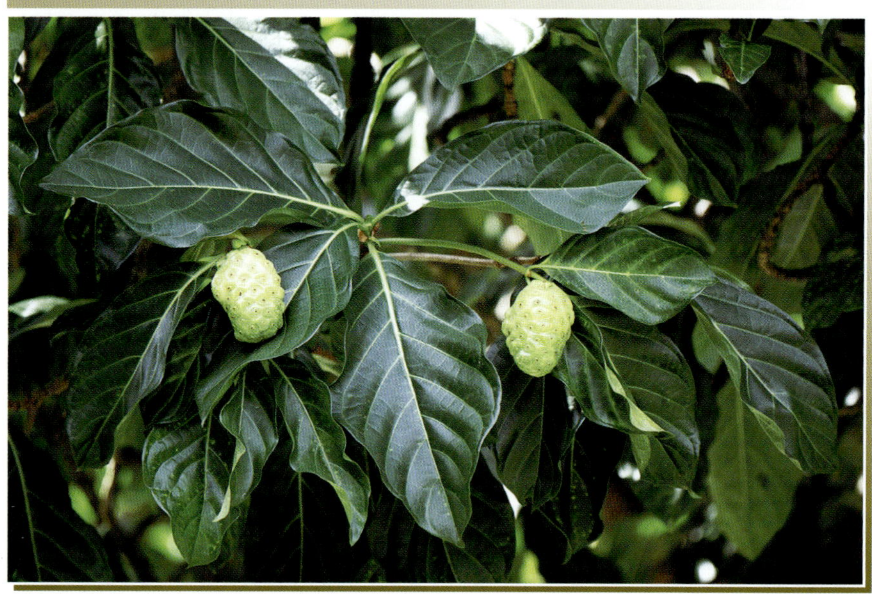

化学成分

海滨木巴戟的果实含蒽醌类成分：巴戟醌-5-甲基醚（morindone-5-methylether）、茜素-1-甲基醚（alizarin-1-methylether）、没食子蒽醌-1,3-二甲醚（anthragallol-1,3-dimethylether）、没食子蒽醌-2-甲基醚（anthragallol-2-methylether）、5,15-O-二甲基巴越醌（5,15-O-dimethylmorindol）[3]；环烯醚萜类成分：车叶草苷酸（asperulosidic acid）、去乙酰车叶草苷酸（deacetylasperulosidic acid）[3]、海巴戟素 B（citrifolinin B）、车叶草苷（asperuloside）[4]；黄酮类成分：烟花苷（nicotiflorin）、水仙苷（narcissin）[4]；木脂素类成分：americanol A、americanin A、americanoic acid A、isoprincepin[5]等。

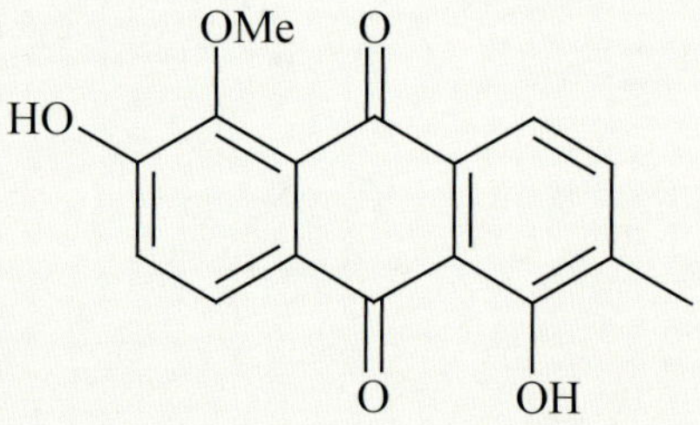

morindone-5-methylether

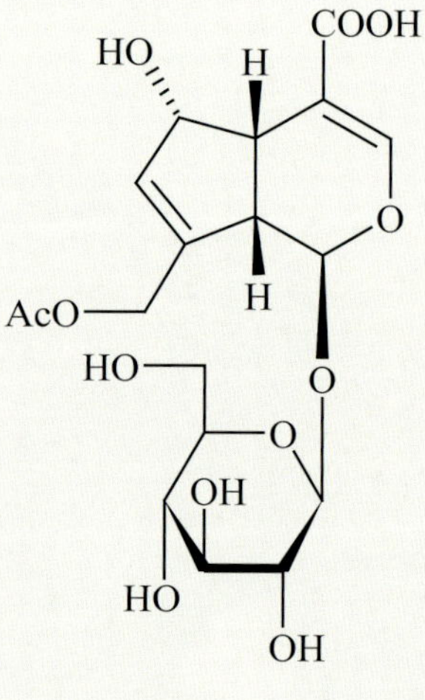

asperulosidic acid

海滨木巴戟的根含有蒽醌类成分：柚木醌 (tectoquinone)、茜黄 (rubiadin)、虎刺素 (damnacanthal)、去甲虎刺素 (nor-damnacanthal)、茜素-1-甲基醚、1-羟基-2-甲基蒽醌 (1-hydroxy-2-methylanthraquinone)、2-甲酰蒽醌 (2-formylanthraquinone)、1-甲氧基-3-羟基蒽醌 (1-methoxy-3-hydroxyanthraquinone)、巴戟醌-5-甲基醚[6]等。

海滨木巴戟的叶含环烯醚萜类成分：citrifolinins A、B、citrifolinoside[7]、车轴草苷 (asperuloside)、asperulosidic acid[8]；黄酮类成分：芦丁 (rutin)、槲草苷 (hirsutrin)、烟花苷 (nicotiflorin)[9]等。

海滨木巴戟的茎含蒽醌类成分：虎刺素 (damnacanthal)、去甲虎刺素 (nordamnacanthal)[10]、大黄素甲醚 (physcion)、巴戟醌 (morindone)[11]等。

药理作用

1. **抗肿瘤**

海滨木巴戟果汁对小鼠肉瘤S_{180}有抑制作用，与化疗药物顺铂、阿霉素、丝裂霉素C、γ干扰素 (IFN-γ) 等有协同效应[12]；也能抑制佛波酯 (TPA) 或表皮细胞生长因子 (EGF) 导致的转录激活蛋白AP-1的激活，抑制小鼠表皮细胞JB6的变异[13]；还可通过刺激宿主细胞免疫系统，促进肿瘤坏死因子α (TNF-α)、白介素 (IL)、IFN-γ等的释放，抑制小鼠Lewis肺癌细胞生长[14]。海滨木巴戟果实甲醇提取物体外对人乳腺癌细胞MCF-7、成神经细胞瘤LAN5有明显细胞毒作用[15]。海滨木巴戟果汁体外能抑制人乳腺癌肿块毛细血管增生，诱导变性凋亡[16]。虎刺素对小鼠白血病细胞L-1210、黑色素瘤细胞B16有明显细胞毒作用[10]。

2. **抗氧化**

海滨木巴戟果实的甲醇和醋酸乙酯提取物能明显抑制铜离子导致的低密度脂蛋白氧化[5]。海滨木巴戟的根、叶、果实提取物具有明显抗氧化活性[17]，以根的醋酸乙酯提取物活性较强[18]。海滨木巴戟叶所含环烯醚萜类、黄酮类成分均具有明显二苯代苦味酰肼(DPPH)自由基清除能力[9]。

3. **抗炎**

海滨木巴戟果实的甲醇提取物能通过抑制磷酸脂酶A_2的活性，减少花生四烯酸在小鼠巨噬细胞的释放，产生抗炎作用[19]。

4. **降血压**

给自发性高血压大鼠灌胃海滨木巴戟果汁，能明显抑制血管紧张素转化酶活性，降低高血压大鼠收缩压[20]。

5. **镇痛**

海滨木巴戟根的水提取物对小鼠扭体、热板反应有明显的镇痛作用[21]。

6. **其他**

海滨木巴戟叶的甲醇提取物还具有抗结核作用[22]。

应用

现代临床将橘叶巴戟果用于糖尿病、发热、胃痛的治疗，以及用于肿瘤的辅助治疗[23]。

评注

除果实外，海滨木巴戟的叶、根也可入药。根入药之药用名：橘叶巴戟，具有清热解毒的功效；主治痢疾，口疮，肺结核。

海滨木巴戟 Haibinmubaji

《中国药典》(2005 年版)收载同属植物巴戟天 *Morinda officinalis* How 的根，作为中药巴戟天的植物来源。巴戟天具有补肾阳，强筋骨，祛风湿的功效；主治阳痿遗精，宫冷不孕，少腹冷痛，风湿痹痛，筋骨萎软等病症。巴戟天为常用中药，在中国产量较大。巴戟天与海滨木巴戟能否替代使用值得探讨。

海滨木巴戟的果实又称诺丽果，因这种常绿植物一年四季都开花，又有四季果之称。古代波利尼西亚人在南太平洋群岛大溪地拓垦时，如遇身体不适，就直接榨取诺丽果汁液饮用，缓解身体症状。现代研究表明，诺丽果可提供人体所需蛋白质、维生素和矿物质等多种营养素。

现市售有诺丽果汁等健康产品，中国海南等地已有引种栽培。

参考文献

[1] MY Wang, BJ West, CJ Jensen, D Nowicki, C Su, AK Palu, G Anderson. *Morinda citrifolia* (Noni): a literature review and recent advances in Noni research. *Acta Pharmacologica Sinica*. 2002, **23**(12): 1127-1141

[2] T Chunhieng, L Hay, D Montet. Detailed study of the juice composition of noni (*Morinda citrifolia*) fruits from Cambodia. *Fruits*. 2005, **60**(1): 13-24

[3] K Kamiya, Y Tanaka, H Endang, M Umar, T Satake. New anthraquinone and iridoid from the fruits of *Morinda citrifolia*. *Chemical & Pharmaceutical Bulletin*. 2005, **53**(12): 1597-1599

[4] BN Su, AD Pawlus, HA Jung, WJ Keller, JL McLaughlin, AD Kinghorn. Chemical constituents of the fruits of *Morinda citrifolia* (Noni) and their antioxidant activity. *Journal of Natural Products*. 2005, **68**(4): 592-595

[5] K Kamiya, Y Tanaka, H Endang, M Umar, T Satake. Chemical constituents of *Morinda citrifolia* fruits inhibit copper-induced low-density lipoprotein oxidation. *Journal of Agricultural and Food Chemistry*. 2004, **52**(19): 5843-5848

[6] SM Sang, CT Ho. Chemical components of noni (*Morinda citrifolia* L.) root. ACS Symposium Series. 2006, **925**(Herbs): 185-194

[7] SM Sang, GM Liu, K He, NQ Zhu, ZG Dong, QY Zheng, RT Rosen, CT Ho. New unusual iridoids from the leaves of noni (*Morinda citrifolia* L.) show inhibitory effect on ultraviolet B-induced transcriptional activator protein-1 (AP-1) activity. *Bioorganic & Medicinal Chemistry*. 2003, **11**(12): 2499-2502

[8] SM Sang, XF Cheng, NaQ Zhu, MF Wang, JW Jhoo, RE Stark, V Badmaev, G Ghai, RT Rosen, CT Ho. Iridoid glycosides from the leaves of *Morinda citrifolia*. *Journal of Natural Products*. 2001, **64**(6): 799-800

[9] SM Sang, XF Cheng, NQ Zhu, RE Stark, V Badmaev, G Ghai, RT Rosen, CT Ho. Flavonol glycosides and novel iridoid glycoside from the leaves of *Morinda citrifolia*. *Journal of Agricultural and Food Chemistry*. 2001, **49**(9): 4478-4481

[10] QV Do, GD Pham, NT Mai, TPP Phan, HN Nguyen, YY Jea, BZ Ahn. Cytotoxicity of some anthraquinones from the stem of *Morinda citrifolia* growing in Vietnam. *Tap Chi Hoa Hoc*. 1999, **37**(3): 94-97

[11] M Srivastava, J Singh. A new anthraquinone glycoside from *Morinda citrifolia*. *International Journal of Pharmacognosy*. 1993, **31**(3): 182-184

[12] E Furusawa, A Hirazumi, S Story, J Jensen. Antitumor potential of a polysaccharide-rich substance from the fruit juice of *Morinda citrifolia* (Noni) on sarcoma 180 ascites tumour in mice. *Phytotherapy Research*. 2003, **17**(10): 1158-1164

[13] GM Liu, A Bode, WY Ma, SM Sang, CT Ho, ZG Dong. Two novel glycosides from the fruits of *Morinda citrifolia* (Noni) inhibit AP-1 transactivation and cell transformation in the mouse epidermal JB_6 cell line. *Cancer Research*. 2001, **61**(15): 5749-5756

[14] A Hirazumi, E Furusawa. An immunomodulatory polysaccharide-rich substance from the fruit juice of *Morinda citrifolia* (Noni) with antitumor activity. *Phytotherapy Research*. 1999, **13**(5): 380-387

[15] T Arpornsuwan, T Punjanon. Tumor cell-selective antiproliferative effect of the extract from *Morinda citrifolia* fruits. *Phytotherapy Research*. 2006, **20**(6): 515-517

[16] CA Hornick, A Myers, H Sadowska-Krowicka, CT Anthony, EA Woltering. Inhibition of angiogenic initiation and disruption of newly established human vascular networks by juice from *Morinda citrifolia* (noni). *Angiogenesis*. 2003, **6**(2): 143-149

[17] ZM Zin, AA Hamid, A Osman, N Saari. Antioxidative activities of chromatographic fractions obtained from root, fruit and leaf of Mengkudu (*Morinda citrifolia* L.). *Food Chemistry*. 2005, **94**(2): 169-178

[18] ZM Zin, A Abdul-Hamid, A Osman. Antioxidative activity of extracts from Mengkudu (*Morinda citrifolia* L.) root, fruit and leaf. *Food Chemistry*. 2002, **78**(2): 227-231

[19] BC Choi, SS Sim. Anti-inflammatory activity and phospholipase A_2 inhibition of noni (*Morinda citrifolia*) methanol extracts. *Yakhak Hoechi*. 2005, **49**(5): 405-409

[20] S Yamaguchi, J Ohnishi, M Sogawa, I Maru, Y Ohta, Y Tsukada. Inhibition of angiotensin I converting enzyme by Noni (*Morinda citrifolia*) juice. *Nippon Shokuhin Kagaku Kogaku Kaishi*. 2002, **49**(9): 624-627

[21] C Younos, A Rolland, J Fleurentin, MC Lanhers, R Misslin, F Mortier. Analgesic and behavioural effects of *Morinda citrifolia*. *Planta medica*. 1990, **56**(5): 430-434

[22] JP Saludes, MJ Garson, SG Franzblau, AM Aguinaldo. Antitubercular constituents from the hexane fraction of *Morinda citrifolia* Linn. (Rubiaceae). *Phytotherapy Research*. 2002, **16**(7): 683-685

[23] DKW Wong. Are immune responses pivotal to cancer patient's long term survival? Two clinical case-study reports on the effects of *Morinda citrifolia* (Noni). *Hawaii Medical Journal*. 2004, **63**(6): 182-184

香桃木 Xiangtaomu

Myrtus communis L.

Myrtle

概述

桃金娘科 (Myrtaceae) 植物香桃木 *Myrtus communis* L.，其干燥叶入药。药用名：香桃木。

香桃木属 (*Myrtus*) 植物全世界约 100 种，分布于热带和亚热带地区。中国引种 1 种，可供药用。本种原产于地中海地区，现分布于地中海到喜马拉雅山脉西北地区，在中国南部多有栽培。

香桃木自古就在南欧的庭园栽植，有许多园艺变种，芳香宜人。西方一些国家的婚礼上常见有香桃木制作的花环，以示祝福，故有“祝福木”之称。香桃木有较强的杀菌效果，对气管炎等呼吸道疾病有一定疗效[1]。主产于摩洛哥、奥地利、法国。

香桃木主要含挥发油、黄酮类、花色素类、间苯三酚类、儿茶素类成分等。

药理研究表明，香桃木具有抗菌、抗炎、抗氧化、降血糖等作用。

民间经验认为香桃木具有抗菌，抗炎的功效。

香桃木 *Myrtus communis* L.

化学成分

香桃木的果实含挥发油类成分：香桃木烯醇 (myrtenol)[2]、柠檬烯 (limonene)、1,8－桉叶素 (1,8－cineole)、对－聚伞花素 (p－cymene)、丁香油酚甲醚 (methyleugenol)、α－侧柏烯 (α－thujene)、β－丁香烯 (β－caryophyllene)[3]；黄酮类成分：杨梅苷 (myricitrin)、橙皮苷 (hesperidin)[4]、杨梅黄酮－3－O－葡萄糖苷 (myricetin－3－O－glucoside)、杨梅黄酮－3－O－半乳糖苷 (myricetin－3－O－galactoside)、杨梅黄酮－3－O－鼠李葡糖苷 (myricetin－3－O－rhamnoglucoside)[5]；花色素类成分：芍药花青素 (peonidin)、花翠素 (delphinidin)、锦葵花素 (malvidin)、花翠素－3－O－葡萄糖苷 (delphinidin－3－O－glucoside)、矢车菊素－3－O－葡萄糖苷 (cyanidin－3－O－glucoside)、锦葵花素－3－O－葡萄糖苷 (malvidin－3－O－glucoside)[6]、矮牵牛素 (petunidin)[7]等。

香桃木的叶含挥发油类成分：香桃木烯醇[8]、醋酸沉香酯 (linalyl acetate)、醋酸香叶酯 (geranyl acetate)[9]、1,8－桉叶素、柠檬烯、丁香油酚甲醚、芳樟醇 (linalool)、松油烯－4－醇 (terpinene－4－ol)[3]；间苯三酚类成分：gallomyrtucommulones A、B、C、D[10]、myrtucommulone A、isomyrtucommulone B、semimyrtucommulone[11]；黄酮类成分：槲皮素－3－O－半乳糖苷 (quercetin－3－O－galactoside)、槲皮素－3－O－鼠李糖苷 (quercetin－3－O－rhamnoside)、杨梅黄酮－3－O－半乳糖苷 (myricetin－3－O－galactoside)、金丝桃苷 (hyperin)；儿茶素类成分：表没食子儿茶精 (epigallocatechin)、表没食子儿茶精－3－O－没食子酸酯 (epigallocatechin－3－O－gallate)、表儿茶精－3－O－没食子酸酯 (epicatechin－3－O－gallate)；酚酸类成分：咖啡酸 (caffeic acid)、没食子酸 (gallic acid)等[12]。

香桃木的地上部分含间苯三酚类成分：myrtucommulones B、C、D、E；三萜类成分：熊果酸 (ursolic acid)、科罗索酸 (corosolic acid)、阿江榄仁酸(arjunolic acid)、桉脂醇(erythrodiol)、齐墩果酸 (oleanolic acid)、白桦脂醇 (betulin)[13]。

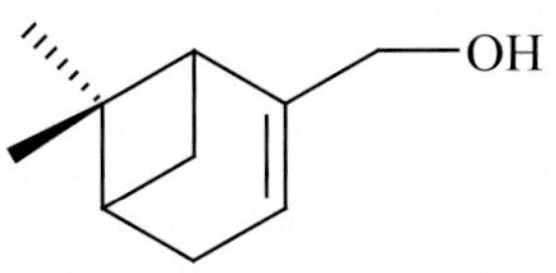

myrtenol

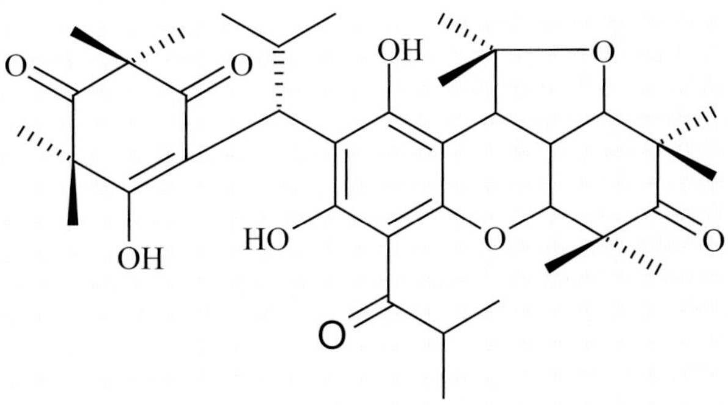

myrtucommulone D

药理作用

1. 抗菌

香桃木叶、花乙醇提取物对革兰氏阳性菌和阴性菌均有抑制作用[14]。香桃木挥发油对大肠杆菌、金黄色葡萄球菌、白色念珠菌[15]以及立枯丝核菌[16]有明显抑制作用。Myrtucommulones D、E 对金黄色葡萄球菌，以及香桃木三萜类成分对伤寒沙门氏菌和绿脓杆菌体外有明显的抑制作用[13]。

2. 抗炎

香桃木叶乙醇提取物腹腔注射能抑制角叉菜胶导致的小鼠足趾肿胀[17]。香桃木叶所含间苯三酚类成分体外能通过直接抑制环氧合酶-1和5-脂肪氧化酶活性，降低类花生酸类物质的生物合成，抑制炎症反应[18]。

3. 抗氧化

香桃木果实和叶的煎剂具有明显的清除二苯基苦味酰肼(DPPH)自由基活性，其活性与总酚化合物含量相关，果实煎剂的抗氧化活性强于叶煎剂[19]。香桃木果实乙醇提取物[20]、叶醋酸乙酯和甲醇提取物也具有明显的 DPPH 自由基清除能力[21]。香桃木叶乙醇提取物还能抑制铜离子导致的低密度脂蛋白氧化，其活性可能与含有的没食子酰基衍生物相关[22]。Semimyrtucommulone 和 myrtucommulone A 体外具有明显的抗亚油酸氧化作用，semimyrtucommulone 还能抑制高价铁离子导致的小鼠肝匀浆脂质过氧化[23]。

4. 降血糖

香桃木挥发油通过可逆性抑制小肠黏膜上皮细胞α-葡萄糖苷酶，增加肝糖元生成，抑制四氧嘧啶导致的糖尿病兔血糖升高[24]。香桃木乙醇提取物灌胃能抑制链脲霉素导致的小鼠高血糖症，而对正常小鼠无作用[25]。

5. 其他

香桃木叶的鞣质和黄酮类成分还具有抗诱变作用[26]。

应用

香桃木常用于上呼吸道感染的治疗，现代临床应用香桃木挥发油内服治疗支气管炎、百日咳、肺结核、膀胱炎、腹泻、痔疮、肠道寄生虫、感冒等，外用治疗中耳炎、疲劳、白带等。

评注

除干燥叶以外，香桃木叶所提取的精油以及新鲜的花枝也可入药。香桃木叶与药用植物锦熟黄杨 *Buxus sempervirens* L.、越桔 *Vaccinium vitis-idaea* L. 的叶相似，因而容易混淆，使用时需注意鉴别。

除药用外，香桃木挥发油还可用于护肤化妆品的生产，具有抗菌和收敛特性，能净化肌肤、消除粉刺，治疗开放性脓疮等，因而具有较大的保健开发价值。

参考文献

[1] 张连全，韦尉．情人节话爱神木香桃木．园林．2006，2：31

[2] MA Franco, G Versini, F Mattivi, A Dalla Serra, V Vacca, G Manca. Analytical characterization of myrtle berries, partially processed products and commercially available liqueurs. *Journal of Commodity Science*. 2002, **41**(3): 143-267

[3] CIG Tuberoso, A Barra, A Angioni, E Sarritzu, FM Pirisi. Chemical composition of volatiles in *Sardinian myrtle* (*Myrtus communis* L.) alcoholic extracts and essential oils. *Journal of Agricultural and Food Chemistry*. 2006, **54**(4): 1420-1426

[4] T Martin, B Rubio, L Villaescusa, L Fernandez, AM Diaz. Polyphenolic compounds from pericarps of *Myrtus communis*. *Pharmaceutical Biology*. 1999, **37**(1): 28-31

[5] T Martin, L Fernandez, B Rubio, M Gonzalez, L Villaescusa, AM Diaz. Myricetin derivatives isolated from the fruits of *Myrtus communis* L. *Colloques-Institut National de la Recherche Agronomique*. 1995, **69**(94): 309-310

[6] P Montoro, CIG Tuberoso, A Perrone, S Piacente, P Cabras, C Pizza. Characterisation by liquid chromatography-electrospray tandem mass spectrometry of anthocyanins in extracts of *Myrtus communis* L. berries used for the preparation of myrtle liqueur. *Journal of Chromatography, A*. 2006, **1112**(1-2): 232-240

[7] T Martin, L Villaescusa, M De Sotto, A Lucia, AM Diaz. Determination of anthocyanin pigments in *Myrtus communis* berries. *Fitoterapia*. 1990, **61**(1): 85

[8] C Messaoud, Y Zaouali, A Ben Salah, ML Khoudja, M Boussaid. *Myrtus communis* in Tunisia: variability of the essential oil composition in natural populations. *Flavour and Fragrance Journal.* 2005, **20**(6): 577-582

[9] PK Koukos, KI Papadopoulou, AD Papagiannopoulos, DT Patiaka. Chemicals from Greek forestry biomass: constituents of the leaf oil of *Myrtus communis* L. grown in Greece. *Journal of Essential Oil Research.* 2001, **13**(4): 245-246

[10] G Appendino, L Maxia, P Bettoni, M Locatelli, C Valdivia, M Ballero, M Stavri, S Gibbons, O Sterner. Antibacterial galloylated alkylphloroglucinol glucosides from myrtle (*Myrtus communis*). *Journal of Natural Products.* 2006, **69**(2): 251-254

[11] G Appendino, F Bianchi, A Minassi, O Sterner, M Ballero, S Gibbons. Oligomeric acylphloroglucinols from myrtle (*Myrtus communis*). *Journal of Natural Products.* 2002, **65**(3): 334-338

[12] A Romani, P Pinelli, N Mulinacci, FF Vincieri, M Tattini. Identification and quantification of polyphenols in leaves of *Myrtus communis. Chromatographia.* 1999, **49**(1-2): 17-20

[13] F Shaheen, M Ahmad, SN Khan, SS Hussain, S Anjum, B Tashkhodjaev, K Turgunov, MN Sultankhodzhaev, MI Choudhary. New α-glucosidase inhibitors and antibacterial compounds from *Myrtus communis* L. *European Journal of Organic Chemistry.* 2006, **10**: 2371-2377

[14] HAA Twaij, HMS Ali, AM Al-Zohyri. Pharmacological, phytochemical and antimicrobial studies on *Myrtus communis.* Part 2: glycemic and antimicrobial studies. *Journal of Biological Sciences Research.* 1988, **19**(1): 41-52

[15] D Yadegarinia, L Gachkar, MB Rezaei, M Taghizadeh, SA Astaneh, I Rasooli. Biochemical activities of Iranian *Mentha piperita* L. and *Myrtus communis* L. essential oils. *Phytochemistry.* 2006, **67**(12): 1249-1255

[16] M Curini, A Bianchi, F Epifano, R Bruni, L Torta, A Zambonelli. Composition and *in vitro* antifungal activity of essential oils of *Erigeron canadensis* and *Myrtus communis* from France. *Chemistry of Natural Compounds.* 2003, **39**(2): 191-194

[17] MK Al-Hindawi, IH Al-Deen, MH Nabi, MA Ismail. Anti-inflammatory activity of some Iraqi plants using intact rats. *Journal of Ethnopharmacology.* 1989, **26**(2): 163-168

[18] C Feisst, L Franke, G Appendino, O Werz. Identification of molecular targets of the oligomeric nonprenylated acylphloroglucinols from *Myrtus communis* and their implication as anti-inflammatory compounds. *Journal of Pharmacology and Experimental Therapeutics.* 2005, **315**(1): 389-396

[19] MC Alamanni, M Cossu. Radical scavenging activity and antioxidant activity of liquors of myrtle (*Myrtus communis* L.) berries and leaves. *Italian Journal of Food Science.* 2004, **16**(2): 197-208

[20] P Montoro, CIG Tuberoso, S Piacente, A Perrone, V De Feo, P Cabras, C Pizza. Stability and antioxidant activity of polyphenols in extracts of *Myrtus communis* L. berries used for the preparation of myrtle liqueur. *Journal of Pharmaceutical and Biomedical Analysis.* 2006, **41**(5): 1614-1619

[21] N Hayder, A Abdelwahed, S Kilani, RB Ammar, A Mahmoud, K Ghedira, L Chekir-Ghedira. Anti-genotoxic and free-radical scavenging activities of extracts from (Tunisian) *Myrtus communis. Mutation Research.* 2004, **564**(1): 89-95

[22] A Romani, R Coinu, S Carta, P Pinelli, C Galardi, FF Vincieri, F Franconi. Evaluation of antioxidant effect of different extracts of *Myrtus communis* L. *Free Radical Research.* 2004, **38**(1): 97-103

[23] A Rosa, M Deiana, V Casu, G Corona, G Appendino, F Bianchi, M Ballero, A Dessi. Antioxidant activity of oligomeric acylphloroglucinols from *Myrtus communis* L. *Free Radical Research.* 2003, **37**(9): 1013-1019

[24] A Sepici, I Gurbuz, C Cevik, E Yesilada. Hypoglycaemic effects of myrtle oil in normal and alloxan-diabetic rabbits. *Journal of Ethnopharmacology.* 2004, **93**(2-3): 311-318

[25] MS Elfellah, MH Akhter, MT Khan. Anti-hyperglycaemic effect of an extract of Myrtus communis in streptozotocin-induced diabetes in mice. *Journal of Ethnopharmacology.* 1984, **11**(3): 275-281

[26] N Hayder, S Kilani, A Abdelwahed, A Mahmoud, K Meftahi, J Ben Chibani, K Ghedira, L Chekir-Ghedira. Antimutagenic activity of aqueous extracts and essential oil isolated from *Myrtus communis. Pharmazie.* 2003, **58**(7): 523-524

月见草 Yuejiancao[BP]

Oenothera biennis L.

Evening Primrose

概述

柳叶菜科 (Onagraceae) 植物月见草 *Oenothera biennis* L.，其成熟种子提取所得脂肪油入药。药用名：月见草油。

月见草属 (*Oenothera*) 植物全世界约有 119 种，分布于北美洲、南美洲及中美洲温带至亚热带地区。中国约有 20 种[1]，本属现供药用者约 4 种。本种原产北美，引入欧洲后，迅速传播至世界温带与亚热带地区。中国东北、华北、华东和西南地区均有栽培并逸为野生，常成大片群落。

早在公元 7 世纪，美洲印第安人就用月见草治疗疾病，17 世纪时，月见草传入欧洲，用于外伤、镇痛、止咳，成为“王室御药”[2]。1917 年，德国化学家对月见草进行了分析研究，发现其中含有其他植物体中极为少见的 γ-亚麻酸[3]。1986 年中国以月见草胶囊形式将其作为降血脂药物应用于临床。1988 年英国批准月见草油胶囊用于治疗特应性湿疹，1990 年又批准用于治疗妇女乳腺痛[4]。《欧洲药典》（第 5 版）收载本种为月见草油的法定原植物来源种。主产于南、北美洲温带地区[5]，中国东北的东部与南部也产[6]。

月见草主要有效成分为不饱和脂肪酸类，以及少量儿茶素类、酚酸类、固醇类、三萜类、黄酮类等成分。《欧洲药典》以酸价、过氧化值和脂肪酸的组成等为指标，控制精制月见草油质量。

药理研究表明，月见草具有抗高血脂、抗动脉粥样硬化、抗高血压、抗炎、抗肿瘤、减肥等作用。

民间经验认为月见草油具有抗高血脂，抗动脉粥样硬化的功效。

月见草 *Oenothera biennis* L.

化学成分

月见草的种子含脂肪酸类成分：γ-亚麻酸（γ-linolenic acid, GLA）、亚油酸（linoleic acid）、油酸（oleic acid）、硬脂酸（stearic acid）[7]、棕榈酸（palmitic acid）、山嵛酸（behenic acid）、棕榈油酸（palmitoleic acid）、花生酸（eicosanoic acid）、9,12-十八碳二烯酸（9,12-octadecadienoic acid）、二十四烷酸（tetracosanoic acid）[8]；儿茶素类成分：儿茶素（catechin）、表儿茶素（epicatechin）[9]；酚酸类成分：原儿茶酸（protocatechuic acid）[10]等。

月见草根含三萜类成分：齐墩果酸（oleanolic acid）、山楂酸（maslinic acid）[11]等。

另外，月见草叶还含鞣花鞣质类成分：oenotheins A、B[12]；黄酮类成分：山柰酚（kaempferol）、槲皮素（quercetin）[13]等。

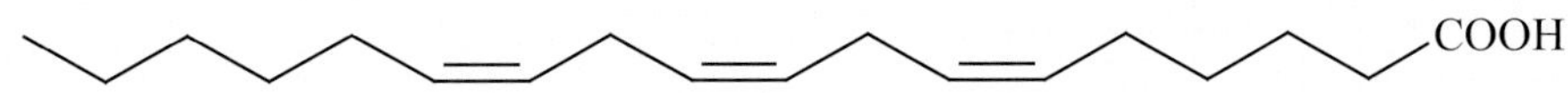

γ-linolenic acid

药理作用

1. **降血脂**
   高脂高胆固醇模型大鼠口服月见草油后，血清总胆固醇（TC）含量和动脉硬化指数（AI）显著降低，高密度脂蛋白含量（HDL-C）显著增高[14]。人长期口服月见草油可使血浆中三酰甘油（TG）含量明显降低，高密度脂蛋白/胆固醇比值有所增加[15]。

2. **抗动脉粥样硬化**
   喂食γ-亚麻酸（GLA）能增加小鼠来源于巨噬细胞的前列腺素E_1（PGE_1）的形成，从而通过抑制血管平滑肌细胞（VSMC）的 DN A 合成来抑制 VSMC 增殖[16]。对雄性载脂蛋白E（apoE）基因去除小鼠饲喂富含GLA的月见草油，能明显降低动脉血管壁厚度，减小动脉粥样硬化损伤面积，抑制血管平滑肌细胞增生，缓解饮食导致的动脉粥样硬化[17]。

3. **降血压**
   以 GLA 与油脂长期饲喂可明显降低自发性高血压大鼠的血压[18]。同时 GLA 可以在血管紧张素II（ANG II）受体水平上，调节肾素-血管紧张素-醛固酮系统，参与血压调节[19]。

4. **抗炎**
   GLA 能通过升高嗜中性白细胞中二高-γ-亚麻酸含量水平，降低花生四烯酸向白三烯的生物转化，产生抗炎作用；还可导致血清脂类中的GLA、二高-γ-亚麻酸和花生四烯酸的增加，嗜中性白细胞磷脂中二高-γ-亚麻酸量也明显增多[20]。同时嗜中性白细胞合成更少的白三烯和血小板活化因子，对类风湿性关节炎等多种炎症均具有改善作用[21]。

5. **抗肿瘤**
   月见草脱油种子的酚性部位能促进人和小鼠骨髓衍生细胞选择性细胞死亡，抑制人结肠癌细胞 Caco-2 和小鼠纤维肉瘤细胞 WEHI164 等非白血病肿瘤细胞中去氧胸腺嘧啶苷（^{3}H-thymidine）的掺入[22]。月见草种子所含的酚酸类成分也能够促进人和大鼠骨髓瘤细胞选择性凋亡[23]。

6. **改善糖尿病并发症**
GLA 能增强细胞膜上磷脂的流动性，使细胞膜受体增强对胰岛素的敏感性，由GLA转化生成的前列腺素也可以增强腺苷酸环化酶活性，增加胰岛素分泌，缓解糖尿病病情[24]。

7. **减肥**
GLA 能够增加棕色脂肪解联蛋白-1基因的表达，增加棕色脂肪的解聚，从而达到对肥胖的治疗[25]。月见草油能促进脂肪酸线粒体的活性，消耗过多的热量，产生减肥作用[26]。

应用

月见草常用于治疗高胆固醇血症、高血压、血栓症、经前综合征、更年期潮热症、周期性乳腺痛、小儿多动症、神经性皮肤炎、风湿性关节炎、多发性硬化、雷诺氏病 (Raynaud's syndrome)、异位性湿疹、冠心病、消化性溃疡、雄激素过高症，以及用于防治心律失常、糖尿病和精神分裂症[27]。

另外，以月见草油为原料的化妆品经过皮肤吸收，具有抗衰老、减轻皮肤皱纹的作用。

评注

《欧洲药典》还收载同属植物普通月见草 *Oenothera lamarkiana* L. 为月见草油的法定原植物来源种。月见草的根具有驱风湿，强筋骨的功效；主治风寒湿痹，筋骨酸软。同属植物黄花月见草 *O. glazioviana* Mich.，也是中药月见草油的植物来源种。

月见草油及γ-亚麻酸在营养学方面被誉为"20世纪功能性食品的主角"，海内外市场需求量逐渐增大。中国近十年已在东北地区进行了大面积的人工栽培。经过培育研究证实，柔毛月见草 *O. villosa* Thunb. 是含γ-亚麻酸最高的植物品种，而且具有亩产高、用肥少、无病虫害等特点，适宜于中国东北、华北、西北各地的生态条件，适合在劣质土地上种植[3]，因而具有广阔的开发前景。

目前对月见草其分类和变种的研究还不多，经过多年引种繁育，究竟有多少栽培变种尚无准确统计。仅从形态特征进行分类，缺乏准确性[28]。因此，应用新技术解决栽培后的分类问题值得进一步探讨。

参考文献

[1] 韩凤波，周金梅，于漱琦，田永清，包玉清．月见草属植物化学成分研究进展．农业与技术．2001，**21**(4)：33-36
[2] 孙小萍．月见草的开发与利用价值之我见．甘肃中医．2005，**18**(8)：43-45
[3] 王甲云，王燕．月见草的价值及其开发利用．资源开发与市场．1998，**14**(3)：122-123
[4] 齐继成．我国月见草油及γ-亚麻酸研究开发生产应用概况．中国制药信息．2001，**17**(7)：38-40
[5] 刘绍华．富含γ-亚麻酸的月见草籽．中草药．1997，**28**(2)：105-106
[6] 石毅，张甲生，罗坤，何景芳．野生、园栽月见草中营养元素的比较分析．广东微量元素科学．1998，**5**(9)：59-61
[7] 赵春芳，郝秀华，李平亚，刘立丹．月见草油的营养成分分析．白求恩医科大学学报．2000，**26**(5)：458-459
[8] NBL Prasad, G Azeemoddin. Indian habitat evening primrose (*Oenothera biennis* L.): characteristics and composition of seed and oil. *Journal of the Oil Technologists' Association of India*. 1997, **29**(2): 32-34
[9] M Wettasinghe, F Shahidi, R Amarowicz. Identification and quantification of low molecular weight phenolic antioxidants in seeds of evening primrose (*Oenothera biennis* L.). *Journal of Agricultural and Food Chemistry*. 2002, **50**(5): 1267-1271
[10] R Zadernowski, M Naczk, H Nowak-Polakowska. Phenolic acids of borage (*Borago officinalis* L.) and evening primrose (*Oenothera biennis* L.). *Journal of the American Oil Chemists' Society*. 2002, **79**(4): 335-338

[11] YN Shukla, A Srivastava, S Kumar. Aryl, lipid and triterpenoid constituents from *Oenothera biennis*. *Indian Journal of Chemistry, Section B: Organic Chemistry Including Medicinal Chemistry*. 1999, **38B**(6): 705-708

[12] T Yoshida, T Chou, M Matsuda, T Yasuhara, K Yazaki, T Hatano, A Nitta, T Okuda. Woodfordin D and oenothein A, trimeric hydrolyzable tannins of macro-ring structure with antitumor activity. *Chemical & Pharmaceutical Bulletin*. 1991, **39**(5): 1157-1162

[13] Z Kowalewski, M Kowalska, L Skrzypczakowa. Flavonols of *Oenothera biennis*. *Dissertationes Pharmaceuticae et Pharmacologicae*. 1968, **20**(5): 573-575

[14] 闫琳，郑婕，周茹，金少举，杨卫东．月见草油对大鼠血脂的调节作用．宁夏医学院学报．2003，**25**(1)：4-5, 8

[15] M Guivernau, N Meza, P Barja, O Roman. Clinical and experimental study on the long-term effect of dietary gamma-linolenic acid on plasma lipids, platelet aggregation, thromboxane formation, and prostacyclin production. *Prostaglandins, Leukotrienes and Essential Fatty Acids*. 1994, **51**(5): 311-316

[16] YY Fan, KS Ramos, RS Chapkin. Dietary γ-linolenic acid enhances mouse macrophage-derived prostaglandin E_1 which inhibits vascular smooth muscle cell proliferation. *Journal of Nutrition*. 1997, **127**(9): 1765-1771

[17] YY Fan, KS Ramos, RS Chapkin. Dietary γ-linolenic acid suppresses aortic smooth muscle cell proliferation and modifies atherosclerotic lesions in apolipoprotein E knockout mice. *Journal of Nutrition*. 2001, **131**(6): 1675-1681

[18] MM Engler, MB Engler, SK Erickson, SM Paul. Dietary gamma-linolenic acid lowers blood pressure and alters aortic reactivity and cholesterol metabolism in hypertension. *Journal of Hypertension*. 1992, **10**(10): 1197-1204

[19] MM Engler, M Schambelan, MB Engler, DL Ball, TL Goodfriend. Effects of dietary γ-linolenic acid on blood pressure and adrenal angiotensin receptors in hypertensive rats. *Proceedings of the Society for Experimental Biology and Medicine*. 1998, **218**(3): 234-243

[20] T Chilton-Lopez, ME Surette, DD Swan, AN Fonteh, MM Johnson, FH Chilton. Metabolism of gammalinolenic acid in human neutrophils. *Journal of Immunology*. 1996, **156**(8): 2941-2947

[21] JJF Belch, A Hill. Evening primrose oil and borage oil in rheumatologic conditions. *American Journal of Clinical Nutrition*. 2000, **71**(1S): 352S-356S

[22] C Dalla Pellegrina, G Padovani, F Mainente, G Zoccatelli, G Bissoli, S Mosconi, G Veneri, A Peruffo, G Andrighetto, C Rizzi, R Chignola. Anti-tumour potential of a gallic acid-containing phenolic fraction from *Oenothera biennis*. *Cancer Letters*. 2005, **226**(1): 17-25

[23] C Dalla Pellegrina, G Padovani, F Mainente, G Zoccatelli, G Bissoli, S Mosconi, G Veneri, A Peruffo, G Andrighetto, C Rizzi, R Chignola. Anti-tumour potential of a gallic acid-containing phenolic fraction from *Oenothera biennis*. *Cancer Letters*. 2005, **226**(1): 17-25

[24] SL Burnard, EJ McMurchie, WR Leifert, GS Patten, R Muggli, D Raederstorff, RJ Head. Cilazapril and dietary gamma-linolenic acid prevent the deficit in sciatic nerve conduction velocity in the streptozotocin diabetic rat. *Journal of Diabetes and Its Complications*. 1998, **12**(2): 65-73

[25] Y Takahashi, T Ide, H Fujita. Dietary gamma-linolenic acid in the form of borage oil causes less body fat accumulation accompanying an increase in uncoupling protein 1 mRNA level in brown adipose tissue. *Comparative Biochemistry and Physiology, Part B: Biochemistry & Molecular Biology*. 2000, **127B**(2): 213-222

[26] 胡盘娣．月见草油胶丸治疗单纯性肥胖156例临床分析．江苏中医．1995，**16**(1)：26

[27] 夏世澄．月见草临床新用简述．中国药物与临床．2004，**4**(11)：891

[28] 刘利．月见草的研究现状及开发前景．安徽农业科学．2005，**33**(11)：2127-2128

木犀榄 Muxilan EP, BP, BHP, USP, GCEM

Olea europaea L.

Olive

概述

木犀科 (Oleaceae) 植物木犀榄 *Olea europaea* L.，其成熟果实榨取的脂肪油入药。药用名：橄榄油。

木犀榄属 (*Olea*) 植物全世界约有 40 多种，分布于亚洲南部、大洋洲、南太平洋岛屿以及热带非洲和地中海地区。中国约有 15 种、1 亚种、1 变种，本属现供药用者约有 2 种。本种原产于小亚细亚，后广栽于地中海地区，现全球亚热带地区多有栽培；中国早已引种，现在长江流域以南地区有栽培。

木犀榄在公元前17世纪已为埃及人药用，而后很快传入西班牙。目前橄榄油广泛用于药品、食品和日用化工用品中。在中国，木犀榄以"齐墩果"药用之名，始载于《本草纲目》，古今药用品种一致。《欧洲药典》(第 5 版）、《英国药典》(2002 年版）和《美国药典》(第 28 版）收载本种为橄榄油的法定原植物来源种。主产于意大利、西班牙、法国、希腊、突尼西亚等，中国长江流域以南各省也产。

木犀榄含脂肪酸类、甾醇类、裂环环烯醚萜苷类、苯乙醇苷类和三萜类成分等。其中脂肪酸类和固醇类为指标性成分。《欧洲药典》、《英国药典》和《美国药典》通过控制脂肪酸和固醇类成分的含量控制药材质量。

药理研究表明，木犀榄果实的脂肪油和叶具有抗氧化、降血压、降血脂、降血糖、抗微生物等作用。

民间经验认为橄榄油具有促进胆囊收缩和保护心血管等功效；中医理论认为橄榄油具有润肠通便，解毒敛疮的功效。

木犀榄 *Olea europaea* L.

化学成分

木犀榄的果实含脂肪酸类成分：油酸 (oleic acid)、棕榈酸 (palmitic acid)、棕榈油酸 (palmitoleic acid)、亚麻酸 (linolenic acid)、硬脂酸 (stearic acid)、亚油酸 (linoleic acid)、花生酸 (arachidic acid)、山嵛酸 (behenic acid)、椈酸 (lignoceric acid)、十七酸 (margaric acid)、鳕油酸 (gadoleic acid)[1]、异油酸 (vaccenic acid)、二十烯酸 (eicosenoic acid)[2]；固醇类成分：胆固醇 (cholesterol)、二氢谷甾醇 (sitostanol)、β－谷甾醇 (β－sitosterol)、豆甾醇 (stigmasterol)、campestanol、油菜甾醇 (campesterol)、亚甲基胆固醇 (methylenecholesterol)、菜子固醇 (brassicasterol)、Δ7－油菜甾醇 (Δ7－campesterol)、赪桐甾醇 (clerosterol)、Δ7－豆甾烯醇 (Δ7－stigmastenol)、Δ5－燕麦甾醇 (Δ5－avenasterol)、Δ7－燕麦甾醇 (Δ7－avenasterol)、Δ5,24－豆甾二烯醇 (Δ5,24－stigmastadienol)[3]；裂环环烯醚萜苷类成分：女贞子苷 (nuezhenide)、oleonuezhenide[4]、橄榄苦苷 (oleuropein)、去甲基橄榄苦苷 (demethyloleuropein)、女贞苷 (ligustroside)[5]、oleuroside[6]、oleoside[7]；

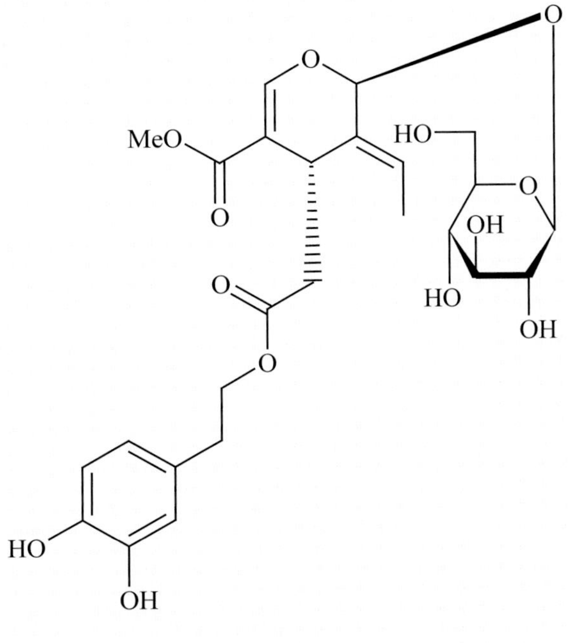

oleuropein

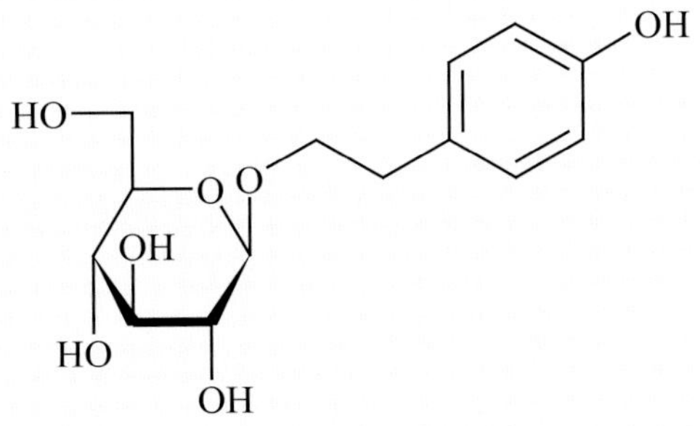

salidroside

苯乙醇苷类成分：红景天苷 (salidroside)[4]、毛蕊花糖苷 (verbascoside)[7]；黄酮类成分：芦丁 (rutin)、木犀草素 (luteolin)、木犀草素-7-葡萄糖苷 (luteolin-7-glucoside)、木犀草素-7-芸香糖苷 (luteolin-7-rutinoside)[7]；三萜类成分：齐墩果酸 (oleanolic acid)、山楂酸 (maslinic acid)、古柯二醇 (erythrodiol)、熊果醇 (uvaol)[8]；此外，还含有梾木苷 (cornoside)[5]、洋橄榄内酯 (elenolide)[9]、酪醇 (tyrosol)[10]、羟基酪醇 (hydroxytyrosol)[11]、雌酮 (estrone)[12]。

木犀榄的叶含黄酮类成分：芦丁、木犀草素、芹菜素 (apigenin)、香叶木素 (diosmetin)[13]、橙皮苷 (hesperidin)、槲皮素 (quercetin)、山柰酚 (kaempferol)[14]、金圣草黄素 (chrysoeriol)、金圣草黄素-7-O-葡萄糖苷 (chrysoeriol-7-O-glucoside)[15]；裂环环烯醚萜苷类成分：橄榄苦苷[16]、女贞苷、oleoside[17]、四乙酰开联番木鳖苷 (secologanoside)[18]；环烯醚萜苷类成分：车轴草苷 (asperuloside)、金银花苷 (kingiside)、莫罗忍冬苷 (morroniside)[19]。

木犀榄的茎和皮还分离到橄榄苦苷酸(oleuropeic acid)、6-O-oleuropeoylsucrose[20]、去甲基橄榄苦苷[21]、七叶苷元 (esculetin)、马栗树皮苷 (esculin)[22]。

药理作用

1. 抗氧化

电子自旋共振法 (ESR) 测定结果表明，木犀榄提取物（主要成分为羟基酪醇）对次黄嘌呤/黄嘌呤氧化酶体系产生的超氧阴离子自由基5,5-二甲基-1-吡咯啉-N-氧化物 (DMPO) 和 Fenton 反应产生的烃自由基有很强的清除作用[23]。其抗氧化活性成分为羟基酪醇、山楂酸、女贞子苷等含酚羟基的化合物[11, 23-24]。

2. 降血压

木犀榄果实的甲醇粗提物静脉注射对正常血压大鼠和阿托品所致的高血压大鼠均有降低动脉血压的作用，还能抑制离体豚鼠心脏的自发性跳动[25]。木犀榄叶提取物给大鼠灌胃能预防 NG-硝基-L-精氨酸甲酯 (L-NAME) 引起的高血压[26]。木犀榄叶水提物静脉注射对阿托品所致的高血压猫和家兔也有降血压作用[27]。其活性成分含橄榄苦苷和三萜类成分[8, 16]。

3. 降血脂

木犀榄果实的水-甲醇提取物和醋酸乙酯提取物灌胃给药能降低大鼠血浆中总胆固醇 (TC) 和低密度脂蛋白胆固醇 (LDL-C) 水平，升高高密度脂蛋白胆固醇 (HDL-C) 水平[28]。老年人食用橄榄油后血浆中TC和 LDL-C的水平显著降低[29]。

4. 降血糖

木犀榄叶提取物可通过抑制α-淀粉酶的活性，对食用淀粉和葡萄糖过量的高血糖小鼠产生降血糖作用[30]。橄榄苦苷对大鼠四氧嘧啶引起的高血糖有抑制作用[31]。

5. 抗微生物

木犀榄所含的橄榄苦苷等裂环环烯醚萜类成分体外对流感杆菌、黏膜炎莫拉菌、伤寒杆菌、副溶血性弧菌等的标准菌或临床分离菌均有较好的抗菌活性，对多种耐药菌也有抑制作用[32]。木犀榄果实和叶的提取物体外对幽门螺旋杆菌有抗菌活性[33]。橄榄苦苷体外对人支原体、发酵支原体、肺炎支原体、梨支原体等均有对抗作用[34]。

6. 抗肿瘤

木犀榄果实、叶及橄榄油体外对宫颈癌细胞 HL-60 有显著的抗诱变作用，并能抑制癌细胞的生长[35]。主要含三萜类成分的木犀榄提取物体外能抑制结肠癌细胞 HT-29 的增殖，还能引起癌细胞凋亡[36]。

7. 抗病毒

木犀榄叶提取物及其主要成分橄榄苦苷在体外可作用于病毒性出血性败血症病毒 (VHSV) 的病毒包膜，抑制未感染细胞中病毒引起的细胞膜融合，从而抑制病毒传染[37]。

8. **其他**

木犀榄还具有抗溃疡、抗炎[38]、抗辐射[39]、抗补体[15]、诱导肝谷胱甘肽 S-转移酶 (GST)[40]、抑制血管紧张素转化酶 (ACE)[41]、松弛平滑肌[42]、保护心血管[43]等作用。

应用

民间将木犀榄叶用于治疗张力过高、动脉硬化、风湿、痛风和发烧等。

橄榄油内服用于治疗胆囊炎、胆道炎、胃胀气、便秘、黄疸、胃溃疡、肾结石等；外用于治疗牛皮癣、湿疹、晒伤、轻度烧伤、风湿等。

橄榄油也为中医临床用药。功能：润肠通便，解毒敛疮。主治：肠燥便秘，水火烫伤。还用于降血压、降血脂、延缓衰老、治疗冠心病等。

评注

橄榄油颜色呈黄绿色，气味清香，是地中海沿岸的传统食用油。由于橄榄油营养成分丰富、医疗保健功能突出而被公认为绿色保健食用油，素有“液体黄金”的美誉。

《欧洲药典》和《英国药典》收载有两种等级的橄榄油，根据加工方法的不同加以区分，初榨橄榄油 (Virgin Olive Oil) 和精炼橄榄油 (Refined Olive Oil)，二者无论是在价格、营养成分及使用方法上都有区别。初榨橄榄油是直接用新鲜的木犀榄果实采取机械冷榨的方法榨取，经过滤等处理除去异物后得到的油汁，加工过程中完全不经化学处理；精炼橄榄油是采用溶解的方法从冷榨后的油渣中提取橄榄油，在通过脱色、除味等提炼过程后，其酸性值一般可降低到 0.5 以下。以初榨橄榄油质量最佳。

参考文献

[1] JE Pardo, MA Cuesta, A Alvarruiz. Evaluation of potential and real quality of virgin olive oil from the designation of origin 'Aceite Campo de Montiel'. *Food Chemistry*. 2006, **100**(3): 977-984

[2] P Scano, M Casu, A Lai, G Saba, MA Dessi, M Deiana, FP Corongiu, G Bandino. Recognition and quantitation of cis-vaccenic and eicosenoic fatty acids in olive oils by ^{13}C nuclear magnetic resonance spectroscopy. *Lipids*. 1999, **34**(7): 757-759

[3] G Sivakumar, CB Bati, E Perri, N Uccella. Gas chromatography screening of bioactive phytosterols from mono-cultivar olive oils. *Food Chemistry*. 2005, **95**(3): 525-528

[4] R Maestro-Duran, R Leon-Cabello, V Ruiz-Gutierrez, P Fiestas, A Vazquez-Roncero. Bitter phenolic glucosides from seeds of olive (*Olea europaea*). *Grasas y Aceites*. 1994, **45**(5): 332-335

[5] A Bianco, R Lo Scalzo, ML Scarpati. Isolation of cornoside from Olea europaea and its transformation into halleridone. *Phytochemistry*. 1993, **32**(2): 455-457

[6] H Kuwajima, T Uemura, K Takaishi, K Inoue, H Inouye. Monoterpene glucosides and related natural products. Part 60. A secoiridoid glucoside from *Olea europaea*. *Phytochemistry*. 1988, **27**(6): 1757-1759

[7] SM Cardoso, S Guyot, N Marnet, JA Lopes-da-Silva, CMGC Renard, MA Coimbra. Characterization of phenolic extracts from olive pulp and olive pomace by electrospray mass spectrometry. *Journal of the Science of Food and Agriculture*. 2005, **85**(1): 21-32

[8] R Rodriguez-Rodriguez, JS Perona, MD Herrera, V Ruiz-Gutierrez. Triterpenic compounds from 'Orujo' olive oil elicit vasorelaxation in aorta from spontaneously hypertensive rats. *Journal of Agricultural and Food Chemistry*. 2006, **54**(6): 2096-2102

[9] HC Beyerman, LA van Dijck, J Levisalles, A Melera, WLC Veer. The structure of elenolide. *Bulletin de la Societe Chimique de France*. 1961, **10**: 1812-1820

[10] A Bianco, MA Chiacchio, G Grassi, D Iannazzo, A Piperno, R Romeo. Phenolic components of *Olea europea*: isolation of new tyrosol and hydroxytyrosol derivatives. *Food Chemistry*. 2005, **95**(4): 562-565

[11] S Silva, L Gomes, F Leitao, AV Coelho, LV Boas. Phenolic compounds and antioxidant activity of *Olea europaea* L. fruits and leaves. *Food Science* and *Technology International*. 2006, **12**(5): 385-395

[12] ES Amin, AR Bassiouny. Estrone in *Olea europaea* kernel. *Phytochemistry*. 1979, **18**(2): 344

[13] J Meirinhos, BM Silva, P Valentao, RM Seabra, JA Pereira, A Dias, PB Andrade, F Ferreres. Analysis and quantification of flavonoidic compounds from Portuguese olive (*Olea europaea* L.) leaf cultivars. *Natural Product Research*. 2005, **19**(2): 189-195

[14] N De Laurentis, L Stefanizzi, MA Milillo, G Tantillo. Flavonoids from leaves of *Olea europaea* L. cultivars. *Annales Pharmaceutiques Francaises*. 1998, **56**(6): 268-273

[15] A Pieroni, D Heimler, L Pieters, B Van Poel, AJ Vlietinck. *In vitro* anti-complementary activity of flavonoids from olive (*Olea europaea*) leaves. *Pharmazie*. 1996, **51**(10): 765-768

[16] A Trovato, AM Forestieri, L Iauk, R Barbera, MT Monforte, EM Galati. Hypoglycemic activity of different extracts of *Olea europaea* L. in rats. *Plantes Medicinales et Phytotherapie*. 1993, **26**(4): 300-308

[17] P Gariboldi, G Jommi, L Verotta. Secoiridoids from *Olea europaea*. *Phytochemistry*. 1986, **25**(4): 865-869

[18] A Karioti, A Chatzopoulou, AR Bilia, G Liakopoulos, S Stavrianakou, H Skaltsa. Novel secoiridoid glucosides in *Olea europaea* leaves suffering from boron deficiency. *Bioscience, Biotechnology, and Biochemistry*. 2006, **70**(8): 1898-1903

[19] H Inouye, T Yoshida, S Tobita, K Tanaka, T Nishioka. Monoterpene glucosides and related natural products. XXII. Absolute configuration of oleuropein, kingiside, and morroniside. *Tetrahedron*. 1974, **30**(1): 201-209

[20] ML Scarpati, C Trogolo. 6-O-Oleuropeoylsucrose from *Olea europaea*. *Tetrahedron Letters*. 1966, **46**: 5673-5674

[21] H Tsukamoto, S Hisada, S Nishibe. Isolation of secoiridoid glucosides from the bark of *Olea europaea*. *Shoyakugaku Zasshi*. 1985, **39**(1): 90-92

[22] S Nishibe, H Tsukamoto, I Agata, S Hisada, K Shima, T Takemoto. Isolation of phenolic compounds from stems of *Olea europaea*. *Shoyakugaku Zasshi*. 1981, **35**(3): 251-254

[23] H Fujita, Y Takehara, S Muranaka, T Fujiwara, J Akiyama, K Utsumi. *In vitro* study on the antioxidant activity of Hidrox olive pulp extract. *Igaku to Yakugaku*. 2005, **53**(1): 99-108

[24] MP Montilla, A Agil, C Navarro, MI Jimenez, A Garcia-Granados, A Parra, MM Cabo. Antioxidant activity of maslinic acid, a triterpene derivative obtained from *Olea europaea*. *Planta Medica*. 2003, **69**(5): 472-474

[25] A Hassan Gilani, AU Khan, A Jabbar Shah, J Connor, Q Jabeen. Blood pressure lowering effect of olive is mediated through calcium channel blockade. *International Journal of Food Sciences and Nutrition*. 2005, **56**(8): 613-620

[26] MT Khayyal, MA El-Ghazaly, DM Abdallah, NN Nassar, SN Okpanyi, MH Kreuter. Blood pressure lowering effect of an olive leaf extract (*Olea europaea*) in L-NAME induced hypertension in rats. *Arzneimittel-Forschung*. 2002, **52**(11): 797-802

[27] G Samuelsson. The blood pressure-lowering factor in leaves of *Olea europaea*. *Farmacevtisk Revy*. 1951, **50**: 229-240

[28] I Fki, M Bouaziz, Z Sahnoun, S Sayadi. Hypocholesterolemic effects of phenolic-rich extracts of Chemlali olive cultivar in rats fed a cholesterol-rich diet. *Bioorganic & Medicinal Chemistry*. 2005, **13**(18): 5362-5370

[29] JS Perona, J Canizares, E Montero, JM Sanchez-Dominguez, V Ruiz-Gutierrez. Plasma lipid modifications in elderly people after administration of two virgin olive oils of the same variety (*Olea europaea* var. *hojiblanca*) with different triacylglycerol composition. *British Journal of Nutrition*. 2003, **89**(6): 819-826

[30] M Sumiyoshi, Y Kimura. Effects of olive leaf extract on blood sugar levels in mice under oral starch and glucose overload. *New Food Industry*. 2004, **46**(8): 53-56

[31] HF Al-Azzawie, MSS Alhamdani. Hypoglycemic and antioxidant effect of oleuropein in alloxan-diabetic rabbits. *Life Sciences*. 2006, **78**(12): 1371-1377

[32] G Bisignano, A Tomaino, R Lo Cascio, G Crisafi, N Uccella, A Saija. On the *in vitro* antimicrobial activity of oleuropein and hydroxytyrosol. *Journal of Pharmacy and Pharmacology*. 1999, **51**(8): 971-974

[33] H Shibasaki. Anti-*Helicobacter pylori* activity of olive extract. *Kenkyu Hokoku-Kagawa-ken Sangyo Gijutsu Senta*. 2004, **4**: 81-82

[34] PM Furneri, A Marino, A Saija, N Uccella, G Bisignano. *In vitro* antimycoplasmal activity of oleuropein. *International Journal of Antimicrobial Agents*. 2002, **20**(4): 293-296

[35] H Shibasaki, H Fujisawa. Study on function of olive oil. 1. *Kenkyu Hokoku-Kagawa-ken Sangyo Gijutsu Senta*. 2002, **2**: 141-143

[36] ME Juan, U Wenzel, V Ruiz-Gutierrez, H Daniel, JM Planas. Olive fruit extracts inhibit proliferation and induce apoptosis in HT-29 human colon cancer cells. *Journal of Nutrition*. 2006, **136**(10): 2553-2557

[37] V Micol, N Caturla, L Perez-Fons, V Mas, L Perez, A Estepa. The olive leaf extract exhibits antiviral activity against viral haemorrhagic septicaemia rhabdovirus (VHSV). *Antiviral Research*. 2005, **66**(2-3): 129-136

[38] B Fehri, JM Aiache, S Mrad, S Korbi, JL Lamaison. *Olea europaea* L.: stimulant, anti-ulcer and anti-inflammatory effects. *Bollettino Chimico Farmaceutico*. 1996, **135**(1): 42-49

[39] O Benavente-Garcia, J Castillo, J Lorente, M Alcaraz. Radioprotective effects *in vivo* of phenolics extracted from *Olea europaea* L. leaves against X-ray-induced chromosomal damage: comparative study versus several flavonoids and sulfur-containing compounds. *Journal of Medicinal Food*. 2002, **5**(3): 125-135

[40] YM Han, S Nishibe, Y Kamazawa, N Ueda, K Wada. Inductive effects of olive leaf and its component oleuropein on the mouse liver glutathione S-transferases. *Natural Medicines*. 2001, **55**(2): 83-86

[41] K Hansen, A Adsersen, SB Christensen, SR Jensen, U Nyman, UW Smitt. Isolation of an angiotensin converting enzyme (ACE) inhibitor from *Olea europaea* and *Olea lancea*. *Phytomedicine*. 1996, **2**(4): 319-325

[42] B Fehri, S Mrad, JM Aiache, JL Lamaison. Effects of *Olea europaea* L. extract on the rat isolated ileum and trachea. *Phytotherapy Research*. 1995, **9**(6): 435-439

[43] C Circosta, F Occhiuto, A Gregorio, S Toigo, A De Pasquale. Cardiovascular activity of young shoots and leaves of *Olea europaea* L. and oleuropein. *Plantes Medicinales et Phytotherapie*. 1990, **24**(4): 264-277

西洋参 Xiyangshen USP

Panax quinquefolius L.

American Ginseng

概述

五加科 (Araliaceae) 植物西洋参*Panax quinquefolius* L.，其干燥根入药。药用名：西洋参，又名：花旗参。

人参属 (*Panax*) 植物全世界约有 10 种，分布于亚洲东部及北美洲。中国约有 8 种，均供药用。本种原产于美国和加拿大，中国有较大规模栽培。

美洲土著印第安人是最早使用西洋参的人，他们认为西洋参可增强妇女生育力。1714 年，法国传教士杜德美 (Petrus Jartoux) 在英国皇家协会会刊上刊登了一篇向西方世界介绍亚洲人参的文章，并大胆推测地理环境相似的加拿大最有可能找到此种植物。1715 年，在加拿大蒙特利尔传教的法国传教士拉菲托 (Joseph Francois Lafitau) 被杜氏文章中的推测所吸引，开始寻找人参。在当地印第安人的帮助下，于 1716 年拉菲托终于在蒙特利尔地区大西洋沿岸丛林中找到了西洋参。1718 年，一家法国皮货公司开始把西洋参出口到中国，大受中国人欢迎，从此开始了西洋参的国际贸易。"西洋参"药用之名，载于《本草从新》，古今药用品种一致。《美国药典》(第 28 版) 和《中国药典》(2005 年版) 收载本种为西洋参的法定原植物来源种。主产于美国及加拿大，法国、中国也产，以美国威斯康星州所产最为著名。

西洋参的根主要含三萜皂苷类成分，拟人参皂苷F_{11}为其独特成分。《美国药典》采用高效液相色谱法测定，规定西洋参中总人参皂苷含量不得少于 4.0%；《中国药典》采用高效液相色谱法测定，规定西洋参中人参皂苷 Rg_1、人参皂苷 Re 和人参皂苷 Rb_1 的总量不得少于 2.0%，以控制药材质量。

药理研究表明，西洋参具有调节免疫功能、抗癫痫、改善记忆、抗氧化、抗心肌缺血、抗肿瘤等作用。

民间经验认为西洋参具有发汗、退热和助生育等功效；中医理论认为西洋参具有补气养阴，清火生津的功效。

西洋参 *Panax quinquefolius* L.

药材西洋参 Ratix Panacis Quinquefolii

化学成分

西洋参的根主要含三萜皂苷类成分：拟人参皂苷F_{11} [24(R) - pseudoginsenoside F_{11}][1]、人参皂苷Rb_1、Rb_2、Rb_3、Rc、Rd、Re、Rf、Rg_1、Rg_2、Rg_8、Rh_1、RAo、Ro、F_1、F_2、F_4 (ginsenosides Rb_1 - Rb_3, Rc - Rf, Rg_1 - Rg_2, Rg_8, Rh_1, RAo, Ro, F_1 - F_2, F_4)[2-6]、西洋参皂苷I、II、III、IV、V (quinquenosides I - V)[7]、20(R) -人参皂苷 Rg_2 [20(R) - ginsenoside Rg_2][8]、拟人参皂苷RT_5 [24(R) - pseudoginsenoside RT_5]、三七皂苷K (notoginsenoside K)[9]、绞股蓝皂苷XVII (gypenoside XVII)[3]、丙二酸单酰基人参皂苷 Rb_1 (malonyl ginsenoside Rb_1)[10]、3 - O - β - D -吡喃葡萄糖-齐墩果酸- 28 - O - β - D -吡喃葡萄糖苷 (3 - O - β - D - glucopyranosyl - oleanolic acid - 28 - O - β - D - glucopyranoside)、3 - O - [β - D -吡喃半乳糖(1→4) -吡喃葡萄糖] -齐墩果酸- 28 - O - β - D -吡喃葡萄糖苷 {3 - O - [β - D - galactopyranosyl (1→4) - glucopyranosyl] - oleanolic acid - 28 - O - β - D - glucopyranoside}、3 - O - [β - D -吡喃半乳糖(1→2) -吡喃葡萄糖醛酸] -齐墩果酸- 28 - O - β - D -吡喃葡萄糖苷 {3 - O - [β - D - galactopyranosyl (1→2) - glucopyranosyluronic acid] - oleanolic acid - 28 - O - β - D - glucopyranoside}[8]。

西洋参的茎叶含皂苷类成分：人参皂苷Rb_1、Rb_2、Rb_3、Rc、Rd、Re、Rg_1[11]、Rg_2[12]、西洋参皂苷L_1[13]、L_2[14]、L_3[15]、L_9[16]、vina - ginsenoside R_3[15]、珠子参苷F_1 (majoroside F_1)、绞股蓝皂苷IX、XVII[11]、linarionoside A[17]；黄酮类成分：人参黄酮苷 (panasenoside)、山柰酚 (kaempferol)[18]。

西洋参的果实含皂苷类成分：西洋参皂苷F_1[19]、人参皂苷Ra_1、Rb_1、Rb_3、Rd、Re、Rg_1、Rg_2、Rg_3、Rh_2、Ro[20-22]、

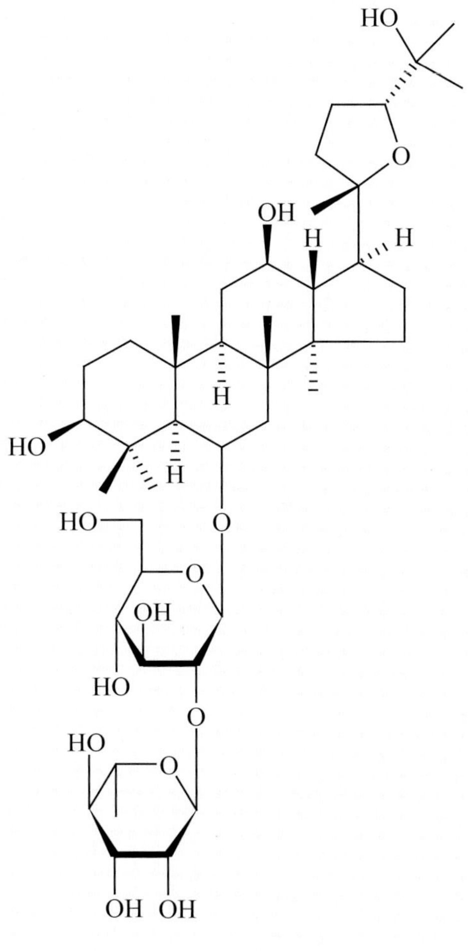

24(R) - pseudoginsenoside F_{11}

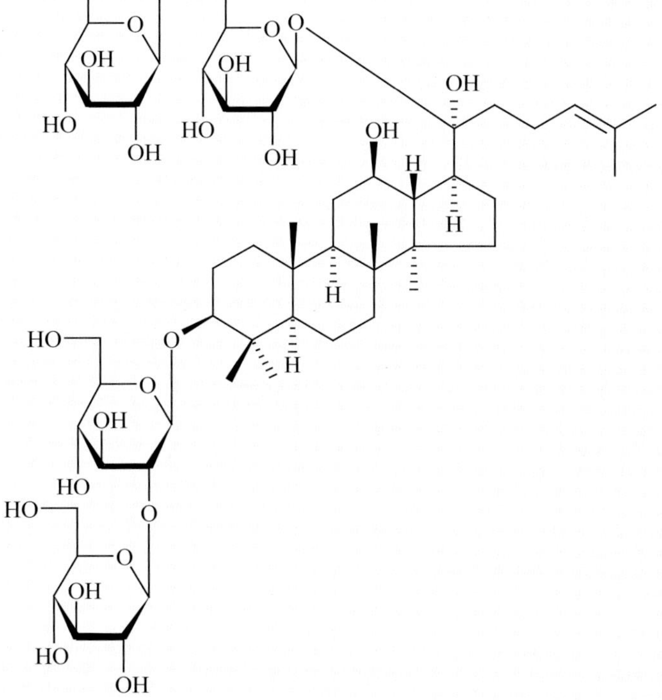

ginsenoside Rb_1

西洋参 Xiyangshen

丙二酸单酰基人参皂苷Rb_1[20]、拟人参皂苷 RT_5 [24-(R)-pseudoginsenoside RT_5]、β-D-吡喃木糖基-(1→6)-α-D-吡喃葡萄糖基-(1→6)-β-D-吡喃葡萄糖苷 (quinquetriose)[22]。

西洋参的花蕾含拟人参皂苷 F_{11} [24-(R)-pseudoginsenoside F_{11}]、人参皂苷Rb_1、Rb_2、Rc、Rd、Re、Rg_1 (ginsenosides Rb_1-Rb_2, Rc-Re, Rg_1)[23]。

药理作用

1. 免疫调节功能

西洋参体外对小鼠脾淋巴细胞自发性和刀豆蛋白A (ConA) 刺激的^3H-TdR掺入有显著促进作用；还能促进小鼠脾淋巴细胞产生白介素-2 (IL-2)；显著提高小鼠血清促红细胞生成素 (EPO) 水平；促进小鼠脾和肺条件培养液中集落刺激因子的产生[24]。西洋参多糖灌胃能增强正常和环磷酰胺所致免疫功能低下小鼠网状内皮系统的吞噬功能；并能对抗免疫功能低下小鼠外周白细胞减少及胸腺和脾脏重量的减轻；还可促进淋巴细胞转化[25]。西洋参水提物体外能刺激大鼠肺泡吞噬细胞释放肿瘤坏死因子 (TNF)，多糖部分为有效成分[26]。

2. 对神经系统的影响

西洋参所含的人参皂苷Rb_1、Rb_3能延长卡英酸 (kainic acid)、毛果云香碱 (pilocarpine)、戊四氮 (pentylenetetrazol) 所致雄性大鼠癫痫潜伏期，缩短癫痫发作时间，减少毛果芸香碱继发性神经损害，降低戊四氮所致大鼠死亡数[27]。西洋参茎叶皂苷 F_{11} 灌胃对东莨菪碱所致小鼠记忆获得障碍、亚硝酸钠和氯霉素所致记忆巩固障碍及乙醇所致记忆再现障碍均有拮抗作用[28]。

3. 抗氧化、提高机体应激能力

西洋参提取物体外有清除自由基的作用[29]。西洋参茎叶皂苷及单体F_{11}灌胃，对小鼠断头所致急性缺氧、双侧结扎颈总动脉所致缺氧、亚硝酸钠、KCN 所致化学性缺氧均有显著保护作用，并能抑制缺氧小鼠脑过氧化脂质 (LPO) 含量[30]。西洋参腹腔注射能显著延长小鼠常压耐缺氧时间；抑制低温环境小鼠体温的下降[31]。

4. 对心血管系统的影响

西洋参茎叶皂苷可抑制离体豚鼠右心起搏点搏动频率[32]；抑制 KCl、$CaCl_2$和去甲肾上腺素 (NE) 诱发的离体家兔主动脉条收缩[33]；灌胃给药或静脉注射还能显著减少结扎冠脉左前降支所致急性心肌梗死大鼠和应激状态下大鼠心肌坏死面积，降低血清肌酸激酶 (CK)、乳酸脱氢酶 (LDH) 活性和过氧化脂质 (LPO) 含量，降低血浆血栓素A_2 (TXA_2) 水准，增高PGI_2/TXA_2比值[34-35]。西洋参茎叶三醇类皂苷成分具负性肌力和负性频率作用，能保护大鼠离体缺血再灌注引起的心肌损伤，抑制心律失常的发生，提高冠脉流量[36]。西洋参茎叶皂苷静脉注射能降低血清游离脂肪酸 (FFA) 水平，提高超氧化物歧化酶 (SOD)、过氧化氢酶 (CAT) 及谷胱甘肽过氧物酶 (GSH-Px) 活性，显示其抗心肌缺血作用可能与纠正心肌缺血时FFA代谢紊乱及抗脂质过氧化反应有关[35]。

5. 抗肿瘤

西洋参根多糖I、II、III体外能抑制肝癌细胞QGY-7703的增殖，并使癌细胞形态发生改变[37]。西洋参多糖口服给药能抑制S_{180}荷瘤小鼠的瘤体生长，并能诱导脾脏合成白介素-3 (IL-3) 样活性物质，显示其抗肿瘤作用与调节机体免疫功能有关[38]。

6. 性兴奋作用

西洋参灌胃能增加正常幼年小鼠睾丸重量；缩短小鼠跨骑和交尾潜伏期，增加跨骑频率，有性兴奋作用[39]。

7. 其他

西洋参茎叶总皂苷体外对人视网膜色素上皮细胞增生有抑制作用[40]。西洋参浸膏灌胃能对抗阿托品对兔唾液的抑制作用[41]。西洋参还有保肝[42]、抑制胰脂肪酶[43]和抗病毒性心肌炎[44]的作用。

应用

西洋参为印第安传统药物，最早用于增加妇女的生育力和助产，随着西洋参传入中国为中医所用，美国也开始重视其用途，逐渐用于改善人的压力耐受度、预防衰老、恢复体力等，也用于出血障碍、动脉粥样硬化、食欲不振、呕吐、结肠炎、痢疾、肿瘤、失眠、神经痛、健忘、头晕、头痛、抽筋等疾病的治疗。美国还将西洋参作为制造饮料的原料，西洋参挥发油和提取物作为日用品的添加剂[45]。

西洋参也为中医临床用药。功能：补气养阴，清火生津。主治：气虚阴亏火旺，咳喘痰血，虚热烦倦，内热消渴，口燥咽干。

评注

西洋参补气之力不如人参 *Panax ginseng* C. A. Mey.，但生津之力强于人参。由于其既能益气又能生津，故适用于以阴虚为主的气阴两虚症。

在植物不同器官中，西洋参总皂苷的含量从高到低为：花蕾、花柄、果实、主根、茎叶；拟人参皂苷-F_{11}含量从高到低依此为：茎叶、果实、花蕾、花柄、主根[23]。西洋参果实和茎叶的皂苷含量丰富，且果实中还含有丰富的氨基酸，综合利用价值高，有待进一步开发利用[46]。

参考文献

[1] W Li, C Gu, H Zhang, DV Awang, JF Fitzloff, HH Fong, RB van Breemen. Use of high-performance liquid chromatography-tandem mass spectrometry to distinguish *Panax ginseng* C. A. Meyer (Asian ginseng) and *Panax quinquefolius* L. (North American ginseng). *Analytical Chemistry*. 2000, **72**(21): 5417-5422

[2] W Markowski, A Ludwiczuk, T Wolski. Analysis of ginsenosides from *Panax quinquefolium* L. by automated multiple development. *Journal of Planar Chromatography-Modern TLC*. 2006, **19**(108): 115-117

[3] H Besso, R Kasai, JX Wei, JF Wang, Y Saruwatari, T Fuwa, O Tanaka. Further studies on dammarane-saponins of American ginseng, roots of *Panax quinquefolium* L. *Chemical & Pharmaceutical Bulletin*. 1982, **30**(12): 4534-4538

[4] DQ Dou, W Li, N Guo, R Fu, YP Pei, K Koike, T Nikaido. Ginsenoside Rg8, a new dammarane-type triterpenoid saponin from roots of *Panax quinquefolium*. *Chemical & Pharmaceutical Bulletin*. 2006, **54**(5): 751-753

[5] 徐绥绪，陈英杰，蔡忠琴，姚新生．中国辽宁栽培西洋参化学成分的研究．药学学报．1987，**22**(10)：750-755

[6] CJC Jackson, JP Dini, C Lavandier, H Faulkner, HPV Rupasinghe, JTA Proctor. Ginsenoside content of North American ginseng (*Panax quinquefolius* L. Araliaceae) in relation to plant development and growing locations. *Journal of Ginseng Research*. 2003, **27**(3): 135-140

[7] M Yoshikawa, T Murakami, K Yashiro, J Yamahara, H Matsuda, R Saijoh, O Tanaka. Bioactive saponins and glycosides. XI. Structures of new dammarane-type triterpene oligoglycosides, quinquenosides I, II, III, IV, and V, from American ginseng, the roots of *Panax quinquefolium* L. *Chemical & Pharmaceutical Bulletin*. 1998, **46**(4): 647-654

[8] 张桂芳，李铣．加拿大西洋参根化学成分的研究．沈阳药科大学学报．1997，**2**：114

[9] 苏健，李海舟，杨崇仁．吉林产西洋参的皂苷成分研究．中国中药杂志．2003，**28**(9)：830-833

[10] 周雨，宋凤瑞，刘淑莹，李向高．西洋参中皂苷成分的研究．中国中药杂志．1998，**23**(9)：551-552

[11] 王金辉，李铣．加拿大产西洋参茎叶中的化学研究（I）·十一种三萜皂苷的分离与鉴定．中国药物化学杂志．1997，**24**(2)：130-132

[12] 孟勤，尹建元，赵俊艳，徐景达．西洋参叶三萜皂苷的分离与鉴定．中国药学杂志．2002，**37**(3)：175-177

[13] 王金辉，李铣，王永金．加拿大西洋参茎叶中的一个新三萜皂苷．沈阳药科大学学报．1997，**14**(2)：135-136

[14] 王金辉，李铣，李文．加拿大产西洋参茎叶中的新三萜皂苷——西洋参皂苷．中国药物化学杂志．1997，**26**(4)：275-276

[15] JH Wang, W Li, X Li. A new saponin from the leaves and stems of *Panax quinquefolium* L. collected in Canada. *Journal of Asian Natural Products Research*. 1998, **1**(2): 93-97

[16] J Wang, Y Sha, W Li, Y Tezuka, S Kadota, X Li. Quinquenoside L_9 from leaves and stems of *Panax quinquefolium* L. *Journal of Asian Natural Products Research*. 2001, **3**(4): 293-297

[17] 王金辉，李铣．加拿大产西洋参茎叶中一种 ionol 型葡萄糖苷．中国药物化学杂志．1998，**29**(3)：201-202

[18] 魏春雁，徐崇范，罗维莹，李向高．国产西洋参叶黄酮成分研究．吉林农业大学学报．1999，**21**(3)：7-11

[19] 李平亚，王金辉，李铣．西洋参果的一个新三萜皂苷．沈阳药科大学学报．2000，**17**(3)：196

[20] 李向高，鲁歧，富力，刘墨祥．西洋参果化学成分的研究．吉林农业大学学报．1998，**20**(2)：5-10

[21] 李平亚，郝秀华，李铣．西洋参果中配糖体成分的研究．中草药．1999，**30**(8)：563-565

[22] 王丽君，李平亚，赵春芳，李铣．西洋参果化学成分的研究．中草药．2000，**31**(10)：723-724

[23] 李向高，孟祥颖．西洋参花蕾化学成分的研究．药学实践杂志．2000，**18**(5)：355-356

[24] 高依卿，陈玉春，王碧英．西洋参养阴益气、强身补虚药效机理的探讨．中药材．1998，**21**(12)：621-624

[25] 李岩，马秀俐，曲绍春，王黎，杜柏榕，朱伟．西洋参根粗多糖对免疫功能低下小鼠免疫功能的影响．白求恩医科大学学报．1996，**22**(2)：137-139

[26] VA Assinewe, JT Amason, A Aubry, J Mullin, I Lemaire. Extractable polysaccharides of *Panax quinquefolius* L. (North American ginseng) root stimulate TNF-alpha production by alveolar macrophages. *Phytomedicine: International Journal of Phytotherapy and Phytopharmacology*. 2002, **9**(5): 398-404

[27] XY Lian, ZZ Zhang, JL Stringer. Anticonvulsant activity of ginseng on seizures induced by chemical convulsants. *Epilepsia*. 2005, **46**(1): 15-22

[28] 李竹，郭月英，吴春福．西洋参茎叶皂苷 F_{11} 对学习记忆的影响．中药药理与临床．1998，**14**(2)：12-14

[29] DD Kitts, AN Wijewickreme, C Hu. Antioxidant properties of a North American ginseng extract. *Molecular and Cellular Biochemistry*. 2000, **203**(1-2): 1-10

[30] 李竹，郭月英，吴春福．西洋参茎叶皂苷及单体 F_{11} 抗缺氧作用的研究．中药药理与临床．1998，**14**(4)：8-10

[31] 刘义，张均田．人参和西洋参抗衰老药理作用的对比研究．中国药理学通报．1997，**13**(3)：229-232

[32] 杨世杰，陈立，赵华，刘君．西洋参茎叶皂苷对豚鼠左心房收缩力及右心房起搏点的作用．白求恩医科大学学报．1994，**20**(2)：122-124

[33] 吴捷，于晓江，刘传镐．西洋参茎叶皂苷对离体家兔胸主动脉条的作用．中国药理学与毒理学杂志．1995，**9**(2)：155-156

[34] 边城，吕忠智．西洋参茎叶皂苷对实验性心肌坏死的保护作用．中国药理学通报．1994，**10**(6)：442-444

[35] 武淑芳，睢大员，于晓风，吕忠智，赵学忠．西洋参叶20s-原人参二醇组皂苷抗实验性心肌缺血作用及其机制．中国药学杂志．2002，**37**(2)：100-103

[36] 曹霞，谷欣权，杨世杰，陈燕平，马兴元．西洋参茎叶三醇组皂苷在大鼠离体心脏中的作用．中草药．2003，**34**(9)：827-830

[37] 朴云峰，明月，李靖涛．西洋参多糖 I、II、III 对肝癌细胞 DNA 合成抑制作用的研究．临床肝胆病杂志．1999，**15**(4)：213-214

[38] 曲绍春，徐彩云，李岩，王路黎，马秀俐，范艳云．西洋参根多糖对 S_{180} 荷瘤鼠的抑制作用．长春中医学院学报．1998，**14**(69)：53

[39] 王乃功，刘泉，张莉，杜松洁．西洋参对雄小鼠性行为的影响．中药药理与临床．2000，**16**(4)：23-24

[40] 明月，庞惠民，庞利民．西洋参茎叶总皂苷对培养人胚视网膜色素上皮细胞增生的影响．眼科研究．2003，**21**(5)：479-481

[41] 徐建华，李莉，陈立钻．铁皮石斛与西洋参的养阴生津作用研究．中草药．1995，**26**(2)：79-80，111

[42] 赵玉珍，刘蕾，陈立平，谭宏，王淑湘．西洋参茎叶皂苷对大鼠实验性肝损伤的影响．中成药．2000，**22**(3)：219-220

[43] 张晶，郑毅男，李向高，韩立坤．西洋参总皂苷及单体皂苷对胰脂肪酶活性的影响．吉林农业大学学报．2002，**24**(1)：62-63，87

[44] 徐海燕，马沛然．西洋参对小鼠病毒性心肌炎的疗效及机制．山东中医药大学学报．2002，**26**(6)：458-461

[45] JM Jellin, P Gregory, F Batz, K Hitchens. Pharmacist's Letter/prescriber's letter natural medicines comprehensive database (3rd edition). Stockton, CA: Therapeutic Research Faculty. 2000: 483-484

[46] 丁之恩，严平．西洋参果实成分分析及利用价值的研究．中南林学院学报．1999，**19**(4)：48-49，57

虞美人 Yumeiren EP, BP

罂粟科

Papaver rhoeas L.

Red Poppy

概述

罂粟科 (Papaveraceae) 植物虞美人 *Papaver rhoeas* L.，其干燥花或花瓣入药。药用名：丽春花。

罂粟属 (*Papaver*) 植物全世界约有 100 种，主产于中欧、南欧至亚洲温带，少数种产于美洲、大洋洲和非洲南部。中国产约有 7 种，主要分布于东北部和西北部，各地也有栽培。本属现供药用者约 4 种、1 变种。本种原产欧洲、非洲北部和亚洲温带地区，现北美洲、南美洲、中国等地有引种栽培，主要作为观赏植物[1]。

虞美人公元 14 世纪时已有供药用的记载[1]。在中国，"丽春花"药用之名，始载于《本草纲目》。《欧洲药典》（第 5 版）和《英国药典》（2002 年版）均收载本种为丽春花的法定原植物来源种。主产于欧洲。

虞美人的花瓣主要含生物碱类成分，其中丽春花碱为指标性成分。《欧洲药典》及《英国药典》均采用薄层色谱法进行鉴别，以控制药材质量。

药理研究表明，虞美人具有戒毒、镇静和抗溃疡等作用。

民间经验认为丽春花具有镇痛和镇静的功效；中医理论认为丽春花具有镇咳，镇痛，止泻等功效。

虞美人 *Papaver rhoeas* L.

虞美人 Yumeiren

化学成分

虞美人花瓣含生物碱类化合物：丽春花玉红碱 (isorhoeadine)、丽春花宁碱 (rhoeagenine)[2]、二甲基吗啡 (thebaine)[3]；黄酮类化合物：山柰酚 (kaempferol)、槲皮素 (quercetin)、木犀草素 (luteolin)、hypolaetin、异槲皮苷 (isoquercitrin)、黄芪苷 (astragalin)、金丝桃苷 (hyperoside)[4]。

虞美人全草含生物碱类化合物：丽春花碱 (rheadine)、别克多品 (allocryptopine)、原阿片碱 (protopine)、考绕品 (coulteropine)、小檗碱 (berberine)、黄连碱 (coptisine)、华尖碱 (sinactine)、异紫堇定碱 (isocorydine)、阿朴雷因 (roemerine)[5]、丽春花宁碱、丽春花玉红碱、罂粟红碱A、C、D、E (papaverrubines A, C－E)、异丽春花宁碱 (isorhoeagenine)[6]、N－甲基巴婆碱 (N－methylasimilobine)[7]、adlumidiceine、(－)－N－methylstylopinium chloride[8]。

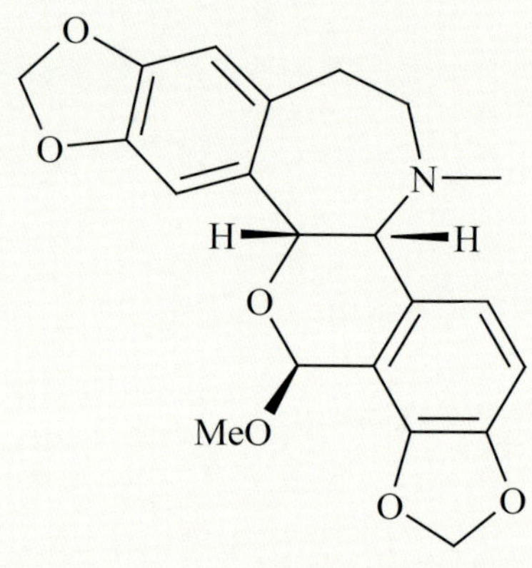

rheadine

药理作用

1. 戒毒

吗啡依赖小鼠注射虞美人乙醇提取物后，跳动次数增加，腹泻情况减轻，吗啡戒断症状得到明显缓解[9]。虞美人的乙醇提取物给吗啡依赖的小鼠腹膜注射，能阻止由吗啡导致的小鼠条件性位置偏爱[10]，降低吗啡的致敏作用[11]。

2. 镇静

虞美人的乙醇或水提取物腹腔注射，能减少小鼠在非熟悉和熟悉环境中的自发运动、探寻行为和姿势反射[12]。

3. 抗溃疡

虞美人根提取物对乙醇导致的大鼠胃溃疡具有轻微的抑制作用[13]。

应用

欧洲民间将虞美人用于止痛、镇静，还用于治疗呼吸道疾病和失眠。

丽春花也为中医临床用药，主治：咳嗽，偏头痛，痢疾等。

评注

虞美人的全草、果实和花均作中药丽春花使用，全草含丰富的生物碱类成分，种子则主要含脂肪油。

虞美人原植物易于与同属植物刺罂粟 *Papaver argemone* L. 混淆，应加以区分。虞美人花色绚丽，现为观赏花卉栽培。虞美人与罂粟同属，临床上也有镇咳、镇痛的功效，其药理研究很少，有较好的开发潜力。

参考文献

[1] A Chevallier. Encyclopedia of herbal medicine. New York: Dorling Kindersley. 2000: 243

[2] JP Rey, J Levesque, JL Pousset, F Roblot. Analytical studies of isorhoeadine and rhoeagenine in petal extracts of *Papaver rhoeas* L. using high-performance liquid chromatography. *Journal of Chromatography*. 1992, **596**(2): 276-280

[3] L Jusiak, E Soczewinski, A Waksmundzki. Chromatographic analysis of alkaloid extracts of corn poppy flowers (*Papaver rhoeas* L.). I. Moist buffered paper chromatography. *Dissertationes Pharmaceuticae et Pharmacologicae*. 1966, **18**(5): 479-483

[4] M Hillenbrand, J Zapp, H Becker. Depsides from the petals of *Papaver rhoeas* L.. *Planta Medica*. 2004, **70**(4): 380-382

[5] YN Kalav, G Sariyar. Alkaloids from Turkish *Papaver rhoeas* L.. *Planta Medica*. 1989, **55**(5): 488

[6] J Slavik. Alkaloids of the Papaveraceae. Part LXVI. Characterization of alkaloids from the roots of *Papaver rhoeas* L.. *Collection of Czechoslovak Chemical Communications*. 1978, **43**(1): 316-319

[7] S El-Masry, MG El-Ghazooly, AA Omar, SM Khafagy, JD Phillipson. Alkaloids from Egyptian *Papaver rhoeas* L.. *Planta Medica*. 1981, **41**(1): 61-64

[8] O Gasic, V Preininger, H Potesilova, B Belia, F Santavy. Isolation and chemistry of alkaloids from plants of the Papaveraceae family. LXI. Isolation and identification of alkaloids from *Papaver rhoeas* L.. Isolation of adlumidiceine, an alkaloid of the narceine type, and of (-)-N-methylstylopinium chloride. *Glasnik Hemijskog Drustva Beograd*. 1974, **39**(7-8): 499-505

[9] A Pourmotabbed, B Rostamian, G Manouchehri, G Pirzadeh-Jahromi, H Sahraei, H Ghoshooni, H Zardooz, M Kamalnegad. Effects of *Papaver rhoeas* L. extract on the expression and development of morphine-dependence in mice. *Iran Journal of Ethnopharmacology*. 2004, **95**(2-3): 431-435

[10] H Sahraei, SM Fatemi, S Pashaei-Rad, Z Faghih-Monzavi, SH Salimi, M Kamalinegad. Effects of *Papaver rhoeas* L. extract on the acquisition and expression of morphine-induced conditioned place preference in mice. *Journal of Ethnopharmacology*. 2006, **103**(3): 420-424

[11] H Sahraei, Z Faghih-Monzavi, SM Fatemi, S Pashaei-Rad, SH Salimi, M Kamalinejad. Effects of *Papaver rhoeas* L. extract on the acquisition and expression of morphine-induced behavioral sensitization in mice. *Phytotherapy Research*. 2006, **20**(9): 737-741

[12] R Soulimani, C Younos, S Jarmouni-Idrissi, D Bousta, F Khalouki, A Laila. Behavioral and pharmaco-toxicological study of *Papaver rhoeas* L. in mice. *Journal of Ethnopharmacology*. 2001, **74**(3): 265-274

[13] I Gurbuz, O Ustun, E Yesilada, E Sezik, O Kutsal. Anti-ulcerogenic activity of some plants used as folk remedy in Turkey. *Journal of Ethnopharmacology*. 2003, **88**(1): 93-97

虞美人种植地

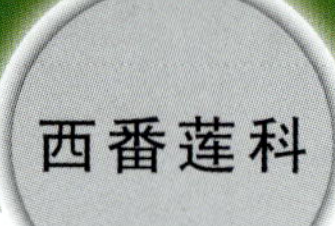

粉色西番莲 Fensexifanlian EP, BP, BHP, GCE

Passiflora incarnata L.

Passion Flower

概述

西番莲科 (Passifloraceae) 植物粉色西番莲 *Passiflora incarnata* L.，其干燥地上部分入药。药用名：西番莲。

西番莲属 (*Passiflora*) 植物全世界约有 400 种，约 90% 的品种类产于热带美洲，其余种类主要产于亚洲热带地区。中国约有 19 种，本属现供药用者约 9 种、1 变种。本种分布从美国南部至阿根廷和巴西；欧洲各国常引种栽培作为庭院观赏植物。

粉色西番莲的药用历史悠久，1787 年德国出版的拉丁文著作 *Materia Medica Americana* 中提到，本植物可用于治疗老年人的癫痫病[1]。在欧洲，粉色西番莲还被用于治疗疼痛、失眠、歇斯底里症 (hysteria)、哮喘等。《欧洲药典》(第 5 版) 和《英国药典》(2002 年版) 收载本种为西番莲的法定原植物来源种。主产于北美、西印度群岛。

粉色西番莲主要含黄酮类成分，此为其主要的活性成分。《欧洲药典》和《英国药典》采用紫外分光光度法测定，规定粉色西番莲中总黄酮含量以牡荆素计不得少于 1.5%，以控制药材质量。

药理研究表明，粉色西番莲具有抗焦虑、抗戒断症状、镇咳、平喘、改善性功能、抗炎等作用。

民间经验认为粉色西番莲具有镇静的功效。

粉色西番莲 *Passiflora incarnata* L.

药材西番莲 Herba Passiflorae

化学成分

粉色西番莲地上部分含黄酮类成分（总黄酮含量可达2.5%[2]）：异牡荆素(isovitexin)、异牡荆素-2"-O-β-D-吡喃葡萄糖苷(isovitexin-2"-O-β-D-glucopyranoside)、牡荆素(vitexin)、当药苷(swertisin)、isoscoparin-2"-O-β-D-glucopyranoside、异荭草素(isoorientin)、异荭草素-2"-O-β-D-吡喃葡萄糖苷(isoorientin-2"-O-β-D-glucopyranoside)、荭草素(orientin)、vicenin-2、isoschaftoside、schaftoside、apigenin-6-C-glucosyl-8-β-D-ribofuranoside、lucenin-2[3-8]等；微量的生物碱类成分：骆驼蓬碱(harmaline)、去氢骆驼蓬碱(harmine)、哈尔满碱(harmane)、哈尔满(harman)、哈尔醇(harmol)、骆驼蓬酚(harmalol)[9]。此外，还含挥发油[10]、酚酸类成分[11]及一种尚未确定结构的苯并黄酮类成分benzoflavone (BZF)[12]。

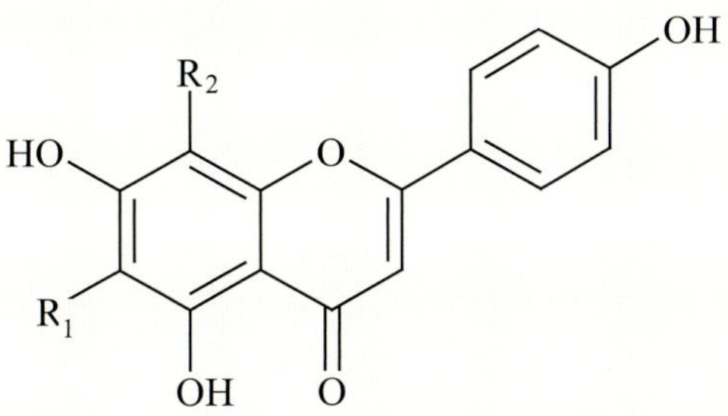

vitexin: R_1=H, R_2=glc

isovitexin: R_1=glc, R_2=H

粉色西番莲 Fensexifanlian

药理作用

1. 对中枢神经系统的影响

高架十字迷宫实验表明，粉色西番莲甲醇提取物及其所含苯并黄酮类成分 (BZF) 灌胃，能显著延长小鼠在开放臂内停留的时间，显示了明显的抗焦虑活性[12]。从甲醇提取物中分离得到的 BZF 口服 3 周，停药后对小鼠自主活动无明显影响；BZF 口服还能抑制小鼠对地西泮 (diazepam) 的依赖性[13]。BZF 口服能显著抑制酒精、吗啡、Δ^9-四氢大麻酚成瘾小鼠的戒断症状，显著抑制小鼠对酒精、吗啡、Δ^9-四氢大麻酚的依赖性[14-16]；BZF 皮下注射能显著抑制烟草成瘾小鼠的戒断症状，显著抑制小鼠对烟碱的依赖性[17]。

2. 镇咳、平喘

粉色西番莲叶甲醇提取物口服能显著抑制 SO_2 诱导的小鼠咳嗽[18]，还能显著延长氯化乙酰胆碱诱导豚鼠支气管痉挛的潜伏期，显示了明显的解痉活性[19]。

3. 增强性欲、改善性功能

粉色西番莲叶甲醇提取物口服能显著增加雄性小鼠的爬跨行为次数，显示了催欲活性[20]。从西番莲中分离得到的 BZF 口服，能增强 2 年龄雄性大鼠的性欲，增加与动情前期雌性大鼠交配时的精子计数，提高受孕机会，增加[21]产仔数。BZF 口服能促进酒精、烟碱、Δ^9-四氢大麻酚慢性中毒大鼠性功能的恢复，对酒精、烟碱、Δ^9-四氢大麻酚慢性中毒所致的大鼠精子缺乏、性欲降低、生育能力降低有显著的保护作用[22-23]。

4. 其他

西番莲还有抗炎[1]作用。

应用

粉色西番莲是镇静药，用于治疗心烦、失眠等症。民间也用于治疗癔病、心烦易怒、神经性胃肠道不适、哮喘、支气管炎[19]、酒精中毒[14]等。

评注

在西番莲属 (*Passiflora*) 数百种植物中，只有本种作为有历史悠久的镇静药而广泛使用。印度科学家从粉色西番莲甲醇提取物中分离得到了一种苯并黄酮类成分，暂称为 benzoflavone (BZF)，被认为是粉色西番莲的代表性生理活性成分，但没有公布其准确的化学结构[12]。

粉色西番莲对药品毒品成瘾的拮抗活性，值得深入研究。

栽培于中国广西、江西、四川和云南等地的同属植物西番莲 *Pastinaca coerulea* L.， 其药用价值尚待研究。

参考文献

[1] K Dhawan, S Dhawan, A Sharma. *Passiflora*: A review update. *Journal of Ethnopharmacology*. 2004, **94**(1): 1-23

[2] J Bruneton. Pharmacognosy, Phytochemistry, Medicinal Plants (2-nd edition). Paris: Technique & Documentation. 1999: 331-335

[3] A Rehwald, B Meier, O Sticher. Qualitative and quantitative reversed-phase high-performance liquid chromatography of flavonoids in *Passiflora incarnata* L. *Pharmaceutica Acta Helvetiae*. 1994, **69**(3): 153-158

[4] A Raffaelli, G Moneti, V Mercati, E Toja. Mass spectrometric characterization of flavonoids in extracts from *Passiflora incarnata*. *Journal of Chromatography, A*. 1997, **777**(1): 223-231

[5] K Rahman, L Krenn, B Kopp, M Schubert-Zsilavecz, KK Mayer, W Kubelka. Isoscoparin-2"-O-glucoside from *Passiflora incarnata*. *Phytochemistry*. 1997, **45**(5): 1093-1094

[6] EA Abourashed, JR Vanderplank, IA Khan. High-speed extraction and HPLC fingerprinting of medicinal plants-I. Application to Passiflora flavonoids. *Pharmaceutical Biology*. 2002, **40**(2): 81-91

[7] B Voirin, M Sportouch, O Raymond, M Jay, C Bayet, O Dangles, HE Hajji. Separation of flavone C-glycosides and qualitative analysis of *Passiflora incarnata* L. by capillary zone electrophoresis. *Phytochemical Analysis*. 2000, **11**(2): 90-98

[8] E Marchart, L Krenn, B Kopp. Quantification of the flavonoid glycosides in *Passiflora incarnata* by capillary electrophoresis. *Planta Medica*. 2003, **69**(5): 452-456

[9] EA Abourashed, J Vanderplank, IA Khan. High-speed extraction and HPLC fingerprinting of medicinal plants- II. Application to harman alkaloids of genus *Passiflora*. *Pharmaceutical Biology*. 2003, **41**(2): 100-106

[10] G Buchbauer, L Jirovetz. Volatile constituents of the essential oil of *Passiflora incarnata* L. *Journal of Essential Oil Research*. 1992, **4**(4): 329-334

[11] HD Smolarz, A Bogucka-Kocka, PZ Grabarczyk. 2D-TLC and RP-HPLC determination of phenolic acids in "passiflor" and herb of *Passiflora incarnata* L. *Herba Polonica*. 2004, **50**(3/4): 30-36

[12] K Dhawan, S Kumar, A Sharma. Anti-anxiety studies on extracts of *Passiflora incarnata* Linneaus. *Journal of Ethnopharmacology*. 2001, **78**(2-3): 165-170

[13] K Dhawan, S Dhawan, S Chhabra. Attenuation of benzodiazepine dependence in mice by a tri-substituted benzoflavone moiety of *Passiflora incarnata* Linneaus: a non-habit forming anxiolytic. *Journal of Pharmacy & Pharmaceutical Sciences*. 2003, **6**(2): 215-222

[14] K Dhawan, S Kumar, A Sharma. Suppression of alcohol-cessation-oriented hyperanxiety by the benzoflavone moiety of *Passiflora incarnata* Linneaus in mice. *Journal of Ethnopharmacology*. 2002, **81**(2): 239-244

[15] K Dhawan, S Kumar, A Sharma. Reversal of cannabinoids (Δ9-THC) by the benzoflavone moiety from methanol extract of *Passiflora incarnata* Linneaus in mice: a possible therapy for cannabinoid addiction. *Journal of Pharmacy and Pharmacology*. 2002, **54**(6): 875-881

[16] K Dhawan. Drug/substance reversal effects of a novel tri-substituted benzoflavone moiety (BZF) isolated from *Passiflora incarnata* Linn.-- a brief perspective. *Addiction Biology*. 2003, **8**(4): 379-386

[17] K Dhawan, S Kumar, A Sharma. Nicotine reversal effects of the benzoflavone moiety from *Passiflora incarnata* Linneaus in mice. *Addiction Biology*. 2002, **7**(4): 435-441

[18] K Dhawan, A Sharma. Antitussive activity of the methanol extract of *Passiflora incarnata* leaves. *Fitoterapia*. 2002, **73**(5): 397-399

[19] K Dhawan, S Kumar, A Sharma. Antiasthmatic activity of the methanol extract of leaves of *Passiflora incarnata*. *Phytotherapy Research*. 2003, **17**(7): 821-822

[20] K Dhawan, S Kumar, A Sharma. Aphrodisiac activity of methanol extract of leaves of *Passiflora incarnata* Linn in mice. *Phytotherapy Research*. 2003, **17**(4): 401-403

[21] K Dhawan, S Kumar, A Sharma. Beneficial effects of chrysin and benzoflavone on virility in 2-year-old male rats. *Journal of Medicinal Food*. 2002, **5**(1): 43-48

[22] K Dhawan, A Sharma. Prevention of chronic alcohol and nicotine-induced azospermia, sterility and decreased libido, by a novel tri-substituted benzoflavone moiety from *Passiflora incarnata* Linneaus in healthy male rats. *Life Sciences*. 2002, **71**(26): 3059-3069

[23] K Dhawan, A Sharma. Restoration of chronic-Δ^9-THC-induced decline in sexuality in male rats by a novel benzoflavone moiety from *Passiflora incarnata* Linn. *British Journal of Pharmacology*. 2003, **138**(1): 117-120

伞形科

欧防风 Oufangfeng

Pastinaca sativa L.

Parsnip

概述

伞形科 (Apiaceae) 植物欧防风 *Pastinaca sativa* L.，其干燥根入药。药用名：欧防风。

欧防风属 (*Pastinaca*) 植物全世界有12种，分布于欧洲和亚洲。中国仅引种栽培 1 种，也可做药用。本种原产欧洲，现美国、澳洲、印度、中国和南非均有栽培。

在石器时代，中欧人已开始食用野生欧防风的根，现在英国和法国仍流行用欧防风的根炖汤。主产于欧洲。

欧防风含香豆素类、黄酮类、聚乙炔类、挥发油类成分等。其中，香豆素类为主要有效成分，也为光敏性成分。

药理研究表明，欧防风具有抗肿瘤、抗真菌、解痉、抗氧化等作用。

民间经验认为欧防风具有治疗肾结石、扭伤、发烧、风湿痛、消化道疾病及精神错乱等功效。

欧防风 *Pastinaca sativa* L.

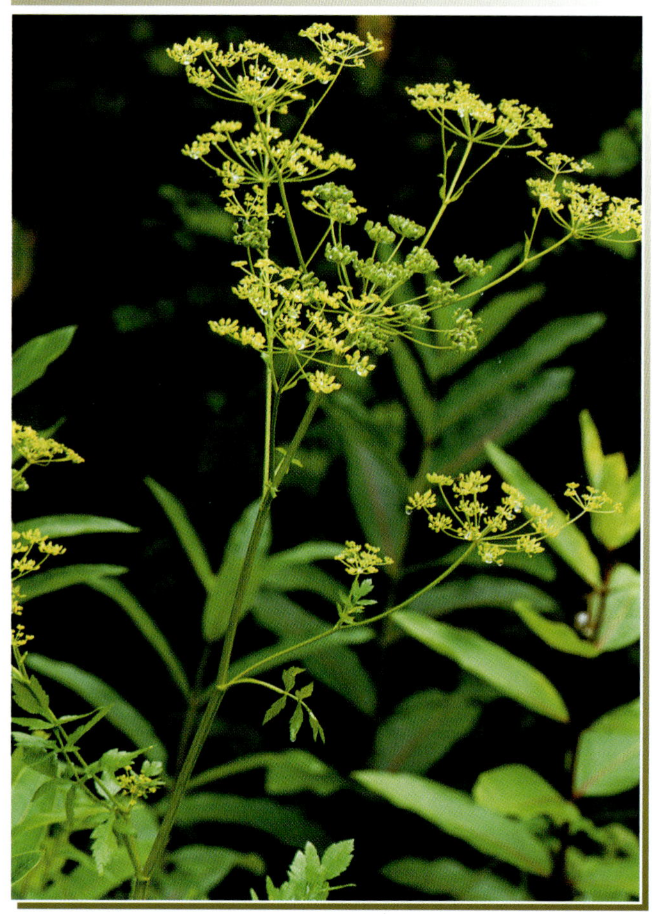

化学成分

欧防风的根主要含香豆素类成分：异虎耳草素 (isopimpinellin)、甲氧补骨脂素 (xanthotoxin)、5-甲氧基补骨脂素 (5-methoxypsoralen)、补骨脂素 (psoralen)、白芷素 (angelicin)[1]等；黄酮类成分：芦丁 (rutin)、金丝桃苷 (hyperin)[2]；聚乙炔类成分：发卡醇 (falcarinol)、发卡二醇 (falcarindiol)[3]、polyacetylenic oxo aldehyde[4]；挥发油类成分：肉豆蔻醚 (myristicin)、异松油烯 (terpinolene)[5]等；固醇类成分：5A-androst-16-ene-3-one[6]等。

欧防风的地上部分含香豆素类成分：佛手柑内酯 (bergapten)、异虎耳草素、甲氧补骨脂素、戊烯氧呋豆素 (imperatorin)[7]、补骨脂素、白芷素[8]等；黄酮类成分：芦丁、金丝桃苷[9]、槲皮素-3-鼠李葡糖苷 (quercetin-3-rhamnoglucoside)、异鼠李素-3-葡萄糖酮醛-7-鼠李糖苷 (isorhamnetin-3-glucoso-7-rhamnoside)、异鼠李素-3-葡萄糖苷 (isorhamnetin-3-glucoside)、槲皮素-3-葡萄糖苷 (quercetin-3-glucoside)[10]、蛇床子素 (osthol)[11]；挥发油类成分：肉豆蔻醚[12]、α-、β-蒎烯 (α-, β-pinenes)、顺式、反式-β-罗勒烯 (cis-, trans-β-ocimenes)、柠檬烯 (limonene)、香桧烯 (sabinene)、月桂烯 (myrcene)[13]、γ-palmitolactone、反式-β-金合欢烯 (trans-β-farnesene)等[14]；油脂类成分：三岩芹烷 (tripetroselinin)、岩芹酸甘油二油酸酯 (petroselinic-diolein)、二岩芹酸甘油三油酸酯 (dipetroselinic-olein)等[15]。

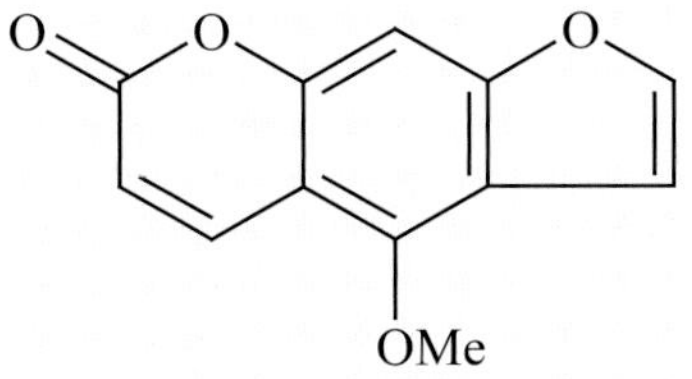

bergapten

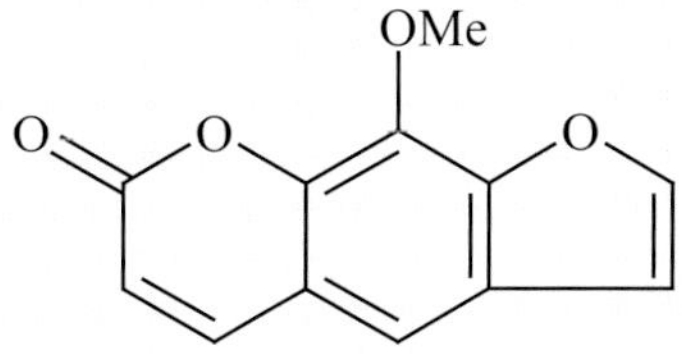

xanthotoxin

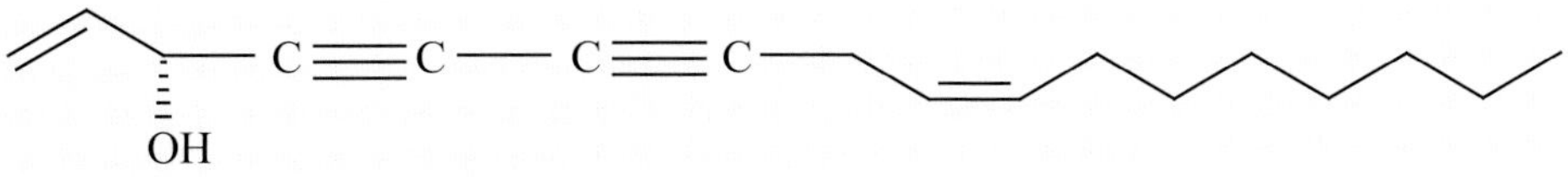

falcarinol

药理作用

1. **抗肿瘤**

欧防风中的聚乙炔类化合物发卡醇体外对急性淋巴细胞性白血病细胞 CEM-C7H2 具有显著的细胞毒作用[3]。欧防风果实中的香豆素类成分体外对人宫颈癌细胞 HeLa-S3 具有抑制作用[16]。给雄性幼小鼠饲喂添加欧防风根的饲料，小鼠肝、食管、胃贲门窦中的三氢胸苷 ([^{3}H]thymidine) 标记指数增高，表明欧防风对幼鼠的细胞增殖具有抑制作用[17]。

欧防风 Oufangfeng

2. 抗真菌

欧防风果实中的香豆素混合物对多种菌系的皮肤真菌具有抑制作用[18]。欧防风根中香豆素的含量在被拟分枝孢镰刀菌NRRL 3299及油菜菌核病菌感染后增高[19-20]。

3. 解痉

从欧防风种子提取的香豆素混合物 (pastinacin) 对家兔离体心脏、耳和肾脏的血管具有舒张作用，还可缓解垂体后叶素引起的血管压力过高，此外，对由$BaCl_2$或乙酰胆碱引起的家兔离体小肠平滑肌收缩具有明显的抑制作用[21]。

4. 其他

欧防风还具有抗氧化[22]等作用。

应用

民间经验认为欧防风可治疗肾结石、扭伤、发烧、风湿痛、消化道疾病及精神错乱等病。欧防风还常作为蔬菜食用。

评注

欧防风的全草也可入药。民间经验认为，全草可治疗肾脏、胃肠道疼痛及消化道疾病、精神错乱等。

欧防风与防风 *Saposhnikovia divaricata* (Turcz.) Schischk.是伞形科不同属的两种植物，但研究表明二者具有某些类似的成分。目前欧防风主要作为蔬菜食用，药用较少，而防风在中国已有较长的药用历史，可以借助对防风的研究成果，进一步开发欧防风的药用价值。

欧防风作为常见食用蔬菜或保健品添加于婴幼儿食品中。欧防风中的佛手柑内酯、甲氧补骨脂素、补骨脂素具有光敏性、诱变性、光致癌性，且不能在烹饪过程（包括微波、蒸煮）中被破坏，具有天然毒性。食用后，皮肤曝露在紫外线中会引发炎症[23-24]。应加强对欧防风毒性的研究，欧防风作为添加剂在食品中使用时应特别留意。

参考文献

[1] E Ostertag, T Becker, J Ammon, H Bauer-Aymanns, D Schrenk. Effects of storage conditions on furocoumarin levels in intact, chopped, or homogenized parsnips. *Journal of Agricultural and Food Chemistry*. 2002, **50**(9): 2565-2570

[2] D Nova, M Karmazin, I Buben. Anatomical and chemical discrimination between the roots of various varieties of parsley (*Petroselinum crispum* Mill./A. W. Hill.) and parsnip (*Pastinaca sativa* L. ssp. *sativa*). *Cesko-Slovenska Farmacie*. 1986, **35**(8): 363-366

[3] B Schubert, EM Sigmund, J Mader, R Greil, EP Ellmerer, H Stuppner. Polyacetylenes from the Apiaceae vegetables carrot, celery, fennel, parsley, and parsnip and their cytotoxic activities. *Journal of Agricultural and Food Chemistry*. 2005, **53**(7): 2518-2523

[4] RH Jones Ewart, S Safe, V Thaller. Natural acetylenes. XXIII. A C18 polyacetylenic oxo aldehyde related to falcarinone from an umbellifer (*Pastinaca sativa*). *Journal of the Chemical Society*. 1966, **14**: 1220-1221

[5] KH Kubeczka, E Stahl. Essential oils from Apiaceae (Umbelliferae). I. Oil from *Pastinaca sativa* roots. *Planta Medica*. 1975, **27**(3): 235-241

[6] R Claus, HO Hoppen. The boar-pheromone steroid identified in vegetables. *Experientia*. 1979, **35**(12): 1674-1675

[7] ML Stein, E Posocco. Furocoumarins of *Pastinaca sativa* subsp. *sylvestris*. *Fitoterapia*. 1984, **55**(2): 119-122

[8] RF Cerkauskas, M Chiba. Association of phoma canker with photocarcinogenic furocoumarins in parsnip cultivars. *Canadian Journal of Plant Pathology*. 1990, **12**(4): 349-357

[9] NP Maksyutina, DG Kolesnikov. Flavonoids of *Pastinaca sativa* fruit. *Doklady Akademii Nauk SSSR*. 1962, **142**: 1193-1196

[10] H Rzadkowska-Bodalska. Flavonoid compounds of *Pastinaca sativa*. *Dissertationes Pharmaceuticae et Pharmacologicae*. 1968, **20**(3): 329-3[34]

[11] NP Maksyutina. Osthole in the seeds of *Pastinaca sativa*. *Khimiya Prirodnykh Soedinenii*. 1967, **3**(3): 213-214

[12] E Stahl, KH Kubeczka. Essential oils of Apiaceae (Umbelliferae). VI. Studies on the occurrence of chemotypes in *Pastinaca sativa*. *Planta Medica*. 1979, **37**(1): 49-56

[13] AK Borg-Karlson, I Valterova, L Nilsson. Volatile compounds from flowers of six species in the family Apiaceae: bouquets for different pollinators? *Phytochemistry*. 1994, **35**(1): 111-119

[14] KH Kubeczka, E Stahl. Essential oils from the Apiaceae (Umbelliferae). II. The essential oils from the above ground parts of *Pastinaca sativa*. *Planta Medica*. 1977, **31**(2): 173-184

[15] E Bazan, G Lotti. Glyceride composition of oils from *Pastinaca sativa* and *Anethum graveolens*. *Biochimica Applicata*. 1969, **16**(4): 167-177

[16] A Gawron, K Glowniak. Cytostatic activity of coumarins *in vitro*. *Planta Medica*. 1987, **53**(6): 526-529

[17] R Mongeau, R Brassard, R Cerkauskas, M Chiba, E Lok, EA Nera, P Jee, E McMullen, DB Clayson. Effect of addition of dried healthy or diseased parsnip root tissue to a modified AIN-76A diet on cell proliferation and histopathology in the liver, esophagus and forestomach of male Swiss Webster mice. *Food and Chemical Toxicology*. 1994, **32**(3): 265-271

[18] T Wolski, A Ludwiczuk, B Kedzia, E Holderna-Kedzia. Preparative extraction with supercritical gases (SFE) of furanocoumarin complexes and estimation of their antifungal activity. *Herba Polonica*. 2000, **46**(4): 332-339

[19] AE Desjardins, GF Spencer, RD Plattner, MN Beremand. Furanocoumarin phytoalexins, trichothecene toxins, and infection of *Pastinaca sativa* by Fusarium sporotrichioides. *Phytopathology*. 1989, **79**(2): 170-175

[20] S Uecker, T Jira, T Beyrich. The production of furocumarin in *Apium graveolens* L. and *Pastinaca sativa* L. after infection with *Sclerotinia slcerotiorum*. *Die Pharmazie*. 1991, **46**(8): 599-601

[21] PI Bezruk. Pharmacology of pastinacin. *Farmakologiya i Toksikologiya*. 1958, **21**(6): 41-43

[22] M Budincevic, Z Vrbaski, J Turkulov, E Dimic. Antioxidant activity of *Oenothera biennis* L. *Technologie*. 1995, **97**(7/8): 277-280

[23] GW Ivie, DL Holt, MC Ivey. Natural toxicants in human foods: psoralens in raw and cooked parsnip root. *Science*. 1981, **213**(4510): 909-910

[24] JF Montgomery, RE Oliver, WS Poole. A vesiculo-bullous disease in pigs resembling foot and mouth disease. I. Field cases. *New Zealand Veterinary Journal*. 1987, **35**(3): 21-26

欧芹 Ouqin BHP, GCEM

Petroselinum crispum (Mill.) Nym. ex A. W. Hill

Parsley

概述

伞形科 (Apiaceae) 植物欧芹 *Petroselinum crispum* (Mill.) Nym. ex A. W. Hill，其新鲜或干燥地上部分入药，药用名：欧芹；其干燥成熟果实入药，药用名：欧芹子；其干燥根入药，药用名：欧芹根。

欧芹属(*Petroselinum*) 植物全世界约 3 种，分布于欧洲西部和南部。中国仅欧芹 1 种，也可供药用。本种原产地中海地区，现世界各地均有分布，一般栽培于菜园中或成野生状态。

公元 1 世纪时，古希腊医生迪奥斯可里德斯 (Dioscorides) 已开始将欧芹药用。而后从希腊传入印度，为阿育吠陀医学 (Ayurvedic) 所用，将其根用作驱风药、利尿剂、通经药和祛痰药[1]。《英国草药典》(1996 年版) 收载本种为欧芹和欧芹根的法定原植物来源种。主产于欧洲北部和中部地区。

欧芹主要含挥发油、香豆素类、黄酮类、倍半萜类成分等。所含的挥发油、香豆素、黄酮等成分有显著的生理活性。《英国草药典》规定欧芹干燥地上部分的水溶性浸出物含量不得少于 25%，以控制药材质量。

药理研究表明，欧芹具有利尿、抗胃溃疡、抗氧化、抗糖尿病、抗病原微生物、抗血小板聚集、抗胆碱酯酶、抗肿瘤等作用。

民间经验认为欧芹具有利尿、预防和治疗肾结石的功效。

欧芹 *Petroselinum crispum* (Mill.) Nym. ex A. W. Hill

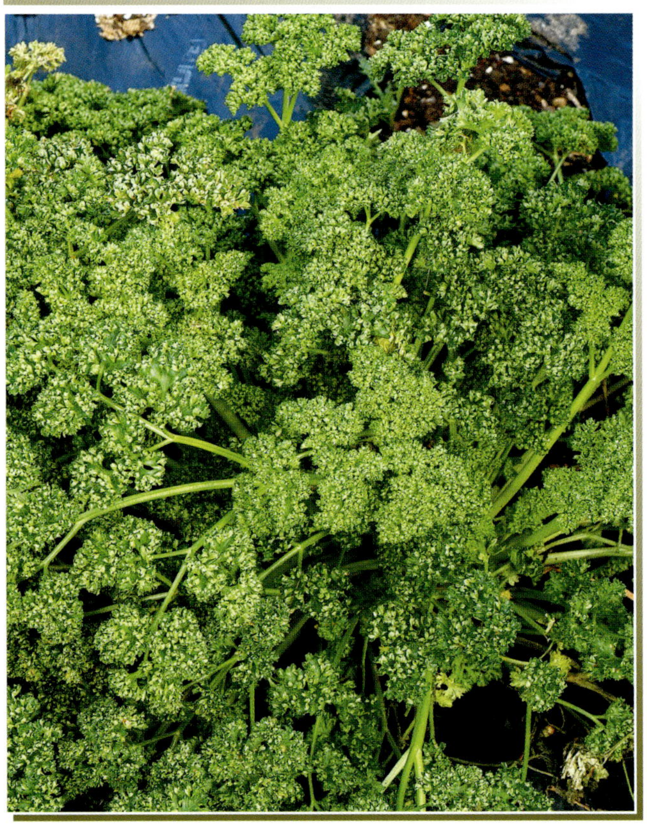

药材欧芹子 Fructus Petroselini

药材欧芹 Herba Petroselini

1cm

药材欧芹根 Radix Petroselini

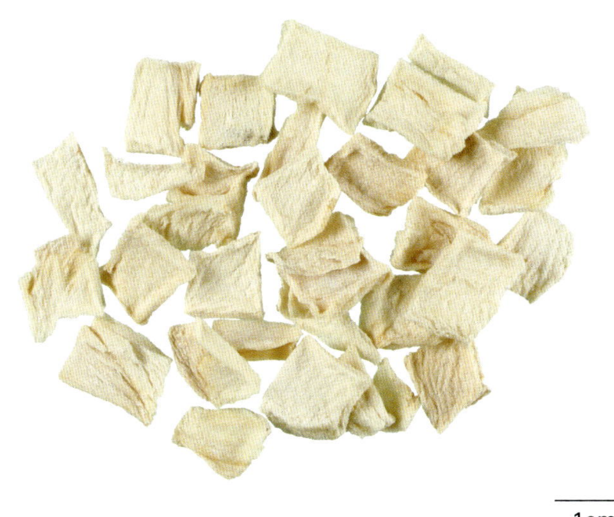

1cm

化学成分

欧芹地上部分、果实、根均含挥发油，其含量和组成成分受栽培品种、产地、药用部位、提取方法、采收时间等因素的影响。挥发油含量：新鲜地上部分0.040%～0.15%[2]，果实1.0%～6.0%，根0.30%～0.70%[3]；油中主成分为：肉豆蔻醚 (myristicin)、洋芹子油脑 (apiole, apiol)、1,3,8-对薄荷三烯 (1,3,8-p-menthatriene)、β-水芹烯 (β-phellandrene)、β-香叶烯 (β-myrcene)、萜品油烯 (terpinolene)、α-蒎烯 (α-pinene)、β-蒎烯 (β-pinene)[1-2, 4-7]等。

欧芹地上部分还含呋喃香豆素类成分：氧化前胡素 (oxypeucedanin)、补骨脂素 (psoralen)、8-甲氧基补骨脂素(8-methoxypsoralen)、5-甲氧基补骨脂素(5-methoxypsoralen)、异茴芹素 (isopimpinellin)[8]等；黄酮类成分：芹苷 (apiin)、6"-乙酰基芹苷 (6"-acetylapiin) 等；单萜苷类成分：petroside[9]等。

欧芹果实也含呋喃香豆素类成分：异欧前胡素 (isoimperatorin)、氧化前胡素；倍半萜类成分：crispanone；黄酮类成分：芹菜素 (apigenin)、木犀草素 (luteolin)；苯丙素类成分：apional[10]等。种子含脂肪油，主要由岩带酸 (petroselinic acid) 组成[11]。

MeO, O, O, OMe

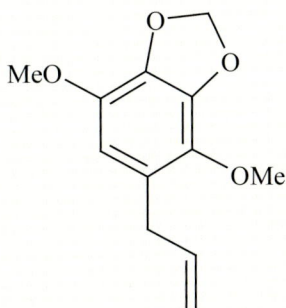

apiole

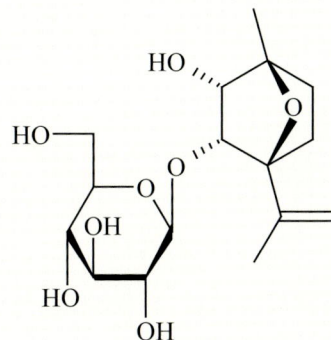

HO, HO, O, O, O, OH, HO, OH

petroside

欧芹 Ouqin

欧芹根还含苯酞类成分：sedanenolide、3－butyl－5,6－dihydro－4H－isobenzofuran－1－one、丁基苯酞(butyl phthalide)、丁烯基酞内酯(butylidene phthalide)、藁本内酯(ligustilide)[12]等；多炔类成分：镰叶芹醇(falcarinol)、法卡林二醇(falcarindiol)[13]；香豆素类成分：氧化前胡素、佛手柑内酯(bergapten)、欧前胡素(imperatorin)；黄酮类成分：芹苷[2]等。

药理作用

1. 利尿

欧芹子水浸出物加入饮水中能显著增加大鼠的尿量；大鼠肾原位灌注试验也表明，水浸出物能显著提高尿流速率。利尿作用机理与水浸出物降低肾皮层和髓组织匀浆 Na^+,K^+－ATP 酶的活性，减少 K^+ 的分泌和 Na^+、K^+ 的吸收有关[14]。

2. 抗胃溃疡

欧芹地上部分乙醇提取物腹腔注射能显著抑制幽门结扎大鼠的胃分泌，降低胃液酸度和溃疡指数；该提取物口服，能显著抑制大鼠应激性溃疡出血，明显减轻吲哚美辛等有害物质所致的大鼠胃黏膜损害，显著抑制乙醇所致的大鼠胃壁黏液缺乏，并能恢复胃黏膜非蛋白巯基(NP－SH)的水平。欧芹所含的黄酮类成分可能为其抗胃溃疡活性成分之一[15]。

3. 抗氧化

欧芹地上部分甲醇提取物体外能有效清除羟自由基、二苯代苦味酰肼(DPPH)自由基，显著抑制抗坏血酸(ascorbic acid)、铁离子诱导的脂质过氧化；所含的酚性成分为其主要的抗氧化活性成分[16-17]。β－胡萝卜素漂白实验和 DPPH 自由基清除实验表明，欧芹挥发油有显著的抗氧化能力，所含的肉豆蔻醚和洋芹子油脑为其主要的抗氧化活性成分[18]。

4. 抗病原微生物

欧芹地上部分甲醇提取物所含的呋喃香豆素类成分体外对大肠杆菌、枯草芽孢杆菌、产单核细胞李斯特菌、胡萝卜软腐欧文菌等有显著的抑制作用[8, 17]。

5. 抗糖尿病

欧芹地上部分水提取物灌胃，能显著抑制链脲霉素诱导的糖尿病模型大鼠的血糖升高，显著降低其血清丙氨酸转氨酶(ALT)、唾液酸、尿酸、钾和钠的水平以及碱性磷酸酶(ALP)的活性；显著减少肝组织的脂质过氧化，降低谷胱甘肽(GSH)水平，显示了明显的降血糖和保肝活性[19-21]。

6. 抗血小板聚集

欧芹地上部分水提取物体外能显著抑制凝血酶和二磷酸腺苷(ADP)诱导的大鼠血小板聚集[22]。

7. 抗胆碱酯酶

欧芹根甲醇提取物体外能抑制乙酰胆碱酯酶(AChE)活性，显示其可能有改善学习记忆的作用[23]。

8. 其他

肉豆蔻醚(欧芹挥发油主要成分之一)有抗肿瘤活性[24]；欧芹地上部分甲醇提取物、所含的黄酮类成分有雌激素样活性[9]。

应用

欧芹是利尿药、驱风剂和通经药。地上部分和根可用于治疗尿路感染和泌尿系统结石；果实还可促进消化。民间也用欧芹的叶和果实治疗腹泻、腹痛、消化不良、水肿、月经不调[15]等病症。

评注

欧芹的经济价值较高，除药用外，还是常用的佐餐和矫味蔬菜；所含的挥发油也可用作香肠等肉类制品生产的香味成分，在香水和肥皂工业中也有使用。

栽培的欧芹有 3 个主要类型，卷叶型 (curly leaf type) (ssp. *crispum*)、平叶型 (plain leaf type) (ssp. *neapolitanum*) 用于收获叶；萝卜或汉堡包型 (turnip－rooted or 'Hamburg' type) (ssp. *tuberosum*) 用于收获根。

目前尚缺乏可行的方法对欧芹进行品质评价。

参考文献

[1] SA Petropoulos, D Daferera, CA Akoumianakis, HC Passam, MG Polissiou. The effect of sowing date and growth stage on the essential oil composition of three types of parsley (*Petroselinum crispum*). *Journal of the Science of Food and Agriculture*. 2004, **84**(12): 1606-1610

[2] JE Simon, J Quinn. Characterization of essential oil of parsley. *Journal of Agricultural and Food Chemistry*. 1988, **36**(3): 467-472

[3] M Wichtl. Herbal drugs and phytopharmaceuticals: a handbook for practice on a scientific basis. Stuttgart: Medpharm Scientific Publishers. 2004: 445-450

[4] JA Pino, A Rosado, V Fuentes. Herb oil of parsley (*Petroselinum crispum* Mill.) from Cuba. *Journal of Essential Oil Research*. 1997, **9**(2): 241-242

[5] M Stankovic, N Nikolic, L Stanojevic, MD Cakic. The effect of hydrodistillation technique on the yield and composition of essential oil from the seed of *Petroselinum crispum* (Mill.) Nym. ex. A. W. Hill. *Hemijska Industrija*. 2004, **58**(9): 409-412

[6] A Lamarti, A Badoc, R Bouriquet. A chemotaxonomic evaluation of *Petroselinum crispum* (Mill.) A. W. Hill (parsley) marketed in France. *Journal of Essential Oil Research*. 1991, **3**(6): 425-433

[7] A Kurowska, I Galazka. Essential oil composition of the parsley seed of cultivars marketed in Poland. *Flavour and Fragrance Journal*. 2006, **21**(1):143-147

[8] MM Manderfeld, HW Schafer, PM Davidson, EA Zottola. Isolation and identification of antimicrobial furocoumarins from parsley. *Journal of Food Protection*. 1997, **60**(1): 73-77

[9] M Yoshikawa, T Uemura, H Shimoda, A Kishi, Y Kawahara, H Matsuda. Medicinal foodstuffs. XVIII. Phytoestrogens from the aerial part of *Petroselinum crispum* Mill. (Parsley) and structures of 6''-acetylapiin and a new monoterpene glycoside, petroside. *Chemical & Pharmaceutical Bulletin*. 2000, **48**(7): 1039-1044

[10] G Appendino, J Jakupovic, E Bossio. Structural revision of the parsley sesquiterpenes crispanone and crispane. *Phytochemistry*. 1998, **49**(6):1719-1722

[11] S Guiet, RJ Robins, M Lees, I Billault. Quantitative ^{2}H NMR analysis of deuterium distribution in petroselinic acid isolated from parsley seed. *Phytochemistry*. 2003, **64**(1): 227-233

[12] S Nitz, MH Spraul, F Drawert, M Spraul. 3-Butyl-5,6-dihydro-4H-isobenzofuran-1-one, a sensorial active phthalide in parsley roots. *Journal of Agricultural and Food Chemistry*. 1992, **40**(6): 1038-1040

[13] S Nitz, MH Spraul, F Drawert. C_{17} polyacetylenic alcohols as the major constituents in roots of *Petroselinum crispum* Mill. ssp. *tuberosum*. *Journal of Agricultural and Food Chemistry*. 1990, **38**(7): 1445-1447

[14] SI Kreydiyyeh, J Usta. Diuretic effect and mechanism of action of parsley. *Journal of Ethnopharmacology*. 2002, **79**(3): 353-357

[15] T Al-Howiriny, M Al-Sohaibani, K El-Tahir, S Rafatullah. Prevention of experimentally-induced gastric ulcers in rats by an ethanolic extract of "Parsley" *Petroselinum crispum*. *The American Journal of Chinese Medicine*. 2003, **31**(5): 699-711

[16] S Fejes, A Blazovics, E Lemberkovics, G Petri, E Szoke, A Kery. Free radical scavenging and membrane protective effects of methanol extracts from *Anthriscus cerefolium* L. (Hoffm.) and *Petroselinum crispum* (Mill.) nym. ex A.W. Hill. *Phytotherapy Research*. 2000, **14**(5): 362-365

[17] PYY Wong, DD Kitts. Studies on the dual antioxidant and antibacterial properties of parsley (*Petroselinum crispum*) and cilantro (*Coriandrum sativum*) extracts. *Food Chemistry*. 2006, **97**(3): 505-515

欧芹 Ouqin

[18] H Zhang, F Chen, X Wang, HY Yao. Evaluation of antioxidant activity of parsley (*Petroselinum crispum*) essential oil and identification of its antioxidant constituents. *Food Research International*. 2006, **39**(8): 833-839

[19] R Yanardag, S Bolkent, A Tabakoglu-Oguz, O Oezsoy-Sacan. Effects of *Petroselinum crispum* extract on pancreatic B cells and blood glucose of streptozotocin-induced diabetic rats. *Biological & Pharmaceutical Bulletin*. 2003, **26**(8): 1206-1210

[20] S Bolkent, R Yanardag, O Ozsoy-Sacan, O Karabulut-Bulan. Effects of parsley (*Petroselinum crispum*) on the liver of diabetic rats: a morphological and biochemical study. *Phytotherapy Research*. 2004, **18**(12): 996-999

[21] O Ozsoy-Sacan, R Yanardag, H Orak, Y Ozgey, A Yarat, T Tunali. Effects of parsley (*Petroselinum crispum*) extract versus glibornuride on the liver of streptozotocin-induced diabetic rats. *Journal of Ethnopharmacology*. 2006, **104**(1-2): 175-181

[22] H Mekhfi, ME Haouari, A Legssyer, M Bnouham, M Aziz, F Atmani, A Remmal, A Ziyyat. Platelet anti-aggregant property of some Moroccan medicinal plants. *Journal of Ethnopharmacology*. 2004, **94**(2-3): 317-322

[23] A Adsersen, B Gauguin, L Gudiksen, AK Jager. Screening of plants used in Danish folk medicine to treat memory dysfunction for acetylcholinesterase inhibitory activity. *Journal of Ethnopharmacology*. 2006, **104**(3): 418-422

[24] GQ Zheng, PM Kenney, LKT Lam. Myristicin: a potential cancer chemopreventive agent from parsley leaf oil. *Journal of Agricultural and Food Chemistry*. 1992, **40**(1): 107-110

欧芹种植地

波尔多树 Bo'erduoshu EP, BP, BHP, GCEM

杯轴花科

Peumus boldus Molina

Boldo

概述

杯轴花科 (Monimiaceae) 植物波尔多树 *Peumus boldus* Molina，其干燥叶入药。药用名：波尔多树叶。

波尔多属 (*Peumus*) 植物全世界仅 1 种，供药用。原产于智利和秘鲁，现在地中海地区和北美西海岸已经归化。

波尔多树的药用价值最早是在智利偶然发现，并在智利民间广泛用于治疗肝脏、肠和胆囊的疾病。《欧洲药典》(第 5 版) 和《英国药典》(2002 年版) 收载本种为波尔多树叶的法定原植物来源种。主产于智利和秘鲁。

波尔多树叶主要含有生物碱类、挥发油和黄酮类成分，其中波尔定碱是主要的活性成分。《欧洲药典》和《英国药典》采用水蒸气蒸馏法测定，规定完整波尔多树叶中挥发油的含量不得少于 20mL/kg，不得多于 4.0mL/kg，切碎波尔多树叶中挥发油的含量不得少于 15mL/kg；采用高效液相色谱法测定，规定波尔多树叶中总生物碱含量以波尔定碱计不得少于 0.10%，以控制药材质量。

药理研究表明，波尔多树叶具有抗氧化、保肝、抗炎等作用。

民间经验认为波尔多树叶具有保肝、利胆和利尿的功效。波尔多树叶被欧盟委员会用于食品天然调味剂的原料，也被美国允许使用于酒精饮料中。

波尔多树 Peumu Boldus Motina

药材波尔多树叶 Folium Peumui Boldusi

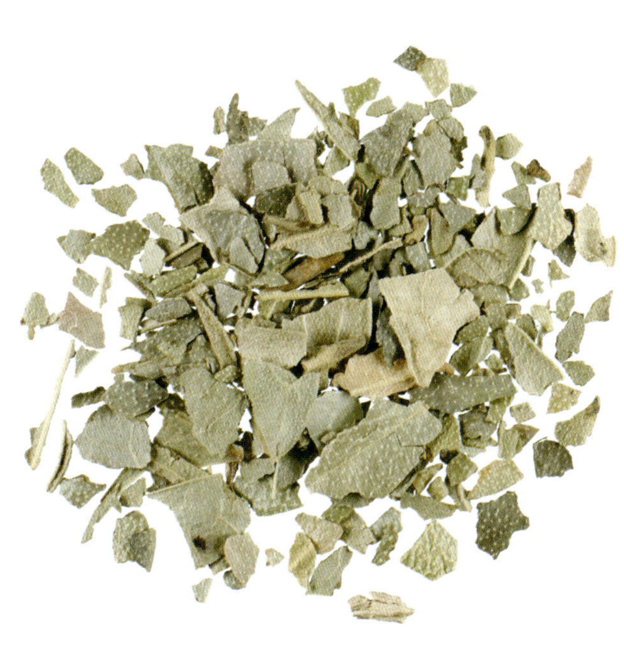

波尔多树 Bo’erduoshu

化学成分

波尔多树叶含生物碱类成分：波尔定碱(boldine)、异紫堇定碱(isocorydine)、N-甲基六驳碱(N-methyllaurotetanine)[1]、(-)-原荷叶碱[(-)-pronuciferine]、青风藤碱(sinoacutine)[2]、异波尔定碱(isoboldine)、异紫堇定碱-N-氧化物(isocorydine-N-oxide)、去甲异紫堇啡碱(norisocorydine)、月桂木姜碱(laurolitsine)、六驳碱(laurotetanine)、网状番荔枝碱(reticuline)[3]等；挥发油类成分：驱蛔素(ascaridole)[4]、柠檬烯(limonene)、对聚伞花烃(p-cymene)、1,8-桉叶素(1,8-cineole)、β-水芹烯(β-phellandrene)[5]等；黄酮类成分：peumoside、boldoside、异鼠李素-二鼠李糖苷(isorhamnetin-dirhamnoside)[6]等。

波尔多树皮含6a,7-dehydroboldine[7]、乌药碱(coclaurine)[8]等生物碱类成分。

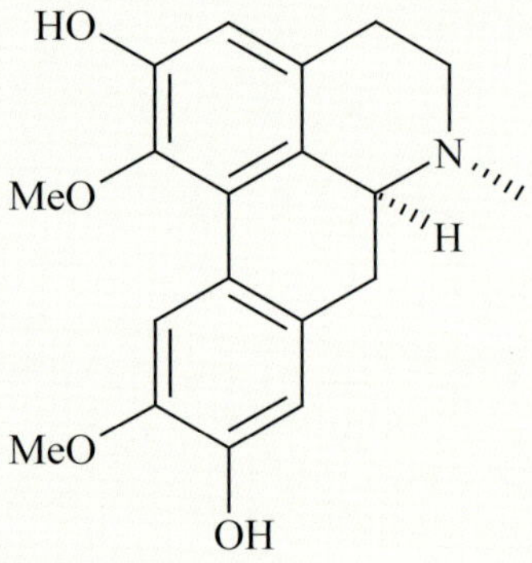

HO MeO N H MeO OH

boldine

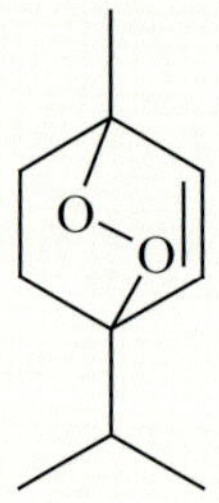

O O

ascaridole

药理作用

1. 抗氧化

(1) **清除自由基** 体外实验表明，波尔多树水提物具有较强的清除氧自由基能力以及抑制氧化前体物质的活性[9]；波尔定碱对 Fe^{3+}-EDTA H_2O_2 诱导的去氧核糖降解具有清除羟基自由基能力[10]；波尔定碱还可减弱邻苯二醇胺氧化诱导的脑线粒体官能障碍，减少多巴胺引起的PC12细胞死亡，机理与其对活性氧原子的清除作用以及抑制黑色素形成和硫醇氧化有关[11]。

(2) **抑制脂质过氧化** 波尔定碱体外可抑制脑匀浆的自动氧化反应、2,2’-azobis(2-amidinopropane)(AAP)诱导的红细胞膜脂质过氧化反应以及AAP诱导的溶菌酶失活[12]，也可减少低密度脂蛋白的氧化反应。波尔定碱给小鼠灌胃可预防动脉粥样硬化的形成[13]。

(3) **细胞保护作用** 波尔定碱可降低氯化亚锡对培养的大肠杆菌的致死作用，同时不改变脂质体的超螺旋结构[14]；波尔定碱体外还可阻止AAP引起的血红蛋白往细胞外环境泄漏，对化学物质所致的溶血反应有显著的细胞保护作用[15]。

(4) **抗糖尿病** 波尔定碱经口给药能分解大鼠体内的活性氧，抑制一氧化氮形成，减少过氧化产物的生成，从而抑制链脲霉素所致的氧化组织损伤，改变抗氧化酶活性，抑制链脲霉素引起的糖尿病发生和发展[16]。

2. 保肝

波尔多树含水乙醇提取物体外对过氧化叔丁醇造成的大鼠肝细胞损伤有保护作用，体内对小鼠 CCl_4 引起的肝损伤有保护作用[17]。波尔定碱体外可抑制小鼠肝细胞内细胞色素P450 1A (CYP1A) 依赖的7－乙氧基－3－异吩噁唑酮－脱乙基酶 (EROD) 和CYP3A依赖的睾酮－6β－羟化酶的活性，激活谷胱甘肽S转移酶 (GST) 活性，减弱致基因变异化学物质等异源生物体的代谢活性[18]；波尔定碱对肝微粒体的脂质过氧化反应也有显著的保护作用[19-20]。

3. 抗炎、退热

波尔多树含水乙醇提取物可显著抑制角叉菜胶所致的大鼠足趾肿胀[17]，波尔定碱能明显减轻角叉菜胶所致的豚鼠足趾肿胀程度[21]。波尔定碱给细菌性高热模型家兔灌胃能降低家兔的发热程度[21]。波尔定碱对动物醋酸所致的结肠炎有抑制作用，可减少细胞死亡，减轻组织破损和水肿程度[22]。

4. 对肌肉的影响

波尔定碱对离体小鼠横膈肌有神经肌肉阻滞作用，是通过直接作用于突触后尼古丁乙酰胆碱受体产生的[23]；以小鼠横膈膜和离体膈肌肌浆网膜研究波尔定碱对骨骼肌的作用发现，波尔定碱可敏化斯里兰卡肉桂碱受体并引起骨骼肌内钙离子的释放[24]。

5. 其他

波尔多树提取物可加速血细胞放射线的摄入，轻微减少血浆中三氯乙酰不溶部分锝［99mTc］放射线的数量，表明该提取物对红细胞的放射性标记具有影响[25]；波尔定碱可阻断线粒体电子的传递[26]。

应用

波尔多树具有止痉挛、促进胆汁分泌和增加胃液分泌的作用，也作为兴奋剂、镇静剂、利尿剂、轻微尿道镇痛剂和抗败血剂，也用于轻微消化功能紊乱、便秘、胆结石、肝或胆囊疼痛、膀胱炎以及关节炎等病的治疗。

评注

波尔多树具有保肝活性，但也有肝毒性方面的报道[27]，对波尔多树肝毒性的研究有待深入。

传统上波尔多树用于促进胆汁分泌，但有实验研究显示其在这方面并没有显著的作用[17]，尚待进一步探讨。

现代药理研究主要针对波尔多树的主要成分波尔定碱，另外两类成分：挥发油以及黄酮类成分的活性值得进一步开发。

参考文献

[1] P Gorecki, H Otta. Studies on the isolation of apomorphine alkaloids from some industrial intermediate products. Part I. Isolation of major phenol alkaloids from *Peumus boldus* Mol. complex. *Herba Polonica*. 1979, **25**(4): 285-291

[2] A Urzua, P Acuna. Alkaloids from the bark of *Peumus boldus*. *Fitoterapia*. 1983, **54**(4): 175-177

[3] M Vanhaelen. Spectrophotometric determination of alkaloids in *Peumus boldus*. *Journal de Pharmacie de Belgique*. 1973, **28**(3): 291-299

[4] E Miraldi, S Ferri, GG Franchi, G Giorgi. *Peumus boldus* essential oil: new constituents and comparison of oils from leaves of different origin. *Fitoterapia*. 1996, **67**(3): 227-230

[5] R Vila, L Valenzuela, H Bello, S Canigueral, M Montes, T Adzet. Composition and antimicrobial activity of the essential oil of *Peumus boldus* leaves. *Planta Medica*. 1999, **65**(2): 178-179

[6] H Krug, B Borkowski. Flavonoid compounds in the leaves of *Peumus boldus*. *Naturwissenschaften*. 1965, **52**(7): 161

[7] A Urzua, R Torres. 6a,7-Dehydroboldine from the bark of *Peumus boldus*. *Journal of Natural Products*. 1984, **47**(3): 525-526

[8] M Asencio, BK Cassels, H Speisky, A Valenzuela. (R)- and (S)-coclaurine from the bark of *Peumus boldus*. *Fitoterapia*. 1993, **64**(5): 455-458

[9] H Speisky, C Rocco, C Carrasco, EA Lissi, C Lopez-Alarcon. Antioxidant screening of medicinal herbal teas. *Phytotherapy Research*. 2006, **20**(6): 462-467

[10] A Ubeda, C Montesinos, M Paya, MJ Alcaraz. Iron-reducing and free-radical-scavenging properties of apomorphine and some related benzylisoquinolines. *Free Radical Biology & Medicine*. 1993, **15**(2): 159-167

[11] YC Youn, OS Kwon, ES Han, JH Song, YK Shin, CS Lee. Protective effect of boldine on dopamine-induced membrane permeability transition in brain mitochondria and viability loss in PC12 cells. *Biochemical Pharmacology*. 2002, **63**(3): 495-505

[12] H Speisky, BK Cassels, EA Lissi, LA Videla. Antioxidant properties of the alkaloid boldine in systems undergoing lipid peroxidation and enzyme inactivation. *Biochemical Pharmacology*. 1991, **41**(11): 1575-1581

[13] N Santanam, M Penumetcha, H Speisky, S Parthasarathy. A novel alkaloid antioxidant, boldine and synthetic antioxidant, reduced form of RU486, inhibit the oxidation of LDL *in-vitro* and atherosclerosis *in vivo* in LDLR(-/-) mice. *Atherosclerosis*. 2004, **173**(2): 203-210

[14] IW Reiniger, da SC Ribeiro, I Felzenszwalb, de JC Mattos, de JF Oliveira, FJ da Silva Dantas, RJ Bezerra, A Caldeira-de-Araujo, M Bernardo-Filho. Boldine action against the stannous chloride effect. *Journal of Ethnopharmacology*. 1999, **68**(1-3): 345-348

[15] I Jimenez, A Garrido, R Bannach, M Gotteland, H Speisky. Protective effects of boldine against free radical-induced erythrocyte lysis. *Phytotherapy Research*. 2000, **14**(5): 339-343

[16] YY Jang, JH Song, YK Shin, ES Han, CS Lee. Protective effect of boldine on oxidative mitochondrial damage in streptozotocin-induced diabetic rats. *Pharmacological Research*. 2000, **42**(4): 361-371

[17] MC Lanhers, M Joyeux, R Soulimani, J Fleurentin, M Sayag, F Mortier, C Younos, JM Pelt. Hepatoprotective and anti-inflammatory effects of a traditional medicinal plant of Chile, *Peumus boldus*. *Planta Medica*. 1991, **57**(2): 110-115

[18] R Kubinova, M Machala, K Minksova, J Neca, V Suchy. Chemoprotective activity of boldine: modulation of drug-metabolizing enzymes. *Pharmazie*. 2001, **56**(3): 242-243

[19] P Kringstein, AI Cederbaum. Boldine prevents human liver microsomal lipid peroxidation and inactivation of cytochrome P4502E1. *Free Radical Biology & Medicine*. 1995, **18**(3): 559-563

[20] AI Cederbaum, E Kukielka, H Speisky. Inhibition of rat liver microsomal lipid peroxidation by boldine. *Biochemical Pharmacology*. 1992, **44**(9):1765-1772

[21] N Backhouse, C Delporte, M Givernau, BK Cassels, A Valenzuela, H Speisky. Anti-inflammatory and antipyretic effects of boldine. *Agents and Actions*. 1994, **42**(3-4):114-117

[22] M Gotteland, I Jimenez, O Brunser, L Guzman, S Romero, BK Cassels, H Speisky. Protective effect of boldine in experimental colitis. *Planta Medica*. 1997, **63**(4):311-315

[23] JJ Kang, YW Cheng, WM Fu. Studies on neuromuscular blockade by boldine in the mouse phrenic nerve-diaphragm. *Japanese Journal of Pharmacology*. 1998, **76**(2): 207-212

[24] JJ Kang, YW Cheng. Effects of boldine on mouse diaphragm and sarcoplasmic reticulum vesicles isolated from skeletal muscle. *Planta Medica*. 1998, **64**(1): 18-21

[25] AC Braga, MB Oliveira, GD Feliciano, IW Reiniger, JF Oliveira, CR Silva, M Bernardo-Filho. The effect of drugs on the labeling of blood elements with technetium-99m. *Current Pharmaceutical Design*. 2000, **6**(11): 1179-1191

[26] A Morello, I Lipchenca, BK Cassels, H Speisky, J Aldunate, Y Repetto. Trypanocidal effect of boldine and related alkaloids upon several strains of *Trypanosoma cruzi*. *Comparative Biochemistry and Physiology. Pharmacology, Toxicology and Endocrinology*. 1994, **107**(3): 367-371

[27] F Piscaglia, S Leoni, A Venturi, F Graziella, G Donati, L Bolondi. Caution in the use of boldo in herbal laxatives: a case of hepatotoxicity. *Scandinavian Journal of Gastroenterology*. 2005, **40**(2): 236-239

茴芹 Huiqin EP, BP, BHP, USP, GCEM

伞形科

Pimpinella anisum **L.**

Anise

概述

伞形科 (Apiaceae) 植物茴芹 *Pimpinella anisum* L.，其干燥成熟果实入药。药用名：茴芹子。

茴芹属 (*Pimpinella*) 植物全世界约有 150 种，分布于欧洲、亚洲和非洲，少数分布至美洲。中国约有39种，本属现供药用者约 4 种。本种原产埃及等国，现广泛栽培于西班牙、土耳其、德国、意大利、俄罗斯、保加利亚等欧洲国家，中国（新疆）、日本、印度等亚洲国家，智利、墨西哥等美洲国家以及非洲北部[1-3]。

茴芹在埃及有 4000 余年的栽培历史；公元 9 世纪，茴芹在德国有栽培[1]。茴芹传统用作利尿剂，用于治疗消化不良和牙痛。古希腊历史书籍也记载了茴芹用于促进呼吸、缓解疼痛、利尿等作用。《欧洲药典》（第 5 版）和《英国药典》（2002 年版）收载本种为茴芹子的法定原植物来源种。主产于埃及、土耳其和西班牙。

茴芹主要含挥发油和多种水溶性苷类成分，也是其主要的活性成分。《欧洲药典》和《英国药典》采用挥发油测定法，规定茴芹子中挥发油含量不得少于 20mL/kg，以控制药材质量。

药理研究表明，茴芹具有解痉、抗惊厥、调节雌激素水平、抗药物成瘾、抗利尿、抗氧化、抗病原微生物等作用。

民间经验认为茴芹子具有祛痰，驱风的功效。

茴芹 *Pimpinella anisum* L.

药材茴芹 Fructus Pimpinellae Anisi

1cm

茴芹 Huiqin

化学成分

茴芹的果实含挥发油（含量 1.5%～5.0%[3]）：油中主成分为反式茴香醚 (E－anethole)（含量可达 94%，为茴芹子主要的香气成分）、甲基胡椒酚 (estragole, methylchavicol)、对－茴香醛 (p－anisaldehyde)[4-6]等；苯丙素类及其苷类成分：erythro－anethole glycol、threo－anethole glycol、(1′R,2′R)－anethole glycol 2′－O－β－D－glucopyranoside[7]等；赤藓醇苷类成分：2－C－methyl－D－erythritol 1－O－β－D－glucopyranoside、2－C－methyl－D－erythritol 1－O－β－D－fructofuranoside[8]等；单萜苷类成分：桦木苷A (betulalbuside A) 等；芳香化合物苷类成分：tachioside、isotachioside、vanilloloside、viridoside、icarisides B_1－B_2、D_1－D_2、F_2[9]等；黄酮类成分：木犀草素 (luteolin)、木犀草素－7－O－葡萄糖苷 (luteolin－7－O－glucoside)、木犀草素－7－O－木糖苷 (luteolin－7－O－xyloside)[10]等。

茴芹的地上部分和根含反式茴香醚、甲基胡椒酚、epoxypseudoisoeugenol 2－methylbutyrate[11]等成分。

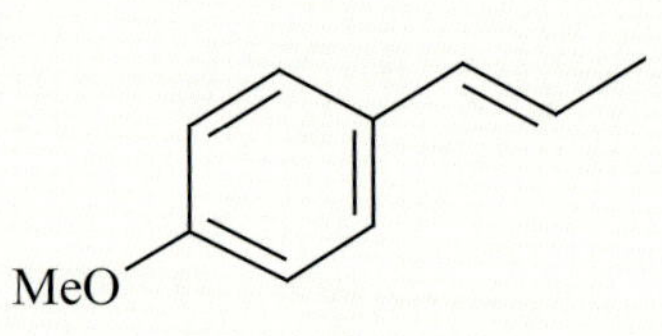

E－anethole

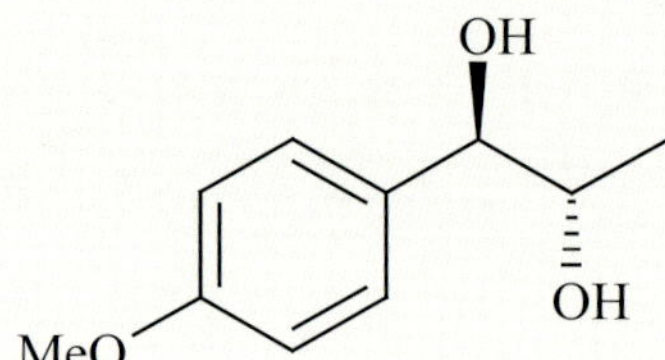

erythro－anethole glycol

药理作用

1. 解痉

茴芹的水提取物、乙醇提取物及挥发油能松弛离体豚鼠气管平滑肌，水提取物和乙醇提取物的作用强度与茶碱 (theophylline) 相似；解痉作用机理与其拮抗 M 受体有关[12]。

2. 抗惊厥

茴芹果实挥发油腹腔注射，能显著抑制戊四氮 (pentylenetetrazole, PTZ) 和电刺激诱导的小鼠后肢强直性伸展 (HLTE) 的发生，降低小鼠的死亡率[13]。

3. 调节雌激素水平

重组基因酵母检测法表明，茴芹果实挥发油有雌激素样活性，所含的反式茴香醚及其他成分可能为其雌激素样活性成分[11]。果实水提取物体外能显著提高碱性磷酸酶 (alkaline phosphatase) 的活性，增加矿化结节的形成，促进成骨细胞分化；也能显著升高人乳腺癌细胞 MCF－7 的胰岛素样生长因子结合蛋白－3 (IGFBP－3) 水平，显示了抗雌激素样作用；显示其可能用于预防绝经后骨质疏松症[14]。

4. 对物质代谢的影响

茴芹果实挥发油能显著增加大鼠空肠对葡萄糖的吸收；挥发油加入饮水中能显著减少大鼠的尿量，有明显的抗利尿作用。作用机理与挥发油能升高空肠和肾组织匀浆 Na^+,K^+－ATP 酶的活性有关。显示食物中加入茴芹子油能增加机体对葡萄糖的摄入，在干燥和炎热的气候下有可能保持机体水分，防止脱水[15]。

5. 抗药物成瘾

茴芹果实挥发油腹腔注射，能产生条件性位置厌恶 (CPA)，显著抑制吗啡诱导的小鼠条件性位置偏爱 (CPP) 的获得。GABA－A 受体拮抗剂荷包牡丹碱 (bicuculline) 能明显减弱挥发油对吗啡诱导的 CPP 的影响，显示其作用机理可能与γ－氨基丁酸 (GABA) 受体活性有关[16]。

6. **抗氧化**

茴芹子水提取物、乙醇提取物体外能显著抑制亚油酸体系的过氧化，其抗氧化作用强于α－生育酚；能有效地清除超氧阴离子自由基、二苯代苦味酰肼(DPPH) 自由基和羟自由基[17]。

7. **抗病原微生物**

茴芹子水提取物、乙醇提取物、挥发油体外均能显著抑制金黄色葡萄球菌等致病细菌的生长；茴芹子提取物、挥发油体外对白色念珠菌、红色发癣菌、犬小孢子菌等致病真菌有显著的抑制作用[17-19]。

8. **其他**

茴芹子挥发油所含的对－茴香醛有杀灭螨虫[20]、抑制酪氨酸酶[21]等作用。

应用

茴芹子是祛痰、解痉、抗菌药，用于治疗感冒、发烧、咳嗽、咽喉炎症、消化不良、食欲不振等病症。民间也用于治疗胃肠胀气、腹痛、月经不调、癫痫、烟草成瘾[16]等。

评注

茴芹的果实和木兰科植物八角 *Illicium verum* Hook. f. 的果实（八角茴香）水蒸气蒸馏得到的挥发油均被《英国药典》和《美国药典》（第 28 版）收载为茴芹子油的法定原植物来源种。此两种挥发油虽然均以反式茴香醚为主要成分，但其植物来源不同，挥发油的组成成分不尽相同，应区分使用。

茴芹的经济价值较高，除药用外，也是常用的食用香料，可用于饮料生产、酿酒、面包烤制等；在香水和制肥皂工业中也有使用。

参考文献

[1] WC Evans. Trease & Evans' pharmacognosy (15-th edition). Edinburgh: WB Saunders. 2002: 263-264

[2] J Bruneton. Pharmacognosy, phytochemistry, medicinal plants (2-nd edition). Paris: Technique & Documentation. 1999: 513-515

[3] M Wichtl. Herbal drugs and phytopharmaceuticals: a handbook for practice on a scientific basis. Stuttgart: Medpharm Scientific Publishers. 2004: 42-44

[4] R Omidbaigi, A Hadjiakhoondi, M Saharkhiz. Changes in content and chemical composition of *Pimpinella anisum* oil at various harvest time. *Journal of Essential Oil-Bearing Plants*. 2003, **6**(1): 46-50

[5] VM Rodrigues, PTV Rosa, MOM Marques, AJ Petenate, MAA Meireles. Supercritical extraction of essential oil from anise (*Pimpinella anisum* L) using CO_2: solubility, kinetics, and composition data. *Journal of Agricultural and Food Chemistry*. 2003, **51**(6): 1518-1523

[6] N Tabanca, B Demirci, T Ozek, N Kirimer, KHC Baser, E Bedir, IA Khan, DE Wedge. Gas chromatographic-mass spectrometric analysis of essential oils from *Pimpinella* species gathered from central and northern Turkey. *Journal of Chromatography, A*. 2006, **1117**(2): 194-205

[7] T Ishikawa, E Fujimatu, J Kitajima. Water-soluble constituents of anise: new glucosides of anethole glycol and its related compounds. *Chemical & Pharmaceutical Bulletin*. 2002, **50**(11): 1460-1466

[8] J Kitajima, T Ishikawa, E Fujimatu, K Kondho, T Takayanagi. Glycosides of 2-C-methyl-D-erythritol from the fruits of anise, coriander and cumin. *Phytochemistry*. 2003, **62**(1): 115-120

[9] E Fujimatu, T Ishikawa, J Kitajima. Aromatic compound glucosides, alkyl glucoside and glucide from the fruit of anise. *Phytochemistry*. 2003, **63**(5): 609-616

茴芹 Huiqin

[10] AM El-Moghazi, AA Ali, SA Ross, MA Mottaleb. Flavonoids of *Pimpinella anisum* L. growing in Egypt. *Herba Polonica*. 1981, **27**(1): 13-17

[11] N Tabanca, SI Khan, E Bedir, S Annavarapu, K Willett, IA Khan, N Kirimer, KHC Baser. Estrogenic activity of isolated compounds and essential oils of *Pimpinella* species from Turkey, evaluated using a recombinant yeast screen. *Planta Medica*. 2004, **70**(8): 728-735

[12] MH Boskabady, M Ramazani-Assari. Relaxant effect of *Pimpinella anisum* on isolated guinea pig tracheal chains and its possible mechanism(s). *Journal of Ethnopharmacology*. 2001, **74**(1): 83-88

[13] MH Pourgholami, S Majzoob, M Javadi, M Kamalinejad, GHR Fanaee, M Sayyah. The fruit essential oil of *Pimpinella anisum* exerts anticonvulsant effects in mice. *Journal of Ethnopharmacology*. 1999, **66**(2): 211-215

[14] E Kassi, Z Papoutsi, N Fokialakis, I Messari, S Mitakou, P Moutsatsou. Greek plant extracts exhibit selective estrogen receptor modulator (SERM)-like properties. *Journal of Agricultural and Food Chemistry*. 2004, **52**(23): 6956-6961

[15] SI Kreydiyyeh, J Usta, K Knio, S Markossian, S Dagher. Aniseed oil increases glucose absorption and reduces urine output in the rat. *Life Sciences*. 2003, **74**(5): 663-673

[16] H Sahraei, H Ghoshooni, S H Salimi, AM Astani, B Shafaghi, M Falahi, M Kamalnegad. The effects of fruit essential oil of the *Pimpinella anisum* on acquisition and expression of morphine induced conditioned place preference in mice. *Journal of Ethnopharmacology*. 2002, **80**(1): 43-47

[17] I Gulcin, M Oktay, E Kirecci, OI Kufrevioglu. Screening of antioxidant and antimicrobial activities of anise (*Pimpinella anisum* L.) seed extracts. *Food Chemistry*. 2003, **83**(3): 371-382

[18] G Singh, IPS Kapoor, SK Pandey, UK Singh, RK Singh. Studies on essential oils: Part 10; Antibacterial activity of volatile oils of some spices. *Phytotherapy Research*. 2002, **16**(7): 680-682

[19] I Kosalec, S Pepeljnjak, D Kustrak. Antifungal activity of fluid extract and essential oil from anise fruits (*Pimpinella anisum* L., Apiaceae). *Acta Pharmaceutica*. 2005, **55**(4): 377-385

[20] HS Lee. p-anisaldehyde: acaricidal component of *Pimpinella anisum* seed oil against the house dust mites *Dermatophagoides farinae* and *Dermatophagoides pteronyssinus*. *Planta Medica*. 2004, **70**(3): 279-281

[21] I Kubo, I Kinst-Hori. Tyrosinase inhibitors from anise oil. *Journal of Agricultural and Food Chemistry*. 1998, **46**(4): 1268-1271

茴芹种植地

卡瓦胡椒 Kawahujiao BHP, GCEM

胡椒科

Piper methysticum G. Forst.

Kava Kava

概述

胡椒科 (Piperaceae) 植物卡瓦胡椒 *Piper methysticum* G. Forst.，其干燥根茎入药。药用名：卡瓦。

胡椒属 (*Piper*) 植物全世界 2000 余种，分布于热带地区。中国约有 60 种、4 变种，分布于从东南的台湾至西南部各省区，本属现供药用者约有 21 种、1 变种。本种原产于斐济南海岛，主要分布于南太平洋岛国。

卡瓦胡椒在南太平洋岛国长久以来被用作庆典和镇静用饮料。公元18世纪时，被引入欧洲[1]。作为传统药物，卡瓦胡椒用于治疗尿路感染、哮喘及局部麻醉，目前主要用于缓解焦虑和睡眠障碍。《英国草药典》(1996 年版) 收载本种为卡瓦的法定原植物来源种。主产于西萨摩亚、汤加、斐济、瓦努阿图等南太平洋岛国。

卡瓦胡椒主要含卡瓦内酯类成分、查耳酮类成分、生物碱类成分等。《英国草药典》规定卡瓦的水溶性浸出物含量不得少于 5.0%，以控制药材质量。

药理研究表明，卡瓦胡椒具有抗焦虑、抗惊厥、肌肉松弛、抗肿瘤、抗炎、抗菌等作用。

民间经验认为卡瓦具有镇静，抗焦虑的功效。

卡瓦胡椒 *Piper methysticum* G. Forst.

药材卡瓦 Rhizoma Piperis Methystici

卡瓦胡椒 Kawahujiao

化学成分

卡瓦胡椒的根茎含卡瓦内酯类 (kavalactones) 成分：羊高宁 (yangonin)、7,8－环氧羊高宁 (7,8－epoxyyangonin)、5,6－去氢卡法根素 (5,6－dehydrokawain)、卡法根素 (kawain)、麻醉椒苦素 (methysticin)[2]、去甲氧基羊高宁 (demethoxyyangonin)、二氢卡法根素 (dihydrokawain)、二氢麻醉椒苦素 (dihydromethysticin)[3]、11－甲氧基－5,6－二氢羊高宁 (11－methoxy－5,6－dihydroyangonin)、四氢化－11－甲氧基羊高宁 (tetrahydro－11－methoxyyangonin)[4]、5,6,7,8－四氢羊高宁 (5,6,7,8－Tetrahydroyangonin)[5]；查耳酮类成分：flavokavins A、B、C[6]；哌啶型生物碱类成分：pipermethystine、3α,4α－epoxy－5β－pipermethystine、awaine[7]、cepharadione A[8]；以及吡咯烷型生物碱类成分：1－苯乙烯酰基吡咯烷 (1－cinnamoyl pyrrolidine)、1－间甲氧基苯乙烯酰基吡咯烷 [1－(m－methoxy cinnamoyl) pyrrolidine][9]等。

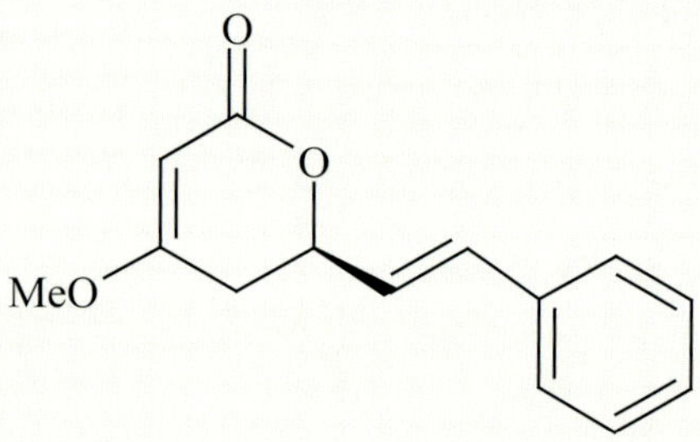

kawain

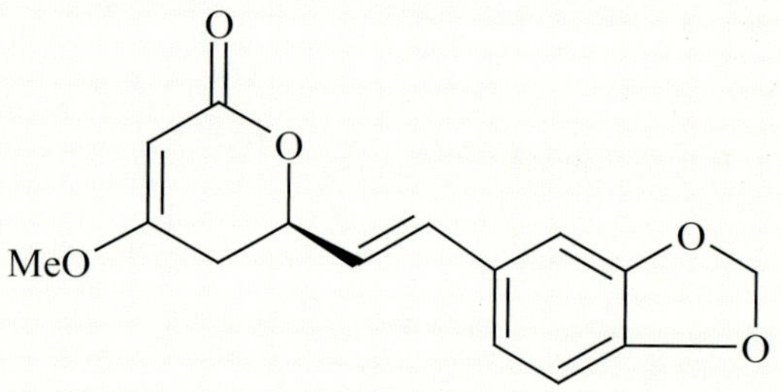

methysticin

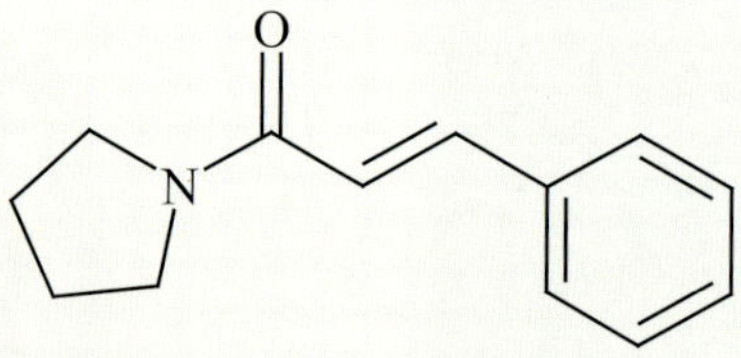

1-cinnamoyl pyrrolidine

药理作用

1. **抗焦虑**

高架十字迷宫实验和明暗箱回避实验表明，小鼠腹腔注射卡瓦胡椒根乙醇提取物有抗焦虑作用，而且其作用不受地西泮受体拮抗剂的影响[10]。卡瓦内酯类成分的抗焦虑作用是通过与γ－氨基丁酸A (GABAA) 受体结合而产生的[11]。卡瓦胡椒标准提取物WS1490有明显抗焦虑功效，且有良好的耐受性[12]。

2. **抗惊厥**

卡瓦胡椒标准提取物WS1490给小鼠灌胃能抑制氟哌啶醇导致的癫痫症状[13]。卡瓦内酯类成分给小鼠灌胃能抑制电休克导致的惊厥，腹腔注射能抑制戊四唑导致的惊厥，其作用与局部麻醉药盐酸普鲁卡因相似[14]。卡法根素体外对大鼠大脑皮层突触小体由藜芦碱激活的电压依赖性钠离子通道有快速的选择性抑制作用，可减少钠离子内流，与抗惊厥活性相关[15]。

3. 肌肉松弛
卡法根素通过非特异向肌性方式作用于平滑肌，明显抑制卡巴胆碱诱导的离体豚鼠回肠收缩，以及平滑肌细胞外钾离子浓度升高导致的收缩反应[16]，对卡巴胆碱诱导的鼠气管平滑肌收缩也有抑制作用[17]。卡法根素还能通过抑制钙离子通道，抑制苯福林导致的离体大鼠胸动脉收缩[18]。

4. 抗肿瘤
Flavokavin A 能降低膀胱癌细胞T24线粒体膜电位，释放细胞色素 C 到胞质，从而诱导膀胱癌细胞凋亡，抑制膀胱癌细胞在裸鼠和培养基中的生长[19]。

5. 抗炎
卡法根素能通过抑制环氧合酶 (COX) 活性，抑制前列腺素 E_2 (PGE_2) 的生成，产生抗炎作用[20]。二氢卡法根素和羊高宁具有明显的 COX－1 、2抑制作用[21]。

6. 抗菌
卡瓦胡椒水提取物体外能抑制多种细菌的生长，flavokavin A 能明显抑制伤寒沙门菌的生长[22]。

7. 抗血小板聚集
卡法根素通过抑制环氧合酶活性，抑制血栓素 (TXA_2) 的产生，能抑制花生四烯酸导致的人血小板聚集[20]。

8. 其他
羊高宁和麻醉椒苦素具有中等强度的自由基清除活性[21]。卡瓦内酯类成分对兔眼角膜还具有局部麻醉作用[23]。

应用

卡瓦在民间常用于治疗焦虑、紧张和烦躁引起的疾病，如失眠等，也用于治疗哮喘、风湿、消化不良、胃炎、膀胱炎、梅毒、淋病等。

评注

继广防己和关木通导致肾毒案之后，卡瓦胡椒的安全性也遭受质疑。数十例肝毒性报告导致英国、德国、瑞士、法国、加拿大、澳洲等国家暂停销售卡瓦胡椒产品；美国食品和药物管理局 (FDA) 也通告消费者使用卡瓦胡椒产品具有潜在的肝脏严重损害风险。

一些报道指出，卡瓦胡椒导致的肝脏损害，可能是由于用药部位混淆[24]、提取制备方法不当[25]等造成。毒性机理可能是抑制细胞色素 P450，降低肝脏谷胱甘肽水平，降低环氧合酶活性[26]等。因此，卡瓦胡椒和肝功异常间的因果关系值得进一步研究。

尽管卡瓦胡椒和肝功异常间的因果关系目前还缺乏一致的科学证据[27]，但是各国专家仍然建议将卡瓦胡椒转为处方用药或以饮食补充剂上市，但需要附有适当的警告标识。

参考文献

[1] YN Singh. Kava: an overview. *Journal of Ethnopharmacology*. 1992, **37**(1): 13-45

[2] H Matsuda, N Hirata, Y Kawaguchi, S Naruto, T Takata, M Oyama, M Iinuma, M Kubo. Melanogenesis stimulation in murine B16 melanoma cells by kava (*Piper methysticum*) rhizome extract and kavalactones. *Biological & Pharmaceutical Bulletin*. 2006, **29**(4): 834-837

[3] R Haensel, J Lazar. Kava pyrones. Composition of *Piper methysticum* rhizomes in plant-derived sedatives. *Deutsche Apotheker Zeitung*. 1985, **125**(41): 2056-2058

[4] HR Dharmaratne, NP Dhammika Nanayakkara, IA Khan. Kavalactones from *Piper methysticum*, and their ^{13}C NMR spectroscopic analyses. *Phytochemistry*. 2002, **59**(4): 429-433

[5] M Ashraf-Khorassani, LT Taylor, M Martin. Supercritical fluid extraction of kava lactones from kava root and their separation via supercritical fluid chromatography. *Chromatographia*. 1999, **50**(5-6): 287-292

[6] O Meissner, H Haeberlein. HPLC analysis of flavokavins and kavapyrones from *Piper methysticum* Forst. *Journal of Chromatography, B*. 2005, **826**(1-2): 46-49

[7] K Dragull, WY Yoshida, CS Tang. Piperidine alkaloids from *Piper methysticum*. *Phytochemistry*. 2003, **63**(2): 193-198

[8] H Jaggy, H Achenbach. Cepharadione A from *Piper methysticum*. *Planta Medica*. 1992, **58**(1): 111

[9] H Achenbach, W Karl. Isolation of two new pyrrolidides from *Piper methysticum*. *Chemische Berichte*. 1970, **103**(8): 2535-2540

[10] KM Garrett, G Basmadjian, IA Khan, BT Schaneberg, TW Seale. Extracts of kava (*Piper methysticum*) induce acute anxiolytic-like behavioral changes in mice. *Psychopharmacology*. 2003, **170**(1): 33-41

[11] A Jussofe, A Schmiz, C Hiemke. Kavapyrone enriched extract from *Piper methysticum* as modulator of the GABA binding site in different regions of rat brain. *Psychopharmacology*. 1994, **116**(4): 469-474

[12] U Malsch, M Kieser. Efficacy of kava-kava in the treatment of non-psychotic anxiety, following pretreatment with benzodiazepines. *Psychopharmacology*. 2001, **157**(3): 277-283

[13] M Noldner, SS Chatterjee. Inhibition of haloperidol-induced catalepsy in rats by root extracts from *Piper methysticum*. *Phytomedicine*. 1999, **6**(4): 285-286

[14] R Kretzschmar, HJ Meyer. Comparative studies on the anticonvulsive activity of pyrone compounds from *Piper methysticum*. *Archives Internationales de Pharmacodynamie et de Therapie*. 1969, **177**(2): 261-277

[15] J Gleitz, A Beile, T Peters. (±)-Kavain inhibits veratridine-activated voltage-dependent Na^+-channels in synaptosomes prepared from rat cerebral cortex. *Neuropharmacology*. 1995, **34**(9): 1133-1138

[16] U Seitz, A Ameri, H Pelzer, J Gleitz, T Peters. Relaxation of evoked contractile activity of isolated guinea pig ileum by (±)-kavain. *Planta Medica*. 1997, **63**(4): 303-306

[17] HB Martin, WD Stofer, MR Eichinger. Kavain inhibits murine airway smooth muscle contraction. *Planta Medica*. 2000, **66**(7): 601-606

[18] HB Martin, M McCallum, WD Stofer, MR Eichinger. Kavain attenuates vascular contractility through inhibition of calcium channels. *Planta Medica*. 2002, **68**(9): 784-789

[19] XL Zi, AR Simoneau. Flavokawain A, a Novel chalcone from kava extract, induces apoptosis in bladder cancer cells by involvement of bax protein-dependent and mitochondria-dependent apoptotic pathway and suppresses tumor growth in mice. *Cancer Research*. 2005, **65**(8): 3479-3486

[20] J Gleitz, A Beile, P Wilkens, A Ameri, T Peters. Antithrombotic action of the kava pyrone (+)-kavain prepared from *Piper methysticum* on human platelets. *Planta Medica*. 1997, **63**(1): 27-30

[21] D Wu, L Yu, MG Nair, DL DeWitt, RS Ramsewak. Cyclooxygenase enzyme inhibitory compounds with antioxidant activities from *Piper methysticum* (kava kava) roots. *Phytomedicine*. 2002, **9**(1): 41-47

[22] UK Som, CP Dutta, GM Sarkar, RD Banerjee. Antibacterial studies with the compounds isolated from *Piper methysticum* Forst. *National Academy Science Letters*. 1985, **8**(4): 109-110

[23] HJ Meyer, HU May. Local anesthetic properties of natural kava pyrones. *Klinische Wochenschrift*. 1964, **42**(8): 407

[24] PV Nerurkar, K Dragull, CS Tang. *In vitro* toxicity of kava alkaloid, pipermethystine, in $HepG_2$ cells compared to kavalactones. *Toxicological Sciences*. 2004, **79**(1): 106-111

[25] CS Cote, C Kor, J Cohen, K Auclair. Composition and biological activity of traditional and commercial kava extracts. *Biochemical and Biophysical Research Communications*. 2004, **322**(1): 147-152

[26] DL Clouatre. Kava kava: examining new reports of toxicity. *Toxicology Letters*. 2004, **150**(1): 85-96

[27] 希雨. 卡瓦胡椒的安全性遭受质疑. 国外医药：植物药分册. 2003, **18**(3): 110-113

卵叶车前 Luanyecheqian EP, BP, BHP, USP, GCEM

车前科

Plantago ovata Forssk.

Desert Indianwheat

概述

车前科 (Plantaginaceae) 植物卵叶车前 *Plantago ovata* Forssk. (*Plantago ispaghula* Roxb.)，其干燥成熟种子入药，药用名：卵叶车前子。以其种子碾下的种皮入药，药用名：卵叶车前子壳。

车前属 (*Plantago*) 植物全世界约有 190 种，广布于世界温带及热带地区，向北达北极圈附近。中国约 20 种，本属现供药用者约有 5 种。本种分布于印度、巴基斯坦、阿富汗、伊朗、以色列等亚洲和地中海国家；在印度、巴基斯坦等国有大量栽培，在西欧和亚热带地区也有栽培[1-3]。

作为膳食纤维补充剂，卵叶车前子壳用于调节大肠功能已有较长的历史[4]。卵叶车前子粉也曾用于缓解局部炎症，卵叶车前煎液用于缓解疼痛。《欧洲药典》（第 5 版）、《英国药典》（2002 年版）和《美国药典》（第 28 版）均收载本种为卵叶车前子和卵叶车前子壳的法定原植物来源种。

卵叶车前主要含环烯醚萜类、黄酮类、苯乙醇苷类、多糖类等成分。所含的多糖类、苯乙醇苷类等是其重要的活性成分。《欧洲药典》和《英国药典》规定卵叶车前子的膨胀指数 (swelling index) 不得低于 9.0，卵叶车前子壳的膨胀指数不得低于 40；《美国药典》规定卵叶车前子的膨胀体积 (swelling volume) 不得少于 10mL/g，卵叶车前子壳的膨胀体积不得少于40mL/g，以控制药材质量。

药理研究表明卵叶车前具有通便、抗结肠炎、调节血脂、抗糖尿病、抗肿瘤、抗氧化、促进伤口愈合等作用。

民间经验认为卵叶车前子和卵叶车前子壳均具有通便的功效。

卵叶车前 *Plantago ovata* Forssk.

药材卵叶车前子 Semen Plantaginis Ovatae

卵叶车前 Luanyecheqian

欧车前 *Plantago psyllium* L.

化学成分

卵叶车前的地上部分含环烯醚萜类成分：桃叶珊瑚苷 (aucubin)、梓醇 (catalpol)、京尼平苷酸 (geniposidic acid)、栀子新苷 (gardoside)、车叶草苷 (asperuloside)、mussaenoside、arborescoside[5-6]等；黄酮类成分：芹菜素 (apigenin)、芫花素 (genkwanin)[5]、木犀草素 (luteolin)、木犀草素7－O－β－吡喃葡萄糖苷(luteolin－7－O－β－

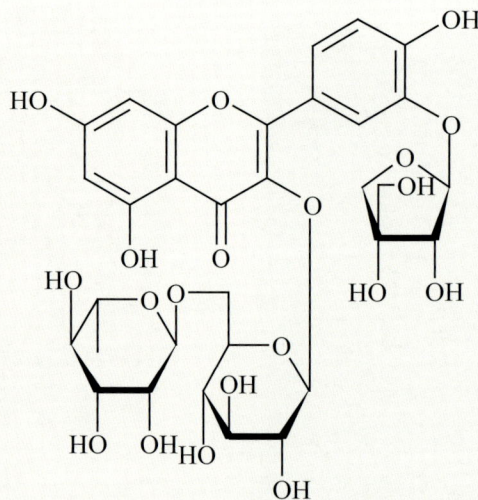

plantaovaside

glucopyranoside)、槲皮素3－O－鼠李糖苷(quercetin 3－O－rhamnoside)、calycopterin[7]等；苯乙醇苷类成分：毛蕊花苷(verbascoside)、poliumoside[5]等；香豆素类成分：欧前胡素(imperatorin)、佛手柑内酯(bergapten)、异紫花前胡香豆素(marmesin)、花椒毒素(xanthotoxin)、花椒毒酚(xanthotoxol)、伞形花内酯(umbelliferone)[7]等。

卵叶车前的种子含黄酮类成分：卵叶车前苷(plantaovaside)、芦丁(rutin)；苯乙醇苷类成分：连翘苷B(forsythoside B)、毛蕊花糖苷(acteoside)[8]等；多糖类成分：黏液质(mucilage)，主要为阿拉伯木聚糖(arabinoxylan)[1]，由22.6%的阿拉伯糖(arabinose)和74.6%的木糖(xylose)构成[4]。

药理作用

1. **通便**

   卵叶车前子壳口服，能显著增加健康人的排便次数，改善排便困难症状，减少排便未尽感，增加粪便的黏度、湿重和干重。种皮所含的黏液质能形成不被发酵的凝胶，润滑肠道，利于肠道内容物的推进，发挥容积性泻下作用[9-11]。

2. **抗结肠炎**

   饲喂含5%卵叶车前子的标准饲料，对三硝基苯磺酸(TNBS)诱导的大鼠结肠炎有明显的治疗作用，能显著减少炎症造成的结肠黏膜损害和坏死，显著降低结肠髓过氧物酶(MPO)活性，恢复结肠谷胱甘肽水平。抗炎作用与卵叶车前子显著降低结肠肿瘤坏死因子α(TNF－α)水平和一氧化氮合酶(NOS)活性，显著增加肠内容物中短链脂肪酸如丁酸盐和丙酸盐的含量有关[12]。

3. **对物质代谢的影响**

   卵叶车前子壳口服能显著降低轻度至中度高胆固醇血症病人的低密度脂蛋白胆固醇水平；饲喂含7.5%或10%卵叶车前子的标准饲料，能显著降低豚鼠血浆中低密度脂蛋白胆固醇、胆固醇酯和三酰甘油水平，升高粪便中胆汁酸的含量。作用机理与其降低卵磷脂胆固醇酰基转移酶和胆固醇酯转移蛋白的活性，上调胆固醇7α－羟化酶(CYP7)和3－羟－3－甲基戊二酰辅酶A(HMG－CoA)还原酶的活性有关[13-14]。饲喂含3.5%卵叶车前子壳的标准饲料，能显著抑制Zucker肥胖大鼠的体重增加，降低升高的收缩压、血浆三酰甘油、总胆固醇、游离脂肪酸、血糖、TNF－α的水平，改善胰岛素抵抗，提高脂联素(adiponectin)的表达水平[15]。卵叶车前子壳热水提取物灌胃，能显著改善正常大鼠、链脲霉素诱导的1、2型糖尿病模型大鼠的糖耐量，抑制餐后血糖升高，并能显著降低2型糖尿病模型大鼠血清脂质和非酯化脂肪酸水平。此提取物小肠灌注，能显著抑制葡萄糖在正常大鼠肠道的吸收[16]。餐前服用卵叶车前子壳，能显著降低2型糖尿病患者的空腹血糖和血红蛋白A1c水平，还能降低低密度脂蛋白和高密度脂蛋白的比值[17]。

4. **抗肿瘤**

   饲喂卵叶车前子壳，能抑制二甲基苯并蒽(DMBA)诱导的大鼠乳腺癌发生，并降低血清总胆固醇水平[18]；所含的β－谷甾醇等植物甾醇类成分也有抗肿瘤活性[19]。

5. **促进伤口愈合**

   卵叶车前子壳所含的多糖类成分能促进人上皮角质化细胞和成纤维细胞的增殖，清洁伤口，抑制瘢痕形成，促进伤口愈合[20-21]。

6. **抗炎、镇痛**

   卵叶车前地上部分乙醇提取物的醋酸乙酯部位及所含的苯乙醇苷类成分有显著的抗炎和镇痛活性[7]。

7. **其他**

   卵叶车前还有抗氧化[22]、调节体液免疫应答[23]等作用。

卵叶车前 Luanyecheqian

应用

卵叶车前种子、种皮是容积性泻药，用于治疗慢性便秘，并用于维护肛裂患者、痔疮患者、孕妇大便通畅。也用于肠易激综合征等的辅助治疗。民间还用于泌尿生殖道和胃肠道炎症等的治疗。

评注

同属植物欧车前 *Plantago psyllium* L. (*P. afra* L.) 和印度车前 *P. indica* L. (*P. arenaria* Wald. et Kit) 也被《美国药典》收载为车前子和车前子壳的法定原植物来源种。药材商品名分别为西班牙车前子、法国车前子，西班牙车前子壳、法国车前子壳。

卵叶车前子在欧美国家是常用的膳食纤维补充剂，是市售多种 OTC 制剂的组成成分之一。

对卵叶车前地上部分的药理活性等方面的研究尚待深入。

参考文献

[1] World Health Organization (WHO). WHO monographs on selected medicinal plants (Vol. 2). Geneva: World Health Organization. 1999: 202-212

[2] J Bruneton. Pharmacognosy, phytochemistry, medicinal plants (2-nd edition). Paris: Technique & Documentation. 1999: 109

[3] M Wichtl. Herbal drugs and phytopharmaceuticals: a handbook for practice on a scientific basis. Stuttgart: Medpharm Scientific Publishers. 2004: 461-463

[4] MH Fischer, NX Yu, GR Gray, J Ralph, L Anderson, JA Marlett. The gel-forming polysaccharide of psyllium husk (*Plantago ovata* Forsk). Carbohydrate Research. 2004, **339**(11): 2009-2017

[5] MS Afifi, MG Zaghloul, MA Hassan. Phytochemical investigation of the aerial parts of *Plantago ovata*. *Mansoura Journal of Pharmaceutical Sciences*. 2000, **16**(2): 178-190

[6] N Ronsted, H Franzyk, P Molgaard, JW Jaroszewski, SR Jensen. Chemotaxonomy and evolution of *Plantago* L. *Plant Systematics and Evolution*. 2003, **242**(1-4): 63-82

[7] MH Grace, SM Nofal. Pharmaco-chemical investigations of *Plantago ovata* aerial parts. *Bulletin of the Faculty of Pharmacy*. 2001, **39**(1): 345-352

[8] S Nishibe, A Kodama, Y Noguchi, YM Han. Phenolic compounds from seeds of *Plantago ovata* and *P. psyllium*. *Natural Medicines*. 2001, **55**(5): 258-261

[9] GJ Davies, PW Dettmar, RC Hoare. The influence of ispaghula husk on bowel habit. *Journal of the Royal Society of Health*. 1998, **118**(5): 267-271

[10] P Marteau, B Flourie, C Cherbut, JL Correze, P Pellier, J Seylaz, JC Rambaud. Digestibility and bulking effect of ispaghula husks in healthy humans. *Gut*. 1994, **35**(12): 1747-1752

[11] JA Marlett, TM Kajs, MH Fischer. An unfermented gel component of psyllium seed husk promotes laxation as a lubricant in humans. *American Journal of Clinical Nutrition*. 2000, **72**(3): 784-789

[12] ME Rodriguez-Cabezas, J Galvez, MD Lorente, A Concha, D Camuesco, S Azzouz, A Osuna, L Redondo, A Zarzuelo. Dietary fiber down-regulates colonic tumor necrosis factor α and nitric oxide production in trinitrobenzenesulfonic acid-induced colitic rats. *Journal of Nutrition*. 2002, **132**(11): 3263-3271

[13] M MacMahon, J Carless. Ispaghula husk in the treatment of hypercholesterolaemia: a double-blind controlled study. *Journal of Cardiovascular Risk*. 1998, **5**(3):167-172

[14] AL Romero, KL West, T Zern, ML Fernandez. The seeds from *Plantago ovata* lower plasma lipids by altering hepatic and bile acid metabolism in guinea pigs. *Journal of Nutrition*. 2002, **132**(6): 1194-1198

[15] M Galisteo, M Sanchez, R Vera, M Gonzalez, A Anguera, J Duarte, A Zarzuelo. A diet supplemented with husks of *Plantago ovata* reduces the development of endothelial dysfunction, hypertension, and obesity by affecting adiponectin and TNF-α in obese zucker rats. *Journal of Nutrition*. 2005, **135**(10): 2399-2404

[16] JMA Hannan, L Ali, J Khaleque, M Akhter, PR Flatt, YHA Abdel-Wahab. Aqueous extracts of husks of *Plantago ovata* reduce hyperglycaemia in type 1 and type 2 diabetes by inhibition of intestinal glucose absorption. *British Journal of Nutrition*. 2006, **96**(1): 131-137

[17] SA Ziai, B Larijani, S Akhoondzadeh, H Fakhrzadeh, A Dastpak, F Bandarian, A Rezai, HN Badi, T Emami. Psyllium decreased serum glucose and glycosylated hemoglobin significantly in diabetic outpatients. *Journal of Ethnopharmacology*. 2005, **102**(2): 202-207

[18] H Takagi, K Mitsumori, H Onodera, K Takegawa, T Shimo, T Koujitani, M Hirose. A preliminary study of the effect of *Plantago ovata* Forsk on the development of 7, 12-dimethylbenz[a]anthracene-initiated rat mammary tumors under the influence of hypercholesterolemia. *Journal of Toxicologic Pathology*. 1999, **12**(3): 141-145

[19] Y Nakamura, N Yoshikawa, I Hiroki, K Sato, K Ohtsuki, CC Chang, BL Upham, JE Trosko. β-sitosterol from psyllium seed husk (*Plantago ovata* Forsk) restores gap junctional intercellular communication in Ha-ras transfected rat liver cells. *Nutrition and Cancer*. 2005, **51**(2): 218-225

[20] AM Deters, KR Schroeder, T Smiatek, A Hensel. Ispaghula (*Plantago ovata*) seed husk polysaccharides promote proliferation of human epithelial cells (skin keratinocytes and fibroblasts) via enhanced growth factor receptors and energy production. *Planta Medica*. 2005, **71**(1): 33-39

[21] W Westerhof, PK Das, E Middelkoop, J Verschoor, L Storey, C Regnier. Mucopolysaccharides from psyllium involved in wound healing. *Drugs under Experimental and Clinical Research*. 2001, **27**(5/6): 165-175

[22] RL Mehta, JF Zayas, SS Yang. Antioxidative effect of isubgol in model and in lipid system. *Journal of Food Processing and Preservation*. 1994, **18**(6): 439-452

[23] R Rezaeipoor, S Saeidnia, M Kamalinejad. The effect of *Plantago ovata* on humoral immune responses in experimental animals. *Journal of Ethnopharmacology*. 2000, **72**(1-2): 283-286

卵叶车前种植地

美洲鬼臼 Meizhouguijiu USP, GCEM

Podophyllum peltatum L.

Mayapple

概述

小檗科 (Berberidaceae) 植物美洲鬼臼 *Podophyllum peltatum* L.，其干燥根茎入药。药用名：北美鬼臼。

鬼臼属 (*Podophyllum*) 全世界有 2 种，分布于北美洲东部和亚洲东部。现桃儿七属 (*Sinopodophyllum*) 与八角莲属 (*Dysosma*) 均被合并到鬼臼属 (*Podophyllum*)。本种分布于北美洲东部。

1820 年版的《美国药典》开始收载美洲鬼臼[1]。目前，由于美洲鬼臼具强烈的细胞毒作用而不再内服，但仍做膏药 、洗剂 、油膏外用。《美国药典》(第 28 版) 收载本种为北美鬼臼的法定原植物来源种。主产于北美。

美洲鬼臼主要含木脂素类化合物。其中鬼臼毒素有抗肿瘤作用，其抗癌活性被广泛研究，鬼臼毒素的半合成衍生物显示有最好的疗效和最小的毒性，因此鬼臼毒素既为主要的有效成分，也是合成抗肿瘤新药的前体化合物。

药理研究表明，美洲鬼臼具有抗肿瘤 、抗菌 、抗病毒等作用。《美国药典》采用重量法测定，规定北美鬼臼中含鬼臼树脂不得少于 5.0%，以控制药材质量。

民间经验认为北美鬼臼具有泻下的功效。

美洲鬼臼 *Podophyllum peltatum* L.

药材北美鬼臼 Rhizoma Podophylli

化学成分

美洲鬼臼的根茎含细胞毒性的木脂素类成分：鬼臼毒素 (podophyllotoxin)、4' - 去甲基鬼臼毒素 (4' - demethylpodophyllotoxin)、α -，β - 盾叶鬼臼素 (α -，β - peltatins)、去氧鬼臼毒素 (deoxypodophyllotoxin)、鬼臼毒酮 (podophyllotoxone)、异苦鬼臼酮 (isopicropodophyllone)、4' - 去甲基去氧鬼臼毒素(4' - demethyldesoxypodophyllotoxin)、4' - 去甲基鬼臼毒酮 (4' - demethylpodophyllotoxone)、4' - 去甲基异苦鬼臼毒酮 (4' - demethylisopicropodophyllone)[2]；还含有podoblastins A、B、C[3]。

美洲鬼臼的叶还含有鬼臼毒素 - 4 - O - β - D - 吡喃葡萄糖苷 (podophyllotoxin - 4 - O - β - D - glucopyranoside)[4]等。

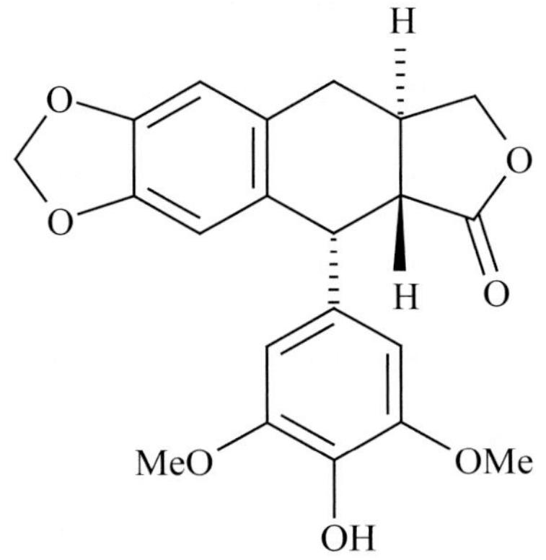

4' - demethyldesoxypodophyllotoxin

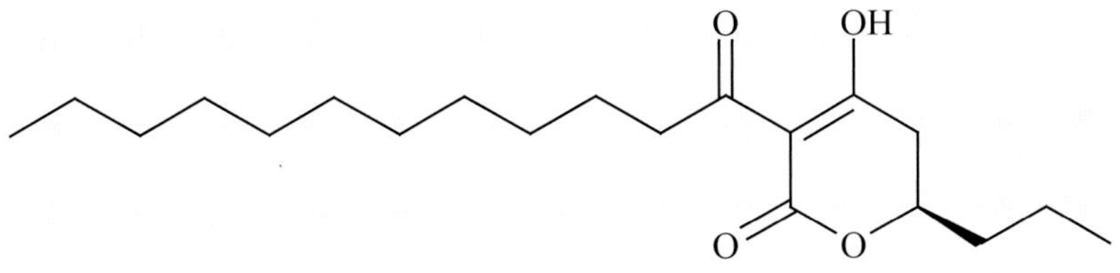

podoblastin A

药理作用

1. 抗肿瘤

鬼臼毒素对小鼠移植性肿瘤S_{180}和肝癌细胞HepA具有抑制作用[5]；鬼臼毒素混悬液给小鼠腹腔注射可抑制小鼠移植性肝癌 H22的瘤体生长[6]。其通过抑制微管而发挥抗肿瘤作用[7]。鬼臼毒素可通过抑制纺锤体微管动力，对人宫颈癌细胞HeLa产生抗有丝分裂作用[8]；采用洋葱根冠分生组织研究也表明，鬼臼毒素能抑制根的生长和有丝分裂[9]。

2. 抗病毒

鬼臼毒素体外能抑制 I 型单纯性疱疹病毒 (HSV－1)，β－盾叶鬼臼素和去氧鬼臼毒素有轻微的抗病毒作用[10]。

3. 抗真菌

体外实验显示podoblastins A 、B 、C具有强的抗真菌作用[3]。

4. 其他

鬼臼毒素还能抑制绦虫幼虫的繁殖[10]。

应用

美洲鬼臼传统上用作泻药，现代临床用作治疗尖锐湿疣的外用药物。

评注

美洲鬼臼含有的主要有效成分鬼臼毒素现已成功地进行植物细胞培养[11]。鬼臼毒素的半合成衍生物有高效低毒的特点[12-13]，因此，目前市场上主要以其半合成衍生物作为抗肿瘤药物使用。对鬼臼毒素仍需加强结构修饰研究，寻找活性更强 、广谱的抗肿瘤药物。

传统上美洲鬼臼用作泻药，具有毒性，但其他的有效成分和作用机理未见报道。

对美洲鬼臼疏枝剪叶的间隔时间会影响鬼臼毒素的含量，因此栽培时需要注意[14]。

参考文献

[1] EM Daniel. Geraniums for the Iroquois. Algonac: Reference publications, Inc. 1982: 127-129

[2] DE Jackson, PM Dewick. Aryltetralin lignans from *Podophyllum hexandrum* and *Podophyllum peltatum*. *Phytochemistry*. 1984, **23**(5): 1147-1152

[3] FE Dayan, JM Kuhajek, C Canel, SB Watson, RM Moraes. *Podophyllum peltatum* possesses a β-glucosidase with high substrate specificity for the aryltetralin lignan podophyllotoxin. *Biochimica et Biophysica Acta*. 2003, **1646**(1-2): 157-163

[4] M Miyakado, S Inoue, Y Tanabe, K Watanabe, N Ohno, H Yoshioka, TJ Mabry. Podoblastin A, B and C. New antifungal 3-acyl-4-hydroxy-5,6-dihydro-2- pyrones obtained from *Podophyllum peltatum* L. *Chemistry Letters*. 1982, **10**: 1539-1542

[5] X Tian, FM Zhang, WG Li. Antitumor and antioxidant activity of spin labeled derivatives of podophyllotoxin (GP-1) and congeners. *Life Science*. 2002, **70**(20): 2433-2443

[6] 张晓云，倪京满，乔华．鬼臼毒素纳米脂质体抗肿瘤作用的研究．中国中药杂志．2006，**31**(2)：148-150

[7] Y Damayanthi, JW Lown. Podophyllotoxins: current status and recent developments. *Current Medicinal Chemistry*. 1998, **5**(3): 205-252

[8] MA Jordan, D Thrower, L Wilson. Effects of vinblastine, podophyllotoxin and nocodazole on mitotic spindles. Implications for the role of microtubule dynamics in mitosis. *Journal of Cell Science*. 1992, **102**: 401-416

[9] R Sehgal, S Roy, VL Kumar. Evaluation of cytotoxic potential of latex of *Calotropis procera* and podophyllotoxin in *Allium cepa* root model. *Biocell*. 2006, **30**(1): 9-13

[10] E Bedows, GM Hatfield. An investigation of the antiviral activity of *Podophyllum peltatum*. *Journal of Natural Products*. 1982, **45**(6): 725-759

[11] JP Kutney, M Arimoto, GM Hewitt, TC Jarvis, K Sakata. Studies with plant cell of *Podophyllum peltatum* L. I. Production of podophyllotoxin, deoxypodophyllotoxin, podophyllotoxone, and 4'-demethylpodophyllotoxin. *Heterocycles*. 1991, **32**(12): 2305-2309

[12] J Mustafa, SI Khan, G Ma, LA Walker, IA Khan. Synthesis, spectroscopic, and biological studies of novel estolides derived from anticancer active 4-O-podophyllotoxinyl12-hydroxyl-octadec-Z-9-enoate. *Lipids*. 2004, **39**(7): 659-666

[13] M Duca, D Guianvarc'h, P Meresse, E Bertounesque, D Dauzonne, L Kraus-Berthier, S Thirot, S Leonce, A Pierre, B Pfeiffer, P Renard, PB Arimondo, C Monneret. Synthesis and biological study of a new series of 4'-demethylepipodophyllotoxin derivatives. *Journal of Medicinal Chemistry*. 2005, **48**(2): 593-603

[14] KE Cushman, RM Moraes, PD Gerard, E Bedir. B Silva, IA Khan. Frequency and timing of leaf removal affect growth and podophyllotoxin content of *Podophyllum peltatum* in full sun. *Planta Medica*. 2006, **72**(9): 824-829

美洲鬼臼种植地

美远志 Meiyuanzhi[EP, BP, BHP, GCEM, JP]

Polygala senega L.

Seneca Snakeroot

概述

远志科 (Polygalaceae) 植物美远志 *Polygala senega* L.，其干燥根入药。药用名：美远志根。

远志属 (*Polygala*) 植物全世界约有 500 种，分布于世界各地。中国约 42 种、8 变种，本属现供药用者约有 19 种。本种分布于加拿大东部和美国东北部，其变种宽叶美远志 *Polygala senega* L. var. *latifolia* Torrey et Gray 在日本有栽培[1-3]。

美远志药用历史久远，曾被北美印第安人用于治疗蛇咬伤。约在 1734 年本植物就被用于治疗胸膜炎和肺炎[2]。在欧洲，美远志还用作利尿剂和催吐剂，治疗百日咳、痛风和风湿病。《欧洲药典》(第 5 版)、《英国药典》(2002 年版) 和《日本药局方》(第十五版) 均收载本种及其近缘种为美远志的法定原植物来源种。主产于加拿大、美国[4]和日本。

美远志主要含三萜皂苷类和寡糖酯类成分，是其主要的生理活性成分。

药理研究表明，美远志具有祛痰、降血脂、降血糖、解酒、免疫佐剂活性、促进毛发再生等作用。

民间经验认为美远志根具有祛痰的功效。

美远志 *Polygala senega* L.

化学成分

美远志根含三萜皂苷类成分（总皂苷含量6.0%～12%）：senegins II、III、IV，其苷元均为原远志皂苷元(presenegenin)，其中senegin III即远志皂苷B (onjisaponin B)[5-6]；寡糖酯类成分：senegoses J、K、L、M、N、O[7]；挥发性成分：水杨酸甲酯 (methyl salicylate)等。

美远志的宽叶变种根含三萜皂苷类成分：senegins II、III、IV[8-9]及其异构体 Z－senegins II、IV[10]、desmethoxysenegin II[11]、E－senegasaponins a、b、c及其异构体 Z－senegasaponins a、b、c[12]等；寡糖酯类成分：senegoses A、B、C、D、E、F、G、H、I[13-14]等；挥发油：油中主成分为己酸 (hexanoic acid)、水杨酸甲酯[15]等。

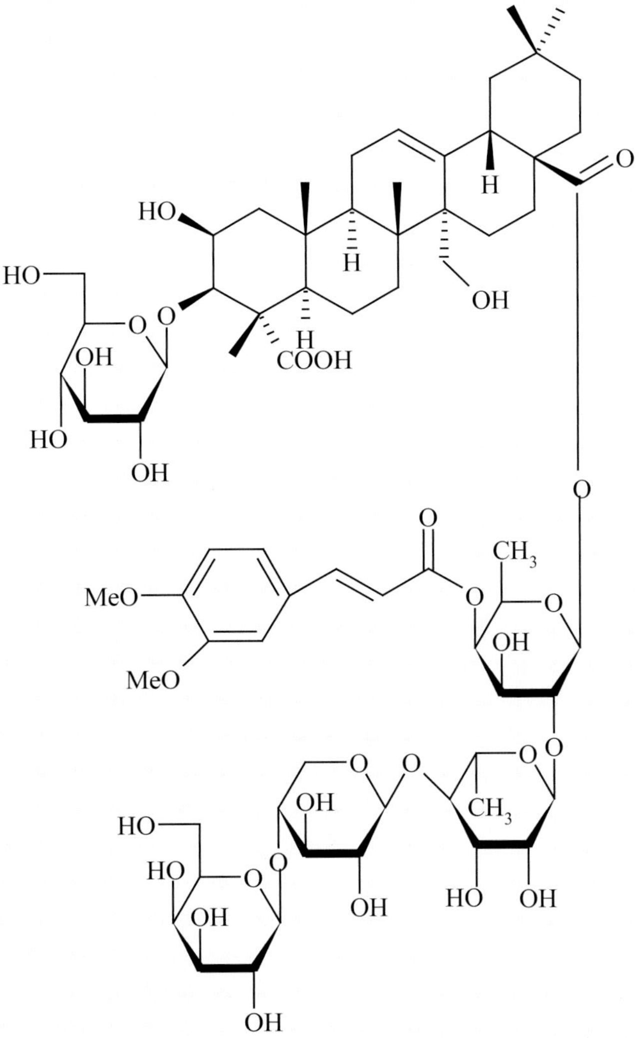

senegin II

美远志 Meiyuanzhi

药理作用

1. 祛痰

美远志流浸膏灌胃 3～4 小时后，能显著增加麻醉猫和豚鼠呼吸道黏液的分泌量[1]；美远志糖浆剂口服，可通过刺激黏膜，在 5 分钟内反射性地显著增加麻醉犬支气管黏液的分泌量[16]。所含的皂苷类成分是祛痰活性成分，通过刺激咽喉和呼吸道黏膜，促进支气管的分泌以稀释痰液，减少其黏度，便于咳出[1]。

2. 降血脂

美远志甲醇提取物的正丁醇部位、senegin II 腹腔注射，均能显著降低正常小鼠血中三酰甘油水平；该正丁醇部位腹腔注射也能显著降低饲喂高胆固醇饲料小鼠血中三酰甘油和胆固醇水平[17]。

3. 降血糖

美远志正丁醇提取物、senegin II 等三萜皂苷类成分腹腔注射，均能显著降低正常小鼠和KK－A^y小鼠的血糖水平；senegin II 等三萜皂苷类成分的降糖活性强于甲苯磺丁脲 (tolbutamide) [5, 11, 18]。senegin II等三萜皂苷类成分也能提高大鼠的糖耐量[12]。

4. 解酒

美远志甲醇提取物及所含的 senegin II 等三萜皂苷类成分灌胃，能显著抑制酒精在大鼠体内的吸收[10, 12, 19]。

5. 免疫增强

美远志所含的皂苷有免疫佐剂效应，能增强小鼠对卵清蛋白抗原和母鸡对轮状病毒抗原的免疫应答能力[20]。

6. 其他

senegin II 等三萜皂苷类成分还有促进毛发再生的作用[21]。

应用

美远志是祛痰药，用于咳嗽等呼吸道炎症症状的对症治疗[1]。

评注

美远志在北美洲有丰富的野生资源，但药用仅限于祛痰止咳，曾是多种止咳糖浆的主要组成之一。

加拿大学者发现美远志的皂苷类成分有免疫佐剂活性；日本学者对宽叶美远志的化学成分和药理作用进行了比较系统的研究，也发现了一些新的化学成分和生物活性。

应加强对美远志进行资源、化学和药理等方面的综合研究，以充分利用药用资源，扩展其应用范围。

参考文献

[1] World Health Organization (WHO). WHO monographs on selected medicinal plants (Vol. 2). Geneva: World Health Organization. 2002: 276-284

[2] WC Evans. Trease & Evans' pharmacognosy (15-th edition). Edinburgh: WB Saunders. 2002: 302-303

[3] J Bruneton. Pharmacognosy, phytochemistry, medicinal plants (2-nd edition). Paris: Technique & Documentation. 1999: 699-700

[4] M Wichtl. Herbal drugs and phytopharmaceuticals: a handbook for practice on a scientific basis. Stuttgart: Medpharm Scientific Publishers. 2004: 464-466

[5] M Kako, T Miura, M Usami, Y Nishiyama, M Ichimaru, M Moriyasu, A Kato. Effect of senegin-II on blood glucose in normal and NIDDM mice. *Biological & Pharmaceutical Bulletin*. 1995, **18**(8): 1159-1161

[6] J Shoji, Y Tsukitani. Structure of senegin-III of *Polygala senga* root. *Chemical & Pharmaceutical Bulletin*. 1972, **20**(2): 424-426

[7] H Saitoh, T Miyase, A Ueno, K Atarashi, Y Saiki. Senegoses J-O, oligosaccharide multi-esters from the roots of *Polygala senega* L. *Chemical & Pharmaceutical Bulletin*. 1994, **42**(3): 641-645

[8] Y Tsukitani, S Kawanishi, J Shoji. Constituents of senegae radix. II. Structure of senegin II, a saponin from *Polygala senega* var *latifolia*. *Chemical & Pharmaceutical Bulletin*. 1973, **21**(4): 791-799

[9] Y Tsukitani, J Shoji. Constituents of Senegae Radix. III. Structures of senegin-III and -IV, saponins from *Polygala senega* var *latifolia*. *Chemical & Pharmaceutical Bulletin*. 1973, **21**(7): 1564-1574

[10] M Yoshikawa, T Murakami, H Matsuda, T Ueno, M Kadoya, J Yamahara, N Murakami. Bioactive saponins and glycosides. II. Senegae Radix. (2): chemical structures, hypoglycemic activity, and ethanol absorption-inhibitory effect of E-Senegasaponin c, Z-senegasaponin c, and Z-senegins II, III, and IV. *Chemical & Pharmaceutical Bulletin*. 1996, **44**(7): 1305-1313

[11] M Kako, T Miura, Y Nishiyama, M Ichimaru, M Moriyasu, A Kato. Hypoglycemic activity of some triterpenoid glycosides. *Journal of Natural Products*. 1997, **60**(6): 604-605

[12] M Yoshikawa, T Murakami, T Ueno, M Kodoya, H Matsuda, J Yamahara, N Murakami. Bioactive saponins and glycosides. I. Senegae Radix. (1): E-senegasaponins a and b and Z-senegasaponins a and b, their inhibitory effect on alcohol absorption and hypoglycemic activity. *Chemical & Pharmaceutical Bulletin*. 1995, **43**(12): 2115-2122

[13] H Saitoh, T Miyase, A Ueno. Senegoses A-E, oligosaccharide multi-esters from *Polygala senega* var. *latifolia* Torr. et Gray. *Chemical & Pharmaceutical Bulletin*. 1993, **41**(6): 1127-1131

[14] H Saitoh, T Miyase, A Ueno. Senegoses F-I, oligosaccharide multi-esters from the roots of *Polygala senega* var. *latifolia* Torr. et Gray. *Chemical & Pharmaceutical Bulletin*. 1993, **41**(12): 2125-2128

[15] S Hayashi, H Kameoka. Volatile compounds of *Polygala senega* L. var. *latifolia* Torrey et Gray roots. *Flavour and Fragrance Journal*. 1995, **10**(4): 273-280

[16] M Misawa, S Yanaura. Continuous determination of tracheobronchial secretory activity in dogs. *Japanese Journal of Pharmacology*. 1980, **30**(2): 221-229

[17] H Masuda, K Ohsumi, M Kako, T Miura, Y Nishiyama, M Ichimaru, M Moriyasu, A Kato. Intraperitoneal administration of Senegae Radix extract and its main component, senegin-II, affects lipid metabolism in normal and hyperlipidemic mice. *Biological & Pharmaceutical Bulletin*. 1996, **19**(2): 315-317

[18] M Kako, T Miura, Y Nishiyama, M Ichimaru, M Moriyasu, A Kato. Hypoglycemic effect of the rhizomes of *Polygala senega* in normal and diabetic mice and its main component, the triterpenoid glycoside senegin-II. *Planta Medica*. 1996, **62**(5): 440-443

[19] M Yoshikawa, T Murakami, T Ueno, M Kadoya, H Matsuda, J Yamahara, N Murakami. E-Senegasaponins A and B, Z-senegasaponins A and B, Z-senegins II and III, new type inhibitors of ethanol absorption in rats from the roots of *Polygala senega latifolia*. *Chemical & Pharmaceutical Bulletin*. 1995, **43**(2): 350-352

[20] A Estrada, GS Katselis, B Laarveld, B Barl. Isolation and evaluation of immunological adjuvant activities of saponins from *Polygala senega* L. *Comparative Immunology, Microbiology and Infectious Diseases*. 2000, **23**(1): 27-43

[21] H Ishida, Y Inaoka, M Okada, M Fukushima, H Fukazawa, K Tsuji. Studies of the active substances in herbs used for hair treatment. III. Isolation of hair-regrowth substances from *Polygara senega* var. *latifolia* Torr. et Gray. *Biological & Pharmaceutical Bulletin*. 1999, **22**(11): 1249-1250

蕨麻 Juema GCEM

Potentilla anserina L.

Silverweed Cinquefoil

概述

蔷薇科 (Rosaceae) 植物蕨麻 *Potentilla anserina* L.，其新鲜或干燥地上部分入药，药用名：蕨麻草；其干燥膨大块根入药，中药名：蕨麻；藏药名：人参果。

委陵菜属 (*Potentilla*) 植物全世界约有 200 种，分布于北半球温带、寒带及高山地区。中国约有 80 种，本属现供药用者约 22 种、6 变种。本种分布较广，横跨欧亚美三洲北半球温带，以及智利、新西兰等地；在中国西南、西北、东北、华北等地均有分布。

蕨麻的药用历史悠久。蕨麻叶入药，始载于藏医学经典著作《月王药珍》、《四部医典》，块根入药始载于《珍宝图鉴》；蕨麻作为中药始载于《本草纲目拾遗》[1]。公元 18 世纪时，英国医生威廉·威塞林 (William Withering) 发现每 3 小时服用 1 茶匙的干燥蕨麻叶可显著缓解疟疾发热[2]。蕨麻主产于匈牙利、克罗地亚、波兰等国[3]；中国主产于甘肃、青海、西藏等省区。

蕨麻主要含鞣质类成分、三萜及三萜皂苷类成分、黄酮类成分等。所含的鞣质类成分是其重要的生理活性成分之一。《德国药品处方集》(1986 年版) 规定，蕨麻草含鞣质类成分以连苯三酚计算，不得少于 2.0%，以控制其质量[3]。

药理研究表明，蕨麻具有收涩止泻、抗诱变、抗氧化、抗肝损伤、抗应激、增强机体免疫功能等作用。

民间经验认为蕨麻草具有解痉的功效；中医理论认为蕨麻草具有凉血止血，解毒利湿的功效；蕨麻具有补气血，健脾胃，生津止渴的功效。

蕨麻 *Potentilla anserina* L.

化学成分

蕨麻的全草含鞣质类成分[3-4]。

蕨麻的地上部分含黄酮类成分：山柰酚-3-O-β-D-葡萄糖苷 (kaempferol-3-O-β-D-glucoside)、山柰酚香豆酰基葡萄吡喃糖苷 (tiliroside)、槲皮素-3-O-β-D-葡萄糖苷 (quercetin-3-O-β-D-glucoside)、槲皮素-3-O-α-L-鼠李糖苷 (quercetin-3-O-α-L-rhamnoside)、异鼠李素-3-O-β-D-葡萄糖醛酸苷 (isorhamnetin-3-O-β-D-glucuronide)、杨梅素-3-O-α-L-鼠李糖苷 (myricetin-3-O-α-L-rhamnoside)[4]等；香豆素类成分：东莨菪亭 (scopoletin)、伞形花内酯 (umbelliferone)[5]等。全草含约0.30%的2-吡喃酮-4,6-二羟酸 (2-pyrone-4,6-dicarboxylic acid)，为委陵菜属植物的标识性成分之一[6]。

蕨麻的根含三萜及三萜皂苷类成分：蕨麻苷 (anserinoside)、2α,3β,19α-三羟基-齐墩果酸-28-O-β-D-葡萄糖苷 (24-deoxy-sericoside)[7]、熊果酸 (ursolic acid)、坡模醇酸 (pomolic acid)、野鸦椿酸 (euscaphic acid)、委陵菜酸 (tormentic acid)、野蔷薇苷 (rosamultin)、kajiichigoside F_1[8]等。

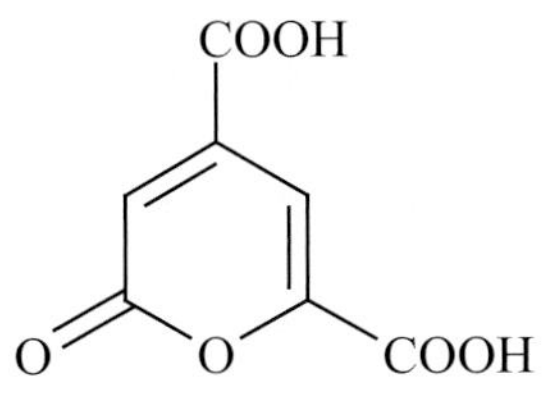

2-pyrone-4, 6-dicarboxylic acid

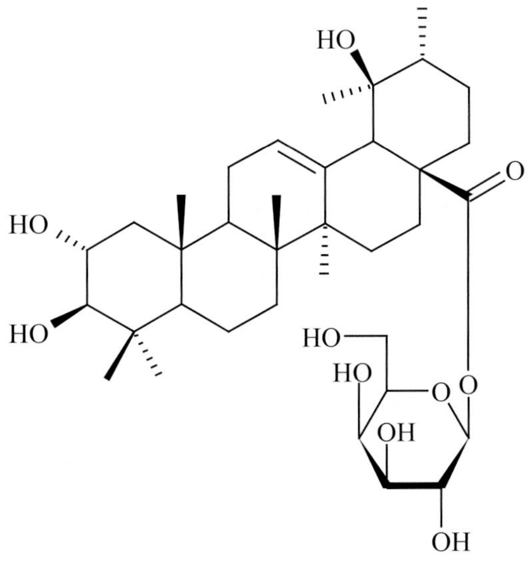

anserinoside

药理作用

1. 收涩止泻

蕨麻草含鞣质，有收涩作用；其浸膏灌胃能延长小鼠消化道内容物通过肠道的时间，并拮抗欧鼠李 (*Rhamnus frangula* L.) 和番泻叶引起的泻下作用。

2. 抗诱变

蕨麻草乙醇提取物和水提取物有温和的抗诱变活性，可能与所含的鞣质类成分有关[9]。

3. 抗氧化

蕨麻根提取物体外能显著抑制高原菜籽油的过氧化，有效清除二苯代苦味酰肼 (DPPH) 自由基；鲜品的抗氧化作用强于干品[10]。

蕨麻 Juema

4. **抗肝损伤**

蕨麻根含三萜类成分的活性部位灌胃，能显著升高四氯化碳 (CCl_4) 所致肝损伤小鼠血清中蛋白的含量，显著对抗 CCl_4、半乳糖胺 (D－GaIN) 所致肝损伤小鼠肝糖原含量下降、肝匀浆中丙二醛 (MDA) 含量升高和谷胱甘肽过氧化物酶 (GSH－Px) 含量下降；能显著降低对乙酰氨基酚 (AAP) 所致的肝损伤小鼠的碱性磷酸酶 (ALP) 活性，并降低血清中三酰甘油 (TG) 含量。提示其可能通过影响肝脏代谢机能，增强抗氧化作用，加强解毒能力而发挥抗肝损伤作用[11]。

5. **抗应激**

小鼠负重游泳实验、耐寒实验和常压耐缺氧实验表明，蕨麻根粉饲喂能显著延长小鼠游泳体力耗竭时间、常压耐缺氧时间，显著提高小鼠在－8°C 3 小时的耐受力，提示其可显著提高小鼠抗应激的能力[12]。蕨麻根水浸膏灌胃，能显著提高小鼠在减压缺氧和窒息性缺氧状态下的存活率和存活时间，显著提高小鼠对氧的利用率，降低氧耗速度[13]。

6. **免疫调节功能**

蕨麻根水提液、醇提液灌胃，能显著拮抗氢化可的松所致小鼠胸腺重量及网状内皮系统的吞噬功能降低，也能拮抗环磷酰胺所致的迟发型超敏反应抑制，增强机体的非特异性免疫和细胞免疫功能[14]。蕨麻根水煎液灌胃，对脾气虚证小鼠细胞免疫有促进作用，对胸腺、脾脏的萎缩有显著的保护作用[15]。

应用

蕨麻草是收涩药，用于辅助治疗轻度、非特异性和急性腹泻，轻度的口腔、咽喉炎症，以及轻度的痛经。

蕨麻草也为中医临床用药。功能：凉血止血，解毒利湿。主治：各种出血，痢疾，泻泄，疮疡疖肿。

蕨麻或人参果为中医和藏医临床用药。功能：补气血，健脾胃，生津止渴。主治：病后贫血，营养不良，水肿，脾虚泄泻，风湿痹痛。

评注

蕨麻是世界广泛分布的植物，有多方面的经济价值。其地上部分含鞣质类成分而被用作收涩剂，也可作为牲畜饲料；其根部膨大，富含淀粉，在中国甘肃、青海、西藏等高寒地区，供食用、药用及酿酒。

蕨麻的化学成分和药理活性的研究有待深入，以便充分利用其植物资源。

参考文献

[1] 陈惠清，张瑞贤，黄璐琦，王敏．藏药蕨麻的文献考察．中国中药杂志．2000，**25**(5)：311-312

[2] A Chevallier. Encyclopedia of herbal medicine. New York: Dorling Kindersley. 2000: 255

[3] M Wichtl. Herbal drugs and phytopharmaceuticals: a handbook for practice on a scientific basis. Stuttgart: Medpharm Scientific Publishers. 2004: 48-50

[4] R Kombal, H Glasl. Flavan-3-ols and flavonoids from *Potentilla anserina*. *Planta Medica*. 1995, **61**(5): 484-485

[5] NF Goncharov, AG Kotov. Coumarins, carotenoids, and β-sitosterol from aerial parts of *Potentilla* species. *Khimiya Prirodnykh Soedinenii*. 1991, **6**: 852

[6] S Wilkes, H Glasl. Isolation, characterization, and systematic significance of 2-pyrone-4,6-dicarboxylic acid in Rosaceae. *Phytochemistry*. 2001, **58**(3): 441-449

[7] 洪霞，蔡光明，肖小河．藏药蕨麻中三萜类化合物的结构研究．中草药．2006，**37**(2)：165-168

[8] QW Li, J Hui, DJ Shang, LJ Wu, XC Ma. Investigation of the chemical constituents of the roots of *Potentilla anserina* L. in Tibet. *Chinese Pharmaceutical Journal*. 2003, **55**(3): 179-184

[9] O Schimmer, M Lindenbaum. Tannins with antimutagenic properties in the herb of *Alchemilla* species and *Potentilla anserina*. *Planta Medica*. 1995, **61**(2): 141-145

[10] 李园媛，袁勤生．青藏高原蕨麻植物抗氧化作用的研究．药物生物技术．2004，**11**(1)：25-28

[11] 张新全，赵玲，山丽梅，魏振满，蔡光明．蕨麻素对化学性肝损伤保护作用机制的研究．解放军药学学报．2004，**20**(4)：259-261

[12] 陶元清，王忠东，蔡进芬，范薇，吕荣，韩德洪，李铮华，仲秀英．蕨麻对小鼠抗应激能力的影响．青海医药杂志．2002，**32**(12)：19-20

[13] 贾守宁，杨卉．蕨麻抗缺氧作用的实验研究．中国民族医药杂志．1999，**5**(1)：37

[14] 林娜，李建荣，杨滨，付桂芳，黄璐琦．蕨麻对免疫功能低下小鼠免疫功能的影响．中国中医药信息杂志．1999，**6**(2)：35-36

[15] 贾守宁．蕨麻对脾气虚证小鼠防治作用的实验研究．中成药．2006，**28**(7)：1044-1046

夏栎 Xiali EP, BP, BHP, GCEM

Quercus robur L.

Oak

概述

壳斗科 (Fagaceae) 植物夏栎 *Quercus robur* L.，其干燥的幼枝树皮入药。药用名：栎树皮。

栎属 (*Quercus*) 植物全世界约 300 种，广布于亚、非、欧、美 4 洲。中国有 51 种、14 变种、1 变型，多为森林中的重要树种，本属现供药用者约 7 种、1 变种。本种原产欧洲法国、意大利等地，广布于欧洲、小亚细亚和高加索地区，中国新疆、北京、山东等地也有引种栽培。

历史上，英国人用栎树皮汤剂和酊剂治疗肺、咽喉和肠道疾病；希腊人和罗马人利用栎树皮的收敛作用，治疗出血、间歇性发热、痢疾。栎树皮也被用作为含漱剂，治疗慢性咽喉痛；用作阴道洗液，治疗白带增多。《欧洲药典》(第 5 版) 和《英国药典》(2002 年版) 收载本种为栎树皮的法定原植物来源种。主产于东欧和东南欧国家。

夏栎含有儿茶素类、可水解鞣质类、三萜类等成分。《欧洲药典》和《英国药典》采用紫外分光光度法测定，规定栎树皮中多酚的含量以连苯三酚计不得少于 3.0%，以控制药材质量。

药理研究表明，夏栎树皮具有抗氧化、抗炎、抗菌、抗病毒、抗溃疡等作用。

民间经验认为栎树皮具有收敛、抗病毒的功效。

狗牙蔷薇 *Rosa canina* L.

药材栎树皮 Cortex Quercus

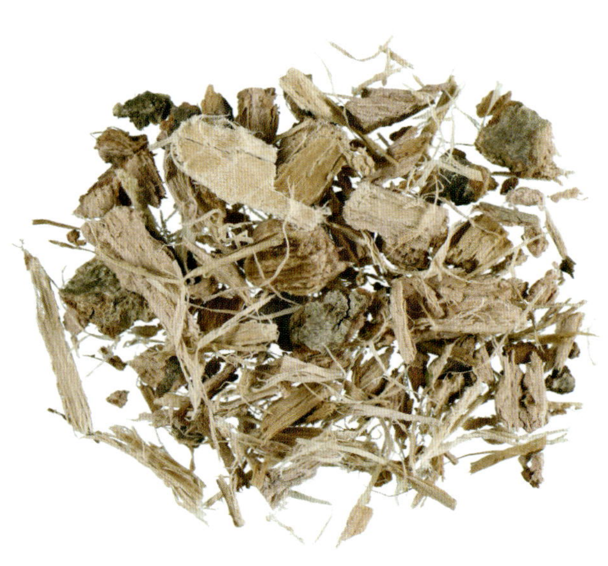

化学成分

夏栎的内皮含儿茶素类成分：表儿茶精 (epicatechin)、表没食子儿茶精没食子酸酯 (epigallocatechin gallate)[1]、儿茶精-没食子儿茶精-4,8-二聚物 (catechin-gallocatechin-4,8-dimer)、没食子儿茶精-儿茶精-6′,8-二聚物 (gallocatechin-catechin-6′,8-dimer)[2]、没食子儿茶精-儿茶精-4,8-二聚物 (gallocatechin-catechin-4,8-dimer)[3]；可水解鞣质：栎木鞣花素 (vescalagin)、栗木鞣花素 (castalagin)[4]、grandinin、roburins A、B、C、D、E[5]；三萜类成分：龙脑香醇酮缩氨基脲 (dipterocarpol semicarbazone)[6]、D:A-friedoolean-5-en-3-one oxime[7]、28-β-D-glucopyranosyl-2α,3β,19α-trihydroxyolean-12-ene-24,28-dioate[8]等。

夏栎的叶含多酚类成分：卡苏阿克亭 (casuarictin)[9]、并没食子酸 (ellagic acid)、翠雀素 (delphinidin)、原花青素二聚物A_2 (procyanidin dimer A_2)、原花青素B_1、B_2、B_3、B_4、B_5、B_6、B_7、B_8 (procyanidins B_1-B_8)[10-11]等；挥发油：沉香醇 (linalool)、β-紫罗兰酮 (β-ionone)、马鞭草烯酮 (verbenone)[12]等。三萜类成分：羽扇醇 (lupeol)、香树脂素 (amyrin)[13]、28-β-D-glucopyranosyl 2α,3β,19α-trihydroxyolean-12-ene-24,28-dioate[8]、蒲公英赛酮 (taraxerone)[14]等。

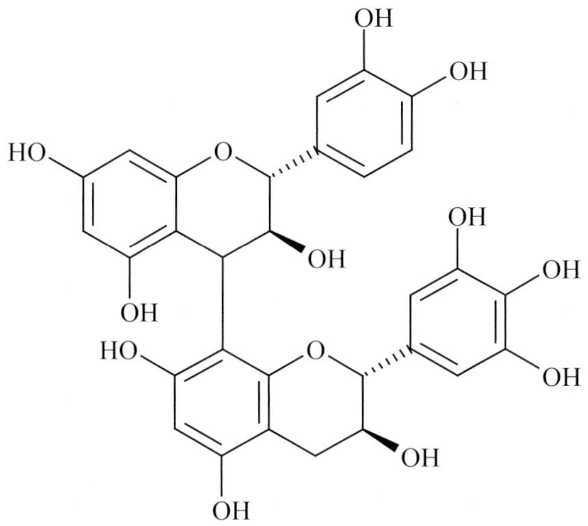

catechin-gallocatechin-4,8-dimer

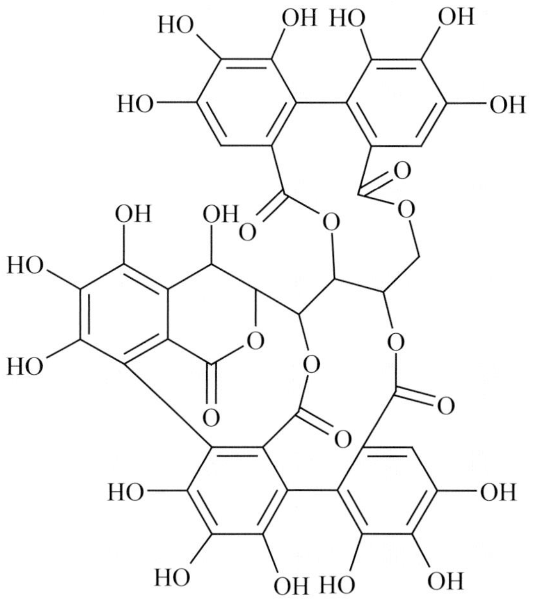

castalagin

药理作用

1. 抗氧化

夏栎树皮水提取物、甲醇提取物、乙醇提取物和乙醚提取物均具有明显抗氧化活性[15-16]。Schall-oven抗氧化实验表明，焙烤能提高夏栎种子中的总酚、没食子酸含量，提高栎树种子的抗氧化能力[17]。

2. 抗炎

原花青素B_2体外能抑制脂多糖 (LPS) 导致的细胞中环氧化酶2 (COX-2) 的表达，这与其抗炎活性有关[18]。

3. 抗菌

夏栎甲醇提取物体外对金黄色葡萄球菌、产气肠杆菌、白色念珠菌具有中等强度的抑制作用[16]。表没食子儿茶精、表没食子儿茶精没食子酸酯、栗木鞣花素对金黄色葡萄球菌、沙门菌、大肠杆菌、弧菌有较强抑制作用，3,4,5－三羟基苯基官能团是使这些多酚化合物具有抗菌活性的结构[19]。

4. 抗病毒

栗木鞣花素、栎木鞣花素、grandinin、roburin B 和 roburin D 对 I 型和 II 型单纯性疱疹病毒 (HSV－I, II) 有显著抑制作用，以栎木鞣花素的抑制作用最强[20]。多酚类化合物还具有抗人类免疫缺陷病毒 (HIV) 作用[21]。

5. 抗肿瘤

夏栎甲醇提取物体外对小鼠白血病细胞 L1210 的生长有抑制作用[22]。多酚类化合物没食子酸能抑制人前列腺癌细胞 DU145 的生长，并促进其凋亡[23]。

6. 其他

夏栎甲醇提取物还具有抗凝血作用[22]。

应用

夏栎内服主治急性腹泻，外用主治口腔咽喉炎、皮肤炎。

现代临床用于治疗多种疮疡、静脉曲张、甲状腺肿、胆结石、肾结石、肠炎、黄疸、皮肤癌[24]、牛皮癣和头皮屑[25]等。还是用于制作灌肠剂及体外灌洗剂的原料之一。

评注

《欧洲药典》和《英国药典》还收载同属植物无梗花栎 *Quercus petraea* (Matt.) Liebl. 和绒毛栎 *Q. pubescens* Willd. 为栎树皮的法定原植物来源种。

夏栎的果实是一种坚果，为一杯状外壳所保护，被称为壳斗，容易识别。夏栎是欧洲传统制作酒桶的木料之一，大概有 20 种栎属植物适合用于制造酒桶，常见的包括欧洲的夏栎和北美的白栎 *Q. alba* L.。夏栎的木材耐用坚固，在造船业也广为应用。

参考文献

[1] ZA Kuliev, AD Vdovin, ND Abdullaev, AB Makhmatkulov, VM Malikov. Study of the catechins and proanthocyanidins of *Quercus robur*. *Chemistry of Natural Compounds*. 1998, **33**(6): 642-652

[2] BZ Ahn, F Gstirner. Catechin dimers in oak (*Quercus robur*) bark. IV. *Archiv der Pharmazie*. 1973, **306**(5): 353-360

[3] BZ Ahn, F Gstirner. Catechin dimers in oak bark (*Quercus robur*). III. *Archiv der Pharmazie*. 1973, **306**(5): 338-346

[4] N Vivas, M Laguerre, Y Glories, G Bourgeois, C Vitry. Structure simulation of two ellagitanins from *Quercus robur* L. *Phytochemistry*. 1995, **39**(5): 1193-1199

[5] P Herve, LM Catherine, VMF Michon, SY Peng, C Viriot, A Scalbert, D Gage. Structural elucidation of new dimeric ellagitannins from *Quercus robur* L. Roburins A-E. *Organic and Bio-Organic Chemistry*. 1991, **7**: 1653-1660

[6] U Wrzeciono. Triterpenes and plant sterols. IV. Tetracyclic triterpenes and β-sitosterol from the bark of *Quercus robur*. *Roczniki Chemii*. 1963, **37**(11): 1463-1468

[7] U Wrzeciono. Triterpenes and plant sterols. III. Pentacylic triterpenes from the bark of *Quercus robur*. *Roczniki Chemii*. 1963, **37**(11): 1457-1462

[8] G Romussi, B Parodi, C Pizza, N De Tommasi. Constituents of Fagaceae (Cupuliferae). 19. Triterpene saponins and acylated flavonoids from *Quercus robur* stenocarpa. *Archiv der Pharmazie*. 1994, **327**(10): 643-645

[9] A Scalbert, L Duval, B Monties, JM Favre. Polyphenols of *Quercus robur* L.: ellagitannins of adult trees, calli, and micropropagated plants. *Bulletin de Liaison-Groupe Polyphenols*. 1988, **14**: 262-265

[10] A Scalbert, E Haslam. Plant polyphenols and chemical defense. Part 2. Polyphenols and chemical defense of the leaves of *Quercus robur*. *Phytochemistry*. 1987, **26**(12): 3191-3195

[11] N Vivas, MF Nonier, I Pianet, GN Vivas, E Fouquet. Proanthocyanidins from *Quercus petraea* and *Q. robur* heartwood: quantification and structures. *Comptes Rendus Chimie*. 2006, **9**(1): 120-126

[12] R Engel, PG Guelz, T Herrmann, A Nahrstedt. Glandular trichomes and the volatiles obtained by steam distillation of *Quercus robur* leaves. *Zeitschrift fuer Naturforschung, C*. 1993, **48**(9-10): 736-744

[13] RBN Prasad, E Mueller, PG Guelz. Epicuticular waxes from leaves of *Quercus robur*. *Phytochemistry*. 1990, **29**(7): 2101-2103

[14] U Wrzeciono. Triterpenes and plant sterols. V. Taraxerol and β-sitosterol from the leaves of *Quercus robur*. *Roczniki Chemii*. 1964, **38**(1): 79-86

[15] T Hirosue, M Matsuzawa, I Irie, H Kawai, Y Hosogai. Antioxidative activities of herbs and spices. *Nippon Shokuhin Kogyo Gakkaishi*. 1988, **35**(9): 630-633

[16] S Andrensek, B Simonovska, I Vovk, P Fyhrquist, H Vuorela, P Vuorela. Antimicrobial and antioxidative enrichment of oak (*Quercus robur*) bark by rotation planar extraction using ExtraChrom. *International Journal of Food Microbiology*. 2004, **92**(2): 181-187

[17] S Rakic, D Povrenovic, V Tesevic, M Simic, R Maletic. Oak acorn, polyphenols and antioxidant activity in functional food. *Journal of Food Engineering*. 2006, **74**(3): 416-423

[18] WY Zhang, HQ Liu, KQ Xie, LL Yin, Y Li, CL Kwik-Uribe, XZ Zhu. Procyanidin dimer B2 [epicatechin-(4β-8)-epicatechin] suppresses the expression of cyclooxygenase-2 in endotoxin-treated monocytic cells. *Biochemical and Biophysical Research Communications*. 2006, **345**(1): 508-515

[19] T Taguri, T Tanaka, I Kouno. Antimicrobial activity of 10 different plant polyphenols against bacteria causing food-borne disease. *Biological & Pharmaceutical Bulletin*. 2004, **27**(12): 1965-1969

[20] S Quideau, T Varadinova, D Karagiozova, M Jourdes, P Pardon, C Baudry, P Genova, T Diakov, R Petrova. Main structural and stereochemical aspects of the antiherpetic activity of nonahydroxyterphenoyl-containing C-glycosidic ellagitannins. *Chemistry & Biodiversity*. 2004, **1**(2): 247-258

[21] RE Kilkuskie, Y Kashiwada, G Nonaka, I Nishioka, AJ Bodner, YC Cheng, KH Lee. Anti-AIDS agents. 8. HIV and reverse transcriptase inhibition by tannins. *Bioorganic & Medicinal Chemistry Letters*. 1992, **2**(12): 1529-1534

[22] EA Goun, VM Petrichenko, SU Solodnikov, TV Suhinina, MA Kline, G Cunningham, C Nguyen, H Miles. Anticancer and antithrombin activity of Russian plants. *Journal of Ethnopharmacology*. 2002, **81**(3): 337-342

[23] R Veluri, RP Singh, ZJ Liu, JA Thompson, R Agarwal, C Agarwal. Fractionation of grape seed extract and identification of gallic acid as one of the major active constituents causing growth inhibition and apoptotic death of DU145 human prostate carcinoma cells. *Carcinogenesis*. 2006, **27**(7): 1445-1453

[24] 景新．橡树皮灰提取物可治疗皮肤癌．国外药讯．2005，**12**：33

[25] 宋丽明．含荨麻、白屈菜和栎树皮提取物的治疗牛皮癣和头皮屑的化妆品．国外医药：植物药分册．2002，**17**(6)：272

波希鼠李 Boxishuli^EP, BP, BHP, USP, GCEM^

Rhamnus purshiana DC.

Cascara Sagrada

概述

鼠李科 (Rhamnaceae) 植物波希鼠李 *Rhamnus purshiana* DC.，其干燥茎皮入药。药用名：美鼠李皮。

鼠李属 (*Rhamnus*) 植物全世界约 200 种，分布于亚洲东部和北美洲的西南部，少数也分布于欧洲和非洲。中国有 57 种、14 变种，本属现供药用者约 13 种。本种原产于北美洲西部地区，在美洲太平洋海岸、加拿大和非洲东部有栽培。

北印第安人最早将美鼠李皮作为温和的通便剂使用，并将它推荐给西班牙的探险家传至欧洲。美鼠李皮现已在欧洲成为大众化的通便剂。《欧洲药典》(第 5 版)、《英国药典》(2002 年版) 和《美国药典》(第 28 版) 收载本种为美鼠李皮的法定原植物来源种。主产于北美洲西部地区的俄勒冈州、华盛顿、英属哥伦比亚省。

波希鼠李主要含蒽醌类、二蒽醌类、蒽醌苷类成分等。《欧洲药典》和《英国药典》采用紫外分光光度法测定，规定美鼠李皮中羟基蒽衍生物总含量以美鼠李苷 A 计不得少于 8.0%，羟基蒽衍生物中美鼠李苷类含量以美鼠李苷 A 计不得少于 60%；《美国药典》采用紫外分光光度法测定，规定美鼠李皮中羟基蒽衍生物总含量以美鼠李苷 A 计不得少于 7.0%，且采集一年以上的药材优先使用，以控制药材质量。

药理研究表明，波希鼠李具有致泻、抗病毒、抗炎、抗肿瘤、抗氧化等作用。

民间经验认为美鼠李皮主要有缓泻通便的功效。

波希鼠李 *Rhamnus purshiana* DC.

药材美鼠李皮 Cortex Rhamni Purshianae

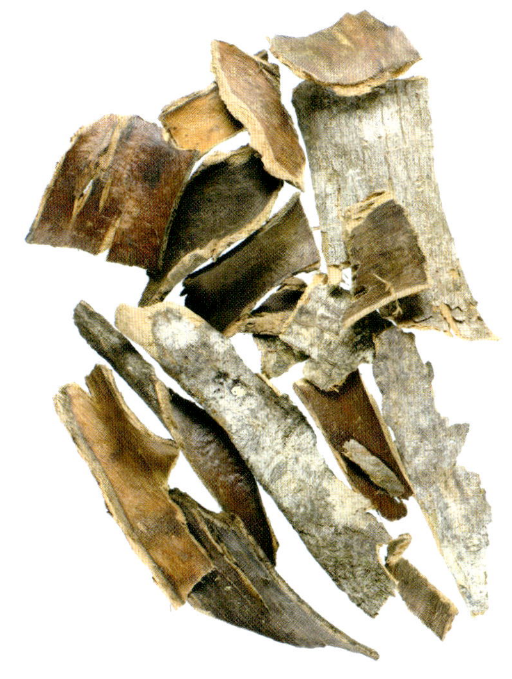

化学成分

波希鼠李皮含二蒽酮类化合物：大黄素二蒽酮 (emodin bianthrone)、芦荟大黄素二蒽酮 (aloe emodin bianthrone)、大黄酚二蒽酮 (chrysophanol bianthrone)、palmidins A、B、C[1]等；蒽醌类化合物：大黄酚 (chrysophanol)、大黄素 (emodin)、芦荟大黄素 (aloe-emodin)[2]、异大黄素 (isoemodin)[3]等；蒽醌苷类化合物：

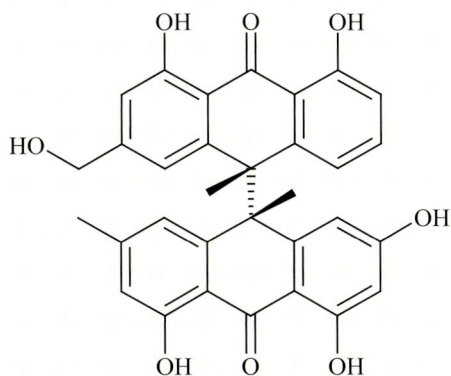

palmidin A

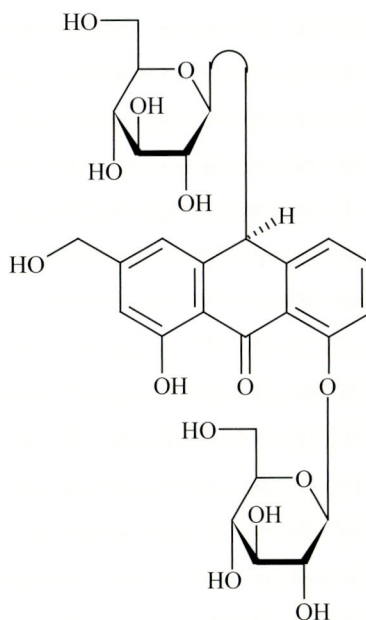

cascaroside A

波希鼠李 Boxishuli

美鼠李苷A、B、C、D、E、F[4-7] (cascarosides A－F)、芦荟大黄素苷 (barbaloin)[8]等。

波希鼠李还含有芦荟素 (aloin)、鼠李黄质 (frangulin)、葡萄糖欧鼠李苷 (glucofrangulin)[9]等蒽醌类化合物。

药理作用

1. 致泻

波希鼠李提取物及其化学成分芦荟素、芦荟大黄素、芦荟大黄素二蒽醌均能刺激肠道内膜，增强结肠肌肉的收缩，产生排便作用[10]。

2. 抗病毒

波希鼠李提取物体外对单纯性疱疹病毒 (HSV)[11]、细胞巨化病毒 (HCMV)[12]有灭活作用，其活性成分是蒽醌化合物，其中二蒽醌比蒽醌化合物的活性强[13]。

3. 抗炎

大黄素、芦荟大黄素、芦荟大黄素苷均能抑制脂多糖 (LPS) 和γ干扰素 (IFN－γ) 所致一氧化氮 (NO)、肿瘤坏死因子α (TNF－α) 和白介素2 (IL－2) 在巨噬细胞中的生成，产生抗炎作用[14]。

4. 抗菌

体外实验表明，大黄酸、大黄素[15]、芦荟大黄素[16]具有抑制金黄色葡萄球菌活性的作用，芦荟大黄素对耐甲氧苯青霉素的金黄色葡萄球菌同样有效。

5. 抗肿瘤

蒽醌类化合物具有抗肿瘤活性，其中蒽醌比二蒽醌化合物的活性强[17]。大黄素对透明质酸引起的神经胶质瘤肿瘤细胞浸润有抑制作用[18]。

6. 抗氧化

大黄素体外可通过抑制羟基自由基的生成，同时产生抗氧化和保护肝脏的作用[19]。

7. 其他

大黄素能通过降低兔血浆中丙二醛和低密度脂蛋白含量等途径，产生抗动脉粥样硬化作用[20]。

应用

波希鼠李在民间主要用于治疗便秘。还可用于治疗痔疮、消化不良及高血压等，也能做防晒化妆品原料[21]。

评注

《欧洲药典》和《英国药典》还收载同属植物欧鼠李 *Rhamnus frangula* L. 为药材欧鼠李皮的法定原植物来源种。主产于波兰和俄罗斯等东欧国家。欧鼠李的树皮也用作中药使用，具有润肠通便的功效，主治习惯性便秘和腹痛。欧鼠李的化学成分、临床功效与波希鼠李类似，两种药材能否替代使用值得进一步研究。

参考文献

[1] R Kinget. Anthraquinone drugs. XVI. Determination of the structure of reduced anthracene derivatives from *Rhamnus purshiana* bark. *Planta Medica*. 1967, **15**(3): 233-239

[2] R Kinget. Anthraquinone drugs. XV. Chromatographic separation and isolation of reduced derivatives from *Rhamnus purshiana* bark. *Planta Medica*. 1966, **14**(4): 460-464

[3] MR Gibson, AE Schwarting. Chromatographic isolation of the trihydroxymethyl- anthraquinones of cascara sagrada. *Journal of the American Pharmaceutical Association.* 1948, **37**: 206-211

[4] JW Fairbairn, CA Friedmann, S Simic. Structure of cascarosides A and B. *Journal of Pharmacy and Pharmacology.* 1963, **S15**: 292-294

[5] EC Signoretti, L Valvo, M Santucci, S Onori, P Fattibene, FF Vincieri, N Mulinacci. Ionizing radiation induced effects on medicinal vegetable products. Cascara bark. *Radiation Physics and Chemistry.* 1998, **53**(5): 525-531

[6] H Wagner, G Demuth. Investigations of the anthra glycosides from Rhamnus species, IV. The structure of the cascarosides from *Rhamnus purshianus* DC. *Zeitschrift fuer Naturforschung, Teil B.* 1976, **31b**(2): 267-272

[7] P Manitto, D Monti, G Speranza, N Mulinacci, FF Vincieri, A Griffini, G Pifferi. Studies on cascara, part 2. Structures of cascarosides E and F. *Journal of Natural Products.* 1995, **58**(3): 419-423

[8] R Baumgartner, K Leupin. Detection of barbaloin in the bark of *Rhamnus purshiana. Pharmaceutica Acta Helvetiae.* 1959, **34**: 296-297

[9] A Bonati. Extracts containing anthracene derivatives. III. Mixtures of cascara (*Rhamnus purshiana*) and frangula (*R. frangula*) extracts. *Fitoterapia.* 1966, **37**(3): 75-79

[10] L D'angelo. Effects of cascarosides and their metabolites on colonic intestinal muscle. *Acta Toxicologica et Therapeutica.* 1993, **14**(3): 193-197

[11] RJ Sydiskis, DG Owen, JL Lohr, KHA Rosler, RN Blomster. Inactivation of enveloped viruses by anthraquinones extracted from plants. *Antimicrobial Agents and Chemotherapy.* 1991, **35**(12): 2463-2466

[12] DL Barnard, JH Huffman, JL Morris, SG Wood, BG Hughes, RW Sidwell. Evaluation of the antiviral activity of anthraquinones, anthrones and anthraquinone derivatives against human cytomegalovirus. *Antiviral Research.* 1992, **17**(1): 63-77

[13] DO Andersen, ND Weber, SG Wood, BG Hughes, BK Murray, JA North. *In vitro* virucidal activity of selected anthraquinones and anthraquinone derivatives. *Antiviral Research.* 1991, **16**(2): 185-196

[14] M Vanisree, SH Fang, C Zu, HS Tsay. Modulation of activated murine peritoneal macrophages functions by emodin, aloe-emodin and barbaloin isolated from *Aloe barbadensis. Yaowu Shipin Fenxi.* 2006, **14**(1): 7-11

[15] YW Wu, J Ouyang, XH Xiao, WY Gao, Y Liu. Antimicrobial properties and toxicity of anthraquinones by microcalorimetric bioassay. *Chinese Journal of Chemistry.* 2006, **24**(1): 45-50

[16] T Hatano, M Kusuda, K Inada, T Ogawa, S Shiota, T Tsuchiya, T Yoshida. Effects of tannins and related polyphenols on methicillin-resistant *Staphylococcus aureus. Phytochemistry.* 2005, **66**(17): 2047-2055

[17] J Koyama, I Morita, K Tagahara, M Ogata, T Mukainaka, H Tokuda, H Nishino. Inhibitory effects of anthraquinones and bianthraquinones on Epstein-Barr virus activation. *Cancer Letters.* 2001, **170**(1): 15-18

[18] MS Kim, MJ Park, SJ Kim, CH Lee, H Yoo, SH Shin, ES Song, SH Lee. Emodin suppresses hyaluronic acid-induced MMP-9 secretion and invasion of glioma cells. *International Journal of Oncology.* 2005, **27**(3): 839-846

[19] HA Jung, HY Chung, T Yokozawa, YC Kim, SK Hyun, JS Choi. Alaternin and emodin with hydroxyl radical inhibitory and/or scavenging activities and hepatoprotective activity on tacrine-induced cytotoxicity in HepG2 cells. *Archives of Pharmacal Research.* 2004, **27**(9): 947-953

[20] ZQ Hei, HQ Huang, HM Tan, PQ Liu, LZ Zhao, SR Chen, WG Huang, FY Chen, FF Guo. Emodin inhibits dietary induced atherosclerosis by antioxidation and regulation of the sphingomyelin pathway in rabbits. *Chinese Medical Journal.* 2006, **119**(10): 868-870

[21] S Bader, L Carinelli, R Cozzi, O Cozzoli. Natural hydroxyanthracenic polyglycosides as sunscreens. *Cosmetics & Toiletries.* 1981, **96**(10): 67-74

虎耳草科

黑茶藨子 Heichabiaozi[BP]

Ribes nigrum L.

Black Currant

概述

虎耳草科 (Saxifragaceae) 植物黑茶藨子 *Ribes nigrum* L.，其新鲜成熟果实入药。药用名：黑加仑。

茶藨子属 (*Ribes*) 植物全世界约 160 种。分布于北半球温带和较寒冷地区，少数种延伸到亚热带和热带地区，直至南美洲的南端。中国约有 59 种 、30 变种[1]，本属现供药用者约 12 种 、1 变种。本种分布于欧洲 、俄罗斯 、蒙古 、朝鲜半岛；中国黑龙江 、辽宁 、内蒙古等省区已大量引种栽培[1]。

黑茶藨子入药始载于公元17世纪初的英国药物志，因其果实和叶的药用价值而受到重视。《英国药典》(2002 年版) 收载本种为黑加仑的法定原植物来源种，并收载黑加仑糖浆制剂。主产于欧洲北部，如波兰 、俄罗斯 、德国等；中国黑龙江 、辽宁 、内蒙古等省区也产。

黑茶藨子主要含多酚类 、黄酮类和挥发油等成分。《英国药典》采用滴定法测定，规定黑加仑糖浆中维生素 C 不得少于 0.055% (w/w)，以控制糖浆质量。

药理研究表明，黑茶藨子具有抗病毒 、抗氧化 、抗炎 、抗高血脂 、促进血液循环等作用。

民间经验认为黑加仑具有抗氧化 、降血压的功效，还具有矫味作用，是提供维生素 C 的原料。

黑茶藨子 *Ribes nigrum* L.

化学成分

黑茶藨子果实富含维生素C (vitamin C)[1]；黄酮类成分：槲皮素-3-芸香糖苷 (quercetin-3-rutinoside)、山柰酚-3-葡萄糖苷 (kaempferol-3-glucoside)、槲皮素-3-葡萄糖苷 (quercetin-3-glucoside)[2]、芦丁 (rutin)、异槲皮苷 (isoquercitrin)[3]等。

黑茶藨子种子含花色素类成分：翠雀素-3-葡萄糖苷 (delphinidin-3-glucoside)、矢车菊素-3-葡萄糖苷 (cyanidin-3-glucoside)、翠雀素-3-芸香糖苷 (delphinidin-3-rutinoside)[2]；挥发油类成分：樟脑 (camphor)、醋酸冰片酯 (bornylacetate)、反式-β-金合欢烯 (trans-β-farnesene)[4]等。

黑茶藨子叶含多酚类成分：没食子儿茶精-(4α→8)-表没食子儿茶精 [gallocatechin-(4α-8)-epigallocatechin]、没食子儿茶精-(4α→8)-没食子儿茶精 [gallocatechin-(4α-8)-gallocatechin][5]；挥发油：α-侧柏烯(α-thujene)、香桧烯(sabinene)、α-蛇麻烯 (α-humulene)[6]等。

黑茶藨子花含挥发油类成分：榄香烯 (γ-elemene)、衣兰油烯 (γ-muurolene)、异匙叶桉油烯醇 (isospathulenol)[7]、地奥酚 (diosphenol)、异地奥酚 (isodiosphenol)、长叶薄荷酮 (pulegone)[8]、4-甲氧基-2-甲基-2-丁硫醇 (4-methoxy-2-methyl-2-butanethiol)[9]、马鞭草烯酮 (verbenone)、水芹烯 (α-phellandrene)[10]等。

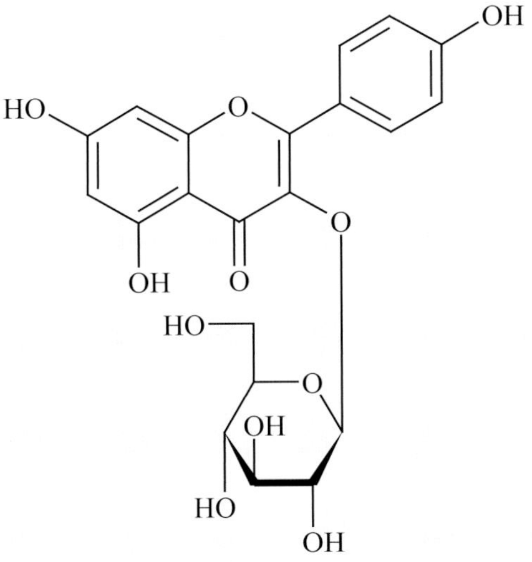

kaempferol-3-glucoside

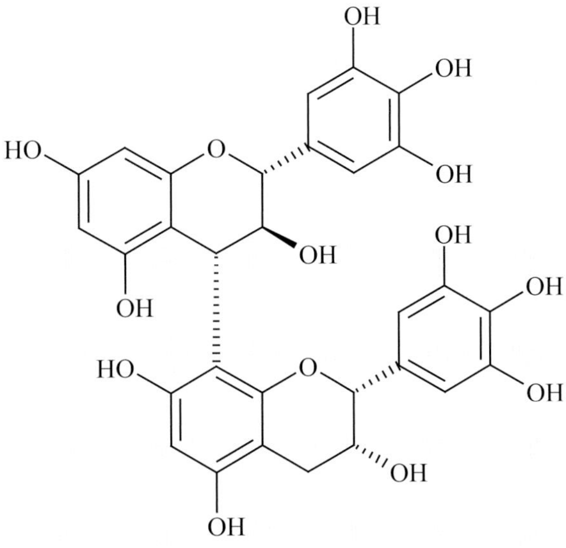

gallocatechin-(4α-8)-epigallocatechin

药理作用

1. **抗病毒**

黑茶藨子果实所含花青素能抑制受感染细胞的病毒释放，明显抑制 A 型和 B 型流感病毒[11-12]。黑茶藨子提取物能抑制疱疹病毒蛋白在受感染细胞的合成，对 I 型和 II 型单纯性疱疹病毒产生抑制作用[13]。

2. **抗氧化**

黑茶藨子多酚能明显抑制脂质及蛋白质氧化[14]，其抗氧化能力强于常见水果和蔬菜[15]。黑茶藨子叶的黄酮提取物具有抗猪油氧化效果，且抗氧化性随添加量的增加而增强，维生素 C 与提取物混合使用呈现增效作用[16]。

3. 抗炎

大鼠腹腔注射原花青素能干扰粒性白细胞转移，抑制一氧化氮释放[17]，降低细胞间黏附分子 - 1 (ICAM - 1) 和血管细胞黏附分子 - 1 (VCAM - 1) 水平[18]，抑制角叉菜胶引起的足趾肿胀和胸膜炎症状[17]。黑茶藨子含水乙醇提物给大鼠灌胃能抑制角叉菜胶所致的足趾肿胀[19]。原翠雀素没食子儿茶精 - (4α→8) - 表没食子儿茶精、没食子儿茶精 - (4α→8) - 没食子儿茶精、没食子儿茶精 - (4α→8) - 没食子儿茶精 - (4α→8) - 没食子儿茶精均有抗炎作用[5]。

4. 抗高血脂

黑茶藨子果实原汁给高脂饲料喂养大鼠饮用可明显降低血清三酰甘油和胆固醇水平[20]。黑茶藨子的种子油饲喂可以降低高脂血症大鼠血清三酰甘油、总胆固醇、低密度脂蛋白胆固醇含量[21]；给家兔口服可明显抑制其动脉粥样硬化的形成，其作用机理与黑茶藨种子油中大量 γ - 亚麻酸有关[22]。

5. 抗肿瘤

黑茶藨子水提物体外对人食管癌细胞 Eca109 的生长和蛋白合成均有明显抑制作用，进而诱导细胞凋亡[23]。黑茶藨子所含槲皮素也有抗肿瘤作用[24]。

6. 促进血液循环

人内服黑茶藨子多酚能促进外周血液循环，减轻肩膀发酸[25]。

应用

黑茶藨子主要用于维生素 C 缺乏症的治疗，还用于治疗关节炎痛、痛风、静脉曲张、痔疮、慢性尿路炎症[26]、肾结石、高脂血症[27]、膀胱炎、肾炎、肾绞痛、出疹热、蛋白尿、贫血病、水肿、初期流产、疲劳、痢疾、胃肠炎、口腔咽喉疾病、支气管咳嗽[28]等，也可以用作糖果添加剂[29]。

评注

除黑茶藨子果实外，其叶、种子油也可入药。中国栽培黑茶藨子的历史，仅有 80 余年，现从北方到南方均有栽培，主要产区在黑龙江及吉林。20 世纪 90 年代初期，由于天然果汁饮料和果酒市场不景气，黑茶藨子种植业受到很大冲击，栽培面积明显减少。

黑茶藨子果实富含糖、有机酸、维生素、黄酮、矿物质等多种营养成分，是仅次于猕猴桃属的高维生素 C 果品。种子中含有多种不饱和脂肪酸，其中生物活性最强的 γ - 亚麻酸远高于月见草油，是重要的医药原料。成熟叶富含维生素 C 和黄酮，经常食用黑茶藨子制品可预防坏血病。

黑茶藨子除供鲜食外，其果实主要用于加工果汁、果酒、果糖、蜜饯、果酱等。

参考文献

[1] 赵素华，吴松林，辛凌云．新疆天然与种植黑加仑果实的营养成分分析与比较．天然产物研究与开发．2001，**13**(6)：51-52，56

[2] YR Lu, L Yeap Foo. Polyphenolic constituents of blackcurrant seed residue. *Food Chemistry*. 2002, **80**(1): 71-76

[3] BH Koeppen, K Herrmann. Flavonoid glycosides and hydroxycinnamic acid esters of blackcurrants (*Ribes nigrum*). 9. Phenolics of fruits. *Zeitschrift fuer Lebensmittel-Untersuchung und -Forschung*. 1977, **164**(4): 263-268

[4] 李严巍，胡京萍．黑加仑种子香气成分分析（第一报）．卫生研究．1990，**19**(3)：33-35

[5] M Tits, L Angenot, P Poukens, R Warin, Y Dierckxsens. Prodelphinidins from *Ribes nigrum*. *Phytochemistry*. 1992, **31**(3): 971-973

[6] RJ Marriott. Isolation and analysis of blackcurrant (*Ribes nigrum*) leaf oil. *Developments in Food Science*. 1988, **18**: 387-403

[7] JL Le Quere, A Latrasse. Composition of the essential oils of black currant buds (*Ribes nigrum* L.). *Journal of Agricultural and Food Chemistry*. 1990, **38**(1): 3-10

[8] O Nishimura, S Mihara. Aroma constituents of blackcurrant buds (*Ribes nigrum* L.). *Developments in Food Science.* 1988, **18**: 375-386

[9] J Rigaud, P Etievant, R Henry, A Latrasse. 4-Methoxy-2-methyl-2-butanethiol, a major constituent of the aroma of the black currant bud (*Ribes nigrum* L.). *Sciences des Aliments.* 1986, **6**(2): 213-220

[10] J Piry, A Pribela, J Durcanska, P Farkas. Fractionation of volatiles from blackcurrant (*Ribes nigrum* L.) by different extractive methods. *Food Chemistry.* 1995, **54**(1): 73-77

[11] YM Knox, K Hayashi, T Suzutani, M Ogasawara, I Yoshida, R Shiina, A Tsukui, N Terahara, M Azuma. Activity of anthocyanins from fruit extract of *Ribes nigrum* L. against influenza A and B viruses. *Acta Virologica.* 2001, **45**(4): 209-215

[12] YM Knox, T Suzutani, I Yosida, M Azuma. Anti-influenza virus activity of crude extract of *Ribes nigrum* L. *Phytotherapy Research.* 2003, **17**(2): 120-122

[13] T Suzutani, M Ogasawara, I Yoshida, M Azuma, YM Knox. Anti-herpesvirus activity of an extract of *Ribes nigrum* L. *Phytotherapy Research.* 2003, **17**(6): 609-613

[14] K Viljanen, P Kylli, R Kivikari, M Heinonen. Inhibition of protein and lipid oxidation in liposomes by berry phenolics. *Journal of Agricultural and Food Chemistry.* 2004, **52**(24): 7419-7424

[15] R Moyer, K Hummer, RE Wrolstad, C Finn. Antioxidant compounds in diverse *Ribes* and *Rubus* germplasm. *Acta Horticulturae.* 2002, **585**(2): 501-505

[16] 徐雅琴，付红，于泽源．黑穗醋栗（亮叶）叶片黄酮提取物抗氧化性研究．食品科技．2002，**7**：38-39

[17] N Garbacki, M Tits, L Angenot, J Damas. Inhibitory effects of proanthocyanidins from *Ribes nigrum* leaves on carrageenin acute inflammatory reactions induced in rats. *BMC Pharmacology.* 2004, **4**(1): 25

[18] N Garbacki, M Kinet, B Nusgens, D Desmecht, J Damas. Proanthocyanidins, from Ribes nigrum leaves, reduce endothelial adhesion molecules ICAM-1 and VCAM-1. *Journal of Inflammation.* 2005, **2**: 9

[19] C Declume. Anti-inflammatory evaluation of a hydroalcoholic extract of black currant leaves (*Ribes nigrum*). *Journal of Ethnopharmacology.* 1989, **27**(1-2): 91-98

[20] 肖辉，张月明，于亚鹭．黑加仑原汁调节血脂的实验研究．预防医学论坛．2005，**11**(3)：300-302

[21] 郭英，刘雅娟，蔡秀成，邢立新，王丽华．黑加仑油对大鼠血脂的影响．中国老年学杂志．2000，**20**(6)：371-372

[22] 周效平，李庆忠，马辉．黑加仑油药理作用研究．中医药学报．2002，**30**(3)：56-57

[23] 卢晓梅，张亚楼，张琰，肖辉，张月明，温浩．新疆天然植物黑加仑对食管癌细胞增殖、凋亡的影响．营养学报．2005，**27**(5)：414-416，421

[24] DM Morrow, PE Fitzsimmons, M Chopra, H McGlynn. Dietary supplementation with the anti-tumour promoter quercetin: its effects on matrix metalloproteinase gene regulation. *Mutation Research.* 2001, **480-481**: 269-276

[25] H Matsumoto. Effects of intake of black currant polyphenols on peripheral circulation in humans. *Meiji Seika Kenkyu Nenpo.* 2003, **42**: 20-32

[26] VA Popkov, AN Fetisova, OV Nesterova, IA Samylina. Experience in using phytopreparations to prevent and correct inflammatory urinary tract diseases. *Vestnik Rossiiskoi Akademii Meditsinskikh Nauk.* 2001, **2**: 11-13

[27] 朱玉梅，刘玉庆，鲁卫星．黑加仑油软胶囊治疗原发性高脂血症80例对照观察．中国中医基础医学杂志．2003，**9**(5)：77-78

[28] 张志东，李亚东，吴林，王岸英．黑加仑的营养价值．中国食物与营养．2003，**12**：52-54

[29] BI Yanovskaya. Sugar-bean candies enriched in antiscorbutic concentrates from black-currant juice. *Voprosui Pitaniya.* 1936, **5**(3): 41-44

蔷薇科

狗牙蔷薇 Gouyaqiangwei EP, BP

Rosa canina L.

Dog Rose

概述

蔷薇科 (Rosaceae) 植物狗牙蔷薇 *Rosa canina* L.，其干燥果实入药。药用名：蔷薇果。

蔷薇属 (*Rosa*) 植物全世界约有 200 种，分布于亚、欧、北非、北美各洲的寒温带至亚热带地区。中国约有 82 种，本属现供药用者约 26 种。本种主要分布于欧洲、亚洲的寒温带地区。

在欧洲的家庭里，自古就将蔷薇果应用在茶及果酱等食物中，在他们的饮食生活中占极重要的地位，主要的原因是蔷薇果含有丰富的维生素 C。中世纪时，蔷薇果被广泛用于治疗乳房疾病，同时也被用作缓泻剂和利尿剂。《欧洲药典》（第 5 版）和《英国药典》（2002 年版）收载本种作为蔷薇果的法定原植物来源种。原产于欧洲，目前在美国弗吉尼亚州及田纳西州被大量栽培。

狗牙蔷薇主要含维生素 C、类胡萝卜素类、黄酮类、多酚类成分等。《欧洲药典》和《英国药典》采用紫外分光光度法测定，规定蔷薇果中维生素 C 含量不得少于 0.30%，以控制药材质量。

药理研究表明，狗牙蔷薇具有抗氧化、抗炎、抗肿瘤、抗菌、抗诱变、抗溃疡、抗辐射等作用。

民间经验认为蔷薇果具有利尿、缓泻的功效。

狗牙蔷薇 *Rosa canina* L.

药材蔷薇果 Fructus Rosae Caninae

化学成分

狗牙蔷薇果实含丰富的维生素C和类胡萝卜素类成分：玉米黄素（zeaxanthin）、β－隐黄质（β－cryptoxanthin）、番茄红素（lycopene）、玉红黄质（rubixanthin）、β－胡萝卜素（β－carotene）、蒲公英黄色素（taraxanthin）、胡萝卜醇(lutein)[1]、新叶黄素（neoxanthin）、5,6－环氧胡萝卜醇（5,6－epoxylutein）[2]等；黄酮类成分：槲皮素（quercetin）、山柰酚（kaempferol）、槲皮素－3－二葡萄糖苷（quercetin－3－diglucoside）、山柰酚－3－二葡萄糖苷（kaempferol－3－diglucoside）[3]；花色素类成分：原花青醇B_1、B_2、B_3、B_4（procyanidols B_1－B_4）[4]等。

狗牙蔷薇种子含黄酮类成分：芦丁（rutin）、双氢槲皮素（taxifolin）、槲皮素－3－葡萄糖苷（quercetin－3－glucoside）、槲皮素－3－半乳糖苷（quercetin－3－galactoside）、芹菜苷元（apigenin）、圣草素（eriodictyol）[3]、kaempferol－3－O－(6"－O－E－p－coumaryl)－β－D－glucopyranoside、kaempferol－3－O－(6"－O－Z－p－coumaryl)－β－D－glucopyranoside[5]等。

狗牙蔷薇叶含黄酮类成分：金丝桃苷（hyperoside）、异槲皮苷（isoquercitrin）[6]等。

狗牙蔷薇翼瓣还含有tellimagrandin I、rugosin B[7]等鞣花鞣质。

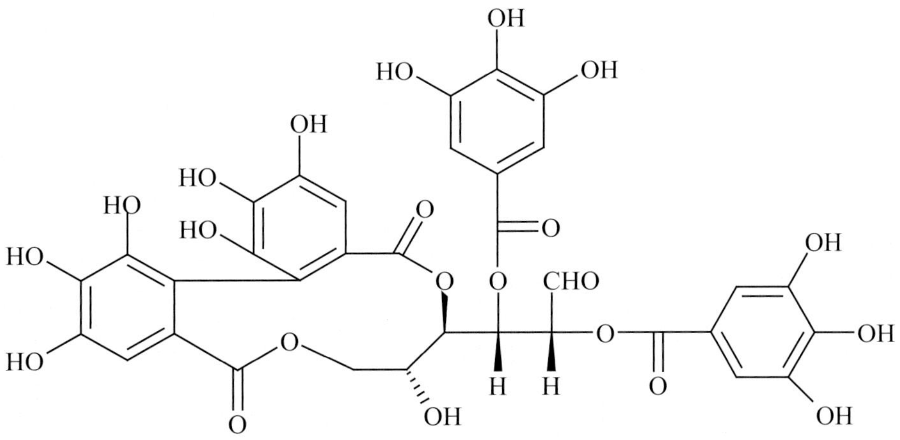

tellimagrandin I

药理作用

1. 抗氧化

狗牙蔷薇果中的维生素C、花青素与β－胡萝卜都具有抗氧化作用，其中β－胡萝卜无合成品的副作用[8-9]。果实提取物能增强过氧化氢酶(CAT)、谷胱甘肽过氧化物酶（GSH－Px）、谷胱甘肽－S－转化酶（GST）的作用，有较强的抗脂质过氧化作用[10]。其甲醇提取物在橄榄油中体现较强的抗氧化作用[11]。另外，在FRAP实验中还对Fe^{3+}表现出较好的还原能力[12]。

2. 抗炎

狗牙蔷薇种子能缓解人髋、膝关节炎症状[13-14]。狗牙蔷薇根提取物可以抑制白介素（IL－1α,IL－1β）的生物合成，产生明显抗炎活性[15]。

3. 抗肿瘤

体外实验表明，狗牙蔷薇石油醚提取物对吉田肉瘤细胞具有明显抑制作用[16]。食用含胡萝卜素类的狗牙蔷薇制品以及β-胡萝卜素，能通过影响体液和细胞免疫，对结肠癌病人和胃癌动物，体现出明显的抗癌作用[17]。

4. 抗菌

狗牙蔷薇中的tellimagrandin I 和rugosin B 能明显降低β-内酰氨抗生素对耐青霉素金黄色葡萄球菌的最小抑菌浓度[7]。

5. 抗诱变

狗牙蔷薇叶、种子汁液具有降低迭氮化钠对伤寒沙门氏菌的致突变性作用，具有明显抗诱变活性[18]。

6. 抗溃疡

狗牙蔷薇新鲜果实对乙醇导致的大鼠胃溃疡有明显抑制作用[19]。

7. 抗辐射

狗牙蔷薇所含花色素类对中国仓鼠成纤维细胞具有明显抗辐射作用[20]。

8. 其他

狗牙蔷薇多酚提取物成分、提取浓缩物、维生素 P[21]对豚鼠补充维生素 C 有促进作用，优于单独补充维生素C。

应用

蔷薇果主要用于治疗尿路不适、肾结石、坏血病等病。还用于治疗风湿病、痛风、感冒发热等。此外，也用作维生素C来源[22-23]，生产着色剂[24]、化妆品[25]、酿酒工业也有使用[26]等。

评注

除狗牙蔷薇外，《欧洲药典》和《英国药典》还收载高山玫瑰 *Rosa pendulina* L. 等玫瑰属植物作为蔷薇果的法定原植物来源种。《日本药局方》（第十五版）还收载同属植物野蔷薇 *R. multiflora* Thunb. 作为蔷薇果的法定原植物来源种。

虽然多种玫瑰均会结出果实，但供食用的蔷薇果以狗牙蔷薇和同属植物皱叶玫瑰 *R. rugosa* Thunb. 的为主。其中狗牙蔷薇的果实所含维生素 C 最丰富。

蔷薇果泡茶最为适宜，常被制成糖浆、果酱、果茶及果酒，或加入甜点中。干燥的蔷薇果也可作香料或用来沐浴。

参考文献

[1] T Hodisan, C Socaciu, I Ropan, G Neamtu. Carotenoid composition of *Rosa canina* fruits determined by thin-layer chromatography and high-performance liquid chromatography. *Journal of Pharmaceutical and Biomedical Analysis*. 1997, **16**(3): 521-528

[2] A Razungles, J Oszmianski, JC Sapis. Determination of carotenoids in fruits of *Rosa* sp. (*Rosa canina* and *Rosa rugosa*) and of chokeberry (*Aronia melanocarpa*). *Journal of Food Science*. 1989, **54**(3): 774-775

[3] E Hvattum. Determination of phenolic compounds in rose hip (*Rosa canina*) using liquid chromatography coupled to electrospray ionisation tandem mass spectrometry and diode-array detection. *Rapid Communications in Mass Spectrometry*. 2002, **16**(7): 655-662

[4] J Osmianski, M Bourzeix, N Heredia. Phenolic compounds in dog rose. *Bulletin de Liaison-Groupe Polyphenols*. 1986, **13**: 488-490

[5] Y Kumarasamy, PJ Cox, M Jaspars, MA Rashid, SD Sarker. Bioactive flavonoid glycosides from the seeds of *Rosa canina*. *Pharmaceutical Biology*. 2003, **41**(4): 237-242

[6] DS Tarnoveanu, S Rapior, A Gargadennec, C Andary. Flavonoid glycosides from the leaves of *Rosa canina*. *Fitoterapia*. 1995, **66**(4): 381-382

[7] S Shiota, M Shimizu, T Mizusima, H Ito, T Hatano, T Yoshida, T Tsuchiya. Restoration of effectiveness of β -lactams on methicillin-resistant *Staphylococcus aureus* by tellimagrandin I from rose red. *FEMS Microbiology Letters*. 2000, **185**(2): 135-138

[8] DA Daels-Rakotoarison, B Gressier, F Trotin, C Brunet, M Luyckx, T Dine, F Bailleul, M Cazin, JC Cazin. Effects of *Rosa canina* fruit extract on neutrophil respiratory burst. *Phytotherapy Research*. 2002, **16**(2): 157-161

[9] ME Olsson, S Andersson, G Werlemark, M Uggla, KE Gustavsson. Carotenoids and phenolics in rose hips. *Acta Horticulturae*. 2005, **690**: 249-252

[10] I Ozmen, S Ercisli, Y Hizarci, E Orhan. Investigation of antioxidant enzyme activities and lipid peroxidation of *Rosa canina* and *R. dumalis* fruits. *Acta Horticulturae*. 2005, **690**: 245-248

[11] M Ozcan. Antioxidant activity of seafennel (*Crithmum maritimum* L.) essential oil and rose (*Rosa canina*) extract on natural olive oil. *Acta Alimentaria*. 2000, **29**(4): 377-384

[12] BL Halvorsen, K Holte, MCW Myhrstad, I Barikmo, E Hvattum, SF Remberg, AB Wold, K Haffner, H Baugerod, LF Andersen, JO Moskaug, DRJ Jacobs, R Blomhoff. A systematic screening of total antioxidants in dietary plants. *Journal of Nutrition*. 2002, **132**(3): 461-471

[13] K Winther, K Apel, G Thamsborg. A powder made from seeds and shells of a rose-hip subspecies (*Rosa canina*) reduces symptoms of knee and hip osteoarthritis: a randomized, double-blind, placebo-controlled clinical trial. *Scandinavian Journal of Rheumatology*. 2005, **34**(4): 302-308

[14] E Rein, A Kharazmi, K Winther. A herbal remedy, Hyben Vital (stand. powder of a subspecies of *Rosa canina* fruits), reduces pain and improves general wellbeing in patients with osteoarthritis--a double-blind, placebo-controlled, randomised trial. *Phytomedicine*. 2004, **11**(5): 383-391

[15] E Yesilada, O Ustun, E Sezik, Y Takaishi, Y Ono, G Honda. Inhibitory effects of Turkish folk remedies on inflammatory cytokines: interleukin-1alpha, interleukin-1beta and tumor necrosis factor alpha. *Journal of Ethnopharmacology*. 1997, **58**(1): 59-73

[16] A Trovato, MT Monforte, A Rossitto, AM Forestieri. *In vitro* cytotoxic effect of some medicinal plants containing flavonoids. *Bollettino Chimico Farmaceutico*. 1996, **135**(4): 263-266

[17] AV Sergeyev, SA Korostylev, NI Sherenesheva. Immunomodulating and anticarcinogenic activity of carotenoids. *Voprosy Meditsinskoi Khimii*. 1992, **38**(4): 42-45

[18] S Karakaya, A Kavas. Antimutagenic activities of some foods. *Journal of the Science of Food and Agriculture*. 1999, **79**(2): 237-242

[19] I Gurbuz, O Ustun, E Yesilada, E Sezik, O Kutsal. Anti-ulcerogenic activity of some plants used as folk remedy in Turkey. *Journal of Ethnopharmacology*. 2003, **88**(1): 93-97

[20] AK Akhmadieva, SI Zaichkina, RK Ruzieva, EE Ganassi. Radioprotective action of a natural anthocyanin preparation. *Radiobiologiya*. 1993, **33**(3): 433-435

[21] RP Nikolaev, KL Povolotskaya, NA Vodolazskaya. Biological value of different concentrates and preparations of vitamin C. *Biokhimiya*. 1953, **18**: 169-174

[22] S Mrozewski. Dogrose fruit as a vitamin C source. *Przemysl Spozywczy*. 1968, **22**(7): 294-297

[23] E Stenzel, W Feldheim. Indigenous sources of vitamin C. I. *Pharmazie*. 1961, **16**: 158-160

[24] MA Kasumov, VB Kuliev. Natural dyes used to color food products. *Seriya Biologicheskikh Nauk*. 1981, **4**: 126-134

[25] Szentmihalyi, M Then. Mineral elements and polyphenolic substances in roses and their extracts. *Olaj, Szappan, Kozmetika*. 2001, **50**(6): 236-238

[26] EM Popova. The use of mountain ash and dog rose for production of wines. *Sbornik*. 1947, **1**: 170-181

迷迭香 Midiexiang EP, BP, BHP, GCEM

Rosmarinus officinalis L.

Rosemary

概述

唇形科 (Laminaceae) 植物迷迭香 *Rosmarinus officinalis* L.，其干燥叶入药。药用名：迷迭香叶。

迷迭香属 (*Rosmarinus*) 植物全世界约 3 种，均产自地中海地区。中国有 1 种，系本种，用于提取芳香原料及观赏用。本种原产于欧洲及北非地中海沿岸，现西班牙、葡萄牙、摩洛哥、南非、印度、中国、澳大利亚、英国、美国等国均有栽培。

迷迭香药用历史悠久，自古希腊时代已开始作为益智药使用，印度阿育吠陀 (Ayurvedic) 和尤那尼 (Unani) 医学将其用于治疗神经紧张所致的消化不良以及偏头痛。在中国，“迷迭香”药用之名，始载于《本草拾遗》，历代本草多有著录，古今药用品种一致。《欧洲药典》（第 5 版）和《英国药典》（2002 年版）收载本种为迷迭香叶和迷迭香油的法定原植物来源种。主产于西班牙、摩洛哥等地中海国家。

迷迭香主要含挥发油和酚酸类成分，还含有黄酮类、二萜类和三萜类成分等，其中挥发油和酚酸类为指标性成分。《欧洲药典》和《英国药典》采用水蒸气蒸馏法测定，规定迷迭香叶中挥发油含量不得少于 12mL/kg；采用紫外可见分光光度法测定，规定迷迭香叶中羟基肉桂酸衍生物含量以迷迭香酸计不得少于 3.0%，以控制药材质量。

药理研究表明，迷迭香具有抗氧化、抗肿瘤、抗菌、抗炎、保肝等作用。

民间经验认为迷迭香叶具有驱风、解痉、利胆、通经等功效；中医理论认为迷迭香具有发汗、健脾、安神、止痛的功效。

迷迭香 *Rosmarinus officinalis* L.

药材迷迭香叶 Folium Rosmarini

化学成分

迷迭香主要含挥发油：1,8－桉叶素（1,8－cineole）、樟脑（camphor）、龙脑（borneol）、醋酸龙脑酯（bornyl acetate）、香叶烯(myrcene)、对－聚伞花素（p－cymene）、α－萜品醇（α－terpineol）、γ－萜品醇（γ－terpineol）、水芹烯（phellandrene）、芳樟醇（linalool）、β－石竹烯（β－caryophyllene）和马鞭草烯酮（verbenone）等[1-2]；黄酮类成分：橙皮苷（hesperidin）、异橙皮苷（isohesperidin）、香叶木苷（diosmin）、高车前苷（homoplantaginin）、蓟黄素（cirsimarin）、结合卵叶蕨苷（phegopolin）、尼辟黄酮苷（nepitrin）、芹黄素葡萄糖苷（apigetrin）、香叶木素（diosmetin）、木犀草素（luteolin）、白杨素（chrysin）、高良姜素（galangin）[3]、圣草枸橼苷（eriocitrin）、木犀草素－3'－O－葡萄糖醛酸苷（luteolin－3'－O－glucuronide）、异黄芩素－7－O－葡萄糖苷（isoscutellarein－7－O－glucoside）、高车前素－7－O－葡萄糖苷（hispidulin－7－O－glucoside）、芫花素（genkwanin）[4]、6－甲氧基木犀草素（6－chrysoeriol）、芫花素－7－甲醚（7－methyl ether genkwanin）、高车前素（hispidulin）、楔叶泽兰素－3'－O－葡萄糖苷（eupacunin－3'－O－glucoside）和楔叶泽兰素－4'－O－葡萄糖苷（eupacunin－4'－O－glucoside）等[3]；二萜类成分：鼠尾草酸（carnosic acid）、鼠尾草酚（carnosol）、铁锈醇（ferruginol）、迷迭香酚（rosmanol）、表迷迭香酚（epirosmanol）、迷迭香二醛（rosmadial）、迷迭香二酚（rosmaridiphenol）、迷迭香宁（rosmaricine）、异迷迭香宁（isorosmaricine）、表丹参酮（cryptotanshinone）、总状土木香醌（royleanone）、rosmaquinones A、B[3, 5]、开环花柏酚（seco－hinokiol）[6]、7－乙氧基迷迭香酚（7－ethoxyrosmanol）[3]、12－甲氧基反式鼠尾草酸（12－methoxy－trans－carnosic acid）、12－甲氧基顺式鼠尾草酸（12－methoxy－cis－carnosic acid）[7]；三萜类成分：桦木醇（betulinol）、桦木酸（betulinic acid）、齐墩果酸（oleanolic acid）、2β－羟基齐墩果酸（2β－hydroxyoleanolic acid）、熊果酸（ursolic acid）、19α－羟基熊果酸（19α－hydroxyursolic acid）、3β－羟基乌索烷－12, 20(30)－二烯－17－酸 [3β－hydroxyursa－12,20(30)－dien－17－oic－acid]、3－O－乙酰基齐墩果酸（3－O－acetyloleanolic acid）、3－O－乙酰基熊果酸（3－O－acetylursolic acid）、α－香树脂素（α－amyrin）、β－香树脂素（β－amyrin）、表－α－香素树脂醇（epi－α－amyrin）和 rofficerone（3－oxo－20－β－hydroxurs－12－ene）[3]；酚酸类成分：迷迭香酸（rosmarinic acid）、绿原酸（chlorogenic acid）、咖啡酸（caffeic acid）、阿魏酸（ferulic acid）[8]。

迷迭香 Midiexiang

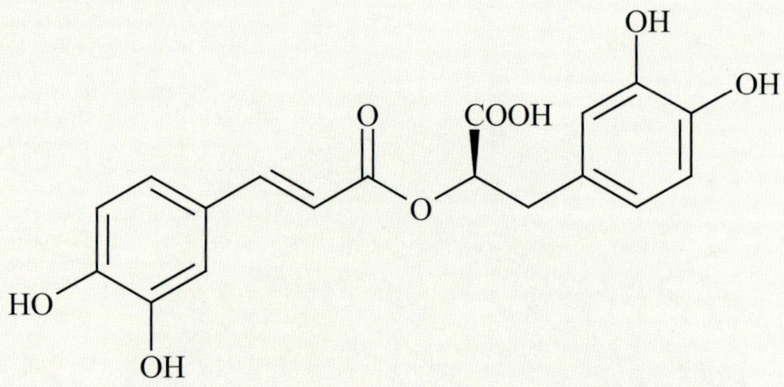

rosmarinic acid

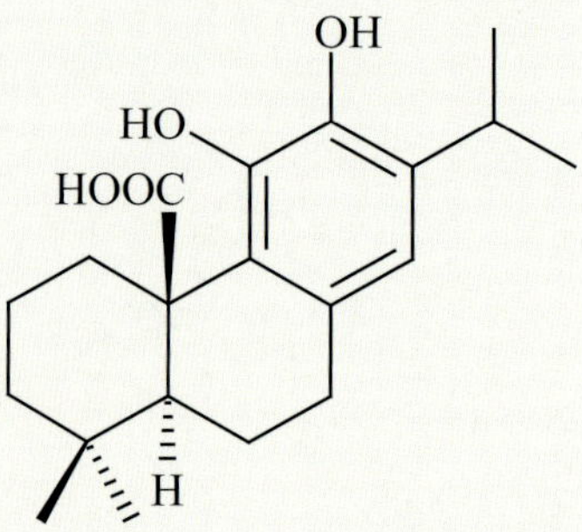

carnosic acid

药理作用

1. 抗菌

迷迭香精油体外对金黄色葡萄球菌、枯草杆菌、大肠杆菌、绿脓杆菌、白色念珠菌和黑曲霉素均有明显抑制作用，其中抗菌活性最强的成分为樟脑、龙脑和马鞭草烯酮[2]。

2. 抗人类免疫缺陷病毒 (HIV)

迷迭香中的二萜酚类成分能明显抑制 HIV－1 蛋白酶的活性，以鼠尾草酸的活性最强，且对病毒的复制有显著的抑制作用[9]。

3. 抗氧化

迷迭香中的二萜酚类成分灌胃给药对小鼠运动性氧化损伤模型有保护作用，能显著降低小鼠血清、心、肝及股四头肌等组织内的丙二醛 (MDA) 含量，增强超氧化物歧化酶 (SOD) 和谷胱甘肽过氧化物酶 (GSH－Px) 的活性[10]。鼠尾草酸、鼠尾草酚、迷迭香酚和表迷迭香酚是抗氧化的主要活性成分[11]。

4. 抗肿瘤

鼠尾草酚体外对小鼠黑色素瘤细胞 B16F10 的转移有抑制作用[12]。鼠尾草酸体外对人白血病细胞 HL－60 和人髓细胞性白血病细胞 U937 增殖有抑制作用[13]。鼠尾草酚还能拮抗苯并芘对人支气管细胞的致癌作用[14]。

5. 保肝

迷迭香甲醇提取物灌胃或鼠尾草酚腹腔注射对 CCl_4 引起的大鼠急性肝损伤均有保护作用，能阻止肝坏死、空泡形成和糖原含量下降，降低血清丙氨酸转氨酶 (ALT) 水平和肝脏中的 MDA 含量，其保肝机理与抗氧化作用有关[15-16]。

6. 抗炎

迷迭香酸经口给药能抑制大鼠被动皮内过敏反应，肌肉注射能抑制眼镜蛇蛇毒因子所致大鼠足趾肿胀，其作用机理与抑制补体 C_3 转化酶活性有关[17]。

7. 其他

迷迭香还有利尿[18]、抑制血栓形成、调节免疫[3]和减轻吗啡戒断综合征[19]等作用。

应用

迷迭香内服用于治疗消化不良，外用可作为风湿病和循环系统疾病支持性疗法的药物。欧洲传统医学将其用于治疗胃积气性消化不良、胃痛、头痛、精神紧张等。迷迭香浸剂外搽头皮，能促进毛发生长，用于治脱发。

迷迭香也为中医临床用药。功能：发汗，健脾，安神，止痛。主治：各种头痛，还可防止早期脱发。

评注

迷迭香是名贵的天然香料和世界普遍应用的草药，在欧洲草药中有重要地位。因为具有改善和增强记忆的作用，迷迭香被认为是情侣感情忠诚的标志。迷迭香叶富含挥发油，气味芳香浓郁，历史上用以保存肉类，现作为著名香料，多用于芳香疗法中。迷迭香油能振奋精神，舒缓精神疲劳，增强体质，增强肾上腺功能，增加记忆力，减轻肌肉酸痛，护理头皮和皮肤等。

迷迭香中所含的二萜酚类成分具有明显的抗氧化、抗肿瘤和抗人类免疫缺陷病毒的作用，有望开发为高效的抗肿瘤和抗艾滋病药物。除药用价值外，迷迭香油还是香水、香皂、洗发水、空气清洁剂等化妆品和日用化工品的原料；同时还具有驱虫、驱蚊效果。迷迭香经蒸馏后的残渣提取物可作为天然防腐剂，用于油炸食品、酱油和肉类加工食品中。

参考文献

[1] 陈振峰，杨建莉，王春德，崔树玉．国产迷迭香挥发油化学成分分析及含量测定．中草药．2001，**32**(12)：1085-1086

[2] S Santoyo, S Cavero, L Jaime, E Ibanez, FJ Senorans, G Reglero. Chemical composition and antimicrobial activity of *Rosmarinus officinalis* L. essential oil obtained via supercritical fluid extraction. *Journal of Food Protection*. 2005, **68**(4): 790-795

[3] 屠鹏飞，徐占辉，郑家通，陈宏明，李干孙，金坚敏．新型资源植物迷迭香的化学成分及其应用．天然产物研究与开发．1998，**10**(3)：62-68

[4] MJ del Bano, J Lorente, J Castillo, O Benavente-Garcia, MP Marin, JA Del Rio, A Ortuno, I Ibarra. Flavonoid distribution during the development of leaves, flowers, stems, and roots of *Rosmarinus officinalis*. Postulation of a biosynthetic pathway. *Journal of Agricultural and Food Chemistry*. 2004, **52**(16): 4987-4992

[5] AA Mahmoud, SS Al-Shihry, BW Son. Diterpenoid quinones from rosemary (*Rosmarinus officinalis* L.). *Phytochemistry*. 2005, **66**(14): 1685-1690

[6] CL Cantrell, SL Richheimer, GM Nicholas, BK Schmidt, DT Bailey. Seco-Hinokiol, a new abietane diterpenoid from *Rosmarinus officinalis*. *Journal of Natural Products*. 2005, **68**(1): 98-100

[7] M Oluwatuyi, GW Kaatz, S Gibbons. Antibacterial and resistance modifying activity of *Rosmarinus officinalis*. *Phytochemistry*. 2004, **65**(24): 3249-3254

[8] 韩宏星，宋志宏，屠鹏飞．迷迭香水溶性成分研究．中草药．2001，**32**(10)：877-878

[9] A Paris, B Strukelj, M Renko, V Turk, M Pukl, A Umek, BD Korant. Inhibitory effect of carnosic acid on HIV-1 protease in cell-free assays. *Journal of Natural Products*. 1993, **56**(8): 1426-1430

[10] 韩宏星，曾慧慧，屠鹏飞，艾华，曹栋，黄纪念．迷迭香总二萜酚的体内抗氧化作用研究．中草药．2003，**34**(2)：147-149

[11] H Haraguchi, T Saito, N Okamura, A Yagi. Inhibition of lipid peroxidation and superoxide generation by diterpenoids from *Rosmarinus officinalis*. *Planta Medica*. 1995, **61**(4): 333-336

[12] SC Huang, CT Ho, SY Lin-Shiau, JK Lin. Carnosol inhibits the invasion of B16/F10 mouse melanoma cells by suppressing metalloproteinase-9 through down-regulating nuclear factor-kappa B and c-Jun. *Biochemical Pharmacology*. 2005, **69**(2): 221-232

[13] M Steiner, I Priel, J Giat, J Levy, Y Sharoni, M Danilenko. Carnosic acid inhibits proliferation and augments differentiation of human leukemic cells induced by 1, 25-dihydroxyvitamin D_3 and retinoic acid. *Nutrition and Cancer*. 2001, **41**(1-2): 135-144

[14] EA Offord, K Mace, C Ruffieux, A Malnoe, AM Pfeifer. Rosemary components inhibit benzo[a]pyrene-induced genotoxicity in human bronchial cells. *Carcinogenesis*. 1995, **16**(9): 2057-2062

[15] JI Sotelo-Felix, D Martinez-Fong, P Muriel, RL Santillan, D Castillo, P Yahuaca. Evaluation of the effectiveness of *Rosmarinus officinalis* (Lamiaceae) in the alleviation of carbon tetrachloride-induced acute hepatotoxicity in the rat. *Journal of Ethnopharmacology*. 2002, **81**(2): 145-154

[16] JI Sotelo-Felix, D Martinez-Fong, P Muriel De la Torre. Protective effect of carnosol on CCl_4-induced acute liver damage in rats. *European Journal of Gastroenterology & Hepatology*. 2002, **14**(9): 1001-1006

[17] W Englberger, U Hadding, E Etschenberg, E Graf, S Leyck, J Winkelmann, MJ Parnham. Rosmarinic acid: a new inhibitor of complement C_3-convertase with anti-inflammatory activity. *International Journal of Immunopharmacology*. 1988, **10**(6): 729-737

[18] M Haloui, L Louedec, JB Michel, B Lyoussi. Experimental diuretic effects of *Rosmarinus officinalis* and *Centaurium erythraea*. *Journal of Ethnopharmacology*. 2000, **71**(3): 465-472

[19] H Hosseinzadeh, M Nourbakhsh. Effect of *Rosmarinus officinalis* L. aerial parts extract on morphine withdrawal syndrome in mice. *Phytotherapy Research*. 2003, **17**(8): 938-941

假叶树 Jiayeshu EP, BP, GCEM

百合科

Ruscus aculeatus L.

Butcher's Broom

概述

百合科 (Liliaceae) 植物假叶树 *Ruscus aculeatus* L.，其干燥根茎入药。药用名：花竹柏。

假叶树属 (*Ruscus*) 植物全世界约 3 种，分布于马德拉群岛、欧洲南部、地中海区域至俄罗斯高加索。本种原产欧洲南部，中国已引入栽培供观赏。

欧洲民间医学将假叶树用作缓泻药和利尿药已经有近2000年的历史。假叶树根茎的水煎和酒剂传统用于治疗腹部不适、肾结石，以及骨折的辅助治疗。《欧洲药典》（第 5 版）和《英国药典》（2002 年版）收载本种为花竹柏的法定原植物来源种。主产于欧洲地中海地区。

假叶树主要含固醇皂苷类、黄酮类和花青素类成分。《欧洲药典》和《英国药典》采用高效液相色谱法测定，规定花竹柏中总皂苷元含量以鲁斯可皂苷元计不得少于1.0%，以控制药材质量。

药理研究表明，假叶树具有降低血管通透性、保护血管、抗炎、抗肿瘤、抗菌、利尿等作用。

民间经验认为假叶树具有改善静脉功能不全的功效。

假叶树 *Ruscus aculeatus* L.

假叶树 Jiayeshu

药材花竹柏 Rhizoma Rusci Aculeati

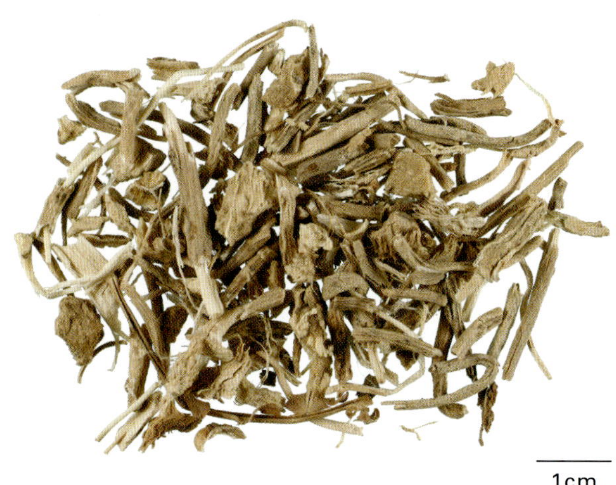

化学成分

假叶树根茎含固醇皂苷元类成分：鲁斯可皂苷元 (ruscogenin)、新鲁斯可皂苷元 (neoruscogenin)[1]；固醇皂苷类成分：deglucoruscin、deglucoderhamnoruscin[2]、脱糖假叶树苷 (deglucoruscoside)、假叶树苷 (ruscoside)[3]、(1β,3β,25R)-3-hydroxyspirost-5-en-1-yl 2-O-(6-deoxy-α-L-mannopyranosyl)-β-D-galactopyranoside-6-acetate[4]、(1β,3β)-1-{[2-O-(6-deoxy-α-L-mannopyranosyl)-4-O-sulfo-α-L-arabinopyranosyl]oxy}-3-hydroxy-22-methoxyfurosta-5,25(27)-dien-26-yl-β-D-glucopyranoside[5]、spilacleosides A、B[6]、(23S,25R)-spirost-5-ene-3β,23-diol 23-O-[O-β-D-glucopyranosyl-(1→6)-β-D-glucopyranoside][7]、aculeosides A、B[8-9]、(23S)-spirosta-5,25(27)-diene-1β,3β,23-triol 1-O-[O-β-D-glucopyranosyl-(1→3)-O-α-L-rhamnopyranosyl-(1→2)-α-L-arabinopyranosyl] 23-O-β-D-glucopyranoside[10]、1-O-[α-L-rhamnopyranosyl-(1→2)-α-L-arabinopyranosyl (1)]-neoruscogenin[11]；以及皂苷硫酸酯类成分：1β-hydroxyruscogenin 1-sulfate[12]等。

假叶树茎叶含黄酮类成分：夏佛塔苷 (schaftoside)、牡荆素-2"-O-β-D-葡萄糖苷 (vitexin-2"-O-β-D-glucoside)、牡荆素-2"-O-α-L-鼠李糖苷 (vitexin-2"-O-α-L-rhamnoside)、水仙苷 (narcissin)、烟花苷 (nicotiflorin)、牡荆素 (vitexin)[13]等。

假叶树果实含花青素类成分：花葵素 3-O-芸香糖苷 (pelargonidin-3-O-rutinoside)、花葵素 3-O-葡萄糖苷 (pelargonidin 3-O-glucoside)[14]等。

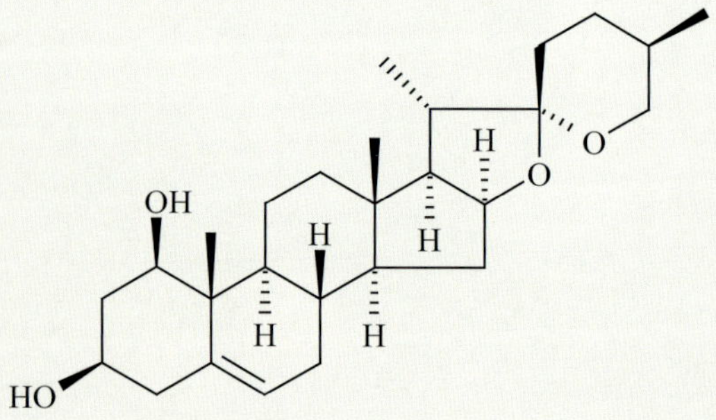

ruscogenin

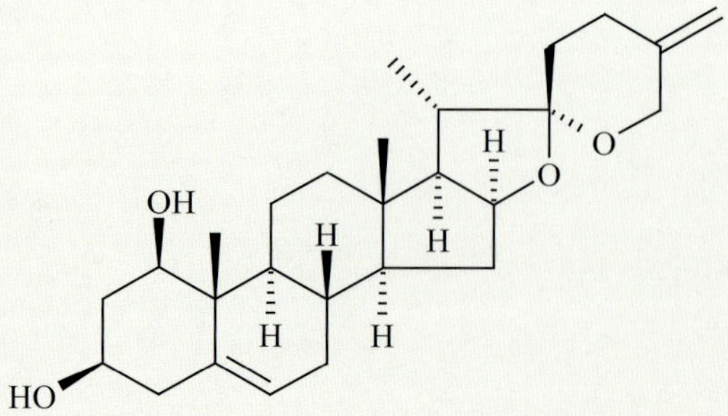

neoruscogenin

假叶树根含挥发油类成分：樟脑 (camphor)、甲基香叶醇 (methyl geraniate)[15]；香豆素类成分：ruscodibenzofuran[16]、泽兰苦内酯 (euparone)[17]等。

假叶树叶含三萜类成分：乔木萜醇 (arborinone)、蒲公英赛酮 (taraxerone)、羽扇豆烯酮 (lupenone)[18]等。

药理作用

1. 降低血管通透性

假叶树提取物能增加仓鼠静脉张力，降低静脉血管通透性，抑制组胺导致的血浆渗出[19-20]。其乙醇提取物具有扩张离体犬动脉活性[21]。假叶树皂苷、次皂苷、鲁斯可皂苷元能使离体兔耳血管收缩；鲁斯可皂苷元可明显降低兔毛吸血管通透性[22]，其作用机理可能是通过直接激活 α_1、α_2 结合受体，刺激去甲肾上腺素在血管壁水平的释放，产生静脉收缩作用[23]。

2. 血管保护

假叶树提取物通过抑制血管内皮细胞活性，降低ATP含量，抑制磷脂酶A_2在中性细胞中的激活和升高，从而抑制血瘀导致的血管内皮细胞损伤[24]。

3. 抗炎

假叶树皂苷、次皂苷、鲁斯可皂苷元及提取物通过增加静脉张力、降低毛细血管通透性，抑制大鼠足趾肿胀[22, 25]和大鼠实验性腹膜炎[25]。

4. 抗肿瘤

固醇皂苷类化合物[5]以及 aculeoside A[9]具有抑制白血病细胞生长的作用。

5. 抗菌

假叶树水提取物有明显抗紫色毛癣菌[26]、白色念珠菌[27]活性。

6. 利尿

犬皮下注射假叶树提取物，能产生显著的利尿作用[28]。

应用

假叶树主要用于治疗下肢静脉曲张和痔疮。还用于下肢水肿[29]、局部血管炎、静脉血栓、慢性直立性低血压[23]、静脉淋巴功能不全[30]等病的治疗。美容业也将假叶树用于缓解充血、排水等护理保养。

评注

假叶树是一种奇特的观赏植物，因长有“假叶”而闻名。中国用假叶树做盆景，供观赏。假叶树原产于气候炎热干燥的地中海沿岸。叶逐渐退化为鳞片状，着生在“假叶”的基部；而代替叶进行光合作用的是叶状枝。

参考文献

[1] HW Rauwald, J Gruenwidl. Occurrence of neoruscogenin and ruscogenin in *Ruscus aculeatus* rhizomes. *Archiv der Pharmazie*. 1992, **325**(6): 371-372

[2] E Bombardelli, A Bonati, B Gabetta, G Mustich. Glycosides from rhizomes of *Ruscus aculeatus*. *Fitoterapia*. 1971, **42**(4): 127-136

[3] E Bombardelli, A Bonati, B Gabetta, G Mustich. Glycosides from rhizomes of *Ruscus aculeatus*. II. *Fitoterapia*. 1972, **43**(1): 3-10

[4] Y Mimaki, M Kuroda, A Kameyama, A Yokosuka, Y Sashida. Steroidal saponins from the underground parts of *Ruscus aculeatus* and their cytostatic activity on HL-60 cells. *Phytochemistry*. 1998, **48**(3): 485-493

[5] Y Mimaki, M Kuroda, A Kameyama, A Yokosuka, Y Sashida. New steroidal constituents of the underground parts of *Ruscus aculeatus* and their cytostatic activity on HL-60 cells. *Chemical & Pharmaceutical Bulletin*. 1998, **46**(2): 298-303

[6] A Kameyama, Y Shibuya, H Kusuoku, Y Nishizawa, S Nakano, K Tatsuta. Isolation and structural determination of spilacleosides A and B having a novel 1,3-dioxolan-4-one ring. *Tetrahedron Letters*. 2003, **44**(13): 2737-2739

[7] Y Mimaki, M Kuroda, A Yokosuka, Y Sashida. A spirostanol saponin from the underground parts of *Ruscus aculeatus*. *Phytochemistry*. 1999, **51**(5): 689-692

[8] T Horikawa, Y Mimaki, A Kameyama, Y Sashida, T Nikaido, T Ohmoto. Aculeoside A, a novel steroidal saponin containing a deoxyaldoketose from *Ruscus aculeatus*. *Chemistry Letters*. 1994, **12**: 2303-2306

[9] Y Mimaki, M Kuroda, A Kameyama, A Yokosuka, Y Sashida. Aculeoside B, a new bisdesmosidic spirostanol saponin from the underground parts of *Ruscus aculeatus*. *Journal of Natural Products*. 1998, **61**(10): 1279-1282

[10] Y Mimaki, M Kuroda, A Yokosuka, Y Sasahida. Two new bisdesmosidic steroidal saponins from the underground parts of *Ruscus aculeatus*. *Chemical & Pharmaceutical Bulletin*. 1998, **46**(5): 879-881

[11] H Pourrat, JL Lamaison, JC Gramain, R Remuson. Isolation and confirmation of the structure by carbon-13 NMR of the main prosapogenin from *Ruscus aculeatus* L. *Annales Pharmaceutiques Francaises*. 1982, **40**(5): 451-458

[12] A Oulad-Ali, D Guillaume, R Belle, B David, R Anton. Sulfated steroidal derivatives from *Ruscus aculeatus*. *Phytochemistry*. 1996, **42**(3): 895-897

[13] T Kartnig, F Bucar, H Wagner, O Seligmann. Flavonoids from the aerial parts of *Ruscus aculeatus*. *Planta Medica*. 1991, **57**(1): 85

[14] L Longo, G Vasapollo. Determination of anthocyanins in *Ruscus aculeatus* L. berries. *Journal of Agricultural and Food Chemistry*. 2005, **53**(2): 475-479

[15] R Fellous, G George. Study of *Ruscus aculeatus* oil. *Parfums, Cosmetiques, Aromes*. 1981, **41**: 43-46

[16] MA Elsohly, DJ Slatkin, JE Knapp, NJ Doorenbos, MW Quimby, PJ Schiff. Ruscodibenzoruran, a new dibenzofuran from *Ruscus aculeatus* L. (Liliaceae). *Tetrahedron*. 1977, **33**(14): 1711-1715

[17] MA Elsohly, NJ Doorenbos, MW Quimby, JE Knapp, DJ Slatkin, PJ Schiff. Euparone, a new benzofuran from *Ruscus aculeatus*. *Journal of Pharmaceutical Sciences*. 1974, **63**(10): 1623-1624

[18] A Debal, JF Mallet, E Ucciani, P Doumenq, J Gamisans. Foliar lipids. III. Triterpenic ketones. *Revue Francaise des Corps Gras*. 1994, **41**(5-6): 113-118

[19] E Svensjo, E Bouskela, FZGA Cyrino, S Bougaret. Antipermeability effects of Cyclo 3 Fort in hamsters with moderate diabetes. *Clinical Hemorheology and Microcirculation*. 1997, **17**(5): 385-388

[20] E Bouskela, FZGA Cyrino, G Marcelon. Inhibitory effect of the *Ruscus* extract and of the flavonoid hesperidin methylchalcone on increased microvascular permeability induced by various agents in the hamster cheek pouch. *Journal of Cardiovascular Pharmacology*. 1993, **22**(2): 225-230

[21] F Caujolle, P Meriel, E Stanislas. Pharmacology of an extract of *Ruscus aculeatus*. *Annales Pharmaceutiques Francaises*. 1953, **11**: 109-120

[22] C Capra. Pharmacology and toxicology of some components of *Ruscus aculeatus*. *Fitoterapia*. 1972, **43**(4): 99-113

[23] DA Redman. *Ruscus aculeatus* (butcher's broom) as a potential treatment for orthostatic hypotension, with a case report. *Journal of Alternative and Complementary Medicine*. 2000, **6**(6): 539-549

[24] N Bouaziz, C Michiels, D Janssens, N Berna, F Eliaers, E Panconi, J Remacle. Effect of Ruscus extract and hesperidin methylchalcone on hypoxia-induced activation of endothelial cells. *International Angiology*. 1999, **18**(4): 306-312

[25] L Chevillard, M Ranson, B Senault. Antiinflammatory activity of extracts of holly (*Ruscus aculeatus*). *Medicina et Pharmacologia Experimentalis*. 1965, **12**(2): 109-114

[26] MS Ali-Shtayeh, SI Abu Ghdeib. Antifungal activity of plant extracts against dermatophytes. *Mycoses*. 1999, **42**(11-12): 665-672

[27] MS Ali-Shtayeh, RM Yaghmour, YR Faidi, K Salem, MA Al-Nuri. Antimicrobial activity of 20 plants used in folkloric medicine in the Palestinian area. *Journal of Ethnopharmacology*. 1998, **60**(3): 265-271

[28] J Balansard, J Delphaut. Diuretic action of butcher's-broom or knee-holly, *Ruscus aculeatus*, family Liliaceae. *Comptes Rendus des Seances de la Societe de Biologie et de Ses Filiales*. 1938, **129**: 308-310

[29] W Vanscheidt, V Jost, P Wolna, PW Lucker, A Muller, C Theurer, B Patz, KI Grutzner. Efficacy and safety of a Butcher's broom preparation (*Ruscus aculeatus* L. extract) compared to placebo in patients suffering from chronic venous insufficiency. *Arzneimittel-Forschung*. 2002, **52**(4): 243-250

[30] R Beltramino, A Penenory, AM Buceta. An open-label, randomized multicenter study comparing the efficacy and safety of Cyclo 3 Fort versus hydroxyethyl rutoside in chronic venous lymphatic insufficiency. *Angiology*. 2000, **51**(7): 535-544

药用鼠尾草 Yaoyongshuweicao EP, BP, BHP, GCEM

唇形科

Salvia officinalis L.

Sage

概述

唇形科 (Lamiaceae) 植物药用鼠尾草 *Salvia officinalis* L.，其干燥叶入药。药用名：药用鼠尾草。

鼠尾草属 (*Salvia*) 植物全世界约有 700 种，广布于热带或温带。中国约有 78 种，本属现供药用者约 26 种。本种原产于地中海地区，现世界各地均有栽培，中国也已引入栽培。

药用鼠尾草最早为古埃及、古希腊和古罗马人药用。公元 1 世纪时，古希腊医师迪奥斯可里德斯 (Dioscorides) 记载药用鼠尾草水煎液可用来止血和清洁创面，还可治疗声嘶和咳嗽。同时代的古罗马学者老普林尼 (Pliny the Elder) 则认为药用鼠尾草有益智的功效。后来，药用鼠尾草从古希腊传入印度，为印度传统医学所用。1840 年首次作为治疗咽炎的药物载入《美国药典》。《欧洲药典》（第 5 版）和《英国药典》（2002 年版）收载本种为药用鼠尾草的法定原植物来源种。主产于欧洲东南部各国。

药用鼠尾草主要含酚类、萜类和黄酮类成分等。《欧洲药典》和《英国药典》采用水蒸气蒸馏法进行测定，规定药用鼠尾草中挥发油含量不得少于 10mL/kg，以控制药材质量。

药理研究表明，药用鼠尾草具有抗菌、抗炎、抗氧化等作用。

民间经验认为药用鼠尾草具有抗菌、收敛的功效。

药用鼠尾草 *Salvia officinalis* L.

药用鼠尾草 Yaoyongshuweicao

药用鼠尾草 *Salvia officinalis* L.

药材药用鼠尾草 Folium Salviae Officinalii

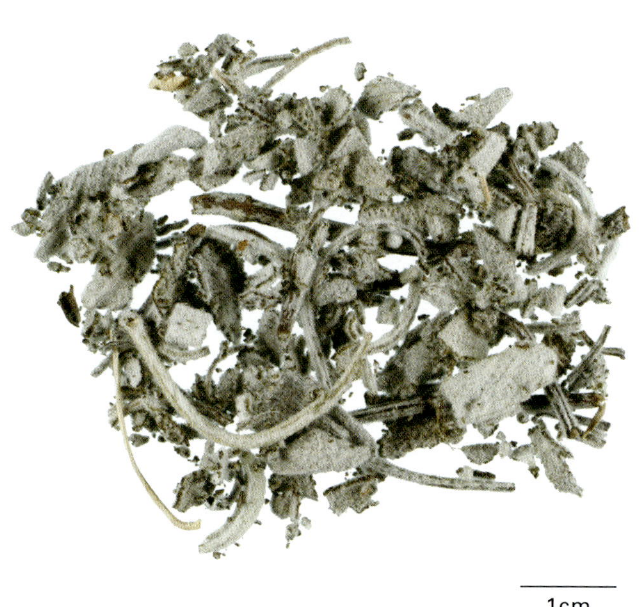

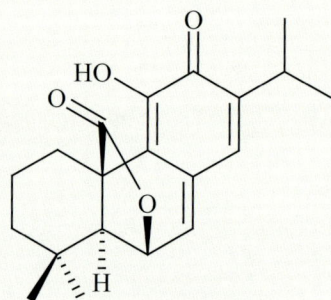

sagequinone methide A

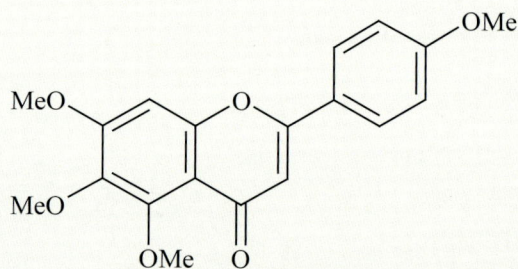

5 - methoxysalvigenin

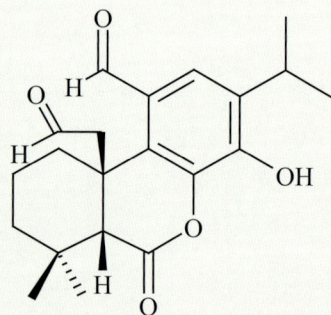

safficinolide

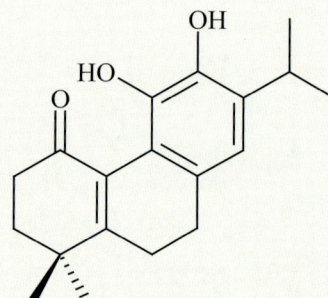

sageone

化学成分

药用鼠尾草的叶含酚类成分：鼠尾草酚(carnosol)、rosmadial、迷迭香酚(rosmanol)、表迷迭香酚(epirosmanol)、异迷迭香酚(isorosmanol)、columbaridione、atuntzensin A、次丹参醌(miltirone)、鼠尾草酸(carnosic acid)、12 – O – methyl carnosic acid[1]、丹参缩酚酸K、L(salvianolic acids K – L)[2]、sagerinic acid[3]、迷迭香酸(rosmarinic acid)[4]、6,7 – 二甲氧基迷迭香酚(6,7 – dimethoxy rosmanol)[5]、7 – 乙基迷迭香酚(7 – ethylrosmanol)[6]、sagecoumarin[7]、咖啡酸(caffeic acid)、没食子酸(gallic acid)、绿原酸(chlorogenic acid)、新绿原酸(neochlorogenic acid)[8]、6 – O – 咖啡酰基 – β – D – 呋喃果糖基 – (2→1) – α – D – 吡喃葡萄糖苷[6 – O – caffeoyl – β – D – fructofuranosyl – (2→1) – α – D – glucopyranoside][9]、cis – p – coumaric acid 4 – O – (2' – O – β – D – apiofuranosyl) – β – D – glucopyranoside、trans – p – coumaric acid 4 – O – (2' – O – β – D – apiofuranosyl) – β – D – glucopyranoside[10]；三萜类成分：羽扇醇(lupeol)[1]、齐墩果酸(oleanolic acid)、α – 香树脂素(α – amyrin)、β – 香树脂素(β – amyrin)、白桦脂醇(betulin)、熊果酸(ursolic acid)、2α – hydroxy – 3 – oxoolean – 12 – en – 28 – oic acid、3 – 表齐墩果酸(3 – epi – oleanolic acid)、坡模醇酸(pomolic acid)、2α,3α – dihydroxyolean – 12 – en – 28 – oic acid、山楂酸(crategolic acid)、2α,3β – dihydroxyurs – 12 – en – 28 – oic acid[11]；二萜类成分：safficinolide、sageone[12]、sagequinone methide A[5]、rel – (5S,6S,7S,10R,12S,13R) – 7 – hydroxyapiana – 8,14 – diene – 11,16 – dion – (22,6) – olide、rel – (5S,6S,7R,10R,12S,13R) – 7 – hydroxyapiana – 8,14 – diene – 11,16 – dion – (22,6) – olide、rel – (5S,6S,7S,10R,12R,13R) – 7 – hydroxyapiana – 8,14 – diene – 11,16 – dion – (22,6) – olide[1]；黄酮类成分：鼠尾草素(salvigenin)[1]、蓟黄素(cirsimaritin)、芹菜素(apigenin)、高车前素(hispidulin)、木犀草素 – 7 – O – 葡萄糖苷(luteolin – 7 – O – glucoside)[4]、芹菜苷配基 – 7 – O – 葡萄糖苷(apigenin – 7 – O – glucoside)[6]、橙皮素(hesperetin)、芫花素(genkwanin)[8]、文赛宁 – 2(vicenin – 2)[10]、5 – 甲氧基鼠尾草素(5 – methoxysalvigenin)[13]、6 – 甲氧基芫花素(6 – methoxygenkwanin)、木犀草素(luteolin)、6 – 甲氧基木犀草素(6 – methoxyluteolin)[14]；挥发油成分：α – 侧柏酮(α – thujone, 32%)、β – 侧柏酮(β – thujone, 18%)、樟脑(camphor, 6.5%)、1,8 – 桉叶素(1,8 – cineole, 18%)[15]。

药用鼠尾草的根含royleanone、horminone、7 – O – acetylhorminone、7α – hydroxy – royleanone、7α – acetoxy – royleanone、6,7 – dehydroroyleanone[16]。

药理作用

1. 抗菌、抗病毒

体外实验表明，药用鼠尾草的花、叶、根均有抗菌作用，对金黄色葡萄球菌、溶血性链球菌和棒状杆菌有显著抑制作用[17-20]。药用鼠尾草挥发油还能提高金黄色葡萄球菌、肺炎链球菌、白色链球菌、都伯林沙门氏菌等耐药菌对红霉素、四环素、氯霉素、庆大霉素、卡那霉素、链霉素和多黏菌素的敏感性[21]。药用鼠尾草中的齐墩果酸对人类免疫缺陷病毒(HIV)逆转录酶有抑制作用[22]，二萜成分 safficinolide 能抑制水泡性口炎病毒(VSV)的生长，sageone 对单纯性疱疹病毒(HSV)和 VSV 均有灭活作用[12]。

2. 抗炎

药用鼠尾草己烷和醋酸乙酯提取物通过抑制致炎细胞因子而有抗炎作用。对脂多糖刺激的 RAW 264.7 细胞，己烷和醋酸乙酯提取物能抑制肿瘤坏死因子的蛋白质和 mRNA 表达，还能抑制白介素 – 6(IL – 6)生成、亚硝酸盐积聚和诱导型一氧化氮合酶(iNOS) mRNA表达[23]。药用鼠尾草正己烷和氯仿提取物能抑制巴豆油所致小鼠耳廓肿胀，熊果酸为其主要有效成分[24]。

3. 对神经系统的影响

药用鼠尾草在体外能抑制乙酰胆碱酯酶和丁酰胆碱酯酶的活性，在对 30 名健康青年的双盲实验中，药用鼠尾草小剂量有抗焦虑作用，高剂量能提高机敏度和满足感，还有镇静作用[25]。药用鼠尾草醇提物对大鼠被动回避学习障碍有改善作用[26]。

4. 抗氧化

药用鼠尾草甲醇提取物对酶依赖型和非酶依赖型脂质过氧化物（LPO）生物系统均有一定抑制作用，其中对酶依赖LPO 系统的抑制作用更强，提示该提取物的抗氧化作用与直接抑制酶活性有关[27]。丁醇提取物对自由基有清除作用，迷迭香酸和木犀草素-7-O-β-葡萄糖苷为主要有效成分[28]。

5. 抗肿瘤

药用鼠尾草所含的醌类成分对人白血病细胞 K_{562}、肝癌细胞 HepG2 有细胞毒作用[29-30]。

6. 保肝

药用鼠尾草对硫唑嘌呤 (azathioprine) 引起的动物肝损伤有保护作用，能防止肝组织出现坏死，还能阻止血清中丙氨酸转氨酶和天冬氨酸转氨酶水平的升高[31]。

7. 其他

药用鼠尾草还有抗诱变[32]、抗溃疡[33]、降血压、舒张血管和松弛骨骼肌[34]等作用。

应用

药用鼠尾草在民间常用于消化不良、多汗、口腔炎、咽炎、鼻炎、牙龈炎、胃炎等病的治疗。

评注

药用鼠尾草为著名药食两用芳香植物，除做调料和药用外，药用鼠尾草制剂在芳香疗法中应用也较多，由于药用鼠尾草资源丰富、使用安全，相关保健品和化妆品市场前景良好。

参考文献

[1] K Miura, H Kikuzaki, N Nakatani. Apianane terpenoids from *Salvia officinalis*. *Phytochemistry*. 2001, **58**(8): 1171-1175

[2] YR Lu, LY Foo. Salvianolic acid L, a potent phenolic antioxidant from *Salvia officinalis*. *Tetrahedron Letters*. 2001, **42**(46): 8223-8225

[3] YR Lu, LY Foo. Rosmarinic acid derivatives from *Salvia officinalis*. *Phytochemistry*. 1999, **51**(1): 91-94

[4] F Areias, P Valentao, PB Andrade, F Ferreres, RM Seabra. Flavonoids and phenolic acids of sage. Influence of some agricultural factors. *Journal of Agricultural and Food Chemistry*. 2000, **48**(12): 6081-6084

[5] M Tada, T Hara, C Hara, K Chiba. A quinone methide from *Salvia officinalis*. *Phytochemistry*. 1997, **45**(7): 1475-1477

[6] I Masterova, D Uhrin, V Kettmann, V Suchy. Phytochemical study of *Salvia officinalis* L. *Chemical Papers*. 1989, **43**(6): 797-803

[7] YR Lu, LY Foo, H Wong. Sagecoumarin, a novel caffeic acid trimer from *Salvia officinalis*. *Phytochemistry*. 1999, **52**(6): 1149-1152

[8] PC Santos-Gomes, RM Seabra, PB Andrade, M Fernandes-Ferreira. Phenolic antioxidant compounds produced by *in vitro* shoots of sage (*Salvia officinalis* L.). *Plant Science*. 2002, **162**(6): 981-987

[9] MF Wang, Y Shao, JG Li, NQ Zhu, M Rangarajan, EJ LaVoie, CT Ho. Antioxidative phenolic glycosides from sage (*Salvia officinalis*). *Journal of Natural Products*. 1999, **62**(3): 454-456

[10] Y Lu, L Yeap Foo. Flavonoid and phenolic glycosides from *Salvia officinalis*. *Phytochemistry*. 2000, **55**(3): 263-267

[11] CH Brieskorn, Z Kapadia. Constituents of *Salvia officinalis*. XXIV. Triterpenes and pristan in leaves of *Salvia officinalis*. *Planta Medica*. 1980, **38**(1): 86-90

[12] M Tada, K Okuno, K Chiba, E Ohnishi, T Yoshii. Antiviral diterpenes from *Salvia officinalis*. *Phytochemistry*. 1994, **35**(2): 539-541

[13] CH Brieskorn, Z Kapadia. Constituents of *Salvia officinalis*. XXIII. 5-Methoxysalvigenin in leaves of *Salvia officinalis*. *Planta Medica*. 1979, **35**(4): 376-378

[14] CH Brieskorn, W Biechele. Flavones from *Salvia officinalis*. Components of *Salvia officinalis*. *Archiv der Pharmazie und Berichte der Deutschen Pharmazeutischen Gesellschaft*. 1971, **304**(8): 557-561

[15] TG Sagareishvili, BL Grigolava, NE Gelashvili, EP Kemertelidze. Composition of essential oil from *Salvia officinalis* cultivated in Georgia. *Chemistry of Natural Compounds*. 2000, **36**(4): 360-361

[16] CH Brieskorn, L Buchberger. Diterpene quinones from Labiatae roots. *Planta Medica*. 1973, **24**(2): 190-195

[17] VN Dobrynin, MN Kolosov, BK Chernov, NA Derbentseva. Antimicrobial substances of *Salvia officinalis*. *Khimiya Prirodnykh Soedinenii*. 1976, **5**: 686-687

[18] EL Mishenkova. Influence of the antibacterial compounds salvin and cansatin on pyogenic cocci. *Nauk Ukr*. 1965, **27**(2): 45-48

[19] M Reinhard, J Geissler. Use of sage extracts as deodorants. *European Patent Application*. 2000: 9

[20] I Masterova, E Misikova, L Sirotkova, S Vaverkova, K Ubik. Royleanones in the root of *Salvia officinalis* L. of domestic provenance and their antimicrobial activity. *Ceska a Slovenska Farmacie*. 1996, **45**(5): 242-24

[21] NA Shkil, NV Chupakhina, NV Kazarinova, KG Tkachenko. Effect of essential oils on microorganism sensitivity to antibiotics. *Rastitel'nye Resursy*. 2006, **42**(1): 100-107

[22] M Watanabe, Y Kobayashi, J Ogihara, J Kato, K Oishi. HIV-1 reverse transcriptase-inhibitory compound in *Salvia officinalis*. *Food Science and Technology Research*. 2000, **6**(3): 216-220

[23] EA Hyun, HJ Lee, WJ Yoon, SY Park, HK Kang, SJ Kim, ES Yoo. Inhibitory effect of *Salvia officinalis* on the inflammatory cytokines and inducible nitric oxide synthesis in murine macrophage RAW264.7. *Yakhak Hoechi*. 2004, **48**(2): 159-164

[24] D Baricevic, S Sosa, R Della Loggia, A Tubaro, B Simonovska, A Krasna, A Zupancic. Topical anti-inflammatory activity of *Salvia officinalis* L. leaves: the relevance of ursolic acid. *Journal of Ethnopharmacology*. 2001, **75**(2-3): 125-132

[25] DO Kennedy, S Pace, C Haskell, EJ Okello, A Milne, AB Scholey. Effects of cholinesterase inhibiting sage (*Salvia officinalis*) on mood, anxiety and performance on a psychological stressor battery. *Neuropsychopharmacology*. 2006, **31**(4): 845-852

[26] M Eidi, A Eidi, M Bahar. Effects of *Salvia officinalis* L. (sage) leaves on memory retention and its interaction with the cholinergic system in rats. *Nutrition*. 2006, **22**(3): 321-326

[27] J Hohmann, I Zupko, D Redei, M Csanyi, G Falkay, I Mathe, G Janicsak. Protective effects of the aerial parts of *Salvia officinalis*, *Melissa officinalis* and *Lavandula angustifolia* and their constituents against enzyme-dependent and enzyme-independent lipid peroxidation. *Planta Medica*. 1999, **65**(6): 576-578

[28] MF Wang, JG Li, M Rangarajan, Y Shao, EJ LaVoie, TC Huang, CT Ho. Antioxidative phenolic compounds from sage (*Salvia officinalis*). *Journal of Agricultural and Food Chemistry*. 1998, **46**(12): 4869-4873

[29] T Masuda, Y Oyama, T Arata, Y Inaba, Y Takeda. Cytotoxic activity of quinone derivatives of phenolic diterpenes from sage (*Salvia officinalis*). *ITE Letters on Batteries, New Technologies & Medicine*. 2002, **3**(1): 39-42

[30] D Slamenova, I Masterova, J Labaj, E Horvathova, P Kubala, J Jakubikova, L Wsolova. Cytotoxic and DNA-damaging effects of diterpenoid quinones from the roots of *Salvia officinalis* L. on colonic and hepatic human cells cultured *in vitro*. *Basic & Clinical Pharmacology & Toxicology*. 2004, **94**(6): 282-290

[31] A Amin, AA Hamza. Hepatoprotective effects of hibiscus, rosmarinus and salvia on azathioprine-induced toxicity in rats. *Life Sciences*. 2005, **77**(3): 266-278

[32] Y Eto, T Ito, A Fujii, S Nishioka. Antimutagenic activity of various herb extracts on the mutagenicity of Trp-P-2 toward *Salmonella typhimurium* TA98. *Chukyo Joshi Daigaku Kenkyu Kiyo*. 2001, **35**: 81-87

[33] T Miyazaki, K Kosaka, H Ito. Carnosine and carnosol from *Rosmarinus officinalis* and *Salvia officinalis* as antiulcer drugs and health foods. *Japan Kokai Tokkyo Koho*. 2001: 7

[34] EA Mohamed, HA El Tabbakh, WMA Amin. Toxicopathological and pharmacological experimental studies on *Salvia officinalis* (Maryamiya). *Zagazig Journal of Pharmaceutical Sciences*. 1994, **3**(3B): 265-282

忍冬科

西洋接骨木 Xiyangjiegumu EP, BP, BHP, GCEM

Sambucus nigra L.

Elder

概述

忍冬科 (Caprifolicaceae) 植物西洋接骨木 *Sambucus nigra* L.，其干燥花入药。药用名：西洋接骨木花。

接骨木属 (*Sambucus*) 植物全世界约 20 种，分布于北半球温带和亚热带地区。中国约 5 种，另从国外引种栽培 1～2 种。本属现供药用者约 5 种。本种原产于南欧、北非、西亚，奥地利是世界上最早种植该植物的国家，现中国山东、江苏、上海等地有引种栽培。

西洋接骨木入药在公元 1 世纪古罗马学者老普林尼 (Pliny the Elder) 的著作中已有记载。在古希腊医学中，西洋接骨木被用作发汗解表药，并随即传入德国和印度等国，在传统医学中得到广泛的使用。《欧洲药典》(第 5 版) 和《英国药典》(2002 年版) 收载本种为西洋接骨木花的法定原植物来源种。主产于英国等欧洲国家。

西洋接骨木主要含有黄酮类成分，另有酚酸类、三萜类、花青素类成分，其中黄酮类、酚酸类和三萜类为有效成分。《欧洲药典》和《英国药典》采用紫外分光光度法测定，规定西洋接骨木花中总黄酮含量以异槲皮苷计不得少于 0.80%，以控制药材质量。

药理研究表明，西洋接骨木花具有利尿、抗病毒、抗氧化、免疫调节等作用。

民间经验认为西洋接骨木花具有利尿，发汗等功效；中医理论认为西洋接骨木花具有发汗利尿的功效。

西洋接骨木 *Sambucus nigra* L.

药材西洋接骨木花 Flos Sambucui Nigeae

药材西洋接骨木果 Fructus Sambucui Nigeae

化学成分

西洋接骨木的花主要含黄酮类成分：异槲皮苷 (isoquercitrin)、芦丁 (rutin)、异鼠李黄素-3-芸香糖苷 (isorhamnetin-3-rutinoside)、异鼠李黄素-3-葡萄糖苷 (isorhamnetin-3-glucoside)[1]、金丝桃苷 (hyperoside)、木犀草素 (luteolin)、橙皮苷 (hesperidin)、槲皮素 (quercitrin)、柚皮素 (naringin)[2]、黄芪苷 (astragalin)、山柰酚 (kaempferol)[3]、2(3,4-dihydroxyphenyl)-5,7-dihydroxy-4-oxo-4H-chromen-3-yl-6-deoxy-4-O-hexopyranosylhexopyranoside[4]；酚酸类成分：对香豆酸 (p-coumaric acid)[3]、绿原酸 (chlorogenic acid)、咖啡酸 (caffeic acid)、阿魏酸 (ferulic acid)[5]；三萜类成分：熊果酸 (ursolic acid)、20β-羟基熊果酸 (20β-hydroxyursolic acid)、24-亚甲基环阿尔延醇 (24-methylenecycloartanol)[6]、齐墩果酸 (oleanolic acid)、α、β-香树脂素 (α、β-amyrins)[7]。

西洋接骨木的果实含植物凝集素类成分：西洋接骨木凝集素 I、II、III、IV、V (SNA I-V)[8-10]；花青素类成分：矢车菊素-3-桑布双糖苷 (cyanidin-3-sambubioside)[11]、矢车菊素-3-O-葡萄糖苷 (cyanidin-3-O-glucoside)、矢车菊素-3-桑布双糖苷-5-葡萄糖苷 (cyanidin-3-sambubioside-5-glucoside)、矢车菊素-3-葡萄糖苷-5-葡萄糖苷 (cyanidin-3-glucoside-5-glucoside)[12]、接骨木花色素苷 (sambicyanin)[13]。

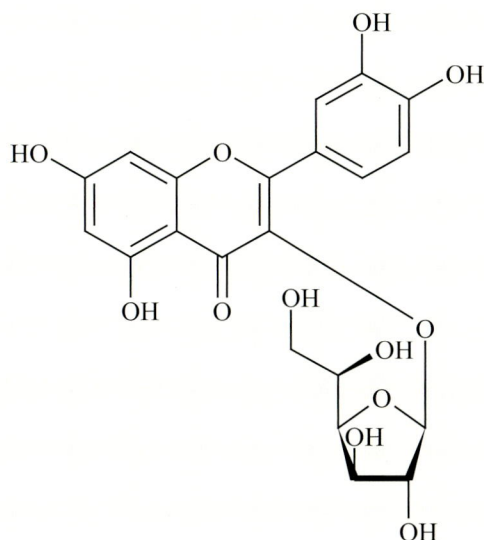

isoquercitrin

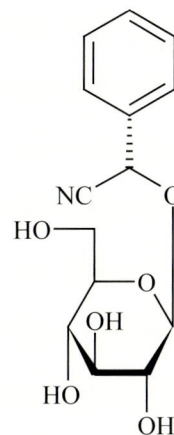

sambunigrin

西洋接骨木 Xiyangjiegumu

西洋接木骨的叶含氰苷类成分：接骨木苷 (sambunigrin)、野黑樱苷 (prunasin)、holocalin[14]、间羟杏仁腈苷 (zierin)[15]；此外，还含有桑酮苷 (morroniside) 等环烯醚萜苷类成分[16]。

药理作用

1. 发汗

西洋接骨木的花具有促进汗液产生的作用，有效成分为黄酮苷类化合物[3]。

2. 利尿

体内实验表明，西洋接骨木水提液能增加大鼠的尿量和钠离子的排泌[17]。

3. 抗病毒

西洋接骨木提取物体外对 H3N2、H1N1 等多种 A 型流感病毒和 B 型流感病毒均有抑制作用[18-19]。

4. 免疫调节功能

西洋接骨木提取物可通过促进血液中白介素1β (IL－1β)、肿瘤坏死因子α (TNF－α)、IL－6、IL－8 等细胞因子的生成，从而调节免疫反应，激活人体的免疫系统[20]。

5. 抗氧化

西洋接骨木体外具有清除二苯代苦味酰肼 (DPPH) 自由基的能力，还可抑制亚油酸和β－胡萝卜素的氧化反应[21]。

6. 对心血管系统的影响

西洋接骨木果实的水提物可引起蛙体内红细胞的聚集，并导致心脏功能紊乱[22]。

7. 降血糖

西洋接骨木甲醇和水提取物体外均有类胰岛素样作用，可刺激小鼠胰腺β－细胞，促进胰岛素的分泌[23]。

8. 降血脂

健康雄性大鼠每天喂食矢车菊素－3－桑布双糖苷及西洋接骨木提取物，肝和肺中维生素 E 的浓度有所提高，矢车菊素－3－桑布双糖苷还可使肝脏中的饱和脂肪酸含量降低[24]。

9. 其他

西洋接骨木所含的植物凝集素类成分对大鼠离体回肠有松弛作用[25]，还可降低氧化镍对细胞 DNA 链的损伤[26]。

应用

西洋接骨木花在欧洲民间常用来治疗感冒、发烧、黏膜炎和小便不利。

西洋接骨木花也为中医临床用药。功能：发汗利尿。主治：感冒，小便不利。

评注

西洋接骨木是原产于南欧的一种小乔木，在奥地利等南欧国家有广泛的种植，除药用价值外，西洋接骨木还具有较高的食用价值。其果实油中含有亚油酸、亚麻酸，长期食用可软化血管，调节脂类代谢。西洋接骨木还可制成果酱、果汁、乳酸酪等食品；食品加工生产中则可作为香料、糖果染色剂等。

《中华本草》将西洋接骨木列入中药接骨木项下，以茎枝入药，记载具有祛风利湿，活血止血的功效。但因西洋接骨木为国外引进资源，二者之间的成分、药理、功效对比研究值得进行。

参考文献

[1] C Petitjean-Freyte, A Carnat, JL Lamaison. Flavonoids and hydroxycinnamic acid derivatives in *Sambucus nigra* L. flowers. *Journal de Pharmacie de Belgique*. 1991, **46**(1): 241-246

[2] U Seitz, PJ Oefner, S Nathakarnkitkool, M Popp, GK Bonn. Capillary electrophoretic analysis of flavonoids. *Electrophoresis.* 1992, **13**(1-2): 35-38

[3] KJ Schmersahl. Active principles of diaphoretic drugs from DAB 6 [elderberry]. *Naturwissenschaften.* 1964, **51**(15): 361

[4] DK Chu, TK Pham, TH Nguyen. 2(3,4-dihydroxyphenyl)-5,7-dihydroxy-4-oxo-4H-chrome-3-yl-6-deoxy-4-O-hexopyranosylhexopyranoside-a flavonoid isolated from flower of *Sambucus nigra* ssp. *Canndesis* (L.) R. Bolli by nuclear spectromagnetic resonance. *Tap Chi Duoc Hoc.* 2003, **12**: 12-15

[5] Z Males, M Medic-Saric. Investigation of the flavonoids and phenolic acids of Sambuci Flos by thin-layer chromatography. *Journal of Planar Chromatography-Modern TLC.* 1999, **12**(5): 345-349

[6] OV Makarova, MI Isaev. Isoprenoids of *Sambucus nigra*. *Chemistry of Natural Compounds.* 1997, **33**(6): 702-703

[7] W Richter, G Willuhn. Data on the constituents of *Sambucus nigra* L. III. Determination of ursol and oleanol acids, amyrin and sterol cotents from Sambucui DAB 7 flowers. *Pharmazeutische Zeitung.* 1977, **122**(38): 1567-1571

[8] WJ Peumans, JTC Kellens, AK Allen, EJM Van Damme. Isolation and characterization of a seed lectin from elderberry (*Sambucus nigra* L.) and its relationship to the bark lectins. *Carbohydrate Research.* 1991, **213**: 7-17

[9] L Mach, R Kerschbaumer, H Schwihla, J Gloessl. Elder (*Sambucus nigra* L.)-fruit lectin (SNA-IV) occurs in monomeric, dimeric and oligomeric isoforms. *Biochemical Journal.* 1996, **315**(3): 1061

[10] EJM Van Damme, A Barre, P Rouge, F Van Leuven, WJ Peumans. Characterization and molecular cloning of *Sambucus nigra* agglutinin V (nigrin b), a GalNAc-specific type-2 ribosome-inactivating protein from the bark of elderberry (*Sambucus nigra*). *European Journal of Biochemistry.* 1996, **237**(2): 505-513

[11] OM Andersen, DW Aksnes, W Nerdal, OP Johansen. Structure elucidation of cyanidin-3-sambubioside and assignments of the proton and carbon-13 NMR resonances through two-dimensional shift-correlated NMR techniques. *Phytochemical Analysis.* 1999, **2**(4): 175-183

[12] K Broennum-Hansen, SH Hansen. High-performance liquid chromatographic separation of anthocyanins of *Sambucus nigra* L.. *Journal of Chromatography.* 1983, **262**: 385-392

[13] L Reichel, W Reichwald. Structure of sambicyanin. *Phramazie.* 1977, **32**(1): 40-41

[14] M Dellagreca, A Fiorentino, P Monaco, L Previtera, AM Simonet. Cyanogenic glycosides from *Sambucus nigra*. *Natural Product Letters.* 2000, **14**(3): 175-182

[15] SR Jensen, BJ Nielsen. Cyanogenic glucosides in *Sambucus nigra*. *Acta Chemica Scandinavica.* 1973, **27**(7): 2661-2662

[16] SR Jensen, BJ Nielsen. Morroniside in *Sambucus* species. *Phytochemistry.* 1974, **13**(2): 517-518

[17] D Beaux, J Fleurentin, F Mortier. Effect of extracts of Orthosiphon stamineus Benth, Hieracium pilosella L., *Sambucus nigra* L. and *Arctostaphylos uva-ursi* (L.) Spreng. in rats. *Phytotherapy Research.* 1999, **13**(3): 222-225

[18] V Barak, T Halperin, I Kalickman. The effect of Sambucol, a black elderberry-based, natural product, on the production of human cytokines: I. Inflammatory cytokines. *European Cytokine Network.* 2001, **12**(2): 290-296

[19] Z Zakay-Rones, N Varsano, M Zlotnik, O Manor, L Regev, M Schlesinger, M Mumcuoglu. Inhibition of several strains of influenza virus *in vitro* and reduction of symptoms by an elderberry extract (*Sambucus nigra* L.) during an outbreak of influenza B Panama. *Journal of Alternative and Complementary Medicine.* 1995, **1**(4): 361-369

[20] V Barak, S Birkenfeld, T Halperin, I Kalickman. The effect of herbal remedies on the production of human inflammatory and anti-inflammatory cytokines. *Israel Medical Association Journal.* 2002, **4**(11 Suppl): 919-922

[21] AL Dawidowicz, D Wianowska, B Baraniak. The antioxidant properties of alcoholic extracts from *Sambucus nigra* L. (antioxidant properties of extracts). *LWT-Food Science and Technology.* 2006, **39**(3): 308-315

[22] Z Mankowska. Influence of extracts from the fruit of *Sambucus nigra* L. containing phytohemagglutinins on function and structure of the frog (*Rana esculenta* L.) myocardium. *Zoologica Poloniae.* 1977, **26**(2): 241-259

[23] AM Gray, YH Abdel-Wahab, PR Flatt. The traditional plant treatment, *Sambucus nigra* (elder), exhibits insulin-like and insulin-releasing actions *in vitro*. *Journal of Nutrition.* 2000, **130**(1): 15-20

[24] J Frank, A Kamal-Eldin, T Lundh, K Maatta, R Torronen, B Vessby. Effects of dietary anthocyanins on tocopherols and lipids in rats. *Journal of Agricultural and Food Chemistry.* 2004, **50**(25): 7226-7230

[25] A Richter. Effect of phytohemagglutinins from *Sambucus nigra* on the motor activity of the rat ileum *in vitro*, and the morphology and amount of PAS (periodic acid Schiff) positive substances in the muscle fibers of this intestine. *Folia Biologica.* 1973, **21**(1): 9-32

[26] LL Macewicz, OM Suchorada, LL Lukash. Influence of *Sambucus nigra* bark lectin on cell DNA under different *in vitro* conditions. *Cell Biology International.* 2005, **29**(1): 29-32

肥皂草 Feizaocao GCEM

Saponaria officinalis L.

Soapwort

概述

石竹科 (Caryophyllaceae) 植物肥皂草 *Saponaria officinalis* L.，其新鲜或干燥根入药。药用名：肥皂草。

肥皂草属 (*Saponaria*) 植物全世界 30 多种，产于地中海沿岸。中国有 1 种，供药用。本种野生分布于地中海沿岸地区，中国多数城市公园中有栽培供观赏，在大连、青岛等地已逸为野生。

在中世纪时，肥皂草由修道士作为清洁用品从北欧传入英国。肥皂草传入美洲后，被近代纺织业广泛用作清洗剂和纺织浆料。除作为清洁用品外，还被用于治疗局部痤疮、牛皮癣、湿疹和疖子。时至今日，肥皂草的根提取物仍普遍被用于治疗毒漆树 *Toxicodendron vernix* (L.) Kuntze 过敏[1]。主产于欧洲。

肥皂草主要含三萜皂苷类和黄酮类成分。

药理研究表明，肥皂草具有祛痰、抗炎、利胆等作用。

民间经验认为肥皂草具有祛痰，抗炎的功效。

肥皂草 *Saponaria officinalis* L.

化学成分

肥皂草全草含三萜皂苷类成分：saponariosides A、B、C、D、E、F、G、H、I、J、K、L、M[2-4]。

肥皂草嫩枝含黄酮类成分：皂草黄苷 (saponarin)、牡荆苷 (vitexin)、乙酰基牡荆苷 (acetylvitexin)、皂草黄素 (saponaretin)[5]等。

另外，肥皂草根含有皂树酸 (quillaic acid)[6]等成分，种子含有单链核糖体失活蛋白[7]类成分：肥皂草素 I、II (saporins I－II)。

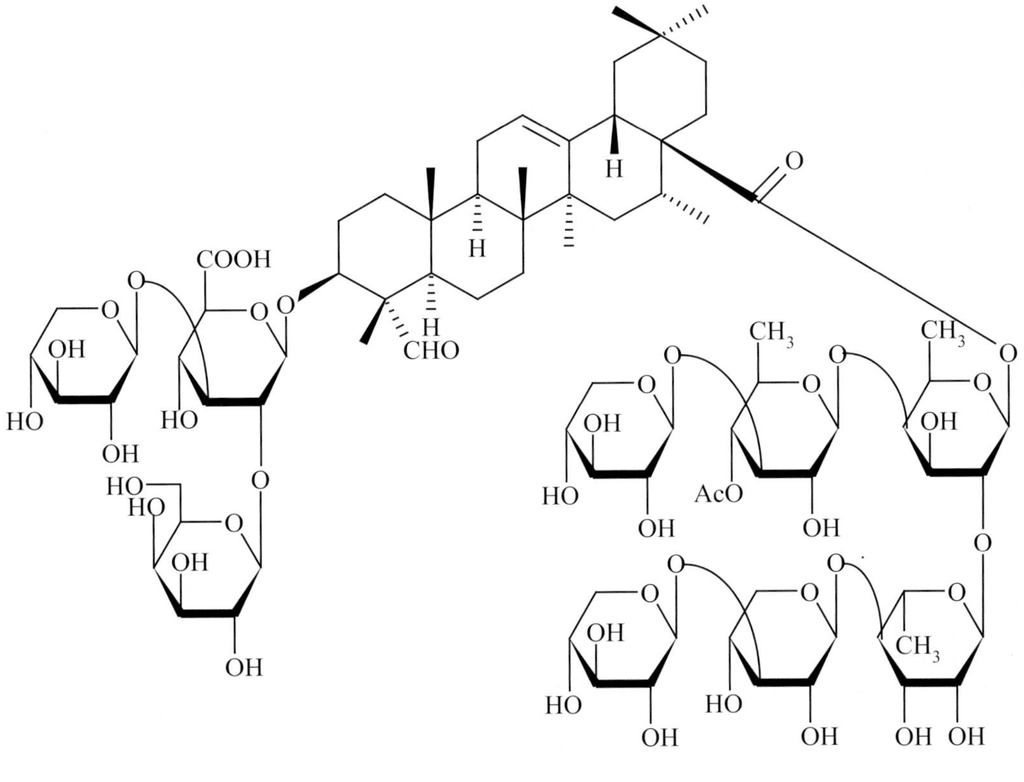

saponarioside A

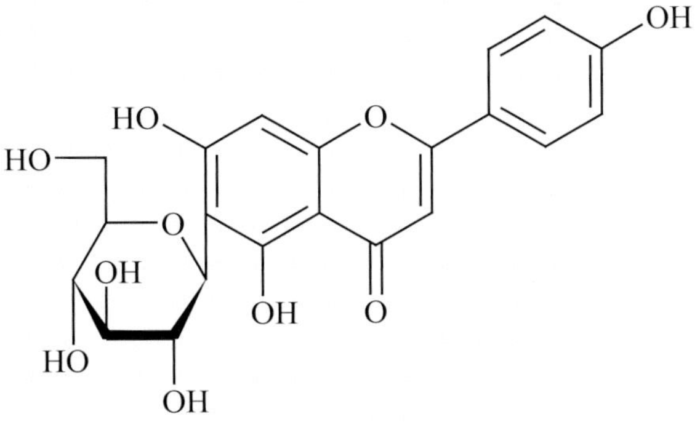

saponaretin

肥皂草 Feizaocao

药理作用

1. 祛痰

肥皂草皂苷对消化道的刺激作用能兴奋咳嗽反射，增加人呼吸道黏液分泌。

2. 利胆

肥皂草皂苷能抑制胆酸盐的吸收，促进鼠胆汁分泌[8]。

3. 其他

肥皂草根还具有抗炎和利尿作用。肥皂草所含皂草素能抑制兔网织细胞裂解液的蛋白合成[7]。

应用

肥皂草主要用于治疗咳嗽和支气管炎。肥皂草还可用于治疗便秘、痛风、风湿病、神经衰弱、蛲虫病、胆结石、经闭；外用治疗皮疹、湿疹，以及作为含漱液治疗扁桃体炎等。

肥皂草作为一种天然食品乳化剂[9]，可以添加在啤酒酿造过程中，以产生泡沫[1]。肥皂草也可作为温和的洗洁剂，用于皮肤、头发、衣料织品[10]以及博物馆珍藏地毯的清洗。

评注

古代，人类为了清洗衣服、去除污渍，常使用天然的植物洗洁剂。随着肥皂的发明，天然植物洗洁剂逐步被取代。目前，市场上开发出琳琅满目的合成洗洁剂，在满足人类洗涤需要的同时，也造成了环境污染的问题。因此，对于效果良好的环保型天然洗洁剂来源植物，如肥皂草、无患子 *Sapindus mukorossi* Gaertn.、肥皂荚 *Gymnocladus chinensis* Baill. 等值得进一步开发利用。

肥皂草的叶也可入药。肥皂草还可用于便秘、痛风、风湿病、神经衰弱、蛲虫病的治疗，但现代药理研究报道较少，有待进一步深入。

参考文献

[1] Facts and Comparisons (Firm). The review of natural products (3-rd edition). Missouri: Facts and Comparisons. 2000: 674

[2] ZH Jia, K Koike, T Nikaido. Major triterpenoid saponins from *Saponaria officinalis*. *Journal of Natural Products*. 1998, **61**(11): 1368-1373

[3] ZH Jia, K Koike, T Nikaido. Saponarioside C, the first α-D-galactose containing triterpenoid saponin, and five related compounds from *Saponaria officinalis*. *Journal of Natural Products*. 1999, **62**(3): 449-453

[4] K Koike, ZH Jia, T Nikaido. New triterpenoid saponins and sapogenins from *Saponaria officinalis*. *Journal of Natural Products*. 1999, **62**(12): 1655-1659

[5] G Barger. Saponarin, a new glucoside, coloured blue with iodine. *Journal of the Chemical Society, Transactions*. 1906, **89**: 1210-1224

[6] M Henry, JD Brion, JL Guignard. Saponins from *Saponaria officinalis*. *Plantes Medicinales et Phytotherapie*. 1981, **15**(4): 192-200

[7] 郑硕，李格娥，颜松民．我国产肥皂草种子活性成分的研究．生物化学杂志．1993，**9**(3)：377-380

[8] GS Sidhu, DG Oakenfull. A mechanism for the hypocholesterolaemic activity of saponins. *The British Journal of Nutrition*. 1986, **55**(3): 643-649

[9] II Ebralidze, IN Demidov. Application of saponins as food emulsifiers. *Visnik Kharkivs'kogo Universitetu*. 1999, **437**: 177-178

[10] Anon. Saponiferous plants as soap substitutes in Germany. *Journal of the Society of Chemical Industry*. 1918, **37**: 280R

美黄芩 Meihuangqin[BHP]

唇形科

Scutellaria lateriflora L.

Scullcap

概述

唇形科 (Lamiaceae) 植物美黄芩 *Scutellaria lateriflora* L.，其干燥地上部分入药。药用名：美黄芩。

黄芩属 (*Scutellaria*) 植物全世界约 300 多种，世界广布，但热带非洲少见。中国约有 100 种，本属现供药用者达 20 余种。本种原产于北美洲，现欧洲广泛栽培。

美黄芩为北美洲传统草药，已有 200 余年的药用历史，后因治疗狂犬病十分有效而受到重视[1]。1916 年之前的近 55 年中，美黄芩一直被《美国药典》（第 28 版）收载作为镇定剂使用[2]。《英国草药典》（1996 年版）收载本种为美黄芩的法定原植物来源种。主产于美国。

美黄芩主要含有黄酮类、二萜类、挥发油类成分。其中，黄酮类化合物是主要的活性成分。《英国草药典》规定美黄芩中水溶性浸出物不得少于 15%，以控制药材质量。

药理研究表明，美黄芩具有镇静、解痉、抗炎等作用。

民间经验认为美黄芩具有滋补和镇静的功效。

美黄芩 *Scutellaria lateriflora* L.

美黄芩 Meihuangqin

药材美黄芩 Herba Scutellariae Lateriflorae

化学成分

美黄芩的地上部分含黄酮类成分：黄芩苷 (baicalin)、黄芩苷元 (baicalein)、二氢黄芩苷 (dihydrobaicalin)、lateriflorin、lateriflorein、薄叶黄芩苷 (ikonnikoside I)[3]、木蝴蝶素 A－7－O－葡萄糖醛酸苷 (oroxylin A－7－O－glucuronide)、木蝴蝶素 A (oroxylin A)、汉黄芩素 (wogonin)、野黄芩苷 (scutellarin)[4]、芹菜素 (apigenin)、粗毛豚草素 (hispidulin)、木犀草素 (luteolin)、高山黄芩素 (scutellarein)；环烯醚萜类成分：梓醇 (catalpol)[5]；克罗登烷型二萜类成分 (clerodane diterpenoids)：ajugapitin、scutecyprol A、scutelaterins A、B、C[6]；挥发油：柠檬烯 (limonene)、松油醇 (terpineol)、d－杜松烯 (d－cadinene)、石竹烯 (caryophyllene)、反式－β－金合欢烯 (trans－β－farnesene)、β－蛇麻烯 (β－humulene)[5]、去氢白菖(蒲)烯 (calamenene)、β－榄香烯 (β－elemene)、α－荜澄茄油烯 (α－cubebene)、α－葎草烯 (α－humulene)[7]。

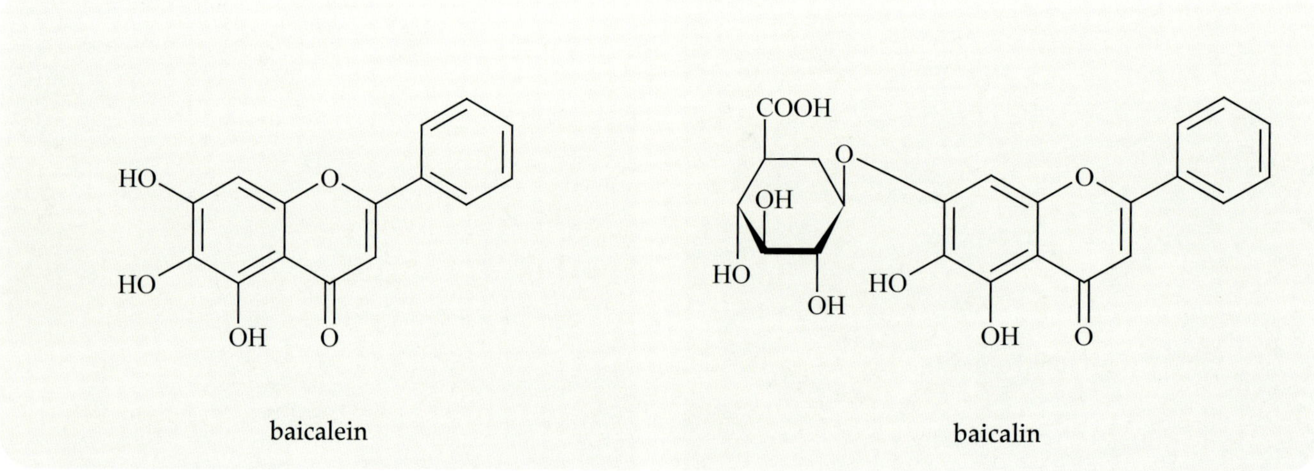

baicalein　　baicalin

药理作用

1. 抗焦虑

高架十字迷宫试验中，大鼠口服美黄芩乙醇提取物后在开放臂内运动时间和进入开放臂的次数显著增加，有明显的抗焦虑作用。作用机理与美黄芩中黄芩苷和黄芩苷元与 γ-氨基丁酸 A 受体上苯二氮䓬类药物结合点的结合有关，还和所含的 γ-氨基丁酸对神经递质的抑制作用有关[8]。

2. 对血管的影响

黄芩苷和黄芩苷元可通过抑制大鼠肠系膜动脉血管内皮细胞中一氧化氮 (NO) 的形成或释放，引起离体血管的收缩反应[9]；还可通过抑制 NO 依赖的鸟苷酸环化酶的活性，减弱 NO 介导的离体大鼠主动脉环的舒张作用和环鸟苷酸 (cGMP) 的增加[10]。

3. 抗炎

美黄芩二氯甲烷提取物的药效学筛选试验表明，总提物和不皂化、可皂化部分均具有很好的抗炎活性，其中不皂化物部分活性最强[11]。体外实验表明，黄芩苷和黄芩苷元可减少中性白细胞和单核细胞内由致炎因子引起的反应氧中介物的产生，对抗致炎因子所致的 Ca^{2+} 内流，抑制 Mac-1 介导的中性粒细胞的黏附，产生抗炎作用[12]。

4. 抗肿瘤

体内实验表明，黄芩苷和黄芩苷元对鸡绒毛膜尿囊膜中由基本的成纤维细胞生长因子 (bFGF) 引起的生血管反应有显著的抑制作用；体外实验表明，黄芩苷和黄芩苷元可降低人脐静脉上皮细胞中基质金属蛋白酶的活性，低剂量时有抗增殖作用，高剂量时有致细胞凋亡作用[13]。

5. 其他

美黄芩还具有收缩子宫[14]和抗癫痫[15]等作用。黄芩苷和黄芩苷元还具有抑制白介素6 (IL-6) 和 IL-8 的产生[16]、保肝[17]、抑制 I 型人类免疫缺陷病毒 (HIV-I) 整合酶[18]等作用。

应用

美黄芩为美洲传统草药。美洲土著居民用于调经、缓解乳房痛和催产。19 世纪经医学者发现美黄芩有镇定作用，对神经系统疾病患者有良好效果，并用于治疗癔病、癫痫、惊厥、狂犬病，也用于严重的精神病，如精神分裂症。

美黄芩还可用作神经滋补剂、镇定剂以及解痉剂，用于缓解精神紧张和焦虑不安，因其有解痉作用而用于情绪紧张引起的肌肉紧张。此外，本品常单独或与其他镇静草药（如缬草）合用治疗失眠和痛经。

评注

美黄芩传统作为镇静剂用于癫痫大发作、舞蹈病、癔症、失眠、神经紧张、痉挛和其他神经紊乱疾病的治疗。目前，可见将本品与其他 7 种药用植物合用治疗前列腺癌的报道[19]。

美黄芩尽管在北美洲已长期使用，但关于美黄芩的研究较少。中药黄芩 Radix Scutellariae 按照《中国药典》（2005年版）的收载，来源于黄芩 *Scutellaria baicalensis* Georgi 的干燥根。黄芩有较强的抗菌、抗炎作用，在中国已得到了很好的研究应用。美黄芩所含的黄酮类成分与黄芩相似，其药理作用值得深入研究。

美黄芩的常见混淆品有石蚕属植物加拿大石蚕 *Teucrium canadense* L. 和石蚕香科 *T. chamaedrys* Ledeb.[3]，石蚕属植物有引起肝炎的报道。故要加强美黄芩药材的真实性鉴定工作，目前DNA分子遗传鉴定已用于美黄芩的真伪鉴别[20]，以确保临床正确应用。

参考文献

[1] Facts and Comparisons (Firm). The review of natural products (3-rd edition). Missouri: Facts and Comparisons. 2000: 653-654

[2] A Peirce. The American Pharmaceutical Association practical guide to natural medicines. New York: The Stonesong Press. 1999: 584-586

[3] S Gafner, C Bergeron, LL Batcha, CK Angerhofer, S Sudberg, EM Sudberg, H Guinaudeau, R Gauthier. Analysis of *Scutellaria lateriflora* and its adulterants *Teucrium canadense* and *Teucrium chamaedrys* by LC-UV/MS, TLC, and digital photomicroscopy. *Journal of the Association of Official Analytical Chemists*. 2003, **86**(3): 453-460

[4] C Bergeron, S Gafner, E Clausen, DJ Carrier. Comparison of the chemical composition of extracts from *Scutellaria lateriflora* using accelerated solvent extraction and supercritical fluid extraction versus standard hot water or 70% ethanol extraction. *Journal of Agricultural and Food Chemistry*. 2005, **53**(8): 3076-3080

[5] J Barnes, LA Anderson, JD Phillipson. Herbal medicines (2-nd edition). London: Pharmaceutical Press. 2002: 425-427

[6] M Bruno, M Cruciata, ML Bondi, F Piozzi, MC de la Torre, B Rodriguez, O Servettaz. Neo-clerodane diterpenoids from *Scutellaria lateriflora*. *Phytochemistry*. 1998, **48**(4): 687-691

[7] MS Yaghmai. Volatile constituents of *Scutellaria lateriflora* L. *Flavour and Fragrance Journal*. 1988, **3**(1): 27-31

[8] R Awad, JT Arnason, V Trudeau, C Bergeron, JW Budzinski, BC Foster, Z Merali. Phytochemical and biological analysis of skullcap (*Scutellaria lateriflora* L.): a medicinal plant with anxiolytic properties. *Phytomedicine*. 2003, **10**(8): 640-649

[9] SY Tsang, ZY Chen, XQ Yao, Y Huang. Potentiating effects on contractions by purified baicalin and baicalein in the rat mesenteric artery. *Journal of Cardiovascular Pharmacology*. 2000, **36**(2): 263-269

[10] Y Huang, CM Wong, CW Lau, XQ Yao, SY Tsang, YL Su, ZY Chen. Inhibition of nitric oxide/cyclic GMP-mediated relaxation by purified flavonoids, baicalin and baicalein, in rat aortic rings. *Biochemical Pharmacology*. 2004, **67**(4): 787-794

[11] SM Abu, M Pavelescu, A Miron, V Dorneanu, A Spac, E Grigorescu. Exploratory pharmacognostic studies and experimental pharmacodynamic screening for anti-inflammatory activities of some extractive fractions of *Scutellaria laterifolia*. *Farmacia*. 1997, **45**(5): 75-85

[12] YC Shen, WF Chiou, YC Chou, CF Chen. Mechanisms in mediating the anti-inflammatory effects of baicalin and baicalein in human leukocytes. *European Journal of Pharmacology*. 2003, **465**(1-2): 171-181

[13] JJ Liu, TS Huang, WF Cheng, FJ Lu. Baicalein and baicalin are potent inhibitors of angiogenesis: inhibition of endothelial cell proliferation, migration and differentiation. *International Journal of Cancer*. 2003, **106**(4): 559-565

[14] JD Pilcher, GE Burman, WR Delzell. The action of the so-called female remedies on the excized uterus of the guinea pig. *Archives of Internal Medicine*. 1916, **18**: 557-583

[15] O Peredery, MA Persinger. Herbal treatment following post-seizure induction in rat by lithium pilocarpine: *Scutellaria lateriflora* (Skullcap), *Gelsemium sempervirens* (Gelsemium) and *Datura stramonium* (Jimson Weed) may prevent development of spontaneous seizures. *Phytotherapy Research*. 2004, **18**(9): 700-705

[16] N Nakamura, S Hayasaka, XY Zhang, Y Nagaki, M Matsumoto, Y Hayasaka, K Terasawa. Effects of baicalin, baicalein, and wogonin on interleukin-6 and interleukin-8 expression, and nuclear factor-κb binding activities induced by interleukin-1β in human retinal pigment epithelial cell line. *Experimental Eye Research*. 2003, **77**(2): 195-202

[17] YK Kim, YH Kim, DH Kim, KT Lee. Cytoprotective effects of natural flavonoids on carbon tetrachloride-induced toxicity in primary cultures of rat hepatocytes. *Saengyak Hakhoechi*. 2005, **36**(3): 224-228

[18] MJ Lee, M Kim, YS Lee, CG Shin. Baicalein and baicalin as inhibitors of HIV-1 integrase. *Yakhak Hoechi*. 2003, **47**(1): 46-51

[19] JM Jellin, P Gregory, F Batz, K Hitchens. Pharmacist's letter/Prescriber's letter natural medicines comprehensive database (3rd edition). Stockton: Therapeutic Research Faculty. 2000: 945-946

[20] K Hosokawa, M Minami, K Kawahara, I Nakamura, T Shibata. Discrimination among three species of medicinal *Scutellaria* plants using RAPD markers. *Planta Medica*. 2000, **66**(3): 270-272

锯叶棕 Juyezong BHP, USP, GCEM

棕榈科

Serenoa repens (Bartram) Small

Saw Palmetto

概述

棕榈科 (Arecaceae) 植物锯叶棕 *Serenoa repens* (Bartram) Small [*Sabal serrulata* (Mich.) Nuttall ex Schult.]，其干燥浆果入药。药用名：锯叶棕。

锯叶棕属 (*Serenoa*) 植物全世界有 1 种，原产北美，分布于美国东南部沿海地区[1]。

早在公元 18 世纪初期，美洲印第安人就将锯叶棕的浆果作为食物或用于治疗男性泌尿生殖系统疾病。20 世纪 60 年代，欧洲一些国家开始将锯叶棕树皮和浆果的脂溶性提取物制成制剂，用于良性前列腺增生的治疗[1]。《美国药典》(第 28 版) 和《英国草药典》(1996 年版) 收载本种为锯叶棕的法定原植物来源种。主产于美国佛罗里达州。

锯叶棕的脂溶性成分主要为脂肪酸、脂醇、植物固醇等。《美国药典》采用气相色谱法测定，规定锯叶棕中总脂肪酸含量不得少于 9.0%，以控制药材质量。

药理研究表明，锯叶棕具有抗良性前列腺增生、解除平滑肌痉挛和抗肿瘤等作用。

民间经验认为锯叶棕具有抗良性前列腺增生等功效。

锯叶棕 *Serenoa repens* (Bartram) Small

药材锯叶棕 Fructus Serenoae Repentis

锯叶棕 Juyezong

化学成分

锯叶棕果实植物固醇类成分：豆甾醇（stigmasterol）、油菜甾醇（campesterol）[2]、胆固醇（cholesterol）、δ5－燕麦甾醇（δ5－avenasterol）、δ7－燕麦甾醇（δ7－avenasterol）、δ7－豆甾醇（δ7－stigmasterol）[3]；三萜类成分：环阿乔醇（cycloartenol）[2]、羽扇醇（lupeol）、24－亚甲基环木菠萝烷醇（24－methylenecycloartanol）[4]；倍半萜类成分：金合欢醇（farnesol）；脂醇类成分：植醇（phytol）、栊牛儿基栊牛儿醇（geranylgeraniol）[4]、二十六醇（hexacosanol）、二十八醇（octacosanol）、三十烷醇（triacontanol）[2]；脂肪酸类成分：羊脂酸（caprylic acid）、癸酸（capric acid）、月桂酸（lauric acid）、棕榈酸（palmitic acid）、硬脂酸（stearic acid）、油酸（oleic acid）、亚油酸（linoleic acid）[3]、肉豆蔻烯酸（myristoleic acid）[5]；还含有甘油－月桂酸酯（1－monolaurin）、1－monomyristin[6]。

药理作用

1. 对泌尿系统的影响

锯叶棕果实提取物 Permixon 对去势大鼠、5α－二氢睾酮注入大鼠和舒必利（sulpiride）所致高催乳素血症大鼠的前列腺异常增生均有抑制作用[7]。组织学研究发现，Permixon 能减少大鼠前列腺肥大细胞积聚，诱导上皮细胞萎缩[8]。良性前列腺增生患者服用 Permixon后，最大排尿量增加，前列腺增生变小，性功能改善[9]。Permixon 能抑制前列腺组织中 I 型和 II 型 5α－还原酶的活性，但不影响上皮细胞分泌前列腺特异性抗原（PSA）[10]；还使前列腺组织中睾酮向二氢睾酮的转化减少，从而抑制前列腺细胞的增殖；降低前列腺组织中的胆固醇含量，防止胆固醇在前列腺中的蓄积；降低血清催乳素水平，减少前列腺对睾酮的摄取；抑制前列腺组织中前列腺素的合成，抑制5－脂肪氧合酶代谢物如白三烯 B_4（LTB_4）的活性，有抗前列腺炎症的作用[1, 11]。

2. 对平滑肌的影响

锯叶棕果实提取液（脂溶性成分和可皂化成分）对去甲肾上腺素引起的大鼠动脉血管平滑肌收缩、KCL 引起的子宫平滑肌收缩和乙酰胆碱引起的膀胱平滑肌收缩有抑制作用。其机理与α－受体阻断和钾离子拮抗作用有关[12]。醋酸诱发尿频大鼠十二指肠给予锯叶棕提取液，能明显延长排尿间隔时间，减少排尿次数，增加一次排尿量[13]。

3. 抗肿瘤

Permixon 在体外能抑制人前列腺癌细胞 PC3 和 LNCaP 和人乳腺癌细胞 MCF－7 的生长率，其抑制作用与细胞周期停滞和诱导脱噬作用均无关[14]。

4. 其他

锯叶棕有抗 α_1 肾上腺受体的作用[15]。

应用

美洲印第安民间将干果用作传统食物，也用于利尿、镇静、解痉、催欲和强壮。由于锯叶棕果实提取物对良性前列腺增生及相关的尿路症状具有独特治疗作用，已成为欧美最畅销的植物药之一[16]。锯叶棕果实在民间还用于慢性或亚急性膀胱炎、睾丸萎缩、性激素分泌失调等病的治疗。

评注

锯叶棕果实对良性前列腺增生有卓著功效，在当前男子精子和前列腺疾病成为常见病、多发病的情况下，开发其药用价值极有现实意义。

锯叶棕因叶缘呈锯齿状而得名。锯叶棕还是观赏和蜜源植物，其叶、叶鞘、茎干和根都富含纤维，可用于造纸、编织地毯、用作室内装潢的填料或制成天然工艺品等，全株都可供开发利用。

参考文献

[1] 陈伟. 锯齿棕的药理作用及临床应用研究进展. 国外医学: 中医中药分册. 2002, **24**(3): 144-147, 160

[2] P Hatinguais, R Belle, Y Basso, JP Ribet, M Bauer, JL Pousset. Composition of the hexane extract from *Serenoa repens* Bartram fruits. *Travaux de la Societe de Pharmacie de Montpellier*. 1981, **41**(4): 253-262

[3] B Ham, S Jolly, G Triche, P Williams, F Wallace. A study of the physical and chemical properties of saw palmetto berry extract. *Chemistry Preprint Server, Biochemistry*. 2002: 1-16

[4] G Jommi, L Verotta, P Gariboldi, B Gabetta. Constituents of the lipophilic extract of the fruits of *Serenoa repens* (Bart.) Small. *Gazzetta Chimica Italiana*. 1988, **118**(12): 823-826

[5] K Iguchi, N Okumura, S Usui, H Sajiki, K Hirota, K Hirano. Myristoleic acid, a cytotoxic component in the extract from *Serenoa repens*, induces apoptosis and necrosis in human prostatic LNCaP cells. *Prostate*. 2001, **47**(1): 59-65

[6] H Shimada, VE Tyler, JL McLaughlin. Biologically active acylglycerides from the berries of saw-palmetto (*Serenoa repens*). *Journal of Natural Products*. 1997, **60**(4): 417-418

[7] F Van Coppenolle, X Le Bourhis, F Carpentier, G Delaby, H Cousse, JP Raynaud, JP Dupouy, N Prevarskaya. Pharmacological effects of the lipidosterolic extract of *Serenoa repens* (Permixon) on rat prostate hyperplasia induced by hyperprolactinemia: comparison with finasteride. *The Prostate*. 2000, **43**(1): 49-58

[8] D Mitropoulos, A Kyroudi, A Zervas, S Papadoukakis, A Giannopoulos, C Kittas, P Karayannacos. *In vivo* effect of the lipidosterolic extract of *Serenoa repens* (Permixon) on mast cell accumulation and glandular epithelium trophism in the rat prostate. *World Journal of Urology*. 2002, **19**(6): 457-461

[9] YA Pytel, A Vinarov, N Lopatkin, A Sivkov, L Gorilovsky, JP Raynaud. Long-term clinical and biologic effects of the lipidosterolic extract of *Serenoa repens* in patients with symptomatic benign prostatic hyperplasia. *Advances in Therapy*. 2002, **19**(6): 297-306

[10] CW Bayne, F Donnelly, M Ross, FK Habib. *Serenoa repens* (Permixon): a 5α-reductase types I and II inhibitor - new evidence in a coculture model of BPH. *Prostate*. 1999, **40**(4): 232-241

[11] M Paubert-Braquet, JMM Huerta, H Cousse, P Braquet. Effect of the lipidic lipidosterolic extract of *Serenoa repens* (Permixon) on the ionophore A23187-stimulated production of leukotriene B_4 (LTB_4) from human polymorphonuclear neutrophils. *Prostaglandins, Leukotrienes and Essential Fatty Acids*. 1997, **57**(3): 299-304

[12] M Gutierrez, M J Garcia de Boto, B Cantabrana, A Hidalgo. Mechanisms involved in the spasmolytic effect of extracts from *Sabal serrulata* fruit on smooth muscle. *General Pharmacology*. 1996, **27**(1): 171-176

[13] 怡悦. 锯齿棕果实提取液对尿频模型的作用. 国外医学: 中医中药分册. 2005, **27**(5): 315

[14] B Hill, N Kyprianou. Effect of permixon on human prostate cell growth: lack of apoptotic action. *The Prostate*. 2004, **61**(1): 73-80

[15] M Goepel, U Hecker, S Krege, H Rubben, MC Michel. Saw palmetto extracts potently and noncompetitively inhibit human α1-adrenoceptors *in vitro*. *Prostate*. 1999, **38**(3): 208-215

[16] 吴伯平. 1996年美国最风行的10种草药. 国外医学: 中医中药分册. 1997, **19**(1): 10-11

锯叶棕种植地

胡麻科

脂麻 Zhima EP, BP, USP, CP, JP

Sesamum indicum L.

Sesame

概述

胡麻科 (Pedaliaceae) 植物脂麻 *Sesamum indicum* L.，其精制种子油入药，药用名：精制芝麻油；其干燥成熟种子入药，药用名：黑芝麻。

胡麻属 (*Sesamum*) 植物全世界约 30 种，分布于热带非洲和亚洲。中国栽培 1 种，供药用。本种原产印度，中国汉代引入，古称胡麻，现在通称脂麻。目前许多国家都有栽培。

自古以来，非洲、地中海各国、中东和印度等欧亚大陆的国家就开始运用胡麻。在 13 世纪马可波罗的记载中，他曾经观察到波斯人除了将芝麻油用于烹调之外，还用于按摩身体、照明、医疗等。在中国，脂麻以"胡麻"药用之名，始载于《神农本草经》。《欧洲药典》（第 5 版）、《英国药典》（2002 年版）、《美国药典》（第 28 版）和《日本药局方》（第十五版）均收载本种为精制芝麻油的法定原植物来源种。《中国药典》（2005 年版）收载本种为中药黑芝麻和麻油的法定原植物来源种。印度及中国的脂麻产量约占全世界的一半。

脂麻主要含木脂素类和脂肪酸类成分。《欧洲药典》和《英国药典》以折光指数、酸价、过氧化值、三酰甘油的组成等为指标，控制精制芝麻油质量。

药理研究表明，脂麻具有抗氧化、降血脂、抗炎、抗肿瘤、抗高血压、降血糖等作用。

民间经验认为黑芝麻和精制芝麻油具有抗氧化，抗衰老的功效；中医理论认为黑芝麻具有补肝肾，益精血，润肠燥的功效。

脂麻 *Sesamum indicum* L.

药材黑芝麻 Semen Sesami Indici

化学成分

脂麻种子含木脂素类成分：芝麻林素 (sesamolin)、芝麻素 (sesamin)[1]、芝麻酚 (sesamol)[2]、芝麻素酚 (sesaminol)、6－表芝麻素酚 (6－episesaminol)[3]、芝麻林素酚 (sesamolinol)[4]、sesangolin[5]、松脂醇 (pinoresinol)、larisiresinol[6]、芝麻素－2,6－儿茶酚 (sesamin－2,6－dicatechol)、表芝麻素酚－6－儿茶酚 (episesaminol－6－catechol)[7]；木脂素苷类：芝麻林素酚葡萄糖苷 (sesamolinol glucoside)[8]、芝麻素酚二葡萄糖苷 (sesaminol diglucoside)、芝麻素酚三葡萄糖苷 (sesaminol triglucoside)[1, 9]；脂肪酸类成分：棕榈酸 (palmitic acid)、油酸 (oleic acid)、亚油酸 (linoleic acid)[10]；甘油酸酯类成分：2－硬脂酰甘油 (2－stearoyl－glycerol)、2－亚麻酰甘油 (2－linoleoyl－glycerol)[11]、三酰甘油类 (triacylglycerols)[12]。

脂麻根含蒽醌类成分：anthrasesamones A、B、C、2－(4－methylpent－3－enyl) anthraquinone、(E)－2－(4－methylpenta－1,3－dienyl) anthraquinone[13]；萘醌类成分：hydroxysesamone、2,3－epoxysesamone[14]等。

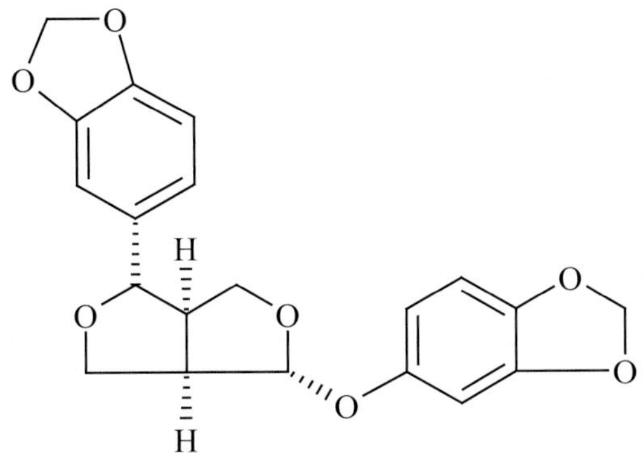

sesamolin

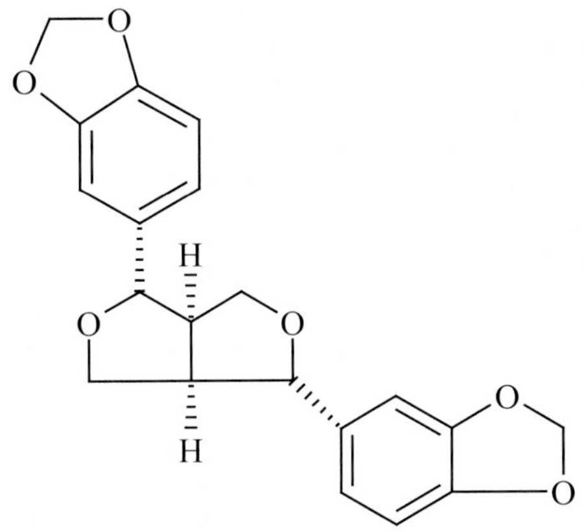

sesamin

药理作用

1. 抗氧化

脂麻乙醇提取物制品特别是黑脂麻种子皮具有清除自由基、抑制低密度脂蛋白氧化、螯合亚铁离子的作用[15]。芝麻酚能抑制脂质过氧化，抑制羟基导致的去氧核糖降解和DNA分裂[16]，饲喂木脂素苷类成分能降低仓鼠血清低密度脂蛋白胆固醇 (LDL－C) 含量，延长氧化迟滞时间，并提高超氧化物歧化酶 (SOD) 活性[17]。此外，脂麻木脂素也通过抑制细胞色素P450对维生素 E 的代谢[21]，升高大鼠血浆和组织中维生素 E 含量，降低硫代巴比妥酸反应产物含量[22]，与维生素 E 对抑制铁离子导致大鼠氧化损伤产生协同作用[18-19]，所以，脂麻的抑制脂质过氧化功效大于直接摄入过量维生素 E[20]。

2. 降血脂

饲喂木脂素苷类成分能升高大鼠肝内脂肪酸氧化速率，降低血浆三酰甘油水平[23]。芝麻素能减少大鼠肝内脂肪酸合成，抑制三酰甘油分泌，增加酮体生成，降低血脂[24]。

3. 抗炎

芝麻素、芝麻林素抑制促分裂原活化蛋白激酶信号通道，抑制诱导型一氧化氮合酶 (iNOS) 的表达，减少脂多糖导致的一氧化氮在小鼠神经胶质细胞中的产生[25]。脂麻梗水提物能明显抑制二甲苯致小鼠耳廓肿胀和小鼠棉球肉芽肿，对大鼠佐剂性足趾肿胀也有一定的抑制作用，提示其有抗炎作用[26]。

脂麻 Zhima

4. 抗肿瘤

芝麻林素通过不可逆抑制白血病细胞 DNA 的合成，抑制人白血病细胞 HL－60 的生长[27]。脂麻花醇提物对 S_{180} 和 H22 小鼠瘤株均有明显抑制作用，但对荷瘤小鼠的胸腺指数、脾指数无明显影响[28]。

5. 抗高血压

芝麻素对醋酸去氧皮质酮盐敏感性[29]、肾高血压[30]、脑卒中易感型自发性高血压[31]大鼠模型均有降血压作用。

6. 降血糖

脱脂脂麻水提取物以及水提取物的甲醇洗脱部分，可以延缓糖的吸收，有降低遗传性糖尿病小鼠血糖的作用[32]。

应用

黑芝麻可提供天然抗氧化剂和植物蛋白补充剂[33]。

精制芝麻油可为绝经妇女提供雌激素[34]、预防冠心病[35]、治疗高血压[36]、乳腺癌[37]等。还用于婴儿食品、糖尿病患者食品[38]、化妆品[39]、肥皂的制造。

黑芝麻也为中医临床用药。功能：补肝肾，益精血，润肠燥。主治：头晕眼花，耳鸣耳聋，肠燥便秘。

评注

脂麻种子有黑白两种之分，黑者称黑脂麻，种子称黑芝麻；白者称白脂麻，种子称白芝麻。仅黑芝麻入药，白芝麻通常做食品。

随着对抗氧化生理功能研究的深入，天然抗氧化物质的开发与利用备受关注。脂麻由于富含木脂素类和生育酚类成分，具有很强的抗氧化能力，因而可作为重要的抗氧化植物加以研究。

参考文献

[1] KS Kim, SH Park, MG Choung. Nondestructive determination of lignans and lignan glycosides in sesame seeds by near infrared reflectance spectroscopy. *Journal of Agricultural and Food Chemistry*. 2006, **54**(13): 4544-4550

[2] KP Suja, A Jayalekshmy, C Arumughan. *In vitro* studies on antioxidant activity of lignans isolated from sesame cake extract. *Journal of the Science of Food and Agriculture*. 2005, **85**(10): 1779-1783

[3] M Dachtler, FHM van de Put, FV Stijn, CM Beindorff, J Fritsche. On-line LC-NMR-MS characterization of sesame oil extracts and assessment of their antioxidant activity. *European Journal of Lipid Science and Technology*. 2003, **105**(9): 488-496

[4] T Osawa, M Nagata, M Namiki, Y Fukuda. Sesamolinol, a novel antioxidant isolated from sesame seeds. *Agricultural and Biological Chemistry*. 1985, **49**(11): 3351-3352

[5] SS Kang, JS Kim, JH Jung, YH Kim. NMR assignments of two furofuran lignans from sesame seeds. *Archives of Pharmacal Research*. 1995, **18**(5): 361-363

[6] M Nagashima, Y Fukuda. Lignan-phenols of water-soluble fraction from 8 kinds of sesame seed coat according to producing district and their antioxidant activities. *Nagoya Keizai Daigaku Shizen Kagaku Kenkyukai Kaishi*. 2004, **38**(2): 45-53

[7] Y Miyake, S Fukumoto, M Okada, K Sakaida, Y Nakamura, T Osawa. Antioxidative catechol lignans converted from sesamin and sesaminol triglucoside by culturing with aspergillus. *Journal of Agricultural and Food Chemistry*. 2005, **53**(1): 22-27

[8] H Katsuzaki, K Imai, T Komiya, T Osawa. Structure of sesamolinol diglucoside in sesame seed. *ITE Letters on Batteries, New Technologies & Medicine*. 2003, **4**(6): 794-797

[9] AA Moazzami, RE Andersson, A Kamal-Eldin. HPLC analysis of sesaminol glucosides in sesame seeds. *Journal of Agricultural and Food Chemistry*. 2006, **54**(3): 633-638

[10] T Sato, AA Maw, M Katsuta. NIR reflectance spectroscopic analysis of the FA composition in sesame (*Sesamum indicum* L.) seeds. *Journal of the American Oil Chemists' Society*. 2003, **80**(12): 1157-1161

[11] MA Javed, T Kausar, J Iqbal, N Akhtar. Elucidation of the structure of triacylglycerols of sesame. *Proceedings of the Pakistan Academy of Sciences.* 2003, **40**(1): 61-65

[12] B Nikolova-Damyanova, R Velikova, L Kuleva. Quantitative TLC for determination of the triacylglycerol composition of sesame seeds. *Journal of Liquid Chromatography & Related Technologies.* 2002, **25**(10 & 11): 1623-1632

[13] T Furumoto, M Iwata, AF Hasan, H Fukui. Anthrasesamones from roots of *Sesamum indicum. Phytochemistry.* 2003, **64**(4): 863-866

[14] AF Hasan, T Furumoto, S Begum, H Fukui. Hydroxysesamone and 2,3-epoxysesamone from roots of *Sesamum indicum. Phytochemistry.* 2001, **58**(8): 1225-1228

[15] F Shahidi, CM Liyana-Pathirana, DS Wall. Antioxidant activity of white and black sesame seeds and their hull fractions. *Food Chemistry.* 2006, **99**(3): 478-483

[16] R Joshi, MS Kumar, K Satyamoorthy, MK Unnikrisnan, T Mukherjee. Free radical reactions and antioxidant activities of sesamol: Pulse radiolytic and biochemical studies. *Journal of Agricultural and Food Chemistry.* 2005, **53**(7): 2696-2703

[17] YC Lai, CW Liang, SY Fan, YH Chu. Antioxidant activity and serum lipid lowering effect of sesame lignan in hamsters. *Taiwan Nongye Huaxue Yu Shipin Kexue.* 2005, **43**(2): 133-138

[18] S Hemalatha, M Raghunath, Ghafoorunissa. Dietary sesame (*Sesamum indicum* cultivar Linn) oil inhibits iron-induced oxidative stress in rats. *British Journal of Nutrition.* 2004, **92**(4): 581-587

[19] Ghafoorunissa, S Hemalatha, MVV Rao. Sesame lignans enhance antioxidant activity of vitamin E in lipid peroxidation systems. *Molecular and Cellular Biochemistry.* 2004, **262**(1&2): 195-202

[20] C Abe, S Ikeda, K Yamashita. Dietary sesame seeds elevate α-tocopherol concentration in rat brain. *Journal of Nutritional Science and Vitaminology.* 2005, **51**(4): 223-230

[21] S Ikeda, T Tohyama, K Yamashita. Dietary sesame seed and its lignans inhibit 2,7,8-trimethyl-2(2'-carboxyethyl)-6-hydroxychroman excretion into urine of rats fed γ-tocopherol. *Journal of Nutrition.* 2002, **132**(5): 961-966

[22] K Yamashita, S Ikeda, M Obayashi. Comparative effects of flaxseed and sesame seed on vitamin E and cholesterol levels in rats. *Lipids.* 2003, **38**(12): 1249-1255

[23] T Ide, M Kushiro, Y Takahashi, K Shinohara, N Fukuda, S Sirato-Yasumoto. Sesamin, a sesame lignan, as a potent serum lipid-lowering food component. *Japan Agricultural Research Quarterly.* 2003, **37**(3): 151-158

[24] T Ide, N Fukuda. Lignan compounds in sesame; lipid lowering function of sesamin. *New Food Industry.* 2003, **45**(11): 40-46

[25] RC Hou, HL Chen, JT Tzen, KC Jeng. Effect of sesame antioxidants on LPS-induced NO production by BV2 microglial cells. *NeuroReport.* 2003, **14**(14): 1815-1819

[26] 唐国涛，陈勇，康丽娟．脂麻梗抗炎镇痛作用研究．中药药理与临床．2005，**21**(6)：40-41

[27] SN Ryu, KS Kim, SS Kang. Growth inhibitory effects of sesamolin from sesame seeds on human leukemia HL-60 cells. *Saengyak Hakhoechi.* 2003, **34**(3): 237-241

[28] 许华，杨晓明，杨锦南，齐伟，刘春霞，杨玉亭．脂麻花醇提物对S_{180}和H22小鼠的抗肿瘤作用研究．中药材．2003，**26**(4)：272-273

[29] Y Matsumura, S Kita, S Morimoto, K Akimoto, M Furuya, N Oka, T Tanaka. Antihypertensive effect of sesamin. I. Protection against deoxycorticosterone acetate-salt-induced hypertension and cardiovascular hypertrophy. *Biological & Pharmaceutical Bulletin.* 1995, **18**(7): 1016-1019

[30] S Kita, Y Matsumura, S Morimoto, K Akimoto, M Furuya, N Oka, T Tanaka. Antihypertensive effect of sesamin. II. Protection against two-kidney, one-clip renal hypertension and cardiovascular hypertrophy. *Biological & Pharmaceutical Bulletin.* 1995, **18**(9): 1283-1285

[31] Y Matsumura, S Kita, Y Tanida, Y Taguchi, S Morimoto, K Akimoto, T Tanaka. Antihypertensive effect of sesamin. III. Protection against development and maintenance of hypertension in stroke-prone spontaneously hypertensive rats. *Biological & Pharmaceutical Bulletin.* 1998, **21**(5): 469-473

[32] H Takeuchi, LY Mooi, Y Inagaki, PM He. Hypoglycemic effect of a hot-water extract from defatted sesame (*Sesamum indicum* L.) seed on the blood glucose level in genetically diabetic KK-Ay mice. *Bioscience, Biotechnology, and Biochemistry.* 2001, **65**(10): 2318-2321

[33] K Bandyopadhyay, S Ghosh Preparation and characterization of papain-modified sesame (*Sesamum indicum* L.) protein isolates. *Journal of Agricultural and Food Chemistry.* 2002, **50**(23): 6854-6857

[34] WH Wu, YP Kang, NH Wang, HJ Jou, TA Wang. Sesame ingestion affects sex hormones, antioxidant status, and blood lipids in postmenopausal women. *Journal of Nutrition.* 2006, **136**(5): 1270-1275

[35] P Dhar, K Chattopadhyay, D Bhattacharyya, S Ghosh. Antioxidative effect of sesame lignans in diabetes mellitus blood: An *in vitro* study. *Journal of Oleo Science.* 2005, **54**(1), 39-43

[36] H Ohno, K Mizutani. Preventive effect of peptide derived from sesame on hypertension. *Gekkan Fudo Kemikaru.* 2002, **18**(3): 11-15

[37] Z Liu, NM Saarinen, LU Thompson. Sesamin is one of the major precursors of mammalian lignans in sesame seed (*Sesamum indicum*) as observed *in vitro* and in rats. *Journal of Nutrition.* 2006, **136**(4): 906-912

[38] W Heupke, H Reinhard. Sesame and its utilization. *Deutsches Archiv fuer Klinische Medizin.* 1937, **180**: 288-295

[39] T Mori, K Tsuchiya, N Kuno, K Adachi. Lignan glycosides in germinating sesame seeds as anti-aging cosmetic raw materials. *Yushi.* 2001, **54**(8): 46-52

水飞蓟 Shuifeiji ···BHP, USP, GCEM

菊科

Silybum marianum (L.) Gaertn.

Milk Thistle

概述

菊科 (Asteraceae) 植物水飞蓟 *Silybum marianum* (L.) Gaertn.，其干燥成熟果实或种子入药。药用名：水飞蓟。又名：奶蓟。

水飞蓟属 (*Silybum*) 植物全世界仅 2 种，分布于中欧、南欧、地中海地区及俄罗斯中亚地区。中国有 1 种，即为本种，为引种栽培，可供药用。本种分布于欧洲、地中海地区、北非及亚洲中部；中国华北、西北地区有引种栽培。

早在 2000 年前的古希腊时代，水飞蓟的叶已开始入药，多用于肝脏疾病的治疗。美国医生于 19 世纪末期至 20 世纪初开始将水飞蓟用来治疗肝、肾或脾肿大；德国则将其广泛用于各种慢性肝病的治疗，尤其是长期饮酒导致的脂肪肝。《美国药典》(第 28 版) 和《英国草药典》(1996 年版) 收载本种为水飞蓟的法定原植物来源种。主产于阿根廷、中国及欧洲罗马尼亚和匈牙利等国。

水飞蓟果实及种子含有黄酮木脂素类物质，其主要成分统称为水飞蓟素。《美国药典》采用高效液相色谱法测定，规定水飞蓟素含量以水飞蓟宾计不得少于 2.0%，以控制药材质量。

药理研究表明，水飞蓟素具有保护肝细胞膜、改善肝功能的作用，能预防多种肝脏毒物所致的肝损伤。

民间经验认为水飞蓟具有保肝的功效；中医理论认为水飞蓟具有清热利湿，舒肝利胆的功效。

水飞蓟 *Silybum marianum* (L.) Gaertn.

水飞蓟 Shuifeiji

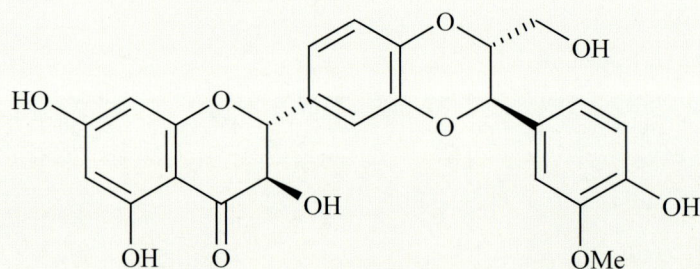

药材水飞蓟 Semen Cardui Mariae

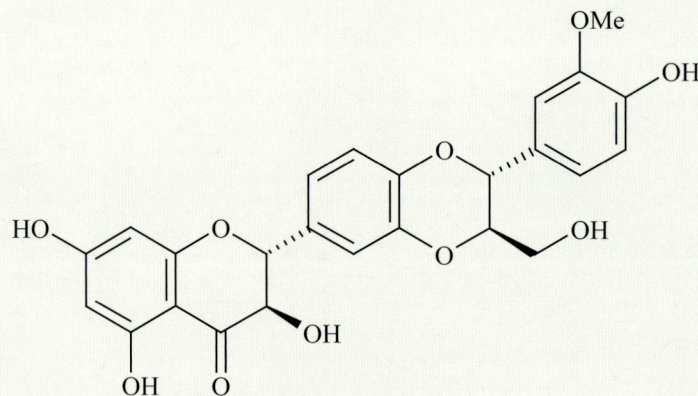

silybin A

isosilybin A

化学成分

水飞蓟果实及种子富含黄酮木脂素类 (flavonolignans) 成分，其总提取物统称为水飞蓟素或西利马灵 (silymarin)，主要有水飞蓟宾A、B (silybin A即silybin b_1，silybin B即silybin a_1)、异水飞蓟宾A、B (isosilybin A即silybin b_2，isosilybin B即silybin a_2)[1-4]，还含有水飞蓟宁 (silydianin)、水飞蓟亭 (silychristin, silychristin A, silychristin II)[1]、脱氢水飞蓟宾 (dehydrosilybin)[5]、2,3－脱氢水飞蓟宾 (2,3－dehydrosilybin)[1]、异水飞蓟亭 (isosilychristin)[3]、水飞蓟亭B (silychristin B)[6]、紫杉叶素 (taxifolin)[3]、silybin Na dihemisuccinate[7]、水飞木质灵 [(－)－silandrin]、水飞木宁 [(+)－silymonin]、5,7－二羟基黄酮 (5,7－dihydroxychromone)[8]等；三萜类成分：marianine、marianosides A－B[9]；尚含盐酸甜菜碱 (betaine hydrochloride)[10]和脂肪酸类成分：油酸 (oleic acid)、亚油酸 (linoleic acid)、肉豆蔻酸 (myristic acid)、棕榈酸 (palmitic acid)、硬脂酸 (stearic acid)、花生酸 (arachidic acid)、山嵛酸 (behenic acid)[11]等。

药理作用

1. 保肝

水飞蓟素对鬼笔毒环肽、鹅膏蕈碱、半乳糖胺、乙硫氨基酪酸、硫代乙酰胺、丙烯醇、四氯化碳 (CCl_4)、异烟肼及利福平等导致的肝损伤均有保护作用[12-14]。水飞蓟素能明显改变 CCl_4 所致大鼠肝组织硬变、弥漫性坏死和脂变；使胶原带变薄，降低肝胶原含量；抑制血清中丙氨酸转氨酶 (ALT)、碱性磷酸酶 (ALP)、γ－谷氨酰转肽酶 (γ－GTP) 和总胆红素的升高；抑制肝匀浆中丙二醛 (MDA) 含量的升高，阻止肝糖原下降[15]。水飞蓟素能降低胆管阻塞性肝纤维化大鼠模型的羟脯氨酸 (HYP)、血清透明质酸 (HA) 和层连蛋白 (LN) 含量；降低 I 型前胶原 (procol－I) mRNA、金属蛋白酶组织抑制因子I (TIMP－I) mRNA 表达和肝组织胶原含量，有改善肝硬化的作用[16]。水飞蓟素保肝的主要机理为防止细胞内脂质发生过氧化反应和细胞膜的损坏；促进受损肝脏中的蛋白质生物合成及细胞再生而促进肝功能恢复；还能通过竞争性地抑制细胞膜中的受体，从而阻止某些食用菌类毒素侵入肝细胞[17]。

2. 抗氧化

水飞蓟素在体内有抗脂质过氧化作用，能拮抗扑热息痛 (acetaminophen) 引起的大鼠脑中的还原型谷胱甘肽 (GSH) 水平降低，升高抗坏血酸含量，增强超氧化物歧化酶 (SOD) 的活性[18]。

3. 抗肿瘤

在体外实验中，水飞蓟素能显著抑制肝癌细胞 HepG2 和 Hep3B 的增殖，对 Hep3B 细胞有强细胞毒作用[19]；还能抑制人前列腺癌细胞 LNCaP、DU145 和 PC3 的增殖，异水飞蓟宾 B 为最有效成分[20]。在体内实验中，水飞蓟素对苯并芘所致小鼠肺癌[21]，4－硝基喹啉－1－氧化物所致大鼠舌癌[22]、氧化偶氮甲烷所致大鼠结肠癌[23]、紫外线及化学致癌物所致小鼠皮肤基底细胞癌、鳞状细胞癌和黑素瘤均有抑制作用[24]。

4. 降血糖

水飞蓟水提物能显著降低正常大鼠和链脲霉素所致糖尿病大鼠的血糖水平，对胰岛素分泌无影响[25]。水飞蓟素能抑制链脲霉素糖尿病大鼠主动脉组织非酶糖化及氧化，纠正神经组织代谢紊乱，改善血液流变学和减轻神经内膜缺血，从而对糖尿病慢性血管并发症和神经病变有防治作用[26-27]。

5. 降血脂

水飞蓟素能纠正高胆固醇饮食引起的大鼠高胆固醇血症，能升高高密度脂蛋白 (HDL) 水平，降低肝脏胆固醇的含量，水飞蓟宾的降血脂作用逊于水飞蓟素[28]。

6. 对心血管系统的影响

水飞蓟素对阿霉素 (doxorubicin) 引起的心肌细胞损伤有保护作用[29]；水飞蓟宾能升高大鼠室颤阈，对心室颤动具有一定的防止作用，其机理与水飞蓟宾抑制钙离子跨细胞膜内流而增加心肌细胞膜电稳定性有关[30]。水飞蓟宾能抑制兔髂动脉球囊血管损伤后的血管内膜增生及血管重构，提示其可能有预防冠状动脉成形术后再狭窄的作用[31]。

7. **保护胃黏膜**
水飞蓟素对大鼠局部缺血和再灌注期间的胃黏膜损伤有保护作用。其机理为通过干扰中性粒细胞的氧化代谢，降低中性粒细胞外渗和中性粒细胞介导的细胞毒性[32]。

8. **其他**
水飞蓟素能对抗顺铂对肾脏的毒性[33]。此外，水飞蓟还有提高免疫活性和保护神经细胞的作用[34-35]。

应用

水飞蓟在民间主要用于治疗肝脏疾病，如慢性肝炎和肝硬化等。还用于治疗消化不良和胆道系统功能失调等病。

水飞蓟也为中医临床用药。功能：清热利湿，舒肝利胆。主治：急慢性肝炎，肝硬化，脂肪肝，胆石症，胆管炎等。

评注

水飞蓟果实除了含水飞蓟素等黄酮类成分外，还含水飞蓟油，油脂中富含蛋白质、氨基酸、脂肪、多不饱和脂肪酸、维生素和微量元素等，其中的亚油酸和亚麻酸有降血脂、抑制血栓和动脉粥样硬化形成的作用。水飞蓟油营养丰富、毒性低，可开发为食用油或心血管保健药物[36]。

参考文献

[1] VA Kurkin, GG Zapesochnaya, AV Volotsueva, EV Avdeeva, KS Pimenov. Flavolignans of *Silybum marianum* fruit. *Chemistry of Natural Compounds*. 2002, **37**(4): 315-317

[2] A Arnone, L Merlini, A Zanarotti. Constituents of *Silybum marianum*. Structure of isosilybin and stereochemistry of silybin. *Journal of the Chemical Society, Chemical Communications*. 1979, **16**: 696-697

[3] NC Kim, TN Graf, CM Sparacino, MC Wani, ME Wall. Complete isolation and characterization of silybins and isosilybins from milk thistle (*Silybum marianum*). *Organic & Biomolecular Chemistry*. 2003, **1**(10): 1684-1689

[4] SA Khan, B Ahmed. Antihepatotoxic activity of flavolignans of seeds of *Silybum marianum*. *Chemistry*. 2003, **1**(1): 47-52

[5] Z Dvorak, R Vrzal, J Ulrichova. Silybin and dehydrosilybin inhibit cytochrome P450 1A1 catalytic activity: A study in human keratinocytes and human hepatoma cells. *Cell Biology and Toxicology*. 2006, **22**(2): 81-90

[6] WA Smith, DR Lauren, EJ Burgess, NB Perry, RJ Martin. A silychristin isomer and variation of flavonolignan levels in milk thistle (*Silybum marianum*) fruits. *Planta Medica*. 2005, **71**(9): 877-880

[7] B Tuchweber, W Trost, M Salas, R Sieck. Prevention of praseodymium-induced hepatotoxicity by silybin. *Toxicology and Applied Pharmacology*. 1976, **38**(3): 559-570

[8] I Szilagi, P Tetenyi, S Antus, O Seligmann, VM Chari, M Seitz, H Wagner. Structure of silandrin and silymonin, two new flavanolignans from a white blooming *Silybum marianum* variety. *Planta Medica*. 1981, **43**(2): 121-127

[9] E Ahmed, A Malik, S Ferheen, N Afza, UH Azhar, MA Lodhi, MI Choudhary. Chymotrypsin inhibitory triterpenoids from *Silybum marianum*. *Chemical & Pharmaceutical Bulletin*. 2006, **54**(1): 103-106

[10] PN Varma, SK Talwar, GP Garg. Chemical investigation of *Silybum marianum*. *Planta Medica*. 1980, **38**(4): 377-378

[11] BS El-Tahawi, SN Deraz, SA El-Koudosy, FM El-Shouny. Chemical studies on *Silybum marianum* (L.) Gaertn. wild-growing in Egypt. I. Oil and sterols. *Grasas y Aceites*. 1987, **38**(2): 93-97

[12] G Vogel, W Trost, R Braatz, KP Odenthal, G Bruesewitz, H Antweiler, R Seeger. Pharmacodynamics, point of attack, and action mechanism of silymarin, the antihepatotoxic principle from *Silybum marianum*. I. Acute toxicology or tolerance, general and special pharmacology. *Arzneimittel-Forschung*. 1975, **25**(1): 82-89

[13] Z Dvorak, P Kosina, D Walterova, V Simanek, P Bachleda. J Ulrichova. Primary cultures of human hepatocytes as a tool in cytotoxicity studies: cell protection against model toxins by flavonolignans obtained from *Silybum marianum*. *Toxicology letters*. 2003, **137**(3): 201-212

[14] 薛洪源，侯艳宁，刘会臣，陈静，曹颖．水飞蓟宾胶囊对异烟肼和利福平肝损害小鼠的保护作用．中成药．2003，**25**(4)：307-310

[15] L Favari, V Perez-Alvarez. Comparative effects of colchicine and silymarin on CCl_4-chronic liver damage in rats. *Archives of Medical Research*. 1997, **28**(1): 11-17

[16] 王宇，贾继东，杨寄华，马雪梅，马红，王宝恩．水飞蓟素对实验性肝纤维化的疗效及其作用机制的研究．国外医学：消化系疾病分册．2005，**25**(4)：256-259

[17] E Leng-Peschlow. Properties and medical use of flavonolignans (silymarin) from *Silybum marianum*. *Phytotherapy Research*. 1996, **10**(Suppl 1): S25-S26

[18] C Nencini, G Giorgi, L Micheli. Protective effect of silymarin on oxidative stress in rat brain. *Phytomedicine*. 2006: 22

[19] L Varghese, C Agarwal, A Tyagi, RP Singh, R Agarwal. Silibinin efficacy against human hepatocellular carcinoma. *Clinical Cancer Research*. 2005, **11**(23): 8441-8448

[20] PR Davis-Searles, Y Nakanishi, NC Kim, TN Graf, NH Oberlies, MC Wani, ME Wall, R Agarwal, DJ Kroll. Milk thistle and prostate cancer: differential effects of pure flavonolignans from *Silybum marianum* on antiproliferative end points in human prostate carcinoma cells. *Cancer Research*. 2005, **65**(10): 4448-4457

[21] Y Yan, Y Wang, Q Tan, RA Lubet, M You. Efficacy of deguelin and silibinin on benzo(a)pyrene-induced lung tumorigenesis in A/J mice. *Neoplasia*. 2005, **7**(12): 1053-1057

[22] Y Yanaida, H Kohno, K Yoshida, Y Hirose, Y Yamada, H Mori, T Tanaka. Dietary silymarin suppresses 4-nitroquinoline 1-oxide-induced tongue carcinogenesis in male F344 rats. *Carcinogenesis*. 2002, **23**(5): 787-794

[23] H Kohno, T Tanaka, K Kawabata, Y Hirose, S Sugie, H Tsuda, H Mori. Silymarin, a naturally occurring polyphenolic antioxidant flavonoid, inhibits azoxymethane-induced colon carcinogenesis in male F344 rats. *International Journal of Cancer*. 2002, **101**(5): 461-468

[24] SK Katiyar. Silymarin and skin cancer prevention: anti-inflammatory, antioxidant and immunomodulatory effects. *International Journal of Oncology*. 2005, **26**(1): 169-176

[25] M Maghrani, NA Zeggwagh, A Lemhadri, M El Amraoui, JB Michel, M Eddouks. Study of the hypoglycaemic activity of *Fraxinus excelsior* and *Silybum marianum* in an animal model of type 1 diabetes mellitus. *Journal of Ethnopharmacology*. 2004, **91**(2-3): 309-316

[26] 徐向进，张家庆，黄庆玲．水飞蓟素对糖尿病大鼠主动脉非酶糖化及氧化的抑制作用．第二军医大学学报．1997，**18**(1)：59-61

[27] 郑冬梅，陈丽，陈青，白秀燕．水飞蓟素对糖尿病大鼠周围神经病变的影响．中国糖尿病杂志．2003，**11**(6)：406-408

[28] V Krecman, N Skottova, D Walterova, J Ulrichova, V Simanek. Silymarin inhibits the development of diet-induced hypercholesterolemia in rats. *Planta Medica*. 1998, **64**(2): 138-142

[29] S Chlopcikova, J Psotova, P Miketova, V Simanek. Chemoprotective effect of plant phenolics against anthracycline-induced toxicity on rat cardiomyocytes. Part I. Silymarin and its flavonolignans. *Phytotherapy Research*. 2004, **18**(2): 107-110

[30] 狄思懋，梁瑞廉，葛兆莺，郁晓明．水飞蓟宾防止成年大鼠心室颤动的实验研究．中国心血管杂志．1998，**3**(4)：240-242

[31] 郁晓明，顾永明，葛兆莺，梁瑞廉．水飞蓟宾对球囊血管损伤后内膜增生及血管重构的影响．上海医学．2002，**25**(12)：752-754

[32] AC Alarcon de la Lastra, MJ Martin, V Motilva, M Jimenez, C La Casa, A Lopez. Gastroprotection induced by silymarin, the hepatoprotective principle of *Silybum marianum* in ischemia-reperfusion mucosal injury: role of neutrophils. *Planta Medica*. 1995, **61**(2): 116-9

[33] G Karimi, M Ramezani, Z Tahoonian. Cisplatin nephrotoxicity and protection by milk thistle extract in rats. *Evidence-based Complementary and Alternative Medicine*. 2005, **2**(3): 383-386

[34] C Wilasrusmee, S Kittur, G Shah, J Siddiqui, D Bruch, S Wilasrusmee, DS Kittur. Immunostimulatory effect of *Silybum Marianum* (milk thistle) extract. *Medical Science Monitor*. 2002, **8**(11): 439-443

[35] S Kittur, S Wilasrusmee, WA Pedersen, MP Mattson, K Straube-West, C Wilasrusmee, B Jubelt, DS Kittur. Neurotrophic and neuroprotective effects of milk thistle (*Silybum marianum*) on neurons in culture. *Journal of Molecular Neuroscience*. 2002, **18**(3): 265-269

[36] 何维明，许牡丹，杨菁，张双隽，文秀莲，毛根年．水飞蓟油的营养成分及降脂作用的研究．营养学报．1996，**2**：163-167

茄科

欧白英 Oubaiying GCEM

Solanum dulcamara L.

Nightshade

概述

茄科 (Solanaceae) 植物欧白英 *Solanum dulcamara* L.，其干燥茎入药。药用名：欧白英。

茄属 (*Solanum*) 植物全世界约 2000 种，分布于全世界热带及亚热带，少数达到温带地区，主要产于南美洲的热带。中国有 39 种、14 变种，本属现供药用者 21 种、1 变种。本种分布于欧洲、小亚细亚、高加索、西伯利亚直到里海、死海，向东分布至喜马拉雅山区。

欧白英在公元 2 世纪盖伦时代的欧洲就被广泛用于治疗瘤和疣。印度用欧白英做利尿剂及医治遗传性梅毒、风湿病以及其他难治癞病、皮肤病等。中国四川、云南产区民间用作治疗风疹、丹毒、阴道糜烂等症[1]。主产于欧州和印度[1]，中国云南西北部、四川西南部、西藏和新疆也产。

欧白英主要含固醇生物碱、固醇皂苷和黄酮类成分。

药理研究表明，欧白英具有抗肿瘤、抗病毒、抗真菌、抗炎、抗氧化等作用。

民间经验认为欧白英具有抗病毒，抗肿瘤等功效；中医理论认为欧白英具有驱风除湿，清热解毒的功效。

欧白英 *Solanum dulcamara* L.

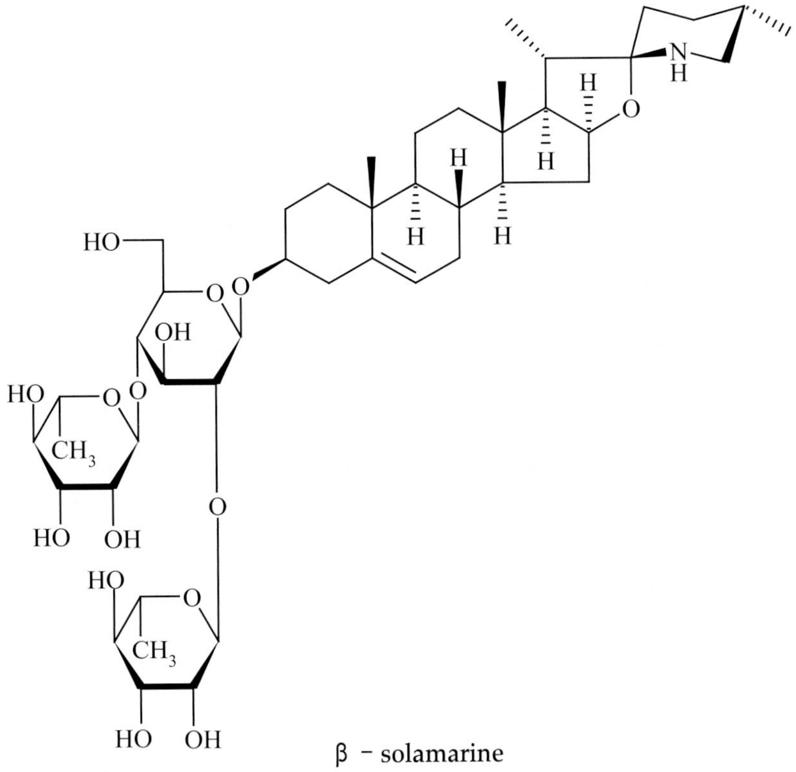

β - solamarine

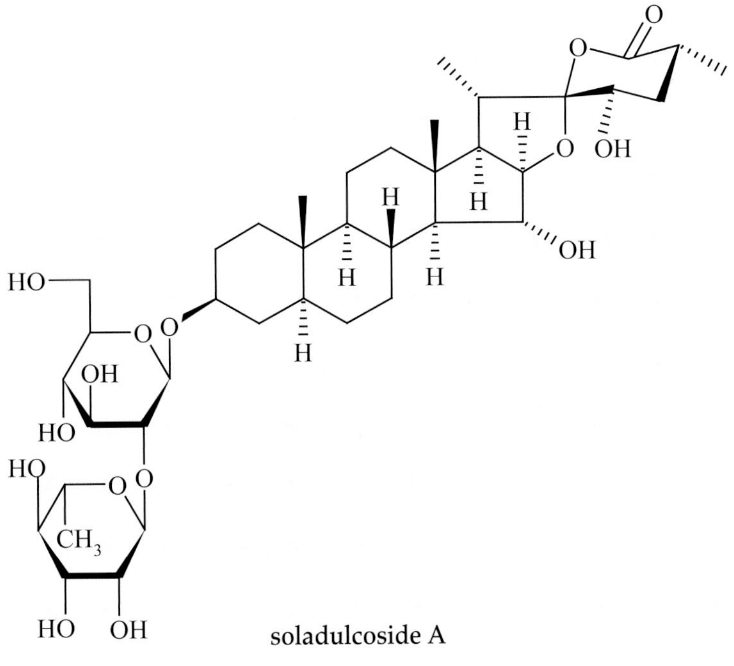

soladulcoside A

化学成分

欧白英的根含固醇生物碱类成分：番茄碱 (tomatidine)、番茄烯胺 (tomatidenol)、蜀羊泉次碱 (soladulcidine)、澳洲茄次碱 (solasodine)[2]等。

欧白英的茎含固醇生物碱类成分：茄甜苦碱 (soladulcamarine)[3]；龙葵碱 (solanine)[4]、蜀羊泉次碱 (soladulcidine)[5]、茄解碱 (solasonine)、边缘茄碱 (solamargine)[6]、蜀羊泉碱 (soladulcine)[7]；固醇皂苷类成分：degalactotigonin[8]、soladulcosides A、B[9]等。

欧白英 Oubaiying

欧白英的叶含黄酮类成分：槲皮素-3-葡萄糖苷 (quercetin-3-glucoside)、山柰酚-3-鼠李葡萄糖苷 (kaempferol-3-rhamnoglucoside)[10]；固醇生物碱类成分：澳洲茄次碱 (solasodine)[11]；固醇皂苷类成分：solayamocidosides A、B、C、D、E、F[12]等。

欧白英的果实含固醇生物碱类成分：蜀羊泉次碱葡萄糖苷 (soladulcidine glycoside)、番茄烯胺葡萄糖苷 (tomatidenol glycoside)[13]、番茄烯胺 (tomatidenol)[14]等。

欧白英的种子含固醇生物碱类成分：蜀羊泉次碱、澳洲茄次碱[15]等。

欧白英的花含黄酮类成分：槲皮素-3-鼠李葡萄糖苷 (quercetin-3-rhamnoglucoside)、山柰酚-3-鼠李葡萄糖苷[10]等。

另外，欧白英还含有β-苦茄碱 (β-solamarine)[16]等。

药理作用

1. **抗肿瘤**

   欧白英提取物中有明显抗实验性小鼠肉瘤细胞 S_{180} 活性，β-苦茄碱是主要的活性成分[16]。龙葵碱对小鼠 S_{180} 及 H_{22} 肿瘤细胞膜的 Na^{+},K^{+}-ATP 酶及 Ca^{2+},Mg^{2+}-ATP 酶活性均有明显的抑制作用[17]，并且降低肿瘤细胞 RNA 和 DNA 的比值[18]，这可能是龙葵碱抗肿瘤作用机理之一。边缘茄碱能增加人肺癌细胞 (H441、H520、H661、H69) 对肿瘤坏死因子的敏感性，增强细胞凋亡蛋白酶活性，导致肿瘤细胞 DNA 破裂[19]。茄属甾体苷类化合物对大鼠肾上腺嗜铬细胞瘤 PC-12、结肠癌细胞 HCT-116 也有明显细胞毒活性，其活性与低聚糖种类和苷元种类相关[20]。

2. **抗病毒**

   茄属固醇苷类化合物有明显抗 1 型单纯疱疹病毒 (HSV-1) 活性，番茄烯胺、澳洲茄二烯活性较强[21]。

3. **抗真菌**

   欧白英中性固醇皂苷［主要是剑麻皂苷元 (tigogenin) 和亚莫皂苷元 (yamogenin)］具有抗真菌活性，较欧白英生物碱苷类抗真菌活性弱[22]。

4. **抗炎**

   澳洲茄次碱对小鼠有抗炎作用，同时能降低对疼痛刺激的敏感性[23]。欧白英提取物对血小板活化因子 (PAF) 导致的胞吐作用有显著抑制作用[24]。

5. **抗氧化**

   欧白英叶提取物对 Fe^{2+} 导致的脂质过氧化有明显抑制作用[25]。

6. **其他**

   澳洲茄次碱还具有强心、利尿[23]作用。

应用

欧白英主要用于湿疹、疖、痤疮、疣等病的治疗。还用于治疗鼻出血、风湿、哮喘、支气管炎、肿瘤；外用治疗疱疹、脓疮、挫伤、疣突、梅毒，以及其他难治性癞病、皮肤病。

欧白英也为中医临床用药。功能：驱风除湿，清热解毒。主治：风湿疼痛，破伤风，痈肿，恶疮，疥疮，外伤出血。

评注

《中国药典》(1977年版) 收载同属植物白英 *Solanum lyratum* Thunb. 为中药白英的法定原植物来源种。中药白英具有清热解毒，利湿消肿的功效；主治风热感冒，发热，咳嗽，黄疸型肝炎，胆囊炎，痈肿，风湿性关节炎。

参考文献

[1] 陈雪梅，陈谦海．中药白英及其混淆种．中药材．2005，**28**(6)：462-463

[2] G Willuhn, A Kun-anake. Chemical differentiation in *Solanum dulcamara*. V. Isolation of tomatidin from roots of the solasodin race. *Planta Medica*. 1970, **18**(4): 354-360

[3] H Baggesgaard-Rasmussen, PM Boll. Soladulcamarine, the alkaloidal glycoside of *Solanum dulcamara*. *Acta Chemica Scandinavica*. 1958, **12**: 802-806

[4] P Khanna, P Kumar, S Singhvi. Isolation and characterization of solanine from *in vitro* tissue culture of *Solanum tuberosum* L. and *Solanum dulcamara* L. *Indian Journal of Pharmaceutical Sciences*. 1988, **50**(1): 38-39

[5] EA Tukalo, BT Ivanchenko. Steroid sapogenins of *Solanum dulcamara*. *Sbornik Nauchnykh Trudov Vitebskogo Gosudarstvennogo Meditsinskogo Instituta*. 1969, **13**: 53-56

[6] NA Valovics, MA Bartok. Determination of solasodine, soladulcidine, and tomatidenol in *Solanum dulcamara*. *Herba Hungarica*. 1969, **8**(3): 107-111

[7] EA Tukalo, BT Ivanchenko. Glycoside alkaloids from *Solanum dulcamara*. *Khimiya Prirodnykh Soedinenii*. 1971, **7**(2): 207-208

[8] YY Lee, F Hashimoto, S Yahara, T Nohara, N Yoshida. Solanaceous plants. 29. Steroidal glycosides from *Solanum dulcamara*. *Chemical & Pharmaceutical Bulletin*. 1994, **42**(3): 707-709

[9] T Yamashita, T Matsumoto, S Yahara, N Yoshida, T Nohara. Solanaceous plants. 22. Structures of two new steroidal glycosides, soladulcosides A and B from *Solanum dulcamara*. *Chemical & Pharmaceutical Bulletin*. 1991, **39**(6): 1626-1628

[10] A Walkowiak, B Taniocznik, Z Kowalewski. Flavonoid compounds of *Solanum dulcamara* L. *Herba Polonica*. 1990, **36**(4): 133-137

[11] E Sarer, T Cakiroglu. Chemical study on the leaves of *Solanum dulcamara* L. *Ankara Universitesi Eczacilik Fakultesi Dergisi*. 1985, **15**(1): 91-102

[12] G Willuhn, U Koethe. Bitter principle of bittersweet, *Solanum dulcamara* L.- isolation and structures of new furostanol glycosides. *Archiv der Pharmazie*. 1983, **316**(8): 678-687

[13] G Willuhn. Chemical differentiation of *Solanum dulcamara*. III. Steroid alkaloid content of the solasodine strain. *Planta Medica*. 1968, **16**(4): 462-466

[14] G Willuhn, U Koethe. Spirostanol content and variability in overground organs of *Solanum dulcamara L. Deutsche Apotheker Zeitung*. 1981, **121**(5): 235-239

[15] G Willuhn, S May, I Merfort. Triterpenes and steroids in seeds of *Solanum dulcamara*. *Planta Medica*. 1982, **46**(2): 99-104

[16] SM Kupchan, SJ Barboutis, JR Knox, C Lau, A Cesar. β-Solamarine: tumor inhibitor isolated from *Solanum dulcamara*. *Science*. 1965, **150**(3705): 1827-1828

[17] 季宇彬，王宏亮，高世勇．龙葵碱对肿瘤细胞膜ATP酶活性的影响．哈尔滨商业大学学报（自然科学版）．2005，**21**(2)：127-129

[18] 季宇彬，王宏亮，高世勇．龙葵碱对荷瘤小鼠肿瘤细胞DNA和RNA的影响．中草药．2005，**36**(8)：1200-1202

[19] LF Liu, CH Liang, LY Shiu, WL Lin, CC Lin, KW Kuo. Action of solamargine on human lung cancer cells - enhancement of the susceptibility of cancer cells to TNFs. *FEBS Letters*. 2004, **577**(1-2): 67-74

[20] T Ikeda, H Tsumagari, T Honbu, T Nohara. Cytotoxic activity of steroidal glycosides from *solanum* plants. *Biological & Pharmaceutical Bulletin*. 2003, **26**(8): 1198-1201

[21] T Ikeda, J Ando, A Miyazono, XH Zhu, H Tsumagari, T Nohara, K Yokomizo, M Uyeda. Anti-herpes virus activity of *Solanum* steroidal glycosides. *Biological & Pharmaceutical Bulletin*. 2000, **23**(3): 363-364

[22] B Wolters. The share of the steroid saponins in the antibiotic action of *Solanum dulcamara*. *Planta Medica*. 1965, **13**(2): 189-193

[23] AD Turova, KI Seifulla, MS Belykh. Pharmacological study of solasodine. *Farmakologiya i Toksikologiya*. 1961, **24**: 469-474

[24] H Tunon, C Olavsdotter, L Bohlin. Evaluation of anti-inflammatory activity of some Swedish medicinal plants. Inhibition of prostaglandin biosynthesis and PAF-induced exocytosis. *Journal of Ethnopharmacology*. 1995, **48**(2): 61-76

[25] N Mimica-Dukic, L Krstic, P Boza. Effect of solanum species (*Solanum nigrum* L. and *Solanum dulcamara* L.) on lipid peroxidation in lecithin liposome. *Oxidation Communications*. 2005, **28**(3): 536-546

加拿大一枝黄花 Jianadayizhihuanghua[EP, BP, GCEM]

Solidago canadensis L.

Goldenrod

概述

菊科 (Asteraceae) 植物加拿大一枝黄花 *Solidago canadensis* L.，其干燥地上部分入药。药用名：金棒草。

一枝黄花属 (*Solidago*) 植物全世界约有 120 种，主要集中于美洲。中国约 4 种，本属现供药用者约 3 种 、1 变种。本种原产于北美，欧洲 、亚洲也有分布；中国有引种栽培。

加拿大一枝黄花在欧洲作为泌尿系统抗炎药使用已有数百年的历史[1]。《欧洲药典》(第 5 版) 和《英国药典》(2002 年版) 收载本种为金棒草的法定原植物来源种。主产于北美洲。

加拿大一枝黄花含有黄酮类 、三萜皂苷类和挥发油等成分。《欧洲药典》和《英国药典》采用紫外分光光度法测定，规定金棒草中总黄酮含量以金丝桃苷计不得少于 2.5%，以控制药材质量。

药理研究表明，加拿大一枝黄花具有利尿 、抗炎 、抗氧化 、抗肿瘤 、抗菌等作用。

民间经验认为金棒草具有利尿，解痉，抗炎的功效。

加拿大一枝黄花 *Solidago canadensis* L.

药材金棒草 Herba Solidaginis Canadensis

1cm

化学成分

加拿大一枝黄花地上部分含黄酮类成分：槲皮素 (quercetin)、3－甲氧基槲皮素 (3－methoxy－quercetin)[2]、烟花苷 (nicotiflorin)、芦丁 (rutin)、金丝桃苷 (hyperoside)、异槲皮苷 (isoquercitrin)、槲皮苷 (quercitrin)、阿福豆苷 (afzelin)[1]、山柰酚 (kaempferol)、异鼠李素 (isorhamnetin)[3]、3－氧－(β－D－吡喃葡萄糖苷－6”－乙酰基)－异鼠李素 [3－O－(β－D－glucopyranoside－6”－acetyl)－isorhamnetin]、3－氧－β－D－吡喃葡萄糖苷异鼠李素 (isorhamnetin 3－O－β－D－glucopyranoside)[4]；三萜皂苷类成分：canadensissaponins 1－8[5-7]；三萜类成分：巴约苷元 (bayogenin)[8]、3β－(3R－acetoxyhexadecanoyloxy)－lup－20(29)－ene、lupeol、cycloartenol[9]；二

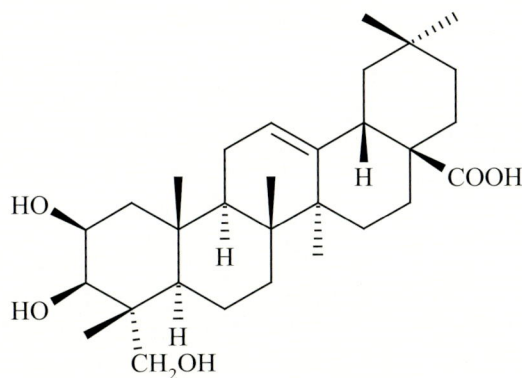

bayogenin

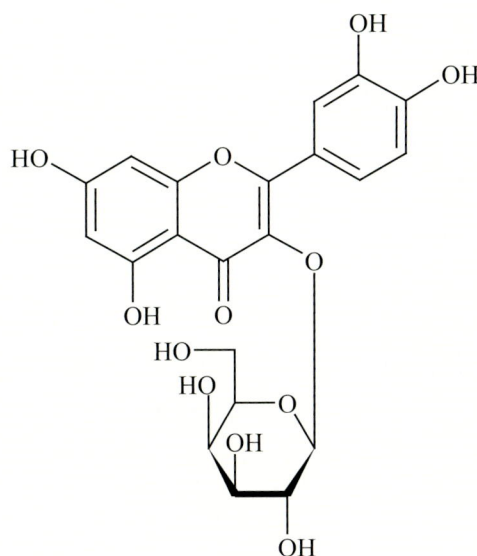

hyperoside

加拿大一枝黄花 Jianadayizhihuanghua

萜类成分：solidagenone[10]等。

加拿大一枝黄花的花含挥发油类成分：大根香叶烯D (germacrene D)、α-蒎烯 (α-pinene)、柠檬烯 (limonene) [11]、异大根香叶烯 (isogermacrene D) [12]、curlone、倍半水芹烯 (β-sesquiphellandrene)[13]、杜松烯 (cadinene)[14]等。

加拿大一枝黄花的叶含倍半萜类成分：6-epi-α-cubebene、6-epi-β-cubebene[15]；根含二萜类成分：13Z-7α-acetoxylkolavenic acid[16]等。

药理作用

1. 利尿

大鼠口服加拿大一枝黄花及其他三种同属植物中提取的黄酮后，尿量明显增加，钠钾排泄减少，钙排泄增加[17]。其地上部分浸提液对家兔也有利尿作用[4]。

2. 抗炎

在一枝黄花属植物中，加拿大一枝黄花的抗炎活性较强，所含的槲皮苷具有抗出血性肾炎作用，皂苷类成分能加强抗炎活性[18]。

3. 抗氧化

自由基消除实验表明，槲皮素的抗氧化和自由基消除活性最强，3-甲氧基槲皮素和槲皮素-3-O-β-D-葡萄糖苷显示出中等活性[2]。加拿大一枝黄花甲醇提取物也有明显清除过氧化物自由基能力[19]。

4. 抗肿瘤

皮下注射加拿大一枝黄花多糖提取物可通过免疫调节对小鼠S_{180}肿瘤生长产生明显抑制作用[20]。

应用

加拿大一枝黄花具有利尿、解痉、抗炎等功效。

加拿大一枝黄花现代临床广泛用于膀胱结石、尿路炎、尿结石、肾结石的治疗和预防，以及泌尿路细菌感染的辅助治疗等。

评注

《欧洲药典》和《英国药典》还收载同属植物巨大一枝黄花 *Solidago gigantea* Ait 为金棒草的法定原植物来源种。

另外，同属植物毛果一枝黄花 *S. virgaurea* L. 被《英国草药典》(1996 年版) 收载为金棒草的法定原植物来源种，在《欧洲药典》则被独立收载为欧洲金棒草的法定原植物来源种。毛果一枝黄花具有抗炎、抗菌、利尿、抗肿瘤等多种药理活性；临床用于尿路感染、肾结石、膀胱结石，以及风湿、痛风、糖尿病、痔疮、前列腺肥大等病的治疗。毛果一枝黄花的全草或根也做中药新疆一枝黄花使用，具有疏风清热，解毒消肿的功效；主治风寒感冒，咽喉肿痛，肾炎，膀胱炎，痈肿疔毒，跌打损伤。

加拿大一枝黄花在中国列为林业检疫性有害生物。加拿大一枝黄花具有较强的繁殖能力，在生长过程中，它会与其他物种竞争养分、水分和空间，从而使绿化灌木成片死亡，同时影响农作物的产量和质量，在中国部分省市已经造成生态失衡。加拿大一枝黄花的综合利用值得深入研究。

参考文献

[1] P Apati, K Szentmihalyi, A Balazs, D Baumann, M Hamburger, TS Kristo, E Szoke, A Kery. HPLC analysis of the flavonoids in pharmaceutical preparations from Canadian goldenrod (*Solidago canadensis*). *Chromatographia*. 2002, **56**(S): S65-S68

[2] 王开金，陈列忠，李宁，俞晓平．加拿大一枝黄花黄酮类成分及抗氧化与自由基消除活性的研究．中国药学杂志．2006，**41**(7): 493-497

[3] VS Batyuk, SN Kovaleva. Flavonoids of *Solidago canadensis* and *S. virgaurea*. *Khimiya Prirodnykh Soedinenii*. 1985, **4**: 566-567

[4] VS Batyuk, EA Vasil'chenko, SN Kovaleva. Flavonoids of *Solidago virgaurea* L. and *S. canadensis* L. and their pharmacological properties. *Rastitel'nye Resursy*. 1988, **24**(1): 92-99

[5] G Reznicek, J Jurenitsch, M Plasun, S Korhammer, E Haslinger, K Hiller, W Kubelka. Four major saponins from *Solidago canadensis*. *Phytochemistry*. 1991, **30**(5): 1629-1633

[6] G Reznicek, J Jurenitsch, M Freiler, S Korhammer, E Haslinger, K Hiller, W Kubelka. Isolation and structure elucidation of new saponins from *Solidago canadensis*. *Planta Medica*. 1992, **58**(1): 94-98

[7] K Hiller, G Bader, G Reznicek, J Jurenitsch, W Kubelka. The main saponins of medicinally used species of the genus *Solidago*. *Pharmazie*. 1991, **46**(6): 405-408

[8] K Hiller, C Hein, P Franke. Isolation of bayogenin glycosides from *Solidago canadensis* L. *Pharmazie*. 1983, **38**(1): 73

[9] VS Chaturvedula, BN Zhou, ZJ Gao, SJ Thomas, SM Hecht, DG Kingston. New lupane triterpenoids from *Solidago canadensis* that inhibit the lyase activity of DNA polymerase beta. *Bioorganic & Medicinal Chemistry*. 2004, **12**(23): 6271-6275

[10] T Anthonsen, PH McCabe, R McCrindle, RD Murray. Constituents of Solidago species. I. Constitution and stereochemistry of diterpenoids from *Solidago canadensis*. *Tetrahedron*. 1969, **25**(10): 2233-2239

[11] 王开金，李宁，陈列忠，俞晓平．加拿大一枝黄花精油的化学成分及其抗菌活性．植物资源与环境学报．2006，**15**(1): 34-36

[12] 夏文孝，何伟，文光裕．加拿大一枝黄花的精油成分．植物学通报．1999，**16**(2): 178-181

[13] P Weyerstahl, H Marshall, C Christiansen, D Kalemba, J Gora. Constituents of the essential oil of *Solidago canadensis* ("goldenrod") from Poland - a correction. *Planta Medica*. 1993, **59**(3): 281-282

[14] D Kalemba, J Gora, A Kurowska. Analysis of the essential oil of *Solidago canadensis*. *Planta Medica*. 1990, **56**(2): 222-223

[15] AA Kasali, O Ekundayo, C Paul, WA Konig. Epi-cubebanes from *Solidago canadensis*. *Phytochemistry*. 2002, **59**(8): 805-810

[16] TS Lu, MA Menelaou, D Vargas, FR Fronczek, NH Fischer. Polyacetylenes and diterpenes from *Solidago canadensis*. *Phytochemistry*. 1993, **32**(6): 1483-1488

[17] A Chodera, K Dabrowska, A Sloderbach, L Skrzypczak, J Budzianowski. Effect of the flavonoid fraction of the *Solidago* genus plants on diuresis and electrolyte concentration. *Acta Poloniae Pharmaceutica*. 1991, **48**(5-6): 35-37

[18] L Fuchs, V Iliev. Isolation of quercitrin from *Solidago virga-aurea*, *Solidago serotina*, and *Solidago canadensis*. An old medicinal plant in a new light. *Scientia Pharmaceutica*. 1949, **17**: 128-131

[19] LM McCune, T Johns. Antioxidant activity in medicinal plants associated with the symptoms of diabetes mellitus used by the indigenous peoples of the North American boreal forest. *Journal of Ethnopharmacology*. 2002, **82**(2-3): 197-205

[20] G Franz. Structure-activity relation of polysaccharides with antitumor activity. *Farmaceutisch Tijdschrift voor Belgie*. 1987, **64**(4): 301-311

蔷薇科

欧洲花楸 Ouzhouhuaqiu GCEM

Sorbus aucuparia L.

Mountain Ash

概述

蔷薇科 (Rosaceae) 植物欧洲花楸 *Sorbus aucuparia* L.，其干燥成熟果实入药。药用名：欧洲花楸。

花楸属 (*Sorbus*) 植物全世界约有 80 种，分布于北半球的亚洲、欧洲、北美洲。中国有 50 余种，本属现供药用者约6 种。本种分布于欧洲远至西伯利亚和小亚细亚的大部分地区，北美洲也有分布。

在苏格兰高地，人们相信欧洲花楸能解除魔咒，因此广泛种植于房前屋后。放牧者认为用欧洲花楸的枝条来驱赶牛群，可以保护牛群不受疾病的侵扰。此外，人们很早以前便开始将其果实制作蜜饯和酒精饮料[1]。主产于欧洲。

欧洲花楸主要含黄酮类、有机酸类、三萜类、氰苷类成分等。

药理研究表明，欧洲花楸具有抗凝血、抗氧化、抗菌等作用。

民间经验认为欧洲花楸可治疗肾病、糖尿病、风湿病、尿酸代谢紊乱、月经失调、维生素 C 缺乏症，还可溶解尿酸沉积、碱化血液、增强代谢等。

欧洲花楸 *Sorbus aucuparia* L.

欧洲花楸 *Sorbus aucuparia* L.

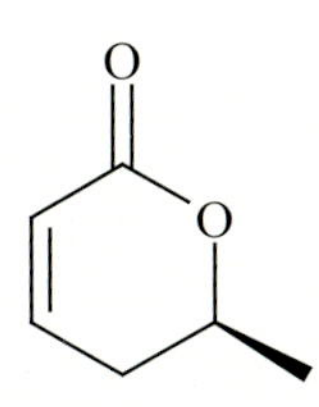

parasorbic acid

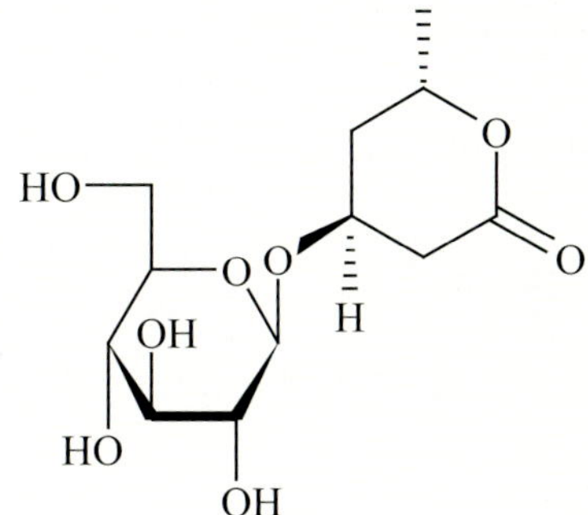

parasorboside

化学成分

欧洲花楸的果实中主要含有黄酮类成分：槲皮素 (quercitrin)、芦丁 (rutin)[2]、槲皮素-3-O-半乳糖苷 (quercetin-3-O-galactoside)、槲皮素-3-O-葡萄糖苷 (quercetin-3-O-glucoside)[3]；有机酸类成分：花楸酸 (parasorbic acid)、脱落酸 (abscisic acid)、异丙基苹果酸 (isopropylmalic acid)[4]、山梨酸 (sorbic acid)[5]、苹果酸 (malic acid)、柠檬酸 (citric acid)、酒石酸 (tartaric acid)、咖啡酸 (caffeic acid)[6]、绿原酸 (chlorogenic acid)、新绿原酸 (neochlorogenic acid)[7]、羟基苯丙烯酸 (hydroxycinnamic acids)[8]；三萜类成分：α-香树精 (α-amyrin)、熊果酸 (ursolic acid)、2α-羟基熊果酸甲酯 (Me 2α-hydroxyursolate)、2α-羟基熊果酸 (2α-hydroxyursolic acid)[9]；花色素苷类成分：矢车菊素-3-半乳糖苷 (cyanidin-3-galactoside)[10]、白花色苷

欧洲花楸 Ouzhouhuaqiu

(leucoanthocyanins)[8]；氰苷类成分：苦杏仁苷 (amygdalin)[11]；还含有花楸酸苷 (parasorboside)[12]等。

欧洲花楸地上部分主要含有黄酮类成分：槲皮素-3-O-葡萄糖苷、槲皮素-3-O槐糖苷 (quercetin-3-O-sophoroside)、3,5,7,4'-四羟基-8-甲氧黄酮-3-O-葡萄糖苷 (3,5,7,4'-tetrahydroxy-8-methoxyflavone-3-O-glucoside)[13]、山柰酚-3-O-葡萄糖苷 (kaempferol-3-O-glucoside)、山柰酚-3-O-槐糖苷 (kaempferol-3-O-sophoroside)[14]；还含有双氢芥子酸乙醛 (dihydrosinapic aldehyde)[15]及野黑樱苷 (prunasin)[16]等。

药理作用

1. 促进凝血

欧洲花楸中提取的维生素混合物能防止心肌梗塞引起的出血并发症[17]；人口服欧洲花楸果实乙醇提取物可使血浆凝血酶水平升高[18]；欧洲花楸果实乙醇提取物还可明显缩短出血雏鸡的凝血时间[19]。

2. 抗菌

欧洲花楸果实的热水提物体外对大肠杆菌和金黄色葡萄球菌有抑制作用[20]。

3. 降血脂

欧洲花楸有减少肝中脂肪含量、降低血中胆固醇浓度、增加血管阻力的作用[21]。

4. 其他

欧洲花楸还有抗氧化作用[7]。

应用

欧洲花楸常用于肾病、糖尿病、风湿病、尿酸代谢紊乱、月经失调、维生素 C 缺乏症的治疗，可溶解尿酸沉积、碱化血液、增强代谢，也可用作缓泻药。欧洲花楸还可用作食用色素和防腐剂[22]。

评注

欧洲花楸的茎、叶及树皮也入药，成分与果实相似。

欧洲花楸的果实富含维生素，是很好的维生素补充剂。

欧洲花楸果实中还含花楸酸，对黏膜有刺激作用，大量食用会刺激胃黏膜，损伤肾脏。花楸酸在干燥过程中可被降解，在烹饪过程中则可被完全破坏[23]。

欧洲花楸种子含氰苷类成分，该类成分遇水将水解生成有毒物质氢氰酸，因而在做食品或药用前最好把种子除去。

参考文献

[1] A Chevallier. Encyclopedia of herbal medicine. New York: Dorling Kindersley. 2000: 271

[2] H Nuernberger. Flavonols of the fruits of *Sorbus aucuparia* edulis. *Pharmazie.* 1964, **19**(10): 677

[3] A Gil-Izquierdo, A Mellenthin. Identification and quantitation of flavonols in rowanberry (*Sorbus aucuparia*) juice. *European Food Research and Technology.* 2001, **213**(1): 12-17

[4] U Oster, I Blos, W Ruediger. Natural inhibitors of germination and growth. IV. Compounds from fruit and seeds of mountain ash (*Sorbus aucuparia*). *Journal of Biosciences.* 1987, **42**(11-12): 1179-84

[5] U Kietzmann. The action of sorbic acid on putrefactive bacteria from fish. *Archiv fuer Lebensmittelhygiene.* 1958, **9**: 54-55

[6] SA Deren'ko, NI Suprunov, IA Kurlyanchik. Organic acids of fruit of *Sorbus aucuparia. Rastitel'nye Resursy.* 1979, **15**(3): 451-453

[7] AT Hukkanen, SS Poeloenen, SO Kaerenlampi. Antioxidant capacity and phenolic content of sweet rowanberries. *Journal of Agricultural and Food Chemistry*. 2006, **54**(1): 112-119

[8] Pyysalo, Heikki, Kuusi, Taina. Phenolic compounds from the berries of mountain ash, *Sorbus aucuparia*. *Journal of Food Science*. 1974, **39**(3): 636-638

[9] SA Youssef. Triterpenoids and flavonoid glycoside from fruits of *Sorbus aucuparia* (DC) cultivated in Egypt. *Bulletin of Pharmaceutical Sciences*. 1997, **20**(1): 63-65

[10] R Eder, R Kalchgruber, S Wendelin, M Pastler, J Barna. Comparison of the chemical composition of sweet and bitter fruits of rowan trees (*Sorbus aucuparia*). *Mitteilungen Klosterneuburg*. 1991, **41**(4): 168-173

[11] MA Rechits. Level of substances responsible for bitter taste and astringency in the rowanberry and in its juice and puree. *Izvestiya Vysshikh Uchebnykh Zavedenii, Pishchevaya Tekhnologiya*. 1978, **4**: 35-37

[12] R Tschesche, HJ Hoppe, G Snatzke, G Wulff, HW Fehlhaber. Glycosides with lactone-forming aglycons. III. Parasorboside, the glycosidic precursor of parasorbic acid, from berries of mountain ash. *Chemische Berichte*. 1971, **104**(5): 1420-1428

[13] Z Jerzmanowska, J Kamecki. Phytochemical analysis of the inflorescence of mountain ash (Rowan tree), *Sorbus aucuparia*. II. *Roczniki Chemii*. 1973, **47**: 1629-1638

[14] H Nuernberger. Flavonol glycosides of leaves of *Sorbus aucuparia* edulis. *Pharmazie*. 1964, **19**(7): 476-480

[15] KE Malterud, K Opheim. 3-(4-Hydroxy-3,5-dimethoxyphenyl)-propanal from *Sorbus aucuparia* sapwood. *Phytochemistry*. 1989, **28**(5): 1548-1549

[16] LH Fikenscher, R Hegnauer, HWL Ruijgrok. Distribution of hydrocyanic acid in Cormophyta. Part 15. New observations on cyanogenesis in Rosaceae. *Planta Medica*. 1981, **41**(4): 313-327

[17] VG Golubenko. Resistance of blood capillaries in patients with myocardial infarction and angina pectoris and the influence exercised by anticoagulants and a preparation made of *Sorbus aucuparia*-'vitamin CP'. *Sovetskaya Meditsina*. 1967, **30**(4): 98-101

[18] CJ DeLor, JW Means. Clinical study on the berry of *Sorbus aucuparia*, its effect on plasma prothrombin, on the volume and cholic acid content of the bile, and on the glucose-tolerance mechanism. *Review of Gastroenterology*. 1944, **11**: 319-327

[19] GY Shinowara, CJ DeLor, JW Means. Clinical and laboratory investigations on the extract of the European mountain ash berry, with particular reference to its antihemorrhagic activity. *Journal of Laboratory and Clinical Medicine*. 1942, **27**: 897-907

[20] N Watanabe, H Utamura, M Abe. Chemical characteristics of rowan fruit observed from the ability of both reduction and antibacteria. *Mizu Shori Gijutsu*. 2003, **44**(5): 227-230

[21] LO Shnaidman, IN Kushchinskaya, MK Mitel'man, AZ Efimov, IV Klement'eva, ZP Alekseeva. Biologically active substances of the fruits of *Sorbus aucuparia* and prospects for their industrial use. *Rastitel'nye Resursy*. 1971, **7**(1): 68-71

[22] EM Usova, EM Voroshin, VS Rostovskii, AM Moroz, FK Yakhina. Food dyes from mountain ash berries and nettles. *Pishchevaya Tekhnologiya*. 1966, **4**: 151-153

[23] JM Jellin, P Gregory, F Batz, K Hitchens. Pharmacist's letter/prescriber's letter natural medicines comprehensive database (3-rd edition). California: Therapeutic Research Faculty. 2000: 738-739

聚合草 Juhecao[GCEM]

Symphytum officinale L.

Comfrey

概述

紫草科 (Boraginaceae) 植物聚合草 *Symphytum officinale* L.，其干燥根及地上部分入药。药用名：聚合草。

聚合草属 (*Symphytum*) 植物全世界约有 20 种，分布于高加索至中欧，现全世界各地均有栽培。中国栽培有 1 种，供药用。本种原产于俄罗斯欧洲部分及高加索，分布于山林地带，为典型的中生植物。中国 1963 年引进，现在广泛栽培。

聚合草的药用历史已超过 2000 年，最早认为其可用于治疗骨伤，使断裂的骨骼愈合，并因此而得名。中世纪开始用于治疗风湿病和痛风[1]。《英国草药典》（1996 年版）收载本种为聚合草的法定原植物来源种。主产于英国、欧洲北部、美国。

聚合草主要含三萜皂苷类、生物碱类成分等。《英国草药典》规定聚合草水溶性浸出物含量不得少于 45%，以控制药材质量。

药理研究表明，聚合草具有抗炎、抗菌、抗过敏、降血压、抗肿瘤等作用。

民间经验认为聚合草具有疗伤，抗炎，抗有丝分裂的功效。

聚合草 *Symphytum officinale* L.

药材聚合草（根）Radix Symphyti

药材聚合草 Herba Symphyti

化学成分

聚合草根主要含三萜皂苷类成分：symphytoxide A[2]、葳严仙皂苷 D (cauloside D)、牡丹草苷 A、B、D (leontosides A－B, D)[3-4]、异降香醇 (isobauerenol)[5]、3－O－[β－D－glucopyranosyl)－(1→4)－β－D－glucopyranosyl－(1→4)－α－L－arabinopyranosyl]－hederagenin－28－O－[α－L－rhamnopyranosyl－(1→4)－β－D－glucopyranosyl－(1→6)－β－D－glucopyranosyl] ester[6]、3－O－α－L－arabinopyranosyl－hederagenin－28－O－[β－D－glucopyranosyl－(1→4)－β－D－glucopyranosyl－(1→6)－β－D－glucopyranosyl]

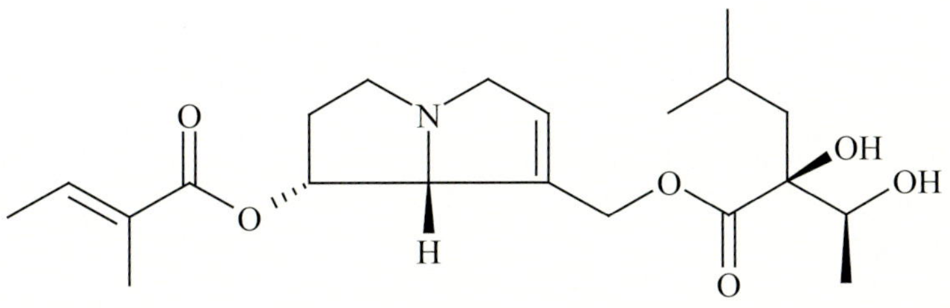

symphytine

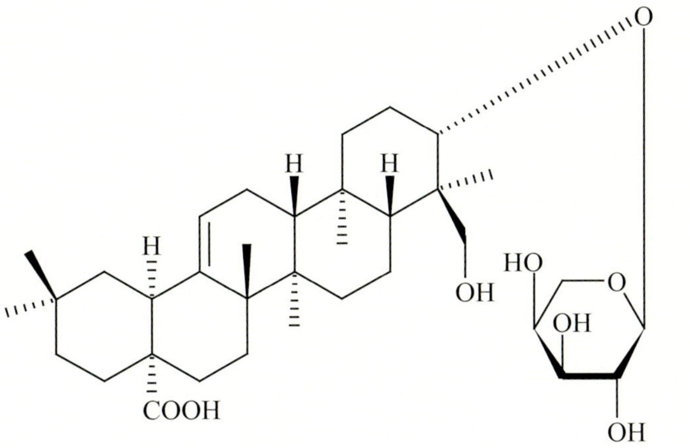

leontoside A

聚合草 Juhecao

ester[7]；生物碱类成分：symphytine、symlandine、毛果天芥菜碱 (lycopsamine)、乙酰毛果天芥菜碱 (acetyllycopsamine)、促黑激素 (intermedine)、乙酰促黑激素 (acetyllintermedine)[8]、蓝蓟定 (echimidine)[9]、蓝蓟碱 (echiumine)、uplandicine、myoscorpine[10]、symviridine[11]；还含有尿囊素 (allantoin)、菊糖 (inulin)[12]、迷迭香酸 (rosmarinic acid)[13]、紫草酸 (lithospermic acid)[14]及水杨酸 (salicylic acid)[15]等。

药理作用

1. 抗炎

聚合草中的糖肽类化合物灌胃对角叉菜胶所致的大鼠足趾肿胀有明显的抑制作用[16]。聚合草根提取物制成的软膏对急性单侧足踝扭伤患者有较好的抗炎效果[17]。其抗炎的有效成分为尿囊素、水杨酸、迷迭香酸等[13, 15]。

2. 抗菌

牡丹草苷 A 体外对伤寒杆菌、金黄色葡萄球菌、粪链球菌有抑制作用，牡丹草苷 B 体外对大肠杆菌有抑制作用[4]。

3. 抗激素

聚合草水提物的酸性部分可抑制小鼠促性腺激素的分泌[18]，其中紫草酸是在被酚氧化酶催化后才具有该活性的[14]。

4. 降血压

Symphytoxide A 能降低离体豚鼠心脏的心肌收缩力及收缩率，给麻醉大鼠注射 symphytoxide A，可使大鼠平均动脉血压降低[2, 19]。

5. 抗肿瘤

聚合草提取物能抑制胰岛素样生长因子 II (IGF－II) 的基因表达，从而抑制肝癌细胞 HepG2 等的生长[20]。

6. 其他

聚合草中的异降香醇三萜皂苷有溶血作用[5]，聚合草有抗过敏[21]、促进伤口愈合等作用。

应用

聚合草可用于治疗感冒、哮喘、支气管炎、痔疮及多种皮肤疾病。民间内服用于治疗胃炎、胃溃疡，外用可作为口腔清洗剂治疗牙龈疾病，也可治疗刀伤、跌打损伤及咽喉肿痛等。

评注

聚合草的叶及全草也入药。民间经验认为，叶及全草具有抗炎的功效，外用可治疗扭伤。

聚合草是一种优质高效的经济植物，适合给多种草食畜禽及鱼做饲料，其叶、根是一种具有较高营养价值和药用特性的蔬菜，常被添加到食品中或作为敛疮药广泛应用。因聚合草中含有的吡咯双烷类生物碱具有肝毒性、致癌性及诱导突变性[22-23]，作为饲料如果饲喂过多，会在动物体内产生积累性中毒，并危及人体肝脏。聚合草中的吡咯里西啶类生物碱体外对人体育淋巴细胞的姐妹染色单体互换及染色体畸变也具有诱导作用[24]。有鉴于聚合草的健康危害性，2001 年，美国FDA 发出通告反对服用含有聚合草的植物药制品。

参考文献

[1] K Englert, JG Mayer, C Staiger. *Symphytum officinale* L.: Comfrey in European pharmacy and medical history. *Zeitschrift für Phytotherapie: Offizielles Organ der Ges. f. Phytotherapie e.V.* 2005, **25**(3): 158-168

[2] AH Gilani, K Aftab, SA Saeed, VU Ahmad, M Noorwala, FV Mohammad. Pharmacological characterization of symphytoxide-A, a saponin from *Symphytum officinale*. *Fitoterapia*. 1994, **65**(4): 333-339

[3] FV Mohammad, M Noorwala, VU Ahmad, B Sener. Bidesmosidic triterpenoidal saponins from the roots of *Symphytum officinale*. *Planta Medica*. 1995, **61**(1): 94

[4] VU Ahmad, M Noorwala, FV Mohammad, K Aftab, B Sener, AUH Gilani. Triterpene saponins from the roots of *Symphytum officinale*. *Fitoterapia*. 1993, **64**(5): 478-479

[5] D Tarle, J Petricic. Study on the saponin content of underground portions of *Symphytum officinale* L. *Farmaceutski Glasnik*. 1986, **42**(6): 161-163

[6] FV Mohammad, M Noorwala, VU Ahmad, B Sener. A bidesmosidic hederagenin hexasaccharide from the roots of *Symphytum officinale*. *Phytochemistry*. 1995, **40**(1): 213-218

[7] M Noorwala, FV Mohammad, VU Ahmad, Sener, B. A bidesmosidic triterpene glycoside from the roots of *Symphytum officinale*. *Phytochemistry*. 1994, **36**(2): 439-443

[8] E Roeder, H Wiedenfeld, P Stengl. Carbon-13 NMR data on stereoisomer alkaloids from *Symphytum officinale* L. *Archiv der Pharmaziem*. 1982, **315**(1): 87-89

[9] NC Kim, NH Oberlies, DR Brine, RW Handy, MC Wani, ME Wall. Isolation of symlandine from the roots of common comfrey (*Symphytum officinale*) using countercurrent chromatography. *Journal of Natural Products*. 2001, **64**(2): 251-253

[10] E Roeder, V Neuberger. Pyrrolizidine alkaloids in *Symphytum* species. Qualitative and quantitative determinations. *Deutsche Apotheker Zeitung*. 1988, **128**(39): 1991-1994

[11] E Roeder, T Bourauel, V Neuberger. Symviridine, a new pyrrolizidine alkaloid from *Symphytum* species. *Phytochemistry*. 1992, **31**(11): 4041-4042

[12] T Imark. *Symphytum officinale*: Comfrey. *Schweizerische Laboratoriums-Zeitschrift*. 1985, **42**(11): 366-367

[13] L Gracza, H Koch, E Loeffler. Biochemical-pharmacological investigations of medicinal agents of plant origin. I. Isolation of rosmarinic acid from *Symphytum officinale* L. and its antiinflammatory activity in an *in vitro* model. *Archiv der Pharmazie*. 1985, **318**(12): 1090-1095

[14] H Wagner, L Hoerhammer, U Frank. Components of drug plants with hormone-like and antihormone-like activities. III. Lithospermic acid, the antihormonally active principle of *Lycopus europaeus* and *Symphytum officinale*. *Arzneimittel-Forschung*. 1970, **20**(5): 705-713

[15] B Grabias, L Swiatek. Phenolic acids in *Symphytum officinale*. *Pharmaceutical and Pharmacological Letters*. 1998, **8**(2): 81-83

[16] A Hiermann, M Writzel. Antiphlogistic glycopeptide from the roots of *Symphytum officinale*. *Pharmaceutical and Pharmacological Letters*. 1998, **8**(4): 154-157

[17] HG Predel, B Giannetti, R Koll, M Bulitta, C Staiger. Efficacy of a comfrey root extract ointment in comparison to a diclofenac gel in the treatment of ankle distortions: results of an observer-blind, randomized, multicenter study. *Phytomedicine*. 2005, **12**(10): 707-714

[18] IS Kozhina, BA Shukhobodskii, LA Klyuchnikova, VM Dil'man, EP Alpatskaya. Representatives of Boraginaceae as sources of physiologically active agents. 1. *Rastitel'nye Resursy*. 1970, **6**(3): 345-350

[19] VU Ahmad, M Noorwala, FV Mohammad, B Sener, AH Gilani, K Aftab. Symphytoxide A, a triterpenoid saponin from the roots of *Symphytum officinale*. *Phytochemistry*. 1993, **32**(4): 1003-1006

[20] SS Ham, KG Choi, YM Lee, YI Lee, JW Yoon, SJ Kim, YH Park, DS Lee. Inhibition of hepatocellular carcinoma cell growth by the extract of *Symphytum officinale* L. and the possible mechanisms for this inhibition. *Journal of Food Science and Nutrition*. 1997, **2**(3): 236-240

[21] Y Tanaka, H Hibino, A Nishina, M Hosogoshi, H Nakano, T Sugawara. Development of antiallergic foods. *Shokuhin Sangyo Senta Gijutsu Kenkyu Hokoku*. 1999, **25**: 115-127

[22] N Mei, L Guo, L Zhang, LM Shi, YMA Sun, C Fung, CL Moland, SL Dial, JC Fuscoe, T Chen. Analysis of gene expression changes in relation to toxicity and tumorigenesis in the livers of Big Blue transgenic rats fed comfrey (*Symphytum officinale*). *BMC Bioinformatics*. 2006, **7**(Suppl. 2)

[23] N Mei, L Guo, PP Fu, RH Heflich, T Chen. Mutagenicity of comfrey (*Symphytum officinale*) in rat liver. *British Journal of Cancer*. 2005, **92**(5): 873-875

[24] C Behninger, G Abel, E Roeder, V Neuberger, W Goeggelmann. Effect of an alkaloid extract of *Symphytum officinale* on human lymphocyte cultures. *Planta Medica*. 1989, **55**(6): 518-522

菊科

小白菊 Xiaobaiju EP, BP, BHP, GCEM

Tanacetum parthenium (L.) Schultz Bip.

Feverfew

概述

菊科 (Asteraceae) 植物小白菊 *Tanacetum parthenium* (L.) Schultz Bip.，其干燥地上部分入药。药用名：小白菊。

菊蒿属 (*Tanacetum*) 植物全世界约 50 种，分布于北半球热带地区。中国约有 7 种，大部分集中分布于新疆。本种原生长于欧洲的东南部，今广泛分布于欧洲、北美洲和澳大利亚。

多年来，西方传统草药医生用小白菊治疗发烧、头痛和妇科疾病[1]。在过去 20 年，小白菊又被用于偏头痛的预防和风湿性关节炎的治疗[1]。《欧洲药典》（第 5 版）、《英国药典》（2002 年版）和《美国药典》（第 28 版）收载本种为法定原植物来源种。野生小白菊主产于欧洲大陆地区；家种小白菊主产于英国。

小白菊主要含倍半萜内酯类、黄酮类、挥发油等成分。《欧洲药典》、《英国药典》和《美国药典》采用高效液相色谱法测定，规定小白菊中小白菊内酯的含量不得少于 0.20%，以控制药材质量。

药理研究表明，小白菊具有抗炎、抗肿瘤、抗氧化等作用。

民间经验认为小白菊具有治疗偏头痛，关节炎和风湿病的功效。

小白菊 *Tanacetum parthenium* (L.) Schultz Bip.

药材小白菊 Herba Tanaceti Parthenii

化学成分

小白菊地上部分含倍半萜内酯类成分：小白菊内酯 (parthenolide)、epoxyartemorin、木香烯内酯 (costunolide)、canin、hanfillin、artemorin、isochrysartemin B、secotanapartholide A[2]、epoxysantamarin、裂叶苣荬莱内酯 (santamarin)、reynosin[3]等；挥发油类成分：樟脑 (camphor)、聚伞花素 (cymene)[4]、蒎烯 (pinene)、松油烯 (terpinene)[5]、菊油环醇 (chrysanthenol)、木香酸甲酯 (methyl costate)[2]等。

小白菊叶、花、种子含黄酮类成分：tanetin、6-羟基山柰酚-3,7-二甲酸酯 (6-hydroxykaempferol-3,7-di-me ether)、芹菜素-7-葡萄糖醛酸苷 (apigenin-7-glucuronide)、木犀草素-7-葡萄糖苷 (luteolin-7-glucoside)、金圣草黄素-7-葡萄糖醛酸苷 (chrysoeriol-7-glucuronide)[6]等。

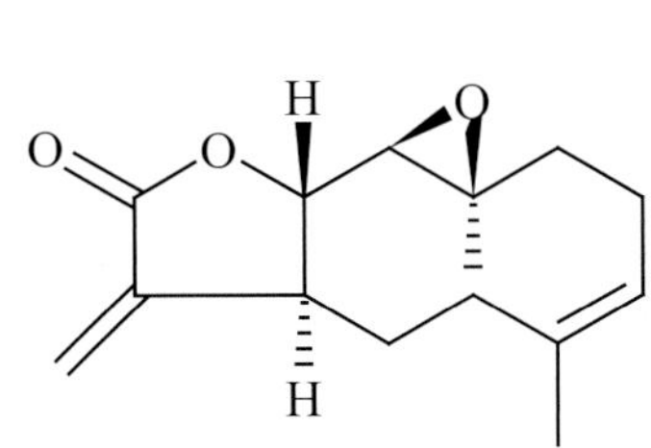

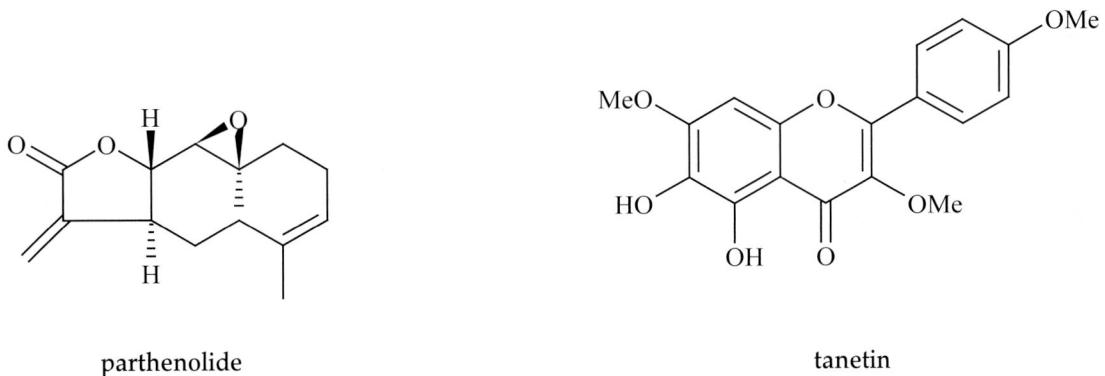

parthenolide

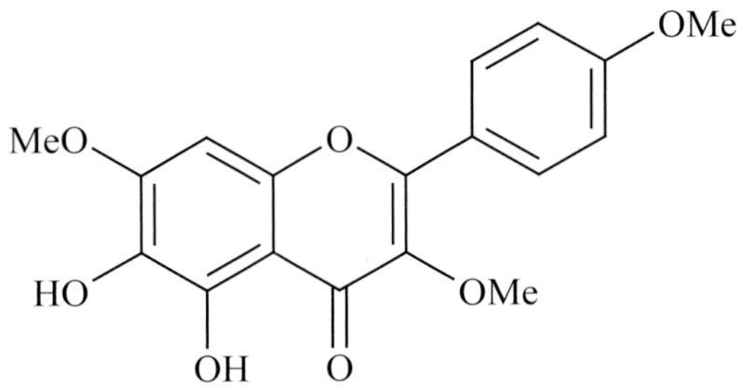

tanetin

药理作用

1. **抗炎**

口服小白菊提取物能抑制类花生酸[8]产生，以及大鼠肥大细胞组织胺释放[9]，明显抑制醋酸导致的小鼠扭体反应和角叉菜胶引起的大鼠足趾肿胀[7]。小白菊内酯能有效抑制诱导型一氧化氮合成酶 (iNOS) 激活因子活性[10]，抑制前列腺素、白三烯[11]、白介素-12[12]在巨噬细胞中的产生，产生抗炎作用。黄酮类成分与小白菊内酯有协同抗炎效应[11]。

2. **抗偏头痛**

富含小白菊内酯的小白菊提取物能明显抑制硝化甘油导致的大鼠fos基因的表达；小白菊内酯能抑制硝化甘油导致的大鼠脑核神经激活和抑制核因子 NF-κB 活性，产生抗偏头痛效应[13]。

3. **抗肿瘤**

小白菊内酯可抑制癌细胞核因子NF-κB 激活，提高紫杉醇对乳腺癌细胞的敏感性[14]，促进白血病 HL-60 细胞分化[15]。通过蛋白激酶 C 依赖方式，小白菊内酯可抑制紫外线UVB导致的细胞凋亡[16]。小白菊内酯还能抑制小鼠纤维肉瘤 MN-11、人淋巴瘤细胞TK6分化生长[17]。通过抑制环氧合酶-2 (COX-2) 蛋白表达，上调 p21、p27 蛋白[18]，抑制 c-fos、c-myc 蛋白在大鼠胸主动脉血管平滑肌细胞的表达，抑制血管平滑肌细胞增殖[19]。小白菊乙醇提取物和小白菊内酯对人乳腺癌细胞 Hs605T、MCF-7、子宫颈癌细胞 SiHa 生长均有明显抑制作用，小白菊所含黄酮类成分与小白菊内酯有协同抗肿瘤效应[20]。

4. **抗氧化**

小白菊乙醇提取物有明显的自由基清除能力和中等强度的Fe^{2+}螯合能力，其中的木犀草素是清除自由基的主要活性成分[21]。小白菊内酯低剂量时体现抗氧化活性，高剂量时能诱导癌细胞氧化死亡[22]。

小白菊 Xiaobaiju

5. 退热

小白菊叶提取物能抑制花生四烯酸释放，抑制血栓素形成和聚集，产生退热作用[23]。

6. 其他

小白菊挥发油[24]、乙醇提取物[25]均具有抗革兰氏菌、霉菌、皮肤癣菌活性，小白菊内酯还具有抗寄生虫作用[26]。

应用

小白菊在欧洲民间常用于治疗偏头痛、关节炎和风湿病。

小白菊还用于癫痫[27]、发烧、痉挛、消化不良、肠道寄生虫、痛经、恶露等病的治疗；不含小白菊内酯的小白菊提取物外用于收缩血管，抑制血管增生和皮肤非炎性红肿，也可防治与血管相关的皮肤病症[28]。

评注

《中国药典》(2005 年版) 收载菊科菊属植物菊 *Chrysanthemum morifolium* Ramat. 为中药菊花的法定原植物来源种，收载野菊 *C. indicum* L. 为中药野菊花的法定原植物来源种。菊花具有散风清热，平肝明目之功效；主治风热感冒，头痛眩晕，目赤肿痛，眼目昏花。野菊花具有清热解毒之功效；主治疔疮痈肿，目赤肿痛，头痛眩晕。小白菊的药用部位和临床功效与菊花、野菊花有较大区别，值得注意。

参考文献

[1] DV Awang, AY Leung. Feverfew (*Tanacetum parthenium*). *Encyclopedia of Dietary Supplements*. 2005: 211-217

[2] F Bohlmann, C Zdero. Naturally occurring terpene derivatives. Part 454. Sesquiterpene lactones and other constituents from *Tanacetum parthenium*. *Phytochemistry*. 1982, **21**(10): 2543-2549

[3] M Milbrodt, F Schroeder, WA Koenig. 3,4-β-Epoxy-8-deoxycumambrin B, a sesquiterpene lactone from *Tanacetum parthenium*. *Phytochemistry*. 1997, **44**(3): 471-474

[4] HA Akpulat, B Tepe, A Sokmen, D Daferera, M Polissiou. Composition of the essential oils of *Tanacetum argyrophyllum* (C. Koch) Tvzel. var. *argyrophyllum* and *Tanacetum parthenium* (L.) Schultz Bip. (Asteraceae) from Turkey. *Biochemical Systematics and Ecology*. 2005, **33**(5): 511-516

[5] A Besharati-Seidani, A Jabbari, Y Yamini, MJ Saharkhiz. Rapid extraction and analysis of volatile organic compounds of Iranian feverfew (*Tanacetum parthenium*) using headspace solvent microextraction (HSME), and gas chromatography/mass spectrometry. *Flavour and Fragrance Journal*. 2006, **21**(3): 502-509

[6] CA Williams, JR Hoult, JB Harborne, J Greenham, J Eagles. A biologically active lipophilic flavonol from *Tanacetum parthenium*. *Phytochemistry*. 1995, **38**(1): 267-270

[7] H Sumner, U Salan, DW Knight, JR Hoult. Inhibition of 5-lipoxygenase and cyclo-oxygenase in leukocytes by feverfew. Involvement of sesquiterpene lactones and other components. *Biochemical Pharmacology*. 1992, **43**(11): 2313-2320

[8] NA Hayes, JC Foreman. The activity of compounds extracted from feverfew on histamine release from rat mast cells. *Journal of Pharmacy and Pharmacology*. 1987, **39**(6): 466-470

[9] NK Jain, SK Kulkarni. Antinociceptive and anti-inflammatory effects of *Tanacetum parthenium* L. extract in mice and rats. *Journal of Ethnopharmacology*. 1999, **68**(1-3): 251-259

[10] K Fukuda, Y Hibiya, M Mutoh, Y Ohno, K Yamashita, S Akao, H Fujiwara. Inhibition by parthenolide of phorbol ester-induced transcriptional activation of inducible nitric oxide synthase gene in a human monocyte cell line THP-1. *Biochemical Pharmacology*. 2000, **60**(4): 595-600

[11] CM Dornelles Vieira, F De Paris, M Fiegenbaum, G Lino von Poser. The use of *Tanacetum parthenium* in treatment of migraine and rheumatoid arthritis. *Revista Brasileira de Farmacia*. 1998, **79**(1/2): 42-44

[12] BY Kang, SW Chung, TS Kim. Inhibition of interleukin-12 production in lipopolysaccharide-activated mouse macrophages by parthenolide, a predominant sesquiterpene lactone in *Tanacetum parthenium*: involvement of nuclear factor- κB. *Immunology Letters*. 2001, **77**(3): 159-163

[13] C Tassorelli, R Greco, P Morazzoni, A Riva, G Sandrini, G Nappi. Parthenolide is the component of *Tanacetum parthenium* that inhibits nitroglycerin-induced Fos activation: studies in an animal model of migraine. *Cephalalgia*. 2005, **25**(8): 612-621

[14] NM Patel, S Nozaki, NH Shortle, P Bhat-Nakshatri, TR Newton, S Rice, V Gelfanov, SH Boswell, RJ Goulet, GW Sledge, H Nakshatri. Paclitaxel sensitivity of breast cancer cells with constitutively active NF- κB is enhanced by IκBα super-repressor and parthenolide. *Oncogene*. 2000, **19**(36): 4159-4169

[15] SN Kang, SH Kim, SW Chung, MH Lee, HJ Kim, TS Kim. Enhancement of 1α, 25-dihydroxyvitamin D_3-induced differentiation of human leukaemia HL-60 cells into monocytes by parthenolide via inhibition of NF- κB activity. *British Journal of Pharmacology*. 2002, **135**(5): 1235-1244

[16] YK Won, CN Ong, HM Shen. Parthenolide sensitizes ultraviolet (UV)-B-induced apoptosis via protein kinase C-dependent pathways. *Carcinogenesis*. 2005, **26**(12): 2149-2156

[17] JJ Ross, JT Arnason, HC Birnboim. Low concentrations of the feverfew component parthenolide inhibit *in vitro* growth of tumor lines in a cytostatic fashion. *Planta Medica*. 1999, **65**(2): 126-129

[18] 翁少翔，单江，徐耕，马骥．小白菊内酯抑制胎牛血清诱导的大鼠血管平滑肌细胞增殖及信号转导机理．中国药理学与毒理学杂志．2000，**16**(5)：331-335

[19] 翁少翔，单 江，林晓霞，傅国胜．小白菊内酯对大鼠血管平滑肌细胞增殖的影响及机制研究．中国中药杂志．2003，**28**(7)：647-650

[20] CQ Wu, F Chen, JW Rushing, X Wang, HJ Kim, G Huang, V Haley-Zitlin, GQ He. Antiproliferative activities of parthenolide and golden feverfew extract against three human cancer cell lines. *Journal of Medicinal Food*. 2006, **9**(1): 55-61

[21] CQ Wu, F Chen, X Wang, HJ Kim, GQ He, V Haley-Zitlin, G Huang. Antioxidant constituents in feverfew (*Tanacetum parthenium*) extract and their chromatographic quantification. *Food Chemistry*. 2005, **96**(2): 220-227

[22] M Li-Weber, K Palfi, M Giaisi, PH Krammer. Dual role of the anti-inflammatory sesquiterpene lactone: regulation of life and death by parthenolide. *Cell Death and Differentiation*. 2005, **12**(4): 408-409

[23] AN Makheja, JM Bailey. The active principle in feverfew. *Lancet*. 1981, **2**(8254): 1054

[24] Z Kalodera, S Pepeljnak, N Blazevic, T Petrak. Chemical composition and antimicrobial activity of *Tanacetum parthenium* essential oil. *Pharmazie*. 1997, **52**(11): 885-886

[25] Z Kalodera, S Pepeljnjak, T Petrak. The antimicrobial activity of *Tanacetum parthenium* extract. *Pharmazie*. 1996, **51**(12): 995-996

[26] TS Tiuman, T Ueda-Nakamura, DA Cortez, FB Dias, JA Morgado-Diaz, W de Souza, CV Nakamura. Antileishmanial activity of parthenolide, a sesquiterpene lactone isolated from *Tanacetum parthenium*. *Antimicrobial Agents and Chemotherapy*. 2005, **49**(1): 176-182

[27] AK Jager, B Gauguin, A Adsersen, L Gudiksen. Screening of plants used in Danish folk medicine to treat epilepsy and convulsions. *Journal of Ethnopharmacology*. 2006, **105**(1-2): 294-300

[28] 周福军．无小白菊内酯的小白菊提取物用于收缩血管、抑制血管生成和皮肤非炎性红肿．国外医药：植物药分册．2004，**19**(6)：268-269

菊蒿 Juhao GCEM

Tanacetum vulgare L.

Tansy

概述

菊科 (Asteraceae) 植物菊蒿 *Tanacetum vulgare* L.，其开花的干燥全草入药。药用名：菊蒿。

菊蒿属 (*Tanacetum*) 植物全世界约 50 种，分布于北半球热带以外地区。中国有 7 种，大部分集中分布于新疆。本种分布于北美、朝鲜半岛、俄罗斯中亚地区、蒙古、日本、欧洲；中国东北、内蒙古、新疆等地也有分布。

菊蒿药用之名源于希腊语 "athanasia"，代表着流传不朽[1]。古希腊人将其用于防止尸体腐坏[2]。公元 12 世纪开始用作杀虫剂[3]，后做药用，加拿大东部的印第安人把菊蒿用作利尿剂及堕胎药[2]，至今已有数百年的药用历史，其叶、全草及种子提取物可用作驱虫剂、调经剂、镇痉剂。叶还可做茶叶或调味剂使用，提取物可用作香料及绿色染料[4]。主产于欧洲。

菊蒿主要含挥发油类、倍半萜内酯类、黄酮类成分等。

药理研究表明，菊蒿具有抗炎、抗菌、抗氧化、抗溃疡、驱虫等作用。

民间经验认为菊蒿可用作驱虫剂，还可用于周期性偏头痛、神经痛、风湿、食欲不振；菊蒿油可用于痛风、风湿痛、胃痉挛、胃肠道感染、间歇性发烧、眩晕、痛经等，外用可用于挫伤、扭伤、碰伤等。

菊蒿 *Tanacetum vulgare* L.

药材菊蒿 Herba Tanaceti

化学成分

菊蒿中主要含有挥发油类成分：侧柏酮 (thujone)、青蒿酮 (artemisia ketone)、胡椒酮 (piperitone)、龙脑 (borneol)、醋酸松油酯 (terpinyl acetate)、醋酸葛缕酯 (carveyl acetate)、达瓦酮 (davanone)、chrysanthemyl acetate[5]、樟脑 (camphor)、大根香叶烯 (germacrene D)、香桧烯 (sabinene)、伞形花酮 (umbellulone)[6]、tanavulgarol[7]、苦艾醇A、B (tanacetols A－B)[8]；倍半萜内酯类成分：小白菊内酯 (parthenolide)[9]、塔里定 A、B (tatridins A－B)、艾菊素 (tanacetin)、裂叶苣荚莱内酯 (santamarin)、瑞诺木烯内酯 (reynosin)、墨西哥蒿素 (armefolin)、3－表墨西哥蒿素 (3－epi－armefolin)[10]、tanachin、tamirin[11]、北艾酯 (vulgarolide)[12]、矢车菊苷A (chrysanthemin A)、去氢母菊酮素A (dehydromatricarin A)[13]、chrysanin、tavulin[14]；黄酮类成分：6－羟基木犀草素－7－葡萄糖苷(6－hydroxyluteolin－7－glucoside)、木犀草素－7－葡萄糖醛酸苷 (luteolin－7－glucuronide)、芹菜素 (apigenin)[15]、金合欢素 (jaceosidin)、半齿泽兰素 (eupatorin)、柯伊利素 (chrysoeriol)、香叶木素 (diosmetin)[16]、荭草苷 (orientin)、木犀草素－7－葡萄糖苷 (luteolin－7－glucoside)[17]、异泽兰素 (eupatilin)[13]；香豆素类成分：东莨菪内酯 (scopoletin)、异秦皮定 (isofraxidin)[18]等。

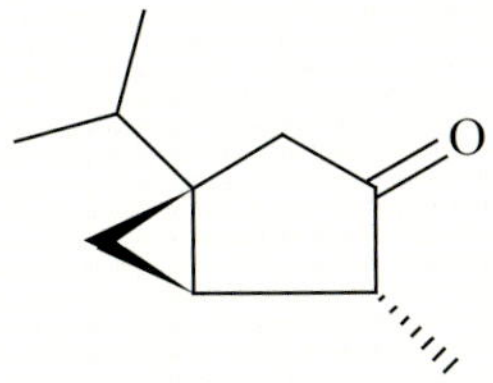

α－thujone

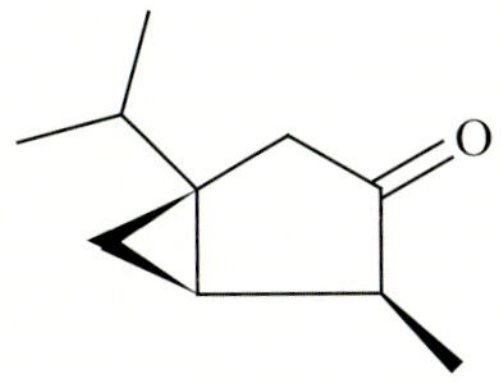

β－thujone

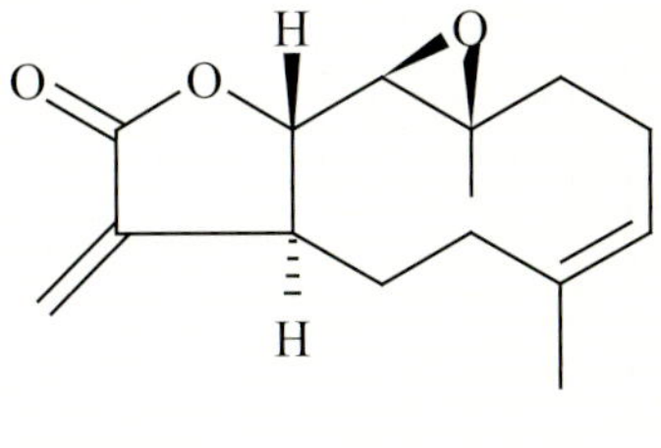

parthenolide

菊蒿 Juhao

药理作用

1. 抗炎

菊蒿中黄酮醇类和黄烷类甲醚能抑制中性粒细胞花生四烯酸的代谢途径，6－羟基黄烷类是环氧合酶及5－脂肪氧化酶的抑制剂[15]。菊蒿中倍半萜类化合物小白菊内酯，黄酮类化合物金合欢素、半齿泽兰素、柯伊利素、香叶木素能对抗12－O－四葵酸佛波乙酯（TPA）所致的小鼠耳廓肿胀[16]。小白菊内酯在体外能抑制前列腺素合成酶的生成和炎症介质释放，减轻关节炎的炎症症状[19]。

2. 抗菌

菊蒿中挥发油类成分尤其是小白菊内酯有抗真菌和抗微生物的活性[20]。菊蒿中樟脑、香桧烯、侧柏酮等挥发油类成分体外对枯草杆菌、金黄色葡萄球菌等革兰氏阳性菌有抑制作用，其中以侧柏酮活性最强[6]。

3. 抗溃疡

菊蒿氯仿提取物及小白菊内酯口服给药对大鼠无水乙醇所致的胃溃疡有抑制作用[9]，菊蒿中多糖类提取物对大鼠醋酸致胃溃疡有治疗作用[21]。

4. 保肝

菊蒿乙醇提取物给 CCl_4 致肝炎兔灌胃，可持续升高白蛋白的含量，降低球蛋白的含量，恢复肝代谢功能；还可降低血脂，抑制高胆固醇血症的进一步发展[22]。

5. 免疫调节功能

菊蒿丙酮提取物体外能抑制蛋白激酶C（PKC）的活性，对肉豆蔻酰佛波醇乙酯（PMA）所致离体人多形核白细胞化学发光有抑制作用[23]。

6. 其他

菊蒿还有抗辐射[24]、抗氧化[25]、激活神经黏膜离子通道[26]等作用。

应用

民间经验认为，菊蒿可用作驱虫剂，还可用于周期性偏头痛、神经痛、风湿、食欲不振；菊蒿油可用于痛风、风湿痛、胃痉挛、胃肠道感染、间歇性发烧、眩晕、痛经等，外用可用于挫伤、扭伤、碰伤及掌趾脓疱病等[27]。

菊蒿也为中医临床用药，具消炎、降压、强心、利水功能。常用于感冒、胃病、高血压及心脏病[28]。新疆的蒙古族、俄罗斯族和哈萨克族医生用于消炎、利胆、健胃、降血压，也是民间广泛用于治胃肠疾患的常用药[29]。

评注

菊蒿易与千里光属植物狗舌草 *Senecio jacobaea* L. 混淆，使用时需注意鉴别[1]。

菊蒿花及叶中含有的挥发油类成分侧柏酮具有神经毒性、肝毒性[1]，侧柏酮慢性中毒可产生癫痫、精神错乱及幻觉，故应慎用。菊蒿中的倍半萜内酯类化合物可引起过敏型接触性皮炎[1]。因挥发油类成分及倍半萜内酯类成分对人体的危害性，影响菊蒿更为广泛的临床应用。

参考文献

[1] JM Jellin, P Gregory, F Batz, K Hitchens. Pharmacist's letter/ prescriber's letter natural medicines comprehensive database (3-rd edition). California: Therapeutic Research Faculty. 2000: 1019-1020

[2] WF Charles, RA Juan. The complete guide to herbal medicines. Springhouse corporation. 1999: 478-479

[3] A Chevallier. Encyclopedia of medicinal plants. London: Dorling Kindersley. 2001: 274

[4] Facts and Comparisons (Firm). The review of natural products (3-rd edition). Missouri: Facts and Comparisons. 2000: 705-706

[5] E Hethelyi, P Tetenyi, B Danos, I Koczka. Phytochemical and antimicrobial studies on the essential oils of the *Tanacetum vulgare* clones by gas chromatography/mass spectrometry. *Herba Hungarica*. 1991, **30**(1-2): 82-90

[6] M Holopainen, V Kauppinen. Antimicrobial activity of essential oils of different chemotypes of tansy (*Tanacetum vulgare* L.). *Acta Pharmaceutica Fennica*. 1989, **98**(3): 213-219

[7] A Chandra, LN Misra, RS Thakur. Tanavulgarol, an oxygenated sesquiterpene with an uncommon skeleton from *Tanacetum vulgare*. *Phytochemistry*. 1987, **26**(11): 3077-3078

[8] G Appendino, P Gariboldi, GM Nano. Tanacetols A and B, nonvolatile sesquiterpene alcohols, from *Tanacetum vulgare*. *Phytochemistry*. 1983, **22**(2): 509-512

[9] H Tournier, G Schinella, EM De Balsa, H Buschiazzo, S Manez, PM De Buschiazzo. Effect of the chloroform extract of *Tanacetum vulgare* and one of its active principles, parthenolide, on experimental gastric ulcer in rats. *Journal of Pharmacy and Pharmacology*. 1999, **51**(2): 215-219

[10] M Todorova, I Ognyanov. Sesquiterpene lactones and chemotypes of bulgarian *Tanacetum vulgare* L. *Dokladi na Bulgarskata Akademiya na Naukite*. 1999, **52**(3-4): 41-44

[11] JF Sanz, JA Marco. NMR studies of tatridin A and some related sesquiterpene lactones from *Tanacetum vulgare*. *Journal of Natural Products*. 1991, **54**(2): 591-596

[12] G Appendino, P Gariboldi, MG Valle. The structure of vulgarolide, a sesquiterpene lactone with a novel carbon skeleton from *Tanacetum vulgare* L. *Gazzetta Chimica Italiana*. 1988, **118**(1): 55-59

[13] M Stefanovic, S Mladenovic, M Dermanovic, N Ristic. Sesquiterpene lactones from domestic plant species *Tanacetum vulgare* L. (Compositae). *Journal of the Serbian Chemical Society*. 1985, **50**(6): 263-276

[14] AI Yunusov, GP Sidyakin, AM Nigmatullaev. Sesquiterpene lactones of *Tanacetum vulgare*. *Khimiya Prirodnykh Soedinenii*. 1979, **1**: 101-102

[15] CA Williams, JB Harborne, H Geiger, JRS Hoult. The flavonoids of *Tanacetum parthenium* and *T. vulgare* and their anti-inflammatory properties. *Phytochemistry*. 1999, **51**(3): 417-423

[16] GR Schinella, RM Giner, M Del Carmen Recio, PM De Buschiazzo, JL Rios, S Manez. Anti-inflammatory effects of South American *Tanacetum vulgare*. *Journal of Pharmacy and Pharmacology*. 1998, **50**(9): 1069-1074

[17] S Ivancheva, M Behar. Flavonoids in *Tanacetum vulgare*. *Fitoterapia*. 1995, **66**(4): 373

[18] DV Banthorpe, GD Brown. Two unexpected coumarin derivatives from tissue cultures of Compositae species. *Phytochemistry*. 1989, **28**(11): 3003-3007

[19] 李国庆，钟正贤．倍半萜内酯在动物生药学、药理学及神经毒理学等领域的研究新动向．国外医药：植物药分册．1998，**13**(1)：10-13

[20] F Perineau, C Bourrel, A Gaset. Characterization of fungistatic and bacteriostatic activities of four essential oils rich in lactones (Elecampane, Catnip, Eupatorium cannabinum, Tansy). *Rivista Italiana EPPOS*. 1993, **4**: 695-703

[21] KN Sysoeva, AI Yakovlev, VA Vasin, LV Trukhina. Antiulcer activity of polysaccharides from the inflorescence of *Tanacentum vulgare*. *Nauchnye Trudy - Ryazanskii Meditsinskii Institut imeni Akademika I. P. Pavlova*. 1984, **83**: 95-98

[22] VG Kazantseva. Effect of a *Tanacetum vulgare* extract on certain liver functions in experimental hepatitis. *Doklady Chemical Technology*. 1965, **5**: 97-100

[23] AMG Brown, CM Edwards, MR Davey, JB Power, KC Lowe. Effects of extracts of Tanacetum species on human polymorphonuclear leukocyte activity *in vitro*. *Phytotherapy Research*. 1997, **11**(7): 479-484

[24] MN Makarova, VG Makarov, NM Stankevich, SB Ermakov, IA Yashakina. Characterization of antiradical activity of extracts from plant raw material and determination of content of tannins and flavonoids. *Rastitel'nye Resursy*. 2005, **41**(2): 106-115

[25] D Bandoniene, A Pukalskas, PR Venskutonis, D Gruzdiene. Preliminary screening of antioxidant activity of some plant extracts in rapeseed oil. *Food Research International*. 2000, **33**(9): 785-791

[26] AI Vislobokov, VI Prosheva, AY Polle. Activating effect of *Tanacetum vulgare* L. pectin polysaccharide on ionic channels of neuronal membrane. *Bulletin of Experimental Biology and Medicine*. 2004, **138**(4): 390-392

[27] 杨海山，韩李敏，宋蔷．中西医结合治疗脓疱病45例．黑龙江医学．2002，**26**(8)：652

[28] 刘伟新，才仁加甫，周刚．菊蒿的性状与显微鉴别．中药材．2004，**27**(6)：406-407

[29] 刘伟新，周钢，才仁加甫．新疆菊蒿挥发油化学成分的研究．中国民族民间医药杂志．2005，**77**：361-363

红豆杉科

东北红豆杉 Dongbeihongdoushan

Taxus cuspidata Sieb. et Zucc.

Japanese Yew

概述

红豆杉科 (Taxaceae) 植物东北红豆杉 *Taxus cuspidata* Sieb. et Zucc.，其干燥树皮、枝叶入药。药用名：紫杉。

红豆杉属 (*Taxus*) 植物全世界约有11种，分布于北半球。中国有 4 种、1 变种，本属现供药用者约 1 种。本种分布于日本、朝鲜半岛、俄罗斯；中国主要分布于东北地区，山东、江苏、江西等省有栽培。

中国民间用红豆杉属植物的种子、枝叶做利尿和驱虫药。1971 年由美国化学家 Wani 等首先从同属植物太平洋紫杉 (*T. brevifolia* Nutt.) 的树皮中分出紫杉醇，并发现有很强的抗肿瘤作用、独特的抑制微管和稳定微管作用，太平洋紫杉开始引起人们的关注。中国科学家首先对中国产红豆杉属植物的树皮粗提取物进行筛选，分离得到紫杉醇，并进行了多学科的综合研究与实验，证明紫杉醇在体外、体内均显示较强的抗肿瘤作用。由紫杉醇制成的注射液，现已供临床应用。主产于中国黑龙江、吉林和辽宁等地。

东北红豆杉主要含紫杉烷型二萜类和木脂素类成分。

药理研究表明，东北红豆杉具有抗肿瘤、保护血管和抗真菌等作用。

民间经验认为紫杉具有利水消肿的功效。

东北红豆杉 *Taxus cuspidata* Sieb. et Zucc.

西双版纳粗榧 *Cephalotaxus mannii* Hook. f.

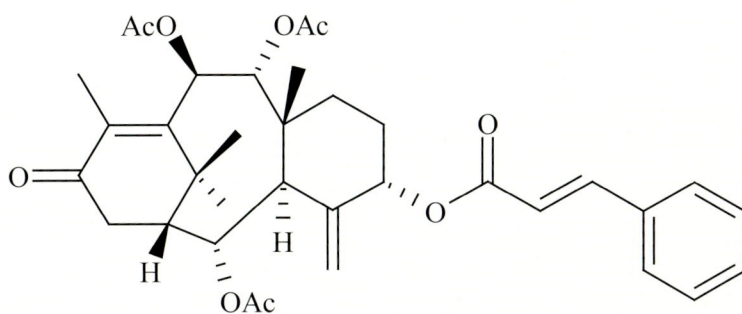

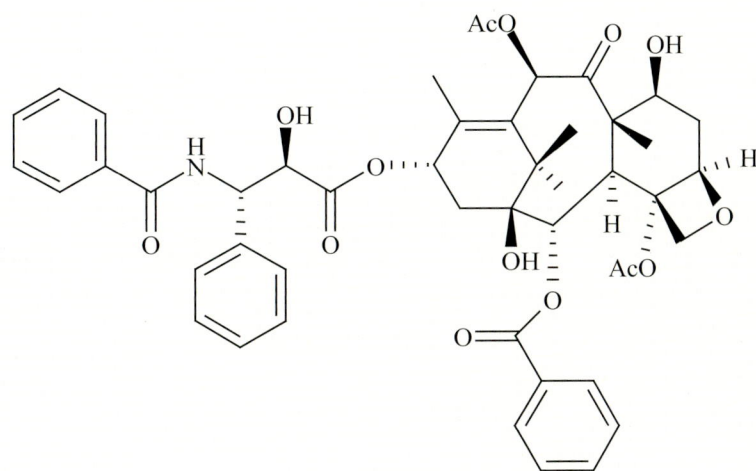

AcO OAc O O O H H OAc

taxinine

AcO O OH OH H N O O O O H O OH AcO O O

taxol

东北红豆杉 Dongbeihongdoushan

化学成分

东北红豆杉根含紫杉烷型二萜类成分：紫杉素 (taxinine)、10-去乙酰基紫杉醇 (10-deacetyl taxol)；木脂素类成分：去甲络石苷元 (nortrachelogenin)、罗汉松脂素 (matairesinol)、异紫杉脂素 (isotaxiresinol)、紫杉脂素 (taxiresinol)、落叶松脂素 (lariciresinol)[1]；以及阿夫儿茶精-(4α→8)-阿夫儿茶精 [afzelechin-(4α→8)-afzelechin][2]等。

东北红豆杉茎皮含紫杉烷型二萜类成分：紫杉醇、1-羟基巴卡亭I (1-hydroxy baccatin I)、2-去乙酰氧基紫杉素J (2-deacetoxy taxinine J)[3]、taxuspinananes D、E、F、G[4]、taxuspines X、Y、Z[5]等。

东北红豆杉叶含紫杉烷型二萜类成分：紫杉醇、2a,9a-diacetoxy-5a-cinnamoyloxy-11,12-epoxy-10β-hydroxytax-4(20)-en-13-one[6]、2α,7β,10β-triacetoxy-5α,13α-dihydroxy-2(3→20)abeotaxa-4(20),11-dien-9-one[7]、5α,13α-diacetoxytaxa-4(20),11-diene-9α,10β-diol[8]；二萜苷类成分：2α,9α,10β-triacetoxy-11,12-epoxytax-4(20)-en-13-one-5α-O-β-D-glucopyranoside[9]、3'-O-methyldehydroisopenicillide[10]、1β-羟基-7β-乙酰基紫杉素 (1β-hydroxy-7β-acetoxytaxinine)、1β,7β-二羟基紫杉素 (1β,7β-dihydroxytaxinine)[11]、11,12-环氧紫杉素A (taxinine A 11,12-epoxide)[12]、2,20-dideacetyltaxuspine X、2-deacetyltaxuspine X、2,7-dideacetyltaxuspine X[13]、7-deactoxytaxuspine J[14]、1-hydroxytaxuspine C[15]等。

东北红豆杉枝叶含紫杉烷型二萜类成分：紫杉醇、紫杉素 (taxinine)、紫杉素A、B、M (taxinines A,B,M)、taxacin、taxagifine、三尖杉宁碱 (cephalomannine)、紫杉云素 (taxayuntin)、10-去乙酰巴卡亭III (10-deacetylbaccatin III)、10-去乙酰基紫杉素B (10-deacetyltaxinine B)、紫杉枯定 (taxacustin)[16]、紫杉素NN-7 (taxinine NN-7)、3,11-环丙紫杉素NN-2 (3,11-cyclotaxinine NN-2)[17]；黄酮类成分：银杏素 (ginkgetin)、紫杉双黄酮 (sciadopitysin)[18]等。紫杉醇在红豆杉树皮含量最高，但是树剥皮后即死。而可再生的枝叶，虽然紫杉醇含量仅为树皮的10%左右，但产量远远大于树皮，而且可以保护资源。

东北红豆杉种子含紫杉烷型二萜类成分：1-去氧-2-O-乙酰紫杉碱B (1-deoxy-2-O-acetyltaxine B)[19]、2α,7β,13α-triacetoxy-5α-(3'-dimethylamino-3'-phenyl)propionyloxy-2(3→20)-aboe-taxa-9,10-dione、taxuspine D[20]、taxezopidines A、B、C、D、E、F、G、H、J、K、L、M、N[20-24]、2'-hydroxytaxine II[25]等。

药理作用

1. 抗肿瘤

紫杉醇诱导肿瘤细胞凋亡是多因素激活、多途径传递的结果。低、中浓度紫杉醇抑制细胞生长以诱导细胞凋亡为主，随着药物浓度增高，作用时间延长，大部分细胞发生坏死[26]。紫杉醇促进微管蛋白的不可逆聚集合成，使微管束的正常动态再生受阻，细胞不能形成正常的有丝分裂纺锤体，从而抑制细胞分裂和增殖[27]。腹腔注射东北红豆杉注射液，对接种肺腺癌 ACZY-83-a 细胞小鼠产生抑制作用，两组瘤重有显著性差异，实验组瘤组织大片状坏死，同时伴有炎细胞浸润，可见凋亡小体[28]。紫杉醇有可能通过抑制 MMP-9、MMP-2 基因的转录降低其蛋白表达，从而降低 Raji 淋巴瘤细胞的侵袭、黏附力[29]。紫杉醇可能通过抑制细胞角蛋白基因 13(CK13mRNA) 表达从而抑制人喉癌细胞Hep-2的侵袭及转移[30]。紫杉醇可诱导人乳腺癌 MCF-7 细胞周期阻断在 G_2/M 期并引起部分细胞凋亡[31]。不同浓度的紫杉醇均可caspase-3依赖性地诱导子宫颈癌 HeLa 细胞凋亡[32]。紫杉醇可激活 raf-1 激酶，诱导 bcl-2 磷酸化，使其失去抗凋亡能力[33]；激活 caspase-8、caspase-3[34]和 caspase-9，还可导致线粒体和细胞色素 C (cyto-c) 释放[36-37]；以及通过 caspase 非依赖途径诱导非小细胞肺癌细胞H460发生凋亡[38]。紫杉醇对胃腺癌细胞 SGC-7901 [38]、白血病细胞 L1210、P388、P1534、人乳腺癌、结肠癌及肺癌裸鼠异种移植株 (MX-1、CX-1及LX-1)、裸鼠的原发性乳腺癌、子宫内膜癌、卵巢癌、肺癌、脑瘤及舌癌、癌肉瘤 W256、

肉瘤 S_{180}、黑色素瘤 B16、Lewis 肺癌均有抑制作用。有关紫杉醇导致的细胞周期阻滞与细胞凋亡之间的关系有待进一步探究。

2. 血管保护

紫杉醇能有效抑制同种大鼠移植动脉内膜增生，防止移植物动脉硬化，其作用机理可能与抑制血管平滑肌细胞增殖和减轻对移植物的免疫排斥反应有关[39]。另外紫杉醇在非细胞毒浓度下可在体外抑制人脐静脉内皮细胞的增殖，在体内抑制鸡胚尿囊膜新生血管形成，具有抗血管生成作用[40]。一定浓度的紫杉醇在抑制兔血管平滑肌细胞增生迁移的同时可能会抑制内皮细胞增生迁移，延迟内皮再生[41]。

3. 抗真菌

紫杉素对赤霉菌、黑星病菌、镰刀菌、棒孢菌等真菌有明显抑制作用[42]。

应用

东北红豆杉主要用于治疗转移性肿瘤、肾炎浮肿、小便不利、糖尿病。临床还用于卵巢癌、乳腺癌、食道癌、肺癌、胃癌、食管鳞癌、艾滋病、类风湿性关节炎[43]的治疗。

评注

红豆杉植物生长缓慢，紫杉醇在植物体内含量普遍很低，可利用的野生资源十分有限，人工繁育栽培种目前也有限，难以满足生产需要。目前红豆杉野生资源日趋濒危。

西双版纳粗榧 *Cephalotaxus mannii* Hook. f.、高山三尖杉 *C. fortunei* Hook. f.、白豆杉 *Pseudotaxus chienii* (Cheng) Cheng 等茎干中发现了紫杉醇或同系物，为紫杉醇的原料生产开辟了新的途径。

紫杉醇资源的短缺问题，可以从野生、栽培植物以及杂交种分离紫杉醇，或用其先导化合物，通过化学结构修饰等得到多种途径解决。

同属植物欧洲紫杉 *Taxus baccata* L. 产自欧洲、亚洲和非洲，也是提取紫杉醇的重要原料之一。由欧洲紫杉针叶中还提取到一种无活性的化合物，以该化合物为前体合成的新一代化疗药物多西紫杉醇可显著抑制细胞分裂，导致肿瘤细胞死亡，已得到广泛的临床应用。

参考文献

[1] F Kawamura, Y Kikuchi, T Ohira, M Yatagai. Phenolic constituents of *Taxus cuspidata* I: lignans from the roots. *Journal of Wood Science*. 2000, **46**(2): 167-171

[2] F Kawamura, T Ohira, Y Kikuchi. Constituents from the roots of *Taxus cuspidata*. *Journal of Wood Science*. 2004, **50**(6): 548-551

[3] 毛士龙，陈万生，廖时萱．东北红豆杉茎皮化学成分研究．中药材．1999，**22**(7)：346-347

[4] H Morita, A Gonda, L Wei, Y Yamamura, H Wakabayashi, K Takeya, H Itokawa. Four new taxoids from *Taxus cuspidata*. *Planta Medica*. 1998, **64**(2): 183-186

[5] H Shigemori, XX Wang, N Yoshida, J Kobayashi. Taxuspines X-Z, new taxoids from Japanese yew *Taxus cuspidata*. *Chemical & Pharmaceutical Bulletin*. 1997, **45**(7): 1205-1208

[6] QW Shi, CM Cao, JS Gu, H Kiyota. Four new epoxy taxanes from needles of *Taxus cuspidata* (Taxaceae). *Natural Product Research*. 2006, **20**(2): 173-179

[7] QW Shi, ZP Li, D Zhao, JS Gu, T Oritani, H Kiyota. New 2(3→20)abeotaxane and 3,11-cyclotaxane from needles of *Taxus cuspidata*. *Bioscience, Biotechnology, and Biochemistry*. 2004, **68**(7): 1584-1587

[8] QW Shi, T Oritani, H Kiyota, R Murakami. Three new taxoids from the leaves of the Japanese yew, *Taxus cuspidata*. *Natural Product*

Letters. 2001, **15**(1): 55-62

[9] CL Wang, ML Zhang, CM Cao, QW Shi, H Kiyota. First example of 11,12-epoxytaxane-glucoside from the needles of *Taxus cuspidata*. *Heterocyclic Communications*. 2005, **11**(3-4): 211-214

[10] H Kawamura, T Kaneko, H Koshino, Y Esumi, J Uzawa, F Sugawara. Penicillides from Penicillium sp. isolated from *Taxus cuspidata*. *Natural Product Letters*. 2000, **14**(6): 477-484

[11] Q Cheng, T Oritani, T Horiguchi. Two novel taxane diterpenoids from the needles of Japanese yew, *Taxus cuspidata*. *Bioscience, Biotechnology, and Biochemistry*. 2000, **64**(4): 894-898

[12] R Murakami, QW Shi, T Oritani. A taxoid from the needles of the Japanese yew, *Taxus cuspidata*. *Phytochemistry*. 1999, **52**(8): 1577-1580

[13] QW Shi, T Oritani, T Sugiyama, R Murakami, T Horiguchi. Three new bicyclic taxane diterpenoids from the needles of Japanese yew, *Taxus cuspidata* Sieb. et Zucc. *Journal of Asian Natural Products Research*. 1999, **2**(1): 63-70

[14] R Murakami, QW Shi, T Horiguchi, T Oritani. A novel rearranged taxoid from needles of the Japanese yew, *Taxus cuspidata* Sieb. et Zucc. *Bioscience, Biotechnology, and Biochemistry*. 1999, **63**(9): 1660-1663

[15] QW Shi, T Oritani, T Horiguchi, T Sugiyama, R Murakami, T Yamada. Four novel taxane diterpenoids from the needles of Japanese yew, *Taxus cuspidata*. *Bioscience, Biotechnology, and Biochemistry*. 1999, **63**(5): 924-929

[16] 佟晓杰，方唯，周金云，贺存恒，陈未名，方起程．东北红豆杉枝叶化学成分的研究．药学学报．1994，**29**(1)：55-60

[17] K Kosugi, J Sakai, S Zhang, Y Watanabe, H Sasaki, T Suzuki, H Hagiwara, N Hirata, K Hirose, M Ando, A Tomida, T Tsuruo. Neutral taxoids from *Taxus cuspidata* as modulators of multidrug-resistant tumor cells. *Phytochemistry*. 2000, **54**(8): 839-845

[18] SK Choi, HM Oh, SK Lee, DG Jeong, SE Ryu, KH Son, DC Han, ND Sung, NI Baek, BM Kwon. Biflavonoids inhibited phosphatase of regenerating liver-3 (PRL-3). *Natural Product Research, Part B: Bioactive Natural Products*. 2006, **20**(4): 341-346

[19] QW Shi, T Oritani, T Sugiyama, T Oritani. Three new taxane diterpenoids from the seeds of the japanese yew, *Taxus cuspidata*. *Natural Product Letters*. 2000, **14**(4): 265-272

[20] QW Shi, T Oritani, D Zhao, R Murakami, T Oritani. Three new taxoids from the seeds of Japanese yew, *Taxus cuspidata*. *Planta Medica*. 2000, **66**(3): 294-299

[21] XX Wang, H Shigemori, J Kobayashi. Taxezopidine A, a novel taxoid from seeds of Japanese yew (*Taxus cuspidata*). *Tetrahedron Letters*. 1997, **38**(43): 7587-7588

[22] XX Wang, H Shigemori, J Kobayashi. Taxezopidines B-H, new taxoids from Japanese yew (*Taxus Cuspidata*). *Journal of Natural Products*. 1998, **61**(4): 474-479

[23] H Shigemori, CA Sakurai, H Hosoyama, A Kobayashia, S Kajiyama, J Kobayashi. Taxezopidines J, K, and L, new taxoids from *Taxus cuspidata* inhibiting Ca^{2+}-induced depolymerization of microtubules. *Tetrahedron*. 1999, **55**(9): 2553-2558

[24] H Morita, I Machida, Y Hirasawa, J Kobayashi. Taxezopidines M and N, taxoids from the Japanese yew, *Taxus cuspidata*. *Journal of Natural Products*. 2005, **68**(6): 935-937

[25] M Ando, J Sakai, SJ Zhang, Y Watanabe, K Kosugi, T Suzuki, H Hagiwara. A new basic taxoid from *Taxus cuspidata*. *Journal of Natural Products*. 1997, **60**(5): 499-501

[26] DY Shin, TS Choi. Oocyte-based screening system for anti-microtubule agents. *Journal of Reproduction and Development*. 2004, **50**(6): 647-652

[27] 张晓杰，于秀文，徐凤琳．东北红豆杉对抗小鼠肺癌实验性研究．医学研究通讯．2005，**34**(4)：32-34

[28] 钟美佐，陈方平，翟晓，黄进，刘巍．紫杉醇对Raji细胞增殖、黏附、侵袭力的影响．中华血液学杂志．2006，**27**(2)：133-135

[29] 王承龙，肖健云，赵素萍，邱元正．紫杉醇对喉癌细胞CK13mRNA表达的影响．中国现代医学杂志．2005，**15**(19)：2933-2935

[30] 汪进，何放亭，曾志雄，方宏勋，肖培根，韩锐，杨梦廷．紫杉醇诱导人乳腺癌MCF-7细胞周期阻断及凋亡的基因表达谱分析．药学学报．2005，**40**(12)：1099-1104

[31] 胡向阳，孟刚，鲍扬漪，朱晓梅，汪渊，周青．紫杉醇诱导Hela细胞凋亡及其与凋亡相关蛋白的关系．中国药理学通报．2004，**20**(9)：1063-1067

[32] 刘天佑，曲欣，潘尚哈，刘昶．紫杉醇诱导体外培养胃腺癌细胞系SGC-7901凋亡．哈尔滨医科大学学报．2003，**37**(3)：215-217

[33] TK Yeung, C Germond, XM Chen, ZX Wang. The Mode of action of taxol: apoptosis at low concentration and necrosis at high concentration. *Biochemical and Biophysical Research Communications*. 1999, **263**(2): 398-404

[34] MV Blagosklonny, P Giannakakou, WS El-Deiry, DG Kingston, PI Higgs, L Neckers, T Fojo. Raf-1/bcl-2 phosphorylation: a step

from microtubule damage to cell death. *Cancer Research.* 1997, **57**(1): 130-135

[35] H Oyaizu, Y Adachi, S Taketani, R Tokunaga, S Fukuhara, S Ikehara. A crucial role of caspase 3 and caspase 8 in paclitaxel-induced apoptosis. *Molecular Cell Biology Research Communication.* 1999, **2**(1): 36-41

[36] AM Ibrado, CN Kim, K Bhalla. Temporal relationship of CDK1 activation and mitotic arrest to cytosolic accumulation of cytochrome C and caspase-3 activity during taxol-induced apoptosis of human AML (acute myeloid leukemia) HL-60 cells. *Leukemia.* 1998, **12**(12): 1930-1936

[37] CL Perkins, GF Fang, CN Kim, KN Bhalla. The role of apaf-1, caspase-9, and bid proteins in etoposide- or paclitaxel-induced mitochondrial events during apoptosis. *Cancer Research.* 2000, **60**(6): 1645-1653

[38] C Huisman, CG Ferreira, LE Broker, JA Rodriguez, EF Smit, PE Postmus, FA Kruyt, G Giaccone. Paclitaxel triggers cell death primarily via caspase-independent routes in the non-small-cell lung cancer cell line NCI-H460. *Clinical Cancer Research.* 2002, **8**(2): 596-606

[39] 杨兆华，洪涛，王春生，宋凯，郑佳予，朱仕杰，刘琛．紫杉醇对大鼠移植动脉内膜增生及硬化的抑制作用．中华器官移植杂志．2006，**27**(3)：135-137

[40] 尹鸣，陈龙邦，耿怀成，臧静．紫杉醇抗血管生成作用的实验研究．肿瘤防治研究．2004，**31**(5)：282-283，285

[41] 武晓静，黄岚，晋军，宋明宝，于世勇．紫杉醇对培养的兔血管平滑肌细胞和内皮细胞增生与迁移的影响及其相互关系．中华心血管病杂志．2004，**32**(7)：626-630

[42] S Tachibana, H Ishikawa, K Itoh. Antifungal activities of compounds isolated from the leaves of *Taxus cuspidata* var. *nana* against plant pathogenic fungi. *Journal of Wood Science.* 2005, **51**(2): 181-184

[43] 柯昌毅，钱妍，赵春景．抗肿瘤植物药的非抗肿瘤临床应用．中国药房．2003，**14**(9)：567-568

梧桐科

可可 Keke BP, GCEM

Theobroma cacao L.

Cacao

概述

梧桐科 (Sterculiaceae) 植物可可 *Theobroma cacao* L.，其烘焙种子油入药，药用名：可可脂；其干燥成熟种子入药，药用名：可可豆。

可可属 (*Theobroma*) 全世界约 30 种，分布于美洲热带。中国海南及云南南部栽培 1 种。本种原产美洲中部及南部，现广泛栽培于全世界的热带地区。

2600 多年以前，美洲玛雅人 (Mayas) 就将可可作为饮料和货币使用。公元 16 世纪，哥伦布 (Columbus) 和廓特兹 (Cortes) 把可可引入欧洲，从此传遍世界[1]。同时，可可也被证实能促进患者恢复健康，早餐食用可可能保证机体营养。《英国药典》(2002 年版) 收载本种作为可可脂的法定原植物来源种。全球约有 30 个主要的可可生长区，西非的象牙海岸、加纳，东南亚的印度尼西亚是世界三大可可豆生产国[2]。

可可主要含生物碱类、多酚类、脂肪酸类、黄酮类等成分。《英国药典》以酸价、熔点、折光指数等为指标，控制可可脂质量。

药理研究表明，可可具有中枢兴奋、抗氧化、抗炎、抗肿瘤、抗动脉粥样硬化、抗真菌、抗病毒等作用。

民间经验认为可可具有收敛、利尿、强心的功效。

可可 *Theobroma cacao* L.

药材可可豆 Semen Theobromae

化学成分

可可种子含生物碱类成分：咖啡因 (caffeine)、可可碱 (theobromine)；多酚类成分：儿茶精 (catechin)、表儿茶精 (epicatechin)[3]；花青素类 (procyanidins) 成分：矢车菊素-3-半乳糖苷 (cyanidin-3-galactoside)、矢车菊素-3-阿糖胞苷 (cyanidin-3-arabinoside)[3]、原花青素B_1、B_2、B_5、C_1 (procyanidins B_1-B_2、B_5、C_1)[4-5]；脂肪酸类成分：棕榈酸 (palmitic acid)、硬脂酸 (stearic acid)、亚油酸 (linoleic acid)、亚麻酸 (linolenic acid) 及其甘油三酯[6]；环肽类成分：cyclo(L-Ile-L-phe)、cyclo(L-Val-L-Leu)[7]；氨基酸酰胺类成分：clovamide、deoxyclovamide、(-)-N-[3',4'-dihydroxy-(E)-cinnamoyl]-L-tyrosine[8]、(+)-N-[4'-羟基-(E)-桂皮烯醛基]-L-天冬氨酸 {(+)-N-[4'-hydroxy-(E)-cinnamoyl]-L-aspartic acid}[4]；黄酮类成分：槲皮素 (quercetin)、柚皮素 (naringenin)、木犀草素 (luteolin)、芹菜素吡喃葡糖苷 (apigenin glycopyranoside)[4]等。

可可外壳也含有与种子类似的生物碱和多酚类成分[9]；有机酸类成分：植酸 (phytic acid)、咖啡酸 (caffeic acid)、龙胆酸 (gentisic acid)[10]等。

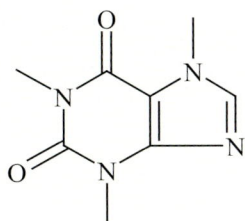

caffeine

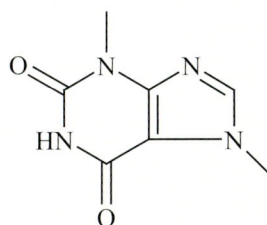

theobromine

可可 Keke

药理作用

1. 中枢兴奋

咖啡因能提高细胞内环磷酸腺苷 (cAMP) 的含量。低、中摄入量时，能兴奋大脑皮质，振奋精神，增强警觉性，提高持久工作能力，增强识别能力，缩短反应时间。高摄入量的咖啡因可引起焦虑、烦躁、失眠及精细运动功能受损[11]。

2. 抗氧化

可可外壳多酚类成分具有明显抗氧化和氧自由基清除能力[12]。可可叶提取物具有明显 Fe^{3+}、Cu^{2+} 还原能力，其活性强度与叔丁基羟基茴香醚和 2,6－二叔丁基对甲酚接近[13-14]。

3. 抗炎

可可黄酮、原花青素、表儿茶精低分子聚合物分别通过抑制一氧化氮在巨噬细胞的释放和下调炎症细胞因子水平[15]，抑制单核细胞中白介素－4的分泌[16]，抑制双加氧酶以及5－脂氧合酶途径的白三烯合成[17]，产生抗炎作用。另外，可可粉多酚类成分对炎症因子过氧化亚硝酸盐反应也有明显抑制[18]。

4. 抗肿瘤

采用检测胸腺核苷酸掺入率方法，显示可可外果壳的 60% 乙醇提取物对肝、胃、结肠癌细胞的 DNA 合成均有抑制作用[19]。可可多酚对口腔鳞状细胞癌细胞 HSC－2 的细胞毒性明显强于对人牙龈成纤维细胞[20]。可可多酚能抑制黄嘌呤氧化酶活性，抑制佛波酯导致的超氧负离子在人白血病 HL－60 细胞中的生成，可可多酚的抗氧化、抗炎特性可能是其抗肿瘤活性的基础[12]。

5. 抗动脉粥样硬化

用可可豆汁多酚喂养高胆固醇血症兔，兔血浆中低密度脂蛋白氧化和大动脉粥样硬化病变区明显减少，组织胆固醇含量降低[21]。

6. 抗真菌

可可提取物具有明显抑制枝孢霉菌作用[22]。

7. 抗病毒

可可多酚能抑制人类免疫缺陷病毒 (HIV) 在人源细胞 MT－4 中的细胞病变作用[20]。

8. 抗溃疡

可可水溶性多酚能通过清除自由基和调节白细胞功能，抑制乙醇导致的大鼠胃黏膜损伤[23]。

9. 其他

可可提取物具有抗毛链球菌所致大鼠龋齿的作用[24]，咖啡因还具有明显的利尿作用[25]。

应用

可可有收敛、利尿、强心、肌肉弛缓等功能。

可可种子用于治疗肠道传染病、腹泻；可可种皮用于肝、肾疾病、糖尿病的治疗；可可脂用于食品、药品和化妆品的添加剂生产。可可种子提取物还可以用于抗焦虑[26]，缓解阿尔茨海默病[27]，防治龋齿[28]、中风与心脏病[29]等。

评注

除种子油外，可可种子、种皮也可入药。可可粉具有浓烈芬芳的独特香味，是当今世界三大饮料之一。随着可可制品应用范围的日趋扩大，可可加工行业发展迅猛，与此同时，劣质或假冒可可粉充斥市场，严重危害了食品安全。

假冒可可粉的主要方式是：以可可豆壳或者再掺入桂圆壳、板栗壳、花生壳为原料生产可可粉，并且掺入淀粉、面粉或南瓜粉等粉状物，应付灰分指标的检测；添加可可香精来提香，应付香味指标的检测；添加类可可脂、代可可脂甚至牛羊油应付含脂量指标的检测等。

参考文献

[1] H Zoellner, R Giebelmann. Cultural-historical remarks on theobromine and cocoa. *Deutsche Lebensmittel-Rundschau.* 2003, **99**(6): 236-239

[2] 余诗庆，杜传来．我国可可粉的应用和生产现状、问题分析与对策．安徽技术师范学院学报．2005，**19**(4)：24-30

[3] N Niemenak, C Rohsius, S Elwers, D Omokolo Ndoumou, R Lieberei. Comparative study of different cocoa (*Theobroma cacao* L.) clones in terms of their phenolics and anthocyanins contents. *Journal of Food Composition and Analysis.* 2006, **19**(6-7): 612-619

[4] T Stark, S Bareuther, T Hofmann. Sensory-guided decomposition of roasted cocoa nibs (*Theobroma cacao*) and structure determination of taste-active polyphenols. *Journal of Agricultural and Food Chemistry.* 2005, **53**(13): 5407-5418

[5] R Gotti, S Furlanetto, S Pinzauti, V Cavrini. Analysis of catechins in *Theobroma cacao* beans by cyclodextrin-modified micellar electrokinetic chromatography. *Journal of Chromatography A.* 2006, **1112**(1-2): 345-352

[6] DC Wright, WD Park, NR Leopold, PM Hasegawa, J Janick. Accumulation of lipids, proteins, alkaloids and anthocyanins during embryo development *in vivo* of *Theobroma cacao* L. *Journal of the American Oil Chemists' Society.* 1982, **59**(11): 475-479

[7] T Stark, T Hofmann. Structures, sensory activity, and dose/response functions of 2,5-diketopiperazines in roasted cocoa nibs (*Theobroma cacao*). *Journal of Agricultural and Food Chemistry.* 2005, **53**(18): 7222-7231

[8] T Stark, T Hofmann. Isolation, structure determination, synthesis, and sensory activity of N-phenylpropenoyl-L-amino acids from cocoa (*Theobroma cacao*). *Journal of Agricultural and Food Chemistry.* 2005, **53**(13): 5419-5428

[9] M Arlorio, JD Coisson, F Travaglia, F Varsaldi, G Miglio, G Lombardi, A Martelli. Antioxidant and biological activity of phenolic pigments from *Theobroma cacao* hulls extracted with supercritical CO_2. *Food Research International.* 2005, **38**(8-9): 1009-1014

[10] J Serra Bonvehi, RE Jorda. Constituents of cocoa husks. *Zeitschrift fuer Naturforschung, C: Biosciences.* 1998, **53**(9/10): 785-792

[11] 易超然，卫中庆．咖啡因的药理作用和应用．医学研究生学报．2005，**18**(3)：270-272

[12] KW Lee, JK Kundu, SO Kim, KS Chun, HJ Lee, YJ Surh. Cocoa polyphenols inhibit phorbol ester-induced superoxide anion formation in cultured HL-60 cells and expression of cyclooxygenase-2 and activation of NF-κB and MAPKs in mouse skin *in vivo.* *Journal of Nutrition.* 2006, **136**(5): 1150-1155

[13] O Hassan, LS Fan. The anti-oxidation potential of polyphenol extract from cocoa leaves on mechanically deboned chicken meat (MDCM). *LWT--Food Science and Technology.* 2005, **38**(4): 315-321

[14] H Osman, R Nasarudin, SL Lee. Extracts of cocoa (*Theobroma cacao* L.) leaves and their antioxidation potential. *Food Chemistry.* 2004, **86**(1): 41-46

[15] E Ramiro, A Franch, C Castellote, F Perez-Cano, J Permanyer, M Izquierdo-Pulido, M Castell. Flavonoids from *Theobroma cacao* down-regulate inflammatory mediators. *Journal of Agricultural and Food Chemistry.* 2005, **53**(22): 8506-8511

[16] TK Mao, JJ Powell, J Van De Water, CL Keen, HH Schmitz, ME Gershwin. Effect of cocoa procyanidins on the secretion of interleukin-4 in peripheral blood mononuclear cells. *Journal of Medicinal Food.* 2000, **3**(2): 107-114

[17] T Schewe, H Kuhn, H Sies. Flavonoids of cocoa inhibit recombinant human 5-lipoxygenase. *Journal of Nutrition.* 2002, **132**(7): 1825-1829

[18] GE Arteel, P Schroeder, H Sies. Reactions of peroxynitrite with cocoa procyanidin oligomers. *Journal of Nutrition.* 2000, **130**(8S): 2100S-2104S

[19] KW Lee, ES Hwang, NJ Kang, KH Kim, HJ Lee. Extraction and chromatographic separation of anticarcinogenic fractions from cacao bean husk. *BioFactors.* 2005, **23**(3): 141-150

[20] Y Jiang, K Satoh, C Aratsu, N Komatsu, M Fujimaki, H Nakashima, T Kanamoto, H Sakagami. Diverse biological activity of polycaphenol. *In Vivo.* 2001, **15**(2): 145-150

[21] T Kurosawa, F Itoh, A Nozaki, Y Nakano, S Katsuda, N Osakabe, H Tsubone, K Kondo, H Itakura. Suppressive effects of cacao liquor polyphenols (CLP) on LDL oxidation and the development of atherosclerosis in Kurosawa and Kusanagi-hypercholesterolemic rabbits. *Atherosclerosis.* 2005, **179**(2): 237-246

[22] BMR Bandara, IHS Fernando, CM Hewage, V Karunaratne, NKB Adikaram, DSA Wijesundara. Antifungal activity of some medicinal plants of Sri Lanka. *Journal of the National Science Council of Sri Lanka*. 1989, **17**(1): 1-13

[23] N Osakabe, C Sanbongi, M Yamagishi, T Takizawa, T Osawa. Effects of polyphenol substances derived from *Theobroma cacao* on gastric mucosal lesion induced by ethanol. *Bioscience, Biotechnology, and Biochemistry*. 1998, **62**(8): 1535-1538

[24] K Ito, T Takizawa. Cacao extract inhibits experimental dental caries in SPF rats infected with *Mutans Streptococci*. *Meiji Seika Kenkyu Nenpo*. 1999, **38**: 45-52

[25] LJ Dorfman, ME Jarvik. Comparative stimulant and diuretic actions of caffeine and theobromine in man. *Clinical Pharmacology & Therapeutics*. 1970, **11**(6): 869-872

[26] K Ito. Effect of polyphenols from *Theobroma cacao* on restraint or conditioned fear stress. *Food Style*. 2002, **6**(3): 81-83

[27] 怡悦．巴西可可的成分可缓解阿尔茨海默病的症状．国外医学：中医中药分册．2002，**24**(6)：374

[28] K Ito, Y Nakamura, T Tokunaga, D Iijima, K Fukushima. Anti-cariogenic properties of a water-soluble extract from cacao. *Bioscience, Biotechnology, and Biochemistry*. 2003, **67**(12): 2567-2573

[29] 张永军．可可能够防治中风与心脏病．中国保健食品．2006，**3**：17

铺地香 Pudixiang EP, BHP, GCEM

唇形科

***Thymus serpyllum* L.**

Wild Thyme

概述

唇形科 (Lamiaceae) 植物铺地香 *Thymus serpyllum* L.，其干燥地上部分入药。药用名：野百里香。

百里香属 (*Thymus*) 植物全世界约 300～400 种，分布于非洲北部、欧洲及亚洲温带。中国有 11 种、2 变种，多分布于黄河以北地区，本属现供药用者约 4 种、1 变种。本种遍布欧亚大陆。

铺地香的味道温和又不太刺激，曾经广泛用于调和食品味道。铺地香同时具有抗菌、防腐之效，古埃及把它当成防腐香油的成分之一来保存木乃伊。《欧洲药典》（第 5 版）和《英国草药典》（1996 年版）均收载本种为野百里香的法定原植物来源种。主产于英国和巴尔干半岛地区。

铺地香主要含挥发油、黄酮类成分。《欧洲药典》规定铺地香含挥发油不得少于 3.0mL/kg，以控制药材质量。

药理研究表明，铺地香具有抗炎、抗菌、抗氧化等作用。

民间经验认为野百里香具有祛痰，抗炎的功效。

铺地香 *Thymus serpyllum* L.

铺地香 Pudixiang

化学成分

铺地香地上部分含挥发油类成分：麝香草酚 (thymol)、葛缕醇(carvacrol)、1,8－桉叶素 (1,8－cineole)、吉玛烯 B (germacrene B)、β－罗勒烯 (β－ocimene)、α－杜松醇 (α－cadinol)[1]、α－松油醇 (β－terpineol)、β－丁香烯(β－caryophyllene)、樟脑 (camphor)、香叶烯 (myrcene)[2]、γ－松油烯 (γ－terpinene)、对－聚伞花素 (p－cymene)[3]、醋酸香芹酯 (carvyl acetate)、丁香烯氧化物 (caryophyllene oxide)[4]、蒎烯 (pinene)、沉香醇 (linalool)、α－水芹烯 (α－phellandrene)、α－杜松醇 (α－cadinol)、β－没药烯 (β－bisabolene)、β－榄香烯 (β－elemene)、萜品油烯 (terpinolene)、榄香醇 (elemol)、α－侧柏烯 (α－thujene)、香桧烯 (sabinene)、α－胡椒烯 (α－copaene)、β－波旁烯 (β－bourbonene)、匙叶桉油烯醇 (spathulenol)、α－蛇麻烯 (α－humulene)、α－杜松烯 (α－cadinene)、双环吉马烯 (bicyclogermacrene)、古芸烯 (β－gurjunene)[5]、橙花醇 (nerol)[6]、柠檬烯 (limonene)、γ－松油烯 (γ－terpinene)、香茅醛 (citronellal)、香叶醇 (geraniol)[7]、姜烯 (zingiberene)、丁香酚 (eugenol)、异丁香酚 (isoeugenol)[8]；黄酮类成分：木犀草素－7－葡萄糖苷 (luteolin－7－glucoside)、芹菜苷元 (apigenin)[9]、黄芩素－7－O－β－D－葡萄糖基(1→4)－O－α－L－鼠李吡喃糖苷 [scutellarein－7－O－β－D－glucopyranosyl(1→4)－O－α－L－rhamnopyranoside][10]；以及黄酮糖酯类成分：2－propenoic acid, 3－(4－hydroxyphenyl)－6'－ester with 2－[4－(β－D－glucopyranosyloxy)phenyl]－5,7－dihydroxy－4H－1－benzopyran－4－one[11]等。

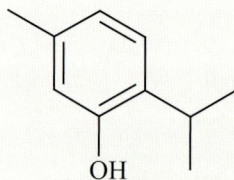

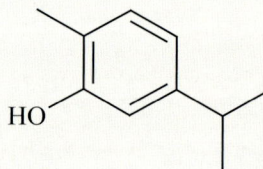

thymol　　carvacrol

药理作用

1. 抗炎

麝香草酚能通过阻滞钙离子通道，抑制甲酰甲硫氨酰－亮氨酰－苯丙氨酸 (FMLP) 导致的弹性蛋白酶在人嗜中性粒细胞的产生和释放，抑制炎症症状[12]。丁香酚、麝香草酚能抑制FMLP导致的豚鼠中性粒细胞趋化性，抑制氧自由基在粒性白细胞的产生，体现出抗炎活性[13]。

2. 抗微生物

铺地香挥发油能明显抑制芽孢杆菌、大肠杆菌、肺炎克雷伯杆菌、绿脓杆菌、金黄色葡萄球菌[14]生长。铺地香挥发油具有明显抗真菌作用，葛缕醇、麝香草酚可能是其主要活性成分[15]。铺地香甲醇提取物对蜡状芽孢杆菌、金黄色葡萄球菌、单核细胞增多性李氏菌、大肠杆菌、婴儿沙门菌有明显抑制作用[16]。铺地香挥发油对枯草杆菌[17]、恶臭假单胞菌[18]、泡盛曲霉、黑曲霉以及黄曲霉等曲霉菌丝体的生长[19]有明显的抑制作用。

3. 抗氧化

多种检测方法显示，铺地香挥发油的抗氧化活性与维生素 E、维生素 C 等相当[20]，铺地香甲醇提取物也具有明显抗氧化活性[21]。铺地香挥发油还能明显抑制铜离子导致的人低密度脂蛋白氧化，其抗氧化活性与总酚化合物含量相关[22]。

4. 其他

麝香草酚灌胃能通过抑制脂质过氧化，明显改善对四氯化碳导致的小鼠肝损伤[23]。葛缕醇还具有抗肿瘤和抗血小板凝聚活性[24]。

应用

野百里香主要用于治疗咳嗽、支气管炎。还用于治疗上呼吸道炎、肾炎、膀胱炎、胃痛、胃胀气、痛经、腹痛、百日咳；以洗剂或搽剂外用治疗风湿症、扭伤等。

评注

铺地香的新鲜地上部分、全草和水蒸气提取所得挥发油也可入药。《英国药典》和《英国草药典》收载同属植物银斑百里香 *Thymus vulgaris* L. 的干燥地上部分作为百里香草使用。百里香草具有驱风、抗菌、收敛、祛痰、镇咳的功效；主治支气管炎、百日咳、上呼吸道炎。银斑百里香与铺地香两种药用植物能否替代使用，有待进一步研究。

参考文献

[1] K Loziene, PR Venskutonis. Chemical composition of the essential oil of *Thymus serpyllum* L. ssp. *serpyllum* growing wild in Lithuania. *Journal of Essential Oil Research*. 2006, **18**(2): 206-211

[2] D Mockute, G Bernotiene. 1,8-Cineole-caryophyllene oxide chemotype of essential oil of *Thymus serpyllum* L. growing wild in Vilnius (Lithuania). *Journal of Essential Oil Research*. 2004, **16**(3): 236-238

[3] F Sefidkon, M Dabiri, SA Mirmostafa. The composition of *Thymus serpyllum* L. oil. *Journal of Essential Oil Research*. 2004, **16**(3): 184-185

[4] K Loziene, PR Venskutonis, J Vaiciuniene. Chemical diversity of essential oil of *Thymus pulegioides* L. and *Thymus serpyllum* L. growing in Lithuania. *Biologija*. 2002, **1**: 62-64

[5] K Loziene, J Vaiciuniene, PR Venskutonis. Chemical composition of the essential oil of creeping thyme (*Thymus serpyllum*) growing wild in Lithuania. *Planta Medica*. 1998, **64**(8): 772-773

[6] M Oszagyan, B Simandi, J Sawinsky, A Kery. A comparison between the oil and supercritical carbon dioxide extract of Hungarian wild thyme (*Thymus serpyllum* L.). *Journal of Essential Oil Research*. 1996, **8**(3): 333-335

[7] I Agarwal, CS Mathela. Chemical composition of essential oil of *Thymus serpyllum* Linn. *Proceedings of the National Academy of Sciences, India, Section A: Physical Sciences*. 1978, **48**(3): 143-146

[8] GK Sinha, AP Singh, BC Gulati. Essential oil of *Thymus serpyllum*. *Indian Perfumer*. 1973, **17**(2): 13-17

[9] J Sendra, D Bednarska, M Oswiecimska. Flavonoid compounds in the commercial raw material of Herba serpylli. *Dissertationes Pharmaceuticae et Pharmacologicae*. 1966, **18**(6): 619-624

[10] JS Washington, VK Saxena. Scutellarein-7-O-β-D-glucopyranosyl(1→4)-O-α-L-rhamnopyranoside from the stems of *Thymus serpyllum* Linn. *Journal of the Indian Chemical Society*. 1986, **63**(2): 226-227

[11] JS Washington, VK Saxena. A new acylated apigenin 4′-O-β-D-glucoside from the stems of *Thymus serpyllum* Linn. *Journal of the Institution of Chemists*. 1985, **57**(4): 153-155

[12] PC Braga, M Dal Sasso, M Culici, T Bianchi, L Bordoni, L Marabini. Anti-Inflammatory activity of thymol: Inhibitory effect on the release of human neutrophil elastase. *Pharmacology*. 2006, **77**(3): 130-136

[13] Y Azuma, N Ozasa, Y Ueda, N Takagi. Pharmacological studies on the anti-inflammatory action of phenolic compounds. *Journal of Dental Research*. 1986, **65**(1): 53-56

[14] I Rasooli, SA Mirmostafa. Antibacterial properties of *Thymus pubescens* and *Thymus serpyllum* essential oils. *Fitoterapia*. 2002, **73**(3): 244-250

[15] I Agarwal, CS Mathela. Study of antifungal activity of some terpenoids. *Indian Drugs & Pharmaceuticals Industry*. 1979, **14**(5): 19-21

[16] NS Alzoreky, K Nakahara. Antibacterial activity of extracts from some edible plants commonly consumed in Asia. *International Journal of Food Microbiology*. 2003, **80**(3): 223-230

[17] D Patakova, M Chladek. Antibacterial activity of thyme and wild thyme oils. *Pharmazie*. 1974, **29**(2): 140, 142

[18] M Oussalah, S Caillet, L Saucier, M Lacroix. Antimicrobial effects of selected plant essential oils on the growth of a *Pseudomonas putida* strain isolated from meat. *Meat Science*. 2006, **73**(2): 236-244

[19] MU Rahman, S Gul. Mycotoxic effects of Thymus serpyllum oil on the asexual reproduction of *Aspergillus* species. *Journal of Essential Oil Research*. 2003, **15**(3): 168-171

[20] T Kulisic, A Radonic, M Milos. Antioxidant properties of thyme (*Thymus vulgaris* L.) and wild thyme (*Thymus serpyllum* L.) essential oils. *Italian Journal of Food Science*. 2005, **17**(3): 315-324

[21] N Alzoreky, K Nakahara. Antioxidant activity of some edible Yemeni plants evaluated by ferrylmyoglobin/ABTS$^+$ assay. *Food Science and Technology Research*. 2001, **7**(2): 141-144

[22] PL Teissedre, AL Waterhouse. Inhibition of oxidation of human low-density lipoproteins by phenolic substances in different essential oils varieties. *Journal of Agricultural and Food Chemistry*. 2000, **48**(9): 3801-3805

[23] K Alam, MN Nagi, OA Badary, OA Al-Shabanah, AC Al-Rikabi, AM Al-Bekairi. The protective action of thymol against carbon tetrachloride hepatotoxicity in mice. *Pharmacological Research: the Official Journal of the Italian Pharmacological Society*. 1999, **40**(2): 159-163

[24] S Karkabounas, OK Kostoula, T Daskalou, P Veltsistas, M Karamouzis, I Zelovitis, A Metsios, P Lekkas, AM Evangelou, N Kotsis, I Skoufos. Anticarcinogenic and antiplatelet effects of carvacrol. Experimental Oncology. 2006, **28**(2): 121-125

银斑百里香 Yinbanbailixiang EP, BP, BHP, GCEM

唇形科

Thymus vulgaris L.

Thyme

概述

唇形科 (Lamiaceae) 植物银斑百里香 *Thymus vulgaris* L.，其干燥地上部分入药。药用名：百里香草。

百里香属 (*Thymus*) 植物全世界约 300～400 种，分布于非洲北部、欧洲及亚洲温带。中国有 11 种、2 变种，多分布于黄河以北地区，本属现供药用者约 4 种、1 变种。本种原产于地中海沿岸国家及北美。目前，世界范围内广泛种植。

银斑百里香的名称源于希腊文 "thumus"，即"香味"。早在公元17世纪，草药医生圣尼古拉 (Nicholas Culpepper) 就认为银斑百里香茶和银斑百里香浸剂对治疗咳嗽、呼吸急促、痛风、胃痛有效，并建议用银斑百里香软膏治疗脓疮和疣，用银斑百里香油作为草药香烟的原料，缓解肠胃不适、头痛和疲劳。《欧洲药典》(第 5 版) 和《英国药典》(2002 年版) 收载本种为百里香草的法定原植物来源种。主产伊伯利亚半岛、摩洛哥、法国、土耳其、东欧及北美。

银斑百里香主要含挥发油、单萜苷类、黄酮类等成分。《欧洲药典》和《英国药典》采用气相色谱法测定，规定百里香草中挥发油含量不得少于 12mL/kg，麝香草酚和葛缕醇总含量不得少于总挥发油的 40%，以控制药材质量。

药理研究表明，银斑百里香具有抗氧化、抗菌、解痉、抗血小板聚集、抗肿瘤等作用。

民间经验认为百里香草具有驱风、抗菌、祛痰、镇咳的功效。

银斑百里香 *Thymus vulgaris* L.

药材百里香草 Herba Thymi

银斑百里香 Yinbanbailixiang

化学成分

银斑百里香地上部分含挥发油类成分：麝香草酚 (thymol)、葛缕醇 (carvacrol)、对-聚伞花素 (p-cymene)、γ-松油烯 (γ-terpinene)[1]、β-丁香烯 (β-caryophyllene)[2]、沉香醇 (linalool)、樟脑烃 (camphene)、α-蒎烯 (α-pinene)、1,8-桉叶素 (1,8-cineole)[3]；黄酮类成分：麝香草素 (thymonin)、3-甲氧基蓟黄素 (cirsilineol)[4]、黄姜味草醇 (xanthomicrol)、5,3',4'-三羟基-7-甲氧基黄酮 (5,3',4'-trihydroxy-7-methoxyflavone)[5]、圣草酚-7-芸香糖苷 (eriodictyol-7-rutinoside)、木犀草素-7-葡萄糖苷 (luteolin-7-glucopyranoside)、橙皮苷 (hesperidin)、芹菜素-7-芸香糖苷 (apigenin-7-rutinoside)[6]、4',5-dihydroxy-7-methoxyflavone[7]；单萜苷类成分：麝香草醌-5-葡萄糖苷 (thymoquinol-5-glucopyranoside)、麝香草醌-2-葡萄糖苷 (thymoquinol-2-glucopyranoside)、angelicoidenol glucopyranoside[8]；苯乙酮苷类成分：4-hydroxyacetophenone 4-O-[5-O-(3,5-dimethoxy-4-hydroxybenzoyl)-β-D-apiofuranosyl]-(1→2)-β-D-glucopyranoside、4-hydroxyacetophenone 4-O-[5-O-(4-hydroxybenzoyl)-β-D-apiofuranosyl]-(1→2)-β-D-glucopyranoside[9]等。

另外，银斑百里香叶还含有联苯类成分：2,2'-dimethyl-5,5'-bis(1-methylethyl)-(bi-1,5-cyclohexadien-1-yl)-3,3',4,4'-tetrone[10]等。

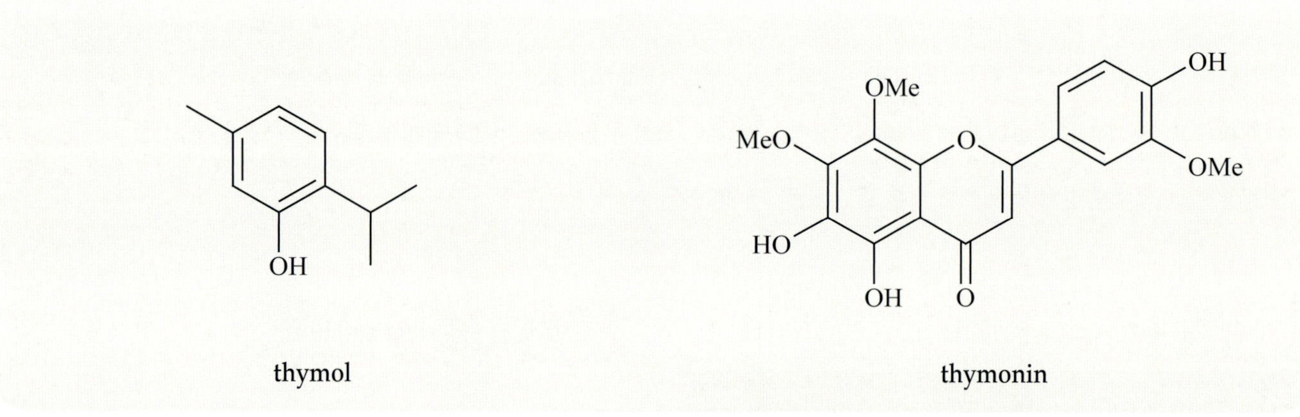

thymol　　thymonin

药理作用

1. **抗氧化**

银斑百里香油给老年小鼠灌胃，能使肝脏和心脏的超氧化物歧化酶 (SOD) 活性降低，且在小鼠整个生命周期都有较强的抗氧化活性[11]。银斑百里香黄酮类化合物有较强的Fe^{3+}还原力，能抑制 2,2-偶氮（2-脒丙基）-二盐酸盐 (AAPH) 和 $CuSO_4$[12]诱导的大豆卵磷脂过氧化，其中 5,3',4'-三羟基-7-甲氧基黄酮、3-甲氧基蓟黄素[5]、圣草酚-7-芸香糖苷、木犀草素-7-葡萄糖苷[6]抗氧化作用较强。银斑百里香油和酚类化合物具有明显体外抗氧化活性[13-15]，银斑百里香叶所含的联苯和黄酮类化合物可抑制黄嘌呤/黄嘌呤氧化酶系统中超氧化阴离子的产生[16]。另外，银斑百里香联苯类化合物在硫氰酸铁试验和硫代巴比土酸试验中也显示较强的抗氧化活性[17]。

2. **抗菌**

银斑百里香茎叶乙醇提取物对金黄色葡萄球菌、大肠杆菌有显著抑制作用[18]。银斑百里香油对白色念珠菌[19]、茄镰刀菌、立枯丝核菌、豆刺盘孢菌[20]有明显抑制作用。

3. **解痉**

银斑百里香提取物对氯化钡、卡巴胆碱等诱导的离体豚鼠气管痉挛有明显抑制作用[21]。银斑百里香黄酮能非竞争性和非特异性拮抗肌肉收缩[22]，对豚鼠离体回肠和气管[23]产生解痉的作用，麝香草素、3-甲氧基蓟黄素可能是其有效成分。

4. 抗炎
银斑百里香提取物可显著抑制诱导型一氧化氮合酶 (iNOS) mRNA 表达，清除已产生的一氧化氮，抑制脂多糖所致一氧化氮在鼠巨噬细胞的生成[24]。

5. 抗血小板聚集
麝香草酚能明显抑制胶原蛋白、二磷酸腺苷 (ADP)、花生四烯酸 (AA) 等诱导的血小板聚集[25]。

6. 抗肿瘤
银斑百里香苯乙酮苷类成分有细胞毒活性，能抑制人白血病细胞的 DNA 合成[9]。

7. 其他
银斑百里香叶热水提取物、银斑百里香多糖具有抗补体作用[26]，银斑百里香油还有抗过敏作用[27]。

应用

百里香草主要用于治疗支气管炎、百日咳、上呼吸道感染等病。还用于治疗消化不良、口腔炎、口臭、心痛、胃炎、哮喘、喉头炎；外用治疗瘙痒症、皮肤病、扁桃体炎、难愈性外伤。

百里香油还可用于制造驱蚊剂[28]、调味料、抗氧化剂[29]、防腐剂[30]、洗涤剂和香水等。

评注

银斑百里香开花的新鲜地上部分，用水蒸气蒸馏所得挥发油入药。药用名：百里香油。《欧洲药典》和《英国药典》还收载同属植物西班牙百里香 *Thymus zygis* L. 为百里香草的法定原植物来源种。

同属植物展毛地椒 *T. quinquecostatus* Celak var. *przewalskii* (Kom) Ronn. 和百里香 *T. mongolicus* Ronn. 的全草在中国作为中药地椒使用。中药地椒具有驱风止咳、健脾行气、利湿通淋的功效；主治感冒头痛，百日咳，消化不良，牙痛等。以上两种植物能否作为百里香草的补充来源，有待进一步研究。

参考文献

[1] MC Diaz-Maroto, IJ Diaz-Maroto Hidalgo, E Sanchez-Palomo, M Soledad Perez-Coello. Volatile components and key odorants of fennel (*Foeniculum vulgare* Mill.) and thyme (*Thymus vulgaris* L.) oil extracts obtained by simultaneous distillation-extraction and supercritical fluid extraction. *Journal of Agricultural and Food Chemistry*. 2005, **53**(13): 5385-5389

[2] M Mirza, ZF Baher. Chemical composition of essential oil from *Thymus vulgaris* hybrid. *Journal of Essential Oil Research*. 2003, **15**(6): 404-405

[3] MD Guillen, MJ Manzanos. Composition of the extract in dichloromethane of the aerial parts of a Spanish wild growing plant *Thymus vulgaris* L. *Flavour and Fragrance Journal*. 1998, **13**(4): 259-262

[4] CO Van den Broucke, RA Dommisse, EL Esmans, JA Lemli. Three methylated flavones from *Thymus vulgaris*. *Phytochemistry*. 1982, **21**(10): 2581-2583

[5] K Miura, H Kikuzaki, N Nakatani. Antioxidant activity of chemical components from sage (*Salvia officinalis* L.) and thyme (*Thymus vulgaris* L.) measured by the oil stability index method. *Journal of Agricultural and Food Chemistry*. 2002, **50**(7): 1845-1851

[6] M Wang, J Li, GS Ho, X Peng, CT Ho. Isolation and identification of antioxidative flavonoid glycosides from thyme (*Thymus vulgaris* L.). *Journal of Food Lipids*. 1998, **5**(4): 313-321

[7] K Miura, N Nakatani. Antioxidative activity of flavonoids from thyme (*Thymus vulgaris* L.). *Agricultural and Biological Chemistry*. 1989, **53**(11): 3043-3045

[8] H Takeuchi, ZG Lu, T Fujita. New monoterpene glucoside from the aerial parts of thyme (*Thymus vulgaris* L.). *Bioscience, Biotechnology, and Biochemistry*. 2004, **68**(5): 1131-1134

[9] MF Wang, H Kikuzaki, CC Lin, A Kahyaoglu, MT Huang, N Nakatani, CT Ho. Acetophenone glycosides from thyme (*Thymus vulgaris* L.). *Journal of Agricultural and Food Chemistry*. 1999, **47**(5): 1911-1914

[10] N Nakatani, K Miura, T Inagaki. Structure of new deodorant biphenyl compounds from thyme (*Thymus vulgaris* L.) and their activity against methyl mercaptan. *Agricultural and Biological Chemistry*. 1989, **53**(5): 1375-1381

[11] KA Youdim, SG Deans. Dietary supplementation of thyme (*Thymus vulgaris* L.) essential oil during the lifetime of the rat: its effects on the antioxidant status in liver, kidney and heart tissues. *Mechanisms of Ageing and Development*. 1999, **109**(3): 163-175

[12] 程霜，戴桂芝，马清温，孙震晓．百里香萃取物的体外抗自由基活性研究．食品工业科技．2004，**25**(3)：53-55

[13] T Kulisic, A Radonic, M Milos. Antioxidant properties of thyme (*Thymus vulgaris* L.) and wild thyme (*Thymus serpyllum* L.) essential oils. *Italian Journal of Food Science*. 2005, **17**(3): 315-324

[14] M Jukic, M Milos. Catalytic oxidation and antioxidant properties of thyme essential oils (*Thymus vulgarae* L.). *Croatica Chemica Acta*. 2005, **78**(1): 105-110

[15] DV Nguyen. Antioxidant effect of thyme (*Thymus vulgaris* L.) in roasted pork patties. *Tap Chi Phan Tich Hoa, Ly Va Sinh Hoc*. 2004, **9**(4): 17-23

[16] H Haraguchi, T Saito, H Ishikawa, H Date, S Katoka, Y Tamura, K Mizutani. Antiperoxidative components in *Thymus vulgaris*. *Planta Medica*. 1996, **62**(3): 217-221

[17] K Miura, N Nakatani. Antioxidative activity of biphenyl compounds from thyme (*Thymus vulgaris* L.). *Chemistry Express*. 1989, **4**(4): 237-240

[18] M Felklova. Pharmaceutical properties of *Thymus vulgaris*. *Ziva*. 1958, **6**: 164-165

[19] R Giordani, P Regli, J Kaloustian, C Mikail, L Abou, H Portugal. Antifungal effect of various essential oils against *Candida albicans*. Potentiation of antifungal action of amphotericin B by essential oil from *Thymus vulgaris*. *Phytotherapy Research*. 2004, **18**(12): 990-995

[20] A Zambonelli, AZ D'Aulerio, A Severi, S Benvenuti, L Maggi, A Bianchi. Chemical composition and fungicidal activity of commercial essential oils of *Thymus vulgaris L*. *Journal of Essential Oil Research*. 2004, **16**(1): 69-74

[21] A Meister, G Bernhardt, V Christoffel, A Buschauer. Antispasmodic activity of *Thymus vulgaris* extract on the isolated guinea pig trachea. Discrimination between drug and ethanol effects. *Planta Medica*. 1999, **65**(6): 512-516

[22] CO Van den Broucke, JA Lemli. Spasmolytic activity of the flavonoids from *Thymus vulgaris*. *Pharmaceutisch Weekblad, Scientific Edition*. 1983, **5**(1): 9-14

[23] CO Van den Broucke. New pharmacologically important flavonoids of *Thymus vulgaris*. *World Crops: Production, Utilization, Description*. 1982, **7**: 271-276

[24] E Vigo, A Cepeda, O Gualillo, R Perez-Fernandez. *In-vitro* anti-inflammatory effect of Eucalyptus globulus and *Thymus vulgaris*: nitric oxide inhibition in J774A.1 murine macrophages. *Journal of Pharmacy and Pharmacology*. 2004, **56**(2): 257-263

[25] K Okazaki, K Kawazoe, Y Takaishi. Human platelet aggregation inhibitors from thyme (*Thymus vulgaris* L.). *Phytotherapy Research*. 2002, **16**(4): 398-399

[26] H Chun, DH Shin, BS Hong, HY Cho, HC Yang. Purification and biological activity of acidic polysaccharide from leaves of *Thymus vulgaris* L. *Biological & Pharmaceutical Bulletin*. 2001, **24**(8): 941-946

[27] Y Tanaka, H Hibino, A Nishina, M Hosogoshi, H Nakano, T Sugawara. Development of antiallergic foods. *Shokuhin Sangyo Senta Gijutsu Kenkyu Hokoku*. 1999, **25**: 115-127

[28] BS Park, WS Choi, JH Kim, KH Kim, SE Lee. Monoterpenes from thyme (*Thymus vulgaris*) as potential mosquito repellents. *Journal of the American Mosquito Control Association*. 2005, **21**(1): 80-83

[29] MD Guillen, MJ Manzanos. Study of the composition of the different parts of a Spanish *Thymus vulgaris* L. plant. *Food Chemistry*. 1998, **63**(3): 373-383

[30] I Manou, L Bouillard, MJ Devleeschouwer, AO Barel. Evaluation of the preservative properties of *Thymus vulgaris* essential oil in topically applied formulations under a challenged test. *Journal of Applied Microbiology*. 1998, **84**(3): 368-376

心叶椴 Xinyeduan EP, BP, BHP, GCEM

椴树科

Tilia cordata Mill.

Linden

概述

椴树科 (Tiliaceae) 植物心叶椴 *Tilia cordata* Mill. 其干燥花序入药。药用名：椴树花。

椴树属 (*Tilia*) 植物全世界约 80 种，主要分布于亚热带和北温带。中国有 32 种，多分布于黄河以南、五岭以北广大亚热带地区，本属现供药用者约有 6 种、2 变种。本种原产于欧洲，在北美、中国华北及东北等地有引种栽培。

椴树花传统用于镇静、抗焦虑，缓解焦虑引起的消化不良、心悸和呕吐。从中世纪开始，椴树花主要作为解表药，能促进排汗。《欧洲药典》(第 5 版) 和《英国药典》(2002 年版) 收载本种为椴树花的法定原植物来源种。主产于东欧、土耳其和中国。

心叶椴主要含黄酮类、挥发油和有机酸类成分。《欧洲药典》和《英国药典》采用薄层色谱法鉴别，以控制药材质量。

药理研究表明，心叶椴具有解痉、镇痛、抗炎、抗肿瘤、保肝等作用。

民间经验认为椴树花具有解痉、解表、镇静、抗焦虑的功效。

心叶椴 *Tilia cordata* Mill.

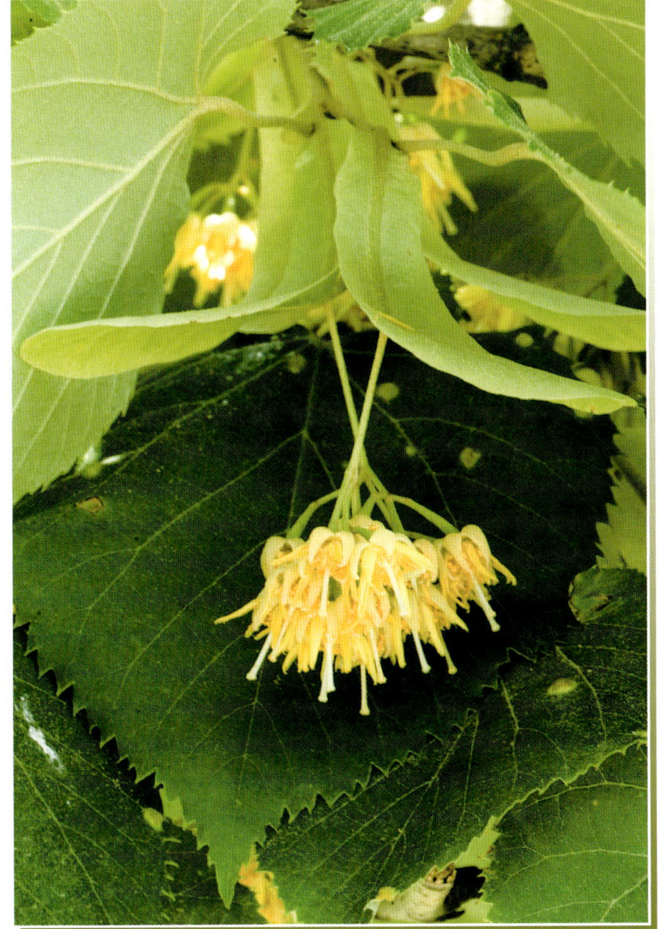

药材椴树花 Flos et Folium Tiliae

1cm

心叶椴 Xinyeduan

化学成分

心叶椴的花含黄酮类成分：槲皮素 (quercetin)、山柰酚 (kaempferol)、草棉素 (herbacetin) 及其苷类成分[1-2]、山柰酚香豆酰基葡萄糖苷 (tiliroside)[3]；挥发油类成分：马鞭草烯酮 (verbenone)、麝香草酚 (thymol)、丁香酚 (eugenol)、对-聚伞花素 (p-cymene)、香荚兰醛 (vanillin)、香叶烯 (myrcene)、柠檬烯 (limonene)、1,8-桉叶素 (1,8-cineole)、葛缕醇 (carvacrol)、异松油烯 (terpinolene)、茴香醛 (anisaldehyde)[4]；有机酸类成分：原儿茶酸 (protocatechuic acid)、对香豆酸 (p-coumaric acid)、没食子酸 (gallic acid)、香草酸 (vanilic acid)、迷迭香酸 (rosmarinic acid)、咖啡酸 (caffeic acid)、阿魏酸 (ferulic acid)[5]。

心叶椴的叶含黄酮类成分：山柰酚香豆酰基葡萄糖苷 (tiliroside)[3]、山柰酚-3,7-O-α-鼠李双糖苷 (kaempferol-3,7-O-α-dirhamnoside)、槲皮素-3,7-O-α-鼠李双糖苷 (quercetin-3,7-O-α-dirhamnoside)[6]，以及原花青素 (procyanidin) 等[7]。

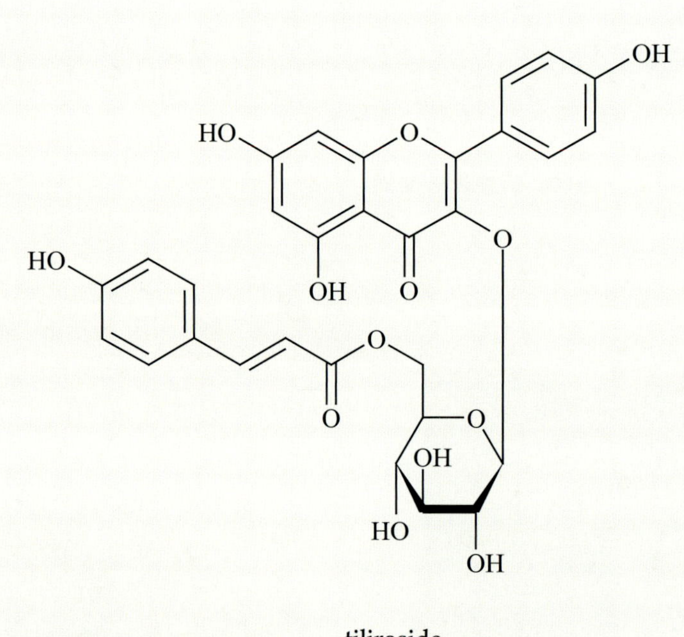

tiliroside

药理作用

1. 解痉

心叶椴花的挥发油体外对大鼠十二指肠有解痉作用。

2. 镇痛抗炎

山柰酚-3,7-O-α-鼠李双糖苷、槲皮素-3,7-O-α-鼠李双糖苷对对苯醌所致的小鼠扭体反应和角叉菜胶所致的足趾肿胀有明显抑制作用，且无明显毒性和肠胃伤害[6]。

3. 抗肿瘤

心叶椴花的水提物、二氯甲烷提取物和乙醇提取物可明显抑制淋巴瘤细胞 BW5147 的生长[8]。山柰酚香豆酰基葡萄糖苷对人白血病细胞有明显细胞毒活性[3]。

4. 保护肝脏

山柰酚香豆酰基葡萄糖苷对 D-半乳糖胺/脂多糖导致的小鼠肝损伤有保护作用[9]。

5. **抗遗传毒性**

体细胞突变重组试验表明，心叶椴浸出液有抗遗传毒性作用[10]。

6. **其他**

心叶椴花提取物有明显的清除自由基和抗氧化活性[11]；心叶椴花和果实中的黄酮和多糖有降血糖作用[12]；山柰酚香豆酰基葡萄糖苷具有抗补体作用[3]。

应用

椴树花主要用于治疗咳嗽和支气管炎，还可治疗高血压和心烦。心叶椴炭可用于治疗消化不良，外用治疗小腿溃疡；心叶椴叶用于治疗感冒相关病症；心叶椴边材用于治疗肝胆疾病和蜂窝组织炎。

评注

除花序部分外，心叶椴的叶、树皮和木部所制的木炭均可入药。《欧洲药典》和《英国药典》还收载同属植物阔叶椴 *Tilia platyphyllos* Scop.、欧洲椴 *T.* × *vulgaris* Hayne 为椴树花的法定原植物来源种。在中国，同属植物紫椴 *T. amurensis* Rupr.、南京椴 *T. miqueliana* Maxim. 的干燥花与以上欧洲品种功效相近。

参考文献

[1] MR Zub. Isolation and examination of flavonol glycosides from *Tilia cordata* buds. *Farmatsevtichnii Zhurnal*. 1975, **30**(3): 76-79

[2] MR Zub. Flavonoids of *Tilia platyphyllos* and *Tilia cordata*. *Rastitel'nye Resursy*. 1970, **6**(3): 400-404

[3] R Nowak. Separation and quantification of tiliroside from plant extracts by SPE/RP-HPLC. *Pharmaceutical Biology*. 2003, **41**(8): 627-630

[4] JP Vidal, H Richard. Characterization of volatile compounds in linden blossoms *Tilia cordata* Mill. *Flavour and Fragrance Journal*. 1986, **1**(2): 57-62

[5] D Sterbova, D Matejicek, J Vlcek, V Kuban. Combined microwave-assisted isolation and solid-phase purification procedures prior to the chromatographic determination of phenolic compounds in plant materials. *Analytica Chimica Acta*. 2004, **513**(2): 435-444

[6] G Toker, E Kupeli, M Memisoglu, E Yesilada. Flavonoids with antinociceptive and anti-inflammatory activities from the leaves of *Tilia argentea* (silver linden). *Journal of Ethnopharmacology*. 2004, **95**(2-3): 393-397

[7] A Behrens, N Maie, H Knicker, I Kogel-Knabner. MALDI-TOF mass spectrometry and PSD fragmentation as means for the analysis of condensed tannins in plant leaves and needles. *Phytochemistry*. 2003, **62**(7): 1159-1170

[8] AML Barreiro, G Cremaschi, S Werner, J Coussio, G Ferraro, C Anesini. *Tilia cordata* Mill. Extracts and scopoletin (isolated compound): differential cell growth effects on lymphocytes. *Phytotherapy Research*. 2006, **20**(1): 34-40

[9] H Matsuda, T Uemura, H Shimoda, K Ninomiya, M Yoshikawa, Y Kawahara. Anti-alcoholism active constituents from Laurel and Linden. *Tennen Yuki Kagobutsu Toronkai Koen Yoshishu*. 2000, **42**: 469-474

[10] M Romero-Jimenez, J Campos-Sanchez, M Analla, A Munoz-Serrano, A Alonso-Moraga. Genotoxicity and anti-genotoxicity of some traditional medicinal herbs. *Mutation Research*. 2005, **585**(1-2): 147-155

[11] L Heilerova, V Culakova. Antiradical activity and the reduction power of herbal extracts and their phenolic acids. *Bulletin Potravinarskeho Vyskumu*. 2005, **44**(3-4): 237-247

[12] LA Ashaeva, BR Grigoryan, EN Gritsenko, AV Garusov. Hypoglycemic properties and biologically active substances of flowers and fruits of *Tilia cordata* Mill. *Rastitel'nye Resursy*. 1991, **27**(4): 60-65

豆科

红车轴草 Hongchezhoucao[BHP, USP]

Trifolium pratense L.

Red Clover

概述

豆科 (Fabaceae) 植物红车轴草 *Trifolium pratense* L.，其干燥花序入药。药用名：红车轴草。

车轴草属 (*Trifolium*) 全世界约 250 种，主要分布于欧亚大陆、非洲、南美洲及北美洲的温带，以地中海区域为中心。中国有 13 种、1 变种，本属现供药用者约 3 种。本种原产于欧洲中部，后引种到世界各国，在中国南北省区均有种植。

美洲印第安人最早使用红车轴草治疗皮肤病，后英国民间将红车轴草的花序用于祛痰、治感冒、利尿和消炎，外用治疗脓肿、烧伤和眼疾等[1]。《英国草药典》(1996 年版) 和《美国药典》(第 28 版) 收载本种为红车轴草的法定原植物来源种。世界各国均产。

红车轴草主要含异黄酮类、黄酮类和挥发油类成分。《美国药典》采用高效液相色谱法测定，规定红车轴草中总异黄酮含量以黄豆苷元、染料木素、芒柄花素、鹰嘴豆素 A 之和计不得少于 0.50%，以控制药材质量。

药理研究表明，红车轴草具有雌激素样作用以及抗骨质疏松、抗肿瘤、提高免疫功能、抗氧化、心脏保护等作用。

民间经验认为红车轴草具有提供植物雌激素，抗肿瘤，保护心脏的功效；中医理论认为红车轴草具有清热止咳，散结消肿的功效。

红车轴草 *Trifolium pratense* L.

药材红车轴草 Flos Trifotii Pratensis

化学成分

红车轴草的花含异黄酮类成分：黄豆苷元 (daidzein)、染料木素 (genistein)、芒柄花素 (formononetin)、鹰嘴豆素A (biochanin A)、染料木苷-6"-O-丙二酸酯 (genistin-6"-O-malonate)、芒柄花素-7-O-β-D-葡萄糖苷-6"-O-丙二酸酯 (formononetin-7-O-β-D-glucoside-6"-O-malonate)、鹰嘴豆素 A-7-O-β-D-葡萄糖苷-6"-O-丙二酸酯 (biochanin A-7-O-β-D-glucoside-6"-O-malonate)、红车轴草素-7-O-β-D-葡萄糖苷 6"-O-丙二酸酯 (pratensein-7-O-β-D-glucoside-6"-O-malonate)；黄酮类成分：

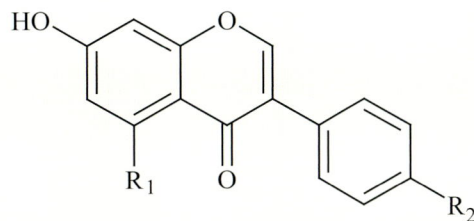

[Structure: isoflavone skeleton with HO at C-7, R_1 at C-5, 4-one, and R_2 on the B-ring para position]

biochanin A: R_1=OH, R_2=OMe
genistein: R_1=OH, R_2=OH
daidzein: R_1=H, R_2=OH
formononetin: R_1=H, R_2=OMe

三叶豆苷 (trifolin)、山柰酚 (kaempferol)、车轴草醇 (pratol)、槲皮素 (quercetin)、金丝桃苷 (hyperoside)[1-2]；挥发油类成分：麦芽酚 (maltol)、芳樟醇 (linalool)[3]、柠檬烯 (limonene)、芳樟醇氧化物 (linalool oxide)[4]、石竹烯氧化物 (caryophyllene oxide)、樟脑 (camphor)[5]等。

红车轴草的叶含异黄酮类成分：鹰嘴豆素A、芒柄花素、sissotrin、芒柄花苷 (ononin)、芒柄花素-7-O-β-D-葡萄糖苷-6"-O-丙二酸酯、鹰嘴豆素A-7-O-β-D-葡萄糖苷-6"-O-丙二酸酯[6]等。

红车轴草的根含异黄酮类成分：毛蕊异黄酮 (calycosin)、假靛黄素 (pseudobaptigenin)、红车轴草素 (pratensein)、芒柄花苷、rothindin、染料木苷 (genistin)[7]等。

药理作用

1. 雌激素样作用

异黄酮的双羟基酚式结构与动物体内雌激素的结构类似，能与细胞内雌二醇受体结合，产生雌激素样作用[8]。在双盲实验中，当机体内源性雌激素水平较低时，异黄酮表现为雌激素激动剂作用；而当体内雌激素水平偏高时，则占据雌激素受体表现为抗雌激素作用[9]。更年期妇女持续服用红车轴草异黄酮，潮热发病率降低[10]。

2. 避孕

红车轴草提取物体外可通过抑制碱性磷酸酶的黄体酮诱导作用，终止黄体激素的活性，与其避孕作用有关。

3. 抗骨质疏松

红车轴草异黄酮饲喂给药可通过提高血清雌激素水平，增加成骨细胞活性，降低骨高转换率以及减少骨丢失等多种途径，对去卵巢引起的大鼠骨质疏松症产生防治作用[11-12]。

4. 抗肿瘤

鹰嘴豆素 A 体外能抑制α-苯并芘的代谢，降低α-苯并芘与细胞 DNA 的结合能力[13]，也能在乳腺癌细胞 MCF-7 中抑制 α-苯并芘导致的 DNA 损伤[14]。鹰嘴豆素 A 通过诱导前列腺肿瘤细胞周期停滞、凋亡以及基因调节等方式，抑制植入性前列腺肿瘤在去胸腺小鼠的生长[15]。鹰嘴豆素 A 和染料木素强烈抑制人乳腺癌细胞 MCF-7[16]、人胃癌细胞 HSC-41E6、HSC-45M2 和 SH101-P4 增殖。鹰嘴豆素 A 和染料木素在细胞毒性剂量时，通过诱导细胞凋亡导致癌细胞 DNA 断裂，染色质浓缩和核碎裂。鹰嘴豆素 A 还能抑制去胸腺裸鼠鳞状上皮细胞癌 HSC-45M2 和 HSC-41E6[17]、男性胰腺癌细胞 HPAF-11、女性胰腺癌细胞 Su86.86 的生长[18]。鹰嘴豆素 A 可抑制骨髓白血病细胞 WEHI-3B (JCS)生长，并诱导 JCS 细胞形态的分化[19]。红车轴草异黄酮能明显降低前列腺素 E_2 (PGE_2) 和血栓素 B_2 (TXB_2) 在鼠巨噬细胞和人单核细胞中的合成，抑制环氧合酶活性，可能是抗肿瘤机理之一[20]。

5. 保护心脏

红车轴草异黄酮对血管内皮组织有松弛作用。更年期妇女持续服用红车轴草异黄酮，可提高血管柔软性，同时对血脂无显著影响[21]。

6. 提高免疫功能

小鼠灌服芒柄花素或大豆黄酮，能明显提高正常小鼠胸腺重量和腹腔巨噬细胞吞噬功能，提高空斑形成细胞的溶血能力和周边血 T 淋巴细胞百分率；体外实验表明，芒柄花素或大豆黄酮明显促进植物血凝素诱导的甲基-^3H 胸腺嘧啶核苷参与的淋巴细胞转化[22]。

7. 抗氧化

染料木素能强烈抑制促癌剂 TPA 诱导的多形核细胞及人白血病细胞 HL-60 中 H_2O_2 的形成，并能中等强度地抑制 HL-60 细胞中超氧阴离子自由基的产生[23]。在常见异黄酮化合物中，染料木素的自由基清除能力和抑制低密度脂蛋白过氧化能力最强[24]。

8. 其他

染料木素及其代谢产物和衍生物能明显降低紫外线辐射导致的无毛小鼠炎症水肿、过敏和免疫抑制[25]。

应用

红车轴草有提供植物雌激素、抗肿瘤和保护心脏的功效，可用于治疗妇女更年期综合征、骨质疏松等疾病。

现代临床还用红车轴草治疗肿瘤、潮红、哮喘、百日咳、痛风[4, 8]；外用能治疗牛皮癣、湿疹；红车轴草还可用作化妆品原料之一[26]。

红车轴草也为中医临床用药。功能：清热止咳，散结消肿。主治：感冒，咳嗽，硬肿，烧伤。

评注

在欧洲天然药物市场上，红车轴草制剂已成为一种畅销的妇女保健用药。红车轴草提取物为主要成分的保健食品也在欧洲和美国热销。目前中国对红车轴草的研究才刚刚起步，其研究、开发、应用前景非常广阔。

参考文献

[1] 曾虹燕，周朴华，侯团章．红车轴草有效成分的研究进展．中草药．2001，**32**(2)：189-190

[2] LZ Lin, XG He, M Lindenmaier, J Yang, M Cleary, SX Qiu, GA Cordell. LC-ESI-MS study of the flavonoid glycoside malonates of red clover (*Trifolium pratense*). *Journal of Agricultural and Food Chemistry*. 2000, **48**(2): 354-365

[3] G Buchbauer, L Jirovetz, A Nikiforov. Comparative investigation of essential clover flower oils from Austria using gas chromatography-flame ionization detection, gas chromatography-mass spectrometry, and gas chromatography-olfactometry. *Journal of Agricultural and Food Chemistry*. 1996, **44**(7): 1827-1828

[4] J Nelsen, C Ulbricht, EP Barrette, D Sollars, C Tsourounis, A Rogers, S Basch, S Hashmi, S Bent, E Basch. Red clover (*Trifolium pratense*) monograph: a clinical decision support tool. *Journal of Herbal Pharmacotherapy*. 2002, **2**(3): 49-72

[5] 马强，雷海民，王英锋，王长海．红车轴草挥发油成分的GC-MS分析．中草药．2005，**36**(6)：828-829

[6] E de Rijke, F de Kanter, F Ariese, UAT Brinkman, C Gooijer. Liquid chromatography coupled to nuclear magnetic resonance spectroscopy for the identification of isoflavone glucoside malonates in *T. pratense* L. leaves. *Journal of Separation Science*. 2004, **27**(13): 1061-1070

[7] PD Fraishtat, SA Popravko, NS Vul'fson. Clover secondary metabolites. VII. Isoflavones from the roots of red clover (*Trifolium pratense*). *Bioorganicheskaya Khimiya*. 1980, **6**(11): 1722-1732

[8] NL Booth, CR Overk, P Yao, JE Burdette, D Nikolic, SN Chen, JL Bolton, RB van Breemen, GF Pauli, NR Farnsworth. The chemical and biologic profile of a red clover (*Trifolium pratense* L.) phase II clinical extract. *Journal of Alternative and Complementary Medicine*. 2006, **12**(2): 133-139

[9] 陈寒青，金征宇．红车轴草异黄酮的组成及主要生理功能的研究进展．食品与发酵工业．2004，**30**(11)：70-76

[10] PHM van de Weijer, R Barentsen. Isoflavones from red clover (Promensil®) significantly reduce menopausal hot flush symptoms compared with placebo. *Maturitas*. 2002, **42**(3): 187-193

[11] 李颖，薛存宽，何学兵，曾伶，沈凯，蒋鹏．红车轴草异黄酮对去卵巢大鼠骨质疏松防治作用的实验研究．中国骨质疏松杂志．2005，**11**(4)：509-511，436

[12] 陈琦，薛存宽，沈凯，蒋鹏，李颖，曾伶，朱军．红车轴草异黄酮对去势大鼠骨质疏松影响的实验研究．中国药师．2005，**8**(7)：538-540

[13] JM Cassady, TM Zennie, YH Chae, MA Ferin, NE Portuondo, WM Baird. Use of a mammalian cell culture benzo(a)pyrene metabolism assay for the detection of potential anticarcinogens from natural products: inhibition of metabolism by biochanin A, an isoflavone from *Trifolium pratense* L. *Cancer Research*. 1988, **48**(22): 6257-6261

[14] HY Chan, H Wang, LK Leung. The red clover (*Trifolium pratense*) isoflavone biochanin A modulates the biotransformation pathways of 7,12-dimethylbenz[a]anthracene. *British Journal of Nutrition.* 2003, **90**(1): 87-92

[15] L Rice, VG Samedi, TA Medrano, CA Sweeney, HV Baker, A Stenstrom, J Furman, KT Shiverick. Mechanisms of the growth inhibitory effects of the isoflavonoid biochanin A on LNCaP cells and xenografts. *The Prostate.* 2002, **52**(3): 201-212

[16] JT Hsu, HC Hung, CJ Chen, WL Hsu, CW Ying. Effects of the dietary phytoestrogen biochanin A on cell growth in the mammary carcinoma cell line MCF-7. *Journal of Nutritional Biochemistry.* 1999, **10**(9): 510-517

[17] K Yanagihara, A Ito, T Toge, M Numoto. Antiproliferative effects of isoflavones on human cancer cell lines established from the gastrointestinal tract. *Cancer Research.* 1993, **53**(23): 5815-5821

[18] BD Lyn-Cook, HL Stottman, Y Yan, E Blann, FF Kadlubar, GJ Hammons. The effects of phytoestrogens on human pancreatic tumor cells *in vitro*. *Cancer Letters.* 1999, **142**(1): 111-119

[19] MC Fung, YY Szeto, KN Leung, YL Wong-Leung, NK Mak. Effects of biochanin A on the growth and differentiation of myeloid leukemia WEHI-3B (JCS) cells. *Life Sciences.* 1997, **61**(2): 105-115

[20] ANC Lam, M Demasi, MJ James, AJ Husband, C Walker. Effect of red clover isoflavones on COX-2 activity in murine and human monocyte/macrophage cells. *Nutrition and Cancer.* 2004, **49**(1): 89-93

[21] PJ Nestel, S Pomeroy, S Kay, P Komesaroff, J Behrsing, JD Cameron, L West. Isoflavones from red clover improve systemic arterial compliance but not plasma lipids in menopausal women. *Journal of Clinical Endocrinology and Metabolism.* 1999, **84**(3): 895-898

[22] 张荣庆，韩正康．异黄酮植物雌激素对小鼠免疫功能的影响．南京农业大学学报．1993，**16**(2)：64-68

[23] HC Wei, R Bowen, QY Cai, S Barnes, Y Wang. Antioxidant and antipromotional effects of the soybean isoflavone genistein. *Proceedings of the Society for Experimental Biology and Medicine.* 1995, **208**(1): 124-130

[24] MB Ruiz-Larrea, AR Mohan, G Paganga, NJ Miller, GP Bolwell, CA Rice-Evans. Antioxidant activity of phytoestrogenic isoflavones. *Free Radical Research.* 1997, **26**(1): 63-70

[25] S Widyarini, N Spinks, AJ Husband, VE Reeve. Isoflavonoid compounds from red clover (*Trifolium pratense*) protect from inflammation and immune suppression induced by UV radiation. *Photochemistry and Photobiology.* 2001, **74**(3): 465-470

[26] E Risco. Therapeutic potential of red clover for the treatment of dermatologic disorders associated to the menopause and photoaging. *Comunicaciones presentadas a las Jornadas del Comite Espanol de la Detergencia.* 2004, **34**: 69-80

普通小麦 Putongxiaomai[EP, BP, USP, CP]

禾本科

Triticum aestivum L.

Wheat

概述

禾本科 (Poaceae) 植物普通小麦 *Triticum aestivum* L.，其干燥成熟果实入药，中药名：小麦；其干瘪轻浮的果实入药，中药名：浮小麦；其果实磨成的淀粉，称为：小麦淀粉；其果实磨面后剩下的皮（包括果皮、种皮、外层胚乳）入药，药用名：麦麸；其种子的胚用压榨等机械方法得到的脂肪油，称为：麦胚油。

小麦属 (*Triticum*) 植物全世界约 20 种，在欧、亚大陆和北美广泛栽培。中国常见有 4 种、4 变种，南北各地栽培品种很多，性状有区别，仅普通小麦做药用。本种广泛栽培于亚洲、北美洲和欧洲。

普通小麦是古老的粮食作物，大约在 1 万年前中国黄河流域已开始种植普通小麦[1]。"小麦"药用之名，始载于《名医别录》；"浮小麦"药用之名，始载于《本草蒙荃》。《欧洲药典》（第 5 版）和《英国药典》（2002 年版）收载本种为小麦淀粉、麦胚油和精制麦胚油的法定原植物来源种；《美国药典》（第 28 版）收载本种为麦麸的法定原植物来源种。

普通小麦主要含碳水化合物、酚类化合物等成分。《欧洲药典》和《英国药典》规定，小麦淀粉含总蛋白质不得少于 0.30%；麦胚油含棕榈酸 14%～19%，油酸 12%～23%，亚油酸 52%～59%，亚麻酸 3.0%～10%，含硬脂酸不得超过 2.0%，二十烯酸不得超过 2.0%，菜子甾醇不得超过 0.30%；《美国药典》规定麦麸含膳食纤维不得少于 36%，以控制药材质量。

药理研究表明，普通小麦具有通便、减轻体重、抗氧化、抗肿瘤、调血脂、降血糖、抗病毒等作用。

民间经验认为麦麸具有泻下的功效，麦胚油具有轻身的功效；中医理论认为小麦具有养心，益肾，除热，止渴的功效；浮小麦具有除虚热、止汗的功效。

普通小麦 *Triticum aestivum* L.

药材小麦汁 Sucus Tritici Aestivi

普通小麦 Putongxiaomai

化学成分

普通小麦果实含淀粉、糖类成分、粗纤维、蛋白质、脂肪油等成分。还含酚类化合物（主要以结合型的形式存在于麦麸中）：阿魏酸 (ferulic acid)、黄酮类成分；类胡萝卜素类成分：叶黄素 (lutein)、玉米黄素 (zeaxanthin)、β-隐黄质 (β-cryptoxanthin)[2]等；非淀粉多糖：主要为阿拉伯木聚糖类 (arabinoxylans)[3]。

麦麸含酚类化合物：阿魏酸 (含量2.0～4.4 mg/g，绝大部分存在于不溶性膳食纤维中，以酯键与阿拉伯木聚糖类结合；仅少部分为游离的阿魏酸)[4]、丁香酸 (syringic acid)、香草酸 (vanillic acid)、对-羟基苯甲酸 (p-hydroxybenzoic acid)、香豆酸 (coumaric acid)、没食子酸 (gallic acid)、咖啡酸 (caffeic acid)、龙胆酸 (gentisic acid)[5-6]等；木脂素类成分：裂环异落叶松脂素双葡萄糖苷(secoisolariciresinol diglucoside)、丁香脂素 (syringaresinol)、落叶松脂素 (lariciresinol)[7-8]等；固醇类成分：24-甲基胆甾烷阿魏酸酯 (24-methylcholestanol ferulate)、豆甾烷阿魏酸酯 (stigmastanol ferulate)、schottenol[9]等。此外还含叶黄素、玉米黄素、β-胡萝卜素 (β-carotene) 等类胡萝卜素类成分和α-，δ-，γ-生育酚 (α-，δ-，γ-tocopherols)[10]等成分。

麦胚油主要含亚油酸 (linoleic acid)、油酸 (oleic acid)、棕榈酸 (palmitic acid)、亚麻酸 (linolenic acid)。

小麦秆含(24R)-14α-methyl-5α-ergostan-3-one等固醇类成分和cycloart-5-ene-3β,25-diol等三萜类成分[11]。

药理作用

1. 通便、减轻体重

大鼠饲喂麦麸及所含的不溶性膳食纤维（富含阿拉伯木聚糖），能显著增加大便的重量和水分的含量；并能减少食物摄入，抑制体重增加[12]。健康人食用含小麦戊聚糖 (pentosan) 的面包能增加排便次数，并排出软质大便；提高大便中短链脂肪酸 (SCFA) 和丁酸盐的含量，有益于大肠的健康[13]。

2. 抗氧化

全小麦、麦麸提取物体外有清除二苯代苦味酰肼 (DPPH) 自由基、ABTS阳离子自由基、超氧阴离子自由基的能力，并能显著抑制低密度脂蛋白 (LDL) 的氧化。所含的结合型酚类化合物、生育酚等成分为其主要的抗氧化活性成分[2, 6, 14-16, 109]。麦麸所含的不溶性膳食纤维水解后得到的阿魏酰低聚糖 (feruloylated oligosaccharides)，体外能显著抑制水溶性偶氮引发剂 AAPH 诱发的小鼠红细胞氧化性溶血，作用机理可能与其清除自由基、抑制红细胞膜脂质过氧化有关[17]。

3. 抗肿瘤

麦麸饲喂能显著降低大鼠结肠癌的发生率，对已经形成的结肠肿瘤也能显著抑制其发展[18]。全小麦、麦麸饲喂，能显著抑制 Min 小鼠肠道肿瘤的发生和发展，麦麸的抗肿瘤作用强于全小麦。所含的膳食纤维、有抗氧化作用的酚类化合物、木脂素等为其抗肿瘤活性成分[7, 19-21]。

4. 调血脂

全小麦饲喂，能显著降低大鼠血浆和肝脏中胆固醇和三酰甘油 (TG) 水平；麦麸、精制小麦淀粉的作用不如全小麦全面[22]。小麦中提取得到的α-淀粉酶抑制剂（蛋白质类成分）灌胃，能显著降低高脂饲料诱导的高脂血症大鼠血清总胆固醇 (TC)、TG、低密度脂蛋白胆固醇 (LDL-C) 及肝脏 TC、TG 含量，显著升高高密度脂蛋白胆固醇 (HDL-C) 含量，还能显著降低丙二醛 (MDA) 含量，显著提高超氧化物歧化酶 (SOD) 活性，并改善血液流变，缓解动脉及肝脏病变情况[23]。

5. 降血糖

小麦中提取得到的α-淀粉酶抑制剂灌胃，能显著降低四氧嘧啶 (alloxan) 导致的小鼠血糖升高，作用机理可能与其抑制小肠内各肠段的麦芽糖酶和蔗糖酶活性有关[24]。

6. **其他**

麦麸所含的24－甲基胆甾烷阿魏酸酯等成分体外有抗 Epstein－Barr 病毒的作用[9]；麦麸还能增强大鼠小肠中植酸酶 (phytase) 活性[25]。

应用

麦麸是轻泻药，内服可用于治疗便秘；外用可用于皮肤瘙痒发炎。麦胚油富含多元不饱和脂肪酸和维生素E，为具有良好营养价值的食品。

小麦和浮小麦也为中医临床用药。小麦，功能：养心，益肾，除热，止渴；主治：脏躁，烦热，消渴，泻痢，痈肿，外伤出血，烫伤。浮小麦，功能：除虚热，止汗；主治：阴虚发热，盗汗，自汗。

评注

普通小麦是重要的粮食作物，有多个栽培类型。

全小麦所含的各类化学成分协同作用[22, 26]，能发挥通便、抗氧化、抗肿瘤、调血脂等作用，有很高的综合药用和食用价值。

小麦汁富含大量的维生素，有清洁血液和美容保健功效，是一种全新概念上的绿色饮品。

参考文献

[1] 梁祖霞．“普通小麦”起源之谜．生物学教学．2006，**31**(2)：71

[2] KK Adom, ME Sorrells, RH Liu. Phytochemical profiles and antioxidant activity of wheat varieties. *Journal of Agricultural and Food Chemistry*. 2003, **51**(26): 7825-7834

[3] C Barron, P Robert, F Guillon, L Saulnier, X Rouau. Structural heterogeneity of wheat arabinoxylans revealed by Raman spectroscopy. *Carbohydrate Research*. 2006, **341**(9): 1186-1191

[4] L Rondini, MN Peyrat-Maillard, A Marsset-Baglieri, G Fromentin, P Durand, D Tome, M Prost, C Berset. Bound ferulic acid from bran is more bioavailable than the free compound in rat. *Journal of Agricultural and Food Chemistry*. 2004, **52**(13): 4338-4343

[5] KH Kim, R Tsao, R Yang, SW Cui. Phenolic acid profiles and antioxidant activities of wheat bran extracts and the effect of hydrolysis conditions. *Food Chemistry*. 2005, **95**(3): 466-473

[6] WD Li, F Shan, SC Sun, H Corke, T Beta. Free radical scavenging properties and phenolic content of Chinese black-grained wheat. *Journal of Agricultural and Food Chemistry*. 2005, **53**(22): 8533-8536

[7] HY Qu, RL Madl, DJ Takemoto, RC Baybutt, WQ Wang. Lignans are involved in the antitumor activity of wheat bran in colon cancer SW480 cells. *The Journal of Nutrition*. 2005, **135**(3): 598-602

[8] JL Penalvo, KM Haajanen, N Botting, H Adlercreutz. Quantification of lignans in food using isotope dilution gas chromatography/mass spectrometry. *Journal of Agricultural and Food Chemistry*. 2005, **53**(24): 9342-9347

[9] K Iwatsuki, T Akihisa, H Tokuda, M Ukiya, H Higashihara, T Mukainaka, M Iizuka, Y Hayashi, Y Kimura, H Nishino. Sterol ferulates, sterols, and 5-alk(en)ylresorcinols from wheat, rye, and corn bran oils and their inhibitory effects on Epstein-Barr virus activation. *Journal of Agricultural and Food Chemistry*. 2003, **51**(23): 6683-6688

[10] KQ Zhou, L Su, LLYu. Phytochemicals and antioxidant properties in wheat bran. *Journal of Agricultural and Food Chemistry*. 2004, **52**(20): 6108-6114

[11] EMM Gaspar, HJC Das Neves. Steroidal constituents from mature wheat straw. *Phytochemistry*. 1993, **34**(2): 523-527

[12] ZX Lu, PR Gibson, JG Muir, M Fielding, K O'Dea. Arabinoxylan fiber from a by-product of wheat flour processing behaves physiologically like a soluble, fermentable fiber in the large bowel of rats. *The Journal of Nutrition*. 2000, **130**(8): 1984-1990

[13] S Grasten, KH Liukkonen, A Chrevatidis, H El-Nezami, K Poutanen, H Mykkanen. Effects of wheat pentosan and inulin on the metabolic activity of fecal microbiota and on bowel function in healthy humans. *Nutrition Research*. 2003, **23**(11): 1503-1514

[14] LL Yu, S Haley, J Perret, M Harris, J Wilson, M Qian. Free radical scavenging properties of wheat extracts. *Journal of Agricultural and Food Chemistry*. 2002, **50**(6): 1619-1624

[15] LL Yu, KQ Zhou, JW Parry. Inhibitory effects of wheat bran extracts on human LDL oxidation and free radicals. *LWT-Food Science and Technology*. 2005, **38**(5): 463-470

[16] CM Liyana-Pathirana, F Shahidi. Importance of insoluble-bound phenolics to antioxidant properties of wheat. *Journal of Agricultural and Food Chemistry*. 2006, **54**(4): 1256-1264

[17] 袁小平，王静，姚惠源．小麦麸皮阿魏酰低聚糖对红血球氧化性溶血抑制作用的研究．中国粮油学报．2005，**20**(1)：13-16

[18] DL Zoran, ND Turner, SS Taddeo, RS Chapkin, JR Lupton. Wheat bran diet reduces tumor incidence in a rat model of colon cancer independent of effects on distal luminal butyrate concentrations. *The Journal of Nutrition*. 1997, **127**(11): 2217-2225

[19] K Drankhan, J Carter, R Madl, C Klopfenstein, F Padula, YM Lu, T Warren, N Schmitz, DJ Takemoto. Antitumor activity of wheats with high orthophenolic content. *Nutrition and Cancer*. 2003, **47**(2): 188-194

[20] JW Carter, R Madl, F Padula. Wheat antioxidants suppress intestinal tumor activity in Min mice. *Nutrition Research*. 2006, **26**(1): 33-38

[21] M Glei, T Hofmann, K Kuester, J Hollmann, MG Lindhauer, BL Pool-Zobel. Both wheat (*Triticum aestivum*) bran arabinoxylans and gut flora-mediated fermentation products protect human colon cells from genotoxic activities of 4-hydroxynonenal and hydrogen peroxide. *Journal of Agricultural and Food Chemistry*. 2006, **54**(6): 2088-2095

[22] A Adam, HW Lopez, JC Tressol, M Leuillet, C Demigne, C Remesy. Impact of whole wheat flour and its milling fractions on the cecal fermentations and the plasma and liver lipids in rats. *Journal of Agricultural and Food Chemistry*. 2002, **50**(22): 6557-6562

[23] 张琪，杜宇，陈国广，李学明，应汉杰．小麦中提取的 α-淀粉酶抑制剂调节血脂及抗动脉粥样硬化的实验研究．中国药科大学学报．2005，**36**(6)：572-576

[24] 张琪，陈宁，陈国广，李学明，应汉杰．小麦 α-淀粉酶抑制剂降血糖作用的实验研究．中国新药杂志．2006，**15**(6)：432-435

[25] HW Lopez, F Vallery, MA Levrat-Verny, C Coudray, C Demigne, C Remesy. Dietary phytic acid and wheat bran enhance mucosal phytase activity in rat small intestine. *The Journal of Nutrition*. 2000, **130**(8): 2020-2025

[26] KK Adom, ME Sorrells, RH Liu. Phytochemicals and antioxidant activity of milled fractions of different wheat varieties. *Journal of Agricultural and Food Chemistry*. 2005, **53**(6): 2297-2306

普通小麦种植地

旱金莲 Hanjinlian GCEM

旱金莲科

Tropaeolum majus L.

Garden Nasturtium

概述

旱金莲科 (Tropaeolaceae) 植物旱金莲 *Tropaeolum majus* L.，其新鲜全草入药。药用名：旱莲花。

旱金莲属 (*Tropaeolum*) 植物全世界约 80 种，分布于南美洲。中国仅引入 1 种，供药用。中国河北、江苏、福建、广东、广西、云南、西藏等省区均有引种栽培，主要作为观赏植物，也有逸为野生者。

旱金莲原产于南美温带地区，后传入地中海地区作为观赏植物。南美洲人喜欢吃新鲜的旱金莲花及用旱金莲花制作香脂，旱金莲的花蕾和嫩果在秘鲁属上等蔬菜。在中国，“旱莲花”药用之名，始载于《植物名实图考》。主产于南美洲秘鲁、巴西等地。

旱金莲含有硫苷类、类胡萝卜素类、黄酮类成分等。

药理研究表明，旱金莲具有抗菌、抗肿瘤等作用。

民间经验认为旱莲花具有抗菌功效；中医理论认为旱莲花具有清热解毒，凉血止血的功效。

旱金莲 *Tropaeolum majus* L.

旱金莲 Hanjinlian

化学成分

旱金莲种子含硫苷类成分：旱金莲苷 (glucotropaeolin) 及其降解产物异硫氰酸苄酯 (benzyl isothiocyanate)；脂肪酸类成分：棕榈酸 (palmitic acid)、亚油酸 (linoleic acid)、亚麻酸 (linolenic acid)、芥酸 (erucic acid)及其衍生物[1-2]、顺式-11-二十烯酸 (cis-11-eicosenoic acid)[3]等。

旱金莲花含类胡萝卜素类成分：叶黄素 (lutein)、花药黄素 (antheraxanthin)、玉米黄素 (zeaxanthin)、α-胡萝卜素 (α-carotene)[4]；黄酮类成分：山柰酚葡萄糖苷 (kaempferol glucoside)[5]等。

旱金莲叶含类胡萝卜素类成分：叶黄素、β-胡萝卜素 (β-carotene)、堇黄素 (violaxanthin)、新黄质 (neoxanthin)[4]；黄酮类成分：异槲皮苷 (isoquercitroside)、槲皮素-3-三葡萄糖苷 (quercetin-3-triglucoside)[5]等。

旱金莲果实含葫芦素类成分：葫芦素B、D、E (cucurbitacins B, D-E)[6]；葡萄糖硫苷 (thioglucoside)[7]等。

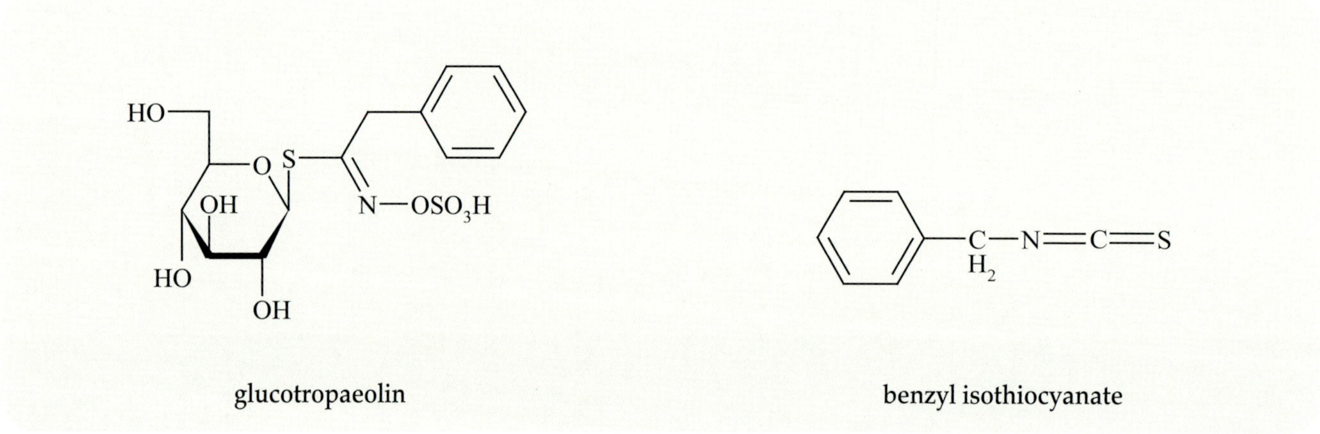

glucotropaeolin　　　　benzyl isothiocyanate

药理作用

1. 抗微生物

旱金莲的花、果、叶提取物体外均有明显抗细菌和抗真菌作用[7]，其抑菌谱包括炭疽杆菌、痢疾志贺菌、链球菌、黄脓球菌[8]、葡萄球菌、结核菌、大肠杆菌[9]。旱金莲叶的汁液体外对金黄色葡萄球菌、大肠细菌、枯草芽孢杆菌有抑制和杀灭作用[10]。旱金莲所含异硫氰酸苄酯体外对耐酸性杆菌、白色念珠菌[11]、绿脓杆菌[12]以及尿道耐药菌有明显的生长抑制作用[13]。

2. 抗肿瘤

异硫氰酸苄酯体外对人卵巢癌细胞 SKOV-3、41-M、CHl、CHlcisR 和鼠浆细胞瘤PC6/sens 有细胞毒性[14]。

应用

旱莲花主要用于治疗尿路感染、咳嗽、支气管炎。

现代临床还用于治疗肌肉痛、皮肤病、坏血病、肺结核、月经不调；外用于治疗脱发、外伤感染不愈。

旱莲花也为中医临床用药。功能：清热解毒，凉血止血。主治：目赤肿痛，疮疖，吐血，咯血。

评注

毛茛科金莲花属植物金莲花 *Trollius chinensis* Bge.、宽瓣金莲花 *T. asiaticus* L.、矮金莲花 *T. farreri* Stapf、短瓣金莲花 *T. ledebouri* Reichb. 的花用作中药金莲花，其异名之一为旱金莲；而旱金莲科植物旱金莲入药，药材名为旱莲花，其异名之一为金莲花。两种药材的异名互有混淆，两者的化学成分和药理功效有一定差异，需要注意分辨，正确使用。

参考文献

[1] CD Daulatabad, AM Jamkhandi. 9-Keto-octadec-cis-12-enoic acid from *Tropaeolm majus* seed oil. *Journal of the Oil Technologists' Association of India*. 2000, **32**(2): 59-60

[2] VI Deineka, LA Deineka, GM Fofanov, LN Balyatinskaya. Reversed-phase HPLC of seed oils to establish triglyceride fatty acid composition. *Rastitel'nye Resursy*. 2004, **40**(1): 104-112

[3] MS Ahmad, MU Ahmad, AA Ansari, SM Osman. Studies on herbaceous seed oils. V. *Fette, Seifen, Anstrichmittel*. 1978, **80**(9): 353-354

[4] PY Niizu, DB Rodriguez-Amaya. Flowers and leaves of *Tropaeolum majus* L. as rich sources of lutein. *Journal of Food Science*. 2005, **70**(9): S605-S609

[5] P Delaveau. Nasturtium, *Tropaeolum majus*, flavonoids. *Physiologie Vegetale*. 1967, **5**(4): 357-390

[6] B Wojciechowska, L Wizner. Cucurbitacins in *Tropaeolum majus* L. fruits. *Herba Polonica*. 1983, **29**(2): 97-101

[7] N Cumpa Santa Cruz, MI Guerra Ayala, V Bejar Castillo, CM Fuertes Ruiton. Advances in the study of the antibacterial and antifungal activity of *Tropaeolum* thioglycosides. *Boletin de la Sociedad Quimica del Peru*. 1991, **57**(4): 235-244

[8] AG Winter. Nature of volatile antibiotics from *Tropaeolum majus*. *Naturwissenschaften*. 1954, **41**: 337-338

[9] SA Vichkanova, LV Makarova, MA Rubinchik, VV Adgina. Antimicrobial characteristics of fatty esters. *Trudy Vsesoyuznogo Nauchno-Issledovatel'skogo Instituta Lekarstvennykh Rastenii*. 1971, **14**: 221-230

[10] AG Winter, L Willeke. Antibiotics from higher plants. VI. Gaseous inhibitors from *Tropaeolum majus*, their effect in the human body upon ingestion per os. *Naturwissenschaften*. 1952, **39**: 236-237

[11] T Halbeisen. Antibiotics from higher plants (*Tropaeolum majus*). *Die Medizinische*. 1954: 1212-1215

[12] KD Rudat, JM Loepelmann. The bacterial restraining action of the antibiotic substance contained in nasturtium (*Tropaeolum majus*), especially to aerobic spore formers. *Pharmazie*. 1955, **10**: 729-732

[13] V Melicharova, MZ Vesely, M Kucera. The antimicrobial activity of benzyl isothiocyanate, the active principle of *Urogran Spofa*. *Cesko-Slovenska Farmacie*. 1962, **11**(5): 254-255

[14] AM Pintao, MSS Pais, H Coley, LR Kelland, IR Judson. *In vitro* and in *vivo* antitumor activity of benzyl isothiocyanate: a natural product from *Tropaeolum majus*. *Planta Medica*. 1995, **61**(3): 233-236

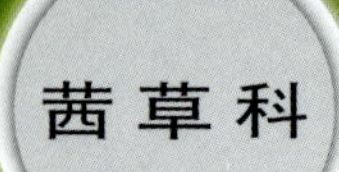

绒毛钩藤 Rongmaogouteng

Uncaria tomentosa (Willd.) DC.

Cat's Claw

概述

茜草科 (Rubiaceae) 植物绒毛钩藤 *Uncaria tomentosa* (Willd.) DC.，其干燥树皮和根皮入药。药用名：猫爪。

钩藤属 (*Uncaria*) 植物全世界约有 34 种，主要分布于亚洲热带地区和澳洲，非洲、马达加斯加和美洲热带地区也有分布。中国约有 11 种、1 变型。本属现供药用者约 5 种。本种分布于安第斯山脉中部及东部的热带雨林地区。

绒毛钩藤为秘鲁著名传统药物，可用来治疗关节炎、胃溃疡、小肠功能紊乱、皮肤病和肿瘤。直到 20 世纪末期，由于其具有卓著的抗炎和调节免疫作用，逐渐得到广泛的使用[1]。主产于安第斯山脉。

绒毛钩藤主要有效成分为吲哚类生物碱。

药理研究表明，绒毛钩藤具有抗炎、抗氧化、调节免疫和抗肿瘤等作用。

民间经验认为猫爪具有抗感染、抗肿瘤、消炎、避孕等功效。

绒毛钩藤 *Uncaria tomentosa* (Willd.) DC.

药材猫爪 Cortex Uncariae Tomentosae

化学成分

绒毛钩藤主要含生物碱类成分：帽柱木菲碱 (mitraphylline)、异帽柱木非灵 (isomitraphylline)、去氢钩藤碱 (corynoxeine)、异去氢钩藤碱 (isocorynoxeine)、钩藤碱 (rhynchophylline)、异尖叶钩藤碱 (isorhynchophylline)、二氢柯楠因碱 (dihydrocorynantheine)[2]、异翅果定碱 (isopteropodine)、翅果定碱 (pteropodine)、钩藤碱C、D、E、F (uncarines C – F)[3-5]、哈尔满 (harman)[6]、lyaloside、5(S) – 5 – carboxystrictosidine[7]、3,4 – dehydro – 5(S) – 5 – carboxystrictosidine[8]；环烯醚萜类成分：7 – 脱氧马钱子酸 (7 – deoxy loganic acid)[5]；三萜苷类成分：tomentosides A、B[9]；有机酸类成分：奎宁酸 (quinic acid)[10]、咖啡酸 (caffeic acid)[11]。

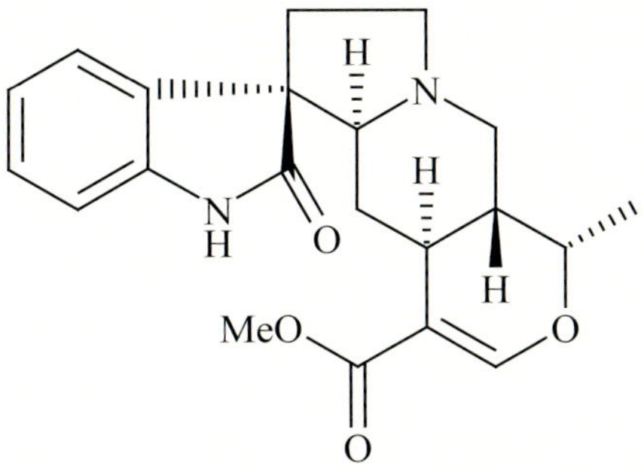

mitraphylline

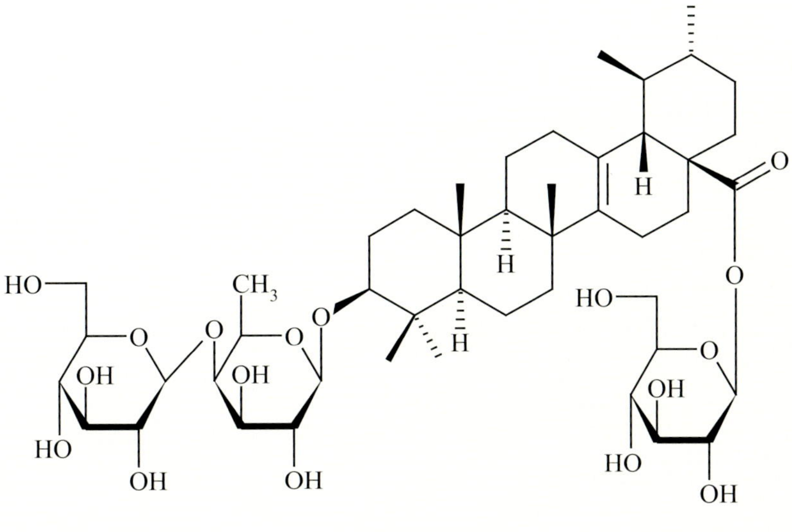

tomentoside A

药理作用

1. 抗炎

绒毛钩藤经口给药对角叉菜胶所致的大鼠足趾肿胀有显著抑制作用，还能增加血清中白介素 – 4 (IL – 4) 的水平，抑制 T 细胞活性，提示对类风湿性关节炎等自身免疫性炎症可能有效[12]。绒毛钩藤在体外实验中能抑制脂多糖刺激小鼠巨噬细胞 RAW 264.7 释放肿瘤坏死因子 α (TNF – α) 和亚硝酸盐；口服给药对吲哚美辛引起的胃炎有保护作用，还能抑制 TNF – α mRNA 的表达[13]。

绒毛钩藤 Rongmaogouteng

2. 镇痛

绒毛钩藤提取物灌胃对小鼠冰醋酸扭体反应、甲醛和辣椒辣素引起的疼痛反应均有抑制作用，并能延长热刺激致痛的潜伏期。5－HT_2受体拮抗剂凯坦生 (ketanserin) 能减弱绒毛钩藤对甲醛实验的镇痛作用，显示绒毛钩藤的镇痛作用与5－HT_2受体有关[14]。

3. 抗氧化

绒毛钩藤煎剂具有清除羟自由基、超氧阴离子、过氧自由基和过氧化氢的活性，对次氯酸的二苯代苦味酰肼 (DPPH) 反应有抑制作用，其有效部位为酚性成分，主要有效成分为咖啡酸[11]。

4. 免疫调节功能

绒毛钩藤含水乙醇提取物灌服对甲醛灭活的仙台病毒诱导的小鼠免疫应答有增强作用，小鼠唾液中的免疫球蛋白A (IgA)、血清中的抗体免疫球蛋白G (IgG) 和血凝抑制反应均比未灌服绒毛钩藤组高[15]。绒毛钩藤提取物对单核细胞增多性李斯特菌所致小鼠死亡、脾肿大和骨髓抑制作用均有拮抗作用，能促进正常小鼠和受感染小鼠的骨髓祖细胞生成，增强集落刺激活性，提高受体感染小鼠的白介素－1 (IL－1) 和白介素－6 (IL－6) 水平[16]。绒毛钩藤水提物 C－Med 100 体外能延长小鼠淋巴细胞半衰期，增加脾细胞数量[17]，抑制 T 淋巴细胞、B 淋巴细胞增殖和核因子 κB (NF－κB) 活性[18]。

5. 抗肿瘤

钩藤碱 D 对人黑色素瘤细胞 SK－MEL、人口腔上皮癌细胞 KB、人乳腺管癌细胞 BT－549 和人卵巢癌细胞 SK－OV－3 有弱细胞毒作用；而钩藤碱 C 仅对卵巢癌细胞有弱细胞毒作用[5]。

6. 改善记忆

在被动回避实验中，绒毛钩藤总生物碱及主要的羟吲哚类生物碱成分钩藤碱 C、钩藤碱 E、帽柱木菲碱、钩藤碱、异尖叶钩藤碱腹腔注射对 M 受体拮抗剂东莨菪碱所致小鼠记忆损害有显著改善作用。其中钩藤碱 E 对烟碱性受体拮抗剂美卡拉明 (mecamylamine) 和N－甲基－D－天门冬氨酸受体拮抗剂(+/－)－3－(2－carboxypiperazin－4－yl)－propyl－1－phosphonic acid所致的记忆损害也有阻断作用[4]。

7. 其他

绒毛钩藤水提物C－Med 100 口服对化疗引起的大鼠和人体 DNA 损害有修复作用，能促进 DNA 修复和有丝分裂反应，并使白细胞数回升[19]。绒毛钩藤还有抗诱变作用[20]。

应用

绒毛钩藤为秘鲁著名传统药物，可用于炎症、胃炎、风湿、肿瘤、腹泻和避孕。绒毛钩藤提取物可帮助肠胃消化、防止便秘，治疗肾脏病、糖尿病、结肠病、痔疮等，绒毛钩藤还有减轻痛经、消除更年期症状、预防艾滋病等功效[1]。

评注

南美洲民间做猫爪药用的还包括同属植物圭亚那钩藤 *Uncaria guianensis* (Aubl.) Gmel.，目前为欧洲市场上猫爪的主流商品，与绒毛钩藤同等药用[1]。

绒毛钩藤是一种源自于南美亚马孙森林的攀缘植物，因叶腋具钩而得名。绒毛钩藤本属秘鲁的一种民间草药，由于其具有卓著的抗炎和调节免疫作用，近年来已被开发为胶囊剂等多种剂型，在美洲及欧洲的天然药物市场销售。在 1997 年，绒毛钩藤被列为美国天然食品店热销草药的前 10 名[21]。随着研究的深入，绒毛钩藤可望发挥更多作用，创造更大价值。

参考文献

[1] Facts and Comparisons (Firm). The review of natural products (3-rd edition). Missouri: Facts and Comparisons. 2000: 160-162

[2] G Laus, K Keplinger. Alkaloids of Peruvian *Uncaria guianensis* (Rubiaceae). *Phyton*. 2003, **43**(1): 1-8

[3] N Bacher, M Tiefenthaler, S Sturm, H Stuppner, MJ Ausserlechner, R Kofler, G Konwalinka. Oxindole alkaloids from *Uncaria tomentosa* induce apoptosis in proliferating, G_0/G_1-arrested and bcl-2-expressing acute lymphoblastic leukaemia cells. *British Journal of Haematology*. 2006, **132**(5): 615-622

[4] AF Mohamed, K Matsumoto, K Tabata, H Takayama, M Kitajima, H Watanabe. Effects of *Uncaria tomentosa* total alkaloid and its components on experimental amnesia in mice: elucidation using the passive avoidance test. *The Journal of Pharmacy and Pharmacology*. 2000, **52**(12): 1553-1561

[5] I Muhammad, DC Dunbar, RA Khan, M Ganzera, IA Khan.Investigation of Una de Gato I. 7-Deoxyloganic acid and ^{15}N NMR spectroscopic studies on pentacyclic oxindole alkaloids from *Uncaria tomentosa*. *Phytochemistry*. 2001, **57**(5): 781-785

[6] M Kitajima, M Yokoya, H Takayama, N Aimi. Co-occurrence of Harman and β-carboline-type monoterpenoid glucoindole alkaloids in Una de Gato (*Uncaria tomentosa*). *Natural Medicines*. 2001, **55**(6): 308-310

[7] M Kitajima, M Yokoya, K Hashimoto, H Takayama, N Aimi. Studies on new alkaloid and triterpenoids from Peruvian Una de Gato. *Tennen Yuki Kagobutsu Toronkai Koen Yoshishu*. 2001, **43**: 437-442

[8] M Kitajima, M Yokoya, H Takayama, N Aimi. Synthesis and absolute configuration of a new 3,4-dihydro-β-carboline-type alkaloid, 3,4-dehydro-5(S)-5-carboxystrictosidine, isolated from peruvian Una de Gato (*Uncaria tomentosa*). *Chemical & Pharmaceutical Bulletin*. 2002, **50**(10): 1376-1378

[9] M Kitajima, K Hashimoto, M Yokoya, H Takayama, M Sandoval, N Aimi. Two new nor-triterpene glycosides from Peruvian "Una de Gato" (*Uncaria tomentosa*). *Journal of Natural Products*. 2003, **66**(2): 320-323

[10] YZ Sheng, C Akesson, K Holmgren, C Bryngelsson, V Giamapa, RW Pero. An active ingredient of Cat's Claw water extracts. Identification and efficacy of quinic acid. *Journal of Ethnopharmacology*. 2005, **96**(3): 577-584

[11] C Goncalves, T Dinis, MT Batista. Antioxidant properties of proanthocyanidins of *Uncaria tomentosa* bark decoction: a mechanism for anti-inflammatory activity. *Phytochemistry*. 2005, **66**(1): 89-98

[12] T Yamashita, Y Gu. Anti-rheumatic, anti-inflammatory and analgetic effects of cat's-claw, iporuru, chuchuhuasi, and Devil's-claw combination. *Igaku to Seibutsugaku*. 2005, **149**(5): 204-210

[13] M Sandoval, NN Okuhama, XJ Zhang, LA Condezo, J Lao, FM Angeles, RA Musah, P Bobrowski, MJS Miller. Anti-inflammatory and antioxidant activities of cat's claw (*Uncaria tomentosa and Uncaria guianensis*) are independent of their alkaloid content. *Phytomedicine*. 2002, **9**(4): 325-337

[14] S Juergensen, S DalBo, P Angers, ARS Santos, RM Ribeiro-do-Valle. Involvement of 5-HT_2 receptors in the antinociceptive effect of *Uncaria tomentosa*. *Pharmacology, Biochemistry and Behavior*. 2005, **81**(3): 466-477

[15] G Bizanov, V Tamosiunas. Immune responses induced in mice after intragastral administration with sendai virus in combination with extract of *Uncaria tomentosa*. *Scandinavian Journal of Laboratory Animal Science*. 2005, **32**(4): 201-207

[16] S Eberlin, LMB dos Santos, MLS Queiroz. *Uncaria tomentosa* extract increases the number of myeloid progenitor cells in the bone marrow of mice infected with Listeria monocytogenes. *International Immunopharmacology*. 2005, **5**(7-8): 1235-1246

[17] C Akesson, H Lindgren, RW Pero, T Leanderson, F Ivars. Quinic acid is a biologically active component of the *Uncaria tomentosa* extract C-Med 100. *International Immunopharmacology*. 2005, **5**(1): 219-229

[18] C Akesson, H Lindgren, RW Pero, T Leanderson, F Ivars. An extract of *Uncaria tomentosa* inhibiting cell division and NF-κB activity without inducing cell death. *International Immunopharmacology*. 2003, **3**(13-14): 1889-1900

[19] Y Sheng, L Li, K Holmgren, RW Pero. DNA repair enhancement of aqueous extracts of *Uncaria tomentosa* in a human volunteer study. *Phytomedicine*. 2001, **8**(4): 275-282

[20] R Rizzi, F Re, A Bianchi, V De Feo, F de Simone, L Bianchi, LA Stivala. Mutagenic and antimutagenic activities of *Uncaria tomentosa* and its extracts. *Sidahora*. 1995: 35-36

[21] 吴伯平．1996年美国最风行的10种草药．国外医学：中医中药分册．1997，**19**(1):10-11

荨麻科

异株荨麻 Yizhuqianma EP, GCEM

Urtica dioica L.

Stinging Nettle

概述

荨麻科 (Urticaceae) 植物异株荨麻 *Urtica dioica* L.，其新鲜或干燥的地上部分或干燥根入药。药用名：荨麻，或荨麻根。

荨麻属 (*Urtica*) 植物全世界约有 35 种，分布于北半球温带和亚热带。中国约有 16 种、6 亚种、1 变种，本属现供药用者约有 12 种。本种主要分布在喜马拉雅中西部，亚洲中部与西部地带，欧洲、北非和北美广为分布。中国分布于西藏西部、青海和新疆西部。

异株荨麻药用历史悠久，公元 1 世纪的古希腊医生迪奥斯可里德斯 (Dioscorides) 和公元 2 世纪的伽林 (Galen) 认为异株荨麻叶具有利尿和泻下的作用，对哮喘、胸膜炎和脾脏疾病有较好的疗效。公元 1 世纪罗马学者老普林尼 (Pliny the Elder) 认为异株荨麻具有止血的功效。非洲民间至今仍将其用于治疗鼻出血、月经过多和内出血等病症。《欧洲药典》(第 5 版) 和《美国药典》(第28版) 收载本种为法定原植物来源种之一。《欧洲药典》规定以干燥或新鲜的全草入药；《美国药典》规定以干燥根或根茎入药。主产于阿尔巴尼亚、保加利亚、匈牙利、德国、俄罗斯等国。

异株荨麻的地上部分主要含植物蛋白、黄酮苷类、黄酮类成分等；根主要含植物蛋白、木脂素和谷甾醇等化合物。异株荨麻凝集素 (UDA) 为治疗前列腺增生 (BPH) 的主要活性成分。《美国药典》采用比色法测定，规定荨麻中总氨基酸的含量不少于 0.80%；采用气相色谱法测定，规定荨麻中 β －谷甾醇的含量不少于 0.050%；采用高效液相色谱法测定，规定荨麻中东莨菪素的含量不少于 3.0 μ g/g，以控制其药材质量。

药理研究表明，异株荨麻具有抗前列腺增生、抗风湿、降血糖、调节免疫、抗肿瘤、抗氧化等作用。

异株荨麻的根在欧洲主要用于治疗前列腺增生症，已开发为治疗前列腺增生的常用植物药。

异株荨麻 *Urtica dioica* L.

药材荨麻 Herba Urticae Dioicae

化学成分

异株荨麻地上部分主要含植物蛋白：异株荨麻凝集素 (urtica dioica agglutinin, UDA)、异凝集素 I、II、V、VI (isolectins I,II, V,VI)[1]、糖蛋白 (glycoprotein)[2]；黄酮苷类化合物：槲皮素-3-O-芸香糖苷 (quercetin-3-O-rutinoside)、山柰酚-3-O-芸香苷 (kaempferol-3-O-rutinoside)、异鼠李黄素-3-O-葡萄糖苷 (isorhamnetin-3-O-glucoside)[3]、金丝桃苷 (hyperin)、异槲皮苷 (isoquercitrin)[4]、花葵素单木糖苷 (pelargonidin monoxyloside)、花葵素双木糖苷 (pelargonidin xylobioside)[5]、山柰酚-3-芸香糖苷 (kaempferol-3-rutinoside)、异鼠李黄素-3-芸香糖苷 (isorhamnetin-3-rutinoside)、槲皮素-3-芸香糖苷 (quercetin-3-rutinoside)、山柰酚-3-葡萄糖苷 (kaempferol-3-glucoside)、异鼠李黄素-3-葡萄糖苷 (isorhamnetin-3-glucoside)、槲皮素-3-葡萄糖苷 (quercetin-3-glucoside)[6]；黄酮类化合物：山柰酚 (kaempferol)、异鼠李黄素 (isorhamnetin)[6]、5,2',4'-三羟基-7,8-二甲氧基黄酮 (5,2',4'-trihydroxy-7,8-dimethoxyflavone)[7]。此外，还含有维生素K_1[8]等。

异株荨麻的根主要含植物蛋白：凝集素 (lectin)[9]；磷脂类成分：磷脂酰肌醇 (phosphatidylinositol)、乙醇酸磷酯 (phosphatidylethanolamine)、磷酸卵磷酯(phosphatidylcholine)、溶血磷脂胆碱 (lysophosphatidylcholine)[10]；谷甾醇及其衍生物：谷甾醇 (sitosterol)、谷甾醇-β-D-葡萄糖苷 (sitosterol-β-D-glucoside)、7α-、7β-羟基谷甾醇 (7α-, 7β-hydroxysitosterols)、(6'-O-棕榈酰)-谷甾醇-3-O-β-D-葡萄糖苷[(6'-O-palmitoyl)-sitosterol-3-O-β-D-glucoside] 等[11]；木脂素类成分：(+)新橄榄素 [(+)-neoolivil]、(-)-裂异落叶松脂素 [(-)-secoisolariciresinol]、异落叶松脂素 (isolariciresinol)、松脂醇 (pinoresinol)、3,4-二香荚兰醇四氢呋喃 (3,4-divanillyltetrahydrofuran)[12]等。

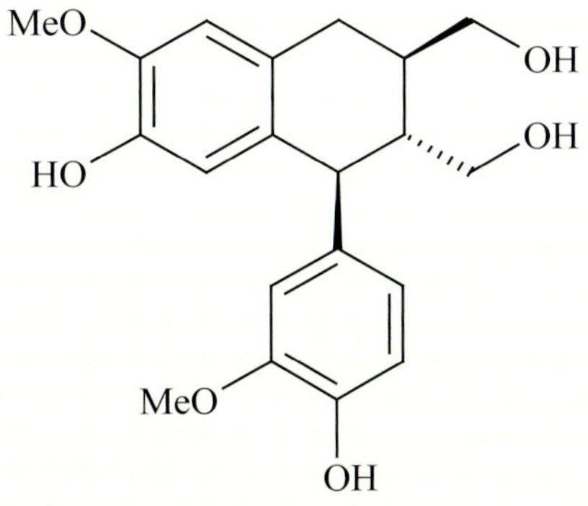

MeO, HO, OH, OH, MeO, OH

(+)-isolariciresinol

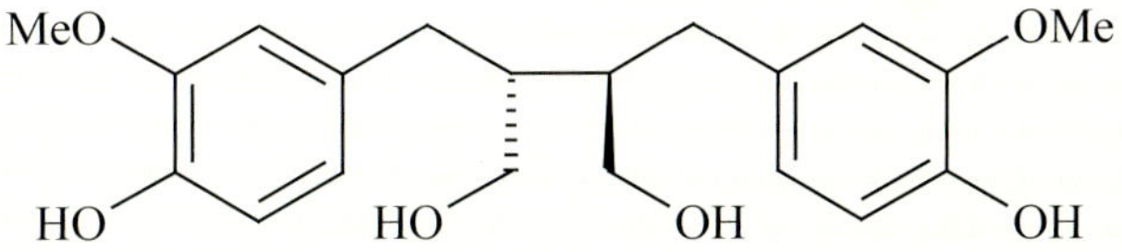

MeO, OMe, HO, HO, OH, OH

(-)-secoisolariciresinol

药理作用

1. 抗前列腺增生

(1) 抑制前列腺上皮细胞生长

异株荨麻根20%甲醇提取物及多糖可显著抑制前列腺上皮细胞的生长[13-14]。

(2) 抑制芳香酶

异株荨麻根甲醇提取物体外对芳香酶有抑制作用[15]。

(3) 与性激素结合球蛋白 (SHBG) 结合

体外实验表明，异株荨麻根水提物和极性提取物与SHBG具有结合能力，可竞争性抑制SHBG与人前列腺细胞膜上受体的结合[16-17]。

(4) 抑制Na^+,K^+-ATP酶

异株荨麻根的己烷、醚、醋酸乙酯、正丁醇提取物对前列腺增生初期的Na^+,K^+-ATP酶有不同程度的抑制作用[18]。

(5) 抑制表皮生长因子 (EGF)

异株荨麻根中的凝集素 (UDA) 能够与 EGF 受体结合，通过阻断 EGF 与其受体结合而起到抑制前列腺增生的作用[19]。

2. 抗风湿

异株荨麻叶提取物能显著抑制软骨细胞中由白介素 1β(IL－1β)诱导的基质金属蛋白酶 MMP－1、MMP－3、MMP－9的表达，从而产生抗风湿作用[20]。

3. 降血糖

糖尿病小鼠腹腔注射异株荨麻活性物质，其体内胰岛素水平显著增加，同时伴随血糖浓度降低[21]。

4. 免疫调节功能

UDA 可促进 T 细胞分裂，区别特定细胞如CD_4^+ 和CD_8^+ T细胞，并且能够诱导 T 细胞的原始活性[22]。由异株荨麻地上部分提取的槲皮素－3－O－芸香糖苷、山柰酚－3－芸香糖苷和异鼠李黄素－3－O－葡萄糖苷体外对中性白细胞有较强的杀伤活性[3]。UDA 可作为特别的胸腺细胞和脾脏淋巴的细胞分裂素[23]。异株荨麻的水提物体外对鼠的脾细胞和氧化亚氮腹膜巨噬细胞具有促有丝分裂反应的作用，刺激T－淋巴细胞的增生[24]。UDA 静脉注射对小鼠红斑狼疮进展有抑制作用，可改变其自身抗体免疫功能，作用呈性别依赖方式[25-26]。

5. 抗肿瘤

由异株荨麻提取的蛋白成分对肝癌细胞 Hep3B 和 HepG2 有致凋亡作用，对正常细胞无影响[27]。

6. 抗氧化

异株荨麻的水提或甲醇提取的总酚化合物具清除二苯代苦味酰肼 (DPPH) 自由基的活性[28]。从异株荨麻提取的油能抑制小鼠四氯化碳所致的脂质过氧化反应和肝酶升高，并能提高抗氧化的保护机制[29]。

7. 抗病毒

异株荨麻凝集素能够抑制多种病毒，包括 I 型及 II 型人类免疫缺陷病毒 (HIV－1, 2)、细胞巨化病毒 (CMV)、呼吸道合胞病毒 (RSV)、甲型流感病毒[30]、猫免疫缺损病毒 (FIV)[31]等。

8. 促进血小板聚集

异株荨麻叶提取的黄酮类化合物体外能抑制由凝血酶引致的血小板凝集。另外，还可以抑制由ADP、胶原或肾上腺素引起的血小板聚集[32]。

9. 其他

异株荨麻的提取物能改善由四氯化碳引起的贫血紊乱，其机理在于升高血清中钾和钙的水平并降低红细胞、白细胞、血红蛋白等水平[33]。异株荨麻叶提取物的水溶性部分能抑制 A 型肉毒菌神经毒素蛋白酶的活性[34]。异株荨麻的水提和石油醚提取物饲喂小鼠，可降低血清中总胆固醇、胆固醇和胆固醇比例等[35]。

应用

异株荨麻最主要的用途是治疗前列腺增生，还可用于下泌尿道感染，能增加尿量，预防肾结石的产生。也可用于风湿性关节炎的辅助治疗。

在法国民间，异株荨麻是治疗中度痤疮和关节疼痛的传统药物。新鲜异株荨麻的汁液可用来做漱口水或敷于患处治疗伤口、溃疡和痔疮。

评注

除异株荨麻外，《欧洲药典》和《美国药典》还收载欧荨麻 *Urtica urens* L. 作为荨麻的药材来源，欧洲、亚洲西部、高加索、西伯利亚和非洲北部广为分布，其茎皮纤维可做纺织原料，嫩茎可做野菜食用，但其功效与异株荨麻是否一致，有待进一步研究。

参考文献

[1] M Ganzera, B Schoenthaler, H Stuppner. Urtica dioica agglutinin (UDA) - separation and quantification of individual isolectins by reversed phase high performance liquid chromatography. *Chromatographia*. 2003, **58**(3/4): 177-181

[2] S Andersen, JK Wold. Water-soluble glycoprotein from *Urtica dioica* leaves. *Phytochemistry*. 1978, **17**(11): 1885-1887

[3] P Akbay, AA Basaran, U Undeger, N Basaran. In vitro immunomodulatory activity of flavonoid glycosides from *Urtica dioica* L. *Phytotherapy Research*. 2003, **17**(1): 34-37

[4] NS Kavtaradze, MD Alaniya, JN Anel. Chemical components of *Urtica dioica* growing in Georgia. *Chemistry of Natural Compounds*. 2001, **37**(3): 287

[5] NS Kavtaradze, MD Alaniya. Anthocyan glycosides from *Urtica dioica Chemistry of Natural Compounds*. 2003, **39**(3): 315

[6] M Ellnain-Wojtaszek, W Bylka, Z Kowalewski. Flavonoid compounds in *Urtica dioica* L.. *Herba Polonica*. 1986, **32**(3-4): 131-137

[7] SK Chaturvedi. A new flavone from *Urtica dioica* roots. *Acta Ciencia Indica, Chemistry*. 2001, **27**(1): 17

[8] NH Kavtaradze, MD Alaniya. Chromatospectrophotometrical method for quantitative determination of vitamin K_1 in leaves of *Urtica dioica* L.. *Rastitel'nye Resursy*. 2002, **38**(4): 118-120

[9] WJ Peumans, M De Ley, WF Broekaert. An unusual lectin from stinging nettle (*Urtica dioica*) rhizomes. *FEBS Letters*. 1984, **177**(1): 99-103

[10] S Antonopoulou, CA Demopoulos, NK Andrikopoulos. Lipid separation from *Urtica dioica*: existence of platelet-activating factor. *Journal of Agricultural and Food Chemistry*. 1996, **44**(10): 3052-3056

[11] N Chaurasia, M Wichtl. Sterols and steryl glycosides from *Urtica dioica*. *Journal of Natural Products*. 1987, **50**(5): 881-885

[12] M Schoettner, D Gansser, G Spiteller. Lignans from the roots of *Urtica dioica* and their metabolites bind to human sex hormone binding globulin (SHBG). *Planta Medica*. 1997, **63**(6): 529-532

[13] L Konrad, HH Muller, C Lenz , H Laubinger, G Aumuller, JJ Lichius. Antiproliferative effect on human prostate cancer cells by a stinging nettle root (*Urtica dioica*) extract. *Planta Medica*. 2000, **66**(1): 44-47

[14] JJ Lichius, C Lenz, P Lindemann, HH Muller, G Aumuller, L Konrad. Antiproliferative effect of a polysaccharide fraction of a 20% methanolic extract of stinging nettle roots upon epithelial cells of the human prostate (LNCaP). *Die Pharmazie*. 1999, **54**(10): 768-771

[15] D Gansser, G Spiteller. Aromatase inhibitors from *Urtica dioica* roots. *Planta Medica*. 1995, **61**(2): 138-140

[16] DJ Hryb, MS Khan, NA Romas,W Rosner. The effect of extracts of the roots of the stinging nettle (*Urtica dioica*) on the interaction of SHBG with its receptor on human prostatic membranes. *Planta Medica*. 1995 ,**61**(1): 31-32

[17] M Schottner, G Spiteller, D Gansser. Lignans interfering with 5 alpha-dihydrotestosterone binding to human sex hormone-binding globulin. *Journal of Natural Products*. 1998, **61**(1): 119-121

[18] T Hirano, M Homma, K Oka. Effects of stinging nettle root extracts and their steroidal components on the Na^+, K^+-ATPase of the benign prostatic hyperplasia. *Planta Medica*. 1994, **60**(1): 30-33

[19] H Wagner, WN Geiger, G Boos, R Samtleben. Studies on the binding of *Urtica dioica* agglutinin (UDA) and other lectins in an *in vitro* epidermal growth factor receptor test. *Phytomedicine*. 1995, **1**(4): 287-90

[20] G Schulze-Tanzil, P de Souza, B Behnke, S Klingelhoefer, A Scheid, M Shakibaei. Effects of the antirheumatic remedy Hox alpha - a new stinging nettle leaf extract - on matrix metalloproteinases in human chondrocytes *in vitro*. *Histology and Histopathology*. 2002, **17**(2): 477-485

[21] B Farzami, D Ahmadvand, S Vardasbi, FJ Majin, S Khaghani. Induction of insulin secretion by a component of *Urtica dioica* leave extract in perifused islets of Langerhans and its *in vivo* effects in normal and streptozotocin diabetic rats. *Journal of Ethnopharmacology*. 2003, **89**(1): 47-53

[22] A Galelli, P Truffa-Bachi. *Urtica dioica* agglutinin (UDA). A superantigenic lectin from stinging nettle rhizome. *Journal of Immunology*. 1993, **151**(4): 1821-1831

[23] M Le Moal, A Mikael. P Truffa-Bachi. *Urtica dioica* agglutinin, a new mitogen for murine T lymphocytes: unaltered interleukin 1 production but late interleukin-2-mediated proliferation. *Cellular Immunology*. 1988, **115**(1): 24-35

[24] US Harput, I Saracoglu, Y Ogihara. Stimulation of lymphocyte proliferation and inhibition of nitric oxide production by aqueous *Urtica dioica* extract. *Phytotherapy Research*. 2005, **19**(4): 346-348

[25] A Galelli, M Delcourt, MC Wagner, W Peumans, P Truffa-Bachi. Selective expansion followed by profound deletion of mature V

beta 8.3+ T cells *in vivo* after exposure to the superantigenic lectin Urtica dioica agglutinin. *Journal of Immunology*. 1995, **154**(6): 2600-2611

[26] P Musette, A Galelli, H Chabre, P Callard, W Peumans, P Truffa-Bachi, P Kourilsky, G Gachelin. Urtica dioica agglutinin, a V beta 8.3-specific superantigen, prevents the development of the systemic lupus erythematosus-like pathology of MRL lpr/lpr mice. *European Journal of Immunology*. 1996, **26**(8): 1707-1711

[27] YS Lee, DH Kwun. Necrosis substance of hepatoma cell containing urtican protein isolated from *Urtica dioica* L., its isolation method, and its use. *Korean Kongkae Taeho Kongbo*. 2000

[28] A Mavi, Z Terzi, U Ozgen, A Yildirim, M Coskun. Antioxidant properties of some medicinal plants: *Prangos ferulacea* (Apiaceae), *Sedum sempervivoides* (Crassulaceae), *Malva neglecta* (Malvaceae), *Cruciata taurica* (Rubiaceae), *Rosa pimpinellifolia* (Rosaceae), *Galium verum* subsp. *verum* (Rubiaceae), *Urtica dioica* (Urticaceae). *Biological and Pharmaceutical Bulletin*. 2004, **27**(5): 702-705

[29] M Kanter, O Coskun, M Budancamanak. Hepatoprotective effects of Nigella sativa L and *Urtica dioica* L on lipid peroxidation, antioxidant enzyme systems and liver enzymes in carbon tetrachloride-treated rats. *World Journal of Gastroenterology*. 2005, **11**(42): 6684-6688

[30] J Balzarini, J Neyts, D Schols, M Hosoya, E Van Damme, W Peumans, E De Clercq. The mannose-specific plant lectins from *Cymbidium hybrid* and *Epipactis helleborine* and the (N-acetylglucosamine) n-specific plant lectin from *Urtica dioica* are potent and selective inhibitors of human immunodeficiency virus and cytomegalovirus replication *in vitro*. *Antiviral Research*. 1992, **18**(2): 191-207

[31] RE Uncini Manganelli, L Zaccaro, PE Tomei. Antiviral activity *in vitro* of *Urtica dioica* L., *Parietaria diffusa* M. et K. and *Sambucus nigra* L. *Journal of Ethnopharmacology*. 2005, **98**(3): 323-327

[32] HM El, M Bnouham, M Bendahou, M Aziz, A Ziyyat, A Legssyer, H Mekhfi. Inhibition of rat platelet aggregation by *Urtica dioica* leaves extracts. *Phytotherapy Research*. 2006, **20**(7) : 568-572

[33] I Meral, M Kanter. Effects of *Nigella sativa* L. and *Urtica dioica* L. on selected mineral status and hematological values in CCl_4-treated rats. *Biological Trace Element Research*. 2003, **96**(1-3): 263-270

[34] N Gul, SA Ahmed, LA Smith. Inhibition of the protease activity of the light chain of type a botulinum neurotoxin by aqueous extract from stinging nettle (*Urtica dioica*) leaf. *Basic and Clinical Pharmacology and Toxicology*. 2004, **95**(5): 215-219

[35] CF Daher, KG Baroody, GM Baroody. Effect of *Urtica dioica*. extract intake upon blood lipid profile in the rats. *Fitoterapia*. 2006, **77**(3): 183-188

野生异株荨麻

大果越桔 Daguoyueju USP

杜鹃花科

Vaccinium macrocarpon Ait.

Cranberry

概述

杜鹃花科 (Ericaceae) 植物大果越桔*Vaccinium macrocarpon* Ait.，其成熟浆果入药。药用名：大果越桔。

越桔属 (*Vaccinium*) 植物全世界约 450 种，分布于北半球温带、亚热带，美洲和亚洲的热带山区，少数产非洲南部、马达加斯加岛，但非洲热带高山和热带低地不产。中国约有 91 种、24 变种、2 亚种，本属现供药用者约 10 种。本种原产于北美东部和亚洲北部，多分布于酸性土壤、湿地和沼泽地中，在美国东部有大面积栽培。

公元 18 世纪中期，德国医生发现人食用大果越桔后，尿液中可检测到大量的抑菌成分苯甲酰甘氨酸，对泌尿系统疾病有良好效果。欧洲东部一直将大果越桔作为抗肿瘤和退烧的药物使用。此外，大果越桔还是传统的果酱和蜜饯原料[1]。《美国药典》(第 28 版) 收载本种为大果越桔汁的法定原植物来源种之一。主产于美国。

大果越桔主要活性成分为黄酮类和儿茶素类成分。《美国药典》采用高效液相色谱法测定，规定大果越桔汁中奎宁酸和柠檬酸的含量均不少于 0.90%，苹果酸的含量不得少于 0.70%，以控制药材质量。

药理研究表明，大果越桔具有预防结石形成、抑制细菌吸附、抗肿瘤和抗氧化等作用。

民间经验认为大果越桔具有抗尿路感染的功效。

大果越桔 *Vaccinium macrocarpon* Ait.

大果越桔 Daguoyueju

药材大果越桔 Fructus Vaccinium Macrocarpon

化学成分

大果越桔果实主要含黄酮类成分：槲皮素 (quercetin)、杨梅素 (myricetin)[2]、myricetin－3－α－arabinofuranoside、槲皮素－3－木糖苷 (quercetin－3－xyloside)、异鼠李素 (isorhamnetin)、杨梅素－3－β－半乳糖苷 (myricetin－3－β－galactoside)、槲皮素－3－β－半乳糖苷 (quercetin－3－β－galactoside)、quercetin－3－α－arabinofuranoside、槲皮素－3－α－吡喃鼠李糖苷 (quercetin－3－α－rhamnopyranoside)[3]、芍药花青素－3－半乳糖苷 (peonidin－3－galactoside)、矢车菊素－3－半乳糖苷 (cyanidin－3－galactoside)[4]、quercetin－3－arabinoside、杨梅素－3－β－吡喃木糖苷 (myricetin－3－β－xylopyranoside)、槲皮素－3－β－葡萄糖苷 (quercetin－3－β－glucoside)、quercetin－3－α－arabinopyranoside、3'－甲氧基槲皮素－3－α－吡喃木糖苷 (3'－methoxy quercetin－3－α－xylopyranoside)、quercetin－3－O－(6"－p－coumaroyl)－β－galactoside、槲皮素－3－O－(6"－苯甲酰基)－β－半乳糖苷 [quercetin－3－O－(6"－benzoyl)－β－galactoside][5]；儿茶素类及其寡聚体 (oligomers) 成分：表儿茶精 [(－)－epicatechin]、儿茶素 [(+)－catechin][2]、表儿茶精－(4β→6)－表儿茶精－(4β→8,2β→O→7)－表儿茶精 [epicatechin－(4β→6)－epicatechin－(4β→8,2β→O→7)－epicatechin]、表儿茶精－(4β→8,2β→O→7)－表儿茶精－(4β→8)－表儿茶精[epicatechin－(4β

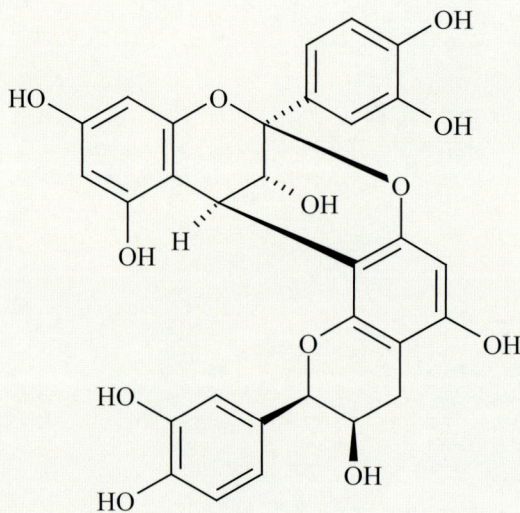

(+)－epicatechin－(4β→8,2β→O→7)－epicatechin

→8,2β→O→7)-epicatechin-(4β→8)-epicatechin]、表儿茶精-(4β→8)-表儿茶精-(4β→8,2β→O→7)-表儿茶精[epicatechin-(4β→8)-epicatechin-(4β→8, 2β→O→7)-epicatechin]、原花青素A_2 (procyanidin A_2)、原花青素B_2 (procyanidin B_2)[6]、表儿茶精-(4β-2)-根皮酚[epicatechin-(4β-2)-phloroglucinol]、表没食子儿茶精-(4β-2)-根皮酚[epigallocatechin-(4β-2)-phloroglucinol]、表儿茶精-(4β-8,2β-O-7)-表儿茶精[(+)-epicatechin-(4β-8,2β-O-7)-epicatechin][7]；此外，还含白藜芦醇 (resveratrol)、紫檀芪 (pterostilbene)、piceatannol[8]、水晶兰苷 (monotropein)、6,7-二氢水晶兰苷 (6,7-dihydromonotropein)[9]、樱桃苷 (prunin)、根皮苷 (phlorizin)[10]、奎宁酸 (quinic acid)、柠檬酸 (citric acid)、苹果酸 (malic acid)、莽草酸 (shikimic acid)[9]、羟基桂皮酸 (hydroxycinnamic acid)[5]、phenylboronic acid和3-O-对羟基桂皮酰基熊果酸 (3-O-p-hydroxycinnamoyl ursolic acid)[11]等。

药理作用

1. 预防结石形成

大果越桔在临床实验中能降低泌尿系统疾病的危险度因子，使草酸盐和磷酸盐的排泌减少，枸橼酸盐排泌增加，相对过饱和草酸钙减少，有预防泌尿系统草酸钙结石形成的作用[12]。

2. 抗菌、抗病毒

体外实验表明大果越桔果汁能抑制链球菌在牙齿表面的聚合，延缓牙菌斑的形成，降低唾液中变异链球菌的含量；抑制大肠杆菌对动物细胞的吸附；主要作用成分为果汁中高分子量的不透析物质[13-14]。大果越桔中的原花青素化合物能抑制从泌尿道分离的P-菌毛大肠杆菌向含有α-Gal-(1→4)-β-Gal受体的细胞表面(与尿道上皮细胞相似)附着[6]。大果越桔提取物对幽门螺旋杆菌有抑制作用，并能提高其对克拉霉素 (clarithromycin) 的敏感性；同时还能抑制幽门螺旋杆菌对人体黏膜、红细胞和胃上皮细胞的吸附作用[15-16]。大果越桔中高分子量的不透析物质对流感病毒 A 亚型 (H1N1, H3N2) 和 B 亚型对人体细胞的吸附性和传染性均有显著抑制作用[17]。

3. 抗肿瘤

大果越桔中的黄酮类成分对人体多种肿瘤细胞增殖均有不同程度的抑制作用，其中对人前列腺肿瘤 LNCaP 有强抑制作用；对乳腺肿瘤细胞 MCF-7、皮肤肿瘤细胞 SK-MEL-5、结肠肿瘤细胞 HT-29、肺肿瘤细胞 DMS114 和脑肿瘤细胞 U87 有中等抑制作用；对乳腺 MDA-MB-435 和前列腺肿瘤细胞 DU145 的抑制最弱[18]。大果越桔多酚类提取物对人口腔肿瘤细胞 KB, CAL27、结肠肿瘤细胞 HT-29, HCT116, SW480, SW620、前列腺肿瘤细胞 RWPE-1, RWPE-2, 22Rv1 的增殖有显著抑制作用[19]。此外，大果越桔对肝癌细胞 HepG2 也有抗增殖作用[20]。

4. 抗氧化

大果越桔中的黄酮类物质在体外有清除自由基和抑制低密度脂蛋白过氧化的作用，效果相当于或优于维生素 E[3]。

应用

大果越桔作为泌尿系统的传统药物，对膀胱炎、尿道炎等泌尿系统疾病有良好效果，现已被开发为治疗尿路感染的药物并被广泛应用。

评注

《美国药典》还收载同属植物红莓苔子 *Vaccinium oxycoccos* L. 为大果越桔汁的法定原植物来源种，两者的化学成分与药理作用比较有待进一步研究。

大果越桔抗菌的机理与抗生素不同，主要为抑制细菌对机体的吸附作用，能降低广泛使用抗生素带来的耐药性，故深入开发大果越桔为抗菌植物药具有重大意义。

大果越桔 Daguoyueju

大果越桔富含原花色素和黄酮等多种活性成分，同属植物黑果越桔 *V. myrtillus* L. 因具多种药理活性而闻名。大果越桔与黑果越桔的化学成分类似，但目前对大果越桔的药理研究仅集中在抗肿瘤、抗氧化和对泌尿系统的作用上，研究开发空间广阔。

参考文献

[1] Facts and Comparisons (Firm). The review of natural products (3-rd edition). Missouri: Facts and Comparisons. 2000: 215-217

[2] FE Kandil, MAL Smith, RB Rogers, MF Pepin, LL Song, JM Pezzuto, SD Seigler. Composition of a chemopreventive proanthocyanidin-rich fraction from cranberry fruits responsible for the inhibition of 12-O-tetradecanoyl phorbol-13-acetate (TPA)-induced ornithine decarboxylase (ODC) activity. *Journal of Agricultural and Food chemistry*. 2002, **50**(5): 1063-1069

[3] XJ Yan, BT Murphy, GB Hammond, JA Vinson, CC Neto. Antioxidant activities and antitumor screening of extracts from cranberry fruit (*Vaccinium macrocarpon*). *Journal of Agricultural and Food Chemistry*. 2002, **50**(21): 5844-5849

[4] W Zheng, YS Wang. Oxygen radical absorbing capacity of phenolics in blueberries, cranberries, chokeberries, and lingonberries. *Journal of Agricultural and Food Chemistry*. 2003, **51**(2): 502-509

[5] IO Vvedenskaya, RT Rosen, JE Guido, DJ Russell, KA Mills, N Vorsa. Characterization of flavonols in cranberry (*Vaccinium macrocarpon*) powder. *Journal of Agricultural and Food Chemistry*. 2004, **52**(2): 188-195

[6] LY Foo, Y Lu, AB Howell, N Vorsa. A-Type proanthocyanidin trimers from cranberry that inhibit adherence of uropathogenic P-fimbriated *Escherichia coli*. *Journal of Natural Products*. 2000, **63**(9): 1225-1228

[7] LY Foo, YR Lu, AB Howell, N Vorsa. The structure of cranberry proanthocyanidins which inhibit adherence of uropathogenic P-fimbriated *Escherichia coli in vitro*. *Phytochemistry*. 2000, **54**(2): 173-181

[8] AM Rimando, W Kalt, JB Magee, J Dewey, JR Ballington. Resveratrol, pterostilbene, and piceatannol in vaccinium berries. *Journal of Agricultural and Food chemistry*. 2004, **52**(15): 4713-4719

[9] HD Jensen, KA Krogfelt, C Cornett, SH Hansen, SB Christensen. Hydrophilic carboxylic acids and iridoid glycosides in the juice of American and European cranberries (*Vaccinium macrocarpon* and *V. oxycoccos*), lingonberries (*V. vitis-idaea*), and blueberries (*V. myrtillus*). *Journal of Agricultural and Food Chemistry*. 2002, **50**(23): 6871-6874

[10] A Turner, SN Chen, MK Joike, SL Pendland, GF Pauli, NR Farnsworth. Inhibition of uropathogenic *Escherichia coli* by cranberry juice: a new antiadherence assay. *Journal of Agricultural and Food Chemistry*. 2005, **53**(23): 8940-8947

[11] BT Murphy, SL MacKinnon, XJ Yan, GB Hammond, AJ Vaisberg, CC Neto. Identification of triterpene hydroxycinnamates with *in vitro* antitumor activity from whole cranberry fruit (*Vaccinium macrocarpon*). *Journal of Agricultural and Food Chemistry*. 2003, **51**(12): 3541-3545

[12] T McHarg, A Rodgers, K Charlton. Influence of cranberry juice on the urinary risk factors for calcium oxalate kidney stone formation. *BJU International*. 2003, **92**(7): 765-768

[13] A Yamanaka, R Kimizuka, T Kato, K Okuda. Inhibitory effects of cranberry juice on attachment of oral streptococci and biofilm formation. *Oral Microbiology and Immunology*. 2004, **19**(3): 150-154

[14] N Sharon, I Ofek. Fighting infectious diseases with inhibitors of microbial adhesion to host tissues. *Critical Reviews in Food Science and Nutrition*. 2002, **42**(3 Suppl): 267-272

[15] A Chatterjee, T Yasmin, D Bagchi, SJ Stohs. Inhibition of *Helicobacter pylori in vitro* by various berry extracts, with enhanced susceptibility to clarithromycin. *Molecular and Cellular Biochemistry*. 2004, **265**(1-2): 19-26

[16] O Burger, E Weiss, N Sharon, M Tabak, I Neeman, I Ofek. Inhibition of *Helicobacter pylori* adhesion to human gastric mucus by a high-molecular-weight constituent of cranberry juice. *Critical Reviews in Food Science and Nutrition*. 2002, **42**(3 Suppl): 279-284

[17] EI Weiss, Y Houri-Haddad, E Greenbaum, N Hochman, I Ofek, Z Zakay-Rones. Cranberry juice constituents affect influenza virus adhesion and infectivity. *Antiviral Research*. 2005, **66**(1): 9-12

[18] PJ Ferguson, E Kurowska, DJ Freeman, AF Chambers, DJ Koropatnick. A flavonoid fraction from cranberry extract inhibits proliferation of human tumor cell lines. *The Journal of Nutrition*. 2004, **134**(6): 1529-1535

[19] NP Seeram, LS Adams, ML Hardy, D Heber. Total cranberry extract versus its phytochemical constituents: antiproliferative and synergistic effects against human tumor cell lines. *Journal of Agricultural and Food Chemistry*. 2004, **52**(9): 2512-2517

[20] J Sun, YF Chu, XZ Wu, RH Liu. Antioxidant and antiproliferative activities of common fruits. *Journal of Agricultural and Food Chemistry*. 2002, **50**(25): 7449-7454

黑果越桔 Heiguoyueju EP, BP, GCEM

杜鹃花科

Vaccinium myrtillus L.

Bilberry

概述

杜鹃花科 (Ericaceae) 植物黑果越桔 *Vaccinium myrtillus* L.，其新鲜或干燥成熟浆果入药。药用名：蓝莓。

越桔属 (*Vaccinium*) 植物全世界约有 450 种，分布于北半球温带、亚热带，美洲和亚洲的热带山区，少数产非洲南部、马达加斯加岛，但非洲热带高山和热带低地不产。中国约有 91 种、24 变种、2 亚种，本属现供药用者约 10 种。本种分布于欧洲中部和北部、北美洲和亚洲北部，中国新疆也有分布。

黑果越桔的果实在欧洲做药用已有近千年的历史，记载于公元 12 世纪德国草药学家希德嘉 · 冯 · 宾更 (Hildegard von Bingen) 的文章中。第二次世界大战期间，英国皇家飞行员开始在执行夜间任务前食用黑果越桔的果实，以增强视力。《欧洲药典》(第 5 版) 和《英国药典》(2002 年版) 收载本种为鲜蓝莓和干蓝莓的法定原植物来源种。主产于阿尔巴尼亚、波兰、塞尔维亚和黑山以及俄罗斯等；中国新疆地区也产。

黑果越桔的果实主要活性成分为花青素类和黄酮类成分。《欧洲药典》和《英国药典》采用紫外分光光度法测定，规定鲜 (冰鲜) 蓝莓中花青素类成分含量以矢车菊苷计不得少于 0.30%；采用鞣质含量测定法测定，规定干燥蓝莓中鞣质含量以连苯三酚计不得少于 1.0%，以控制药材质量。

药理研究表明，黑果越桔的果实有降胆固醇、防止动脉粥样硬化、增强视力、抗衰老等作用。

民间经验认为蓝莓具有护眼，改善血管状况，消肿，收敛等功效。

黑果越桔 *Vaccinium myrtillus* L.

黑果越桔 Heiguoyueju

药材蓝莓 Fructus Myrtilli

药材蓝莓叶 Folium Myrtilli

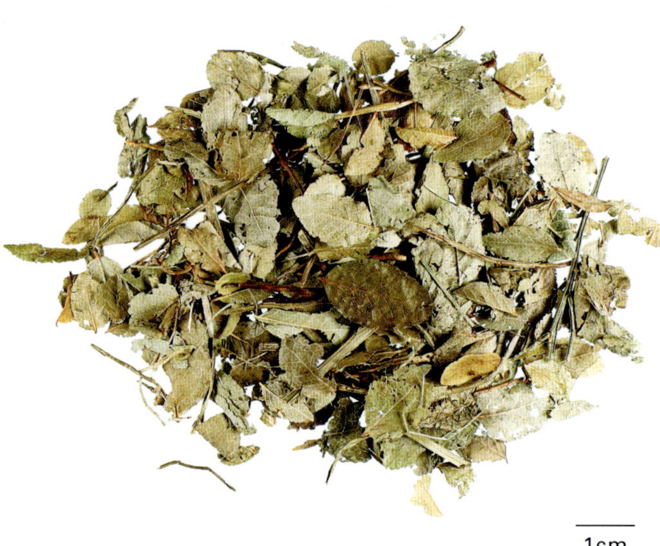

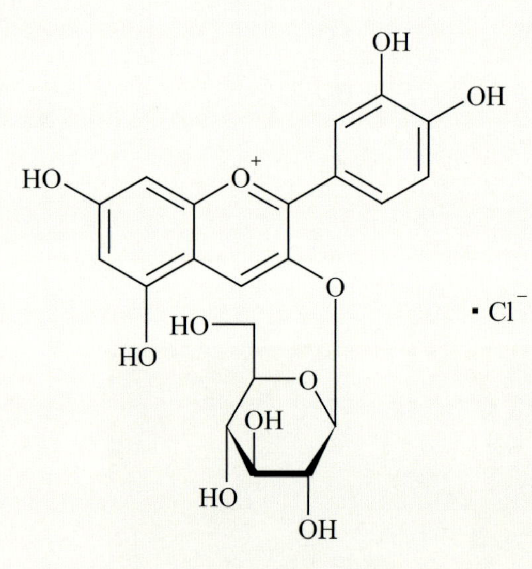

cyanidine－3－glucoside

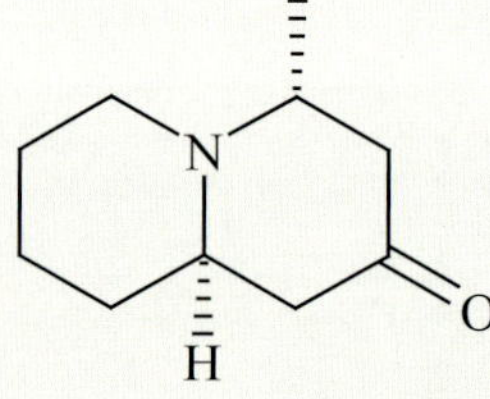

myrtine

化学成分

黑果越桔果实主要含花青素类成分：飞燕草素 (delphinidin)、矢车菊素 (cyanidin)、矮牵牛素 (petunidin)、花葵素 (pelargonidin)、芍药花素 (peonidin)、锦葵花素 (malvidin)[1]及其 3 位葡萄糖苷、阿拉伯糖苷、半乳糖苷[2]；儿茶素类成分：(+)－儿茶素 [(+)－catechin]、(－)－表儿茶素 [(－)－epicatechin]、(+)－没食子儿茶素 [(+)－gallocatechin]、(－)－表没食子儿茶素 [(－)－epigallocatechin][3]、焦性没食子酚 (pyrogallol)[4]；黄酮类成分：金丝桃苷 (hyperin)、黄芪苷 (astragalin)[5]、异槲皮苷 (isoquercitrin)[6]；酚酸类成分：咖啡酸 (caffeic acid)、绿原酸 (chlorogenic acid)[5]、阿魏酸 (ferulic acid)、丁香酸 (syringic acid)、香草酸 (vanillic acid)[6]；三萜类成分：齐墩果酸 (oleanolic acid)、熊果酸 (ursolic acid)[7]；此外，还含白藜芦醇 (resveratrol)、紫檀芪 (pterostilbene) 和云杉鞣酚 (piceatannol)[8]等。

黑果越桔叶含黄酮类成分：金丝桃苷、异槲皮苷[9]、槲皮素－3－葡萄糖苷酸 (quercetin－3－glucuronide)[10]、槲皮苷 (quercitrin)、槲皮素－3－阿拉伯糖苷 (quercetin－3－arabinoside)、黄芪苷[5]；儿茶素类成分：(+)－儿茶素、(－)－表儿茶素、(+)－没食子儿茶素、(－)－表没食子儿茶素[3]；还有痕量的熊果酚苷 (arbutin) 和氢醌 (hydroquinone)[11]。

黑果越桔地上部分还含越桔碱 (myrtine) 和表越桔碱 (epimyrtine) 等生物碱类成分[12]。

药理作用

1. **抗氧化**

采用次黄嘌呤－黄嘌呤氧化酶系统和离体大鼠肝线粒体膜的脂质过氧化模型研究黑果越桔提取物（主要含花青素类成分）的抗氧化活性实验表明，黑果越桔提取物有清除超氧自由基的能力，并能抑制 CCl_4－NADPH 或 Fe^{3+}－ADP/NADPH 诱导的肝线粒体膜脂质过氧化反应[13-14]。该提取物给动物口服还可显著抑制 $FeCl_2$－抗坏血酸－ADP 混合物诱导的肝脂质过氧化反应[14]。

2. **保护视力**

黑果越桔中的花青素类成分静脉注射，可改善眩晕后兔眼对黑暗的适应，此作用与增强红紫素再生有关[15]。黑果越桔提取物还能改善乳酸脱氢酶的活性，保护视网膜，防止人工加速衰老大鼠的白内障和黄斑变性的形成[16]。

3. **对血管的保护作用**

在结扎大鼠腹腔动脉诱导肾性高血压前，预防性给予黑果越桔中的花青素类成分 12 天，可拮抗高血压引起的血管通透性增加[17]。黑果越桔中的花青素类成分高浓度制剂——越桔生 (myrtocyan) 静脉注射，可抑制麻醉仓鼠颊袋小动脉和末端动脉的舒张和收缩，并能增强骨骼肌内小动脉血管网舒张和收缩频率。显示越桔生可防止和控制间质液体的形成；从而有益于控制微血管网血流的再分布[18]。越桔生还能拮抗缺血性再灌注损伤所致的仓鼠颊袋微血管损伤[19]。

4. **抗肿瘤**

对癌促进剂 TPA 引起的鸟氨酸脱羧酶 (ODC) 和引起醌还原酶 (QR)的生成进行分析，发现黑果越桔的醋酸乙酯提取物能有效诱导引起 QR 的生成，抑制 ODC 活性[20]；黑果越桔乙醇提取物体外还能抑制人白血病细胞 HL－60、结肠癌细胞 HT－29 和 HCT116 的增殖，花色苷类成分为抗肿瘤主要活性成分[21-22]。

5. **抗炎**

黑果越桔中的花青素类成分静脉注射或外用涂抹，对角叉菜胶引起的大鼠足趾肿胀有抑制作用，腹腔注射或灌胃时，还能减轻氯仿所致的家兔毛细血管渗透性增高[23]。

6. **降血糖、降血脂**

黑果越桔叶浸剂灌胃，能降低链脲霉素所致糖尿病大鼠的血糖，同时还可降低血清中三酰甘油水平[24]。黑果越桔中的花青素类成分提取物腹腔给药，能减轻胆固醇诱导的兔动脉损伤，减少内膜增生以及钙和脂质在动脉壁上的沉积[25]。

7. **抗溃疡**

黑果越桔中的花青素类成分口服，对幽门结扎、非固醇抗炎药、乙醇、组胺和利血平所致的各种急性胃溃疡模型均有拮抗作用，对巯乙胺诱导的十二指肠溃疡和醋酸所致的慢性胃溃疡也有抑制作用[26]。

8. **其他**

黑果越桔的果实还有抗肝胰损伤[27]、抗血小板聚集[28]、促进伤口愈合[29]等作用。

应用

黑果越桔广泛用于防治伤风感冒、糖尿病、坏血病、泌尿系统疾病、动脉硬化、高血压、胃及十二指肠、脑血流障碍等疾病中；对眼出血、痛经、手术出血有改善作用，还用于治疗间歇性跛行、雷诺病（坏疽）、脉管炎、外伤瘀血和预防白内障。

黑果越桔 Heiguoyueju

评注

黑果越桔的果实呈深蓝色而得名蓝莓。它不但具有多种药理活性，还富含果胶、维生素、胡萝卜素和天然色素，已被国际粮农组织列为五大健康食品之一。该植物在医药、保健食品、化学工业和化妆品等行业均有广阔的发展前景和经济效益。

黑果越桔叶用于泌尿系统疾病，如尿道炎、膀胱炎和肾结石；还用作糖尿病患者的辅助治疗药物。

参考文献

[1] NA Nyman, JT Kumpulainen. Determination of anthocyanidins in berries and red wine by high-performance liquid chromatography. *Journal of Agricultural and Food Chemistry*. 2001, **49**(9): 4183-4187

[2] EM Martinelli, A Baj, E Bombardelli. Computer-aided evaluation of liquid-chromatographic profiles for anthocyanins in *Vaccinium myrtillus* fruits. *Analytica Chimica Acta*. 1986, **191**: 275-281

[3] H Friedrich, J Schoenert. Hydroxyflavans from leaves and fruits of *Vaccinium myrtillus*. *Archiv der Pharmazie*. 1973, **306**(8): 611-618

[4] V Bettini, A Fiori, R Martino, F Mayellaro, P Ton. Study of the mechanism whereby anthocyanosides potentiate the effect of catecholamines on coronary vessels. *Fitoterapia*. 1985, **56**(2): 67-72

[5] H Friedrich, J Schoenert. Phytochemical investigation of leaves and fruits of *Vaccinium myrtillus*. *Planta Medica*. 1973, **24**(1): 90-100

[6] M Azar, E Verette, S Brun. Identification of some phenolic compounds in bilberry juice *Vaccinium myrtillus*. *Journal of Food Science*. 1987, **52**(5): 1255-1257

[7] E Ramstad. Chemical investigation of *Vaccinium myrtillus*. *Journal of the American Pharmaceutical Association*. 1954, **43**: 236-240

[8] AM Rimando, W Kalt, JB Magee, J Dewey, JR Ballington. Resveratrol, pterostilbene, and piceatannol in vaccinium berries. *Journal of Agricultural and Food Chemistry*. 2004, **52**(15): 4713-4719

[9] HD Smolarz, G Matysik, M Wojciak-Kosior. High-performance thin-layer chromatographic and densitometric determination of flavonoids in *Vaccinium myrtillus* L. and *Vaccinium vitis-idaea* L. *Journal of Planar Chromatography-Modern TLC*. 2000, **13**(2): 101-105

[10] D Fraisse, A Carnat, JL Lamaison. Polyphenolic composition of the leaf of bilberry. *Annales Pharmaceutiques Francaises*. 1996, **54**(6): 280-283

[11] V Blazsek, G Racz. The absence of arbutin in the leaves of whortleberries (*Vaccinium myrtillus*). *Naturwissenschaften*. 1958, **45**: 418-419

[12] P Slosse, C Hootele. Myrtine and epimyrtine, quinolizidine alkaloids from *Vaccinium myrtillus*. *Tetrahedron*. 1981, **37**(24): 4287-4294

[13] S Martin-Aragon, B Basabe, JM Benedi, AM Villar. Antioxidant action of *Vaccinium myrtillus L*. *Phytotherapy Research*. 1998, **12**(S1): S104-S106

[14] S Martin-Aragon, B Basabe, JM Benedi, AM Villar. *In vitro* and *in vivo* antioxidant properties of *Vaccinium myrtillus*. *Pharmaceutical Biology*. 1999, **37**(2): 109-113

[15] R Alfieri, P Sole. Effect of anthocyanosides given parenterally on the adapto-electroretinogram of the rabbit. *Comptes Rendus des Seances de la Societe de Biologie et de Ses Filiales*. 1964, **158**(12): 2338-2341

[16] AZ Fursova, OG Gesarevich, AM Gonchar, NA Trofimova, NG Kolosova. Dietary supplementation with bilberry extract prevents macular degeneration and cataracts in senesce-accelerated OXYS rats. *Advances in Gerontology*. 2005, **16**: 76-79

[17] Z Detre, H Jellinek, M Miskulin, AM Robert. Studies on vascular permeability in hypertension: action of anthocyanosides. *Clinical Physiology and Biochemistry*. 1986, **4**(2): 143-149

[18] A Colantuoni, S Bertuglia, MJ Magistretti, L Donato. Effects of *Vaccinium myrtillus* anthocyanosides on arterial vasomotion. *Arzneimittelforschung*. 1991, **41**(9): 905-909

[19] S Bertuglia, S Malandrino, A Colantuoni. Effect of *Vaccinium myrtillus* anthocyanosides on ischaemia reperfusion injury in hamster cheek pouch microcirculation. *Pharmacological Research*. 1995, **31**(3-4): 183-187

[20] J Bomser, DL Madhavi, K Singletary, MAL Smith. *In vitro* anticancer activity of fruit extracts from *Vaccinium* species. *Planta Medica*. 1996, **62**(3): 212-216

[21] N Katsube, K Iwashita, T Tsushida, K Yamaki, M Kobori. Induction of apoptosis in cancer cells by Bilberry (*Vaccinium myrtillus*) and the anthocyanins. *Journal of Agricultural and Food Chemistry*. 2003, **51**(1): 68-75

[22] C Zhao, MM Giusti, M Malik, MP Moyer, BA Magnuson. Effects of commercial anthocyanin-rich extracts on colonic cancer and nontumorigenic colonic cell growth. *Journal of Agricultural and Food Chemistry*. 2004, **52**(20): 6122-6128

[23] A Lietti, A Cristoni, M Picci. Studies on *Vaccinium myrtillus* anthocyanosides. I. Vasoprotective and antiinflammatory activity. *Arzneimittelforschung*. 1976, **26**(5): 829-832

[24] A Cignarella, M Nastasi, E Cavalli, L Puglisi. Novel lipid-lowering properties of *Vaccinium myrtillus* L. leaves, a traditional antidiabetic treatment, in several models of rat dyslipidaemia: a comparison with ciprofibrate. *Thrombosis Research*. 1996, **84**(5): 311-322

[25] A Kadar, L Robert, M Miskulin, JM Tixier, D Brechemier, AM Robert. Influence of anthocyanoside treatment on the cholesterol-induced atherosclerosis in the rabbit. *Paroi arterielle*. 1979, **5**(4): 187-205

[26] MJ Magistretti, M Conti, A Cristoni. Antiulcer activity of an anthocyanidin from *Vaccinium myrtillus*. *Arzneimittelforschung*. 1988, **38**(5): 686-690

[27] L Sauebin, A Rossi, I Serraino, P Dugo, R Di Paola, L Mondello, T Genovese, D Britti, A Peli, G Dugo, AP Caputi, S Cuzzocrea. Effect of anthocyanins contained in a blackberry extract on the circulatory failure and multiple organ dysfunction caused by endotoxin in the rat. *Planta Medica*. 2004, **70**(8): 745-752

[28] G .Pulliero, S Montin, V Bettini, R Martino, C Mogno, G Lo Castro. *Ex vivo* study of the inhibitory effects of *Vaccinium myrtillus* anthocyanosides on human platelet aggregation. *Fitoterapia*. 1989, **60**(1): 69-75

[29] A Cristoni, MJ Magistretti. Antiulcer and healing activity of *Vaccinium myrtillus* anthocyanosides. Farmaco, *Edizione Pratica*. 1987, **42**(2): 29-43

黑果越桔的采收

缬草 Xiecao EP, BP, BHP, USP, GCEM

Valeriana officinalis L.

Valerian

概述

败酱科 (Valerianaceae) 植物缬草 *Valeriana officinalis* L.，其干燥根和根茎入药。药用名：缬草根。

缬草属 (*Valeriana*) 植物全世界约有 200 种，分布于欧亚大陆、南美和北美中部。中国有 17 种、2 变种，本属现供药用者约有 6 种、1 变种。本种分布于欧洲、亚洲温带地区，在欧洲中部、欧洲东部、英国、荷兰、比利时、法国、德国、日本、美国有栽培[1]。

公元 11 世纪盎格鲁-撒克逊 (Anglo-Saxon) 的著作中曾有关于缬草的记述[1]，缬草酊在法国、德国、瑞士等一直作为催眠剂使用。《欧洲药典》(第 5 版)、《英国药典》(2002 年版) 和《美国药典》(第 28 版) 均收载本种为缬草根的法定原植物来源种。主产于荷兰等欧洲国家[1]。

缬草主要含挥发油、环烯醚萜类、倍半萜类、生物碱类等成分。缬草烯酸等倍半萜类、缬草素等环烯醚萜类是其重要的活性成分；药材在干燥和贮存过程中因酶解作用生成较多的游离异戊酸而产生强烈的气味。《欧洲药典》和《英国药典》采用水蒸气蒸馏法测定，规定缬草干燥原药材和饮片的挥发油含量分别不得少于 5.0mL/kg 和 3.0mL/kg；采用高效液相色谱法测定，规定缬草根中倍半萜酸类成分含量以缬草烯酸计，不得少于 0.17%；《美国药典》规定缬草根中挥发油含量不得少于 0.50%，缬草烯酸含量不得少于 0.050%，以控制药材质量。

药理研究表明缬草具有镇静催眠、解痉、抗心律失常、抗肿瘤、抗菌等作用。

民间经验认为缬草根具有镇静的功效；中医理论认为缬草具有安心神，祛风湿，行气血，止痛等功效。

缬草 *Valeriana officinalis* L.

药材缬草根 Radix Valerianae

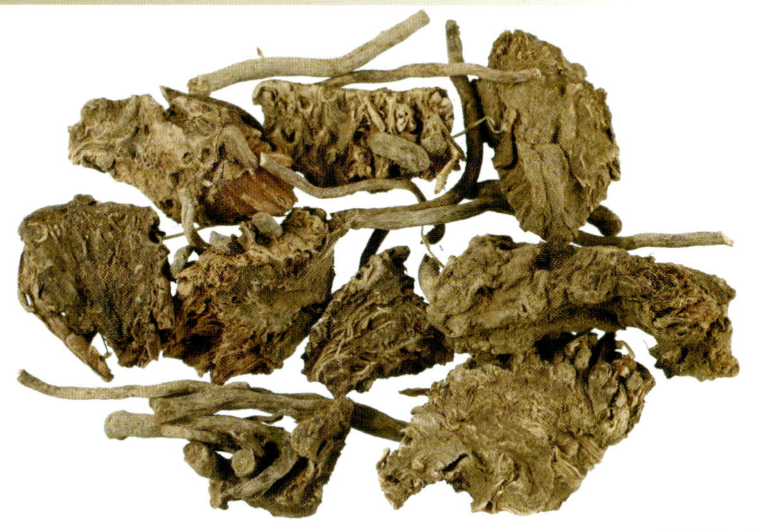

化学成分

缬草根含挥发油，其组成和含量受栽培品种、产地、生长年限、采收时间、提取方法的影响较大，主要为：醋酸龙脑酯 (bornyl acetate)、缬草烯醇(valerianol)、缬草烯醛 (valerenal)、缬草烯酸 (valerenic acid)、缬草酮 (valeranone)、匙叶桉油烯醇 (spathulenol)、α－葎草烯 (α－humulene)、莰烯 (camphene)、异戊酸 (isovaleric acid)[2-7]等；环烯醚萜类成分：缬草素 （缬草环氧三酯，valepotriate，valtrate）、异缬草素 (isovaltrate)、乙酰缬草素 (acevaltrate)、二氢缬草素 (didrovaltrate)以及缬草素的降解产物 baldrinal、homobaldrinal[8]等；倍半萜类成分：缬草烯酸、羟基缬草烯酸 (hydroxyvalerenic acid)、乙酸基缬草烯酸 (acetoxyvalerenic acid)、(－)－3β,4β－环氧缬草烯酸 [(－)－3β,4β－epoxyvalerenic acid]、缬草烯醛、faurinone、valerenol 、valerenyl valerate、(－)－pacifigorgiol、α－kessyl acetate、valeracetate[9-13]等；生物碱类成分：缬草碱 (valerine)、猕猴桃碱 (actinidine)等；黄酮类成分：蒙花苷 (linarin, buddleoside)[14]等；木脂素类成分：(+)－松脂素 [(+)－pinoresinol]、prinsepiol[15]等。此外，还含clionasterol－3－O－β－D－glucopyranoside[16]等固醇类成分。

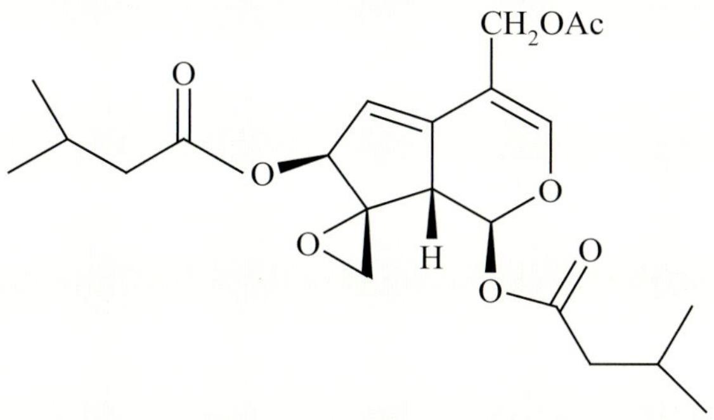

valepotriate

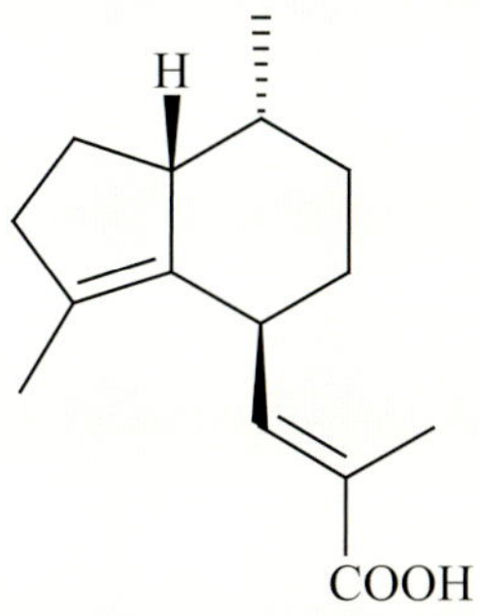

valerenic acid

缬草 Xiecao

药理作用

1. **镇静催眠**

缬草醇提物灌胃，能明显减少小鼠自主活动次数，增加阈下剂量戊巴比妥钠引起的小鼠入睡率，显著延长催眠剂量戊巴比妥钠小鼠的睡眠时间[17]；缬草挥发油口服对戊四氮、电刺激所致的小鼠惊厥有明显的对抗作用，并能显著增强戊巴比妥钠及水合氯醛对中枢神经系统的抑制作用，明显抑制小鼠的外观行为活动[18]。缬草水提取物、含水乙醇提取物能促进大鼠大脑皮层突触体中[^{3}H]γ-氨基丁酸（[^{3}H]GABA)的释放[19]，可能是其镇静作用的机理之一。

2. **解痉**

二氢缬草素、缬草素、乙酰缬草素的混合物能显著抑制组胺所致豚鼠离体回肠痉挛，其解痉作用强于盐酸罂粟碱[20]。体内实验表明，缬草素、异缬草素、缬草酮可抑制豚鼠体内封闭段回肠的节律性挛缩；这 3 种化合物及二氢缬草素体外可缓解由钾离子和氯化钡刺激引起的豚鼠回肠挛缩，对卡巴胆碱引起的豚鼠胃肌条挛缩也有抑制作用[21]；缬草烯酸也有解痉作用。

3. **对心血管系统的影响**

缬草分离物V3d静脉注射能明显对抗乙酰胆碱-氯化钙混合液诱发的小鼠心房纤颤和氯仿诱发的小鼠心室纤颤，也能明显对抗结扎左冠状动脉前降支诱发的大鼠早期缺血性心律失常；对高K^+诱发的离体犬耳廓及肾脏血管收缩也有显著的对抗作用[22]。缬草提取物兔腹腔注射有抗心肌缺血再灌注损伤的作用，其作用机理可能与抑制黄嘌呤氧化酶，减少自由基的产生，减轻细胞膜的脂质过氧化，提高前列环素/血栓素A_2 (PGI_2/TXA_2) 比值，抑制血小板聚集，改善冠状微循环，减少肿瘤坏死因子α (TNF－α) 产生，减轻复灌区的无菌性炎症等有关[23]。

4. **抗肿瘤**

缬草素、异缬草素、乙酰缬草素体外能显著抑制人小细胞肺癌细胞 GLC4 和结肠直肠癌细胞 COLO320 的增殖[24]；缬草环烯醚萜类成分灌胃，能显著抑制荷 S_{180} 实体瘤小鼠肿瘤的生长，显著延长荷 EAC 腹水瘤小鼠的生存时间[25]。

5. **抗菌**

缬草挥发油体外能显著抑制黑曲霉菌、酿酒酵母菌、大肠杆菌、金黄色葡萄球菌等的生长[5]。

应用

缬草是镇静催眠药，用于治疗心烦、失眠等症。民间还用于治疗精神紧张、注意力不集中、头痛、神经衰弱、癔病、癫痫、焦虑、妇女经期烦躁等病症。

缬草也为中医临床用药。功能：安心神，祛风湿，行气血，止痛。主治：心神不安，心悸失眠，癫狂，脏躁，风湿痹痛，脘腹胀痛，痛经，经闭，跌打损伤。

评注

缬草是目前欧美最受欢迎的天然药物，是 2002 年美国市场 10 个最畅销的草药补充剂之一[5]。作为温和的镇静催眠药，缬草没有苯二氮卓类药物常见的不良反应[26]，动物实验表明孕期使用缬草素类成分也未见毒性[27]。缬草的镇静催眠活性成分并未完全明了，可能是由其所含的环烯醚萜类、倍半萜类、黄酮类等多种活性成分协同作用而产生[14, 28]。

参考文献

[1] WC Evans. Trease & Evans' pharmacognosy (15-th edition). Edinburgh: WB Saunders. 2002: 316-318

[2] R Bos, HJ Woerdenbag, H Hendriks, JJC Scheffer. Composition of the essential oils from underground parts of *Valeriana officinalis* L. s.l. and several closely related taxa. *Flavour and Fragrance Journal.* 1997, **12**(5): 359-370

[3] R Bos, H Hendriks, N Pras, A St. Stojanova, EV Georgiev. Essential oil composition of *Valeriana officinalis* ssp. Collins cultivated in

Bulgaria. *Journal of Essential Oil Research.* 2000, **12**(3): 313-316

[4] 薛存宽，蒋鹏，沈凯，李颖，曾玲．缬草挥发油成分分析及其含量影响因素探讨．中草药．2003，**34**(9)：779-781

[5] W Letchamo, W Ward, B Heard, D Heard. Essential oil of *Valeriana officinalis* L. cultivars and their antimicrobial activity as influenced by harvesting time under commercial organic cultivation. *Journal of Agricultural and Food Chemistry.* 2004, **52**(12): 3915-3919

[6] M Pavlovic, N Kovacevic, O Tzakou, M Couladis. The essential oil of *Valeriana officinalis* L. s.l. growing wild in western Serbia. *Journal of Essential Oil Research.* 2004, **16**(5):397-399

[7] D Lopes, H Strobl, P Kolodziejczyk. Influence of drying and distilling procedures on the chemical composition of valerian oil (*Valeriana officinalis* L.). *Journal of Essential Oil-Bearing Plants.* 2005, **8**(2): 134-139

[8] R Bos, HJ Woerdenbag, H Hendricks, JH Zwaving, Peter AGM De Smet, G Tittel, HV Wikstrom, JJG Scheffer. Analytical aspects of phytotherapeutic valerian preparations. *Phytochemical Analysis.* 1996, **7**(3): 143-151

[9] R Bos, H Hendriks, AP Bruins, J Kloosterman, G Sipma. Isolation and identification of valerenane sesquiterpenoids from *Valeriana officinalis. Phytochemistry.* 1986, **25**(1):133-135

[10] HRW Dharmaratne, NPD Nanayakkara, IA Khan. (-)-3β,4β-Epoxyvalerenic acid from *Valeriana officinalis. Planta Medica.* 2002, **68**(7): 661-662

[11] R Bos, H Hendriks, J Kloosterman, G Sipma. A structure of faurinone, a sesquiterpene ketone isolated from *Valeriana officinalis. Phytochemistry.* 1983, **22**(6): 1505-1506

[12] R Bos, H Hendriks, J Kloosterman, G Sipma. Isolation of the sesquiterpene alcohol (-)-pacifigorgiol from *Valeriana officinalis. Phytochemistry.* 1986, **25**(5): 1234-1235

[13] M Tori, M Yoshida, M Yokoyama, Y Asakawa. A guaiane-type sesquiterpene, valeracetate from *Valeriana officinalis. Phytochemistry.* 1996, **41**(3):977-979

[14] S Fernandez, C Wasowski, AC Paladini, M Marder. Sedative and sleep-enhancing properties of linarin, a flavonoid-isolated from *Valeriana officinalis. Pharmacology, Biochemistry and Behavior.* 2004, **77**(2): 399-404

[15] U Bodesheim, J Holzl. Isolation and receptor binding properties of alkaloids and lignans from *Valeriana officinalis. Pharmazie.* 1997, **52**(5): 386-391

[16] SV Pullela, YW Choi, SI Khan, IA Khan. New acylated clionasterol glycosides from *Valeriana officinalis. Planta Medica.* 2005, **71**(10): 960-961

[17] 陶涛，朱全红．缬草醇提物的镇静催眠作用研究．中药材．2004，**27**(3)：208-209

[18] 徐红，袁惠南，潘丽华，郭绪林．缬草挥发油对中枢神经系统药理作用的研究．药物分析杂志．1997，**17**(6)：399-401

[19] F Ferreira, MS Santos, C Faro, E Pires, AP Carvalho, AP Cunha, T Macedo. Effect of extracts of *Valeriana officinalis* on [^{3}H]GABA. Release in synaptosomes: further evidence for the involvement of free GABA in the valerian-induced release. *Revista Portuguesa de Farmacia.* 1996, **46**(2): 74-77

[20] H Wagner, K Jurcic. Spasmolytic effect of Valeriana. *Planta Medica.* 1979, **37**(1): 84-86

[21] B Hazelhoff, TM Malingre, DKF Meijer. Antispasmodic effects of valeriana compounds: an *in vivo* and *in vitro* study on the guinea pig ileum. *Archives Internationales de Pharmacodynamie et de Therapie.* 1982, **257**(2): 274-287

[22] 贾健宁，张宝恒．缬草提取物(V3d) 对心血管系统的作用．广西中医学院学报．1999，**16**(1)：40-42

[23] 尹虹，薛存宽，叶建明，朱咸中，李颖，曾伶．缬草提取物抗心肌缺血再灌注损伤的实验研究．微循环学杂志．2000，**10**(1)：12-14

[24] R Bos, H Hendriks, JJC Scheffer, HJ Woerdenbag. Cytotoxic potential of valerian constituents and valerian tinctures. *Phytomedicine.* 1998, **5**(3): 219-225

[25] 薛存宽，何学斌，张书勤，黄晓桃．缬草环烯醚萜抗肿瘤作用的实验研究．现代中西医结合杂志．2005，**14**(15)：1969-1972

[26] KT Hallam, JS Olver, C McGrath, TR Norman. Comparative cognitive and psychomotor effects of single doses of *Valeriana officinalis* and triazolam in healthy volunteers. *Human Psychopharmacology.* 2003, **18**(8):619-625

[27] S Tufik, K Fujita, MdeLV Seabra, LL Lobo. Effects of a prolonged administration of valepotriates in rats on the mothers and their offspring. *Journal of Ethnopharmacology.* 1994, **41**(1-2): 39-44

[28] U Simmen, C Saladin, P Kaufmann, M Poddar, C Wallimann, W Schaffner. Preserved pharmacological activity of hepatocytes-treated extracts of valerian and St. John's wort. *Planta Medica.* 2005, **71**(7): 592-598

香荚兰 Xiangjialan[USP]

Vanilla planifolia Jacks.

Vanilla

概述

兰科 (Orchidaceae) 植物香荚兰 *Vanilla planifolia* Jacks.，其未成熟荚果经过处理后入药。药用名：香荚兰豆。

香荚兰属 (*Vanilla*) 植物全世界约有 70 种，分布于全球热带地区。中国有 2～3 种，分布于云南、福建、广东、台湾等地区。本种原产于墨西哥等中美洲国家，在毛里求斯、塞舌耳群岛、马达加斯加、印度尼西亚等有引种栽培。

墨西哥的阿兹台克人最早使用香荚兰做利尿剂和血液净化剂[1]。公元 1520 年，西班牙探险家把香荚兰从墨西哥带到欧洲，19 世纪开始商品化种植[2]。在欧洲，香荚兰被用来治疗癔病、抑郁症、阳痿、虚热和风湿病[1]。《美国药典》(第 28 版) 收载本种为香荚兰豆的法定原植物来源种。世界香荚兰产地目前主要集中在马达加斯加、印度尼西亚和科摩罗[3]。

香荚兰主要含挥发油和糖苷类成分。《美国药典》规定香荚兰豆中醇溶性浸出物含量不得少于 12%，以控制药材质量。

药理研究表明，香荚兰具有抗癫痫、抗突变、抗氧化、抗菌、抗肿瘤、降血脂等作用。

民间经验认为香荚兰具有强心，补脑，健胃[1]的功效。

香荚兰 *Vanilla planifolia* Jacks.

药材香荚兰豆 Fructus Vanillae

化学成分

香荚兰的种子含挥发油类成分：香荚兰醛 (vanillin)、香草酸 (vanillic acid)、香草醇 (vanillyl alcohol)、香草乙酮 (acetovanillone)、肉桂酸 (cinnamic acid)、肉桂醇 (cinnamyl alcohol)、甲基肉桂酸酯 (methyl cinnamate)、肉豆蔻酸 (myristic acid)、茴香酸 (anisic acid)、茴香醇 (anisyl alcohol)、茴香甲酯 (anisyl formate)、愈创木酚 (guaiacol)、4－甲基愈创木酚 (4－methylguaiacol)[4]、对－羟基苯甲醛 (p－hydroxybenzaldehyde)[5]；糖苷类成分：葡萄糖香草醛苷 (vanilloside)、香草酸葡萄糖苷 (vanillic acid glucoside)、vanilloloside、邻－甲氧苯基－β－D－葡萄糖苷 (o－methoxyphenyl－β－D－glucoside)、对－甲苯基－β－D－葡萄糖苷 (p－tolyl－β－D－glucoside)、glucosyl ferulic acid、苯乙基－2－葡萄糖苷 (phenylethyl－2－glucoside)、对－硝基苯基葡萄糖苷 (p－nitrophenyl glucoside)[6]等。

另外，香荚兰的提取物还含有乙基香草醚 (ethyl vanillyl ether)、甲基香草醚 (methyl vanillyl ether)、对－羟基苄基乙酯 (p－hydroxybenzyl ethyl ether)[7]等。

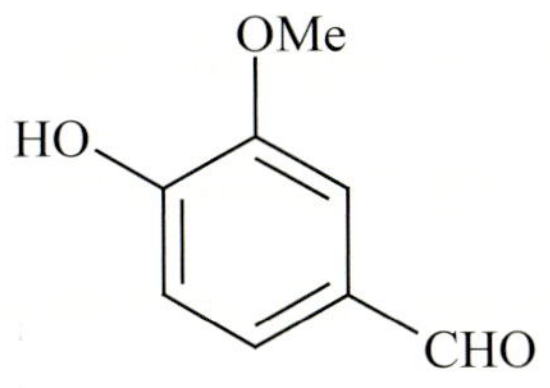

vanillin

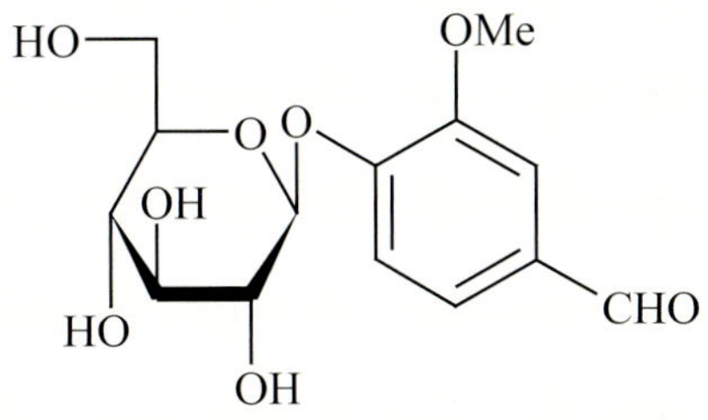

vanilloside

药理作用

1. 抗癫痫

香草醛对大鼠有较好的抗惊厥作用，能提高戊四氮和硝酸士的宁的半数致惊量并能对抗电休克。香草醛在无明显中枢抑制作用时，就能抑制引起效应的全身性阵挛发作，缩短刺激后放电时程。表明该化合物在不产生中枢镇静作用的剂量时就能显著改善脑电，产生抗癫痫作用。香草醛还可保护急性实验中电刺激引起的家兔阵挛反应，并改善阵挛时的脑电异常[8]。临床实验还表明，香草醛有较好的抗癫痫作用[9]。

2. 抗突变

香草醛能通过清除自由基、调整引发物质的代谢过程、提高谷胱甘肽－S－转移酶 (GST) 等有益酶的活性等机理，促使已突变的细胞进行DNA修复，减轻细胞DNA单链断裂作用，有效抑制过氧化氢、N－甲基－N－亚硝基胍、丝裂霉素C[10]、甲氨喋呤[11]、甲基甲磺酸酯[12]、N－甲基－N－亚硝基脲、紫外线[13]、X－射线[14]、乙基亚硝基脲[15]导致的染色体损害，具有抗突变作用。

3. 抗氧化

香草醛能通过清除氧自由基，明显抑制光敏作用导致的肝脏线粒体蛋白质氧化和脂质过氧化，保护肝脏线粒体膜。香草醛的抗氧化作用强度与维生素 C 类似，而且具有量效依赖关系[16]。香草醛具有良好的清除二苯代苦味酰肼 (DPPH)、过氧化物和羟基自由基能力，能抑制小鼠脑组织匀浆、微粒体和线粒体的脂质过氧化[17]。

4. 抗菌

体外实验表明，香草醛对大肠杆菌、绿脓杆菌、沙门氏菌[18]、白色念珠菌[19]、交链孢属菌、曲霉属菌[20]等有明显的生长抑制作用。香荚兰醛和香草酸体外对李斯特氏菌有明显的协同抗菌作用[21]。

5. **抗肿瘤**

小鼠灌胃香荚兰醛，能通过降低肿瘤细胞的侵袭力，抑制乳腺癌细胞 4T1 的转移。香荚兰醛在非细胞毒浓度下，能抑制癌细胞 MMP－9 酶活性，抑制癌细胞侵袭和转移[22]。

6. **降血脂**

香荚兰醛能降低正常饮食雌性大鼠的血浆和肝脏的三酰甘油和低密度脂蛋白水平，对胆固醇和磷脂水平无影响[23]。

7. **抗贫血**

香荚兰醛能抑制血红蛋白聚合物形成，产生抗镰状细胞性贫血作用[24]。

应用

香荚兰豆主要用于治疗癔病、癫痫、低热[1]。

在欧洲，香荚兰也用来治疗抑郁症、阳痿、虚热、风湿病，并能增强肌肉力量。在巴西，香荚兰用于治疗神经病、子宫病、惊厥、子宫炎、萎黄病，并用作滋补药和通经药。在牙买加和西班牙，香荚兰被用作清凉兴奋剂和健胃剂。在墨西哥，香荚兰被用于促进分娩、排除胃肠胀气。在世界其他地区，香荚兰还被广泛用于痛风、消化不良、月经不调、肌肉痉挛、前列腺肿大的治疗，以及增强肌肉力量、催欲等方面[1]。目前，香荚兰主要作为香料，用于食品和药品调味。

评注

《美国药典》还收载同属植物塔希提香荚兰 *Vanilla tahitensis* J. W. Moore 为香荚兰豆的法定原植物来源种。

虽然，香荚兰中的部分香味成分，已经可以工业合成。但受“回归大自然”思潮的影响，人们对食品安全与品质越来越加重视。这种现状为香荚兰的种植栽培、开发利用带来良好前景。

香荚兰自 20 世纪 60 年代引种到中国以来，已经在海南和云南发展到一定规模。但是香荚兰有性繁殖能力弱，必须进行人工授粉才能结荚；香荚兰抗病性弱、抗低温能力差等问题限制了香荚兰的规模化种植[25]。

受消费习惯、产品认识及经济承受能力的影响，目前中国国内大多数香精香料厂家仍使用价廉的合成品，全国目前的天然香荚兰用量较少，开发的医药保健品也少，已知的仅有香荚兰酊剂、香荚兰茶和香荚兰利口酒[26]。

参考文献

[1] LJ Law1er，庄馥萃．香荚兰的药疗作用．亚热带植物通讯．1991，**20**(1)：64

[2] D Havkin-Frenkel, J French, F Pak, C Frenkel. Inside vanilla. *Perfumer & Flavorist*. 2005, **30**(3): 36-43, 46-55

[3] 张宁．香荚兰的海外市场及其在海南的开发现状和对策．香料香精化妆品．2000，**2**：37-40

[4] A Perez-Silva, E Odoux, P Brat, F Ribeyre, G Rodriguez-Jimenes, V Robles-Olvera, MA Garcia-Alvarado, Z Guenata. GC-MS and GC-olfactometry analysis of aroma compounds in a representative organic aroma extract from cured vanilla (*Vanilla planifolia* G. Jackson) beans. *Food Chemistry*. 2006, **99**(4): 728-735

[5] TV John, E Jamin. Chemical investigation and authenticity of Indian vanilla beans. *Journal of Agricultural and Food Chemistry*. 2004, **52**(25): 7644-7650

[6] MJW Dignum, R van der Heijden, J Kerler, C Winkel, R Verpoorte. Identification of glucosides in green beans of *Vanilla planifolia* Andrews and kinetics of vanilla β-glucosidase. *Food Chemistry*. 2003, **85**(2): 199-205

[7] WG Galetto, PG Hoffman. Some benzyl ethers present in the extract of vanilla (*Vanilla planifolia*). *Journal of Agricultural and Food Chemistry*. 1978, **26**(1): 195-197

[8] 吴惠秋，谢林，金小南，葛琪，金辉，刘国卿．香荚兰素对抗大鼠杏仁核点燃效应．药学学报．1989，**24**(7)：482-486

[9] 黄希顺，黄丽娟，魏建科．香草醛治疗癫痫的疗效观察．实用神经疾病杂志．2005，**8**(4)：78

[10] DL Gustafson, HR Franz, AM Ueno, CJ Smith, DJ Doolittle, CA Waldren. Vanillin (3-methoxy-4-hydroxybenzaldehyde) inhibits mutation induced by hydrogen peroxide, N-methyl-N-nitrosoguanidine and mitomycin C but not ^{137}Cs γ-radiation at the CD59

locus in human-hamster hybrid AL cells. *Mutagenesis.* 2000, **15**(3): 207-213

[11] C Keshava, N Keshava, WZ Whong, J Nath, TM Ong. Inhibition of methotrexate-induced chromosomal damage by vanillin and chlorophyllin in V_{79} cells. *Teratogenesis, Carcinogenesis, and Mutagenesis.* 1997, **17**(6): 313-326

[12] K Tamai, H Tezuka, Y Kuroda. Different modifications by vanillin in cytotoxicity and genetic changes induced by EMS and H_2O_2 in cultured Chinese hamster cells. *Mutation Research.* 1992, **268**(2): 231-237

[13] K Takahashi, M Sekiguchi, Y Kawazoe. Effects of vanillin and o-vanillin on induction of DNA-repair networks: modulation of mutagenesis in *Escherichia coli. Mutation Research.* 1990, **230**(2): 127-134

[14] YF Sasaki, T Ohta, H Imanishi, M Watanabe, K Matsumoto, T Kato, Y Shirasu. Suppressing effects of vanillin, cinnamaldehyde, and anisaldehyde on chromosome aberrations induced by X-rays in mice. *Mutation Research.* 1990, **243**(4): 299-302

[15] H Imanishi, YF Sasaki, K Matsumoto, M Watanabe, T Ohta, Y Shirasu, K Tutikawa. Suppression of 6-TG-resistant mutations in V79 cells and recessive spot formations in mice by vanillin. *Mutation Research.* 1990, **243**(2): 151-158

[16] JP Kamat, A Ghosh, TP Devasagayam. Vanillin as an antioxidant in rat liver mitochondria: inhibition of protein oxidation and lipid peroxidation induced by photosensitization. *Molecular and Cellular Biochemistry.* 2000, **209**(1-2): 47-53

[17] J Liu, A Mori. Antioxidant and pro-oxidant activities of p-hydroxybenzyl alcohol and vanillin: effects on free radicals, brain peroxidation and degradation of benzoate, deoxyribose, amino acids and DNA. *Neuropharmacology.* 1993, **32**(7): 659-669

[18] HP Rupasinghe, J Boulter-Bitzer, T Ahn, JA Odumeru. Vanillin inhibits pathogenic and spoilage microorganisms *in vitro* and aerobic microbial growth in fresh-cut apples. *Food Research International.* 2006, **39**(5): 575-580

[19] C Boonchird, TW Flegel. In vitro antifungal activity of eugenol and vanillin against *Candida albicans* and *Cryptococcus neoformans. Canadian Journal of Microbiology.* 1982, **28**(11): 1235-1241

[20] M Ngarmsak, P Delaquis, P Toivonen, T Ngarmsak, B Ooraikul, G Mazza. Antimicrobial activity of vanillin against spoilage microorganisms in stored fresh-cut mangoes. *Journal of Food Protection.* 2006, **69**(7): 1724-1727

[21] P Delaquis, K Stanich, P Toivonen. Effect of pH on the inhibition of *Listeria* spp. by vanillin and vanillic acid. *Journal of Food Protection.* 2005, **68**(7): 1472-1476

[22] K Lirdprapamongkol, H Sakurai, N Kawasaki, MK Choo, Y Saitoh, Y Aozuka, P Singhirunnusorn, S Ruchirawat, J Svasti, I Saiki. Vanillin suppresses *in vitro* invasion and *in vivo* metastasis of mouse breast cancer cells. *European Journal of Pharmaceutical Sciences.* 2005, **25**(1): 57-65

[23] MR Srinivasan, N Chandrasekhara. Comparative influence of vanillin & capsaicin on liver & blood lipids in the rat. *The Indian Journal of Medical Research.* 1992, **96**: 133-135

[24] DJ Abraham, AS Mehanna, FC Wireko, J Whitney, RP Thomas, EP Orringer. Vanillin, a potential agent for the treatment of sickle cell anemia. *Blood.* 1991, **77**(6): 1334-1341

[25] 张一平．发展香荚兰的潜在风险与对策．自然资源．1997，**6**：48-51

[26] 宋应辉，吴小炜．世界香荚兰产品现状及未来预测．云南热作科技．1997，**20**(4)：12-16

香荚兰种植地

欧洲白藜芦 Ouzhoubaililu

Veratrum album L.

White Hellebore

概述

百合科 (Liliaceae) 植物欧洲白藜芦 *Veratrum album* L.，其根及根茎入药。药用名：欧洲白藜芦。

藜芦属 (*Veratrum*) 植物全世界约 40 种，分布于亚洲北部，欧洲和北美洲的温带、寒温带及亚热带地区。中国约有 13 种、1 变种，本属现供药用者约 11 种。本种分布于欧亚大陆和北美洲阿拉斯加西北部。

"藜芦"药用之名，源于拉丁文 "vere"，意为"忠诚"。罗马时期，欧洲白藜芦的提取物被涂于箭端当作毒药[1]。1900 年开始发现其药用价值。主产于欧洲。

欧洲白藜芦主要含固醇生物碱类成分等。

药理研究表明，欧洲白藜芦具有降血压、降体温、麻醉等作用。

民间医学认为欧洲白藜芦可用于治疗呕吐、痉挛、腹泻、霍乱、心动过速，也可作为秋水仙的替代品治疗神经痛、关节痛、风湿痛等，外用还可治疗疱疹。

欧洲白藜芦 *Veratrum album* L.

化学成分

欧洲白藜芦根及根茎主要含生物碱类成分：原藜芦碱甲、乙(protoveratrines A－B)、3,3'－二甲氧基苯甲酸(3,3'－dimethoxybenzidine)[2]、O－乙酰白藜芦碱(O－acetyljervine)、介藜芦酮(jervinone)、1－羟基－5,6－双氢介藜芦酮(1－hydroxy－5,6－dihydrojervine)[3]、白藜芦胺(veralkamine)、双氢白藜芦胺(dihydroveralkamine)[4]、胚芽儿碱(germerine)、吉明胺(germine)[5]、藜芦巴素(veratrobasine)、哥瑞宾(geralbine)、白藜芦碱(jervine)[6]、红介藜芦胺(rubijervine)、异红介藜芦胺(isorubijervine)[7]、哥特春(germitetrine)、去乙酰哥特春(deacetylgermitetrine)[8]、新计米特林(neogermitrine)[9]、假棋盘花碱(pseudozygadenine)、棋盘花胺(zygadenine)、藜芦酰棋盘花碱(veratroylzygadenine)[10]、当归酰棋盘花胺(angeloylzygadenine)[11]、藜芦白定(veralbidine)[12]、藜芦定(veratridine)、藜芦碱(cevadine)、藜芦马灵(veramanine)、neojerminalanine[13]、(+)－verabenzoamine[14]；还含有藜芦三萜A、B(veratrum－triterpenes A－B)[15]等。

欧洲白藜芦地上部分主要含生物碱类成分：原藜芦碱甲、乙、吉明胺(germine)、哥瑞宾(geralbine)、新哥布定(neogermbudine)、藜芦酰棋盘花碱[16]、O－乙酰白藜芦碱、白藜芦碱、甲基白藜芦碱－N－3'－丙酸酯(methyljervine－N－3'－propanoate)[17]等。

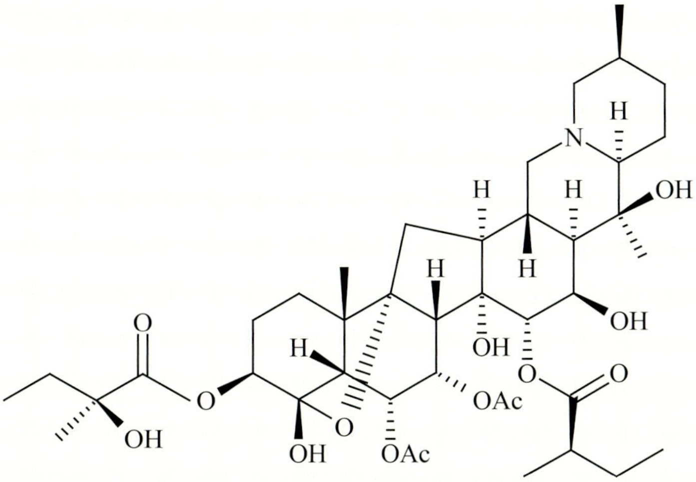

protoveratrine A

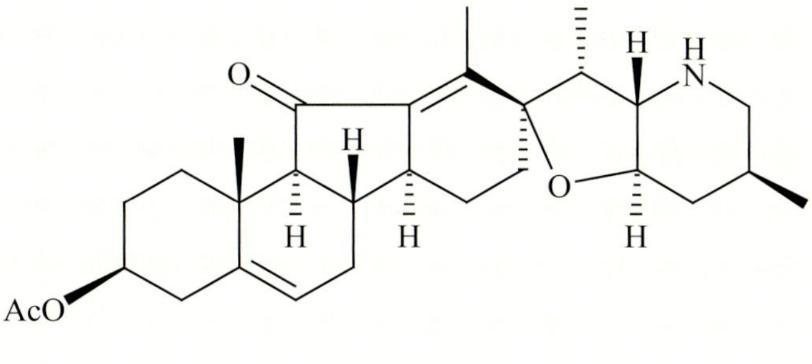

O－acetyljervine

药理作用

1. 降血压

O－乙酰白藜芦碱给血压正常的麻醉大鼠静脉注射，能使大鼠血压下降，还可抑制苯肾上腺素引起的兔主动脉收缩，表明O-乙酰白藜芦碱是一种肾上腺素受体激动剂，作用机理类似于异丙肾上腺素[18]。介藜芦酮及1-羟基-5,6-双氢介藜芦酮等生物碱也有降血压作用[3]。欧洲白藜芦总生物碱可作用于心、肺、颈动脉窦感受器，通过迷走神经，使狗血压明显反射性下降[19]。

2. 对循环系统的影响

原藜芦碱可使离体蛙心收缩期停滞，对收缩力不足蛙心有正性肌力作用，且不会使心率减慢[20]。

3. 降体温

原藜芦碱或总生物酯碱对兔皮下注射给药，能使伤寒杆菌所致发热兔体温下降[21]。

4. 麻醉

静脉灌注藜芦生物碱可延长猫及兔的麻醉时间，且不会对实验动物造成损伤[22]。

5. 其他

欧洲白藜芦还有杀虫作用[23-24]。

应用

欧洲白藜芦用于治疗呕吐、痉挛、腹泻、霍乱、心动过速，可作为秋水仙的替代品治疗神经痛、关节痛、风湿痛等，外用可治疗疱疹。还可用作杀虫剂驱蚊蝇[25]。

评注

对白藜芦的研究主要集中在20世纪60年代以前，后多为对其亚种（现已经独立为一新种）阿勒泰藜芦 *Veratrum lobelianum* Bernh. 的研究。

欧洲白藜芦中生物碱类化合物是主要的活性成分，但也是主要的毒性成分，有潜在的危害性，因而限制了白藜芦的应用。

同属植物藜芦 *V. nigrum* L.（又名“黑藜芦”）在中国已有很长的药用历史，始载于《神农本草经》，被列为下品。具有涌吐风痰，杀虫的功效，主治中风痰壅，癫痫，疟疾，恶疮。欧洲白藜芦与藜芦中所含化学成分类似，有望通过对藜芦的研究进一步开发白藜芦的用途。

参考文献

[1] Facts and Comparisons (Firm). The review of natural products (3rd edition). Missouri: Facts and Comparisons. 2000: 740-742

[2] MH Charles, R Grimee, F Crucke. Toxicity of sneezing powders. Part I. Study on forbidden constituents in sneezing powders. *Journal de Pharmacie de Belgique*. 1984, **39**(6): 371-379

[3] Atta-ur-Rahman, RA Ali, Anwar-ul-Hassan, Gilani, MI Choudhary, K Aftab, B Sener, S Turkoz. Isolation of antihypertensive alkaloids from the rhizomes of *Veratrum album*. *Planta Medica*. 1993, **59**(6): 569-571

[4] J Tomko, I Bendik. Alkaloids of *Veratrum album*. V. Structure of veralkamine. *Collection of Czechoslovak Chemical Communications*. 1962, **27**: 1404-1412

[5] W Poethke. Alkaloids of *Veratrum album*. II. The several alkaloids and their relationship to each other. Protoveratridine, germerine and protoveratrine. *Archiv der Pharmazie*. 1937, **275**: 571-599

[6] A Stoll, E Seebeck. Veratrobasine and geralbine, two new alkaloids isolated from *Veratrum album*. *Journal of the American Chemical Society*. 1952, **74**: 4728-4729

[7] W Poethke, W Kerstan. Veratrum alkaloids. VII. “Amorphous alkaloids” of *Veratrum album*. *Archiv der Pharmazie*. 1960, **293**: 743-752

[8] GS Myers, WL Glen, P Morozovitch, R Barber, G Papineau-Couture, GA Grant. Some hypotensive alkaloids from *Veratrum album. Journal of the American Chemical Society.* 1956, **78**: 1621-1624

[9] SM Kupchan, CV Deliwala. The isolation of crystalline hypotensive Veratrum ester alkaloids by chromatography. *Journal of the American Chemical Society.* 1953, **75**: 4671-4672

[10] A Stoll, E Seebeck. Veratrum alkaloids. VII. Veratroylzygadenine from *Veratrum album. Helvetica Chimica Acta.* 1953, **36**: 1570-1575

[11] M Suzuki, Y Murase, R Hayashi, N Sanpei. Constituent of domestic veratrum plants. III. Constituent of *Veratrum album. Yakugaku Zasshi.* 1959, **79**: 619-623

[12] A Stoll, E Seebeck. Veralbidine, a new alkaloid from *Veratrum album. Science.* 1952, **115**: 678

[13] Atta-ur-Rahman, RA Ali, M Ashraf, MI Choudhary, B Sener, S Turkoz. Steroidal alkaloids from *Veratrum album. Phytochemistry.* 1996, **43**(4): 907-911

[14] Atta-Ur-Rahman, RA Ali, MI Choudhary, B Sener, S Turkoz. New steroidal alkaloids from rhizomes of *Veratrum album. Journal of Natural Products.* 1992, **55**(5): 565-570

[15] W Poethke, H Gerlach. Some nitrogen-free components of *Veratrum album. Archiv der Pharmazie.* 1960, **293**: 103-111

[16] R Jaspersen-Schib, H Flueck. The alkaloids of the above-ground organs of *Veratrum album.* Composition of the alkaloids. *Pharmaceutica Acta Helvetiae.* 1961, **36**: 461-471

[17] Atta-ur-Rahman, RA Ali, T Parveen, MI Choudhary, B Sener, S Turkoz. Alkaloids from *Veratrum album. Phytochemistry.* 1991, **30**(1): 368-370

[18] A Gilani, K Aftab, SA Saeed, RA Ali, Atta-ur-Rehman. O-acetyljervine: a new β-adrenoceptor agonist from *Veratrum album. Archives of Pharmacal Research.* 1995, **18**(2): 129-132

[19] V Muresan, M Simionovici, A Botez, D Winter, N Chirescu, L Stanescu. Mechanism of action of the alkaloids of *Veratrum album. Annales Pharmaceutiques Francaises.* 1958, **16**: 46-51

[20] K Otto, KM Gordon, M Rafael. Studies on Veratrum alkaloids VI. Protoveratrine: its comparative toxicity and its circulatory action. *Journal of Pharmacology and Experimental Therapeutics.* 1944, **82**(2): 167-186

[21] FG Valdecasas, JA Salva, J Laporte. Influence of some esterified veratrum alkaloids on thermal regulation and induced hyperthermia. *Revista Espanola de Fisiologia.* 1960, **16**(3): 155-161

[22] JA Salva. Narcosis with Veratrum alkaloids. *Archivos del Instituto de Farmacologia Experimental.* 1955, **8**: 36-41

[23] JJ Lipa. Insecticides derived from plants. *Postepy Nauk Rolniczych.* 1962, **9**: 99-108

[24] B Sener, F Bingol, I Erdogan, WS Bowers, PH Evans. Biological activities of some Turkish medicinal plants. *Pure and Applied Chemistry.* 1998, **70**(2): 403-406

[25] JM Jellin, P Gregory, F Batz, K Hitchens. Pharmacist's letter/prescriber's letter natural medicines comprehensive database (3rd edition). Stockton: Therapeutic Research Faculty. 2000: 1097

毛蕊花 Maoruihua EP, BP, BHP, GCEM

Verbascum thapsus L.

Mullein

概述

玄参科 (Scrophulariaceae) 植物毛蕊花 *Verbascum thapsus* L.，其干燥花入药。药用名：毛蕊花。

毛蕊花属 (*Verbascum*) 植物全世界约 300 种，主要分布于欧、亚温带地区。中国有 6 种，本属现供药用者约 1 种。本种原产于欧洲、北非、埃及、埃塞俄比亚以及亚洲温带地区直至喜马拉雅山脉，广布于北半球，在中国新疆、西藏、云南、四川等地也有分布。

从中世纪起，毛蕊花就用于人肺病、家畜皮肤病的治疗。公元 19 世纪时，毛蕊花在欧洲、英国和美国用于肺结核以及呼吸道、泌尿道和耳道炎症的治疗。目前，毛蕊花仍然用于治疗慢性耳炎、耳湿疹。《欧洲药典》（第 5 版）和《英国药典》（2002 年版）收载本种为毛蕊花的法定原植物来源种。主产于保加利亚、捷克斯洛伐克、埃及。

毛蕊花主要含环烯醚萜苷类、黄酮类和三萜皂苷类成分。《英国草药典》规定毛蕊花叶含水溶性浸出物含量不得少于 20%，以控制药材质量。

药理研究表明，毛蕊花具有抗病毒、抗菌、降血脂、泻下等作用。

民间经验认为毛蕊花具有祛痰的功效；中医理论认为毛蕊花的全草具有清热解毒，止血散瘀的功效。

毛蕊花 *Verbascum thapsus* L.

药材毛蕊花 Flos Verbasci

药材毛蕊花叶 Folium Verbasci

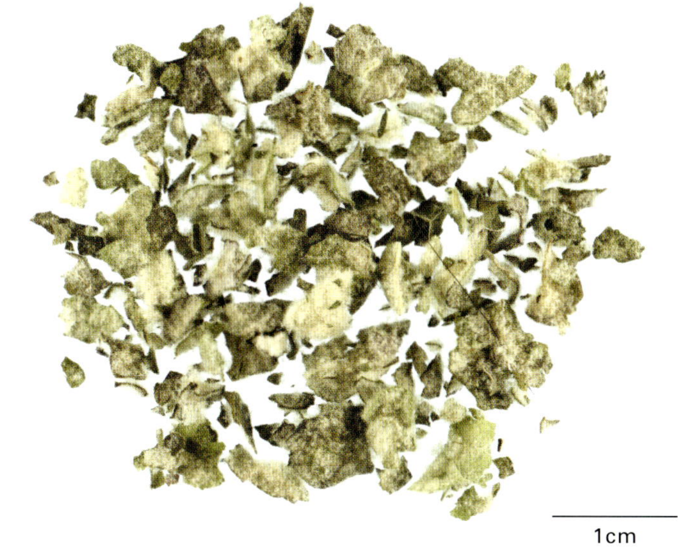

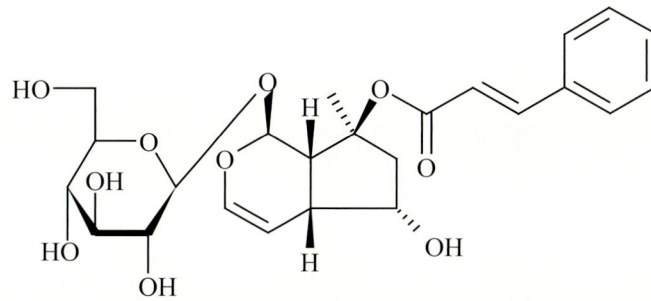

laterioside

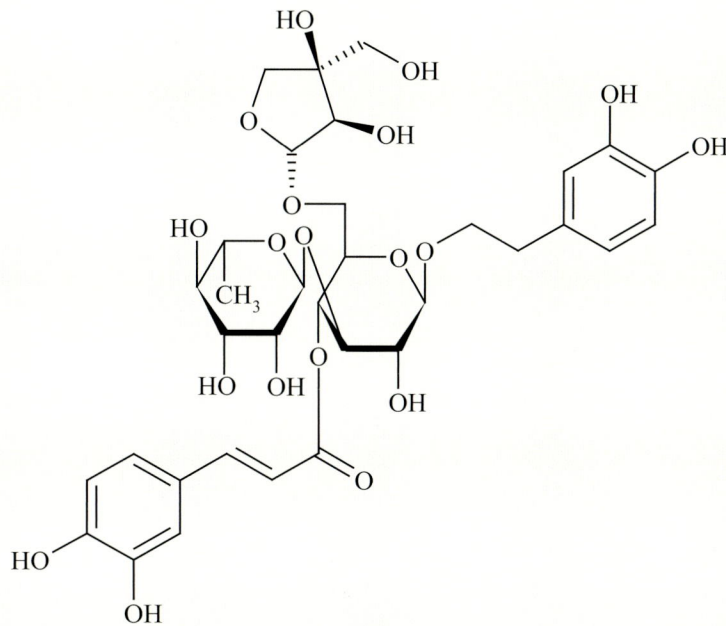

forsythoside B

毛蕊花 Maoruihua

化学成分

毛蕊花的根含环烯醚萜苷类成分：laterioside、玄参苷 (harpagoside)、筋骨草醇 (ajugol)、桃叶珊瑚苷 (aucubin)[1]；低聚糖类成分：毛蕊花糖 (verbascose)[2]等。

毛蕊花的叶和花含黄酮类成分：4',7-二羟基黄酮-4'-鼠李糖苷 (4',7-dihydroxyflavone-4'-rhamnoside)、6-羟基木犀草素-7-葡糖苷 (6-hydroxyluteolin-7-glucoside)、3'-甲基槲皮素 (3'-methylquercetin)[3]等。

毛蕊花整株含黄酮类成分：verbacoside、7,3',4'-三甲基木犀草素 (7,3',4'-trimethylluteolin)、木犀草素 (luteolin)[4]；环烯醚萜苷类成分：scropheanoside II[5]；苯基乙醇苷类成分：连翘酯苷B、F (forsythosides B, F)、leucosceptoside B、alyssonoside[6]；木脂素类成分：{2-[4-(β-D-glucopyranosyloxy)-3-methoxyphenyl]-2,3-dihydro-5-(3-hydroxy-1-propenyl)-7-methoxy-3-benzofuranyl} methyl-β-D-glucopyranoside[6]等。

毛蕊花的荚膜含三萜皂苷类成分：thapsuines A、B、hydroxythapsuines A、B[7]等。

另外，毛蕊花全草还含有环烯醚萜苷类成分：6-O-β-xyloxylaucubin[8]、梓醇 (catalpol)[9]；三萜类成分：柴胡皂苷元 A、I、II (saikogenins A, I-II)[10]；固醇类成分：24α-甲基-5α-胆固-3-酮 (24α-methyl-5α-cholestan-3-one)[8]、菠甾醇 (α-spinasterol)[10]、麦角甾醇氧化物 (ergosterin dioxide)[11]等。

药理作用

1. 抗病毒

毛蕊花煎剂在成纤维细胞培养和鸡胚试验中诱导产生一种具有干扰素样作用的因子[12]，能明显抑制流感病毒 A_2 和 B[13]。毛蕊花乙醇提取物体外对伪狂犬病毒 RC/79 有明显抑制作用[14]。毛蕊花甲醇提取物体外对 I 型单纯性疱疹病毒 (HSV-1) 也有明显抑制作用[15]。

2. 抗菌

毛蕊花水、乙醇和甲醇提取物对肺炎克雷伯菌、金黄色葡萄球菌、表皮葡萄球菌、大肠杆菌均有抑制作用，其中水提取物的体外抗菌活性较强[16]。

3. 降血脂

毛蕊花叶的多糖成分能明显降低高脂血症小鼠胆固醇和三酰甘油水平[17]。

4. 泻下

毛蕊花所含桃叶珊瑚苷和梓醇对小鼠有泻下作用[18]。

应用

毛蕊花主要用于治疗咳嗽、支气管炎等疾病。

现代临床还用于治疗咽喉痛、咳嗽、寒战、积痰、膀胱炎、肾炎、肠炎、风湿病、疝痛、哮喘、痔疮、腹泻；外用治疗耳痛、耳疖、中耳炎、疥疮、湿疹、褥疮、皮肤炎、虫咬、局部瘙痒等。

本品为中医临床用药，功能：清热解毒，止血散瘀。主治：肺炎，慢性阑尾炎，疮毒，跌打扭伤，创伤出血等。

评注

除花外，毛蕊花的干燥根、叶也可入药。《欧洲药典》和《英国药典》还收载同种植物毛蕊花 *Verbascum densiflorum* Bertol.、*V. phlomoides* L. 为毛蕊花的法定原植物来源种。

同属植物毛瓣毛蕊花 *V. blattaria* L.、东方毛蕊花 *V. chaixii* Vill. subsp. *orientale* Hayek、紫毛蕊花 *V. phoeniceum* L. 等 5 个种在中国也有分布，但未见其药用研究报道。以上同属植物是否可以作为毛蕊花的补充来源，有待进一步研究。

参考文献

[1] F Pardo, F Perich, R Torres, F Delle Monache. Phytotoxic iridoid glucosides from the roots of *Verbascum thapsus*. *Journal of Chemical Ecology*. 1998, **24**(4): 645-653

[2] S Murakami. Constitution of verbascose, a new pentasaccharide. *Proceedings of the Imperial Academy*. 1940, **16**: 12-14

[3] C Souleles, A Geronikaki. Flavonoids from *Verbascum thapsus*. *Scientia Pharmaceutica*. 1989, **57**(1): 59-61

[4] R Mehrotra, B Ahmed, RA Vishwakarma, RS Thakur. Verbacoside: a new luteolin glycoside from *Verbascum thapsus*. *Journal of Natural Products*. 1989, **52**(3): 640-643

[5] T Warashina, T Miyase, A Ueno. Iridoid glycosides from *Verbascum thapsus* L. *Chemical & Pharmaceutical Bulletin*. 1991, **39**(12): 3261-3264

[6] T Warashina, T Miyase, A Ueno. Phenylethanoid and lignan glycosides from *Verbascum thapsus*. *Phytochemistry*. 1992, **31**(3): 961-965

[7] J De Pascual Teresa, F Diaz, M Grande. Components of *Verbascum thapsus* L. III. Contribution to the study of saponines. *Anales de Quimica, Serie C: Quimica Organica y Bioquimica*. 1980, **76**(2): 107-110

[8] MA Khuroo, MA Qureshi, TK Razdan, P Nichols. Sterones, iridoids and a sesquiterpene from *Verbascum thapsus*. *Phytochemistry*. 1988, **27**(11): 3541-3544

[9] D Groeger, P Simchen. Iridoidal plant substances. *Pharmazie*. 1967, **22**(6): 315-321

[10] J De Pascual Teresa, F Diaz, M Grande. Components of *Verbascum thapsus* L. I. Triterpenes. *Anales de Quimica*. 1978, **74**(2): 311-314

[11] 张长城，王静萍，祝凤池，吴大刚．毛蕊花化学成分的研究．中草药．1996，**27**(5)：261-262

[12] T Skwarek. Effect of some vegetable preparations on propagation of the influenza viruses. II. Attempts at interferon induction. *Acta Poloniae Pharmaceutica*. 1979, **36**(6): 715-720

[13] T Skwarek. Effects of some vegetable preparations on propagation of the influenza viruses. I. Effects of vegetable preparations on propagation of the influenza viruses in cultures of chicken embryo fibroblasts and in chicken embryos. *Acta Poloniae Pharmaceutica*. 1979, **36**(5): 605-612

[14] SM Zanon, FS Ceriatti, M Rovera, LJ Sabini, BA Ramos. Search for antiviral activity of certain medicinal plants from Cordoba, Argentina. *Revista Latinoamericana de Microbiologia*. 1999, **41**(2): 59-62

[15] AR McCutcheon, TE Roberts, E Gibbons, SM Ellis, LA Babiuk, RE Hancock, GH Towers. Antiviral screening of British Columbian medicinal plants. *Journal of Ethnopharmacology*. 1995, **49**(2): 101-110

[16] AU Turker, ND Camper. Biological activity of common mullein, a medicinal plant. *Journal of Ethnopharmacology*. 2002, **82**(2-3): 117-125

[17] EA Aboutabl, MH Goneid, SN Soliman, AA Selim. Analysis of certain plant polysaccharides and study of their antihyperlipidemic activity. *Al-Azhar Journal of Pharmaceutical Sciences*. 1999, **24**: 187-195

[18] H Inouye, Y Takeda, K Uobe, K Yamauchi, N Yabuuchi, S Kuwano. Purgative activities of iridoid glucosides. *Planta Medica*. 1974, **25**(3): 285-288

三色堇 Sansejin EP, BP, BHP, GCEM

Viola tricolor L.

Wild Pansy

概述

堇菜科 (Violaceae) 植物三色堇 *Viola tricolor* L.，其干燥开花地上部分入药。药用名：三色堇。

堇菜属 (*Viola*) 植物全世界约 500 多种，广布温带、热带及亚热带；主要分布于北半球的温带。中国约有 111 种，南北各省区均有分布，大多数种分布在西南地区，本属现供药用者约 27 种。本种原产于欧亚大陆温带地区，分布于爱尔兰、地中海到印度一带，中国各地多有栽培作为观赏花卉。

公元前 4 世纪时，三色堇在欧洲被人们发现，逐渐成为花园常见的观赏植物。三色堇作为治疗呼吸道疾病的药物历史悠久，古老的民间医学还认为三色堇有促进代谢的作用，可清洁血液系统[1]。《欧洲药典》（第 5 版）和《英国药典》(2002 年版) 收载本种为三色堇的法定原植物来源种。主产于中欧、荷兰和法国。

三色堇主要含黄酮类、类胡萝卜素类、花色素类成分。《英国药典》采用紫外分光光度法测定，规定三色堇中总黄酮类成分以三色堇黄苷计不得少于 1.5%，以控制药材质量。

药理研究表明，三色堇具有祛痰、抗菌、抗氧化、抗肿瘤等作用。

民间经验认为三色堇具有祛痰和治疗皮肤病的功效；中医理论认为三色堇具有清热解毒、止咳的功效。

三色堇 *Viola tricolor* L.

化学成分

三色堇的花含类胡萝卜素类 (carotenoids) 成分：堇黄素 (violaxanthin)、叶黄素 (lutein)、反式百合黄素 (trans-antheraxanthin)、β-胡萝卜素 (β-carotene)、新堇黄素V (neoviolaxanthin V)[2]、9Z,9'Z-堇黄素 (9Z,9'Z-violaxanthin)、9Z,15Z-堇黄素 (9Z,15Z-violaxanthin)[3]、异堇黄素 (auroxanthin)、毛茛黄素 (flavoxanthin)、玉米黄素 (zeaxanthin)[4]及其酯类成分[5]等。

三色堇的地上部分含黄酮类成分：木犀草素葡萄糖苷 (luteolin glucoside)、芹菜葡萄糖苷 (apigenin glucoside)、路赛宁 (lucenin)、三色堇黄苷 (violanthin)；类胡萝卜素类成分：堇黄素 (violaxanthin)；水杨酸衍生物：水杨苷 (salicoside)、甲基水杨酸酯 (methyl salicylate)；萜类成分：α-香树脂素 (α-amyrenol)、古柯二醇-28-醋酸酯 (erythrodiol-28-acetate)[6]等。

另外，三色堇还含有黄酮类成分：槲皮素 (quercetin)、金丝桃苷 (hyperoside)、橙皮苷 (hesperidin)、芹菜素 (apigenin)[7]、木犀草素 (luteolin)[8]、皂草黄素 (saponaretin)、荭草素 (orientin)、异荭草素 (isoorientin)、淡黄木犀草葡糖苷 (lutonaretin)[9]、金雀花素 (scoparin)、皂草黄苷 (saponarin)[10]；酚酸类成分：原儿茶酸 (protocatechuic acid)、咖啡酸 (caffeic acid)、香草酸 (vanillic acid)、阿魏酸 (ferulic acid)[8]、龙胆酸 (gentisic acid)、香豆酸 (coumaric acid)[11]；花青素类成分：堇菜苷 (violanin)、凯拉花青 (keracyanin)[12]；脂蛋白vitri A、varv A和varv E[13]以及多肽[14]类成分等。

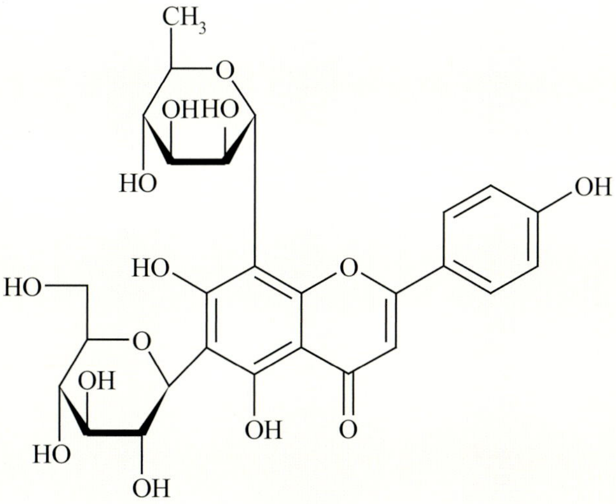

violanthin

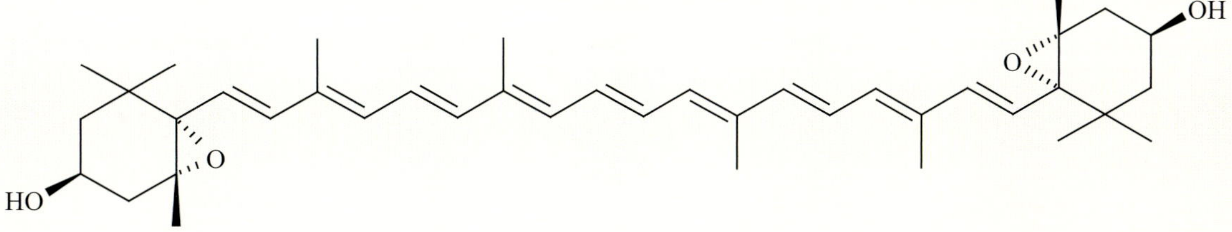

violaxanthin

三色堇 Sansejin

药理作用

1. 祛痰

三色堇全草制剂内服能增强支气管腺体分泌，稀释黏液使痰易于排出，还可缓解呼吸道炎症。

2. 抗菌

三色堇的浸液、煎液和乙醇提取物具有明显的抗微生物活性[15]。三色堇提取物对金黄色葡萄球菌、表皮葡萄球菌、痤疱丙酸杆菌有明显抑制作用，这可能与三色堇治疗皮肤病的作用相关[16]。

3. 抗氧化

三色堇粗提液体外对活泼羟基的清除能力较强[17]。

4. 抗肿瘤

三色堇小分子脂蛋白 vitri A、varv A 和 varv E 对人淋巴瘤细胞 U－937 和骨髓瘤细胞 RPMI－8226/s 有明显的细胞毒活性[13]。

5. 其他

三色堇还具有抗炎[16]、缓泻、促进尿中氯离子排泄等作用，三色堇所含的多肽具有溶血作用[14]。

应用

三色堇在民间主要用于呼吸道疾病的治疗，如支气管炎、哮喘、感冒等[1]。还用于治疗便秘、尿道炎，预防心肌梗死。外用可治疗脂溢性皮炎、乳痂、湿疹、婴儿头皮溢脂、痤疮、脓疱、女性外阴瘙痒。还可用于生产防晒化妆品[18]。

三色堇也为中医临床用药。功能：清热解毒，止咳。主治：疮疡肿毒，小儿湿疹，小儿瘰疬，咳嗽。

评注

自 20 世纪 70 年代以来，国际化妆品科学界掀起了崇尚“绿色回归”的新潮，三色堇同其他绿色植物一样被美国、中东、西欧等国家以单独或与其他植物合用于制作化妆品[19]。

中国堇菜属植物入药很多，如紫花地丁 *Viola philippica* Cav. 等，而三色堇的栽培历史不长，不是传统用药。自 20 世纪 20 年代初从英国、美国引种以来，到 60 年代品种严重退化，因不结种子难于保存，每年仍需从国外进口种子。为满足开发利用的需求，对三色堇的育种研究亟需加强。

参考文献

[1] S Rimkiene, O Ragazinskiene, N Savickiene. The cumulation of wild pansy (*Viola tricolor* L.) accessions: the possibility of species preservation and usage in medicine. *Medicina*. 2003, **39**(4): 411-416

[2] P Molnar, J Szabolcs, L Radics. Isolation and configuration determination of mono- and di-cis-violaxanthins. *Magyar Kemiai Folyoirat*. 1987, **93**(3): 122-128

[3] P Molnar, J Szabolcs, L Radics. Naturally occurring di-cis-violaxanthins from *Viola tricolor*: isolation and identification by proton NMR spectroscopy of four di-cis-isomers. *Phytochemistry*. 1986, **25**(1): 195-199

[4] P Karrer, J Rutschmann. Violaxanthin, auroxanthin, and other pigments from the flowers of *Viola tricolor*. *Helvetica Chimica Acta*. 1944, **27**: 1684-1690

[5] P Hansmann, H Kleinig. Violaxanthin esters from *Viola tricolor* flowers. *Phytochemistry*. 1982, **21**(1): 238-239

[6] V Papay, B Molnar, I Lepran, L Toth. Study of chemical substances of *Viola tricolor* L. *Acta Pharmaceutica Hungarica*. 1987, **57**(3-4): 153-158

[7] RA Bubenchikov, IL Drozdova. Flavonoids from garden violet (*Viola tricolor*). *Farmatsiya*. 2004, **2**: 11-12

[8] T Boruch, J Gora, M Bielawska, L Swiatek, S Luczak. Extracts of plants and their cosmetic application. Part XI. Extracts from herb of *Viola tricolor*. *Pollena: Tluszcze, Srodki Piorace, Kosmetyki*. 1985, **29**(1-2): 38-40

[9] H Wagner, L Rosprim, P Duell. Flavone C-glycosides. X. Flavone C-glycosides of *Viola tricolor*. *Zeitschrift fuer Naturforschung, Teil B*. 1972, **27**(8): 954-958

[10] IL Hoerhammer, H Wagner, L Rosprim, T Mabry, H Roesler. Structure of new and known flavone C-glycosides. *Tetrahedron Letters*. 1965, **22**: 1707-1711

[11] T Komorowski, T Mosiniak, Z Kryszczuk, G Rosinski. Phenolic acids in the Polish species *Viola tricolor* L. and *Viola arvensis* Murr. *Herba Polonica*. 1983, **29**(1): 5-11

[12] T Endo. Column chromatography of anthocyanins. *Nature*. 1957, **179**: 378-379

[13] E Svangrd, U Goeransson, Z Hocaoglu, J Gullbo, R Larsson, P Claeson, L Bohlin. Cytotoxic cyclotides from *Viola tricolor*. *Journal of Natural Products*. 2004, **67**(2): 144-147

[14] T Schoepke, MI Hasan Agha, R Kraft, A Otto, K Hiller. Compounds with hemolytic activity from *Viola tricolor* and *V. arvensis*. *Scientia Pharmaceutica*. 1993, **61**(2): 145-153

[15] E Witkowska-Banaszczak, W Bylka, I Matlawska, O Goslinska, Z Muszynski. Antimicrobial activity of *Viola tricolor* herb. *Fitoterapia*. 2005, **76**(5): 458-461

[16] S Paoletti, L Ferrarese, P Santi, A Ghirardini. Coadjuvant treatment of acne with medicinal plants. *Cosmetic News*. 2001, **24**(138): 156-161

[17] 曾佑炜，徐良雄，彭永宏．45种花卉清除自由基能力的比较．应用与环境生物学报．2004，**10**(6)：699-702

[18] O Coppini, D Paganuzzi, P Santi, A Ghirardini. Sunscreen capacity of plant derivatives. *Cosmetic News*. 2001, **24**(136): 15-20

[19] 刘新民．三色堇：一种化妆品的绿色植物组分．北京日化．1998，**4**：6-13

白果槲寄生 Baiguohujisheng BHP, GCEM

Viscum album L.

European Mistletoe

概述

桑寄生科 (Loranthaceae) 植物白果槲寄生 *Viscum album* L.，其叶 、枝条和浆果入药。药用名：白果槲寄生。

槲寄生属 (*Viscum*) 植物全世界约 70 种，分布于东半球，主产热带和亚热带地区，少数种类分布于温带地区。中国约有 12 种 、1 变种，本属现供药用者约有 7 种 、1 变种。本种分布于欧洲南部和东部，非洲北部 、亚洲喜马拉雅山以西温带地区，现欧洲中部和中国均有栽培。

白果槲寄生从古代起即用于循环系统和神经系统不适。自 1920 年以来，白果槲寄生提取物（商品名：Iscador）在欧洲用于治疗肿瘤[1]。《英国草药典》（1996 年版）收载本种为白果槲寄生的法定原植物来源种。主产于保加利亚 、阿尔巴尼亚 、土耳其和俄罗斯。

白果槲寄生主要含槲寄生毒肽 、槲寄生凝集素 、三萜类和黄酮类成分等。槲寄生毒肽和槲寄生凝集素为抗肿瘤的主要有效成分，也是控制白果槲寄生质量的指标性成分[2]。《英国草药典》规定白果槲寄生中水溶性浸出物含量不得少于 20%，以控制药材质量。

药理研究表明，白果槲寄生具有抗肿瘤 、调节免疫 、抗炎等作用。

民间经验认为白果槲寄生具有降血压的功效。此外白果槲寄生的枝条和浆果还被欧洲委员会定为食品调味料天然来源。中医理论认为白果槲寄生具有祛风湿，强筋骨，催乳的功效。

白果槲寄生 *Viscum album* L.

药材白果槲寄生 Herba Visci Albi

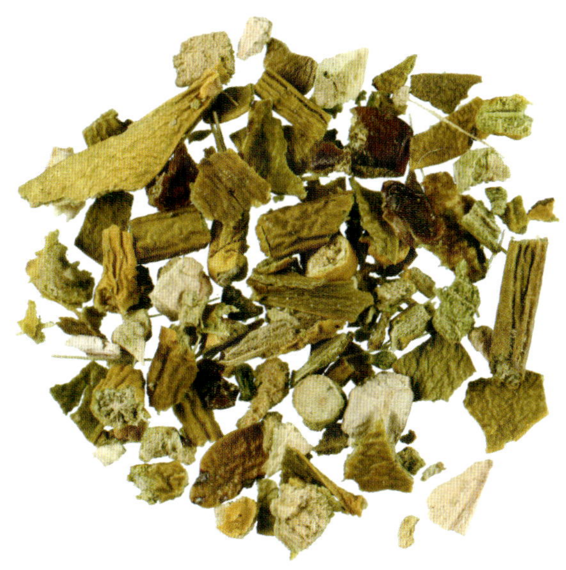

化学成分

白果槲寄生含槲寄生凝集素类成分 (lectins)：ML－I [VAA－I，由肽链A (分子量 29000)和 B (分子量 320000)组成]、II、III[2-3]；槲寄生毒肽A2－A3, B, 1－PS (viscotoxins A2, A3, B, 1－PS)[4-5]；三萜类成分：熊果酸 (ursolic acid)、齐墩果酸 (oleanolic acid)、羽扇醇 (lupeol)、白桦酮酸 (betulonic acid)、白桦脂酸 (betulinic acid) 等[6-7]；黄酮类成分：5－hydroxy－1－(4'－hydroxyphenyl)－7－(4"－hydroxyphenyl)－hepta－1－en－3－one、2'－hydroxy－4',6'－dimethoxychalcone－4－O－glucoside、2'－hydroxy－4',6'－dimethoxychalcone－4－O－[apiosyl(1→2)] glucoside[6]；高黄槲寄生苷 B (homoflavoyadorinin B)[8]、5,7－dimethoxy－flavanone－4'－O－β－D－glucopyranoside、2'－hydroxy－4',6'－dimethoxy－chalcone－4－O－β－D－glucopyranoside、5,7－dimethoxy－flavanone－4'－O－[2"－O－(5'''－O－trans－cinnamoyl)－β－D－apiofuranosyl]－β－D－glucopyranoside、2'－hydroxy－4',6'－dimethoxy－chalcone－4－O－[2"－O－(5'''－O－trans－cinnamoyl)－β－D－apiofuranosyl]－β－D－glucopyranoside、5,7－dimethoxy－flavanone－4'－O－β－D－apiofuranosyl－(1→2)]－β－D－glucopyranoside[9]；酚酸类成分：绿原酸 (chlorogenic acid)、阿魏酸 (ferulic acid)、咖啡酸 (caffeic acid)、没食子酸 (gallic acid)[10]；生物碱类成分：藜芦嗪 (verazine)[11]等。

药理作用

1. 抗肿瘤

体外实验表明，新鲜白果槲寄生提取物和槲寄生凝集素 (ML－I) 对黑色素瘤细胞 B16F10 和宫颈癌细胞 HeLa 具有细胞毒活性[12-13]；白果槲寄生水提物能引起人结肠癌细胞 HT－29、人乳腺癌细胞 MCF－7、人肺腺癌细胞NCI－H125 等凋亡，机理为使线粒体受损，抑制肿瘤细胞的分裂周期，产生致凋亡作用[14]；白果槲寄生水提物、槲寄生凝集素和槲寄生毒肽对膀胱癌细胞 T24、TCCSUP、J82 等的生长有抑制作用[15]；白桦脂酸、熊果酸和齐墩果酸可抑制白血病细胞 Molt4、K_{562} 和 U937 的生长并诱导其凋亡[16]；白果槲寄生制剂 (Iscador) 可显著下调多发性骨髓瘤细胞 RPMI－8226 中 IL－6R 和蛋白 gp130 的膜表达以及淋巴癌细胞 WSU－1 中蛋白 gp130 的表达[17]；ML－I 与化学药物放线菌酮 (cycloheximide) 合用能产生强的增效作用[18]，但 ML－I 的细胞毒活性在其被加热 30 分钟后完全消失，而白果槲寄生的生物碱部位对小鼠肉瘤病毒 MSV 也具有细胞毒作用，且不会随着加热而改变[19]。含有不同类型槲寄生凝集素的白果槲寄生制剂腹腔注射可抑制小鼠移植性黑色素瘤 B16 的生长，是通过促进脾细胞的增殖和上调白介素 12 (IL－12) 的释放起作用的[20]。

2. 免疫调节功能

体外实验表明，ML－I 能诱导人外周血单核细胞内的IL－1α、IL－1β、IL－6、IL－10、肿瘤坏死因子－α(TNF－α)、γ干扰素(IFN－γ)、单核粒细胞集落刺激因子等基因的表达[21]；槲寄生凝集素能增强细胞的吞噬作用，延迟嗜中性粒细胞凋亡，可用于调节 IL－15 诱导的嗜中性粒细胞反应，但与细胞磷酸化作用无关[22]；槲寄生凝集素还可抑制 PMA/Ca 离子载体和莫能菌素(monensin)共同激发 IFN－γ的产生，能增加 CD_8^+ 和 CD_4^+T 细胞的 IL－4 表达[23]；ML－III 对记忆表现型 CD_8^+ 细胞表现出比 CD62Lhi 部分的 CD_8^+ 细胞更敏感的杀死活性[24]；白果槲寄生提取物能强烈激发T细胞移植，激发强度与槲寄生凝集素和槲寄生毒肽含量不呈相关性[25]，还能激发外周血单核细胞的各种细胞活素和 IFN－γ的表达和释放[26-27]；白果槲寄生多糖能显著激发 CD_4^+ T 淋巴细胞增殖[28]。体内实验表明，低浓度白果槲寄生制剂(Iscador M special)可升高鼠类动物 CD_4^+/CD_8^+ 的比值，促进 DN 胸腺细胞的增殖，且在急性和长期试验均可增加凋亡胸腺细胞比率，还可抑制地塞米松(dexamethasone)诱导的外周DN细胞、CD_4^+ 细胞及 CD_4^+/CD_8^+ 比值的减少[29]。

3. 抗炎

ML－I 体内能诱导前活化嗜中性白血球细胞凋亡，并抑制体内脂多糖诱导的促炎症反应[30]；白果槲寄生醋酸乙酯提取物及从中分离获得的黄酮化合物灌胃给药对角叉菜胶所致的小鼠足趾肿胀有抑制作用[9]。

4. 其他

白果槲寄生醋酸乙酯提取物有镇痛作用[9]；白果槲寄生水提液可降低离体豚鼠心脏冠状动脉阻力和诱导型一氧化氮合成酶(iNOS)的表达[31]。此外，白果槲寄生还具有抗高血糖、抗氧化[32]、抗高胆固醇[33]和保肝[34]等作用。

应用

白果槲寄生的浆果用于调节血压、祛痰、滋补，也用于内出血、癫痫、动脉硬化、痉挛、痛风等病的治疗；白果槲寄生的枝条用于镇静及治疗精神和身体的疲惫；白果槲寄生全草用于关节炎的治疗和肿瘤的辅助治疗，也用于轻微高血压的长期治疗和预防动脉硬化。

在顺势疗法中主要用于治疗头昏眼花、高血压、低血压、心律失常和关节退行性病变。

评注

白果槲寄生在抗肿瘤和免疫方面具有显著活性，与手术治疗、放疗和化疗联合应用，在治疗肿瘤和预防肿瘤复发方面具有广阔的开发前景。根据欧洲民间用药经验，应加强在心血管方面的活性研究。

从不同寄生树种获得的白果槲寄生，其质量不一致；不同药用部位，槲寄生凝集素的含量也不一样[35]；同时，不同宿主的白果槲寄生，其免疫调节活性也不同[36]，因此需迫切建立白果槲寄生的质量评价标准。

在中国，槲寄生 *Viscum coloratum* (Komar.) Nakai 被《中国药典》(2005 年版)收载，应加强对中国槲寄生属药用植物资源的开发研究。与此同时，也应开展白果槲寄生与槲寄生的对比研究。

参考文献

[1] J Maldacker. Preclinical investigations with mistletoe (*Viscum album* L.) ectract Iscador. *Arzneimittelforschung*. 2006, **56**(6A): 497-507

[2] R Krauspenhaar, S Eschenburg, M Perbandt, V Kornilov, N Konareva, I Mikailova, S Stoeva, R Wacker, T Maier, T Singh, A Mikhailov, W Voelter, C Betzel. Crystal structure of mistletoe lectin I from *Viscum album*. *Biochemical and Biophysical Research Communications*. 1999, **257**(2): 418-424

[3] E Jordan, H Wagner. Detection and quantitative determination of lectins and viscotoxins in mistletoe preparations. *Arzneimittelforschung*.

1986, **36**(3): 428-433

[4] J Konopa, JM Woynarowski, M Lewandowska-Gumieniak. Isolation of viscotoxins. Cytotoxic basic polypeptides from *Viscum album* L. *Hoppe-Seyler's Zeitschrift für Physiologische Chemie.* 1980, **361**(10): 1525-1533

[5] G. Schaller, K Urech, M Giannattasio.Cytotoxicity of different viscotoxins and extracts from the European subspecies of *Viscum album* L. *Phytotherapy Research.* 1996, **10**(6): 473-477

[6] DS Park, SZ Choi, KR Kim, SM Lee, KR Lee, S Pyo. Immunomodulatory activity of triterpenes and phenolic compounds from *Viscum album* L. *Journal of Applied Pharmacology.* 2003, **11**(1): 1-4

[7] K Urech, JM Scher, K Hostanska, H Becker. Apoptosis inducing activity of viscin, a lipophilic extract from *Viscum album* L. *Journal of Pharmacy and Pharmacology.* 2005, **57**(1): 101-109

[8] SY Choi, SK Chung, SK Kim, YC Yoo, KB Lee, JB Kim, JY Kim, KS Song. An antioxidant homo-flavoyadorinin-B from Korean mistletoe (*Viscum album* var. *colaratum*). *Han'guk Eungyong Sangmyong Hwahakhoeji.* 2004, **47**(2): 279-282

[9] DD Orhan, E Kupeli, E Yesilada, F Ergun. Anti-inflammatory and antinociceptive activity of flavonoids isolated from *Viscum album* ssp. *album. Zeitschrift für Naturforschung. C, Journal of Biosciences.* 2006, **61**(1-2): 26-30

[10] OI Popova. Phenolic acids of *Viscum album. Khimiya Prirodnykh Soedinenii.* 1991, **1**: 139-140

[11] SV Kessar, A Sharma, M Singh, RK Mahajan. Synthetic studies in steroidal sapogenins and alkaloids. XI. Synthesis of verazine. *Indian Journal of Chemistry.* 1974, **12**(12): 1245-1248

[12] N Zarkovic, T Kalisnik, I Loncaric, S Borovic, S Mang, D Kissel, M Konitzer, M Jurin, S Grainza. Comparison of the effects of *Viscum album* lectin ML-1 and fresh plant extract (isorel) on the cell growth *in vitro* and tumorigenicity of melanoma B16F10. *Cancer Biotherapy & Radiopharmaceuticals.* 1998, **13**(2): 121-131

[13] N Zarkovic, K Zarkovic, S Grainca, D Kissle, M Jurin. The *Viscum album* preparation Isorel inhibits the growth of melanoma B16F10 by influencing the tumor-host relationship. *Anti-Cancer Drugs.* 1997, **8**(1): S17-S22

[14] M Harmsma, M Gromme, M Ummelen, W Dignef, KJ Tusenius, Frans CS Ramaekers. Differential effects of *Viscum album* extract Iscador Qu on cell cycle progression and apoptosis in cancer cells. *International Journal of Oncology.* 2004, **25**(6): 1521-1529

[15] K Urech, A Buessing, G Thalmann, H Schaefermeyer, P Heusser. Antiproliferative effects of mistletoe (*Viscum album* L.) extract in urinary bladder carcinoma cell lines. *Anticancer Research.* 2006, **26**(4B): 3049-3055

[16] K Urech, JM Scher, K Hostanska, H Becker. Apoptosis inducing activity of viscin, a lipophilic extract from *Viscum album* L. *The Journal of Pharmacy and Pharmacology.* 2005, **57**(1): 101-109

[17] E Kovacs, S Link, U Toffol-Schmidt. Cytostatic and cytocidal effects of mistletoe (*Viscum album* L.) quercus extract Iscador. *Arzneimittelforschung.* 2006, **56**(6A): 467-473

[18] I Siegle, P Fritz, M McClellan, S Gutzeit, TE Murdter. Combined cytotoxic action of Viscum album agglutinin-1 and anticancer agents against human A549 lung cancer cells. *Anticancer Research.* 2001, **21**(4A): 2687-2691

[19] JH Park, CK Hyun, HK Shin. Cytotoxic effects of the components in heat-treated mistletoe (*Viscum album*). *Cancer Letters.* 1999, **139**(2): 207-213

[20] JP Duong Van Huyen, S Delignat, J Bayry, MD Kazatchkine, P Bruneval, A Nicoletti, SV Kaveri. Interleukin-12 is associated with the in vivo anti-tumor effect of mistletoe extracts in B16 mouse melanoma. *Cancer Letters.* 2006, **243**(1): 32-37

[21] T Hajto, K Hostanska, J Fischer, SR aller. Immunomodulatory effects of Viscum album agglutinin-I on natural immunity. *Anti-Cancer Drugs.* 1997, **8**(1): S43-S46

[22] M Pelletier, V Lavastre, A Savoie, C Ratthe, R Saller, K Hostanska, D Girard. Modulation of interleukin-15-induced human neutrophil responses by the plant lectin Viscum album agglutinin-I. *Clinical Immunology.* 2001, **101**(2): 229-236

[23] GM Stein, U Pfuller, M Schietzel, A Bussing. Toxic proteins from European mistletoe (*Viscum album* L.): increase of intracellular IL-4 but decrease of IFN-γ in apoptotic cells. *Anticancer Research.* 2000, **20**(3A): 1673-1678

[24] A Bussing, GM Stein, U Pfuller. Selective killing of CD_8^+ cells with a "memory" phenotype (CD62Llo) by the N-acetyl-D-galactosamine-specific lectin from *Viscum album* L. *Cell Death and Differentiation.* 1998, **5**(3): 231-240

[25] M Werner, KS Zanker, G Nikolai. Stimulation of T-cell locomotion in an *in vitro* assay by various *Viscum album* L. preparations (Iscador). *International Journal of Immunotherapy.* 1998, **14**(3): 135-142

[26] M Stoss, RW Gorter. No evidence of IFN-γ increase in the serum of HIV-positive and healthy subjects after subcutaneous injection of a non-fermented *Viscum album* L. extract. *Natural Immunity.* 1998, **16**(4): 157-164

[27] E Kovacs. Serum levels of IL-12 and the production of IFN-gamma, IL-2 and IL-4 by peripheral blood mononuclear cells (PBMC)

in cancer patients treated with *Viscum album* extract. *Biomedicine & Pharmacotherapy*. 2000, **54**(6): 305-310

[28] GM Stein, U Edlund, U Pfuller, A Bussing, M Schietzel. Influence of polysaccharides from *Viscum album* L. on human lymphocytes, monocytes and granulocytes *in vitro*. *Anticancer Research*. 1999, **19**(5B): 3907-3914

[29] T Hajto, T Berki, L Palinkas, F Boldizsar, P Nemeth. Investigation of the effect of mistletoe (*Viscum album* L.) extract Iscador on the proliferation and apoptosis of murine thymocytes. *Arzneimittelforschung*. 2006, **56**(6A): 441-446

[30] V Lavastre, H Cavalli, C Ratthe, D Girard. Anti-inflammatory effect of Viscum album agglutinin-I (VAA-I): Induction of apoptosis in activated neutrophils and inhibition of lipopolysaccharide-induced neutrophilic inflammation *in vivo*. *Clinical and Experimental Immunology*. 2004, **137**(2): 272-278

[31] FA Tenorio Lopez, L del Valle Mondragon, G Zarco Olvera, JC Torres Narvaez, G Pastelin Hernandez. *Viscum album* aqueous extract induces inducible and endothelial nitric oxide synthases expression in isolated and perfused guinea pig heart. Evidence of the coronary vasodilation mechanism. *Archivos de Cardiología de México*. 2006, **76**(2): 130-139

[32] DD Orhan, M Aslan, N Sendogdu, F Ergun, E Yesilada. Evaluation of the hypoglycemic effect and antioxidant activity of three *Viscum album* subspecies (European mistletoe) in streptozotocin-diabetic rats. *Journal of Ethnopharmacology*. 2005, **98**(1-2): 95-102

[33] G Avci, E Kupeli, A Eryavuz, E Yesilada, I Kucukkurt. Antihypercholesterolaemic and antioxidant activity assessment of some plants used as remedy in Turkish folk medicine. *Journal of Ethnopharmacology*. 2006, **107**(3): 418-423

[34] T Cebovic, S Spasic, M Popovic, J Borota, C Leposavic. The European mistletoe (*Viscum album* L.) grown on plums extract inhibits CCL_4-induced liver damage in rats. *Fresenius Environmental Bulletin*. 2006, **15**(5): 393-400

[35] N Keburia, G Alexidze. Study of lectin content and activity in mistletoe (*Viscum album* L.) fruit at different stages of fruit development. *Bulletin of the Georgian Academy of Sciences*. 2003, **167**(3): 490-492

[36] MD Mossalayi, A Alkharrat, D Malvy. Nitric oxide involvement in the anti-tumor effect of mistletoe (*Viscum album* L.) extracts Iscador on human macrophages. *Arzneimittelforschung*. 2006, **56**(6A): 457-460

穗花牡荆 Suihuamujing EP, BHP, USP, GCEM

马鞭草科

Vitex agnus-castus L.

Chaste Tree

概述

马鞭草科 (Verbenaceae) 植物穗花牡荆 *Vitex agnus-castus* L. 其干燥成熟果实入药。药用名：贞洁莓。

牡荆属 (*Vitex*) 植物全世界约 250 多种，分布于热带和温带地区。中国约有 14 种，主要分布于长江以南，少数种类向西北经秦岭至西藏高原，向东北经华北至辽宁等地，本属现供药用者约 4 变种。本种原产于希腊和意大利，在美国温带地区有种植，中国江苏、上海等地也有引种栽培。

穗花牡荆至少有 2000 年的药用历史。穗花牡荆在欧洲曾经用于抑制性欲、醒酒、治疗胃气胀、发热、便秘和缓解子宫痉挛。19 世纪时，美洲草药医生将穗花牡荆作为通经下乳药。目前，穗花牡荆主要用于高催乳素血症或黄体不足引起的妇女生殖系统疾病。《英国草药典》（1996 年版）和《美国药典》（第 28 版）均收载本种为贞洁莓的法定原植物来源种。主产于美国温带地区、阿尔巴尼亚和摩洛哥等地中海国家。

穗花牡荆主要含环烯醚萜类、黄酮类、挥发油成分。《美国药典》采用高效液相色谱法测定，规定贞洁莓中穗花牡荆苷的含量不得少于 0.050%，紫花牡荆素的含量不得少于 0.080%，以控制药材质量。

药理研究表明，穗花牡荆具有雌激素样作用、抗肿瘤及抗菌等作用。

民间经验认为贞洁莓具有调经通乳的功效。

穗花牡荆 *Vitex agnus-castus* L.

穗花牡荆 Suihuamujing

穗花牡荆 *Vitex agnus-castus* L.

药材贞洁莓 Fructus Agni Casti

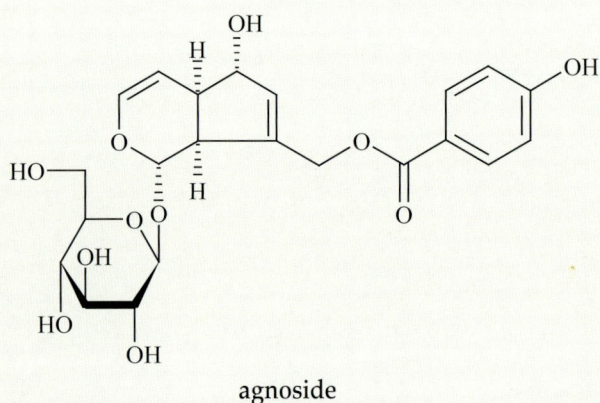

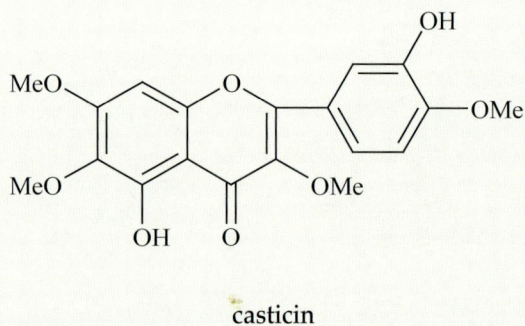

agnoside

casticin

化学成分

穗花牡荆的果实含环烯醚萜类成分：穗花牡荆苷 (agnoside)；黄酮类成分：紫花牡荆素 (casticin)[1]、牡荆黄素 (vitexin)、芹菜素 (apigenin)、penduletin[2]；挥发油类成分：香桧烯 (sabinene)、1,8－桉叶素 (1,8－cineole)、β－丁香烯 (β－caryophyllene)[3]、反－β－金合欢烯 (trans－β－farnesene)[4]、α－蒎烯 (α－pinene)[5]、β－水芹烯 (β－phellandrene)、4－松油醇 (4－terpineol)、匙叶桉油烯醇 (spathulenol)、吉玛烯 B (germacrene B)、别香橙

烯 (alloaromadendrene)[6]；二萜类成分：vitexlactam A[7]、蔓荆呋喃 (rotundifuran)、牡荆内酯 (vitexilactone)[8] 等。

穗花牡荆的根皮含黄酮类成分：木犀草素 (luteolin)、六棱菊亭 (artemetin)、异鼠李素 (isorhamnetin)、5, 4'-二羟基-3,6,7,3'-四甲氧基黄酮 (5, 4'-dihydroxy-3,6,7,3'-tetramethoxyflavone)、木犀草素-6-C-(4"-甲基-6"-O-反-咖啡酰苷) [luteolin-6-C-(4"-methyl-6"-O-trans-caffeoylglucoside)]、木犀草素-6-C-(6"-O-反-咖啡酰苷) [luteolin-6-C-(6"-O-trans-caffeoylglucoside)][9]等。

穗花牡荆的茎含环烯醚萜类成分：agnucastosides A、B、C、桃叶珊瑚苷 (aucubin)、穗花牡荆苷 (agnoside)、mussaenosidic acid[10]等。

穗花牡荆的叶含环烯醚萜类成分：桃叶珊瑚苷 (aucubin)、穗花牡荆苷、eurostoside[11]、哈帕苷 (harpagide)、8-O-乙酰哈帕苷 (8-O-acetylharpagide)[12]；固醇类成分：蜕皮甾酮 (ecdysterone)、viticosterone E[12]、雄甾烯二酮 (androstenedione)[13]等。

药理作用

1. 雌激素样作用

穗花牡荆甲醇提取物具有较强的雌激素受体亲和力，能产生雌激素样作用[14]，木犀草素为其活性成分之一[2]。穗花牡荆提取物体外能抑制小鼠脑下垂体细胞分泌催乳素[15]，而以穗花牡荆的叶和果实提取物灌胃哺乳期母鼠，又能明显增加血浆催乳素水平[16]。穗花牡荆提取物对健康男性给药，可产生低剂量时促进催乳素分泌、高剂量时抑制催乳素分泌的效应[17]。穗花牡荆果实甲醇提取物能以高亲和力与仓鼠卵巢细胞 (CHO) 阿片受体结合，穗花牡荆呈现阿片受体激动剂的性质可能与其治疗经前综合征功效相关[18-19]。穗花牡荆果实提取物腹腔注射可作用于雄性小鼠下丘脑垂体性腺轴，降低睾丸酮水平，产生抗雄性性状作用[20]。

2. 抗肿瘤

穗花牡荆果实的乙醇提取物体外可诱导人乳腺癌细胞 SKOV-3、人胃癌细胞 KATO-III、结肠癌细胞 COLO 201、小细胞肺癌 Lu-134-A-H 的 DNA 断裂，引起肿瘤细胞凋亡[21]，同时伴有细胞内总谷胱甘肽量减少，且凋亡可以被外源性抗氧剂阻断，提示癌细胞的凋亡机理与细胞内氧化和线粒体膜损伤有关[22]。穗花牡荆果实提取物对人前列腺上皮细胞 BPH-1、LNCaP和PC-3有抑制和细胞毒作用，能导致部分细胞凋亡，显示穗花牡荆果实提取物可用于预防和治疗前列腺增生和前列腺癌[23]。

3. 抗菌

穗花牡荆果实挥发油类成分具有明显抗菌活性[3]，能抑制金黄色葡萄球菌、粪链球菌、沙门氏菌、念珠菌、皮肤癣菌、霉菌的生长；对须疮癣菌、絮状表皮癣菌、小孢子菌有较强毒性[24]。穗花牡荆叶挥发油对大肠杆菌、绿脓杆菌、枯草杆菌、金黄色葡萄球菌[25]有中等强度抗菌活性。

应用

穗花牡荆常用于治疗月经不调、经前综合征、乳房痛，还用于治疗高催乳素血症[15]、乳少、性欲或食欲过强、胃胀气、失眠、阳痿、遗精、前列腺炎、睾丸肿胀、神经衰弱、不孕、闭经、子宫痛、卵巢肿胀、头痛、疲劳、乳腺炎、子宫囊肿、绝经综合征、子宫出血、痤疮等病。穗花牡荆的果实可用作调味品，种子提取物还可用于驱蚊虫[26]。

评注

除果实外，穗花牡荆的干燥叶也可入药。穗花牡荆作为目前德国最流行的单味植物药之一，在中国市场还很少见。少量的穗花牡荆制剂也依赖进口。这主要原因一是因为尽管大约有70%的女性都会受到经前症状的影响，但多数人误认为经前综合征不是病；二是因为中国暂无穗花牡荆大规模的栽培。同属植物黄荆 *Vitex negundo* L.、牡荆 *V. negundo* var. *cannabifolia* (Sieb.et Zucc.) Hand. - Mazz.、单叶蔓荆 *V. trifolia* L. var. *simplicifolia Cham.* 的多种药用部位以及挥发油，在中国用作祛痰、镇咳、平喘药，但还未发现用于调经通乳功效的记载，是否能与穗花牡荆替代使用还需要进一步研究。

穗花牡荆产品市场拓展空间大；穗花牡荆在中国的引种栽培、替代资源研究急需加强。

参考文献

[1] E Hoberg, B Meier, O Sticher. Quantitative high performance liquid chromatographic analysis of casticin in the fruits of *Vitex agnus-castus*. *Pharmaceutical Biology*. 2001, **39**(1): 57-61

[2] H Jarry, B Spengler, A Porzel, J Schmidt, W Wuttke, V Christoffel. Evidence for estrogen receptor β-selective activity of *Vitex agnus-castus* and isolated flavones. *Planta Medica*. 2003, **69**(10): 945-947

[3] F Senatore, F Napolitano, M Ozcan. Chemical composition and antibacterial activity of essential oil from fruits of *Vitex agnus-castus* L. (Verbenaceae) growing in Turkey. *Journal of Essential Oil-Bearing Plants*. 2003, **6**(3): 185-190

[4] JM Sorensen, ST Katsiotis. Parameters influencing the yield and composition of the essential oil from Cretan *Vitex agnus-castus* fruits. *Planta Medica*. 2000, **66**(3): 245-250

[5] JM Sorensen, ST Katsiotis. Variation in essential oil yield and composition of Cretan *Vitex agnus-castus* L. fruits. *Journal of Essential Oil Research*. 1999, **11**(5): 599-605

[6] JH Zwaving, R Bos. Composition of the fruit oil of *Vitex agnus-castus*. *Planta Medica*. 1996, **62**(1): 83-84

[7] SH Li, HJ Zhang, SX Qiu, XM Niu, BD Santarsiero, AD Mesecar, HHS Fong, NR Farnsworth, HD Sun. Vitexlactam A, a novel labdane diterpene lactam from the fruits of *Vitex agnus-castus*. *Tetrahedron Letters*. 2002, **43**(29): 5131-5134

[8] E Hoberg, B Meier, O Sticher. Quantitative high performance liquid chromatographic analysis of diterpenoids in agni-casti fructus. *Planta Medica*. 2000, **66**(4): 352-355

[9] C Hirobe, ZS Qiao, K Takeya, H Itokawa. Cytotoxic flavonoids from *Vitex agnus-castus*. *Phytochemistry*. 1997, **46**(3): 521-524

[10] A Kuruuzum-Uz, K Stroch, LO Demirezer, A Zeeck. Glucosides from *Vitex agnus-castus*. *Phytochemistry*. 2003, **63**(8): 959-964

[11] K Goerler, D Oehlke, H Soicke. Iridoid derivatives from *Vitex agnus-castus*. *Planta Medica*. 1985, **6**: 530-531

[12] NS Ramazanov. Ecdysteroids and iridoidal glycosides from *Vitex agnus-castus*. *Chemistry of Natural Compounds*. 2004, **40**(3): 299-300

[13] M Saden-Krehula, D Kustrak, N Blazevic. Δ^4-3-Ketosteroids in flowers and leaves of *Vitex agnus-castus*. *Acta Pharmaceutica Jugoslavica*. 1991, **41**(3): 237-241

[14] JH Liu, JE Burdette, HY Xu, CG Gu, RB van Breemen, KPL Bhat, N Booth, AI Constantinou, JM Pezzuto, HHS Fong, NR Farnsworth, JL Bolton. Evaluation of estrogenic activity of plant extracts for the potential treatment of menopausal symptoms. *Journal of Agricultural and Food Chemistry*. 2001, **49**(5): 2472-2479

[15] G Sliutz, P Speiser, AM Schultz, J Spona, R Zeillinger. Agnus castus extracts inhibit prolactin secretion of rat pituitary cells. *Hormone and Metabolic Research*. 1993, **25**(5): 253-255

[16] M Azadbakht, A Baheddini, SM Shorideh, A Naserzadeh. Effect of *Vitex agnus-castus* L. leaf and fruit flavonoidal extracts on serum prolactin concentration. *Faslnamah-i Giyahan-i Daruyi*. 2005, **4**(16): 56-61, 83

[17] PG Merz, C Gorkow, A Schroedter, S Rietbrock, C Sieder, D Loew, JSE Dericks-Tan, HD Taubert. The effects of a special Agnus castus extract (BP 1095E1) on prolactin secretion in healthy male subjects. *Experimental and Clinical Endocrinology & Diabetes*. 1996, **104**(6): 447-453

[18] DE Webster, J Lu, SN Chen, NR Farnsworth, ZJ Wang. Activation of the mu-opiate receptor by *Vitex agnus-castus* methanol extracts: implication for its use in PMS. *Journal of Ethnopharmacology*. 2006, **106**(2): 216-221

[19] D Berger, W Schaffner, E Schrader, B Meier, A Brattstrom. Efficacy of *Vitex agnus-castus* L. extract Ze 440 in patients with premenstrual syndrome (PMS). *Archives of Gynecology and Obstetrics*. 2000, **264**(3): 150-153

[20] S Nasri, S Oryan, HA Rohani, GH Amin, H Yahyavi. The effects of *Vitex agnus-castus* L. extract on gonadotropins and testosterone in male mice. *Iranian International Journal of Science*. 2004, **5**(1): 25-30

[21] K Ohyama, T Akaike, C Hirobe, T Yamakawa. Cytotoxicity and apoptotic inducibility of *Vitex agnus-castus* fruit extract in cultured human normal and cancer cells and effect on growth. *Biological & Pharmaceutical Bulletin*. 2003, **26**(1): 10-18

[22] K Ohyama, T Akaike, M Imai, H Toyoda, C Hirobe, T Bessho. Human gastric signet ring carcinoma (KATO-III) cell apoptosis induced by *Vitex agnus-castus* fruit extract through intracellular oxidative stress. *International Journal of Biochemistry & Cell Biology*. 2005, **37**(7): 1496-1510

[23] M Weisskopf, W Schaffner, G Jundt, T Sulser, S Wyler, H Tullberg-Reinert. A *Vitex agnus-castus* extract inhibits cell growth and induces apoptosis in prostate epithelial cell lines. *Planta Medica*. 2005, **71**(10): 910-916

[24] S Pepeljnjak, A Antolic, D Kustrak. Antibacterial and antifungal activities of the *Vitex agnus-castus* L. extracts. *Acta Pharmaceutica*. 1996, **46**(3): 201-206

[25] O Ekundayo, I Laakso, M Holopainen, R Hiltunen, B Oguntimein, V Kauppinen. The chemical composition and antimicrobial activity of the leaf oil of *Vitex agnus-castus* L. *Journal of Essential Oil Research*. 1990, **2**(3): 115-119

[26] H Mehlhorn, G Schmahl, J Schmidt. Extract of the seeds of the plant *Vitex agnus-castus* proven to be highly efficacious as a repellent against ticks, fleas, mosquitoes and biting flies. *Parasitology Research*. 2005, **95**(5): 363-365

葡萄 Putao

Vitis vinifera L.

Grape

概述

葡萄科 (Vitaceae) 植物葡萄 *Vitis vinifera* L.，其新鲜或风干果实及干燥种子入药。药用名：葡萄，葡萄籽。

葡萄属 (*Vitis*) 植物全世界约 60 种，分布于世界温带或亚热带。中国约 38 种，本属现供药用者约有 13 种 、1 变种。本种原产亚洲西部，现世界各地均有栽培。

葡萄是世界四大水果之一，中亚 、西亚南部及附近的东方各国，包括伊朗 、阿富汗等地是葡萄的发源地。早在 5000 年前，在南高加索 、中亚西亚 、叙利亚 、埃及就有葡萄栽培。约 3000 年前，古希腊葡萄栽培已相当盛行。中国也是葡萄属植物的发源地之一，种植历史在 3000 年以上，引入欧亚种葡萄也有 2000 多年[1]。“葡萄”药用之名，始载于《神农本草经》，列为上品。历代本草多有著录，自古以来做药用者与现在葡萄的众多栽培种情况相符。公元 1 世纪古罗马学者老普林尼 (Pliny the Elder) 提出将葡萄药用[2]。欧洲与亚洲是当今世界葡萄的主产地[3]。

葡萄主要含原花青素类 、黄酮类 、儿茶素类成分等多酚类化合物，具有显著的抗氧化作用。

药理研究表明，葡萄具有抗动脉粥样硬化 、抗肿瘤 、抗氧化等作用。

民间经验认为葡萄具有改善静脉功能不全及血液循环系统失调的功效；中医理论认为葡萄具有补气血，强筋骨，利小便等功效。

葡萄 *Vitis vinifera* L.

药材葡萄 Fructus Vitis Viniferae

化学成分

葡萄种子和果实中主要含有黄酮类成分：槲皮素 (quercetin)、杨梅黄酮 (myricetin)、山柰酚 (kaempferol)、异鼠李黄素 (isorhamnetin)、丁香亭 (syringetin)、丁香亭-3-O-半乳糖苷 (syringetin-3-O-galactoside)、西伯利亚落叶松黄酮 (laricitrin)、西伯利亚落叶松黄酮-3-O-半乳糖苷 (laricitrin-3-O-galactoside)[4]；原花青素类成分：原花青素 B_1, B_2, B_3, B_4, B_5, B_6, B_7, B_8 (procyanidins B_1-B_8)[5]、原花青素 B_2-3'-O-没食子酸酯 (procyanidin B_2-3'-O-gallate)、原花青素 C_1 (procyanidin C_1)、原花青素 T_2 (procyanidin T_2)[6]；儿茶素类成分：(+)-儿茶素 [(+)-catechin]、(-)-表儿茶精 [(-)-epicatechin]、表儿茶精-3-O-没食子酸酯 (epicatechin-3-O-gallate)[7]；芪类成分：白藜芦醇 (resveratrol)、云杉新苷 (piceid)、云杉鞣酚 (piceatannol)、ε-葡萄素 (ε-viniferin)[8]；酚酸类成分：原儿茶酸 (protocatechuic acid)、对香豆酸 (p-coumaric acid)、没食子酸 (gallic acid)、咖啡酸 (caffeic acid)、丁香酸 (syringic acid)[9]；还含有脂肪酸[10]、挥发油[11]、齐墩果酸 (oleanolic acid)[12]、葡酚酮 A, B, C (viniferones A-C)[13]、褪黑素 (melatonin)[14]等。

葡萄 Putao

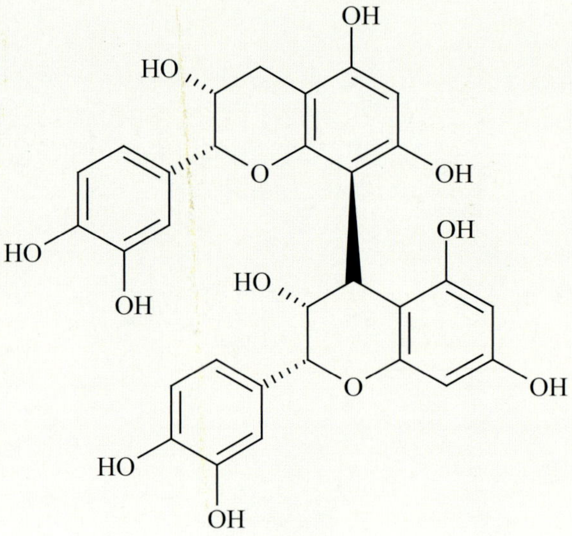

procyanidin B_2

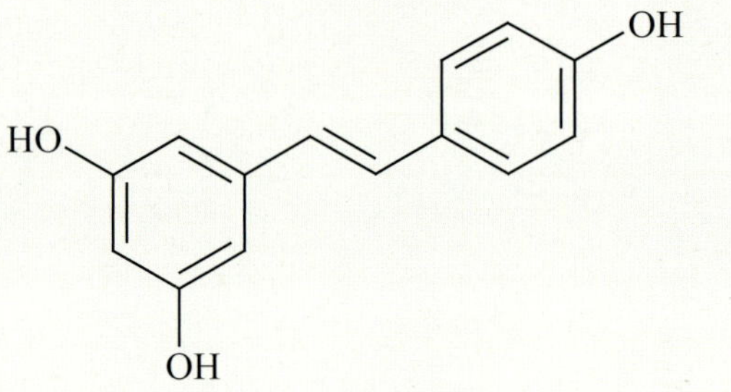

resveratrol

药理作用

1. 抗动脉粥样硬化

葡萄籽原花青素饲喂雄性新西兰兔，能使兔血浆氧化低密度脂蛋白 (ox - LDL) 水平明显下降，主动脉弓斑块面积占总面积的百分比明显降低，心壁内冠状动脉大、中分支的狭窄程度减轻，主动脉和心肌的超微结构病变明显减轻，有效地抑制动脉粥样硬化斑块的形成和发展[15]。其作用机理可能与葡萄籽原花青素能抑制血浆低密度脂蛋白的氧化[15]、降低血清C 反应蛋白 (CRP) 水平[16]以及抑制主动脉基质金属蛋白酶 - 9 (MMP - 9) 的表达有关[17]。

2. 抗肿瘤

葡萄籽多酚能部分逆转先天性耐药胆囊癌细胞 GBC - SD 的耐药性，其作用机理为下调 GBC - SD 细胞耐药基因 MDR_1 mRNA、P - 糖蛋白和 bcl - 2 蛋白表达[18]。葡萄籽提取物体外对人宫颈癌细胞 HeLa 的生长增殖有明显的抑制作用[19]。葡萄酒中的多酚类成分能诱发人乳腺癌细胞 MCF - 7 钙离子的释放进而干扰线粒体功能，损坏细胞膜，产生细胞毒作用[20]。葡萄籽提取物尤其是没食子酸能抑制人前列腺癌细胞 DU145 生长，并诱导其凋亡[21]。原花青素可抑制抗脱落凋亡的胃癌细胞聚集成团，阻滞悬浮培养的不同胃癌细胞于不同的细胞周期，并诱导胃癌细胞发生脱落凋亡[22]。葡萄籽提取物给小鼠腹腔注射，可选择性地改变氧化应激、破坏基因完整并诱导细胞死亡，对 N - 亚硝基二甲胺引发的肝癌形成产生抑制作用[23]。

3. 抗诱变

原花青素体外能显著抑制多种化学试剂诱发的鼠伤寒沙门氏菌组氨酸缺陷型突变细胞 TA_{97}、TA_{98}、TA_{100}、TA_{102} 等的回复突变，包括 Dexon 诱发的 TA_{97}、TA_{98} 回复突变，迭氮钠诱发的TA_{100}回复突变，丝裂霉素 C 诱发的 TA_{102} 回复突变，2-氨基芴诱发的 TA_{97}、TA_{98} 及 TA_{100} 回复突变[24]。葡萄籽提取物给小鼠灌胃，能明显抑制环磷酰胺所致小鼠骨髓细胞微核率，具有抗突变作用[25]。

4. 抗氧化

葡萄籽原花青素给大鼠灌胃，可使胰腺、血清中丙二醛含量明显降低，超氧化物歧化酶 (SOD)、谷胱甘肽过氧化物酶 (GSH-Px) 活性明显升高，还能增强实验性糖尿病大鼠胰腺和血液的抗氧化能力，有效对抗自由基引发的脂质过氧化损伤[26]。葡萄籽原花青素饲喂大鼠，利用Fe^{3+}还原抗氧化能力 (FRAP) 测试评价血浆总抗氧化能力，发现血浆 FRAP 值明显升高[27]。葡萄籽原花青素体外能有效清除氧自由基、羟基自由基、过氧化氢、过氧亚硝基和全血嗜中性白细胞"呼吸爆发"产生的多种活性氧，有效地抑制脂质过氧化反应[28]。葡萄籽多羟基芪类成分饲喂家兔，可使血清 GSH-Px、红细胞超氧化物歧化酶 (RBC-SOD) 升高的幅度增大，有效阻止高血脂家兔体内脂质过氧化反应并增强其抗氧化能力[29]。

5. 抗炎

葡萄籽原花青素饲喂雄性新西兰兔，能降低动脉粥样硬化兔内皮炎症因子水平，对内皮炎症损伤具有保护作用[30]，葡萄籽原花青素灌胃给药，能防止醋酸性结肠炎大鼠体重下降，减轻大鼠结肠重量指数，抑制组织坏死、溃疡形成和炎症细胞浸润，加速上皮增长，使溃疡面修复[31]。原花青素腹腔注射给药，能抑制角叉菜胶导致的大鼠足趾肿胀和巴豆油导致的小鼠耳廓肿胀，减少大鼠致炎因子的生成，抑制炎症渗出液中一氧化氮合酶 (NOS)和N-乙酰-β-葡萄糖胺酶活性，降低白介素-1β (IL-1β)、肿瘤坏死因子 (TNF) 和前列腺素 E_2 (PGE_2) 的含量。其抗炎机理与清除氧自由基、抗脂质过氧化和减少细胞因子的生成有关[32]。

6. 局部缺血保护作用

葡萄籽原花青素腹腔注射给药，能明显延长常压缺氧及脑缺血小鼠的存活时间，使耗氧量降低；还能提高缺血再灌注小鼠脑组织中超氧化物歧化酶和过氧化氢酶活性，提高机体总抗氧化能力，降低 NOS 及丙二醛含量[33]。葡萄籽原花青素口服给药，对保护缺血再灌注引起的大鼠肾脏损伤有保护作用[34]。白藜芦醇对缺血再灌注引起的小鼠心脏损伤有保护作用[35]。

7. 细胞保护作用

葡萄籽提取物能明显减少小鼠畸变细胞的数量，对庆大霉素诱导的骨髓同源染色体的遗传毒性有保护作用[36]；葡萄籽原花青素可显著抑制大鼠红细胞球溶血的发生，对红细胞的紫外损伤有保护作用[37]，葡萄籽原花青素处理过的神经胶质细胞对过氧化氢有较高的耐受性，且在一氧化氮高产出时保护微胶质细胞的谷胱甘肽[38]。细胞试验结果表明，低浓度原花青素 B_4、儿茶精和没食子酸均有抑制过氧化氢诱导细胞 DNA 损伤的作用[13]。

8. 降血脂、降胆固醇

葡萄皮、籽乙醇提取物给大鼠灌胃，能明显降低高脂血症大鼠血清总胆固醇和低密度脂蛋白水平，其有效成分为齐墩果酸、原花青素等[39]。葡萄籽原花青素饲喂雄性新西兰兔，可降低血清三酰甘油、低密度脂蛋白胆固醇、总胆固醇等水平[40]。

9. 对学习记忆的影响

葡萄皮提取物灌胃给药，可明显改善 D-半乳糖和亚硝酸钠所致痴呆大鼠的学习记忆功能，提高脑组织中超氧化物歧化酶、一氧化氮合酶、胆碱乙酰转移酶的活性，抑制丙二醛活性，减少大鼠海马与皮质 β-APP、β-AP 阳性神经元细胞表达[41]。葡萄籽原花青素口服给药，能改善D-半乳糖所致衰老小鼠的学习记忆能力，增强正常小鼠信息的保持和再现能力[42]。

10. 抗辐射

葡萄籽原花青素饲喂小鼠，可减轻^{60}Co γ射线照射对大鼠肠黏膜屏障的损害[43]，与酪蛋白多肽联合应用，抗辐射效果更为明显[44]。

11. 抗溃疡

原花色素给大鼠自由食取能明显抑制胃泌素、生长抑素、组胺的分泌，对水浸应激性胃溃疡引起的胃黏膜损伤有保护作用[45]。

12. 保肝

葡萄多酚类提取物对大鼠钴离子引起的肝脏过氧化损伤有保护作用[46]。

13. 抗疲劳

葡萄籽原花青素经口给药，能使小鼠负重游泳时间延长，运动后的血乳酸含量降低、肝糖元含量升高，具有抗疲劳作用[47]。

14. 其他

葡萄还具有促进精子形成[48]、促进毛发生长[49]、缓解经前紧张[50]、延长果蝇寿命[51]、抗 I 型人类免疫缺陷病毒 (HIV－1)[52]、防止胶原蛋白水解[53]、调节免疫 [54]、抗白内障[55]等功能。

应用

葡萄在西方用于治疗静脉功能不全及血液循环系统失调。在印度，葡萄被用于治疗头痛、排尿困难、疥疮、皮肤病、淋病、痔疮及呕吐等。

现代临床用于降血脂、治疗外周静脉功能不全、眼科疾病和淋巴水肿等[5]。

葡萄也为中医临床用药。功能：补气血，强筋骨，利小便。主治：气血虚弱，肺虚咳嗽，心悸盗汗，烦渴，风湿痹痛，淋病，水肿，痘疹不透。

评注

除果外，葡萄的根、藤、叶均可入药，具有祛风通络，利湿消肿，解毒等功效，主治风湿痹痛，水肿，腹泻，风热目赤，痈肿疔疮。

葡萄籽中含有大量的原花青素 (OPCs)，从 1961 年德国学者从英国山楂的新鲜果实中提出该物质，至今已有 40 余年的历史。其间人们对原花青素进行了广泛而深入的研究，发现它是一种极强的抗氧化剂，具有多种生物活性和药理作用，很有希望开发成一种新的、安全的防治心血管疾病的药物。

松树皮提取物在活性成分和药用方面类似于葡萄籽提取物，它们都含有原花青素。此外，葡萄酒、大果越橘、越橘、红茶、绿茶、红醋栗、洋葱、豆类、欧芹和山楂等天然药物中也含有类似的原花青素。

参考文献

[1] 马城战，罗光．张骞与葡萄．中老年保健．1996，**5**：39

[2] Facts and Comparisons (Firm). The review of natural products (3-rd edition). Missouri, Mo.: Facts and Comparisons. 2000: 342-344

[3] 孔庆山，刘崇怀，潘兴，刘三军．中国农业信息快讯．2002，**7**：3-7

[4] F Mattivi, R Guzzon, U Vrhovsek, M Stefanini, R Velasco. Metabolite Profiling of Grape: Flavonols and Anthocyanins. *Journal of Agricultural and Food Chemistry*. 2006, **54**(20): 7692-7702

[5] 范培红，娄红祥，季梅．葡萄籽多酚的研究概况．国外医药：植物药分册．2003，**18**(6): 248-255

[6] AM Jordao, JM Ricardo-da-Silva, O Laureano. Evolution of catechins and oligomeric procyanidins during grape maturation of Castelao Frances and Touriga Francesa. *American Journal of Enology and Viticulture*. 2001, **52**(3): 230-234

[7] M Monagas, I Garrido, B Bartolome, C Gomez-Cordoves. Chemical characterization of commercial dietary ingredients from *Vitis vinifera* L. *Analytica Chimica Acta*. 2006, **563**(1-2): 401-410

[8] L Bavaresco, S Civardi, S Pezzutto, S Vezzulli, F Ferrari. Grape production, technological parameters, and stilbenic compounds as affected by lime-induced chlorosis. *Vitis*. 2005, **44**(2): 63-65

[9] KK Ganic, D Persuric, D Komes, V Dragovic-Uzelac, M Banovic, J Piljac. Antioxidant activity of Malvasia istriana grape juice and wine. *Italian Journal of Food Science*. 2006, **18**(2): 187-197

[10] H Akhter, S Hamid, R Bashir. Variation in lipid composition and physico-chemical constituent among six cultivars of grape seed. *Journal of the Chemical Society of Pakistan*. 2006, **28**(1): 97-100

[11] 张捷莉，闫磊，李铁纯，回瑞华，侯冬岩．葡萄籽中挥发性成分的气相色谱-质谱分析．质谱学报．2005，**26**(2)：99-100

[12] 刘涛，马龙，张烜，田丽婷，堵年生．HPLC测定葡萄皮中齐墩果酸的含量．中国公共卫生．2003，**19**(2)：213

[13] 范培红，娄红祥．葡萄籽多酚的分离鉴定及其对细胞DNA氧化损伤的防护作用．药学学报．2004，**39**(11)：869-875

[14] M Iriti, M Rossoni, F Faoro. Melatonin content in grape: myth or panacea? *Journal of the Science of Food and Agriculture*. 2006, **86**(10): 1432-1438

[15] 由倍安，高海青，张向红，李伯勤，马亚兵，刘传亮．葡萄籽原花青素对兔实验性动脉粥样硬化的干预研究．中国老年学杂志．2005，**25**(11)：1389-1391

[16] 马亚兵，高海青，伊永亮，冯孟林，靖百谦，于洋．葡萄籽原花青素降低动脉粥样硬化兔血清C反应蛋白水平．中国动脉硬化杂志．2004，**12**(5)：549-552

[17] 沈琳，高海青，刘相菊，毕轶，由倍安，伊永亮，张风雷，邱洁．葡萄籽原花青素对实验性动脉粥样硬化兔基质金属蛋白酶的影响．山东大学学报(医学版)．2006，**44**(1)：33-36

[18] 杨凤辉，王占民，乌新林．葡萄籽多酚逆转胆囊癌细胞株GBC-SD耐药的研究．中国普通外科杂志．2006，**15**(3)：202-205

[19] 钟志宏，李秋瑾，田红，李等松，石胜刚，张俊才．葡萄籽提取物对HeLa细胞的生长抑制作用．疾病控制杂志．2005，**9**(1)：80-81

[20] F Hakimuddin, G Paliyath, K Meckling. Treatment of MCF-7 Breast Cancer Cells with a Red Grape Wine Polyphenol Fraction Results in Disruption of Calcium Homeostasis and Cell Cycle Arrest Causing Selective Cytotoxicity. *Journal of Agricultural and Food Chemistry*. 2006, **54**(20): 7912-7923

[21] R Veluri, RP Singh, ZJ Liu, JA Thompson, R Agarwal, C Agarwal. Fractionation of grape seed extract and identification of gallic acid as one of the major active constituents causing growth inhibition and apoptotic death of DU145 human prostate carcinoma cells. *Carcinogenesis*. 2006, **27**(7): 1445-1453

[22] 李莹，药立波，韩炯，王立峰，韩月恒，刘新平，林树新，俞强．葡萄籽提取物原花青素诱导胃癌细胞脱落凋亡．中国药理学通报．2004，**20**(7)：761-764

[23] SD Ray, H Parikh, D Bagchi. Proanthocyanidin exposure to B6C3F1 mice significantly attenuates dimethylnitrosamine-induced liver tumor induction and mortality by differentially modulating programmed and unprogrammed cell deaths. *Mutation Research*. 2005, **579**(1-2)：81-106

[24] 孙志广，赵万洲，陆茵，唐玲芳，张珍玲，张世玮．葡萄籽原花青素对鼠伤寒沙门氏菌的抗诱变作用．癌变·畸变·突变．2002，**14**(3)：191-194

[25] 马中春．葡萄籽提取物的抗突变试验．癌变·畸变·突变．2005，**17**(5)：306-307

[26] 刘艳妮，沈新南，黄明，姚国英．葡萄籽原花青素对糖尿病鼠抗氧化能力影响．中国公共卫生．2006，**22**(8)：992-993

[27] J Busserolles, E Gueux, B Balasinska, Y Piriou, E Rock, Y Rayssiguier, Mazur, A. In vivo antioxidant activity of procyanidin-rich extracts from grape seed and pine (*Pinus maritima*) bark in rats. *International Journal for Vitamin and Nutrition Research*. 2006, **76**(1): 22-27

[28] 朱振勤，翟万银，陈季武，夏晶，傅蓓蓓，谢萍，胡天喜．葡萄籽原花青素提取物抗氧化作用研究．华东师范大学学报(自然科学版)．2003，**1**：98-102

[29] 于红霞，徐贵发，赵秀兰，王淑娥．葡萄籽多羟基芪类提取物对高脂家兔抗氧化作用的影响．山东大学学报(医学版)．2001，**39**(6)：547-548

[30] 马亚兵，高海青，伊永亮，冯孟林，靖百谦，于洋．葡萄籽原花青素降低动脉粥样硬化兔内皮炎症因子水平的研究．山东大学学报(医学版)．2005，**43**(2)：131-133

[31] 杨孝来，吴勇杰，葛斌，王莉，李文广，高明堂．葡萄籽原花青素提取物对大鼠乙酸性结肠炎的保护作用．中国临床药理学与治疗学．2005，**10**(8)：903-908

[32] 李文广，张小郁，吴勇杰，田暄．葡萄籽中原花青素的抗炎作用和机制．中国药理学报．2001，**22**(12)：1117-1120

[33] 吴秀香，杜莉莉，卢晓梅，张海鹏．葡萄籽原花青素对小鼠脑缺血、再灌注及缺氧性损伤的影响．中国康复医学杂志．2006，**21**(2)：145-148

[34] T Nakagawa, T Yokozawa, A Satoh, HY Kim. Attenuation of renal ischemia-reperfusion injury by proanthocyanidin-rich extract from grape seeds. *Journal of Nutritional Science and Vitaminology*. 2005, **51**(4): 283-286

[35] DK Das, N Maulik. Resveratrol-a unique polyphenolic antioxidant present in grape skins and red wine-is a preventive medicine against a variety of degenerative diseases. *Oxidative Stress and Disease*. 2005, **18**: 525-547

[36] IM El-Ashmawy, AF El-Nahas, OM Salama. Grape seed extract prevents gentamicin-induced nephrotoxicity and genotoxicity in bone marrow cells of mice. *Basic & Clinical Pharmacology* & *Toxicology*. 2006, **99**(3): 230-236

[37] M Carini, G Aldini, E Bombardelli, P Morazzoni, RM Facino. UVB-induced hemolysis of rat erythrocytes: protective effect of procyanidins from grape seeds. *Life Sciences*. 2000, **67**(15): 1799-1814

[38] S Roychowdhury, G Wolf, G Keilhoff, D Bagchi, T Horn. Protection of primary glial cells by grape seed proanthocyanidin extract against nitrosative/ oxidative Stress. *Nitric Oxide*. 2001, **5**(2): 137-149

[39] 向阳，马龙．葡萄皮、籽提取物对高脂血症大鼠模型血脂水平的影响．新疆医科大学学报．2005，**28**(6)：521-523

[40] 马亚兵，高海青，由倍安，薛玉英，韩玉萍，靖百谦．葡萄籽原花青素对动脉粥样硬化兔血脂的调节作用．中国药理学通报．2004，**20**(3)：325-329

[41] 马龙，洪玉，周晓辉，杨勇．葡萄皮提取物抗痴呆作用的实验研究．卫生研究．2006，**35**(3)：300-303

[42] 谭毓治，万晓霞，赖娟娟，陈慧敏．葡萄籽原花青素对学习记忆的影响．中国药理学通报．2004，**20**(7)：804-807

[43] 蒋宝泉，常徽．葡萄籽原花青素与酪蛋白对辐照大鼠肠黏膜屏障的保护作用．中国临床康复．2006，**10**(15)：121-123

[44] 常徽，蒋宝泉．葡萄籽原花青素联合酪蛋白多肽对照射大鼠肝功能的影响．肠内与肠外营养．2005，**12**(3)：162-164

[45] Y Iwasaki, T Matsui, Y Arakawa. The protective and hormonal effects of proanthocyanidin against gastric mucosal injury in Wistar rats. *Journal of Gastroenterology*. 2004, **39**(9): 831-837

[46] LM Voronina, AL Zagaiko, AS Samokhin, LM Alekseeva. Polyphenolic extracts liver protection under oxidative stress conditions. *Klinichna Farmatsiya*. 2004, **8**(2): 36-37

[47] 刘协，李小宁，包六行，凌宝银．葡萄籽提取物原花青素对小鼠负重游泳时间的影响．中国临床康复．2005，**9**(3)：245-247

[48] ME Juan, E Gonzalez-Pons, T Munuera, J Ballester, JE Rodriguez-Gil, JM Planas. Trans-resveratrol, a natural antioxidant from grapes, increases sperm output in healthy rats. *Journal of Nutrition*. 2005, **135**(4): 757-760

[49] T Takahashi, A Kamimura, A Kobayashi, T Hamazono, Y Yokoo, S Honda, Y Watanabe. Hair-growing activity of procyanidin B-2. *Nippon Koshohin Kagakkaishi*. 2002, **26**(4): 225-233

[50] W Reilly, V Reeve. Body contouring using an oral herbal antioxidant formulation-Centelaplus: a dose controlled observational study. *Redox Report*. 2000, **5**(2/3): 144-145

[51] 刘金宝，马玲，徐臻荣，傅德润，吐尔逊江．买买提明，郭伟．葡萄籽油对果蝇寿命影响的实验研究．中国预防医学杂志．2003，**4**(3)：206-208

[52] MP Nair, C Kandaswami, S Mahajan, HN Nair, R Chawda, T Shanahan, SA Schwartz. Grape seed extract proanthocyanidins downregulate HIV-1 entry coreceptors, CCR2b, CCR3 and CCR5 gene expression by normal peripheral blood mononuclear cells. *Biological Research*. 2002, **35**(3-4): 421-431

[53] A Ptitsyn, E Mukhtarov, S Mukhtarova, A Kulin. Flavonoids of red grape *Vitis vinifera*-future trends of use in medicine and cosmetology. *Kosmetika* & *Meditsina*. 2005, **3**: 30-35

[54] 舒啸尘，李悠慧，严卫星．葡萄籽多酚免疫调节功能的研究．卫生研究．2002，**31**(6)：457

[55] S Tokutake, J Yamakoshi. Effects of polyphenol extract from grape seed on eye diseases. *Food Style 21*. 2002, **6**(2): 49-54

美洲花椒 Meizhouhuajiao

芸香科

Zanthoxylum americanum Mill.

Northern Prickly Ash

概述

芸香科 (Rutaceae) 植物美洲花椒 *Zanthoxylum americanum* Mill.，其根皮入药。药用名：美洲花椒。

花椒属 (*Zanthoxylum*) 植物全世界约有 250 种，分布于亚洲、非洲、大洋洲、北美洲的热带和亚热带地区，温带较少。中国约有 39 种、14 变种，本属现药用者约有 18 种。本种主要分布于北美。

美国和印度民间常用美洲花椒治疗感冒、发烧、支气管炎、肺结核等。依洛魁族人 (Iroquois) 曾把美洲花椒做堕胎之用[1]。《美国药典》由 1820 年到 1926 年有收载，以树皮入药；《美国国家处方集》(*National Formulary*) 由 1926 年到 1947 年也有收载[1]。主产于美国。

美洲花椒的树皮主要含生物碱类和香豆素类成分。香豆素类成分是抗菌的主要有效成分。

药理研究发现美洲花椒具有抗菌、抗病毒、抑制 DNA 聚合和抗肿瘤等作用。

民间经验认为美洲花椒具有抗菌，抗病毒的功效。

美洲花椒 *Zanthoxylum americanum* Mill.

美洲花椒 Meizhouhuajiao

药材美洲花椒 Cortex Zanthoxyli Americani

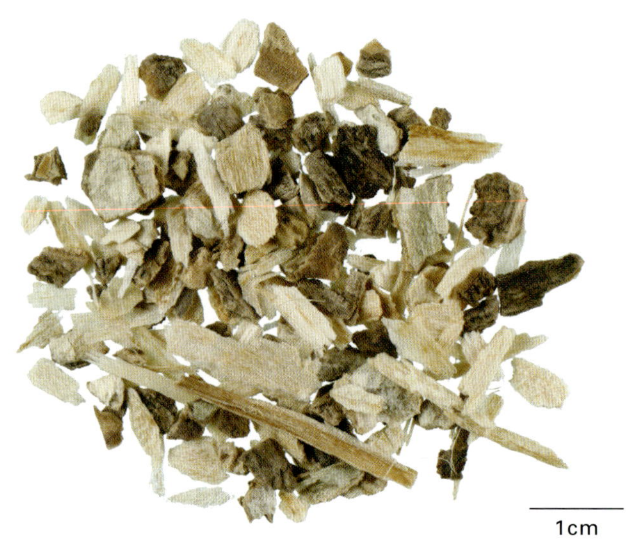

化学成分

美洲花椒的树皮含有生物碱类成分：光花椒碱 (nitidine)、lauriflorine、康迪辛碱 (candicine)、白屈菜红碱 (chelerythrine)、兰花碱 (magnoflorine)、tembetarine[2]、小檗碱 (berberine)、N－methyl－isocorydine；香豆素类成分：别美花椒内酯 (alloxanthoxyletin)、花椒内酯 (xanthyletin)、美花椒内酯 (xanthoxyletin)、别美花椒内酯 (alloxanthoxyletin)、8－(3, 3－dimethylallyl)alloxanthoxyletin[2]、蛇床明素 (cnidilin)、戊烯氧呋豆素 (imperatorin)、异欧芹属乙素 (isoimperatorin)、补骨脂素 (psoralen)[3]、dipetaline；木脂素类成分：芝麻素 (sesamin)。

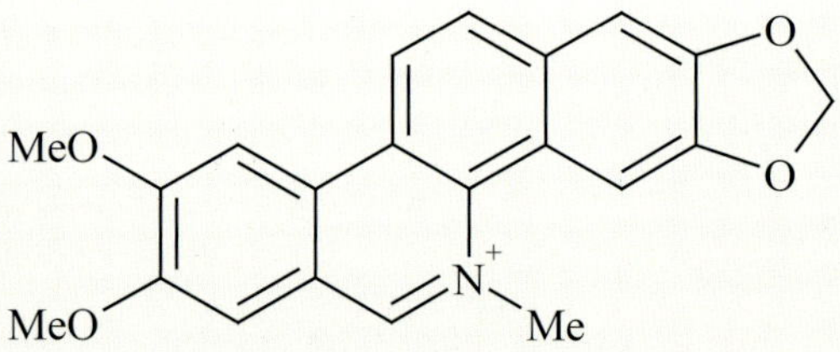

MeO MeO N+ Me O O

nitidine

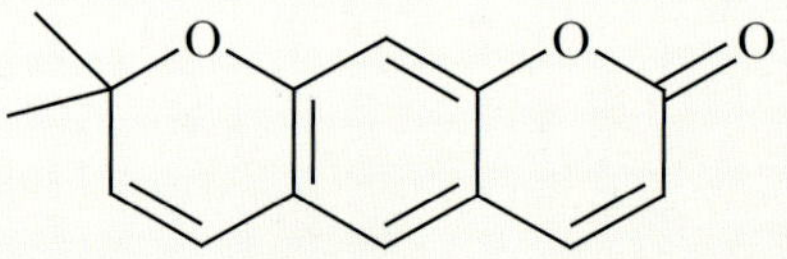

O O O

xanthyletin

药理作用

1. 抗菌

美洲花椒的叶、果实、茎、树皮和根的提取物对 11 种真菌有抑制作用，其中对白色念珠菌、新型隐球菌和曲霉具有较强的抑制作用[5]。

2. 抗病毒

从美洲花椒提取的香豆素类成分具有抗病毒作用。

3. 抑制 DNA 的聚合作用

美洲花椒树皮提取的呋喃香豆素类化合物具有抑制真菌和哺乳动物的线粒体 DNA 聚合作用[6]。

4. 抗肿瘤

美洲花椒的新鲜果实提取物对海虾幼体有显著的致死作用，表明对人体肿瘤细胞有细胞毒性[3]。

5. 其他

美洲花椒的 95% 乙醇提取物、dipetaline、别美花椒内酯、美花椒内酯、花椒内酯、芝麻素和细辛素均可不同程度地抑制白血病细胞 HL－60 的 DNA 合成[4]。人体口服由美洲花椒树皮和果实提取物或由提取物制成的片剂，能治疗静脉曲张和其他血管疾病，并能加强血管弹性等。

应用

美洲花椒为美国民间用药。主要用于治疗低血压、发烧、发炎和风湿性关节炎等。传统上用于治疗牙痛、痉挛和慢性风湿性关节炎等[2]。此外，印度民间也用于治疗牙痛、头痛、急腹痛、哮喘和麻风等病。

评注

除根皮外，美洲花椒的果实也做药用。

美洲花椒在民间常作为牙痛药，因此有牙痛树之称。

本种和刺椒 *Zanthoxylum clava-herculis* L. 都统称为美洲花椒，而刺椒主产于美国西南部，因此又称为南美洲花椒，两者均为美国民间用药，功效相似[7]。

美洲花椒在药理和安全性问题上研究很少，民间用药的疗效是否合理还值得深入探讨。

同属植物花椒 *Z. bungeanum* Maxim. 的干燥果皮入药，中药名：花椒。具有温中止痛，散寒燥湿，杀虫止痒的功效。花椒与美洲花椒的对比研究有必要开展。

参考文献

[1] DE Moerman. Geraniums for the Iroquois. USA: Reference Publications, Inc.. 1982: 163-165

[2] J Barnes, LA Anderson, JD Phillipson. Herbal medicines: a guide for healthcare professionals (2-nd edition). Great Britain: Pharmaceutical Press. 2002: 386-389

[3] QN Saqib, YH Hui, JE Anderson, JL McLaughlin. Bioactive furanocoumarins from the berries of *Zanthoxylum americanum* Miller. *Phytotherapy Research*. 1990, **4**(6): 216-219

[4] Y Ju, CC Still, JN Sacalis, J Li, CT Ho. Cytotoxic coumarins and lignans from extracts of the northern prickly ash (*Zanthoxylum americanum*). *Phytotherapy Research*. 2001, **15**(5): 441-443

[5] NFA Bafi-Yeboa, JT Arnason, J Baker, ML Smith. Antifungal constituents of northern prickly ash, *Zanthoxylum americanum* Miller. *Phytomedicine: International Journal of Phytotherapy and Phytopharmacology*. 2005, **12**(5): 370-377

[6] ML Smith, P Gregory, NFA Bafi-Yeboa, JT Arnason. Inhibition of DNA polymerization and antifungal specificity of furnocoumarins present in traditional medicines. *Photochemistry and Photobiology*. 2004, **79**(6): 506-509

[7] WH Lewis, MP F. Elvin-Lewis. Medical botany: plants affecting human health (2-nd edition). USA: John Wiley &Sons, Incorporation. 2003: 246, 424, 430

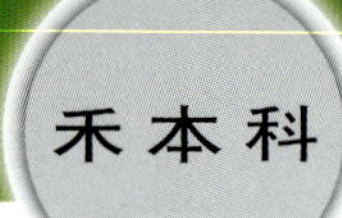

玉蜀黍 Yushushu EP, BP, BHP, USP, CP, JP

Zea mays L.

Maize

概述

禾本科 (Poaceae) 植物玉蜀黍 *Zea mays* L.，其干燥花柱和柱头入药。药用名：玉米须。

玉蜀黍属 (*Zea*) 植物全世界仅 1 种，可供药用。原产于南美洲，现全世界热带和温带地区广泛种植。中国有引种栽培。

玉蜀黍原产南美洲的秘鲁，当地印第安人早在 7000 多年前就有种植。哥伦布发现新大陆后，玉蜀黍很快从美洲传播到世界各地。明代传入中国，入药始载于《滇南本草图说》。《英国草药典》(1996 年版) 收载本种为玉米须的法定原植物来源种。《欧洲药典》(第 5 版)、《英国药典》(2002 年版)、《美国药典》(第 28 版)、《中国药典》(2005 年版) 和《日本药局方》(第十五版) 均收载本种为精制玉米油和玉米淀粉的法定原植物来源种。主产于南欧、美国和中国。

玉蜀黍主要含黄酮类、挥发油、固醇类、花青素类成分等。《英国草药典》规定玉米须的水溶性浸出物含量不得少于 10%，以控制药材质量。《英国药典》以酸价、过氧化值、脂肪酸的组成等为指标，控制精制玉米油质量。

药理研究表明，玉蜀黍具有利尿、利胆、降血糖、抗动脉粥样硬化、抗肿瘤等作用。

民间经验认为玉米须具有利尿消肿，清肝利胆的功效；中医理论认为玉米须具有利尿通淋，疏肝利胆的功效。

玉蜀黍 *Zea mays* L.

药材玉米须 Stigma Maydis

化学成分

玉蜀黍花柱和柱头含黄酮类成分：芹菜素(apigenin)、木犀草素(luteolin)、牡荆苷(vitexin)、荭草素(orientin)[1]、chrysoeriol－6－C－β－boivinopyranosyl－7－O－β－glucopyranoside、chrysoeriol－6－C－β－L－boivinopyranoside、alternanthin[2]、金圣草素－6－C－β－岩藻糖苷(chrysoeriol－6－C－β－fucopyranoside)[3]、maysin、apimaysin[4]、2"－O－α－L－rhamnosyl－6－C－quinovosylluteolin[5]；挥发油类成分：松油醇(terpineol)、柠檬烯(limonene)、1,8－桉叶素(1,8－cineole)、β－紫罗兰酮(β－ionone)[6]；玉米须含固醇类成分：豆甾－7－烯－3－醇(stigmast－7－en－3－ol)、豆甾醇(stigmasterol)、麦角甾醇(ergosterol)[1]、豆甾－5－烯－3－醇(stigmast－5－en－3－ol)等。

玉蜀黍的种子含脂肪酸类成分：亚油酸(linoleic acid，约50%)、油酸(oleic acid，约33%)、棕榈酸(palmitic acid，约14%)、硬脂酸(stearic acid，约2.0%)[7]；类胡萝卜素类成分：叶黄素(lutein)、β－胡萝卜素(β－carotene)[8]、玉米黄素(zeaxanthin)、堇黄素(violaxanthin)[9]；花青素类成分：矢车菊素－3－葡萄糖苷(cyanidin－3－glucoside)、花葵素－3－葡萄糖苷(pelargonidin－3－glucoside)[10]、芍药花青素－3－葡萄糖苷(peonidin－3－glucoside)[11]；固醇类成分：油菜甾醇(campesterol)、燕麦甾醇(avenasterol)、芜菁甾醇(brassicasterol)[12]；维生素类成分：维生素E[12]；二萜类成分：orthosiphol F、ceriopsin C[13]等。

玉蜀黍的花粉含黄酮类成分：山柰酚－3－O－葡萄糖苷(kaempferol－3－O－glucoside)、槲皮素－3,7－O－二葡萄糖苷(quercetin－3,7－O－diglucoside)[14]。

玉蜀黍的根、叶和穗轴均含有花青素[15-16]、类胡萝卜素类[17-18]成分等。

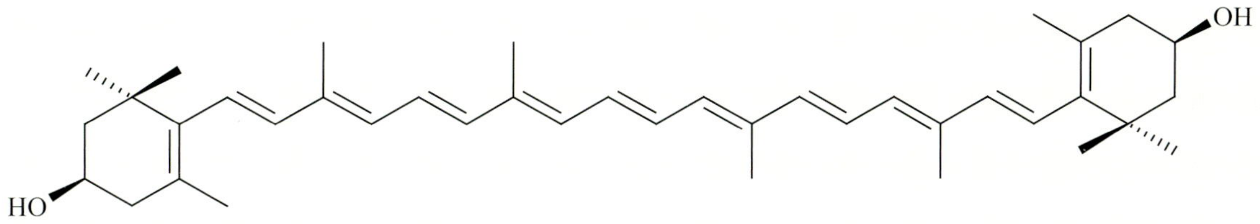

zeaxanthin

药理作用

1. 利尿

玉米须水煎剂灌胃大鼠，通过增加肾小球滤过率，促进尿钾排泄[19]，抑制钠钾重吸收，从而降低血浆钠氯水平，增加肌酐清除率，产生明显利尿作用[20]。玉米须水煎剂灌胃，能明显增加家兔给药后1、2小时的尿量[21]。

2. 利胆、保肝

用玉米须水煎剂给小鼠灌胃，能降低蛋黄乳剂导致的高胆固醇血症小鼠的血清胆固醇含量[22]。玉米肽口服给药对小鼠由四氯化碳和硫代乙酰胺所致的急性肝损伤有明显的保护作用，能抑制血清中谷丙转氨酶(GPT)活性的升高，降低丙二醛含量并增加肝糖原含量，对小鼠乙硫氨酸所致脂肪肝中三酰甘油(TG)的含量也有明显的降低作用[23]。

3. 降血糖

玉米须水煎剂灌胃对四氧嘧啶所致的糖尿病小鼠有明显的治疗作用，对葡萄糖、肾上腺素引起的小鼠高血糖也有明显的降血糖作用，而对正常小鼠血糖无明显影响[22]，玉米须降糖活性成分可能是其总皂苷[24]。玉米须水煎剂能抑制链脲霉素导致的糖尿病小鼠肾小球超过滤，抑制肾小球硬化[25]。

4. 抗动脉粥样硬化

玉米苞叶煎剂给家兔和鹌鹑的高血脂及动脉粥样硬化模型灌胃，能降低血清总胆固醇、三酰甘油，升高高密度脂蛋白水平，主动脉内膜动脉粥样硬化病变程度显著改善[26]。玉米苞叶水煎剂对高脂饲料导致的家兔动脉、平滑肌细胞的增殖与凋亡有明显的调节作用；还可显著缩小粥样硬化斑块面积，减轻动脉管腔的狭窄程度[27]。玉米油减少小鼠肝脏脂肪形成和降低脂肪酸水平的作用强于甘油三棕榈酸酯[28]。玉米油中亚油酸、维生素 A 和维生素 E 含量较高，在人体内可与胆固醇结合，防止胆固醇与饱和脂肪酸结合而沉淀形成血栓，起到防止动脉粥样硬化的作用。

5. 抗肿瘤

玉米须水提取物灌胃，对小鼠胃癌、肝癌、肉瘤肿瘤模型均有抑制作用，能延长荷瘤小鼠的生存时间，能增加荷瘤小鼠的免疫器官重量及吞噬功能，保护白细胞，促进 T 淋巴细胞转化增殖，提高小鼠的细胞免疫活性，有利于预防因放化疗而引起的白细胞减少及整体免疫机能下降等不良反应。玉米须水提取物的抑瘤作用与免疫调节或增加免疫功能有关[29]。玉米须乙醇提取物对人白血病细胞K_{562}、人胃癌细胞 SGC 具有明显的体外抑制活性[30]。玉米须乙醇提取物能有效抑制肿瘤坏死因子和脂多糖导致的内皮细胞 EAhy926 与人白血病细胞 U937 的黏附[31]。

6. 抗炎、镇痛

玉米须的石油醚提取物和醋酸乙酯提取物对苯醌导致的扭体反应有明显镇痛作用，对福尔马林导致的水肿有明显抗炎作用[1]。玉米油能抑制角叉菜胶、胰岛素、葡聚糖导致的大鼠足趾肿胀，角叉菜胶导致的白血球浸润，福尔马林导致的组织肉芽肿。玉米油也有明显的抗炎作用[32]。

7. 抗氧化

玉米须甲醇提取物对 Fe^{2+} 抗坏血酸系统导致的脂质过氧化有明显抑制作用[33]，其抗氧化能力与其多酚化合物含量相关[34]。玉米花粉黄酮类物质对氧自由基有良好的清除作用[35]。玉米须、玉米叶、玉米芯乙醇提取的黄酮类物质都具有良好的抗二苯代苦味酰肼 (DPPH) 氧化性能，而且与茶多酚具有很好的正协同效应[36]。

8. 抗菌

玉米须的石油醚提取物和醋酸乙酯提取物对革兰氏阳性菌和阴性菌均有良好的抑制作用[1]。

应用

玉米须常用于治疗水肿和尿路感染。还用于治疗黄疸、胆囊炎、胆结石、糖尿病、高血压、乳汁不通、牙龈出血、子宫出血、慢性鼻窦炎等病，也可辅助治疗多种肿瘤以及预防习惯性流产等。

玉米须也为中医临床用药。功能：利尿通淋，疏肝利胆。主治：小便不利，水肿，尿道结石，胃痛，吐血。

玉蜀黍的种子俗称玉米，供食用，也是常见的家畜饲料。

评注

除玉蜀黍的花柱和柱头外，玉蜀黍的干燥根、叶、花穗、穗轴、鞘状苞片、种子、精制种子油、淀粉也可入药。

中医理论认为玉蜀黍的根、叶、花穗、穗轴、苞片和种子均具有利尿通淋、疏肝利胆的功效，主治小便不利，水肿，尿道结石，胃痛，吐血；玉蜀黍的种子油能降血压、降血脂，主治：高血压，高脂血症，动脉硬化，冠心病。另外，玉米淀粉、玉米朊（玉米蛋白）、玉米油均是各国药典收载使用的重要医药辅料。

玉米须价廉易得，既有明显的药理作用，又具备一定的食疗价值，以玉米须作为药用资源，研发降血糖药物将大有前途。此外，以玉米须为原料还可生产玉米须精粉、玉米须发酵饮料、果酒、醪醋等。

参考文献

[1] SM Abdel-Wahab, ND El-Tanbouly, HA Kassem, EA Mohamed. Phytochemical and biological study of corn silk (styles and stigmas of *Zea mays* L.). *Bulletin of the Faculty of Pharmacy*. 2002, **40**(2): 93-102

[2] R Suzuki, Y Okada, T Okuyama. Two flavone C-glycosides from the style of Zea mays with glycation inhibitory activity. *Journal of Natural Products*. 2003, **66**(4): 564-565

[3] R Suzuki, Y Okada, T Okuyama. A new flavone C-glycoside from the style of *Zea mays* L. with glycation inhibitory activity. *Chemical & Pharmaceutical Bulletin*. 2003, **51**(10): 1186-1188

[4] ME Snook, NW Widstrom, BR Wiseman, RC Gueldner, RL Wilson, DS Himmelsbach, JS Harwood, CE Costello. New flavone C-glycosides from corn (*Zea mays* L.) for the control of the corn earworm (*Helicoverpa zea*). *ACS Symposium Series*. 1994, **557**: 122-135

[5] ME Snook, NW Widstrom, BR Wiseman, PF Byrne, JS Harwood, CE Costello. New C-4"-hydroxy derivatives of maysin and 3'-methoxymaysin isolated from corn silks (*Zea mays*). *Journal of Agricultural and Food Chemistry*. 1995, **43**(10): 2740-2745

[6] RA Flath, RR Forrey, JO John, BG Chan. Volatile components of corn silk (*Zea mays* L.): possible *Heliothis zea* (Boddie) attractants. *Journal of Agricultural and Food Chemistry*. 1978, **26**(6): 1290-1293

[7] DR Patel, AK Sanghi. Maize oil-fatty acid composition study. *Gujarat Agricultural University Research Journal*. 1990, **15**(2): 51-52

[8] JM Herrero-Martinez, S Eeltink, PJ Schoenmakers, WT Kok, G Ramis-Ramos. Determination of major carotenoids in vegetables by capillary electrochromatography. *Journal of Separation Science*. 2006, **29**(5): 660-665

[9] R Aman, R Carle, J Conrad, U Beifuss, A Schieber. Isolation of carotenoids from plant materials and dietary supplements by high-speed counter-current chromatography. *Journal of Chromatography, A*. 2005, **1074**(1-2): 99-105

[10] R Pedreschi, L Cisneros-Zevallos. Phenolic profiles of Andean purple corn (*Zea mays* L.). *Food Chemistry*. 2006, **100**(3): 956-963

[11] H Aoki, N Kuze, Y Kato. Anthocyanins isolated from purple corn (*Zea mays* L.). *Foods & Food Ingredients Journal of Japan*. 2002, **199**: 41-45

[12] HR Mottram, SE Woodbury, JB Rossell, RP Evershed. High-resolution detection of adulteration of maize oil using multi-component compound-specific $\delta^{13}C$ values of major and minor components and discriminant analysis. *Rapid Communications in Mass Spectrometry*. 2003, **17**(7): 706-712

[13] MA Hossain, A Islam, YN Jolly, MA Ahsan. Diterpenes from the seeds of locally grown of *Zea mays*. *Indian Journal of Chemistry, Section B: Organic Chemistry Including Medicinal Chemistry*. 2006, **45B**(7): 1774-1777

[14] O Ceska, ED Styles. Flavonoids from *Zea mays* pollen. *Phytochemistry*. 1984, **23**(8): 1822-1823

[15] P Jing, MM Giusti. Characterization of anthocyanin-rich waste from purple corncobs (*Zea mays* L.) and its application to color milk. *Journal of Agricultural and Food Chemistry*. 2005, **53**(22): 8775-8781

[16] T Fossen, R Slimestad, OM Andersen. Anthocyanins from maize (*Zea mays*) and reed canarygrass (*Phalaris arundinacea*). *Journal of Agricultural and Food Chemistry*. 2001, **49**(5): 2318-2321

[17] P Haldimann. Effects of changes in growth temperature on photosynthesis and carotenoid composition in *Zea mays* leaves. *Physiologia Plantarum*. 1996, **97**(3): 554-562

[18] B Maudinas, J Lematre. Violaxanthin, a major carotenoid pigment in *Zea mays* root cap during seed germination. *Phytochemistry*. 1979, **18**(11): 1815-1817

[19] DVO Velazquez, HS Xavier, JEM Batista, C de Castro-Chaves. *Zea mays* L. extracts modify glomerular function and potassium urinary excretion in conscious rats. *Phytomedicine: International Journal of Phytotherapy and Phytopharmacology*. 2005, **12**(5): 363-369

[20] Z Maksimovic, S Dobric, N Kovacevic, Z Milovanovic. Diuretic activity of maydis stigma extract in rats. *Pharmazie*. 2004, **59**(12): 967-971

[21] 王鼎，郭蓉．玉米须利尿作用的初步研究．内蒙古中医药．1991，**10**(2)：38-39

[22] 李伟，陈颖莉，杨铭，曲淑岩．玉米须降血糖的实验研究．中草药．1995，**26**(6)：305-306，311

[23] 孙红，于得伟，崔志勇，杨明．玉米肽对动物实验性肝损伤的保护作用．中药药理与临床．2002，**18**(3)：10-11

[24] 苗明三，孙艳红．玉米须总皂苷降糖作用研究．中国中药杂志．2004，**29**(7)：711-712

[25] R Suzuki, Y Okada, T Okuyama. The favorable effect of style of *Zea mays* L. on streptozotocin induced diabetic nephropathy. *Biological & Pharmaceutical Bulletin*. 2005, **28**(5): 919-920

[26] 甄彦君，侯建明，刘淑君，武梅芳，王菊素，王利慧．玉米苞叶对动物高血脂及AS影响的实验研究．中国中医基础医学杂志．1999，**5**(12)：20-22

[27] 甄彦君，朱方，侯建明，刘芳，周晓红，武中秋．玉米苞叶对AS家兔平滑肌细胞增殖及凋亡的影响．中国中医基础医学杂志．2003，**9**(3)：31-33

[28] GR Herzberg, N Janmohamed. Regulation of hepatic lipogenesis by dietary maize oil or tripalmitin in the meal-fed mouse. *British Journal of Nutrition*. 1980, **43**(3): 571-579

[29] 昌友权，王维佳，杨世杰，曹淑桂，马金荣，昌喜涛．玉米须提取物抗肿瘤作用的实验研究．营养学报．2005，**27**(6)：498-501

[30] 马虹，高凌．玉米须提取物ESM对K_{562}和SGC细胞的作用．南京中医药大学学报．1998，**14**(1)：28-29

[31] S Habtemariam. Extract of corn silk (stigma of *Zea mays*) inhibits the tumor necrosis factor-α- and bacterial lipopolysaccharide-induced cell adhesion and ICAM-1 expression. *Planta Medica*. 1998, **64**(4): 314-318

[32] J Lenfeld, M Kroutil, J Marek, J Jezdinsky, H Petrova, B Mosa. Antiinflammatory effects of substances contained in maize oil. *Farmakoterapeuticke Zpravy*. 1976, **22**(6): 423-446

[33] ZA Maksimovic, N Kovacevic. Preliminary assay on the antioxidative activity of Maydis stigma extracts. *Fitoterapia*. 2003, **74**(1-2): 144-147

[34] Z Maksimovic, D Malencic, N Kovacevic. Polyphenol contents and antioxidant activity of Maydis stigma extracts. *Bioresource Technology*. 2005, **96**(8): 873-877

[35] 王开发，王隆华，支崇远，张玉兰，陈素英，邹军．玉米花粉黄酮类物质对清除自由基的作用．中国养蜂．2001，**52**(6)：4-5，8

[36] 许钢．玉米不同部位提取物的抗氧化性能比较．食品与发酵工业．2004，**30**(4)：88-92

[37] JP Duvick, T Rood, AG Rao, DR Marshak. Purification and characterization of a novel antimicrobial peptide from maize (*Zea mays* L.) kernels. *The Journal of Biological Chemistry*. 1992, **267**(26): 18814-18820

玉蜀黍种植地

拉丁学名索引

中文笔画索引

拼音索引

英文名称索引

Y